HANDBOOK OF CHEMICAL PRODUCTS

化工产品手册 第六版

化工助剂

朱领地　莒晓艳　主编

化学工业出版社

·北京·

化工助剂可优化生产过程、提高生产效率、赋予产品特定功能，在化工生产中起着非常重要的作用。随着科技的进步和人民生活水平的提高，助剂对国民经济发展的贡献越来越突出。

本书立足于为专业和行业服务，把近年有利于可持续发展的新品收集汇总，介绍的近千个品种涉及皮革、造纸、农药、电镀、油田、水处理六个领域。为方便阅读，每个品种有中英文名称、组成和结构、性质、质量标准、制法、安全性、用途用法及生产参考企业单位。每类前对相关行业现状和发展前景做了概述，是一本融科学性、技术性、实用性于一体的工具书，希望本书能促进化工助剂产科研之间的信息交流，使化工助剂生产在国际国内两个市场中争创更高效益。

本书可供从事化工生产的厂家、科研单位的工程技术人员参考，亦可供高等院校相关专业师生阅读。

图书在版编目（CIP）数据

化工产品手册. 化工助剂/朱领地，莒晓艳主编.
6版. —北京：化学工业出版社，2015.9(2018.5重印)
ISBN 978-7-122-24458-1

Ⅰ.①化… Ⅱ.①朱… ②莒… Ⅲ.①助剂-手册
Ⅳ.①TQ047.1-62

中国版本图书馆CIP数据核字（2015）第143146号

责任编辑：夏叶清　　文字编辑：向　东
责任校对：王　静　　装帧设计：尹琳琳

出版发行：化学工业出版社（北京市东城区青年湖南街13号　邮政编码100011）
印　　刷：北京机工印刷厂
装　　订：北京机工印刷厂
880mm×1230mm　1/32　印张16¾　字数781千字　2018年5月北京第6版第2次印刷

购书咨询：010-64518888　　售后服务：010-64518899
网　　址：http://www.cip.com.cn
凡购买本书，如有缺损质量问题，本社销售中心负责调换。

定　　价：68.00元

前言

化工助剂可优化生产过程，提高生产效率，赋予产品特定功能，在化工生产中起着非常重要的作用。随着国民经济的发展和人民生活水平的提高，人们对助剂的依赖越来越强，作为化工助剂的生产和应用工作者，不仅要掌握生产工艺和设备方面的专门知识，而且需要了解助剂的性能和使用方法。国内外已出版过一些助剂手册，对关注助剂发展的仁人志士有一定的帮助和启迪，本次再编把近年来的新品种收集在册，体现实用性和新颖性。希望能促进化工助剂产品科研工作者之间的信息交流，使化工助剂生产在国际国内两个市场中创造出更高效益。本书可供从事化工助剂的研制、生产管理的科技人员使用，也可作为大中专院校应用化学专业教学参考书。

1. 在收集国内现有产品的基础上，收集了一些经科研鉴定合格批准中试或扩试的新产品以及国内尚处于研制阶段并有国产化前景的新产品。全书包括皮革化学助剂、造纸化学助剂、农药助剂、电镀化学助剂、油田化学助剂、水处理化学助剂等。

2. 内容说明

(1) 每类前有概述，简要介绍该类产品的特点、地位、应用范围、发展方向等，使读者对该类产品有个概括了解。

(2) 产品名一般采用通用名，用中文和英文表示。

(3) 无规范标准的高分子化合物和复配物用组成表示。

(4) 质量标准没注明国标、部标或企标的均为参考标准。

在此书编写过程中得到多位专家的指导，得到许多同仁的帮助，在此表示衷心感谢！编写过程中参考了一些公开文献，在此对文献作者表示深切地敬意！全书由朱领地、莒晓艳主编，王旭阳、李伟、刘建伟、潘雪芳、潘书志参加了编写。

笔者水平有限，疏漏和不足难免，希望读者批评指正。

2015 年 12 月 26 日

目录

A 皮革化学助剂

Aa 皮革鞣剂

Ab 皮革加脂剂

Ac 涂 饰 剂

■ Ad 其他皮革助剂

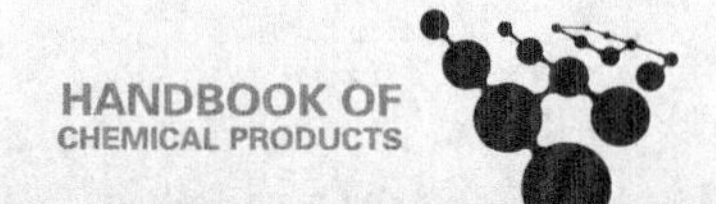
HANDBOOK OF
CHEMICAL PRODUCTS

B 造纸化学助剂

Ba 制浆助剂

Bb 过程控制和涂布助剂

Bc 功能性助剂

Bd 涂布加工助剂

C 农药助剂

Ca 农药乳化剂

Cb 农药分散剂

Cc 其他农药助剂

D 电镀化学助剂

E 油田化学助剂

Ea 钻井用化学助剂

Eb 油气开采用化学助剂

Ec 油气集输用化学品

F 水处理化学助剂

Fa 絮凝剂

Fb 阻垢分散剂

Fc 缓 蚀 剂

Fd 杀菌除藻剂

Fe 其他药剂

产品名称中文索引

产品名称英文索引

A 皮革化学助剂

制革工业与人类生活和国民经济的发展息息相关，是轻工业中一个具有悠久历史和重要地位的行业。皮革助剂是直接服务于皮革加工的化学品，又称皮化材料，是皮革工业配套所需的化工商品。

影响成革质量的因素很多，除原皮质量、加工机械和工艺外，主要取决于皮化材料。好的皮化材料及配套的工艺、设备对提高皮革的质量，增加花色品种，满足人们对革制品的薄、软、艳和时尚要求具有至关重要的作用。制革要发展，材料是关键，这已成为制革工作者的共识。因此，皮革化学品是我国急需在近期内重点开发的精细化学品。

目前世界上从事皮革化学品生产的公司有 2500 家左右。著名的生产公司集中在欧美。据资料报道，欧美每年生产和销售各种皮革化学品 70 多万吨。有的每年开发新产品 20 多种。进入 20 世纪 90 年代以来，其发展趋势是多品种、多功能、高质量和系列化配套供应。

我国皮革化学品生产起步较晚，20 世纪 60 年代以前仅有 8 家生产揩光浆、硫化油等低档产品。近年来我国制革工业发展迅速，现已成为世界皮革生产、加工与贸易中心之一，出口创汇额多年来一直稳居轻工业首位。然而制革业在创造显著经济效益的同时，也造成了非常严重的环境污染。由于铬盐能够赋予皮革极高的收缩温度、良好的力学性能、独特的丰满性和弹性以及铬鞣革具有耐水洗、耐储存等优点，因而多年来铬鞣在制革生产领域占有重要的主导地位。铬盐中的六价铬是公认的致癌物之一，属第一类污染物。而其他的铬化合物则会影响水体的自净能力，污染地下水源，在植物、动物和土壤内积累，通过饮水和食物进入人体，危害人类健康。为保证制革业健康、稳定地发展，首先要治理铬污染！从制革化学的角度而言，铬鞣过程就是铬盐与皮胶原纤维上的氨基酸侧链羧基结合在皮胶原分子间产生配位络合从而使皮变为革的过程。把羧基引入皮胶原分子、增加皮胶原羧基数量是提高铬的吸收率和结合率、从源头上减少甚至消除铬污染的有效方法。现在介绍几种近年发展起来的清洁铬鞣助剂。

李国英等以醛、酯、酸为原料，碱作催化剂合成了一种 LL-Ⅰ新型醛酸助鞣剂。该醛酸助鞣剂主要与胶原的氨基反应，可以使铬鞣革的收缩温度提高到 101℃，并能增加铬与皮胶原结合的稳定性，在 pH 值为6～7 时与皮胶原的作用最强，对铬的吸收率接近 90%。这种醛酯助鞣剂是中性产品，将其用于软化后的裸皮，可保证醛基和皮胶原氨基的最大结合。试验结果表明，相同用量下其对铬的吸收优于乙醛酸。

白云翔等采用醛、氨和酸作原料，在弱酸性条件下制得了具有多官能基的醛酸型助鞣剂 SYY（结构式见图 A-1），该鞣剂带有醛基、羧基、羟基等。醛基可以和皮胶原的氨基发生作用生成席夫碱；羧基既可以和三价铬络合，又可以和皮胶原的氨基反应；羟基可以和皮胶原上的氨基形成氢键。这样，醛基或羟基与皮胶原作用以后，就会使皮胶原的羧基数量增加，在铬鞣时有更多的结合点，增加与铬多点结合的可能性，从而不仅使废液中的含铬量降低，也使皮胶原纤维之间的结合更牢固。与相应的应用工艺配合，可将铬的利用率从 60%～70% 提高到 95%。

奕世方等采用三氧化铬-吡啶/二氯甲烷选择性氧化丙烯酸羟乙酯，制备了丙烯酸醛基乙酯，再将该单体和其他丙烯酸类、乙烯基类单体共聚，制备了一种含有羧基、羟基、醛基及叔氨基等多种官能团的大分子铬鞣助剂 ECPA，其所带官能团的最佳含量范围为羧基 38.0%～44.0%、叔氨基 1.5%～2.0%、苯基 5.0%～7.0%。应用试验结果表明，使用 ECPA 助剂处理后，可减少铬鞣剂用量 30%～40%、油脂和染料用量 10%～20%，鞣制废液中的 Cr_2O_3 含量可以降至 1.0mmol/L 以下。此外，该助剂还能赋予革坯良好的丰满性，从而可以减少复鞣填充剂的用量，用于某些软革生产可以实现主鞣、复鞣一体化。

靳丽强等以丙烯酸羟丙酯和甲基丙烯酰氧基乙基三甲基氯化铵为原

料，通过自由基共聚合成了水溶性阳离子丙烯酸助鞣剂（结构式见图 A-2）。该材料具有以下优点：①聚合物中含有大量可以与铬配位的羟基，通过羟基的配位作用，可以将已与皮胶原纤维结合的铬配合物和游离的铬配合物连接起来，从而有效地提高铬盐的利用率以及多点结合率；②聚合物带有一定比例的阳离子基团，可确保其在酸性浴液中不沉淀，易渗入胶原纤维内部，有利于铬配合物在革内均匀分布；③聚合物中的活性羟基可以进一步与甲醛、戊二醛等鞣剂反应，形成交联网络，有利于聚合物在皮内的固定。应用研究表明，该助鞣剂用于铬鞣后期交联，可以显著降低废液中的含铬量，使铬鞣剂的吸收率达到 90%以上，同时可以增加得革率以及提高成革耐湿热稳定性等物理机械性能，应用效果优于二羧酸盐型助剂，是一种较理想的铬鞣助剂。

奕世方等认为，从研究现状和发展趋势来看，将有机鞣剂搭配使用鞣革是最有可能取代铬鞣法的鞣制方式，并认为最有发展前景的两个领域是，性能稳定且作用温和的醛与植物单宁、三聚氰胺等搭配用于鞣制；具有活性羟基或水解能产生活性羟基的鞣剂，如具有或能产生 $—N—CH_2OH$、$—P—CH_2OH$ 的物质与植物单宁搭配用于鞣制。此外，可与胶原作用的染料搭配植物单宁，以及具有醛类结构物质用于鞣革也有进一步研究的必要。

朱哗等研究了采用马来酸酐衍生物与丙烯酸单体共聚而得 FK-2 柔软型聚合物鞣剂与铬鞣剂配合使用的低污染鞣制工艺。由于该聚合物分子链上含有氨基、羧基等活性基团，具备了较强的鞣制能力，并可增加对铬的固定能力。FK-1 预处理→浸酸→去酸→油预鞣→鞣制后，所得的成革身骨比较丰满、柔软、富有弹性，成革收缩温度高于 100℃，铬鞣废液 Cr_2O_3 质量浓度小于 0.5g/L，一般在 0.2～0.4g/L。

屈惠东研究了采用减少铬用量、提高铬鞣液温度、提高铬鞣液 pH 值、小液比铬鞣、稀土铬结合鞣、戊二醛-铬同浴鞣六种工艺方案，以减轻铬污染。此外，金勇等利用丙烯酸与不饱和丁烯醛共聚，合成了一类分子链上同时带有醛基和羧基的醛酸高分子鞣剂（结构式见图 A-3）。研究结果表明，该类醛酸高分子鞣剂能够和皮胶原发生共价键交联，不仅可使皮胶原的收缩温度由 56℃上升到 78℃，还可以将大量的羧基引入皮胶原纤维，从而有望在清洁铬鞣中发挥重要作用。

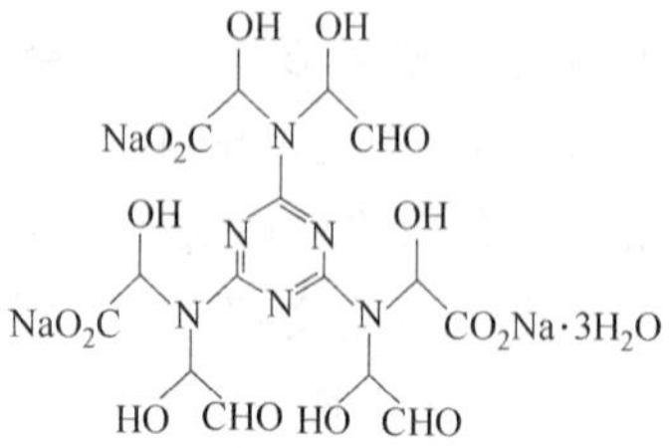

图 A-1

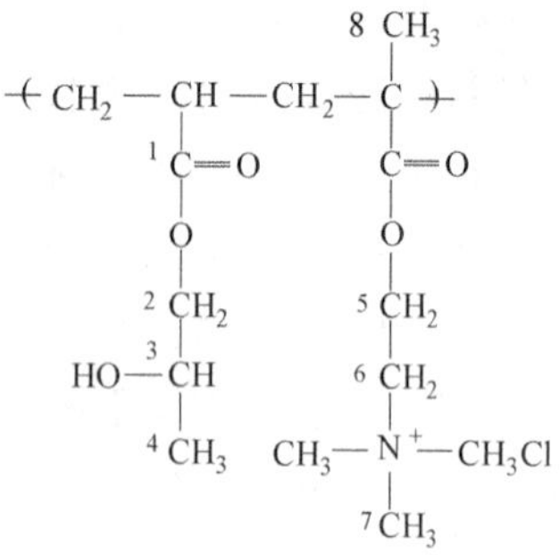

图 A-2

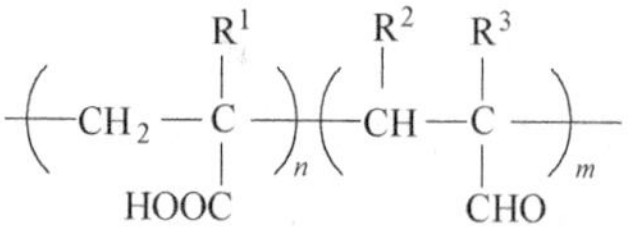

图 A-3

在人类对环境日益关注，环保意识日益增强的今天，研制生态环保型皮革化学品，减少皮革加工过程对环境的影响就显得更为重要。只有从皮革加工过程严格控制所用化学品的环保性，才能保证所得成品革中各项生态指标达到要求，提高皮革化学品的国际竞争力，保证我国皮革及制品工业的平稳、健康发展。相信随着胶原化学基础理论及绿色化学合成方法的发展，人们对铬与胶原蛋白结合本质的认识逐渐深入，新的清洁铬鞣助剂的合成及应用研究必将取得突破性的进步。本部分根据制革各工序的不同要求，介绍鞣剂和复鞣剂、加脂剂、涂饰剂、其他助剂等四类制革化学品。

Aa 皮革鞣剂

原料皮经过一系列化学和机械处理成为裸皮的过程中，胶原中本来所具有的许多化学键被削弱和破坏，从而降低皮蛋白质的结构稳定性。要使其具有完美皮革的性质以满足人们的需求，则要向皮内渗透能与生皮胶原分子活性基结合进行化学交联的鞣剂，鞣制是使生皮变成革的质变过程。鞣制过的革既保留了生皮的纤维结构，又具有优良的物理化学性能，尽管各种鞣剂和胶原的作用方式不同，作用程度不一，但鞣制后所产生的效应是一致的，其鞣制效应主要包括以下方面。

① 增加了纤维结构的多孔性；

② 减少了胶原纤维束、纤维、原纤维之间的黏合性；

③ 减少了真皮在水中的膨胀性；

④ 提高了胶原的耐湿热稳定性；

⑤ 提高了胶原的耐化学作用及耐酶作用；

⑥ 减少了湿皮的压缩变形和干燥时的收缩程度。

在鞣制过程中起鞣制作用的关键性化学材料就是鞣剂。

复鞣是皮革鞣制的补充，复鞣剂能赋予皮革所希望的性能，是以鞣剂的补充。较为流行的是以苯乙烯马来酸酐共聚物和丙烯酸为主要原料的共聚物及聚氨酯复鞣剂。通过复鞣可以使成革丰满、柔软、粒面紧密细致，具有良好的染色性和成型性。当今制革工业视复鞣为制革的“点金术”。

一、植物鞣剂

从植物的干、皮、根、叶或果实中用水浸提出的能将生皮鞣制成革的有机化合物，称为植物鞣质，其主要成分为天然单宁。其命名一般由天然物来源而定。

鞣质有两种分类方法，即实用分类法和化学分类法。

1. 实用分类法

根据在 180～200℃ 干馏所得的产品可分为三类。

① 没食类鞣质：凡干馏所得的产品中含有焦性没食子酸的。

② 儿茶类鞣质：凡干馏所得的产品中含有焦儿茶酚的。

③ 混合类鞣质：凡干馏所得产品中含有焦鞣酚（没食子酸类）和焦儿茶酚的。

2. 化学分类法

根据鞣质的化学结构来分类。

① 水解类鞣质：含有酯键（—COOR）或配糖键（C—O—C）的鞣质，具体可分为，缩酯类、鞣酸类、鞣花酸类三小类。

② 缩合类鞣质：此类鞣质中所有芳香核，以碳键相连（—Ar—C—）成共价结合。

③ 混合类鞣质：此类鞣质的结构特征是芳核之间既有酯键，又有碳键。

鞣质具有以下性能。

① 鞣质除能溶解于水外，还能溶解于酒精、丙酮、乙酸、乙酸乙酯，但不溶于苯、三氯甲烷、石油醚等；

② 鞣质在水溶液中能解离出氢离子，成为带负电荷的离子，使溶液呈弱酸性；

③ 鞣质的水溶液具有一定程度的涩味；

④ 鞣质在碱性溶液中易氧化变为深黑色；

⑤ 鞣质与钙、钡、铝等金属离子作用产生相应的金属盐。

植物鞣剂一般是复合在一起使用的，详见表 A-1，表 A-2。

表 A-1　无浴速鞣植物鞣剂配比

品种	方案	主料	栲胶配比(按裸皮重的百分数计)/%	纯度/%	pH值	鞣后余液					备注
						浓度/°Bk	组成/(g/L)		纯度/%	pH值	
							鞣质	非鞣质			
底革	Ⅰ	杨梅与柚柑	杨梅 15 柚柑 15 橡椀 10 落叶松 5 合计 45	69.11	5.0 5.0 1.6 2.4	119	126.00	123.20	50.56	3.9	添加 1 号合成鞣剂 2%～3%
	Ⅱ	柚柑	冷溶柚柑 12 柚柑 8 红根 8 橡椀 8 柚柑 4 山槐 4 合计 44			— 140	108.60 160.06	274.20 283.44	28.36 52.97	4.7 3.7	不加助剂，添加 1 号合成鞣剂 2%、草酸 0.4%、硫酸化蓖麻油 0.3%
	Ⅲ	柚柑	柚柑 20 落叶松 10 橡椀 10 合计 40	66.55							

表 A-2　常法池鞣植物鞣剂配比

品种	方案	主料	橡胶配比(按裸皮重的百分数计)/%		纯度/%	pH值	鞣后余液				
							浓度/°Bk	组成/(g/L)		纯度/%	pH值
								鞣质	非鞣质		
底革装具革	Ⅰ	柚柑	落叶松	40～50	61.4～63.3	4.5～5.2	10	2.03	27.53		
								10.65	27.42		
			橡椀	60～50	66.7～76.48	3.4～3.6	20	5.20	23.20		

续表

品种	方案	主料	橡胶配比(按裸皮重的百分数计)/%		纯度/%	pH值	鞣后余液				
							浓度/°Bk	组成/(g/L)		纯度/%	pH值
								鞣质	非鞣质		
底革装具革	Ⅱ	橡椀柚柑	橡椀	33	69.69	3.59					
			柚柑	33	67.79	4.99					
			杨梅	22	80.78	3.90					
			木麻黄	12	76.30	5.00		12.57	33.63	27.1	4.32
	Ⅲ	杨梅	杨梅	60	68.80	4.68					
			柚柑	25	66.10	4.75					
			落叶松	15	60.03	4.60		1.80	3.10	35.0	5.55

Aa001 橡椀鞣剂

【别名】 橡椀栲胶

【英文名】 valanea tanning extract

【组成】 由七种鞣质组成，即栗木精、甜栗精、栗木橡椀酸、甜栗橡椀酸、橡椀精酸、异橡椀精酸、甜栗素。

【物化性质】 外观为粉状或块状，易溶于水、乙醇和丙酮中。与水或稀酸共煮沸或受鞣酸酶的作用则水解为简单产物。渗透速度中上，结合尚好，沉淀较多。制成的革暗黑，质地坚实。

【质量标准】 LY/T 1091—2010

型号	冷溶	半冷溶	热溶
鞣质/% >	68	69	71
非鞣质/% <	30	28	26
不溶物/% <	2.5	2.5	2.5
水分/%	12	12	12
纯度/% >	69	70	73
pH值	3.9～4.4	2.3～3.9	3.5～3.7

【用途】 用于鞣制底革。由于颜色暗黑影响成革外观，最好与其他鞣剂配合使用。

包装规格：用塑料桶或内衬塑料袋的纸板桶包装，净重20kg、50kg，或根据用户要求。

【制法】

(1) 浸提净制　将含水率18%以下的橡树皮切成3cm左右的小段，放入浸提缸，采用逆流浸提法，尾缸温度控制在95℃，首缸温度控制在70～80℃。4h加热水1次，加水量一般为原料的4～6倍。2h转液1次。浸液经过滤后放入浸出液槽澄清净化。

(2) 蒸发浓缩、脱色、干燥　浸出液澄清后，加入预热器中预热后打入二效蒸发器中浓缩。脱磺化釜中加入10%～70%的焦亚硫酸钠，在80～90℃下搅拌2h。最后将脱色液打入喷雾干燥塔，在4～5kPa下，100℃左右喷雾干燥。

【产品安全性】 天然产品，基本无毒。置于阴凉、干燥库房内，保质期12个月。运输时防止日晒雨淋。

【参考生产企业】 陕西石泉栲胶厂，成都栲胶厂，河南南阳栲胶厂，辽宁辽阳栲胶厂，郑州拓之翔贸易有限公司等。

Aa002 木麻黄鞣剂

【别名】 木麻黄栲胶

【英文名】 beef wood extract

【组成】 木麻黄树皮提取物。

【物化性质】 外观为粉状或块状，易溶于水、乙醇和丙酮中。渗透性中上，结合力较强，鞣液沉淀少。与碱共热时，碳架不被破坏；与稀酸共煮沸，不仅不水解，反而分子缩合变大，生成暗红色的“红粉”沉淀。受强酸或氧化作用也能使分子缩合变大。

【质量标准】 LY/T 1091—2010

鞣质/%	>70	非鞣质/%	<26
不溶物/%	<3.5	水分/%	<12
纯度/%	>72	pH 值	4.5～5.5

【用途】 鞣制重革、装具革和羊夹里革。

包装规格：用塑料桶或内衬塑料袋的纸板桶包装，净重 20kg、50kg，或根据用户要求。

【制法】 由木麻黄树皮经粉碎、浸提、净化、浓缩、干燥得成品。

【产品安全性】 天然产品，基本无毒。置于阴凉、干燥库房内，保质期 12 个月。运输时防止日晒雨淋。

【参考生产企业】 广州森莱商贸有限公司，广东湛江栲胶厂，广东潮州化工社，广东陆丰碣石栲胶厂。

Aa003 柚柑鞣剂

【别名】 柚柑栲胶；油柑栲胶；余柑栲胶

【英文名】 you gan extract

【组成】 柚柑树皮提取物。

【物化性质】 外观为粉状或块状，易溶于水、乙醇和丙酮中。鞣制渗透快，结合好，成革颜色柚黄，色调发灰。

【质量标准】 LY/T 1091—2010

鞣质/%	>70	非鞣质/%	<27
不溶物/%	<2	水分/%	<12
纯度/%	>72	pH 值	4.5～5.0

【用途】 用于鞣制底革和装具革。

包装规格：用塑料桶或内衬塑料袋的纸板桶包装，净重 20kg、50kg，或根据用户要求。

【制法】 由柚柑树皮经粉碎、浸提、净化、浓缩、干燥得成品。

【产品安全性】 天然产品，基本无毒。置于阴凉、干燥库房内，保质期 12 个月。运输时防止日晒雨淋。

【参考生产企业】 郑州市中原区裕海化工商行，辽宁辽阳栲胶厂，广西百色栲胶厂，广东湛江栲胶厂，广西梧州栲胶厂，陕西石泉栲胶厂。

Aa004 杨梅鞣剂

【别名】 杨梅栲胶

【英文名】 tanning agent myrica

【组成】 杨梅树皮提取物。

【物化性质】 外观为粉状或块状，易溶于水、乙醇或丙酮中。具有渗透快、与胶原结合力强、颜色鲜艳、鞣液沉淀少等特性。

【质量标准】 LY/T 1091—2010

鞣质/%	>68	非鞣质/%	<27
不溶物/%	<5	水分/%	<12
纯度/%	>70	pH 值	4.5～5.5

【用途】 适合鞣制底革、装具革和羊里革。

包装规格：用塑料桶或内衬塑料袋的纸板桶包装，净重 20kg、50kg，或根据用户要求。

【制法】 由杨梅树皮（根皮、叶）经粉碎、浸提、净化、浓缩、干燥得成品。

【产品安全性】 天然产品，基本无毒。置于阴凉、干燥库房内，保质期 12 个月。运输时防止日晒雨淋。

【参考生产企业】 广西百色栲胶厂，广西梧州栲胶厂，广东湛江栲胶厂，陕西石泉栲胶厂，河南南阳栲胶厂，辽宁辽阳栲胶厂等。

Aa005 落叶松鞣剂

【别名】 落叶松栲胶

【英文名】 tanning agent larch

【组成】 落叶松树皮提取物。

【物化性质】 外观为粉状或块状，呈暗红色，易溶于水、乙醇和丙酮中。渗透性与结合力均属中上。与碱共热时碳架不被破坏，与稀酸共煮沸，不仅不水解，反而分子缩合变大，生成暗红色的“红粉”沉淀。受强酸或氧化作用也能使分子缩合变大。

【质量标准】 LY/T 1091—2010

鞣质/%	>57	非鞣质/%	<38
不溶物/%	<5	水分/%	<12
纯度/%	>60	pH值	4.5～5.5

【用途】 适用于鞣制装具革，最好与其他鞣剂配合使用。

包装规格：用塑料桶或内衬塑料袋的纸板桶包装，净重20kg、50kg，或根据用户要求。

【制法】 由落叶松树皮经粉碎、浸提、净化、浓缩、干燥得成品。

【产品安全性】 天然产品，基本无毒。置于阴凉、干燥库房内，保质期12个月。运输时防止日晒雨淋。

【参考生产企业】 沈阳依莱普克斯贸易有限公司，内蒙古牙克石栲胶厂，吉林松河栲胶厂，成都栲胶厂，河南南阳栲胶厂，辽宁辽阳栲胶厂等。

Aa006 槲皮鞣剂

【别名】 槲皮栲胶

【英文名】 tanning agent oak bark

【组成】 槲树皮提取物。

【物化性质】 外观为粉状或块状，易溶于水、乙醇和丙酮中，属混合型鞣剂。鞣革性能强弱适宜，含有适量的酸和盐，在鞣制过程中pH值比较稳定。

【质量标准】 LY/T 1091—2010

鞣质/%	>63	非鞣质/%	<20
不溶物/%	2～3	水分/%	<12
纯度/%	66～74	pH值	4.5

【用途】 用于制造各种皮革。宜存放于通风、干燥、阴凉处，防止雨淋受潮。

包装规格：用塑料桶或内衬塑料袋的纸板桶包装，净重20kg、50kg，或根据用户要求。

【制法】 由槲树皮经粉碎、浸提、净化、浓缩、干燥得成品。

【产品安全性】 天然产品，基本无毒。置于阴凉、干燥库房内，保质期12个月。运输时防止日晒雨淋。

【参考生产企业】 洛阳江凯贸易有限公司，陕西石泉栲胶厂，成都栲胶厂，河南南阳栲胶厂，辽宁辽阳栲胶厂等。

Aa007 红根鞣剂

【别名】 红根栲胶

【英文名】 tanning agent red root

【组成】 野蔷薇根皮提取物。

【物化性质】 外观为粉状或块状，易溶于水，属混合性鞣剂。渗透速度快，收敛性好，结合尚好，鞣制的成革比较丰满、坚实。

【质量标准】 LY/T 1091—2010

鞣质/%	66	非鞣质/%	21
不溶物/%	1.5	水分/%	10
纯度/%	75	pH值	3.2～3.95

【用途】 适于鞣制底革和装具革。

包装规格：用塑料桶或内衬塑料袋的纸板桶包装，净重20kg，50kg，或根据用户要求。

【制法】 由野蔷薇等根皮经粉碎、浸提、净化、浓缩、干燥得成品。

【产品安全性】 天然产品，基本无毒。置于阴凉、干燥库房内，保质期12个月。运输时防止日晒雨淋。

【参考生产企业】 沂源县庆华助剂有限公司，利民栲胶厂，石泉栲胶厂，老河口栲胶厂，河南南阳栲胶厂，辽宁辽阳栲胶厂等。

二、合成鞣剂和复鞣剂

采用化学合成方法，由简单的有机化合物合成的具有鞣革性能的高分子有机鞣剂称为合成鞣剂或者合成单宁。合成鞣剂按化学结构分类可分为脂肪族合成鞣剂和芳香族合成鞣剂。目前芳香族合成鞣剂较多。通常按应用性质分类，可分为以下6类。

(1) 辅助性合成鞣剂　这类鞣剂不能单独鞣革，其主要作用是帮助植物鞣质渗透和帮助溶解植物鞣质中的不溶物。例如，苯酚和萘的磺化产物与甲醛缩合物可作重革的预鞣剂、漂洗剂，染色的匀染剂、固色剂，中和复鞣剂。

(2) 混合性合成鞣剂　这类合成鞣剂较辅助性鞣剂鞣革性能为好，可与植物鞣剂或其他鞣剂混合应用于鞣革。

(3) 代替性合成鞣剂　这类合成鞣剂具有单独鞣革性能，其性质接近植物鞣质。例如，以苯酚或4,4′-二羟基二苯砜、4,4′-二羟基二苯基丙烷等与甲醛缩合产物，可完全代替或代替一部分栲胶作为轻革复鞣剂，且有很好的填充性和分散性。

(4) 白色合成鞣剂　这类鞣剂的合成方法与代替型相似，只是耐光性和漂白性更好，可作主鞣剂，鞣制白色革。

(5) 含铬合成鞣剂　是代替型合成鞣剂与碱式硫酸铬生成的络合物和混合物，具有铬鞣剂和合成鞣剂鞣制的双重作用。普遍用于轻革复鞣，有很好的匀染性。

(6) 氨基树脂鞣剂　能很好地解决皮革的松面和空松，是具有选择性和填充性的合成鞣剂。合成鞣质由于结构不同，在制革中效果各异。它可以改善植物鞣剂的缺陷，减少沉淀；加速栲胶渗透；减弱其收敛性。并可和矿物鞣剂进行结合鞣或者复鞣，使成革粒面紧实，身骨丰满、手感好，节约红矾，减少污染等。合成鞣剂品种逐渐增多，已成为制革必不可少的化工材料。

Aa008 合成鞣剂 DLT-1 号

【别名】 PO 型合成鞣剂

【英文名】 synthetic tanningagent DLT-1

【结构式】 见反应式。

【物化性质】 淡红色黏稠液体，易溶于水，具有溶解栲胶、减少沉淀和加速渗透的作用。

【质量标准】 QB/T 2222—1996

总固物/%	70
水不溶物/%	<1
鞣质/%	>35
纯度/%	>60
水分/%	29
非鞣质/%	<25
水溶物/%	70
pH 值(10%水溶液)	1.5～2.0

【用途】 重革结合鞣。用于毛皮鞣制。

包装规格：用塑料桶包装，净重20kg、50kg。

【制法】 将苯酚400kg投入缩合釜中。加热熔化，加入催化剂量的硫酸，在65℃左右开始滴加37%甲醛水溶液244kg。滴毕后在90～95℃保温反应3～4h，然后减压脱水，脱水完毕后，将物料压入磺化釜中，在搅拌下于80～85℃开始滴加醋酐79kg。滴加过程中控制反应温度85℃以下。滴毕后降温至70℃，开始滴加浓硫酸160kg。滴毕后在85～90℃反应4h。加水稀释至所需含量即为产品。反应式如下：

n（苯酚，OH） $\xrightarrow[H^+]{HCHO}$ [—(OH-苯环)—CH_2—(OH-苯环)—]$_n$ $\xrightarrow{H_2SO_4}$ (OH,SO_3H-苯环)—CH_2—[(OH,SO_3H-苯环)—CH_2—(OH,SO_3H-苯环)—CH_2]$_n$—(OH,SO_3H-苯环)

【产品安全性】 有刺激性，注意防护。沾到皮肤上马上用肥皂水清洗。不能与铁制品接触。置于阴凉库内，避免高热和日光曝晒。5～30℃条件下，储存期12个月。本品按非危险品存储。运输时应防止曝晒、雨淋。

【参考生产企业】 天津市巨丰工贸有限公司，丹东市轻化工研究所，陕西石泉栲胶厂，河南南阳栲胶厂，辽宁辽阳栲胶厂等。

Aa009 合成鞣剂 DLT-2 号

【别名】 PLN 合成鞣剂

【英文名】 synthetic tanning agent DLT-2

【组成】 萘磺酸与甲醛缩合物，酚磺酸与甲醛缩合物，纸浆废液。

【物化性质】 深棕色黏稠液体，有酚及亚硫酸味，易溶于水。属混合型鞣剂。具有良好的渗透性和填充性，鞣性缓和，成革坚固，色泽好。

【质量标准】 QB/T 2222—1996

总固物/%	>70	水溶物/%	<58
水不溶物/%	<5.0	鞣质/%	>30
非鞣质/%	<30	pH 值	1.5～2.5

【用途】 与植物鞣剂或其他鞣剂配合使用，鞣制底革。避免铁锈混入。

包装规格：用塑料桶包装，净重 20kg、50kg。

【制法】 将苯酚与甲醛进行缩合再用硫酸磺化。萘先磺化再与甲醛缩合。最后将两种生成物与纸浆废液混合在一起，得成品。

【产品安全性】 有刺激性，注意防护。沾到皮肤上马上用肥皂水清洗。不能与铁制品接触。置于阴凉、通风的库内，5～30℃条件下，储存期 12 个月。本品按非危险品存贮。运输时应防止曝晒、雨淋。

【参考生产企业】 湛江市天奇维诚化工有限公司，天津市巨丰工贸有限公司，丹东市轻化工研究所。

Aa010 合成鞣剂 DLT-3 号

【别名】 LS 型合成鞣剂

【英文名】 synthetic tanning agent DLT-3

【组成】 碱化纸浆废液和酚磺酸甲醛缩合物的混合物。

【物化性质】 深褐色黏稠状液体，易溶于水。相对密度 1.07～1.075。属混合型鞣剂。具有良好的渗透性、填充性，成革坚实、耐磨。

【质量标准】 QB/T 2222—1996

总固物/%	75	水溶物/%	74
水不溶物/%	<1	鞣质/%	>30
非鞣质/%	<40	pH 值	3.0～4.5

【用途】 可与植物鞣剂或铬鞣剂结合鞣制猪、牛底革，防止铁锈混入。例如，DLT-3 号与铬结合鞣制猪底革。铬鞣液比 0.7，ZrO_2 6%，CH_3COONa 4%，18～22°Bé；纯碱 1%～1.5%，pH 值（出鼓）3.5。

包装规格：用塑料桶包装，净重 20kg、50kg。

【制法】 首先将苯酚用硫酸磺化，再与甲醛缩合，得酚磺酸甲醛缩合物。再将纸浆废液用烧碱处理，二者缩合后得成品。

【产品安全性】 有刺激性，注意防护。沾到皮肤上马上用肥皂水清洗。不能与铁制品接触。置于阴凉、通风的库内，5～30℃条件下，贮存期 12 个月。本品按非危险品存贮。运输防止曝晒、雨淋。

【参考生产企业】 广州彬荣化工有限公司，天津市巨丰工贸有限公司，丹东市轻化工研究所。

Aa011 合成鞣剂 DLT-4 号

【别名】 4 号合成鞣剂

【英文名】 synthetic tanning agent DLT-4

【组成】 磺化酚残渣与甲醛的缩合物。

【物化性质】 深棕色黏稠状液体，带有芳香味，易溶于水。能溶解栲胶，减少沉淀，加速渗透的作用。

【质量标准】 QB/T 2222—1996

总固物/%	80
鞣质/%	>23
黏度/Pa·s	0.005～0.007
水不溶物/%	<1
油分/%	<0.05
pH 值	0.8～1.2

【用途】 熔化栲胶，减少沉淀。调节植鞣液 pH 值（本品 pH 值较低）。

包装规格：用塑料桶包装（具有一定的腐蚀性，故不能用铁制容器盛装），净重 20kg、50kg。

【制法】 将合成酚残渣计量后加入磺化釜中，加硫酸磺化，磺化产物经稀释后，与甲醛缩合，用氨水中和后得成品。

【产品安全性】 有刺激性，注意防护。沾到皮肤上马上用肥皂水清洗。不能与铁制品接触。置于阴凉库内，5～30℃条件下，贮存期 12 个月。本品按非危险品存贮。运输时应防止曝晒、雨淋。

【参考生产企业】 广州彬荣化工有限公司，天津市巨丰工贸有限公司，丹东市轻化工研究所。

Aa012 合成鞣剂 DLT-5 号

【别名】 RT 重革速鞣剂

【英文名】 synthetic tanning agent DLT-5

【结构式】

OH OH
$-[C_6H_3(OH)-CH_2-C_6H_2(OH)(CH_2SO_3Na)]_n-$

【物化性质】 淡黄色黏稠状液体。易溶于水，具有溶解栲胶、加速栲胶渗透的作用。收敛性温和。

【质量标准】 QB/T 2222—1996

总固物/%	>55
非鞣质/%	<35
相对密度	1.3
鞣质/%	20～27
pH 值(10%水溶液)	3～4

【用途】 溶化栲胶，减少沉淀，调节植鞣液的 pH 值。避免与铁器接触。

包装规格：用塑料桶包装，净重 20kg、50kg。

【制法】 在碱性介质中，苯酚与甲醛进行羟甲基化反应，再与二氧化硫进行磺甲基反应，再进行缩合反应。反应毕调 pH 值至标准要求，即为成品。反应式如下：

$$C_6H_5OH \xrightarrow[OH^-]{HCHO} HOC_6H_4CH_2OH \xrightarrow[NaOH]{SO_2} HOC_6H_4CH_2SO_3Na$$

$$C_6H_5OH + HOC_6H_4CH_2SO_3Na + HCHO \longrightarrow -[C_6H_3(OH)-CH_2-C_6H_2(OH)(CH_2SO_3Na)]_n-$$

【产品安全性】 有刺激性，注意防护。沾到皮肤上马上用肥皂水清洗。不能与铁制品接触。置于阴凉库内，5～30℃条件下贮存期 12 个月。本品按非危险品存贮运输时应防止曝晒、雨淋。

【参考生产企业】 辛集市华峰制革机械厂，宜兴市高阳化工有限公司，广州彬荣化工有限公司，天津市巨丰工贸有限公司，丹东市皮革化工厂。

Aa013 合成鞣剂 DLT-6 号

【别名】 DDF 鞣剂；毛皮鞣剂

【英文名】 synthetic tanning agent DLT-6

【组成】 双氰胺、尿素、甲醛缩合物。

【物化性质】 无色或微黄色透明液体。可与水以任何比例混溶。有甲醛刺激味，鞣制品毛白洁净。

【质量标准】 QB/T 2222—1996

黏度/mPa·s	1.30～1.40
盐水中稳定性(48h)	无沉淀析出
游离甲醛/%	10～12
pH 值	6～7

【用途】 主要用于毛皮的鞣制。鞣制后毛皮轻柔、色白、洁净。

包装规格：用塑料桶包装，净重 20kg、50kg。

【制法】

① 将尿素与双氰胺按比例混匀后备用。

② 将需要量的 37%的甲醛加入反应釜中，用 10%的氢氧化钠调 pH 值至 8.0～8.2。在激烈搅拌下加入上述混合物，缓慢加热至回流。回流 20min 后降温至 80℃左右，保温搅拌 2h，冷却，再用 10%的氢氧化钠调 pH 值至 9.0～9.5。贮存备用。

【产品安全性】 有刺激性，注意防护。沾到皮肤上马上用肥皂水清洗。不能与铁制品接触。宜存放于阴凉、通风的库房中，容器应密封，避免日光曝晒。不能与阴离子表面活性剂等同浴使用。5～30℃条件下，储存期 12 个月。

【参考生产企业】 武汉旭增博源化工有限公司，南通展亿化工有限公司，广州彬荣化工有限公司，天津市巨丰工贸有限公司。

Aa014 重革栲胶固定剂 DLT-9 号

【别名】 固栲剂

【英文名】 synthetic tanning agent DLT-9

【组成】 磺甲基化酚醛与脲甲醛糠醛缩合物。

【物化性质】 外观为红棕色液体，易溶于水，具有良好的渗透性。能固定鞣质与皮胶原的结合，提高鞣制系数。在酸性条件下易缩聚。

【质量标准】 QB/T 2222—1996

总固物/%	>40
游离酚/%	<0.05
pH 值	10～11
鞣质/%	>17
非鞣质/%	<30
游离糠醛/%	<2.5
相对密度	1.30±0.05

【用途】 固定栲胶。能赋予皮革非常好的柔软度和均匀的填充性。使用时 pH 值不得过低，以免引起缩聚。

包装规格：用塑料桶包装，净重 20kg、50kg。

【制法】 苯酚与甲醛、亚硫酸氢钠进行磺甲基化，得苯酚的磺甲基化产物，再用尿素与甲醛、糠醛缩合得缩合产物，二者按比例混合得产品。

【产品安全性】 有刺激性，注意防护。沾到皮肤上马上用肥皂水清洗。不能与铁制品接触。5～30℃条件下，储存期 12 个月。本品按非危险品存贮。运输时应防止曝晒、雨淋。宜存放于阴凉、通风的库房内。

【参考生产企业】 石家庄天宇皮革化工有限公司，广州彬荣化工有限公司，天津市巨丰工贸有限公司，丹东市轻化工研究所。

Aa015 轻革复鞣剂 DLT-10 号

【英文名】 synthetic tanning agent DLT-10

【组成】 酚磺酸、甲醛缩合物及铬盐等。

【物化性质】 灰绿色黏稠液，在室温下很快溶成透明液，其鞣性、渗透性、填充性均比较好。具有优异的耐光性，对提高染色的均匀度有积极的作用。

【质量标准】 QB/T 2222—1996

外观	灰绿色黏稠液
非鞣质/%	<35
Cr_2O_3/%	6.0
总固物/%	>50
鞣质/%	10
pH 值	3.0

【用途】 用于轻革复鞣，特别适用于进口牛蓝皮。在进口牛蓝湿坯革复鞣中用量13%。

包装规格：用塑料桶包装，净重20kg、50kg。

【制法】 将合成鞣剂1号、合成鞣剂6号、铬鞣剂按比例复配而成。

【产品安全性】 有刺激性，注意防护。沾到皮肤上马上用肥皂水清洗。不能与铁制品接触。置于阴凉库内，5～30℃条件下，贮存期12个月。本品按非危险品存贮。运输时应防止曝晒、雨淋。

【参考生产企业】 宜都盛大工贸有限公司，广州彬荣化工有限公司，天津市巨丰工贸有限公司，丹东市轻化工研究所。

Aa016 合成鞣剂 DLT-14 号

【英文名】 synthetic tanning agent DLT-14

【组成】 苯乙烯、马来酸共聚物。

【物化性质】 浅黄色黏稠液，易溶于水。具有较好的渗透性和填充性，相对密度(25℃) 1.068。与皮革胶原纤维结合能力强，收敛性小，可以增加得革率，能赋予成革非常平滑细致的粒面和舒适的手感。

【质量标准】 QB/T 2222—1996

外观	浅黄色黏稠液体
Cr_2O_3/%	6
固含量/%	17
pH值(10%水溶液)	6.5～7.5

【用途】 用于猪牛羊服装革、手套革、鞋面革的复鞣，具有增厚效果。成革柔软丰满，富有弹性。

包装规格：用塑料桶包装，净重20kg、50kg。

【制法】 将苯乙烯、马来酸酐按比例加入反应釜中，加入甲苯溶解，加热至70～80℃，滴加过氧化苯甲酰的甲苯溶液，在正常回流下反应4h，蒸出甲苯。用10%的碳酸钠调pH值至7.0左右，出料，得产物。反应式如下：

$$n\ C_6H_5-CH=CH_2 + n\ (\text{马来酸酐}) \xrightarrow{\text{引发剂}} \left[-CH(C_6H_5)-CH_2-\text{CH(CO)O(CO)CH}- \right]_n$$

【产品安全性】 有刺激性，注意防护。沾到皮肤上马上用肥皂水清洗。不能与铁制品接触。置于阴凉库内，5～30℃条件下，贮存期12个月。本品按非危险品存贮。运输时应防止曝晒、雨淋。

【参考生产企业】 泰安市奇能化工科技有限公司，广州彬荣化工有限公司，天津市巨丰工贸有限公司，丹东市轻化工研究所。

Aa017 含铬合成鞣剂 DLT-15 号

【英文名】 chrome containing syntan DLT-15

【组成】 苯砜类合成鞣剂与铬盐的络合物。

【物化性质】 浅绿色粉末。电荷性阳性。溶于热水，具有很好的渗透性。

【质量标准】 QB/T 2222—1996

固含量/%	≥95	pH值	2.0～3.0
Cr_2O_3/%	12		

【用途】 用于猪、牛、羊服装革和其他轻革的复鞣。

包装规格：用塑料桶包装，净重20kg/桶、50kg/桶。

【制法】 将2mol 4,4′-二羟基二苯砜加入反应釜中，预热至40℃左右，开始滴加37%的甲醛水溶液（合计1.01mol甲醛），待甲醛水溶液加完后在98～100℃下保温搅拌2h。然后脱水加98%的浓硫酸进行磺化。磺化完毕后除去硫酸。加入铬鞣剂和填充物。喷雾干燥得成品。

【产品安全性】 有刺激性，注意防护。沾到皮肤上马上用肥皂水清洗。不能与铁制品接触。置于阴凉库内，5～30℃条件下，贮存期 12 个月。本品按非危险品存贮。运输时应防止曝晒、雨淋。

【参考生产企业】 湛江市坡头区天奇维诚化工有限公司，天津市巨丰工贸有限公司，丹东市轻化工研究所，广州彬荣化工有限公司。

Aa018 合成鞣剂 1 号

【别名】 萘磺酸甲醛缩合物

【英文名】 synthetic tanning agent No. 1

【结构式】

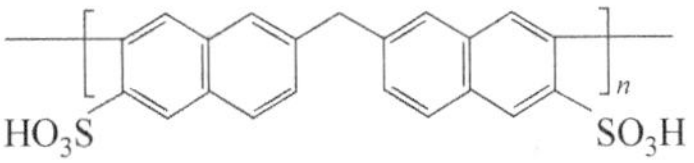

【物化性质】 青黑色黏稠液体，易溶于水。属辅助型合成鞣剂。有较好的渗透性和扩散性，能使植物鞣质沉淀溶解，有速鞣效能、漂洗性能。

【质量标准】 QB/T 2222—1996

外观	青黑色黏稠液体
鞣质/%	45
铁(以 Fe_2O_3 计)/%	<0.05
灰分/%	1.5
总固物/%	58～62
非鞣质/%	25
pH 值	1.0～1.2

【用途】 用于裸皮浸酸和植鞣液调节 pH 值，亦可用于植鞣漂洗。因酸性较强，不能用铁容器包装。

包装规格：用塑料桶包装，净重 20kg、50kg。

【制法】 将精萘 100kg 投入磺化釜中，升温至 125℃，在搅拌下加入浓硫酸 120kg，在 155～165℃下反应 6～8h。取样测终点，如果完全溶于水则证明磺化完全。逐渐降温至 110℃，加少量水稀释。在 80℃左右将料液压入缩合釜。在 70℃左右滴加 37% 的甲醛水溶液 39kg，滴毕后在 80～90℃下反应 3h，得青黑色黏稠液即为成品。反应式如下：

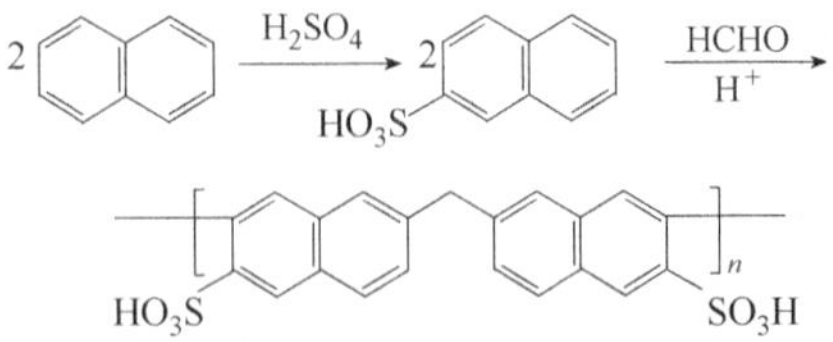

适用于各类皮革的复鞣。可用于白色革和浅色革的生产。

【产品安全性】 有刺激性，注意防护。沾到皮肤上马上用肥皂水清洗。不能与铁制品接触。置于阴凉库内，5～30℃条件下，贮存期 12 个月。本品按非危险品存贮。运输时应防止曝晒、雨淋。

【参考生产企业】 湖北新景新材料有限公司，上海皮革化工厂，广州助剂化工厂，昆明南坝化工厂，广州彬荣化工有限公司。

Aa019 合成鞣剂 3 号

【别名】 KN 合成鞣剂，萘酚与 β-羟基萘磺酸甲醛缩合物

【英文名】 synthetic tanning agent No. 3

【结构式】

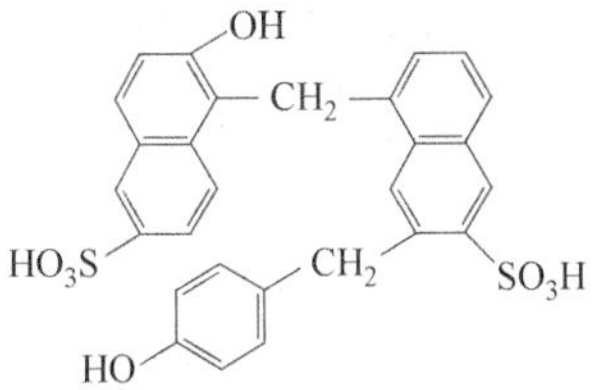

【相对分子质量】 550.0

【物化性质】 棕黑色黏稠液体（低温下呈固体）。相对密度（25℃/4℃）为1.0062～1.0069，易溶于水，渗透性良好，并具有良好的填充性。

【质量标准】 QB/T 2222—1996

鞣质/%	>25
酸值/(mg KOH/g)	100～150
总固量/%	40～45
非鞣质/%	<16
pH 值	1.3±0.2

【用途】 用于轻革的复鞣和填充，还可与植物鞣剂配合使用鞣制重革。亦能溶化栲胶。

包装规格：用塑料桶包装，净重20kg、50kg。

【制法】 用硫酸将β-萘酚磺化后，同时加入苯酚和甲醛，进行缩合反应，保温数小时，反应完成后冷却出料，即得产品。反应式如下：

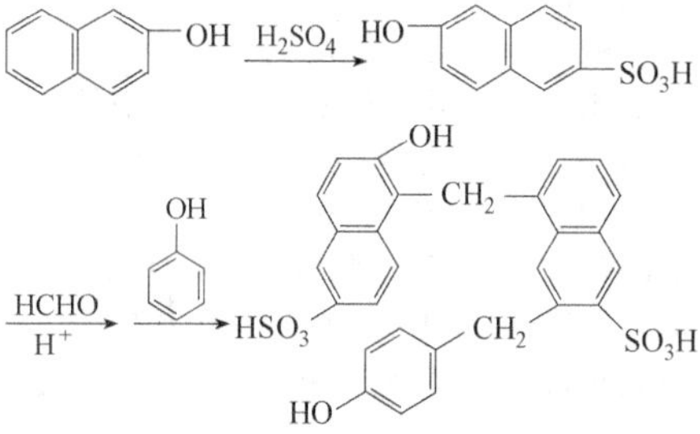

【产品安全性】 有刺激性，注意防护。沾到皮肤上马上用肥皂水清洗。不能与铁制品接触。置于阴凉库内，5～30℃条件下，贮存期12个月。本品按非危险品存贮。运输时应防止曝晒、雨淋。

【参考生产企业】 上海皮革化工厂，广州彬荣化工有限公司，天津市巨丰工贸有限公司，丹东市轻化工研究所。

Aa020 合成鞣剂6号

【英文名】 synthetic tanning agent No. 6

【组成】 二羟基二苯砜的甲醛缩合物。

【物化性质】 玫瑰紫色膏状物，易溶于水，水溶液呈鹅黄色，鞣性好，具有良好的耐光性。

【质量标准】 QB/T 2222—1996

外观	玫瑰紫色膏状物
鞣质/%	>30
pH值	0.7～1.0
总固物/%	>80
非鞣质/%	50～55

【用途】 与铬鞣剂、植物鞣剂结合鞣制轻、重革或用作轻革的复鞣、填充。酸性较强，不宜用金属器皿盛装。

包装规格：用塑料桶包装，净重20kg、50kg。

【制法】 将400kg苯酚加入磺化反应器加热熔融，然后在搅拌下滴加硫酸。滴加温度以不超过110℃为宜，共滴加469kg。滴毕后，在100℃反应2h，继续升温至145～150℃，反应4h，进行砜化反应。降温至100℃左右开始滴加甲醛（35%）150kg。滴毕后在98～100℃下反应4h，得成品。反应式如下：

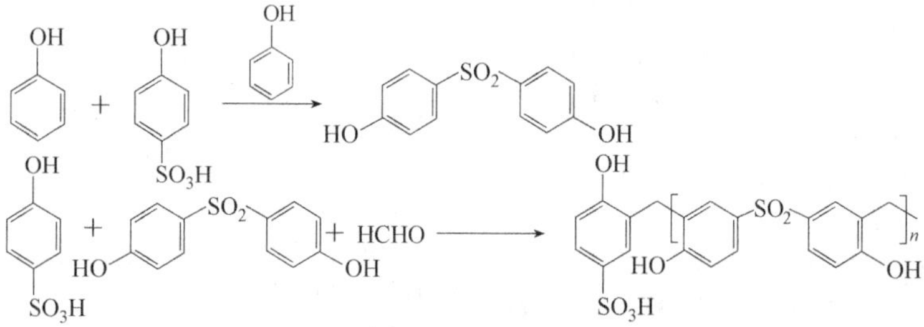

【产品安全性】 有刺激性，注意防护。沾到皮肤上马上用肥皂水清洗。不能与铁制品接触。置于阴凉库内，5～30℃条件下，贮存期12个月。本品按非危险品存贮。运输时应防止曝晒、雨淋。

【参考生产企业】 广州彬荣化工有限公司，上海皮革化工厂，天津市巨丰工贸有限公司，丹东市轻化工研究所。

Aa021 合成鞣剂7号

【英文名】 synthetic tanning agent No. 7

【组成】 磺化酚醛缩合物与纸浆废液混合物。

【物化性质】 深棕色黏稠液体，易溶于水，具有良好的扩散性和渗透性。

【质量标准】 QB/T 2222—1996

总固物/%	≥44	鞣质/%	≥22
非鞣质/%	≤22	pH值	3.0～3.5

【用途】 用于轻革和重革的结合鞣。在与其他鞣剂结合鞣时，应分开使用，以免影响色泽。

包装规格：用塑料桶包装，净重20kg、50kg。

【制法】 将310kg苯酚加入缩合釜中，加热熔融。在搅拌下于65℃左右开始滴加甲醛水溶液（37%）190kg，3h内滴加完毕。在90～95℃下反应3h，反应结束后抽真空脱水。脱水毕，停止减压，在80℃下滴加醋酸62kg。滴毕后降温至70℃，开始滴加硫酸100kg、发烟硫酸35kg，滴毕后于85℃下反应2～3h。然后取样测水溶性，如果完全溶于水证明磺化反应完成，加纸浆废液稀释至所需含量即为成品。反应式如下（磺化酚醛缩合部分）：

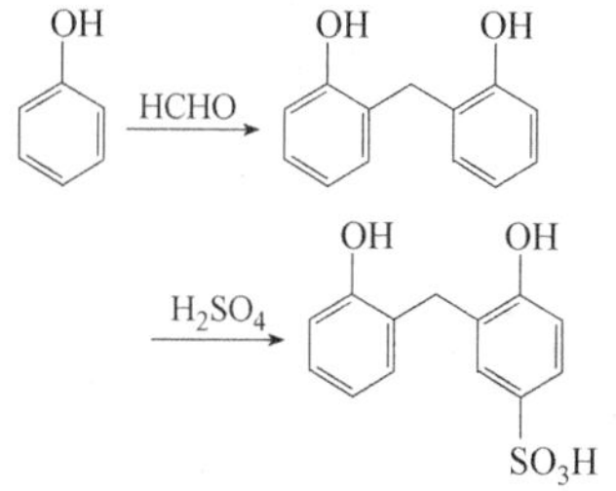

OH OH OH
HCHO →
OH OH
H_2SO_4 →
SO_3H

【产品安全性】 有刺激性，注意防护。沾到皮肤上马上用肥皂水清洗。不能与铁制品接触。置于阴凉库内，5～30℃条件下，贮存期12个月。本品按非危险品存贮。运输时应防止曝晒、雨淋。

【参考生产企业】 东莞市博诚化工有限公司，广州彬荣化工有限公司，天津市巨丰工贸有限公司，丹东市轻化工研究所。

Aa022 合成鞣剂9号

【英文名】 synthetic tanning agent No. 9

【组成】 乙萘酚、甲醛磺化物和纸浆液。

【物化性质】 棕黑色黏稠液体，易溶于水，具有良好的扩散性和渗透性。

【质量标准】

鞣质/%	≥22	总固物/%	≥44
pH值	3.5～4.0	非鞣质/%	≤22

【用途】 用于轻革、重革结合鞣。

包装规格：用塑料桶包装，净重20kg、50kg。

【制法】 在酸催化下乙萘酚与甲醛缩合，缩合产物用硫酸和发烟硫酸磺化。得乙萘酚、甲醛磺化物。将其与纸浆液按比例混合即得成品。乙萘酚、甲醛磺化物制备中的反应式如下：

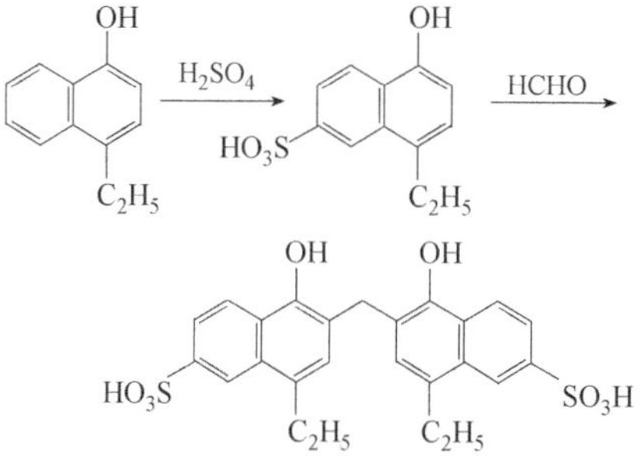

OH OH
H_2SO_4 → HCHO →
HO_3S
C_2H_5 C_2H_5

OH OH
HO_3S SO_3H
C_2H_5 C_2H_5

【产品安全性】 有刺激性，注意防护。沾到皮肤上马上用肥皂水清洗。不能与铁制品接触。置于阴凉库内，5～30℃条件下，贮存期12个月。本品按非危险品存贮。运输时应防止曝晒、雨淋。

【参考生产企业】 温州市利是化工有限公司，广州彬荣化工有限公司，天津市巨丰工贸有限公司，丹东市轻化工研究所。

Aa023 合成鞣剂28号

【英文名】 synthetic tanning agent No. 28

【结构式】

OH OH

[苯环]$_n$ $-CH_2SO_3Na$

【物化性质】 红棕色黏稠状液体，易溶于水，相对密度（25℃）1.3。具有良好的渗透性。

【质量标准】 QB/T 2222—1996

鞣质/%	>25	总固物/%	>70
pH值	4～6	非鞣质/%	<45

【用途】 鞣制毛皮、山羊里子皮，重革的复合鞣。

包装规格：用塑料桶包装，净重20kg、50kg。

【制法】 将苯酚与甲醛在酸催化下进行缩合得产物（Ⅰ）。另将苯酚与甲醛和 Na_2SO_3 反应，经后处理得2-羟基苯甲磺酸钠（Ⅱ）。Ⅰ与Ⅱ进行缩合后，调pH值4～6即为成品。反应式如下：

$$C_6H_5OH \xrightarrow{HCHO} \text{(2-}CH_2OH\text{-苯酚)}\ (\text{Ⅰ}) \xrightarrow{H^+}$$

$$\text{OH, OH; [ ]}_n\ -CH_2SO_3Na$$

$$C_6H_5OH \xrightarrow[HCHO]{Na_2SO_3} \text{(OH)}C_6H_4-CH_2SO_3Na\ (\text{Ⅱ})$$

【产品安全性】 有刺激性，注意防护。沾到皮肤上马上用肥皂水清洗。不能与铁制品接触。置于阴凉库内，5～30℃条件下，贮存期12个月。本品按非危险品存贮。运输时应防止曝晒、雨淋。

【参考生产企业】 上海轩宏化工有限公司，广州彬荣化工有限公司，天津市巨丰工贸有限公司，丹东市轻化工研究所。

Aa024 合成鞣剂29号

【别名】 二羟基二苯砜酚磺酸尿素甲醛缩合物

【英文名】 synthetic tanning agent No. 29

【结构式】

OH OH OH

$-CH_2NHCNHCH_2-$（C=O）

SO_2 SO_3H

【相对分子质量】 508.30

【物化性质】 本品为浅红色黏稠液体，易溶于水。具有良好的渗透性，鞣制的成革颜色浅淡。

【质量标准】 QB/T 2222—1996

总固物/%	>80	鞣质/%	20～25
水溶物/%	>80	相对密度	1.3
pH值	1.0	(25℃)	

【用途】 鞣制轻革、绵羊皮。

包装规格：用塑料桶包装，净重20kg、50kg。

【制法】 将266份37%的甲醛和100份尿素加入反应釜中，升温至80～82℃，反应1h，当pH值下降至6.5时，尿素的羟甲基化反应完成。接着加入苯酚磺酸、二羟基二苯砜，升温至90℃，继续反应至缩合反应完成。反应式如下：

$$HCHO + NH_2CONH_2 \longrightarrow HOCH_2NHCONHCH_2OH$$

$$HO-C_6H_4-SO_2-C_6H_4-OH + HO-C_6H_4-SO_3H +$$

$$HOCH_2NHCONHCH_2OH \longrightarrow \text{本品}$$

【产品安全性】 有刺激性，注意防护。沾到皮肤上马上用肥皂水清洗。不能与铁制品接触。置于阴凉库内，5～30℃条件下，贮存期12个月。本品按非危险品存贮。

运输时应防止曝晒、雨淋。

【参考生产企业】 镇江市意德精细化工有限公司，广州彬荣化工有限公司，天津市巨丰工贸有限公司，丹东市轻化工研究所。

Aa025 合成鞣剂 742 号

【英文名】 synthetic tanning agent No. 742

【组成】 磺化乙萘酚与苯酚、尿素甲醛缩合物。

【物化性质】 棕红色黏稠液体，易溶于水，渗透快。

【质量标准】 QB/T 2222—1996

鞣质/%	>25	pH 值	0.8～1.2
总固物/%	>50		

【用途】 作速鞣剂用于重革鞣制。

包装规格：用塑料桶包装，净重 20kg、50kg。

【制法】 将乙苯酚加入磺化釜中，加热熔融后，用浓硫酸进行磺化，水解去除副产物，得乙基羟基萘磺酸（Ⅰ）。另将苯酚磺化得羟基苯磺酸（Ⅱ）。将Ⅰ、Ⅱ分别投入缩合釜中加入尿素、甲醛进行缩合。缩合产物加氨水得产品。

【产品安全性】 有刺激性，注意防护。沾到皮肤上马上用肥皂水清洗。不能与铁制品接触。置于阴凉库内，5～30℃条件下，贮存期 12 个月。本品按非危险品存贮。运输时应防止曝晒、雨淋。

【参考生产企业】 天津市巨丰工贸有限公司，广州彬荣化工有限公司，镇江市意德精细化工有限公司，丹东市轻化工研究所。

Aa026 合成鞣剂 747 号

【英文名】 synthetic tanning agent No. 747

【组成】 742 号合成鞣剂与 28 号合成鞣剂的混合缩合物。

【物化性质】 棕红色黏稠液体，易溶于水，具有良好的填充性。

【质量标准】

总固物/%	>50	鞣质/%	>23
pH 值	4.0～5.0		

【用途】 用作轻革填充物。赋予皮革丰满、柔软、圆润的手感，并减少松面问题。

包装规格：用塑料桶包装，净重 20kg、50kg。

【制法】 742 号鞣剂与 28 号鞣剂按比例混合后加热缩合得成品。

【产品安全性】 有刺激性，注意防护。沾到皮肤上马上用肥皂水清洗。不能与铁制品接触。置于阴凉库内，5～30℃条件下，贮存期 12 个月。本品按非危险品存贮。运输时应防止曝晒、雨淋。

【参考生产企业】 开封市惠尔水处理有限公司，广州彬荣化工有限公司，镇江市意德精细化工有限公司，天津市巨丰工贸有限公司，丹东市轻化工研究所。

Aa027 合成鞣剂 HV

【英文名】 synthetic tanning agent HV

【组成】 双酚 S 和乙萘酚磺酸、甲醛缩合物。

【物化性质】 棕色黏稠液体，易溶于水。有较好的鞣性，对胶有助溶性。

【质量标准】 QB/T 2222—1996

固形物/%	50～55	鞣质/%	35～45
非鞣质/%	9～12	纯度/%	70～80
pH 值	2.4～3.		

【用途】 与国产栲胶配合，鞣制各种羊夹里革、猪夹里革、箱包革。成革色泽浅淡，丰满柔软，耐光，可染成各种色泽。

包装规格：用塑料桶包装，净重 20kg、50kg。

【制法】

① 将 400 份苯酚加入反应釜中，加热熔融。然后滴加 98%的浓硫酸 465 份，滴加过程中控温在 90～100℃，滴毕后在 110℃左右保温搅拌 2h，得对羟基苯

磺酸。

② 将对羟基苯磺酸移入成砜釜中，升温至145～150℃，保温4h，得4,4′-二羟基二苯砜，将乙萘酚加入反应釜中，加热熔融，然后滴加985份浓硫酸，在80℃左右进行磺化反应得羟基萘磺酸。

③ 将羟基萘磺酸和4,4′-二羟基二苯砜进行混合后加入反应釜，再加入尿素及37%甲醛水溶液，进行缩合反应，得产品。

【产品安全性】 有刺激性，注意防护。沾到皮肤上马上用肥皂水清洗。不能与铁制品接触。置于阴凉库内，5～30℃条件下，贮存期12个月。本品按非危险品存贮。运输时应防止曝晒、雨淋。

【参考生产企业】 郑州耐瑞特生物科技有限公司，广州彬荣化工有限公司，天津市巨丰工贸有限公司，丹东市轻化工研究所。

Aa028 合成鞣剂 KS-1 号

【英文名】 synthetic tanning agent KS-1

【组成】 苯乙烯、马来酸共聚物钠盐。

【物化性质】 浅黄色黏稠状液体，低温下呈半固状，易溶于水，对碱、酸稳定。

【质量标准】 QB/T 4585—2013

总固含量/%	20～25
相对密度(25℃)	1.06～1.12
pH值	6
稳定性	良好
平均分子量M	2000～7500

【用途】 用于各种革的复鞣填充，对重金属离子吸收率高，可提高铬盐的利用率，可增加颜料的分散性和光泽。成革粒面细密，丰满柔软。

包装规格：用塑料桶包装，净重20kg、50kg。

【制法】 将苯乙烯精制后加入反应釜中，加水分散后，再加入马来酸酐，搅匀，加热至60℃，开始滴加过硫酸铵水溶液（10%）引发聚合。滴毕后在90℃左右搅拌2h，加10%的氢氧化钠调pH值至6。

【产品安全性】 有刺激性，注意防护。沾到皮肤上马上用肥皂水清洗。不能用铁桶包装，不能与阳离子物共混。置于阴凉的库内，防止曝晒、雨淋。贮存期6个月。

【参考生产企业】 泰州科力生物科技有限公司，广东中鹏化工有限公司，宜都盛大工贸有限公司，河南开封树脂厂。

Aa029 合成鞣剂 MR-102

【英文名】 synthetic tanning agent MR-102

【组成】 双氰胺、苯酚、尿素、甲醛缩合物的磺化产物。

【物化性质】 棕红色黏稠液体，能与水任意混溶，鞣性温和，收敛性小。具有良好的填充性。

【质量标准】 QB/T 2222—1996

总固物/%	≥50～5	pH值	6.0～7.0
鞣质/%	15～20		

【用途】 用作各种轻革复鞣、浅色革及白色革的复鞣填充。尤其是对彩色革有艳色性和匀染性。对白革复鞣有理想的耐光性。

包装规格：用塑料桶包装，净重20kg、50kg。

【制法】

① 将600份苯酚加入反应釜中，然后缓缓加入684kg（90%）的硫酸，在100℃下保温2h。然后加入理论量的37%甲醛水溶液和尿素。在40～50℃下搅拌2h。

② 将双氰胺加入反应釜中与甲醛缩合，再加Na_2SO_3，进行磺化。

③ 取上述二产物与甲醛缩合得产品后，用10%的氢氧化钠调pH值至7.0左右，得成品。

【产品安全性】 有刺激性，注意防护。沾到皮肤上马上用肥皂水清洗。不能与铁制品接触。置于阴凉库内，5～30℃条件下，贮存期 12 个月。本品按非危险品存贮。运输时应防止曝晒、雨淋。

【参考生产企业】 北京凯泰新世纪生物技术有限公司，广州彬荣化工有限公司，天津市巨丰工贸有限公司，丹东市轻化工研究所。

Aa030 PA 合成鞣剂

【英文名】 synthetic tanning agent PA

【组成】 酚磺酸与氨基树脂缩合物。

【物化性质】 棕色黏性透明液体，易溶于水，水溶液呈阴离子型，低温时析出结晶。

【质量标准】 QB/T 4585—2013

总固物/%	>50	pH 值	3.0～3.5
鞣质/%	20±2		

【用途】 主要用于各种轻革复鞣。使用前需要搅匀。与矿物鞣剂或其他阴离子型合成鞣剂配合使用，可制白色革且收敛性小，耐光性好。

包装规格：用塑料桶包装，净重 20kg、50kg。

【制法】 将 37%的甲醛水溶液加入反应釜中，用三乙醇胺调 pH 值至 8.0。加入磺化物酚醛树脂和氨基树脂，在 70～80℃，搅拌 2h 即可。

【产品安全性】 有刺激性，注意防护。沾到皮肤上马上用肥皂水清洗。不能与铁制品接触。置于阴凉库内，5～30℃条件下，贮存期 12 个月。本品按非危险品存贮。运输时应防止曝晒、雨淋。

【参考生产企业】 宜都盛大工贸有限公司，广州彬荣化工有限公司，天津市巨丰工贸有限公司，丹东市轻化工研究所。

Aa031 合成鞣剂 PNC

【英文名】 synthetic tanning agent PNC

【组成】 磺化乙萘酚、对羟基苯磺酸钠、尿素、甲醛缩合物。

【物化性质】 深色黏稠液体，易溶于水，属辅助型合成鞣剂。对栲胶有助溶性，具有良好的渗透性，成革浅淡丰满。

【质量标准】 QB/T 4585—2013

总固物/%	60	pH 值	4
水溶物/%	>59	水不溶物/%	<1
鞣质/%	32	非鞣质/%	26

【用途】 用于溶解栲胶，与其他鞣剂混合使用可鞣制底革。

包装规格：用塑料桶包装，净重 20kg、50kg。

【制法】 将乙萘酚加入反应釜中，加硫酸磺化，然后加入尿素、甲醛和对羟基苯磺酸钠，在一定温度和压力下缩合反应。待反应完毕后，用氢氧化钠中和。然后再加甲醛和对羟基苯磺酸进行二次缩合而得成品。

【产品安全性】 有刺激性，注意防护。沾到皮肤上马上用肥皂水清洗。不能与铁制品接触。置于阴凉库内，5～30℃条件下，贮存期 12 个月。本品按非危险品存贮。运输时应防止曝晒、雨淋。

【参考生产企业】 河北晟森有限公司，广州彬荣化工有限公司，天津市巨丰工贸有限公司，丹东市轻化工研究所。

Aa032 脲环 1 号合成鞣剂

【英文名】 synthetic carbamide ring tanning agent No. 1

【结构式】

O
‖
RCH_2—N　N—CH_2R
O

【物化性质】 无色透明微黏性液体，易溶于水。在碱性条件下能通过羧基与蛋白质结合。但革干燥后容易脆化，因而调制后必须呈微酸性才能得到稳定的鞣制效果。

【质量标准】

有效成分/%	30～31	游离甲醛/%	<10
pH值	5～7		

【用途】 和铬结合鞣制猪、牛各种革。成革粒面光滑，丰满不松面。有较好的物理性能。

包装规格：用塑料桶包装，净重20kg、50kg。

【制法】 将37%的甲醛加入反应釜中，在搅拌下加入尿素用碱调pH值至8.0，在40℃左右搅拌2h。然后加入聚乙烯醇和带水剂甲苯，在回流下不断把水分出。反应完毕后，蒸出甲苯，得成品。

【产品安全性】 有刺激性，注意防护。沾到皮肤上马上用肥皂水清洗。不能与铁制品接触。置于阴凉库内，5～30℃条件下，贮存期12个月。本品按非危险品存贮。运输时应防止曝晒、雨淋。

【参考生产企业】 石家庄旭尔美生物科技有限公司，河南焦作皮革化工厂，四川泸州皮革化工厂，广州彬荣化工有限公司，天津市巨丰工贸有限公司。

Aa033 合成鞣剂117型

【英文名】 synthetic tanning agent 117

【组成】 苯酚与脲醛的缩合物。

【物化性质】 黄色黏稠状液体，易溶于水。本品属代替型合成鞣剂，对皮革有鞣制和填充作用。在酸性条件下对皮革有松散起皱作用。

【质量标准】 QB/T 4585—2013

外观	黄棕色黏稠液
纯度/%	50～60
pH值(10%水溶液)	1.2～2.0
鞣质/%	≥30
游离酚/%	≤30

【用途】 主要用于毛皮鞣制。亦可作各种轻革的填充，作为复鞣剂底革速鞣剂使用。

包装规格：用塑料桶包装，净重20kg、50kg。

【制法】 将苯酚加入反应釜中，加硫酸磺化后，加入脲醛树脂进行缩合而得。

【产品安全性】 有刺激性，注意防护。沾到皮肤上马上用肥皂水清洗。不能与铁制品接触。置于阴凉库内，5～30℃条件下，贮存期12个月。本品按非危险品存贮。运输时应防止曝晒、雨淋。

【参考生产企业】 郑州市金之福贸易有限公司，北京皮革公司化工厂，广州彬荣化工有限公司，天津市巨丰工贸有限公司。

Aa034 树脂鞣剂RS

【英文名】 resin tanning agent RS

【组成】 经过改性的双氰胺甲醛缩合物。

【物化性质】 浅棕色黏稠悬浮液体，低温时会凝结成固体或半固体，部分溶解于水，水溶液呈弱离子型。

【质量标准】

固含量/%	≥50
pH值	8～9

【用途】 适用于绒革、修面革和压花革的复鞣。亦可用于铬革复鞣剂和选择性填充。

包装规格：用塑料桶包装，净重20kg、50kg。

【制法】 将37%的甲醛水溶液加入反应釜中，用10%的NaOH水溶液调pH值至8.0左右。在快速搅拌下，加入双氰胺。使温度均匀上升，至回流温度后保温30min，再降温至80℃左右保温30min，最后用10%NaOH调pH值并进行改性处理，即得成品。

【产品安全性】 有刺激性，注意防护。沾到皮肤上马上用肥皂水清洗。不能与铁制品接触。置于阴凉库内，5～30℃条件下，贮存期12个月。本品按非危险品存贮。运输时应防止曝晒、雨淋。

【参考生产企业】 深圳市龙岗区鸿信皮革辅料商行，广州彬荣化工有限公司，天津市巨丰工贸有限公司。

Aa035 含铬鞣剂 CR

【英文名】 chrome tanning agent CR

【组成】 芳香族合成鞣剂与三价铬的复合物。

【物化性质】 深绿色黏稠液体。低温时凝结成固体或半固体，易溶于热水，水溶液呈阴离子型。

【质量标准】 GB/T 24331—2009

三氧化铬/%	≥6.(	pH值(10g/L)	3.0～3.5
固含量/%	≥55		

【用途】 主要用于各种软革复鞣。如软面革、苯胺革、服装手套、正反绒革等。

包装规格：内衬双层塑料袋的纸板桶包装，净重 20kg。

【制法】 将苯酚计量后加入反应釜，加硫酸，磺化 2h。冷却至 30℃左右，加甲醛缩合，然后与铬盐复合。

【产品安全性】 有吸收性和接触性毒性。使用时应戴手套和防护眼镜，避免直接与皮肤和眼睛接触，若沾上皮肤，用清水加肥皂冲洗即可。置于阴凉、干燥的库房内，防止日晒、雨淋。保质期 12 个月。

【参考生产企业】 上海焦耳蜡业有限公司，沾化海湾皮革助剂有限公司，广东省揵高皮革化工厂。

Aa036 CM 合成油鞣剂

【别名】 烷基磺酰氯

【英文名】 synthetic oil tanning agent CM

【结构式】 RSO_2Cl

【物化性质】 浅棕色透明油状液体，不溶于水，相对密度（20℃）1.06～1.08。

【质量标准】

水解氯含量/%	12～15
pH 值	4.5

【用途】 可代替鱼油用于油鞣革或与其他鞣剂配合鞣制毛皮，并可用于轻革加脂。具有结合力强、耐溶剂、耐浣洗、渗透力强等特点。成革鞣制后可用酸性、碱性和硫化染料染色，且成品具有较好的耐光性。

包装规格：用内衬塑料袋的塑料桶包装，净重 50kg。

【制法】 将液体石蜡加入反应釜，在搅拌下通入氯气和二氧化硫（1mol：1.2mol）在 50℃下磺氯化反应而得。反应式如下：

$$RH + Cl_2 + SO_2 \longrightarrow RSO_2Cl$$

【产品安全性】 产品包装要密封，防止潮解。防止与皮肤接触。置于阴凉库内，防止曝晒、雨淋。贮存期 12 个月。

【参考生产企业】 佛山市南海区骏能造纸材料厂，天津皮革化工厂，四川泸州皮革化工厂等。

Aa037 白色革鞣剂

【英文名】 tanning agent for white leather

【组成】 以酚磺酸为主要原料的磺化酚缩合物。

【物化性质】 褐色液体。与铬盐有络合作用，可使铬鞣革有很好的增白效果，具有很好的耐光性和填充性。

【质量标准】 QB/T 4585—2013

固含量/%	46
pH 值(10%溶液)	3.5

【用途】 用于软革复鞣，特别适于铬鞣革的复鞣制造白色革。

包装规格：用内衬双层塑料袋的纸板桶包装，净重 20kg。

【制法】 将 750kg 苯酚加入反应釜，再加入 18kg 硫酸，在搅拌下加热至 70～80℃，再加 480kg 甲醛水溶液（37%）搅拌 30min。再加入 500kg 水、700kg 结晶亚硫酸钠和 230kg 甲醛水溶液（37%），搅拌 30min。加入 2% 的硫酸水溶液调 pH 值，加热沸腾至透明，反应结束。然后调 pH 值至 4～4.5，加入 70kg 尿素、50kg 甲醛（37%）、150kg 硫酸铝在 60℃下反应 1h，得产品。

【产品安全性】 有吸收性和接触性毒性。使用时应戴手套和防护眼镜，避免直接与皮肤和眼睛接触，若沾上皮肤，用清水加肥皂冲洗即可。置于阴凉、干燥的库房内，防止日晒、雨淋。保质期12个月。

【参考生产企业】 永辉（福建）化工有限公司，上海焦耳蜡业有限公司，沾化海湾皮革助剂有限公司，广东省捷高皮革化工厂。

Aa038 CAR丙烯酸树脂复鞣剂

【英文名】 acrylic retanning agent CAR

【组成】 主要成分为小分子聚丙烯酸。

【物化性质】 淡色黏稠液体，易散在水中。耐光性好，由于结构中带有羧基，能与铬鞣剂中的铬盐络合，牢固地填充在革内。复鞣后，成革粒面细致光滑，手感丰满，富有弹性。

【质量标准】

项目	指标
pH值(10%溶液)	4~6
含量/%	>20
离子性	阴离子

【用途】 适合于服装革、鞋面革的复鞣；复鞣后粒面紧实细致，手感柔软；填充性强，解决松面；适合服装革、鞋面革和沙发革。使用时，先用水稀释后加入转鼓中，由于相对分子质量较小，因此可渗透到皮革纤维中间，达到较好的填充效果；同时其收敛性较小，所以可获得较为细致的粒面。

用量：鞋面革，3%～4%；沙发革，3%～4%；服装革，2%～3%。

包装规格：用内衬双层塑料袋的纸板桶包装，净重20kg。

【制法】 由小分子聚丙烯酸与乳化剂复配而成。

【产品安全性】 非危险品。避免直接与皮肤和眼睛接触，若沾上皮肤，用清水加肥皂冲洗即可。置于阴凉、干燥的库房内，防止日晒、雨淋。保质期12个月。

【参考生产企业】 厦门远久化学有限公司，沾化海湾皮革助剂有限公司，广东省捷高皮革化工厂。

Aa039 HMP多功能复鞣剂

【英文名】 multifunctional retanning agent HMP

【组成】 丙烯酸酯类共聚水乳液。

【物化性质】 白色乳状液体，是一种特殊的高分子乳液，能渗透到皮革纤维中，干燥后在革内形成规整的中空微球，可代替钛白粉作白色革的增白剂，耐光性良好。

【质量标准】

项目	指标
固含量/%	30±2
残余单体/%	<1.0
pH值(10%水溶液)	8.5~9.5

【用途】 用作白色革助鞣和填充，比钛白粉增白效果好。成革轻而柔，粒面平细，具有丝绸般的手感。亦可用于彩色革复鞣，使之色彩艳丽。

包装规格：用内衬双层塑料袋的纸板桶包装，净重20kg。

【制法】 由丙烯酸酯和乙烯基单体在乳液中通过引发剂引发共聚而成。

【产品安全性】 非危险品。避免直接与皮肤和眼睛接触，若沾上皮肤，用清水加肥皂冲洗即可。置于阴凉、干燥的库房内，防止日晒、雨淋。保质期12个月。

【参考生产企业】 皮革化学部烟台诚泰皮革公司，河北锐特尔皮革科技有限公司，沾化海湾皮革助剂有限公司，广东省捷高皮革化工厂。

Aa040 WPT-S硅改性防水加脂复鞣剂

【别名】 有机硅改性的丙烯酸酯共聚物

【英文名】 WPT-S silicone modified water proof fatliquoring and retanning agent

【结构式】

$$\mathrm{+CH-CH_2+_m+CH-CH_2+_n}$$
(x 和 y 分别为两链节 CH 上的取代基)

x：—COOH，—CONH₂，—COOR

y：$\mathrm{+(CH_3)_2SiO+_p Si(CH_3)_3}$　$p=10$

【物化性质】 乳白色膏状体。

【质量标准】

有效成分/%	20
防水性(2h 动态吸水率)/%	≤20
pH 值(10%水溶液)	6.0～7.5
透水时间/min	≥30

【用途】 用于各种轻革的加脂复鞣，能显著减少其他加脂剂的用量。用于绒面革处理，手感舒适，有丝绸感。

包装规格：20kg/纸板桶（内衬双层塑料袋）。

【制法】 由聚二甲基硅氧烷与丙烯酸、丙烯酰胺、丙烯酸酯共聚而得。

【产品安全性】 非危险品。避免直接与皮肤和眼睛接触，若沾上皮肤，用清水加肥皂冲洗即可。置于阴凉、干燥的库房内，防止日晒、雨淋。保质期 12 个月。

【参考生产企业】 成都有机硅中心实验厂，黄石市铁山盛达皮革化工厂，沾化海湾皮革助剂有限公司，广东省捷高皮革化工厂。

Aa041 改性戊二醛

【英文名】 modified glutaraldehyde

【结构式】

$$\begin{array}{l}\mathrm{CH_2-CHO}\\ |\\ \mathrm{CH_2}\\ |\\ \mathrm{CH_2-CHO}\end{array}$$

【物化性质】 无色或微黄色透明液体。对油脂和染料具有良好的分散性，促进铬鞣剂的吸收和结合，改善革身的丰满性和柔软度；提高革的耐撕裂性；可改善绒面革的磨毛性，得到短而细密的绒毛。

【质量标准】 QB/T 4200—2011

pH 值(10%水溶液)	3.0～5.0
表面电荷	阴离子
有效物含量/%	≥25
酸值/(mg KOH/g)	<10

【用途】 用于各类铬鞣革或毛皮的复鞣。特别适用于特种白色革和高档革的复鞣。在铬复鞣前、后使用，粒面紧实而又细致；参考用量 2%～5%（视风格和性能要求而定）。

包装规格：内衬双层塑料袋的纸板桶包装，净重 20kg；塑料桶包装，净重 120kg。

【制法】 将 25%的戊二醛 40kg 加入反应釜中，在搅拌下加入 70kg 30%甲醛溶液，用 10%的 NaOH 调 pH 值至 7.5，在 90℃下搅拌 2h，用冰醋酸调 pH 值至 4.0 左右。

【产品安全性】 非危险品。避免直接与皮肤和眼睛接触，若沾上皮肤，用清水加肥皂冲洗即可。保持容器密闭，存于阴凉、干燥的环境中，避免霜冻和曝晒，贮存期限 12 个月。同一般化学品装运。

【参考生产企业】 深圳市吉田化工有限公司，上海焦耳蜡业有限公司，佛山市高明奥林化工有限公司，沾化海湾皮革助剂有限公司，广东省捷高皮革化工厂，武汉有机合成化工厂。

Aa042 DOX 复鞣剂

【别名】 噁唑烷鞣剂

【英文名】 DOX retanning agent

【组成】 噁唑烷与丙烯酸共聚物复合物。

【物化性质】 红棕色油膏状液体，属水溶性阴离子鞣剂。

【质量标准】

固含量/%	≥55
pH 值(10%水溶液)	7.2～8.2

【用途】 用于各种软革和绒面革的复鞣。处理后的成革身骨丰满，边腹不松，粒面毛孔清晰，细致平整，着色均匀，色泽鲜

亮。绒面革柔软，绒面紧细，有丝光感。

包装规格：内衬塑料袋的塑料桶净重 20kg。

【制法】 将噁唑烷和聚丙烯酸按一定比例混合后，加水，加热溶解，冷却后为膏状物。

【产品安全性】 非危险品。避免直接与皮肤和眼睛接触，若沾上皮肤，用清水加肥皂冲洗即可。置于阴凉、干燥的库房内，防止日晒、雨淋。保质期 12 个月。

【参考生产企业】 上海焦耳蜡业有限公司，浙江海宁市锅店皮化厂，沾化海湾皮革助剂有限公司，广东省捷高皮革化工厂。

Aa043 PR-Ⅰ复鞣剂

【英文名】 PR-Ⅰ retanning agent

【组成】 醋酸乙烯酯、丙烯酰胺和顺丁烯二酸酐的共聚物。

【物化性质】 浅黄色黏稠液体。相对密度(25℃) 1.15～1.20，易溶于水。由于产品中含有羧基，与铬鞣革中的铬盐络合而牢固地填充在革内。

【质量标准】

外观	浅黄色黏稠液
pH 值(10%水溶液)	5.0～6.0
固含量/%	≥30

【用途】 用于各种高档轻革的复鞣。经复鞣后的成革丰满，柔软，富有弹性。

包装规格：塑料桶包装，净重 20kg。

【制法】 将醋酸乙烯酯、丙烯酰胺和顺丁烯二酸酐等单体按一定比例加入反应釜内，加入适量的去离子水，在搅拌下加热至 55℃ 开始滴加过硫酸铵水溶液(10%)，在滴加过程中控制温度 50～55℃。滴毕后在 80℃ 左右加热 2h，用 10% NaOH 水溶液中和，得成品。

【产品安全性】 低刺激性。使用时应戴手套和防护眼镜，避免直接与皮肤和眼睛接触，若沾上皮肤，用清水加肥皂冲洗即可。置于阴凉、干燥的库房内，防止日晒、雨淋。保质期 12 个月。

【参考生产企业】 福建省泉州市云峰化工发展有限公司，四川泸州皮革化工厂，上海焦耳蜡业有限公司，沾化海湾皮革助剂有限公司，广东省捷高皮革化工厂。

Aa044 复鞣剂 AAR

【别名】 两性氨基树脂复鞣剂

【英文名】 retanning agent AAR

【组成】 由三聚氰胺的树脂、双氰胺的树脂、脲的树脂混合而成的两性氨基树脂鞣剂。

【物化性质】 可与水任意混溶的棕红色透明液体。鞣剂具有两性基因，与其他材料的配伍性好。能够改变革表面电荷负性。使染色达到革面色泽鲜艳饱满，革面紧密细致。具有复鞣、填充、染色乳液加脂多种功能。

【质量标准】

等电点	6.1
固含量/%	50
游离甲醛含量/%	<2
贮存稳定性(室温密封存放 1 年)	部分分层、无沉淀

【用途】 作复鞣剂，鞣出的革上染率最高，且表面着色最浓，均匀一致。用作铬坯革单独复鞣，使革柔软度好，粒面细致，着色力强，深色革增深效果明显，并有一定的选择填充作用。该品与丙烯酸树脂类阴离子复鞣剂搭配使用，有助于丙烯酸树脂等阴离子材料的吸收与固定，增厚效果明显，填充性好，无败色现象。

包装规格：塑料桶包装，净重 25kg、125kg。

【制法】 首先以一氯乙酸与苯胺进行缩合反应，制备一种两性基团的中间体苯胺羧酸盐。然后将苯胺羧酸盐与氨基化合物(尿素、双氰胺、三聚氰胺)、甲醛进行缩聚反应得成品。

【产品安全性】 非危险品。贮存于阴凉、干燥处，避免日晒、雨淋；有效贮存期12个月。

【参考生产企业】 永辉（福建）化工有限公司，上海皮革化工厂，浙江省上虞市杜浦化工厂，湖州和孚皮革助剂厂，广东省捷高皮革化工厂。

Aa045 复鞣剂 OX-2

【英文名】 retanning agent OX-2

【结构式】

$$\text{(oxazolidine ring: O, N)}\text{N—}CH_2CH_2OH$$

【物化性质】 本品为棕色油状液体。其水解产生的醛基是主要的活性交联基团，由于树脂化也起到一定填充和软化作用。可在很宽的 pH 值下达到最大的鞣效，收缩温度可达 87℃，同时能提高铬的利用率，减少废液中的铬含量。用其复鞣的革易于用阴离子染料染色。与植物鞣剂进行结合鞣，不仅可减少水不溶物，而且可提高鞣透度。

【质量标准】

pH 值	8～9
有效物含量/%	90～95

【用途】 单独鞣革综合性能较差，可用于预鞣和复鞣。作复鞣剂适宜于制造白色革和毛皮成革，色泽洁白、革不泛黄、柔软、丰满。可与胶原的氨基等产生不可逆的共价结合，成革耐水洗性、耐汗性优良。鞣制毛皮，毛不沾色，收缩性小。

包装规格：20kg/纸板桶（内衬双层塑料袋）。

【制法】 将 50kg 水加入反应釜中，在搅拌下加入 105kg 二乙醇胺和 30kg 多聚甲醛，加热至 60℃，充分搅拌至固体物消失，反应液成均相后，继续搅拌 0.5h，然后在室温下放置 24h。将反应液减压蒸馏，在 2.63kPa 压力下，蒸出水，无水馏出时将温度提高至 130～140℃，收集 118～120℃馏分得产物。

$$NH(CH_2CH_2OH)_2 + HCHO \longrightarrow \text{(oxazolidine ring: O, N)}\text{N—}CH_2CH_2OH$$

【产品安全性】 有吸收性和接触性毒性。使用时应戴手套和防护眼镜，避免直接与皮肤和眼睛接触，若沾上皮肤，用清水加肥皂冲洗即可。置于阴凉、干燥的库房内，防止日晒、雨淋。保质期 12 个月。

【参考生产企业】 上海焦耳蜡业有限公司，沾化海湾皮革助剂有限公司，广东省捷高皮革化工厂，丹东市轻化工研究所，泸州市皮革化工厂。

Aa046 复鞣剂 DOX

【英文名】 retanning agent DOX

【组成】 OX-2 与丙烯酸等物质复配而成。

【物化性质】 本品为红棕色膏状液体，属阴离子型，能与革纤维紧密结合，使革身骨丰满，边幅不松。粒面清晰，有丝光感。

【质量标准】

pH 值	7.2～8.2
总固含量/%	55～56

【用途】 适用于猪牛羊皮革服装、手套革的复鞣。

包装规格：用内衬双层塑料袋的纸板桶包装，净重 20kg。

【制法】 由 OX-2、丙烯酸树脂鞣剂、去离子水等按比例混配。

【产品安全性】 非危险品。贮存于阴凉、干燥处，避免日晒、雨淋；有效期 12 个月。

【参考生产企业】 黄石市铁山盛达皮革化工厂，佛山市顶威皮革化工有限公司，河北锐特尔皮革科技有限公司，丹东市轻化工研究所，泸州市皮革化工厂。

Aa047 合成鞣剂 CAR

【英文名】 synthetic tanning agent CAR

【结构式】

$$-\!\!\left[CH_2-\underset{\underset{COONa}{|}}{CH}-CH_2-\underset{\underset{CN}{|}}{CH}\right]\!\!-_n$$

【物化性质】 本品是水溶液型鞣剂。用于中、高档软革的复鞣。成革粒面平细，增厚明显。耐光性、匀染性优良。

【质量标准】

外观	浅黄色黏稠液
pH值	5～6
总固含量/%	30～32
分子量(平均)	5000～50000

【用途】 本品适用于羊、牛、猪各种轻革的复鞣。本品耐光性好，由于结构中带有羧基，能与铬鞣剂中的铬盐络合，牢固地填充在革内。复鞣后，成革粒面细致光滑，手感丰满，富有弹性。

包装规格：用塑料桶包装，净重125kg。

【制法】 分别将混合单体（43.2kg丙烯酸、18kg丙烯腈）、0.32kg过硫酸铵的引发剂（配成5%水溶液）、20%碳酸氢钠水溶液用真空泵抽入三个加料槽备用。将2.32kg引发剂和适量的去离子水投入反应釜中，开启搅拌，升温至75～80℃。再同步连续加入引发剂溶液和混合单体，加料期间控制釜内温度不超过85℃，在1～2h内完成加料。单体加完后将温度升至86～87℃继续反应2h。最后降温至60℃左右，加入氢氧化钠水溶液进行中和，并注意冷却，控制内温不高于60℃，pH值调节好后，降温至45℃以下，出料包装即得成品（水总量70%，单体30%）。

【产品安全性】 有吸收性和接触性毒性。使用时应戴手套和防护眼镜，避免直接与皮肤和眼睛接触，若沾上皮肤，用清水加肥皂冲洗即可。置于阴凉、干燥的库房内，防止日晒、雨淋。保质期12个月。

【参考生产企业】 沾化海湾皮革助剂有限公司，上海焦耳蜡业有限公司，江门市蓬江区百思特精细化工厂，泉州云峰化工发展有限公司，广东省捷高皮革化工厂。

Aa048 丙烯酸树脂复鞣剂BF

【英文名】 acrylic resin retanning agent BF

【结构式】

$$-\!\!\left[CH_2-\underset{\underset{CN}{|}}{CH}\right]\!\!-_m\!\!\left[CH_2-\underset{\underset{COOH}{|}}{CH}\right]\!\!-_n\!\!\left[CH_2-\overset{\overset{CH_3}{|}}{\underset{\underset{COOH}{|}}{C}}\right]\!\!-_p$$

【物化性质】 阴离子型复鞣剂。成革粒面平细，增厚明显。耐光性、匀染性优良。

【质量标准】

外观	浅黄色透明黏稠液体
电荷	阴离子型
贮存期	室温存放1年不变质
固含量/%	34～36
pH值	5～7

【用途】 使用于猪牛羊皮全粒面、正修面及剖层面的复鞣。用量2%～7%，40℃转鼓转动60min。

包装规格：用内衬双层塑料袋的纸板桶包装，净重20kg。

【制法】 分别将混合单体（43.2kg丙烯酸、28.8kg甲基丙烯酸、18kg丙烯腈）、0.54kg过硫酸铵的引发剂（配成5%水溶液）、10%碳酸氢钠水溶液用真空泵抽入三个加料槽备用。将去离子水、2.32kg引发剂投入反应釜中，开启搅拌，升温至75～80℃。再同步连续加入引发剂溶液和混合单体，加料期间控制釜内温度不超过85℃，在1～2h内完成加料。单体加完后将温度升至86～87℃继续反应2h。最后降温至60℃左右，加入碳酸氢钠水溶液进行中和，并注意冷却，控制内温不高于60℃，pH值调节好后，降温至45℃以下，出料包装即得成品（水总量102kg）。

$$\left.\begin{array}{l} mCH_2{=}CHCN \\ nCH_2{=}CHCOOH \\ pCH_2{=}C(CH_3)COOH \end{array}\right. \xrightarrow{\text{引发剂}} \text{本品}$$

【产品安全性】 不能与阳离子型产品共混。避免接触到眼睛、皮肤及伤口，若有误触，需以大量清水冲洗。贮存于阴凉、干燥处，避免日晒、雨淋；有效贮存期12个月。

【参考生产企业】 佛山市高明奥林化工有限公司，江门市蓬江区百思特精细化工厂，丹东市轻化工研究所，泸州市皮革化工厂，沾化海湾皮革助剂有限公司。

Aa049 丙烯酸树脂复鞣剂乳液

【英文名】 emulsion of acrylic resin retanning agent

【结构式】

$$\text{-}[CH_2-\underset{CN}{CH}]_m\text{-}[CH_2-\underset{COOH}{CH}]_n\text{-}[CH_2-\underset{COOH}{\overset{CH_3}{C}}]_p\text{-}[CH_2-\underset{COOR}{CH}]_k\text{-} \quad , R=C_4H_9$$

【物化性质】 阴离子型复鞣剂。成革粒面平细，增厚明显。耐光性、匀染性优良。成革丰满柔软。

【质量标准】

外观	浅黄色透明黏稠液体
相对密度	1.1～1.2
贮存期	室温存放6个月不变质
固含量/%	32～34
pH值	5～7

【用途】 使用于猪牛羊皮全粒面、正修面及剖层面的复鞣。用量3%～6%，白色革40℃转鼓转动30min。

包装规格：塑料桶包装，25kg/桶、125kg/桶。

【制法】 分别将混合单体（25kg丙烯酸、11.2kg丙烯腈、6.1kg丙烯酸丁酯）、0.50kg过硫酸铵引发剂（配成10%水溶液）、10%氢氧化钠水溶液用真空泵抽入三个加料槽备用。

将去离子水、24kg硫酸化蓖麻油（含油量70%～80%）、40kg甲基丙烯酸投入反应釜中，搅拌30min，升温至80℃。再同步连续加入引发剂溶液和混合单体，加料期间控制釜内温度不超过85℃，在1～2h内完成加料。单体加完后将温度升至86～87℃继续反应2h。最后降温至50℃左右，加入10%氢氧化钠水溶液进行中和，并注意冷却，控制内温不高于60℃，pH值调节好后，降温至45℃以下，出料包装即得成品（水总量200kg）。

$$\left.\begin{array}{l} mCH_2=CHCN \\ nCH_2=CHCOOH \\ pCH_2=C(CH_3)COOH \\ kCH_2=CHCOOR \end{array}\right. \xrightarrow{\text{引发剂}} \text{本品}$$

【产品安全性】 非危险品。使用时应戴手套和防护眼镜，避免直接与皮肤和眼睛接触，若沾上皮肤，用清水加肥皂冲洗即可。置于阴凉、干燥的库房内，防止日晒、雨淋。保质期12个月。

【参考生产企业】 上海焦耳蜡业有限公司，沾化海湾皮革助剂有限公司，广东省捷高皮革化工厂。

Aa050 合成鞣剂PT

【英文名】 synthetic tanning agent PT

【结构式】

$$\text{-}[\underset{C_6H_5}{CH}-CH_2-\underset{COOH}{CH}-\overset{COONa}{CH}]_n\text{-}$$

【物化性质】 属于助鞣型鞣剂，水溶性好，黏度低，其生产过程无“三废”排放。使用方便。

【质量标准】

外观	浅黄色透明黏稠液体
pH值	5.0～6.0
固含量/%	20～25
相对密度	1.1～1.2

【用途】 可用于皮革的预鞣、复鞣和填充等工序。经本鞣剂助鞣的革，革身丰满、弹性好、部位差小，能减少铬鞣剂用量并使废液中含铬量明显降低。

包装规格：塑料桶包装，125kg。

【制法】 将104kg苯乙烯、98kg马来酸酐在70～80℃溶解于1000kg甲苯中，加入1000kg过氧化苯甲酰，约30min后聚合反应开始，这时应及时通冷却水带走反应热，防止体系温度急剧增加，避免爆聚现象发生，经2.5～3h后聚合反应完成，得白色胶状物，过滤，回收甲苯。过滤所得的固形物在 $NaHCO_3$ 溶液加热下溶解，用氨水调节pH值至5～6。

$$n\,C_6H_5CH{=}CH_2 + n\,\text{(马来酸酐)} \xrightarrow{\text{引发剂}} \xrightarrow{NaOH} \text{本品}$$

【产品安全性】 有吸收性和接触性毒性。使用时应戴手套和防护眼镜，避免直接与皮肤和眼睛接触，若沾上皮肤，用清水加肥皂冲洗即可。置于阴凉、干燥的库房内，防止日晒、雨淋。保质期6个月。

【参考生产企业】 上海焦耳蜡业有限公司，沾化海湾皮革助剂有限公司，广东省捷高皮革化工厂，丹东市轻化工研究所，泸州市皮革化工厂。

Aa051 复鞣剂 GAP

【英文名】 retanning agent GAP

【组成】 丙烯酸、马来酸酐衍生物共聚物。

【物化性质】 浅黄色透明黏稠液体，属于助鞣型鞣剂，水溶性好，具有增白作用，能提高铬鞣剂的利用率。

【质量标准】

项目	指标
固含量/%	50
pH值	4.5～5.5
相对密度	1.1～1.2
黏度(25℃)/mPa·s	100

【用途】 本鞣剂对铬鞣革进行复鞣或填充时，能赋予皮革良好的身骨和触感。用于皮革填充时，不影响皮革的染色，助染性好。

包装规格：塑料桶包装，125kg/桶。

【制法】 将288kg马来酸酐加入320kg水中，在40℃温热水解1h，冷至室温后，加入72kg丙烯酸和120kg丙烯腈，混合均匀。称取2.9kg过硫酸铵，配成5%的水溶液分别打入两个高位槽中，备用。将160kg水加入反应釜中，升温至90℃，同时滴加混合单体和引发剂过硫酸铵溶液，加料时间为2～4h，然后继续在90℃下反应2h，紧接着在常压（或减压）下蒸出160kg水。然后降温至60～70℃缓慢加入215kg 25%的氨水，将体系pH值调至4～5左右，搅拌均匀，然后冷至室温出料。

【产品安全性】 有刺激性。使用时应戴手套和防护眼镜，避免直接与皮肤和眼睛接触，若沾上皮肤，用清水加肥皂冲洗即可。置于阴凉、干燥的库房内，防止日晒、雨淋。保质期6个月。

【参考生产企业】 上海焦耳蜡业有限公司，沾化海湾皮革助剂有限公司，广东省捷高皮革化工厂，烟台诚泰皮革公司，福建省泉州市云峰化工发展有限公司。

Aa052 复鞣剂 APU

【英文名】 retanning agent APU

【组成】 聚氨酯乳液。

【物化性质】 棕黄色透明水溶液阴离子型复鞣剂。乳状液颗粒细小，耐光性、匀染性优良。对pH值不敏感，耐高温，成革丰满柔软。

【质量标准】

项目	指标
固含量/%	20～22
相对分子质量	10325
pH值	6.6
黏度(25℃)/mPa·s	3120

【用途】 本鞣剂对皮革的铬鞣、植物鞣、复鞣具有极佳的分散和结合作用，增加皮革的耐撕力和拉力强度，能赋予皮革良好的身骨和触感。

包装规格：20kg/纸板桶（内衬双层塑料袋）。

【制法】 称取 800kg 线型聚醚（羟值 56mg KOH/g）、101kg *N*-甲基二乙醇胺和 2.05kg 二月桂酸二丁基锡在室温下投入三口瓶中，反应体系需通氮气保护。然后在室温下迅速滴加 99kg DTI-80（即含 2,4-异构体 80%、2,6-异构体 20%的甲苯二异氰酸酯），加热至 100℃反应 1h，所得碱性分散液用 113.8kg 二羟甲基丙酸中和，加入水进行分散，得乳液型聚氨酯复鞣剂。

【产品安全性】 无毒、无刺激。避免直接与皮肤和眼睛接触，若沾上皮肤，用清水加肥皂冲洗干净。置于阴凉、干燥的库房内，防止日晒、雨淋。保质期 12 个月。

【参考生产企业】 上海焦耳蜡业有限公司，沾化海湾皮革助剂有限公司，广东省捷高皮革化工厂，丹东市轻化工研究所，泸州市皮革化工厂。

Aa053 两性复鞣剂

【英文名】 amphoteric retanning agent

【结构式】

$$-\!\!\left[CH_2-\underset{\underset{CH_3}{|}}{\overset{\overset{COOCH_2CH_2-N\langle\rangle O}{|}}{C}}\right]_k\!\!\left[CH_2-\underset{\underset{COOH}{|}}{CH}\right]_m\!\!\left[CH_2-\underset{\underset{CN}{|}}{CH}\right]_n\!\!-$$

【物化性质】 是既含有羧基又含有氨基的两性水溶性高分子聚合物，能显著改善纤维的染色性能和带电状态，具有优良的鞣性和助染性。

【质量标准】

外观	棕黄色透明黏稠液体
电荷	两性
沉淀点/℃	4～4.5
固含量/%	40～41
pH 值	6～7

【用途】 可用于皮革复鞣。经本鞣剂助鞣的革，革身丰满、弹性好、部位差小，能减少铬鞣剂用量并使废液中含铬量明显降低。

包装规格：20kg/纸板桶（内衬双层塑料袋）。

【制法】 分别将混合单体（丙烯酸、甲基丙烯酸噁唑烷乙酯、丙烯腈）、相当单体 0.6%的过硫酸铵的引发剂（配成 5%水溶液）、10%碳酸氢钠水溶液用真空泵抽入三个加料槽备用。将去离子水、1/2 引发剂投入反应釜中，开启搅拌，升温至 75～80℃。再同步连续加入剩余的引发剂溶液和混合单体，加料期间控制釜内温度不超过 85℃，在 1～2h 内完成加料。单体加完后将温度升至 86～90℃继续反应 2h。最后降温至 60℃左右，加入碳酸氢钠水溶液进行中和，并注意冷却，控制内温不高于 60℃，pH 值调节好后，降温至 45℃以下，出料包装即得成品。

$$\begin{array}{l} k\,CH_2{=}\underset{\underset{CH_3}{|}}{C}COOCH_2CH_2-N\langle\rangle O \\ m\,CH_2{=}CHCOOH \\ n\,CH_2{=}CHCN \end{array} \xrightarrow{\text{引发剂}} \text{本品}$$

【产品安全性】 低刺激性。使用时应戴手套和防护眼镜，避免直接与皮肤和眼睛接触，若沾上皮肤，用清水加肥皂冲洗即可。置于阴凉、干燥的库房内，防止日晒、雨淋。保质期 12 个月。

【参考生产企业】 上海焦耳蜡业有限公司，沾化海湾皮革助剂有限公司，丹东市轻化工研究所，泸州市皮革化工厂，广东省捷高皮革化工厂。

Aa054 木素磺酸鞣剂

【英文名】 tanning agent of lignin sulfonate

【组成】 以亚硫酸盐法纸浆废液为主，与部分酚醛缩合物、矿物鞣料成分所组成。

【物化性质】 该鞣剂外观为深褐色黏稠液体，易溶于水，属混合型鞣剂。具有良好的渗透性、填充性，鞣制的成革坚实耐磨。

【质量标准】

总固物/%	46
非鞣质/%	21
pH值	3.0～4.0
鞣质/%	25
水溶物/%	45

【用途】 适用于服装革及软面革的复鞣。本品若出现少量沉淀结晶，不影响其使用性能。本品与铬鞣剂结合对铬鞣革复鞣，能获得明显的复鞣效果，用3～5倍50℃左右热水溶解稀释后轴孔加入。

包装规格：塑料桶包装，125kg/桶。

【制法】 将80kg水加入反应锅内，搅拌下加入80kg硫酸铝将硫酸铝完全溶解，再加入800kg亚硫酸盐纸浆废液，于80℃搅拌保温2h后，加入事先准备好的80kg磺甲基化酚醛缩合物水溶液，80℃保温0.5h，然后通冷却水降温到35℃下，加入事先溶解好的重铬酸钠（2kg重铬酸钠，8kg水）水溶液和5kg乳化剂STH，搅拌1h出料。

【产品安全性】 本品为非危险品。操作安全，避免接触到眼睛、皮肤及伤口，若有误触，需以大量清水冲洗。贮存于阴凉、干燥处，避免日晒、雨淋；不能与阳离子型产品共混。有效贮存期12个月。按一般货物运输。

【参考生产企业】 丹东市轻化工研究所，泸州市皮革化工厂。

Aa055 合成鞣剂DLT-15号

【英文名】 synthetic tanning agent DLT-15

【结构式】

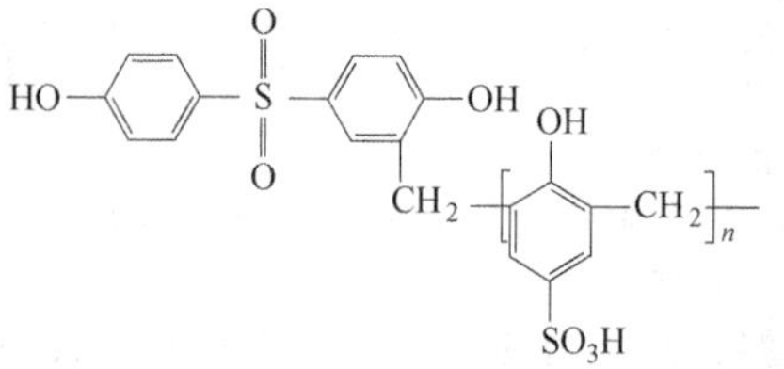

【物化性质】 产品外观为玫瑰紫色膏状物，或红棕色黏稠液体，易溶于水，水溶液呈鹅黄色。

【质量标准】

总固含量/%	80
非鞣质/%	50～55
鞣质/%	25～30
pH值(10%水溶液)	0.5～0.7

【用途】 可与铬鞣剂、植物鞣剂结合鞣制轻重革或用作轻革的复鞣、填充。本品具有明显的增厚作用和较强的填充性。能改善皮革松面，减少部位差，使成革丰满、柔软、强性好，发泡感明显。本品与铬鞣剂结合对铬鞣革复鞣，能获得明显的复鞣效果。

用法：3～5倍50℃左右热水溶解稀释后轴孔加入。本品若出现少量沉淀结晶，搅匀再用不影响其使用性能。

包装规格：塑料桶包装，25kg/桶、200kg/桶。

【制法】

① 磺化反应将400kg苯酚预热熔化后，以真空吸入反应器内，搅拌升温至100～105℃，开始加入硫酸465kg，硫酸加完后98～100℃保温反应2h（取样检验至完全溶于水，为桃红色，说明磺化反应完成。取样测定游离酚含量）。磺化反应结束后，升温至145～150℃，反应4～5h，取样放入水中，用玻璃棒搅动，析出银白色结晶，说明砜桥缩合反应完成。

② 成砜反应结束后，降温至100℃以下，把物料送入缩合反应釜中，搅拌，冷却降温至45℃时加138.8kg甲醛，待甲

醛加完后，升温至 98～100℃反应 2～3h，完成后，即可检验包装。

$$HO-C_6H_4-SO_3H + HO-C_6H_5 \xrightarrow{H_2SO_4} HO-C_6H_4-SO_2-C_6H_4-OH \quad (\text{I})$$

$$n\,HO-C_6H_4-SO_3H \xrightarrow{n\text{HCHO}} n\,HOH_2C-C_6H_2(OH)(SO_3H)-CH_2OH \quad (\text{II})$$

（Ⅰ）＋（Ⅱ）⟶本品

【产品安全性】 具有较强酸性，不宜用金属器皿盛装。避免接触到眼睛、皮肤及伤口，若有误触，需以大量清水冲洗。贮存于阴凉、干燥处，避免日晒、雨淋；有效贮存期 12 个月。按一般货物运输。

【参考生产企业】 广州昊纬化工科技有限公司，武汉大洋化工有限公司，佛山市南海区黄岐吉鑫染料经营部。

Aa056 改性单宁

【英文名】 modified tanning agent

【组成】 主要成分：酚类缩合物与有机酸的混合物。

【物化性质】 红棕色液体，具有明显的增厚作用和较强的填充性。能改善皮革松面，减少部位差，使成革丰满、柔软、强性好，发泡感明显。具有温和复鞣效果，能够温和而深入地脱酸，使之具有很好的缓冲与中和能力。具有非常好的匀染性，而且不会使染色变浅，有极佳的耐光性和耐热不变黄性。

【质量标准】

项目	指标
固含量/%	50
pH 值	5～6

【用途】 是一种的中和复鞣剂，适合用于各类鞋面革、家具革及正绒面革、反绒革的中和与复鞣。可以单独用于中和，亦可配合甲酸钠、小苏打等用于各种铬鞣革的中和。在复鞣时配合其他复鞣剂，以改善后工序使用的各种鞣剂和栲胶的分散渗透。

建议用量：1%～3%。用于服装革及软面革的复鞣时用 3～5 倍 50℃左右热水溶解稀释后轴孔加入。

包装规格：塑料桶包装，25kg/桶，140kg/桶。

【制法】

（1）中间体的合成　将 100kg 苯酚投入反应釜中，于 60℃左右从高位槽慢慢加入 110kg 硫酸。加完酸后升温至 100～110℃，搅拌 4h，降温至 70～80℃加入 100kg 水、40kg 尿素和 10kg 萘磺酸，待物料溶解后，于 60～70℃从高位槽缓慢加入 170kg 甲醛，加完甲醛后在 80℃保温 3h。降温至 50～60℃加入氨水，调节 pH 值为 5～6，缓慢加入 10kg 乙二胺、2kg EDTA、1kg 草酸调 pH 值至 7～8。

（2）产品复配　取 100 份中间体、50 份甲酸钠、再加入 50 份水搅匀。过滤后得产品。

【产品安全性】 非危险品。使用时应戴手套和防护眼镜，避免直接与皮肤和眼睛接触，若沾上皮肤，用清水加肥皂冲洗即可。置于阴凉、干燥的库房内，防止日晒、雨淋或冰冻。保质期 12 个月。

【参考生产企业】 泰州科力生物科技有限公司，上海焦耳蜡业有限公司，沾化海湾皮革助剂有限公司，广东省捷高皮革化工厂。

Aa057 油鞣剂

【别名】 732 油鞣剂

【英文名】 oilling tanning agent

【组成】 磺酸化鱼油钠盐。

【物化性质】 外观为浅黄色乳状黏稠液体，在水中能形成稳定的乳液。具有较好的鞣性，鞣制的成革异常柔软。

【质量标准】

含水量/%	5～10
pH 值	6

【用途】 用于水貂、灰鼠、黄狼等细毛皮的鞣制。可作为皮革加脂剂。

包装规格：塑料桶包装，25kg/桶。

【制法】 将 200kg 鱼油、50kg 亚硫酸氢钠、0.4kg 环烷酸钴、4.0kg 十二烷基硫酸钠加入反应釜中。以 150L/h 的流量通入空气，在 75～80℃反应 10h 左右。当反应液由白色乳液转化为棕色稠状液时，继续反应 30h，并在 80℃左右蒸发，使含水量达到规格要求。

【产品安全性】 非危险品。避免接触到眼睛、皮肤及伤口，若有误触，需以大量清水冲洗。贮存于阴凉、干燥处，避免日晒、雨淋；有效贮存期 12 个月。

【参考生产企业】 武汉大洋化工有限公司，北京皮革化工厂，天津皮革化工厂，上海皮革化工厂。

Ab 皮革加脂剂

能够对皮革提供适量油脂，在胶原纤维表面形成油膜的皮化材料称为加脂剂。一般说来，加脂剂和皮革胶原相互作用的机理有化学结合和物理吸附。大多数加脂剂是非化学结合性的，主要填充于纤维之间，起到润滑作用，这种加脂剂易发生迁移，造成表面油脂过量，皮板干枯，涂层和革的结合力降低。化学结合性加脂剂中则含有能够和胶原结合的各种活性基，如—COOH、—SO_3H、—OH、—$CONH_2$等，这种加脂剂的缺陷是油润性不够，渗透性不如非结合加脂剂。目前，一般采用复合加脂剂，其中，结合性油脂占40%左右，能得到较佳的加脂效果。皮革加脂后，变得柔软、丰满、耐折、耐磨、防水。按其组成和制备方法一般分为以下5类。

① 天然油脂：主要是动物油脂和植物油脂。

② 矿物油：主要是含C_{16}以上的烷烃。

③ 天然油脂加工品：在油脂分子中引入亲水基团或者通过其他方法使油脂成为离子型的表面活性物。

④ 合成加脂剂：以石油化工产品为基本原料，制成自身乳化型合成油或者配用乳化剂制成水乳型合成油，按合成油的离子性或乳化剂的离子性可分为阳离子型加脂剂、阴离子型加脂剂、非离子型加脂剂和两性加脂剂。

⑤ 多性能加脂剂：除具有加脂性外还兼具鞣性或染色、填充等性能的加油材料。

当前，加脂剂正向多功能发展，一是提高加脂效果和结合力；二是兼有复鞣、填充、防水、耐光、耐洗、耐电解质等功能，并且具有低雾化值。目前我国使用的加脂剂中天然油类占80%，今后将重点发展以石化产品为主的多功能加脂剂。

一、合成加脂剂

合成加脂剂首先是在天然油脂加脂剂缺乏的情况下作为代用品出现的，现在合成加脂剂不仅是油脂的代用品，而且表现出一些独特的性能，如耐老化、耐干、水洗等。合成加脂剂一般以基本有机化工原料为基础，特别是长链烷基化合物，经磺化、氯化、酯化等过程，制成可乳化的产品。这些产品有的本身含有亲水基，自身在水中可形成稳定的乳液；有的自身不能在水中分散，须用乳化剂在水中分散。

Ab001 加脂剂 HGL

【英文名】 fatliquoring agent HGL

【组成】 主要成分为磺酸酯衍生物和高分子脂肪族烃类。

【物化性质】 白色液体。耐电解质稳定性、乳化性能、配伍性好，可以促进渗透。加脂后的较硬的皮革，如山羊革，有极好的回湿性，皮革非常柔软，皮革绒面光泽效果好，不会产生油斑，而且有丝绸般的手感，耐光性非常好。

【质量标准】 QB/T 1328—1998

外观	白色液体
离子性	阴离子
有效物/%	46～48
pH值(10%水溶液)	6～7

【用途】 适合于轻革，有极好的染色性和匀染性，极好的耐光性，服装革在浸酸、鞣制、复鞣时使用，并可与各种加脂剂混合使用，它可赋予皮革柔软、温和、弹性的手感。作为单独加脂剂可用于二层绒面革。

推荐用量：2%～10%，根据皮革的不同风格来定。浸酸及铬鞣，裸皮重的2%；铬复鞣时，削匀革重的4%；半植鞣复鞣，削匀革重的2%；鞋面革，削匀革重的4%；绵羊服装革，削匀革重的10%；山羊服装革，削匀革重的10%。

包装规格：塑料桶包装，25kg/桶。

【制法】 将适量的磺酸酯衍生物和高分子脂肪族烃类混合均匀，加分散剂搅匀。

【产品安全性】 非危险品。避免接触到眼睛、皮肤及伤口，若有误触，需以大量清水冲洗。建议在干燥、通风的库房中于5～30℃贮存。使用或取样前务必彻底搅匀。贮存期12个月。

【参考生产企业】 佛山史特朗化工有限公司。

Ab002 复合型加脂剂

【英文名】 compound fatliquor

【组成】 主要成分是一种不会变黄的阴离子合成油脂。

【物化性质】 外观为红棕色液体，组分比较全面。可单独加脂，易吸收，与皮纤维结合牢固。加脂后皮革干爽、柔软，有一定的丰满度，染色后颜色鲜艳。

【质量标准】 QB/T 1330—1998

外观	红棕色油状液体
含油量/%	50
pH值(10%水溶液)	6.0～7.0
乳化稳定性(油：水=1：9)	24h无浮油,不分层

【用途】 皮革加脂剂。适用于各种类型的软面革，尤其是服装革和沙发革。

用量：牛皮服装革，6%～8%；羊皮服装革，6%～8%；绒面革，4%～5%。包装规格：塑料桶包装，25kg/桶、120kg/桶。

【制法】 阴离子油脂、表面活性剂、抗氧剂等复配而成。

【产品安全性】 避免接触到眼睛、皮肤及伤口，若有误触，需以大量清水冲洗。存放于密闭容器中，贮存在通风、阴凉仓库，防曝晒、防冻、防水。非危险品，按一般货物运输。

【参考生产企业】 湖南中成科技发展有限公司，辛集市万雅博科技有限公司。

Ab003 非离子加脂剂

【英文名】 noionic fatliquor

【组成】 非离子表面活性剂、中性油。

【物化性质】 产品性能不随着浴液pH值变化，能增加革的柔软性、丰满性以及弹性，有匀染作用，色泽鲜艳，耐光性好。特别是能和其他阴离子、阳离子、非离子材料同浴使用，在酸、碱、盐及硬水介质中稳定。

【质量标准】 QB/T 2158—1995

外观	白色黏稠或浆状乳液
pH值	6～7
总脂量/%	60～65
乳化稳定性(油：水=1：9)	24h无浮油

【用途】 适合浅色革加脂。

包装规格：用塑料桶包装，125kg/桶。

【制法】 将50kg合成脂肪酸甲酯、25kg油酸甲酯、15kg矿物油、10kg非离子乳化剂、适量助剂加入反应釜，于70～80℃充分搅拌调合均匀，再以细流状加入定量水，在80℃搅拌为乳白浆状物。出料后用均质机处理。

【产品安全性】 非危险品。避免接触到眼

睛、皮肤及伤口，若有误触，需以大量清水冲洗。贮存于阴凉、干燥处，避免日晒、雨淋；有效贮存期12个月。

【参考生产企业】 海成大化工有限公司，浙江省上虞市杜浦化工厂，湖州和孚皮革助剂厂。

Ab004 多肽加脂剂

【英文名】 collagen hydrolysatc fatliquor

【结构式】

$$\begin{array}{c} R^1—CH—CH—R^2 \\ \quad\ | \qquad\ \ | \\ \quad OH \quad NH—COOH \end{array}$$

【物化性质】 乳液呈半透明，是油润性两亲型加脂剂。1：9稀释后24h无浮油，4h不破乳。由于产品结构的相似性，多肽与皮胶原间有很好的相容性，通过氢键、离子键等产生较强的相互作用，多肽与皮革中的Cr^{3+}生成络合物。因加脂剂的亲水基团都是磺酸基、硫酸基、羧基、羟基等小基团，本品用多肽链作亲水基，赋予材料自乳化性能。

【质量标准】 QB/T 1330—1998

项目	指标
色度(D)	≤0.7
pH值	8～9
乳化性(体积比为1:9,24h)	不分层,无浮油
含脂量/%	≥90
相对密度(20℃)	0.87～0.92

【用途】 该产品具有良好的加脂和助染功能。

包装规格：用塑料桶包装，125kg/桶。

【制法】 含铬皮革碎料在NaOH溶液中水解，得到的多肽与环氧化猪油反应，制得多肽加脂剂。

【产品安全性】 非危险品。贮存于阴凉、干燥处，避免日晒、雨淋；有效贮存期12个月。

【参考生产企业】 海成大化工有限公司，浙江省上虞市杜浦化工厂，湖州和孚皮革助剂厂，吴县黄桥兴达皮化材料厂。

Ab005 填充型加脂剂

【英文名】 imprenating fatliquor

【组成】 蓖麻油-马来酸酐与丙烯酸酯共聚物。

【物化性质】 接枝效果和填充作用明显，与革纤维结合力强，加脂作用显著。聚合物玻璃化温度较低、颗粒小、渗透速度快、乳液稳定性高。填充革柔软、丰满、弹性好。共聚合物能有效地增加铬的吸收，减少废液中铬离子的含量，有利于环境保护。

【质量标准】

项目	指标	项目	指标
固含量/%	30	pH值	7～8
渗透速度/s	15		

【用途】 适于服装革、沙发家具革填充，选择填充效果突出，减轻了松面现象，显著地提高了成革的丰满度及弹性，而且手感柔软而细致，赋予成革良好的染色性能，坯革颜色浅淡，适合各类需要增加丰满度的软面革、磨面革、耐光面色革及带子革的生产。

包装规格：塑料桶包装，125kg/桶。

【制法】 按各种物料配比分别加入蓖麻油-马来酸酐、精制提纯的单体（丙烯酸甲酯、丙烯酸乙酯、丙烯酸丁酯）、引发剂和乳化剂（磺酸盐）在60～70℃乳液聚合。

【产品安全性】 非危险品。贮存于阴凉、干燥处，避免日晒、雨淋；有效贮存期12个月。

【参考生产企业】 上海天汇合成皮革厂，丹东市轻化工研究所，泸州市皮革化工厂。

Ab006 加脂剂SP-Ⅱ

【英文名】 fatliquoring agent SP-Ⅱ

【组成】

$$\begin{array}{l} NaO_3S—CH—COOC_{18}H_{37} \ + \\ \qquad\quad\ \ | \\ \qquad\ H—CH—COOH \end{array}$$

$$NaO_3S-CH-COOC_{18}H_{37} + \atop \quad | \atop H-CH-COOC_{18}H_{37}$$

$$C_4H_9COO(CH_2)_7\underset{\displaystyle SO_3Na}{\underset{|}{CH}}(CH_2)_7COOC_4H_9$$

【物化性质】 1∶9 水乳液为半透明液，易分散，渗透快。耐酸碱，各种电解质性能好。既可作主加脂剂，也可在预鞣、复鞣、中和等工序中使用，是制取各种软面革和服装革的理想加脂材料。

【质量标准】 QB/T 1330—1998

外观(常温)	红棕色透明黏稠液体
总油量/%	>80
pH 值	7～8
稳定性(体积比 1∶9,24h)	不分层,无浮油

【用途】 作加脂剂可于初鞣、复鞣、中和等工序。在各种软面革和服装革中作主加脂剂，成革手感丰满、油润感强、配伍性好，可同其他阴离子加脂剂复配使用，加脂效果持久，绒面丝光感和油润感极强。包装规格：塑料桶包装，125kg/桶。

【制法】 首先由猪油水解制取硬脂酸，然后与丁醇在酸性条件下进行酯化反应，生成猪油脂肪酸丁酯与高级脂肪醇，高级脂肪醇在 90～120℃与顺丁烯二酸酐进行酯化反应生成顺丁烯二酸高级醇酯，两种酯化物按一定比例混合后在 50～90℃进行亚硫酸化反应，制成油润性 SP-Ⅱ 加脂剂。

【产品安全性】 非危险品。避免接触到眼睛、皮肤及伤口，若有误触，需以大量清水冲洗。贮存于阴凉干燥处，避免日晒雨淋；有效贮存期 12 个月。

【参考生产企业】 广东盛方化工有限公司，天津南化皮革化工有限公司，丹东市轻化工研究所，泸州市皮革化工厂。

Ab007 新型加脂剂

【别名】 菜籽油皮革加脂剂

【英文名】 new fatliquoring agent

【结构式】

$$R-\underset{\displaystyle OH}{\underset{|}{CH}}-SO_3Na$$

【物化性质】 产品为浅褐色黏稠液体，能耐高浓度中性电解质和高浓度铬鞣液，化学性质稳定，油脂在革内分布均匀，渗透性好。在 pH 3～10 范围内对酸、碱、盐、铬液稳定，革成品手感柔软适当，无油腻感。

【质量标准】 QB/T 1330—1998

有效物含量/%	79.4
乳化稳定性能(1∶9 乳液,24h)	无浮油
(1∶1 乳液,4h,pH 3～10)	不分层
pH 值	6～7
含水量/%	18
乳液稳定性(饱和 NaCl 溶液)	稳定

【用途】 可作为主加脂剂用于猪、黄牛、山羊等多种皮革的加脂。

包装规格：塑料桶包装，50kg/桶、125kg/桶。

【制法】 将菜籽油加入溶有 NaOH 的丁醇中，进行酯交换反应。然后通入经干燥处理的压缩空气，把油酸丁酯氧化为酮。再加入十二烷基硫酸钠、环烷酸钴、$NaHSO_3$ 水溶液完成亚硫酸化反应，最后脱水得成品。

【产品安全性】 非危险品。避免接触到眼睛、皮肤及伤口，若有误触，需以大量清水冲洗。密闭贮存于阴凉、干燥处，室温贮存（5～35℃），避免日晒、雨淋；有效贮存期 12 个月。

【参考生产企业】 中国皮革工业研究所，上海成大化工有限公司。

Ab008 加脂剂 Syn

【别名】 烷基磺酰氨基乙酸钠

【英文名】 fatliquoring agent Syn

【结构式】 $RSO_2NHRNHCH_2COONa$

【物化性质】 Syn 型两性加脂剂色泽浅淡，分子中含有氨基、羧基和羟基等多种活性官能团，同皮革结合牢固，对皮革染色无不利影响，革加脂后，耐久性和耐光性良好。皮革丰满柔韧，革面油润光洁。

【质量标准】

外观	浅黄色透明油状液体
有效物/%	>60
pH	6～8

【用途】 作皮革加脂剂。稳定性高、加脂性能优良。与改性羊毛脂、烷醇酰胺、烷基磺酰胺、机油、改性植物油阴离子型和非离子型加脂材料等具有较佳的复配性能。以Syn型两性加脂剂为主要成分的复合型两性加脂剂在冬季（>4℃）不浑浊，不凝固，克服了普通的合成加脂剂冬季稳定性差的弊端。

包装规格：塑料桶包装，50kg/桶、125kg/桶。

【制法】 多元胺（分子中氨基数>2）与烷基磺酰氯胺化后再与氯乙酸缩合。

【产品安全性】 非危险品。避免接触到眼睛、皮肤及伤口，若有误触，需以大量清水冲洗。密闭贮存于阴凉、干燥处，室温贮存（5～35℃），避免日晒、雨淋；有效贮存期6个月。

【参考生产企业】 浙江省上虞市杜浦化工厂，湖州和孚皮革助剂厂，吴县黄桥兴达皮化材料厂。

Ab009 加脂剂 NAF

【英文名】 fatliquoring agent NAF

【组成】 动、植物油乙氧基化磷脂亚硫酸盐。

【物化性质】 浅棕红色透明液体，是高档加脂剂，集非离子和阴离子优点于一身，具有非凡的耐酸、耐电解质能力。加脂后革柔软、丰满，丝光感强，弹性好。革粒面紧实、细致、滑爽、粒纹清晰。

【质量标准】 QB/T 1330—1998

含油量/%	>85
pH(10%水乳液)	6～7
耐电解质稳定性	无破乳情况
乳液稳定性(10%水乳液，24h)	无浮油
耐酸稳定(1mol/L盐酸，4h)	无浮油
耐碱稳定性(1mol/L氨水，4h)	无浮油

【用途】 用于浸酸、铬鞣等过程多工序加脂，油脂在革内的分布均匀，成革柔软、丰满有弹性。

包装规格：塑料桶包装，125kg/桶。

【制法】 动、植物油用聚乙二醇乙氧基化后，再用磷酸酯化，最后用亚硫酸氢钠进行亚硫酸化反应。

【产品安全性】 非危险品。操作安全，避免接触到眼睛、皮肤及伤口，若有误触，需以大量清水冲洗。密闭贮存于阴凉、干燥处，避免日晒、雨淋；有效贮存期12个月。

【参考生产企业】 浙江省上虞市杜浦化工厂，湖州和孚皮革助剂厂。

Ab010 加脂剂 AS

【别名】 羊毛脂琥珀酸酯磺酸盐加脂剂

【英文名】 fatliquoring agent AS

【组成】 羊毛脂琥珀酸酯磺酸盐、亚硫酸化鱼油、氯化石蜡、硬脂酸聚氧乙烯酯(2000)等。

【物化性质】 淡黄色膏状体，乳液粒子平均粒径小（0.01～6μm），乳化性能良好。乳液稳定，在革中分布均匀，革的丝光感强。

【质量标准】

有效物质量分数/%	60
pH值	6～8
活性物的质量分数/%	40
乳液稳定性(1：9乳液，静置24h)	无浮油
离心稳定性(1：9乳液，3500r/min，30min)	不分层

【用途】 作皮革加脂剂，与革纤维具有较强的结合能力，加脂革的透气性、防水

性、柔软性、滑爽性和丝光性好。耐氧化能力强。填充性能好，可改善枯板皮、瘦板皮的加脂效果。

包装规格：塑料桶包装，125kg/桶。

【制法】

① 等量的羊毛脂、马来酸酐，催化量的对甲苯磺酸，反应3h后，加入饱和$NaHSO_3$水溶液，得羊毛脂琥珀酸酯磺酸盐。

② 羊毛脂琥珀酸酯磺酸盐、亚硫酸化鱼油、氯化石蜡、硬脂酸聚氧乙烯酯(2000)、壬基酚聚氧乙烯(10)醚混合溶解，加入水形成O/W型乳液，冷却后为膏状物。

【产品安全性】 非危险品。避免接触到眼睛、皮肤及伤口，若有误触，需以大量清水冲洗。贮存于阴凉、干燥处，避免日晒、雨淋；有效贮存期12个月。

【参考生产企业】 上海成大化工有限公司，吴县黄桥兴达皮化材料厂。

Ab011 磷酸化羊毛脂加脂剂

【英文名】 phosphated lanolin fatliquor

【组成】 磷酸化羊毛脂。

【物化性质】 淡黄流动液体，属低污染新型加脂剂。能与革纤维结合，具永久加脂效果。加脂后革柔软，有弹性，油润感强，长期放置无干枯现象，粒面细致，丝光感强，染色均匀，可染性极高，染料用量少，染色废液的色度降低，减少污染。防水性、填充性、渗透性、结合性俱佳。

【质量标准】 QB/T 1330—1998

油脂含量/%	51.2
pH值	7

【用途】 适于多工序分步加脂，产品耐酸、碱、盐能力较强，质量稳定，与国外的CutapolW和CutapolOM属同类产品。

包装规格：塑料桶包装，125kg/桶。

【制法】 在水分含量确定的羊毛脂中添加助剂，维持40～50℃，缓慢地加入计量的P_2O_5，在同样的温度下再反应0.5～1h后，升温至给定的老化温度进行反应。

【产品安全性】 非危险品。避免接触到眼睛、皮肤及伤口，若有误触，需以大量清水冲洗。贮存于阴凉、干燥处，避免日晒、雨淋；有效贮存期12个月。

【参考生产企业】 江门市蓬江区百思特精细化工厂，上海成大化工有限公司，广州圣时立生物科技有限公司。

Ab012 羊毛脂TCF

【英文名】 anoline TCF

【组成】 改性羊毛脂，助剂。

【物化性质】 黄色软膏状体，熔点为36～42℃。易溶于氯仿或乙醚，溶解于热乙醇，微溶于乙醇，不溶于水；但能与约2倍量的水均匀混合。具有多种活性基团，能与兰湿革的金属离子如Cr^{3+}形成配位络合或与胶原纤维形成氢键缔合，具有多个结合活性点，使加脂后的成革长期保持丰满、柔软、有弹性、耐干洗，表面无油腻感。

【质量标准】 QB/T 1330—1998

固含量/%	≥55
pH值	7.5～8.5
稳定性(10%乳液,24h)	无浮油

【用途】 用作多种功能高档复合型加脂剂，在皮革初鞣和复鞣前使用。革加脂后，分散性、渗透性好，油润感、丝光感强，耐酸性、耐电解质性良好。

包装规格：塑料桶包装，125kg/桶。

【制法】 菜油脂肪酸甲酯与羊毛脂按1∶2混合，首先与二乙醇胺进行酰胺化，然后在100～140℃下与顺酐酯化，再与亚硫酸氢钠在90℃下进行亚硫酸化反应，所得产物在40～50℃下与矿物油、助剂混配。

【产品安全性】 非危险品。避免接触到眼睛、皮肤及伤口，若有误触，需以大量清水冲洗。贮存于阴凉、干燥处，避免日晒、雨淋；有效贮存期 12 个月。

【参考生产企业】 泰州科力生物科技有限公司，天津南华皮革化工有限公司。

Ab013 加脂剂 SLF

【别名】 亚硫酸化加脂剂

【英文名】 fatliquoring agent SLF

【组成】 亚硫酸化羊毛脂，亚硫酸化菜籽油甲酯。

【物化性质】 阴离子型淡黄色或白色浆状物，具有增进皮革表面润滑、油感、柔软度、疏水性、曲挠性、填充性、耐光性等多种效果。

【质量标准】

有效成分/%	45±5
乳化性能(1∶9 的水乳液放置 24h)	无浮油,不分层
pH 值(10%乳液)	7～8
硫含量/%	＜1.7

【用途】 皮革加脂剂，该加脂剂使革丝光感强，色彩鲜艳，对提高革制品的档次有明显效果。并具有优良的配伍性，可与任何阴离子加脂剂、复鞣剂或染料混用。非常适用于多工序分步加脂。

包装规格：塑料桶包装，125kg/桶。

【制法】 羊毛脂和菜籽油甲酯经双氧水氧化除色除臭，在硝酸钴催化下用漂粉精氧化，再加焦亚硫酸钠亚硫酸化，最后用十二烷基硫酸钠乳化。

【产品安全性】 非危险品。避免接触到眼睛、皮肤及伤口，若有误触，需以大量清水冲洗。贮存于阴凉、干燥处，避免日晒、雨淋；有效贮存期 12 个月。

【参考生产企业】 成都格林维士科技有限公司，佛山市佑隆生物科技有限公司，上海成大化工有限公司。

Ab014 加脂剂 FS

【英文名】 fatliquoring agent FS

【组成】 改性的聚乙二醇酯化羊毛脂。

【物化性质】 淡黄色或白色浆状物，是非离子化加脂剂，胶粒大小分布均匀，≤0.5μm。在很宽的 pH 值范围耐酸碱及耐电解质性及乳液稳定性优良。

【质量标准】 QB/T 1330—1998

硫含量/%	＜1.7
乳化稳定性(1∶9 的水乳液放置 24h)	无浮油，不分层
离心稳定性(1∶9 乳液,3500r/min,30min)	不分层
有效成分/%	40
pH 值(10%乳液)	6～8

【用途】 作加脂剂，其乳液颗粒小、渗透能力强，加脂后革丰满、柔软、弹性好而且不油腻，不影响涂饰性能。

包装规格：塑料桶包装，50kg/桶、120kg/桶。

【制法】 脱水羊毛脂、马来酸酐和对甲苯磺酸反应得中间体，然后向中间体中加聚乙二醇及适量的苯或二甲苯，加热反应至终点后蒸出苯与水，得产物 FS。

【产品安全性】 非危险品。避免接触到眼睛、皮肤及伤口，若有误触，需以大量清水冲洗。密闭保存在阴凉、通风处，5～35℃贮存，防晒、防冻。

【参考生产企业】 宁波市鄞州潘火潘一油脂化工厂，上海成大化工有限公司，上海天汇合成皮革厂。

Ab015 LY-W 结合型加脂剂

【英文名】 combined fatliquoring agent

【结构式】

$$RC(=O)NH\text{-}(CH_2CH_2N(CH_2COONa))_n\text{-}CH_2CH_2N(CH_2COONa)_2$$

(n=1～4)

【物化性质】 淡黄色流动性膏状物，多亚乙基多胺的引入增加了分子链的柔性，多个羧基能有效提高分子的渗透性，使憎水基链有序排列在纤维表面，使纤维分散，可移动性增强。革经加脂后，粒面蜡感强，革身柔软，弹性好，绒面滑爽，丝光感强，防水性好。

【质量标准】 QB/T 1330—1998

活性物/%	23
乳化稳定性(1∶9的乳液,24h)	不分层，无浮油
油含量/%	45
pH值	8～9

【用途】 作皮革加脂剂，使皮革柔软、滑爽，丝光悦目，防水性好。

包装规格：塑料桶包装，50kg/桶、120kg/桶。

【制法】 由长链混合脂肪酸、多亚乙基多胺、氯乙酸钠经酰胺化、亲核取代反应制得活性物。然后与乳化剂复配，得结合型加脂剂LY-W。

【产品安全性】 非危险品。避免接触到眼睛、皮肤及伤口，若有误触，需以大量清水冲洗。密闭保存在阴凉、通风处，5～35℃贮存期12个月。

【参考生产企业】 郑州四维磷脂技术有限公司，浙江省上虞市杜浦化工厂，湖州和孚皮革助剂厂，吴县黄桥兴达皮化材料厂。

Ab016 鞣性加脂剂

【英文名】 tanning fatliquoring agent

【组成】 硫酸化猪油与铬的络合物。

【物化性质】 稳定的乳液，溶于环己酮，是集鞣制和加脂于一身的双功能材料。

【质量标准】 QB/T 1330—1998

活性物含量/%	93
水/%	7
被乳化物质/%	68
有机SO_3化合物/%	1.3

【用途】 用于皮革的鞣制和加脂。

包装规格：塑料桶包装，25kg/桶。

【制法】 将铬盐于335K溶解在乙二醇中，搅拌2h加入硫酸化猪油、25%乳化剂，搅拌为稳定的乳液。

【产品安全性】 非危险品。避免接触到眼睛、皮肤及伤口，若有误触，需以大量清水冲洗。密闭贮存于阴凉、干燥处，5～35℃贮存，避免日晒、雨淋；有效贮存期12个月。

【参考生产企业】 浙江省上虞市杜浦化工厂，湖州和孚皮革助剂厂，吴县黄桥兴达皮化材料厂，上海成大化工有限公司。

Ab017 HPP-Ⅰ型皮革加脂剂

【英文名】 fatliquoring agent HPP-1

【组成】 蓖麻油磷酸酯钠盐、羟化磷酸酯、矿物油。

【物化性质】 含有磷酸根，能与铬盐络合，在铬鞣或铬复鞣中可使铬盐在革内分布更均匀，同时它们又能与革纤维结合，具永久加脂效果。对皮革有填充作用，渗透性好，革表面不会油腻，不变黄、无异味。适宜于白色或彩色软革加脂，成革具有特殊柔软手感，革身丰满、弹性好。

【质量标准】 QB/T 1330—1998

外观	浅棕色液体
含油脂量/%	>70
pH值	7～8
稳定性(10%水溶液,24h)	无浮油,无沉析

【用途】 该加脂剂对多种革均具有良好的加脂效果，加脂后革表面无油腻感、无异味。与革纤维吸附作用强，无走油、松面现象。加脂后革身丰满、手感柔软、粒面清晰、紧密，颜色纯正、鲜亮。渗透均匀，增厚明显。

包装规格：塑料桶包装，50kg/桶、120kg/桶。

【制法】

① 利用蓖麻酸的羟基，与五氧化二磷发生酯化反应，经氢氧化钠中和得蓖麻油磷酸酯钠盐。

② 在稀释剂、促进剂存在下，由豆油油脚与羟基化剂反应，经静置、沉降，分出下部清液得羟化磷酸酯。

③ 蓖麻油磷酸酯钠盐、羟化磷酸酯和矿物油复配。

【产品安全性】 非危险品。避免接触到眼睛、皮肤及伤口，若有误触，需以大量清水冲洗。密闭贮存于阴凉、干燥处，5～35℃贮存，避免日晒、雨淋；有效贮存期12个月。

【参考生产企业】 浙江省上虞市杜浦化工厂，湖州和孚皮革助剂厂，吴县黄桥兴达皮化材料厂，黑龙江制革厂，佳木斯皮革厂，上海成大化工有限公司。

Ab018 结合型皮革加脂剂 SCF

【英文名】 combining with the type of leather fatliquoring agent SCF

【组成】 菜籽油脂肪酸单乙醇酰胺的磺化琥珀酸二钠盐。

【物化性质】 没有浊点、化学稳定性良好、分散、乳化、增稠性优异。本产品含有羧基、磺酸基等活性基团，与皮革纤维具有一定的亲和力，能和铬鞣革中的铬形成络合，对纤维有很好的润滑能力。用它加脂的皮革革身柔软，革身丰满、富于弹性，具有滑爽的丝感和蜡感，成革粒面干爽、无油感，且成革有优良的耐干洗和耐贮存性能。

【质量标准】 QB/T 1330—1998

外观	浅棕黄色膏状物
有效成分/%	50
pH值	7～8
乳化稳定性(24h)	无浮油

【用途】 本品适用于各类软皮革加脂，尤其适宜白色革或浅色服装革的加脂，不易发生油脂迁移，使革身长期保持柔软，可有效防止油霜。可单独使用也可与其他阴离子加脂剂并用。在与其他加脂剂混合使用时能增强整个加脂体系乳化能力，很好地帮助渗透。全粒面革粒面滋润、滑爽、细致；绒面革的绒面洁净、丝光感强，可代替进口加脂剂用于各种高档革的生产，是具有独特性能的新型加脂剂。

包装规格：塑料桶包装，50kg/桶、120kg/桶。

【制法】 6mol 单乙醇胺与 10mol 菜籽油脂肪酸在 150℃反应 6h 定量生成酰胺酯。然后加入 1.2mol 单乙醇胺在 150℃反应 5h 使酰胺酯氨解成单乙醇酰胺［质量分数 97.5%，色度（APHA）200］。脂肪酸单乙醇酰胺与琥珀酸酯化，再与亚硫酸盐进行亚硫酸化反应得菜籽油脂肪酸单乙醇酰胺的磺化琥珀酸二钠盐 。反应式如下：

$$2RCOOH+NH_2CH_2CH_2OH \longrightarrow RCOOCH_2CH_2HNOCR+2H_2O$$

$$RCONHCH_2CH_2OOCCH{=}CHCOOH+Na_2SO_3 \longrightarrow RCONHCH_2CH_2OOC\underset{\displaystyle SO_3Na}{\underset{|}{C}H}{-}CH_2COONa$$

$$RCOOCH_2CH_2NHOCR+NH_2CH_2CH_2OH \longrightarrow 2RCONHCH_2CH_2OH$$

$$RCONHCH_2CH_2OH+\begin{matrix} HC{-}C{\overset{\nearrow O}{}} \\ \| \quad\; \rangle O \\ HC{-}C{\underset{\searrow O}{}} \end{matrix} \longrightarrow RCONHCH_2CH_2COOCH{=}CHCOOH$$

【产品安全性】 无毒，非危险品。避免接触到眼睛、皮肤及伤口，若有误触，需以大量清水冲洗。密闭保存在阴凉、通风处，5～35℃贮存，避免日晒、雨淋；有效贮存期12个月。

【参考生产企业】 哈尔滨制革厂，常州丰泽革业有限公司。

Ab019 聚乙二醇酯化羊毛脂

【英文名】 polyethoxylated lanolin

【结构】

$$R^1-\underset{\displaystyle COOCH=CHCOOH}{CH}-COOCH_2CH_2O(CH_2CH_2O)_{n+1}CH_2CH_2OH$$

【物化性质】 淡黄色或白色浆状物，非离子型，胶粒大小分布均匀，≤0.5μm。在很宽的 pH 值范围耐酸碱、耐电解质性及乳液稳定性优良。

【质量标准】 QB/T 1330—1998

乳液颗粒直径/μm	0.01～0.5
离心稳定性(1：9 乳液，3500r/min，30min)	不分层
乳化稳定性（1：9 的水乳液放置 24h）	无浮油，不分层
有效成分/%	60
pH 值	6～8

【用途】 作皮革加脂剂，其乳液颗粒小（乳液颗粒尺寸和其分布以及革纤维之间孔隙的大小相吻合）、渗透能力强，在革中各层分布均匀，细小纤维中也可渗入油脂。加脂后革丰满、柔软、弹性好而且不油腻，不影响涂饰性能。

包装规格：塑料桶包装，50kg/桶、120kg/桶。

【制法】 将脱水、脱色、除臭后的工业羊毛脂加入反应釜中，在搅拌下用油浴加热至 120℃，加入马来酸酐（马来酸酐用量为羊毛脂的 30%）和催化剂对甲苯磺酸，于 120℃反应 3h，得中间体。然后向中间体中加等物质量的聚乙二醇及适量的带水剂甲苯，通过油水分离器蒸去反应中生成的水分和低沸点物，得产物 FS。

$$R^1-CH_2-COOR^2+(\text{马来酸酐})\longrightarrow$$

$$R^1-\underset{\displaystyle COOCH=CH-COOH}{CH}-COOR^2$$

$$R^1-\underset{\displaystyle COOCH=CH-COOH}{CH}-COOR^2\xrightarrow{HOCH_2CH_2O(CH_2CH_2O)_{n+1}CH_2CH_2OH}\text{本品}$$

式中 R^1——羊毛酸长碳链；

R^2——羊毛醇长碳链。

【产品安全性】 非危险品。避免接触到眼睛、皮肤及伤口，若有误触，需以大量清水冲洗。密闭保存在阴凉、通风处，5～35℃贮存，防晒、防冻。

【参考生产企业】 苏州勋云化工有限公司，杭州福达物资石化有限公司，上海五谷国际贸易有限公司。

Ab020 合成加脂剂

【别名】 A-1 型合成加脂剂，1 号合成加脂剂，DLF-1 合成加脂剂

【英文名】 synthetic fatliquoring agent

【组 成】 烷基磺酰胺乙酸钠（RSO_2NHCH_2COONa）和氯化石蜡（RCl）。

【物化性质】 棕色油状液体。相对密度为 0.95～1.00。该品有较强的乳化能力，在酸、碱介质中均稳定，渗透能力和扩散能力良好，与皮纤维能较好地结合。

【质量标准】

水分/%	3
盐分/%	<3
总油脂/%	85
pH 值(10%水乳液)	6.0～7.5
乳化稳定性(油：水＝1：9)	24h 无浮油

【用途】 用作皮革加脂剂，即可单独使用，也可与其他加脂剂混合使用。经本品处理后的成革柔软、无油腻感，并可增加皮革的耐撕裂强度。

包装规格：塑料桶包装，20kg/桶。

【制法】 将液体石蜡从反应器上口加入反应器中，在紫外线照射下由反应器底部引入 SO_2 和 Cl_2 的混合物 [$n(SO_2):n(Cl_2)=1mol:1mol$]。在 30℃下反应，得到的磺氯化物进入氨化釜，压入氨气，回流脱水得磺酰胺。将其移入缩合釜，加一氯醋酸，进行缩合得烷基磺酰胺乙酸，加 NaOH 水溶液中和得烷基磺酰胺乙酸钠。将其转移到混配釜中，在快速搅拌下

加入一定比例的液体石蜡，搅成均匀油状液。即得成品。

【产品安全性】 本品可按一般工业化学品管理，使用时应戴手套和防护眼镜，避免直接与皮肤和眼睛接触，若沾上皮肤，用清水加肥皂冲洗即可。置于阴凉、干燥的库房内，防止日晒、雨淋。保质期12个月。

【参考生产企业】 北京皮革化工厂，天津皮革化工厂，辽宁丹东皮革化工厂，上海皮革化工厂等。

Ab021 合成加脂剂3号

【别名】 氯化石蜡

【英文名】 synthetic fatliquoring agent 3#

【分子式】 $C_nH_{2n+2-x}Cl_x$

【性质】 不溶于水和乙醇，能溶于许多有机溶剂中。加热至120℃以上分解，放出氯化氢气体。铁、锌等氧化物会促使分解。

【质量标准】 HG/T 2091—1991

指标名称	上海品	丹东品
外观	淡黄色油状液体	淡棕或棕色膏状物
含油量/%	>98	>98
总氯/%	26～32	
相对密度(25℃)	1.04～1.07	
碘值/(mg I_2/g)	0.5	
pH值	6～7	5～7
熔点/℃	30～40	

【用途】 本品与其他乳化油配合，代替动、植物油用于底革、轮带革、衬里革及植鞣革的加脂，铬-植结合鞣革的加脂。

包装规格：塑料桶包装，25kg/桶。

【制法】 将计量的液体石蜡加入反应釜中，在搅拌下滴加氯化亚砜，回流5～7h后，常压回收过量的氯化亚砜。用水、NaOH水溶液依次洗涤减压脱水至含水量小于2%，出料为成品。反应式如下：

$$RH+SO_2Cl \longrightarrow RCl+SO_2+HCl$$

【产品安全性】 非危险品。避免接触到眼睛、皮肤及伤口，若有误触，需以大量清水冲洗。密闭保存在阴凉、通风处。5～35℃贮存，防晒、防冻。

【参考生产企业】 郑州耐瑞特生物科技有限公司，上海皮革化工厂，辽宁丹东皮革化工厂。

Ab022 合成加脂剂SE

【英文名】 synthetic fatliquoring agent SE

【组成】 烷基磺酰胺、油酸酯、氯代烷等。

【物化性质】 油脂含量高，乳化力强，渗透性好；加脂性好，成革柔软，手感舒适，无油腻感，耐光性好。

【质量标准】

项目	指标
水分/%	≤10
相对密度(30℃)	0.89～0.91
色泽(FAC)/A	<9
有效成分/%	≥90
pH值	8.0±0.5
乳化稳定性(油：水=1：9)	24h不分层

【用途】 用于各种轻革加脂。

包装规格：塑料桶包装，25kg/桶。

【制法】 将烷基磺酰胺、油酸酯、氯代烷按比例加入混配釜中，搅匀即可。

【产品安全性】 非危险品。密闭保存在阴凉、通风处。5～35℃贮存，防晒、防冻。

【参考生产企业】 江苏省泰州市科达化工有限公司，蠡县恒胜皮革化工有限公司，上海皮革化工厂。

Ab023 阳离子加脂剂

【英文名】 cationic fatliquor agent

【组成】 1631表面活性剂与合成牛蹄油混合物。

【物化性质】 外观为白色或微黄色乳状液，在水中能形成稳定的乳液。具有良好渗透性，能固定阴离子加脂剂和阴离子染料。提高成革的柔软度和丰满度，提高成革对染料和油脂的吸收能力，降低废水中染料和油脂含量。

【质量标准】 QB/T 2414—1998

项目	指标
含油量/%	60
含水量/%	31.5
乳化稳定性(10%水溶液)	24h 无浮油
pH 值	3.6
乳化类型	O/W

【用途】 用于铬鞣革、苯胺革及植复鞣、合成鞣剂复鞣革的加脂。固定阴离子加脂和阴离子染料。

包装规格：用内衬塑料袋的塑料桶包装，净重 50kg。

【制法】

① 油相配制：将合成牛蹄油加入复配釜中，再加入一定比例的硬脂酸和白蜡，在搅拌下加热溶解备用。

② 水相配制：将氯化三甲基十六烷基铵加入复配釜中，加入适量的水加热溶解后，加入一定比例的渗透剂 JFC 和平平加 O，搅拌溶解。

③ 将油相缓缓加入水相，充分搅拌乳化，降温，出料为成品。

【产品安全性】 避免接触到眼睛、皮肤及伤口，若有误触，需以大量清水冲洗。不能与阴离子表面活性剂共混。置于 5～35℃的干燥库房内，保质期 6 个月。防止日晒、雨淋。

【参考生产企业】 海成大化工有限公司，浙江省上虞市杜浦化工厂，湖州和孚皮革助剂厂，吴县黄桥兴达皮化材料厂。

Ab024 Z-2 阳离子加脂剂

【英文名】 cationic fatliquor agent Z-2

【组成】 蓖麻油三乙醇胺与合成牛蹄油混合物。

【物化性质】 外观为黄棕色油状液体，在水中呈白色乳液。具有良好的乳化性能，稳定性高。有固定阴离子加脂剂和阴离子染料的作用，并可提高绒面革丝光感。

【质量标准】 QB/T 2414—1998

项目	指标
外观	白色乳液
pH 值	6～8
无机盐/%	<0.1
总油脂/%	70±2
粒度/μm	<5
乳化稳定性(油：水=1：9)	24h 无浮油

【用途】 用于各种轻革的加脂。用于染色后的加脂固色。用于毛皮的加脂，可使皮板洁白、柔软、手感好。油铬鞣时作铬盐的渗透助剂。

包装规格：塑料桶包装，25kg/桶。

【制法】 将等物质的量的蓖麻油和三乙醇胺加入反应釜中，加 96%的硫酸（加入原料总量的 0.5%）作催化剂，于 90℃下搅拌 8h。静置 10h，分出下层甘油。加 Na_2CO_3 中和 pH 值～8 左右，得蓖麻油三乙醇胺。然后在搅拌下缓缓加入所需要的氯化石蜡，合成牛蹄油搅匀即可。

【产品安全性】 非危险品。避免接触到眼睛、皮肤及伤口，若有误触，需以大量清水冲洗。密闭保存在阴凉、通风处。5～35℃贮存，防晒、防冻。

【参考生产企业】 江苏省泰州市科达化工有限公司，上海焦耳蜡业有限公司，沾化海湾皮革助剂有限公司，广东省捷高皮革化工厂。

Ab025 DLF-4 阳离子加脂剂

【别名】 阳离子皮革加脂剂

【英文名】 cationic fatliquor agent DLF-4

【组 成】 烷基三甲基氯化铵 $[RN(CH_3)_3]^+Cl^-$ 和氯化石蜡。

【物化性质】 外观呈乳白色黏稠状液体，在常温水中易乳化。具有较强的乳化能力，对温度、电解质稳定性较好。对革的渗透力强，能均匀地分布在革内，显著提高革的柔软、弹性和丰满度。有杀菌作用，因此成革具有防霉性。对阴离子加脂剂和染料有固定作用，提高加脂剂和染料的结合量，降低废水中油脂和染料的含量，可使成革色泽鲜艳、绒面革有丝光感。

【质量标准】 QB/T 2414—1998

项目	指标
总固物/%	>60
水分/%	26±1
pH值(10%水乳液)	7～7.5
油脂含量/%	>7.0
阳离子含量/%	>5
定性反应	显阳性

【用途】 适用于各类皮毛、皮革加脂。用于正面革、绒面革的加脂，与毛的亲和力很低，不会使毛油腻，可赋予皮板极佳的手感，令成革粒面丰满、滑爽，使绒面革呈现特有的丝绸感，有非常好的染色性能、极佳的软化皮板的作用，并且防止裂面，刷、喷板不会变色，白色不会变黄。

使用方法：使用前充分搅匀，受冻后，应回温至25℃左右，并充分搅匀后使用，不影响效果。可单独使用或与其他阴离子型加脂剂混用于水浸酸、鞣制或加脂浴液中，也可用于涂刷加脂。建议用量0.5～5g/L，视皮毛类型和具体要求而定。

包装规格：塑料桶包装，25kg/桶。

【制法】

① 将44kg氯代烷加入反应釜，加水在搅拌下升温至70℃，开始滴加三甲胺(30%)水溶液168kg，滴毕后在80～90℃下反应4h得烷基三甲基氯化铵水溶液。

② 将烷基三甲基氯化铵水溶液加入配制釜中，在搅拌下缓缓加入168kg氯化石蜡，加完后继续搅拌30min，使其成为均匀的油状物。然后加入1201kg OP-10的水溶液(20%)，充分搅拌成黏稠液。

【产品安全性】 非危险品。避免接触到眼睛、皮肤及伤口，若有误触，需以大量清水冲洗。密闭保存在阴凉、通风处。5～35℃贮存，防晒、防冻。

【参考生产企业】 丹东市轻化工研究所，天津市东政商贸有限公司，宁波市鄞州潘火潘一油脂化工厂。

Ab026 DLF-6 毛皮加脂剂

【英文名】 fur fatliquor agent DLF-6

【组成】 阳离子表面活性剂、氯化石蜡。

【物化性质】 具有良好的乳化性、分散性，乳化液表面无浮油。加脂乳液有良好的渗透性，结合力强。经加脂的毛皮皮板洁白、无油腻感，毛被松散、光亮。

【质量标准】

项目	指标
外观	白色乳状液
阳离子含量/%	>6
乳化稳定性(10%水乳液)	24h无浮油
总油量/%	>60
pH值(10%水乳液)	4～6

【用途】 毛皮加脂。

包装规格：塑料桶包装，25kg/桶。

【制法】 将等物质的量的脂肪酸和醇胺加入反应釜中，加入硫酸作催化剂，在90℃下加热8h。冷却至60℃加 Na_2CO_3 水溶液中和，在70～80℃下搅拌2h，静置0.3h，分出水层。油层加入成盐釜中，加入理论量冰醋酸，加热至60℃反应2h，生成脂肪酸醇胺醋酸盐。加水稀释，并在搅拌下缓缓加入氯化石蜡和乳化剂，乳化后为成品。

【产品安全性】 非危险品。避免接触到眼睛、皮肤及伤口，若有误触，需以大量清水冲洗。密闭保存在阴凉、通风处。5～35℃贮存，防晒、防冻。

【参考生产企业】 广州市亿丹贸易有限公司，镇江市意德精细化工有限公司，平阳县水头象山洗涤剂厂。

Ab027 DLF-5 两性皮革加脂剂

【英文名】 amphoteric fatliquor agent DLF-5

【组成】 两性表面活性剂、中性油。

【物化性质】 外观为乳白色浆状液，不溶于水。在水中能形成良好的乳化分散液。具有优良的耐酸、碱、盐溶液性，离子性随溶液 pH 值的变化而改变。油脂能均匀地向革内层渗透。除具有加脂性，还有一定的填充性，可使成革柔软、丰满，绒革具有丝光感。

【质量标准】

两性物含量/%	5±1
定性反应	两性反应
油脂含量/%	>60
pH值(10%水乳液)	6～7
乳化稳定性(10%乳液)	24h无浮油

【用途】 可用于各种革的鞣前中和染色后的加脂。

包装规格：用洁净、干燥、镀锌铁桶包装，净重 25kg、200kg 或 250kg。

【制法】 将脂肪酸（硬脂酸、油酸、棕榈酸）加入反应釜中，加入理论量的乙二醇（甘油），加入催化剂量的硫酸，在 90℃下搅拌 8h。冷却至 70℃，加 Na_2CO_3 水溶液中和。静置，分去水层。油层为乙二醇（甘油）脂肪酸酯粗品，将其与中性油复配后，缓缓加入已装有热水、乳化剂和渗透剂的配制釜中，搅拌乳化即可。

【产品安全性】 非危险品。避免接触到眼睛、皮肤及伤口，若有误触，需以大量清水冲洗。低刺激性。本品为可燃物，故贮运时应严防火种。贮存于室内阴凉处。贮运时应防雨、防潮，避免曝晒。贮存期 12 个月。

【参考生产企业】 辽宁化工研究院，辽宁旅顺化工厂，江苏省海安石油化工厂等。

二、多功能加脂剂

品质优良的加脂剂可以赋予皮革良好的柔软度、丰满度、滋润感以及提高皮革的抗张强度、抗撕裂强度等。随着人们生活水平的提高，对皮革制品的需求已不再局限于服装、手套、鞋靴、沙发等传统制品方面，许多新品种如凉席革、内衣革、领带革、汽车及飞机坐垫革等不断涌现。新的产品对皮革性能提出更高要求，多功能加脂剂应运而生。除需要加脂剂具备基本加脂功能外，还应赋予皮革耐水洗、防水、耐光、阻燃、低雾化值等综合功能。例如，低雾化性能保障交通工具玻璃窗视线清晰，安全行驶，是汽车、飞机等座垫用革的特殊要求。多功能加脂剂按其基本结构可分为如下两类。

1. 化学反应型

在加脂剂分子结构中引入能和皮蛋白胶原发生化学反应的活性基团。这类反应型加脂剂可以同时具有复鞣填充作用，是功能加脂剂典型的一大类。活性基团包括磺酰氯基团、羟甲基基团、磺胺醋酸钠基团、烷醇酸铵基团及磺酸基团等。例如，天然油脂通过氯化和加氢反应消除分子键中含有的不饱和双键，制备了氯化硫酸化油、氯化亚硫酸化油、氯磺酸化脂肪酸甲酯、氯磺酸化猪脂等。这些产品耐光性好，避免了经久置后白色革发黄、浅色革颜色发暗的弊病。用价格低廉、来源丰富的菜籽油为原料，经酯交换、酰胺化、酯化和亚硫酸化进行改性，得到含可和皮胶原纤维结合的结合型皮革加脂剂。经其加脂，久置后油脂不向表面迁移，皮革能长久保持柔软有滋润感，并具有防水性和蜡感。这类加脂剂成革丰满、柔软、弹性好、手感舒适、光滑。加脂后的皮革和毛皮均不出现脂斑，无浮油，无油腻感，无异味。用改性动物油与马来酸酐和丙烯酸共聚制备的多功能加脂剂是以加脂为主兼有良好复鞣、耐溶剂抽提作用的低雾化值加脂剂。

2. 多功能复合型加脂剂

其原理是利用某些合成加脂剂在一定条件下可以和铬盐生成络合物，形成有一定电荷的离子型加脂剂。例如，以大豆磷脂为基质的多功能复合加脂剂含有卵磷脂、硫酸化蓖麻油、矿物油和改性矿物油、合成油及高碳醇等。复合型加脂剂具有良好的乳化、渗透和加脂性能，能部分地和皮革胶原纤维结合，加脂后皮革柔软、丰满，手感滋润，并有一定的防水性。

近年来，功能加脂剂已成为皮化材料的研究热点。功能加脂剂的出现，为提高皮革制品的档次和等级、增加皮革制品的花色品种，也为在制革过程中合并工序、简化配料手续、提高企业的经济效益提供了可能。今后皮革加脂剂的研究、开发、生产将朝着高质量、特异功能、多功能和绿色化的方向发展。

Ab028 PF-5型复合加脂剂

【英文名】 PF-5 compounded fatliquor

【组成】 烷基磷酸酯的复配物。

【物化性质】 乳白色浆状液，属阴离子型加脂。乳化性好，渗透力强，容易吸收，成革油脂高。

【质量标准】

项目	指标
有效成分/%	≥80
酸值/(meq/kg)	≤10
丙酮不溶物/%	≥58.0
过氧化值/(mg KOH/g)	≤30.0

【用途】 用于猪、牛、羊各种轻革加脂，成革油脂高，革身丰满、柔软、舒展、有弹性，粒面细致，丝光感强，上色率高，并具有填充作用，是理想的多功能皮革加脂剂。

包装规格：用洁净、干燥的镀锌桶或塑料桶包装，净重200kg、50kg。

【制法】 将混合醇、甲基丙烯酸、催化剂、阻聚剂依次加入反应釜中，搅拌混合均匀，加热，在110～150℃恒温3～4h，继续酯化反应。合成酯与丙烯腈、苯乙烯、硫酸化动植物油、引发剂等单体发生聚合反应，控制温度在90℃以内，反应2.5h后降温至60℃，调pH值至7.0～7.5，制成低雾高效复鞣加脂剂。

【产品安全性】 非危险品，低刺激性。避免接触到眼睛、皮肤及伤口，若有误触，需以大量清水冲洗。本品为可燃物，故贮运时应严防火种，不能与易燃物共贮运。贮存于室内阴凉处。应防雨、防潮，避免曝晒。贮存期12个月。

【参考生产企业】 泰州科力生物科技有限公司，天津市博帅工贸有限公司。

Ab029 聚醚改性聚二甲基硅氧烷

【英文名】 polyether modified polydimethylsiloxane

【物化性质】 高度相容性的新型有机硅非离子表面活性剂，既溶于水又溶于油，能明显降低液体的表面张力（50×10^{-6}溶液静态表面张力23.65mN/m），是一种良好的成核剂，具有优越的界面润湿性能和优异的流平性能及一定的消泡效果。具有优异的分散性、铺展性和流平性；极好的耐水解稳定性可起到润湿、促进渗透、持久保光、滑爽等多重作用。无毒，可完全生物降解，对人体和环境友好。

【质量标准】

项目	指标
外观	微黄至无色透明液体
有效含量/%	100
相对密度(25℃)	1.05±0.05
黏度(25℃)/mPa·s	50～100
固含量(120℃,2h)/%	≥90.00
折射率(25℃)	1.4400±0.0050

【用途】 用作皮革加脂剂，既适宜水性体系又适宜溶剂体系。具有用量少、操作简便、高效等优点。

使用方法：可以直接与除草剂、杀虫剂等混合使用，也可以放在大型配药罐中与农药充分混合后分装使用。本品建议使用量为1%～2%。

包装规格：用铁桶包装，净重25kg、200kg，特殊包装规格可根据用户要求另定。

【制法】 可由含氢直链聚硅氧烷在铂催化

剂存在下，丙烯基聚氧乙烯、聚氧丙烯醚进行加成反应制取。

【产品安全性】 无毒无刺激。密封贮存于阴凉、干燥的库房中，在常温下未开封保存，产品自生产之日起保质期为24个月。

【参考生产企业】 环绮化工（广东）有限公司，上海惠今化工贸易有限公司，广州市斯洛柯化学有限公司。

Ab030 RCFⅠ/Ⅱ型加脂剂

【英文名】 fatliquor RCFⅠ/Ⅱ

【组成】 长链二元羧酸盐与乳化石蜡复配。

【物化性质】 加脂柔软效果显著，对穿着多年自然老化的皮衣和许多人为因素造成的皮板板结发硬的皮装，可明显恢复和提高其柔软度、延伸性、弹性及手感。

【质量标准】 QB/T 1328—1998

外观	淡黄色黏稠膏状物
pH值	7～8
含量/%	50～60
稳定性(水稀释10倍)	24h不分层

【用途】 用作皮革加脂剂。能润滑皮革纤维，防止皮革板结、折裂，又使皮革具有相应的弹性、韧性、延伸性和柔软性等良好的物理力学性能。

① 用于猪、羊服装革染色加脂时，先用少量溶解染料搅拌打浆至无颗粒后，将相当于湿皮9%的加脂剂加入搅拌，充分混合后，在湿皮转鼓中转90～120min。温度控制到55℃，搭马、回软，二次染色加脂，加水300%，加脂剂5%（RCF 4%，硫酸化蓖麻油1%），在50～55℃下转60～90 min。

② 猪修面革绒面革加脂。用10%的加脂剂，液比2∶5。在60℃下转鼓中转60～90min。用本加脂剂处理的皮革柔软、富有弹性。包装规格：用洁净、干燥、镀锌铁桶包装，净重25kg、200kg或250kg。

【制法】

① 脂肪酸甲酯的制备（1a）：将菜籽油与过量甲醇在硫酸催化下于40～60℃下反应2h，蒸出未反应的甲醇后，放弃下层酸，油层用Na_2CO_3水溶液洗涤后备用。

② 烷醇酰胺（1b和2b）：将（1a）与等物质的量的乙醇胺或二乙醇胺混合，在硫酸催化下，于120～140℃反应4h，得酰基化（1b或2b）。

③ 烷醇酰胺二元酸单酯的制备（1c或2c）：将（1b或2b）加入酯化釜在酸催化下与等物质的量的二元酸在100～130℃下反应3～4h，得单酯（1c或2c）。

④ RCFⅠ/Ⅱ型的制备：将（1c）、长链烯烃丁二酸、浓氨水、催化剂依次加入反应釜中于60℃反应2h，得棕黄色膏状物。加60℃热水稀释，用$NaHSO_3$进行磺化，反应温度维持在60～70℃，时间1～2h。反应毕加冷水和乳化石蜡，充分搅拌得产品RCFⅠ。

⑤ 按同样工艺，用（2c）制得RCFⅡ。

【产品安全性】 应严防火种。贮存于室内阴凉处。贮运时应防雨、防潮，避免曝晒。贮存期12个月。

【参考生产企业】 临沂商城林明化工原料经营部，郑州耐瑞特生物科技有限公司。

Ab031 磷酸酯皮革加脂剂

【英文名】 phosphate ester greasing agent for leather

【组成】 改性葵花籽油磷酸酯盐。

【物化性质】 浅棕色油状液体，具有良好的乳化性和渗透性，属阴离子型加脂剂。具有表面张力低、乳化性好、去污力强、抗静电、无毒、无刺激性、耐电解质等优良性能。

【质量标准】 GB 28401—2012

pH值	6.5～7.0
含油量/%	≥80

【用途】 与中性油配制成皮革加脂剂。成革柔软、丰满、延伸性好，革面有油润感和丝光感。

包装规格：塑料桶包装，25kg/桶、50kg/桶；铁桶包装，200kg/桶。

【制法】 往反应釜中加入110kg葵花籽油、5kg甲醇、0.3kg NaOH，在搅拌下升温至40℃，反应40min。然后加入6kg P_2O_5，继续升温至60℃，反应6h。用NaCl水溶液洗涤，分出水层。用NaOH溶液中和至pH值6.5～7.0。

【产品安全性】 非危险品，低刺激性。避免接触到眼睛、皮肤及伤口，若有误触，需以大量清水冲洗。本品为可燃物，故贮运时应严防火种。贮存于室内阴凉处。贮运时应防雨、防潮，避免曝晒。贮存期12个月。按一般化学品运输。

【参考生产企业】 海安县亚太助剂有限公司，郑州耐瑞特生物科技有限公司，临沂商城林明化工原料经营部，广州市亿丹贸易有限公司，四川什邡亭江化工厂等。

Ab032 复合加脂剂L型

【组成】 菜籽磷脂，大豆磷脂，高级脂肪醇。

【物化性质】 呈棕褐色或棕黄色液体状。分子中含有磷酸根等活性基团，具有较强的耐酸、耐碱、耐盐的能力，能与革纤维中的铬络合，具有永久加脂效果。其特点是润滑性好，加脂革柔软、丰满，具有一定的填充性，能缩小皮张的部位差，提高革的防水性能。

【质量标准】 LS/T 3225—1990

总磷脂/%	≥55
酸值/(mg KOH/g)	≤15
羟值/(mg KOH/g)	0.5～1
有效物质含量/%	99
水分/%	≤1.0
色值(Gardner 值)	≤15
HLB值	4～5

【用途】 用于皮革行业作加脂剂。具有良好的加脂性能、柔软性、防水性，丝光感强，生物降解性好。加脂废液中的少量残留物会自动降解，不污染环境。

包装规格：翻新铁桶，200kg/桶。

【制法】 从大豆或菜籽中提取磷脂，然后与高级脂肪醇复配。

【产品安全性】 无毒性和刺激性。不慎接触皮肤及伤口需以大量清水冲洗。密封贮存于室内阴凉处，室温贮存期12个月。按一般化学品运输。

【参考生产企业】 郑州耐瑞特生物科技有限公司，海安县亚太助剂有限公司，临沂商城林明化工原料经营部，济南芬尼斯工贸有限公司，四川什邡亭江化工厂等。

三、天然油脂

天然油脂用于制革具有悠久的历史，它具有来源广泛、价格便宜、加工方便等优点，但也有一些缺点，如不宜长期存放，特别是动物油容易酸败变质；加脂渗透性差等。目前，天然油脂多与天然油脂加工品或合成加脂剂配合使用，可克服天然油脂的缺点，制得手感、性能良好的成革。

Ab033 牛油

【英文名】 cow oil

【组成】 油酸、棕榈酸、硬脂酸的甘油酯(油酸45%，亚油酸1%～3%，硬脂酸20%～21%，棕榈酸30%，豆蔻脂酸3%～7%)。

【物化性质】 外观常温时为淡黄色固体。相对密度(15℃/15℃)0.937～0.953，碘值32～55g I_2/100g，皂化值190～202 mg KOH/g，不皂化物<0.8%。

【质量标准】 GB/T 5530—2005

游离脂肪酸/%	3
水分/%	1
凝固点/℃	27～28
色泽(FAC)/A	7～9

【用途】 用于重革加脂，能使成革坚实耐磨，提高抗水性能。

包装规格：用镀锌铁桶包装，净重200kg。

【制法】 由牛的内脏脂肪组织得粗品，经精炼而制成。

【产品安全性】 按一般油品管理。置于阴凉、干燥的库内，远离火源。

【参考生产企业】 中江县新龙油脂工业有限责任公司，山东齐隆集团有限公司。

Ab034 羊油

【英文名】 sheep oil

【组成】 油酸、棕榈酸和硬脂酸的甘油酯等。

【物化性质】 常温时为白色固体。相对密度（15℃/15℃）0.937～0.961，碘值31～47g I_2/100g，皂化值194～199mg KOH/g，不皂化物0.2%～1%。

【质量标准】 GB/T 5530—2005

游离脂肪酸/%	3
水分/%	1
凝固点/℃	40～44
色泽(FAC)/A	9～11

【用途】 重革加脂材料。

包装规格：镀锌铁桶包装，125kg/桶。

【制法】 由羊的内脏脂肪组织得粗品，经精炼而成。

【产品安全性】 非危险品。本品为可燃物，故贮运时应严防火种。贮存于室内阴凉处。贮运时应防雨、防潮，避免曝晒。贮存期12个月。

【参考生产企业】 中江县新龙油脂工业有限责任公司，宜兴市华兴润滑油有限公司。

Ab035 猪油

【英文名】 lard oil

【组成】 油酸、棕榈酸和硬脂酸的甘油酯等。

【物化性质】 常温时为白色固体。相对密度（15℃/15℃）0.934～0.958，碘值46～66g I_2/100g，皂化值193～203mg KOH/g，不皂化物<1%，凝固点28～48℃。

【质量标准】 GB/T 5530—2005

酸值/(mg KOH/g)	≤1.5
丙二醛/%	≤0.25
过氧化值/(meq/kg)	≤16
折射率(40℃)	1.458～1.462

【用途】 用于轻革加脂，制备硫酸化油。与烧碱、甲酚配制甲酚皂液，用于酶浴防腐。

包装规格：镀锌铁桶包装，125kg/桶。

【制法】 由猪皮下脂肪或内脏脂肪制取。

【产品安全性】 非危险品。本品为可燃物，故贮运时应严防火种。贮存于室内阴凉处。贮运时应防雨、防潮，避免曝晒。贮存期12个月。

【参考生产企业】 武汉福达食用油调料有限公司，山东齐隆集团有限公司。

Ab036 蓖麻油

【英文名】 castor oil

【组成】 蓖麻酸、油酸和亚油酸的甘油酯（蓖麻酸85.9%，油酸8.6%，亚油酸3.5%，硬脂酸2.0%）。

【物化性质】 常温为透明液体。

【质量标准】 GB/T 5530—2005

指标名称		一级	二级	三级
外观		清晰透明	清晰透明	清晰透明
气味		正常无异味	正常无异味	正常无异味
色泽(铁钴法)/号	≤	5	7	10

续表

指标名称		一级	二级	三级
皂化值/(mg KOH/g)	≤	2	4	9
碘值(韦氏法)/g		91～99.1	81～91	81～91
折射率(20℃)		1.4763～1.4890	1.4765～1.4810	1.4755～1.4810
相对密度(20℃)		0.9550～0.96400	0.9880～0.9875	0.9650～0.9645
水分及挥发物/%	≤	0.15	0.20	—
杂质/%	≤	0.10	0.20	—
醇溶性(5倍乙醇)		清晰透明	清晰透明	清晰透明

【用途】 皮革加脂剂，制取硫酸化蓖麻油，皮革涂饰的增型剂、光亮剂。

包装规格：镀锌铁桶包装，125kg/桶。

【制法】 由蓖麻籽榨取。

【产品安全性】 非危险品。本品为可燃物，故贮运时应严防火种。贮存于室内阴凉处。贮运时应防雨、防潮，避免曝晒。贮存期12个月。

【参考生产企业】 天津市雄冠科技发展有限公司，南昌大山农业科技有限公司，宜兴市华兴润滑油有限公司。

Ab037 花生油

【英文名】 peanut oil

【组成】 蓖麻酸、油酸和花生酸的甘油酯（油酸60%，亚油酸23%，硬脂酸5%，棕榈酸7%，花生酸3.6%）。

【物化性质】 外观为黄色油状液体，属半干性油。相对密度（15℃/15℃）0.934～0.958，碘值46～66g I_2/100g，皂化值193～203mg KOH/g，不皂化物<1%，凝固点28～48℃。

【质量标准】 GB/T 5530—2005

含油量/%	60±1
pH值(1:9水乳液)	7.0～9.0
离子性	阴离子

【用途】 直接用于皮革加脂，制取硫酸化油。

包装规格：镀锌铁桶包装，125kg/桶。

【制法】 由花生仁榨取。

【产品安全性】 非危险品。本品为可燃物，故贮运时应严防火种。贮存于室内阴凉处。贮运时应防雨、防潮，避免曝晒。贮存期12个月。

【参考生产企业】 江门市蓬江区百思特精细化工厂，南昌大山农业科技有限公司，宜兴市华兴润滑油有限公司。

Ab038 菜籽油

【英文名】 rapeseed oil

【组成】 芥酸、油酸、亚油酸的甘油酯（芥酸57.2%，油酸20.2%，亚油酸14.5%，硬脂酸1.6%）。

【物化性质】 常温为浅黄色透明液体。

【质量标准】 GB/T 5530—2005

指标名称	一级	二级
气味	正常无味	正常无异味
色泽(铁钴法)/号≤	10	12
酸值/(mg KOH/g) ≤	14	—
碘值(韦氏法)/g	94～106	94～106
折射率(20℃)	1.4710～1.4755	1.4710～1.4755
皂化值/(mg KOH/g)	168～178	168～178
相对密度(20℃/4℃)	0.9090～0.9145	0.9090～0.9145
水分及挥发物/%≤	0.10	0.20
杂质/% ≤	0.10	0.20
加热试验(280℃)	油色不得变深，无析出物	油色允许变深，但不得变黑允许有微量析出

【用途】 直接用于皮革加脂，制取硫酸化油。

包装规格：镀锌铁桶包装，125kg/桶。

【制法】 由油菜籽榨取。

【产品安全性】 非危险品。本品为可燃物，故贮运时应严防火种。贮存于室内阴凉处。贮运时应防雨、防潮，避免曝晒。贮存期12个月。

【参考生产企业】 泰州科力生物科技有限公司，南昌大山农业科技有限公司，宜兴市华兴润滑油有限公司。

Ab039 豆油

【英文名】 soya-bean oil

【组成】 亚油酸、油酸和棕榈酸的甘油酯（亚油酸50%，油酸32%，硬脂酸4.2%，棕榈酸6.5%，花生油酸0.7%，亚麻油酸2.0%）。

【物化性质】 常温为清晰透明液体。

【质量标准】 GB/T 5530—2005

指标名称	一级	二级
气味	正常无味	正常无异味
色泽(铁钴法)/号 ≤	10	12
酸值/(mg KOH/g) ≤	14	14
碘值(韦氏法)/g	94～106	94～106
折射率(20℃)	1.4710～1.4755	1.4710～1.4755
皂化值/(mg KOH/g)	168～178	168～178
相对密度(20℃/4℃)	0.9090～0.9145	0.9090～0.9145
水分及挥发物/% ≤	0.10	0.20
杂质/% ≤	0.10	0.20
加热试验(280℃)	油色不得变深,无析出物	油色允许变深,但不得变黑允许有微量析出

【用途】 用于革加脂，与革结合较牢，不易析出；制备硫酸化油。

包装规格：镀锌铁桶包装，125kg/桶。

【制法】 由大豆榨取。

【产品安全性】 非危险品。本品为可燃物，故贮运时应严防火种。贮存于室内阴凉处。贮运时应防雨、防潮，避免曝晒。贮存期12个月。

【参考生产企业】 宜兴市华兴润滑油有限公司，泰州科力生物科技有限公司，南昌大山农业科技有限公司，郑州耐瑞特生物科技有限公司。

Ab040 鹅油

【英文名】 goose oil

【组成】 不饱和脂肪酸含量高达65%～68%[棕油酸（十八碳烯酸）占61%～62%，棕榈油酸（十六碳烯酸）占3%～4%，亚油酸（十八碳二烯酸）占1%～2%]。

【物化性质】 折射率（40℃）1.5598～1.4620，熔点32～37℃。

【质量标准】 GB/T 5530—2005

外观	白色固体
皂化值/(mg KOH/g)	191～198
相对密度(15℃/15℃)	0.9227～0.9302
碘值/(g I_2/100g)	66～73

【用途】 用于革的加脂。

包装规格：镀锌铁桶包装，125kg/桶。

【制法】 由鹅的脂肪制取。

【产品安全性】 非危险品。本品为可燃物，故贮运时应严防火种。贮存于室内阴凉处。贮运时应防雨、防潮，避免曝晒。贮存期12个月。

【参考生产企业】 郑州市惠济区广田鹅业畜牧养殖场，梓潼县鸿翔朗德鹅业有限公司，江西省鄱阳湖牧业有限公司，长治市仙都农业生态园区开发有限公司。

Ab041 蚕蛹油

【英文名】 pupal oil

【组成】 硬脂酸、十八碳三烯酸、豆蔻酸和油酸的甘油酯（硬脂酸35%，豆蔻脂酸20%，棕榈酸4%，油酸12%，十八碳三烯酸27%）。

【物化性质】 常温时为黄色油状液体，折射率（20℃）为1.4757。

【质量标准】

项目	指标
碘值/(g I_2/100g)	129.4～138
不皂化物/%	1.6～2.6
相对密度(15℃/15℃)	0.918～0.928
皂化值/(mg KOH/g)	190.6～195
凝固点/℃	6～10

【用途】 用于皮革加脂。

包装规格：镀锌铁桶包装，125kg/桶。

【制法】 由蚕蛹蛋白分离制取。

【产品安全性】 非危险品。本品为可燃物，故贮运时应严防火种。贮存于室内阴凉处。贮运时应防雨、防潮，避免曝晒。贮存期12个月。

【参考生产企业】 郑州市惠济区广田鹅业畜牧养殖场，梓潼县鸿翔朗德鹅业有限公司，江西省鄱阳湖牧业有限公司，长治市仙都农业生态园区开发有限公司。

Ab042 蛋黄油

【英文名】 egg oil

【组成】 油酸、硬脂酸、棕榈酸的甘油酯（棕榈酸9.6%，硬脂酸0.6%，油酸81.8%），少量的卵磷脂。

【物化性质】 外观为黄色粉状，具有一定的乳化力。

【质量标准】 GB/T 5530—2005

项目	指标
碘值/(g I_2/100g)	62～82
凝固点/℃	8～10
相对密度(15℃/15℃)	0.914～0.917
皂化值/(mg KOH/g)	184～198

【用途】 用于皮革加脂填充。

包装规格：镀锌铁桶包装，125kg/桶。

【制法】 由禽蛋制取。

【产品安全性】 非危险品。本品为可燃物，故贮运时应严防火种。贮存于室内阴凉处。贮运时应防雨、防潮，避免曝晒。贮存期12个月。

【参考生产企业】 郑州市惠济区广田鹅业畜牧养殖场，梓潼县鸿翔朗德鹅业有限公司，江西省鄱阳湖牧业有限公司，长治市仙都农业生态园区开发有限公司。

Ab043 棉籽油

【英文名】 cotton seed oil

【组成】 亚油酸、油酸和棕榈酸的甘油酯（亚油酸43.5%，油酸33%，硬脂酸2%，棕榈酸21%，豆蔻酸0.5%）。

【物化性质】 外观为棕色油状液体，含饱和酸较多，若加脂用量过多则革面易发生白花，属半干性油。

【质量标准】 GB/T 5530—2005

项目	指标
相对密度(15℃/15℃)	0.923～0.925
皂化值/(mg KOH/g)	189～198
凝固点/℃	−5～5
平均相对分子质量	275～289
折射率	1.463～1.472
碘值/(g I_2/100g)	99～113

【用途】 皮革加脂。

包装规格：镀锌铁桶包装，125kg/桶。

【制法】 由棉籽榨取。

【产品安全性】 非危险品。本品为可燃物，故贮运时应严防火种。贮存于室内阴凉处。贮运时应防雨、防潮，避免曝晒。贮存期12个月。

【参考生产企业】 四川乐山品益实业公司，郑州市惠济区广田鹅业畜牧养殖场，梓潼县鸿翔朗德鹅业有限公司，江西省鄱阳湖牧业有限公司，长治市仙都农业生态园区开发有限公司。

Ab044 茶油

【英文名】 tea oil

【组成】 油酸的甘油酯、皂素（油酸84%，亚油酸7.5%，硬脂酸0.8%，棕榈酸7.5%）。

【物化性质】 常温下为黄色固体，22℃以上为液体，易乳化，革易吸收。

【质量标准】 GB/T 5530—2005

项目	指标
皂化值/(mg KOH/g)	188～195
凝固点/℃	22
平均相对分子质量	280.5～287.6
碘值/(g I_2/100g)	84～94
相对密度(15℃/15℃)	0.917～0.927
折射率(25℃)	1.468～1.470

【用途】 适于涂面油及配合加脂剂使用。

包装规格：镀锌铁桶包装，125kg/桶。

【制法】 由茶籽制取。

【产品安全性】 非危险品。本品为可燃物，故贮运时应严防火种。贮存于室内阴凉处。贮运时应防雨、防潮，避免曝晒。贮存期12个月。

【参考生产企业】 四川乐山品益实业公司，郑州市惠济区广田鹅业畜牧养殖场，梓潼县鸿翔朗德鹅业有限公司，江西省鄱阳湖牧业有限公司，长治市仙都农业生态园区开发有限公司。

Ab045 向日葵油

【英文名】 sunflower oil

【组成】 棕榈酸、脂肪酸、花生酸、油酸、亚麻仁酸的甘油酯（固体酸占5.8%～9%，其中棕榈酸46.6%～57%，硬脂酸24%～39.1%；液体酸占85%～90.6%，其中油酸32.1%～40.5%，亚油酸46%～55.4%）。

【物化性质】 常温下为淡黄色油状液体。

【质量标准】 GB/T 5530—2005

项目	指标
平均相对分子质量	278～287.6
折射率(40℃)	1.467～1.469
碘值/(g I_2/100g)	112～135
相对密度(15℃/15℃)	0.917～0.927
皂化值/(mg KOH/g)	191～194
凝固点/℃	6～10

【用途】 轻重革加脂和制取硫酸化油。

包装规格：镀锌铁桶包装，125kg/桶。

【制法】 由向日葵籽榨取。

【产品安全性】 非危险品。本品为可燃物，故贮运时应严防火种。贮存于室内阴凉处。贮运时应防雨、防潮，避免曝晒。贮存期12个月。

【参考生产企业】 四川乐山品益实业公司，郑州市惠济区广田鹅业畜牧养殖场，杭州著品圆贸易有限公司，甘肃敬业农业科技有限公司。

Ab046 椰子油

【英文名】 cocoanut oil

【组成】 月桂酸、肉豆蔻酸、羊脂酸、油酸的甘油酯（月桂酸45%～51%，肉豆蔻酸16%～20%，羊脂酸6.0%～9.5%，羊蜡酸4.5%～10%，棕榈酸4.3%～7.5%，油酸2%～10%）。

【物化性质】 外观为白色或淡黄色脂肪物。

【质量标准】 GB/T 5530—2005

项目	指标
皂化值/(mg KOH/g)	253～268
碘值/(g I_2/100g)	8～10
凝固点/℃	23～28
平均相对分子质量	196～211
相对密度(15℃/15℃)	0.916～0.917
折射率(40℃)	1.4477～1.4497

【用途】 轻、重革加脂。

包装规格：镀锌铁桶包装，125kg/桶。

【制法】 由椰子核肉制取。

【产品安全性】 非危险品。本品为可燃物，故贮运时应严防火种。贮存于室内阴凉处。贮运时应防雨、防潮，避免曝晒。贮存期12个月。

【参考生产企业】 四川乐山品益实业公司，郑州市惠济区广田鹅业畜牧养殖场，梓潼县鸿翔朗德鹅业有限公司，江西省鄱阳湖牧业有限公司，长治市仙都农业生态园区开发有限公司。

Ab047 玉米油

【英文名】 corn oil

【组成】 油酸甘油酯44.8%～45.4%，亚油酸甘油酯41%～48%，硬脂酸甘油酯3.5%～3.6%，棕榈酸甘油酯7.7%。

【物化性质】 外观为淡黄色油状液体。

【质量标准】 GB/T 5530—2005

外观	淡黄色透明液体
折射率(15℃)	1.4757～1.4770
碘值/(g I_2/100g)	111～131
相对密度(15℃/15℃)	0.920～0.9284
皂化值/(mg KOH/g)	188～193
凝固点/℃	－10～－15

【用途】 皮革加脂。

包装规格：镀锌铁桶包装，125kg/桶。

【制法】 由玉米芯制取。

【产品安全性】 非危险品。本品为可燃物，故贮运时应严防火种。贮存于室内阴凉处。贮运时应防雨、防潮，避免曝晒。贮存期12个月。

【参考生产企业】 四川乐山品益实业公司，郑州市惠济区广田鹅业畜牧养殖场，梓潼县鸿翔朗德鹅业有限公司，江西省鄱阳湖牧业有限公司，长治市仙都农业生态园区开发有限公司。

Ab048 糠油

【英文名】 bran oil

【组成】 油酸甘油酯41%，亚油酸甘油酯36.7%，棕榈酸甘油酯12.3%，硬脂酸甘油酯18%。

【物化性质】 外观为黄绿色油状液体，折射率（20℃）1.4742。

【质量标准】 GB/T 5530—2005

平均相对分子质量	289.3
碘值/(g I_2/100g)	100～108
皂化值/(mg KOH/g)	183～192
凝固点/℃	－5～－10

【用途】 皮革加脂。

包装规格：镀锌铁桶包装，125kg/桶。

【制法】 由米糠制取。

【产品安全性】 非危险品。本品为可燃物，故贮运时应严防火种。贮存于室内阴凉处。贮运时应防雨、防潮，避免曝晒。贮存期12个月。

【参考生产企业】 四川乐山品益实业公司，郑州市惠济区广田鹅业畜牧养殖场，梓潼县鸿翔朗德鹅业有限公司，江西省鄱阳湖牧业有限公司，长治市仙都农业生态园区开发有限公司。

四、天然油脂加工品

动、植物油经与浓硫酸作用制成可乳化的硫酸化油，它不仅保存了作为油脂的效能，而且能直接配制成水溶液，方便了加工操作，加工后的油脂不易酸败，易于贮存。天然油脂加工品可分为阴离子型和阳离子型两类。

Ab049 硫酸化蓖麻油

【别名】 土耳其红油，太古油，硫化油，奶子油

【英文名】 sulfated castor oil

【组成】 硫酸化蓖麻酸盐，硫酸化蓖麻油甘油酯。

【物化性质】 外观为棕黄色油状液体，与水能形成稳定的乳液，属阴离子表面活性剂。比肥皂耐硬水，具有优良的湿润性、渗透性。比肥皂耐酸，水解时不产生氢氧化钠。

【质量标准】 QB/T 1328—1998

指标名称	一级品	二级品	备注
总油量/% >	80	70	京式法抽提
水分/% ≤	15	20	甲苯抽提法
pH值	7.5～8.57	5～8.5	
乳液稳定性	24h无浮油	0.5h以上无浮油	55～60℃，油：水=1：9

【用途】 各种轻革的加脂剂，乳酪素涂饰剂的增韧剂，表面活性剂。

包装规格：镀锌铁桶包装，125kg/桶。

【制法】 将100份蓖麻油加入磺化釜中，在搅拌下于35～45℃滴加浓硫酸20～25份。硫酸加完后继续搅拌2～3h，待磺化液呈浓厚的泡沫状可取数滴于小杯中，加水分散为透明液体时，即可进行洗涤。先用40～50℃的温水洗，然后用10～15℃的Na_2CO_3溶液中和即可。反应式如下：

$$[C_{17}H_{32}(OH)COO]_3C_3H_5+2H_2O \longrightarrow C_{17}H_{32}(OH)COOH+C_3H_5(OH)_3$$

$$C_{17}H_{32}(OH)COOH+H_2SO_4 \longrightarrow C_{17}H_{32}(O\cdot SO_3H)COOH+H_2O$$

$$C_{17}H_{32}(O\cdot SO_3H)COOH+2NaOH \longrightarrow C_{17}H_{32}(O\cdot SO_3Na)COONa+H_2O$$

【产品安全性】 非危险品。避免接触到眼睛、皮肤及伤口，若有误触，需以大量清水冲洗。本品为可燃物，故贮运时应严防火种。贮存于室内阴凉处。贮运时应防雨、防潮，避免曝晒。贮存期12个月。

【参考生产企业】 镇江市意德精细化工有限公司，杭州锦荣鞋材有限公司，上海皮革化工厂，天津皮革化工厂，南京制革化工厂，广州助剂化工厂，北京皮革化工厂等。

Ab050 软皮白油

【英文名】 ruanpibai oil

【别名】 白油

【组成】 硫酸化蓖麻油、硫酸化菜籽油及高速机油的混合物。

【物化性质】 外观为油状液体，遇水呈稳定的乳液。因含有矿物油，渗透性较好，但与皮革结合不牢，成革久置会变硬。

【质量标准】 QB/T 1328—1998

项目	指标
油脂含量/%	80～85
软皮白油：水=1：2	24h后无分层现象
乳液稳定性	乳化后色白，无浮油和其他漂浮物
乳化后pH值	7.4
软皮白油：水=1：10	2h后无分层现象

【用途】 用于各种轻革的乳液加脂。

包装规格：塑料桶包装，25kg/桶。

【制法】 将100份菜籽油加入酸化釜中，在搅拌下滴加浓硫酸20～25份，滴加温度控制在32～35℃，滴毕后继续搅拌3～4h。待磺化液呈浓厚的泡沫状，可取数滴于小烧杯中，加水分散为透明液时即为终点。将磺化液放入中和釜，先用食盐水洗酸，在40～50℃下，搅拌10～20min。再用NaOH水溶液中和至pH值7.5～8.0。除去水层，油层经脱水后在高速搅拌下与高速机油、硫酸化蓖麻油混匀即得成品。

【产品安全性】 非危险品，低刺激性。本品为可燃物，故贮运时应严防火种。贮存于室内阴凉处。贮运时应防雨、防潮，避免曝晒。贮存期12个月。

【参考生产企业】 亭江精细化工有限公司，广州市翔科化工有限公司，天津皮革化工厂，南京制革化工厂，广州助剂化工厂，北京皮革化工厂等。

Ab051 丰满鱼油

【英文名】 fengman fish oil

【别名】 1号鱼油皮革加脂剂

【组成】 磺酸化鱼油脂肪酸丁酯。

【物化性质】 外观为棕褐色油状黏稠液体，遇水乳化。对一般浓度下的酸、碱、盐稳定，属阴离子型加脂剂。具有良好的渗透性、乳化性，与革结合好，可使成革丰满、柔软、久置不变硬。

【质量标准】 QB/T 1328—1998

油脂含量/%	>70
pH值	6～7.5
水分/%	<25
乳液稳定性	(油：水＝1：10)10h 无浮油、不分层

【用途】 各种轻革加脂。

用量：预加脂用量0.5%～2%；主加脂据不同风格和要求，用量2%～4%。

包装规格：塑料桶包装，125kg/桶。

【制法】 将计量的鱼油加入酯交换釜中，在搅拌下加入过量的正丁醇，在回流下反应4～6h。反应完毕后分出副产物甘油和过量的正丁醇。将得到的鱼油脂肪酸酯加入硫酸化釜中，在35℃左右滴加硫酸(硫酸化过程详见软皮白油)，硫酸化反应完毕后，经中和即得成品。

【产品安全性】 非危险品，低刺激性。本品为可燃物，故贮运时应严防火种。贮存于室内阴凉处。贮运时应防雨、防潮，避免曝晒。贮存期12个月。低温下呈棕色膏状，属正常现象，不会影响其使用性能。

【参考生产企业】 泰州科力生物科技有限公司，上海皮革化工厂，北京皮革化工厂，天津皮革化工厂，四川泸州皮革化工厂，上海新华皮革化工厂，武汉皮革化工厂。

Ab052 丰满猪油

【英文名】 fengman lard oil

【别名】 D-2型皮革加脂剂

【组成】 磺酸化猪油脂肪酸丁酯铵盐。

【物化性质】 具有良好的亲水性、乳化性，能深入革内，成革丰满，久存不失油性。属阴离子型表面活性剂，易被皮革吸收，与皮纤维有较好的结合能力。

【质量标准】 QB/T 1328—1998

指标名称	北京(D-2型)	天津产品	广州产品	武汉产品
外观	红棕色油状液	棕色透明黏稠液	红棕色油状液	红棕色透明液
含油量/% ≥	75	—	75～80	85～90
水分/%≤	20	<20	25	—
pH值(10%水溶液)	6.8～7.0	6.2～7.0	6～6.8	6.5～7.0
稳定性(10%乳液)	24h无浮油	24h无浮油	10h无浮油	24h无浮油

【用途】 用于铬鞣革、结合鞣革的加脂。

包装规格：塑料桶包装，50kg/桶。

【制法】 猪油经酯交换、硫酸化、中和得成品。

【产品安全性】 非危险品，低刺激性。本品为可燃物，故贮运时应严防火种。贮存于室内阴凉处。贮运时应防雨、防潮，避免曝晒。贮存期12个月。低温下呈棕色膏状，属正常现象，不会影响其使用性能。

【参考生产企业】 泰州科力生物科技有限公司，北京皮革化工厂，天津皮革化工厂，广州助剂化工厂。

Ab053 消斑剂

【英文名】 xiaoban agent

【组成】 复配物。

【物化性质】 外观为白色结晶体，去除蓝湿革在存放过程中由微生物繁殖产生的斑点，对蓝湿革上的锈斑及铬斑也有一定的消除作用，有一定的褪色作用。

【质量标准】

pH 值	6～7
固含量/%	95±1.0

【用途】 用于去除蓝革上的各种斑点。

用法：称量时应轻拿轻放，忌撞击，用干净、干燥的塑料袋称量；称量好后，直接投入（含包装袋）转鼓转动；去斑时，革坯先用水洗回软（不加酸，更不宜与酸同时加入），加入此料为削匀革重的0.5%～2.0%，转动10min，加酸调pH值至2.0～2.5，待斑消除之后用焦亚氯酸钠或硫化硫酸钠进行还原处理，再水洗，进行下步操作。

参考用量：轻微斑点用0.5%～1.5%；严重斑点用2.0%～3.0%。

包装规格：有内衬塑料袋的编织袋包装，净重25kg。

【制法】 由乳化剂、渗透剂、净洗及有机化合物复配而成。

【产品安全性】 非危险品。不能接触眼睛和黏膜。操作应戴橡皮手套。贮存于阴凉、干燥的库房，贮存温度宜在5～35℃。密封保质期12个月。

【参考生产企业】 桐庐鑫联皮革助剂厂。

Ab054 透明油

【英文名】 touming oil

【别名】 WF-10加脂剂

【组成】 亚硫酸化蓖麻油酯化产物。

【物化性质】 外观为透明液体，属阴离子型加脂剂。渗透均匀、乳化性好，成革手感柔软。在酸性条件下稳定性良好（10%乳液20mL，加20%盐酸溶液3mL），24h无浮油。在盐溶液中稳定性良好（10%乳液20mL，加20%食盐溶液3mL），24h无浮油。

【质量标准】 QB/T 1328—1998

含油量/%	70～80
pH 值	6～7

【用途】 适用于猪软革和植物鞣革加油。

包装规格：塑料桶包装，50kg/桶。

【制法】 将蓖麻油和顺丁烯二酸酐、催化剂量的硫酸投入酯化釜中，在搅拌下于90～120℃反应8h。经后处理后，用亚硫酸氢钠进行亚硫酸化，用NaOH水溶液中和，分出水层，得产品。

【产品安全性】 非危险品。低刺激性。本品为可燃物，故贮运时应严防火种。贮存于室内阴凉处。贮运时应防雨、防潮，避免曝晒。贮存期12个月。

【参考生产企业】 上海义洋工贸有限公司，沂水县华瑞助剂厂，广州倚德磷脂科技有限公司，南京制革化工厂，武汉皮革化工厂。

Ab055 AD-3型皮革加脂剂

【英文名】 fatliquoring agent AD-3

【组成】 硫酸化脂肪酸丁酯与矿物油混合物。

【物化性质】 与水可形成稳定的乳液，属阴离子型加脂剂。加脂时渗透快、油性大，酸碱值适应范围广，与皮革结合力强，成革手感丰满、柔软，革身一致。

【质量标准】

外观	红棕色油状液体
水分/%	≤15
乳化稳定性(油：水=1：9)	24h无浮油
总油脂/%	≥80
pH 值	6.5～7.5

【用途】 铬鞣轻革的加脂剂。

包装规格：塑料桶包装，50kg/桶。

【制法】 在高速搅拌下，将脂肪酸丁酯磺酸盐与氯化石蜡按一定比例复配即可。

【产品安全性】 非危险品，低刺激性。本品为可燃物，故贮运时应严防火种。贮存于室内阴凉处。贮运时应防雨、防潮，避免曝晒。贮存期12个月。

【参考生产企业】 亭江精细化工有限公司，广州市翔科化工有限公司，南宁雄熙助剂厂，沂水县华瑞助剂厂。

Ab056 PC-4型皮革加脂剂

【英文名】 fatliquoring agent PC-4

【组成】 硫酸化天然油脂和磷脂混合物。

【物化性质】 具有良好的乳化性、渗透性，属阴离子加脂剂。与皮纤维结合力强，对松软部位有一定的填充性能。可增加绒革丝光感。

【质量标准】

外观	棕红色黏稠液体
水分/%	≤20
乳化稳定性(油：水=1：9)	24h无浮油
总油脂/%	≥75
pH值	6.5～7.5

【用途】 高档革、绒革加脂。

包装规格：塑料桶包装，50kg/桶。

【制法】 在高速搅拌下，将硫酸化天然油脂与磷脂按一定比例复配即可。

【产品安全性】 非危险品，低刺激性。避免接触到眼睛、皮肤及伤口，若有误触，需以大量清水冲洗。本品为可燃物，故贮运时应严防火种。贮存于室内阴凉处。贮运时应防雨、防潮，避免曝晒。贮存期12个月。

【参考生产企业】 广州市亿丹贸易有限公司，泰州科力生物科技有限公司，上海新华皮革化工厂，武汉皮革化工厂，南京制革化工厂。

Ab057 复合磷脂加脂剂

【英文名】 phospholipid complex fatliquor

【组成】 合成磷脂与天然磷脂的复合物。

【物化性质】 棕色油状液体，具有良好的乳化性、渗透性、耐光性及耐热性。对一般浓度下的酸、碱、盐稳定，能均匀地分布于革内，与革纤维有良好的结合力，赋予革优异的丰满度。具有良好的填充效果且不增加皮重，赋予成革细致紧实的粒面，赋予成革良好的柔软度和滋润感。

【质量标准】 GB/T 21493—2008

有效物含量/%	90±1
乳液稳定性(10%乳液)	室温放置24h无浮油
pH值(10%溶液)	7.0～8.0
电荷性	阴离子

【用途】 适用于纳帕革、服装革和各类软革的加脂。特别适合白色革、浅色革、水染革的加脂，油脂不易迁移，革柔软持续期长久。应用参考：服装革用量6%～8%；鞋面革用量2%～4%；沙发革用量4%～6%。

包装规格：塑料桶包装，净重50kg、125kg。

【制法】 本品由合成磷脂与天然磷脂复合而成。

【产品安全性】 非危险品，低刺激性。不能接触眼睛，不慎触及皮肤立即用肥皂水冲洗干净。本品为可燃物，故贮运时应严防火种。贮存于室内阴凉处。贮运时应防雨、防潮，避免曝晒。贮存期12个月。

【参考生产企业】 泰州科力生物科技有限公司，镇江市意德精细化工有限公司，广州倚德磷脂科技有限公司，上海通凯贸易有限公司，南宁雄熙助剂厂，青州市福利皮革化工厂。

Ab058 皮革加脂剂S2A

【英文名】 fatliquoring agent S2A

【组成】 改性鱼油（硫酸化鱼油）。

【物化性质】 棕色透明油状液体，渗透性与乳化性极好，与皮革纤维结合牢，乳液稳定，具有耐水、耐酸、耐碱、耐盐、耐铬酸、高度耐光、耐氧化等特性，加脂后成革柔软、丰满、弹性好、无脂斑、无浮油、无油腻、无异味，与纤维的结合力强，成革耐贮存。

【质量标准】 QB/T 1328—1998

离子性	阴离子
pH值(10%溶液)	6.0～7.0
有效物含量/%	≥50
乳液稳定性(10%乳液)	24h无浮油

【用途】 可用作各种轻革、毛皮、铬鞣革的加脂，也适用与正面革、修饰粒面革、绒面革，染色鲜艳。特别适用于各种高档服装和高档手感好的毛皮。S2A加脂剂对酸、碱、铬有较好的稳定性，故而可用于浸酸、鞣制、复鞣，中和前各工序的预加脂。

使用方法：加脂剂5%～20%，水(50℃)200%，转动60min以后按正常工序进行。

包装规格：塑料桶包装，净重120kg。

【制法】 将适量的鱼油加入磺化釜中，在搅拌下于35～45℃滴加浓硫酸。硫酸加完后继续搅拌2～3h，待磺化液呈浓厚的泡沫状可取数滴于小杯中，加水分散为透明液体时，即可进行洗涤。先用40～50℃的温水洗，然后用10～15℃的Na_2CO_3溶液中和即可。

【产品安全性】 非危险品，低刺激性。不能接触眼睛，不慎触及皮肤立即用肥皂水冲洗干净。本品为可燃物，故贮运时应严防火种。密封贮存于室内阴凉处。贮运时应防雨、防潮，避免曝晒。常温下贮存期6个月。

【参考生产企业】 广州倚德磷脂科技有限公司，上海通凯贸易有限公司，南宁雄熙助剂厂，青州市福利皮革化工厂，南京制革化工厂。

Ab059 FL-2型加脂剂

【英文名】 fatliquor FL-2

【组成】 复配物。

【物化性质】 是一种高档的皮革加脂产品，耐电解质性能良好。由该产品加脂的皮革特别柔软，填充性也很明显，整张皮具有均匀一致的滋润的手感。该产品乳液颗粒细小，具有很好的渗透性，能均匀地作用于皮革的整个截面，能深入更细的纤维束内部，使成革粒面细致，纤维松散得更好、更活，与革纤维具有一定的结合性，使皮革保持良久的加脂效果。

【质量标准】

外观	红棕色液体
pH值(10%)	7.0～7.5
有效物含量/%	60±5
离子性	阴离子

【用途】 LF-2适用于各种服装革、沙发革及鞋面革，应用范围广，加脂柔软效果显著，对穿着多年自然老化的皮衣和许多人为因素造成的皮板板结发硬的皮装，可明显恢复和提高其柔软度、延伸性、弹性及手感。

用法：将待加脂皮衣用手大力揉搓或置入烘干机摔软以松散其纤维，将LF-2加脂剂水浴加温至50℃左右，然后用蘸有加脂剂的板刷反复涂刷皮衣表面，以帮助油脂迅速渗透到皮板纤维内部，防止残留在皮板表面的油脂影响着色涂层的黏合力。

推荐用量：

① 单独使用时6%；② 服装革加脂见YDFAT SFO，YDFAT CA用量说明；③ 最终加脂时1.5%～3%（削匀革重）。包装规格：塑料桶包装，120kg/桶。

【制法】 精选优质天然卵磷脂及合成磷脂的复合后，加渗透剂搅匀。

【产品安全性】 非危险品。保持容器密闭，存于阴凉干燥的环境，避免霜冻和曝晒，贮存期12个月。

【参考生产企业】 镇江市意德精细化工有限公司，临沂商城林明化工原料经营公司。

Ab060 皮革加脂剂S5

【英文名】 fatliquoring agent PC-4

【组成】 天然蓖麻油改性物。

【物化性质】 含有羧基、磺酸基等活性基团，可与皮革纤维产生永久性结合，加脂后的皮革耐贮存，革身柔软，有很好的弹性，成革粒面干爽、绒面洁净，无油腻感，手感舒适。有优异的渗透性和耐光性。10%乳液室温放置24h无浮油，酸性溶液（pH2.0）中4h稳定。

【质量标准】 QB/T 1328—1998

外观	淡黄色或棕色油状液体
电荷性	非离子
有效物含量/%	≥50
pH值（10%溶液）	7.0～8.0

【用途】 适用于各种高档软革、白色革和耐洗革的高效加脂。具有优异的耐热性和耐迁移性。本产品具有优异的耐酸、碱能力，可以多工段加脂；具有良好的乳化性能，可以帮助其他阴离子材料的渗透和吸收，促进与皮纤维的结合。

用法：可在中和前各工序预加脂使用及应用于主加脂工序，用料比例根据不同的皮革一次用量在1%～6%之间，若搭配白色革复鞣剂WA作白色革，效果更好。

包装规格：塑料桶包装，净重125kg。

【制法】 用聚氧乙烯醚对蓖麻油改性。

【产品安全性】 属非危险化学品。不同的季节，产品外观状态会有不同的变化，属正常现象，用前搅拌均匀后不会影响其使用性能。常温贮存有效期为12个月。

【参考生产企业】 泰州科力生物科技有限公司。

Ab061 乳液型加脂剂

【英文名】 emulsion fatliquor

【组成】 改性油脂。

【物化性质】 外观为白色浆状体。渗透能力极强，耐光性好。能深入渗透到皮革的内层纤维，给予皮革柔软而丰满的手感。

【质量标准】

pH值(10%水溶液)	5.0～7.0
乳液稳定性	10%乳液室温放置24h不出浮油
有效物含量/%	50(±2)
两性物含量/%	4.0～5.0

【用途】 适合用于各种特软的皮革和毛革，尤其是服装革和沙发革。皮革加脂后不会黄，皮身轻盈。

用量：牛皮服装革6%～8%；羊皮服装革6%～8%；绒面革4%～5%。

包装规格：塑料桶包装，200kg/桶。

【制法】 将以氯化蜡、蓖麻油为主的多种油脂加入均质器中，用两性表面活性剂乳化而成的合成加脂剂。

【产品安全性】 非危险品。产品渗透性强，不能接触眼睛和黏膜。不慎沾污用肥皂水冲洗干净。贮存于阴凉、通风的库房中，室温保质期6个月。

【参考生产企业】 泰州科力生物科技有限公司，佛山市南海区骏能造纸材料厂，山东力厚轻工新材料有限公司。

Ab062 HPH合成加脂剂

【英文名】 synthetic fatliquor HPH

【组成】 复配物。

【物化性质】 具有极好的耐光性。渗透性良好，使纤维高度润滑。成革结合性好，有明显耐贮存和防老化作用，具有较好的助染性、填充性、拒水性和一定的防霉作用。成革柔软，富有弹性，粒面细致，色泽饱满，丝光感强。

【质量标准】

外观(20℃)	淡黄色透明液体
pH值(10%溶液)	6.0～6.5
活性物质/%	65±1
电荷性	阴离子

【用途】 适于耐黄变要求极佳的鞋面革的加脂。

包装规格：铁桶包装，净重200kg；

塑料桶，净重 50kg。

【制法】 硫酸化牛蹄油和合成鲸蜡油复配的加脂剂。

【产品安全性】 非危险品。产品渗透性强，不能接触眼睛和黏膜。不慎沾污用肥皂水冲洗干净。贮存于阴凉、通风的库房中，室温保质期 12 个月。防曝晒，远离火源。

【参考生产企业】 泰州科力生物科技有限公司，佛山市南海区骏能造纸材料厂，山东力厚轻工新材料有限公司，嘉兴市秀城区化学助剂厂。

Ab063 羊毛脂琥珀酸酯磺酸盐

【英文名】 sulfonated lanolin succinate

【结构式】

$$\begin{array}{l} R^1\text{—CH—COOR}^2 \\ \quad\ \ | \\ \quad\ \ \text{COOCH}_2\text{—CH—COOH} \\ \qquad\qquad\qquad\ \ | \\ \qquad\qquad\qquad\ \ \text{SO}_3\text{Na} \end{array}$$

【物化性质】 乳液粒子平均粒径小(0.01～0.06μm)，乳化性能良好，乳液稳定，在革中分布均匀，革的丝光感强。

【质量标准】 QB/T 1328—1998

项目	指标
外观	淡黄色膏状体
有效物含量/%	60
离心稳定性(1∶9 乳液，3500r/min,30min)	不分层
活性物含量/%	40
pH 值	6～8
乳液稳定性(1∶9 乳液静置 24h)	无浮油

【用途】 用于配制皮革加脂剂。本品与革纤维具有较强的结合能力，加脂革的透气性、防水性、柔软性、滑爽性和丝光性好；耐氧化能力强；填充性能好。可改善枯板皮、瘦板皮的加脂效果。

配制方法：25 份羊毛脂琥珀酸酯磺酸盐、15 份亚硫酸化鱼油（60%）、5 份氯化石蜡、2 份硬脂酸聚氧乙烯酯（2000）、6 份壬基酚聚氧乙烯（10）醚混合溶解，加水至 100 份形成 O/W（水包油）型乳液，冷却后为膏状物。

包装规格：用小口铁桶包装，净重 5kg/桶、10kg/桶、50kg/桶。

【制法】 将一定量的羊毛脂加入反应釜中，升温至 60℃，加热 20min。加入等物质的量的马来酸酐，另加入催化剂对甲苯磺酸，在 100℃ 反应 3h。调节 pH 值至 6～7，加入饱和 $NaHSO_3$ 水溶液，反应 1h，升温至 85℃，反应 2h，减压蒸馏，尽量除去水分。最后向产物中加适量的过氧化氢，将未反应的亚硫酸氢钠氧化成硫酸钠，得羊毛脂琥珀酸酯磺酸盐。反应式如下：

$$\begin{array}{l} R^1\text{—CH—COOR}^2 + \text{(马来酸酐)} \longrightarrow \\ \quad\ \ | \\ \quad\ \ \text{OH} \\ R^1\text{—CH—COOR}^2 + \text{NaHSO}_3 \longrightarrow \text{本品} \\ \quad\ \ | \\ \quad\ \ \text{COOCH=CH—COOH} \end{array}$$

式中，R^1 为羊毛酸长碳链；R^2 为羊毛醇长碳链。

【产品安全性】 无毒、无刺激。贮存于阴凉、干燥、通风处，不与易燃、易爆物品共贮，避免日晒，避免接触氧化物。

【参考生产企业】 郑州耐瑞特生物科技有限公司。

Ab064 α-磺基琥珀酸酯两性表面活性剂

【英文名】 α-sulfosuccinate amphoteric surfactant

【结构式】 $RCOOC_2H_4NHC_2H_4OOCCH_2CH(SO_3H)COONa$　R 为 $C_{12}H_{25}$—$C_{18}H_{37}$ 或 $C_{18}H_{35}$

【物化性质】 分子中同时存在阳离子和阴离子基团，既具有阴离子表面活性剂 α-磺基琥珀酸单酯盐的润湿力、渗透力和乳化力，又具有阳离子表面活性剂的抗静电性，使其多功能化。pH 适应值范围较宽。

【质量标准】 QB/T 1328—1998

外观	淡黄色均匀乳液
润湿力/s	836
静电压/kV	0.62
泡沫力(5min)/mm	107
去污力/%	29.6
抗静电性半衰期/s	3.2
柔软性/mg·cm	200
乳化力/min	49.31

【用途】 作皮革加脂助剂。亦可在纺织工业中作为上浆、退浆渗透剂。

包装规格：用塑料桶包装，50kg/桶、100kg/桶。

【制法】 工艺中用 H_3PO_4 作催化剂，对设备腐蚀性小，环境污染低。

① 脂肪酸-2-(羟乙基氨基) 乙酯的合成：在搅拌下将等物质的量的脂肪酸和二乙醇胺加入反应器中，再加入磷酸（催化剂，其用量是反应物用量的 5%），于 160℃反应 2h，转化率达 90%，降温，经后处理得产物。

② 马来酸单-2-(羟乙基氨基) 乙酯的合成：将脂肪酸-2-(羟乙基氨基) 乙酯加入反应器中，搅拌加热到 80℃后，滴加定量的马来酸酐，滴毕后升温到 130℃，在该温度下搅拌 2～3h，测酸值，酸值到 138.5～139.1mg KOH/g 时结束反应。

③ α-磺基琥珀酸酯两性表面活性剂的合成：将马来酸单-2-(羟乙基氨基)乙酯加入反应器中，搅拌升温至 100℃，滴加亚硫酸钠水溶液，加完后，控制温度为 90℃，继续反应 2.5h，反应转化率达到 90%。

【产品安全性】 低刺激性，注意黏膜和皮肤的保护。贮存于阴凉、通风的库房内。

【参考生产企业】 常州市润力助剂有限公司，广州雷邦化工有限公司。

涂饰剂

涂饰是用某种化学品修整革表面的一个整理工序，目的是使革面光泽爽滑，颜色均一，由于涂饰剂能在革表面形成膜，所以可提高皮革的防水、耐磨等实用性。这种能修饰皮革的化学品叫作涂饰剂。

皮革涂饰剂由成膜剂、着色剂、助剂、溶剂（一般为水）组成。成膜剂有蛋白成膜剂（酪素，改性酪素，改性明胶等）、树脂成膜剂（丙烯酸树脂，丁二烯树脂）、纤维素成膜剂（硝化纤维素，醋酸丁酯纤维素等）、聚氨酯成膜剂。成膜剂在涂饰剂中占有重要地位。目前成膜剂正向耐光、耐甲苯、水溶性、高物性方向发展。

涂饰剂中的助剂对涂饰质量有重要影响。国产涂饰助剂较少，特别应重视开发填料和交联剂。

革面的涂饰层由底涂层、颜料层和光亮层组成，底涂层要求在保持革面柔软性和弹性的条件下有牢固的黏结力。颜料层要具有弹性和耐磨性。光亮层要求手感优良、光泽柔和耐磨、耐热、耐油。

Ac001 手感剂 PFSW

【英文名】 multifunctional feeling agent PFSW

【组成】 蜡乳液与阳离子型羟基硅油乳液共混。

【物化性质】 稳定性良好，用其涂饰的革面滑爽、光亮、油润感强，并兼有防菌、抗静电作用，可用于白色革和浅色革涂饰，系多功能手感剂。

【质量标准】

项目	指标
外观	白色略带蓝光乳液
pH 值	7.0～7.5
固含量/%	20
离心稳定性(4000r/min,30min)	不分层

【用途】 用作手感剂，除保留柔软、滑爽等基本性能外，还能防水、防油、防污、防霉、抗菌、抗静电。

使用方法：建议用去离子水稀释 2～5 倍后直接喷涂或涂饰，与树脂互配添加使用，建议添加量 0.5%～3%，酌情添加。

包装规格：塑胶桶包装，25kg/桶、50kg/桶、200kg/桶。

【制法】

① 硬脂酸双羟乙基氨基乙酯的合成：将等物质的量的硬脂酸与三乙醇胺加入反应器中，通入氮气，流速 100～150mL/min（气体保护且带水），在 180℃下反应 4～4.5h，蒸出等物质的量的水，酸值下降至 5mg KOH/g 以下，降温至 100℃左右，得硬脂酸双羟乙基氨基乙酯。

② 八甲基环四硅氧烷（D_4）的阳离子乳液聚合：将 D_4、十二烷基二甲基苄基溴化铵（1227）、OP-10 以及蒸馏水加入带有搅拌器和回流冷凝管的反应器中，搅拌加热至 50℃，乳化 30min，升温至 80～85℃，加入 NaOH 调碱至一定 pH

值，反应6～7h，搅拌冷却至50℃，以冰醋酸中和至pH＝6～7，得稳定带蓝光乳液。

③ 蜡的乳化及硅蜡乳液手感剂的制备：称取一定量的蜂蜡和适量上述制备的季铵盐，加入复合乳化剂（Span-80：Tween-80：自制乳化助剂＝48：42：10），水浴加热使其熔化，在不断搅拌下调节至透明，在快速搅拌下将热水加入，搅拌若干分钟即得略带蓝光乳液。

将上述羟基硅油乳液与蜡乳液按一定的比例共混得到硅蜡乳液手感剂。

【产品安全性】 本品为非危险品，不可食用，避免接触眼部，可按一般化学品运输。贮存时请注意密封保存，存放于干燥、通风处，常温下有效期为12个月。

【参考生产企业】 浙江省上虞市杜浦化工厂，湖州和孚皮革助剂厂，吴县黄桥兴达皮化材料厂，上海天汇合成皮革厂。

Ac002 皮革手感剂

【英文名】 hand feeling agent

【物化性质】 性能稳定，能与其他涂饰剂组分充分互溶。涂饰出的皮革细腻、光亮、手感自然，兼有增光、滑爽、改善皮革手感、增强真皮感等功能，并能有效地防止生产过程中粘板现象的发生。

【质量标准】

外观	乳白色乳状液
pH值	7～7.5
固含量/%	20

【用途】 用作皮革涂饰手感剂，不仅可以提高手感剂在涂饰剂中使用的比例，加入量达到6%时也不反白、不脱层。

使用方法：建议用去离子水稀释2～5倍后直接喷涂或涂饰，与树脂互配添加使用，建议添加量0.5%～3%，酌情添加。

包装规格：塑料桶包装，25kg/桶、50kg/桶、200kg/桶。

【制法】 取1413份石蜡和256份微晶蜡放在乳化釜中，在搅拌下（500r/min）于90℃乳化30min，使蜡熔化。呈透明状时加入扩散剂102份、脂肪酸650份、Tween-80 192份、乳化硅油94份，在搅拌下加入渗透剂247份、松节油200份，混匀，5min后加入热水至10L，30min后取出为成品。

【产品安全性】 非危险品，不可食用，避免接触眼部，可按一般化学品运输。贮存时请注意密封保存，存放于干燥、通风处，常温下有效期为12个月。

【参考生产企业】 哈尔滨制革厂，常州丰泽革业有限公司，吴县黄桥兴达皮化材料厂，上海天汇合成皮革厂。

Ac003 两性高效手感剂HS-301

【英文名】 high effective amphoteric feeling agent HS-301

【物化性质】 具有良好的成膜性、拒水性和乳液稳定性。更特别的是产品具有优异的配伍性，可分别与阴离子树脂、阳离子树脂及光油配合使用。可赋予皮革持久柔软、滑爽、温暖的手感和丝绸般的触感，光亮自然，可显著提高皮革涂层的抗水性和耐干湿擦能力，并保持皮革原有的透气性，皮革手感持久不变，长久堆置不粘连，皮革表面细腻，且兼有抗磨损性、耐水性及离板性。

【质量标准】

外观	白色蓝光乳液
离子性	两性
贮存稳定性	1年
固含量/%	25～26
pH值(10%)	7～7.5

【用途】 HS-301可广泛用于猪、牛、羊等各类皮革手感整饰。应用举例如下。

(1) HS-301用于底层涂饰配方（底涂树脂为阴离子树脂或阳离子树脂均可）

名称	用量/份	名称	用量/份
颜料膏	100	滑爽剂	0～10
底涂树脂	200～260	水	100～200
HS-301	20		

（2）HS-301 用于青光层涂饰配方

名称	用量/份	名称	用量/份
青光树脂	100	乳化蜡	0～5
HS-301	5～20	水	80～100
滑爽剂	0～10		

（3）HS-301 用于光亮层涂饰配方

用适量两性溶剂将 HS-301 稀释后，加入配好的光油溶液搅拌均匀，用量为纯光油量 3%～10%，与其匹配的其他手感剂（如 EG，5230，S-55 等）用量为纯光油的 3%～8%，手感剂总用量为纯光油用量的 10%～20%。

（4）HS-301 用于表面效应层涂饰配方

名称	用量/份
HS-301	100
水	300～500

用水稀释后喷涂于皮革表面。

包装规格：塑料桶包装，25kg/桶、50kg/桶、200kg/桶。

【制法】将 21.6 份高分子量有机硅聚合物、3.5 份复合乳化剂加入釜内，在一定温度下搅拌 30min，然后加入 8 份乳化助剂及 50 份去离子水，在 20～30℃预乳化 1h，取样检测合格后，加入剩余的去离子水 17 份乳化 1～1.5h，得白色蓝光乳化液。

【产品安全性】非危险品，不可食用，避免接触眼部，可按一般化学品运输。贮存时请注意密封保存，存放于干燥、通风处，常温下有效期为 12 个月。

【参考生产企业】上海皮革化工厂，上海天汇合成皮革厂。

Ac004 乳化蜡

【英文名】emulsion wax

【组成】石蜡、巴西棕蜡、蜂蜡、非离子表面活性剂、阳离子表面活性剂、成膜助剂。

【物化性质】白色黏稠乳液或黄色黏稠乳液，乳液颗粒细、成膜好、膜透明度高，用于皮革涂饰可显著改善和提高皮革性能，任何比例稀释，无不溶物。

【质量标准】

项目	指标
水分散性	可以任意比例稀释，不分层，无不溶物
耐热耐寒	在 40℃ 时，12h 不分层；在 −5℃ 时，12h 不分层
固含量/%	≥24
pH 值	7～8

【用途】作皮革涂饰剂，能与阴离子革面间形成薄膜，粘着牢固，不易脱层，乳液颗粒细，成膜好，膜透明度高。用于皮革涂饰，可显著改善和提高皮革性能，提高皮革的等级。其遮盖力、手感、光泽指标达到美国 C-4/7、意大利的 R-72 水平。

包装规格：塑料桶包装，30kg/桶、150kg/桶。

【制法】以 20%～30%乳化石蜡加表面活性剂，10%～15%丙烯酸乳液（成膜剂）和 W-2 型成膜助剂及其他添加剂混合均匀即可。

【产品安全性】非危险品。密闭保存在阴凉、通风处，室温贮存（5～35℃），防晒、防冻，非危险品，保存期 12 个月。

【参考生产企业】上海天汇合成皮革厂，上海成大化工有限公司。

Ac005 改性硝基纤维

【英文名】modified nitrylcellulose

【组成】硝基纤维、乳化剂、改性酪素、羟基硅油乳液。

【物化性质】是新一代改性硝基纤维素类水溶性顶层整理涂饰材料。皮革经涂饰后的制品脂附着力好、柔韧、耐磨耗、防水、耐寒、耐化学腐蚀。

【质量标准】

外观	乳白色液体
粒径/μm	0.5～2
pH 值	6～7
总固物/%	24±2

【用途】 主要用于各类软面革如服装革、鞋面革、沙发革、箱包革等的顶层喷涂整饰。经过喷涂的皮革光亮滑爽、丰满、柔韧，耐干湿擦、防水、耐溶剂，操作安全，无异味。

包装规格：塑料桶包装，25kg/桶、50kg/桶、200kg/桶。

【制法】

① 油相制备：将混合溶剂、增塑剂、部分乳化剂、防腐剂、硝基纤维素在不断搅拌下加热溶解。

② 水相制备：将其余乳化剂、定量的稀释剂、去离子水、改性酪素、羟基硅油乳液在 38～40℃混匀。

③ 在高速搅拌下，将上述油相缓缓滴入水相，搅拌 1.5～2h，放料过滤，最后用胶体磨继续乳化、破碎均匀，过滤，化验合格即为成品。

【产品安全性】 非危险品，不可食用，避免接触眼部，可按一般化学品运输。贮存时请注意密封保存，存放于干燥、通风处，常温下有效期为 12 个月。

【参考生产企业】 丹东皮革化工厂，上海成大化工有限公司，常州丰泽革业有限公司。

Ac006 改性明胶

【英文名】 modified glutin

【组成】 丙烯酸树脂与蛋白质共聚物。

【物化性质】 具有丙烯酸树脂核-丙烯酸树脂壳-蛋白质外壳的三层微相互穿网络，核软-壳硬的网络结构。耐高、低温性，耐酸、耐碱、耐盐性，成膜性能，延伸性能，耐湿擦性能优良。

【质量标准】

外观	白色泛蓝光乳液
热稳定(60℃,120h)	良好
固含量/%	25
化学稳定性(浓度 5%)	稳定

【用途】 作皮革涂饰剂，性能优良。既能代替酪素又能代替部分丙烯酸树脂。

包装规格：塑料桶包装，25kg/桶、50kg/桶、200kg/桶。

【制法】 加促进剂使明胶充分分散为稳定的分散液，与多种功能单体进行核-壳乳液聚合，完成接枝和网络互穿双重改性。

【产品安全性】 非危险品，不可食用，避免接触眼部，可按一般化学品运输。贮存时请注意密封保存，存放于干燥、通风处，常温下有效期为 12 个月。

【参考生产企业】 湖州和孚皮革助剂厂，上海成大化工有限公司，浙江省上虞市杜浦化工厂。

Ac007 水性聚氨酯皮革光亮剂

【英文名】 aqueos polyurethane for leather finishing agent

【结构式】 见反应式。

【物化性质】 水性聚氨酯是由软段和硬段组成的嵌段共聚物，其中低聚物多元醇构成软段，异氰酸酯及小分子扩链剂反应形成硬段。软段主要控制离子型聚氨酯的弹性、低温性能及耐水解性能。由于软段的类型不同以及分子结构上的差异，由它们合成的水性聚氨酯乳液在乳液性能方面存在较大的差异。水性聚氨酯乳液的粒径主要与聚氨酯中亲水基团含量、分子链的柔顺性有关。本品是以异佛尔酮二异氰酸酯、聚四氢呋喃醚 PMG1000、二羟甲基丙酸聚环氧丙烷二醇和二羟甲基丙酸为原料，采用预聚体分散法合成的。与溶剂型聚氨酯相比，具有无毒、不易燃烧、无污染环境等优点。得到的水性聚氨酯乳液具有优异的力学性能和耐低温性能。

【质量标准】 QB/T 1328—1998

外观	微蓝色半透明乳液
拉伸强度/(N/mm^2)	27.8
邵氏A型硬度	87
固含量/%	25
断裂伸长率/%	486
24h吸水率/%	6.3

【用途】 用作皮革光亮涂饰剂。经本品涂饰后成革表面光亮平滑，具有良好的耐水、耐摩擦、耐寒、耐曲折、耐有机溶剂性。用于制革过程中顶层涂饰，如沙发、衣服、座垫。在保证皮革制品轻、薄、软、舒适的前提下使其光亮美观。应用举例八种，分别介绍性能和用途。

1. 水性聚氨酯分散液 PU-80G（中软）

树脂特性

外观	蓝光白色不透明乳液
pH	6～8
拒水性(接触角)/(°)	<30
固含量/%	30
贮存稳定性/月	6

胶膜特性

抗张强度/(N/mm^2)	≥35
吸水率/%	≤10
热变型温度/℃	≥130
断裂伸长率/%	≥600
玻璃化温度/℃	≤－45

2. 水性聚氨酯分散液 PU-70G（软性）

水性PU分散液适用于服装革光亮层喷涂或刮涂，成膜平滑柔软、弹性好。有极佳的低温耐候性。

树脂特性

外观	微乳蓝光半透明乳液
固含量/%	30±1
pH值(1∶10水稀释)	7～9

胶膜特性

抗张强度/(N/mm^2)	≥25
吸水率/%	≤8
热变形温度/℃	≥130
断裂伸长率/%	≥800
玻璃化温度/℃	≤－45

3. 水性聚氨酯分散液 PU-101（软性）

PU-101系阴离子型芳香族水性聚氨酯分散液，成膜软而不粘，弹性好，与基材粘接牢固，可用于服装革底涂，亦可与其他树脂配伍用于服装革顶层。

树脂特性

外观	微乳蓝光半透明乳液
pH值(1∶10水稀释)	7.5±1
固含量/%	22±1

胶膜特性

抗张强度/(N/mm^2)	≥15
玻璃化温度/℃	≤－45
断裂伸长率/%	≥800

4. 水性聚氨酯分散液 PU-308（中硬）

PU-308系阴离子型芳香族水性聚氨酯分散液，成膜丰满富有弹性。物理性能优良，涂层耐磨性极佳，与基材粘接性能好，具有很好的低温柔性，适用于沙发皮革、鞋面革涂饰。

树脂特性

外观	微乳蓝光半透明乳液
pH值(1∶10水稀释)	7.5±1
固含量/%	30±1

胶膜特性

抗张强度/(N/mm^2)	≥20
玻璃化温度/℃	≤－40
断裂伸长率/%	≥600

5. 水性聚氨酯分散液 PU-309（硬性）

PU-309 系阴离子型芳香族水性聚氨酯分散液，成膜干爽，回弹性极佳，耐烫，耐磨性好，适用于皮革顶层及面层喷涂。

树脂特性

外观	微乳蓝光乳液
pH 值	7.5±1
固含量/%	20±1

胶膜特性

抗张强度/(N/mm²)	≥25
玻璃化温度/℃	≤－30
断裂伸长率/%	≥400

6. 水性聚氨酯分散液 PU-306（中硬）

PU-306 系阴离子型芳香族水性聚氨酯分散液，成膜柔软、丰满、有弹性。与基材粘接性能好，涂层耐磨、耐干湿擦性能优良，适用于沙发革、鞋面革底涂。

树脂特性

外观	微乳蓝光乳液
pH 值(1：10 水稀释)	7.5±1
固含量/%	30±1

胶膜特性

抗张强度/(N/mm²)	≥15
玻璃化温度/℃	≤－40
断裂伸长率/%	≥600

7. 水性聚氨酯分散液 PU-90G（硬）

PU-90G 水性 PU 分散液成膜中硬、流平性好，涂层耐磨、高光、表面干爽，适用于皮革光亮涂层。

树脂特性

外观	微乳半透明蓝光乳液
pH 值(1：10 水稀释)	7～9
固含量/%	30±1

胶膜特性

抗张强度/(N/mm²)	≥35
吸水率/%	≤10
热变形温度/℃	≥130
断裂伸长率/%	≥400
玻璃化温度/℃	≤－40

8. 水性聚氨酯分散液 PU-001（特软）

PU-001 系阴离子型芳香族水性聚氨酯分散液，成膜极柔软，有弹性。渗透性好，与基材粘接性好，可用于服装填充及底涂。

树脂特性

外观	微乳蓝光透明乳液
pH 值(1：10 水稀释)	7.5±1
固含量/%	20±1

胶膜特性

抗张强度/(N/mm²)	≥5
玻璃化温度/℃	≤－45
断裂伸长率/%	≥1000

【用途】 作皮革涂饰剂。用于制革过程中顶层涂饰，如沙发、衣服、座垫。在保证皮革制品轻、薄、软、舒适的前提下使其光亮美观。

包装规格：塑料桶包装，25kg/桶、50kg/桶、200kg/桶。

【制法】 在搅拌下加入聚四氢呋喃醚 PMG1000、异佛尔酮二异氰酸酯和少量的催化剂，在氮气保护下于 70～80℃ 反应 2h 左右，至 NCO 含量接近理论值时，加入二羟甲基丙酸、三羟甲基丙烷继续反应 2h，至 NCO 含量达理论值，得到预聚体，降温至 50℃，加入计量的三乙胺和适量的丙酮，充分搅拌后，倒出预聚体。在高速剪切下加水乳化后，加入乙二胺扩链，得到阴离子水性聚氨酯分散液，最后减压蒸出丙酮。

反应式如下：

$$\mathrm{HO{\sim\sim}OH + HO{-}R^1{-}OH + HOCH_2{-}\underset{\displaystyle COOH}{\overset{\displaystyle CH_3}{C}}{-}CH_2OH + 4OCN{-}R^2{-}NCO}$$

$$\downarrow$$

$$\mathrm{OCN{-}R^2{-}NH\overset{O}{\overset{\|}{C}}O{\sim\sim}O\overset{O}{\overset{\|}{C}}NH{-}R^2{-}NH\overset{O}{\overset{\|}{C}}OCH_2{-}\underset{\displaystyle COOH}{\overset{\displaystyle CH_3}{C}}{-}CH_2O\overset{O}{\overset{\|}{C}}NH{-}R^2{-}NH\overset{O}{\overset{\|}{C}}O{-}R^1{-}O\overset{O}{\overset{\|}{C}}NH{-}R^2{-}NCO}$$

$$\downarrow \mathrm{NEt_3}$$

$$\mathrm{OCN{-}R^2{-}NH\overset{O}{\overset{\|}{C}}O{\sim\sim}O\overset{O}{\overset{\|}{C}}NH{-}R^2{-}NH\overset{O}{\overset{\|}{C}}OCH_2{-}\underset{\displaystyle COO^{-}\,{}^{+}NHEt_3}{\overset{\displaystyle CH_3}{C}}{-}CH_2O\overset{O}{\overset{\|}{C}}NH{-}R^2{-}NH\overset{O}{\overset{\|}{C}}O{-}R^1{-}O\overset{O}{\overset{\|}{C}}NH{-}R^2{-}NCO}$$

$$\downarrow \mathrm{H_2O}$$

$$\mathrm{H_2N}{\sim\sim\sim}\underset{\displaystyle \mathrm{COO^{-}\,{}^{+}NHEt_3}}{\sim}{\sim\sim\sim}\mathrm{NH_2}$$

【产品安全性】 非危险品，不可食用，避免接触眼部，可按一般化学品运输。贮存时请注意密封保存，存放于干燥、通风处，常温下有效期为12个月。

【参考生产企业】 上海元纳精细化工有限公司。

Ac008 复合光亮剂

【英文名】 compound glossing agent

【组成】 丙烯酸树脂乳液与大分子有机硅的复合物。

【物化性质】 是以耐光性较好的丙烯酸树脂乳液为基础树脂，通过与大分子有机硅的复合，无甲醛交联而制得的皮革用水性光亮剂。其特点是表面张力低、柔软、手感好、透气、防水、耐磨、耐光，具有较佳的综合性能。

【质量标准】

外观	微乳蓝光半透明乳液
pH值(1：10水稀释)	7～9
固含量/%	30±1

【用途】 适用服装革光亮涂层。成膜性能与PU-70G相似，其硬度、拉伸模量高。

包装规格：塑料桶包装，25kg/桶、50kg/桶、200kg/桶。

【制法】 将乳化剂和水加入反应釜中，搅拌升温至70～75℃，加入部分单体及小部分引发剂，搅拌均匀后升温至80～82℃，开始滴加种子单体及部分引发剂，滴完后保温10min，继续滴加壳层单体及剩余引发剂，滴完后保温2h，降温，调pH为6～8，加入预先分散好的硅烷，快速搅拌30min，过滤出料。

【产品安全性】 非危险品，不可食用，避免接触眼部，可按一般化学品运输。贮存时请注意密封保存，存放于干燥、通风处，常温下有效期为12个月。

【参考生产企业】 常州丰泽革业有限公司。

Ac009 聚氨酯皮革光亮剂

【英文名】 pu leather finishing agent

【组成】 脂肪族内交联水性聚氨酯乳液、共溶剂、润湿剂、消泡剂。

【物化性质】 水性聚氨酯分散体通常是由聚酯、聚醚或聚碳酸酯组成的软链段和二异氰酸酯与小分子的二醇或二胺组成的硬链段组成，由于聚合物的两种链段的不相容性，硬链段分离出来并对软链段起着增强的作用。聚酯与聚碳酸酯组成的软段可以提供良好的耐候性、耐磨性、耐化学性及韧性。具有成膜性能好，粘结牢固，涂层光亮、平滑、耐水、耐磨、耐热、耐寒、耐曲折、富有弹性、易于清洁保养等特点，涂饰的产品革手感丰满、舒适，能大大提高成品革的等级。耐水性、耐溶剂性、耐黄变性能优异。

【质量标准】 QB/T 1328—1998

外观	乳白色乳状液
pH 值	7.5
固含量/%	20～25

【用途】 水性聚氨酯（PU）皮革涂饰剂以水为溶剂，消除了溶剂型聚氨酯生产贮运和使用过程中易燃易爆等危险，满足安全、健康及环保的要求。

水性聚氨酯皮革光亮剂性能与国外品牌的比较：

检测项目	意大利某品牌	荷兰某品牌	本品
涂膜外观	平整光滑	光泽自然	有细致手感
耐湿擦/级	4.5	5	5
耐甲苯(常温浸泡 1min)	不起泡、不脱落		
附着力/级	2	2	1
耐水性(水滴皮膜 2h)	不变白、不起泡		
硬度(邵氏 A 型)	40	40	45
拉伸强度/MPa	18	20	21
断裂伸长率/%	550	500	500
脆折温度/℃	－30	－30	－35
－20℃曲折数/次	1000	1000	2000

包装规格：塑料桶包装，25kg/桶、50kg/桶、200kg/桶。

【制法】 将定量的异丙醇和*N*-甲基-吡咯烷酮、润湿剂（TEGO245 和 TEGO500）、蒸馏水、消泡剂（TEGO805）在混合器中搅拌均匀，然后在不断搅拌的情况下加入配方量的树脂分散液，搅拌均匀后加入增稠剂（SN-612）调整黏度，用稀氨水调节皮革光亮剂的 pH 值，当黏度、固含量和 pH 值合格后，出料，过滤，包装。

【产品安全性】 非危险品，不可食用，避免接触眼部，可按一般化学品运输。密闭保存在阴凉、通风处，常温下有效期为12个月。

【参考生产企业】 哈尔滨制革厂，常州丰泽革业有限公司。

Ac010 皮革水性聚氨酯消光光油

【英文名】 aqueous polyurethane top matting oil forLeather

【组成】 水性聚氨酯、增黏树脂、成膜助

剂、流平剂、润湿剂、涂层增厚剂等。

【物化性质】 本品利用异氰酸酯与多元醇或多元胺类活泼氧反应合成不同的化学键结构，采用两步法扩链工艺，再与合适的助剂科学配伍，制成水性聚氨酯消光光油。该产品固含量高，消光效果好，具有涂层干爽、耐黄变、耐溶剂、耐寒、耐水洗、耐碰擦等优异性能。

【质量标准】 QB/T 1328—1998

外观	白色黏稠液体
pH 值	7～7.5
固含量/%	20±1
黏度(25℃)/mPa·s	3000～3500

【用途】 用作真皮消光光油，皮革软表面成膜且光亮柔和。手感持久性好，透气性好。具有消光、变色、龟裂的仿古效果，革面经擦拭后有增亮油皮感，且有较强的绒感。

包装规格：塑料桶包装，25kg/桶、50kg/桶、200kg/桶。

【制法】 将胶黏剂的主体材料水性聚氨酯(NCO/OH=0.95～0.98)和增黏树脂加入反应釜中，搅拌均匀，滴加扩链剂己二胺，在0.08MPa下于40℃进行扩链反应，交联度10%左右，COO含量1.6%～1.8%，中和度85%～98%后结束反应。加入一定量的成膜助剂、流平剂、润湿剂、涂层增厚剂等，搅拌30min出料。

【产品安全性】 非危险品，不可食用，避免接触眼部，可按一般化学品运输。贮存时请注意密封保存，存放于干燥、通风处，常温下有效期为12个月。

【参考生产企业】 湖州和孚皮革助剂厂。

Ac011 阳离子抗菌整理剂

【别名】 *N*-[3-十二烷基聚氧乙烯醚(9)-2-羟基]丙基-三甲基氯化铵

【英文名】 polyoxyethylene type cationic surfactans

【结构式】 见反应式。

【物化性质】 聚氧乙烯型阳离子表面活性剂的活性高、其水溶液容易形成胶束，与阴离子复配可形成稳定的均相体系。具有优异的抗静电性、抗菌性和柔软性，易生物降解。

【质量标准】

外观	白色结晶
非季铵盐含量/%	≤2.0
季铵盐含量/%	≥98
pH 值(1%水溶液)	6～7

【用途】 用于阴、阳离子表面活性剂复配，提高表面活性、抗静电性、抗菌性和柔软性。用作织物整理剂，柔软顺滑，对皮革损伤小。

包装规格：内衬塑料袋的编织袋包装，净重25kg/袋。

【制法】

(1) 脂肪醇聚氧乙烯基缩水甘油醚的合成 将145kg脂肪醇聚氧乙烯醚(9)加入反应器中，在搅拌下依次加入60kg质量分数为50%的NaOH水溶液、12kg相转移催化剂(PTC)四丁基溴化铵。搅拌升温至80℃，滴加环氧氯丙烷46kg，在强烈搅拌下反应2h，停止搅拌，分出下层，上层经减压蒸馏蒸出未反应的环氧氯丙烷，得脂肪醇聚氧乙烯基缩水甘油醚。

(2) 聚氧乙烯型阳离子表面活性剂(DNAC)的合成 将63kg脂肪醇聚氧乙烯基缩水甘油醚加入反应器中，在搅拌下依次加入14kg质量分数为33%的三甲胺水溶液、100L无水乙醇，用浓盐酸中和至中性，在70℃反应2h，蒸出乙醇和水。产品用强酸性阳离子交换树脂分离后，真空干燥得产品。反应式如下：

$$C_{12}H_{25}O(CH_2CH_2O)_9H + ClCH_2\text{—}\overset{O}{CH\text{—}CH_2} + NaOH \xrightarrow{PTC}$$

$$C_{12}H_{25}O(CH_2CH_2O)_9CH_2\text{—}\overset{O}{CH\text{—}CH_2} + NaCl + H_2O$$

$$C_{12}H_{25}O(CH_2CH_2O)_9CH_2\text{—}\overset{O}{CH\text{—}CH_2} + (CH_3)_3N \cdot HCl \longrightarrow$$

$$C_{12}H_{25}O(CH_2CH_2O)_9CH_2\underset{OH}{CH}CH_2N^+(CH_3)_3Cl^-$$

【产品安全性】 毒性和刺激性低。不能接触眼睛，如果溅在皮肤上用水冲洗干净。贮存于通风、阴凉处，防止日晒、雨淋。贮存期12个月。

【参考生产企业】 绍兴市华元化有限公司，浙江宏达化学制品有限公司，浙江省绍兴奇美纺织有限公司。

Ac012 皮革涂饰剂AS

【英文名】 leather finishing agent AS

【组成】 有机硅预聚体、丙烯酸类单体共聚物。

【物化性质】 具有良好的化学稳定性、贮存稳定性、耐溶剂性、耐候性、耐水性以及胶膜的综合力学性能。革涂饰后光泽柔和，粒面平细、滑爽，手感舒适。

【质量标准】 GB 11676—2012

外观	乳白色带蓝光乳液
固含量/%	0±2
残余单体含量/%	<1
pH值	3～5
黏度(涂4-杯)/s	10～14
稳定性(5%氢氧化钠;5%氨水;5%甲醛;5%硫酸钠)	稳定,不破乳

【用途】 适用于各类（猪、牛、羊皮革，服装革，鞋面革，沙发革）革的涂饰。该涂饰剂耐候性优良，不受气候变化的影响，一年四季通用，使用方便。革涂饰后不黏，手感舒适滑爽，成膜性能好，黏着力强，耐摔软，不掉浆，真皮感强，是生产高档革理想的涂饰材料。合成工艺先进，无“三废”排放。

包装规格：塑料桶包装，25kg/桶、50kg/桶、200kg/桶。

【制法】 由有机硅预聚体、丙烯酸类单体采用种子乳液聚合的方法制得AS树脂皮革涂饰剂。

【产品安全性】 非危险品，不可食用，避免接触眼部，可按一般化学品运输。贮存时请注意密封保存，存放于干燥、通风处，常温下有效期为12个月。

【参考生产企业】 成都科学院有机化学研究所，上海成大化工有限公司，吴县黄桥兴达皮化材料厂。

Ac013 丙烯酸树脂软1号

【别名】 软1树脂

【英文名】 acrylate resin emulsion S-1

【结构】

$$\left[CH_2\text{—}\underset{COOCH_3}{CH}\right]_m\left[CH_2\text{—}\underset{COOH}{CH}\right]_n$$

【物化性质】 属阴离子型涂饰剂，能与水以任意比例混合，具有较好的黏和力和流平性，成膜柔软，延展性大。

【质量标准】 GB/T 25264—2010

外观	乳白色带蓝光乳液
溴值/(g Br_2/100g)	≤1.0
固含量/%	≥37
pH值	6.0～7.0

【用途】 适用于各种轻革、粒面革、磨面革、服装革的底层、中层涂饰。配料时应

注意加料顺序，树脂先用1～2倍的水稀释，然后慢慢依次加入其他材料，搅匀，过滤使用。

包装规格：塑料桶包装，30kg/桶、120kg/桶。

【制法】 将140kg丙烯酸和140kg丙烯酸甲酯用1%NaOH水溶液洗涤。脱水后加入聚合釜，再加入3kg十二烷基硫酸钠和700kg去离子水，快速搅拌乳化。乳化好后升温至50℃，开始滴加引发剂过硫酸铵水溶液20kg（1%），在80～90℃下搅拌2h。反应结束后减压蒸馏抽出未反应单体。过滤除去杂质即为成品。反应式如下：

$$mCH_2{=}\underset{\displaystyle COOCH_3}{\underset{|}{CH}} + nCH_2{=}\underset{\displaystyle COOH}{\underset{|}{CH}} \xrightarrow{\text{引发剂}} \text{本品}$$

【产品安全性】 非危险品。密闭保存在阴凉、通风处，保质期6个月。

【参考生产企业】 佛山市高明奥林化工有限公司，上海天汇合成皮革厂，四川泸州市皮革化工厂，南京水丰化工厂。

Ac014 丙烯酸树脂乳液中1号

【别名】 中1号树脂，丙烯酸酯类共聚物

【英文名】 acrylate resin emulsion M-1

【结构式】

$$\text{-}\!\!\!\!\left[CH_2-\underset{\displaystyle COOCH_3}{\underset{|}{CH}}\right]_m\!\!\!\!\text{-}\;\text{-}\!\!\!\!\left[CH_2-\underset{\displaystyle COOH}{\underset{|}{CH}}\right]_n\!\!\!\!\text{-}$$

【物化性质】 为丙烯酸酯类共聚而成的阴离子型乳状液，能与水以任意比例混合，具有很好的分散性和稳定性。硬度适中，富有延伸性和弹性。

【质量标准】 GB/T 25264—2010

外观	带蓝光的乳白液
未反应单体/%	≤1.8
总固体量/%	≥38
pH值	6.0～7.0

【用途】 主要用于各种轻革、猪修面革、猪苯胺革、牛修面革、服装革的中层和光亮层涂饰。

包装规格：用塑料桶包装，50kg/桶。

【制法】 将丙烯酸甲酯、丙烯酸丁酯用1%的NaOH洗涤脱水后与精蒸过的丙烯腈、丙烯酸在引发剂存在下进行乳液聚合，脱除未反应单体，过滤除杂而得（详见丙烯酸树脂软1号乳液）。反应式如下：

$$mCH_2{=}\underset{\displaystyle COOCH_3}{\underset{|}{CH}} + nCH_2{=}\underset{\displaystyle COOH}{\underset{|}{CH}} \xrightarrow{\text{引发剂}} \text{本品}$$

【产品安全性】 低刺激性。长期接触注意眼睛和皮肤的保护。不能用强电解水溶液稀释，防止乳液破乳。置于5～30℃的干燥、通风库内，防止日晒、雨淋。保质期6个月。

【参考生产企业】 黄石市铁山盛达皮革化工厂，佛山市顶威皮革化工有限公司，河北锐特尔皮革科技有限公司，四川泸州市皮革化工厂等。

Ac015 丙烯酸树脂乳液

【英文名】 acrylate resin emulsion

【结构式】

$$\text{-}\!\!\!\!\left[CH_2-\underset{\displaystyle COC_4H_9}{\underset{|}{CH}}\right]_m\!\!\!\!\text{-}\;\text{-}\!\!\!\!\left[CH_2-\underset{\displaystyle OCN}{\underset{|}{CH}}\right]_n\!\!\!\!\text{-}$$

【物化性质】 有特殊气味，成膜性能优良，薄膜透明无色、光亮、平滑、柔软而富有弹性。

【质量标准】 GB/T 25264—2010

外观	乳白色奶状液
溴值/(g Br_2/100g)	<1
延伸性/%	>1100
总固体量/%	36±2
pH值	6.0～8.0
抗张强度/(N/mm²)	0.05

【用途】 广泛用于面革、服装革、手套革等轻革的装饰，能增强革的耐弯曲性、延伸性、耐光性、耐老化性、耐寒性、耐热性，是配合颜料膏修饰粒面革的主要修饰成膜剂。

包装规格：塑料桶包装，30kg/桶。

【制法】

① 将530kg去离子水加入聚合釜中，加入41kg平平加OS-15搅拌溶解。再加入4kg十二烷基硫酸钠，搅拌溶解后在20min内加入68kg混合单体（丙烯酸丁酯，丙烯腈）。搅拌15min后加入1.5%的过硫酸铵水溶液30kg，30min内加完。继续搅拌15min后缓慢升温至70℃，开始滴加混合单体（272kg），大约1h滴完，加完后在80℃保温搅拌1h。

② 反应完毕后降温至40℃左右，加入70kg平平加OS-15，搅拌15min后过滤，除去杂质得产品。反应式如下：

$$m\underset{\substack{|\\ COOC_4H_9}}{CH_2{=}CH} + n\underset{\substack{|\\ CN}}{CH_2{=}CH} \longrightarrow \text{本品}$$

【产品安全性】 非危险品，不可食用，避免接触眼部，可按一般化学品运输。贮存时请注意密封保存，存放于干燥、通风处，常温下有效期为12个月。

【参考生产企业】 内蒙古甘旗卡化工厂，津港有限公司皮革化工厂等。

Ac016 新型丙烯酸树脂乳液

【英文名】 acrylate resin emulsion new type

【结构式】

$$\left[CH_2-\underset{\substack{|\\ COOCH_3}}{CH} \right]_m \left[CH_2-\underset{\substack{|\\ COOC_4H_9}}{CH} \right]_n$$

【物化性质】 丙烯酸类共聚物自交联型水乳液，具有较好的成膜性，薄膜强度高、柔软、光亮、耐老化。

【质量标准】 GB/T 25264—2010

项目	指标
固含量/%	≥40
溴值/(g Br_2/100g)	<1
pH值	6.0~7.0

【用途】 适用于各种面革、服装革、软面革的涂饰和填充。

包装规格：塑料桶包装，50kg/桶。

【制法】 将丙烯酸丁酯用碱水洗涤后加入已装有去离子水的聚合釜中，搅拌分散，然后加入十二烷基硫酸钠搅成乳状液。再加热至50℃，滴加丙烯酸甲酯。滴毕后，滴加引发剂（1.5%的过硫铵水溶液），在20min内加入总量的3/5，在80～90℃下反应。当温度降低至70℃时，继续加入剩余的过硫酸铵水溶液。在80～90℃下搅拌1h。减压蒸馏，分离未反应单体，冷却出料为成品。反应式如下：

$$m\underset{\substack{|\\ COOCH_3}}{CH_2{=}CH} + n\underset{\substack{|\\ COOC_4H_9}}{CH_2{=}CH} \xrightarrow{\text{引发剂}} \text{本品}$$

【产品安全性】 非危险品，不可食用，避免接触眼部，可按一般化学品运输。贮存时请注意密封保存，存放于干燥、通风处，常温下有效期为12个月。

【参考生产企业】 广州市格奥高分子材料有限公司，扬州市东方皮革化工厂。

Ac017 FX-1丙烯酸树脂乳液

【英文名】 acrylic resin emulsion FX-1

【组成】 丙烯酰胺与甲醛改性丙烯酸酯共聚物。

【物化性质】 乳白色液体，乳液稳定性良好，可与各种颜料膏混合使用，成膜具有较强的力学性能。

【质量标准】 GB/T 25264—2010

项目	指标
固含量/%	≥40
成膜抗张强度/(N/mm²)	>10
未反应单体/%	≤2
耐寒性/℃	-30～-40

【用途】 适用于各种皮革顶层涂饰。

包装规格：塑料桶包装，30kg/桶。

【制法】 以丙烯酸酯和丙烯腈为单体，在交联剂甲醛存在下进行共聚，然后脱除未反应的单体，再加入十二烷基硫酸钠和吐温80，研磨乳化得成品。

【产品安全性】 非危险品，不可食用，避

免接触眼部，可按一般化学品运输。贮存时请注意密封保存，存放于干燥、通风处，常温下有效期为12个月。

【参考生产企业】 上海尤恩化工有限公司，抚顺市化工四厂。

Ac018 BN改性丙烯酸树脂乳液

【英文名】 modified acrylic resin emulsion BN

【组成】 丙烯酸丁酯、丙烯腈、丙烯酸和丙烯酰胺共聚物。

【物化性质】 肉色带蓝光乳液，可与其他水溶性树脂、颜料膏、乳酪素、金属络合染料等皮革涂饰材料相溶。

【质量标准】 GB/T 25264—2010

固含量/%	≥39
pH值	6.0～7.0
延伸率/%	150～200
未反应单体/%	≤1.0
成膜抗张强度/(N/mm^2)	5
脆折温度/℃	-25

【用途】 适用于各种皮革的底、中顶层涂饰，与其他涂饰剂配合使用效果更佳。本品与皮革有极强的黏和力，成膜柔韧，延伸性好。耐老化，不易变色，不易发黏，不易脆裂，且具有良好的耐老化性和防水性。

包装规格：塑料桶包装。

【制法】 在聚合釜中先加入去离子水、乳化剂（十二烷基硫酸钠）和部分单体（丙烯酸丁酯、丙烯酸、丙烯酰胺、丙烯腈四种单体总量的3/5），经充分搅拌后缓缓升温至50～60℃，开始滴加引发剂（过硫酸铵），滴加过程保持80～90℃，当温度出现下降后，再加入剩余的单体。在80～90℃下反应2h，抽出未反应的单体，冷却，过滤，得成品。

【产品安全性】 非危险品，不可食用，避免接触眼部，可按一般化学品运输。贮存时请注意密封保存，存放于干燥、通风处，常温下有效期为12个月。

【参考生产企业】 广州市格奥高分子材料有限公司，广州助剂化工厂，上海皮革化工厂等。

Ac019 J型改性丙烯酸树脂乳液

【英文名】 modified acrylic resin emulsion J

【组成】 丙烯酸酯，丙烯腈，丙烯酰胺共聚物。

【物化性质】 系列阴离子型乳液，共分四个型号，即J_{1-1}、J_{1-2}、J_{1-3}、J_{1-4}。其共同特点是颗粒细，渗透力强，耐温性好，成膜柔软，对改善皮革松面现象有明显效果。

【质量标准】 GB/T 25264—2010

指标名称	J_{1-1}	J_{1-2}	J_{1-3}	J_{1-4}
固含量/%	30	38	38	38
未反应单体/%	≤2	≤2	≤2	≤2
pH值	3～5	3～5	3～5	3～5
脆折温度/℃	-30	-25	-40	-30～-40

【用途】 J_{1-1}型主要用作修面革的涂饰、填充和正面革的转鼓填充，也可用作面革的底层涂饰，对改善皮革松面现象有明显的效果。J_{1-2}型主要用于各种轻革的底层涂饰，并可与硬性丙烯酸树脂乳液配合使用，用于调整中、上层的硬度，还可用于各种轻革的湿填充。涂饰后的皮革具有良好的力学性能、化学稳定性和流平性，与皮革黏着力强，成膜柔软且富有弹性。J_{1-3}用于皮革的顶层涂饰，还可用以配制树脂光亮剂，具有较强的耐寒、耐热、耐水性能。J_{1-4}型与渗透剂CW配套使用，主要用于正面革的刷涂填充，也可用于修面革的涂饰。

包装规格：塑料桶包装，30kg/桶。

【制法】

① 用400kg蒸馏水将13kg十二烷基硫酸钠和12.4kg丙烯酰胺分别溶解，另用蒸馏水把过硫酸钾配成1.5%的溶液备用。

②将400kg蒸馏水、十二烷基硫酸钠水溶液、丙烯酰胺水溶液、193kg丙烯酸丁酯和42kg丙烯腈依次加入乳化釜中，快速搅拌（300～400r/min），在室温下乳化30～40min。乳化好后将物料加入聚合釜，在搅拌下加热至76℃，开始滴加引发剂水溶液，在20min内加入总量的1/4，在80℃左右反应。当温度有所下降时滴加剩余的引发剂溶液，再于80～90℃下反应1h。减压蒸出未反应单体，降温至35～40℃得乳胶液。配制不同的规格得J_{1-1}、J_{1-2}型；加入交联剂，得J_{1-3}、J_{1-4}型。

【产品安全性】 非危险品，不可食用，避免接触眼部，可按一般化学品运输。贮存时请注意密封保存，存放于干燥、通风处，常温下有效期为12个月。

【参考生产企业】 济南芬尼斯工贸有限公司，上海同博材料科技有限公司，北京皮革公司化工厂。

Ac020 SB改性丙烯酸树脂乳液

【英文名】 modified acrylic resin emulsion SB

【别名】 SB树脂

【组成】 丙烯酸酯类单体与乙烯类单体的共聚物。

【物化性质】 带蓝色的乳白液，能与水混溶，但遇强电解质或有机溶剂结块。

【质量标准】 GB/T 25264—2010

项目	指标
固含量/%	39
pH值	5.0～6.0
抗张强度/(N/mm²)	8～13
未反应单体/%	≤3
成膜脆折温度/℃	-30
延伸率/%	350～600

【用途】 成膜呈中硬度，适用于各种革面、服装革、手套革的中顶层涂饰。

包装规格：塑料桶包装，30kg/桶。

【制法】 将精制后的丙烯酸酯、苯乙烯加入聚合釜中，再加入去离子水、乳化剂搅拌乳化后，升温至50℃，开始滴加引发剂，在平稳回流下进行聚合。聚合结束后减压蒸馏，蒸出未反应单体，冷却，过滤，得产品。

【产品安全性】 非危险品，不可食用，避免接触眼部，可按一般化学品运输。贮存时请注意密封保存，存放于干燥、通风处，常温下有效期为12个月。

【参考生产企业】 温州市开泰化工有限公司，上海皮革化工厂，东丰县皮革化工厂等。

Ac021 CAF皮革涂饰剂

【英文名】 leather binder CAF

【组成】 丙烯酸酯与氯丁烯共聚物。

【物化性质】 半透明的乳白液，具有良好的渗透性和流平性，成膜快，膜的光泽度高。

【质量标准】 QB/T 1331—1998

项目	指标
固含量/%	40
黏度/mPa·s	20～25
脆折温度/℃	-40
成膜抗张强度/(N/mm²)	>1
pH值	4.0～5.0
表面张力/(10^{-5}N/cm)	40～50
乳液稳定性	50～60℃不分层；-10℃不凝聚

【用途】 用于皮革的底、中、顶层涂饰。

包装规格：塑料桶包装，30kg/桶。

【制法】 将丙烯酸酯与氯丁二烯精制后进行预混，然后将单体混合物总量的3/5加入已装有去离子水和乳化剂的聚合釜中，加热至一定温度后滴加引发剂，温度控制在80～90℃。当温度出现下降时，加入剩余的单体，加毕后仍在80～90℃下搅拌2h。减压脱出未反应单体，冷却，过滤，得成品。

【产品安全性】 非危险品，不可食用，避免接触眼部，可按一般化学品运输。贮存时请注意密封保存，存放于干燥、通风处，常温下有效期为12个月。

【参考生产企业】 金华市三木精细化工有限公司，四川泸州市皮革化工厂。

Ac022 LHYJ-DS50型丁二烯树脂乳液

【英文名】 butadiene resin emulsion LHYJ-DS50

【组成】 丙烯酸酯与丁二烯的共聚物。

【物化性质】 乳白色液体，具有良好的稳定性，可与各种颜料膏配合使用。

【质量标准】 QB/T 1331—1998

固含量/%	≥39
pH值	7.0
脆折温度/℃	−30
黏度/mPa·s	23
平均粒径/μm	80～120
相对密度	1.008

【用途】 加入交联剂后用于皮革的涂饰。

包装规格：塑料桶包装，30kg/桶。

【制法】 将丙烯酸酯和丁二烯精制后先加入乳化器中，以OP-10为乳化剂进行乳化，然后将乳液加入聚合釜中，滴加过硫酸铵水溶液进行聚合而得。

【产品安全性】 非危险品，不可食用，避免接触眼部，可按一般化学品运输。贮存时请注意密封保存，存放于干燥、通风处，常温下有效期为12个月。

【参考生产企业】 烟台诚泰皮革公司，广州奥雅特复合材料有限公司，兰州化学工业公司化工研究院。

Ac023 BT型改性丙烯酸树脂涂饰剂系列

【英文名】 BT modified acrylic resin binder series

【组成】 丙烯酸酯类共聚水乳液。

【物化性质】 白色乳液。

【质量标准】 QB/T 1331—1998

型号	亚光型	光亮型
固含量/%	38±2	38±2
残余单体/%	<2	<2
pH值	4.0～4.5	4.0～4.5
机械稳定性/%	<1	<1

【用途】 BT型改性丙烯树脂乳液粒子细，贮存稳定性好，具有优良的流平性，黏着力强，成膜力学性能好。涂膜柔软，强度好，耐曲挠性好，特别适于轻革涂饰。

BT872、BT873用于高档服装革，各类软革的中、顶层涂饰，涂饰后粒面平细，丰满柔软。涂层牢固耐摔，不裂浆，光泽适度，真皮感强，耐干、湿擦，压花不粘辊，粒纹清晰。

BT902、BT903用于高档革面的中、顶层涂饰，除保持BT872、BT873的优良性能外，胶膜强度，光亮度，耐干、湿擦等有所改善。

包装规格：塑料桶包装，30kg/桶。

【制法】 将去离子水和阴离子表面活性剂加入反应釜中，搅拌溶解，加热至80℃开始加第一层单体丙烯酸甲酯和一定量的过硫酸铵作引发剂。在80～90℃下反应10min。开始加第二层单体（丙烯酸甲酯：苯乙烯：二甘醇二丙烯酸丁酯=100：25：1），加完后再加入少量的引发剂过硫酸甲酯，并加入一定量的乳化剂和引发剂，在80℃左右反应40min。加完后升温至90～100℃，保温1h，得产品。

【产品安全性】 非危险品，不可食用，避免接触眼部，可按一般化学品运输。贮存时请注意密封保存，存放于干燥、通风处，常温下有效期为12个月。

【参考生产企业】 东莞市旭亿华化工有限公司，中国科学院成都有机化学所实验厂。

Ac024 丙烯酸树脂 SS-22

【别名】 丙烯酸酯类共聚物

【英文名】 acrylic resin SS-22

【结构式】

$$-\!\!\left[CH_2-\underset{\displaystyle COOC_4H_9}{\underset{|}{CH}}\right]_m\!\!-\!\!\left[CH_2-\underset{\displaystyle CN}{\underset{|}{CH}}\right]_n\!\!-\!\!\left[CH_2-\underset{\displaystyle COOCH_3}{\underset{|}{CH}}\right]_p$$

【物化性质】 白色乳状液，流动性好，成膜柔软，富有弹性，与色膏混合使用时具有很强的遮盖性。注意不能与强电解质同用。

【质量标准】 QB/T 1331—1998

项目	指标
固含量/%	40
未反应单体/%	≤2
pH 值	2.0～4.0

【用途】 适用于皮革底层涂饰，与中硬树脂配合使用时，可调节中、上层涂膜的软硬度。

包装规格：塑料桶包装，30kg/桶。

【制法】 将丙烯腈、丙烯酰胺、丙烯酸丁酯精制后在乳化剂、引发剂存在下共聚，脱未反应单体，过滤得成品（详见Ac019J 型改性丙烯酸树脂乳液）。

【产品安全性】 非危险品，不可食用，避免接触眼部，可按一般化学品运输。贮存时请注意密封保存，存放于干燥、通风处，常温下有效期为 12 个月。

【参考生产企业】 南京百聚科技有限公司，中国科学院成都有机化学所实验厂，石家庄市树脂厂等。

Ac025 AC 防霉涂饰剂

【英文名】 AC anti-fungus leather finishing agent

【组成】 复合物。

【物化性质】 奶白色乳液，乳液粒子细，分散稳定。成膜性能优良，涂层耐干、湿擦，耐老化，耐曲挠性良好。

【质量标准】

项目	指标
固含量/%	38～40
残余单体含量/%	<2
pH 值	5.0

【用途】 适用于各种皮革的底、中、上层涂饰，且具有良好的防霉性。

包装规格：塑料桶包装，30kg/桶。

【制法】 以丙烯酸酯类单体为原料，通过分子设计、粒子设计进行微粒乳液聚合。然后用防霉材料对共聚物进行处理，成为改性丙烯酸酯乳液即为成品。将去离子水和阴离子表面活性剂加入反应釜中，搅拌溶解，加热至 80℃，开始加第一层单体丙烯酸甲酯和一定量的过硫酸铵作引发剂。在 80～90℃下反应 10min，开始加第二层单体（丙烯酸甲酯∶苯乙烯∶二甘醇二丙烯酸丁酯＝100∶25∶1）加完后再加入少量的引发剂过硫酸甲酯，并加入一定量的乳化剂和引发剂，在 80℃左右反应 40min。加完后升温至 90～100℃，保温 1h，得产品。

【产品安全性】 非危险品，不可食用，避免接触眼部，可按一般化学品运输。贮存时请注意密封保存，存放于干燥、通风处，常温下有效期为 12 个月。

【参考生产企业】 东莞市澳达化工有限公司，珠海中通精细化工公司，中国科学院成都有机化学所实验厂。

Ac026 CSF 系列改性丙烯酸树脂乳液

【英文名】 CSF series modified acrylic binder

【组成】 具有核壳结构的乙烯、丙烯酸酯共聚物。

【物化性质】 乳白色液体，乳液颗粒细，稳定性极好，与氨水和甲醛不产生凝块现象，可长时间放置。

【质量标准】 QB/T 1331—1998

型号	CSF-6#	CSF-7#
固含量/%	40±1	40±1
未反应单体/%	≤2.0	≤2.0
成膜抗张强度/(N/mm²)	1.0	4.0
薄膜延伸率/%	600	400
薄膜脆折温度/℃	≤-35	≤-30
pH值	5.0～6.0	5.0～6.0

【用途】 CSF-6#为软性树脂，适用于底层、中层涂饰。CSF-7#为中硬性树脂，适用于中、上层涂饰。成膜均匀，光亮透明，在较高硬度下仍具有柔软性。黏着性、耐寒、耐热、耐溶剂性能优于同类产品。

包装规格：塑料桶包装，30kg/桶。

【制法】 以丙烯酸酯类单体为原料，通过分子设计、粒子设计进行微粒乳液聚合。然后用防霉材料对共聚物进行处理，成为改性丙烯酸酯乳液即为成品。将去离子水和阴离子表面活性剂加入反应釜中，搅拌溶解，加热至80℃，开始加第一层单体丙烯酸甲酯和一定量的过硫酸铵作引发剂。在80～90℃下反应10min。开始加第二层单体（丙烯酸甲酯：苯乙烯：二甘醇二丙烯酸丁酯＝100：25：1)，加完后再加入少量的引发剂过硫酸甲酯，并加入一定量的乳化剂和引发剂，在80℃左右反应40min。加完后升温至90～100℃，保温1h，得产品。

【产品安全性】 非危险品，不可食用，避免接触眼部，可按一般化学品运输。贮存时请注意密封保存，存放于干燥、通风处，常温下有效期为12个月。

【参考生产企业】 翁源县好尔威化工有限公司，丹东市皮革化工厂，中国科学院成都有机化学所实验厂。

Ac027 皮革浸渍剂

【英文名】 impregnating agent for leather

【组成】 以丙烯酸乙酯、甲基丙烯酸共聚物为主的混配物。

【物化性质】 白色乳液，具有改善皮革抗开裂、起皱性及耐磨性之优点。

【质量标准】 QB/T 1331—1998

有效物/%	≥45
黏度/mPa·s	14

【用途】 用于皮革渍泡添加剂，具有改善皮革的抗开裂起皱性能。经本液处理的皮革具有圆润感，富有柔软性。

包装规格：塑料桶包装，30kg/桶。

【制法】

(1) 共聚物的制备 将780kg去离子水加入反应釜中，加热至90℃后在搅拌下加入7kg过硫酸铵。然后将预先混配好的混合单体（丙烯酸乙酯187kg、甲基丙烯酸33kg）分批于30min内加入釜中。加料过程中保持缓缓回流状态，加完料后停止回流。在95～100℃保温30min。然后冷却至50～60℃，用氨水中和，继续搅拌30min，出料备用。

(2) 乳液的配制 将93kg水加入混配釜中，加热至50℃后，在搅拌下加入25kg叔辛基苯氧乙醇，快速乳化，然后再加入100kg共聚物和8kg乙醇，搅拌均匀即可。

【产品安全性】 非危险品，不可食用，避免接触眼部，可按一般化学品运输。贮存时请注意密封保存，存放于干燥、通风处，常温下有效期为12个月。

【参考生产企业】 镇江市意德精细化工有限公司，上海皮革化工厂，中国科学院成都有机化学所实验厂。

Ac028 全候性系列树脂

【英文名】 weather proof acrylic binder series

【组成】 环氧树脂改性丙烯酸酯乳液。

【物化性质】 带蓝白色的乳液，具有良好的相容性和稳定性，可进行全树脂涂饰。

【质量标准】 QB/T 1331—1998

型号		AB-1	AM-1	AT-1
固含量/%	≥	38	38	38
活性基溴值/(g Br_2/100g)	≤	3	3.0～8.0	5.0～9.0
离心稳定性/%	≤	1.0	1.5	1.5
薄膜拉伸强度/(N/mm^2)	≥	—	6	10
薄膜延伸率/%	≥	700	—	—
薄膜脆折温度/℃		－60±5	－50±5	－40±5

【用途】 本系列产品对气候适应力强，涂层耐热、耐寒性优越，－20～－30℃不裂浆，40℃不黏滞，且能在80～120℃熨烫。涂层耐磨、耐水、耐溶剂、耐曲挠。黏着力强，光泽好，手感舒适。

AB-1树脂乳液颗粒细，成膜均匀细致，柔软，延伸率大，遮盖性好，富有弹性，黏着牢固，耐寒性优良，具有自交联功能，适合底层和中层涂饰配浆，主要用于底、中层涂饰。

AM-1树脂涂膜呈中硬性，宜作中层配浆，也可作底层一次配浆，流平性好。主要用作中层涂饰。

AT-1树脂成膜较硬，抗张强度高，延伸率小，可替代干酪素、蛋白干、虫胶、硝化棉等消光材料单独用于顶层涂饰。涂层光泽性好，手感滑爽舒适。主要用作顶层涂饰。

包装规格：塑料桶包装，30kg/桶。

【制法】 以丙烯酸酯类单体为原料，通过分子设计、粒子设计进行微粒乳液聚合，然后用防霉材料对共聚物进行处理，成为改性丙烯酸酯乳液即为成品。将去离子水和阴离子表面活性剂加入反应釜中，搅拌溶解，加热至80℃，开始加第一层单体丙烯酸甲酯和一定量的过硫酸铵作引发剂。在80～90℃下反应10min，开始加第二层单体（丙烯酸甲酯：苯乙烯：二甘醇二丙烯酸丁酯＝100：25：1），加完后再加入少量的引发剂过硫酸甲酯，并加入一定量的乳化剂和引发剂，在80℃左右反应40min。加完后升温至90～100℃，保温1h，得产品。

【产品安全性】 非危险品，不可食用，避免接触眼部，可按一般化学品运输。贮存时请注意密封保存，存放于干燥、通风处，常温下有效期为12个月。

【参考生产企业】 广州金奉来贸易有限公司，上海皮革化工厂，中国科学院成都有机化学所实验厂。

Ac029 聚氨酯涂饰剂PUC系列

【英文名】 polyurethane finishes series PUC

【组成】 聚醚与异氰酸酯缩聚物。

【物化性质】 淡蓝色半透明液体，具有较高的耐水性，成膜后抗张、抗撕裂强度高。

【质量标准】 QB/T 1328—1998

项目	指标
固含量/%	≥25
pH值	6.5～7.0

【用途】 适用于服装革、沙发革、箱包革及鞋面革的涂饰。本系列有六种牌号，PUC-321和PUC-331适宜涂饰底层革，PUC-322和PUC-332适宜涂饰中层革，PUC-323和PUC-333适宜顶层涂饰。

包装规格：塑料桶包装，30kg/桶。

【制法】

① 将500kg线型聚酯和250kg支化聚酯依次加入聚合釜中，加热熔融。在120℃下减压脱水，然后降温至80℃，加入二月桂酸二丁基锡24kg，继续搅拌降温至60℃，缓缓加入二甲苯二异氰酸酯217kg，在80℃反应1h得预聚体（Ⅰ）。

② 将51kg二甘醇加入上述预聚体中，在80℃下反应3h后降温至50℃，加入酒石酸丙酮溶液（46kg酒石酸加120kg丙酮），加完后升温至60℃，回流1h，用

2000kg丙酮稀释。然后加入三乙醇胺的丙酮溶液中和（三乙醇胺32kg，丙酮240kg），最后加入适量的蒸馏水激烈搅拌乳化，得成品。

【产品安全性】 非危险品，不可食用，避免接触眼部，可按一般化学品运输。贮存时请注意密封保存，存放于干燥、通风处，常温下有效期为12个月。

【参考生产企业】 上海轩宏化工有限公司，四川什邡亭江化工厂，中国科学院成都有机化学所实验厂。

Ac030 水乳型聚氨酯涂饰剂PU-Ⅱ系列

【英文名】 polyurethane water-based emulsion finishes series PU-Ⅱ

【组成】 聚醚与异氰酸酯缩聚的乳液。

【物化性质】 白色乳液，乳液成膜性好，遮盖力强，黏附力强，流平性好。

【质量标准】 QB/T 1328—1998

型号	PU-102	PU-302	PUW-102	PUW-302	PU-502
固含量/%	25±1	20±1	25±1	20±1	20±1
黏度/mPa·s	5.0～7.0	5.0～7.0	5.0～7.0	5.0～7.0	5.0～7.0
pH值	6.5～7.5	6.5～7.5	6.5～7.5	6.5～7.5	6.5～7.5
膜抗张强度/MPa	3.0～4.0	15.0～20.0	—	—	20.0～25.0
膜伸长率/%	≥800	500～600	500～600	≥800	250～300
脆折温度/℃	-25～-30	-25～-30	-25～-30	-25～-30	-25～-30
热变形温度/℃	≥100	≥100	≥100	≥100	≥100

【用途】 PU-102型用于皮革残痕补伤封底，与PU-302型搭配可作中层涂饰和顶层涂饰；PUW-102用于补伤和底层填充；PUW-302用于中层和顶层涂饰；PU-502用于光亮涂饰。PUW-102、PUW-302、PU-502适用于白色革。

包装规格：塑料桶包装，30kg/桶。

【制法】 将聚ε-油脂进行脱水后与二甲苯异氰酸酯聚合，然后加入二甘醇扩链，再用三乙胺中和，加水乳化，脱溶剂得成品。

【产品安全性】 非危险品，不可食用，避免接触眼部，可按一般化学品运输。贮存时请注意密封保存，存放于干燥、通风处，常温下有效期为12个月。

【参考生产企业】 合肥安大科招精细化工厂，中国科学院成都有机化学所实验厂。

Ac031 光亮剂GS-1

【英文名】 seasoning agent GS-1

【组成】 改性聚氨酯与硝化棉的复配物。

【物化性质】 乳白色液体，无浮油，无不溶性杂质，具有很好的分散性，使用方便，安全，受气候温度影响小。

【质量标准】 QB/T 1328—1998

固含量/%	≥15
离心稳定性(出水率)/%	≤10

【用途】 适用于鞋面革、箱包革的顶层光亮涂饰。

包装规格：塑料桶包装，30kg/桶。

【制法】 将计量的硝化棉加入反应釜中进行脱醇处理，然后加醋酸丁酯溶解，再加入改性聚氨酯树脂，在90～100℃下反应4h后加入三乙胺的丙酮溶液进行调整，加水乳化，脱丙酮得产品。

【产品安全性】 非危险品，不可食用，避免接触眼部，可按一般化学品运输。贮存时请注意密封保存，存放于干燥、通风处，常温下有效期为12个月。

【参考生产企业】 永辉（福建）化工有限公司皮革化学部，四川泸州皮革化工厂，中国科学院成都有机化学所实验厂。

Ac032 改性聚氨酯光亮剂

【英文名】 modified polyurethane seasoning agent

【组成】 改性聚氨酯树脂。

【物化性质】 透明液体，系溶剂型光亮剂，不溶于水，成膜光亮。

【质量标准】 QB/T 1328—1998

固含量/%	≥25
pH值	6.5～7.0

【用途】 用作皮革光亮剂。

包装规格：塑料桶包装，30kg/桶。

【制法】 将硝化纤维加入反应釜中，用醋酸丁酯溶解后加入聚氨酯树脂预聚体，在KOH催化下于0.5MPa、110℃搅拌4h，用冰醋酸调pH值至6.5～7.0，出料得成品。

【产品安全性】 非危险品，不可食用，避免接触眼部，可按一般化学品运输。贮存时请注意密封保存，存放于干燥、通风处，常温下有效期为12个月。

【参考生产企业】 广州市迪孚卡乐进出口贸易有限公司，津港有限公司皮革化工分公司，中国科学院成都有机化学所实验厂。

Ac033 DLC-1皮革光亮剂

【英文名】 leather seasoning agent DLC-1

【组成】 复配乳液。

【性质】 均匀一致的白色乳液，具有很好的成膜性能，并具有较好的耐摩擦性，涂饰后皮革光亮、不黏，手感好。

【质量标准】

固含量/%	20±1
pH值	7.0±1.0

【用途】 用于革面的修饰，具有一定的防水性。

包装规格：塑料桶包装，30kg/桶。

【制法】

(1) 油相配制　在油相溶解釜中加入含醇硝化棉115kg、醋酸正丁酯23kg、正丁醇50kg、增塑剂134kg、百里酚2.9kg、甲基苯甲醛0.96kg及乳化剂10kg，缓慢加热至50～60℃，加盖，间歇搅几次，使硝化纤维素溶解。贮放1d，使其成为均匀溶液，备用。

(2) 乳化　将12.5kg硅油、67kg乙二醇、32kg乳化剂、277kg蒸馏水、200kg食盐加入乳化釜中，升温至40℃，在搅拌下缓缓加入油相，油相加完后继续搅拌1h。放料，过滤，用胶体磨继续乳化，循环5min，放料得成品。

【产品安全性】 非危险品，不可食用，避免接触眼部，可按一般化学品运输。贮存时请注意密封保存，存放于干燥、通风处，常温下有效期为12个月。

【参考生产企业】 东莞市昌丰皮革材料有限公司，四川什邡亭江化工厂，中国科学院成都有机化学所实验厂。

Ac034 SC系列聚氨酯涂饰剂

【英文名】 SC series polyurethane leather finishing agent

【组成】 阴离子型聚氨酯水乳液。

【物化性质】 微黄色乳液，属阴离子型。乳液均匀、细腻，贮存稳定性好。无树脂沉淀，稳定性好，有良好的补伤填充性。

【质量标准】 QB/T 1328—1998

型号	SC-9312	SC-9313
固含量/%	23±1	23±1
pH值	6.0～8.0	6.0～8.0
黏度/mPa·s	<10	<10
膜拉伸强度/MPa	≥3.0	≥8.0
膜相对伸长率/%	≥700	≥400
低温稳定性	解冻不破乳	

【用途】 SC-9311为补伤剂，可根据皮革

伤残情况进行点补或面补。SC-9312 和 SC-9313 分别适合于服装革和高档软革的底层和中层涂饰。与 SC 系列属同类产品的还有 S-200 系列、S-300 系列、S-400 系列、S-500 系列。S-200 系列适用于服装革、沙发革、软面革的涂饰，其中 S-201 用于底涂，成膜性能好，柔软，延伸率高，弹性好，黏着力优良，光泽自然，但涂层微粘，不能熨烫。S-202 用于中涂，成膜柔软度适中，弹性好，可以熨烫。S-203 成膜较硬，弹性高，硬度大，耐干、湿擦，耐溶剂，用于上层涂饰，可耐高温熨烫。S-204 成膜硬而有弹性，光亮度好，耐干、湿擦，耐溶剂性好，适用于顶层上光。S-300 系列用于软面革的涂饰，其中 S-301 用于底层，S-302 用于中层，S-303 用于上层。S-400 系列采用脂肪族二异氰酸酯，其成膜无色、耐光，有良好的机械物理性能，适用于各种白色革和浅色革的涂饰。S-500 系列为双组分聚氨酯乳液，阴离子型，适用于猪、牛、羊等各种皮革的涂饰。

包装规格：塑料桶包装，30kg/桶。

【制法】 将聚醚脱水后在引发剂存在下与 TDI（甲苯二异氰酸酯）进行共聚生成预聚体，加入扩链剂，扩链后引入成盐亲水基因，加入交联剂和 NaOH 水溶液（去离子水）进行乳化得成品。

【产品安全性】 非危险品，不可食用，避免接触眼部，可按一般化学品运输。贮存时请注意密封保存，存放于干燥、通风处，常温下有效期为 12 个月。

【参考生产企业】 东莞市昌丰皮革材料有限公司，化工部成都有机硅研究中心，浙江省三门聚氨酯制品厂，中国科学院成都有机化学所实验厂。

Ac035 NS-01 有机硅改性聚氨酯防水光亮剂

【英文名】 NS-01 silicone modified polyurethane water proof and luster agent

【组成】 含硅聚氨酯树脂。

【物化性质】 白色或浅黄色乳液。

【质量标准】 QB/T 1328—1998

项目	指标
固含量/%	≥20
pH 值	6.0
膜伸长率/%	100
耐湿擦性/级	4～5
成膜光亮度	3

【用途】 用于喷涂或涂刷天然皮革表面。涂后成革色泽鲜明、光亮，可保持浅色皮革本色。不泛色，手感丰满，爽滑，防水透气性好，可不用甲醛固定，耐干、湿擦性能可达 4～4.5 级。水滴在革表面 2h 后擦去不变色。亦可作非织布、涤纶棉的黏结剂或表面处理剂。

包装规格：塑料桶包装，30kg/桶。

【制法】 首先制备聚氨酯预聚体，再制备含硅的聚氨酯预聚体，将两种预聚体在交联剂存在下进行交联，并与三乙醇胺成盐，最后经水解得产品。

【产品安全性】 非危险品，不可食用，避免接触眼部，可按一般化学品运输。贮存时请注意密封保存，存放于干燥、通风处，常温下有效期为 12 个月。

【参考生产企业】 佛山市南海区骏能造纸材料厂，化工部成都有机硅研究所，中国科学院成都有机化学所实验厂。

Ac036 有机硅改性皮革光亮剂

【别名】 PUF 系列皮革光亮剂。

【英文名】 PUF series siloxane modified leather luster agent

【组成】 有机硅乳化剂。

【物化性质】 白色乳液，相对密度为 0.96。使用方便，不需要与其他材料调配便可直接使用。有良好的耐干、湿擦和耐老化性能，是理想的皮革涂饰剂。

【质量标准】

品名型号	PUF-1	PUF-2	PUF-3	PUF-5	PUF-501	PUF-505
固含量/%	17	17	17	17	17	17
黏度(25℃)/mPa·s	18～28	18～28	15～25	15～25	15～25	15～25
pH值	5	5～7.5	6～7	6～7	6～7	6～7
离心稳定性(2500r/min,20min分层,100g样品分层后的出水量)/mL ≤	0.2	0.2	0.2	0.2	0.2	0.2

【用途】 适于猪、牛、羊正面革，修面革，服装革，手套革等皮革的顶层涂饰。除PUF-3具有消光作用外，其他品牌均使皮革光亮美观。用本系列涂饰的皮革滑爽细腻，手感舒适，并具有良好的耐干、湿擦和耐老化等性能，达到国外同类产品的性能。

包装规格：塑料桶包装，30kg/桶、150kg/桶。

【制法】 将有机硅、醇酸树脂和硝化棉按一定比例混合后，加溶剂溶解，在乳化剂作用下进行乳液聚合而得。PUF-3中需添加消光材料。

【产品安全性】 非危险品，不可食用，避免接触眼部，可按一般化学品运输。贮存时请注意密封保存，存放于干燥、通风处，常温下有效期为12个月。

【参考生产企业】 北京市宏威宝辰乳胶厂，广东省皮革化工研究所，化工部成都有机硅研究中心，浙江省三门聚氨酯制品厂，中国科学院成都有机化学所实验厂。

Ac037 XG-461补伤消光剂

【英文名】 XG-461 scar repairing duller

【组成】 聚丙烯酸类共聚物及消光材料。

【物化性质】 微黄白色水乳液，具有良好的消光作用和补伤效果。

【质量标准】 QB/T 1331—1998

项目	指标
固含量/%	>9～10
pH值	9～10

【用途】 用于各种全粒面革大面积揩补或喷涂消光补伤，还可用于顶层喷涂消光。若出现分层，搅匀后再用，不影响性能和涂饰质量。包装规格：塑料桶包装，30kg/桶。

【制法】 将精制后的丙烯酸酯类单体投入聚合釜，加入乳化剂进行乳化，升温至一定温度滴加引发剂水溶液并加入适量的分子量调节剂得聚酯类共聚物，与成膜材料、消光材料、乳化剂、交联剂等助剂进行复配得成品。

【产品安全性】 非危险品，不可食用，避免接触眼部，可按一般化学品运输。贮存时请注意密封保存，存放于干燥、通风处，常温下有效期为12个月。

【参考生产企业】 上海尤恩化工有限公司，山东烟台化工总厂，江苏泰州市化工研究所。

Ac038 WG-WI白色补伤消光剂

【英文名】 WG-WI scar-repairing duller for white leather

【组成】 丙烯酸酯类衍生物及消光材料。

【物化性质】 无色或白色黏稠液，具有耐光性，消光性能强，补伤效果明显。

【质量标准】 QB/T 1331—1998

项目	指标
固含量/%	10
黏度/Pa·s	6.0
pH值	6.0～9.0

【用途】 适用于各种皮革的涂饰、伤残修补及消光处理。

包装规格：塑料桶包装，30kg/桶。

【制法】 将丙烯酸酯类共聚物与无机盐消光材料、添加剂按一定比例混合后，加交联剂反应而得。

【产品安全性】 非危险品，不可食用，避免接触眼部，可按一般化学品运输。贮存时请注意密封保存，存放于干燥、通风处，常温下有效期为12个月。

【参考生产企业】 上海尤恩化工有限公司，泰州市化工研究所助剂厂。

Ac039 WG蜡乳液系列

【英文名】 WG series wax emulsion

【组成】 蜡及助剂。

【物化性质】 白色至白黄色水乳液。WG-C属阳离子蜡乳液，WG-A属阴离子蜡乳液。可与水以任意比例混溶，可调节面浆的软硬度，防止丙烯酸树脂表面干结并防黏。

【质量标准】

品名型号	WG-A	WG-C
固含量/%	25±1	20±1
相对密度	0.95～1.00	0.95±0.05
pH值	5.5～6.5	3.0

【用途】 用于皮革的顶层和手感层涂饰，根据不同的电荷选择配浆。

包装规格：塑料桶包装，30kg/桶。

【制法】 由天然蜡和合成石蜡按比例混合后依次加入乳化釜，加热熔融，在60℃左右加入乳化剂十二烷基硫酸钠水溶液，再加入适量的渗透剂，快速搅拌乳化后过滤，除去杂质得成品。

【产品安全性】 非危险品，不可食用，避免接触眼部，可按一般化学品运输。贮存时请注意密封保存，存放于干燥、通风处，常温下有效期为12个月。

【参考生产企业】 上海尤恩化工有限公司，泰州市化工研究所助剂厂。

Ac040 DSF-3#蜡乳液

【英文名】 DSF-3 wax emulsion

【组成】 天然蜡和乳化剂。

【物化性质】 白色乳液。用于顶层涂饰，赋予皮革丰满柔软的手感和自然柔和的光泽。对涂层防水、流平性、耐干湿性均有提高，成革感观明显改善。

【质量标准】

项目	指标
固含量/%	≥18
稳定性(3000r/min,0.5h)	不破乳

【用途】 主要用于皮革的顶层涂饰。

包装规格：塑料桶包装，30kg/桶。

【制法】 将天然蜡甲、乙按比例混合加热熔化后加入乳化剂十二烷基硫酸钠和OP-10。搅匀，再加入改性剂，加热水搅匀，再快速搅拌乳化，冷却出料得成品。

【产品安全性】 非危险品，不可食用，避免接触眼部，可按一般化学品运输。贮存时请注意密封保存，存放于干燥、通风处，常温下有效期为12个月。

【参考生产企业】 上海尤恩化工有限公司，丹东市皮革化工厂，泰州市化工研究所助剂厂，中国科学院成都有机化学所实验厂。

Ac041 防油、防水涂饰剂

【英文名】 oil-proof, water-proof finishing agent

【组成】 丙烯酸、丙烯酸甲酯、羟甲基丙烯酰胺甲基醚共聚物。

【物化性质】 白色乳液，具有耐有机溶剂性和防水性。

【质量标准】 QB/T 1331—1998

项目	指标
pH值	4
固含量/%	38

【用途】

（1）作染色整理剂的底涂层涂料 配方：丙烯酸系树脂乳液300份；商品干酪素整理染料150份；水650份。

将上述底涂层涂料用刷子涂布在衣料用的粒面牛皮革上，涂2次后在70～80℃干燥，用水压机在15 MPa下压平。用此液整理的皮革柔软、耐热熨牢度好。

（2）用作中间涂层液和喷涂液　配方：丙烯酸系乳液 250～300 份；干酪素类浆状助剂 30～50 份；合成干酪素助剂 30～60 份；酸性染料 5～10 份；色浆 100～250 份；水 1000 份。

（3）用作面涂染料　配方：丙烯酸系乳液 100 份；稀料 250～300 份；防渗色剂 20～30 份。室温下干燥。

包装规格：塑料桶包装，30kg/桶。

【制法】 将乳化剂加入反应釜中，在搅拌下依次加入 20kg 丙烯酸、50kg 丙烯酸甲酯、30kg 羟甲基丙烯酰胺甲基醚，加热乳化。然后将 1.5kg 焦亚硫酸钠，1.5kg 过硫酸钾加入上述乳液中，加热升温至 40～50℃进行乳液聚合。最后用氨水调 pH 值至 4，乳液固含量控制到 38%。按不同配方配制不同用途的皮革整理剂。

【产品安全性】 非危险品，不可食用，避免接触眼部，可按一般化学品运输。贮存时请注意密封保存，存放于干燥、通风处，常温下有效期为 12 个月。

【参考生产企业】 北京皮革厂，上海尤恩化工有限公司，泰州市化工研究所助剂厂。

Ac042 RS 耐甲苯树脂

【英文名】 RS acrylic resin with toluene resistance

【组成】 丙烯酸酯类聚合物。

【物化性质】 乳白色水乳液。

【质量标准】 QB/T 1331—1998

项目	指标
固含量/%	30±2
残余单体含量/%	＜1.0
膜耐甲苯溶胀率/%	＜400
贮存稳定期/月	＜5

【用途】 用于皮革的底、中、上层涂饰，具有成膜透明、黏着力强、耐干湿擦、耐曲挠、柔韧富有弹性、耐光、耐老化等特点。具有良好的流平性和耐甲苯性能，涂层经甲苯浸泡不脱落，不起皱。

【制法】 以丙烯酸酯类单体为原料进行乳液聚合，再经特殊处理，过滤，包装得成品。

【产品安全性】 非危险品，不可食用，避免接触眼部，可按一般化学品运输。贮存时请注意密封保存，存放于干燥、通风处，常温下有效期为 12 个月。

【参考生产企业】 上海尤恩化工有限公司，泰州市化工研究所助剂厂。

Ac043 改性 SBR 涂饰剂

【英文名】 modified filling agent SBR

【组成】 羧化丁二烯、苯乙烯、甲基丙烯酸共聚物。

【物化性质】 带蓝色荧光的乳白液。

【质量标准】 QB/T 1331—1998

项目	指标
固含量/%	≥50
pH 值	5.0～6.0
未反应单体/%	≤3

【用途】 用于皮革的涂饰，使用时应避免与强电解质及有机溶剂直接接触。

包装规格：塑料桶包装，30kg/桶。

【制法】 分别将 50kg 丁二烯、48kg 苯乙烯、2kg 甲基丙烯酸加入反应釜中，在搅拌下加入 140 kg 水和 2kg 阳离子表面活性剂，搅拌混匀后再加入 0.03kg 离子终止剂、0.1kg 过硫酸钾、0.5kg 分子量调节剂，升温至 60℃，反应 12h。除去未反应的单体后，减压脱水，固含量达到 50%左右出料为合格产品。

【产品安全性】 非危险品，不可食用，避免接触眼部，可按一般化学品运输。贮存时请注意密封保存，存放于干燥、通风处，常温下有效期为 12 个月。

【参考生产企业】 河南省焦作市皮革化工厂，上海尤恩化工有限公司，泰州市化工研究所助剂厂。

Ac044 皮革滑爽光亮剂 T-1083

【英文名】 smooth leather brightener

【组成】 有机硅乳液。

【物化性质】 可用水任意稀释，密度为0.96～1.05g/mL。手感滑爽绵润，具有很高的光亮度和滑爽度。具有耐高温、耐低温性。不含溶剂，不粘皮，能增加皮革制品的手感，使皮革制品更加柔软自然，使皮革滑爽、细腻。赋予皮革制品优良的光泽性、耐干湿擦性、柔韧性，而且还具有优良的附着力以及防水抗污染能力。具有无溶剂污染、附着力强、干燥快、耐候性好、无毒无味等特点。

【质量标准】

外观	乳白色液体
pH 值	6～7
有效含量/%	40
乳液类型	非离子

【用途】 皮革滑爽剂适用于各种服装革、鞋面革、箱包革、手套革和人造革的喷浆使用，可任意加水稀释，手感效果会因用量多少而改变。

使用方法：可按比例加入涂饰材料中，也可以加入适量水，单独使用。各厂可根据不同要求、不同风格自行确定使用。

包装规格：镀锌桶铁包装，净重200kg；塑料桶包装，净重50kg或120kg。

【制法】 用优质有机硅乳化而成。

【产品安全性】 非危险品。不能接触眼睛和黏膜，不慎沾污用水冲洗干净。贮存于阴凉、通风库房中，室温保质6个月。本产品按非危险品运输。

【参考生产企业】 湛江市坡头区天奇维诚化工有限，桐乡市溶力化工有限公司。

Ad 其他皮革助剂

在制革中，除了必不可少的鞣剂、加脂剂外，还需要一些辅助材料，如脱脂剂、填充剂、蒙囿剂、防腐剂。这些助剂对简化工艺、提高劳动生产效率及产品质量有不可忽视的作用。

能够将皮革表面和脂腺中的油脂消除干净的专用皮革化学品，称为脱脂剂。表面活性剂具有润湿、渗透、乳化、分散匀染性能，已成为脱脂剂的主要成分，广泛用于浸水、脱脂、脱毛、鞣制染色、加油、整饰工序中。

容易渗入革内，并与革结合或沉积于革纤维内的一些有机或无机材料，称为填充剂。填充的目的是使皮革丰满，富有弹性，以避免鞣制后出现松面、扁平等质量问题。

根据鞣剂络合物配位体相互影响和相互取代的性质，某些酸根（主要是有机酸根）阴离子能透入络合物内界，取代其中部分水分子或酸根离子，并与中心离子配位，因此改变了鞣剂络合物原来的结构和性质，使之具有一定的耐碱能力，不易沉淀，鞣制时既利于渗透，也利于结合，达到均匀鞣制的目的。这种增强络合物耐碱能力、缓和其鞣性的作用称为蒙囿作用。所加入的含有上述酸根阴离子的物质，称为蒙囿剂。蒙囿剂可分为单基配位蒙囿剂（只有一个配位原子直接与中心离子络合，如蚁酸根）和多基配位蒙囿剂（有两个或两个以上配位原子同一个中心离子络合，能形成环状结构的络合物，如草酸根）。蒙囿剂多数为有机金属盐，由于中心离子不同而有不同的蒙囿能力。

防霉剂在皮革贮存过程中可防止皮革的霉变和虫蛀，是皮革完好的重要保证。

Ad001 阳离子蛋白填充剂

【英文名】 cationic protein filling agent

【组成】 酰胺化蛋白水解物的氨基缩合物。

【物化性质】 弱阳离子淡黄色填充剂。填充出的革手感舒适自然、粒面真皮感强。可使革厚度、丰满度、粒面紧实度明显增加，革对染料的吸收率显著提高。

【质量标准】 QB 2732—2005

外观	淡黄色液体
pH 值(1%水溶液)	6～8
固含量/%	40
耐贮存稳定性/月	≥8

【用途】 作铬鞣革填充剂增厚平均高达18.2%，腹肷部丰满度大幅度增加。填充后成革粒面变得紧实、细致、滑爽柔软。革对阴离子染料具有一定的固定作用，染色后固定作用较强，使革面着色浓厚。

包装规格：塑料桶包装，50kg/桶、200kg/桶。

【制法】 由乙醇胺与胶原水解物进行酰胺化，再与二乙醇胺甲醛的缩合物胺化，制得阳离子蛋白填充剂。

【产品安全性】 无毒，无刺激。密闭保存在阴凉、通风处，室温（15～35℃）贮存，防晒。贮存期12个月。

【参考生产企业】 沾化海湾皮革助剂有限公司，广东省捷高皮革化工厂，浙江省上虞市杜浦化工厂。

Ad002 直毛固定剂

【英文名】 straightened fixing agent

【化学名称】 壳聚糖

【结构】

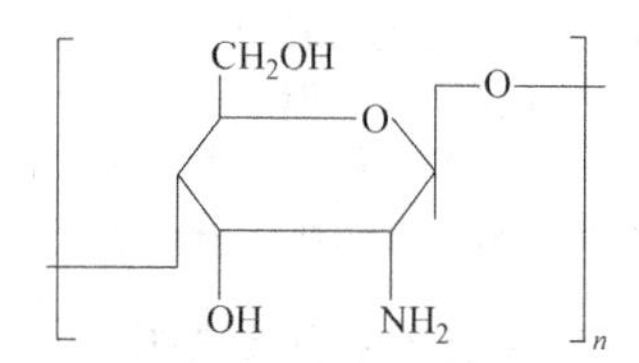

【物化性质】 易溶于含有机酸的水溶液中，形成阳离子型壳聚糖，可与毛角朊蛋白的氨基酸形成化学键结合，具有良好的直毛固定效果。

【质量标准】 SC/T 3403—2004

外观	白色或淡黄色片状粉体
黏度/mPa·s	3.7～5.0
透明度(1%壳聚糖溶解在1%甲酸水溶液中)	呈黄棕色透明液体
脱乙醚度(游离氨基)/%	＞80
水分/%	＜10

【用途】 环保型直毛固定剂，对角朊蛋白有很强的吸附力，用于皮毛的直毛固定后，毛被松散度好，弹性加强，染色均匀、鲜艳。具有增色作用，节省染料，提高皮毛档次。降低成本，提高经济效益。

包装规格：塑料桶包装，50kg/桶、200kg/桶。

【制法】 用4%～6%盐酸水溶液，在常温下将壳质浸泡4～12h，摄取甲壳质，然后加入浓碱，在60～140℃反应8h，水洗2次制得粗壳聚糖，最后降解至黏度为3.7～5.0mPa·s、氨基含量为8%即为终点，收集产品。

【产品安全性】 非危险品。密闭保存在阴凉、通风处，室温（15～35℃）贮存，防晒。贮存期12个月。

【参考生产企业】 丹东轻化工研究院，浙江省上虞市杜浦化工厂，吴县黄桥兴达皮化材料。

Ad003 内添加型染色助剂 APA-1220

【英文名】 internal dying auxiliaries APA-1220

【结构】 见反应式

【物化性质】 氨基酸型两性表面活性剂，结构中含有多个助色基和活性基团，在染色过程的初期染液的pH＝5，此时产品处于其等电区范围内，以内盐的形式存在，它本身所带有的活性基团可与皮革上的活性基结合，从而延缓染料分子与纤维的结合，起到匀染的作用，克服了目前所使用的染色助剂败色问题。固色时染液的pH值降低到4以下，此时产品呈阳离子性，可与阴离子染料结合使其聚集生成相对分子质量较大的化合物沉积在纤维中，从而提高染料的湿牢度，起到固色的作用。

【质量标准】

固含量/%	30
CMC/(g/L)	2.07
湿润时间/s	62
表面张力/(10^{-5}N/cm)	34.41
pH值	5～8

【用途】 对各种阴离子染料均可获得良好的增深增艳的效果，助染革颜色均匀，鲜艳饱满。可提高染料的干湿擦性，促进加脂剂的吸收。解决了常用的阴离子匀染剂所造成的上染率低、染料与皮革的结合牢度差、表面手感不好的弊端。本产品可干燥成固体，直接与染料进行复配，减少了皮革染色过程中的操作工序，降低了染料的用量，染色废液中染料残留量小，有利

于环境保护。

包装规格：塑料桶包装，30kg/桶。

【制法】 往反应器中中加入一定量的长链烷基伯胺，加热将其熔化后，缓慢滴加稍过量的丙烯酸酯（酯胺比 1∶1.05），滴加完后升温至 93～95℃，并保温反应 2～3h，得浅黄色透明液体。然后加入 有机多元胺和少量催化剂，83℃反应 4～5h，最后加入氯乙酸钠水溶液，保温反应 1～2h，产物 APA-1220 为浅黄色透明的黏稠液体，冷却后为白色膏状物，干燥成浅黄色粉剂。

$$RNH_2 + H_2C{=}CHCOOCH_2CH_3 \longrightarrow RNHCH_2CH_2COOC_2H_5 +$$
$$NH_2CH_2CH_2NH_2 \longrightarrow RNHCH_2CH_2CONHCH_2CH_2NH_2$$
$$+ 2ClCH_2COONa \longrightarrow RNHCH_2CH_2CONHCH_2CH_2N(CH_2COONa)_2$$

【产品安全性】 无毒，无刺激。密闭保存在阴凉、通风处，15～35℃贮存，防晒。贮存期 12 个月。

【参考生产企业】 浙江省上虞市杜浦化工厂，湖州和孚皮革助剂厂。

Ad004 皮革染色助剂

【英文名】 leather dyeing auxiliary agent

【结构】

$$Cl^- (CH_3)_3N^+ - CH_2 - \underset{OH}{CH}CH_2N\begin{cases} CH_2\overset{OH}{CH}CH_2N^+(CH_3)_3Cl^- \\ CH_2\underset{OH}{CH}CH_2N^+(CH_3)_3Cl^- \end{cases}$$

【物化性质】 阳离子材料，不仅具有中和物体表面负电荷，促进带有负电荷物体间相互吸附和黏合的作用，而且还具有杀菌、防尘和抗静电性能，并在阳离子分子中引入羟基、氨基等官能团，溶解性优良。该产品用于染色后期，可与皮革和染料发生化学结合和物理吸附，使染出来的皮子颜色更纯正、更鲜艳，并可增加染料的吸收率，提高染料上染率和染色坚牢度，节约染料的用量，降低染色废液中染料的浓度，减少对环境的污染。

【质量标准】

项目	指标
固含量/%	30
CMC/(g/L)	2.07
湿润时间/s	62
表面张力/(10^{-5}N/cm)	34.41
pH 值	5～8

【用途】 作皮革染色助剂。其阳离子同阴离子染料作用后，可使染料的可见光吸收光谱向长波方向移动（即发生红移），并能使染料的吸收强度增加而产生增深效应。又可用于缓染，这是因为其分子小，运动速度快，与纤维的亲和力较阳离子染料小，因而能先与纤维结合，使染料不易上染，当染色到达一定温度时，与纤维结合的缓染剂才慢慢被染料所取代，达到均匀染色的效果。另外，阳离子染色助剂还能与阴离子染料作用，生成难溶的有色沉淀而吸附在皮革上，从而提高阴离子染料的湿处理牢度。有的在分子中还含有一些比较活泼的基团，能让染料与皮革发生部分化学结合，将染料与皮革交联起来，使染料与皮革发生多点结合，所以，本品也是很好的固色剂。

应用工艺：应用实验在三联动不锈钢转鼓中进行，所用原料为猪皮蓝湿革（厚度 0.7mm）。

称重～复鞣：按标准工艺进行。

中和：液比 1.5；温度 35℃；小苏打 2.0%；转动 60min，要求中和完全，最终 pH 值 6.2～6.5。

水洗：30min。

染色：液比 3.0，温度 55℃。匀染剂 0.5%，转动 10min；染料适量，转动 60min；混合加脂剂 20%，转动 60min；甲酸 1.5%，转动 30min；合成的助剂 1.5%，转动 30min；收集废液，水洗，出鼓，挂晾干燥。

包装规格：塑料桶包装，50kg/桶、200kg/桶。

【制法】

(1) 3-氯-2-羟基丙基三甲铵盐酸盐的合成　将三甲胺和35%的盐酸溶液加入反应釜中，升温至70～80℃，反应2h，用三甲胺调节产物pH值至4.5，在一定温度下，缓缓滴加浓度为98%的环氧氯丙烷，加完后保温反应4h，得到3-氯-2-羟丙基三甲铵盐酸盐。

(2) 3-氯-2-羟基丙基三甲铵盐酸盐的环氧化反应　在室温搅拌下向上述产物中滴加浓度为40%的NaOH水溶液，加完后，继续反应30～60min，用盐酸调节溶液pH值至6.5～7，得到环氧化衍生物。

(3) 环氧衍生物的胺化　室温搅拌下将上述环氧衍生物滴加到过量浓度为32%的浓氨水中，加完后，继续反应3～4h，然后于80℃真空脱除多余的NH_3，得到氨基衍生物。

(4) 季铵化反应　室温搅拌下将一定量的环氧衍生物逐步滴加到氨基衍生物中，加完后继续反应8h，得亮黄色液体产物。反应式如下：

$$(CH_3)_3N + HCl \xrightarrow{70\sim80℃} (CH_3)_3N + \underset{\text{(环氧)}}{ClCH_2CH{-}CH_2} \xrightarrow[40\sim50℃]{} Cl^- (CH_3)_3N^+ CH_2CH(OH)CH_2Cl$$

$$\xrightarrow{NaOH} Cl^- (CH_3)_3N^+ CH_2\underset{\text{(环氧)}}{CH{-}CH_2} \xrightarrow{NH_3} 2Cl^- (CH_3)_3N^+ CH_2CH(OH)CH_2Cl^- \longrightarrow \text{本品}$$

【产品安全性】 有刺激性，长期接触注意眼睛保护，不能与阴离子物共混。密闭保存在阴凉、通风处。室温（10～35℃）贮存，防晒。贮存期12个月。

【参考生产企业】 吴县黄桥兴达皮化材料厂，上海天汇合成皮革厂，浙江省上虞市杜浦化工厂。

Ad005 月桂醇琥珀酸单酯磺酸钠

【英文名】 sodium sulforate of laury mono succinate

【结构】

$$\begin{array}{l} \quad\;\; O \\ \quad\;\; \| \\ H_2C{-}C{-}O(CH_2)_{12}CH_3 \\ \;\;| \\ H{-}C{-}SO_3Na \\ \;\;| \\ \;\;C{-}ONa \\ \;\;\| \\ \;\;O \end{array}$$

【物化性质】 脂肪醇琥珀酸单酯磺酸钠是一类新型阴离子表面活性剂，由于它们的分子结构中含有羧酸钠和磺酸钠两个亲水基团，具有较为突出的表面活性。表面张力较低，胶束浓度较小，起泡性和去污性能也较好。

【质量标准】

项目	指标
临界胶束浓度(CMC)/(mol/L)	2×10^{-3}
泡沫高度(3min)/mm	390
最低表面张力(rCMC)/(mN/m)	3
去污力/%	70

【用途】 用作皮革助剂，具有渗透、分散、乳化作用。对人体皮肤及眼睛刺激性低。

包装规格：塑料桶包装，50kg/桶、200kg/桶。

【制法】

(1) 催化剂的制备　将一定量的丝光沸石原粉放入烧杯中，用HCl溶液（浓度1mol/L）浸泡一定时间，倾出盐酸溶液，然后用蒸馏水洗去其中的氯离子，一直洗至无氯离子（用硝酸银溶液检验洗涤液无白色沉淀），烘干，随后在高温马福炉内于500℃条件下焙烧4h，冷却至室温待用。

(2) 顺丁烯二酸酐月桂醇酯琥珀酸钠的合成　将月桂醇加入反应器中，搅拌加热至 60℃，先加入丝光沸石催化剂，然后分批加入顺丁烯二酸酐（酐醇摩尔比 1∶1）。加完后，在 85℃反应 4h。用保温漏斗于 70℃过滤掉酯化产物中的固体催化剂，滤液加入磺化反应器。加入浓度为 20%的亚硫酸钠溶液，加入量为顺丁烯二酸单酯物质的量的 1.05 倍（以亚硫酸钠物质的量计），加热至 80℃，搅拌 3h，磺化完毕，得含水月桂酸单酯琥珀酸钠。反应式如下：

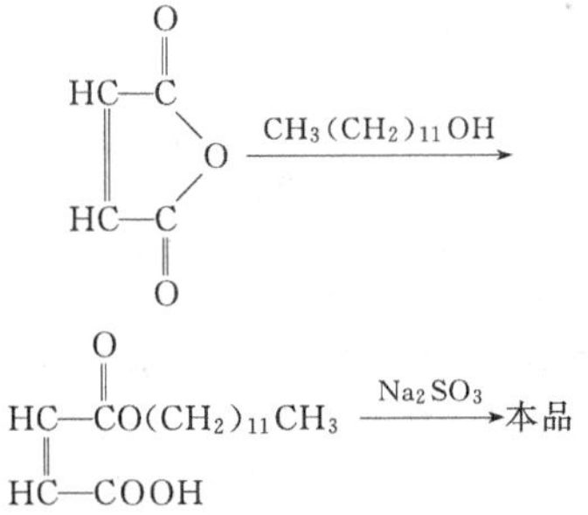

$$\text{(顺丁烯二酸酐: HC(=)C(=O)–O–C(=O)–CH 环)} \xrightarrow{CH_3(CH_2)_{11}OH}$$

$$HC{-}C(=O)O(CH_2)_{11}CH_3 \;=\; HC{-}COOH \xrightarrow{Na_2SO_3} \text{本品}$$

【产品安全性】 有刺激性，长期接触注意眼睛和皮肤的保护。不能与阳离子共混。密闭保存在阴凉、通风处。室温（15～35℃）贮存，防晒。贮存期 12 个月。

【参考生产企业】 浙江省上虞市杜浦化工厂，江门市蓬江区百思特精细化工厂，福建省泉州市云峰化工发展有限公司，泉州云峰化工发展有限公司。

Ad006 顺丁烯二酸二仲辛酯磺酸钠

【别名】 快速渗透剂 T

【英文名】 sodium di-sec-octyl maleace sulfonate

【登记号】 CAS [1639-66-3]

【结构式】

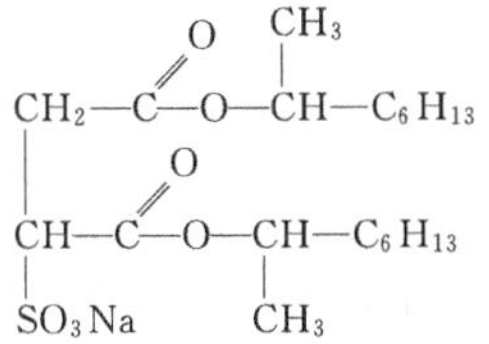

$$CH_2{-}C(=O){-}O{-}CH(CH_3){-}C_6H_{13}$$
$$|$$
$$CH{-}C(=O){-}O{-}CH(CH_3){-}C_6H_{13}$$
$$|$$
$$SO_3Na$$

【分子式】 $C_{20}H_{37}NaO_7S$

【相对分子质量】 444.56

【物化性质】 浅黄色黏稠液体，可溶于水，溶液呈乳白色。属阴离子表面活性剂，能显著降低表面张力。1%的水溶液 pH 值为 9.5～7.0。不耐强酸、强碱，不耐重金属盐，不耐还原剂。渗透性快速均匀，润湿性、乳化性、起泡性亦均良好。

【质量标准】

外观	浅黄色及棕色黏稠液
扩散性能/s	5
毛细效应/(cm/m)	9～10
渗透力(35℃)/s	<120
沉降情况/s	5

【用途】 作皮革染色快速渗透剂。

包装规格：塑料桶包装，50kg/桶、200kg/桶。

【制法】 本工艺用对甲苯磺酸作酯化催化剂，兼有缚水作用，且比液体酸污染小。

操作如下：顺丁烯二酸酐与仲辛醇在对甲苯磺酸催化下，于 120～140℃进行酯化反应，酯化物与亚硫酸氢钠、水混合均匀升温至 110～120℃，压力 0.2MPa，保持反应至终点（取样加入水中，无黄色油状物浮于水面为终点）。冷至 80℃，静置过夜，弃下层水和少量浑浊的磺化物，即为成品。反应式如下：

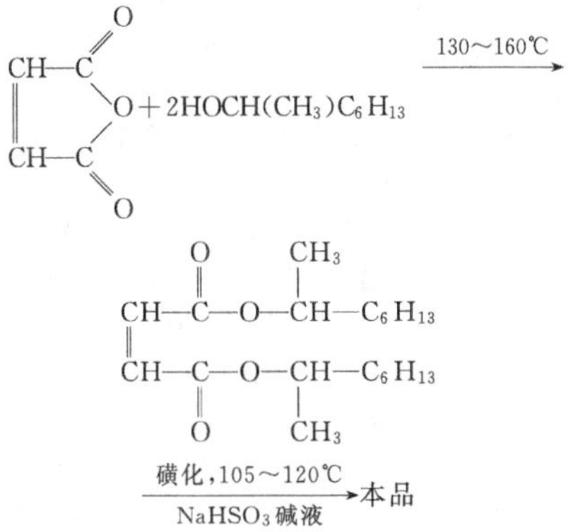

$$\text{(顺丁烯二酸酐: CH–C(=O)–O–C(=O)–CH 环)} + 2HOCH(CH_3)C_6H_{13} \xrightarrow{130\sim160℃}$$

$$CH{-}C(=O){-}O{-}CH(CH_3){-}C_6H_{13} \;=\; CH{-}C(=O){-}O{-}CH(CH_3){-}C_6H_{13} \xrightarrow[NaHSO_3\text{碱液}]{\text{磺化},105\sim120℃} \text{本品}$$

【产品安全性】 有刺激性，长期接触注意

眼睛和皮肤的保护。不能与阳离子物共混。密闭保存在阴凉、通风处。室温（15～35℃）贮存，防晒。贮存期12个月。

【参考生产企业】 浙江省上虞市杜浦化工厂，泰州科力生物科公技有限公司。

Ad007 皮革助剂NPS

【英文名】 leather auxiliaries NPS

【组成】 硫酸化聚氧乙烯、非离子型SAA、阴离子型SAA。

【物化性质】 淡黄色透明状黏稠液体，渗透性、乳化性、耐酸性、耐盐性极佳。

【质量标准】

项目	指标
固含量/%	56～57
水分及挥发分/%	43～45
存放稳定性(-25℃ 3昼夜)	不凝固，不冻结，渗透性、乳化性良好

【用途】 用作复鞣填充助剂、脱脂剂、皮革纤维松散剂、毛皮褪色助剂、猪绒面革染色前预处理剂。

(1) 猪皮脱脂 NPS 2%、纯碱1%、水150%在40℃转动60min，脱脂后水洗。绵羊皮脱脂：NPS 1%、纯碱0.5%、水250%在40℃转动45min。脱脂后水洗，在相同条件下进行二次脱脂。

(2) 猪绒面革染色前预处理 NPS 2%，水量1000%，温度55～60℃，转动40min。

(3) 牛绒面革染色前预处理 NPS 2%，水量1000%，温度55～60℃，转动90min。充分水洗，以后按常规工艺加油。

(4) 山羊正软鞋面革复鞣填充 在30℃下加3% NPS、150%水，搅拌均匀后加1%亚硫酸化鱼油，转动20min，再加3%复鞣填充剂，转动60min。

(5) 用作毛皮褪色助剂 NPS 0.5g/L，水量2000%，温度25℃，转动60min。

包装规格：塑料桶包装，50kg/桶。

【制法】 将定量的中等长度聚氧乙烯链NP加浓硫酸反应，用二乙醇胺中和。

【产品安全性】 无毒，无刺激。避免接触到眼睛、皮肤及伤口，若有误触，需以大量清水冲洗。密闭保存在阴凉、通风处。室温（15～35℃）贮存，防晒。贮存期12个月。

【参考生产企业】 浙江省上虞市杜浦化工厂，嘉兴市精化化工有限公司，上海成大化工有限公司。

Ad008 皮革表面湿润剂

【英文名】 leather surface wetting agent

【组成】 复配物。

【物化性质】 水溶性好，浊点＞100℃，HLB值为18，有泡沫但有快速自消泡功能。结构中带有独特的双亲水基团，降低水性，溶剂体系的动、静态表面张力，使溶液迅速向表面迁移，能够起到很好的湿润效果。避免使用过程中出现如鱼眼、针孔、毛刺、蠕变纹等弊病。含有活泼羟基，高温时可参与涂料的交联固化反应，与涂层一起形成坚固结实的表面涂膜，与各类基材亲和性好，涂膜不回缩。

【质量标准】

项目	指标
外观	淡黄色微乳状透明液体
黏度(25℃)/mPa·s	10
表面张力(25℃)/(mN/m)	22
动态表面张力(25℃)/(mN/m)	31
有效成分含量/%	100
密度(25℃)/(g/cm³)	0.85
静态表面张力(25℃,0.2%水溶液)/(mN/m)	28

【用途】 在鞋油、皮革光油、涂饰剂等化学助剂复配时作添加剂能增加湿润流平性。

包装规格：塑料桶包装，净重5kg、25kg、50kg、200kg；或按用户要求定制。

【制法】 由聚氨酯乳液、丙烯酸乳液、润湿剂等复配而成。

【产品安全性】 为惰性物质，对人及动物无害，对环境无害。密封贮存，运输、贮存中应避免高温，保质期 24 个月。

【参考生产企业】 深圳高斯进贸易有限公司。

Ad009 有机硅抗菌整理剂

【英文名】 silicone antibacterial agent

【结构式】

$$R-\underset{R}{\overset{R}{Si}}-R^1-\underset{R^2}{\overset{R^2}{N^+}}-R^2\cdot X^-$$

式中，R 为可水解基团；R^1 为 $CH_3COCH_2CH_2$；R^2 为 CH_3，X。

【物化性质】 有机硅季铁盐是新型阳离子表面活性剂，具有耐洗、持久的效果，抑菌范围广，能有效地抑制革兰阳性菌、革兰阴性菌、酵母菌和真菌。有机硅季铵盐类抗菌整理剂是用有机硅把具有杀菌性能的阳离子基团通过化学键结合在纤维表面，吸引带负电荷的细菌、真菌和酵母菌等，束缚它们的活动自由度，抑制其呼吸功能，并通过细胞膜渗透入细菌的细胞内，破坏细胞酶的代谢使其死亡，从而达到杀茵、抑菌的作用，即发生接触死亡。普通季铵盐抗菌剂在纤维整理上是溶出型的，易洗脱，且易在人体表面逐渐富集，长期使用易产生病变。而有机硅季铵盐属于非溶出型抗菌整理剂，由于与纤维结合牢固、持久和抗菌效果明显，对人体安全可靠。

【质量标准】

外观	白色乳液
pH 值	6～7
黏度/mPa·s	8000～8500
含量/%	≥95
表面张力/(mN/m)	30

【用途】 用于皮革的抗菌整理，赋予皮革柔软性、平滑性、回弹性和防静电性，光泽度好、手感柔软滑爽。并且经含有季铵盐基团的有机硅处理，污垢容易去除，由此可大大提高织物的抗污染性。它是一种多功能的柔软抗菌整理剂，广泛用于内衣、袜子、毛巾、床单、地毯及手术用纺织品的整理。

包装规格：塑料桶包装，20kg/桶、60kg/桶。

【制法】 将 570kg 环氧改性的硅烷（含氢硅油与缩水甘油烯丙醚反应，生成带环氧基团的硅油）和 570kg 乙醇加入反应器中，加热至 80℃，在 2h 内通入气态二甲胺。温度保持在 75～80℃，得二烷氨基羟基硅烷，再通入 102kg 氯甲烷，加压，在 50～80℃反应 2.5h。通氮气几分钟后冷却过滤得产品。

【产品安全性】 毒性和刺激性低。如果溅在皮肤上用水冲洗干净。贮存于通风、阴凉处，防止日晒雨淋。密封室温贮存期 12 个月。

【参考生产企业】 尚利佳贸易有限公司，浙江省绍兴奇美纺织有限公司、广州南嘉化工科技有限公司。

Ad010 氟碳表面活性剂 6201

【英文名】 fluorocarbon sulfactant 6201

【化学名称】 全氟癸烯对氧苯磺酸钠

【结构】

$$C_{10}F_{19}O-C_6H_4-SO_3Na$$

【相对分子质量】 676.20

【物化性质】 阴离子表面活性剂。具有湿润、乳化、起泡、扩散性能。热稳定性良好，耐酸、碱和强氧化剂。

【质量标准】

氟含量/%	≥45
水含量/%	35～40
水不溶物/%	≤1.7
pH 值	7.0～8.0

【用途】 在皮革化工行业作防水剂。

包装规格：塑料桶包装，50kg/桶。

【制法】 将等物质的量的全氟癸烯、苯酚、三乙胺依次加入反应釜中，在搅拌下加热制备全氟癸烯苯基醚。反应完毕后用溶剂萃取全氟癸烯苯基醚。蒸除溶剂后，在45℃左右滴加硫酸磺化，取样观测，反应物完全溶于水则反应毕。在中和釜中加NaOH水溶液中和得产品。反应式如下：

$$C_{10}F_{20} + C_6H_5{-}OH + (C_2H_5)_3N \longrightarrow$$

$$C_{10}F_{19}{-}O{-}C_6H_5 + H_2SO_4 \cdot SO_3 \longrightarrow$$

$$C_{10}F_{19}{-}O{-}C_6H_4{-}SO_3H + NaOH \longrightarrow \text{本品}$$

【产品安全性】 低刺激性，注意防护。操作安全，避免接触到眼睛、皮肤及伤口，若有误触，需以大量清水冲洗。密闭保存在阴凉、通风处。室温（15～35℃），贮存，防晒。贮存期12个月。

【参考生产企业】 上海助剂厂，武汉助剂厂，浙江省上虞市杜浦化工厂。

Ad011 脂肪醇聚氧乙烯醚磷酸单酯乙醇铵盐

【英文名】 alcohol polyoxyethylene ether phosphoric monoester ethanolamine

【结 构】

$$RO(C_2H_4O)_nP(=O)(O(NH)_m(C_2H_4OH)_n)-O(NH)_m(C_2H_4OH)_n \quad m=1\sim \quad n=1\sim3$$

【物化性质】 水溶性好，无刺激性，使用安全，具有优良的抗静电、防锈、乳化性能。

【质量标准】

外观	无色或淡黄色液体
活性物含量/%	≥40
单酯含量/%	≥38
pH值(10%溶液)	6.0～8.0

【用途】 用作皮革加脂乳化剂，毛皮低温染色助剂。

包装规格：塑料桶包装，50kg/桶。

【制法】 将脂肪醇聚氧乙烯醚磷酸单酯投入反应釜中，在搅拌下加入单乙醇胺，得单乙醇胺盐，加入双乙醇胺得双乙醇胺盐，加入三乙醇胺得三乙醇胺盐。反应式如下：

$$RO(C_2H_4O)_nP(=O)(OH)-OH + 2NH_2C_2H_4OH \longrightarrow RO(C_2H_4O)_nP(=O)(ONH_3(C_2H_4OH))-ONH_3(C_2H_4OH)$$

$$RO(C_2H_4O)_nP(=O)(OH)-OH + 2NH(C_2H_4OH)_2 \longrightarrow RO(C_2H_4O)_nP(=O)(ONH_2(C_2H_4OH)_2)-ONH_2(C_2H_4OH)_2$$

$$RO(C_2H_4O)_nP(=O)(OH)-OH + 2N(C_2H_4OH)_3 \longrightarrow RO(C_2H_4O)_nP(=O)(ONH(C_2H_4OH)_3)-ONH(C_2H_4OH)_3$$

【产品安全性】 低刺激性，注意眼睛防护。密闭保存在阴凉、通风处。室温（10～35℃）贮存，防晒。贮存期12个月。

【参考生产企业】 上海助剂厂，武汉助剂厂，嘉兴市精化化工有限公司，上海成大化工有限公司，湖州和孚皮革助剂厂。

Ad012 CH908 脱脂剂

【英文名】 CH908 degreasing agent

【组成】 聚氧乙烯烷基酚醚化合物。

【物化性质】 白色或浅黄色液体。具有理

想的渗透性、分散、乳化、润湿、洗涤多种功能，还有强力脱脂作用。并耐低温，低泡，耐硬水，耐酸，耐碱。

【质量标准】

项目	指标
脱脂率/%	100
pH值	8.0～12

【用途】 用作猪、牛、羊皮脱脂。

包装规格：塑料桶包装，净重25kg、50kg。

【制法】 由烷基酚与环氧乙烷在碱性介质中聚合而得。

【产品安全性】 按一般化学品管理。置于阴凉、干燥的库内，贮期6个月。运输时应防止日晒雨淋。

【参考生产企业】 江阴市西郊化工厂，泉州云峰化工发展有限公司轻工业部日用化工研究所。

Ad013 CWTZ-1脱脂剂

【英文名】 CWTZ-1 degreasing agent

【组成】 表面活性剂与无机盐的混合物。

【物化性质】 白色或稍带黄色的粉末。能降低油脂与水之间的表面张力，产生吸附现象。脱脂效果显著。

【质量标准】

项目	指标
脱脂率/%	100
溶解度/%	100
pH值	11

【用途】 用作猪、牛、羊皮脱脂。

包装规格：内衬塑料袋的编织袋包装，净重25kg。

【制法】 由表面活性剂与无机盐混合而成。

【产品安全性】 避免接触到眼睛、皮肤及伤口，若有误触，需以大量清水冲洗。按一般化学品管理。置于阴凉、干燥的库内，贮存期6个月。运输时应防止日晒、雨淋。

【参考生产企业】 江门市蓬江区百思特精细化工厂，福建省泉州市云峰化工发展有限公司，江阴市西郊化工厂，成都望江化工厂，江阴市西郊化工厂。

Ad014 DG系列毛皮专用脱脂洗涤剂

【英文名】 degreasing agent series DG

【组成】 脂肪醇聚氧乙烯加成物。

【物化性质】 棕色液体。适于各种介质条件下对皮革进行脱脂净洗，不损失皮毛和皮质，在低温下使用效果更佳。

【质量标准】

型号 名称	DG-2	DG-5	DG-9	DG-503	DG-702
有效物/%	40±2	37±2	37±2	41±2	41±2
pH值	2～3	7～8	7～9	8～10	7～9

【用途】 用于各种皮革的脱脂洗净，DG-1适宜在酸性条件下使用；DG-5、DG-702适宜在碱性介质中使用；DG-9、DG-503各种条件下均可。

包装规格：塑料桶包装，30kg/桶。

【制法】 脂肪醇聚氧乙烯加成物与表面活性剂复配。

【产品安全性】 避免接触到眼睛、皮肤及伤口，若有误触，需以大量清水冲洗。按一般化学品管理。置于阴凉、干燥的库内，贮期6个月。运输时应防止日晒、雨淋。

【参考生产企业】 黄石市铁山盛达皮革化工厂，佛山市顶威皮革化工有限公司，河北锐特尔皮革科技有限公司，佛山市高明奥林化工有限公司。

Ad015 七水硫酸镁

【别名】 苦盐，泻利盐，硫苦

【英文名】 magnesium sulfate heptahydrate

【登记号】 CAS [10034-99-8]

【结构式】 $MgSO_4 \cdot 7H_2O$

【相对分子质量】 246.48

【物化性质】 白色细小的针状或斜柱形结晶。无臭，味苦，相对密度 1.68。在空气中能失水为六水盐，160℃失 6 个水成一水盐，200℃则为无水盐。易溶于水、乙醇和甘油，水溶液呈酸性反应。

【质量标准】 HG/T 2680—2009

项目	指标
含量($MgSO_4 \cdot 7H_2O$)/%	≥95
氯化物(Cl^-)/%	≤0.014
砷(As)/%	≤0.0004
铁(Fe)/%	≤0.002
重金属(Pb)/%	≤0.001

【用途】 用作制革填充剂，在印染工业作细薄棉布的加重剂、造纸上浆剂等。

包装规格：内衬塑料袋的编织袋包装，净重 25kg。

【制法】 将苦土（含氧化镁 85%以上）202kg 加入中和釜，再加入一定量的自来水搅拌片刻，开始滴加硫酸 417kg，先快后慢，直至颜色由土白色变为红色。滴毕后再反应 0.5h。将中和液打入叶片吸滤机中过滤，滤液打入结晶器中，用硫酸调整 pH 值至 4，加入适当的硫酸镁晶种至 30℃，离心分离，于 50～60℃下干燥得成品。反应式如下：

$$MgO + H_2SO_4 + 6H_2O \longrightarrow \text{本品}$$

【产品安全性】 轻泻剂，一般不表现毒性作用。内服大剂量可能引起肌肉、心肌能异常。贮存库温低于 40℃。

【参考生产企业】 永辉（福建）化工有限公司皮革化学部，烟台诚泰皮革公司，唐山前进化工厂，天津塘沽化工厂等。

Ad016 填充树脂 GI 和 SCC、RA-EV

【英文名】 impregnating resin GI，SCC，RA-EV

【组成】 丙烯酸酯类单体共聚物。

【物化性质】 微带蓝光的白色乳液。乳液颗粒细，渗透力强，与皮革纤维结合力强。成膜极柔软，富有弹性。

【质量标准】

型号	GI	SCC	RA-EV
固含量/% ≥	28	38	38
未反应单体/% ≤	1.5	0.5	2.0
pH 值	5.0～6.0	3.0～5.5	5.0～6.0
离心稳定性			1.0
渗透速度/s			15

【用途】 适用于各种轻革，包括呈粒面革的干填充和湿填充，成革曲挠性好，有一定的耐寒性，耐多种有机溶剂，对改善皮革的松面现象有良好的效果。

包装规格：用净重 200kg 的塑胶桶包装。

【制法】 丙烯酸酯类单体经乳化后在引发剂作用下进行乳液聚合，脱出未反应单体，过滤得成品。

【产品安全性】 环保无毒。贮存温度为 5～30℃；保质期大于 7 个月。

【参考生产企业】 广州松宝化工有限公司，上海皮革化工厂，四川泸州皮革化工厂等。

Ad017 阳离子聚氨酯填充剂 PUL-012

【英文名】 cationic impregnating emulsion PUL-012

【组成】 阳离子聚氨酯水分散体。

【物化性质】 微黄带蓝光透明均匀乳液。不成膜，皮革浸渍、填充、封底后革面柔软度及丰满度不受影响，松面情况明显改善。

【质量标准】

项目	指标
固含量/%	≥20
pH 值	4.0～5.0
黏度/mPa·s	≤50

【用途】 用于高档软皮的浸渍、填充和

封底。封层不发亮，黏着力强。

包装规格：塑料桶包装，50kg/桶。

【制法】 将聚醚 18 份、交联剂 2.5 份加入反应釜中，升温至 50℃，慢慢加入 2,4-二甲基二异氰酸酯 8.5 份。加完后在 80℃下反应 2～3h，降温至 50～55℃，加入叔氨基化合物，加酸液乳化而得。

【产品安全性】 低刺激性。注意眼睛保护。贮存温度 5～30℃，保质期 6 个月。

【参考生产企业】 晨光化学研究所，沾化海湾皮革助剂有限公司，广东省捷高皮革化工厂。

Ad018 TC-1 皮革填充剂

【英文名】 TC-1 filler for leather surface

【组成】 由遮盖材料和分散剂混合而成。

【物化性质】 乳白色膏状物。

【质量标准】

固含量/%	50±5
pH 值	6.0～8.0

【用途】 用于除苯胺革以外的其他革的涂饰和填充。经本品处理后，皮革表面细小的伤残及粗糙表面均得到良好的修补。可明显消除树脂涂层的塑感性，具有防粘和保持印花花纹清晰的特点。

包装规格：内衬塑料袋的塑料桶包装，30kg/桶。

【制法】 将遮盖材料 A 和遮盖材料 B 按比例混合后，与聚丙烯酸酯类共聚物成膜材料、分散稳定剂进行复配而成。

【产品安全性】 低刺激性。避免接触到眼睛、皮肤及伤口，若有误触，需以大量清水冲洗。贮存温度 5～30℃，保质期 6 个月。

【参考生产企业】 泰州市化工研究所助剂厂，晨光化学研究所。

Ad019 微粒丙烯酸树脂填充乳液

【英文名】 microdispersoid acrylate resin filling emulsion

【组成】 丙烯酸酯微粒聚合物。

【物化性质】 微粒状丙烯酸酯乳液，胶乳粒度小，相对分子质量适中，具有良好的渗透性和黏合力。用本液处理后的皮革柔软、富有弹性，无松面现象。

【质量标准】 QB/T 1331—1998

外观	蓝白色乳液
固含量/%	≥20
粒度/μm	<1
pH 值	5～6
黏度/mPa·s	≤15～20
残余单体量/(g Br_2/100g)	<2

【用途】 用于松面革的湿填充和干填充。使用前用氨水调 pH 值至 7.0 左右后，加水稀释，搅匀后用刷子涂或用转鼓湿填充。处理后，皮革柔软丰满，富有弹性。

包装规格：塑料桶包装，30kg/桶。

【制法】 在反应釜中加入一定量的纯水，在搅拌下加入 21kg 二辛基琥珀酸钠作乳化剂，乳液制成后加入 1.2kg 雕白粉作还原剂，加热至 80℃后开始加入第一层混合单体（甲基丙烯酸甲酯 220kg，丙烯酸丁酯 7kg），再加入 0.34kg 正辛基硫醇、0.23kg 氢过氧化二异丙苯。在 80℃下反应 10min 后，开始滴加第二层混合单体（丙烯酸丁酯 325kg，苯乙烯 75kg，甲基丙烯酸丙酯 4kg，二乙二醇二丙烯酸酯 3kg），滴毕后再加入氢过氧化二异丙苯 0.5kg。以上组分 20min 滴完，滴毕后保温 40min，开始滴加第三层混合单体（甲基丙烯酸甲酯 1000kg，丙烯酸丁酯 70kg）和 4.0kg 正辛基硫醇、1.4kg 过氧化氢二异丙苯，在 20min 内滴加完毕。滴毕后保温 40min，然后升温至 95℃，保温 1h，即得成品。

【产品安全性】 低刺激性。避免接触到眼睛、皮肤及伤口，若有误触，需以大量清水冲洗。贮存温度 5～30℃，保质期 6 个月。

【参考生产企业】 山东力厚轻工新材料有限公司，上海久贸医药化工有限公司，津港集团有限公司皮革化工厂，晨光化学研究所。

Ad020 精萘

【别名】 骈苯，并苯，萘丸，煤焦油脑

【英文名】 naphthalene，fine

【登记号】 CAS [91-20-3]

【结构式】

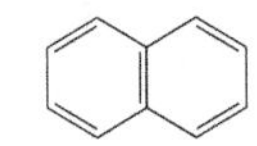

【相对分子质量】 128.17

【物化性质】 白色易挥发晶体，有温和芳香气味，粗萘有煤焦油臭味。不溶于水，溶于无水乙醇、乙醚、苯。熔点 80.0℃；沸点 217.9℃；相对密度 1.16；相对蒸气密度（空气＝1）4.42；饱和蒸气压 0.0131kPa（25℃）；闪点 78.9℃；引燃温度 526℃；爆炸上限 5.9%（蒸气）；爆炸下限 2.5g/m³（粉尘）。

【质量标准】 GB/T 6699—1998

结晶点/℃	>79
不挥发物/%	<0.02
灰分/%	<0.006
硝酸化反应按标准比色液	不深于 3 号
黏度(99.8℃)/mPa·s	0.7802
硫酸化反应按标准比色液	不深于 4 号

【用途】 用于皮革防霉、防腐。

包装规格：内衬塑料袋的编织袋包装，净重 25kg。

【制法】

1. 粗萘的制备

① 由煤焦油分离：高温煤焦油中萘占 8%～12%，将煤焦油蒸馏，切取煤油，经脱酚、脱喹啉、蒸馏得粗萘。

② 由石油烃制得：催化重质重整油、催化裂化轻循环油、裂解制乙烯的副产焦油等，以上芳烃经催化脱烷基和热解脱烷基均可以生产萘。

2. 精萘的制备

① 粗萘经白土精制而得精萘。

② 静态分步结晶法：将原料工业萘装入结晶箱后进行快速降温，降至 82℃后转为均匀降温，以 2℃/h 的降温速度冷却至 60℃，排放富含硫茚的第一次晶析萘油，作为中间馏分待后处理。然后结晶箱内的物料以 4℃/h 的速度升温，间隔 0.5h 取样 1 次，测定其结晶点，根据结晶点的不同，分别排入对应馏分槽，如此进行 3～4 次分步结晶，可得到较高纯度的精萘。

【产品安全性】 萘的水溶性较小，而且不易被吸收，故其毒性不太强。吸入浓的萘蒸气或萘粉末时能促使人呕吐、不适、头痛，特别是损害眼角膜，引起小水泡及点状浑浊，还能使皮肤发炎，有时还能引起肺的病理改变，还可损害肾脏，引起血尿，但没有致癌性。工作场所萘的最大容许浓度为 10×10^{-6}。生产设备及容器应密闭，防止蒸气粉末外逸，操作现场强制通风。若发生中毒现象，要立即移至新鲜空气处，多饮热水，使之呕吐，进行人工呼吸，严重者送医院治疗。贮存于阴凉、通风的库房，远离火种、热源，库温不宜超过 35℃，包装密封。应与氧化剂分开存放，切忌混贮。配备相应品种和数量的消防器材。贮区应备有合适的材料收容泄漏物。

【参考生产企业】 北京焦化厂，上海焦化厂。

Ad021 氟硅酸镁

【别名】 氟矽化镁，六氟硅酸镁

【英文名】 magnesium fluosilicate

【登记号】 CAS [18972-56-0]

【结构式】 $MgSiF_6\cdot6H_2O$

【相对分子质量】 274.51

【物化性质】 无色或白色菱状或针状结晶，相对密度 1.788，80℃脱水，100℃

分解。易溶于水，溶于稀酸，难溶于氢氟酸，不溶于醇。水溶液呈酸性反应，与碱作用时可生成相应的氟化物及二氧化硅。不易潮解，风化后失水成无水物。

【质量标准】 HG/T 2768—2009

项目	指标
氟硅酸镁($MgSiF_6 \cdot 6H_2O$)/%	≥98
硫酸盐($MgSO_4 \cdot 7H_2O$)/%	≤0.5
氟硅酸(H_2SiF_6)/%	≤0.2
二氧化硅(SiO_2)/%	≤0.05
氟化镁(MgF_2)/%	≤0.15
水不溶物/%	≤0.25
水分/%	≤0.60

【用途】 作皮革贮存中的防虫剂，并具有防水作用。

包装规格：内衬塑料袋的编织袋包装，净重25kg。

【制法】 将1809kg萤石粉、335kg硅砂和1858kg硫酸依次投入反应转炉中，制备氟硅酸，用吸收塔吸收得含量为20～22°Bé的氟硅酸溶液。除去硫酸盐后将其打入中和釜，加菱苦粉悬浮液中和至pH值为3～4。过滤，将滤液打入蒸发器，浓缩后打入结晶器冷却结晶。干燥后得产品。反应式如下：

$$CaF_2 + H_2SO_4 + SiO_2 \longrightarrow H_2SiF_6 + CaSO_4 + H_2O$$

$$H_2SiF_6 + MgO \longrightarrow MgSiF_6 + H_2O$$

【产品安全性】 有毒。接触要戴手套、口罩。应贮存在阴凉、干燥的库房中，注意防潮。装运时不要用钩，要小心轻放，防止包装破裂。勿与食用品、种子等共贮混运。

【参考生产企业】 重庆东风化工厂，巴县前进化工厂，长沙湘岳化工厂。

Ad022 丙酸钠

【英文名】 sodium propionate

【登记号】 CAS [137-40-6]

【结构式】

$$CH_3CH_2COONa$$

【相对分子质量】 96.06

【物化性质】 透明颗粒结晶，在湿空气中潮解。易溶于水，微溶于醇。对石蕊呈中性或弱碱性。

【质量标准】

项目	指标
含量/%	≥99
干燥失重/%	≤1.0
砷/%	≤0.0003
游离碱(以Na_2CO_3计)/%	≤0.15
铁/%	≤0.003
铝/%	≤0.001

【用途】 在制革中作蒙囿剂，以提高皮革的耐碱力和鞣制的均匀性。

包装规格：内衬塑料袋的编织袋包装，净重23kg。

【制法】 将碳酸钠溶于热水中，在70℃慢慢加入丙酸，然后加热至沸，pH值应在6.8～7.3，脱色，过滤，减压浓缩，冷却、过滤、干燥即为成品。反应式如下：

$$CH_3CH_2COOH + Na_2CO_3 \longrightarrow 本品$$

【产品安全性】 无毒，避免接触到眼睛、皮肤及伤口，若有误触，需以大量清水冲洗。不能用铁桶包装，防潮，贮于阴凉、通风的库内。运输时应防止日晒、雨淋。

【参考生产企业】 郑州耐瑞特生物科技有限公司，石家庄精细化工厂，杭州群力化工厂等。

Ad023 草酸钠

【别名】 乙二酸钠

【英文名】 sodium oxalate

【登记号】 CAS [62-76-0]

【结构式】

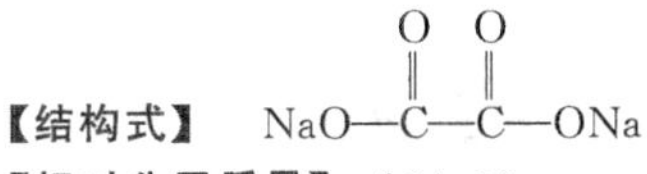

【相对分子质量】 134.00

【物化性质】 白色结晶粉末，无气味，有吸湿性。相对密度 2.34，熔点 250～270℃（分解）。溶于水，不溶于乙醇。

【质量标准】 GB/T 1254—2007

项目	指标
含量($Na_2C_2O_4$)/%	99.5～100.05
pH(30g/L,25℃)	7.5～8.5
干燥失重/%	≤2

【用途】 主要作生产草酸的中间体，也可用于鞣革整理剂、皮革加工的蒙囿剂，能增强络合物的耐碱能力。不易沉淀，在分析化学中作为标定高锰酸钾溶液的基准品。用作黄色焰火发光剂。用作标定高锰酸钾溶液的标准物质。也是金属沉淀剂、还原剂、络合剂、掩蔽剂。

包装规格：内衬塑料袋、外套编织袋包装，净重 25kg。

【制法】

① 一氧化碳和氢氧化钠在 160℃ 和 2MPa 条件下反应，生成甲酸钠，然后，再将甲酸钠在 400℃ 温度下脱氢即得草酸钠。用水重结晶纯化。

② 不断搅拌下将氢氧化钠溶液缓慢加到 70～80℃ 的草酸水溶液中，直至酚酞呈强碱性反应，并维持温度不变。反应结束后，快速滤出草酸钠结晶，水洗至 pH 值合格后，用少量乙醇洗涤，并强力吸滤，然后在不断搅动下，于 150～200℃ 干燥即可。

【产品安全性】 急性毒性，人静脉 LDLo 17mg/kg；小鼠腹腔 LC_{50} 155mg/kg；有腐蚀性。避免与皮肤和眼睛接触。密封于阴凉、干燥处保存，按一般化学品规定贮运。

【参考生产企业】 镇江市意德精细化工有限公司，天津有机合成厂，上海大丰化工厂等。

Ad024 铬鞣助剂 DPS

【英文名】 auxiliary chrome tanning agent

【组成】 以对苯二甲酸钠为主要组分的复配物。

【物化性质】 白色粉末，易溶于水。对苯二甲酸钠苯环上对位的两个羟基可以将两个铬络合物连接起来，使铬鞣剂充分与皮胶原结合，使废液中铬含量降低。

【质量标准】

项目	指标
固含量/%	≥80
pH 值(10%)	7.0～8.5
水不溶物/%	<5

【用途】 铬鞣或铬复鞣时的助鞣剂。

包装规格：内衬塑料袋的编织袋包装，净重 25kg。

【制法】 用对苯二甲酸钠与其他化学组分在特定条件下复配而成。

【产品安全性】 非危险品。避免与皮肤和眼睛接触。密封于阴凉、干燥处保存，按一般化学品规定贮运。

【参考生产企业】 佛山市南海区骏能造纸材料厂，辽阳市石油化工研究所等。

Ad025 十二水硫酸铝钾

【英文名】 potassium aluminium sulfate dodecahydrate

【登记号】 CAS [7784-24-9]

【别名】 白矾，明矾，铝明矾

【组成】 $K_2SO_4 \cdot Al_2(SO_4)_3 \cdot 12H_2O$

【相对分子质量】 732.59

【物化性质】 无色八面晶体。微甜极涩，无臭。相对密度（20℃）1.757，熔点 105℃。645℃失去 12 个结晶水。微溶于水（60℃，100mL 水中溶 14.79g）。

【质量标准】 HG/T 4195—2011

项目	指标
硫酸铝钾/%	≥98～99
氧化铝/%	≤10.5
氧化铁/%	≤0.002
水不溶物/%	≤0.04

【用途】 铝-铬、铝-甲醛结合鞣制皮毛，用量 15g/L。

包装规格：内衬塑料袋的编织袋包装，净重25kg、50kg。

【制法】

(1) 天然明矾石加工法　将明矾石粉碎，经焙烧、脱水、风化、蒸汽浸取、沉淀、结晶、粉碎，制得硫酸铝钾成品。

(2) 铝矾土法　用硫酸分解铝矾土矿，得硫酸铝溶液，再加入硫酸钾反应后经过滤结晶、离心脱水，干燥得产品。

(3) 重结晶法　粗明矾加水煮沸、蒸发、结晶、分离、干燥，得成品。

(4) 氢氧化铝法　将0.22t $Al(OH)_3$ 溶于0.35t硫酸中，粗明矾加水煮沸，再加0.23t硫酸钾溶液，加热反应后经过滤、浓缩、结晶、离心分离、干燥得成品。

【产品安全性】 非危险品。避免与皮肤和眼睛接触。密封包装，防潮，于阴凉、干燥处保存，不能与有毒、有害物混运。

【参考生产企业】 浙江平阳矾矿，四川泸州矾矿。

Ad026 硫酸铝

【别名】 十八水硫酸铝

【英文名】 aluminum sulfate

【登记号】 CAS [7784-31-8]

【结构式】 $Al_2(SO_4)_3 \cdot 16H_2O$

【相对分子质量】 666.45

【物化性质】 无色或白色有光亮的块状、粒状或片状结晶体，亦可为白色粉末。无臭，味微甜，收敛性。相对密度(20℃) 1.690。易溶于水，溶解后因水解而水溶液显酸性。200℃失去结晶水，770℃分解。

【质量标准】 HG/T 2225—2010

项目	指标
Al_2O_3/%	14.0～17.5
Fe_2O_3/%	<1.0
延伸率/%	<1.0
游离酸	0

【用途】 用以配制铝鞣剂、鞣制毛皮和白色革，或用作结合鞣。用量3.3%～3.96%。

包装规格：内衬塑料袋的编织袋包装，净重25kg、50kg。

【制法】 由铝土矿和硫酸加压反应制得。或用硫酸分解明矾石、高岭土及含氧化铝硅原料均可制得。硫酸铝亦可以通过将氢氧化铝 [$Al(OH)_3$] 投入硫酸 (H_2SO_4) 中制备。

$$2Al(OH)_3 + 3H_2SO_4 + 10H_2O \longrightarrow \text{本品}$$

【产品安全性】 其粉尘对眼睛、黏膜有一定的刺激作用。误服大量硫酸铝对口腔和胃产生刺激作用。热溶液溅到皮肤上会造成灼伤。注意防护。

急救措施如下。

皮肤接触：脱去污染的衣着，用流动清水冲洗。

眼睛接触：提起眼睑，用流动清水或生理盐水冲洗，就医。

吸入：脱离现场至空气新鲜处。如呼吸困难，给输氧，就医。

食入：饮足量温水，催吐。

贮于阴凉、干燥的库内。起运时包装要完整，装载应稳妥。运输过程中要确保容器不泄漏、不倒塌、不坠落、不损坏。严禁与氧化剂、食用化学品等混装混运。运输途中应防曝晒雨淋，防高温。车辆运输完毕应进行彻底清扫。

【参考生产企业】 泰州科力生物科技有限公司，大连金岩化工厂，山东淄博化工厂。

Ad027 皮革防霉剂 HL021

【英文名】 leather fungicde HL021

【组成】 2-硫氰基甲基硫代苯并噻唑。

【物化性质】 一种乳油形液体杀菌剂，具有高效、低毒、广谱等特点。能确保杀菌活性成分良好均匀地渗透到底物，使皮革具有长期有效防止微生物侵蚀的性能。防止真菌对皮革的攻击、侵蚀。

【质量标准】

外观	黄棕色液体
活性成分/%	30
助剂成分/%	70
pH值(100×10^{-6})	3.0～6.0
密度/(g/cm^3)	1.13

【用途】 用作皮革防霉剂。由于潮湿条件和酸性 pH，铬鞣革在湿蓝状态下存贮极易长霉，导致皮革变色。严重长霉还将引起霉变区域永久变色，进而影响皮革的涂饰等后加工操作，降低皮革的经济价值。在良好的卫生环境下，使用本品处理皮革，将帮助阻止铬鞣革上霉菌的生长。在加脂及涂饰工艺添加本品，则可有效地保护成品革免受霉菌的侵袭。

注意事项：只能将防霉剂倒入水中，而绝不能将水倒入防霉剂中；不要将该防霉剂与碱性物质直接接触，要相互避免；任何情况下不得在 pH＞8 的环境下使用皮防 2 号。

包装规格：塑料桶包装，净重 25kg、200kg。

【制法】 首先用水和各种助剂配制成乳液，然后在搅拌下加入 2-硫氰基甲基硫代苯并噻唑，快速搅拌呈均匀乳液。

【产品安全性】 不含酚类和对环境有害的溶剂，符合欧美等国进出口检疫、检验的严格要求。急性口服毒性（小白鼠）$LD_{50}\geqslant1441mg/kg$，属低毒级。操作工人戴橡皮手套操作，不能接触眼睛，不慎触及皮肤立即用水冲洗干净。贮存在通风干燥的库房中，密封防潮。室温保质期 3 个月。

【参考生产企业】 广州圣时立生物科技有限公司，常州瑞昊化工有限公司，杭州欣阳三友精细化工有限公司，南通凯贝斯贸易有限公司，无锡益诚化学有限公司，郑州银凯化工有限公司。

Ad028 烷基二甲基甜菜碱

【别名】 EMPIGEM BB，BS-12

【英文名】 alkyl dimethyl betaine

【结构式】 $R—N^+(CH_3)_2CH_2COO^-$

式中 R 为 $C_{12}H_{25}—C_{14}H_{29}$

【物化性质】 浅黄色液体，相对密度(20℃)1.03，浊点 1℃。溶于水，与烷基硫酸钠类阴离子表面活性剂混合使用泡沫丰富细腻，耐酸碱，稳定性良好。去污力强，增稠效果好，对皮肤和眼睛刺激性小。

【质量标准】 QB/T 2344—2012

活性物含量/%	30
游离胺含量/%	≤1.0
氯化钠含量/%	≤8
pH值(5%溶液,25℃)	6.0～8.0

【用途】 用作皮革浸水助剂。工业用乳化剂、分散剂、润湿剂和杀菌剂组分。与非离子活性剂复配，用作金属表面抛光、清洗、抗静电剂。

【制法】 以烷基二甲基叔胺和氯乙酸钠为原料，在 70～80℃下搅拌 8h 左右，经处理得产品。反应式如下：

$$RN(CH_3)_2+ClCH_2COONa\longrightarrow 本品$$

【产品安全性】 不含酚类和对环境有害的溶剂。操作工人戴橡皮手套操作，不能接触眼睛，不慎触及皮肤立即用水冲洗干净。贮存在通风、干燥的库房中，密封防潮。室温保质期 3 个月。

【参考生产企业】 广州圣时立生物科技有限公司，常州瑞昊化工有限公司，杭州欣阳三友精细化工有限公司，南通凯贝斯贸易有限公司，无锡益诚化学有限公司，郑州银凯化工有限公司。

Ad029 α-十六烷基三甲基甜菜碱

【别名】 α-BS-16

【英文名】 trimethyl α-hexadecyl betaine

【相对分子质量】 313.51

【结构式】 $C_{14}H_{29}—\underset{\large COO^-}{\underset{|}{CH}}—N^+(CH_3)_3$

【物化性质】 无色或浅黄色液体，可溶于水，为两性离子表面活性剂。能与各种类型染料、表面活性剂及化妆品原料配伍，对次氯酸钠稳定，不宜在100℃以上长时间加热。BS-12（十二烷基二甲基甜菜碱）在酸性及碱性条件下均具有优良的稳定性，配伍性良好。对皮肤刺激性低，生物降解性好，具有优良的柔软性、抗静电性、耐硬水性、防锈性和去污杀菌能力。

【质量标准】

活性物含量/%	≥30
游离胺/%	≤0.4
氯化钠/%	≤6.0
pH值(5%水溶液)	7.0～9.0
游离胺含量/%	≤0.4

【用途】 用作皮革浸水杀菌剂，皮革浸水污垢容易去除，回软性好。

包装规格：塑料桶包装，净含量50kg。

【制法】 将100kg溴代十六酸加入反应釜中，再加入40%的氢氧化钠水溶液，加热溶解后，滴加25%的三甲胺300kg，然后在30℃下搅拌5h。静置一夜，加500kg水稀释，加热把剩余的三甲胺蒸出后得粗产品。反应式如下：

$$C_{14}H_{29}—\overset{\overset{\large Br}{|}}{C}HCOOH + N(CH_3)_3 \longrightarrow \text{本品}$$

【产品安全性】 不含酚类和对环境有害的溶剂，属低毒级。操作工人戴橡皮手套操作，不能接触眼睛，不慎触及皮肤立即用水冲洗干净。应密封贮存在室内；避免与强氧化剂和阴离子表面活性剂接触；应小心轻放、防晒。室温保质6个月。

【参考生产企业】 上海金山经纬化工有限公司，广州圣时立生物科技有限公司，常州瑞昊化工有限公司，杭州欣阳三友精细化工有限公司，南通凯贝斯贸易有限公司，无锡益诚化学有限公司。

Ad030 醚化三聚氰胺甲醛树脂整理剂

【别名】 甲醚化多羟甲基三聚氰胺

【英文名】 etherified melamine resin finish

【结构式】

(2,4,6-三取代均三嗪：三个 $N(CH_2OCH_3)_2$ 基团)

$(CH_3OCH_2)_2N$—[三嗪环]—$N(CH_2OCH_3)_2$，环上另一位置连 $N(CH_2OCH_3)_2$

【物化性能】 贮存稳定性好（贮存期达7～12个月），游离甲醛含量低，安全性好。缩水率符合国家标准GB/T 8631—2001，弹性符合国家标准GB/T 3819—1997。

【质量标准】 GB/T 14732—2006

外观	无色至微黄色透明黏稠液体
固含量/%	40±1
pH值	9～9.3
游离甲醛含量/%	≤0.3

【用途】 用作皮革整理剂，具有防缩、防皱、耐擦洗作用。

包装规格：塑料桶包装，净重125kg。

【制法】 首先将甲醛与三聚氰胺在碱性条件下进行羟基化反应制备六羟甲基三聚氰胺（HMM），然后在酸催化下HMM与经特殊处理的甲醇反应制备甲醚化六羟甲基三聚氰胺。反应至浑浊度及固含量达到要求，游离甲醛含量基本上稳定而不下降时，用冷水浴使物料迅速降到室温，添加适量的硼砂/环亚乙烯脲，放置过夜，得无色至微黄色透明黏稠液体即为甲醚化六羟甲基三聚氰胺。

【产品安全性】 非危险品。不能接触眼睛和黏膜。贮存于阴凉、干燥处，避免日晒、雨淋、冷冻。有效贮存期12个月。按一般货物运输。

【生产参考单位】 山东烟台达斯特克化工

B 造纸化学助剂

造纸工业在国民经济中占有非常重要的地位。我国是造纸技术的发明国，目前总产量占世界第三位。造纸化学助剂是在制浆造纸生产过程中，为了降低物料消耗、改善操作条件和提高某些特性等，向主物料中加入少量一类化学物质的总称，它的用量虽然只占纸张总量的1%～3%，但是少量的添加剂却对纸张的质量和成本起着重要的作用。造纸化学助剂可以改善纸机的运行环境，赋予纸张突出的性能，如表面强度、抗水性、抗油性、湿强度、干强度、平滑性、印刷适应性、柔软性等等，优化湿部操作，提高纸机效率，还可大幅减少对环境的污染，进而为企业和社会创造更多的效益。环保意识的加强、纸机车速的增加、印刷行业对纸张性能要求的提高、造纸水封闭循环系统的使用及废纸回用量的增加，使得化学助剂在造纸工业中大规模应用成为必然。近年来，造纸助剂已经俨然成为一个崭新的精细化工行业。据有关资料报道，美国专门为制浆造纸工业生产各种性能助剂的工厂就有200多个。随着纸和纸板使用范围的不断扩大以及社会对特殊功能纸需求量的增加，新型纸产品不断面世。国内外各大造纸化学品公司为保持其在市场竞争中的有利地位，在努力改善其现有产品性能的同时也会不断推陈出新，来更好地满足国内外造纸行业对造纸化学助剂日益增长的需求。近几年天然高分子类纸张助剂，如聚丙烯酰胺类、淀粉类和壳聚糖类造纸助剂，因具有可再生、环境友好等特点而成为高分子类造纸助剂的研究热点。其中消泡剂、增强剂、合成施胶剂、助留剂、助滤剂等年增长率达5%。我国正在密切注视造纸化学品的发展趋势，强化应用研究技术，我国木浆资源短缺，应开发符合我国资源特色，并与我国造纸生产现状配套的系列产品。并注重利用各种化学品间的协同效应，改善环境、增加效益，使新产品性能从单一功能向多功能发展。

Ba 制浆助剂

制浆包括化学法和机械法。化学法所用化学品基本上包括了机械制浆所用的化学品。化学制浆主要生产工艺为原料→蒸煮→浮选→漂白。漂白是制浆过程的重要环节。制浆助剂是指原生纤维和再生纤维加工过程中使用的化学品，它能缩短制浆的蒸煮时间、提高纤维的得率及质量、降低药品分解、增加反应的选择性、减少制浆废水污染。制浆助剂主要包括蒸煮助剂、消泡剂、漂白助剂和脱墨助剂。

制浆化学品中的蒸煮剂主要有两大类。一类是不参加化学反应，仅提高蒸煮剂与木素的可接触性，使反应的均匀性得到改善；另一类是参与脱除木素的反应。第一类以表面活性剂和有机溶剂为代表，第二类以蒽醌及其衍生物和某些胺类化合物为代表。目前国内外使用最普遍的是蒽醌及其衍生物。蒽醌衍生物具有价格低、效果好的优势，较有发展前途。另外，预处理和蒸煮时表面活性剂的应用也越来越多。

制浆过程中所用的消泡剂主要是除气消泡剂，由止泡剂、载体、乳化剂、扩散剂、联结剂、稳定剂等部分组成。用油作载体的称为油型除气消泡剂，用水作载体的称为乳液型除气消泡剂。

制浆中的防腐剂应具有高效、低毒、易分解、杀菌范围广、水溶性好等特点。此外耐热性好、无刺激性异味和长期使用不致使细菌产生耐药性则更为理想。

制浆过程用的漂白剂着眼于络合过渡金属离子或保护纤维素。使用的最普通的品种是VBU型荧光增白剂。随着环保意识的加强，漂白助剂已由常规CEH三段漂药品（包括氯气、氢氧化钠和次氯酸钠）向少氯或无氯漂白转型。

废纸回收是解决目前造纸工业面临原料短缺、能源紧张、污染严重三大问题的有效办法。废纸回收的关键是化学脱墨处理过程，所采用的脱墨剂常由多种化学品复配而成。其组成为皂化剂、缓冲剂、表面活性剂、浮选剂、脱色剂。常用的无机类脱墨剂主要是碱剂，碱剂主要有氢氧化钠、硅酸钠、碳酸钠、亚硫酸钠、消石灰等。它们在废纸解离成纤维、对油墨的皂化及与纸中的施胶剂反应中起着重要的作用。其用量是氢氧化钠1%～3%，硅酸钠2%～5%，亚硫酸钠1.5%～3%，碳酸钠3%～5%。漂白剂主要有过氧化钠、次氯酸钠、硫代硫酸钠，前者用以处理新闻废纸，后者用以处理高级废纸，除此之外，还有螯合剂，螯合剂有EDTA、DTPA。有机类脱墨剂主要是表面活性剂，应用最多的是阴离子和非离子表面活性剂，用量一般在0.1%～0.5%。

今后脱墨剂将向多组分、多功能的复配型发展。由碱性脱墨向中性脱墨过渡。

Ba001 脂肪醇聚氧乙烯醚磷酸单酯

【英文名】 alcohol polyoxyethylene ether phosphoric monoester

【结构式】

$$RO(CH_2CH_2O)_nP(=O)(OH)OH$$

$$R=C_{12}H_{25}—C_{14}H_{29}$$

【物化性质】 单酯含量高，对皮肤刺激性低，安全性好。

【质量标准】 GB/T 5560—2003

外观	淡黄色黏稠液
活性物/%	≥95
单酯含量/%	≥80
pH值(10%水溶液)	<2

【用途】 用作造纸脱墨剂，亦可作农药乳化剂、皮革加脂乳化剂、化纤抗静电剂、毛皮低温染色助剂、纤维碱炼助剂、金属切削润滑剂、防锈剂。

包装规格：塑料桶包装，净重25kg。

【制法】 在高压釜中，用碱作催化剂由脂肪醇与环氧乙烷进行缩聚反应生成脂肪醇聚氧乙烯醚。然后用 P_2O_5 或焦磷酸对其进行酯化反应。反应式如下：

$$ROH + nCH_2—CH_2(—O—) \xrightarrow{OH^-}$$

$$RO(CH_2CH_2O)_nH + P_2O_5 \longrightarrow 本品$$

【产品安全性】 对皮肤刺激性低，安全性好。避免与皮肤和眼睛接触，不慎溅到眼中，提起眼睑，用流动清水或生理盐水冲洗。按一般化学品管理。贮存于阴凉、干燥处，避免日晒雨淋；有效贮存期12个月。

【参考生产企业】 淮安和元化工有限公司，郑州市中原区鸿奥化工商行，山西轻工业部日化所，深圳威利化学品公司，河北邢台市日化厂。

Ba002 烷基酚聚氧乙烯醚磷酸单酯

【英文名】 alkylphenol polyoxyethylene ether phosphoric monoester

【结构式】

$$C_9H_{19}—C_6H_4—O(C_2H_4O)_nP(=O)(OH)OH$$

【物化性质】 对眼睛和皮肤的刺激性低，安全性好。

【质量标准】 GB/T 5560—2003

外观	淡黄色黏稠液
活性物/%	≥95
单酯含量/%	≥80
pH值(10%水溶液)	<2

【用途】 在造纸工业中用作脱墨剂、纸浆分散剂。

注意事项：避免使用质量太差的水(如折合成 $CaCO_3$ 计硬度高于100mg/L)稀释，以免影响整理质量；应尽量洗净残留在织物上的余碱，以免影响整理质量。

包装规格：塑料桶包装，净重125kg。

【制法】 首先在压力釜中用碱作催化剂，壬基酚与环氧乙烷进行缩合生成壬基酚聚氧乙烯醚。然后再用 P_2O_5 或焦磷酸对其进行酯化。反应式如下：

$$C_9H_{19}—C_6H_4—O(C_2H_4O)_nH + P_2O_5 \longrightarrow 本品$$

【产品安全性】 非危险品。避免与皮肤和眼睛接触，不慎溅到眼中，提起眼睑，用流动清水或生理盐水冲洗。按一般化学品管理。贮存于阴凉、干燥处，避免日晒雨淋；有效贮存期 12 个月。

【参考生产企业】 济南市历城区鲲鹏化工产品经营部，南京市化工研究设计院等。

Ba003 脂肪醇聚氧乙烯醚磷酸单酯铵盐

【英文名】 alcohol polyoxyethylene ether phosphoric monoester ammonium salt

【结构式】

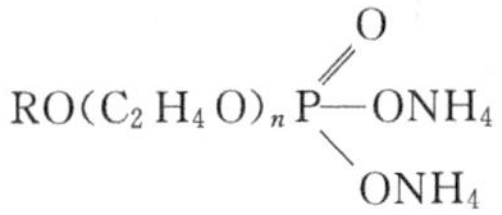

$$RO(C_2H_4O)_nP(=O)(-ONH_4)(-ONH_4)$$

【物化性质】 水溶性好。洗净、乳化、抗静电性能好。

【质量标准】 GB/T 6368—2008

外观	无色或淡黄色液体
活性物含量/%	≥28
单酯含量/%	≥23
pH 值(10%溶液)	6.0～8.0

【用途】 用作造纸脱墨剂。

包装规格：塑料桶包装，净重 125kg。

【制法】 将脂肪醇聚氧乙烯醚单酯加入反应釜中，边搅拌边滴加氨水。pH 至 8 左右停止滴加，搅拌 1h，出料即得成品。反应式如下：

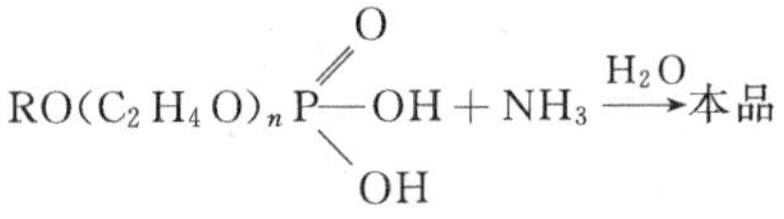

$$RO(C_2H_4O)_nP(=O)(-OH)(-OH) + NH_3 \xrightarrow{H_2O} \text{本品}$$

【产品安全性】 低刺激性，按规定正常使用安全。贮存于阴凉、干燥处，避免日晒、雨淋；有效贮存期 12 个月。按一般货物运输。

【参考生产企业】 南昌市西湖区金润广场蓝翔化工，上海合成洗涤剂三厂，南京市栗水县水寿表面活性剂厂。

Ba004 壬基酚聚氧乙烯醚磷酸单酯铵盐

【英文名】 nonyl-phenol polyoxyethylene ether phophic monoester ammonicim salt

【结构式】

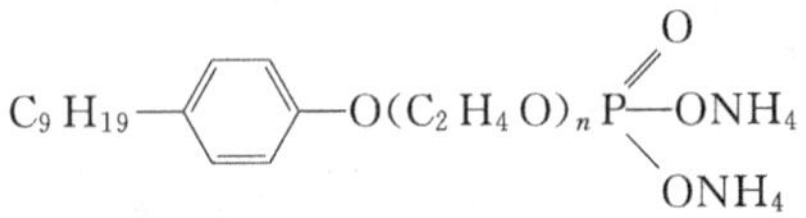

$$C_9H_{19}-C_6H_4-O(C_2H_4O)_nP(=O)(-ONH_4)(-ONH_4)$$

【物化性质】 具有优良的水溶性，丰富细腻的泡沫，优异的洗涤性和乳化能力，优良的抗静电性、柔软性、润滑性、抗硬水性。

【质量标准】 GB/T 9290—2008

外观	无色或淡黄色液体
总活性物含量/%	≥28
单酯含量/%	≥25
pH 值(10%溶液)	6.0～8.0

【用途】 用作造纸脱墨剂。

包装规格：塑料桶包装，净重 25kg。

【制法】 将烷基酚聚氧乙烯醚磷酸单酯加入反应釜，在搅拌下加入 $NH_3 \cdot H_2O$，当 pH 值至 8 左右时停止滴加，在 40℃左右搅拌 1h，得产品。反应式如下：

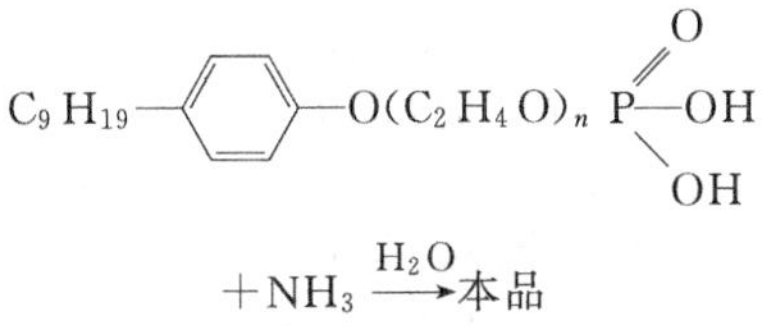

$$C_9H_{19}-C_6H_4-O(C_2H_4O)_nP(=O)(-OH)(-OH) + NH_3 \xrightarrow{H_2O} \text{本品}$$

【产品安全性】 非危险品。贮存于阴凉、干燥处，避免日晒、雨淋；有效贮存期 12 个月。

【参考生产企业】 南昌市金赛马实业有限公司，南京市化工研究设计院等。

Ba005 壬基酚聚氧乙烯醚磷酸单酯乙醇胺盐

【英文名】 nonylphenol polyoxyethylene

ether phosphoric monoester ethanolamine

【结构式】

$$C_9H_{19}-C_6H_4-O(C_2H_4O)_nP(=O)[ONH_y(C_2H_4OH)_x]_2 \quad x=1\sim3,\ y=1\sim3$$

【物化性质】具有优良的水溶性，泡沫丰富。洗涤性好，乳化性、抗静电性、抗硬水性优良。

【质量标准】GB/T 6368—2008

外观	无色至淡黄色液体
活性物含量/%	≥48
单酯含量/%	≥38
pH值(10%溶液)	6.0～8.0

【用途】用作造纸脱墨剂。

包装规格：塑料桶包装，净重25kg、50kg、200kg。

【制法】将壬基酚聚氧乙烯醚磷酸单酯加入反应釜，在搅拌下加入乙醇胺水溶液(包括一乙醇胺、二乙醇胺、三乙醇胺)至pH值8左右停止加乙醇胺。在40～50℃下搅拌2h得产品。反应式如下：

$$C_9H_{19}-C_6H_4-O(C_2H_4O)_nP(=O)(OH)-OH + NH_y(C_2H_4OH)_x \longrightarrow \text{本品}$$

【产品安全性】刺激性低。避免与皮肤和眼睛接触，不慎溅到眼中，提起眼睑，用流动清水或生理盐水冲洗。贮存于阴凉、干燥处，避免日晒、雨淋；有效贮存期12个月。

【参考生产企业】镇江市天亿化工研究设计院有限公司。

Ba006 壬基酚聚氧乙烯醚磷酸单酯钠盐

【英文名】nonyl-phenol palyoxyethylene ehter phosphoric monoester sodium salt

【结构式】

$$C_9H_{19}-C_6H_4-O(C_2H_4O)_nP(=O)(ONa)-ONa$$

【物化性质】水溶性好，无刺激性。具有优良的洗涤、乳化、抗静电能力。

【质量标准】GB/T 6368—2008

外观	无色至淡黄色液体
单酯含量/%	≥28
总活性物/%	≥33
pH值(19%溶液)	6.0～8.0

【用途】用作造纸脱墨剂。

包装规格：塑料桶包装，净重125kg。

【制法】将壬基酚聚氧乙烯磷酸单酯加入反应釜中，在搅拌下加入NaOH水溶液，pH至8.0左右停止加入。在40℃左右搅拌1h得产品。反应式如下：

$$C_9H_{19}-C_6H_4-O(C_2H_4O)_nP(=O)(OH)-OH + NaOH \longrightarrow \text{本品}$$

【产品安全性】非危险品，避免接触到皮肤、眼睛和黏膜，一旦接触应立即用大量水冲洗，不可延误！贮存于阴凉、干燥处，避免日晒、雨淋；有效贮存期12个月。按一般货物运输。

【生产参考单位】上虞市小越虞舜助剂厂，江苏省宜兴市荣茂化工厂。

Ba007 硬脂酸甲酯磺酸钠

【英文名】stearic acid methyl ester sulfonate sodium

【结构式】

$$\begin{array}{l} RCOOCH_3 \\ | \\ SO_3Na \end{array} \qquad R=C_{17}H_{35}$$

【相对分子质量】 401.55

【物化性质】 浅黄色糊状物。闪点149℃，流动点60℃。25℃水溶性1%。具有较高的去污力、优良的钙皂分散力和抗硬水能力。生物溶解性能好。对皮肤刺激性低（刺激强度1.00）。

【质量标准】

活性物/%	≥29
固含量/%	31～35
未硫化物/%	≤1.0
硫酸盐/%	≤2.0
氯化物/%	≤1.0
pH值(1%溶液)	6.0～6.8

【用途】 在造纸行业作脱墨剂。

包装规格：塑料桶包装，净重125kg。

【制法】 本工艺用环境友好的固体杂多酸作催化剂，转化率可达96%以上，催化剂可重复使用6次，回收容易。磺化反应中用低浓度SO_3作磺化剂，降低环境污染。

将猪油投入反应釜中再加入甲醇，二者的摩尔比为1∶2，在搅拌下加热溶解后加入总投料量3%的固载杂多酸盐$TiSiW_{12}O_{40}/TiO_2$催化剂，在106～125℃反应4h，酯交换反应完毕。将物料移到蒸馏塔中先蒸出过量的甲醇，再减压蒸出甘油。釜底物是硬脂酸甲酯，然后将硬脂酸甲酯送入磺化釜，用三氧化硫作磺化剂进行磺化。三氧化硫和硬脂酸甲酯的摩尔比为（1.2～1.25）∶1。将三氧化硫稀释到6%左右，以保证三氧化硫被充分吸收。反应温度控制在70～90℃，反应4～6h后，用12%的次氯酸钠进行漂白处理。最后用氢氧化钠水溶液中和至pH值至8～8.5。反应式如下：

$$(C_{17}H_{35}COO)_3C_3H_5+CH_3OH \longrightarrow$$

$$C_{17}H_{35}COOCH_3+SO_3 \xrightarrow{NaOH} \text{本品}$$

【产品安全性】 非危险品。不能接触眼睛，触及皮肤立即用水冲洗。贮存于阴凉、干燥处，避免日晒、雨淋；有效贮存期12个月。按一般货物运输。

【参考生产企业】 石狮市清源精细化工有限公司，上海红橡化工有限公司。

Ba008 脱墨剂BMPE

【英文名】 deinking agent BMPE

【结构式】

$$\begin{array}{l} C_{18}H_{37}OCH_2CH(C_2H_4O)_mH \\ \qquad\qquad\quad | \\ \qquad\qquad CH_2COOC_{18}H_{37} \end{array}$$

【物化性质】 新型非离子型，表面张力低，HLB（亲水亲油平衡值）高，CMC（临界胶团浓度）值低，浊点高，具有优良的润湿、渗透、乳化分散作用。

【质量标准】

外观(20℃)	棕黄色膏状
HLB值	16
浊点/℃	>100
CMC值/(g/L)	0.002

【用途】 用作复印纸脱墨剂。废静电复印纸具有较高的回收价值，由于静电复印纸是以高白度化学浆为主的优质纸，一般以混有炭黑的苯乙烯与丙烯酸酯的共聚物作显像剂，不溶于水，不易皂化，不易与纤维分离，不易分散，油墨粒子大小分布较宽，致使其处理难度很大。本工艺以环氧氯丙烷与十八醇醚为原料，与足量的碱反应后，与肉豆蔻酸酯化，再与环氧乙烷加成。合成一种新型高效非离子表面活性剂BMPE，它具有两个支链疏水基团的结构，而且有高效渗透性，对油墨粒子的捕集能力强，已被捕集的油墨不易分离，从纤维分离下来的油墨不易被纤维重新吸附。应用于脱墨，能制取再生复印纸类高级纸张，使废物得到有效利用，符合环保

要求。

脱墨条件：脱墨时间 1.5h，脱墨温度 800℃，脱墨浓度 5%，NaOH 用量 1.5%，$NaSiO_3$ 用量 3%，EDTA 用量 0.4%，H_2O_2 用量 1%，pH 值 10.5～11，浮选浓度 1%，浮选时间 15min。

包装规格：塑料桶包装，净重 25kg。

【制法】 将十八醇和环氧氯丙烷加入反应器中，在碱的催化下，于 80℃反应 1h，然后加入足量的碱，在 70～80℃下反应 1h，得到的产物在固体酸催化下与肉豆蔻酸在 130℃进行酯化反应 2h。酯化反应产物在酸或碱的催化下，在 120～125℃范围内与环氧乙烷反应 3h，得产物 BMPE。

$$C_{18}H_{37}OH + H_2C\overset{O}{—}CH—CH_2Cl \xrightarrow[80℃]{H^+ (或 OH^-)} C_{18}H_{37}—O—CH_2—CH(OH)—CH_2Cl + OH^- \xrightarrow{70\sim80℃}$$

$$C_{18}H_{37}—O—CH_2—CH\overset{O}{—}CH_2 + H_2O \xrightarrow[70\sim80℃]{OH^-} C_{18}H_{37}—O—CH_2—CH(OH)—CH_2OH + C_{18}H_{37}COOH \xrightarrow[130℃]{催化剂}$$

$$C_{18}H_{37}—O—CH_2—CH(OH)—CH_2—O—\overset{O}{\overset{\|}{C}}—C_{12}H_{37} + nCH_2\overset{O}{—}CH_2 \xrightarrow[120℃\pm5℃]{H^+(或 OH^-)} 本品$$

【产品安全性】 非危险品。不能接触眼睛，触及皮肤应立即用水冲洗干净。贮存于阴凉、干燥处，避免日晒、雨淋；有效贮存期 12 个月。

【生产参考企业】 山东江源精化有限公司，江苏中国南通科光新材料公司。

Ba009 乌洛托品

【别名】 促进剂 H，化学名为六亚甲基四胺

【英文名】 urotropine

【登记号】 CAS [100-97-0]

【结构式】

（六亚甲基四胺笼状结构：4 个 N 原子经亚甲基相连）

【相对分子质量】 140.19

【物化性质】 相对密度（25℃）1.27，无明显熔点，263℃开始升华，并且分解。无毒无味，易溶于水、乙醇、氯仿、难溶于四氯化碳、丙酮、苯和乙醚。对皮肤有刺激性。

【质量标准】 GB/T 9015—1998

外观	白色结晶
熔点/℃	119～222

【用途】 用作亚氯酸钠漂白的活性剂、防水剂 CR 的缓冲剂。

包装规格：内衬塑料袋的编织袋包装，净重 25kg。

【制法】 将甲醛（37%水溶液）和过量的氨水在 38℃反应 3h。反应结束后，澄清，过滤，膜式蒸发（压力 9.806～9.866kPa）两次，浓缩液冷却结晶，过滤，在 150℃下干燥得成品。反应式如下：

$$6HCHO + 4NH_3 \longrightarrow 本品$$

【产品安全性】 中等毒性，刺激皮肤，能引起皮炎，操作者要带防护用具。贮存于阴凉、干燥处，避免日晒、雨淋；有效贮存期 12 个月。运输时要与氧化物隔离。

【生产参考企业】 安徽安东化肥厂。

Ba010 废纸脱墨剂

【英文名】 deinking agent for waster paper

【组成】 复配物。

【物化性质】 黄色半透明稍具黏稠性液体，流动性好，无味。

【质量标准】

项目	指标
含量/%	16～17
黏度(30℃)/mPa·s	24.2
泡沫力(0.25%,40℃)/mm	163
相对密度(25℃)	1.050
泡沫力(5min后)/mm	157
表面张力/(dyn/cm)	31.99

【用途】 用于脱除废纸上的印刷油墨（浮选法或洗涤法均可）。一般脱墨后得率约 70%，基本上无污染。

包装规格：塑料桶包装，净重 25kg。

【制法】 将硅酸钠加入反应釜内，加水搅拌，加热溶解。然后加入配比量的烷基苯磺酸钠和失水山梨醇硬脂酸酯聚氧乙烯醚，搅拌均匀即可。

【产品安全性】 中等毒性，刺激皮肤，能引起皮炎，操作者要带防护用具。贮存于阴凉、干燥处，避免日晒、雨淋；有效贮存期 12 个月。运输时要与氧化物隔离。

【参考生产企业】 泰安市泰山区鑫泉造纸助剂厂，天津市新兴化工厂、天津轻工业学院。

Ba011 HD-8 废纸脱墨剂

【英文名】 deinking agent for waster paper HD-8

【组成】 复配物。

【物化性质】 淡黄色凝胶体（或黏稠液）。

【质量标准】

项目	指标
活性物/%	≥34
pH 值(1%液)	8.0～10.0

【用途】 用于废纸脱墨。具有优良的去污力和渗透力，对碱、盐稳定。发泡力适当，脱墨后制浆白度高。适于国产或进口浮选机生产线，脱墨率高达 94.37%。用于复印纸脱墨可使静电有机调色剂粒子降解率提高。

包装规格：塑料桶包装，净重 25kg。

【制法】 将 25kg 石油醚加入反应釜中，在搅拌下依次加入 50kg 聚氧乙烯-聚氧丙烯嵌段共聚物（HLB=1）、壬基酚聚氧乙烯醚 25kg，搅拌均匀即可。

【生产安全性】 低刺激性。不能接触眼睛，触及皮肤用水冲洗干净。密封，低温、干燥室内贮存。有效期 10 个月。

【参考生产企业】 深圳市绿微康生物工程有限公司，山东江源精化有限公司。

Ba012 TM 系列脱墨剂

【英文名】 deinking agent TM

【组成】 复配物。

【物化性质】 淡黄色黏稠液体（TM-1）或乳白色黏稠液体（TM-2）。无毒，无味，稳定，微碱性，易溶于水。

【质量标准】

项目	指标
不挥发物/%	≥34
pH(1%液)	8.0～10.0

【用途】 用于洗涤法废纸脱墨，具有良好的扩散乳化、渗透、耐碱、抗硬水性能。对各种废纸脱墨率均在 90%以上，并能提高纸的柔软性。脱墨时间 20～40min。

包装规格：塑料桶包装，净重25kg。

【制法】 将硅酸钠加入反应釜内，加水搅拌，加热溶解。然后加入配比量的烷基苯磺酸和失水山梨醇硬脂酸酯聚氧乙烯醚，搅拌均匀即可。

【产品安全性】 低刺激性，操作者要带防护用具。避免与皮肤和眼睛接触。若不慎溅到眼中，提起眼睑，用流动清水或生理盐水冲洗。贮存于阴凉、干燥处，避免日晒、雨淋；有效贮存期12个月。运输时要与氧化物隔离。

【参考生产企业】 山东奥迪斯化工科技发展有限公司，天津市化学试剂研究所，安徽安东化肥厂。

Ba013 聚氧丙烯甘油醚

【英文名】 polyoxypropylene glycerol ether

【结构式】

$$\begin{array}{l} CH_2O[CH_2CH(CH_3)O]_{n_1}H \\ | \\ CHO[CH_2CH(CH_3)O]_{n_2}H \\ | \\ CH_2O[CH_2CH(CH_3)O]_{n_3}H \end{array}$$

$n_1+n_2+n_3=200$

【物化性质】 无色或淡黄色黏稠液体。有苦味，难溶于水，溶于乙醚、苯等有机溶剂。由于分子末端有羟基，所以与羟基有共性反应，生物降解性好。

【质量标准】 GB/T 9290—2008

项目	指标
羟值/(mg KOH/g)	45～60
酸值/(mg KOH/g)	<0.5

【用途】 用于造纸消泡剂。

包装规格：塑料桶包装，净重125kg。

【制法】 将1.3mol甘油和200mol环氧丙烷投入聚合釜中，在搅拌下升温至约95℃，反应压力维持在0.1～0.5MPa。然后降温至60～70℃，将物料压入中和釜中，在搅拌下加水溶解催化剂氢氧化钾。再用磷酸在60～70℃下中和至pH值6～7，中和后缓缓升温至100～120℃，减压脱水。脱水后过滤，包装即得成品。废水净化处理后排放。反应式如下：

$$\begin{array}{l} CH_2OH \\ | \\ CHOH \\ | \\ CH_2OH \end{array} + 200\ CH_2\text{—}CHCH_3\ (\text{环氧，}O) \xrightarrow{KOH} \text{本品}$$

【产品安全性】 非危险品。贮存于阴凉、干燥处，避免日晒、雨淋；有效贮存期12个月。按一般货物运输。

【参考生产企业】 泰安市泰山区鑫泉造纸助剂厂，江苏中国南通科光新材料公司。

Ba014 聚氧乙烯聚氧丙烯单丁基醚

【英文名】 polyoxyethylene polyoxypropylene monobutyl ether

【结构式】

$$C_4H_9O(C_3H_6O)_n(C_2H_4O)_mH$$

【物化性质】 相对密度（20℃）1.06±0.002，折射率（n_D^{25}）1.4603～1.4604。消泡能力强，水溶性强，具有凝固点低、闪点高、润湿性能好、润滑性优良、抗氧性好等特点。

【质量标准】 GB/T 9290—2008

项目	指标
外观	淡黄色黏稠液
有效物含量/%	≥50
黏度(20℃)/Pa·s	2.0～2.8
浊点(1%水溶液)/℃	50～54
凝固点/℃	-31～33
pH值	6.5±0.5
灰分/%	<0.005
水分/%	<0.5

【用途】 在造纸工业中作消泡剂。

包装规格：塑料桶包装，净重125kg。

【制法】 将丁醇1mol加入不锈钢釜中，再加入催化剂量的氢氧化钠，用干燥氮气置换釜中空气。在搅拌下升温至120℃后，开始通入的环氧丙烷，通入速度以维持反应温度120℃左右为宜，通完后冷却至常压，再继续通入 m mol的环氧乙烷，反应至压力下降到常压。中和，压滤除去无机盐，脱水，加有机溶剂搅匀即可。废水净化处理后排放。反应式如下：

$$C_4H_9OH \xrightarrow{n\,CH_2-CH-CH_3\ (\text{环氧},\ O)} \xrightarrow{m\,CH_2-CH_2\ (\text{环氧},\ O)} \text{本品}$$

【产品安全性】 非危险品。贮存于阴凉、干燥处，避免日晒、雨淋；有效贮存期12个月。按一般货物运输。

【参考生产企业】 宿州市华润化工有限责任公司，江苏新地服饰化工股份有限公司。

Ba015 聚氧丙烯聚氧乙烯甘油醚

【英文名】 polyoxypropylene polyoxyethylene glycerol ether

【结构式】

$$\begin{array}{l} CH_2O(C_2H_4O)_{n_1}(C_3H_6O)_{m_1}H \\ | \\ CHO(C_2H_4O)_{n_2}(C_3H_6O)_{m_2}H \\ | \\ CH_2O(C_2H_4O)_{n_3}(C_3H_6O)_{m_3}H \end{array}$$

$$m=m_1+m_2+m_3$$

$$n=n_1+n_2+n_3$$

【物化性质】 无色透明液体至黄色透明液体，溶于水、乙醚。有良好的消除泡沫能力，易生物降解。

【质量标准】 GB/T 9290—2008

项目	指标
浊点(1%水溶液)/℃	17～21
酸值/(mg KOH/g)	<0.5
羟值/(mg KOH/g)	45～56

【用途】 在造纸工业中作制浆消泡剂，使用浓度为3%～5%的水溶液。

包装规格：塑料桶包装，净重125kg。

【制法】 将1mol甘油、$n$mol环氧乙烷投入用氮气置换完空气的聚合釜中，加氢氧化钾作催化剂，升温至90～95℃，加压至0.4～0.5MPa，进行聚合反应。反应完毕后，继续通 $m$mol的环氧丙烷，在上述条件下反应。反应压力降至常压后，将物料打入中和釜中，先水洗，再用磷酸中和至pH值6～7。最后减压，升温至100～120℃脱水，过滤，包装即得成品。反应式如下：

$$\begin{array}{l} CH_2OH \\ | \\ CHOH \\ | \\ CH_2OH \end{array} \xrightarrow[KOH]{n\,CH_2-CH_2\ (\text{环氧},\ O)} \xrightarrow[KOH]{m\,CH_2-CH-CH_3\ (\text{环氧},\ O)} \text{本品}$$

【产品安全性】 非危险品。贮存于阴凉、干燥处，避免日晒、雨淋；有效贮存期12个月。按一般货物运输。

【参考生产企业】 深圳富日升环保科技有限公司，江苏中国南通科光新材料公司。

Ba016 嵌段聚醚磷酸酯

【英文名】 polyoxyalkylene phosphate

【化学名】 油醇聚氧丙烯聚氧乙烯醚磷酸酯

【结构式】

$$RO\!\left(C_3H_7O\right)_3\left(C_2H_4O\right)_3 P(=O)(OH)_3 \quad R=C_{16}\sim C_{20}$$

【物化性质】 无色或淡黄色黏稠液体，具有较好的消泡性。

【质量标准】 HG/T 2228—2006

项目	指标
含量/%	≥95
pH值(10%水溶液)	<2

【用途】 在造纸工业中作消泡剂。

包装规格：塑料桶包装，净重125kg。

【制法】 将134kg油醇、1kg NaOH、87kg环氧丙烷依次加入反应釜中，用 N_2 吹扫后，封闭反应釜。在0.1～0.5MPa下加热到140～146℃，然后通入88kg环氧乙烷，在140℃反应1h。冷却，降压出料取上述聚醚206kg加入反应釜中，再加入17.04kg H_3PO_4，在90～100℃下反应10h，得210kg聚醚磷酸酯。反应式如下：

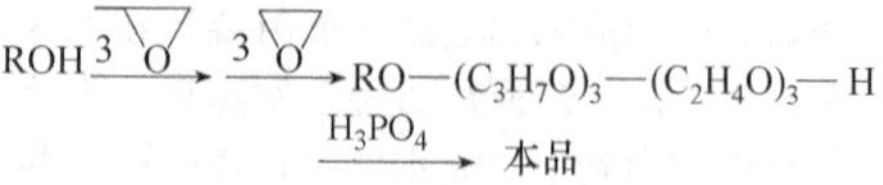

$$ROH \xrightarrow{3\ \text{环氧丙烷}} \xrightarrow{3\ \text{环氧乙烷}} RO—(C_3H_7O)_3—(C_2H_4O)_3—H \xrightarrow{H_3PO_4} \text{本品}$$

【产品安全性】 非危险品。避免与皮肤和眼睛接触。若不慎溅到眼中，提起眼睑，用流动清水或生理盐水冲洗。贮存于阴凉、干燥处，避免日晒、雨淋；有效贮存期 12 个月。按一般货物运输。

【参考生产企业】 新乡市东茂环保材料有限公司，辽宁大连第二有机化工厂。

Ba017 蒽醌

【英文名】 anthraquinone

【登记号】 CAS [84-65-1]

【分子式】 $C_{14}H_8O_2$

【相对分子质量】 208.22

【物化性质】 针状结晶或粉末。熔点 284～286℃，沸点 397～381℃，250℃升华。微溶于水、乙醇和氯仿，能溶于浓硫酸，较易溶于热苯、甲苯硝基苯及苯胺中。

【质量标准】 GB/T 2405—2006

蒽醌含量/%	97～98.5
干品初熔点/℃	280.0～283.0

【用途】 用作造纸制浆蒸煮助剂，可降低用碱量，缩短蒸煮时间。

使用方法：在制浆或洗浆工序中，使用前先用 1～5 倍水稀释以后加入。一般加量为 300～800g/t 浆；使用量为浆料体系总量的 0.1%～0.3%，可根据现场情况酌情增减。如消泡剂已被稀释须短时间内用完。

包装规格：内衬塑料袋的铁桶或编织袋包装，净重 100～200kg，或 1t 箱包装，也可根据客户需要包装。

【制法】

1. 精蒽氧化法

(1) 气相固定床氧化法　将精蒽加入汽化室加热汽化后与空气混合，二者比例为 1∶(50～100)。混合气体进入氧化室，在 V_2O_5 催化下于 (389±2)℃下氧化，经薄壁冷凝后即得产品。

(2) 液相氧化法　将精蒽计量后加入反应釜，再加入三氯苯，在搅拌下溶解。然后滴加硝酸，控制反应温度105～110℃，将副产物 NO 排除，反应 6～8h 后，减压蒸出溶剂，冷却结晶，得产品。

2. 苯酐法

将苯酐计量后加入反应釜，加苯在搅拌下加热溶解。加热至 370～470℃，使混合气通过硅铝催化剂进行气相缩合，得产品。

3. 羰基合成法

将计量的苯加入反应釜，在 4.88MPa 下通 CO，于 200℃反应 4h，一直通到 CO 压力不再下降，反应结束。经处理得产品。反应式如下：

(1) 蒽 $\xrightarrow{V_2O_5}$ 蒽醌

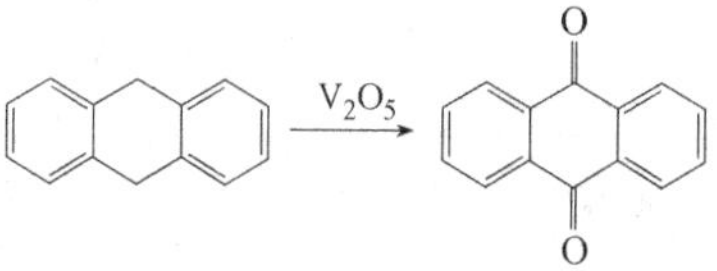

(2) 苯酐 + 苯 $\xrightarrow{V_2O_5}$ $\xrightarrow{-H_2O}$ 蒽醌

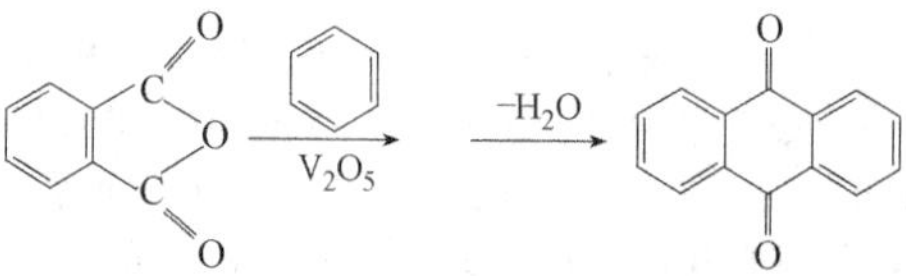

(3) +CO $\xrightarrow{\text{催化剂}}$ $\xrightarrow[-H_2]{CO}$

【产品安全性】 刺激眼睛、呼吸系统和皮肤。与皮肤接触可能致敏，戴适当的手套和护目镜或面具，避免与皮肤接触。不慎与眼睛接触后，请立即用大量清水冲洗并征求医生意见。适宜室温贮存，避免阳光下曝晒，贮存期为12个月。按一般货物运输。

【参考生产企业】 淄博用永化工有限公司，濮阳市宏顺化工助剂有限公司，海门市环宇化工厂，合肥新万成环保科技有限公司。

Ba018 MPO 消泡剂

【别名】 聚氧乙烯脂肪醇醚

【英文名】 defoaming agent MPO

【结构式】 $RO—(C_2H_4O)_n—H$

【物化性质】 棕黄色易流动的液体。相对密度（20℃）< 0.95；黏度（40℃）< 0.1Pa·s，属非离子表面活性剂，不溶于水。

【质量标准】 QB/T 4569—2013

项目	指标
酸值/(mg KOH/g)	<0.3
表面张力/(N/cm)	$<3\times10^{-4}$

【用途】 非水溶性消泡剂，使用时加溶剂将聚醚溶解。MPO用于制浆消泡具有良好的消泡效果。消泡能力比柴油强10倍以上。一般用量为0.044～0.1kg/L。

包装规格：塑料桶包装，净重25kg、50kg。

【制法】 将计量的脂肪醇和催化剂量的KOH加入聚合釜中，用氮气置换釜中空气。滴加精制后的环氧丙烷进行聚合反应，再加入精制后的环氧乙烷进行加聚反应。反应完成后抽真空脱水得成品。

【产品安全性】 有刺激性，不能直接与皮肤接触。置于阴凉库内，贮存期6个月。运输时应防日晒、雨淋。

【参考生产企业】 江苏靖江石油化工厂等。

Ba019 OTD 消泡剂

【英文名】 defoaming agent OTD

【组成】 脂肪酸二酰胺。

【物化性质】 淡黄色悬浮液，具有流动性，是固体分散油基型消泡剂。

【质量标准】

项目	指标
闪点(闭口)/℃	>130
泡沫不稳定度(Fi)/%	≥75
抑泡度(FP)/%	≥65
黏度(25℃)/Pa·s	160～320

【用途】 主要用于造纸工业制浆工段作消泡剂，使用时将其直接加入浆料中，采用滴加方式加入产生泡沫处。消泡、抑泡效果均佳，在麦草为原料的制浆中，消泡能力比煤油强20倍以上。

【制法】 将2mol硬脂酸投入反应釜中，加热熔融，然后加入催化剂量的碱，再加入1mol乙二胺，加热回流，进行酰基化反应，得二硬脂酰乙二胺。将其与分散剂一缩二乙二醇油酸单酯、溶剂白油充分混合得成品。

【产品安全性】 刺激眼睛、呼吸系统和皮肤。与皮肤接触可能致敏，戴适当的手套和护目镜或面具，避免与皮肤接触。不慎与眼睛接触后，立即用大量清水冲洗并征求医生意见。适宜室温贮存，避免阳光下曝晒，贮存期为12个月。按一般货物运输。

【参考生产企业】 安徽桐城县助剂厂等。

Ba020 耐高温有机硅消泡剂

【英文名】 high temperature silicone defoamers

【组成】 改性聚硅氧烷。

【物化性质】 可以用任何比例的水稀释。属非离子型，表面张力小，一般为20～21dyn/cm，比水（72dyn/cm）及一般起泡液的表面张力都小得多。热稳定性好，它长时间可耐150℃，短时间可耐300℃以上，其Si—O键不分解。化学稳定性好，很难与其他物质发生化学反应。扩散性、渗透性好，耐热性好，化学性稳定、耐氧化性强。无腐蚀、无毒、无不良反应，安全性高。只要配制合理，在酸、碱、盐、电解质及硬水中都能使用，不影响起泡体系的基本性质。

【质量标准】 HG/T 4028—2008

外观	白色黏稠乳液
pH值	6～8
含量/%	30
水稀释性/%	0.5～5.0
稳定性(300r/20min)	不分层
耐温特性(130℃)	不破乳、不漂油、不分层

【用途】 可安全地用于食品、医疗、医药及化妆品等工业上。由于硅油的特殊化学结构，不与水或含极性基团的物质相溶，既可用于水体系消泡，又可用于油体系中消泡。有机硅消泡剂不仅能有效地破除已经生成的泡沫，而且可以显著地抑制泡沫，防止泡沫的生成。用量：$(1\sim100)\times10^{-6}$。

包装规格：塑料桶或内涂塑铁桶包装，净重25kg、200kg。

【制法】 由改性聚硅氧烷、分散助剂、非离子表面活性剂共混而成。

【产品安全性】 硅油已被证明对人畜没有毒性，其半致死剂量大于34g/kg。贮存于阴凉、避光的库房中，室温保质期12个月。按无毒、非危险品运输，注意防冻。

【参考生产企业】 天津市坤正科技有限公司，咸宁化学工业公司，山东金水源化工有限公司，湖南怀化公司。

Ba021 有机硅消泡剂

【英文名】 silicone defoamers

【组成】 乳化硅油。

【物化性质】 可以用任何比例的水稀释，属非离子型。扩散性、渗透性好，耐热性好、化学性稳定、耐氧化性强。

【质量标准】 GB/T 2126—2011

外观	白色黏稠乳液
活性物含量/%	30
水稀释性/%	0.5～5.0
pH值	5.0～6.0

【用途】 用于水体系消泡，消泡力强、有机硅消泡剂不仅能有效地破除已经生成的泡沫，而且可以显著地抑制泡沫，防止泡沫的生成。用量：$(50\sim100)\times10^{-6}$。

包装规格：塑料桶包装或内涂塑铁桶装，净重25kg、200kg。

【制法】 用低起泡性乳化剂如斯盘、吐温、聚乙二醇醚等乳化硅油/硅油膏制成水包油（O/W）型乳液。

【产品安全性】 无腐蚀，对人畜没有毒性，无不良反应，安全性高。贮存于阴凉、避光的库房中，室温保质期12个月。按无毒、非危险品运输，注意防冻。

【参考生产企业】 天津市坤正科技有限公司，咸宁化学工业公司，山东金水源化工有限公司，湖南怀化公司。

Ba022 非硅消泡剂

【英文名】 non-silicone defoamers

【组成】 天然油脂

【物化性质】 外观为淡黄色油状液体，130℃以下具有优异的消泡、抑泡性能，消泡速度快、抑泡时间长。产品稳定性好，与起泡介质相容性好。

【质量标准】 Q/SUQJ 1—2007

固含量/%	≥99.8
相对密度	0.85～0.95
pH值(25℃)	3.0～3.5
闪点(开口杯)/℃	≥130

【用途】 在造纸制浆中作消泡剂。特别适宜强酸、强碱水相起泡体系的消泡。

用量与方法：可以在泡沫产生后添加或作为抑泡组分加入产品中，根据不同使用体系，消泡剂的添加量可为一般水体系添加量（$10\times10^{-6}\sim300\times10^{-6}$），具体根据现场实际情况而定。可1～10倍水稀释滴加，也可直接添加或用计量泵添加。

包装规格：塑料桶包装，净重25kg、50kg；镀锌铁桶包装，净重200kg；如有特殊要求可定制。

【制法】 由天然油脂、分散剂、乳化剂组成的混合物。

【产品安全性】 非危险品。贮存在干燥、阴凉的库房内，10～30℃密封保质期6个月。

【参考生产企业】 江苏腾达助剂有限公司。

Ba023 消泡剂

【英文名】 defoaming agent

【物化性质】 它能迅速消除因木质素和其他表面活性剂产生的泡沫，在制浆、洗浆、造纸施胶时效果尤为明显，消泡迅速、抑泡性能优越、用量少、无后期污染。在黑液体系，本品在国内技术最先进，和国内同类产品相比用量更少、抑泡更彻底。

【质量标准】

型号	Z-7204	Z-2515
外观	乳白色液体	乳白色液体
pH值	6～8	6～8
耐热温度	≤110℃	≤110℃
乳液离子型	非离子型	弱阴离子型

【用途】 作消泡剂。用于抑泡要求比较高的体系，如在碱法制浆或压力洗浆机洗浆、竹浆、蔗浆，中性制浆，水处理，植物纤维纸浆，高温强碱的化学清洗中的消、抑泡及高温强碱的水相体系中的消泡。

使用方法：在制浆或洗浆工序中，使用前用增稠水1～5倍水稀释以后加入。一般添加量为300～800g/t浆；使用量为浆料体系总量的0.1%～0.3%，可根据现场情况酌情增减。如消泡剂已被稀释须短时间内用完。

包装规格：塑料桶包装，净重25kg、50kg、200kg，也可根据客户需要制定包装规格。

【制法】 由聚甲基硅氧烷、低泡表面活性剂复配而成。

【产品安全性】 有腐蚀性，注意防护。溅到皮肤上用大量肥皂水冲洗。置于干燥的库房内，远离火源。适宜室温贮存，避免阳光下曝晒，贮存期为12个月。按一般货物运输。

【参考生产企业】 合肥新万成环保科技有限公司，郑州市道纯化工技术公司等。

Ba024 二亚乙基三胺五乙酸

【别名】 DETPA

【英文名】 diethylenetriaminepentaacetic acid

【登记号】 CAS [67-43-6]

【相对分子质量】 393.35

【结构式】

$$(HOOCCH_2)_2NCH_2CH_2N(CH_2COOH)CH_2CH_2N(CH_2COOH)_2$$

【物化性质】 白色结晶或结晶状粉末。熔点230℃（分解），溶于热水和碱溶液，微溶于冷水，不溶于醇、醚等有机溶剂。

【质量标准】

含量/%	≥90
闪点/℃	200
密度(25℃/4℃)/(g/mL)	1.56

【用途】 用于造纸漂白工艺，作过氧化氢分解抑制剂。

包装规格：塑料桶包装，净重25kg、50kg。

【制法】 将283.7kg一氯乙酸投入反应釜中，加220L蒸馏水搅拌溶解。于15℃滴加40%的NaOH溶液300kg，约1.5h加完。再在搅拌下滴加51.6kg二亚乙基三胺，滴加过程中把温度控制在20℃左右。接着继续滴加120kg NaOH水溶液(40%)，在40℃反应10～12h。将反应液冷至5～10℃。在搅拌下滴加260L浓盐酸，调pH值至1.6～1.7，放置过夜，滤出结晶，用400L冰水洗涤结晶，真空干燥，得130kg左右的粗品，用蒸馏水脱色得纯品。反应式如下：

$$H_2NCH_2CH_2NHCH_2CH_2NH_2 \xrightarrow[NaOH]{ClCH_2COOH} \xrightarrow{H^+} \text{本品}$$

【产品安全性】 急性毒性，大鼠腹腔 LD_{50} = 587mg/kg；小鼠腹腔 LC_{50} = 543mg/kg；有腐蚀性，注意防护。溅到皮肤上用大量肥皂水冲洗。置于干燥的库房内，远离火源。

【参考生产企业】 郑州市道纯化工技术公司，中国科学院成都有机化学研究所技术开发公司。

Ba025 氨基磺酸

【英文名】 sulfamic acid

【登记号】 CAS [5329-14-6]

【相对分子质量】 97.09

【结构式】

$$H_2N-\overset{\overset{O}{\|}}{\underset{\underset{O}{\|}}{S}}-OH$$

【物化性质】 无色无臭的白色晶体，熔点205℃(开始分解)，相对密度1.126。不挥发、不吸湿、可燃、低毒，溶于水，微溶于有机溶剂，氨基磺酸水溶液是高电离，所有普通盐都溶于水。在水溶液中能电离，呈中等酸性。

【质量标准】 HG/T 2527—2011

氨基磺酸含量/%	≥99.5
硫酸盐(以 SO_4^{2-} 计)含量/%	≤0.04
水分/%	≤0.05
铁(Fe)/%	≤0.006
水不溶物/%	≤0.02
熔点/℃	205

【用途】 作制浆漂白助剂。可减少或消除漂液中重金属离子的催化作用，从而使漂液质量得到保证，并能减少金属离子对纤维的氧化降解作用，亦能阻止纤维的剥皮反应，提高纸浆强度、白度。应用时注意不能将其直接放入漂液中，而应先用水溶解后再加入漂液中。

包装规格：内衬塑料袋的木板桶包装，净重30kg。

【制法】 其合成方法主要有气相法和液相法两种。气相法操作条件苛刻，设备材质要求高，副产品多，且氨基磺酸易黏附在反应器内壁，需经常清理，生产成本高，优点是产品纯度高。目前厂家采用的多为液相法。现介绍如下。

将过量的发烟硫酸加入反应釜中，搅拌降温至20～40℃，开始加入按比例混合好的硫酸和尿素。加料结束后，在20℃左右搅拌8h。再逐渐升温至70～90℃，蒸出三氧化硫，冷却析晶。固液分离后得粗氨基磺酸，用水重结晶，脱水干燥得高纯度精品氨基磺酸。反应式如下：

$$H_2N\underset{\underset{O}{\|}}{C}NH_2 \xrightarrow{SO_3} \xrightarrow{H^+} \text{本品}$$

【产品安全性】 有腐蚀性，注意防护。溅到皮肤上用大量肥皂水冲洗。置于干燥的库房内，远离火源。

【参考生产企业】 吴江市南风精细化工有限公司，莱州市春鸿商贸责任有限公司，郑州市道纯化工技术公司等。

Ba026 固体脱墨剂

【英文名】 solid deinking agent

【物化性质】 具有浮选和洗涤双重功效，所生产的成品纸白度比用传统脱墨剂提高5%～8%，具有保护纤维、油墨脱离纤维快的特点，并快速捕集防止已脱油墨再重新吸附，油墨脱除率提高15%～20%，COD指标降低300～500mg/L，是普通脱墨剂的优良替代产品。

【质量标准】

外观	白色粉末
有效成分	≥98%
固含量	≥83%
pH值	6～11
相对密度	≥1.01
不溶于水的杂质含量	≤0.01%

【用途】 广泛适用于美废、欧废、日废、国废等废纸的脱墨要求，脱墨后的纸浆可抄造有光纸、新闻纸、文化用纸、白板纸及卫生纸等。此脱墨剂便于浮选洗涤，节电节水，脱墨后浆白度高达80%～85%，脱除油墨率达95%以上。

用量用法：在水力碎浆机中加入废纸，每吨废纸加入本品1～2kg，于50～70℃打浆15～30min，碎浆浓度控制在13%～16%。

包装规格：采用编织袋包装，净重25kg，或纸桶包装，净重50kg。

【制法】 由多种酶制剂、添加特效墨药剂和油墨捕集剂、络合剂、分离剂等精制而成。

【产品安全性】 非危险品。避免与皮肤和眼睛接触。若不慎溅到眼中，提起眼睑，用流动清水或生理盐水冲洗。置于通风、干燥的库房内，远离火源。适宜室温贮存，避免阳光下曝晒，贮存期为12个月。按一般货物运输。

【参考生产企业】 青州金昊化工有限公司，天津市雄冠科技发展有限公司，泰安市泰山区鑫泉造纸助剂厂。

Ba027 1# 防腐剂

【别名】 六氢-1,3,5-三（2-羟乙基）均三嗪

【英文名】 anticorrosion 1#

【登记号】 CAS [4719-04-4]

【相对分子质量】 219.28

【结构式】

（结构式：六氢均三嗪环，三个N上各连一个—CH₂CH₂OH）

【物化性质】 淡黄色黏稠剂。相对密度(25℃)1.15～1.17，黏度（25℃）0.25～0.35Pa·s。

【质量标准】

乙醇胺含量/%	≤7.4
pH值(1%水溶液)	9.5～11.5
碱值/(mg KOH/g)	606

【用途】 主要用作造纸涂料、乳化水溶液及淀粉悬浮液的防腐。其效果达到国外同类产品SN-215的水平。对造纸中常见的细菌有抑制作用。往铜版纸中加入250kg/t，有良好的防雾效果。

包装规格：用塑料桶包装，净重50kg、125kg、200kg。

【制法】 将200kg 30%甲醛经预处理后加入反应釜，再加入133kg乙醇胺。在35℃下搅拌2h后，为防止发生副反应，加入适当的终止剂，保温下搅拌1h。静置，过滤，滤液在真空条件下浓缩，在浓缩时加入适当的助剂，出料后加入除臭剂。

【产品安全性】 刺激眼睛、呼吸系统和皮

肤。与皮肤接触可能致敏，戴适当的手套和护目镜或面具，避免皮肤接触。不慎与眼睛接触后，请立即用大量清水冲洗并征求医生意见。适宜室温贮存，避免阳光下曝晒，贮存期为12个月。按一般货物运输。

【参考生产企业】 潍坊银燕工贸有限公司，泰州市苏宁化工有限公司，太仓市荣德生物技术研究所。

Ba028 甲酸

【别名】 蚁酸

【英文名】 formic acid

【登记号】 CAS [64-18-6]

【相对分子质量】 46.03

【结构式】 HCOOH

【物化性质】 无色透明液体，有刺激性气味，相对密度(20℃)1.22，沸点100.8℃，溶于水、乙醇、乙醚和甘油，熔点8.4℃。

【质量标准】 GB/T 2093—2011

指标名称		一级品	二级品	三级品
含量/%	≥	90.00	85.0	85.0
氯化物(Cl)/%	≤	0.003	0.005	0.02

【用途】 纸浆制造中的杀菌防霉。

包装规格：用塑料桶包装，净重25kg、125kg。

【制法】

1. 甲酸钠法

将适量的一氧化碳和氢氧化钠水溶液在160～200℃、1.37～1.67MPa下反应生成甲酸钠，经中和、蒸馏、浮化冷凝而得。反应式如下：

$$NaOH \xrightarrow{CO} HCOONa \xrightarrow{H^+} HCOOH$$

2. 二氧化碳法

在钯络合物催化下，在三乙胺水溶液中，二氧化碳与氢气于140～160℃反应而得。反应式如下：

$$CO_2 \xrightarrow[\text{催化剂}]{H_2} HCOOH$$

【产品安全性】 刺激眼睛、呼吸系统和皮肤。与皮肤接触可能致敏，戴适当的手套和护目镜或面具，避免与皮肤接触。不慎与眼睛接触后，请立即用大量清水冲洗并征求医生意见。适宜室温贮存，避免阳光下曝晒，贮存期为12个月。按一般货物运输。

【参考生产企业】 太仓市荣德生物技术研究所，上海萱青工贸有限公司，青州金昊化工有限公司。

Ba029 间羟基苯甲酸

【别名】 间羟基安息香酸

【英文名】 *m*-hydroxybenzoic acid

【登记号】 CAS [99-06-9]

【结构式】

(苯环结构：1位 COOH，3位 OH)

【相对分子质量】 138.12

【物化性质】 白色针状结晶。熔点202℃，相对密度1.473（4℃）。易溶于热水，溶于醇、醚，微溶于冷水，不溶于苯。

【质量标准】 HG 2-303—80

项目	指标
含量/%	≥99.0
游离苯酚/%	<0.20
黑点个数	≤12.0
初熔点/℃	≥158.0
易磷化物/号	<6
异物个数	≤5

【用途】 可用作杀菌剂、防腐剂、增塑剂及医药中间体，亦可用以偶氮染料的合成。

包装规格：用塑料桶包装，净重25kg、50kg。

【制法】 将122kg苯甲酸投入反应釜中，在搅拌下加入100kg发烟硫酸。升温至

100℃左右，反应2h左右得间羧基苯磺酸。然后将磺化液转移至碱熔锅内，加入固体氢氧化钠45kg，升温至熔融，反应4～5h得间羧基酚钠，加入稀硫酸进行酸性水解。冷却结晶，滤除硫酸钠，滤饼用活性炭脱色即得成品。反应式如下：

$$\text{C}_6\text{H}_5\text{COOH} \xrightarrow{H_2SO_4} \text{3-}(HO_3S)\text{C}_6\text{H}_4\text{COOH} \xrightarrow{NaOH} \xrightarrow{H^+} \text{本品}$$

【产品安全性】 有腐蚀性，注意防护。溅到皮肤上用大量肥皂水冲洗。置于干燥的库房内，远离火源。

【参考生产企业】 江苏常州红卫化工厂等。

Bb 过程控制和涂布助剂

过程控制和涂布助剂主要包括助留助滤剂、消泡剂、腐浆控制杀菌剂、树脂障碍沉积物控制剂、水处理剂等。丙烯酸酯类有机微粒助留剂抗剪切助留效果较好；近年来，经特别改性的阳离子 PAM 与经特殊处理的蒙脱石相结合的微粒助留系统以其独特的优势脱颖而出。阳离子表面活性剂带有正电荷，与纸浆中带负电荷的纤维素有很强的结合能力，可直接固着在阴离子纸浆纤维上，使纤维之间结合紧密，提高填料与细小纤维的留着率，使纸张的各种强度性质得以改善。微粒直径在 100nm 以下、pH 值小于 11 的高分子型阳离子表面活性剂作纸张增强剂在纸张生产过程中可提高碳酸钙微粒的停留时间。在控制絮聚过程中，与传统的机械控制工艺方法相比，不破坏原始絮聚。

Bb001 松香阳离子表面活性剂

【英文名】 rosin cationic surfactants

【结构】 见反应式。

【物化性质】 丙烯酸改性松香基双季铵盐是具有良好的表面活性的新型阳离子表面活性剂，与阴离子表面活性剂相容性好。

【质量标准】

外观	淡黄色黏稠液
活性物含量/%	93.5
起始泡沫高度/mm	89
5min 泡沫高度/mm	54
水含量/%	0.5
CMC/(mmol/L)	0.27
乳化力/s	30

【用途】 用作造纸乳化剂和缓湿剂。

包装规格：塑料桶包装，净重 50kg 或 125kg 。

【制法】

（1）中间体的合成　将 114.5kg 丙烯酸改性松香（自制）加入反应釜，在搅拌下依次加入 12.0kg 氢氧化钠、0.8kg 催化剂、120kg 环氧氯丙烷，95～100℃反应 6h。冷却，回收过量的环氧氯丙烷，得到中间体 120kg，产率 86%。

（2）松香阳离子表面活性剂的合成　将 120kg 中间体加入反应器，在搅拌下再加入 46kg 三乙胺、30L 有机溶剂，加热反应 6h。冷却，用旋转蒸发仪除去反应剩余的三乙胺和溶剂，得到淡黄色黏稠状液体——松香阳离子表面活性剂。

H_3C … H_3C … H … COOH $\xrightarrow[\triangle]{CH_2{=}CHCOOH}$ H_3C … COOH … H_3C … H … COOH $\xrightarrow[NaOH]{\overset{O}{CH_2-CHCH_2Cl}}$ H_3C … $COOCH_2CH(OH)CH_2Cl$ … H_3C … H … $COOCH_2CH(OH)CH_2Cl$　I

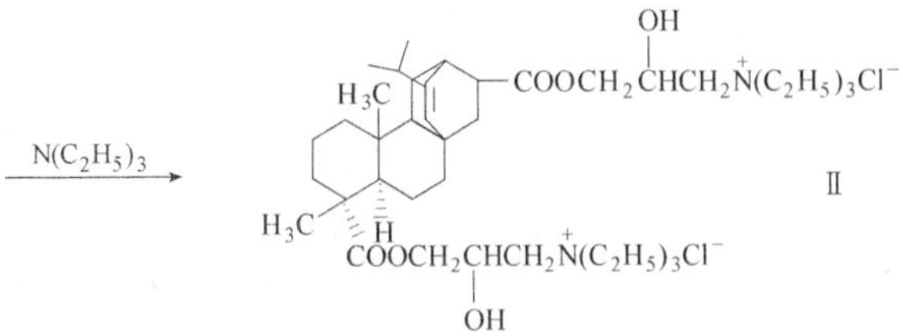

$\xrightarrow{N(C_2H_5)_3}$ (structure II: rosin-derived bis-quaternary ammonium; substituents: $-COOCH_2CH(OH)CH_2\overset{+}{N}(C_2H_5)_3Cl^-$, H_3C, H_3C, H, $COOCH_2CH(OH)CH_2\overset{+}{N}(C_2H_5)_3Cl^-$) Ⅱ

【产品安全性】 非危险品。避免与皮肤和眼睛接触，若不慎溅到眼中，提起眼睑，用流动清水或生理盐水冲洗。应密封贮存在室内阴凉、干燥处，避免日晒、雨淋；在运输过程中，应小心轻放，防撞，防冻，以免损漏。有效贮存期 12 个月，按一般化学品运输。

【参考生产企业】 江苏省宜兴市荣茂化工厂，潍坊银燕工贸有限公司。

Bb002 新型 Gemini 阳离子表面活性剂

【英文名】 movel Gemini cationic surfactants

【结构】 见反应式。

【物化性质】 普通二长链烷基二甲基季铵盐阳离表面活性剂虽具有抗静电、杀菌、防腐等性能，但难以生物降解，不符合环保要求。Gemini 型阳离子的烷基链中引入易水解基团，较传统的阳离子具有更优异的表面活性并具有良好的生物降解性能。

【质量标准】

外观	白色固体
Krafft/℃	0
CMC/(mmol/L)	1.09
γ_{CMC}/(mN/m)	30
泡沫(30min)/mL	220

【用途】 用作树脂障碍沉积物控制剂。原理是：①本品带有正电荷，与纸浆中带负电荷的纤维素有很强的结合能力，可直接固着在阴离子纸浆纤维上，使纤维之间结合紧密，提高填料与细小纤维的留着率；②阳离子型表面活性剂可以吸附在带负电荷的树脂粒子表面并且使树脂粒子的表面电荷发生逆转，进而使其吸附在带负电荷的纤维表面上，并且最终降低了系统中胶状分散树脂的浓度。

包装规格：用内衬塑料袋的编织袋包装，净重 25kg 。

【制法】

(1) 羧酸二甲胺乙醇酯（EA-10-2）的合成　在搅拌下将 7mol 癸酸、14mol 2-羟乙基二甲胺、一定量对甲基苯磺酸二甲苯溶液（预先溶于二甲苯中）加入反应器，混合均匀，加热回流，大约反应 10h，测定酸值，合格后减压蒸去溶剂和过量的 2-羟乙基二甲胺，经分馏得到化合物 EA-10-2，外观为无色液体。

(2) 双季铵盐的合成　将 2mol 环氧氯丙烷、6mol EA-10-2 和 2 mol EA-10-2 的盐酸盐在搅拌下依次加入反应器中，加 6L 异丙醇，加热回流 72h，减压蒸去溶剂，用石油醚洗涤所得蜡状产物，经硅胶柱色谱分离提纯（洗提剂为氯仿/甲醇，体积比为 9∶1），得到白色固体即为双季铵盐。

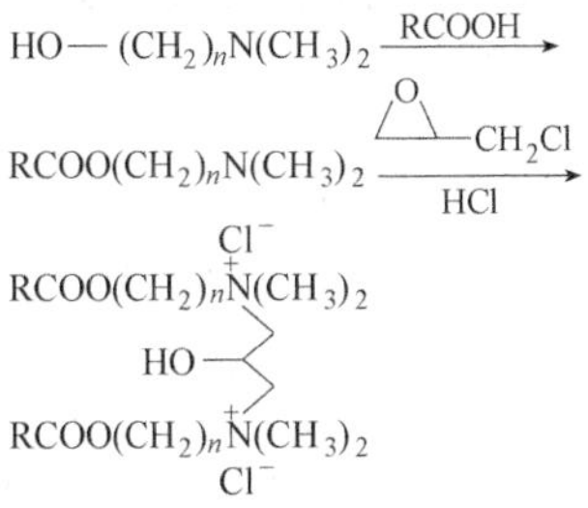

$$HO-(CH_2)_nN(CH_3)_2 \xrightarrow{RCOOH} RCOO(CH_2)_nN(CH_3)_2 \xrightarrow[HCl]{\text{环氧氯丙烷 } (CH_2Cl)}$$

$$\begin{array}{c} Cl^- \\ RCOO(CH_2)_n\overset{+}{N}(CH_3)_2 \\ HO-\langle \\ RCOO(CH_2)_n\overset{+}{N}(CH_3)_2 \\ Cl^- \end{array}$$

【产品安全性】 非危险品。避免与皮肤和眼睛接触，若不慎溅到眼中，提起眼睑，用流动清水或生理盐水冲洗。贮存于阴凉、干燥处，避免日晒、雨淋；有效贮存期 12 个月。按一般货物运输。

【参考生产企业】 镇江市天亿化工研究设计院有限公司，江苏省宜兴市荣茂化工。

Bb003 1,2-苯并异噻唑啉-3-酮

【别名】 BTT

【英文名】 1,2-benzisothiazolin-3-one

【物化性质】 熔点 156℃，溶于热水(90℃100g 水中溶解 1.5g)，其钠盐和铵盐易溶于水，微溶于有机溶剂。对细菌、霉菌、酵母菌及硫酸盐还原菌等都有效，尤其对革兰氏阴性菌效果突出，毒性为大白鼠口服量 $LD_{50}=1400mg/kg$。

【质量标准】

外观	白色或淡黄色针状结晶
纯度/%	>98

【用途】 是新一代工业杀菌剂，本品对酸、碱稳定，可在较宽的范围使用。

包装规格：用塑料桶包装，净重 50kg 或 200kg。

【制法】 将 2,2-二硫化二苯甲酸 1443kg、氯化亚砜 563kg 和催化剂加入反应釜中，加入苯作溶剂，开动搅拌。升温回流 1h，物料放入溴化釜，冷却至 10℃以下，边搅拌边慢慢加入溴及溴催化剂。之后在液面以下加入 13%氨水，继续反应 1h，然后将反应物送入蒸馏塔蒸去溶剂苯，釜液进入重结晶釜，用水重结晶，离心分离，烘干得产品。

$$\left[\text{C}_6\text{H}_4(\text{COOH})\text{S}-\right]_2 + SOCl_2 \longrightarrow$$

$$\left[\text{C}_6\text{H}_4(\text{COCl})\text{S}-\right]_2 \xrightarrow{Br_2,\ NH_3} 2\ \text{C}_6\text{H}_4(\text{C=O})(\text{S-NH})$$

【产品安全性】 非危险品。避免与皮肤和眼睛接触，若不慎溅到眼中，提起眼睑，用流动清水或生理盐水冲洗。贮存于阴凉、干燥处，避免日晒、雨淋；有效贮存期 12 个月。运输过程中应小心轻放，防撞，防冻，以免损漏。

【参考生产企业】 泰安市泰山区鑫泉造纸助剂厂，广州东湖化工厂。

Bb004 TXG 助留剂

【化学名】 丙烯酰胺与丙烯酸钠共聚物

【英文名】 TXG retention aid

【结构式】

$$-\!\!\left[CH_2-\underset{\displaystyle COONa}{\underset{|}{CH}}\right]_m\!\!-\!\!\left[CH_2-\underset{\displaystyle CONH_2}{\underset{|}{CH}}\right]_n\!\!-$$

【物化性质】 白色砂状粉末。

【质量标准】 GB 17514—2008

固含量/%	≥90
相对分子质量/10^4	500～700

【用途】 对带正电荷的悬浮粒子能进行电性中和，有强力吸附架桥作用，可促进沉降，强化固液分离，絮凝效果十分显著。用作助留剂、助滤剂、干湿增强剂，也可用于造纸。

包装规格：塑料桶包装，125kg。

【制法】 将 296kg 丙烯腈、102kg 去离子水加入聚合釜中，在搅拌下加热至 50℃，加入 13.8kg（10%）过硫酸铵水溶液。数分钟后，再加入 10%亚硫酸钠水溶液 54.8kg，反应温度维持在 55℃。加料完毕后在 80℃反应并减压除去低沸点物，加 NaOH 水溶液中和，脱水，结晶，过滤干燥得产品。

【产品安全性】 非危险品。避免与皮肤和眼睛接触，若不慎溅到眼中，提起眼睑，用流动清水或生理盐水冲洗。贮存于阴凉、干燥处，避免日晒、雨淋。有效贮存期 12 个月。按一般货物运输。

【参考生产企业】 青州市鑫帝化工有限公司，广州东湖化工厂。

Bb005 阳离子型聚丙烯酰胺

【英文名】 cationic (type) polyacrylamide

【结构式】

$$\left[CH_2—CH \right]_m \quad (CH: CH_2ONH_2)$$

$$\left[CH_2CH \right]_n \quad (CH: CONHCH_2N(CH_3)_2)$$

【物化性质】 无色、透明、黏稠液体。

【相对分子质量】 $50\times10^4\sim600\times10^4$

【质量标准】 GB/T 13940—1992

项目	指标
固含量/%	≥3.8
阳离子取代度/%	≥1
水解度/%	10
游离 AM(丙烯酰胺)/%	<0.5

【用途】 在抄纸过程中用作助留剂和助滤剂，一般用量为0.2%～0.5%。

包装规格：用塑料桶包装，净重25kg、50kg。

【制法】 将200kg聚丙烯酰胺加入反应釜中，加水稀释后，在搅拌下加入20kg多聚甲醛，进行甲醛化反应，再加入25kg二甲胺和40%的氢氧化钠50kg，在50～60℃下进行胺化反应，经后处理得成品。反应式如下：

$$\left[CH_2CH(CONH_2) \right]_m \xrightarrow{(HCHO)_n} \xrightarrow[NaOH]{NH(CH_3)_2} \text{本品}$$

【产品安全性】 不能与阴离子物共混。避免与皮肤和眼睛接触，若不慎溅到眼中，提起眼睑，用流动清水或生理盐水冲洗。贮于阴凉库内，贮存期6个月。运输时防止日晒、雨淋。

【参考生产企业】 上海优道奥巴化工有限公司，天津有机化工实验厂，上海市创新酰胺厂。

Bb006 阴离子型聚丙烯酰胺

【英文名】 anionic (type) polyacrylamide

【相对分子质量】 $50\times10^4\sim600\times10^4$

【登记号】 CAS [9003-06-9]

【结构式】 见反应式。

【物化性质】 无色黏稠透明液。黏度(1%水溶液，20℃) 0.05～0.04Pa·s。

【质量标准】 GB/T 13940—1992

项目	指标
固含量/%	≥8.0
游离 AM/%	<0.5
pH值(1%水溶液)	6.5～7.0

【用途】 在抄纸过程中作助留剂，对钛白粉效果明显。用量为0.05%～0.2%时留着率最高。

包装规格：用塑料桶包装，净重25kg、50kg。

【制法】 将丙烯酸和丙烯酰胺按2∶1(摩尔比)投入反应釜中，加去离子水搅拌溶解。加入10%的过硫酸铵水溶液(加入量相当于单体量的7%)。升温至60℃，反应3h。即得产品。反应式如下：

$$mCH_2{=}CH(CONH_2) \xrightarrow[\text{引发剂}]{nCH_2{=}CH(COOH)} \xrightarrow{Na_2CO_3} \left[CH_2CH(CH_2ONH_2) \right]_m \left[CH_2CH(COONa) \right]_n$$

【产品安全性】 不能与阳离子物共混。避免与皮肤和眼睛接触，若不慎溅到眼中，提起眼睑，用流动清水或生理盐水冲洗。贮于阴凉库内，贮期6个月，运输时应防止日晒、雨淋。

【参考生产企业】 上海优道奥巴化工有限公司，天津有机实验厂，江苏苏州安利化工厂等。

Bb007 两性离子型聚丙烯酰胺

【英文名】 amphoteric polyacrylamide

【结构式】

$$-\!\!\left[CH_2-\underset{CONH_2}{CH}\right]_x\!\!\left[CH_2-\underset{COOH}{CH}\right]_y\!\!\left[CH_2-\overset{CH_3}{\underset{COOC_2H_4N^+(CH_3)_3Cl^-}{C}}\right]_z$$

【物化性质】 无色透明液体，黏度（25℃）15Pa·s。

【质量标准】 GB/T 13940—1992

项目	指标
固含量/%	≥10
pH 值	3.5
阴离子度/%	0～10
阳离子度/%	5～60

【用途】 抄纸添加剂，用于蔗渣浆、麦草浆、稻草浆造纸，纸的主要性能有明显提高。

包装规格：用塑料桶包装，净重 25kg。

【制法】 将 α-甲基丙烯酸-*N*,*N*-二甲氨基乙酯加入反应釜中，加去离子水溶解后用磷酸调 pH 值至 3.5 左右。再加入丙烯酰胺、丙烯酸水溶液（三种单体的摩尔比为 1∶1∶1），再加入相当于单体总量 0.4%左右的过硫酸铵作引发剂，4-羧基丁醇作链转移剂。在 60℃下搅拌 3h 得产品。反应式如下：

$$xCH_2=CHCONH_2+yCH_2=CHCOOH+zCH_2=CHCOOC_2H_4N^+(CH_3)_3Cl^-\xrightarrow{\text{引发剂}}\text{本品}$$

【产品安全性】 按一般化学品管理。贮于阴凉库内，贮期 6 个月，运输时应防止日晒雨淋。

【参考生产企业】 上海优道奥巴化工有限公司，天津有机化工实验厂，上海市创新酰胺厂。

Bb008 聚氧化乙烯

【英文名】 polyethylene glycol oxide

【登记号】 CAS [25322-68-3]

【结构式】

$$HOCH_2CH_2O(CH_2CH_2O)_nH$$

【相对分子质量】 50×10^4～400×10^4

【物化性质】 白色粒状物。相对分子质量在 300×10^4 以上时有良好的分散性、一定的润湿性、减阻性和热解性，是一种有效的反絮凝剂。

【质量标准】

项目	指标
熔点/℃	66～70
表观密度/(kg/L)	0.15～0.30
pH 值	6.5～7.0
分解温度/℃	423～425
真密度/(kg/L)	1.15～1.22

【用途】 作为抄纸添加剂，加入制浆内可提高浆液黏度，阻止纤维相互黏附，可提高填料和细小纤维的留着率，改善纸匀度，降低打浆电耗，提高物理强度。

包装规格：用内衬塑料袋的编织袋包装，净重 50kg。

【制法】 将 120# 汽油加入反应釜中，在搅拌下加入异丙醇铝作催化剂（催化剂量为单体总量的 1.01%～1.03%）。用氮气置换釜中空气后，加入单体环氧乙烷（溶剂∶环氧乙烷=2∶1，质量比），在 10～20℃下反应 4h。然后逐渐升温至 35～40℃，再反应 3h，聚合反应结束。将物料转移至蒸馏釜中，蒸出溶剂，冷却析晶，过滤，得粗产品，真空干燥得成品。反应式如下：

$$n\,\text{(环氧乙烷)}\xrightarrow{\text{引发剂}}\text{本品}$$

【产品安全性】 无毒。不能接触黏膜和眼睛，不慎沾染立即用水冲洗干净。贮于干燥库内、防潮。室温保质期 12 个月。

【参考生产企业】 化工部上海化工研究所，上海联胜化工有限公司等。

Bb009 聚乙烯亚胺

【英文名】 polyethyleneimine

【登记号】 CAS [9002-98-6]

【结构式】

$\rangle$N$\leftarrow$CH$_2$CH$_2$NH$\rightarrow_n$H　$n=100$

【相对分子质量】 4335.21

【物化性质】 无色高黏稠液体。溶于水、乙醇，有吸湿性，不溶于苯、丙酮。与pH值低于2.4的硫酸相遇会产生沉淀。水溶液呈阳电荷，加入甲醛产生凝聚。

【质量标准】

含量/%	20～50
pH值(5%)	8.0～11

【用途】 用作未施胶的具有吸收性纸的湿强剂，抄纸过程中的助留剂和打浆剂可降低纸浆的打浆度，提高纸张脱水能力，使纸干度提高1%～4%，生产能力提高5%～20%。

包装规格：塑料桶包装，净重50kg。

【制法】

(1) 亚乙基亚胺的制备　将300kg乙醇胺和50kg水加入反应锅中，在搅拌下缓慢滴加浓硫酸50kg，滴加硫酸时温度控制在10～30℃。滴毕后，保温搅拌1h。再继续升温至50℃，减压脱水至有结晶析出，停止减压蒸馏，冷却结晶过滤。用少量水洗滤饼，干燥，得氨乙醇硫酸氢酯，将其转移到水解釜中，加30%的NaOH水溶液200kg，在100℃下水解后蒸出亚乙基亚胺和水的共沸液。

(2) 聚合反应　将上述制备的亚乙基亚胺水溶液加入聚合釜中，通入氯化氢和二氧化碳，在酸催化下亚乙基亚胺聚合得聚亚乙基亚胺。反应式如下：

$$H_2NCH_2CH_2OH+H_2SO_4 \longrightarrow$$
$$H_2NCH_2CH_2OSO_3H+NaOH+$$
$$\rangle NH \xrightarrow{HCl} \text{本品}$$

【产品安全性】 有腐蚀性，注意防护，溅到皮肤上用大量肥皂水冲洗。置于干燥的库房内，远离火源。

【参考生产企业】 郑州市道纯化工技术公司，中国科学院成都有机化学研究所技术开发公司。

Bb010 氧化淀粉

【英文名】 oxidation starch

【组成】 氧化木薯淀粉。

【物化性质】 氧化淀粉是淀粉在酸、碱、中性介质中与氧化剂作用，使淀粉氧化而得到的一种变性淀粉，外观为白色粉末，糊液呈微黄色，无腐蚀性。氧化淀粉使淀粉糊化温度降低，热糊黏度变小而热稳定性增加，糊透明，成膜性好，抗冻融性好。

【质量标准】 GB/T 20374—2006

外观	白色粉末状
水分/%	10.0～14.0
白度/%	≥90
pH值	6.0～8.0
细度(100目筛通过率)/%	99.0
黏度(6%溶液,25℃)/mPa·s	7.0～10.0

【用途】 用于造纸行业是作低黏度高浓度的增稠剂、施胶剂。凝沉性弱，吸水性、成模性好，黏合力强，黏度低，属阴离子性。多用作表面施胶和涂布黏胶剂。

包装规格：用内衬塑料袋的编织袋包装，净重25kg。

【制法】 将淀粉配成33%～44%的淀粉浆后加入反应器中，在搅拌下滴加NaOH溶液进行氧化。在35～40℃下搅拌30min。反应完毕后用稀盐酸中和至pH值为6.0～6.5，加入Na_2SO_3除去游离氯。经洗涤、过滤、干燥、包装得成品。

【产品安全性】 非危险品。避免与皮肤和眼睛接触。若不慎溅到眼中，提起眼睑，用流动清水或生理盐水冲洗。置于干燥的库房内。远离火源。

【参考生产企业】 天津市红旗淀粉厂，郑州市道纯化工技术公司，中国科学院成都有机化学研究所技术开发公司。

Bb011 叔铵盐型阳离子淀粉

【英文名】 tertiary amine salt type cationic

starch

【结构式】

$$淀粉—OCH_2\underset{\displaystyle |\atop \displaystyle OH}{CH}—CH_2N(CH_3)_3Cl$$

【物化性质】 白色粉末，黏度（4%）＞8×10^{-2}Pa·s。

【质量标准】 GB/T 22427.10—2008

项目	指标
取代度/%	＞3
细度(100目筛通过率)/%	98
pH值	7.0
氮含量/%	＞0.34
水分/%	≤14
白度/%	＞90

【用途】 用作造纸的湿部添加、涂布黏合和表面施胶，但主要用于湿部添加以提高纸张的干强度。使用时先将其分散在冷水中，并强力搅拌，含量不超过5%。直接用蒸汽将淀粉分散液升温到95℃，在此温度下保持10～15min。然后将淀粉放在贮槽中，用冷水稀释到1%，用量：0.5%～2.5%。

包装规格：用内衬塑料袋的编织袋包装，净重25kg。

【制法】

1. 湿法 将淀粉加入成浆槽中，加入适量的硫酸钠，加NaOH水溶液，搅拌打浆，计量后加入反应釜中，加入季铵化试剂和催化剂［NaOH：季铵化试剂：淀粉＝2.8：1：20(摩尔比)］，在5℃下搅拌4h，然后打入中和釜，加稀盐酸中和至pH值为3，洗涤、过滤、干燥得成品。

2. 干法 将淀粉与季铵化试剂混合在一起，加入干燥器，于60℃左右真空干燥至水分＜1%。再继续升温，在120～150℃下反应1h得成品。

3. 半干法 将淀粉和季铵化剂混合在一起，加入NaOH作催化剂，在70～80℃反应1～2h。反应式如下：

$$淀粉—OH+\underset{O}{\bigtriangledown}—CH_2N(CH_3)_3Cl\longrightarrow 本品$$

上述三种方法中以半干法较优。制备过程中不需加其他化学试剂，不需后处理，工艺简单，基本上无“三废”排放，周期短，反应条件温和，转化率高。

【产品安全性】 非危险品。注意眼睛保护，粉末飞入眼睛用生理盐水冲洗，如有不适就医。置于干燥的库房内，远离火源。

【参考生产企业】 大连市合成纤维研究所，郑州市道纯化工技术公司。

Bb012 HC-3多元变性淀粉

【英文名】 polyhydric modified starche HC-3

【组成】 阳离子淀粉，阴离子淀粉，非离子淀粉的复合物。

【物化性质】 微黄色粉末。淀粉中的阴离子基团有助于清除体系中有碍于淀粉吸附在纤维上的阳离子物质（如明矾），从而使淀粉中的阳离子基团不会发生过早的反应，被“杂”阴离子中和。

【质量标准】 GB/T 20375—2006

项目	指标
含磷量/%	0.25～0.50
总电荷	中性或微阳性
稳定性(0.5%,48h以上)	不老化,不分层
焦化温度/℃	52～62
pH值(3%水溶液)	6.0～7.0
含氮量/%	0.40～0.80

【用途】 用作增强剂。阳离子基团起保护作用，非离子基团起增效作用。这些反应基团共同协调的结果是使HC-3淀粉适应性强。不仅适用于酸性抄纸，也适用于中性、碱性抄纸。使用时用冷水稀释至5%～10%，在不断搅拌下用蒸汽直接加热至90～95℃，保温15min。包装规格：用内衬塑料袋的编织袋包装，净重25kg。

【制法】 将淀粉、阳离子化剂、阴离子化

剂、非离子化剂按配比混合，其摩尔比为20：1：0.32：08。在100～140℃反应4～6h得产品。

【产品安全性】 非危险品。注意眼睛保护，避免与皮肤和眼睛接触，若不慎溅到眼中，提起眼睑，用流动清水或生理盐水冲洗。粉末飞入眼睛用生理盐水冲洗。置于干燥的库房内，远离火源。

【参考生产企业】 北京市工业助剂科技开发中心，郑州市道纯化工技术公司，中国科学院成都有机化学研究所技术开发公司。

Bb013 阴离子淀粉

【别名】 含氮磷酸酯淀粉

【英文名】 anionic starch

【结构式】

$$\text{RNHCOO—淀粉—O—}\underset{\underset{\text{O}}{\|}}{\text{P}}\text{(OM)}_2$$

M=Na 或 K

【物化性质】 微黄色粉末，加热溶解，黏性可根据用户需要自行调整。

【质量标准】 GB/T 22427.11—2008

项目	指标
水分/%	<13
含N/%	0.8～1.2
含P/%	0.45～0.90
pH值	7.0±0.5
糊化温度/℃	45
糊液稳定性(3%)/h	>24

【用途】 能增强纤维结合力，改进纸张物理强度，如耐破、耐折、裂断长及环压强度等。具有助留作用，可减少细小纤维和填料的流失，对松香施胶有协同作用，可减少纸面掉粉现象，改善纸张的印刷性。亦可用作涂布加工纸涂料的黏合剂及层间黏合剂。

包装规格：用内衬塑料袋的编织袋包装，净重25kg。

【制法】 将氮试剂加入反应釜，在搅拌下加入溶剂，配成阴离子剂，同样把磷试剂也配成阴离子剂，然后加入淀粉，加热搅拌4h得产品。

【产品安全性】 非危险品。注意眼睛保护，粉末飞入眼睛用生理盐水冲洗。置于干燥的库房内，远离火源。

【参考生产企业】 化工部造纸化学品技术开发中心，北京市工业助剂科技开发中心，郑州市道纯化工技术公司，中国科学院成都有机化学研究所技术开发公司。

Bb014 阳离子淀粉醚

【英文名】 ationic starch ether

【组成】 阳离子淀粉醚。

【物化性质】 白色或浅黄色粉末。

【质量标准】 GB/T 22427.9—2008

项目	指标
水分/%	≥13
糊液稳定性(3%)/h	≥24
pH值(30%糊液)	7.0±0.5
糊液最高黏度(80g/L)/mPa·s	23±5

【用途】 用于造纸，作干强型补强剂。

包装规格：用内衬塑料袋的编织袋包装，净重25kg。

【制法】 将18kg NaOH和225kg Na_2SO_4加入反应釜，加水溶解，再加入450kg玉米淀粉，搅拌均匀。然后加入已配好的二乙基氯乙基胺的盐酸盐（18kg）水溶液，继续搅拌24h。用足量盐酸调pH值为3，最后过滤，洗涤，干燥，即得淀粉醚制品。

【产品安全性】 非危险品。避免与皮肤和眼睛接触，若不慎溅到眼中，提起眼睑，用流动清水或生理盐水冲洗，注意眼睛保护，粉末飞入眼睛用生理盐水冲洗。置于干燥的库房内，远离火源。

【参考生产企业】 化工部造纸化学品技术开发中心，天津市红旗淀粉厂，中国科学院成都有机化学研究所技术开发公司。

Bb015 壳聚糖胶

【别名】 几丁胶，脱乙酰几丁

【英文名】 gum from the chitin

【结构式】

【物化性质】 壳聚糖是甲壳素的脱乙酰化产物，又称可溶甲壳素、壳多糖、甲壳胺，是一种天然生物高分子聚合物，白色结晶性粉末。有很强的吸湿性，仅次于甘油，高于聚乙二醇、山梨醇。在吸湿过程中，分子中的羟基、氨基等极性基团与水分子作用而水合，分子链逐渐膨胀，随着pH值的变化，分子从球状胶束变成线状。具有很好成膜性、透气性和生物相容性。无毒，可生物降解。

【质量标准】

项目	指标
pH值	4.0～6.0
黏度/mPa·s	50

【用途】 用作纸张表面补强剂，适用于仪表记录纸、双胶纸、铜版原纸、晒图纸、书写纸、招贴纸、复印纸等。可提高纸张物理机械强度、纸张适印性和染色鲜艳性。

包装规格：塑料桶包装，25kg/桶。

【制法】 将收集到的虾、蟹壳用清水洗净。干燥粉碎后先用盐酸处理，再用NaOH处理，最后在高温浓碱条件下处理若干小时，得壳聚糖，再取壳聚糖并按一定比例加入有机酸和水，于一定温度下反应一定时间后，加入交联剂等，反应6h得产品。

【产品安全性】 非危险品。注意眼睛保护，粉末溅入眼睛用生理盐水冲洗。置于干燥的库房内，远离火源。

【参考生产企业】 南京生物化学制药研究所，来安化肥厂，北京市工业助剂科技开发中心，郑州市道纯化工技术公司，中国科学院成都有机化学研究所技术开发公司。

Bb016 羧甲基纤维素钠

【英文名】 sodium carboxy methyl cellulose

【结构式】

CH_2OCH_2COONa

【物化性质】 白色或微黄色纤维状粉末。

【质量标准】 GB/T 12028—2006

项目	指标
氯化物/%	≤5.0
取代度	≥0.45
黏度(2%)/Pa·s	0.3～1.2
水分/%	≤10
pH值	7.0±1

【用途】 可用于浆内添加作为补强剂，还用于表面施胶，在涂布加工纸时用作黏度调节剂等。

包装规格：用内衬塑料袋的编织袋包装，净重25kg。

【制法】 将精制棉、苛性钠、酒精混合液、氯乙酸酒精溶液一起加入捏和机中进行碱化和醚化。再用盐酸中和，酒精洗涤，然后烘干，粉碎得产品。

【产品安全性】 非危险品。避免与皮肤和眼睛接触，若不慎溅到眼中，提起眼睑，用流动清水或生理盐水冲洗。粉末飞入眼睛用生理盐水冲洗。置于干燥的库房内，远离火源。

【参考生产企业】 北京市工业助剂科技开发中心，郑州市道纯化工技术公司，中国科学院成都有机化学研究所技术开发公司。

功能性助剂

功能性助剂主要包括施胶剂、干湿强剂、填料、增白剂、柔软剂、阻燃剂、防油剂、防水剂等。这类助剂品种繁多，具有很强的针对性、专用性，对纸张的品种和质量起着决定性的作用。如纸张柔软剂可在纸张纤维表面形成的疏水基向外反向吸附，增大彼此间的润滑性，使纸张获得平滑柔软的手感，提高纸张的质量和档次，为纸带来很高的经济效益和社会效益。目前，浆内施胶正由酸性向中碱性施胶过渡，其研究开发的热点集中在提高产品稳定性及与增效剂产品的共用研究，如使用高分子乳化剂。国内外对干湿强剂的研究较多地集中在特殊用纸专用助剂的开发，如箱纸板环压强度剂、高档包装纸挺度剂、生活用纸湿强剂等。随着环保意识的逐渐加强，低 AOX 产生率 PAE 湿强剂的开发也备受关注。随着纸和纸板使用范围的不断扩大以及社会对特殊功能纸需求量的不断增大，新型造纸化学助剂将不断面世。

Bc001 强化松香施胶剂

【英文名】 fortified rosin size

【组成】 马来松香。

【物化性质】 易溶于 60～80℃ 的热水。与淀粉分子间形成拒水反应基团，从而能有效提高瓦楞纸表面施胶淀粉的拒水性能，达到阻止纸面回潮和抗水的目的。施胶后吸水值可达 50%以下，3～5min 以上不渗水。

【质量标准】 LY/T 1066—1992

项目	指标
外观	淡黄色或白色粉末状固体
有效物含量/%	≥95
马来酸酐加和物/%	≥95
pH 值	9.0～10.0
机械杂质含量/%	≤0.1
粒度/目	40～80

【用途】 可用作造纸工业的强化施胶剂。本品是固体状，运输使用方便，特别适合冬季寒冷和偏远地区使用。其乳胶液稳定性好，受温度影响小，可解决夏季施胶困难的问题。造纸时，可以相应减少沉淀剂的应用。具有优良的机械稳定性；显著提高纸品的表面印刷强度，缩短熟化时间，降低生产成本。

用法用量如下。

① 用量：在糊化淀粉时取代 25%左右原淀粉。

② 使用时用过硫酸铵氧化原淀粉，推荐用量为淀粉量的 4‰～5‰，将已糊化好的淀粉液在 90～95℃保温 20～30min 即可上机使用。

③ 糊化过程中温度达到 70℃时一定放慢升温速度，达到 93～95℃时保温时间一定要在 20min 以上，保证淀粉和其他材料反应充分。

④ 糊化好的淀粉黏液一定要达到 50～80mPa·s 左右，有利于保证淀粉糊的成膜性能和成纸的环压等物理性能，黏度的调整可用增减过硫酸铵用量来调节。

⑤ 另外，应用淀粉酶氧化淀粉，先把淀粉胶糊化好后，温度达到93℃时加入固体表面施胶剂，保温 20min 左右即可。

⑥ 淀粉胶一定要一次性糊化好，不要用水稀释，若用水稀释会影响到施胶和环压。

⑦ 上胶温度保证在 80～85℃，保证温度主要是控制粘辊现象。若温度过低可能会导致粘辊。

包装规格：用纸塑复合袋包装，每包净重 25kg。

【制法】 松香与马来酸酐进行加成反应后用碱皂化，经喷雾干燥得产品。

【产品安全性】 属天然产品加成物，安全性好。贮存于阴凉处，避免曝晒。避免高温、不可近火，勿与氧化剂共贮运。贮存期 6 个月。

【参考生产企业】 玉林市嘉裕造纸化工厂，广西梧州日成林产化工股份有限公司，上海理高化工有限公司，桂林森泰林化技术有限公司。

Bc002 中性施胶剂

【化学名】 烷基烯酮二聚体

【英文名】 AKD neutral size AKD

【结构】 见反应式。

【物化性质】 中性乳液。可以使用碳酸钙加填料，单程留着率高，纸张白度、不透明度、手感强度、耐折度、抗老化性和印刷性能良好。

【质量标准】 GB/T 13892—2012

型号	合格品	优级品
外观	浅黄色蜡状固体	
碘值/(g I_2/100g)	≥43±1	≥45±1
酸值/(mg KOH/g)	≤55	≤55
灰分/%	≤0.03	≤0.03

【用途】 AKD 中性施胶剂，可直接用于纸厂进行中性造纸的浆内施胶。能赋予纸张优越的抗水及酸碱溶液渗透能力，也可赋予纸张抗边缘渗透的能力。可大大改善纸张的物理性能，广泛用于生产铜版原纸、静电复印纸、双胶纸、无碳复写纸、档案纸、照相原纸、水松原纸、邮票原纸、餐饮纸等纸种的中性施胶。注意事项：避免使用质量太差之水（如折合成 Ca_2CO_3 计硬度高于 100mg/L）稀释，以免影响整理质量；应尽量洗净残留在织物上之余碱，以免影响整理质量。

包装规格：塑料桶包装，净重 125kg。

【制法】

(1) AKD 中间体（硬脂酰氯）的合成 将一定量的环己烷加入反应釜中，再在搅拌下加入硬脂酸和 PCl_3 [$n(C_{17}H_{35}COOH):nPCl_3=1:2.18$] 于 60℃反应 3.5h，静置降温，过滤除去副产物 H_3PO_3，蒸出溶剂，得棕色液体即为硬脂酰氯。

$$3RCOOH+PCl_3 \longrightarrow 3RCOCl+H_3PO_3\downarrow$$

(2) 十六烷基二聚乙烯酮（AKD）的合成 首先在反应釜中加入环己烷，然后在搅拌下加入硬脂酰氯和三乙胺［质量比=1.25］，于40℃脱氯化反应 8h。过滤除去副产物 $N(C_2H_5)_3 \cdot HCl$，蒸出溶剂，得 AKD 粗品。重结晶后得精品，乳化后得产品。

$$C_{17}H_{35}COCl+N(C_2H_5)_3 \longrightarrow \begin{array}{l} C_{16}H_{33}CH{=}C{-}O \\ \qquad\qquad\;\; | \qquad | \\ \quad C_{16}H_{33}CH{-}C{=}O \end{array} +N(C_2H_5)_3\cdot HCl$$

【产品安全性】 本品为无毒类［江苏省卫生防疫站（毒）检字第 078 号，检测报告编号 97078］。贮存于阴凉、干燥处，避免日晒雨淋；按一般化学品运输，防止高温、日晒、冰冻。运输中若发生泄漏，以水冲洗。贮存温度为 5～35℃，产品保质期 6 个月。

【参考生产企业】 东莞市澳达化工有限公司，石狮市清源精细化工有限公司。

Bc003 AKD 中性施胶剂乳液

【英文名】 neutral sizing agent AKD

【组成】 以碳十四-碳十六烷基烯酮二聚体为主的乳化液。

【物化性质】 白色乳液，极易溶于水。电荷类型为阳性，稳定期为 3 个月。

【质量标准】

型号	1	2	3
固含量/%	10.0±0.5	15.0±0.5	24.5～25.0
黏度(25℃)/mPa·s	10～15	10～15	10～15
pH 值	3～4	3～4	4～5

【用途】 AKD 乳液系反应型中性施胶剂可直接用于纸厂进行中性造纸的浆内施胶。能赋予纸张优越的抗水及酸碱溶液渗透能力，也可赋予纸张抗边缘渗透的能力，可大大改善纸张的物理性能，广泛用于生产铜版原纸、静电复印纸、双胶纸、无碳复写纸、档案纸、照相原纸、水松原纸、邮票原纸、餐饮纸等纸种的中性施胶，3%～8%的添加量加入纸浆中即可。

本品通常选择在调浆箱或混合箱处经计量泵连续加入。如是酸性抄纸，使用前应彻底清洗设备及管道，浆料 pH 值小于 6 时，可加入少量纯碱或烧碱调整 pH 值为 6～9。

包装规格：塑料桶包装，200kg/桶、1000kg/桶。

【制法】 将阳离子淀粉与水混合后加入反应器，用硫酸调 pH 值至 3.5。然后在 90～95℃下糊化 1h，冷却至 75℃在搅拌下加入 AKD。并通过 30MPa 的高压均化器均化，再加水稀释成所需的乳液。

【产品安全性】 不能与阴离子物共混。贮存温度为 5～35℃，避光、密闭贮存可达 3 个月，防止高温、冰冻。运输中若发生泄漏，以水冲洗。

【参考生产企业】 镇江市天亿化工研究设计院有限公司，山东龙口化工厂等。

Bc004 ASA 中性施胶剂

【别名】 烯基琥珀酸酐

【英文名】 neutral size-ASA

【相对分子质量】 340.0

【结构式】

$$R_1-CH=CH-\underset{\displaystyle R_2}{\underset{|}{CH}}-\underset{\underset{\displaystyle HC}{\|}}{C}-\overset{\overset{\displaystyle O}{\|}}{C}-O-\overset{}{\underset{\underset{\displaystyle O}{\|}}{C}}$$

（五元环：C—C(=O)—O—C(=O)—CH=C，CH 与 C 以双键相连）

【物化性质】 不挥发性澄清琥珀色液体。相对密度（25℃）0.784；黏度（24℃）0.16Pa·s；闪点（COC）21℃；易溶于丙酮、苯、石油醚，不溶于水。在干燥条件下稳定。

【质量标准】

项目	指标
色度(Gardner)	12
倾点/℃	4.4
酸值/(mg KOH/g)	330
熔点/℃	-7～-4

【用途】 高反应性施胶剂，水解速度及活性半衰期很短。借助于乳化剂、稳定剂、促进剂及助留剂的电荷调节与桥联，起到凝结和絮凝作用，而使 ASA 在纤维上显示良好的留着性。常用的配套剂是季铵盐阳离子淀粉（用量 1%）、聚丙烯酰胺（助留剂用量 0.02%）、亚甲基双硫氰酸酯（防腐剂用量 3×10^{-5}）、含多胺的阳离子聚合物（促进剂 0.2%）、ASA（用量 1%）。

包装规格：塑料桶包装，50kg/桶、125kg/桶。

【制法】 将等物质的量的平均碳链长度为 C_{18} 的丙烯（碳链长度 C_{15}～C_{20}）与顺丁烯二酸酐加入反应釜中。加入适量的 2,6-二叔丁基甲酚作抗氧剂。通入氮气，在氮气保护下加热至 245℃反应 4h，减压蒸馏，收集200～250℃馏分即为成品。反应式如下：

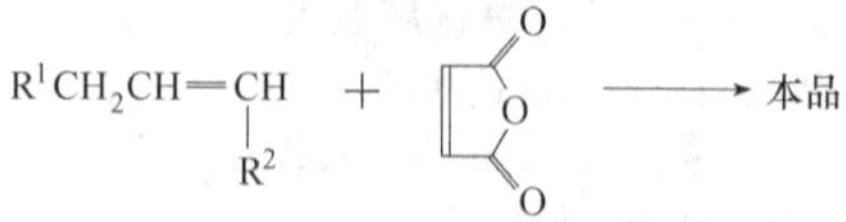

$$R^1CH_2CH=CH(R^2) + \text{马来酸酐} \longrightarrow \text{本品}$$

【产品安全性】 非危险品。避免与皮肤和眼睛接触；若不慎溅到眼中，提起眼睑，用流动清水或生理盐水冲洗。贮存于阴凉、干燥处，避免日晒雨淋；10～35℃的条件下避光、密闭贮存可达6个月以上。

【参考生产企业】 东莞市澳达化工有限公司，镇江市天亿化工研究设计院有限公司，黑龙江牡丹江市石油化工设计研究院等。

Bc005 咪唑啉季铵盐型纸张柔软剂

【英文名】 imidazoline quaternary compounds for paper softening agents

【结构式】

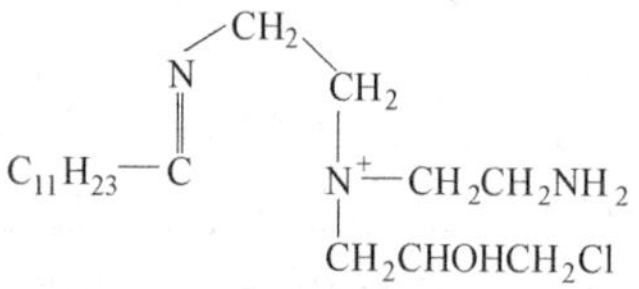

$$C_{11}H_{23}-C(=N-CH_2-CH_2-)N^+(CH_2CH_2NH_2)(CH_2CHOHCH_2Cl)$$

【物化性质】 咪唑啉季铵盐是一种特殊结构的阳离子表面活性剂。本品既具有酰胺类柔软剂对纤维吸附力强、能较好降低纤维间摩擦系数、手感平滑的性能，又具有季铵盐类柔软剂利用电性与纤维结合，大幅度降低纤维间静摩擦系数，同时具有杀菌防霉作用的特性，且脱缸容易，无掉粉掉毛现象。

【质量标准】 QB/T 2118—2012

外观	米黄色膏状体
pH值	7～8
固含量/%	48
熔点/℃	53～55

【用途】 目前纸张用柔软剂主要有蜡乳液、金属络合溶剂、聚硅氧烷。蜡乳液的平滑性能优良，但降低纤维间静摩擦系数的效果较差，用在皱纹纸上吸水性能变差；金属络合物对纤维有较强的结合力，能使憎水基团规则地排列在纤维周围，纸的柔软性能较好，但其有毒性，影响产品在卫生纸上应用。聚硅氧烷可以使纸品获得独特的柔软性能，同时具有很好厚实感和滑爽性，但价格较高，生产厂家难以接受。本品是一种新型的造纸助剂，克服了上述柔软剂的缺点，作为柔软剂用于卫生纸、餐巾纸、美容纸、尿布纸、无纺布纸、纸手巾。具有良好的起皱性能、吸水性能，手感平滑程度明显地提高。

包装规格：塑料桶包装，50kg/桶。

【制法】 将高碳脂肪酸加入反应釜中，在搅拌下加热并熔解，然后缓慢滴加多烯多胺进行反应，几分钟后可看到有放热现象，溶液颜色由浅逐渐变深。脱水反应完全后降温至100℃以下，再逐渐滴加烷基化试剂，反应至终点得有特殊的气味能分散于热水中的米黄色膏状体。反应式如下：

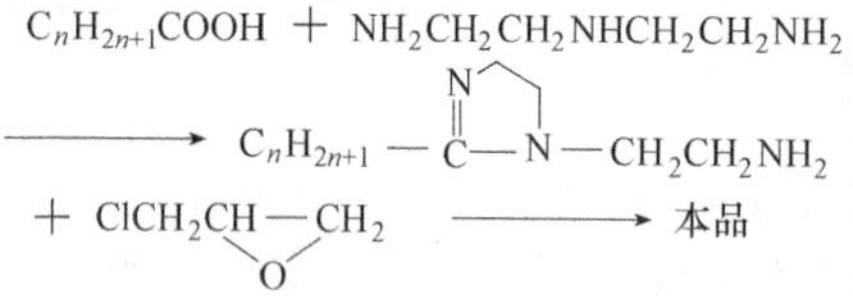

$$C_nH_{2n+1}COOH + NH_2CH_2CH_2NHCH_2CH_2NH_2 \longrightarrow C_nH_{2n+1}-C(=N-CH_2CH_2-)N-CH_2CH_2NH_2$$

$$+ ClCH_2CH-CH_2(\text{环氧}, O) \longrightarrow \text{本品}$$

【产品安全性】 无毒、无刺激，具有优异的生物降解性。避免与皮肤和眼睛接触，若不慎溅到眼中，提起眼睑，用流动清水或生理盐水冲洗。贮存于阴凉、干燥处，避免日晒、雨淋；有效贮存期12个月。按一般化学品运输。

【参考生产企业】 秦皇岛胜利化工有限公司，镇江市天亿化工研究设计院有限公司。

Bc006 阳离子咪唑啉表面活性剂

【英文名】 positive ion imidazoline surfactants

【结构式】

$$\left[R-C\overset{N-}{\underset{\overset{+}{N}-}{}}\right]\cdot\frac{1}{2}SO_4^{2-}$$

H_3C CH_2CH_2NHCOR

【物化性质】 与水成为乳液。易溶于异丙醇、丙酮、乙醇，能与苯部分互溶，难溶于二氯乙烷、石油醚、正己烷、正丁醇、四氯化碳、氯仿等。在水中，其泡沫呈白色而细密，形成的乳状液有胶性，加热和搅拌均可使其泡沫增加，在水相表面有良好的分散性。其质量浓度为10.5g/L的水溶液常温下经搅拌可形成稳定的淡黄色乳状液，在32℃、101.325kPa的条件下测得HLB值为8，耐硬水程度良好。

【质量标准】 GB 11985—1989

外观	黄褐色固体
熔点/℃	100
表面张力/(N/m)	48.15×10^{-3}
pH值	9

【用途】 作造纸助剂对纸张具有很好的柔软调理性。

使用范围：纸张有卫生纸、皱纹纸、手帕纸、餐巾纸。本品能降低纤维之间的结合力，使纸张刚性下降，减少纸张对皮肤的摩擦力；具有湿润纤维的作用，改善纤维的平滑性，增加纸张光滑、湿润、滑腻的手感。

注意事项：使用前应充分搅拌均匀；不要与其他产品混用，未用完的产品应密封保存。

包装规格：塑胶桶包装，50kg/桶、125kg/桶。

【制法】 咪唑啉环化反应常用真空法和溶剂法。溶剂法反应温度低，产物不易变色，但反应时间长，收率低，还存在溶剂回收问题。该工艺采用真空法，以脂肪酸和二乙烯三胺为原料，经过酰化和环化制得中间体2-烃基酰胺乙基咪唑啉，为防止咪唑啉中间体开环，利用偏酸性硫酸二甲酯对咪唑啉环上的氮原子进行季铵化反应，生成季铵盐型阳离子咪唑啉表面活性剂，产品质量高。反应后对硫酸二甲酯进行纯化处理，循环使用，实现资源充分利用，减少环境污染。

(1) 原料精制　在氮气保护下逐步升温至140～150℃蒸馏二乙烯三胺，收集201～203℃的馏出物。真空蒸馏硫酸二甲酯，收集72～73℃、155Pa的馏出物。软脂酸重结晶2次，测熔点63～64℃，恒温反应约3h。

(2) 咪唑啉的制备　将8mol软脂酸、18mol二乙烯三胺投入反应器中，不断搅拌使之充分混合，将反应物冷却至100℃以下。开动真空泵抽真空至1.01kPa，在120℃反应3h得酰基化产物。然后减压至63kPa，在240℃保温反应2～3h。停止加热，让中间产物自然冷却至120℃左右，趁热将产物倒入容器继续冷却，凝结成淡黄色固体。

(3) 咪唑啉的季铵化　将500份咪唑啉中间产物放入反应器中，加入适量溶剂。加热搅拌下按m（咪唑啉）：m（硫酸二甲酯）=2：1的比例将硫酸二甲酯分次滴加到咪唑啉中，反应5～6h。用减压蒸馏的方法把水及未反应完全的硫酸二甲酯除去（硫酸二甲酯经处理后循环使用）。将产物趁热倒出，待冷却后得成品。

$$2RCOOH + H_2NCH_2CH_2NHCH_2CH_2NH_2 \longrightarrow$$
$$RCONHCH_2CH_2NHCH_2CH_2NHCOR + 2H_2O$$

$$\longrightarrow R-C\overset{N-}{\underset{N-}{}}\ (\text{ring, N-}CH_2CH_2NHCOR) + (CH_3)_2SO_4 \longrightarrow \text{本品}$$

【产品安全性】 生物降解性好。避免与皮肤和眼睛接触。若不慎溅到眼中，提起眼睑，用流动清水或生理盐水冲洗。贮存于阴凉、干燥处，避免日晒、雨淋；在10～25℃条件下有效贮存期12个月。按一般化学品运输。

【参考生产企业】 镇江市天亿化工研究设

计院有限公司。

Bc007 表面活性剂 MA

【英文名】 surfactants MA

【结构式】

$$[R_3N—CH_2CH(OH)—CH_2Cl]^+ X^-$$

【物化性质】 功能性表面活性剂，能溶于水、甲醇、乙醇等溶剂。除了普通表面活性剂所具有的一般功能外，其活性官能团还能与纺织品、橡胶、塑料多种材料发生化学反应，形成化学键，使其与材料表面牢固结合，从而改变材料的表面性能。

【质量标准】 GB/T 6368—2008

外观	白色黏稠液
pH 值	7
活性物含量/%	93～95

【用途】 作纸张柔软剂，在碱性条件下能与纤维素中的羟基发生反应，可在纸张纤维表面形成的疏水基向外反向吸附，增大彼此间的润滑性，使纸张获得平滑柔软的手感，提高纸张的质量和档次。染色时可以通过静电吸引，提高染料的上染率。

包装规格：塑料桶包装，25kg/桶、50kg/桶、125kg/桶。

【制法】 将 15mol 叔胺和 50%乙醇（相当 2 倍物料）在搅拌下加入反应器，滴加酸至 pH 值为 7，待白雾消失后，在规定温度下滴加 15mol 环氧氯丙烷，60min 内滴完，在 80℃反应 4h，冷却出料。在合成 MA 过程中可能存在如下反应：

$$R_3N + ClCH_2—\underset{\diagdown O \diagup}{CH—CH_2} \xrightarrow{+HX} \text{本品}$$

【产品安全性】 有刺激性，注意防护。避免与皮肤和眼睛接触，若不慎溅到眼中，提起眼睑，用流动清水或生理盐水冲洗。贮存于阴凉、干燥处，避免日晒雨淋；在 10～25℃条件下，密闭贮存可达 6 个月以上。

【生产参考企业】 镇江市天亿化工研究设计院有限公司。

Bc008 纸品上光油

【英文名】 overprint varnish for paper

【组成】 由成膜树脂、助剂和溶剂组成。

【物化性质】 由多种甲基丙烯酸酯类和丙烯腈、苯乙烯等单体共聚而成。用水稀释，无毒、无刺激性气味，附着力强，光亮度高，适用于各类白版纸、铜版纸、印刷品的印刷。不仅使印刷品表面更光亮、平滑、色泽更鲜明，而且还能起到防潮、防伪和耐磨等作用。

【质量标准】

外观	白色透明液体
总固形物/%	30±1.5
pH 值	7～8
黏度[(25±1)℃，察恩 3# 杯]/s	42.5
光泽度/%	≥60
密度(25±1℃)/(g/cm³)	0.95
初干性/(s/0.033mm)	32.0
彻干性/(s/0.1mm)	52.0
耐磨性(印刷品用干棉球用力来回摩擦)/次	80

【用途】 纸品上光广泛地应用在商品包装的装潢，如名烟、名酒、名茶以及一些书籍封面、装帖、画册等。光油的品质和理化性能均由成膜树脂决定。

上光油的制作：天然树脂和古巴树脂、松香树脂等，其缺点是成膜的透明性差，容易泛黄，且成本高；合成树脂，如丙烯酸树脂、失水苹果酸树脂等。合成的树脂具有成膜性能好、高光泽、高透明度、耐摩擦、耐水、耐热、耐化学腐蚀等优点，适合于配制各种高质量上光涂料。但其溶剂有苯类、酮类、醇类、酯类，由于溶剂挥发产生的气体有毒、易燃，严重地影响环境和人们的健康。本品属水溶性上光涂料，不仅能提高印刷品的艺术效果和保护功能，还可增加商品的附加值。

注意事项：避免使用质量太差之水（如折合成 Ca_2CO_3 计硬度高于 100mg/L）稀释，以免影响整理质量；应尽量洗净残留在织物上之余碱，以免影响整理质量。

包装规格：塑料桶包装，25kg/桶、50kg/桶。

【制法】

（1）主体树脂的制备　首先将计量的自制混合溶剂加入反应器中，加热、搅拌、回流，并同时通入氮气。在除去了阻聚剂的各种混合单体（苯乙烯、丙烯腈、丙烯酸丁酯、甲基丙烯酸甲酯）中混入 0.50 份过氧化苯甲酰（BPO），并在 2h 内均匀地滴加到反应瓶中，然后保温 2h；在 10min 内滴入由 50g 混合溶剂和 0.20 份 BPO 组成的溶液，保温回流 2h，再加入一份 BPO 和混合溶剂组成的溶液，保温 2h 出料。聚合收率 98%以上，固含量为 52.5%，黏度为 45.0s（涂-4 杯，25℃测定）。

（2）纸品上光油制备　取上述聚合物于反应器中，水浴加热至 60℃，恒温、高速搅拌下滴加三乙醇胺水溶液，保温 2h，降温，添加流平剂、滑爽剂、增稠剂、脱膜剂，即得白色透明状的水溶性上光油。

【产品安全性】　非危险品，对环境友好。避免与皮肤和眼睛接触；若不慎溅到眼中，提起眼睑，用流动清水或生理盐水冲洗。贮存于阴凉、干燥处，避免日晒、雨淋；有效贮存期 12 个月。

【参考生产企业】　镇江市天亿化工研究设计院有限公司。

Bc009 丙烯酸酯乳液纸品上光油

【英文名】　acrylic copolymer emulsion for paper lustering agen

【组成】　丙烯酸酯乳液、成膜剂。

【物化性质】　光泽度佳，耐磨，耐水，废纸品可回收再生，对人体无危害，对环境无污染。

【质量标准】

项目	指标
外观	白色乳液，呈蓝色光泽
黏度[(25±1)℃,涂-4 杯]/s	45
pH 值	7～8
总固形物/%	44
光泽度/%	70
玻璃化温度/℃	30
硬度	2H
耐磨性(印刷品用干棉球用力来回摩擦)/次	80

【用途】　纸品上光广泛地应用在商品包装的装潢，如名烟、名酒、名茶以及一些书籍封面、装帖、画册等。

注意事项：避免使用质量太差之水（如折合成 Ca_2CO_3 计硬度高于 100mg/L）稀释，以免影响整理质量；应尽量洗净残留在织物上之余碱，以免影响整理质量。

包装规格：塑料桶包装，净重 125kg。

【制法】　采用半连续滴加聚合法，先在预乳化器中加入部分水、乳化剂、缓冲剂和单体，快速搅拌进行预乳化 0.5h 后打入高位槽备用。然后将另一部分的水加入反应器中，搅拌下加入保护胶体水浴加热至 86℃左右，加入一部分的引发剂并快速滴加预乳化液进行种子聚合，待乳液出现明显蓝光后继续滴加剩余预乳化液直至结束，在反应过程中，按时加入引发剂水溶液以保持反应速度，乳化液滴毕继续搅拌并保温 3 h 使单体反应彻底，降温。加入 pH 调节剂和成膜助剂后过滤出料。

【产品安全性】　非危险品。避免与皮肤和眼睛接触，若不慎溅到眼中，提起眼睑，用流动清水或生理盐水冲洗。贮存于阴凉、干燥处，避免日晒、雨淋；有效贮存期 8 个月。

【参考生产企业】 镇江市天亿化工研究设计院有限公司。

Bc010 改性丙烯酸树脂水性涂料

【英文名】 modified acrylic resin water soluble coating

【组成】 改性丙烯酸树脂、乙炔炭黑、溶剂。

【物化性质】 导电涂料，对不同基材表面均具有良好的附着力和较高的硬度，具有良好的流变性、耐磨性、耐热性、耐候性、耐化学品性、防水性、导静电性和屏蔽电磁波持久性。

【质量标准】

项目	指标
表面电阻率/$10^7\Omega$	31
涂料的黏度/mPa·s	98
光泽度(60°镜面反射)/%	90
铅笔硬度	2H
附着力(划格法)/%	100
耐盐雾(500h)/mm	0～1
耐口红污染性(20℃,24h,用酒精擦)	优

【用途】 用于纸箱内外表面涂饰，抗静电，屏蔽电磁波效果良好，上光纸低温不发脆、龟裂，高温不发黏。

包装规格：用塑料桶包装，25kg/桶、50kg/桶。

【制法】 随着电子工业的迅猛发展，以高分子材料为外壳的各种电子产品的电磁波干扰日趋严重，电磁波干扰形成了公害，导致无屏蔽保护的电子设备使用过程中出现误操作、受干扰、机要信息泄密等问题。本工艺采用对导电填料具有一定的亲和性和润湿性改性丙烯酸树脂混合基料，添加粒子链形成高结构的炭黑，使材料表面金属化消除和防止高分子材料带电性。选择不降低导电填料的稳定性和涂层物理化学性能的溶剂。工艺简便清洁，施工方便，成本低廉。

(1) 水性涂料基料的制备 将环氧树脂与丙烯酸酯（摩尔比 1∶1）加入聚合釜中，采用脂肪族叔胺为催化剂，用量为0.3%～0.5%。酯化反应中，体系的酸值≤3mg KOH/g 时，反应基本完成。制得水性涂料基料备用。

(2) 导电涂料的配制 称取一定量混合基料，按质量配比称取炭黑（总质量的10%～16%），倒入混合基料中，再加入溶剂将混合物充分搅拌，用砂磨机研磨使其均匀分散，即制得某一配比的含炭黑的导电涂料（炭黑浓度 10%）。

【产品安全性】 非危险品，容易粉碎再生，符合环保要求。避免与皮肤和眼睛接触，若不慎溅到眼中，提起眼睑，用流动清水或生理盐水冲洗。贮存于阴凉、干燥处，避免日晒、雨淋；有效贮存期 12 个月。

【参考生产企业】 镇江市天亿化工研究设计院有限公司。

Bc011 硫脲-甲醛树脂

【英文名】 thiourea-formaldehyde resin

【组成】 单羟甲基硫脲与双羟甲基硫脲为主产物的树脂初缩体。

【物化性质】 无色透明稠厚液体。

【质量标准】

项目	指标
固含量/%	≥20
熔点/℃	119～222
pH 值	8.0～8.5

【用途】 用作湿强剂。添加 2%，纸的湿强度为 11%。

包装规格：塑料桶包装，125kg/桶。

【制法】 将计量的甲醛（37%水溶液）在室温下用 20%的氢氧化钠调 pH 至 8.5～9.0。再加入计量的硫脲不断搅拌至溶液澄清，在 30℃以下放置 12h 后应用。反应式如下：

$$NH_2\overset{\overset{\displaystyle S}{\|}}{C}NH_2 + HCHO \xrightarrow{OH^-} S{=}C\begin{matrix} \diagup NHCH_2OH \\ \diagdown NHCH_2OH \end{matrix} + S{=}C\begin{matrix} \diagup NHCH_2OH \\ \diagdown NH_2 \end{matrix}$$

【产品安全性】 非危险品。避免与皮肤和眼睛接触，若不慎溅到眼中，提起眼睑，用流动清水或生理盐水冲洗。贮存于阴凉、干燥处，避免日晒、雨淋；有效贮存期 12 个月。

【参考生产企业】 安徽安东化肥厂。

Bc012 聚丙烯酰胺和淀粉接枝共聚物

【英文名】 copolymenizaton from comstarch grafting cryamide

【组成】 玉米淀粉与丙烯酰胺接枝共聚物。

【物化性质】 本助剂较稳定，糊液至少可以保存 1 个月以上；固含量也高，成本较低，作为纸张增干强剂使用时不用加入硫酸铝，对环境污染较小。

【质量标准】

外观	无色黏稠液体
pH 值	3.5～4.5
纯度/%	96

【用途】 作纸张增强剂。淀粉是天然高分子化合物，具有亲水的刚性链，以这种刚性链为骨架，接上柔性的聚丙烯酰胺支链，相对分子质量大大增加，支链上无数个酰胺基与纸浆纤维素分子的羟基形成氢键结合，有较强的吸附作用，除了保持原有的功能外，这种刚柔相济的网状大分子还具良好的增强效果。在用量为 3%（对绝干浆）时纸张的裂断长可提高 19% 以上。对草浆和阔叶木浆进行应用实验发现，APAM 的相对分子质量为 30.4×10^4，对阔叶木浆抗张指数和撕裂指数提高 57.3% 和 52.9%；相对分子质量为 55×10^4，对阔叶木浆耐破指数和耐折度提高 30.5% 和 73.3%；对于麦草浆，APAM 相对分子质量为 55×10^4 时，抗张指数和耐折度分别提高 23.3% 和 47.8%，相对分子质量为 30.4×10^4 时，耐破指数提高 23.1%，相对分子质量为 12.5×10^4 时，撕裂指数提高 12.4%。

包装规格：塑料桶包装，净重 25kg、50kg、200kg。

【制法】

（1）共聚物的制备 将玉米淀粉、丙烯酰胺、蒸馏水、适量的 25%NaOH 溶液加入反应釜中，于 50℃反应 1h 后加入冰醋酸调 pH 值为 6.5 左右，并通入 N_2 气保护，5min 过后，加入硝酸铈铵，同时用稀硝酸调节 pH 值至 3～4，再控温反应 4～6h。制备条件：玉米淀粉与丙烯酰胺的质量比为 5∶3.5，引发剂的用量为 0.25%，反应时间为 3h，反应温度为 62℃，所得产物的接枝效率较高，接近 80%。

（2）共聚物阳离子化 将 200kg 聚丙烯酰胺加入反应釜中，加水稀释后，在搅拌下加入 20kg 多聚甲醛，进行甲醛化反应，再加入 25kg 二甲胺和 40%的氢氧化钠 50 kg，在 50～60℃下进行胺化反应，经后处理得成品。

【产品安全性】 无毒、无刺激。避免与皮肤和眼睛接触，若不慎溅到眼中，提起眼睑，用流动清水或生理盐水冲洗。贮存于阴凉、干燥处，避免日晒、雨淋；有效贮存期 12 个月。按一般货物运输。

【参考生产企业】 镇江市天亿化工研究设计院有限公司。

Bc013 双组分助留增强剂

【英文名】 double component to make paper reinforcing agent

【组成】 甲乙双组分组成。

【物化性质】 甲组分有高效的助留作用和反应活性，能在细小纤维和填料充分留着的前提下，快速与长纤维间形成网状结构，并通过乙组分的电荷、络合、桥联等作用进一步提高网状化程度，增加纸品强度。采用双组分体系，通过产品中多种活性基团协同作用，同时完成助留和增强效果，提高纸品的产量和质量。

【质量标准】

型号	甲组分	乙组分
外观	无色或淡黄色黏稠胶液	无色透明液体
pH值	7.5～8.5	4.0～5.5
黏度(涂-4杯)/s	120～150	与水接近
絮凝速度(以草浆计)/min	5	8

【用途】 作助留剂。该产品的使用会随着助留率的提高同时使纸的强度增加。

包装规格：塑料桶包装，125kg/桶。

【制法】

(1) 甲组分　在反应釜中加入一定量的水，搅拌下加入5份聚乙烯醇和25份聚丙烯酰胺，加热溶解成透明胶液（备用）。在另一带有回流装置的反应釜中加入1000份37%甲醛水溶液、35份尿素、适量甲酸加热至85～90℃反应一定时间，降温至60℃左右，把前述透明胶液加入再反应适量时间后，用碱液调pH=7.5～8.5，降温至40℃以下出料。

(2) 乙组分　在反应釜中加入一定量的水，搅拌下加入铝盐、硼化合物加热溶解，降温加入适量表面活性剂即可出料。

注意事项：甲乙组分不能直接接触，盛甲组分的容器不彻底清洗不能盛乙组分；甲乙组分不能同时使用，必须先加入甲组分搅拌一段时间后再加入乙组分充分搅拌，其原因是两组分间有复杂的反应，乙组分能快速使甲组分凝胶化。

【产品安全性】 非危险品。避免与皮肤和眼睛接触；若不慎溅到眼中，提起眼睑，用流动清水或生理盐水冲洗。贮存于阴凉、干燥处，避免日晒、雨淋；有效贮存期12个月。按一般化学品运输。

【参考生产企业】 江苏省宜兴市荣茂化工厂。

Bc014 湿强剂 MF

【英文名】 wet strengthening agent MF

【组成】 改性三聚氰胺甲醛树脂MF。

【物化性质】 无色或淡黄色透明黏稠液体。黏度适中，水分散性好，酸性介质中呈无色透明液体，与水以任意比混溶。稳定性好，产品室温半年内不凝胶、不沉淀。

【质量标准】

项目	指标
总固含量/%	58.5～65
pH值	9.5～10.0
黏度(35%水溶液)/mPa·s	250～150
游离甲醛含量/%	<1.0

【用途】 改性三聚氰甲醛树脂对漂白麦草浆有较好的增湿强作用。浆料pH值为5.0，$Al_2(SO_4)_3$用量为1.0%，及改性三聚氰胺甲醛树脂用量为4.0%时，抄片所得纸张湿强度可达23.55%，耐破指数、撕裂指数均有较大增加，耐折度有一定下降。

包装规格：塑料桶包装，净重125kg/桶。

【制法】 将甲醛和多聚甲醛混合物及部分甲醇在搅拌下加入反应釜中，升温至50℃，用二乙醇胺调节体系pH值至8.5～9.5，待溶液澄清后加入三聚氰胺，升温至75～80℃。待三聚氰胺溶解后继续反应40min，降温至40℃，加入适量甲醇（醚化剂），并用酸调体系pH值至6.5，反应40～50min（进行醚化缩聚），并以浊点判断终点，使游离甲醛含量降至最低，最后进行碱性调聚反应，即得高固含量醚化三聚氰胺甲醛树脂（MF）。三聚氰胺与甲醛摩尔比为1∶3.5；三聚氰胺与甲醇摩尔比为1∶5。

【产品安全性】 非危险品。贮存于阴凉、干燥处，避免日晒、雨淋；有效贮存期12个月。

【参考生产企业】 镇江市天亿化工研究设计院有限公司；石狮市清源精细化工有限公司。

Bc015 干增强剂 HDS-4B4

【英文名】 dry strength additive HDS-4B4

【组成】 多元接枝共聚物。

【物化性质】 黏度适中，流动性、水溶性非常好。产品保存时间长，对纤维有较强的结合力，是一种兼有助滤、助留作用，增加干强十分理想的造纸干强剂，能提高纸板类等需特殊要求的环压强度或挺度。

【质量标准】

外观	无色黏稠液体
纯度/%	96
pH 值	3.5～4.5

【用途】 作造纸干强剂，适用于瓦楞纸、卡纸、箱板纸、文化用纸、工业包装纸、生活用纸等。可增强纤维素的键合力，裂断长可提高 10%～24%，耐折度可提高 20%～60%，是纸张很好的补强剂，耐破指数可提高 15%～31%。同时减少抄纸过程中细小纤维的流失，提高纸张表面强度。

用法：将本造纸干强剂液体加水稀释 5～10 倍以上，搅拌均匀即可加入浆池中。酸性条件下施胶系统的添加顺序是干强剂→松香液→硫酸铝。中碱性条件下施胶系统添加顺序是干强剂加入浆池→中性施胶（在高位箱或流浆箱添加）。每吨绝干纸浆添加 10～20kg 左右。

包装规格：塑料桶包装，25kg/桶、125kg/桶、200kg/桶。

【制法】 将定量的去离子水加入反应器中，搅拌下依次加入单体 A、B、C、D 和分子质量调节剂、助剂等。升温到一定温度，然后滴加催化剂，滴完后升温到 60～90℃，保温 1～2h，然后调节反应釜温度，滴加接枝反应物 E 和催化剂，滴完后保温 1～2h，再滴加接枝反应物 F、G 和催化剂，滴加结束保温 2～3h，冷却，加稳定剂出料。

【产品安全性】 非危险品。避免与皮肤和眼睛接触，若不慎溅到眼中，提起眼睑，用流动清水或生理盐水冲洗。贮存于阴凉、干燥处，避免日晒、雨淋；有效贮存期 12 个月。

【参考生产企业】 广州元源造纸化学品有限公司。

Bc016 脲醛预聚体改性三聚氰胺甲醛树脂

【英文名】 wet strength agent of cyclic urea prepolymer modified melamine- formaldehyde resin

【组成】 脲醛预聚体改性三聚氰胺甲醛树脂。

【物化性质】 固含量高、贮存期长、可与水以任意比例互溶，能明显提高纸张的湿、干拉强度。稳定性好，室温（25℃）存放 6 个月未出现混浊、分层或凝胶现象。

【质量标准】

外观	无色透明溶液
固含量/%	58
黏度/mPa·s	50～60
pH 值	9.0～10.0

【用途】 作增湿强剂。脲醛预聚体改性三聚氰胺甲醛树脂具有阳离子性，因此在滤水过程中与带负电荷的纸浆纤维相互吸引而接触，可最大限度地吸附在纤维上，保证良好的吸附和留着。纸页在 105℃的真空干燥器中熟化时，吸附在纤维上的聚合物将进行快速的分子内和分子间聚合作用，在纤维界面形成三维交联网络结构，封闭纤维之间的氢键，阻止重新发生水合作用，保护了氢键的结合强度，减少了纤维的润胀，起到提高纸页强度的作用；同时，聚合物上的功能基能够使聚合物和纤维之间形成共价键，共价键的抗破坏能力比氢键强得多，故可提高纸页的强度。脲醛预聚体改性三聚氰胺甲醛树脂用量在 1%～6%范围内时，可明显增加纸张的干、湿强度。当助剂用量为 4%时，湿强度提高最显著，湿、干拉强度之比也最大。

包装规格：塑料桶包装，25kg/桶。

【制法】

（1）脲醛预聚体的制备　将一定比例的甲醛和尿素加入反应釜中，搅拌下用氨水调节pH值为9.0，加热至90℃保温反应90min，得环化脲醛预聚体，冷却至室温备用。

（2）脲醛预聚体改性三聚氰胺甲醛树脂的制备　在搅拌下将一定比例的三聚氰胺、甲醛、甲醇加入反应釜中，水浴加热至75℃保温反应40min，再降温至40℃，并用冰醋酸调节pH值为6.5，继续反应至出现浊点（取一滴反应物滴入冰水混合物中，若出现白色云彩状沉淀即为浊点）之前，再加入一定比例的甲醇并调节pH值为9.5，升温至60℃保温反应60min，得三聚氰胺甲醛树脂。最后将预聚体加入并升温至80℃，保温反应90min即得产品。调节pH值为9.5，降至室温出料。

【产品安全性】 非危险品。避免与皮肤和眼睛接触，若不慎溅到眼中，提起眼睑，用流动清水或生理盐水冲洗。贮存于阴凉、干燥处，避免日晒、雨淋；有效贮存期12个月。

【参考生产企业】 镇江市天亿化工研究设计院有限公司。

Bc017 乙酰化淀粉

【别名】 乙酸酯淀粉或乙酸淀粉

【英文名】 aceto starch

【结构式】 淀粉—O—$COCH_3$

【物化性质】 无臭无味，无腐蚀性。

【质量标准】 GB 29925—2013

外观	白色粉末
水分/%	<13
细度(100目筛通过率)/%	>98
取代度(DS)/%	>0.055

【用途】 在造纸业中用于表面施胶，其特点是易糊化，分散性好，不结块，不凝沉，黏度稳定，黏着力强，成膜光滑耐磨。

包装规格：内衬塑料袋的编织袋包装，净重25kg。

【制法】

（1）乙酐法　将30%～40%淀粉乳液加入反应釜中，在搅拌下用3%的氢氧化钠水溶液在35～40℃把淀粉悬浮液调到pH值至11，再加乙酐调pH值至7，反复几次直至乙酸酐甲完，需1～6h。

（2）酯交换法　将淀粉加入反应釜中，并加入淀粉量1.5倍的水，搅拌均匀，成淀粉乳。搅拌下慢慢加入占淀粉量3.3%的氢氧化钠溶液，使体系的pH值为10左右。然后加入淀粉量3.5%的乙酸乙烯酯，在20～25℃下搅拌反6h。酯交换反应结束后用盐酸中和至pH值为5，搅拌反应1h，再用碱将pH值调到7，压滤、水洗、压滤反复进行至水洗液中基本无氯离子，再干燥、粉碎即为产品。

$$\text{淀粉—OH} + (CH_3CO)_2 \longrightarrow \text{本品}$$

【产品安全性】 无毒，生物降解性好。避免与皮肤和眼睛接触，若不慎溅到眼中，提起眼睑，用流动清水或生理盐水冲洗。贮存于阴凉、干燥处，避免日晒、雨淋；有效贮存期12个月。

【参考生产企业】 天津市红旗化工厂。

Bc018 羧甲基淀粉钠

【英文名】 carboxymethyl starch soduim

【结构】 淀粉—O—CH_2COONa

【物化性质】 羧甲基淀粉透明、细腻、黏度高、黏结力大，流动性、溶解性好，且有较好的乳化性、稳定性和渗透性，不易腐败霉变。

【质量标准】 GB 29937—2013

外观	白色粉末
水分/%	<13
细度(100目筛通过率)/%	>98
取代度(DS)/%	0.3～0.6

【用途】 造纸业中用作浆内添加剂，具有助留、助滤及增强作用。也用于纸张的表

面施胶。

包装规格：用内衬塑料袋的编织袋包装，净重25kg。

【制法】 将87.2kg氯乙酸溶于400kg工业乙醇中，配成氯乙酸乙醇溶液。将氢氧化钠溶于水中配成30%的水溶液，备用。在捏合机中加入计量的淀粉，然后加入淀粉质量0.733倍的氯乙酸乙醇溶液，一边捏合一边逐渐加入淀粉质量0.28倍的30%的氢氧化钠溶液。氢氧化钠溶液加完后，继续在40～50℃捏合反应2～3h。在继续捏合的同时逐渐加入约淀粉质量0.015倍的乙酸中和过量的碱，使捏合物的pH值为7。反应混合物送压滤机压滤，滤液送分馏塔回收乙醇，滤饼用80%乙醇洗涤、压滤，反复进行2次，最后压干。干后的滤饼散碎后，干燥、粉碎即为产品。

$$\text{淀粉—OH} + NaOH \longrightarrow$$

$$\text{淀粉—ONa} + ClCH_2COOH \longrightarrow \text{本品}$$

【产品安全性】 无毒，生物降解性好。避免与皮肤和眼睛接触，若不慎溅到眼中，提起眼睑，用流动清水或生理盐水冲洗。贮存于阴凉、干燥处，避免日晒、雨淋；有效贮存期12个月。按一般货物运输。

【参考生产企业】 天津市红旗化工厂。

Bc019 羟乙基淀粉

【英文名】 hydroxyethyl starch

【结构】 $\text{淀粉—O—}CH_2CH_2OH$

【物化性质】 羟烷基淀粉具有高度稳定性和非离子特性，容易糊化，糊液透明度高，流动性好，凝沉性弱，稳定性高，在低温存放或冷冻再融化，重复多次，仍能保持原有胶体结构。成膜柔韧平滑，耐折性好，且由于没有微孔，因此改善了抗油脂性。

【质量标准】

项目	指标
外观	白色粉末
水分/%	<13
细度(100目筛通过率)/%	>98
取代度(DS)/%	0.1

【用途】 理想的表面施胶剂和涂布黏合剂，能有效地改善纸张的物理性能，如耐磨损性能、手感及纸张平滑度，能解决纸张掉毛、掉粉等难题，能抑制印刷时油墨的浸透，使印刷纸油墨鲜明、均匀、胶膜平滑，减少油墨消耗。羟烷基淀粉具有亲水性，减弱了淀粉颗粒结构的内部氢键强度，随着取代度的增高，糊化温度下降，并最终能在冷水中膨胀，更高取代度的产品能溶于甲醇或乙醇。

包装规格：内衬塑料袋的编织袋包装，净重25kg。

【制法】 将26%的氯化钠水溶液950kg和30%的氢氧化钠16kg在混合罐中混合均匀，备用。将40%淀粉水乳液1050kg加入反应釜中，搅拌0.5h，加入上述制备的盐和碱的混合溶液，再加入40kg环氧乙烷，密闭反应器，在38℃下搅拌24h。以稀盐酸中和反应液pH值至6，过滤洗涤至不含氯化钠为止。干燥、粉碎、过筛得产品。

$$\text{淀粉—OH} + \underset{\diagdown O \diagup}{CH_2—CH_2} \xrightarrow{NaOH} \text{本品}$$

【产品安全性】 无毒，生物降解性好。避免与皮肤和眼睛接触，若不慎溅到眼中，提起眼睑，用流动清水或生理盐水冲洗。贮存于阴凉、干燥处，避免日晒、雨淋；有效贮存期12个月。按一般化学品运输。

【参考生产企业】 天津市红旗化工厂。

Bc020 隔离剂

【英文名】 disbanded agent

【组成】 水乳硅酮隔离剂由乙烯基硅油乳状液与甲基含氢硅油乳状液混合而成。

【物化性质】 乳液，无臭无味，无毒。

【质量标准】

项目	指标	项目	指标
固含量/%	53	固化时间/s	3～5
pH值	6～7	固化温度/℃	150～180
存放时间/h	6		

【用途】 用于隔离纸（防粘纸）的涂层加

工。如自粘标签纸用的底层纸，自粘装饰薄膜用底层纸，纸基和膜基自粘胶带背面的防粘层，某些食品包装纸等。

包装规格：塑料桶包装，125kg/桶。

【制法】

(1) 烯基硅酮乳状液配制　将 50kg 聚乙烯醇投入聚乙烯醇化料釜中加入 10 倍量水，在 90～95℃加热搅拌至聚乙烯醇全部溶解分散，过 100 目筛，除去残渣后备用。向乳化器中加入 10%聚乙烯醇水溶液 55 份，然后加入乳化剂 5 份、氯铂酸钠 0.04 份、山梨酸 0.04 份，搅拌至完全溶解分散，再在迅速搅拌下逐步加入乙烯基硅油 40 份，搅拌成均匀乳状液。将其泵入胶体磨中，研磨数遍，至乳液粒径分散性达到要求。

(2) 甲基含氢硅油乳状液配制　向乳化器中加入已溶化的聚乙烯醇水液 55 份，再加入乳化剂 5 份、甲醛 0.2 份，搅拌均匀后，在迅速搅拌下逐步加入甲基含氢硅油 40 份，搅拌成均匀乳状液。将其泵入胶体磨中，研磨数遍，至乳液粒径分散性等达到要求。

(3) 水乳硅酮隔离剂配制（用前再配）　按乙烯基硅油乳状液 100 份与甲基含氢硅油乳状液 30 份的比例，将两者搅拌混合，再加入增稠剂海藻酸钠 3～5 份、乙酸或柠檬酸适量，搅拌均匀后即可上涂布机使用。

参考配方：

(1) 配制 100 份乙烯基硅油乳状液　乙烯基硅油 4 份；聚乙烯醇 5 份；乳化剂（OP-10 等）5 份；山梨酸 0.04 份；氯铂酸钠 0.04 份；水 50 份。

(2) 配制交联型甲基含氢硅油乳状液　202 甲基含氢硅油 40 份；聚乙烯醇 5 份；乳化剂（OP-10）5 份；甲醛 0.2 份；水 50 份。

(3) 水乳硅酮隔离剂配制　上述乙烯基硅油乳状液 100 份、甲基含氢硅油乳状液 30 份共混搅拌均匀，再加入适量增稠剂海藻酸钠，并以占乳液量 0.05%～0.1%的冰乙酸或柠檬酸作为稳定剂，即成水乳硅酮隔离剂。

【产品安全性】 非危险品。避免与皮肤和眼睛接触，若不慎溅到眼中，提起眼睑，用流动清水或生理盐水冲洗。贮存于阴凉、干燥处，避免日晒、雨淋；有效贮存期 12 个月。

【参考生产企业】 杭州树脂厂。

Bc021 对羟基苯甲酸苄酯

【别名】 热敏纸显色剂

【英文名】 benzyl *p*-hydrooxybenzoate

【结构式】 $HOC_6H_4COOCH_2C_6H_5$

【相对分子质量】 228.24

【物化性质】 不溶于水，溶于乙醇、氯仿，熔点 108～110℃。具有优异的热应答性，发色密度高，发色速度快，适应高速记录。它的水溶性小，不易使涂料着色，制成的记录纸底色白度高，保存中底色也不易上升。具有一定的润滑抗黏性，记录时黏附性、糊头现象少。

【质量标准】 QB/T 1780—2014

外观	白色晶体	纯度/%	>99.5

【用途】 对羟基苯甲酸苄酯是一种较为理想的、性能优异的热敏显色剂。

包装规格：用内衬塑料袋的编织袋包装，净重 25kg。

【制法】

(1) 对羟基苯甲酸甲酯的制备　将 773kg 对羟基苯甲酸和 220L 无水甲醇投入反应釜中，然后在剧烈搅拌下慢慢加入 2.2L 浓硫酸，硫酸加完后，在搅拌下于 55℃加热回流 10～12h。将反应液转入盛有 20000L 冰水混合液的反应釜中，静置使结晶析出。过滤，滤液送甲醇回收分馏塔回收甲醇，滤出的粗产物水洗 1 次后，再以碳酸钠洗涤 1 次，再用水洗 1 次得粗品，干燥后为工业品。粗产物以苯甲醇混合溶剂重结晶，滤出产物后，置于有氯化钙干燥剂的真空干燥器中干燥得产物。

(2) 对羟基苯甲酸苄酯的制备　将710kg对羟基苯甲酸甲酯、约3000L苄醇、162kg碳酸钾加入反应釜中，搅拌，减压，在5.32kPa压力下加热至110℃并保持这一温度搅拌反应20h，然后减压至1.3kPa蒸出过量苄醇，苄醇基本蒸完后停止加热，恢复常压。在残余反应物中加入3%的稀硫酸2000L，搅匀后抽滤，依次以水洗涤数次，抽干，干燥得产物。甲醇重结晶得纯净产物。

$$HO-C_6H_4-COOH + CH_3OH \longrightarrow$$

$$HO-C_6H_4-C(=O)-OCH_3 + HOCH_2-C_6H_5$$

$\longrightarrow$本品

【产品安全性】 有刺激性，注意防护。贮存于阴凉、干燥处，避免日晒、雨淋；有效贮存期12个月。按一般化学品运输。

【参考生产企业】 广州东湖化工厂。

Bc022 甲脒亚磺酸

【别名】 二氧化硫脲

【英文名】 formamidnesulfinic acid

【相对分子质量】 108.12

【结构式】

$$(H_2N)(HN=)C-S(=O)-OH$$

【物化性质】 外观为白色结晶颗粒，常温常压下稳定，无毒无味。熔点126℃，水溶后呈酸性，在水中溶解度为26.7g/L(20℃饱和水溶液)，pH值约5.0，在酸性水溶液中稳定，在碱性溶液中迅速分解，在70℃以下对热稳定性较好，不溶于醇、醚、苯等有机溶剂。是替代保险粉的一种新型、环保产品，具有还原性强、效果明显、热稳定性好、贮存运输方便等特点，使用过程中无环境污染。

【质量标准】 HG/T 3258—2010

型号		优等品	一等品	合格品
二氧化硫脲含量/%	≥	99.00	98.0	96.00
硫脲含量/%	≤	0.20	0.30	0.50
硫酸盐含量/%	≤	0.17	0.17	0.27
铁含量/%	≤	0.001	0.003	0.01
水分/%	≤	0.10	0.10	0.10

【用途】 在造纸工业中主要用于废纸浆和填料高岭土的漂白剂。可作纺织印染的助剂，用于还原染料和硫化染料的染色、羊毛真丝的漂白、分散染料的还原清洗、直接或活性染料不良染色的剥除。工艺条件是，纸浆浓度10%，甲脒亚磺酸0.5%～1.0%，NaOH 0.3%～0.5%，60℃，45min，白度增加3.2%～4.0%。

包装规格：用内衬塑料袋的编织袋包装，净重25kg；内衬双层聚乙烯塑料袋的吨袋包装，重500kg/袋。

【制法】 在1h内将研细的硫脲缓慢加到6%的H_2O_2水溶液中，在冰浴中进行反应，硫脲溶解1h后，甲脒亚磺酸以无色针状结晶析出。过滤，用沸腾的乙醇抽提未反应的硫脲，离心甩干，鼓风干燥得产品。

$$H_2N-C(=S)-NH_2 + H_2O_2 \xrightarrow{冰浴} 本品$$

【产品安全性】 急性毒性，大鼠腹腔LD_{50} 423mg/kg；吞食有害。刺激眼睛、呼吸系统和皮肤。工作中要穿戴防护服、戴护目镜和橡胶手套，生产设备要密闭，工作环境要通风良好。贮存于阴凉、干燥处，避免日晒、雨淋；有效贮存期12个月。

【参考生产企业】 广州东湖化工厂，北京化工厂。

Bc023 荧光增白剂PEB

【英文名】 fluorescent whitening agent PEB

【结构式】

$$\text{(naphthopyranone structure)}\ \text{COOC}_2\text{H}_5$$

【物化性质】 外观为淡黄色粉末，不溶于水、乙醚、石油醚，可溶于苯、丙酮、氯仿、乙醇、乙酸等。色光呈青光，短时间可耐 170℃不分解。

【质量标准】 GB/T 21883—2008

色光	呈青光
粒度(100 目筛通过率)/%	>95
纯度/%	99
荧光增白强度	与标准品近似

【用途】 在涂布纸和涂塑纸中可作为增白剂使用。

包装规格：用内衬塑料袋的编织袋包装，净重 25kg。

【制法】 在醛化釜中投入 28kg 萘酚和 73kg 乙醇，加热至 40℃，搅拌 0.5h，再加入 110kg 的氢氧化钠溶液，升温至 75℃。然后在 0.5h 内慢慢加完 31.2kg 氯仿。氯仿加完后，在 78℃保温回流 3～4h，升温至 90℃。蒸出乙醇和过量氯仿。蒸完乙醇后，降温至 30℃，将反应液放入结晶槽中静置 6h，充分析晶。压滤，滤液酸化后回收萘酚。滤饼转入酸化釜中，加入 120kg 水于 60℃下搅拌。然后用 30%盐酸酸化至 pH＝3。冷却后，转入压滤机压滤，水洗数次至盐酸被洗净，再压干，滤饼散碎后，送干燥箱在 60℃下干燥，得黄色结晶，即 2-羟基-1-萘甲醛中间体。

在环化釜中投入 28kg 2-羟基-1-萘甲醛、29kg 丙二酸二乙酯和 5kg 乙酸酐，搅拌均匀，然后在 130℃下加热回流 10h，然后冷至 60℃以下，将反应液转入结晶槽中。静置 24h 后，压滤，并以纯碱溶液洗涤滤饼，压干，再用清水洗涤至中性，压干。将压干后的滤饼转入醇溶釜中，加入适量乙醇，搅拌加热溶解，至固体物全部溶解后，停止加热搅拌，并充分冷却，使结晶析出。产品充分结晶后，转入压滤机压滤，并以少量乙醇洗涤后，压干。回收滤液中的乙醇，滤饼在 60℃下烘干，粉碎后即为产品。

$$\text{2-羟基-1-萘甲醛 (CHO, OH)} + CH_2(COOC_2H_5)_2 \xrightarrow[130℃]{(CH_3CO)_2O} \text{本品}$$

【产品安全性】 非危险品。贮存于阴凉、干燥处，避免日晒、雨淋；有效贮存期 12 个月。按一般化学品运输。

【参考生产企业】 深圳市成企鑫科技有限公司，广州东湖化工厂。

Bc024 荧光增白剂 VBL

【别名】 增白剂 VBL，增白剂 BSL

【化学名】 二苯乙烯双三嗪衍生物

【英文名】 fluorescent whitening agent VBL

【结构式】

$$\text{(stilbene bis-triazine structure: NH, CH=CH, NH, } SO_3Na\ NaO_3S\text{, } NHC_2H_4OH\text{, } HOH_4C_2HN\text{)}$$

【相对分子质量】 872.86

【物化性质】 属阴离子性化合物，可溶于软水中（水量可达 80 倍以上），开始溶解时有凝聚现象，加水稀释充分搅拌后可获透明液体。它的浴染需中性或微碱性，可与阴离子及非离子活性剂、阴离子染料混用，不宜与阳离子染料、阳离子表面活性剂合成树脂初缩体同浴使用。

【质量标准】

外观	淡黄色粉末
水分含量/%	≤5
细度(过 100 目筛的残余物)/%	<5
增白强度/%	标准品的 100±5
不溶于水的杂质量/%	≤5
泛黄程度	与标准品相似

【用途】 主要用于纤维素纤维织物和纸张的增白、浅色织物的增艳及拨染印花白地增白。本品上染性与染料相似，可用食盐、硫酸钠等促染，用匀染剂缓染，温度与时间和上染程度有密切关系。本品价格低廉，亲和力好，荧光强度高。

包装规格：外包装纸板桶，25kg/桶；内包装用双层塑料袋，净重1kg。

【制法】

① 将30kg DSD酸投入40kg水中，加热至90℃，用10%的纯碱液中和至pH=7～8。再加入1.3份活性炭，搅拌脱色，吸滤除去炭渣，滤液待用（滤液为DSD酸钠盐）。

② 将30份三聚氯氰投入反应釜中，再加入150份碎冰，强烈搅拌冷却至−2℃，加入平平加O（10%水溶液）0.2份、盐酸0.2份，和匀。在搅拌下缓缓滴入上述配制的DSD酸钠盐溶液，控温0～5℃，发现泡沫随时用仲辛醇消泡，逐步滴加10%纯碱液，使pH值保持在4～4.5之间。当pH值不再下降时，开始滴加苯胺14.8份，滴加苯胺期间可用纯碱液把pH值控制在4～4.5，滴加毕再反应1h左右。降温、静置过滤，滤液用盐酸酸析至pH值=1～1.5，析出物为VBL增白剂。滤饼加适量纯碱粉捏合、烘干，加入20份元明粉，得成品。反应式如下：

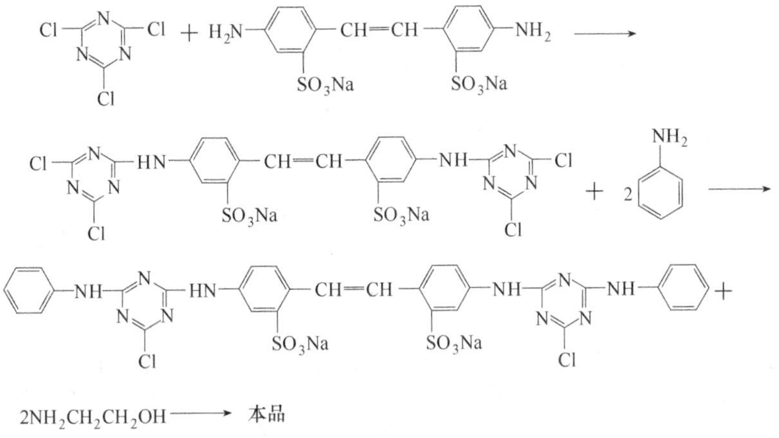

$$2NH_2CH_2CH_2OH \longrightarrow \text{本品}$$

【产品安全性】 基本无毒。在通常应用的浓度范围内不会对人体造成急性毒性伤害。贮存在阴凉、干燥的库房内，避光，贮存期12个月。

【参考生产企业】 上海铂山实业有限公司，山西青山化工有限公司，济南塑邦精细化工有限公司。

Bc025 荧光增白剂VBU

【别名】 耐酸增白剂VBU

【英文名】 fluorescent whitening agent VBU

【结构式】

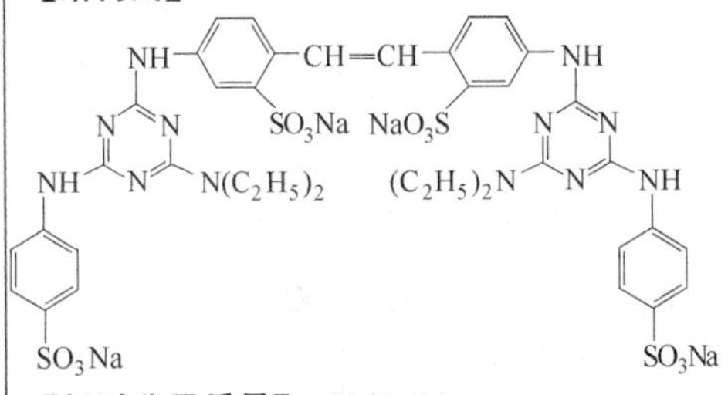

【相对分子质量】 1101.04

【物化性质】 淡黄色粉末，具有青光微紫色荧光，可溶于水，呈阴离子型。耐酸至

pH 值 2～3，耐碱至 pH 值 10，可与阴离子、非离子表面活性剂、阴离子染料和合成树脂初缩体等共用。

【质量标准】

强度/%	为标准品的 100±5
含量/%	≥99

【用途】 用于纸浆增白。亦可用于白色针织内衣的增白，可防止汗渍泛黄。

包装规格：1kg×12 或 2kg×5 纸箱，20kg 铁桶或按用户要求包装。

【制法】 将三聚氯氰投入反应釜中，加入适量的匀染剂和少量盐酸搅匀，在 −2℃ 下滴加 DSD 酸钠水溶液，在碱性介质中进行缩合。反应毕，将物料压入偶合反应釜中，在 0～8℃ 下与对氨基苯磺酸进行偶合反应。最后在缩合釜中由偶合产物与二乙胺缩合。经冷却、盐析得产品。反应式如下：

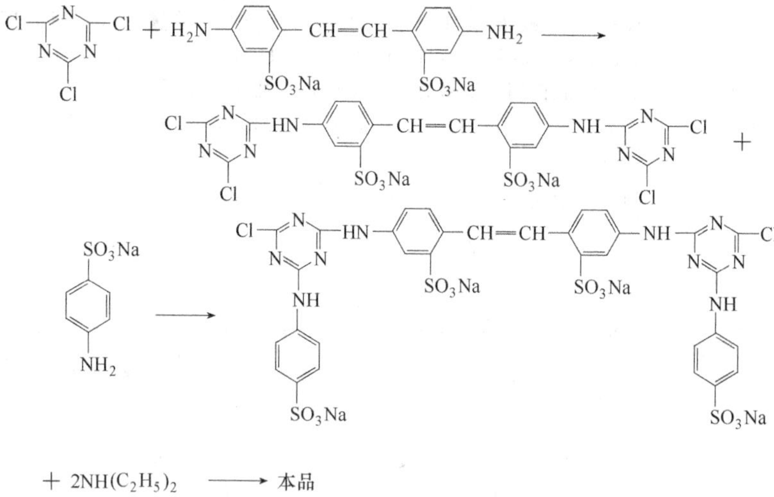

+ $2NH(C_2H_5)_2$ ⟶ 本品

【产品安全性】 基本无毒。在通常应用的浓度范围内不会对人体造成急性毒性伤害。存放在阴凉、干燥的库房内，避光，贮存期 12 个月。

【参考生产企业】 江门市江海区利丰化工科技有限公司，郑州市佳德彩化工颜料有限公司，招远市晨铭化工有限公司，上海铂山实业有限公司，山西青山化工有限公司，济南塑邦精细化工有限公司。

Bc026 荧光增白剂 BC

【英文名】 fluorescent whitening agent BC

【结构式】 见反应式。

【分子式】 $C_{32}H_{26}N_{12}Na_2O_6S_2$

【相对分子质量】 784.75

【物化性质】 溶于水呈蓝色荧光，性质与 VBL 相似，但荧光强度比 VBL 低。

【质量标准】

外观	淡黄色粉末
泛黄点/%	≤5
细度(过 100 目筛残渣)/%	≤5
强度(与标准品的)/%	100±5
水不溶性杂质/%	≤0.5
水分含量/%	≤5

【用途】 主要用于棉纤维、人造丝、人造棉和纸浆等中性染浴增白后处理。

包装规格：1kg×12 或 2kg×5 纸箱；20kg 铁桶或按用户要求包装。

【制法】 将 142 份 DSD 酸、192 份水投入反应釜中，加热至 90℃，用纯碱中和，加 14 份活性炭脱色，过滤去炭，滤液待用。将 140 份三聚氰胺、200 份水投入另一个反应釜中，冷却到 0～5℃，加少量平平加 O，缓慢滴加到上述 DSD 酸钠水溶液中，随时用纯碱液调节 pH 值到 4～5 之间，进行第一次缩合。待第一次缩合完毕，升温至 40～50℃，加入对氨基苯磺酸钠 83 份，用纯碱液调 pH 值至 5 左右，进行第二次缩合。待第二次缩合完毕，加氨水（20%）211 份在 110～120℃进行第三次缩合。然后趁热过滤，滤液用盐酸酸析，冷却、结晶、过滤，将晶体与小苏打捏合、烘干，再与适量元明粉拼混即得成品。反应式如下：

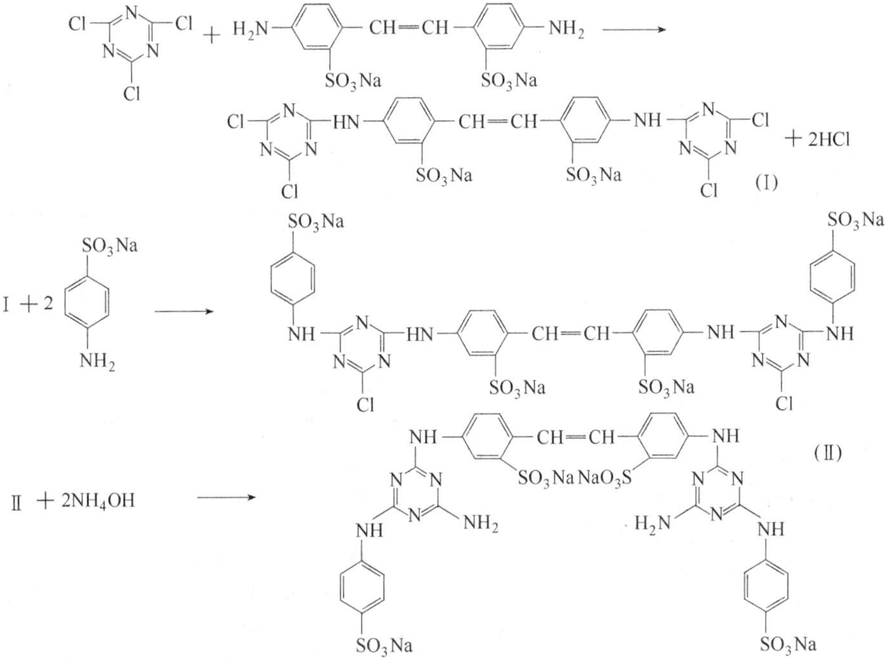

【产品安全性】 基本无毒。在通常应用的浓度范围内不会对人体造成急性毒性伤害。存放在阴凉、干燥的库房内，避光，贮存期 12 个月。

【参考生产企业】 洛阳市太学染化有限公司，杭州迪马精化进出口有限公司，郑州市佳德彩化工颜料有限公司，招远市晨铭化工有限公司，上海铂山实业有限公司，济南塑邦精细化工有限公司。

Bc027 荧光增白剂 R

【别名】 荧光增白剂 RS

【英文名】 fluorescent bleaches R

【结构式】

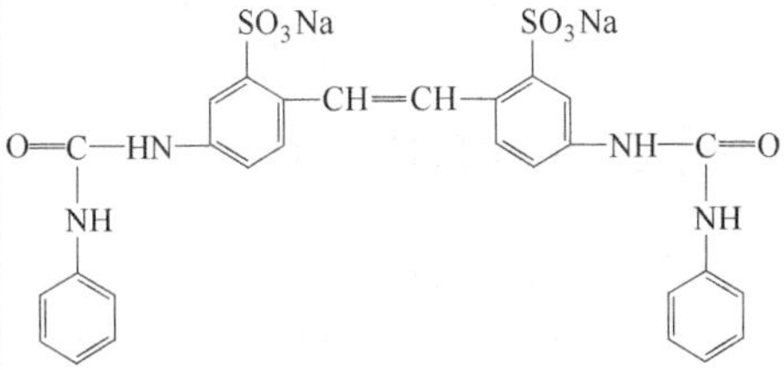

【相对分子质量】 652.60

【物化性质】 淡黄色粉末，易溶于水，属

阴离子型。

【质量标准】

外观	白色至淡黄色粉末
细度(过 60 目筛)/%	≥95

【用途】 用于纸张、纤维、白地印染增白和浅色纤维增艳。

包装规格：内包装 1kg 塑料袋，外包装 25kg 木桶。

【制法】 将 495kg DSD 酸加入缩合釜中，加 30%的 NaOH 水溶液搅拌溶解。在搅拌下分批加入 370kg 异氰酸苯酯进行缩合反应。反应结束后加入 3kg Na_2CO_3 调 pH 值，再加 530kg 精盐盐析，冷却，结晶，过滤，真空干燥。混入一定量的元明粉，研磨得产品。反应式如下：

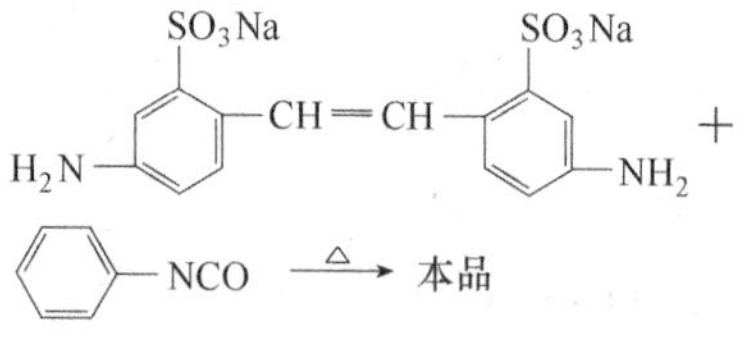

【产品安全性】 基本无毒。在通常应用的浓度范围内不会对人体造成急性毒性伤害。存放在阴凉、干燥的库房内，避光，贮存期 12 个月。

【参考生产企业】 洛阳市太学染化有限公司，杭州迪马精化进出口有限公司，郑州市佳德彩化工颜料有限公司，招远市晨铭化工有限公司，上海铂山实业有限公司，济南塑邦精细化工有限公司。

Bc028 荧光增白剂 BR

【别名】 增白剂 BU，增白剂 PBU

【化学名】 4-苯氨基甲酰胺基-4′-(6-苯氨基-4-羟乙基-1,3,5-三嗪-2-氨基)-二苯乙烯-2,2′-二磺酸钠

【英文名】 fluorescent bleaches BR

【结构式】

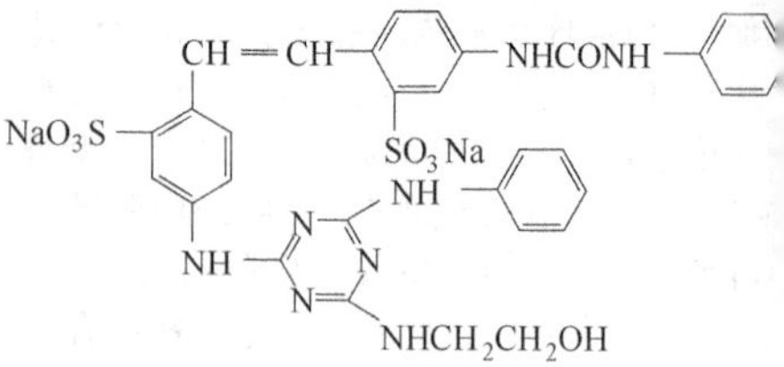

【相对分子质量】 762.74

【物化性质】 淡黄色粉末。属阴离子型，可与阴离子表面活性剂、非离子表面活性剂同浴使用。可溶于水，2%水溶液澄清。微带红紫色荧光。

【质量标准】

强度(为标准品)/%	100±5
溶解度(2%水溶液)	澄清微红紫色荧光
色光	与标准品近似
水分/%	<5
细度(60 目)/%	≥95

【用途】 主要用于纸张增白。亦用于浅色纤维的增白、拔白印花和白底增白。

包装规格：内包装 1kg 塑料袋，外包装 25kg 木桶。

【制法】 将 150kg DSD 酸钠投入反应釜中，再加入溶剂丙酮，开始搅拌，接着加入 48.5kg 异氰酸苯酯进行缩合反应。反应完成后，静置，离心过滤。将得到的缩合产物 4-苯氨基甲酰胺基-二苯乙烯-2,2′-二磺酸钠滴加到用冰冷至 0℃的 81kg 三聚氯氰中进行二次缩合，并用 10%的纯碱溶液调节 pH 值至 4～4.5，反应 1h。用碱把 pH 值调至 8.5～9，加入 40.6kg 苯胺进行反应。最后加入 97.5kg 乙醇胺在 100～110℃进行取代反应。反应完毕后趁热过滤。滤液用盐酸调 pH 值至 2.0～2.5。冷却结晶，过滤，滤饼与小苏打混合，烘干，粉碎得成品。反应式如下：

H_2N—⟨苯环⟩—CH ═ CH—⟨苯环⟩—NH_2 + ⟨苯环⟩—N═C═O ——→
（SO_3Na　NaO_3S）

H_2N—⟨苯环⟩—CH ═ CH—⟨苯环⟩—NH—C(═O)—NH—⟨苯环⟩　(Ⅰ)
（SO_3Na　NaO_3S）

Ⅰ + 三聚氯氰（Cl, Cl, Cl; N, N, N）——→ Cl—三嗪(Cl)—HN—⟨苯环⟩—CH ═ CH—⟨苯环⟩—NH—C(═O)—NH—⟨苯环⟩　(Ⅱ)
（SO_3Na　NaO_3S）

Ⅱ + ⟨苯环⟩—NH_2 ——→
⟨苯环⟩—NH—三嗪(Cl)—HN—⟨苯环⟩—CH ═ CH—⟨苯环⟩—NH—C(═O)—NH—⟨苯环⟩　(Ⅲ)
（SO_3Na　NaO_3S）

Ⅲ + $HOCH_2CH_2NH_2$ ——→ 本品

【产品安全性】 基本无毒。在通常应用的浓度范围内不会对人体造成急性毒性伤害。存放在阴凉、干燥的库房内，避光，贮存期 12 个月。

【参考生产企业】 洛阳市太学染化有限公司，杭州迪马精化进出口有限公司，郑州市佳德彩化工颜料有限公司，招远市晨铭化工有限公司，上海铂山实业有限公司，济南塑邦精细化工有限。

Bc029 荧光增白剂 ATS-X

【别名】 荧光增白剂 CBS，荧光增白剂 BLS-X

【化学名】 4,4′-双-(2-二磺酸钠苯乙烯基)-联苯

【英文名】 fluorescent whitening agent ATS-X

【结构式】

⟨苯环⟩—CH═CH—⟨苯环⟩—⟨苯环⟩—CH═CH—⟨苯环⟩
（SO_3Na　NaO_3S）

【相对分子质量】 561.94

【物化性质】 白色或浅黄色粉末。在室温下对纤维素纤维、蛋白纤维、聚酰胺及棉、丝、毛均有良好的增白效果。有微青色，有良好的溶解分散性，溶于水。

【质量标准】

项目	指标
水分/%	≤5
细度(过 40 目筛余量)/%	≤5
色光	与标准品近似
强度(为标准品的)/%	100±4

【用途】 用于制浆、棉纤维、丝、羊毛的增白，也用于合成洗衣粉、肥皂等。

包装规格：内包装塑料袋 1kg，外包装木桶，净重 25kg。

【制法】 将 250kg 四氯化碳投入反应釜。然后在搅拌下加入 160kg 联苯、65kg 多聚甲醛、65kg 无水氯化锌。加热至 40～50℃，通入干燥氯化氢，8h 通完，其通入温度以不超过 50℃为宜。然后用水洗，再用 10% $NaHCO_3$ 洗，分出有机相，打入反应釜。加热至 70～80℃，脱除四氯化碳。4,4′-二氯甲基联苯留在釜中，将其打入膦酰化反应釜中，升温至 170～180℃。在搅拌下滴加 145kg 亚磷酸二甲

酯。滴毕继续反应1h。蒸出未反应的亚磷酸三甲酯及副产物，得到4,4′-双（二甲氧基膦酰甲基）联苯。将398kg 4,4′-双（二氧基膦酰甲基）联苯和972kg 50%的邻磺酸钠苯甲醛投入缩合釜中，以二甲亚砜作溶剂，在50℃下滴加425kg 30%的甲醇钠甲醇溶液。滴加完毕后继续反应2h，得浅黄色结晶物。纯化，商品化处理后得到荧光性增白剂ATS-X。反应式如下：

联苯 + HCHO + HCl ⟶

$ClCH_2$—C₆H₄—C₆H₄—CH_2Cl + $P(OCH_3)_3$ ⟶

$(CH_3O)_2P(=O)$—CH_2—C₆H₄—C₆H₄—CH_2—$P(=O)(OCH_3)_2$ + 邻磺酸钠苯甲醛（CHO，SO_3Na）$\xrightarrow{CH_3ONa}$ 本品

【产品安全性】 基本无毒。在通常应用的浓度范围内不会对人体造成急性毒性伤害。存放在阴凉、干燥的库房内，避光，贮存期12个月。

【参考生产企业】 洛阳市太学染化有限公司，杭州迪马精化进出口有限公司，郑州市佳德彩化工颜料有限公司，招远市晨铭化工有限公司，上海铂山实业有限公司，济南塑邦精细化工有限公司。

Bc030 荧光增白剂RA

【化学名】 4,4′-双-(6-氨基-4-苯氨基-1,3,5-三嗪-2-氨基)-二苯乙烯-2,2′-二磺酸钠

【英文名】 fluorescent whitening agent RA

【结构式】

（结构式：二苯乙烯（CH=CH）两侧苯环各带 SO_3Na / NaO_3S 及 NH，NH 连接三嗪环，三嗪环上另有 NH_2 和 NH—苯基）

【相对分子质量】 784.75

【物化性质】 淡黄色粉末。溶于水，水溶液呈蓝色荧光。光谱吸收波长344nm，荧光发射波长432nm。呈阴离子型，可与阴离子表面活性剂及染料、非离子表面活性剂同浴使用。

【质量标准】

项目	指标
水分/%	≤5.0
色光	与标准品近似
泛黄点(染色深度0.3%)	与标准品近似
水不溶物/%	≤0.5
强度(为标准品的)/%	100±5
细度(过100目筛余量)/%	≤5

【用途】 用于纸浆纤维等中性浴增白处理，也用于棉纤维、人造丝、人造棉增白。

包装规格：内包装塑料袋1kg，外包装木桶净重25kg。

【制法】 将1500kg碎冰水加入缩合反应釜中，用盐酸调pH值至刚果红试纸呈微红色，然后加入141kg三聚氯氰，搅匀。另将139kg DSD酸配成10%的水溶液，并用纯碱调pH值至6～7。然后将DSD酸钠盐水溶液滴加至上述三聚氯氰中，并随时用10%的纯碱调pH值至5～6。滴加完毕继续搅拌1h，检验氨基消失即达终点。然后加入140kg 20%氨水进行第二次缩合，用10%纯碱调pH值至7～8。再在40℃下反应2h。接着加入78.5kg苯胺、

62.0kg 碳酸氢钠，于 85℃下搅拌 1.5h 左右，保持 pH 值 6～7。最后补加 70kg 20%氨水，继续升温至 110℃，反应 2h。

将上述缩合反应液趁热过滤，降温至 90℃，加入盐酸调 pH 值至 2～2.5。冷却，结晶，滤饼与碱捏合，烘干，粉碎，与 604kg 元明粉拼混得 1000kg 荧光增白剂 RA 成品。反应式如下：

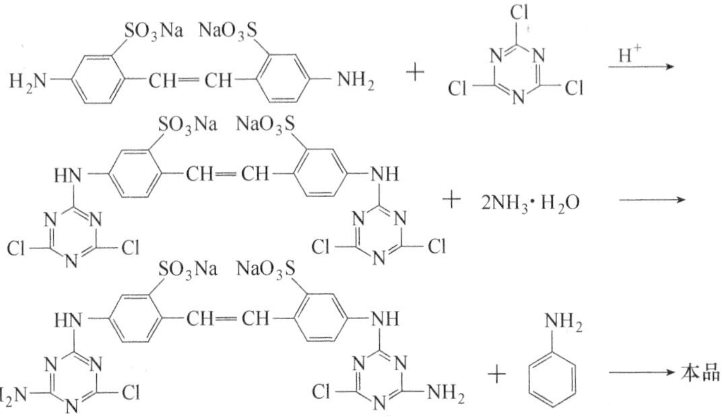

$$H_2N-C_6H_3(SO_3Na)-CH=CH-C_6H_3(SO_3Na)-NH_2 + \text{三聚氯氰}(C_3N_3Cl_3) \xrightarrow{H^+}$$

$$\text{HN(二氯三嗪基)}-C_6H_3(SO_3Na)-CH=CH-C_6H_3(SO_3Na)-\text{NH(二氯三嗪基)} + 2NH_3 \cdot H_2O \longrightarrow$$

$$\text{HN(氨基氯三嗪基)}-C_6H_3(SO_3Na)-CH=CH-C_6H_3(SO_3Na)-\text{NH(氯氨基三嗪基)} + C_6H_5NH_2 \longrightarrow \text{本品}$$

【产品安全性】 基本无毒。在通常应用的浓度范围内不会对人体造成急性毒性伤害。存放在阴凉、干燥的库房内，避光，贮存期 12 个月。

【参考生产企业】 上虞市道墟印染助剂厂，浙江劲光化工有限公司，招远市晨铭化工有限公司，上海铂山实业有限公司，济南塑邦精细化工有限公司。

Bc031 荧光增白剂 31#

【别名】 挺进剂 31#

【化学名】 4-(6-间氯苯氨基-4-羟乙氨基-1,3,5-三嗪-2-氨基)-4′-(6-苯氨基-4-羟乙氨基-1,3,5-三嗪-2-氨基)-二苯乙烯-2,2′-二磺酸钠

【英文名】 fluorescent whitening agent 31#

【相对分子质量】 909.31

【结构式】

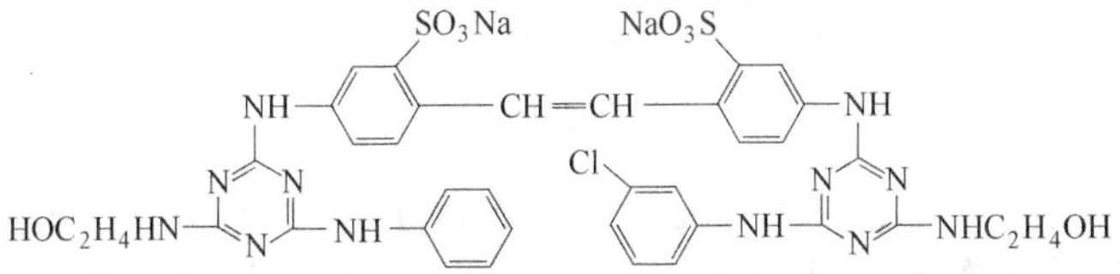

$$HOC_2H_4HN-C_3N_3(NH-C_6H_5)-NH-C_6H_3(SO_3Na)-CH=CH-C_6H_3(SO_3Na)-NH-C_3N_3(NH-C_6H_4Cl)-NHC_2H_4OH$$

【物化性质】 可溶于沸水或 1000 倍的 25℃水中，荧光色调为青光。阴离子型，适于中性或微碱性染色。

【质量标准】

外观	淡黄色粉末
色光	与标准品近似
强度(为标准品)/%	100±3
水分/%	≤5
水不溶物/%	≤5
细度(过 40 目筛)/%	≥95

【用途】 用于纸张增白。也用于棉织物、锦纶、人造丝增白，可使织物白洁发亮。

包装规格：内包装塑料袋 1kg，外包装木桶净重 25kg。

【制法】 将 1000kg 碎冰水加到反应釜中，用盐酸调 pH 值至刚果红试纸呈微紫色。然后加入三聚氯氰 136kg，搅拌打浆。另将 DSD 酸配成 10%的水溶液，并用纯碱调 pH 值至 6～7，然后将其加到三聚氯氰浆料中，控制 pH5～6，反应至氨基消失

为终点。在第一次缩合液中加入由41.5kg间氯苯胺和31kg苯胺组成的混合物。在30～35℃下反应2h后升温至85～95℃反应2h，至苯胺全部消失。最后在100℃加入单乙醇胺进行第三次缩合，并控制pH6～7。冷却过滤得荧光增白剂31#。然后与匀染剂、水混合进行砂磨，干燥后与元明粉拼混得成品。反应式如下：

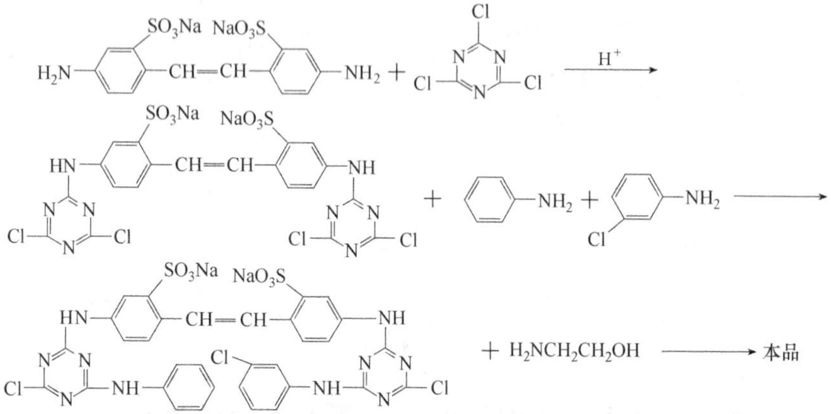

$+ H_2NCH_2CH_2OH \longrightarrow$ 本品

【产品安全性】 基本无毒。在通常应用的浓度范围内不会对人体造成急性毒性伤害。存放在阴凉、干燥的库房内，避光，贮存期12个月。

【参考生产企业】 浙江劲光化工有限公司，招远市晨铭化工有限公司，武汉化学助剂总厂，江苏常州市化工研究所，辽宁大连油脂化学厂。

Bc032 荧光增白剂PRS

【别名】 增白剂BBH

【化学名】 4,4′-双-(6-苯氨基-4-甲氧基-1,3,5-三嗪-2-氨基)-二苯乙烯-2,2′-二磺酸钠

【英文名】 fluorescent whitening agent PRS

【相对分子质量】 814.76

【结构式】

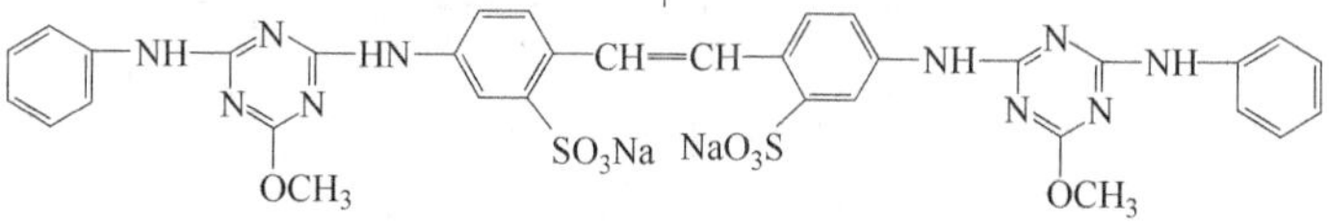

【物化性质】 淡黄色粉末。易溶于水，对酸稳定，耐氧化氢漂白。最大吸收光谱的波长是350nm，荧光发射波长432nm。阴离子型，可与阴离子表面活性剂及染料、非离子表面活性剂、过氧化物或还原漂白剂同浴使用。

【质量标准】

水分/%	≤5
细度(过40目筛余量)/%	≤5
色光	与标准品近似
强度(为标准品的)/%	100±4

【用途】 用于棉、植物纤维的增白。也用于合成洗涤剂或柔软剂中，可使织物洗涤后外观洁白悦目。还可用于丝织物、动物纤维及聚酰胺纤维的增白处理。

包装规格：内包装1kg塑料袋，外包装25kg木桶。

【制法】 将115kg甲醇投入反应釜中，再加入195kg氢氧化钠及少量水，冷却至0℃。在搅拌下加入300kg三聚氯氰，控制反应温度在10℃以下。另在配料锅中加入283kg DSD酸和300kg水，搅拌打

浆。调整 pH 值至 7.5，然后将配好的溶液在 1h 内滴加到反应釜中，滴加过程中保持 pH 值 6～7，反应温度 15～18℃。滴加完毕后，1h 内升温至 40℃，维持反应 3h 左右。用纯碱调 pH 值至 7，然后加入 148kg 苯胺。升温至 70℃蒸出甲醇，再反应至 90℃。反应完毕，趁热过滤去渣，滤液用盐酸酸化并冷却、结晶、过滤，滤饼与小苏打捏合，烘干，粉碎得增白剂 BBH。用尿素调节到所需的荧光度。反应式如下：

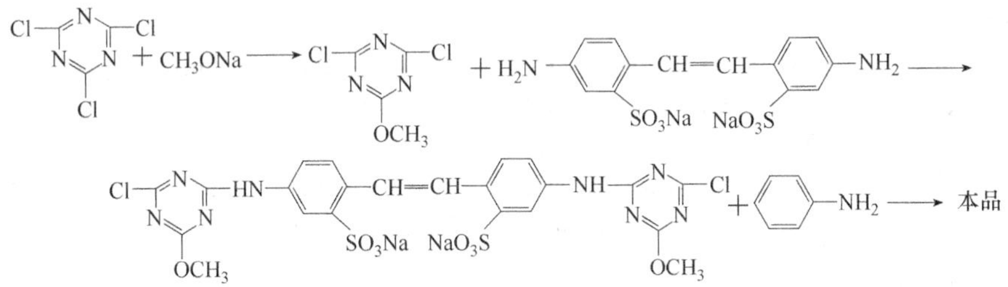

三聚氯氰 + CH_3ONa → 2,4-二氯-6-甲氧基-1,3,5-三嗪 + 4,4'-二氨基二苯乙烯-2,2'-二磺酸钠（H_2N—C₆H₃(SO_3Na)—CH═CH—C₆H₃(SO_3Na)—NH_2）→

双(4-氯-6-甲氧基-1,3,5-三嗪-2-氨基)二苯乙烯二磺酸钠 + 苯胺（C₆H₅—NH_2）→ 本品

【产品安全性】 基本无毒。在通常应用的浓度范围内不会对人体造成急性毒性伤害。存放在阴凉、干燥的库房内，避光，贮存期 12 个月。

【参考生产企业】 上虞市道墟印染助剂厂，浙江劲光化工有限公司，招远市晨铭化工有限公司，上海铂山实业有限公司，济南塑邦精细化工有限公司。

Bc033 荧光增白剂 DMS

【别名】 雪山 33#，天来宝 DMS

【化学名】 4,4'-双-(6-苯氨基-4-吗啉-1,3,5-三嗪-2-氨基)-二苯乙烯-2,2'-二磺酸钠

【英文名】 fluorescent whitening agent DMS

【相对分子质量】 924.93

【最大紫外吸收波长】 350nm

【登记号】 CAS [16090-02-1]

【结构式】

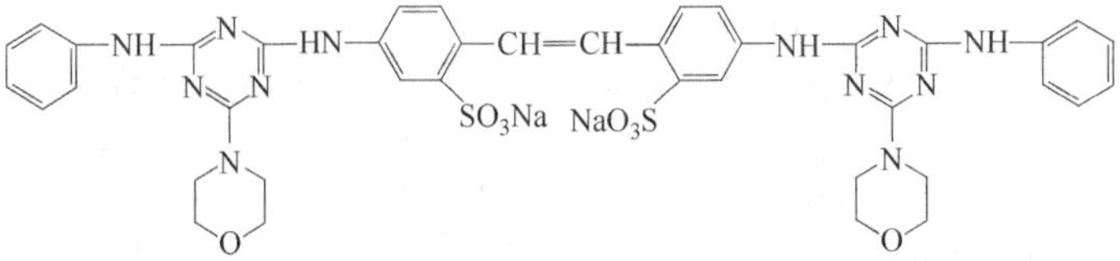

（结构式：C₆H₅—NH—三嗪(吗啉基)—HN—C₆H₃(SO_3Na)—CH═CH—C₆H₃(SO_3Na)—NH—三嗪(吗啉基)—NH—C₆H₅）

【物化性质】 有两种结构，即 α-无定形结构为淡黄色粉末和 β-晶形为白色结晶。β-晶形具有很好的增白效果，对纤维素纤维具有高亲和力，对氯漂剂稳定，在 20～100℃范围内具有很高的增白效果，吸收光谱波长 349nm，荧光发射波长 442nm，在水中溶解度为中等，比增白剂 VBL 和 JD-3 小，能溶于一缩乙二醇中，可用热水配成 10% 的悬浮液。阴离子型，可与阴离子表面活性剂及染料、非离子表面活性剂共混使用，荧光色调为青色。

【质量标准】 HG/T 3675—2007

项目	指标
紫外吸收/nm	≤350
光色(与标准品)	近似
细度(通过 425μm 孔径筛的残余物)/%	≤5.0
有效物含量/%	118
增白强度(用标准品)/分	113
水分含量/%	≤5.0
不溶于水的杂质含量/%	≤0.5

【用途】 用于纸张增白；对棉纤维、氨基

塑料、尼龙等织物也有良好的增白作用。

使用方法：使用最佳染浴的 pH 值 7～10。荧光增白剂 FBCW 在水中的溶解度比增白剂 VBL 和 31# 低，可用热水调成 10%左右的悬浊液使用。配成溶液时，宜随配随用，溶液应避免阳光直射。

包装规格：用铁桶或内衬塑料袋纸桶，净重 20kg 或 25kg。

【制法】 首先将 850kg 水加到配料缶中，在搅拌下加入 285kg DSD 酸，加热溶解后用 10%的碳酸钠水溶液调 pH 值至 6～7。然后移入高位槽备用。将 3000kg 冰水加入缩合釜中，在 0℃以下加入 20%的三聚氯氰丙酮溶液 1400kg。搅拌使其分散均匀，然后在 0～5℃下滴加 DSD 酸钠水溶液。随时用 10%的碳酸钠溶液调 pH 值，使其维持在 6～7.5。滴毕后，加入 156kg 苯胺，在 30～35℃下反应 2h 后加入 170kg 吗啉，在 80℃下再反应 2h，完成反应后，蒸出丙酮，再加碱调 pH 值至 6～7.5，加温至 120～130℃，在该温度下 α-无定形物变成 β-晶形，转晶后冷却，过滤，用水洗涤滤饼，加入一定量的碳酸钠捏合，于 80℃干燥，与元明粉（无水硫酸钠）拼混至所需的荧光强度，得增白剂 DMS。反应式如下：

Cl N Cl N N Cl + H_2N CH=CH NH_2 SO_3Na NaO_3S →

Cl N HN CH=CH NH N Cl N N Cl SO_3Na NaO_3S N N Cl + NH_2 →

NH N HN CH=CH NH N NH N N Cl SO_3Na NaO_3S N N Cl + N O → 本品

【产品安全性】 基本无毒。在通常应用的浓度范围内不会对人体造成急性毒性伤害。存放在阴凉、干燥的库房内，避光，贮存期 24 个月。荧光增白剂 FBCW 产品运输时应避免碰撞和曝晒。

【参考生产企业】 上海联本精细化工有限公司，临沂市兰山区绿森化工有限公司，深圳晨美颜料色母粒有限公司。

Bc034 荧光增白剂 SBA

【别名】 荧光增白剂 SRBN，BCF，CA，DW，DK，OD，4A

【化学名】 4,4'-双-(4,6-二苯氨基-1,3,5-三嗪-2-氨基)-二苯乙烯-2,2'-二磺酸钠

【英文名】 fluorescent whitening agent SBA

【结构式】

NH N HN CH=CH NH N NH N N SO_3Na NaO_3S N N NH NH

【相对分子质量】 936.93

【物化性质】 淡黄色粉末。光谱吸收波长 356nm，荧光发射波长 452nm。溶于水，呈阴离子型。

【质量标准】

水分/%	≤2
细度(过 40 目筛余量)/%	≤5
色光	与标准品近似
强度(为标准品)/%	100±4

【用途】 用于纸浆增白处理，亦可用于棉、麻、聚酰胺纤维的增白。也可作漂白洗涤剂。

包装规格：用内衬塑料袋的编织袋包装，净重 25kg。

【制法】 将 188kg DSD 酸投入配料缸中，加入适量的水和 Na_2CO_3 配成 10% 的 DSD 酸钠盐水溶液。将 185kg 三聚氯氰投入第一个缩合釜中，加入适量的水和少量的乳化剂（木质素磺酸钠）搅拌均匀，冷却至 5～10℃，滴加配好的 DSD 酸钠水溶液。并随时用 Na_2CO_3 调整 pH 值，使其维持在 6～7 之间。反应至终点后将其打入第二个缩合釜中，加入 186kg 苯胺和适量的碱，在 40℃ 下反应 2h 后升温至 80℃反应 1.5～2h。然后调 pH 值至 11～12，升温至 130℃ 反应 1.5h，加食盐析出。过滤，滤饼中加入适量的十二烷基苯磺酸钠及少量的乳化剂进行研磨，磨至一定细度后喷雾干燥，得到商品荧光增白剂 SBA。反应式如下：

Cl, N, Cl, N, N, Cl + H_2N—(C₆H₃)—CH═CH—(C₆H₃)—NH_2 ⟶
SO_3Na NaO_3S

Cl—(三嗪, Cl)—HN—(C₆H₃)—CH═CH—(C₆H₃)—NH—(三嗪, Cl)—Cl + 2 (C₆H₅)—NH_2 ⟶ 本品
SO_3Na NaO_3S

【产品安全性】 基本无毒。在通常应用的浓度范围内不会对人体造成急性毒性伤害。存放在阴凉、干燥的库房内，避光，贮存期 24 个月。荧光增白剂 FBCW 产品运输时应避免碰撞和曝晒。

【参考生产企业】 邵阳天堂助剂化工有限公司，上海联本精细化工有限公司，临沂市兰山区绿森化工有限公司，深圳晨美颜料色母粒有限公司。

Bc035 荧光增白剂 JD-3

【别名】 洗衣粉增白剂 JD-3

【化学名】 4,4′-双-(6-邻氯苯氨基-4-羟乙基-1,3,5-三嗪-2-氨基)-二苯乙烯-2,2′-二磺酸钠

【英文名】 fluorescent whitening agent JD-3

【结构式】

(2-Cl-C₆H₄)—NH—(三嗪, NHC_2H_5OH)—HN—(C₆H₃, SO_3Na)—CH═CH—(C₆H₃, NaO_3S)—NH—(三嗪, NHC_2H_5OH)—NH—(2-Cl-C₆H₄)

【相对分子质量】 943.75

【物化性质】 能溶于热水，色光偏青，有较好的耐日光和抗老化性能。属阴离子型，适于中性及弱碱性染料。

【质量标准】

外观	淡黄色均匀粉末
强度(为标准品的)/%	100±3
水分/%	≤5
细度(过 100 目筛)/%	≤10

【用途】 用于纸张、纺织、肥皂及洗涤剂的增白，在中性和弱碱性条件下使用。

包装规格：内包装塑料袋，净重1kg，外包装木桶，净重25kg。

【制法】 将274kg DSD酸投入溶解缸中，加水溶解并用Na_2CO_3调pH值至6～6.5，备用。另将271kg三聚氯氰加入缩合釜中，再加入800kg含碎冰的水。在0℃下加入0.4kg平平加O，充分搅匀，滴加备用液，并用10%的Na_2CO_3水溶液调pH值至4～4.5，反应1h。至终点后加入148kg单乙醇胺，升温至100℃，用Na_2CO_3水溶液调pH值至6～7。反应完毕后加入166kg邻氯苯胺，反应温度为30～35℃。加食盐盐析，过滤，往滤饼中加入适量Na_2CO_3和尿素进行捏合烘干。再加200kg无水硫酸钠进行拼混，粉碎得荧光增白剂JD-3。反应式如下：

$$\text{(Cl)}_3\text{C}_3\text{N}_3 + H_2N\text{-}C_6H_3(SO_3Na)\text{-}CH{=}CH\text{-}C_6H_3(SO_3Na)\text{-}NH_2 \longrightarrow$$

$$\text{Cl}_2\text{C}_3\text{N}_3\text{-HN-}C_6H_3(SO_3Na)\text{-}CH{=}CH\text{-}C_6H_3(SO_3Na)\text{-NH-C}_3\text{N}_3\text{Cl}_2 + H_2NCH_2CH_2OH \longrightarrow$$

$$\text{Cl(HOH}_4\text{C}_2\text{HN)C}_3\text{N}_3\text{-HN-}C_6H_3(SO_3Na)\text{-}CH{=}CH\text{-}C_6H_3(SO_3Na)\text{-NH-C}_3\text{N}_3\text{Cl(NHC}_2\text{H}_4\text{OH)} + 2\ \text{(2-Cl-C}_6\text{H}_4\text{NH}_2) \longrightarrow \text{本品}$$

【产品安全性】 基本无毒。在通常应用的浓度范围内不会对人体造成急性毒性伤害。存放在阴凉、干燥的库房内，避光，贮存期24个月。荧光增白剂FBCW产品运输时应避免碰撞和曝晒。

【参考生产企业】 洛阳市太学染化有限公司，杭州迪马精化进出口有限公司，郑州市佳德彩化工颜料有限公司。

Bc036 荧光增白剂EBF

【别名】 涤纶增白剂EBF

【化学名】 2,5-二苯并噁唑基噻吩

【英文名】 fluorescent whitening agent EBF

【相对分子质量】 318.34

【结构式】

$$\text{(苯并噁唑-2-基)-C}_4\text{H}_2\text{S-(苯并噁唑-2-基)}$$

【物化性质】 浅黄色结晶粉末，呈鲜艳蓝色荧光性，熔点218～219℃，可与水以任意比例混溶。耐硬水、耐酸、耐碱，用它处理后的织物耐晒、耐氯漂、耐洗，牢度较好。

【质量标准】

升华牢度/级	4～5
色光	与标准品近似
扩散度	4级
白度(为标准品的)/%	100±4
有效成分含量/%	≥10
耐晒牢度	4级

【用途】 用作制浆增白，亦可作醋纤、锦纶、涤纶、丙纶、氯纶及混纺纤维的增白处理剂。

包装规格：用铁桶或内衬塑料袋的纸桶包装，净重20kg或25kg。

【制法】

(1) 2-氯甲基苯并噁唑的合成（投料

为质量分数） 将 54.5 份邻氨基苯酚和 220 份氯苯投入反应釜中，搅拌形成悬浮液，加入 0.6 份催化剂吡啶。在通氮气保护及搅拌下，滴加 2-氯乙酰氯 20.0 份，滴加完毕后加热至 80℃，在反应中逐渐加热到 100℃，保温 2h，加入 3 份邻甲苯磺酸，在继续充氮保护的情况下，搅拌，回流加热 5h。蒸出氯苯，得棕色油状物即 2-氯甲基苯并噁唑。

（2）双（苯并噁唑-2-甲基）硫醚的合成 将 63 份硫化钠投入反应釜中，加入 3 倍水，搅溶，然后加入苄基正三丁基溴化铵 0.8 份，冷至 10℃。将上步生成的 2-氯甲基苯并噁唑加入二氯甲烷，配成溶液。再将此溶液滴加到硫化钠溶液中，反应 3h，静置，弃去水层，将有机层水洗至中性，用干燥的元明粉与水洗后的有机物搅拌混合，脱水，再滤出元明粉。滤液真空蒸出二氯甲烷。冷却结晶，再用甲醇进行重结晶，得纯品双（苯并噁唑-2-甲基）硫醚。

（3）增白剂 EBP 的生成 先用金属钠和无水甲醇制备甲醇钠溶液，将此溶液冷至 0℃，加乙二醛搅拌 4h，逐渐生成结晶沉淀，即 2,5-二苯并噁唑基噻吩，用稀酸中和，过滤，滤饼用水洗至中性，再真空干燥得增白剂 EBF 粗品，然后在氯苯中重结晶得精品。反应式如下：

（邻氨基苯酚）$\xrightarrow[\text{吡啶}]{ClCH_2COCl}$ 2-氯甲基苯并噁唑（$-CH_2Cl$）

$\xrightarrow{OHC—CHO}$ 本品 $\xrightarrow{Na_2S}$ [苯并噁唑-2-CH_2—S]$_2$

【产品安全性】 基本无毒。在通常应用的浓度范围内不会对人体造成急性毒性伤害。存放在阴凉、干燥的库房内，避光，贮存期 24 个月。荧光增白剂 FBCW 产品运输时应避免碰撞和曝晒。

【参考生产企业】 招远市晨铭化工有限公司，上海铂山实业有限公司，临沂市兰山区绿森化工有限公司，深圳晨美颜料色母粒有限公司，河南安阳助剂厂等。

Bc037 荧光增白剂 DT

【别名】 荧光增白剂 135

【英文名】 fluorescent whitening agent DT

【相对分子质量】 290.32

【结构式】

（5-甲基苯并噁唑-2-基）—CH═CH—（5-甲基苯并噁唑-2-基），两端为 CH_3

【物化性质】 呈中性，属非离子型化合物。熔点 182～184℃，不溶于水，溶于 DMF 和乙醇，耐酸至 pH 值 2～3 之间，耐碱至 pH 值 10 左右。耐硬水至 5×10^{-4}。最佳上染温度 150℃（在中性或弱碱性浴中），可耐 180～200℃焙烧。其浆体和稀释液对光不敏感。

【质量标准】 HG/T 2556—2009

外观	乳白色悬浮浆状物
强度(为标准品的)/%	100
色光	呈蓝紫色
有效物/%	10

【用途】 用作纸张和合成纤维的增白剂，用它处理的纸张和织物有较佳的耐晒牢度和耐湿牢度。

包装规格：用铁桶或内衬塑料袋纸桶包装，净重 20kg 或 25kg。

【制法】 首先把 33 份二甲苯打入反应釜中，再加入邻氨基对甲苯酚 3.5 份、羟基丁二酸 2.0 份、硼酸 0.1 份，通入二氧化碳，在搅拌下加热至沸，回流 12h，反应中用分水器分出生成的水。反应完毕降温至 130℃，投入活性炭，搅拌加热回流半小时，过滤，滤液冷至 15℃，析出结晶，烘干得粗品；将粗品、水、聚乙烯醇一起投入砂磨中磨至一定细度，再加入平平加 O、甲醛、聚乙烯醇溶液等适量，充分搅拌后得成品（制备中的投料量为质量分数）。反应式如下：

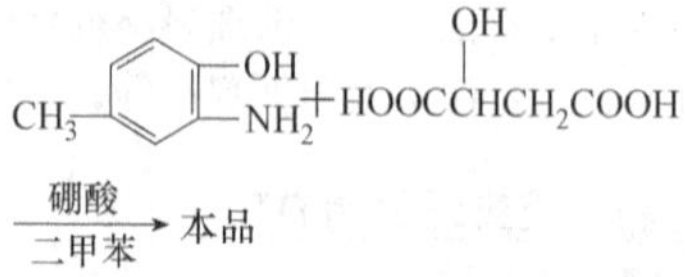

$$CH_3\text{-}C_6H_3(OH)(NH_2) + HOOCCH(OH)CH_2COOH \xrightarrow[\text{二甲苯}]{\text{硼酸}} \text{本品}$$

【产品安全性】 基本无毒。在通常应用的浓度范围内不会对人体造成急性毒性伤害。存放在阴凉、干燥的库房内，避光，贮存期 24 个月。荧光增白剂 FBCW 产品运输时应避免碰撞和曝晒。

【参考生产企业】 邵阳天堂助剂化工有限公司，上海联本精细化工有限公司，临沂市兰山区绿森化工有限公司，深圳晨美颜料色母粒有限公司。

Bc038 荧光增白剂 AT

【别名】 *N*-甲基-4-甲氧基-1,8-萘酰亚胺

【英文名】 fluorescent whitening agent AT

【相对分子质量】 241.24

【结构式】

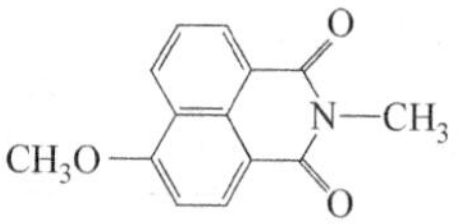

(结构式：CH_3O—萘环—1,8-二甲酰亚胺，N—CH_3)

【物化性质】 不溶于水。属非离子型，但在酸性溶液中呈阳离子型。

【质量标准】

外观	黄色结晶
纯度/%	≥96
色光	与标准品近似
色强(为标准品的)/%	100±5

【用途】 用于造纸纤维素增白，耐光及耐洗牢度好，可与亚氯酸钠同浴。也用于腈纶/羊毛、腈纶/纤维素纤维混纺织物及其他合成纤维的增白处理。

包装规格：用铁桶或内衬塑料袋纸桶包装，每桶净重 20kg 或 25kg。

【制法】 将 30kg 水、30kg 40%的一甲胺、40kg 4-氯-萘-1,8-二甲酐依此投入反应釜中，加热至回流，进行 *N*-甲基化反应，反应 1h 后，降至室温，过滤得到黄色浆状物，即 *N*-甲基-4-氯-1,8-萘酰亚胺粗品。用乙酸重结晶得纯品，熔点 166～168℃，将上述精品 30kg 送入反应釜中，加入 60kg 30%的甲醇钠/甲醇溶液，搅拌下加热至回流，反应 4～5h。趁热过滤，若太稠，可加入一定量的甲醇稀释后再过滤，干燥，重结晶得精品。反应式如下：

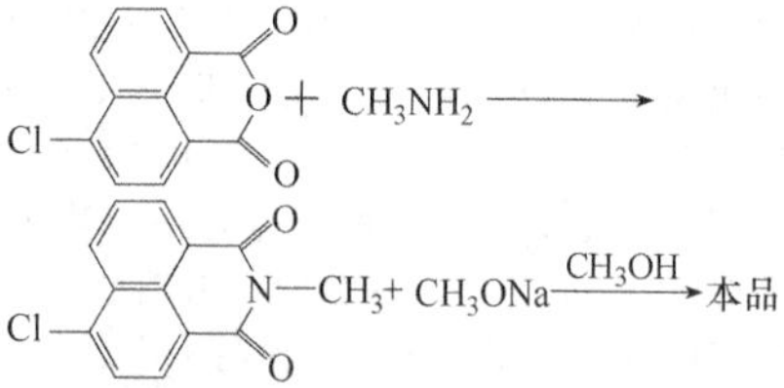

$$\text{4-氯-1,8-萘二甲酸酐} + CH_3NH_2 \longrightarrow$$

$$\text{N-甲基-4-氯-1,8-萘酰亚胺} + CH_3ONa \xrightarrow{CH_3OH} \text{本品}$$

【产品安全性】 基本无毒。在通常应用的浓度范围内不会对人体造成急性毒性伤害。存放在阴凉、干燥的库房内，避光，贮存期 24 个月。荧光增白剂 FBCW 产品运输时应避免碰撞和曝晒。

【参考生产企业】 邵阳天堂助剂化工有限公司，上海联本精细化工有限公司，临沂市兰山区绿森化工有限公司，深圳晨美颜料色母粒有限公司。

Bc039 荧光增白剂 EFR

【别名】 4,5-二乙氧基-*N*-甲基-1,8-萘二甲酰亚胺

【英文名】 fluorescent whitening agent EFR

【相对分子质量】 299.0

【结构式】

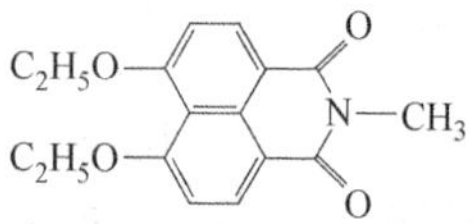

(结构式：4,5-二(C_2H_5O)—萘环—1,8-二甲酰亚胺，N—CH_3)

【物化性质】 熔点 307℃，不溶于水，最大吸收光谱的波长 397nm，荧光发射光谱长 438nm。属非离子表面活性剂。

【质量标准】

外观	黄绿色针状结晶
强度(为标准品的)/%	100±4
色光	与标准品近似
水分/%	≤5

【用途】 用于植物纤维、醋酸纤维及塑料的增白。

包装规格：内包装塑料袋，1kg/袋，外包装木桶，净重25kg。

【制法】 将120kg苊和140kg亚硫酰氯依次加入反应锅中，冷却至0～5℃。再加入4kg $AlCl_3$ 在18℃以下搅拌5h。减压蒸馏收集190～215℃/1.3kPa下的馏分，得4,5-二氯苊（熔点165～168℃）。将得到的4,5-二氯苊加入400kg氯苯中加热溶解后，加入500kg重铬酸钾，搅拌下滴加浓硫酸500kg。在回流温度下反应8h左右。然后用水蒸气蒸馏法分出氯苯，残余物冷却过滤，得4,5-二氯-1,8-萘酐。将得到的4,5-二氯-1,8-萘酐打入已盛有1500kg甲醇的反应釜内，加入60kg 37%的甲醛水溶液，于65℃下回流2h，然后冷却过滤回收甲醇。滤饼用苯重结晶得*N*-甲基-4,5-二氯-1,8-萘二酰亚胺（熔点245～248℃）。将二氯萘二酰亚胺加入235kg 25%的乙醇钠/乙醇溶液中，并加入少量无水乙酸钠，于80℃下回流反应4～5h。反应完毕蒸出溶剂，残留物冷却过滤得粗产品，用乙酸重结晶得精品。反应式如下：

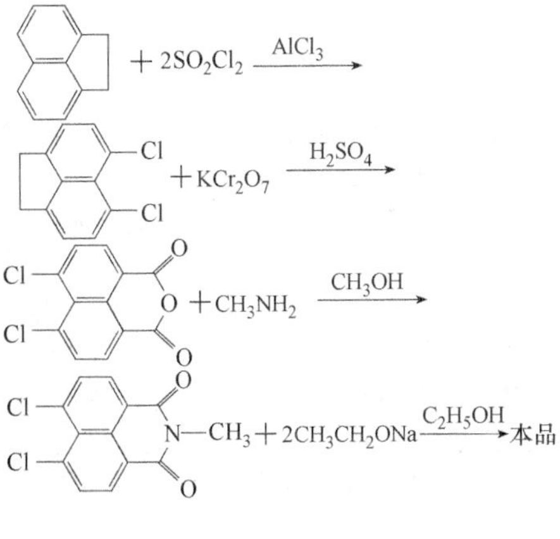

$$+2SO_2Cl_2 \xrightarrow{AlCl_3}$$

$$+KCr_2O_7 \xrightarrow{H_2SO_4}$$

$$+CH_3NH_2 \xrightarrow{CH_3OH}$$

$$N—CH_3+2CH_3CH_2ONa \xrightarrow{C_2H_5OH} \text{本品}$$

【产品安全性】 基本无毒。在通常应用的浓度范围内不会对人体造成急性毒性伤害。存放在阴凉、干燥的库房内，避光，贮存期24个月。荧光增白剂FBCW产品运输时应避免碰撞和曝晒。

【参考生产企业】 邵阳天堂助剂化工有限公司，上海联本精细化工有限公司，临沂市兰山区绿森化工有限公司，深圳晨美颜料色母粒有限公司。

Bc040 荧光增白剂OB

【别名】 荧光增白剂393，2,5-二(5′-叔丁基-2′-苯并噁唑基)噻吩

【英文名】 fluorescent whitening agent OB

【相对分子质量】 430.55

【结构式】

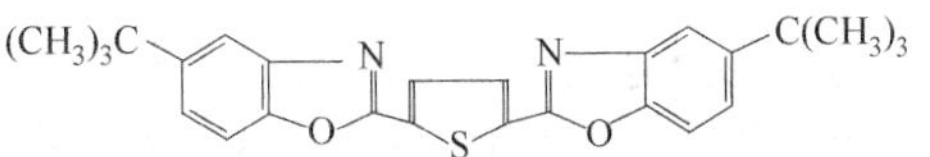

【物化性质】 黄绿色粉末。熔点200～201℃，分解温度大于220℃。难溶于水，溶于烷烃、脂肪、矿物油、蜡及通常的有机溶剂。溶解度（g/100mL）：甲醇0.05；丙酮0.5；甲苯5.3；四氯化碳5.9；四氢呋喃5.5；DMF 0.8；氯苯10.2；环己烷3.3；二甲苯5.5；邻苯二甲酸二辛酯0.7；水0.01。最大吸收波长374nm。

【质量标准】 HG/T 3703—2009

水分/%	≤5
强度(为标准品的)/%	100±4
色光	与标准品近似
熔点/℃	≥196

【用途】 用于醋酸纤维增白，还用于清漆、油漆、紫外光固化涂料、印刷油墨、脂肪、油类、包装材料。在印刷油墨中应用本品，可作防伪标记，在照相中可用以提高照片非影像区的白度，可使照片在接受紫外光照射时转化为荧光，产生增白增光效果。

包装规格：内包装用塑料袋，1kg/袋；外包装木桶，净重25kg。

【制法】 将120kg氯苯投入反应釜中，加入21kg邻氨基对叔丁基苯酚。在搅拌下于室温下缓慢滴加19kg氯甲基亚氨乙醚盐酸盐。滴毕后，升温回流，反应3～4h，回收氯仿，得到约24kg棕色油状物。

在硫化釜中加入200kg水，再加入45kg二硫化钠和0.5kg PTC（作相转移催化剂）。搅拌溶解后冷却至10℃，滴加上述反应物的二氯甲烷溶液，搅拌10h，静置分层，用水洗有机层。回收二氯甲烷，约得23kg黄色固体。将其溶于100kg二甲亚砜中，加入2.8kg乙二醛。在氮气保护下搅拌冷至0℃，滴加30%的甲醇钠甲醇溶液20kg，反应5～6h，用1：2的稀盐酸将物料酸化至pH值为5～6，减压蒸出甲醇，冷却过滤，滤饼用水洗至中性，干燥。用乙酸乙酯重结晶，得荧光增白剂OB。反应式如下：

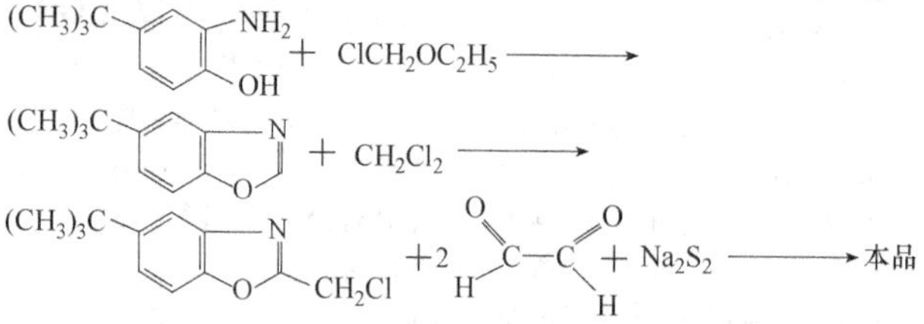

$(CH_3)_3C$-(2-氨基苯酚，NH_2、OH) + $ClCH_2OC_2H_5$ ⟶

$(CH_3)_3C$-(苯并噁唑) + CH_2Cl_2 ⟶

$(CH_3)_3C$-(苯并噁唑)-CH_2Cl + 2 H-C(=O)-C(=O)-H + Na_2S_2 ⟶ 本品

【产品安全性】 基本无毒。在通常应用的浓度范围内不会对人体造成急性毒性伤害。存放在阴凉、干燥的库房内，避光，贮存期24个月。荧光增白剂FBCW产品运输时应避免碰撞和曝晒。

【参考生产企业】 青岛信诺化工有限公司，临沂市兰山区绿森化工有限公司，深圳晨美颜料色母粒有限公司。

Bc041 荧光增白剂220

【别名】 荧光增白剂BBU，荧光增白剂87，荧光增白剂220，二苯乙烯双三型荧光增白剂

【英文名】 fluorescent brightener 220

【登记号】 CAS [16470-24-9]

【相对分子质量】 1165.0355

【结构式】

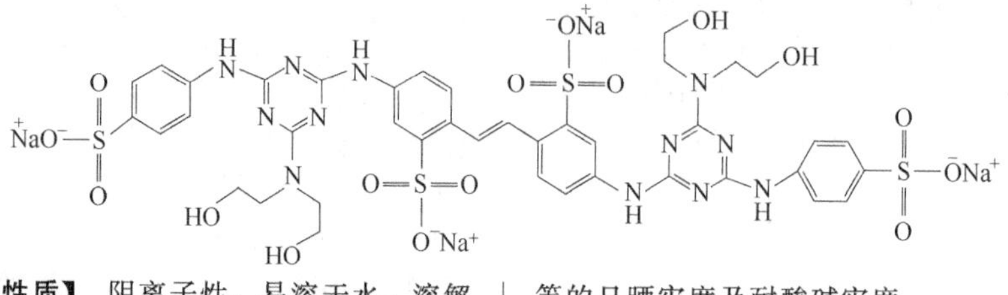

（结构式：二苯乙烯双三嗪型，含4个 $-SO_3^-Na^+$ 基团，两个三嗪环各带 $N(CH_2CH_2OH)_2$ 基团及对磺酸钠苯氨基）

【物化性质】 阴离子性，易溶于水，溶解性：300g/L。硬水稳定性（1%溶液）：至少4mmol/L（Ca^{2+} + Mg^{2+}）。耐酸稳定性（1%水溶液）：pH3.5～13稳定。对棉等纤维素纤维具有较低亲和力，但通过添加盐可以提高亲和力。色光：偏蓝，60℃以上更出色。有良好的耐酸性，即使在较低的pH值下也有优异的增白效果。在常温下具有较好的贮存稳定性，具有相等的日晒牢度及耐酸碱牢度。

【质量标准】 HG/T 3727—2010

外观	淡黄色粉末
含量/%	≥99
水分/%	≤0.5
pH值(1%水溶液)	8.5～10.5
增白强度(标准品)/%	100±2
溶于水的杂质含量/%	≤0.5

【用途】 用于棉、纤维、黏胶纤维和纸张

的增白增艳。特别适用于棉纤维和人造纤维的增白，适用碳酸钙、瓷土、水性涂料等的增白。

应用方法：在涂布过程中，任意位置添加均可，与 PVA、CMC、淀粉一起使用时会获得更好的效果，常规用量 0.01%～0.4%（对涂料质量）。在表面施胶中与常用的淀粉、CMC、PVA 一起使用可获得较好的增白效果，在浆内可直接加入，常规用量 0.01%～0.4%（对绝干浆）。常规用量 0.1～3g/L。

包装规格：纸桶包装，净重 25kg；根据客户的需要可提供特殊的包装。

【制法】 以三聚氯氰与对氨基苯磺酸为原料，依次与 4,4-二氨基二苯乙烯-2,2′-磺酸、吗啉、乙二醇胺进行三步缩合反应得产品。

【产品安全性】 基本无毒。在通常应用的浓度范围内不会对人体造成急性毒性伤害。存放在阴凉、干燥的库房内，避光，贮存期 24 个月。产品运输时应避免碰撞和曝晒。

【参考生产企业】 杭州鲁滨化工有限公司，无锡鼎泰化工有限公司，沈阳世源化工有限公司，佛山市宏达丹特化工有限公司，金华贝司特化工染料有限公司。

Bc042 荧光增白剂 351

【别名】 荧光剂 49，荧光增白剂 4BK，增白剂 CBS-X，荧光增白剂 SFW-X，荧光增白剂 CBS-X，联苯乙烯二苯基二磺酸二钠，4,4′-双(2-磺酸钠苯乙烯基）联苯，荧光增白剂 CBS-X(FBA 351)

【英文名】 fluorescent brightener 351

【登记号】 CAS [27344-41-8]

【相对分子质量】 562.56

【结构式】

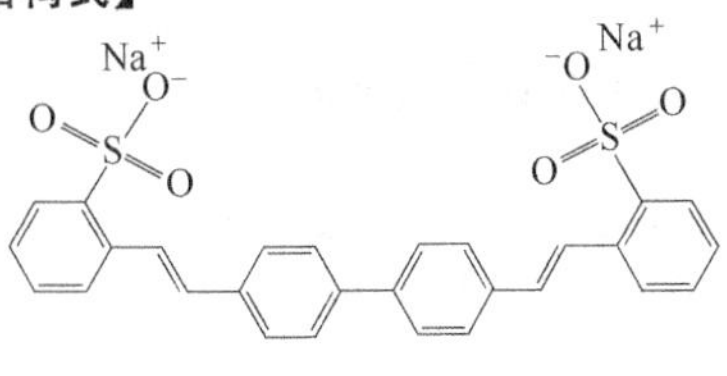

【物化性质】 外观为黄色结晶粉末。熔点>300℃，相对密度 1.414。在冷水及温水中对纤维素纤维等具有高效增白作用，反复洗涤不会使织物泛黄或变色。在超浓缩液体洗涤剂及重垢流体洗涤剂中具有优异的稳定性，优异的耐氯漂、氧漂、强酸强碱性能。无毒副作用。

【质量标准】

色光	蓝紫光
水分/%	≤5
含量/%	≥99
增白强度(标准品)/%	100±5

【用途】 用于制浆增白，亦可用于合成洗衣粉、超浓缩液体洗涤剂、肥皂、香皂的增白。加入量为 0.1%～0.5%。

包装规格：用内衬塑料袋的纸板桶包装，净重 25kg。

【制法】

(1) 酯化反应　4,4′-二氯甲基联苯在160℃下与亚磷酸三乙酯进行酯化反应得 4,4′-双（二乙氧基膦酰甲基）联苯。

(2) 缩合反应　4,4′-双（二乙氧基膦酰甲基）联苯与二甲基亚砜、苯甲醛邻磺酸钠混合均匀，用甲醇钠作催化剂，在 45～50℃ 进行缩合反应，经处理得产品。

【产品安全性】 基本无毒。在通常应用的浓度范围内不会对人体造成急性毒性伤害。存放在阴凉、干燥的库房内，避光，贮存期 24 个月。产品运输时应避免碰撞和曝晒。

【参考生产企业】 上海波以尔化工有限公司，百灵威科技有限公司，梯希爱（上海）化成工业发展有限公司。

Bc043 石蜡乳液

【英文名】 wax emulsion

【组成】 主要成分为石蜡。

【物化性质】 乳白色至淡黄色的乳液。

【质量标准】

型号	PS-1	PS-2
含量/%	44±1	24±1
pH值	7.0～7.5	7.0～7.5
粒度/μm	<2	<0.8
贮存期/月	≥12	≥12

【用途】 用于浆内施胶、表面施胶及涂布加工纸涂料的抗水剂。

包装规格：塑料桶包装，净重125kg。

【制法】 将100份石蜡、20份硬脂酸依次加入熔化锅内加热熔化（不能超过90℃）。将硼砂20份加入反应釜内加600L水溶解，在快速搅拌下加入10份羧甲基纤维素，于80℃左右搅拌成透明的黏胶体。然后将熔化的石蜡和硬脂酸缓缓加入，快速搅拌，加完后再在80～90℃下保温搅拌30min。加水稀释至所需含量，并快速搅拌成乳液。

【产品安全性】 非危险品。贮存于阴凉、干燥处，避免日晒、雨淋；有效贮存期12个月。

【参考生产企业】 宁波化工研究院，镇江市天亿化工研究设计院有限公司。

Bc044 松香

【化学名】 松香酸

【英文名】 rosin

【别名】 熟松香，树脂酸

【登记号】 CAS [514-10-3]

【相对分子质量】 302.44

【结构式】

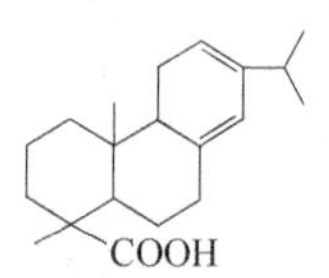

【物化性质】 沸点300℃（666.6Pa），相对密度（20℃）1.067，折射率1.5453（20℃），闪点216℃，着火点480～500℃。易溶于乙醇、乙醚等有机溶剂。微溶于热水，不溶于冷水。

【质量标准】 GB/T 8146—2003

型号		特级品	一级品	二级品	三级品
外观(固体)		微黄透明	淡黄透明	黄色透明	深黄透明
软化点(环球法)	≥	74	74	74	72
酸值/(mg KOH/g)	≥	164	164	164	162
不皂化物含量/%	≤	6	6	6	7
机械杂质含量/%	≤	0.05	0.05	0.05	0.07

【用途】 在抄纸过程中用作上胶的胶料，亦可作为农药乳化剂，纺织品上浆剂，建筑材料的润滑剂，塑料、橡胶的增塑剂，涂料的催干剂。

包装规格：塑料桶包装，净重125kg。

【制法】

(1) 以松脂为原料　从活松树上取松脂，将松脂加入反应器中，加热熔融后通水蒸气，进行水蒸气蒸馏，蒸出松节油的残留液，于210℃左右过滤，冷却结晶得成品。

(2) 以松木碎片为原料　将松木碎片粉碎，筛选，用汽油浸渍，然后将浸渍液进行过滤，脱色，回收溶剂，减压蒸馏得成品。

【产品安全性】 非危险品。贮存于阴凉、干燥处，避免日晒、雨淋，有效贮存期12个月。按一般化学品运输。

【参考生产企业】 广西梧州松脂厂，吉林敦化木材综合加工厂。

Bc045 SCI-A 柔软剂

【别名】 阳离子型柔软剂

【英文名】 softening agent SCI-A

【相对分子质量】 784.72

【结构式】

$$C_{17}H_{35}CONHCH_2CH_2\overset{+}{N}(CH_2CH_2NHOCC_{17}H_{35})Cl^- \quad [CH_2-CH-CH_2]_2 \text{（环氧，O）}$$

【物化性质】 白色至米色浆状乳液，易溶于冷水和温水。

【质量标准】 HG/T 2554—2011

固含量/%	≥10	pH值(1%)	5.0～7.0

【用途】 用于卫生纸、皱纹纸等的柔软处理。能与天然纤维素进行反应性结合，可与阳离子活性剂或非离子活性剂同用。

包装规格：塑料桶包装，净重125kg。

【制法】 将1mol二亚乙基三胺和2mol硬脂酸加入反应釜中，在N_2保护下加热熔融后继续升温至160～180℃，搅拌4h。然后减压脱水得酰基化产物。将酰基化产物加入反应釜，加入适量的水和催化剂量的碱，加热至80℃左右滴加环氧氯丙烷，在0.15MPa、100℃反应2h得季铵化产物。反应式如下：

$$C_{17}H_{35}COOH + NH_2CH_2CH_2NHCH_2CH_2NH_2 \longrightarrow$$

$$C_{17}H_{35}CONHCH_2CH_2NHCH_2CH_2NHOCC_{17}H_{35} + ClCH_2-\underset{\diagdown O \diagup}{CH-CH_2} \longrightarrow \text{本品}$$

【产品安全性】 非危险品。避免与皮肤和眼睛接触，若不慎溅到眼中，提起眼睑，用流动清水或生理盐水冲洗。贮存于阴凉、干燥处，避免日晒、雨淋；有效贮存期12个月。按一般化学品运输。

【参考生产企业】 广西梧州松脂厂，湘潭市精细化工厂，吉林敦化木材综合加工厂。

Bc046 CS柔软剂

【英文名】 softening CS

【组成】 复配物。

【物化性质】 20℃时为黄褐色软膏状物。可溶于90℃的热水中，成为分散体。

【质量标准】

有效物含量/%	45±2
pH值	7.0～8.0

【用途】 用于卫生纸的处理能，有效提高其柔软性和吸水性，并减少生产过程中的纤维流失。

包装规格：塑料桶包装，净重125kg。

【制法】 将一定量的去离子水加入反应釜中，再依次加入配比量的二甲基硫酸酯盐、单硬脂酸甘油酯咪唑啉衍生物，搅拌混匀即可。

【产品安全性】 非危险品。不能接触黏膜和眼睛，不慎沾污用水冲洗干净。贮存于阴凉、干燥处，避免日晒、雨淋；有效贮存期12个月。按一般化学品运输。

【生产参考企业】 广西梧州松脂厂，吉林敦化木材综合加工厂，天津市造纸技术研究所等。

Bc047 造纸施胶剂

【别名】 粉状强化松香施胶剂

【化学名】 马来松香

【英文名】 size used for paper

【相对分子质量】 434.49

【结构式】

COONa

【物化性质】 淡黄色或白色粉状细小颗粒，易溶于60～80℃温水中。

【质量标准】 LY/T 1066—1992

总固物/%	≥95
马来酸酐加合物/%	≥10
pH值(2%)	9.0～10
乙醇不溶物/%	≤0.2

【用途】 用作造纸施胶剂，可直接制成乳

液，化胶工序简单，乳液稳定。

包装规格：塑料桶包装，净重125kg。

【制法】 将普通松香搅碎成小块，加到反应釜中，加热熔化后搅拌升温，在170℃左右分批加入马来酸酐，加完后于190℃反应数小时。趁热出料，冷却加工成型，即为成品。

【产品安全性】 非危险品。贮存于阴凉、干燥处，避免日晒、雨淋；有效贮存期12个月。按一般化学品运输。

【生产参考企业】 广西玉林松脂厂，南京林业大学化学系，广西梧州松脂厂，吉林敦化木材综合加工厂。

Bc048 分散松香胶

【英文名】 pispersed rosin size

【主要成分】 松香胶，乳化剂。

【物化性质】 分散状乳白液体。相对密度(25℃) 1.04，属阳离子型。

【质量标准】 LY/T 1067—1992

项目	指标
固含量/%	50～58
游离松香/%	≥99
黏度(25℃)/Pa·s	<0.03
pH值	～7

【用途】 在抄纸中作施胶剂。可克服夏季施胶障碍，提高施胶度、白度、强度及平滑度等，具有显著的经济效益。

包装规格：塑料桶包装，净重125kg。

【制法】 松香胶的合成方法有三种，即低温高压法、高温高压法、高温常压法（逆转法），国内一般采用第三种方法。现介绍如下。

① 改性松香（马来松香）的制备　将普通松香计量后加入反应釜中，再加入3%～5%的顺丁烯二酸酐作催化剂，于160～170℃下反应1.5h。

② 松香的第一次相转变　将普通松香和20%的改性松香加入反应釜中，冷却下稀释并搅匀，加热熔化，使松香由固态变为液态。

③ 乳化　将占松香总量5%～7%的烷基苯磺酸钠加入熔化的松香中，在180～200℃下高速度搅拌使之成为透明型W/O乳液，然后快速加入大量去离子水，在80～90℃下加速搅拌。当黏度由大变小时，降低搅拌速度，并马上冷却到40℃以下，即得到稳定的分散松香胶。

【产品安全性】 非危险品。避免与皮肤和眼睛接触，若不慎溅到眼中，提起眼睑，用流动清水或生理盐水冲洗。贮存于阴凉、干燥处，避免日晒、雨淋；有效贮存期12个月。按一般化学品运输。

【生产参考企业】 广西梧州松脂厂，吉林敦化木材综合加工厂，化工部造纸化学品技术开发中心等。

Bc049 玻璃纸锚固剂

【英文名】 anchorage used for glassine paper

【组成】 阳离子改性三聚氰胺甲醛树脂。

【物化性质】 淡黄色透明液。

【质量标准】

项目	指标
固含量/%	≥24
色泽(铂钴比色)	≤300
pH值	6.8～7.8
游离甲醛/%	≤19
氮含量/%	5.0～6.5

【用途】 用作涂布玻璃纸的锚固剂，可以改善硝化纤维素清漆或萨冉树脂与玻璃之间的粘接能力。

包装规格：塑料桶包装，净重25kg。

【制法】 在中性或弱碱性条件下，甲醛与三聚氰胺形成羟甲基化三聚氰胺预缩物，然后与阳离子改性剂缩聚形成阳离子化的三聚氰胺甲醛树脂。

【产品安全性】 非危险品。避免与皮肤和眼睛接触，若不慎溅到眼中，提起眼睑，用流动清水或生理盐水冲洗。置于阴凉、干燥的库内，贮存期12个月。运输时应防止日晒、雨淋。

【参考生产企业】 东莞市澳达化工有限公

司，济南市化工研究所等。

Bc050 纸张湿强剂 PAE

【别名】 PAE 树脂

【英文名】 wet strength agent used for paper PAE

【组成】 聚酰胺多胺表氯醇树脂。

【物化性质】 琥珀色透明液体。

【质量标准】

固含量/%	9.0
黏度/Pa·s	8.5×10^{-4}

【用途】 造纸湿部添加，用作湿强剂，用于各类湿强纸。

包装规格：塑料桶包装，净重 125kg。

【制法】 将 225kg 二乙三胺加入反应釜中，再在搅拌下加入 100kg 水，再加 200kg 乙二酸，溶解后在 185～200℃维持 1.5h，然后降温至 140℃，再加水 430L 得到聚酰胺溶液，固含量 52.5%。随后再加入 4000L 水，加热至 50℃，并开始滴加环氧氯丙烷，继续加热至 60～70℃，直至黏度达到 12.5×10^{-4} Pa·s，用稀盐酸调节 pH 值至 5，即为产品。

【产品安全性】 非危险品。避免与皮肤和眼睛接触，若不慎溅到眼中，提起眼睑，用流动清水或生理盐水冲洗。贮存于阴凉、干燥处，避免日晒、雨淋；有效贮存期 12 个月。按一般化学品运输。

【生产参考企业】 广西梧州松脂厂，吉林敦化木材综合加工厂，山东化工厂，化工部西南化工研究院等。

Bc051 HGS 纸用阻燃剂

【英文名】 flame-retardane used for paper HGS

【组成】 含氮化合物的混配物。

【物化性质】 白色至淡黄色液体。相对密度（25℃）1.23±0.05。溶于水、是不含磷、不含卤素的新一代阻燃剂。

【质量标准】

固含量/%	50±2.0
阻燃性能指数/%	≥19～21
pH 值	7.5±1.0

【用途】 作为阻燃剂，热加工性能稳定。适于纸张、纸板、纸制品、棉麻、竹、木等制品的阻燃。使用时可采用浸渍、喷涂，处理后的纸张经 200℃烘烤后仍保持纸张的白度。

包装规格：塑料桶包装，净重 125kg。

【制法】 由多种含氮化合物反应，精制调配而成。

【产品安全性】 非危险品。贮存于阴凉、干燥处，避免日晒、雨淋；有效贮存期 12 个月。按一般化学品运输。

【生产参考企业】 广西梧州松脂厂，吉林敦化木材综合加工厂，化工部造纸化学品技术开发中心等。

Bc052 聚磷酸铵

【别名】 ZR-01 阻燃剂，APP

【英文名】 ammonium polyphosphate

【登记号】 CAS [68333-79-9]

【结构式】

$$NH_4O-\overset{\overset{O}{\|}}{\underset{\underset{ONH_4}{|}}{P}}-O-\left[\overset{\overset{O}{\|}}{\underset{\underset{ONH_4}{|}}{P}}-O\right]_n-\overset{\overset{O}{\|}}{\underset{\underset{ONH_4}{|}}{P}}-ONH_4 \qquad n=20\sim60$$

【物化性质】 白色结晶或无定形微细粉末。平均粒径 5～18 μm；密度约 1.9g/cm³；堆积密度约 0.7g/cm³。相对分子质量大于 2000，不溶于水，150℃以上分解。含磷量大、含氮量高，磷氮体系产生协同效应，阻燃性好。相对密度小，分散性好，化学稳定性好、消烟、毒性低。

【质量标准】 HG/T 2770—2008

氮含量/%	14.0～15.0
水分/%	≤0.25
磷含量/%	31.0～32.0
pH 值(25℃,10%悬浮液)	5.5～7.0
黏度(25℃,10%悬浮液)/mPa·s	≤80

【用途】 用作纸张及纤维组织（棉，麻，化纤）的阻燃剂，还可用作胶合板、丙烯酸乳化液涂料的阻燃剂。

包装规格：用牛皮纸袋或内衬 PE 的编织袋包装，25kg/包 或 500kg/大袋（可根据客户需要）。

【制法】 将 1050 份尿素和 1000 份 85% 的磷酸加热熔融后，以每小时 120 份的速度加入沸腾床上部（床温 220～250℃）。气体（主要是 NH_3 和 CO_2）经旋风分离器、布袋过滤器返回床下层，回收的粉料返回床层。制得的粉料为水不溶性的结晶聚磷酸铵。由床层卸出，冷却至室温粉碎，包装为产品。反应式如下：

$$nH_3PO_4 + (n-1)NH_2\overset{\overset{\displaystyle O}{\|}}{C}NH_2 \longrightarrow \text{本品}$$

【产品安全性】 非危险品，毒性非常小，急性经口中毒数据（大鼠）LD_{50} >10g/kg。贮存于阴凉、干燥处，避免日晒、雨淋；有效贮存期 12 个月。按一般化学品运输。

【生产参考企业】 广西梧州松脂厂，吉林敦化木材综合加工厂，北京市工业助剂科技开发中心，湘潭市精细化工厂等。

Bc053 FP-86 阻燃剂

【英文名】 flame-retardane FP-86

【组成】 含氮磷的化合物。

【物化性质】 淡黄色或琥珀绿色液体。相对密度（25℃）1.20～1.30。

【质量标准】

项目	指标
P_2O_5 质量分数/%	29.5～30.5
pH 值	≥4.5
氮含量/%	11

【用途】 用于纸张阻燃处理。

包装规格：用牛皮纸袋或内衬 PE 的编织袋包装，25kg/包或 500kg/大袋（可根据客户需要）。

【制法】 先由磷酸和尿素反应，再加热分解而得。

【产品安全性】 非危险品。避免与皮肤和眼睛接触，若不慎溅到眼中，提起眼睑，用流动清水或生理盐水冲洗。贮存于阴凉、干燥处，避免日晒、雨淋；有效贮存期 12 个月。按一般化学品运输。

【生产参考企业】 广西梧州松脂厂，吉林敦化木材综合加工厂，上海化工研究院。

Bc054 丁苯胶乳

【化学名】 丁二烯-苯乙烯共聚物

【英文名】 butadiene-styrene latex

【结构式】

$$\left[CH_2CH{=}CHCH_2CHCH_2 \right]_n$$

【物化性质】 乳白色液体，相对密度 0.9～1.0。

【指量标准】 SH/T 1502—2014

项目	指标
pH 值	10～13
固含量/%	≥40
黏度/mPa·s	30

【用途】 用作涂布加工纸张涂料的黏合剂。

包装规格：塑料桶包装，净重 125kg。

【制法】 以丁二烯、苯乙烯为单体，加入乳化剂、引发剂、分子量调节剂，在低温下进行游离基聚合反应，反应达到预定转化率时，加入终止剂，终止聚合得胶乳。反应式如下：

$$nCH_2{=}CH{-}CH{=}CH_2 + nCH{=}CH_2 \longrightarrow \text{本品}$$

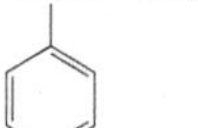

【产品安全性】 非危险品。避免与皮肤和眼睛接触，若不慎溅到眼中，提起眼睑，用流动清水或生理盐水冲洗。贮存于阴凉、干燥处，避免日晒、雨淋；有效贮存期 12 个月。按一般化学品运输。

【生产参考企业】 广西梧州松脂厂，吉林敦化木材综合加工厂，兰化公司合成橡胶厂等。

Bc055 PC系列纸品乳液

【英文名】 emulsion used for paper series PC

【组成】 苯乙烯-丙烯酸酯共聚物乳液

【物化性质】 白色乳液。对钙离子稳定，对热稳定。

【质量标准】

型号	PC-01	PC-02	PC-20	PC-775
固含量/%	47±0.5	50±1	48±1	50±1
黏度(25℃ NDJⅡ型)/mPa·s	80～200	600	<200	<250
最低成膜温度/℃	18			
pH(PSH-2型酸度计)	7.5～9.5	7.0～9.0	5.5～6.5	7±0.5
T_g值/℃		0	-13	
乳液粒度/μm	0.1～0.2			
表面张力/(dyn/cm)	40～50			
残渣含量/10^{-6}				75
残存单体/%				0.5

【用途】 作涂布加工纸涂料中的粘料。具有高机械稳定性，高剪切（20000r/min）稳定性。在超级压光时不粘辊，耐紫外光和抗老化性好，色白而不泛黄。涂布并经干燥压光后纸张具有良好的吸墨性和耐磨性，较高的光泽度和IGT拉毛强度。与其他组分相溶性好，适用于白板纸、铜版纸。

包装规格：塑料桶包装，净重50kg。

【制法】 将醋酸乙烯加入反应釜中，加去离子水溶解。再加入乳化剂OP-10，搅拌均匀。滴加引发剂过硫酸铵（10%），升温至60℃后停止加热，开始分批加入苯乙烯，加料过程中控制温度为70～80℃，加料完毕后在90℃下保温2h，经处理后得产品。反应式如下。根据不同配比得到不同型号的产品。

$$m\,C_6H_5\text{—}CH{=}CH_2 \xrightarrow[\text{引发剂}]{n\,CH_3COOCH{=}CH_2} \text{—}\!\!\left[CH_2\text{—}\underset{\displaystyle CH_3COO}{CH}\right]_n\!\!\text{—}\!\!\left[CH_2\text{—}\underset{\displaystyle C_6H_5}{CH}\right]_m\!\!\text{—}$$

【产品安全性】 非危险品。避免与皮肤和眼睛接触，若不慎溅到眼中，提起眼睑，用流动清水或生理盐水冲洗。贮存于阴凉、干燥库房中，室温保质期12个月。

【生产参考企业】 广西梧州松脂厂，吉林敦化木材综合加工厂，湘潭市精细化工厂，北京东方化工厂等。

Bc056 HPC自交联纸品乳液PC-01系列产品

【英文名】 selfcrosslinking emulsion used for paper PC-01 series

【组成】 丙烯酸酯类共聚阴离子型自交联乳液树脂。

【物化性质】 本系列产品是呈蓝光的乳白色液体。

【质量标准】

型号	PC-01-1	PC-01-2	PC-01-3
主要共聚单体类型	苯丙型	醋酸乙烯-偏二氯乙烯-丙烯酸	醋酸型
固含量/%	44～48	44～48	46～48
黏度(60r/min)/Pa·s	0.2～0.23	0.05～0.20	0.08～0.2
对钙的稳定性($CaCl_2$饱和溶液,48h)	不分层	不破乳	
pH值	7.0～10	7.0～10	4.0～6.0

【用途】 用作涂布加工纸涂料中的粘料，具有高度的机械稳定性，高剪切(20000r/min)稳定性。耐紫外光，抗老化性能好，色白不泛黄，超级压光时不粘辊。成品纸具有良好的吸墨性和耐湿磨性，光泽度和拉毛强度也能显著提高。

包装规格：塑料桶包装，净重25kg。

【制法】 以过硫酸铵为引发剂、去离子水为溶剂，以聚乙烯醇为增溶剂，由丙烯酸与其他单体共聚分别制得PC-01-1、PC-01-2、PC-01-3三种牌号的产品。

【产品安全性】 非危险品。避免与皮肤和眼睛接触，若不慎溅到眼中，提起眼睑，用流动清水或生理盐水冲洗。贮存于阴凉、干燥处，避免日晒、雨淋；有效贮存期12个月。

【参考生产企业】 辽宁海城市有机化工厂，广西梧州松脂厂，吉林敦化木材综合加工厂。

Bc057 SP变性淀粉

【化学名】 淀粉磷酸酯钠盐

【英文名】 modified starch SP

【结构式】

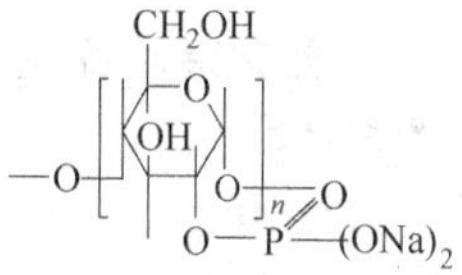

【物化性质】 白色或淡黄色粉末，无毒无味。

【质量标准】 GB 29936—2013

总磷量/%	1.9～2.0
水分/%	≤13
黏度(22%糊液,25℃用NDS-1黏度计)/mPa·s	250～350
结合磷/%	0.5～0.75
pH值	6.5

【用途】 用于铜版纸中作涂布黏合剂。也可用于白板纸、玻璃卡纸作涂布助剂。黏度稳定迁移倾向小。

包装规格：塑料桶包装，净重125kg。

【制法】 将计量的淀粉加入反应釜中，加水和乙醇搅拌成20%～30%悬浮液，再加入1%～10%磷酸盐，调pH值至7左右，脱水至20%以下。升温至100～200℃酯化得粗品。再用甲醇水溶液配成悬浮液，以除去未反应物。过滤、干燥、粉碎得产品。

【产品安全性】 生物降解性好。避免与皮肤和眼睛接触，若不慎溅到眼中，提起眼睑，用流动清水或生理盐水冲洗。贮存于阴凉、干燥处，避免日晒、雨淋；有效贮存期12个月。

【生产参考企业】 广西梧州松脂厂，北京市化工研究院，吉林敦化木材综合加工厂，泰县华光建材化工厂等。

Bc058 SSS-85型黏合剂

【英文名】 coating adhensive SSS-85

【组成】 淀粉与醋酸乙烯接枝共聚物。

【物化性质】 白色粉末，能自由流动，带光泽并具有滑动性，无毒，无味。

【质量标准】 GB 29925—2013

白度/%	≥86
中黏度/mPa·s	180～220
细度(过100目筛)/%	≥98
低黏度/mPa·s	140～160
水分/%	≤14
pH值	6.0～8.0
灰分含量/%	≤0.4
糊化温度/℃	75～85

【用途】 用于涂料、印刷纸表面施胶以及扑克牌纸上粉、上光。能与各种颜料相溶，形成均匀稳定的涂料，具有高白度、高光泽度及优良的黏结力和抗水性。

包装规格：内衬塑料袋的编织袋包装，净重25kg。

【制法】 将淀粉30kg分散在7L水中，加入醋酸乙烯3000L、硝酸铵0.2kg、

69%的硝酸 5L，加热至 40℃搅拌 2h。再加入 1%的氢氧化钠溶液，在 50℃加热 10h，即可制得产品。

【产品安全性】 非危险品，基本无刺激。避免与皮肤和眼睛接触，若不慎溅到眼中，提起眼睑，用流动清水或生理盐水冲洗。贮存于阴凉、干燥处，避免日晒、雨淋；有效贮存期 12 个月。按一般化学品运输。

【生产参考企业】 广西梧州松脂厂，北京市化工研究院，吉林敦化木材综合加工厂，天津化工研究院。

Bc059 纸用透明剂

【英文名】 transparenting agent for paper

【组成】 丙烯酸酯类共聚乳液。

【物化性质】 具有较好的成膜性，成膜温度为 65℃。

【质量标准】 GB/T 29493.8—2013

外观	白色黏稠液体
粒度/μm	0.08
固含量/%	35±1
成膜温度/℃	65

【用途】 用作纸张透明剂，用此液处理后的道林纸透明度可由 32%提高到 60%。

包装规格：塑料桶包装，净重 125kg。

【制法】 在反应釜中加入一定量的去离子水和适量的乳化剂十二烷基苯磺酸钠。在搅拌下加入 78 份苯乙烯、15 份丙烯酸乙基己酯、5 份甲基丙烯酸羟基乙酯、2 份甲基丙烯酸，在 80℃下乳液聚合，最后用氨水中和至 pH 值 7.0 左右。

【产品安全性】 非危险品，基本无刺激。避免与皮肤和眼睛接触，若不慎溅到眼中，提起眼睑，用流动清水或生理盐水冲洗。贮存于阴凉、干燥处，避免日晒、雨淋；有效贮存期 12 个月。按一般化学品运输。

【生产参考企业】 广西梧州松脂厂，北京市化工研究院，吉林敦化木材综合加工厂，天津化工研究院。

Bc060 复印纸导电剂

【英文名】 electric conducting agent used for copying paper

【组成】 强阳离子聚电解质有效物质。

【物化性质】 强阳离子聚电解质，易溶于水、不易燃、凝聚力强、水解稳定性好、不成凝胶，对 pH 值变化有适应性，有抗氯性。凝固点约−2.8℃，密度约 1.04g/cm³，分解温度 280～300℃。本品在相对湿度 30%～50%时，可降低纸基的电阻率，使之符合 10^8～10^{11}Ω·cm 的需求，达到预涂目的。

【质量标准】

外观	无色至淡黄色黏稠液体
pH 值	5～7
固含量/%	35±1
黏度(25℃)/mPa·s	200～400

【用途】 作氧化镀锌复印纸的导电剂，亦可作增强剂。本品在造纸工业中主要用于电子照相纸、氧化锌静电复印纸或其他同类型特种加工纸中作为纸基导电剂。在抄纸前添加可提高纤维和填料的保留率，并降低造纸污水的混浊度。

包装规格：塑料桶包装，25kg/桶。

【制法】 在反应釜中加入一定量的去离子水和适量的乳化剂十二烷基苯磺酸钠。在搅拌下加入 78 份苯乙烯、15 份丙烯酸乙基己酯、5 份甲基丙烯酸羟基乙酯、2 份甲基丙烯酸，在 80℃下乳液聚合。最后用氨水中和至 pH 值 7.0 左右。

【产品安全性】 无毒。密封保存，避免接触强氧化剂，以及铁、铜、铝等材质。贮存于阴凉、干燥处，避免日晒、雨淋；有效贮存期 12 个月。按一般化学品运输。

【生产参考企业】 泰安市奇能化工科技有限公司，广西梧州松脂厂，北京市化工研究院，吉林敦化木材综合加工厂。

Bd 涂布加工助剂

涂布加工助剂主要包括涂布黏合剂、颜料、颜料-分散剂、印刷适性改进剂、润滑剂、抗水剂等。这些化学品主要用于高档涂布纸的生产，对提高纸的品质和附加值有着重要作用。其中，胶黏剂和颜料作为最主要的组分近年来发展较快。

Bd001 C_{12}脂肪醇聚氧乙烯（25）醚硫酸铵

【英文名】 C_{12} fatty alcohol polyoxyethylene (25) ether ammonium sulfate

【结构式】 $C_{12}H_{25}O(C_2H_4O)_{25}SO_3NH_4$

【物化性质】 淡黄色液体或糊状物。易溶于水，具有良好的乳化、净洗、分散、润湿性能。易降解，对人体无毒、无刺激。

【质量标准】 QB/T 2572—2012

项目	指标
水分/%	<7
未硫酸化物（按100%活性物计）/%	<2.0
含量/%	>90
环上磺化率（按100%活性物计）/%	<0.5
盐含量[折算为$(NH_4)_2SO_4$，按100%活性物计]/%	<0.5

【用途】 可作为造纸乳化剂。一般用量0.2～1g/L。

包装规格：塑料桶包装，净重25kg。

【制法】

（1）C_{12}脂肪醇聚氧乙烯（25）醚的合成　1mol C_{12}～C_{18}脂肪醇在固碱催化下与25mol环氧乙烷缩合，反应在管式反应器中进行。反应器的前部分为264根5.5m长、16mm口径的钢管，后部分为58根5.5m长、25.4mm口径的钢管。各管间用U形环连成串联形式。其中16mm的管共长1448mm，25.4mm的管共长318 mm。16mm管的前部为预热区，其余部分为反应区，25.4mm的管全部为浸渍区。全部管放在一个密封的水槽中。通过管和控制器维持进入水槽中一定数量的热水，反应室内的温度维持在120～140℃。此温度由压力控制调节器控制。水槽一端的盖上有许多环氧乙烷进料口，进料口与环氧乙烷贮罐相连。

具体操作是将固体催化剂加入供料罐中，熔化的脂肪醇用泵打入供料罐中，两种原料在供料罐中混匀后打入反应室的预热部分。当温度升至60～80℃时，环氧乙烷从贮罐压入各加料口进入反应室。经取料测浊点（1%水溶液）达到85℃左右反应终止。反应液进入中和釜，用冰醋酸调pH值至5.0～7.0，然后加入双氧水漂白脱色，冷却到50℃以下，即为成品。

（2）C_{12}脂肪醇聚氧乙烯（25）醚硫酸铵的合成　在N_2保护下将C_{12}脂肪醇聚氧乙烯（25）醚、氨基磺酸、尿素（摩尔比1∶1.07∶0.9）依次加入反应釜，密封，在强烈搅拌下减压，于0.6×10^5kPa、110℃下反应2h反应结束。用CH_3COOH稳定pH值并加入有机硅消泡，加工业酒精洗无机盐得产品。反应式如下：

$$C_{12}H_{25}OH + 25\ \overset{\triangledown}{O} \xrightarrow{KOH}$$

$$C_{12}H_{25}O(C_2H_4O)_{25}H + NH_2SO_3H \longrightarrow \text{本品}$$

【产品安全性】 有刺激性，注意防护。避免与皮肤和眼睛接触，若不慎溅到眼中，提起眼睑，用流动清水或生理盐水冲洗。贮存于阴凉、干燥处，避免日晒、雨淋；有效贮存期 12 个月。按一般货物运输。

【生产参考企业】 镇江市天亿化工研究设计院有限公司。

Bd002 磷表面活性剂

【化学名称】 二-(1,1,5-三氢八氟戊基)-磷酸酯盐

【英文名】 fluorophosphorize surfactant

【结构式】

$$\begin{array}{l} H\text{-}(C_2F_4)_2CH_2O \quad\ \ O \\ \qquad\qquad\qquad\quad \diagdown \ /\!\!/ \\ \qquad\qquad\qquad\qquad P \\ \qquad\qquad\qquad\quad / \ \diagdown \\ H\text{-}(C_2F_4)_2CH_2O \quad\ \ OK \end{array}$$

【相对分子质量】 564.22

【物化性质】 表面张力（0.25%溶液）0.03～0.04N/m，溶于水。

【质量标准】 GB/T 5560—2003

外观	白色结晶	熔点/℃	250～300

【用途】 可用于造纸润湿剂。

包装规格：内衬塑料袋的编织袋包装，净重 25kg。

【制法】 将四氟化戊醇加入反应釜中，预热至 40℃后加入 0.2%的亚磷酸（防止五氧化二磷局部氧化）。然后分批加入五氧化二磷。加毕，升温至 80～90℃反应 4～5h。酯化结束后，加入双氧水把亚磷酸氧化为磷酸，趁热过滤，除去杂质。将滤液打入中和釜，在 70℃下用 30%的 KOH 中和至 pH 值 8～8.5。浓缩、结晶、干燥得产品。反应式如下：

$$H\text{-}(C_2F_4)_2CH_2OH + P_2O_5 \longrightarrow$$

$$\begin{array}{l} H\text{-}(C_2F_4)_2CH_2O \quad\ \ O \\ \qquad\qquad\qquad\quad \diagdown \ /\!\!/ \\ \qquad\qquad\qquad\qquad P \qquad + KOH \longrightarrow \text{本品} \\ \qquad\qquad\qquad\quad / \ \diagdown \\ H\text{-}(C_2F_4)_2CH_2O \quad\ \ OH \end{array}$$

【产品安全性】 非危险品。避免与皮肤和眼睛接触，若不慎溅到眼中，提起眼睑，用流动清水或生理盐水冲洗。贮存于阴凉、干燥处，避免日晒、雨淋；有效贮存期 12 个月。按一般货物运输。

【生产参考企业】 中科院上海有机化学所。

Bd003 斯盘 40

【化学名】 山梨醇酐单棕榈酸酯

【别名】 S-40 乳化剂

【英文名】 span 40

【相对分子质量】 402.30

【结构式】

$$\begin{array}{l} HO\text{—}\square\text{—}OH \\ \quad\ \ \diagdown O \diagup\ \text{—}CH\text{—}CH_2OOCC_{15}H_{31} \\ \qquad\qquad\qquad\ \ | \\ \qquad\qquad\qquad OH \end{array}$$

【物化性质】 相对密度 1.025，熔点 44～46℃，闪点 415℃，HLB 值 6.7，稍溶于异丙醇、二甲苯等有机溶剂，微溶于液体石蜡，不溶于水。分散后呈乳状液，在四氯化碳中呈浑浊状。

【质量标准】 GB 25552—2010

外观	黄褐色蜡状物
羟值/(mg KOH/g)	55～290
皂化值/(mg KOH/g)	140～150
酸值/(mg KOH/g)	≤8

【用途】 用作印刷油墨的分散剂、各种油品乳化的分散剂。

包装规格：塑料桶包装，净重 125kg。

【制法】 将计量的山梨糖醇投入反应釜中，开真空，在 75～80℃下脱水，至釜内翻起小泡为止。将计量的棕榈酸熔化后压入脱水山梨醇酐中，在搅拌下加入 50%碱液作催化剂，在减压条件下逐渐升温至 190～200℃，在 190～200℃下保温 4h，抽样分析酸值，当酸值在 7～8mg KOH/g 时酯化反应完毕。静置冷却过夜，除去底层焦化物，在搅拌下加入适量的双氧水脱色，最后升温至 80～90℃，趁热搅

拌成型，冷却包装得成品。反应式如下：

$$HOCH_2-[CHOH]_4-CH_2OH \xrightarrow{\triangle}$$

$$\text{(脱水山梨醇：HO, OH, OH, }-CHCH_2OH) + C_{15}H_{31}COOH \xrightarrow{NaOH} \text{本品}$$

【产品安全性】 有低刺激性。避免与皮肤和眼睛接触，若不慎溅到眼中，提起眼睑，用流动清水或生理盐水冲洗。贮存于阴凉、干燥处，避免日晒、雨淋；有效贮存期 12 个月。按一般货物运输。

【生产参考企业】 辽宁旅顺化工厂，重庆化学试剂厂，辽宁省化工研究院。

Bd004 聚乙二醇（400）单硬脂酸酯

【化学名】 聚氧乙烯单硬脂酸酯

【英文名】 polyoxyethylene glycol (400) monostearate

【结构式】 $C_{17}H_{35}COO(CH_2CH_2O)_{400}H$

【相对分子质量】 17905.27

【物化性质】 白色蜡状固体，可溶于异丙醇、矿物油硬脂酸丁酯、甘油、过氧乙烯、汽油类溶剂，分散于水中。

【质量标准】 QB/T 4312—2012

外观	白色软蜡状固体
碘值/($g\ I_2$/100g)	≤1
皂化值/(mg KOH/g)	116～125
熔点/℃	34±1
酸值/(mg KOH/g)	<10
HLB 值	8.4

【用途】 在纸张粉涂中作增稠剂和稳定剂，纸张上浆的润滑剂。

包装规格：塑料桶包装，25kg。

【制法】 将 1.07mol 聚乙二醇、0.49mol 硼酸投入反应釜中，加热至 110℃，抽真空至 0.67MPa，反应 2h，生成硼酸酯。然后加入对甲苯磺酸作催化剂，加入反应物硬脂酸 1mol。在 140℃ 下反应 3～4h 后，取样测酸值，当酸值降低到 10mg KOH/g 左右时反应结束。将料液打入中和釜，进行中和，放掉废水。趁热搅拌成型，冷却后包装即为成品。反应式如下：

$$C_{17}H_{35}COOH + HO(CH_2CH_2O)_{400}H \longrightarrow \text{本品}$$

【产品安全性】 非危险品。贮存于阴凉、干燥处，避免日晒、雨淋；有效贮存期 12 个月。按一般货物运输。

【参考生产企业】 江苏苏州苏城化工厂，辽阳石油专科学校。

Bd005 聚氧乙烯丙三醇硼酸酯脂肪酸酯

【英文名】 polyoxyethylene fatty acid glycerol borate

【结构式】

$$\begin{matrix} CH_2-O & & O-CH_2 \\ | & B & | \\ CH-O & | & O-CH \\ | & H & | \\ CH_2O(C_2H_4O)_nH & & CH_2O(C_2H_4O)_mCOR \end{matrix}$$

【物化性质】 本系列产品中根据所用脂肪酸不同，产品性能不同，见质量标准。

【质量标准】

型号	T20	T40	T60	T66	T80	T83	T160
外观	淡黄色油状	淡黄色糊状	淡黄色糊状	淡黄色糊状	橙黄色油状	橙黄色油状	橙黄色油状
相对密度	1.11	1.09	1.08	1.08	1.10	1.08	1.10
HLB	17.2	16.5	16.3	14.9	16.3	15.0	14.7
渗透力(1%，毛毡沉降法)/s	4	50	118	146	24	28	28
黏度(25℃)/mPa·s	550	310 (40℃)	290 (40℃)	320 (40℃)	610	490	790

【用途】 用作油墨颜料分散剂。

包装规格：塑料桶包装，净重 25kg。

【制法】 将 1mol 硼酸加到反应釜中，在搅拌下加入 2mol 甘油，在氮气保护下于

9kPa、140℃下反应 4h 得硼酸双甘油酯。将 1mol 硼酸双甘油酯加入反应釜中，加固体 KOH 作催化剂，用氮气置换釜中空气后，通环氧乙烷，在 0.20～0.25MPa、160～170℃下反应 4h，用冰醋酸中和得缩合产物。

将 1∶1（摩尔比）的缩合物与脂肪酸加入反应釜中，在氮气保护下于 210～220℃反应 4h，经过处理得产品。反应式如下：

$$\begin{array}{l}CH_2OH\\ |\\ CHOH\\ |\\ CH_2OH\end{array}\xrightarrow{H_3BO_3}\begin{array}{c}H_2C-O\diagdown\ \ \ \diagup O-CH_2\\ |\qquad\quad B\qquad\quad |\\ HC-O\diagup\ |\ \diagdown O-CH\\ |\qquad\quad H\qquad\quad |\\ CH_2OH\qquad\qquad CH_2OH\end{array}\xrightarrow{2H_2C\underset{O}{-}CH_2}\begin{array}{c}H_2C-O\diagdown\ \ \ \diagup O-CH_2\\ |\qquad\quad B\qquad\quad |\\ HC-O\diagup\ |\ \diagdown O-CH\\ |\qquad\quad H\qquad\quad |\\ CH_2O(C_2H_4O)_nH\quad CH_2O(C_2H_4O)_nH\end{array}\xrightarrow{RCOOH}\text{本品}$$

【产品安全性】 非危险品。避免与皮肤和眼睛接触，若不慎溅到眼中，提起眼睑，用流动清水或生理盐水冲洗。贮存于阴凉、干燥处，避免日晒、雨淋；有效贮存期 12 个月。按一般货物运输。

【生产参考单位】 江苏苏州苏城化工厂，辽宁省化工研究院，大连杨树沟化工厂等。

Bd006 分散剂 D

【化学名】 萘磺酸甲醛缩聚物钠盐

【别名】 lomar D

【英文名】 dispersant PD

【结构式】

$$\left[NaO_3S-C_{10}H_6-CH_2-C_{10}H_6-SO_3Na\right]_n$$

【物化性质】 棕色粉末，相对密度 0.65～0.75，溶于水，稳定性好，对炭黑有独特的分散力和润湿性。

【质量标准】 HG/T 2562—2006

项目	指标
水分/%	≤5
pH 值(1%水溶液)	8.0～10.0
有效物含量/%	≥5
Na_2SO_3/%	≤5

【用途】 为稀释剂，用于造纸工业腐浆控制，降低两面性，改进填料或细小纤维留着率，改进施胶，降低涂料黏度。用作水性涂料、颜料、色浆的高效分散剂。在丙烯酸系列、醋丙系列、氯偏系列的乳胶漆中用作色浆分散剂，亦可用作胶黏剂，在聚合物的填充粉和密封层中改进耐水性。

包装规格：塑料桶包装，净重 125kg。

【制法】 制备工艺包括萘磺化、磺化产物与甲醛缩合、中和三大步骤。

将 550kg 精萘投入反应釜中，升温至 50℃，反应 4h。然后降温通水蒸气水解副产物得 1-萘磺酸。水解完成后把物料打入缩聚釜，加入 37%的甲醛水溶液在 196 kPa 压力下反应。最后加碱中和至 pH 值 8～10，反应结束。冷却、结晶，滤出粗品，干燥后为成品。反应式如下：

$$n\,C_{10}H_8\xrightarrow[\triangle]{H_2SO_4}n\,C_{10}H_7SO_3H\xrightarrow{HCHO}\left[HO_3S-C_{10}H_6-CH_2-C_{10}H_6-SO_3H\right]_n\xrightarrow{NaOH}\text{本品}$$

【产品安全性】 非危险品。不能接触眼睛，触及皮肤立即用清水冲洗干净。贮存于阴凉、干燥处，避免日晒、雨淋；有效贮存期 12 个月。

【参考生产企业】 江苏苏州苏城化工厂，辽阳石油专科学校。

Bd007 羟甲基次磷酸钠

【英文名】 hydroxymethyl sodium hypophosphite

【结构式】 $OHCH_2PO_2H_2Na$

【物化性质】 羟甲基次磷酸钠是一种无色、无味、水溶性的、在空气中稳定的含磷化合物，是新型的高收率浆返黄抑制剂。

【质量标准】 HG/T 3253—2009

外观	淡黄色黏稠液
pH 值	4～5
固含量/%	50～55

【用途】 甲基次磷酸钠对含木素的浆种具有明显返黄抑制作用。使用时可以进行纸张表面喷施，也可以加入浆中。但对与醌有关的返黄化合物的形成没有明显的抑制作用。

包装规格：塑料桶包装，净重 125kg。

【制法】 将次磷酸装在蒸发器中，于 50℃浓缩到 90%。将浓缩液转移到反应釜中，并在搅拌下加入甲醛溶液（摩尔比 1∶1.1）。在氮气保护下于 60℃左右搅拌 90h 反应完成。降温至 50℃下把甲醛蒸出，然后用氢氧化钠溶液进行中和，从而得到产物。

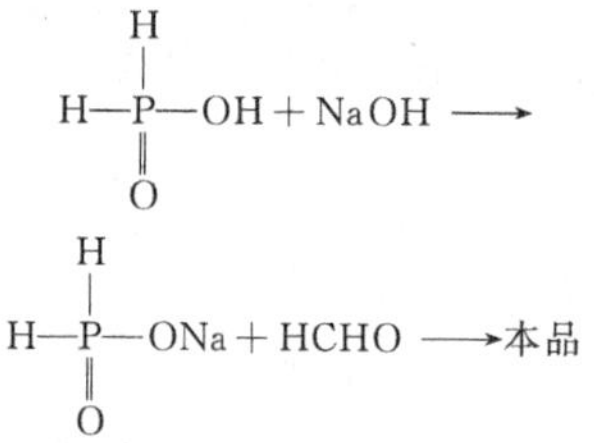

$$H_2P(=O)OH + NaOH \longrightarrow$$

$$H_2P(=O)ONa + HCHO \longrightarrow \text{本品}$$

【产品安全性】 为还原剂，不能与氧化剂接触，不得与毒物和污染物共混。贮存于阴凉、干燥处，避免日晒、雨淋；有效贮存期 12 个月。按一般货物运输。

【参考生产企业】 江苏张家港市化工厂。

Bd008 A 型造纸抗水剂

【英文名】 waterproofing agent used for paper (A)

【结构式】

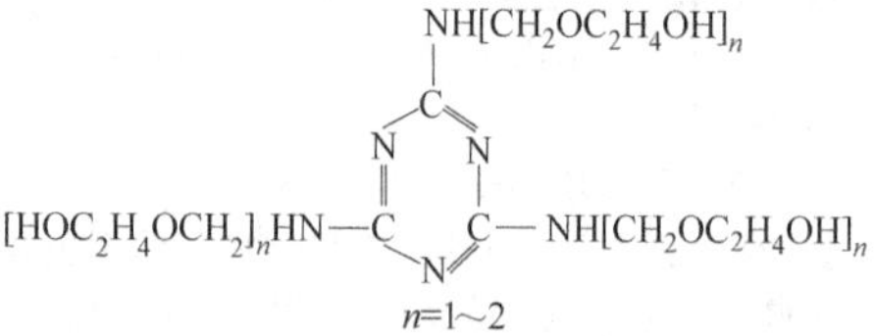

三嗪环（C、N 交替），三个碳上分别连接 $NH[CH_2OC_2H_4OH]_n$、$[HOC_2H_4OCH_2]_nHN-$、$-NH[CH_2OC_2H_4OH]_n$

n=1～2

【物化性质】 淡黄色黏稠膏状物。可溶于水，与其他成分相容性好。无增稠、絮凝、起泡等现象，使涂料具有良好的流动性和化学稳定性。

【质量标准】 HG/T 4105—2009

固含量/%	32	pH 值	≥8.0

【用途】 用作涂布加工纸张涂料中的抗水剂，本品可与纤维素上的羟基反应，生成网状结构的聚合物，提高涂层的抗水性、适印性、耐张性。亦可作纸张湿强剂和表面施胶剂，防皱、防缩整理剂。

包装规格：塑料桶包装，净重 125kg。

【制法】 将三羟甲基三聚氰胺（1mol）加入反应釜中，加入催化剂量的 NaOH（50%溶液），减压脱水。用氮气置换釜中空气后，通入环氧乙烷（3～6mol），在 0.15～0.2MPa、130～150℃下反应 4h，冷却，用冰醋酸调 pH 值至 7.0，出料得产品。反应式如下：

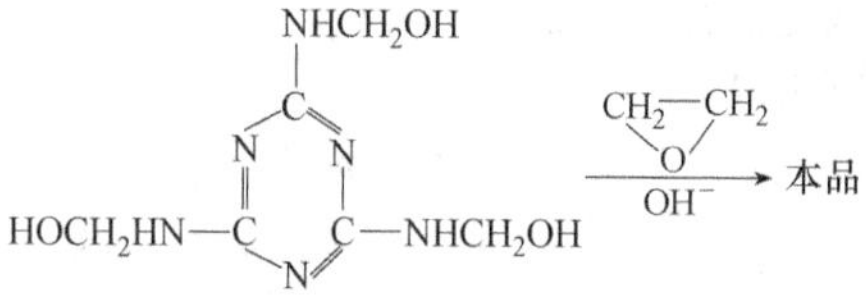

$$\text{三羟甲基三聚氰胺（三嗪环上连 } NHCH_2OH \times 3\text{）} \xrightarrow[OH^-]{CH_2-CH_2 \text{(环氧乙烷)}} \text{本品}$$

【产品安全性】 非危险品。不能接触眼睛，触及皮肤用水冲洗干净。贮存于阴凉、干燥处，避免日晒、雨淋；有效贮存期 12 个月。按一般货物运输。

【生产参考企业】 江苏苏州苏城化工厂，辽阳石油专科学校，山东青岛市化工研究所，上海助剂厂。

Bd009 JH-氨基树脂抗水剂

【英文名】 amino resin water proofing agene (JH)

【别名】 尿素甲醛树脂 UF

【结构式】

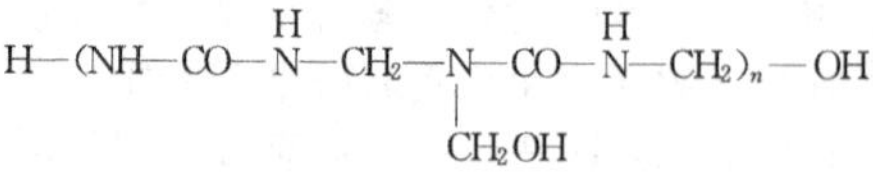

$$H-(NH-CO-NH-CH_2-N(CH_2OH)-CO-NH-CH_2)_n-OH$$

【物化性质】 能溶于水，经加水稀释，在铵盐催化下初缩体能渗透到纤维内部，然后在纤维内部缩聚成高分子状态的树脂。

【质量标准】 HG/T 4653—2014

外观	白色透明液	pH值	≥7

【用途】 用作纸张湿强剂，与其他成分相容性好。无增稠、絮凝、起泡等现象，使涂料具有良好的流动性和化学稳定性。亦可作涂布加工纸张涂料中的抗水剂。

包装规格：塑料桶包装，净重125kg。

【制法】 将37%的甲醛溶液76.8kg加入反应釜中，用三乙醇胺调pH值至8。在室温下边搅拌边加入尿素36.8kg，当尿素完全溶解后，在30℃下继续反应1h。加入冰水44.6kg，在40℃以下再反应2h，静置8h，吸取上层清液即为产品。反应式如下：

$$NH_2\overset{O}{\overset{\|}{C}}NH_2 + HCHO \longrightarrow H_2N\overset{O}{\overset{\|}{C}}-NHCH_2OH$$

$$NH_2\overset{O}{\overset{\|}{C}}NH_2 + 2HCHO \longrightarrow HOCH_2NH\overset{O}{\overset{\|}{C}}NHCH_2OH$$

$$(NH_2-CO-NHCH_2OH)_n \text{ 或}$$

$$(CH_2OHNH-CO-NHCH_2OH) \longrightarrow \text{本品}$$

【产品安全性】 非危险品。不能接触眼睛，触及皮肤用水冲洗干净。贮存于阴凉、干燥处，避免日晒、雨淋；有效贮存期12个月。按一般货物运输。

【生产参考企业】 东莞市澳达化工有限公司，重庆助剂研究所等。

Bd010 聚乙烯醇

【英文名】 polyvinyl alcohol

【化学式】 $[C_2H_4O]_n$

【登记号】 CAS [9002-89-5]

【物化性质】 聚乙烯醇（PVA）是一种水溶性高分子聚合物，外观为白色颗粒，白色片状、絮状或粉末状固体，无味。商品因存在各种乙酰基残留物，故有不同的黏度和特性。200℃时软化而分解。能溶于水，不溶于汽油、煤油、植物油、苯、甲苯、二氯乙烷、四氯化碳、丙酮、醋酸乙酯、甲醇、乙二醇等，微溶于二甲基亚砜。熔点>300℃；相对密度1.30；闪点79℃。其性能介于塑料和橡胶之间。

【质量标准】 JC/T 438—2006

项目	指标
聚乙烯醇含量/%	>95
残存乙酸根/%	<0.15
醇解度/%	>99.3
聚合度	1700～1800
乙酸钠/%	<2.3
着色度/%	>88

【用途】 在纸加工中作为颜料胶黏剂用于纸板的表面施胶。

包装规格：用内衬塑料袋的编织袋包装，净重25kg。

【制法】

（1）乙酸乙烯酯聚合 乙酸乙烯酯经预热后，与溶剂甲醇及引发剂偶氮二异丁腈混合，送入两台串联聚合釜，在66～68℃常压下进行聚合4～6h。聚合液送单体吹出塔，用甲醇蒸气将其中未聚合的乙酸乙烯酯吹出。由单体吹出塔吹出的乙酸乙烯酯及甲醇经分离精馏，回收循环使用。聚合液以甲醇调节到聚乙酸乙烯酯含量为33%，送醇解工段进行醇解。

（2）聚乙酸乙烯酯醇解 聚乙酸乙烯酯与氢氧化钠、甲醇溶液按聚乙酸乙烯酯：甲醇：氢氧化钠：水为1：2：0.01：0.002的比例，同时加入高速混合器，经充分混合后，进入皮带式醇解机，在50℃温度下进行醇解，皮带以1.1～1.2m/min的速度移动，约4min后醇解结束，得到固化聚乙烯醇。经粉碎、压榨、干燥脱除溶剂后得到成品聚乙烯醇。

$$nCH_2{=}\underset{OCOCH_3}{\underset{|}{CH}} \xrightarrow[CH_3OH]{\text{引发剂}}$$

$$\left[CH_2-\underset{OCOCH_3}{\underset{|}{CH}}\right]_n + CH_3OH \xrightarrow{\text{引发剂}}$$

$$\mathrm{+CH_2-CH+_n + CH_3COOCH_3}$$
$$\mathrm{\quad\quad\quad |\;OH}$$

【产品安全性】 吸收后对身体有害，可燃，具有刺激性。避免与皮肤和眼睛接触，若不慎溅到眼中，提起眼睑，用流动清水或生理盐水冲洗，尽快就医。粉体与空气可形成爆炸性混合物，当达到一定浓度时，遇火星会发生爆炸。加热分解产生易燃气体。贮存在阴凉、通风库房中，远离火源。避免日晒、雨淋；有效贮存期12个月。按一般货物运输。

【参考生产企业】 江苏苏州苏城化工厂，辽阳石油专科学校，山东青岛市化工研究所，上海助剂厂。

Bd011 邻苯二甲酸二环己酯

【英文名】 *d*-icyclohexyl phthalate

【结构式】

【相对分子质量】 330.42

【物化性质】 白色结晶粉末，略带有芳香味，相对密度（25℃）1.20，熔点62～65℃，闪点207℃。

【质量标准】

含量/%	≥99	酸度/%	0.017～0.03

【用途】 作纸张防水助剂。

包装规格：用带塑料袋的编织袋包装，净重200kg、50kg。

【制法】 将环己醇加入反应釜中，在搅拌下加入催化剂硫酸（0.5%），再加入苯酐溶解。再继续升温，并减压不断把副产物脱出。减压回流4h，中和，减压蒸出水和环己醇得产品。反应式如下：

$$\text{苯酐} \xrightarrow[\text{催化剂}]{\text{环己醇}} \text{本品}$$

【产品安全性】 避免与皮肤和眼睛接触，若不慎溅到眼中，提起眼睑，用流动清水或生理盐水冲洗，就医。粉体与空气可形成爆炸性混合物，当达到一定浓度时，遇火星会发生爆炸。加热分解产生易燃气体。贮存在阴凉、通风的库房中，远离火源。避免日晒、雨淋；有效贮存期12个月。按一般货物运输，按一般化学品管理。运输时应防止日晒雨淋。

【参考生产企业】 济南市化工五厂等。

Bd012 乳液防水剂

【英文名】 emulsion waterproof agent

【组成】 石蜡乳液、马来酸酐和苯乙烯共聚物的钾盐。

【物化性质】 白色乳液。

【质量标准】

项目	指标
固含量/%	≥29
透水率(24h)/(g/m²)	30

【用途】 牛皮纸防水剂。

包装规格：塑料桶包装，净重25kg/桶、50kg/桶。

【制法】 将烃类树脂71份、石蜡259份、硬脂酸铅40份，在0.15MPa、120℃下熔融。然后与马来酸酐和苯乙烯共聚物的钾盐30份、水600份进行混合，并在0.30MPa下乳化两次，制成40%的乳液。取上述乳液70份和4%的丁苯橡胶乳液30份混合得产品。

【产品安全性】 非危险品。避免与皮肤和眼睛接触，若不慎溅到眼中，提起眼睑，用流动清水或生理盐水冲洗。用塑料桶包装，置于阴凉、干燥的库内。贮存期12个月。运输时应防止日晒、雨淋。

【参考生产企业】 东莞市澳达化工有限公司，天津造纸工业技术研究所等。

Bd013 有机硅防水剂

【英文名】 silicone waterproof agent

【组成】 含活性基的甲基聚硅氧烷。

【相对分子质量】 80×10^4
【物化性质】 白色乳液。能使纸张柔软、滑爽、防皱、防缩、耐磨、耐撕，且不影响其透气性。
【质量标准】 HG/T 3314—1999

固含量/%	27±2
离心稳定性(300r/min,30min)	不分层

【用途】 用作纸张防水剂。
包装规格：用塑料桶包装，净重 25kg。
【制法】 将 1227 表面活性剂 18 份、氢氧化钾 0.4 份、水 100 份混合溶解后，升温至 80℃，在高速搅拌下加入 40 份八甲基环四硅氧烷，持续搅拌 6h，得产品。
【产品安全性】 非危险品。避免与皮肤和眼睛接触，若不慎溅到眼中，提起眼睑，用流动清水或生理盐水冲洗。置于阴凉、干燥的库内，贮存期 12 个月。运输时应防止日晒、雨淋。
【参考生产企业】 青岛明昌化工有限公司，杭州树脂厂。

Bd014 203 羟基硅油

【别名】 羟基封端聚硅氧烷
【英文名】 hydroxy silicone oil 203
【结构式】 $HO[SiCH_3CH_3O]_nH$ $n=4\sim7$
【物化性质】 无色或黄色透明液体。无味，无臭。
【质量标准】 HG/T 3314—1999

羟基含量/%	4.0～8.0
运动黏度(25℃)/(mm²/s)	30

【用途】 作纸张防水剂，亦可作隔离剂。
包装规格：用塑料桶包装，净重 25kg。
【制法】 由二甲基二氯硅烷在氨存在下进行水解而得。
【产品安全性】 非危险品。避免与皮肤和眼睛接触，若不慎溅到眼中，提起眼睑，用流动清水或生理盐水冲洗。置于阴凉、干燥的库内，贮存期 12 个月。运输时应防止日晒、雨淋。
【参考生产企业】 南京贝冉科技有限公司，杭州树脂厂。

Bd015 OPE 型剥离剂

【英文名】 OPE disbonded agent
【组成】 氧化聚乙烯乳化液。
【物化性质】 淡黄色均质液体。无毒，无味，无腐蚀。
【质量标准】

外观	淡黄色均质液体
pH 值	7.0～8.5
固含量/%	≥30
稳定性	不分层、不破乳、不结块

【用途】 作为防黏剂加入纸浆内防止粘缸。对湿式无纺布具有很好的垂直渗透性，不横向扩散。
包装规格：用塑料桶包装，净重 25kg。
【制法】 将氧化聚乙烯加入反应釜中，加入一定量的水，加热至 80℃，搅拌溶解，再加入助剂，并分批加入 OP-10 水溶液，搅匀后进乳化器在 0.30MPa 下乳化。
【产品安全性】 非危险品。有异味，注意环境通风。避免与皮肤和眼睛接触，若不慎溅到眼中，提起眼睑，用流动清水或生理盐水冲洗。置于阴凉、干燥的库内，贮存期 12 个月。运输时应防止日晒、雨淋。
【参考生产企业】 东莞市澳达化工有限公司，北京化工大学精细化工厂。

Bd016 LT-01 乳胶

【英文名】 LT-01 emulsion
【组成】 醋酸乙烯与丙烯酸辛酯共聚物。
【物化性质】 白色乳液，无毒无味，不燃烧。
【质量标准】

黏度/Pa·s	1.2～7.0
剥离强度/(N/cm)	≥20
pH 值	4.0～5.0

【用途】 作为水乳性黏合剂，具有很强的黏合性。用于纸张、木材、纺织品等黏接。

【制法】 将醋酸乙烯加入反应釜，加水溶解，随后加入乳化剂 OP-10，在搅拌下加热溶解后分批加入丙烯酸异丁酯，并滴加引发剂（10%的过硫酸铵水溶液）。当温度升至 60℃左右，停止加热，让其自动升温至 80～83℃，在正常回流下不断加入丙烯酸异丁酯。在加料完毕 30min 后，冷却至 50℃，用 Na_2CO_3 水溶液调 pH 值。出料即为成品。

【产品安全性】 非危险品。有异味，注意环境通风。避免与皮肤和眼睛接触，若不慎溅到眼中，提起眼睑，用流动清水或生理盐水冲洗。置于阴凉、干燥的库内，贮存期 12 个月。运输时应防止日晒、雨淋。

【生产单位】 佛山齐隆化工有限公司，山东化工厂。

Bd017 缩醛树脂 7812

【别名】 商标粘贴剂

【英文名】 aldehyde acetal resin 7812

【组成】 聚乙烯醇缩醛化产物。

【物化性质】 无色或微黄色半透明黏稠液体。

【质量标准】

项目	指标
黏度(20℃)/mPa·s	3000～4000
游离醛/%	<0.5
pH 值	7.0～7.5

【用途】 对纸、布等纤维物质具有很强的黏结力，并在一般材质的表面上有很好的附着力，因此可作商品包装粘贴商标之用。

包装规格：塑料桶包装，净重 50kg、200kg。

【制法】 将聚乙烯醇加入反应釜，加水在搅拌下加热溶解后，再加入催化剂量的酸，在 40℃左右加入甲醛，搅拌 4～6h，反应完毕后加 Na_2CO_3 水溶液中和。

【产品安全性】 避免与皮肤和眼睛接触，若不慎溅到眼中，提起眼睑，用流动清水或生理盐水冲洗。贮存于通风、干燥的库房中。

【参考生产企业】 杭州市树脂厂。

Bd018 高吸水树脂

【别名】 聚丙烯酸钠

【英文名】 high hydroscopic resin

【相对分子质量】 10^7 数量级

【登记号】 CAS [9003-04-7]

【结构式】 $[C_3H_3O_2Na]_n$

【物化性质】 聚丙烯酸钠是一种新型功能高分子材料和重要化工产品，固态产品为白色（或浅黄色）块状或粉末，液态产品为无色（或淡黄色）黏稠液体。溶解于冷水、温水、丙二醇等介质中，对温度变化稳定，具有固定金属离子的作用，能阻止金属离子对产品的消极作用，是一种具有多种特殊性能的表面活性剂。

【质量标准】 HG/T 2838—2010

项目	指标
相对分子质量	>10×10^4
吸水倍数(标准筛法)	
工业自来水/(mg/g)	300～400
0.9%盐水/(mg/g)	80～100
无离子水/(mg/g)	400～500

【用途】 本品可吸收自重 1000 倍的水分成为凝胶，即使挤压也不脱水，并能随环境变化自动吸收水分。用于妇女卫生巾、尿布。还可作旱田保水剂、苗木移栽保鲜剂、油田堵水剂。

包装规格：双层塑料袋包装，净重 25kg。

【制法】

① 丙烯酸用氢氧化钠中和、精制后，在引发剂存在下聚合，即得产品。固体形态的产品可经过干燥、造粒或粉碎得到。

② 国外通过辐射聚合 NaOH 与丙烯酸的中和物制得。

【产品安全性】 无毒。避免与皮肤和眼睛接触，若不慎溅到眼中，提起眼睑，用流动清水或生理盐水冲洗。贮存于通风、干燥的库房中。

【参考生产企业】 东莞市德丰化工有限公司，辽宁抚顺化工研究院设计院，天津化工研究院。

Bd019 接枝淀粉

【英文名】 graft starch

【组成】 淀粉与丙烯腈及其衍生物的共聚物。

【物化性质】 白色颗粒或粉末。

【质量标准】

项目	指标
固含量/%	≥95
吸水倍数(自重的)/倍	2000

【用途】 用于妇女卫生巾、尿布，作吸水剂。

包装规格：双层塑料袋包装，净重25kg。

【制法】 由丙烯酰胺、丙烯酸、丙烯腈在引发剂作用下共聚而得到三元共聚物备用。将相当于三元共聚物二倍的小麦淀粉加入14倍的去离子水中，搅拌并升温至90℃成糊状，备用。将上述两产品按1∶2混合均匀，在60℃下减压干燥3h，粉碎，过150目筛而得淀粉接枝物。

【产品安全性】 非危险品。避免与皮肤和眼睛接触，若不慎溅到眼中，提起眼睑，用流动清水或生理盐水冲洗。置于阴凉、干燥的库内，贮存期12个月。运输时应防止日晒、雨淋。

【参考生产企业】 东莞市澳达化工有限公司，北京化工大学精细化工厂。

Bd020 丙烯酸丙烯酰胺丙烯腈共聚物

【英文名】 acrylic acrylamide acryonitrile copolymer

【物化性质】 白色粉末或颗粒。

【质量标准】

项目	指标
有效成分/%	≥90
游离单体含量/%	<0.05

【用途】 作为吸水剂可吸收自重数百倍的水分。可作为香纸、生理卫生纸、尿布纸的吸水剂。亦可用作化妆品、软膏药、洗涤液的增稠剂。工业生产的保水材料。

包装规格：双层塑料袋包装，净重25kg。

【制法】 将丙烯酰胺、丙烯酸、丙烯腈混合均匀再加入相当于单体总量4倍的去离子水，搅拌溶解。同时加入0.6%的过硫酸钾，升温至70℃，恒温搅拌3h，得黏稠状液体。在60℃下减压干燥3h，粉碎，过150目筛得成品。

【产品安全性】 非危险品。有异味注意环境通风。避免与皮肤和眼睛接触，若不慎溅到眼中，提起眼睑，用流动清水或生理盐水冲洗。置于阴凉、干燥的库内，贮存期12个月。运输时应防止日晒、雨淋。

【参考生产企业】 东莞市澳达化工有限公司，北京化工大学精细化工厂，广州中南塑料厂。

Bd021 FBX-01、FBX-02消泡剂

【英文名】 defoaming agent (for coating) FBX-01，FBX-02

【组成】 复配物。

【物化性质】 琥珀色浑浊液。相对密度(25℃) 0.90。

【质量标准】

项目	指标
水分/%	≤0.2
pH值(2%溶液)	6.5
闪点/℃	≥165

【用途】 用于制浆和漂白过程中作消泡剂。对含大量胶乳胶黏剂的涂料效果最佳，对含各种颜料的涂料抑泡和消泡，含干酪素、蛋白质的涂料也有良好效果。亦可用作漂白车间污水消泡剂。

包装规格：用塑料桶包装，净重50kg。

【制法】 将87份矿物油加入反应釜中，在搅拌下加入8份脂肪醇，加热均匀，再加入

2份硬脂酰胺，使其熔融后再加入3份环氧乙烷-氧化丙烯共聚物，搅拌均匀即可。

【产品安全性】 按一般化学品管理。避免与黏膜和眼睛接触，若不慎溅到眼中，提起眼睑，用流动清水或生理盐水冲洗。置于阴凉、干燥的库内，贮存期6个月。运输时应防止日晒、雨淋。

【参考生产企业】 东莞市德丰化工有限公司，天津助剂厂，河南巩县化工助剂厂等。

Bd022 涂布润滑剂 SCD

【别名】 YH 润滑剂

【英文名】 lubricant SCD

【组成】 硬脂酸钙，乳化剂。

【物化性质】 白色乳液。稳定性好，半年之内不分层。

【质量标准】 GB/T 5558—1999

项目	指标
固含量/%	50±2
黏度/mPa·s	350～400
粒度/μm	0.5～1.0
pH值(2%溶液)	8～10.5

【用途】 用作涂布加工纸涂料中的润滑剂。能改善涂料的流动性和流平性，使纸面涂层平滑均匀，纸面光泽度明显提高，并降低开裂度，减少分切及印刷过程中的掉毛现象。

包装规格：塑料桶包装，净重50kg、200kg。

【制法】 将硬脂酸加入反应釜，加热熔融，继续升温至80℃左右，加入OP-10水溶液，快速搅拌致均匀乳化。

【产品安全性】 非危险品。避免与皮肤和眼睛接触，若不慎溅到眼中，提起眼睑，用流动清水或生理盐水冲洗。置于阴凉、干燥的库内，贮存期12个月。运输时应防止日晒、雨淋。

【参考生产企业】 东莞市澳达化工有限公司，河南巩县助剂厂，北京化工大学精细化工厂。

C 农药助剂

在农药的加工过程中，往往要加入一些辅助剂，改善农药的理化性质，提高药效，扩大使用范围。凡是与农药混合，不破坏特效成分、提高药效、节约原药的物质统称为农药助剂。其本身一般没有生物活性，但是在剂型配方中或施药时是不可缺少的添加物。每种农药助剂都有特定的功能，有的起稀释原药的作用；有的可帮助原药均匀地分散在制剂中；有的可防止粒滴凝聚变大；有的可增加粒子的湿润性、黏附性或渗透性；有的可防止有效成分的分解；有的可增加施药的安全性，最大限度地发挥药效或有助于安全施药。

农药助剂是随剂型加工和施药技术的进步而发展的。早期的无机农药很少使用助剂，自有机农药发展以后，各种助剂也随之发展起来。随着剂型的多样化和性能的提高，助剂也向多品种、系列化发展，以适应不同农药品种不同剂型加工的需要，并出现了专门的配方加工技术。

农药助剂按来源大体可分为无机矿物类、生物来源的天然物质、有机合成化合物（又可分为表面活性物质和非表面活性物质两类）。农药助剂的发展日趋精细化，中国已建立一定规模的农药助剂工业。常用助剂有以下几类。

填料：在剂型加工中用于稀释原药的惰性固体填充物称为填料；能吸附或承载有效成分的填料称为载体。填料不仅起稀释作用，而且还能改善物理性能，有利于原药的粉碎和分散。填料的理化性质与制剂的稳定性有关，应该选择使用。粉剂加工多采用中性无机矿物，如陶土、高岭土（见黏土）、硅藻土、滑石粉等。浸渍法颗粒剂采用吸油性强的活性白土、膨润土（见黏土）等；包衣法颗粒剂采用非吸油性的粒状硅砂为载体。

乳化剂：能使一种流体以极微小的液珠稳定地分散在另一种与之互

不相溶的液体（如油在水中）中，形成乳浊液。常用的有聚氧乙烯基的酯及醚等非离子表面活性剂和烷基苯磺酸盐等阴离子表面活性剂。一般采用非离子型和阴离子型复合配制的乳化剂，其比例调节到最适宜的亲水亲油平衡值（HLB值），以得到最佳乳化效果。

分散剂：其功能是保持粉粒分散，防止凝聚结团。常用的有烷基芳基磺酸盐及其甲醛缩合物、木质素磺酸盐、烷基酚聚氧乙烯基醚甲醛缩合物、硫酸盐等。

湿润剂：其功能是降低药液的表面张力，使药粒迅速湿润，并使药液容易在施用目标的表面湿润和展布，帮助药剂渗透，增加药剂的药效。常用的有含皂素的皂角粉、茶子饼粉和含木质素的亚硫酸纸浆废液，以及合成的表面活性剂，如聚氧乙烯基烷基芳基醚、聚氧乙烯基烷基醚、烷基苯磺酸盐、烷基萘磺酸盐等。

展着剂：其功能为增强药剂在施用目标表面的固着能力，抵抗风雨吹洗，使药效充分发挥，兼有湿展、渗透能力。常用的有非离子或阴离子表面活性剂、木质素磺酸盐、乳酪素等。在某些情况下药液中添加一些矿物油或植物油也可起展着作用。

溶剂：一般是用有机溶剂溶解油性农药原药，如溶剂油等。

润滑剂：其作用是能使农药很快被水湿润，降低水的表面张力，使药液易于在团体表面（如植物、昆虫、病原菌的体表）湿润并附着，减少流失，增加接触面积，节省用药，提高防效。如茶枯粉、皂类、亚硫酸纸浆废液、洗衣粉、黏土、磺化石油制剂等。

黏着剂：能增加药剂对植物、病菌、昆虫等的黏着性能。

缓释剂：利用物理或化学特性使药剂在其中被控制，缓慢释放出，包括物理型缓释物，如胶囊、塑料结合体、多层带、纤维片、吸附剂等；化学性缓解物，如纤维素酯、可溶性金属聚合物。

固着剂：使药剂在团体表面上的附着能力提高，减少流失，增加药效残效期的物质，如聚乙烯醇、明胶、淀粉等。

稳定剂（防解剂）：其作用是农药在贮存过程中防止有效成分分解或物理性能变坏。

本部分主要介绍农药乳化剂、农药分散剂、其他农药助剂。

Ca 农药乳化剂

农药乳化剂除了能满足农药助剂所具备的条件（即符合农药加工和应用目的，有助于充分发挥药效，降低毒性并有利于运输；对作物安全无害，对人、畜、鱼类毒性小，也不伤害天敌；产品质量稳定，在有效贮存期内不变质；不会因混合其他药品而降低效能；使用安全，方便；资源丰富，成本低廉），还应具备乳化性能好、适应农药品种多、用量少、能配制出较高含量的制剂，与原药、溶剂有较好的互溶性，在低温下不易析出沉淀，对各种水质、温度都适应，施用后有助于农药在作物上附着、渗透，黏度低，流动性好，闪点高，使用方便、安全等特点。目前常见的乳化剂有四种，即单一的非离子型乳化剂、两种或两种以上的非离子型乳化剂的混合物、一种阴离子型（烷基苯磺酸钙）与一种或两种以上非离子型乳化剂组成的混合型乳化剂、两种混合型乳化剂调配物。

农药中常用的表面活性剂是阴离子表面活性剂与非离子表面活性剂。表面活性剂的亲水亲油平衡（HLB）值是表示表面活性剂亲水亲油性质的值，是选择表面活性剂的重要参数，一般而言，HLB值高的表面活性剂亲水性强，在水溶液中的溶解度高，有利于叶片表面保持较长时间的湿润；HLB值低的表面活性剂亲油性较好，有利于药液在叶面蜡质层的铺展，提高药液的渗透性。根据HLB值选择合适的表面活性剂能够提高叶面对农药的吸收。每一表面活性剂都有一HLB值，农药有效成分被乳化也有一最佳HLB值，只有被选择的表面活性剂HLB值与被乳化组分的HLB值相当，才能乳化良好，乳化稳定性高，适应范围宽，降低乳油的成本。

Ca001 十二烷基聚氧乙烯醚磷酸酯

【别名】 十二醇聚氧乙烯醚磷酸酯

【英文名】 dodecyl polyoxyethylene ether phosphate ester

【结构式】 $C_{12}H_{25}(CH_2CH_2O)_nPO_3$

【物化性质】 微黄色黏稠液，具有优异的电解质相容性，对热及碱稳定。

【质量标准】 HG/T 2466—1993

有效成分/%	≥48
酸值/(mg KOH/g)	17～27
总磷(P_2O_5)/%	10.5～11.5
水分/%	48～51

【用途】 农药乳化剂、工业清洗剂、干洗剂及金属加工液。

包装规格：用洁净、干燥、镀锌铁桶包装，净重25kg、200kg或250kg。

【制法】 将催化剂量的50%的NaOH加入反应釜中，预热至100℃，加入十二醇，搅匀。抽真空脱水至无水馏出。用氮气驱尽釜中空气后，通入环氧乙烷，在

0.15MPa、130～160℃下反应至压力不再下降。冷却后将料液转移至酯化釜中。为防止 P_2O_5 局部氧化，加 P_2O_5 前加入少量的亚磷酸溶液。滴加理论量的五氧化二磷，在 80～90℃下反应 6h。完成反应后加入 0.1%的双氧水氧化亚磷酸。趁热用 100 目不锈钢筛过滤，滤液用 5%的 NaOH 水溶液中和，得产品。反应式如下：

$$C_{12}H_{25}OH \xrightarrow{\text{环氧乙烷}} \xrightarrow{P_2O_5} \text{本品}$$

【产品安全性】 非危险品。低刺激性，避免与皮肤和眼睛接触，若不慎溅到眼中，提起眼睑，用流动清水或生理盐水冲洗。本系列产品贮运时应防雨、防潮，避免曝晒，由于本品为可燃物，故贮运时应严防火种。贮存于室内干燥、阴凉处，贮存期 12 个月。

【参考生产企业】 山东天道生物工程有限公司，辽宁化工研究院，辽宁旅顺化工厂，江苏海安石油化工厂。

Ca002 乳化剂 EL 系列

【别名】 蓖麻油聚氧乙烯醚

【英文名】 emulsifier series EL

【登录号】 CAS [61791-12-6]

【结构式】

$$\begin{array}{l} \qquad\qquad\qquad\qquad\qquad\qquad\quad O(C_2H_4O)_nH \\ \qquad\qquad\qquad\qquad\qquad\qquad\quad | \\ CH_2COO(CH_2)_7CH{=}CHCH_2CH(CH_2)_5CH_3 \\ | \\ CH_2COO(CH_2)_7CH{=}CHCH_2CH(CH_2)_5CH_3 \\ | \qquad\qquad\qquad\qquad\qquad\qquad\quad | \\ | \qquad\qquad\qquad\qquad\qquad\qquad\quad O(C_2H_4O)_mH \\ CH_2COO(CH_2)_7CH{=}CHCH_2CH(CH_2)_5CH_3 \\ \qquad\qquad\qquad\qquad\qquad\qquad\quad | \\ \qquad\qquad\qquad\qquad\qquad\qquad\quad O(C_2H_4O)_qH \end{array}$$

$n+m+q=10$、12、20、25、30、40、60、80、90、100

【物化性质】 淡黄色膏状物，耐硬水、酸、碱及无机盐。

【质量标准】 HG/T 4310—2012

型号	外观(25℃)	皂化值/(mg KOH/g)	浊点(1%水溶液)/℃	水分/%	pH 值(1%水溶液)	HLB 值
EL-10	淡黄色透明油状物	110～130	<20	≤1.0	5.0～7.0	6～7
EL-12	淡黄色透明油状物	110～120	—	≤1.0	5.0～7.0	6.5～7.5
EL-20	淡黄色透明油状物	90～100	≤30	≤1.0	5.0～7.0	9～10
EL-25	黄色液体		66±2	≤1.0	5.0～7.0	10.8
EL-30	淡黄色油状至膏状物	70～80	≥45	≤1.0	5.0～7.0	11.5～12.5
EL-40	淡黄色油状至膏状物	57～67	70～84	≤1.0	5.0～7.0	13～14
EL-60	淡黄膏状物或固体	—	85～90	≤1.0	5.0～7.0	14～15.5
EL-80	淡黄至微黄固体	—	≥91	≤1.0	5.0～7.0	15.5～16.5
EL-90	淡黄色固状物	30～40		≤1.0	5.0～7.0	约 17
EL-100	乳白色固体		64～66	≤1.0	5.0～7.0	16

【用途】 用作农药乳化剂、纺织化纤油剂、油田原油脱水。

包装规格：用内衬塑料袋的木桶包装，25kg/桶。

【制法】 将计量的蓖麻油、环氧乙烷催化剂加入反应釜中，在搅拌下加热脱水，脱水结束后用氮气置换釜中空气。然后缓缓通环氧乙烷，配比量的环氧乙烷通完后，继续反应 2～4h，取样测皂化值。皂化值合格后降温，真空脱气，中和、脱色、过滤收集产品。

【产品安全性】 非危险品。低刺激性，避免与皮肤和眼睛接触，若不慎溅到眼中，提起眼睑，用流动清水或生理盐水冲洗。本系列产品贮运时应防雨、防潮，避免曝晒，由于本品为可燃物，故贮运时应严防火种。贮存于室内干燥、阴凉处，贮存期 12 个月。

【参考生产企业】 江苏海安石油化工厂，邢台蓝星助剂厂，辽宁化工研究院，辽宁旅顺化工厂。

Ca003 乳化剂 HEL 系列

【英文名】 emulsifier series HEL

【结构式】

$$\begin{array}{l} CH_2COO(CH_2)_7CH_2CH_2CH_2CH(CH_2)_5CH_3 \\ \quad | \qquad\qquad\qquad\qquad\qquad\qquad | \\ \quad | \qquad\qquad\qquad\qquad\qquad\qquad O(C_2H_4O)_nH \\ CH_2COO(CH_2)_7CH_2CH_2CH_2CH(CH_2)_5CH_3 \\ \quad | \qquad\qquad\qquad\qquad\qquad\qquad | \\ \quad | \qquad\qquad\qquad\qquad\qquad\qquad O(C_2H_4O)_mH \\ CH_2COO(CH_2)_7CH_2CH_2CH_2CH(CH_2)_5CH_3 \\ \qquad\qquad\qquad\qquad\qquad\qquad\quad | \\ \qquad\qquad\qquad\qquad\qquad\qquad\quad O(C_2H_4O)_qH \end{array}$$

$n+m+q=20$ 或 40

【物化性质】 氢化蓖麻油与环氧乙烷缩合物。HEL-20 溶于大多数有机溶剂，水中呈分散状，具有优良的乳化、扩散性能。HEL-40 易溶于水、脂肪酸或其他有机溶剂中，具有优良的乳化性能。

【质量标准】 HG/T 4310—2012

型号	外观	皂化值/(mg KOH/g)	水分/%	pH 值	HLB 值
HEL-20	淡黄色透明油状物	90～100	≤1.0	5.0～7.0	9～10
HEL-40	淡黄色油状至膏状物	57～67	≤1.0	5.0～7.0	13～14

【用途】 在农药中作有机磷农药乳化剂。制药业中用作乳化剂，用于制造搽剂、乳膏剂、乳剂等。本品对矿物油具有独特的乳化能力，连毛纺工业中作乳化剂，制成的羊毛和毛油可防酸败现象；亦可作原油脱水破乳剂，降低污水含油率，还可配制水溶性金属切削液及家用洗涤用品。

包装规格：铁桶包装，净重 200kg；塑料桶包装，净重 50kg。

【制法】 将计量的氢化蓖麻油、环氧乙烷催化剂加入反应釜中，在搅拌下加热脱水，脱水结束后用氮气置换釜中空气。然后缓缓通环氧乙烷，配比量的环氧乙烷通完后，继续反应 2～4h，取样测皂化值。皂化值合格后降温，真空脱气，中和、脱色、过滤收集产品。

【产品安全性】 无毒，不易燃，按一般化学品贮存和运输。贮存于干燥、通风处，保质期 24 个月。

【参考生产企业】 上海酶联生物科技有限公司，上海博湖生物科技有限公司，湖北巨胜科技有限公司。

Ca004 农乳 100#

【别名】 TX-100；OP-10；OP-1021 防蜡剂

【英文名】 pesticide emulsifier 100#

【分子式】 $C_{35\sim36}H_{64\sim66}O_{10}$

【组成】 辛基酚或壬基酚与环氧乙烷的缩合物。

【物化性质】 辛基酚聚氧乙烯醚-10 外观为无色至淡黄色透明黏稠液体，d^{25} 41.0595，n_D^{25} 1.4894。壬基酚聚氧乙烯醚-10 (IgepalCO-630)：无色至淡黄色透明黏稠液体，d^{25} 41.060，凝固点－3℃。二者均易溶于水、乙醇、乙二醇，可溶于苯、甲苯、二甲苯等，不溶于石油醚。属于非离子型表面活性剂，具有优良的匀染、乳化、润湿、扩散、抗静电性能。

【质量标准】 HG/T 2466—1993

规格	辛基酚聚氧乙烯醚	壬基酚聚氧乙烯醚
外观	无色至淡黄色透明黏稠液体	
有效物含量/%	≥98	≥98
HLB 值	13.5	13.0
浊点(1%水溶液)/℃	63～67	52～56
pH 值(1%水液)	6～7	

【用途】 农药、医药和橡胶工业中用作乳化剂、扩散剂、浸湿剂。印染加工中用作匀染剂，亦可用作家用或工业用的洗涤剂等。

包装规格：PE 塑料桶包装，净重 25kg、50kg、200kg。

【制法】 将计量的苯酚投入反应釜中，加入催化剂树脂，在搅拌下再加入配比量的 C_8～C_9 的烯烃，升温至 140℃，回流 8h，降温，压入蒸馏釜内，抽真空，在 220Pa 下切割烷基苯酚馏分。然后把烷基酚加入缩合釜，加入催化剂氢氧化钠，加热熔融，用氮气置换釜中的空气，驱净空气后，开始通环氧乙烷，控制反应温度 150～160℃，反应压力 0.2～0.3MPa。反应至环氧乙烷通入量时，取样测羟值，羟值达到 70～80mg KOH/g 时缩合反应完毕。将料液打入中和釜，用醋酸调整 pH 值至 5.0～7.0，降温放料包装。

【产品安全性】 非危险品。若不慎接触皮肤，脱去被污染的衣物，用大量流动清水冲洗；接触眼睛，提起眼睑，用流动清水或生理盐水冲洗，就医；若吸入，迅速脱离现场至空气新鲜处。由于烷基酚聚氧乙烯醚的生物降解性较差，有些国家和地区已开始限制其用量，中国洗衣粉国标 GB/T 13171—2009 也禁止 APE 的使用。贮存于阴凉、通风的库房中，室温保质期 24 个月。

【参考生产企业】 天津市昆达工贸有限公司，济南金泉化工有限公司，济南春禄福商贸有限公司，邢台市蓝天精细化工有限公司。

Ca005 乳化剂 OP-4

【英文名】 emulsifier OP-4

【组成】 辛基酚与环氧乙烷缩合物。

【物化性质】 OP-4 乳化剂为含有 4 个乙氧基的辛烷基酚聚氧乙烯醚，易溶于油及有机溶剂，亲油性较强，难溶于水，水中呈分散状，具有良好的乳化性能，属亲油性乳化剂。

【质量标准】 HG/T 2466—1993

项目	指标
外观(25℃)	无色至淡黄色物油状物
羟值/(mg KOH/g)	147±5
HLB 值	8～8.6
色泽(Pt-Co)	≤20
水分/%	≤1.0
pH 值(1%水溶液)	5.0～7.0

【用途】 用作农药 W/O 乳化剂；亦可作金属加工业清洗剂、聚丙烯腈皂煮剂、塑料制品传送带的抗静电剂。

包装规格：PE 塑料桶包装，净重 25kg、50kg、200kg。

【制法】 将计量的苯酚投入反应釜中，加入催化剂树脂，在搅拌下再加入配比量的辛烯，升温至 120～130℃，回流 8h，降温，压入蒸馏釜内，抽真空，在 220Pa 下切割烷基苯酚馏分。然后把烷基酚加入缩合釜，加入催化剂氢氧化钠，加热熔融，用氮气置换釜中的空气，驱净空气后，开始通环氧乙烷，控制反应温度 130～150℃，反应压力 0.2～0.3MPa。反应至环氧乙烷通入量时，取样测羟值，羟值达到 70～80mg KOH/g 时缩合反应完毕。将料液打入中和，用醋酸调整 pH 值至 5.0～7.0，降温放料包装。

【产品安全性】 非危险品。若不慎皮肤接触。脱去被污染的衣物，用大量流动清水冲洗；接触眼睛，提起眼睑，用流动清水或生理盐水冲洗，就医；若吸入，迅速脱离现场至空气新鲜处。贮存于阴凉、干燥库房中，室温保质期 24 个月。

【参考生产企业】 江苏省海安石油化工厂，淄博臻安商贸有限公司，江苏省海安石油化工厂。

Ca006 壬基酚聚氧乙烯醚系列

【别名】（NP、OP）系列

【英文名】 nonylphenol ethoxylates

【结构式】

$$C_9H_{19}-C_6H_4-O-(C_2H_4O)_nH$$

【物化性质】 橙黄色流动液体至半流动液体。溶于水及多数有机溶剂，耐酸碱及硬水。具有优良的乳化、润湿、分散性能，且泡沫少。

【质量标准】 HG/T 3511—1999

型号	NP4	NP7	NP10	NP15	NP30	NP40
倾点/℃	<0	4±2	8±2	23±2	44±2	45±2
浊点/℃	—	—	62±2	94±2	>100	>100
有效成分/%	>99	>99	>99	>99	>99	>99
HLB值	8.9	10.9	13.2	15.0	17.4	17.8

【用途】 用作农药乳化剂，一般工业用乳化剂、润湿剂、分散剂。

包装规格：用洁净、干燥、镀锌铁桶包装，每桶净重 25kg、200kg 或 250kg。

【制法】 将计量的烷基酚加入反应釜中，加入催化剂量的 NaOH，用氮气置换釜中的空气。脱水 0.5h，加热至 120℃左右开始通入环氧乙烷。在 120～160℃、0.15～1.2MPa 下反应，一直到压力不再下降。冷却，用磷酸中和出料得产品。

【产品安全性】 非危险品。低刺激性，避免与皮肤和眼睛接触，若不慎溅到眼中，提起眼睑，用流动清水或生理盐水冲洗。本系列产品贮运时应防雨、防潮，避免曝晒，由于本品为可燃物，故贮运时应严防火种。贮存于室内干燥、阴凉处，贮存期 12 个月。

【参考生产企业】 南京盛启化工有限公司，天津市津鸽化工公司，辽宁化工研究院，辽宁旅顺化工厂，江苏海安石油化工厂。

Ca007 农乳 33#

【别名】 聚醚 NPE-108，NPE-105，乳化剂 11 号，烷基酚聚氧丙烯聚氧乙烯醚

【英文名】 pesticide emulsifier 33#

【组成】 烷基酚聚氧丙烯聚氧乙烯醚。

【物化性质】 淡黄色黏稠状液体。溶于水和多种有机溶剂。具有较好的润湿、分散、渗透作用，

【质量标准】 HG/T 2466—1993

型号	色泽(Pt-Co)	浊点/℃	pH值(1%水溶液)	HLB值
NPE-108	≤50	30～35	5.0～7.0	10～11
NPE-105	≤50	38～44	5.0～7.0	11～12

【用途】 用作农药乳化剂，也是合成纤维油剂的组分之一，除显示乳化抗静电性能外，还具有良好的低温流动性。在印染工业中作为匀染、扩散、润湿、洗涤等用途的助剂，均具有良好的效能；其泡沫较一般活性剂低。

包装规格：塑料桶包装，净重 50kg；铁桶包装，净重 200kg。

【制法】 将计量的烷基酚加入反应釜中，加入催化剂量的 NaOH，用氮气置换釜中的空气，脱水 0.5h。加热至 120℃左右开始通入环氧丙烷，通毕后再通环氧乙烷，在 120～160℃、0.15～1.2MPa 下反应，一直到压力不再下降。继续充氮气保持一定的温度和压力通环氧丙烷，通完后反应 2h，冷却，降压，脱气，过滤收集产品。

【产品安全性】 非危险品。低刺激性，避免与皮肤和眼睛接触，若不慎溅到眼中，提

起眼睑，用流动清水或生理盐水冲洗。本系列产品贮运时应防雨、防潮，避免曝晒，由于本品为可燃物，故贮运时应严防火种。贮存于室内干燥、阴凉处，贮存期12个月。

【参考生产企业】 江苏省海安石油化工厂，临沭县晨露化工助剂经营部，临沂市兰山区绿森化工有限公司。

Ca008 农乳 500#

【别名】 十二烷基苯磺酸钙

【英文名】 pesticide emulsifier 500#

【登录号】 CAS[26264-06-2]

【结构式】

$$\left[C_{12}H_{25}-\langle\bigcirc\rangle-SO_3\right]_2Ca$$

【相对分子质量】 690.15

【物化性质】 黄色或白色固体。无显著气味，难溶于水，易溶于甲醇、乙醇。在苯和二甲苯中有一定的溶解度。纯品在空气中吸潮后结块，非纯品易燃易爆。

【质量标准】 HG/T 2466—1993

型号	501#	502#	503#	504#
有效物含量/%	65±1	70±1	50±1	70±1
灰分/%	<3	<3	<3	<3
水分/%	≤5	≤5	≤0.5	≤0.5
pH值(1%水溶液)	5.0～7.0	5.0～7.0	5.0～7.0	5.0～7.0
色泽	<9	<9	<9	<9

【用途】 复配有机氯、有机磷、除草剂等农药乳剂的混合型乳化剂的主要组分。

包装规格：用内衬塑料袋的纸板桶包装，净重50kg，或200kg铁桶包装。

【制法】 制备工艺包括苯烷基化、烷基化产物磺化、中和三大步骤。

将432kg苯投入反应釜中，在搅拌下加入1.06kg三氯化铝和168kg十二碳烯。十二碳烯采用滴加法，滴加完毕后升温至60～70℃，保温1.5h进行缩合反应。反应毕沉降除去泥脚进行中和处理，然后脱苯。苯脱毕后减压至9.8kPa精馏，折射率在1.478～1.495的馏分即为精烷基苯。将烷基苯投入磺化釜中，在20℃左右滴加发烟硫酸，加毕后在25～30℃下反应1h。磺化毕，加水在50℃左右静置6h，分出废酸。最后用石灰水乙醇溶液中和至pH值7～8为止。中和液用板框过滤机除去废渣，滤液经浓缩，蒸出乙醇，高沸点物即为产品。反应式如下：

$$\langle\bigcirc\rangle \xrightarrow[AlCl_3]{C_{10}H_{21}CH=CH_2} \xrightarrow{SO_3}$$

$$C_{12}H_{25}-\langle\bigcirc\rangle-SO_3H \xrightarrow{Ca(OH)_2} \text{本品}$$

【产品安全性】 难燃、无毒。贮存在阴凉、通风的库内，贮存期12个月。可按一般化学品运输办理，运输时应轻装轻放，避免撞击。

【参考生产企业】 济南市历城区文明化工经营部，江苏海门轻工设备厂，江苏海安正达化工厂。

Ca009 农乳 300#

【别名】 二苄基联苯酚聚氧乙烯醚

【英文名】 pesticide emulsifier 300#

【结构式】

$$\langle\bigcirc\rangle-CH_2-\langle\bigcirc\rangle-\langle\bigcirc\rangle(CH_2-\langle\bigcirc\rangle)-O(C_2H_4O)_{16}H$$

【相对分子质量】 1055.30

【物化性质】 黄褐色油状液体，易溶于水及醇、苯、二甲苯、甲基萘等有机溶剂。单独用于配制许多有机磷乳油，有较好的乳化性能，与钙盐复配可降低用量。

【质量标准】 HG/T 2466—1993

项目	指标
浊点(1%水溶液)/℃	55～65
pH值(1%水溶液)	5.0～7.0

【用途】 用作农药乳化剂，适于多种有机

磷农药的乳化，配伍性好。

包装规格：用塑料桶包装，净重25kg，也可根据用户需要确定。

【制法】 将200kg苯基苯酚投入反应釜中，加热熔融后，在搅拌下加入催化剂锌粉5kg，抽真空至80～93kPa，进行脱水。当温度升至130℃，真空降至27kPa左右时，开始滴加苄氯，共滴加300kg，滴毕后继续反应1h。停止搅拌，静置，锌粉沉降后降温至80℃，过滤，滤液打入缩合釜。在搅拌下加入固碱0.5kg作催化剂，并通氮气置换出釜内空气，空气驱净后，通入环氧乙烷进行缩合反应，反应中保温140～160℃，压力0.2～0.3MPa。通环氧乙烷至704kg后，停止反应。将料液打入中和釜，加醋酸调整pH值至5.0～7.0，冷却，出料灌装得成品。反应式如下：

$$C_6H_5\text{-}C_6H_4\text{-}OH \xrightarrow{C_6H_5\text{-}CH_2Cl} \xrightarrow{16\ \overset{O}{\triangle}} \text{本品}$$

【产品安全性】 避免与皮肤和眼睛接触。若不慎溅到眼中，提起眼睑，用流动清水或生理盐水冲洗。非纯品易燃易爆。本系列产品贮运时应防雨、防潮，避免曝晒，由于本品为可燃物，故贮运时应严防火种。贮存于室内阴凉处，贮存期12个月。

【参考生产企业】 靖江市开源化学材料厂，辽宁化工研究院，辽宁旅顺化工厂，江苏海安石油化工厂。

Ca010 农乳600#

【别名】 苯乙烯基苯基聚氧乙烯醚

【英文名】 pesticide emulsifier 600#

【结构式】

$$O(C_2H_4O)_{16}H\text{-}C_6H_4\text{-}\left[C(CH_3)(C_6H_5)\right]_{1.5}\text{-}H$$

【相对分子质量】 954.0

【物化性质】 浅黄色或橙黄色油状液体，冷却后呈半流动状态。易溶于水和各种有机溶剂，在水中不电解，在酸碱液中稳定。高温时与氧化剂接触易裂解，具有良好的乳化性能。

【质量标准】 HG/T 2466—1993

浊点(1%水溶液)/℃	90～95
pH值(1%水溶液)	5.0～7.0

【用途】 与农乳500#、700#混合配成乳化剂，可大大降低农乳用量，降低农药成本。

包装规格：用内衬聚乙烯袋的塑料桶包装，25kg/桶，也可根据用户需要确定。

【制法】 将计量的苯酚投入反应釜中，加热熔融后，降温至50℃，滴加硫酸作催化剂。再升温到120℃，滴加苯乙烯，滴加毕在130～140℃下反应1h，降温将料液打入缩合釜，加50%的氢氧化钠将pH值调到11.0～13.0左右，脱水，脱水完毕后，用氮气置换釜中空气，将空气驱净后，开始通环氧乙烷，保温130～150℃，压力0.2～0.3MPa。通至计量后，继续反应半小时。将料液打入中和釜，用醋酸中和至pH值5.0～7.0。降温放料灌装得成品。反应式如下：

$$C_6H_5\text{-}OH \xrightarrow[H_2SO_4]{C_6H_5\text{-}CH=CH_2} \xrightarrow{\overset{O}{\triangle}} \text{本品}$$

【产品安全性】 避免与皮肤和眼睛接触，若不慎溅到眼中，提起眼睑，用流动清水或生理盐水冲洗。非纯品易燃易爆。本系列产品贮运时应防雨、防潮，避免曝晒，由于本品为可燃物，故贮运时应严防火种。贮存于室内阴凉处，贮存期12个月。

【参考生产企业】 天津盛通泰化工有限公司，辽宁化工研究院，辽宁旅顺化工厂，江苏海安石油化工厂。

Ca011 农乳 700#

【别名】 烷基酚甲醛树脂聚氧乙烯醚

【英文名】 pesticide emulsifier 700#

【结构式】

$$n_1 + n_2 = 20$$
$$R = C_8H_{17}$$

(结构式：两个苯环分别带 $O(C_2H_4O)_{n_1}H$ / $O(C_2H_4O)_{n_2}H$ 与 R，经 CH_2 相连)

【相对分子质量】 1304.0

【物化性质】 浅黄色或橙黄色油状液体，冷却时呈半流动状态。易溶于水及醇、苯、甲苯、二甲苯等有机溶剂。

【质量标准】 HG/T 2466—1993

浊点(1%水溶液)/℃	85～90
pH 值(1%水溶液)	5.0～7.0

【用途】 一种优良的乳化性能调整剂，用于多种有机磷农药的乳化。

包装规格：用清洁干燥的镀锌铁桶包装，200kg/桶。

【制法】 将辛基酚 320kg、甲醛（30%水溶液）150kg 投入反应釜中，加入催化剂氢氧化钠，在搅拌下于 30min 内升温至 80℃，在 80～85℃下保温 1h，取样分析甲醛含量<0.10%反应完成。然后降温至 40℃，抽真空脱水。在 1h 内升温至 150℃，脱水完毕后用氮气置换釜中空气，驱净空气后，开始通环氧乙烷 700kg，反应温度控制在 160～180℃，压力 0.2～0.3MPa。反应毕降压降温，用醋酸中和至 pH 值 5.0～7.0，然后放料包装即得成品。反应式如下：

$$C_8H_{17}-C_6H_4-OH \xrightarrow[NaOH]{HCHO} \xrightarrow{\text{环氧乙烷}} \text{本品}$$

【产品安全性】 有刺激性，避免与皮肤和眼睛接触，若不慎溅到眼中，提起眼睑，用流动清水或生理盐水冲洗。必须保证容器密闭，并存放在干燥、通风的仓库内，避免曝晒、雨淋，严禁明火。运输过程应避免剧烈碰撞，以防破损。贮存保证期为 12 个月。

【参考生产企业】 江苏省海门市轻工设备厂，江苏省海安县正达化工厂，潍坊绿普生物化工科技有限公司，广源集团公司，江苏省海安石油化工厂。

Ca012 宁乳 33#

【英文名】 ning emulsifier 33#

【组成】 苯乙烯基苯酚、甲醛树脂、环氧乙烷、环氧丙烷嵌段共聚物。

【物化性质】 黄色至棕黄色黏稠液，相对密度（25℃）1.07～1.08。在水中呈中性分子或胶冻状，无离子离解，对酸、碱、金属盐溶液稳定。低温度下有良好的表面活性。

【质量标准】 HG/T 2466—1993

【用途】 用作农药乳化剂。

包装规格：用洁净、干燥、镀锌铁桶包装，净重 25kg、200kg、250kg。

【制法】 以苯乙烯基苯酚甲醛缩合物为原料，与环氧乙烷、环氧丙烷聚合经中和而得。

【产品安全性】 非危险品。低刺激性，避免与皮肤和眼睛接触，若不慎溅到眼中，提起眼睑，用流动清水或生理盐水冲洗。本系列产品贮运时应防雨、防潮，避免曝晒，由于本品为可燃物，故贮运时应严防火种。贮存于室内干燥、阴凉处，贮存期 12 个月。

【参考生产企业】 淄博东通化工有限公司，江苏海安正达化工厂。

Ca013 宁乳 700#

【别名】 苯乙烯酚聚氧乙烯醚

【英文名】 emulsifier Jiangsu 700#

【结构式】

(结构式：$H-[C(CH_3)(C_6H_5)]_m-$ 苯环（带 $O(C_2H_4O)_{n_1}H$）$-CH_2-$ 苯环（带 $O(C_2H_4O)_{n_2}H$）$-[C(CH_3)(C_6H_5)]_m-H$)

【物化性质】 浅黄色或橙黄色油状液体。在水溶液中呈中性分子或胶冻状态，不解离。对酸、碱、金属盐溶液稳定，在低浓度下有良好的表面活性。

【质量标准】 HG/T 2466—1993

浊点(1%水溶液)/℃	80±2
pH 值(1%水溶液)	5.0～7.0

【用途】 用作农药乳化剂。对一些特殊的难以乳化的农药有很好的乳化性能。

包装规格：用清洁干燥的镀锌铁桶包装，200kg/桶。

【制法】

(1) 合成法 将理论的苯酚投入反应釜后加热熔融，降温至 50℃，滴加硫酸作催化剂。升温至 120℃，开始滴加苯乙烯，在 130～150℃下进行烷基化反应，滴完苯乙烯后降温将料液打入缩合釜，在搅拌下加入甲醛进行缩合反应，反应在氢氧化钠催化下，温度控制在 80～85℃，反应 1h 后降温至 40℃，抽真空把水脱净。再用氮气驱净釜内空气，然后通环氧乙烷，环氧乙烷通到配比量后取样测浊点，1%水溶液浊点到 80℃左右反应完毕。将料液打入中和釜，用醋酸调整 pH 值至 5.0～7.0。降温出料包装得成品。反应式如下：

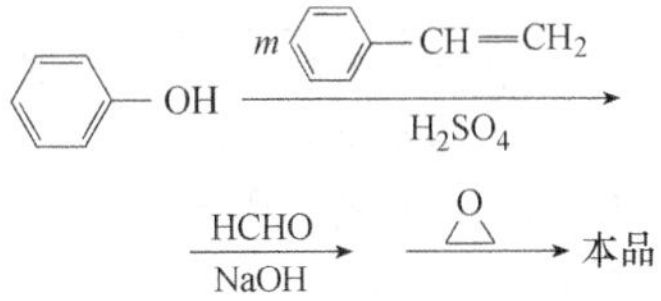

$$\text{C}_6\text{H}_5\text{OH} \xrightarrow[\text{H}_2\text{SO}_4]{m\ \text{C}_6\text{H}_5\text{CH=CH}_2} \xrightarrow[\text{NaOH}]{\text{HCHO}} \xrightarrow{\text{环氧乙烷}} \text{本品}$$

(2) 生物法 用减蛋综合征病毒（京 11 株）接种鸭胚培养，收获感染鸭胚液，经甲醛溶液灭活后，加矿物油佐剂混合乳化制成。

【产品安全性】 有刺激性，避免与皮肤和眼睛接触，若不慎溅到眼中，提起眼睑，用流动清水或生理盐水冲洗。吸湿性强，必须保证容器密闭，并存放在干燥、通风的仓库内，避免曝晒、雨淋，严禁明火。运输过程应避免剧烈碰撞，以防破损。贮存保证期为 12 个月。

【参考生产企业】 江苏凯元科技有限公司，上海天坛助剂有限公司，邯郸市新迪亚化工有限公司。

Ca014 宁乳 37#

【别名】 苯乙烯酚甲醛树脂聚氧乙烯醚

【英文名】 emulsifier 37#

【结构式】

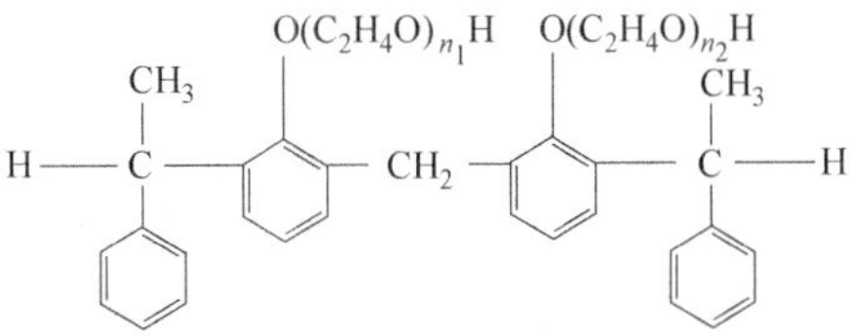

$$\text{H}-\underset{\text{C}_6\text{H}_5}{\overset{\text{CH}_3}{\text{C}}}-\text{C}_6\text{H}_3[\text{O(C}_2\text{H}_4\text{O)}_{n_1}\text{H}]-\text{CH}_2-\text{C}_6\text{H}_3[\text{O(C}_2\text{H}_4\text{O)}_{n_2}\text{H}]-\underset{\text{C}_6\text{H}_5}{\overset{\text{CH}_3}{\text{C}}}-\text{H}$$

【物化性质】 黄色或棕黄色黏稠液体，相对密度（20℃）1.09～1.13。在水溶液中呈中性分子或胶冻状态，对酸、碱、金属盐溶液稳定，在低浓度下有良好的表面活性。

【质量标准】 HG/T 2466—1993

浊点(1%水溶液)/℃	80±2
pH 值(1%水溶液)	5.0～7.0
HLB 值	14.0～15.0

【用途】 广泛用于农药乳化剂和工业用表面活性剂，也用于电镀行业，作电镀液助剂。

包装规格：用清洁干燥的铁桶包装，25kg/桶、200kg/桶。

【制法】 以苯乙烯为烷基化试剂，在 H_2SO_4 催化下与苯酚进行烷基化反应得烷基苯酚。然后在碱催化下与甲醛缩合，最后与环氧乙烷缩聚后，经中和而得成品。反应式如下：

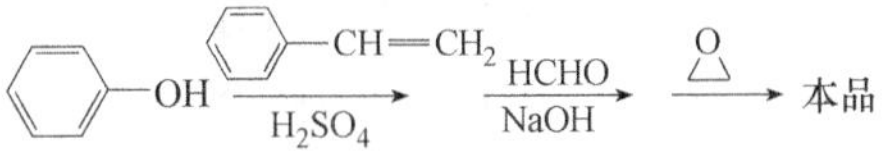

$$\text{C}_6\text{H}_5\text{OH} \xrightarrow[\text{H}_2\text{SO}_4]{\text{C}_6\text{H}_5\text{CH=CH}_2} \xrightarrow[\text{NaOH}]{\text{HCHO}} \xrightarrow{\text{环氧乙烷}} \text{本品}$$

【产品安全性】 避免与皮肤和眼睛接触，若不慎溅到眼中，提起眼睑，用流动清水或生理盐水冲洗。吸湿性强，必须保证容器密封，并存于干燥、通风库内，避免曝晒、雨淋，严禁明火。运输过程应避免剧烈碰撞，以防破损。贮存保质期为 24 个月，复检合格仍可使用。

【参考生产企业】 淄博先隆达农药有限公司，石家庄市天成伟业精细助剂厂，长兴德源环保助剂有限公司。

Ca015 宁乳 34#

【别名】 聚苯乙烯基苯酚甲醛树脂聚氧乙烯醚。

【英文名】 emulsifier 34#

【结构式】 见反应式。

【物化性质】 浅黄色或棕黄色黏稠液体，相对密度（20℃）1.07～1.09。在水中呈中性分子或胶冻状态，没有解离现象，对酸、碱、金属盐均稳定，低浓度下有良好的表面活性。

【质量标准】 HG/T 2466—1993

项目	指标
pH 值(1%水溶液)	5.0～7.0
浊点(1%水溶液)/℃	76±2
水分/%	≤0.5
HLB 值	13.5～14.5

【用途】 广泛用于农药乳化剂和工业用表面活性剂，常用于配制对硫磷、辛硫磷、杀螟硫磷等乳油。

包装规格：用清洁干燥的铁桶包装，25kg/桶、200kg/桶。

【制法】 在硫酸催化下，以苯以烯为烷基化试剂，对苯酚进行烷基化反应。形成苯乙烯基苯酚后与甲醛进行缩合反应。缩合物再在碱催化下与环氧乙烷缩聚，最后中和缩聚物得成品。反应式如下：

$$C_6H_5OH \xrightarrow[H_2SO_4]{n\ C_6H_5CH=CH_2} \xrightarrow[NaOH]{HCHO} \xrightarrow{\text{环氧乙烷}}$$

$$H-[C(CH_3)(C_6H_5)]_n-C_6H_3(O(C_2H_4O)_{n_1}H)-CH_2-C_6H_3(O(C_2H_4O)_{n_2}H)-[C(CH_3)(C_6H_5)]_n-H$$

【产品安全性】 避免与皮肤和眼睛接触，若不慎溅到眼中，提起眼睑，用流动清水或生理盐水冲洗。吸湿性强，必须保证容器密封，并存于干燥、通风库内，避免曝晒、雨淋，严禁明火。运输过程应避免剧烈碰撞，以防破损。贮存保质期为 24 个月，复检合格仍可使用。

【参考生产企业】 安徽省铜陵福成农药有限公司，淄博先隆达农药有限公司，石家庄市天成伟业精细助剂厂，长兴德源环保助剂有限公司。

Ca016 农乳 1600#

【别名】 苯乙烯基苯酚聚氧乙基聚氧丙基醚。

【英文名】 pesticide emulsifier 1600#

【结构式】 见反应式。

【物化性质】 黄色至橙黄色油状液体，易溶于水及醇、苯、二甲苯、甲基萘等有机溶剂。耐酸，耐碱，具有良好的乳化、湿润作用。适应水质、水温范围广，乳化稳定性和外观流动性好。折射率 n_D^{50} 为 1.4829～1.4920。

【质量标准】 HG/T 2466—1993

项目	指标
浊点(1%水溶液)/℃	76～79
pH 值(1%水溶液)	5.0～7.0

【用途】 可用作有机磷、有机氯农药的乳化剂，高温染色的确良匀染剂。

包装规格：用清洁干燥的铁桶包装，25kg/桶、200kg/桶。

【制法】 将计量的苯酚投入反应釜中，加热熔融，降温滴加硫酸作催化剂。然后升温至 120℃，开始滴加苯乙烯，进行烷基化反应，得苯乙烯基苯酚。把苯乙烯基苯酚打入缩聚釜，加入氢氧化钠，抽真空并升温至 140～145℃，把水脱净后，用氮气置换釜中空气，驱净空气后，通入 a mol 环氧乙烷、b mol 环氧丙烷，在 130～150℃、0.2～0.3MPa 下进行缩聚反应。

取样测浊点，1%水溶液浊点到73～79℃时反应完毕。加醋酸调整pH值至5.0～7.0，降温出料包装得成品。反应式如下：

$$\text{C}_6\text{H}_5\text{-OH} \xrightarrow[\text{H}_2\text{SO}_4]{n\ \text{C}_6\text{H}_5\text{-CH=CH}_2} \xrightarrow[\text{NaOH}]{\text{HCHO}} \xrightarrow{a\ \text{环氧乙烷}} \xrightarrow{b\ \text{环氧丙烷}}$$

$$\text{C}_6\text{H}_5\text{-O-}[\text{CH(CH}_3)(\text{C}_6\text{H}_5)]_n\text{-O(C}_2\text{H}_4\text{O)}_a\text{(CH}_2\text{CH(CH}_3)\text{O)}_b\text{H}$$

【产品安全性】 避免与皮肤和眼睛接触，若不慎溅到眼中，提起眼睑，用流动清水或生理盐水冲洗。吸湿性强，必须保证容器密封，并存于干燥、通风库内，避免曝晒、雨淋，严禁明火。运输过程应避免剧烈碰撞，以防破损。贮存保质期为24个月，复检合格仍可使用。

【参考生产企业】 滨化集团股份有限公司助剂分公司，安徽省铜陵福成农药有限公司，淄博先隆达农药有限公司，石家庄市天成伟业精细助剂厂。

Ca017 十二烷基酚聚氧乙烯(12)醚

【别名】 乳化剂DPE-30；匀染剂DPE

【英文名】 dodecyl phenyl polyoxyethylene (12) ether

【分子式】 $C_{42}H_{78}O_{13}$

【相对分子质量】 791.06

【物化性质】 可溶于各种硬度的水中，在冷水中溶解度比热水中大。耐酸，耐碱，且具有匀染、乳化、润湿和扩散等优良性能。可与各种类型的表面活性剂混用。

【质量标准】 HG/T 2466—1993

外观	棕黄色膏状物
pH值(1%水溶液)	5.0～7.0
固含量/%	50±2
浊点(1%水溶液)/℃	175～185

【用途】 用作农药、医药、橡胶原油的乳化剂，纺织工业用于丝绸、羊毛、棉及其他纤维织物的固色剂。亦可作助溶剂、净洗剂助剂。

包装规格：用清洁干燥的镀锌铁桶包装，25kg/桶、200kg/桶。

【制法】 将计量的十二烷基酚投入反应釜中，加入固碱作催化剂，固碱加入量为十二烷基酚质量的0.2%，加热熔融。用氮气置换釜中空气，驱净后，通入环氧乙烷，反应温度控制在190～200℃，压力为0.3MPa。通环氧乙烷配比量后取样测浊点，1%水溶液浊点到75～85℃时，反应完毕。将料液打入中和釜，用冰醋酸调pH值至5～7，再用双氧水脱色。出料包装即为成品。反应式如下：

$$\text{C}_{12}\text{H}_{25}\text{-C}_6\text{H}_4\text{-OH} \xrightarrow{12\ \text{环氧乙烷}} \text{C}_{12}\text{H}_{25}\text{-C}_6\text{H}_4\text{-O(CH}_2\text{CH}_2\text{O)}_{12}\text{H}$$

【产品安全性】 基本无毒。避免与皮肤和眼睛接触，若不慎溅到眼中，提起眼睑，用流动清水或生理盐水冲洗。吸湿性强，必须保证容器密封，并存于干燥、通风库内，避免曝晒、雨淋。运输过程应避免剧烈碰撞，以防破损。贮存保质期为24个月，复检合格仍可使用。

【参考生产企业】 桑达化工(南通)有限公司，济南鑫越化工有限公司，洛阳盛宝农药助剂科技有限公司，安徽省铜陵福成农药有限公司，淄博先隆达农药有限公司，石家庄市天成伟业精细助剂厂，长兴德源环保助剂有限公司。

Ca018 乳化剂12#

【别名】 苯乙基苯基聚氧乙烯聚氧丙烯醚

【英文名】 emulsifier 12#

【结构式】 见反应式。

【物化性质】 橙黄色流动至半流动液体，溶于水及多种有机溶剂。耐酸、碱及硬水，具有优良的乳化、分散、湿润性能。

【质量标准】 HG/T 2466—1993

项目	指标
浊点(1%水溶液)/℃	80～90
pH 值(1%水溶液)	5.0～7.0

【用途】 用作农药乳化剂、高温染色的匀染剂，一般工业分散剂、润湿剂。

包装规格：用洁净的镀锌铁桶包装，25kg/桶、200kg/桶。

【制法】 将计量的苯乙基苯酚和催化剂固碱投入反应釜中，加热熔融，然后抽真空用氮气置换釜中空气，驱净空气后开始通入环氧乙烷、环氧丙烷，反应温度控制在170℃左右，压力 0.2～0.3MPa。通至配比量后取样测浊点，1%水溶液浊点到80～90℃后反应结束。将料液打入中和釜，用冰醋酸中和至 pH 值 5.0～7.0。冷却出料包装即为成品。反应式如下：

$$C_6H_5-CH_2CH_2-C_6H_4-OH \xrightarrow[NaOH]{n\ \text{环氧乙烷}} \xrightarrow[NaOH]{m\ \text{环氧丙烷}} C_6H_5-CH_2CH_2-C_6H_4-O(C_2H_4O)_n-(CH_2CH(CH_3)O)_mH$$

【产品安全性】 吸湿性强，必须保证容器密封，并存于干燥、通风库内，避免曝晒、雨淋，严禁明火。运输过程应避免剧烈碰撞，以防破损。贮存保质期为 24 个月，复检合格仍可使用。

【参考生产企业】 石家庄金鹏化工助剂有限公司，长兴德源环保助剂有限公司，天津普兰特农药制剂科技开发中心，河北省丘市兴农助剂厂。

Ca019 56 型农乳

【英文名】 pesticide emulsifier 56 type

【组成】 农乳 600#、500#、二甲苯混合物。

【物化性质】 单相透明液（1%水溶液）或略带油花的液体。根据不同配比所得产品性能有异。

【质量标准】 HG/T 2466—1993

型号	56-1#	56-2#	56-3#	56-4#	56-5#	56-6#	56-7#
外观	单相透明液	单相透明液	单相透明液	稍带净油	单相透明液	单相透明液	单相透明液
pH 值(1%水溶液)	5.0～7.0	5.0～7.0	5.0～7.0	5.0～7.0	5.0～7.0	5.0～7.0	5.0～7.0
水分/% ≤	0.3	0.5	0.3	1.5	0.5	0.5	0.5
稳定性	合格	合格	合格	合格	合格	合格	合格

【用途】 作敌敌畏、甲胺磷的乳化剂。用量，80%敌敌畏用 5%～10%乳化剂；80%甲胺磷用 3%～12%的乳化剂。

包装规格：用洁净、干燥、镀锌铁桶包装，净重 25kg、200kg 或 250kg。

【制法】

（1）钙盐预热法　将农乳 600# 加入混配釜中，另将十二烷基苯磺酸钙在预热器中加乙醇溶解，并预热至 80℃左右，将混配釜中的蓖麻油聚氧乙烯搅拌升温到120℃左右。抽真空减压，在高真空度下滴加预热的钙盐醇溶液，使两者均匀混合滴加完毕后，继续脱醇、脱水 1h，温度以 120～130℃为宜。取样，检查水分合格后停止减压。加入 190kg 二甲苯，继续搅拌 15min 即可。

（2）混合投料法　将农乳 600#，以及用烷基苯磺酸钙配成的乙醇溶液依次加入混配釜中，在搅拌下升温，抽真空，脱醇，脱水，直至含水量符合质量标准，加入二甲苯搅匀即可。

（3）钙盐溶液提浓法　将十二烷基苯磺酸钙配成 60%的乙醇溶液，加入混合釜中。在搅拌下升温，减压脱脂、脱水，使钙盐含量提高到75%。然后加入农乳600#，搅拌均匀后继续脱醇、脱水，直至符合标准，再加入二甲苯，搅拌均匀。

以上三种方法均属间歇法，方法(2)混配时间太长，当钙盐溶液加量大时，脱醇时产生大量泡沫，醇水难以脱净；方法(3)容易产生粘壁现象；方法(1)应用较普遍。

(4)半连续法　将农乳600#以及十二烷基苯磺酸钙的60%乙醇溶液加入混配釜中，预热至50℃，用真空吸入薄膜蒸发器中，在0.08MPa下脱水、脱醇，出口温度控制在88～124℃，出料后测其稳定性。如果缺蓖麻油聚氧乙烯醚直接补加，缺钙盐，补加后需进一步脱醇、脱水。

【产品安全性】 非危险品。避免与皮肤和眼睛接触，若不慎溅到眼中，提起眼睑，用流动清水或生理盐水冲洗。本系列产品贮运时应防雨、防潮，避免曝晒，由于本品为可燃物，故贮运时应严防火种。贮存于室内阴凉处，贮存期12个月。

【参考生产企业】 广源集团公司科研所，江苏省海安县正达化工厂，福建省泉州德盛农药有限公司，砀山县助力特农用助剂厂，江苏省大丰市威旗农药助剂厂。

Ca020 农乳 0201

【别名】 混合型农药乳化剂；表面活性剂0201

【英文名】 pesticide emulsifier 0201

【组成】 复配物。

【物化性质】 棕黄色或棕红色半固体，稍加热即成油状液体。能溶于水，加入此品后农药溶解在水中呈均匀分散乳状液。

【质量标准】 HG/T 2466—1993

水分/%	≤0.5
pH值(10%水溶液)	5.0～7.0

【用途】 作为农药乳化剂用于配制对硫磷乳剂，用量10%。亦可配制辛硫磷乳剂，或与农乳0203B按一定比例配制杀螟威乳剂。

包装规格：用清洁干燥的铁桶包装，25kg/桶、200kg/桶。

【制法】 以阴离子表面活性剂和非离子表面活性剂按比例混合复配而得。

【产品安全性】 非危险品。避免与皮肤和眼睛接触，若不慎溅到眼中，提起眼睑，用流动清水或生理盐水冲洗。吸湿性强，必须保证容器密封，并存于干燥、通风库内，避免曝晒、雨淋。运输过程应避免剧烈碰撞，以防破损。贮存保质期为24个月，复检合格仍可使用。

【参考生产企业】 南京普罗菲姆科技有限公司，安徽省铜陵福成农药有限公司，淄博先隆达农药有限公司，石家庄市天成伟业精细助剂厂，长兴德源环保助剂有限公司。

Ca021 农乳 0201B

【英文名】 pesticide emulsifier 0201B

【组成】 复配物。

【物化性质】 棕黄色或棕红色黏稠液体，溶于水和大多数溶剂，对农药有较好的乳化性能。

【质量标准】 HG/T 2466—1993

水分/%	0.5
pH值(10%水溶液)	5.9～7.1

【用途】 作为农药乳化剂，用于配制对硫磷乳剂。当用量为8%时，在水中呈有色透明溶液。在342mg/L硬水中稀释100倍，在25～30℃下乳液放置1h，无浮物，无沉淀。亦可调配辛硫磷0201，合用可调配杀螟威乳剂。

包装规格：用清洁干燥的铁桶包装，25kg/桶、200kg/桶。

【制法】 由宁乳700#、农乳500#、二甲苯按比例复配即成。

【产品安全性】 非危险品。避免与皮肤和眼睛接触，若不慎溅到眼中，提起眼睑，用流动清水或生理盐水冲洗。吸湿性强，必须保证容器密封，并存于干燥、通风库内，避免曝晒、雨淋，严禁明火。运输过程应避免剧烈碰撞，以防破损。贮存保质期为 24 个月，复检合格仍可使用。

【参考生产企业】 福建省南平威尔生化科技具有限公司，靖江材料有限公司，抚顺市金泰精细化工厂。

Ca022 农乳 0202

【别名】 旅 1105，旅 1120

【英文名】 pesticide emulsifier 0202

【物化性质】 棕黄色或棕红色半固体，系复合型乳化剂。能溶于水及多种有机溶剂，并能使被乳化物在水中呈均匀分散乳状液。

【质量标准】 HG/T 2466—1993

水分/%	≤0.5
pH 值(1%溶液)	5.0～7.0

【用途】 用于配制农药，用 10%的用量可调配 50%马拉硫磷、50%敌百虫、敌马合剂等乳油。

包装规格：用清洁干燥的铁桶包装，25kg/桶、200kg/桶。

【制法】 由非离子和阳离子表面活性剂按一定的比例复配而成。

【产品安全性】 非危险品。避免与皮肤和眼睛接触，若不慎溅到眼中，提起眼睑，用流动清水或生理盐水冲洗。吸湿性强，必须保证容器密封，并存于干燥、通风库内，避免曝晒、雨淋，严禁明火。运输过程应避免剧烈碰撞，以防破损。贮存保质期为 24 个月，复检合格仍可使用。

【参考生产企业】 清远市灵捷制造化工有限公司，河北爱德威医药化工有限公司销售部，义乌海石花助剂有限公司。

Ca023 农乳 0203A

【英文名】 pesticide emulsifier 0203A

【组成】 复配物。

【物化性质】 在室温下为淡黄色半固体，稍热即成油状液体。能溶于水，可与多种油状物质溶解，并使溶解物在水中均匀分散呈乳状液。

【质量标准】 HG/T 2466—1993

水分/%	≤0.3

【用途】 用作农药乳化剂，以 6%的用量调制敌敌畏乳剂，呈有色透明溶液。也适于配制抗菌素 402，乳化剂用量为 5%～10%。

包装规格：用清洁干燥的铁桶包装，25kg/桶、200kg/桶。

【制法】 由优质阴离子表面活性剂和非离子表面活性剂复配而成。

【产品安全性】 吸湿性强，必须保证容器密封，并存于干燥、通风库内，避免曝晒、雨淋，严禁明火。运输过程应避免剧烈碰撞，以防破损。贮存保质期为 24 个月，复检合格仍可使用。

【参考生产企业】 天津市浩元精细化工有限公司广东办事处，杭州久灵化工有限公司（商务部），淄博先隆达农药有限公司，石家庄市天成伟业精细助剂厂，长兴德源环保助剂有限公司。

Ca024 农乳 0203B

【别名】 混合型农药乳化剂 0203B，旅 1103，旅 1107，旅 1119，表面活性剂 0203B

【英文名】 pesticide emulsifier 0203B

【组成】 由蓖麻油聚氧乙烯醚、十二烷基苯磺酸钙、二甲苯混合而成。

【物化性质】 常温下为淡黄色至红色黏稠液体，溶于水及多种有机溶剂，并使被乳化物在水中均匀分散呈乳状液。

【质量标准】 HG/T 2466—1993

水分/%	≤0.3
pH 值(1%溶液)	5.0～7.0

【用途】 混合型农药乳化剂。调配 40%～

50%甲胺磷，用量为3%～6%；40%氧化乐果用量为4%。

包装规格：用清洁干燥的铁桶包装，25kg/桶、200kg/桶。

【制法】 将蓖麻油聚氧乙烯醚6份、十二烷基苯磺酸钙4.5份复配后，加二甲苯混合而成。

【产品安全性】 含有机溶剂，可燃。密封贮存在干燥、通风库内，严禁明火，避免曝晒、雨淋。运输过程应避免剧烈碰撞，以防破损。贮存保质期为24个月，复检合格仍可使用。

【参考生产企业】 张家港保税区建民化工有限公司，安徽省铜陵福成农药有限公司，淄博先隆达农药有限公司，石家庄市天成伟业精细助剂厂，长兴德源环保助剂有限公司。

Ca025 农乳 0204

【英文名】 pesticide emulsifier 0204

【组成】 复配物。

【物化性质】 常温下为淡黄色至红色黏稠液体，溶于水及多种有机溶剂，能使被乳化物在水中均匀分散呈乳状液。

【质量标准】 HG/T 2466—1993

项目	指标
水分/%	≤0.4
pH值(1%溶液)	5.0～7.0

【用途】 适于配制有机磷、有机氯农药乳油。也可作合成纤维油剂中的乳化剂、抗静电剂和印花染料的扩散剂。

包装规格：用清洁干燥的铁桶包装，25kg/桶、200kg/桶。

【制法】 由表面活性剂、助溶剂复配而成。

【产品安全性】 非危险品。避免与皮肤和眼睛接触，若不慎溅到眼中，提起眼睑，用流动清水或生理盐水冲洗。贮存于干燥、通风库内，避免曝晒、雨淋，严禁明火。运输过程应避免剧烈碰撞，以防破损。贮存保质期为24个月，复检合格仍可使用。

【参考生产企业】 靖江市开元化学材料有限公司，邯郸市新迪亚化工有限责任公司销售部，淄博先隆达农药有限公司。

Ca026 农乳 0204C

【英文名】 pesticide emulsifier 0204C

【组成】 复配物。

【物化性质】 黄色或棕黄色黏稠液体，相对密度（20℃）1.02～1.045，溶于水和各种有机溶剂。

【质量标准】

项目	指标
水分/%	≤0.4
乳化稳定性	合格
pH值(1%溶液)	5.0～7.0
表面张力(25℃,0.1%溶液)/(N/m)	0.042

【用途】 用于农药配制，3%～6%用量可调配40%乐果、50%久效磷等农药乳油。

包装规格：用清洁干燥的铁桶包装，25kg/桶、200kg/桶。

【制法】 由特殊的非离子和阴离子表面活性剂复配而成。

【产品安全性】 非危险品。避免与皮肤和眼睛接触，若不慎溅到眼中，提起眼睑，用流动清水或生理盐水冲洗。贮存于干燥、通风库内，避免曝晒、雨淋。运输过程应避免剧烈碰撞，以防破损。贮存保质期为24个月，复检合格仍可使用。

【参考生产企业】 长兴德源环保助剂有限公司，安徽省铜陵福成农药有限公司，石家庄市天成伟业精细助剂厂。

Ca027 农乳 0205

【别名】 混合型农药乳化剂0205，旅1117，表面活性剂0205

【英文名】 pesticide emulsifier 0205

【组成】 由蓖麻油聚氧乙烯醚、十二烷基苯磺酸钙、二甲苯混合而成。

【物化性质】 常温下为淡黄色至红色黏稠

液体，溶于水及多种有机溶剂，并使被乳化物在水中均匀分散呈乳状液。

【质量标准】 HG/T 2466—1993

水分/%	≤0.4
pH值(1%溶液)	5.0～7.0

【用途】 混合型农药乳化剂，调配50%治螟灵，用10%即可。

包装规格：用清洁、干燥的铁桶包装，25kg/桶、200kg/桶。

【制法】 由630kg蓖麻油聚氧乙烯醚、420kg十二烷基苯磺酸钙、130kg二甲苯复配而成。

【产品安全性】 含有机溶剂，可燃。贮存于阴凉、通风库内，严禁明火，避免曝晒、雨淋。运输过程应避免剧烈碰撞，以防破损。贮存保质期为24个月，复检合格仍可使用。

【参考生产企业】 浙江黄岩繁源化工有限公司，安徽省铜陵福成农药有限公司，淄博先隆达农药有限公司，石家庄市天成伟业精细助剂厂，长兴德源环保助剂有限公司。

Ca028 农乳0206B

【别名】 混合型农乳0206B，旅1109，旅2102，旅1116，表面活性剂0206B

【英文名】 pesticide emulsifier 0206B

【组成】 由蓖麻油聚氧乙烯醚、十二烷基苯磺酸钙、二甲苯混合而成。

【物化性质】 常温下为棕黄色至棕红色半固体，稍加热即成油状液体。溶于水及非极性有机溶剂，并使溶解物均匀分散在水中成乳状液。

【质量标准】 HG/T 2466—1993

水分/%	≤0.5
pH值(1%溶液)	5.0～7.0

【用途】 混合型农药乳化剂。调配50%甲基-1605、72% 2,4-D丁酯、50%喹硫磷，用量为10%。

包装规格：用清洁干燥的铁桶包装，25kg/桶、200kg/桶。

【制法】 由700kg蓖麻油聚氧乙烯醚、300kg十二烷基苯磺酸钙和一定量的二甲苯复配而成。

【产品安全性】 含有机溶剂，可燃。贮存于阴凉、通风库内，严禁明火，避免曝晒、雨淋。运输过程应避免剧烈碰撞，以防破损。贮存保质期为24个月，复检合格仍可使用。

【参考生产企业】 仙桃市中楚化工有限公司，淄博先隆达农药有限公司，安徽省铜陵福成农药有限公司，石家庄市天成伟业精细助剂厂，长兴德源环保助剂有限公司。

Ca029 农乳0207

【别名】 混合型农药乳化剂0207，旅3001，旅3002，表面活性剂0207

【英文名】 pesticide emuls ifier 0207

【组成】 由非离子表面活性剂、十二烷基苯磺酸钙、二甲苯混合而成。

【物化性质】 常温下为淡黄色至红色黏稠液体，溶于水及多种有机溶剂，并使被乳化物在水中均匀分散呈乳状液。

【质量标准】 HG/T 2466—1993

水分/%	≤0.3
pH值	5.0～7.0

【用途】 配制40%的异稻净、50%稻湿净，用量为10%。

包装规格：用清洁干燥的铁桶包装，25kg/桶、200kg/桶。

【制法】 由650kg蓖麻油聚氧乙烯醚、100kg宁乳700#、450kg十二烷基苯磺酸钙和一定比例的二甲苯复配而成。

【产品安全性】 含有机溶剂，可燃。贮存于阴凉、通风库内，严禁明火，避免曝晒、雨淋。运输过程应避免剧烈碰撞，以防破损。贮存保质期为24个月，复检合格仍可使用。

【参考生产企业】 仙桃市中楚化工有限公司，石家庄市天成伟业精细助剂厂，安徽省铜陵福成农药有限公司，淄博先隆达农药有限公司，长兴德源环保助剂有限公司。

Ca030 农乳 0208

【别名】 旅 1115

【英文名】 pesticide emulsifier 0208

【组成】 复配物。

【物化性质】 常温下为棕黄色至棕红色半固体，稍加热即成油状液体。溶于水及非极性有机溶剂，并使溶解物均匀分散在水中成乳状液。

【质量标准】 HG/T 2466—1993

水分/%	≤0.5
pH 值(1%溶液)	5.0~7.0

【用途】 用 10%～13%可调配 40%胺硫磷等农药乳油。

包装规格：用清洁干燥的铁桶包装，25kg/桶、200kg/桶。

【制法】 由 700kg 蓖麻油聚氧乙烯醚、100kg 宁乳 600#、300kg 十二烷基苯磺酸钙和一定量的二甲苯复配而成。

【产品安全性】 含有机溶剂，可燃。贮存于阴凉、通风库内，严禁明火，避免曝晒、雨淋。运输过程应避免剧烈碰撞，以防破损。贮存保质期为 24 个月，复检合格仍可使用。

【参考生产企业】 辽宁奥克化学集团有限公司，安徽省铜陵福成农药有限公司，淄博先隆达农药有限公司，石家庄市天成伟业精细助剂厂，长兴德源环保助剂有限公司。

Ca031 农乳 0265

【英文名】 pesticide emulsifier 0265

【组成】 由蓖麻油聚氧乙烯醚与农乳 500# 等混合而成。

【物化性质】 红棕色黏稠液体，加水后成乳白色透明液，耐酸，耐碱，耐金属盐。

【质量标准】 HG/T 2466—1993

水分/%	≤0.5
乳化性能	合格
pH 值	5.0~7.0

【用途】 用以配制有机膦、有机氯农药乳油。注意不能与阳离子表面活性剂混用。

包装规格：干燥的铁桶包装，25kg/桶、200kg/桶。

【制法】 由 630kg 蓖麻油聚氧乙烯醚、120kg 宁乳 37#、420kg 农乳 500#、130kg 二甲苯复配而成。

【产品安全性】 吸湿性强，必须保证容器密封，并存于干燥、通风库内，避免曝晒、雨淋，严禁明火。运输过程应避免剧烈碰撞，以防破损。贮存保质期为 24 个月，复检合格仍可使用。

【参考生产企业】 辽宁奥克化学集团有限公司，安徽省铜陵福成农药有限公司，淄博先隆达农药有限公司，石家庄市天成伟业精细助剂厂，长兴德源环保助剂有限公司。

Ca032 农乳 S-118

【英文名】 pesticide emulsifier S-118

【组成】 由蓖麻油聚氧乙烯醚与农乳 500# 混合而成。

【物化性质】 琥珀色半固体，稍加热成油状流体，能溶于水。

【质量标准】 HG/T 2466—1993

水分/%	≤0.5
乳化性能	合格
pH 值(1%溶液)	5.0~7.0

【用途】 用作杀灭菊酯的乳化剂。

包装规格：用清洁干燥的铁桶包装，25kg/桶、200kg/桶。

【制法】 由 680kg 蓖麻油聚氧乙烯醚、100kg 宁乳 700#、350kg 农乳 500#、

125kg 二甲苯复配而成。

【产品安全性】 含有机溶剂，可燃。贮存于阴凉、通风库内，严禁明火，避免曝晒、雨淋。运输过程应避免剧烈碰撞，以防破损。贮存保质期为 24 个月，复检合格仍可使用。

【参考生产企业】 郑州方健工贸有限公司，淄博先隆达农药有限公司，石家庄市天成伟业精细助剂厂，长兴德源环保助剂有限公司。

Ca033 农乳 PP2

【英文名】 pesticide emulsifier PP2

【组成】 由两种非离子表面活性剂与一种阴离子表面活性剂及溶剂组成。

【物化性质】 淡黄色或黄色流动状液体；冷却时呈蜡状固体。能溶于水和多种有机溶剂，具有优良的乳化、分散、润湿等作用。

【质量标准】 HG/T 2466—1993

项目	指标
水分/%	≤0.5
乳化性能	合格
pH 值(1%液)	5.0～7.0

【用途】 用作杀灭菊酯的乳化剂。

包装规格：用清洁干燥的铁桶包装，25kg/桶、200kg/桶。

【制法】 将 78kg 蓖麻油投入缩合釜中，在碱性条件下与 163kg 的环氧乙烷缩合得乳化剂 13Y-130；170kg 苯乙烯苯酯与 239kg 的环氧乙烷缩合得农乳 600#。将上述两组分混合后滴加由 355kg 农乳 500# 配成的乙醇溶液，滴毕后把醇水脱净，加入 237kg 二甲苯，继续搅 0.5h 即得。

【产品安全性】 含有机溶剂，可燃。有吸湿性，必须保证容器密封，并存于干燥、通风库内，避免曝晒、雨淋，严禁明火。运输过程应避免剧烈碰撞，以防破损。贮存保质期为 24 个月，复检合格仍可使用。

【参考生产企业】 荆州市天合科技化工有限公司供销部，长兴德源环保助剂有限公司，淄博先隆达农药有限公司，石家庄市天成伟业精细助剂厂，安徽省铜陵福成农药有限公司。

Ca034 农乳 1204

【英文名】 pesticide emulsifier 1204

【别名】 旅 1123

【组成】 复配物。

【物化性质】 常温下为黄色至红棕色黏稠液，溶于水及有机溶剂，乳化分散能力强。

【质量标准】 HG/T 2466—1993

项目	指标
水分/%	≤0.5
pH 值	5.0～7.0

【用途】 虫螨浮合剂专用乳化剂。以 10%用量调配 20%甲基对硫磷与 20%甲胺磷混合农药乳油。

包装规格：用清洁、干燥的铁桶包装，25kg/桶、200kg/桶。

【制法】 由表面活性剂和助剂按比例混配而成。

【产品安全性】 有刺激性。避免与皮肤和眼睛接触，若不慎溅到眼中，提起眼睑，用流动清水或生理盐水冲洗。贮存于干燥、通风库内，避免曝晒、雨淋，严禁明火。运输过程应避免剧烈碰撞，以防破损。贮存保质期为 24 个月，复检合格仍可使用。

【参考生产企业】 上虞市海利化工有限公司，淄博先隆达农药有限公司，石家庄市天成伟业精细助剂厂，长兴德源环保助剂有限公司。

Ca035 农乳 2201

【英文名】 pesticide emulsifier

【组成】 复配物。

【物化性质】 黄色或棕红色半固体，溶于水和多种有机溶剂。

【质量标准】 HG/T 2466—1993

水分/%	<0.5
乳化稳定性	合格
pH 值(1%溶液)	5.0～7.0

【用途】 作为农药乳化剂，用以调配溴氰菊酯、百树菊酯、氯氰菊酯、杀灭菊酯等，用量为 12%（质量分数）。

包装规格：用清洁干燥的铁桶包装，25kg/桶、200kg/桶。

【制法】 由宁乳 37# 与农乳 500#、二甲苯按比例复配而得。

【产品安全性】 含有机溶剂，可燃。密封贮存在干燥、通风库内，严禁明火，避免曝晒、雨淋。运输过程应避免剧烈碰撞，以防破损。贮存保质期为 24 个月，复检合格仍可使用。

【参考生产企业】 淄博海杰化工有限公司产销部，石家庄市天成伟业精细助剂厂，长兴德源环保助剂有限公司，安徽省铜陵福成农药有限公司，淄博先隆达农药有限公司。

Ca036 农乳 3201、3203

【英文名】 pesticide emulsifier 3201、3203

【组成】 复配物。

【物化性质】 常温下为黄色至红棕色黏稠液，溶于水及有机溶剂，乳化分散能力强。

【质量标准】 HG/T 2466—1993

水分/%	≤0.5
pH 值(1%溶液)	5.0～7.0

【用途】 用以配制 30%双效菊酯合剂的专用乳化剂，亦可用于配制 20%粉锈磷乳油的专用乳化剂。

包装规格：用清洁干燥的铁桶包装，25kg/桶、200kg/桶。

【制法】 非离子表面活性剂加入反应釜中，在搅拌下加入助溶剂，加热溶解，然后按比例加入阴离子表面活性剂，搅拌均匀即可。

【产品安全性】 避免与皮肤和眼睛接触，若不慎溅到眼中，提起眼睑，用流动清水或生理盐水冲洗。贮存于干燥、通风库内，避免曝晒、雨淋。运输过程应避免剧烈碰撞，以防破损。贮存保质期为 24 个月，复检合格仍可使用。

【参考生产企业】 武汉市裕丰行贸易有限公司，石家庄市天成伟业精细助剂厂，长兴德源环保助剂有限公司。

Ca037 农乳 5202

【英文名】 pesticide emulsifier 5202

【组成】 复配物。

【物化性质】 常温下为黄色至红棕色黏稠液，溶于水及有机溶剂，乳化分散能力强。

【质量标准】 HG/T 2466—1993

水分/%	≤0.5
pH 值(1%溶液)	5.0～7.0

【用途】 用于配制农药，0.5%～10%用量能使机械油乳化成为水包油型乳状液，作用在昆虫体上以窒息作用杀虫。

包装规格：用清洁干燥的铁桶包装，25kg/桶、200kg/桶。

【制法】 将特殊的阴离子表面活性剂加入反应釜，按比例加入非离子表面活性剂，加热至 70～80℃搅拌混匀即可。

【产品安全性】 低刺激性。避免接触眼睛和黏膜，不慎沾污立即用水冲洗。贮存于干燥、通风库内，避免曝晒、雨淋。运输过程应避免剧烈碰撞，以防破损。贮存保质期为 24 个月，复检合格仍可使用。

【参考生产企业】 上海昊炅助剂有限公司（金山），安徽省铜陵福成农药有限公司，淄博先隆达农药有限公司，石家庄市天成伟业精细助剂厂，长兴德源环保助剂有限公司。

Ca038 农乳 8201、8203（旅 2204）、8204、8205、8206（旅 2103）

【别名】 旅 2204，旅 2103

【英文名】 pesticide emulsifier 8201、8203、8204、8205、8206

【组成】 复配物。

【物化性质】 常温下为黄色至红棕色黏稠液，溶于水及有机溶剂，乳化分散能力强。

【质量标准】 HG/T 2466—1993

指标名称	8201	8203	8204	8205	8206
水分/%	0.5	1.0	1.5	0.3	0.45
pH值(1%溶液)	5.0～7.0	5.0～7.0	5.0～7.0	5.0～7.0	5.0～7.0

【用途】 在生产农药敌稗剂中用作乳化剂，配方是敌稗 20%、二甲苯 54%、甲醇 6%、8201 加 20%，以 8%～10% 的 8203 配制 45%～48%的氟环灵农药乳油；在燕麦畏等农药乳剂生产中，配方是燕麦畏 50%、二甲苯 40%、8204 加 10%；生产甲草胺乳剂时配方是甲草胺 43%、二甲苯 47%、8205 加 10%。以 10%的 8206 可配制 60%的丁草胺除草乳油（以上均采用质量分数）。

包装规格：干净、干燥的铁桶包装，25kg/桶、200kg/桶。

【制法】 由非离子表面活性剂、阴离子表面活性剂和助溶剂复配而成。

【产品安全性】 低刺激性，避免接触黏膜和眼睛。贮存于干燥、通风库内，避免曝晒、雨淋，严禁明火。运输过程应避免剧烈碰撞，以防破损。贮存保质期为 24 个月，复检合格仍可使用。

【参考生产企业】 江苏省海安石油化工厂，石家庄市天成伟业精细助剂厂，安徽省铜陵福成农药有限公司，淄博先隆达农药有限公司，长兴德源环保助剂有限公司。

Ca039 农乳 601#

【别名】 苯乙烯基苯酚聚氧乙烯（16）醚

【英文名】 pesticide emulsifier 601#

【分子式】 $C_{46}H_{78}O_{17}$

【相对分子质量】 901.07

【物化性质】 室温下为淡黄色蜡状固体物，溶于水和有机溶剂。

【质量标准】 HG/T 2466—1993

浊点/℃	95～105
pH值	5.0～6.0

【用途】 用作农药乳化剂，可替代进口的AC-2、2585Y、LT-560、海玛尔 PP-2。具有适应性广、用量少、生产过程无“三废”生成的优点。

包装规格：用清洁干燥的铁桶包装，25kg/桶、200kg/桶。

【制法】 将 100kg 苯乙基苯酚加入反应釜中，加热至 50℃，再加入 50% NaOH 8kg。在搅拌下升温至 100℃，再继续升温至 120℃，开真空泵，减压脱水。脱水完毕后，用氮气置换釜中空气，并缓缓加入环氧乙烷 354kg，加料过程中，反应压力控制在 0.05～0.15MPa。加料完毕后，继续保温 1.5h，待釜内压力不再下降时，反应结束。取样测浊点，浊点在（100±1.5)℃范围内，开始降温，在 80℃下用冰醋酸调 pH 值至 5.0～6.0 即可。反应式如下：

$$C_6H_5-CH_2CH_2-C_6H_4-OH \xrightarrow[NaOH]{16\ \text{环氧乙烷}} C_6H_5-CH_2CH_2-C_6H_4-O(C_2H_4O)_{16}-H$$

【产品安全性】 有刺激性，避免与皮肤和眼睛接触，若不慎溅到眼中，提起眼睑，用流动清水或生理盐水冲洗。必须保证容器密封，并存于干燥、通风库内，避免曝晒、雨淋，严禁明火。运输过程应避免剧烈碰撞，以防破损。贮存保质期为 24 个月，复检合格仍可使用。

【参考生产企业】 桑达化工（南通）有限公司，安徽省铜陵福成农药有限公司，淄博先隆达农药有限公司，石家庄市天成伟业精细助剂厂，长兴德源环保助剂有限公司。

Ca040 农乳 602#

【别名】 苯乙基苯酚聚氧乙烯（10）醚

【英文名】 pesticide emulsifier 602#

【分子式】 $C_{34}H_{54}O_{11}$

【相对分子质量】 798.78

【物化性质】 溶于水和有机溶剂。

【质量标准】 HG/T 2466—1993

项目	指标
外观	浅棕色软蜡状固体
pH 值	5.0～6.0
浊点/℃	74.5～75.5

【用途】 用作农药乳化剂。

包装规格：用干燥的铁桶包装，25kg/桶、200kg/桶。

【制法】 将 100kg 苯乙基苯酚加入反应釜中，缓缓升温至 50℃后，再加入 50% 的 NaOH 8kg，再继续升温至 120℃，减压脱水。水基本脱净后，升温至 140℃，再减压脱水 10min，然后用氮气置换釜中空气并分批加入 230kg 环氧乙烷，在 150～160℃、0.5MPa 下反应 2h。取样测浊点，为 74.5～75.5℃时降温至 80℃，用冰醋酸调 pH 值至 5.0～6.0 即得。反应式如下：

$$C_6H_5-CH_2CH_2-C_6H_4-OH \xrightarrow[NaOH]{10\ \text{环氧乙烷}} C_6H_5-CH_2CH_2-C_6H_4-O(C_2H_4O)_{10}-H$$

【产品安全性】 非危险品。须保证容器密封，并存于干燥、通风库内，避免曝晒、雨淋，严禁明火。运输过程应避免剧烈碰撞，以防破损。贮存保质期为 24 个月，复检合格仍可使用。

【参考生产企业】 济南鑫越化工有限公司，安徽省铜陵福成农药有限公司，淄博先隆达农药有限公司，石家庄市天成伟业精细助剂厂，长兴德源环保助剂有限公司。

Ca041 农乳 603#

【别名】 苯乙基苯酚聚氧乙烯醚

【英文名】 pesticide emulsifier 603#

【结构式】 见反应式。

【物化性质】 室温下为坚硬的浅黄色蜡状固体，溶于水和有机溶剂。

【质量标准】 HG/T 2466—1993

项目	指标
浊点/℃	102～102.5
pH 值	5.0～6.0

【用途】 用作农药乳化剂。

包装规格：用干燥的铁桶包装，25kg/桶、200kg/桶。

【制法】 将 100kg 苯乙基苯酚加入反应釜中，加热至 50℃后，再加入 50% 的碱液 9kg，继续升温至 120℃，减压脱水。脱水 10min 后，升温至 140℃，把水脱净。然后用氮气置换釜中空气并缓缓加入 364kg 环氧乙烷，在 150～160℃、0.05～0.15MPa 下反应 2h 左右，当压力不再下降时停止反应。取样测浊点，浊点达到 102～102.5℃时反应终止，降温至 80℃左右，用冰醋酸调 pH 值至 5.0～6.0 即得。反应式如下：

$$C_6H_5-CH_2CH_2-C_6H_4-OH \xrightarrow[NaOH]{n\ \text{环氧乙烷}} C_6H_5-CH_2CH_2-C_6H_4-O(C_2H_4O)_n-H$$

【产品安全性】 吸湿性强，必须保证容器密封，并存于干燥、通风库内，避免曝晒、雨淋，严禁明火。运输过程应避免剧烈碰撞，以防破损。贮存保质期为 24 个月，复检合格仍可使用。

【参考生产企业】 洛阳盛宝农药助剂科技有限公司，安徽省铜陵福成农药有限公司，淄博先隆达农药有限公司，石家庄市天成伟业精细助剂厂，长兴德源环保助剂有限公司。

Ca042 农乳 656H

【英文名】 pesticide emulsifier 656H

【组成】 以农乳 600# 为主的混配物。

【物化性质】 室温下呈半流动液体，高于40℃时呈流动性液体。

【质量标准】 HG/T 2466—1993

项目	指标
活性物/%	≥75
水分/%	≤0.5
pH 值	5.0~7.0

【用途】 用作农药乳化剂，可代替进口产品 LT1600。例如，作 80% DDVP 农药乳化剂，其配方是 DDVP 原油 80%、656H 8%，甲苯至 100%。可代替进口产品 2585Y，用于乐果乳化，其配方是乐果原油 40%、656H 4%、甲醇 3%、甲苯至 100%。用本品配制的乳液分散性、稳定性好。

包装规格：用塑料桶包装，净重 25kg、125kg。

【制法】 将 250kg 农乳 500# 加入混配釜中，在搅拌下加入适量的水和乙醇，升温至 50℃，使农乳 500# 溶解后，再加入 250kg 农乳 601#。继续升温至 90~95℃，减压脱除溶剂。当温度升至 140℃后，再脱溶剂 10min，至含水量低于 0.5%，停止加热。待温度降至 100℃左右，再加入 250kg 农乳 601# 和 67kg 农乳 602#，在 90℃左右搅拌 30min。最后在搅拌下缓缓加入 180kg 二甲苯，搅拌 30min 即可。

【产品安全性】 含有机溶剂，可燃。密封贮存在干燥、通风库内，严禁明火，避免曝晒、雨淋。运输过程应避免剧烈碰撞，以防破损。贮存保质期为 24 个月，复检合格仍可使用。

【参考生产企业】 长兴德源环保助剂有限公司，安徽省铜陵福成农药有限公司，淄博先隆达农药有限公司，石家庄市天成伟业精细助剂厂。

Ca043 农乳 656L

【英文名】 pesticide emulsifier 656L

【组成】 由农乳 600#、农乳 500# 和二甲苯混配而成。

【物化性质】 常温下为半流动性液体，30℃以上为流动性液体。

【质量标准】 HG/T 2466—1993

项目	指标
活性物/%	≥75
水分/%	≤0.5
pH 值	5.0~7.0

【用途】 作为农药乳化剂，其流动性优于 656H。例如，用于苏化 203 乳油，其配方是苏化 203 乳油 40%、656L 7%、二甲苯至 100%。用于三硫磷原油乳化，可代替进口产品 LT-560，其配方是三硫磷原油 50%、656L 10%、苯至 100%。用于 4049 乳化，可代替进口产品 2585Y，其配方是 4049 原油 50%、656L 7%、二甲苯至 100%。用量比进口产品低，效果良好。

包装规格：用清洁干燥的铁桶包装，25kg/桶、200kg/桶。

【制法】 由 180kg 农乳 601#、120kg 农乳 602#、500kg 农乳 500#、200kg 二甲苯混配而成。

【产品安全性】 含有机溶剂，可燃。密封贮存在干燥、通风库内，严禁明火，避免曝晒、雨淋。运输过程应避免剧烈碰撞，以防破损。贮存保质期为 24 个月，复检合格仍可使用。

【参考生产企业】 安徽省铜陵福成农药有限公司，淄博先隆达农药有限公司，石家庄市天成伟业精细助剂厂，长兴德源环保助剂有限公司。

Ca044 农乳 6502

【英文名】 pesticide emulsifier 6502

【组成】 由农乳 603#、农乳 500# 及溶剂混配而成。

【物化性质】 棕色黏稠液体。

【质量标准】 HG/T 2466—1993

活性物/%	≥75
水分/%	≤1.5
pH值	5.0～7.0

【用途】 用作农药乳化剂，可代替日本AC-2乳化剂用于DDT原粉乳化，用量6%；用于青杀酚乳油，用量10%。其配方如下。

① DDT原粉35%，6502 6%，粗苯至100%；

② 青杀酚原油50%，6502 10%，松节油至100%。乳化分散性、稳定性良好。

包装规格：用清洁干燥的铁桶包装，25kg/桶、200kg/桶。

【制法】 由400kg农乳603#、520kg农乳500#、108kg无水乙醇、100kg二甲苯混配而成。

【产品安全性】 含有机溶剂，可燃。密封贮存在干燥、通风库内，严禁明火，避免曝晒、雨淋。运输过程应避免剧烈碰撞，以防破损。贮存保质期为24个月，复检合格仍可使用。

【参考生产企业】 安徽省铜陵福成农药有限公司，淄博先隆达农药有限公司，石家庄市天成伟业精细助剂厂，长兴德源环保助剂有限公司。

Ca045 农乳1656#

【英文名】 pesticide emulsifier 1656#

【组成】 以农乳1600#为主的混配物。

【物化性质】 淡黄色黏稠液。

【质量标准】 HG/T 2466—1993

活性物/%	≥75
水分/%	≤1.5
pH值	5.0～7.0

【用途】 作为农药乳化剂，适应面广，用量小，配制的乳液稳定。在50%有机磷农药中用量为5%。用本品配制的农药乳液正常喷雾，不产生药害。

包装规格：用清洁干燥的铁桶包装，25kg/桶、200kg/桶。

【制法】 由农乳1600#、农乳500#、二甲苯按一定比例混配而成。

【产品安全性】 含有机溶剂，可燃。密封贮存在干燥、通风库内，严禁明火，避免曝晒、雨淋。运输过程应避免剧烈碰撞，以防破损。贮存保质期为24个月，复检合格仍可使用。

【参考生产企业】 石家庄市天成伟业精细助剂厂，淄博先隆达农药有限公司。

Ca046 农乳BCH

【英文名】 pesticide emulsifier BCH

【组成】 由BCH单体、农乳500#、二甲苯混配而成。

【物化性质】 棕色半流动液体，pH值5.0～7.0。

【质量标准】 HG/T 2466—1993

活性物/%	≥78
水分/%	≤0.5

【用途】 用作农药乳化剂，具有优异的乳化性和稳定性。其配方是亚胺硫磷原油25%，BCH单体18%，二甲苯至100%。

包装规格：用清洁、干燥的铁桶包装，25kg/桶、200kg/桶。

【制法】

(1) BC型农乳中间体的制备 将150kg复酚投入反应釜中，在搅拌下加热至80℃后加入催化剂锌粉2kg，继续升温至90℃，开始滴加氯化苄205kg。滴加过程中保持90～100℃、0.02MPa，加完后升温至120℃左右，抽真空30min，然后排除真空，停止搅拌，静置1h，加水洗至中性。最后减压脱水，脱水毕取样分析羟值达到150～160mg KOH/g、相对分子质量350左右为合格产品，出料备用。

(2) BCH单体的制备 将BC中间体100kg加入反应釜中，加热至50℃左右，再加入50%的NaOH，搅拌升温至120℃，开始减压脱水，一直到温度升至140～150℃，脱水完毕。用氮气置换釜中空气，然后缓缓加入环氧乙烷275kg，加料过程中保持温度在150～160℃、0.05～0.10MPa，加料完毕后，继续在150～160℃下搅拌至釜压不再下降。取样测浊点，浊点在93～94℃范围内为合格产品，降温至80℃，用冰醋酸调pH值至5.0～7.0，出料备用。

（3）BCH型乳化剂的配制　将农乳500#90kg加入混配釜中，加适量的水和乙醇，在搅拌下加热溶解，升温至50℃后，加入BCH单体146kg，继续升温至70℃，开始减压脱溶剂，一直升温至140℃把水脱净。停止抽真空，降温至80℃，缓缓加入65kg二甲苯，搅拌30min即得。

【产品安全性】 吸湿性强，必须保证容器密封，并存于干燥、通风库内，避免曝晒、雨淋，严禁明火。运输过程应避免剧烈碰撞，以防破损。贮存保质期为24个月，复检合格仍可使用。

【参考生产企业】 安徽省铜陵福成农药有限公司，淄博先隆达农药有限公司，石家庄市天成伟业精细助剂厂，长兴德源环保助剂有限公司。

Ca047 农乳BCL

【英文名】 pesticide emulsifier BCL

【组成】 由农乳500#、BCH单体、二甲苯混配而成。

【物化性质】 具有良好的乳化稳定性。

【质量标准】 HG/T 2466—1993

外观	棕色半流动液体
活性物/%	≥78
水分/%	≤0.5
pH值	5.0～7.0

【用途】 用作农药乳化剂，其应用配方如下。

① 拉松原油50%，BCL单体18%，二甲苯至100%；

② 1605原油50%，BCL单体15%，二甲苯至100%。

包装规格：用清洁干燥的铁桶包装，25kg/桶、200kg/桶。

【制法】

（1）BCL单体的制备　投料比（中间体：环氧乙烷）=100：190，反应温度150～160℃，反应压力0.05～0.10MPa，终点控制浊点70～71℃。

（2）BCL乳化剂的配制　将93.5kg农乳500#、144kg BCL单体、65kg二甲苯加入混配釜配制而成。

【产品安全性】 吸湿性强，必须保证容器密封，并存于干燥、通风库内，避免曝晒、雨淋，严禁明火。运输过程应避免剧烈碰撞，以防破损。贮存保质期为24个月，复检合格仍可使用。

【参考生产企业】 安徽省铜陵福成农药有限公司，淄博先隆达农药有限公司，石家庄市天成伟业精细助剂厂，长兴德源环保助剂有限公司。

Ca048 农乳BSH

【英文名】 pesticide emulsifier BSH

【组成】 由农乳BSH单体、农乳500#、二甲苯混配而成。

【物化性质】 在常温下为棕色或棕褐色半流体，40℃以上具有流动性。

【质量标准】 HG/T 2466—1993

活性物/%	≥78
水分/%	≤0.5
pH值	5.0～7.0

【用途】 用作农药乳化剂，可用于50%1605、50%杀螟松、75%辛硫磷和25%亚胺硫磷乳油。其配方如下。

① 1605原油50%，BSH 14%，二甲

苯至 100%；

② 杀螟松原油 50%，BSH 15%，二甲苯至 100%；

③ 辛硫磷原油 75%，BSH 10%，二甲苯至 100%；

④ 亚胺硫磷原油 25%，BSH 13%，二甲苯至 100%。

包装规格：用清洁干燥的铁桶包装，25kg/桶、200kg/桶。

【制法】

(1) BS 中间体的制备　将 100kg 复酚加入反应釜中，在搅拌下加热至 100℃。然后减压脱水 30min，脱水完毕后加入 93%以上的硫酸 4kg。停止减压，继续升温至 130℃，开始滴加 96kg 苯乙烯，在 2.5h 内加完。加完苯乙烯后，在 130～140℃下再搅拌 30min，取样分析，当中间体羟值小于 160mg KOH/g、相对分子质量大于 340 时反应结束。加入 NaOH 调 pH 值至 6.0～7.0，然后再升温至 145℃，减压脱水，直到无水分蒸出为止。

(2) BSH 单体的制备　将 100kg BS 中间体投入反应釜中，加热至 50℃后，再加入 50%的 NaOH 7.5kg。继续升温至 120℃，减压脱水，一直到温度升至140～150℃，再脱水 10min。脱水完毕后，用氮气置换釜中空气并开始缓缓加入 270kg 环氧乙烷，在 150～160℃下反应 20min 后，加快环氧乙烷的进料速度，在0.05～0.10MPa、150～160℃下反应 2h 左右，加完环氧乙烷后，继续反应至釜压不再下降为止。取样测浊点，浊点达到 90～91℃后，降温至 80℃，用冰醋酸调 pH 值至 5.0～7.0 即可。

(3) BSH 型乳化剂的配制　将 100kg 农乳 500# 加入混配釜中，加入适量的水和乙醇，在 50℃下搅拌溶解。再加入 140kg BSH 单体，在搅拌下升温至 70℃，减压脱水和乙醇，当温度升至 140℃后再脱水 10min，降温至 100℃，加入 65kg 二甲苯，在 80℃下搅拌 30min 即可。

【产品安全性】 吸湿性强，必须保证容器密封，并存于干燥、通风库内，避免曝晒、雨淋，严禁明火。运输过程应避免剧烈碰撞，以防破损。贮存保质期为 24 个月，复检合格仍可使用。

【参考生产企业】 广州市斯洛柯化学有限公司，江苏中国南通科光新材料公司，长兴德源环保助剂有限公司。

Ca049 农乳 BSL

【英文名】 pesticide emulsifier BSL

【组成】 由农乳 BSL 单体、农乳 500#、二甲苯混配而成。

【物化性质】 在常温下为棕色或棕褐色半流体，40℃以上具有流动性。

【质量标准】 HG/T 2466—1993

项目	指标
活性物/%	≥79
水分/%	≤0.5
pH 值	5.0～7.0

【用途】 用作农药乳化剂，乳化性、稳定性良好。50%马拉松、50% 1605 乳油的应用配方如下。

① 马拉松原油 50%，BSL 单体 18%，二甲苯至 100%；

② 1605 原油 50%，BSL 单体 10%，二甲苯至 100%。

包装规格：用清洁干燥的铁桶包装，25kg/桶、200kg/桶。

【制法】

(1) BSL 单体的制备　工艺条件，投料比（中间体：环氧乙烷）＝100：220，催化剂（NaOH）为 1%，反应温度150～160℃，反应压力 0.05～0.10MPa，终点控制浊点 75～76℃。

(2) BSL 乳化剂的配制　由 BSL 单体 135kg、农乳 500# 110kg、二甲苯 65kg 混配而成。

【产品安全性】 吸湿性强，必须保证容器密封，并存于干燥、通风库内，避免曝晒、雨淋，严禁明火。运输过程应避免剧烈碰撞，以防破损。贮存保质期为 24 个月，复检合格仍可使用。

【参考生产企业】 安徽省铜陵福成农药有限公司，淄博先隆达农药有限公司，石家庄市天成伟业精细助剂厂，长兴德源环保助剂有限公司。

Ca050 农乳 2000

【别名】 烷基酚聚氧乙烯醚磺化琥珀酯

【英文名】 pesticide emalsifier 2000

【结构】

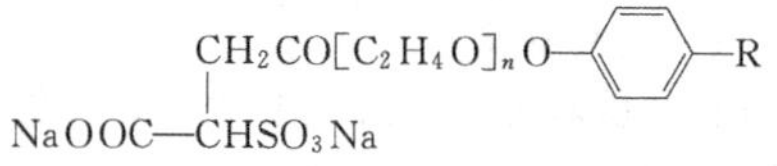

$$\begin{array}{l} \quad\quad\quad CH_2CO[C_2H_4O]_nO-\!\!\langle\bigcirc\rangle\!\!-R \\ \quad\quad\quad | \\ NaOOC-CHSO_3Na \end{array}$$

【物化性质】 淡黄色流动或半流动液体，溶于热水及一般溶剂。具有高分散性、润湿性、悬浮性、去污性及发泡性能。

【质量标准】 HG/T 2466—1993

项目	指标
活性物含量/%	≥30
pH 值(10%溶液)	5.0～7.0

【用途】 用作农药可湿粉剂、胶囊剂和水剂的助剂，胶悬浮剂的特效助剂，亦可作金属加工、纺织印染助剂。

包装规格：用塑料桶包装，50kg/桶、200kg/桶。

【制法】

① 酯化：将烷基酚聚氧乙烯醚(1mol) 投入酯化釜中，加入少量的抗氧催化剂乙酸钠。在强力搅拌下，分批加入顺丁烯二酸酐 (1.05mol)，加毕后逐渐升温至 70℃，反应 6h，得烷基酚聚氧乙烯醚琥珀酸酯。

② 将烷基酚聚氧乙烯醚琥珀酸酯投入磺化釜中，在强力搅拌下滴加亚硫酸钠水溶液 (Na_2SO_3 1.05mol)。滴毕后在 80℃左右搅拌 1h，得磺化产物。反应式如下：

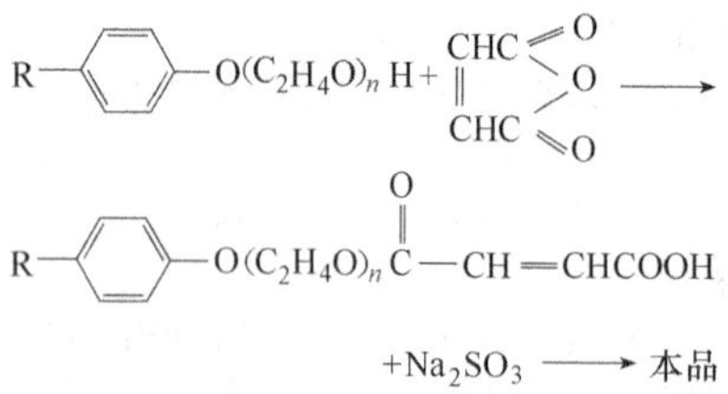

$$R-\!\!\langle\bigcirc\rangle\!\!-O(C_2H_4O)_nH + \begin{array}{c} CHC(=O) \\ \| \quad\quad\ \ O \\ CHC(=O) \end{array} \longrightarrow$$

$$R-\!\!\langle\bigcirc\rangle\!\!-O(C_2H_4O)_n\overset{O}{\overset{\|}{C}}-CH=CHCOOH$$

$$+Na_2SO_3 \longrightarrow \text{本品}$$

【产品安全性】 基本无毒，非危险品。避免与皮肤和眼睛接触，若不慎溅到眼中，提起眼睑，用流动清水或生理盐水冲洗。贮存于干燥、通风库内，避免曝晒、雨淋。运输过程应避免剧烈碰撞，以防破损。贮存保质期为 24 个月，复检合格仍可使用。

【参考生产企业】 寿光市新特丽精细化工厂，辽宁旅顺化工厂，南京金陵石化公司化工厂，湖北沙市石油化工厂，长兴德源环保助剂有限公司，安徽省铜陵福成农药有限公司，石家庄市天成伟业精细助剂厂。

Ca051 ASMS 表面活性剂

【英文名】 surfactant ASMS

【组成】 丙烯酰化斯盘 60。

【物化性质】 白色乳液，属 W/O 型。溶于有机溶剂，乳化率比斯盘 60 高 60%。

【质量标准】

项目	指标
含量/%	≥98
pH 值	7
熔程/℃	33.5～37
羟值/(mg KOH/g)	78
溴值/(g Br_2/100g)	47.9

【用途】 用作农药乳化剂，其乳化率比 Span 60 高 60%。

包装规格：用塑料桶包装，50kg/桶、200kg/桶。

【制法】 将适量的溶剂甲苯加入反应釜中，依次加入斯盘 60、丙烯酸 (摩尔比为 1.1∶1)，再加入催化剂量的对甲苯磺酸和适宜的阻聚剂。在搅拌下升温，回流

15h 至无水分出反应终止。用 NaOH 中和，分出水层后，将油层进行减压蒸馏，蒸出溶剂得粗产品。用乙酸乙酯重结晶，真空干燥得精品。

【产品安全性】 基本无毒，非危险品。避免与皮肤和眼睛接触，若不慎溅到眼中，提起眼睑，用流动清水或生理盐水冲洗。贮存于干燥、通风库内，避免曝晒、雨淋。运输过程应避免剧烈碰撞，以防破损。贮存保质期为 24 个月，复检合格仍可使用。

【参考生产企业】 广州市诺康化工有限公司，沭阳县植保有限公司，无锡市日新化工有限公司，山东烟台达斯特克化工有限公司。

Ca052 谷氨酸月桂醇酯

【英文名】 glutamic acid lauryl alcohol ester

【结构式】 $HOOC(CH_2)_2CHNH_2COOCH_2(CH_2)_{10}CH_3$

【物化性质】 谷氨酸月桂醇酯属氨基酸表面活性剂，毒性低、刺激性低、抗菌性和抗静电性良好、对人体有较好的亲和性，可生物降解。

【质量标准】

外观	浅黄色油状液
含量/%	＞97
pH 值	6～7

【用途】 用作农药乳化剂。

包装规格：用塑料桶包装，50kg/桶、200kg/桶。

【制法】 在搅拌下将月桂醇和固体超强酸催化剂 ZrO_2-SO_4^{2-} 加入反应器中，加热到 130℃，慢慢加入经研磨的谷氨酸粉末[月桂醇∶谷氨酸＝1∶1（摩尔比），催化剂用量为 1.5 份]，在搅拌下使其充分分散，用水环式真空泵抽真空，真空度保持在 40kPa 左右，反应 4h，测定月桂醇的转化率。产品转化率最高为 96.17%，产品颜色为浅黄色。

$$HOOC(CH_2)_2CHNH_2COOH + CH_3(CH_2)_{10}CH_2OH \longrightarrow \text{本品}$$

【产品安全性】 基本无毒，非危险品。避免与皮肤和眼睛接触，若不慎溅到眼中，提起眼睑，用流动清水或生理盐水冲洗。贮存于干燥、通风库内，避免曝晒、雨淋。运输过程应避免剧烈碰撞，以防破损。贮存保质期为 24 个月，复检合格仍可使用。

【参考生产企业】 浙江省嘉兴市卫星化工集团，长兴德源环保助剂有限公司，安徽省铜陵福成农药有限公司，石家庄市天成伟业精细助剂厂，辽宁旅顺化工厂，南京金陵石化公司化工厂，湖北沙市石油化工厂等。

Ca053 磷酸酯表面活性剂

【别名】 脂肪醇聚氧乙烯醚磷酸酯

【英文名】 phosphte surfactants

【结构式】 见反应式。

【物化性质】 磷酸酯表面活性剂具有优良的抗静电性、润湿性、洗净性、增溶性、乳化性、分散性、润滑性、缓蚀防锈等特性。发泡力强、携污力强，生物降解性好。具有优异的热稳定性、耐碱和耐电解质性。

【质量标准】 GB/T 5560—2003

外观(25℃)	淡黄色固体
乳化力/min	42.0
表面张力/(mN/m)	29.8
活性物含量/%	≥70
钙皂分散力 LSDP 值/%	25.6

【用途】 可作农药乳化剂，对皮肤无刺激。

包装规格：用塑料桶包装，50kg、200kg。

【制法】 合成磷酸酯表面活性剂是酯化反应，通常是在釜式反应器中进行，但釜式反应器普遍存在搅拌效果不理想、传热能力差、反应时间长、生产能力低等问题，从而直接影响产品的质量。为克服上述不足，王贵军等用喷射管式反应器替代传统釜式反应器，用脂肪醇（脂肪醇聚氧乙烯醚）和磷酸直接酯化，磷酸与醇反应的产物是酯和水，容易分离提纯，不会造成工业废气、废液而污染环境。且 H_3PO_4 较 P_2O_5、$POCl_3$ 等稳定，原料易得。该法的主要优点是投资省，反应条件温和，操作方便，产率高。

（1）磷酸癸酯的制备　将癸醇和磷酸（摩尔比 3∶1）加入喷射管式反应器，60～90℃酯化 2～4h，经后处理得产品。

$$3ROH + H_3PO_4 \longrightarrow ROPO(OH)_2 + (RO)_2PO(OH)$$

（2）脂肪醇聚氧乙烯醚磷酸酯的制备　将脂肪醇聚氧乙烯醚、H_3PO_4（摩尔比 2∶1）加入喷射管式反应器，于 60～70℃进行磷酸酯化，2.5h 反应结束，经后处理得产品，总酯化率 92%。

$$2RO(CH_2CH_2O)_nH + H_3PO_4 \longrightarrow [RO(CH_2CH_2O)_n]_2PO(OH)$$

【产品安全性】 毒性和刺激性低，安全性好。避免与皮肤和眼睛接触，若不慎溅到眼中，提起眼睑，用流动清水或生理盐水冲洗。贮存于干燥、通风库内，避免曝晒、雨淋。运输过程应避免剧烈碰撞，以防破损。贮存保质期为 24 个月，复检合格仍可使用。

【参考生产企业】 长兴德源环保助剂有限公司，安徽省铜陵福成农药有限公司，石家庄市天成伟业精细助剂厂。

Ca054 聚氧乙烯丙三醇硼酸酯脂肪酸酯

【英文名】 polyoxyethylene fatty acid glycerol borate

【结构式】

```
CH2 — O         O — CH2
|        \     /     |
|          B         |
CH — O  /  |  \ O — CH
|          H         |
CH2O(C2H4O)nH        CH2O(C2H4O)mCOR
```

【物化性质】 不溶于水，易溶于有机溶剂。表面活性良好，易生物降解。具有优良的乳化、分散、润湿等作用。

【质量标准】

项目	指标
外观	淡黄色油状或淡黄色糊状
黏度(25℃)/mPa·s	550
相对密度	1.09～1.11
渗透力(1%,毛毡沉降法)/s	24～50
HLB 值	16.5～17.2

【用途】 用作农药乳化剂。

包装规格：用铁桶包装，200kg。

【制法】 将 1mol 硼酸加到反应釜中，在搅拌下加入 2mol 甘油，在氮气保护下，于 93kPa、140℃下反应 4h 得硼酸双甘油酯。加固体 KOH 作催化剂，用氮气置换釜中空气后，通入环氧乙烷，在 0.20～0.25MPa、160～170℃下反应 4h，用冰醋酸中和得缩合产物。

将 1∶1（摩尔比）的缩合物与脂肪酸加入反应釜中，在氮气保护下，于 210～220℃反应 4h，经过处理得产品。反应式如下：

```
CH2OH
|
CHOH  + H3BO3 ──→
|
CH2OH

CH2 — O         O — CH2
|        \     /     |
|          B         |
CH — O  /  |  \ O — CH   + 2nCH2 — CH2  ──→
|          H         |          \  /
CH2OH                CH2OH        O

CH2 — O         O — CH2
|        \     /     |
|          B         |
CH — O  /  |  \ O — CH   + RCOOH ──→ 本品
|          H         |
CH2O(C2H4O)nH        CH2O(C2H4O)nH
```

【产品安全性】 难燃、无毒，生物降解性好。可按一般化学品运输办理，运输时应轻装轻放，避免撞击。贮存于阴凉、通风的库房内。保质期为 12 个月。

【参考生产企业】 山东天道生物工程有限

公司，辽宁旅顺化工厂，南京金陵石化公司化工厂，湖北沙市石油化工厂等。

Ca055 醇醚己基磺基琥珀酸混合双酯盐

【英文名】 Sodium hexanyl alkypolyoxyethene ether sulfosuccinate

【结构】

$$\begin{array}{l} \qquad\qquad\quad \mathrm{O} \\ \qquad\qquad\quad \| \\ \qquad \mathrm{CH_2-C-O(C_2H_4O)_5C_{12}H_{25}} \\ \qquad \;| \\ \mathrm{NaO_3S-CH-C-OC_6H_{13}} \\ \qquad\qquad\quad \| \\ \qquad\qquad\quad \mathrm{O} \end{array}$$

【物化性质】 醇醚己基磺基琥珀酸混合双酯钠同时带有烃基和乙氧基，兼有阴离子和非离子表面活性剂的优点，保持较佳润湿和渗透性能的同时，又具有良好的耐硬水、溶解、分散和乳化性能。

【质量标准】

项目	指标
CMC/(mol/L)	0.25
渗透力/s	2.96
耐硬水能力/min	36
乳化/min	3.5
分散力/%	68.7

【用途】 用于农药，具有优良的溶解、增溶、润湿、钙皂分散和乳化等性能。

包装规格：用塑料桶包装，50kg、200kg。

【制法】 一般磺基琥珀酸双酯钠盐的合成采用对酯化产物进行中和水洗，再外加磺化相转移催化剂，加压制备的方法。本工艺采用非外加相转移催化剂、在敞开体系中进行反应的新方法。其特点是原材料消耗低、后处理简单、“三废”污染小。

（1）混合酯的合成　将经除水处理后的 AE05、顺酐｛n[脂肪醇聚氧乙烯醚(5)]：n(顺酐)为 1.00：1.10｝，及占顺酐质量 1%的烷基磺酸催化剂在搅拌下依次加入反应器，通入氮气，10min 内搅拌升温至 110℃，在此温度下反应 2.5h，定时取样测定酸值并计算酯化率，直至酸值变化小于 1mg KOH/g 为反应终点，单酯产率 99.07%。然后加入己醇［n(己醇)：n(单酯)为 3.0：1.0］，于 160℃反应，反应过程中不断分出所产出的水，定时取样测定酸值，双酯化率控制在 95%左右，得到含未完全反应的单酯的质量分数为 5%左右（单酯经中和成盐后用作磺化反应的相转移催化剂）。

（2）磺化物合成　将上述制备的混合酯加入磺化釜，搅拌下用质量分数为 30%的 NaOH 水溶液中和至 pH=7，加入亚硫酸氢钠［n(混合酯)：n(亚硫酸氢钠)为 1.05：1.10］和水（水与酯化产物的质量比为 0.9：1.0），在 150℃下磺化反应 2.5h，磺化率变化小于 0.5%时视为反应终点。

$$\begin{array}{l} \mathrm{CH-C(=O)} \\ \| \qquad\quad \backslash \\ \| \qquad\quad\;\; \mathrm{O} + \mathrm{C_{12}H_{25}O(C_2H_4O)_5H} \longrightarrow \\ \| \qquad\quad / \\ \mathrm{CH-C(=O)} \end{array}$$

$$\begin{array}{l} \mathrm{CH-C(=O)-O(C_2H_4O)_5C_{12}H_{25}} + \mathrm{C_6H_{13}OH} \longrightarrow \\ \| \\ \mathrm{CH-C(=O)-OH} \end{array}$$

$$\begin{array}{l} \mathrm{CH-C(=O)-O(C_2H_4O)_5C_{12}H_{25}} + \mathrm{NaHSO_3} \longrightarrow \text{本品} \\ \| \\ \mathrm{CH-C(=O)-OC_6H_{13}} \end{array}$$

【产品安全性】 难燃、无毒，生物降解性好。贮存于阴凉、通风的库房内，保质期为 12 个月。可按一般化学品运输管理，运输时应轻装轻放，避免撞击。

【参考生产企业】 山东天道生物工程有限公司，江苏常州向阳化工，江苏靖江油脂化学厂，辽宁旅顺化工厂。

Ca056 月桂醇硫酸钠

【别名】 十二烷基硫酸钠

【英文名】 sodium lauryl sulfate

【结构式】

$$CH_3(CH_2)_{10}CH_2O-S(=O)_2-ONa$$

【物化性质】 浓度低于40%时为液体，浓度高于40%时黏度提高很快，形成胶体或为0.5～1.0mm针状物。如喷雾干燥则为粉状状物。相对密度1.09，具有润湿、去污、发泡、乳化性能。

【质量标准】 GB/T 15963—2008

型号		粉状产品		针状产品		液体产品	
		优级品	合格品	优级品	合格品	优级品	合格品
活性物含量/%	≥	94	90	92	88	30	27
石油醚可溶物/%	≤	1.0	1.5	1.0	1.5	1.0	1.5
无机盐含量(以硫酸钠和氯化钠计)/%	≤	2.0	5.5	2.0	5.5	1.0	2.0
白度(WG)/%	≥	80	75				
水分/%		3.0		5.0			
重金属(以铅计)/10^{-6}		20.0					
砷/10^{-6}		3.0					
pH值(25℃,1%活性物水溶液)		7.5～9.5		7.5～9.5		7.5	

【用途】 可用作农药乳化剂。

包装规格：用塑料桶包装，净重50kg桶/、180kg/桶。

【制法】 月桂醇与浓硫酸反应生成酸式硫酸酯，然后中和得产品。

【产品安全性】 容易生物降解，对人体无毒无刺激。贮存于阴凉、干燥处，避免日晒、雨淋；有效贮存期12个月。按一般货物运输。

【生产参考企业】 广州市斯洛柯化学有限公司，江苏省海安石油化工厂，上海助剂厂，广州金荣化工有限公司。

Ca057 农乳 400#

【英文名】 pesticide emulsifier 400#

【组成】 苄基二甲基苯酚聚氧乙烯醚。

【物化性质】 外观（25℃）为淡黄至棕黄色黏稠体，是非离子型表面活性剂，具有良好的分散性、渗透性、乳化性。

【质量标准】 HG/T 2466—1993

项目	指标
pH值(1%水溶液)	5～7
HLB值	12～17
浊点(1%水溶液)/℃	66～72
水分/%	≤0.5

【用途】 与阴离子表面活性剂混配，制成的农药乳化剂可用于各类除虫菊酯乳油的配制，也可用作工业乳化剂。

【制法】 由二甲酚与氯化苄催化苄基化，再与环氧乙烷聚合制得。反应式如下：

$$(CH_3)_2C_6H_3OH \xrightarrow{C_6H_5CH_2Cl} C_6H_5CH_2-C_6H_2(CH_3)_2-OH \xrightarrow{n\ \text{环氧乙烷}} C_6H_5CH_2-C_6H_2(CH_3)_2-O(C_2H_4O)_nH$$

【产品安全性】 非危险品。避免与皮肤和眼睛接触，若不慎溅到眼中，提起眼睑，用流动清水或生理盐水冲洗。贮存于干燥、通风库内，避免曝晒、雨淋。运输过程应避免剧烈碰撞，以防破损。贮存保质期为24个月，复检合格仍可使用。

【参考生产企业】 长兴德源环保助剂有限

公司，安徽省铜陵福成农药有限公司，石家庄市天成伟业精细助剂厂。

Ca058 斯盘 60

【别名】 S-60 乳化剂，山梨醇酐单硬脂酸酯，司本 60

【英文名】 span 60，sorbitan monostearate

【登录号】 CAS[1338-41-6]

【相对分子质量】 430.63

【结构式】

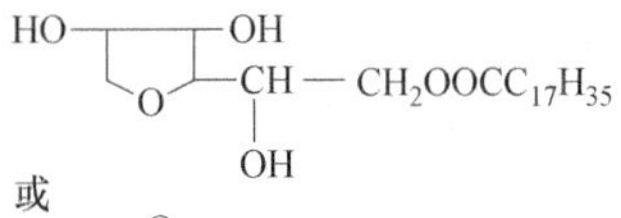

HO—(四氢呋喃环)—OH，—CH(OH)—$CH_2OOCC_{17}H_{35}$

或

(吡喃环)—$CH_2OOCC_{17}H_{35}$，HO—，—OH，OH

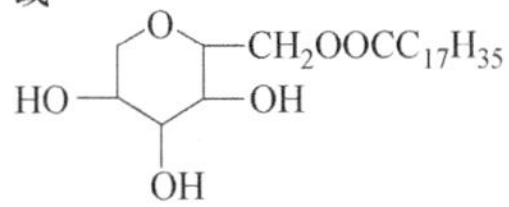

【物化性质】 熔点 56～58℃，HLB 值 4.7，能溶于热乙醇、苯、热油，微溶于乙醚。能分散于热水中，是水/油型乳化剂，具有很强的乳化、分散、润湿作用，可与各类表面活性剂混用，尤其适宜与 T-60 乳化剂配合使用。

【质量标准】 HG/T 2500—2011

指标名称	工业品	医药或化妆品
外观	棕黄色蜡状物或米黄色片状	白色蜡状固体
皂化值/(mg KOH/g)	130～155	145～160
羟值/(mg KOH/g)	230～270	230～270
酸值/(mg KOH/g)	≤8	≤10
水分/%	≤1.5	≤1.5
HLB 值		4.7
灰分/%		<0.5
砷含量/%		$<5\times10^{-7}$

【用途】 用于农药、医药、化妆品、食品、农药、涂料、塑料工业作乳化剂、稳定剂，纺织工业用作抗静电剂、柔软上油剂。

包装规格：用内衬塑料袋的木板桶包装，30kg/桶。

【制法】 将 700kg 山梨糖醇（50%含量）加入反应釜中，减压脱水至釜内翻起小泡。然后加入熔融的硬脂酸 780kg，加入 50%碱液 2.5kg，在减压条件下 2h 内升温至 170℃，然后缓慢升温至 180～190℃，保温 2h 后再继续升温，直至 210℃，在此温度下保温 4h。抽样测酸值，当酸值达 8mg KOH/g左右，酯化反应结束。静置冷却过夜，除去底层焦化物后，加入适量双氧水脱色，最后升温至 110℃左右，热压成型，冷却包装得成品。反应式如下：

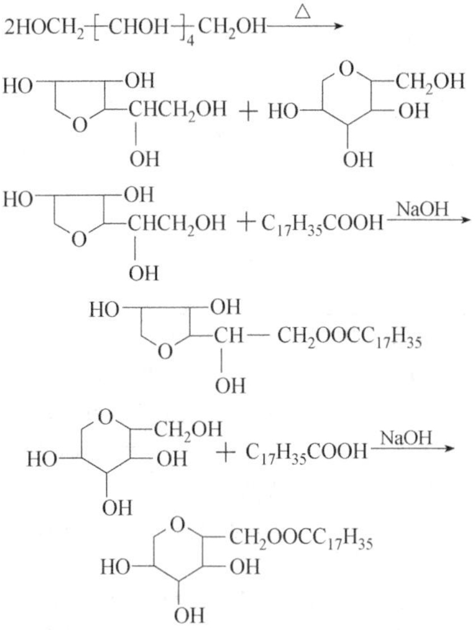

$$2HOCH_2\text{-}[CHOH]_4\text{-}CH_2OH \xrightarrow{\triangle}$$

(1,4-失水山梨醇：HO—，—OH，—$CHCH_2OH$，OH) + (1,5-失水山梨醇：HO—，—CH_2OH，—OH，OH)

(1,4-失水山梨醇) + $C_{17}H_{35}COOH \xrightarrow{NaOH}$ (HO—，—OH，—CH(OH)—$CH_2OOCC_{17}H_{35}$)

(1,5-失水山梨醇) + $C_{17}H_{35}COOH \xrightarrow{NaOH}$ (HO—，—$CH_2OOCC_{17}H_{35}$，—OH，OH)

【产品安全性】 毒性和刺激性特低，如果溅在皮肤上用水冲洗即可。贮存于通风、阴凉库房中，室温贮存期 6 个月。运输时应防止日晒、雨淋。

【参考生产企业】 郑州龙源化工有限公司，杭州威科特化工有限公司，辽宁旅顺化工厂，辽宁省化工研究院，浙江温州清明化工厂，辽宁营口曙光化工厂。

Ca059 斯盘 65

【化学名】 山梨醇酐三硬脂酸酯

【英文名】 span 65

【相对分子质量】 963.51

【结构式】

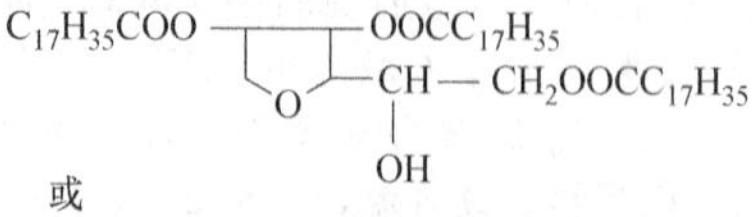

$C_{17}H_{35}COO$—(四氢呋喃环)—$OOCC_{17}H_{35}$；—CH(OH)—$CH_2OOCC_{17}H_{35}$

或

$C_{17}H_{35}COO$—(吡喃环)—$CH_2OOCC_{17}H_{35}$；—OH；—$OOCC_{17}H_{35}$

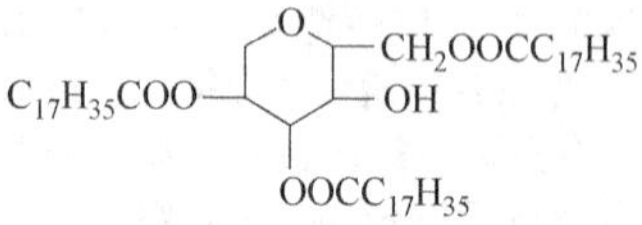

【物化性质】 黄色蜡状固体，相对密度1.001，熔点46～48℃，HLB值2.1。稍溶于异丙醇、四氯乙烯、二甲苯。

【质量标准】 HG/T 4307—2012

项目	指标
HLB值	2.1
皂化值/(mg KOH/g)	170～190
酸值/(mg KOH/g)	≤15
熔点/℃	53±3
水分/%	≤1.5
羟值/(mg KOH/g)	60～80

【用途】 用在农药、医药、化妆品、纺织、油漆、炸药行业作乳化剂，亦可作纺织品油剂，在石油深井加重泥浆中作乳化剂，在油漆工业中作分散剂，在石油产品中用作助溶剂和防锈剂。

包装规格：用内衬塑料袋的木板桶包装，30kg/桶。

【制法】 将1mol山梨糖醇投入反应釜中，抽真空升温脱水，脱水完毕后压入熔化的硬脂酸3mol、氢氧化钠催化剂1kg。在减压条件下缓慢升温，2h内升至180℃，然后每1h升10℃，3h后升至210℃，在210℃下保温5h，再升至220℃，反应1h，取样测酸值，酸值到13～15mg KOH/g为合格，停止酯化。静置冷却过夜，除去下层焦化物，上层用适量的双氧水脱色，最后升温至100℃，热压成型，冷却包装即为成品。反应式如下：

$$2CH_2OH\text{-}[CHOH]_4\text{-}CH_2OH \xrightarrow{\triangle}$$

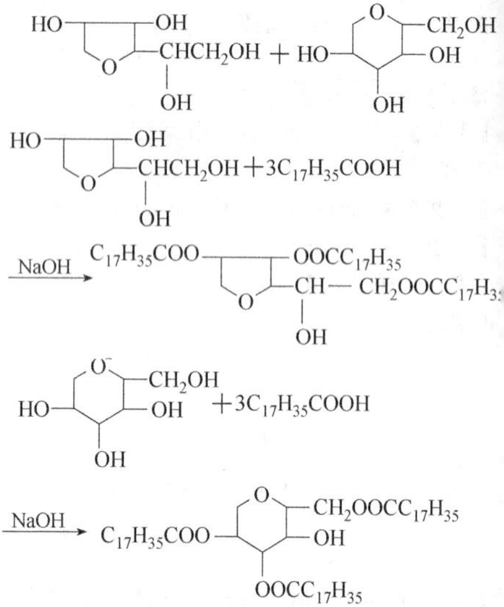

HO—(四氢呋喃环)—OH；—$CHCH_2OH$(—OH) + HO—(吡喃环)—CH_2OH；—OH；—OH

HO—(四氢呋喃环)—OH；—$CHCH_2OH$(—OH) $+3C_{17}H_{35}COOH$

$\xrightarrow{NaOH}$ $C_{17}H_{35}COO$—(四氢呋喃环)—$OOCC_{17}H_{35}$；—CH(OH)—$CH_2OOCC_{17}H_{35}$

HO—(吡喃环)—CH_2OH；—OH；—OH $+3C_{17}H_{35}COOH$

$\xrightarrow{NaOH}$ $C_{17}H_{35}COO$—(吡喃环)—$CH_2OOCC_{17}H_{35}$；—OH；—$OOCC_{17}H_{35}$

【产品安全性】 毒性和刺激性特低，如果溅在皮肤上用水冲洗即可。贮存于通风、阴凉库房中，室温贮存期6个月。运输时应防止日晒、雨淋。

【参考生产企业】 辽宁旅顺化工厂，辽宁省化工研究院化工厂，上海助剂厂，天津助剂厂，湖南南岭化工厂，武汉市化学助剂二厂。

Ca060 斯盘80

【化学名】 山梨醇酐单油酸酯

【别名】 乳化剂S-80

【英文名】 span 80

【登记号】 CAS[1338-43-8]

【相对分子质量】 428.59

【结构式】

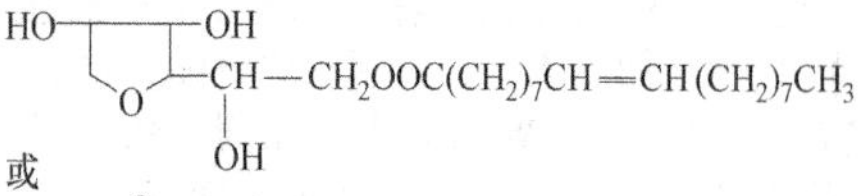

HO—(四氢呋喃环)—OH；—CH(OH)—$CH_2OOC(CH_2)_7CH=CH(CH_2)_7CH_3$

或

HO—(吡喃环)—$CH_2OOC(CH_2)_7CH=CH(CH_2)_7CH_3$；—OH；—OH

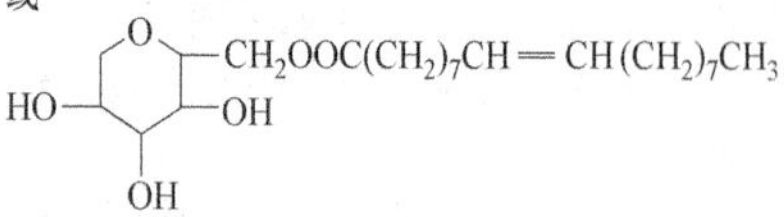

【物化性质】 琥珀色至棕色油状液体，相对密度 1.029，熔点 10～12℃，闪点 210℃，有脂肪气味，不溶于水，溶于热油及有机溶剂。少量溶于异丙醇、四氯乙烯、二甲苯、棉籽油、矿物油等，属高级亲油型乳化剂。

【质量标准】 HG/T 3508—2010

项目	指标
含量/%	≥98
HLB 值	4.3
皂化值/(mg KOH/g)	130～160
羟值/(mg KOH/g)	190～250
酸值/(mg KOH/g)	≤7
水分/%	≤2.0

【用途】 水/油型优良乳化剂，可与乳化剂 S-60 和乳化剂 T-60 拼混使用，特别适于与乳化剂 T-80 拼混使用，并可调整乳化性能。用于农药、石油钻井、印刷油墨、金属切削、机械加工作乳化剂、增溶剂、稳定剂。亦可在油漆工业作分散剂。

包装规格：用塑料桶包装，200kg/桶。

【制法】 将 88kg 山梨糖醇投入反应釜中，减压脱水，脱水完毕后，压入精制好的油酸 130kg，氢氧化钠适量（作催化剂）。开搅拌、抽真空、缓慢升温，在 200～210℃下反应 6h。取样测酸值，当酸值为 6～7mg KOH/g 时，酯化反应完毕。冷却降温，静置 24h，静置后分上下两层，下层为黑色胶状物，分离弃之。将上层澄清液压入脱色釜内，加热至 65℃左右用活性炭脱色，在 80～85℃脱色 1h。过滤，滤液在真空下脱水 5h 得成品。反应式如下：

$$2HOCH_2\text{-}[CHOH]_4\text{-}CH_2OH \xrightarrow{\triangle} \text{(HO, OH-四氢呋喃环)}\text{-}CHCH_2OH(OH) + HO\text{-(吡喃环)(}CH_2OH\text{, OH, OH)}$$

$$\text{(HO, OH-四氢呋喃环)}\text{-}CHCH_2OH(OH) + C_{17}H_{33}COOH \xrightarrow{NaOH} \text{(HO, OH-四氢呋喃环)}\text{-}CHCH_2OOCC_{17}H_{33}(OH)$$

$$HO\text{-(吡喃环)(}CH_2OH\text{, OH, OH)} + C_{17}H_{33}COOH \xrightarrow{NaOH} HO\text{-(吡喃环)(}CH_2OOCC_{17}H_{33}\text{, OH, OH)}$$

【产品安全性】 毒性和刺激性特低，如果溅在皮肤上用水冲洗即可。贮存于通风、阴凉库房中，室温贮存期 6 个月。运输时应防止日晒、雨淋。

【参考生产企业】 济南澳兴化工有限公司，济南源茂化工有限公司，济南圣和化工有限公司，郑州众信化工产品有限公司。

Ca061 乳化剂吐温系列

【别名】 乳化剂 T

【英文名】 emulsifier twain

【组成】 聚氧乙烯失水山梨醇脂肪酸酯。

【物化性质】 本系列产品包括 T-20、T-40、T-60、T-80，属非离子表面活性剂。易溶于水、甲醇、乙醇、异丙醇等多种溶剂，不溶于动物油、矿物油，具有乳化、扩散、增溶、稳定等性能。

【质量标准】 GB 29221—2012

规格	外观(25℃)	羟值/(mg KOH/g)	皂化值/(mg KOH/g)	酸值/(mg KOH/g)	水分/%	HLB值	相对密度
T-20	琥珀色黏稠液体	90～110	40～50	≤2.0	≤3	16.5	1.08～1.13
T-40	微黄色蜡状固体	85～100	40～55	≤2.0	≤3	15.5	1.05～1.10
T-60	微黄色蜡状固体	80～105	40～55	≤2.0	≤3	14.5	1.05～1.10
T-80	琥珀色黏稠油状物	65～82	43～55	≤2.0	≤3	15	1.06～1.09

【用途】 用于农药，作O/W型乳化剂，对农药有良好的分散、润湿、增溶作用。亦可作医药品的乳化剂、扩散剂和稳定剂。用于纺织业中作柔软剂、抗静电剂，提高其柔软性并赋予纤维良好的染色性能。用作油田乳化剂、防蜡剂、稠油润湿、降阻剂、近井地带处理剂；用作精密机床调制润滑冷却液等。

包装规格：用塑料桶包装，净重25kg，或用镀锌铁桶包装，净重200kg。

【制法】 将计量的斯盘投入反应釜中，加热熔化后开始搅拌，加入催化剂量的氢氧化钠溶液。抽真空减压脱水，脱水完毕用氮气置换釜中的空气，升温至140℃开始通入环氧乙烷4mol进行缩合反应，缩合温度维持在160～180℃。通环氧乙烷到配比量后冷却，将料液打入中和釜用冰醋酸中和至酸值2mg KOH/g左右，然后用双氧水脱色、脱水，出料包装即为成品。反应式如下：

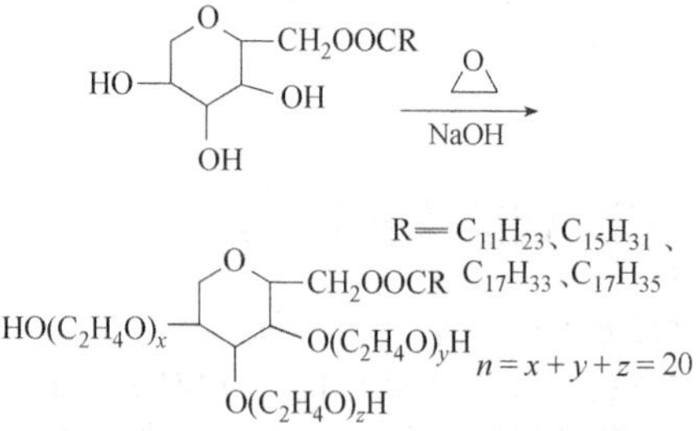

(失水山梨醇酯：环上 CH_2OOCR、HO—、—OH、OH) $\xrightarrow[\text{NaOH}]{\text{环氧乙烷}}$

(产物：环上 CH_2OOCR、$HO(C_2H_4O)_x$—、—$O(C_2H_4O)_yH$、$O(C_2H_4O)_zH$)

R＝$C_{11}H_{23}$、$C_{15}H_{31}$、$C_{17}H_{33}$、$C_{17}H_{35}$

$n=x+y+z=20$

【产品安全性】 非危险品，如果溅在皮肤上用水冲洗即可。贮存于通风、阴凉库房中，室温贮存期6个月。运输中应防止日晒、雨淋。

【参考生产企业】 海安县国力化工有限公司，广州市天河区大观信第化工贸易，桑达化工（南通）有限公司，广州市中业化工有限公司。

Ca062 乳化剂FM

【别名】 三乙醇胺单硬脂酸酯

【英文名】 emulsifier FM

【相对分子质量】 415.64

【结构式】

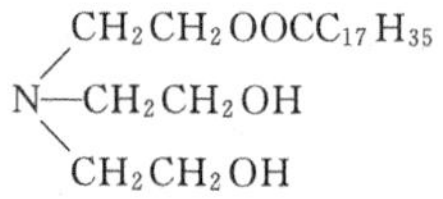

$$N\begin{cases}CH_2CH_2OOCC_{17}H_{35}\\CH_2CH_2OH\\CH_2CH_2OH\end{cases}$$

【物化性质】 棕色黏稠油状液体，能溶于油类，在水中扩散成为乳状液。对农药与化肥有好的相容性，对电解质有好的掺合性。

【质量标准】 HG/T 4037—2008

项目	指标
含量/%	≥99
酸值/(mg KOH/g)	≤10
皂化值/(mg KOH/g)	120～140
HLB值	3～5(W/O)～9.5(O/W)

【用途】 在农药加工上，作农药的W/O型乳化剂；在金属加工上，用于黑色金属、铝合金的净洗、润滑、抛光及防锈处理；在油墨工业上，用作配制油墨、颜料及乳胶漆的W/O型乳化剂，使颜料增艳，提高其流动性；在颜料色淀的偶合溶液中加入本品3%～5%，颜料成品流动性显著改善，同时可使颜料色泽鲜艳光

亮；油墨制造中的乳化剂，在颜料油脂制备油墨时添加本品可使油墨迅速乳化，便于捏合轧浆，可提高油墨成品的光彩和润滑流动性，用量一般为2%～6%。

包装规格：用铁桶包装，净重200kg；用塑料桶包装，净重50kg。

【制法】 将237kg三乙醇胺和450kg油酸投入反应釜中，用氮气鼓泡进行气流搅拌，并加热到130～140℃后，通过氮气把水带出。在130℃左右保温1h后，继续升温至140～160℃，保温反应至无水带出为反应终点。停止供热，通冷却水冷却到60℃以下，停止通氮气。放料灌装即为成品。反应式如下：

$$C_{17}H_{35}COOH + N(C_2H_4OH)_3 \longrightarrow \text{本品}$$

【产品安全性】 非危险品，如果溅在皮肤上用水冲洗即可。贮存于通风、阴凉库房中，室温贮存保质期24个月。按一般化学品贮存和运输，运输时应防止日晒、雨淋。

【参考生产企业】 江苏南通海安石油化工厂，上海锦山化工有限公司，江苏靖江石油化工厂，上海助剂厂。

Ca063 三聚甘油单月桂酸酯

【别名】 聚甘油单月桂酸酯

【英文名】 triglycerol monolaurate

【登记号】 CAS[51033-31-9]

【相对分子质量】 422.56

【结构式】

【物化性质】 不溶于水，具有乳化、润滑性能。

【质量标准】 QB/T 4089—2010

外观	淡黄色膏状物
酸值/(mg KOH/g)	≤3
含量/%	≥99
皂化值/(mg KOH/g)	210～220

【用途】 用作农药乳化剂、分散剂，亦可用于食品、化妆品、纺织、皮革等行业作乳化剂。

包装规格：用塑料桶包装，净重50kg；用铁桶包装，净重200kg。

【制法】 甘油经高温脱水缩合制得三聚甘油，再将三聚甘油与月桂酸酯化、脱色即得产品。

【产品安全性】 无毒、无刺激。避免接触眼睛，不慎触及立即用水冲洗干净。按一般化学品贮存和运输，密封贮存于干燥、通风处。保质期24个月。运输时应防止日晒雨淋、防止破损。

【参考生产企业】 嘉兴中诚化工股份有限公司，嘉兴市沪东日用助剂有限公司，成都艾科达化学试剂有限公司，广州市楚人化工有限公司，济南东润精化科技有限公司。

Ca064 三聚甘油单硬脂酸酯

【别名】 聚甘油单硬脂酸酯

【英文名】 triglycerol stearate

【登记号】 CAS[26855-43-6]

【相对分子质量】 494.69

【结构式】 $(HOCH_2CHOHCH_2)_3OOCR$ $R=C_{17}H_{35}$

【物化性质】 摩尔折射率138.41，表面张力42.4dyn/cm。不溶于水，分散于水中，溶于乙醇等有机溶剂和油类，有良好的乳化性与增稠性。

【质量标准】 QB/T 4089—2010

外观	淡黄色蜡状固体
酸值/(mg KOH/g)	≤3
含量/%	≥99
HLB值	8.0

【用途】 用作农药乳化剂、分散剂。亦可用于冰激凌、植脂末（奶精）、烘烤食品、饮料、肉食、糖果和巧克力等，总之对含有脂类、蛋白质类的食品均具有优越的乳化性能。

包装规格：用镀膜塑料袋包装，净重5kg、50kg；用铁桶包装，净重200kg。

【制法】 甘油经高温脱水缩合制得三聚甘油，再将三聚甘油与单硬脂酸酯化、脱色即得产品。

【产品安全性】 可安全用于食品（FAD，§172.854，2000）。贮存于阴凉、通风库房中，室温保质期6个月。运输中应避免日晒、雨淋。

【参考生产企业】 济南东润精化科技有限公司，北京华美互利生物化工，广州市楚人化工有限公司，北京海力扬化学科技有限公司，济南东润精化科技有限公司。

Ca065 六聚甘油单硬脂酸酯

【英文名】 hexaglycerin monostearate

【英文别名】 ST-601

【登记号】 CAS[95461-65-7]

【结构式】 $(HOCH_2CHOHCH_2)_6OOCR$ $R=C_{17}H_{35}$

【物化性质】 熔点50～58℃；不溶于水，分散于水中，属亲水型非离子乳化剂，溶于乙醇等有机溶剂和油类。有良好的乳化性与增稠性，起泡、稳泡性能良好。

【质量标准】 QB/T 4089—2010

外观	淡黄色固体
酸值/(mg KOH/g)	≤2.0
碘值/(g I_2/100g)	≤3.0
重金属(以Pb计)/%	≤0.005
有效物含量/%	≥95
皂化值/(mg KOH/g)	105～125
砷含量(以As计)/%	≤0.002
HLB值(计算值)	11～12

【用途】

① 广泛应用于焙烤食品、蛋糕、巧克力、冰激凌、果汁饮品、乳制品中。用量为面粉的0.2%～0.5%时，可增加面团的柔韧性，增大制品体积，使气孔细密、均匀，质地柔软，防止老化。

② 化妆，洗涤品。聚甘油酯具有乳化、分散、稳定、调离和控制黏度的作用，并且还具有绿色安全、对皮肤无刺激、水溶性好等众多特点。

③ 医药工业和农药。聚甘油酯具有良好的安全性、耐酸性、耐水解性和与药理物质的相容性等特点。可作为乳化剂、增溶剂、分散剂和渗透剂应用于软膏、栓剂、散剂、片剂、针剂等药品剂型。

④ 石油工业。聚甘油酯对EVA、PE等树脂具有防雾性能。聚甘油酯作为防滴剂的主要成分用于PVC无滴农用膜的生产，无滴专用农用膜具有良好的透光性、防雾性。在脂肪体系中作起泡剂，泡沫特别细腻。

包装规格：用镀膜塑料袋包装，净重5kg、50kg；用铁桶包装，净重200kg。

【制法】 甘油经高温脱水缩合制得六聚甘油，再将六聚甘油与单硬脂酸酯化、脱色即得产品。

【产品安全性】 可安全用于食品（FAD，§172.854，2000）。贮存于阴凉、通风库房中，室温保质期6个月。运输中应避免日晒、雨淋。

【参考生产企业】 济南东润精化科技有限公司，北京华美互利生物化工，广州市楚人化工有限公司，北京海力扬化学科技有限公司。

Ca066 六聚甘油五硬脂酸酯

【英文名】 hexaglycerin pentastearate

【登记号】 CAS [99734-30-2]

【结构式】 $(HOCH_2CHOHCH_2)_6(OOCR)_5$ $R=C_{17}H_{35}$

【物化性质】 易溶于油脂、乙醇等有机溶剂，能够分散于热水中。有耐高温、耐酸等特性，具有良好的分散性能、乳化性能和稳定性能。

【质量标准】 QB/T 4089—2010

外观	黄色蜡状固体
酸值/(mg KOH/g)	≤2.0
重金属(以 Pb 计)/%	≤0.005
有效物含量/%	≥95
砷含量(以 As 计)/%	≤0.002
HLB 值(计算值)	4.5～5.0

【用途】 用作为农药杀虫剂的分散剂、乳化剂、土壤稳定剂等。亦可作为纤维柔软剂、织物匀染剂、抗静电剂，以增加织物的润滑性和柔软性，并具有耐热、润滑等性能。用作涂料分散剂和稳定剂，不但能起到优良的分散与稳定效果，而且具有良好的消泡与流平能力，这使得刷涂墙体更显饱满，色泽更加润滑。

包装规格：用镀膜塑料袋包装，净重 5kg、25kg；用铁桶包装，重 200kg。

【制法】 甘油经高温脱水缩合制得六聚甘油，再将六聚甘油与单硬脂酸酯化、脱色即得产品。

【产品安全性】 可安全用于食品（FAD，§172.854，2000)。贮存于阴凉、通风库房中，室温保质期 12 个月。运输中应避免日晒、雨淋。

【参考生产企业】 济南东润精化科技有限公司，北京华美互利生物化工，广州市楚人化工有限公司，北京海力扬化学科技有限公司。

Ca067 聚乙二醇（400）单硬脂酸酯

【别名】 聚氧乙烯单硬脂酸酯

【英文名】 polyoxyethylene glycol (400) monostearate

【结构式】 $C_{17}H_{35}COO(CH_2CH_2O)_{400}H$

【相对分子质量】 17905.27

【物化性质】 可溶于异丙醇、矿物油硬脂酸丁酯、甘油、过氧乙烯、汽油类溶剂，分散于水中。

【质量标准】 QB/T 4312—2012

外观	白色软蜡状固体
碘值/(g I_2/100g)	≤1
皂化值/(mg KOH/g)	116～125
熔点/℃	34±1
酸值/(mg KOH/g)	<10
HLB 值	8.4

【用途】 用作农药乳化剂。亦可在润滑油生产中进行液体或糊状乳化时作油类和酯类的乳化剂，用作纸张粉涂中的增稠剂和稳定剂，纺织品的润滑剂和柔软剂，电缆管道中的多路传输电线的润滑剂，纸张上浆的润滑剂。

包装规格：用内衬塑料袋的编织袋包装，净重 25kg。

【制法】 将计量的聚乙二醇和硼酸投入反应釜中，加热至 110℃，抽真空至 0.67MPa，反应 2h，生成硼酸酯。然后加入对甲苯磺酸作催化剂，加入适量的反应物硬脂酸。在 140℃下反应 3～4h 后，取样测酸值，酸值降低到 10mg KOH/g 左右时反应结束。将料液打入中和釜，进行中和，放掉废水。趁热搅拌成型，冷却后包装即为成品。反应式如下：

$$C_{17}H_{35}COOH + HO(CH_2CH_2O)_{400}H \longrightarrow \text{本品}$$

【产品安全性】 低刺激性，注意黏膜和皮肤的保护，触及皮肤立即用水冲洗干净。密封贮存于阴凉、通风的库房内，室温保质期 6 个月。运输时应防止日晒、雨淋。

【参考生产企业】 江苏苏州苏城化工厂、辽阳石油专科学校。

Cb 农药分散剂

农药分散剂通过在农药颗粒表面上吸附，形成静电或空间位阻等作用，防止颗粒发生聚集和沉降，使农药制剂在使用中形成的悬浮液体系能够在较长时间内保持均匀稳定，因此分散剂是农药制剂中不可缺少的重要组分。目前农药分散剂的选择方法如下。

① 选择分子间亲和力很强的表面活性剂，如EO/PO的嵌段聚醚、聚羧酸盐高分子、含磺酸基的表面活性剂。提高分散性能；羧酸基和醚能调整产品的亲水亲油平衡，提高亲油性单体与被分散物的亲和性。磺酸基的存在能提高产品的电荷密度，有良好的润湿性和崩解性。

② 选择分子或链节上具有较多分叉亲油或亲水基团，并带有足够电荷的高分子表面活性剂。此类助剂在结构链上一边是油头，吸附在原药粒子上，另外一端全是亲水链，有很好的静电排斥作用。典型产品如琥珀酸酯磺酸盐类；新产品如双子“Gemini”结构的一类表面活性剂，Gemini具有两个亲水基团和两个亲油基团，比传统表面活性剂（只有一个亲水基团和一个亲油基团）有更高、更好的表面活性。

③ 选择有利于水相分散体系的HLB值为9～18的表面活性剂。如磷酸酯类助剂双酯表现为分散性能好，单酯的流动与延展性能好。

④ 根据吸附原理进行选择。例如，对非极性固体农药，宜选非离子或弱极性表面活性剂，反之，应选极性强的阴离子，尤其是高分子阴离子表面活性剂。

⑤ 根据化学结构相似原理进行选择。例如，对有机磷酸酯类农药，应选多芳核EO和/或PO聚醚类以及其甲醛缩合物或有机磷酸酯类表面活性剂。

⑥ 依据表面活性剂协调效应进行选择，在多种情况下多元组分往往比单一表面活性剂分散效果要好。

Cb001 烷基酚聚氧乙烯醚磷酸酯

【英文名】 alkyphenol polyoxyethylene ether phosphoric ester

【结构式】

$$\begin{array}{l} C_9H_{19}-C_6H_4-O(C_2H_4O)_n- \\ \qquad\qquad\qquad\qquad\qquad\qquad P(=O)OH \\ C_9H_{19}-C_6H_4-O(C_2H_4O)_n- \end{array}$$

【物化性质】 无色或淡黄色黏稠液体，具有有良的分散性、润湿性、乳化性。

【质量标准】 GB/T 5560—2003

项目	指标
活性物/%	≥95
单酯含量/%	≥80
pH值(10%水溶液)	<2

【用途】 用作有机磷农药的分散剂。

包装规格：用塑料桶包装，50kg/桶、200kg/桶。

【制法】 首先在压力釜中用碱作催化剂，壬基酚与环氧乙烷进行缩合，生成壬基酚聚氧乙烯醚。然后再用P_2O_5或焦磷酸对其进行酯化。

【产品安全性】 非危险品。避免接触眼睛和皮肤。贮存于阴凉、通风的库房内，保质期为12个月。可按一般化学品运输管理，运输时应轻装轻放，避免撞击。

【参考生产企业】 江苏中国南通科光新材料公司，辽宁旅顺化工厂，南京市化工研究设计院等。

Cb002 羊毛醇聚氧乙烯(16)醚

【英文名】 lanolin alcohol polyoxyethylene ether

【结构式】 $RO(C_3H_6O)_n(C_2H_4O)_mH$

RO：羊毛脂醇基

【物化性质】 淡黄色透明黏稠液体。相对密度(20℃)1.06±0.002，消泡能力强，水溶性强，凝固点低，闪点高，润湿性、分散性好。

【质量标准】

项目	指标
黏度(20℃)/Pa·s	2.0～2.8
pH值	6.5±0.5
水分/%	<0.5
浊点(1%水溶液)/℃	50～54
灰分/%	<0.005

【用途】 用作农药分散剂。

包装规格：用塑料桶包装，50kg/桶、200kg/桶。

【制法】 将羊毛脂醇加入不锈钢釜中，再加入催化剂量氢氧化钠，用干燥氮气置换釜中空气。在搅拌下升温至120℃后，开始通入的环氧丙烷，通入速度以维持反应温度120℃左右为宜，通完后，冷却至常压，再继续通入配比量的环氧乙烷，反应至压力下降到常压。中和，压滤除去无机盐，脱水，加有机溶剂搅均匀即可。

【产品安全性】 非危险品。避免接触眼睛和皮肤。贮存于阴凉、通风的库房内，保质期为12个月。可按一般化学品运输管理，运输时应轻装轻放，避免撞击。

【参考生产企业】 江苏靖江油脂化学厂，江苏中国南通科光新材料公司，浙江省嘉兴市卫星化工团。

Cb003 分散剂M

【别名】 脱糖缩合木质素磺酸钠

【英文名】 dispersant M

【结构】

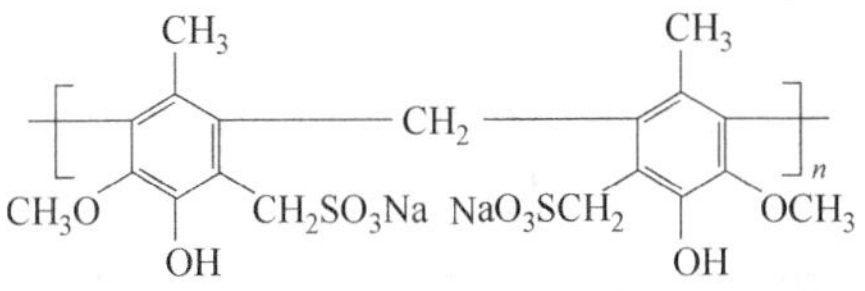

CH_3 CH_2 CH_3 CH_3O CH_2SO_3Na NaO_3SCH_2 OCH_3 OH OH n

【物化性质】 棕色粉末。易溶于水，易吸潮，高温下分散性、稳定性、助磨性好。

【质量标准】 HG/T 3507—2008

<table>
<tr><th>型号</th><th></th><th>M-10</th><th>M-11</th><th>M-13</th><th>M-15</th><th>M-16</th><th>M-17</th></tr>
<tr><td>外观</td><td></td><td></td><td></td><td></td><td></td><td></td><td>浅黄色粉末</td></tr>
<tr><td>总还原物/%</td><td>≤</td><td colspan="2">2.0</td><td>4.0</td><td>4.0</td><td>2.8</td><td>3.5</td></tr>
<tr><td>钙镁离子/%</td><td>≤</td><td colspan="2">0.3</td><td>4.0</td><td>0.3</td><td>0.2</td><td>0.2</td></tr>
<tr><td>硫酸盐/%</td><td>≤</td><td colspan="2">2.4</td><td>4.0</td><td>3.0</td><td>0.5</td><td>2.0</td></tr>
<tr><td>铁/%</td><td>≤</td><td colspan="2">0.1</td><td>0.1</td><td>0.1</td><td></td><td></td></tr>
<tr><td>水不溶物/%</td><td>≤</td><td colspan="2">0.2</td><td>0.2</td><td>0.2</td><td>0.2</td><td>0.2</td></tr>
<tr><td>pH值</td><td></td><td colspan="2">10.5～11.5</td><td>8.5～10</td><td>10～10.5</td><td>10～10.5</td><td>6.5～7.5</td></tr>
</table>

【用途】 用作农药加工的分散剂和润湿剂。

包装规格：用塑料桶包装，50kg/桶、200kg/桶。

【制法】 由木材的亚硫酸氢钠制浆废液经脱糖、转化制得脱糖木质素磺酸钠。将其加入缩合釜中，加入甲醛水溶液，再加入催化剂量的酸，密封闭反应器，用氮气充压，2.0MPa下反应2h。然后将其转移至中和釜，加稀碱调 pH 值至 10 左右。除去无机盐，浓缩成浆状物，喷雾干燥得成品。根据要求配成 M-10、M-11、M-13、M-15、M-16、M-17。

【产品安全性】 非危险品。避免接触眼睛和黏膜，不慎沾污立即用水冲洗。贮存于阴凉、通风的库房内，保质期为 12 个月。可按一般化学品运输管理，运输时应轻装轻放，避免撞击。

【参考生产企业】 浙江省嘉兴市卫星化工集团，辽宁旅顺化工厂，南京金陵石化公司化工厂，湖北沙市石油化工厂，吉林图们市化工厂，河南安阳市化工厂，沈阳化工研究院，福建邵武市轻化工厂。

Cb004 速泊

【化学名】 烷基酚甲醛树脂聚氧乙烯醚硫酸钠

【英文名】 sopa

【结构式】

$$\left[R-C_6H_3(CH_2-)-O[C_2H_4O]_nSO_3Na \right]_n$$

【物化性质】 淡黄色或棕黄色流动液体，具有较好的润湿性、分散性。

【质量标准】

固含量/%	≥40
pH 值(1%水溶液)	5～7
总氨量/%	≤0.06

【用途】 作为农药喷雾和加工的特种着展剂、胶悬剂，能提高药效。

包装规格：用塑料桶包装，50kg/桶、200kg/桶。

【制法】 将等物质的量的烷基酚甲醛树脂聚氧乙烯醚和亚硫酸钠依次加入反应釜中，再加适量的水搅拌均匀后升至 65～70℃，反应 4h，得产品。

【产品安全性】 非危险品。避免接触眼睛和黏膜，不慎沾污立即用水冲洗。贮存于阴凉、通风的库房内，保质期为 12 个月。可按一般化学品运输管理，运输时应轻装轻放，避免撞击。

【参考生产企业】 武汉市裕丰行贸易有限公司，辽宁旅顺化工厂，南京金陵石化公司化工厂，浙江省嘉兴市卫星化工集团，湖北沙市石油化工厂等。

Cb005 萜品二醋酸酯

【英文名】 tenpin diacetaate

【相对分子质量】 256.33

【登记号】 CAS[20009-20-5]

【结构式】

$$CH_3COO(CH_3)C_6H_{10}-C(CH_3)_2OOCCH_3$$

【物化性质】 沸点为 151.2～151.5℃/2000Pa，折射率 n_D^{25} 1.4512，相对密度 1.0219。

【质量标准】

外观	无色结晶固体
熔点/℃	48～50
固含量/%	≥95
皂化值/(mg KOH/g)	135

【用途】 用作农药增效剂。在含 25mg 除虫菊素的 100mL 脱臭煤油喷射剂中加入 10%的萜品二醋酸酯后，10min 击倒家蝇率 97.7%，24h 的死亡率为 55.1%。

包装规格：用内衬塑料袋的编织袋包装，净重 25kg。

【制法】 用从松节油中分离制取的蒎烯为起始原料，加热后得二戊烯，再以 5%稀硫酸处理生成萜品醇，进一步可得萜二醇。然后与醋酐和无水醋酸钠作用，即可得萜品二醋酸酯。

【产品安全性】 松香油类化合物，对人畜低毒。工作时戴口罩、手套，避免粉尘吸入。贮存于阴凉、避光库房中，防潮远离火源。

【参考生产企业】 阿法埃莎（天津）化学

有限公司。

Cb006 木质素磺酸钙

【英文名】 calcium lignin salfonate

【结构式】

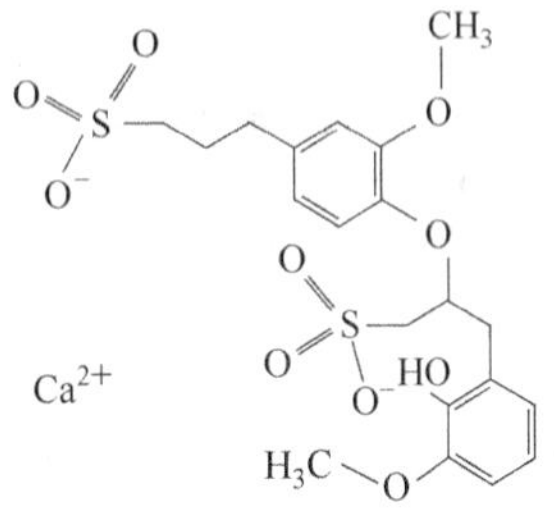

【物化性质】 绿褐色黏稠液。50%含量时，相对密度（d_4^{20}）1.27，呈微酸性，对皮肤无刺激。它属于水溶性高分子物质，具有抗沉降、保护胶体的作用，又是金属离子的螯合剂，具有抗硬水能力。

【质量标准】 JGJ 54—1980

水/%	≤7
pH 值	9.0～9.5
含量/%	≥50
还原物/%	<12

【用途】 用作农药分散剂，具有良好的分散性能。

包装规格：用塑料桶包装，净重50kg/桶、100kg/桶。

【制法】 以亚硫酸钠纸浆废液为原料，经石灰水沉降、酸溶、过滤除杂、滤液浓缩而得。

【产品安全性】 非危险品，对皮肤无刺激，吸水性强，易潮解。密封贮存在阴凉、通风的库房中，保质期12个月。

【参考生产企业】 浙江省化工研究院，吉林开山屯化学纤维浆厂，吉林石砚造纸厂。

Cb007 十二烷基磷酸酯钾盐

【英文名】 potassium dodecyl phosphate

【组成】 $ROPO_3K_2$ 和 $(RO)_2PO_2K$ 的混合物，$R=C_{12}H_{25}$

【物化性质】 具有抗静电性、乳化性、渗透性，对皮肤无刺激。

【质量标准】

外观	白色黏稠液
总磷量/%	≥5
有效物/%	≥50
pH 值	6.5～7.5

【用途】 用作有机磷农药的分散剂。

包装规格：用塑料桶包装，50kg/桶、200kg/桶。

【制法】 将 P_2O_5 加入反应釜中，冷却至5℃，再加入等物质的量的月桂醇，适量的 BF_3，然后在搅拌下升温至20℃，反应12h，加水水解，冷却，用40%的KOH中和，得产品。

【产品安全性】 非危险品，对皮肤无刺激，吸水性强，易潮解。密封贮存在阴凉、通风的库房中，保质期12个月。

【参考生产企业】 浙江省嘉兴市卫星化工集团，辽宁旅顺化工厂，南京金陵石化公司化工厂，湖北沙市石油化工厂等。

Cb008 月桂酸单、双磷酸酯钾盐

【别名】 表面活性剂 LD-500

【英文名】 potassium lauryl mono (or di) phosphate

【结构】

$$C_{12}H_{25}OP(=O)(OK)_2 \quad 或 \quad (C_{12}H_{25}O)_2P(=O)OK$$

【物化性质】 常温下系白色均匀膏状物。易溶于水及一般有机溶剂，能电离出来油性带电阴离子，易被酸碱分解，不耐硬水。具有一定的抗静电、乳化、平滑、柔软润湿性能。

【质量标准】

酸值(以磷酸计)/%	≥1.6
pH 值(10%溶液)	6.5～8.0
活性物含量/%	≥48
总磷(P_2O_5)/%	10.5～12.0

【用途】 用作农药分散剂。

包装规格：用塑料桶包装，50kg/桶、200kg/桶。

【制法】 将月桂醇投入反应釜中，在搅拌下加入 0.2%～0.3%的亚磷酸，慢慢滴加三氯氧磷，滴加过程中控制 34～36℃[月桂醇：三氯氧磷＝3：2（摩尔比）]。滴加完毕后逐步升温至 70～75℃，反应 4h。反应完成后用氮气除副产物 HCl，并加入 5%的水使氯代磷酸酯水解成磷酸酯。

将磷酸酯转移到中和釜中，用水溶液中和至 pH 6.5～7.0，加热至 100℃ 左右，通氮气，抽真空脱水，直至水含量小于 0.5%。再加 1%双氧水和 1%的硅藻上，趁热过滤，出料。

往脱水后的磷酸酯中加入 20%的热水，在 80℃下静置 2～3h。取上层产品，下层稀酸放出。最后用 50%的 NaOH 水溶液中和至 pH 值 8 左右即为成品。反应式如下：

$$C_{12}H_{25}OH + POCl_3 \longrightarrow$$

$$C_{12}H_{25}OP(=O)(Cl)Cl + (C_{12}H_{25}O)_2P(=O)Cl$$

$$C_{12}H_{25}OP(=O)(Cl)Cl + KOH \longrightarrow C_{12}H_{25}OP(=O)(OK)OK$$

$$(C_{12}H_{25}O)_2P(=O)Cl + KOH \longrightarrow (C_{12}H_{25}O)_2P(=O)OK$$

【产品安全性】 非危险品，对皮肤无刺激，吸水性强，易潮解。密封贮存在阴凉、通风的库房中，保质期 12 个月。

【参考生产企业】 天津市助剂厂，大连华能化工厂，太原化工公司精细化工厂。

Cb009 脂肪酸甲酯磺酸钠

【别名】 表面活性剂 MES

【英文名】 fatty acid methyl ester sulfonate sodium

【结构式】

$$\underset{SO_3Na}{\underset{|}{RCOOCH_3}} \qquad R = C_{17}H_{35}$$

【相对分子质量】 401.55

【物化性质】 浅黄色糊状物。闪点 149℃，流动点 60℃，25℃水溶性 1%。具有较高的去污力、优良的钙皂分散力和抗硬水能力，生物溶解性能好。

【质量标准】 QB/T 4081—2010

项目	指标
活性物/%	≥29
未硫化物/%	≤1.0
氯化物/%	≤1.0
固含量/%	31～35
硫酸盐/%	≤2.0
pH 值(1%溶液)	6.0～6.8

【用途】 农药中作分散剂、润湿剂。

包装规格：用塑料桶包装，50kg/桶、200kg/桶。

【制法】 制备工艺包括硬脂酸甲酯的制备、硬脂酸甲酯的磺化、中和三大步骤。

将猪油投入反应釜中再加入甲醇，二者的摩尔比为 1：2，在搅拌下加热溶解后加入总投料量 0.3%的硫酸作催化剂，加热回流 6～7h，酯交换反应完毕。将物料移到蒸馏塔中先蒸出过量的甲醇，再减压蒸出甘油。釜底物为硬脂酸甲酯，然后将硬脂酸甲酯送入磺化釜。用三氧化硫作磺化剂进行磺化。三氧化硫和硬脂酸甲酯的摩尔比为（1.2～1.25）：1。将三氧化硫稀释到 6%左右，以保证三氧化硫被充分吸收。反应温度控制在 70～90℃，反应 4～6h 后，用 12%的次氯酸钠进行漂白处理。最后用氢氧化钠水溶液中和至 pH 值 8.0～8.5。反应式如下：

$$(C_{17}H_{35}COO)_3C_3H_5 \cdot CH_3OH \xrightarrow[\triangle]{H_2SO_4}$$

$$C_{17}H_{35}COOCH_3 + SO_3 \xrightarrow[NaOH]{\triangle} 本品$$

【产品安全性】 有刺激性。避免接触眼睛和黏膜，不慎沾污立即用水冲洗。不能与阳离子物共混，吸水性强，易潮解。密封贮存在阴凉、通风的库房中，保质期 12 个月。运输时应轻装轻放，避免撞击。

【参考生产企业】 邢台蓝星助剂厂，上海一基实业有限公司，长春助剂厂，辽宁旅顺化工厂，南京金陵石化公司化工厂，湖北沙市石油化工厂等。

Cb010 双子表面活性剂

【英文名】 gemini surfactants

【物化性质】 外观为淡黄色液体，溶于水。双子表面活性剂由于双链结构使表面覆盖率增大，排列紧密，比常用的同类阴离子表面活性剂具有更高的表面活性（低的 CMC 和 rCMC)。由于分子结构中有两条碳链，相对分子质量较大，分子极性头面积增大，吸附量减少。与其他单链表面活性剂相比具有很低的临界胶团浓度，但平衡表面张力较好。刺激性低，具有超强的助溶性。

【质量标准】

项目	指标
平衡表面张力/(mN/m)	38.4
固含量/%	≥38
CMC/(mmol/L)	0.049

【用途】 在印染工业增溶剂。

包装规格：用塑料桶包装，净重 50kg、180kg。

【制法】

（1）1,4-丁二醇双马来酸单酯的合成　将 1,4-丁二醇加入反应器中，在搅拌下依次加入马来酸酐［n(马来酸酐)：n(1,4-丁二醇)=2.15：1.00］、无水乙酸钠催化剂［w(乙酸钠)=1%］，10min 内搅拌升温到 60～65℃，反应 1h，取样测定酸值，合格后结束反应。产物采用丙酮重结晶。

（2）1,4-丁二醇双马来酸 AEO2 双酯的合成　在搅拌下依次将精制后的丁二醇双马来酸单酯、AEO2 和杂多酸催化剂(PW12/C) 加入反应器中［n(1,4-丁二醇双马来酸单酯)：n(AEO2)=1.00：2.15；催化剂 w(PW12/C)=1.5%］，抽真空减压至 0.94～0.95MPa，升温至 150℃，反应 14h。取样测定酸值，合格后反应结束。产物用 V(乙醇)：V(水)=95：5 的溶剂洗涤，分出油层供下一步磺化使用。

（3）1,4-丁二醇双琥珀酸 AEO2 双酯磺酸钠的合成　将 1,4-丁二醇双马来酸 AEO2 双酯与 30%（质量分数）的亚硫酸氢钠水溶液于上述装置中混合［n(1,4-丁二醇双马来酸 AEO2 双酯)：$n(NaHSO_3)$=1.00：3.00］，加入一定量的水和催化剂 CTAB［相转移催化剂 w(CTAB)=1.5%］，于 80℃反应 4h，测定碘值合格后反应结束。用丁醇萃取，蒸馏溶剂后，再用无水乙醇洗涤除盐得较纯产物。

$$HOCH_2(CH_2)_2CH_2OH + 2\ \text{(马来酸酐)} \longrightarrow \underset{\text{主产物}}{HOOC{-}CH{=}CH{-}COOCH_2(CH_2)_2CH_2OOC{-}CH{=}CH{-}COOH} + \underset{\text{主要副产物}}{HOCH_2(CH_2)_2CH_2{-}O{-}CO{-}CH{=}CH{-}COOH}$$

$$HOOC{-}CH{=}CH{-}COOCH_2(CH_2)_2CH_2OOC{-}CH{=}CH{-}COOH + 2R{+}OCH_2CH_2{+}_2OH \longrightarrow$$

$$\begin{array}{l} CH_2O-\overset{O}{\overset{\|}{C}}-CH=CH-\overset{O}{\overset{\|}{C}}-O\!\left(CH_2CH_2O\right)_2R \\ |\\ (CH_2)_2 \\ | \\ CH_2O-\underset{O}{\underset{\|}{C}}-CH=CH-\underset{O}{\underset{\|}{C}}-O\!\left(CH_2CH_2O\right)_2R \end{array} + \begin{array}{l} CH_2O-\overset{O}{\overset{\|}{C}}-CH=CH-\overset{O}{\overset{\|}{C}}-OH \\ | \\ (CH_2)_2 \\ | \\ CH_2O-\underset{O}{\underset{\|}{C}}-CH=CH-\underset{O}{\underset{\|}{C}}-O\!\left(CH_2CH_2O\right)_2R \end{array}$$

主产物　　　　　　　　主要副产物

$R=C_{12}H_{25}$

$$\begin{array}{l} CH_2O-\overset{O}{\overset{\|}{C}}-CH=CH-\overset{O}{\overset{\|}{C}}-O\!\left(CH_2CH_2O\right)_2R \\ | \\ (CH_2)_2 \\ | \\ CH_2O-\underset{O}{\underset{\|}{C}}-CH=CH-\underset{O}{\underset{\|}{C}}-O\!\left(CH_2CH_2O\right)_2R \end{array}$$

$$\xrightarrow{NaHSO_3} \begin{array}{l} CH_2O-\overset{O}{\overset{\|}{C}}-CH_2\overset{SO_3Na}{\overset{|}{C}H}-\overset{O}{\overset{\|}{C}}-O\!\left(CH_2CH_2O\right)_2R \\ | \\ (CH_2)_2 \\ | \\ CH_2O-\overset{O}{\overset{\|}{C}}-CH_2-\underset{SO_3Na}{\underset{|}{CH}}-\overset{O}{\overset{\|}{C}}-O\!\left(CH_2CH_2O\right)_2R \end{array}$$

【产品安全性】 刺激性低，降解性好。避免接触眼睛和黏膜，不慎触及立即用水冲洗干净。密封贮存在阴凉、干燥的库房内。室温保质期 12 个月。

【参考生产企业】 宁波东方永宁化工科技有限公司，江苏振阳集团，浙江省绍兴奇美纺织有限公司/绍兴纺织助剂厂，常州市润力助剂有限公司。

Cb011 月桂基甲基氨乙基磷酸钠

【英文名】 lauroyl methylaminoethanol sodium phosphate

【结构式】 $C_{12}H_{25}N(CH_3)CH_2CH_2OPO_3HNa$

【物化性质】 淡黄色粉末状物，具有优良的电解质相容性、渗透性和净洗性，易生物降解。

【质量标准】

项目	指标
无机磷量(以 P_2O_5 计)/%	≤1.5
有效物/%	≥90

【用途】 用于农药渗透剂。

包装规格：用塑料桶或内衬塑料袋的编织袋包装，净重 50kg、100kg。

【制法】 将 243kg 月桂基甲基氨乙基乙醇加入反应釜中，在搅拌下加入 142kg 8.5%磷酸、100kg 四氢呋喃，搅拌 1h。再加入 199kg P_2O_5 搅匀后，分批加入 152kg NaOH 和 200kg 水。浓缩结晶，过滤，真空干燥得产品。

$$C_{12}H_{25}N(CH_3)CH_2CH_2OH+H_3PO_4 \longrightarrow$$
$$C_{12}H_{25}N(CH_3)CH_2CH_2OPO_3H_2+NaOH \longrightarrow \text{本品}$$

【产品安全性】 低刺激性，避免接触眼睛，沾染黏膜和皮肤立即用肥皂水冲洗干净。贮存于阴凉、通风的库房内，室温保质期 6 个月。

【参考生产企业】 东莞市福鑫化工有限公司，哈尔滨市金马助剂有限公司，绍兴县海天助剂制造有限公司。

Cb012 扩散剂 NNO

【别名】 萘磺酸甲醛缩合物钠盐，亚甲基

二萘磺酸钠

【英文名】 dispersant NNO

【相对分子质量】 472.44

【登记号】 CAS[26545-58-4]

【结构式】

$$NaO_3S-C_{10}H_6-CH_2-C_{10}H_6-SO_3Na$$

【物化性质】 米黄色固体。易溶于水，耐酸、耐碱、耐盐、耐硬水，扩散性能好。

【质量标准】 HG/T 2499—2013

水分/%	≤5
钙、镁/%	≤0.02
硫酸钠/%	≤5
活性物含量/%	≥87
pH 值(1%水溶液)	≤8.0~10.0
铁/%	≤0.05

【用途】 作农药分散剂。具有润湿性、渗透性和速效性增强制剂的稳定性，提高药物的滞留量。

包装规格：用内料塑料的编织袋包装，净重 25kg。

【制法】

(1) 萘磺酸的制备　将萘和 98% 的硫酸投入反应釜中，萘与硫酸的摩尔比为 1∶1。升温至 160～180℃，反应 4h，冷却结晶，经过滤得成品（Ⅰ）。

(2) 2-萘磺酸甲醛的制备　将Ⅰ投入缩合釜，加入过量的甲醛，在 196kPa 压力下缩合，得 2-萘磺酸甲醛粗品（Ⅱ）。

(3) 中和　将Ⅱ投入中和釜中加碱中和至 pH 值 8～10，冷却结晶滤除无机盐溶液，固体物经干燥得亚甲基二萘磺酸钠。反应式如下：

$$n\,C_{10}H_8 \xrightarrow[\triangle]{H_2SO_4} n\,C_{10}H_7SO_3H \xrightarrow{HCHO} HO_3S-[C_{10}H_6-CH_2-C_{10}H_6]_n-SO_3H \xrightarrow{NaOH} \text{本品}$$

【产品安全性】 低刺激性，避免接触眼睛，沾染黏膜和皮肤立即用肥皂水冲洗干净。须轻装轻卸，应贮藏于阴凉、干燥、通风的仓库内，贮存期为 24 个月。

【参考生产企业】 济南宝达染料化工有限公司，江西天晟新材料有限公司，郑州龙源化工有限公司。

Cb013 扩散剂 MF

【别名】 亚甲基双甲基萘磺酸钠，甲基萘磺酸钠甲醛缩合物

【英文名】 dispersant MF

【相对分子质量】 500.49

【结构式】

$$NaO_3S-C_{10}H_5(CH_3)-CH_2-C_{10}H_5(CH_3)-SO_3Na$$

【物化性质】 棕色或深棕色粉末。易溶于水，耐酸、耐碱、耐硬水。具有良好的扩散性，并且比扩散剂 NNO 更耐高温。贮存时应防止吸潮。

【质量标准】

pH 值(1%水溶液)	7.0~9.0
Na_2SO_4 含量/%	≤5

【用途】 用作农药扩散剂。亦可作分散染料、活性染料、还原染料的分散剂、匀染剂，水泥混凝土的减水剂。

包装规格：用内衬塑料袋的编织袋包装，净重 25kg。

【制法】 将 500kg 甲基萘投入磺化釜中，加热熔化，开动搅拌，升温至 130～140℃，反应 2h。然后在快速搅拌下加入 210L 水，再搅拌半小时后取样测酸度，总酸度为 25%～27% 为合格。冷却至 90～100℃，一次加入 37% 的甲醛水溶液 300kg，自然升温升压，控制反应温度在 130～140℃、压力 0.15～0.20MPa，反

应2h让其充分缩合。缩合完毕后，加入30%的碱液中和至pH值7左右。最后冷却结晶、过滤，干燥结晶物即为成品。反应式如下：

$$CH_3\text{-}C_{10}H_7 + H_2SO_4 \longrightarrow$$

$$CH_3\text{-}C_{10}H_6\text{-}SO_3H + CH_2O + 2NaOH \longrightarrow \text{本品}$$

【产品安全性】 低刺激性，避免接触眼睛，沾染黏膜和皮肤立即用肥皂水冲洗干净。须轻装轻卸，应贮藏于阴凉、干燥、通风的仓库内，贮存期为24个月。

【参考生产企业】 济南宝达染料化工有限公司，上虞市金源工贸有限责任公司，上虞浙创化工有限公司。

Cb014 扩散剂CNF

【别名】 苄基萘磺酸甲醛缩合物

【英文名】 dispers ant CNF

【结构式】

$$\left[NaO_3S\text{-}C_{10}H_5(CH_2C_6H_5)\text{-}CH_2\text{-}C_{10}H_5(CH_2C_6H_5)\text{-}SO_3Na \right]_n$$

【物化性质】 可溶于水，可与其他阴离子型、非离子型表面活性剂混用。具有优异的润湿、分散性能，能够显著提高水分散粒剂的分散性和悬浮率。性能稳定，耐热性好，存贮稳定性好。

【质量标准】 HG/T 2562—2006

外观	米黄色粉末
pH值(1%水溶液)	7.0～9.0
有效物/%	≥90
扩散力/%	100

【用途】 用作农药扩散剂。亦可用于染料工业作匀染剂，此处可作皮革助鞣剂、乳胶阻凝剂、水泥减水剂。

包装规格：用内衬塑料袋的编织袋包装，净重25kg。

【制法】 将150kg精萘投入反应釜中，加热熔化，搅拌升温，加入硫酸作催化剂，在120℃左右保温反应6h。然后滴加100kg硫酸和50kg发烟硫酸的混合物，滴毕后在160～165℃下反应2h。冷却到136～140℃，加入37%的甲醛水溶液60kg，保温反应2h。冷却到136～140℃。最后加碱中和至pH值为7，反应结束。冷却结晶，过滤、干燥即为成品。反应式如下：

$$C_{10}H_8 + C_6H_5\text{-}CH_2Cl \xrightarrow[\triangle]{H_2SO_4}$$

$$C_6H_5CH_2\text{-}C_{10}H_7 + H_2SO_4 \xrightarrow{\triangle}$$

$$C_6H_5CH_2\text{-}C_{10}H_6\text{-}SO_3H + (n+1)CH_2O + (n+2)NaOH \longrightarrow \text{本品}$$

【产品安全性】 低刺激性，避免接触眼睛，沾染黏膜和皮肤立即用肥皂水冲洗干净。贮存于阴凉、通风的库房内，室温保质期6个月。

【参考生产企业】 济南宝达染料化工有限公司，广州市天河鸿胜化工贸易经营部，上海如发化工科技有限公司，广东茂名化工纺织联合总厂合成纤维厂等。

Cb015 协同分散剂

【英文名】 collaborative dispersant

【组成】 高分子聚羧酸盐。

【物化性质】 分子结构中含量有阴离子、非离子等表面活性官能团，产品极易溶于水。具有梳形结构，能够实现多点吸附。通过静电排斥、溶剂化链作用和空间立体吸附作用提供优良的分散润湿性，有效防止悬浮制剂热储膏化现象。可提高制剂的抗硬水能力，是以分散为主、润湿为辅的新型绿色高分子表面活性剂。

【质量标准】

外观	无色至淡黄色黏稠体
水溶性	极易溶于水
HLB 值	13.01
pH 值(1%水溶液)	7.0±1.0
固含量/%	38±2

【用途】 作农药分散剂、悬浮剂。用于悬浮种衣剂、悬浮乳剂、水分散粒剂等剂型，总添加量为 2%～6%。

包装规格：用清洁、干燥的铁桶包装，净重 125kg。

【制法】 由不饱和单体共聚而成的高分子聚羧酸盐。

【产品安全性】 非危险品。吸湿性强，必须保证容器密封，并存于干燥、通风库内，避免曝晒、雨淋，严禁明火。运输过程应避免剧烈碰撞，以防破损。贮存保质期为 24 个月。

【参考生产企业】 浙江上虞市海峰化工有限公司，上海嵆稞实业有限公司。

Cb016 渗透剂 R

【英文名】 penetratingagent R

【组成】 磷酸酯与多种表面活性剂复配。

【物化性质】 由磷酸酯与多种表面活性剂复配而成的乳液。耐强碱、耐硬水、耐高温、浊点高、无毒、低泡，分散性、渗透性优良，易生物降解。

【质量标准】

浊点/℃	>100
渗透力/s	≤5
耐碱(100g/L NaOH)	低泡

【用途】 用作农药渗透剂，精练、漂白、染料的润湿或分散剂，染色、上浆、树脂整理等。可对染料布经纱着色增深10%～20%。

包装规格：用塑料桶包装，净重 50kg、100kg。

【制法】 辛醇和五氧化二磷于 55～60℃反应生成单酯与双酯，适当调节单酯与双酯的比例。合成产物用氢氧化钠中和成阴离子表面活性剂。

【产品安全性】 非危险品。不能接触眼睛，触及皮肤立即用水冲洗。贮存于阴凉、通风的库房内，室温保质期 12 个月。

【参考生产企业】 广州市白云嘉华洗涤剂厂，广州市斯洛柯化学有限公司，江苏振阳集团。

Cb017 渗透剂 BX

【别名】 5,6-二丁基萘-2-磺酸钠

【英文名】 penetrating agent BX

【相对分子质量】 342.44

【结构式】

C_4H_9 C_4H_9 NaO_3S

【物化性质】 米白色或微黄色粉末，易溶于水，对酸碱和硬水都较稳定。固体加热到 110℃时不熔化而炭化，并逸出碱性蒸气。属阴离子型表面活性剂，具有优良的渗透性、乳化起泡性。

【质量标准】 HG/T 3513—2010

pH 值	7～8.5
水分含量/%	≤2.0
细度(通过 40 目筛的残余物)/%	≤5.0
有效物含量/%	60～65
渗透力/%	为标准品的 100±2
铁含量/%	≤0.01

【用途】 作农药渗透剂，亦可作杀虫剂、除草剂的乳化剂。

包装规格：用内衬塑料袋的编织袋包装，净重 25kg。

【制法】 将萘 426 份溶解在 478 份正丁醇中，在搅拌下滴加浓硫酸 1060 份，再滴加发烟硫酸 320 份。加毕缓慢升温至50～

55℃，保温6h。静置后放出下层酸，上层反应液用碱中和，再用次氯酸钠漂白，沉降、过滤、喷雾、干燥得成品。反应式如下：

$$2C_4H_9OH + C_{10}H_8 \xrightarrow{H_2SO_4}$$

$$(C_4H_9)_2C_{10}H_6 + H_2SO_4(\text{发烟}) \longrightarrow$$

$$(C_4H_9)_2C_{10}H_5SO_3H + NaOH \longrightarrow \text{本品}$$

【产品安全性】 刺激皮肤和黏膜，操作者应戴防护眼镜和橡皮手套。不能与阳离子物共混，贮存于阴凉、通风的库房内，室温保质期24个月。

【参考生产企业】 江苏省海安石油化工厂，济南金昊化工有限公司，北京染料化工三厂，江苏无锡助剂厂。

Cb018 渗透剂S

【别名】 琥珀酸二仲辛酯磺酸钠

【英文名】 penetrating agent S

【相对分子质量】 444.56

【登记号】 CAS [577-11-7]

【结构式】

$$\begin{array}{l} CH_2COOCH(CH_3)C_6H_{13} \\ | \\ CHCOOCH(CH_3)C_6H_{13} \\ | \\ SO_3Na \end{array}$$

【物化性质】 密度（25℃）1.02～1.08kg/m³，闪点（开杯）91～95℃，表面张力（26～29）×10⁻³ N/m（0.1%溶液），溶于水、苯、四氯化碳等有机溶剂。具有良好的润湿性能和去污性能。

【质量标准】

外观	淡黄色透明液
渗透力/s	4～5
有效物含量/%	≥97
pH值	7.0～8.5

【用途】 作农药分散剂、乳化性，渗透性和润湿性良好。

包装规格：用塑料桶包装，净重50kg、200kg。

【制法】 本工艺用环境友好的固体杂多酸作催化剂，转化可达96%以上，催化剂回收容易，可重复使用6次。磺化反应中用$NaHSO_3$作磺化剂，密封磺化釜，降低环境污染。

将280kg顺丁烯二酸酐、1100kg仲辛醇、2kg硫酸依次投入反应釜中，在减压下回流，用分水器分水，酸值到2mg KOH/g为终点。将料液移入中和釜，分出水层，减压脱醇蒸馏，升至160℃停止加热，将醇回收。粗酯移入磺化釜，加入1000kg水、312kg $NaHSO_3$，抽出釜内空气后，密封磺化釜，在0.1～0.25MPa下反应6h。静置分层，分出水和少量浑浊物，成品包装。反应式如下：

$$\begin{array}{l} CH{-}C{=}O \\ \| \quad\quad \rangle O \\ CH{-}C{=}O \end{array} + 2C_6H_{13}CHOHCH_3 \longrightarrow$$

$$\begin{array}{l} \quad\quad\; CH_3 \\ \quad\quad\;\; | \\ CHCOOCHC_6H_{13} \\ \| \\ CHCOOCHC_6H_{13} \\ \quad\quad\;\; | \\ \quad\quad\; CH_3 \end{array} + NaHSO_3 \longrightarrow \text{本品}$$

【产品安全性】 刺激皮肤和黏膜，操作者应戴防护眼镜和橡皮手套。不能与阳离子物共混。贮存于阴凉、通风的库房内，室温保质期24个月。

【参考生产企业】 江苏省海安石油化工厂，济南金昊化工有限公司，北京染料化工三厂，江苏无锡助剂厂。

Cb019 渗透剂BA

【英文名】 penetrant BA

【组成】 由多种渗透剂和水软化剂复配而成。

【物化性质】 棕红色液体，可与水以任意比例混溶。耐硬水、耐碱，遇强酸分解，有较强的渗透性。

【质量标准】

pH值	7.0～8.0
渗透效果	符合规定
活性组分/%	40～45
水不溶物/%	≤0.5

【用途】 用作农药高效渗透剂。

包装规格：用塑料桶包装，净重50kg/桶、100kg/桶、200kg/桶。

【制法】 将多种渗透剂按比例复配后，加去离子水溶解。

【产品安全性】 对眼睛、呼吸道和皮肤有刺激作用。穿戴合适的防护服、手套并使用防护眼镜或者面罩。防止接触皮肤和眼睛，万一接触眼睛，立即使用大量清水冲洗并送医诊治。应存于阴凉、通风的库房内。

【参考生产企业】 上虞浙创化工有限公司，安徽合肥助剂厂，江苏无锡助剂厂，湖北沙市石油化工厂。

Cb020 渗透剂 JFC

【别名】 渗透剂 EA，润湿剂 JFC，印凡丁，5881 万能渗透剂，浸湿剂 JFC，浸湿剂 JFCS

【英文名】 penetrating agent JFC

【结构式】 $RO(CH_2CH_2O)_5H$

$R=C_7H_{15}\sim C_{15}H_{31}$

【物化性质】 pH 值呈中性，浊点 40～50℃，属非离子型表面活性剂。具有良好的稳定性，耐强酸、强碱，耐次氯酸钠，耐硬水及重金属盐。水溶性好，5%的水溶液加热至 45℃以上时呈浑浊状。可与各类表面活性剂混用，无毒，不易燃。

【质量标准】 HG/T 3511—2013

外观	淡黄色液体
浊点/℃	45
有效物含量/%	99
渗透力	不低于标准品

【用途】 作农药渗透剂。

包装规格：用塑料桶包装，净重50kg、100kg。

【制法】 将 $C_7\sim C_9$ 的脂肪醇 480 份投入带搅拌的搪瓷釜中，把固碱 4 份放入溶碱槽溶解后打入反应釜中。搅拌逐渐升温，在真空下脱水。当升温至 120℃左右，从视镜表面看不到水滴时，停止脱水。继续升温至 150℃，用真空抽除釜内空气，并充氮排除空气。然后在搅拌下加入环氧乙烷，反应压力 0.2MPa 左右，反应温度 160～180℃，反应一段时间后取样测浊点，浊点合格后反应终止。冷却出料。

【产品安全性】 低刺激性，注意黏膜和皮肤的保护，触及皮肤立即用水冲洗干净。贮存于阴凉、通风的库房内，室温保质期 12 个月。

【参考生产企业】 济南金昊化工有限公司，天津天助精细化学有限公司，北京洁尔爽高科技有限公司；上海助剂厂有限公司。

Cb021 渗透剂 JFC-2

【别名】 辛醇聚氧乙烯醚

【英文名】 penetrating agent JFC-2

【结构式】 $C_8H_{17}O(CH_2CH_2O)_nH$ $n=2\sim6$

【物化性质】 低温有凝冻现象，溶于水，低温时有分层现象。耐酸、耐碱、耐氯、耐硬水、耐食盐，具有优异的分散性和渗透性，可与多种表面活性剂混用。

【质量标准】

外观	黄色油状物
渗透力(1%水溶液)	不低于标准品
浊点(5%水溶液)/℃	40～50
pH值	6～8

【用途】 用作农药渗透剂。

包装规格：用塑料桶包装，净重50kg、100kg。

【制法】 将 C_8 脂肪醇 480kg 投入反应釜中，加入催化剂 NaOH 4kg 和少量水，搅拌升温至 110～120℃。抽真空脱水后，用 N_2 驱釜内空气。然后通环氧乙烷 532kg，至浊点为 40～50℃反应结束。出料包装得成品。反应式如下：

$$C_8H_{17}OH + nCH_2—CH_2 \longrightarrow 本品$$
(环氧乙烷，O 桥接两个 CH_2)

【产品安全性】 低刺激性，注意黏膜和眼睛的保护，不慎触及皮肤立即用水冲洗干净。贮存于阴凉、通风的库房内，室温保质期 12 个月。

【参考生产企业】 广州市助剂厂，江苏株洲市烧碱厂，江西衡阳市建衡化工厂，江苏泰州市化工研究所。

Cb022 渗透剂 M

【英文名】 penetrating agent M

【别名】 渗透剂 BS，渗透剂 5881D

【组成】 由多种渗透剂与柔软剂拼混而成。

【物化性质】 深棕色黏稠液体。可与水以任意比例混溶，其水溶液有较强的渗透力和润湿性。耐碱，耐硬水，但不耐强酸。

【质量标准】

项目	指标
活性物含量/%	≥18
pH 值	7.0～7.5
水不溶物/%	≤0.5

【用途】 用作农药渗透剂。

包装规格：用塑料桶包装，净重 50kg/桶、100kg/桶。

【制法】 将 127kg 渗透剂 BX、53kg 永星牌洗涤剂、30kg 五洲牌洗涤剂和适量的磷酸二氢钠溶液依次加入溶解釜中，加入 80℃的热水，搅拌溶解。冷却至室温后加入 52kg 松节油、8kg 乙醇，搅拌均匀得成品。

【产品安全性】 低刺激性，注意黏膜和皮肤的保护，不慎触及皮肤用水冲洗干净。贮存于阴凉、通风的库房内，室温保质期 12 个月。

【参考生产企业】 安徽徽商农家福有限公司，寿光市众鑫益合农资有限公司。

Cb023 渗透剂 T

【英文名】 penetrating agent T

【别名】 顺丁烯二酸二仲辛酯磺酸钠

【分子式】 $C_{20}H_{37}NaO_7S$

【相对分子质量】 444.56

【物化性质】 浅黄色黏稠液体，可溶于水，溶液呈乳白色。属阴离子表面活性剂，能显著降低表面张力。1%的水溶液 pH 值 9.5～7.0。不耐强酸、强碱，不耐重金属盐，不耐还原剂。渗透性快速均匀，润湿性、乳化性、起泡性亦均良好。

【质量标准】

项目	指标
扩散性能/s	5
毛细效应/(cm/m)	9～10
渗透力(35℃)/s	<120
沉降情况/s	5

【用途】 作农药快速渗透剂。使用时如泡沫太多，可加辛醇、磷酸三丁酯等消泡剂进行消泡处理。

包装规格：用塑料桶包装，净重 50kg/桶、200kg/桶。

【制法】 顺丁烯二酸酐与仲辛醇在对甲苯磺酸催化下，于 120～140℃进行酯化反应，酯化物与亚硫酸氢钠、水混合均匀升温至 110～120℃，压力 0.2MPa，保持反应至终点（取样加入水中，无黄色油状物浮于水面为终点）。冷至 80℃，静置过夜，弃下层水和少量浑浊的磺化物，即为成品。反应式如下：

$$\text{(CH—C(=O))}_2\text{O（顺丁烯二酸酐）} + 2HOCHCH_3C_6H_{13} \xrightarrow{130\sim160℃}$$

$$CH—C(=O)—O—CHCH_3C_6H_{13} \;\|\; CH—C(=O)—O—CHCH_3C_6H_{13} \xrightarrow[NaHSO_3]{105\sim120℃}$$

$$CH_2—C(=O)—O—CH(CH_3)—C_6H_{13} \;|\; CH(SO_3Na)—C(=O)—O—CH(CH_3)—C_6H_{13}$$

【产品安全性】 非危险品。不能接触眼睛，不慎触及皮肤立即用水冲洗干净。贮存于阴凉、通风的库房内，室温保质期 12 个月。

【参考生产企业】 北京洁尔爽高科技有限公司上海助剂厂，淄博维多经贸有限公司，济南鸥鹤商贸有限公司，武汉化学助剂厂。

Cb024 分散剂 WA

【别名】 脂肪醇聚氧乙烯（30）醚甲基硅烷

【英文名】 dispersant WA

【结构式】

$$[RO(CH_2CH_2O)_{30}]_3SiCH_3$$

【物化性质】 棕黄色透明液体，可与阴阳离子型助剂同浴染色，系低泡沫高效分散剂。

【质量标准】 HG/T 3514—2013

含量/%	≥25
扩散力(相当于标准品)/%	100±10
pH 值(1%溶液)	7.0～8.0

【用途】 用作农药分散剂，提高药液流平性，保证施药均匀。

包装规格：用塑料桶包装，净重 50kg、100kg。

【制法】 由脂肪醇聚氧乙烯（30）醚与甲基三氯硅烷在 25～30℃ 反应 1h 缩合而成。作分散剂使用一般将其稀释成 25% 的水溶液。反应式如下：

$$RO(CH_2CH_2O)_{30}H+CH_3SiCl_3 \longrightarrow \text{本品}$$

【产品安全性】 非危险品。不能接触眼睛，不慎触及皮肤立即用水冲洗干净。贮存于阴凉、通风的库房内，室温保质期 12 个月。

【参考生产企业】 常州市润力助剂有限公司。

Cb025 α-磺基琥珀酸酯两性表面活性剂

【英文名】 α-sulfosuccinate amphoteric surfactant

【结构式】

$$RCOOC_2H_4NHC_2H_4OOCCH_2CH(SO_3H)COONa$$

R：$C_{12}H_{25}$～$C_{18}H_{37}$ 或 $C_{18}H_{35}$

【物化性质】 分子中同时存在阳离子和阴离子基团，既具有阴离子表面活性剂 α-磺基琥珀酸单酯盐的润湿力、渗透力和乳化力，又具有阳离子表面活性剂的抗静电性，使其多功能化。pH 适应值范围较宽。

【质量标准】

外观	淡黄色均匀乳液
去污力/%	29.6
润湿力/s	836
抗静电性半衰期/s	3.2
静电压/kV	0.62
柔软性/mg·cm	200
泡沫力(5min)/mm	107
乳化力/min	49.31

【用途】 在农药中作渗透剂，能使农药很快被水湿润，降低水的表面张力，使药液易于在团体表面（如植物、昆虫、病原菌的体表）湿润并附着减少流失，增加接触面积，节省用药，提高防效。

包装规格：用塑料桶包装，净重 50kg、200kg。

【制法】 工艺中用 H_3PO_4 作催化剂，对设备腐蚀性小，环境污染低。

（1）脂肪酸-2-(羟乙基氨基）乙酯的合成　在搅拌下将等物质的量的脂肪酸和二乙醇胺加入反应器中，再加入磷酸（催化剂，其用量是反应物用量的 5%），于 160℃ 反应 2h，转化率达 90%，降温，经后处理得产物。

（2）马来酸单-2-(羟乙基氨基）乙酯的合成　将脂肪酸-2-(羟乙基氨基）乙酯加入反应器中，搅拌加热到 80℃ 后，滴加定量的马来酸酐，滴毕后升温到 130℃，在该温度下搅拌 2～3h，测酸值，酸值到 138.5～139.1mg KOH/g 时结束反应。

（3）α-磺基琥珀酸酯两性表面活性剂的合成　将马来酸单-2-(羟乙基氨基）乙酯加入反应器中，搅拌升温至 100℃，滴加亚硫酸钠水溶液，加完后，控制温度90℃，继续反应2.5h，反应转化率达到90%。

【产品安全性】 非危险品。不能接触眼睛，不慎触及皮肤立即用水冲洗干净。贮存于阴凉、通风的库房内，室温保质期12个月。

Cb026 *N*-甲基油酰氨基乙基磺酸钠

【英文名】 sodium *N*-meethyl，*N*-oleoylamino ethyl salfonate

【登记号】 CAS［27236-38-0］

【相对分子质量】 425.60

【结构式】

$$C_{17}H_{33}CON(CH_3)—CH_2CH_2SO_3Na$$

【物化性质】 淡黄色胶状液体。10℃以下黏度增大，易溶于热水，水溶液呈微碱性。具有优良的净洗、匀染、渗透及乳化性能。钙皂扩散力优于太古油。在酸、硬水和电解质中不受影响，泡沫稳定性良好。

【质量标准】

项目	指标
有效物/%	≥18
不皂化物/%	≤0.2
氯化物/%	≤6.0
脂肪酸皂/%	≤2.0
酒精不溶物/%	<1.0
pH值(1%水溶液)	7.2～8.0

【用途】 用作农药渗透剂。具有优异的除垢性能和润湿性能。施药时能清除植物体污物，药物被充分吸收。

包装规格：用塑料桶包装，净重50kg、100kg。

【制法】 将油酸吸入反应器中，在搅拌下缓缓加入三氯化磷，二者摩尔比为0.8∶1。滴加三氯化磷过程中温度维持在30℃左右。滴毕后在50～60℃下保温反应4h。静置，分出下层废酸，取上层清液（粗油酰氯）备用。

将计量的油酰氯和甲氨基乙基磺酸钠投入反应釜，加热回流2～3h。冷至40℃左右加碱调pH值至7.2～8.0。出料，包装即为成品。废酸作金属电镀洗液。反应式如下：

$$C_{17}H_{33}COOH + PCl_3 \longrightarrow$$

$$C_{17}H_{33}COCl + CH_3NHCH_2CH_2SO_3Na \xrightarrow{NaOH} \text{本品}$$

【产品安全性】 非危险品。不能接触眼睛，不慎触及皮肤立即用水冲洗干净。贮存于阴凉、通风的库房内，室温保质期12个月。

【参考生产企业】 上海合成洗涤剂三厂，浙江萧山长河化工厂等。

其他农药助剂

Cc001 消泡剂 XBE-2020

【化学名】 甘油聚醚

【别名】 消沫剂 GP

【英文名】 defoaming agent XBE-2020

【结构式】

$$\begin{array}{l} CH_2O[CH_2CH(CH_3)O]_{n_1}H \\ | \\ CHO[CH_2CH(CH_3)O]_{n_2}H \\ | \\ CH_2O[CH_2CH(CH_3)O]_{n_3}H \end{array}$$

$$n_1+n_2+n_3=200$$

【物化性质】 无色或淡黄色黏稠液体。有苦味，难溶于水，溶于乙醚、苯等有机溶剂。

【质量标准】 QB/T 4089—2010

项目	指标
酸值/(mg KOH/g)	＜0.5
羟值/(mg KOH/g)	45～60

【用途】 用于生物农药消泡剂。

包装规格：用塑料桶包装，50kg/桶、200kg/桶。

【制法】 将计量的甘油和配比量的环氧丙烷投入聚合釜中，在搅拌下升温至 90～95℃，反应压力维持在 0.1～0.5MPa。然后降温至 60～70℃，将物料压入中和釜中，在搅拌下加水溶解催化剂氢氧化钾。再用磷酸在 60～70℃下中和至 pH 值 6～7。中和后缓缓升温至 100～120℃，减压脱水。脱水后过滤、包装即得成品。反应式如下：

$$\begin{array}{l} CH_2OH \\ | \\ CHOH \\ | \\ CH_2OH \end{array} + 200\,CH_2\underset{O}{—}CHCH_3 \xrightarrow{KOH} \text{本品}$$

【产品安全性】 非危险品。对皮肤有刺激，长期接触戴防护眼镜和橡皮手套。密封贮存在阴凉、通风的库房中，保质期 12 个月。

【参考生产企业】 辽宁旅顺化工厂，江苏常州向阳化工厂，江苏靖江油脂化学厂，辽宁丹东化工厂，长春助剂厂，江苏无锡化工集团公司无锡大众化工厂。

Cc002 SS 型农药助剂

【英文名】 adjuvants for agrochemicals SS

【结构式】 见反应式。

【物化性质】 SS 型农药助剂含有聚醚结构，具有良好的水溶性、热稳性、抗剪切性和润滑性，在高温、高压下结焦少、不沉淀。具有硅氧烷结构，能极大地降低物质表面张力，延展性能强，对农药表面具有良好的湿润性、较强的黏附力、优良的气孔渗透率和抗雨冲刷性等。尤其是分子只引入氨基，能生物降解，不污染环境。

【质量标准】

型号	SS1	SS11	SS111
表面张力/(mN/m)	21.35	22.17	22.29
CMC 值/(mL/L)	30～40	35	37
浊点(1%水溶液)/℃	46	48	50
HLB 值	8.332	8.528	8.724
密度/(g/mL)	1.0356	1.0358	1.0572
黏度/Pa·s	2.1	2.3	2.8
倾点/℃	－39	—	—
折射率	1.4377	1.4207	1.4738

【用途】 SS 型农药助剂作为一种新型农

药助剂而正在逐步取代老的助剂，当分子中环氧乙烷含量（质量分数）大于40%时，聚醚能与水以任意比例混溶。它能将农药溶液的表面张力由32.73mN/m降低到24.80mN/m，远超过了一般的阴、阳离子表面活性剂，也超过了一般的有机氟表面活性剂。本助剂亲水、亲油性较强，能适用于非水溶性农药的水溶剂喷撒液的配制，其较小的表面张力和降低农药表面张力的能力，有助于增加农药药剂通过气孔渗透进入叶面，增强药效。

包装规格：用塑料桶包装，50kg/桶、200kg/桶。

【制法】

(1) 环氧聚醚（Ⅱ）的制备　在反应器中加入聚醚F-6和预先制好的钠沙，N_2保护下于80℃剧烈搅拌反应48h钠沙基本消耗完，得到深红棕色聚醚F-6醇钠（Ⅰ）的黏稠溶液（溶液pH值为8）。将异丙醇加至（Ⅰ）中，水浴升温，加入环氧氯丙烷，控温，搅拌反应12h（溶液呈棕黄色，底部有少许淡黄色沉淀，沉淀可溶于水），减压蒸馏除去低沸物，即得环氧聚醚（Ⅱ）。

(2) SS型农药助剂的制备　将甲苯加入制好的环氧聚醚（Ⅱ）中配成溶液，调节pH值为7左右，再加入异丙醇和氯铂酸催化剂，于N_2保护下搅拌滴加含氢硅油，搅拌反应12h。控制浴温，得到淡黄棕色溶液，减压蒸馏除去低沸物，得具有硅氧键的聚醚有机硅氧烷（Ⅲ）。

取一定量的（Ⅲ）加入丙酮溶解，于N_2保护下滴加异丙醇。控制浴温80℃搅拌反应7h，先水泵（真空度约0.9MPa），再油泵（真空度约267Pa），减压蒸馏除去低沸物。得到淡黄色油状物SSⅠ。

取一定量的（Ⅲ）加入丙酮溶解，于N_2保护下滴加二甲胺。控制浴温80℃搅拌反应7h，先水泵（真空度约0.9MPa），再油泵（真空度约267Pa），减压蒸馏除去低沸物，得到红黄色油状物SSⅡ。

取一定量的（Ⅲ）加入丙酮溶解，于N_2保护下滴加乙二胺。控制浴温90℃搅拌反应12h，先水泵（真空度约0.9MPa），再油泵（真空度约267Pa），减压蒸馏除去低沸物，得到红棕色油状物SSⅢ。

$$CH_2{=}CHCH_2O(CH_2CH_2O)_n(\underset{\displaystyle CH_3}{\underset{|}{C}}HCH_2O)_mH \xrightarrow[\triangle]{Na/N_2} CH_2{=}CHCH_2O(CH_2CH_2O)_n(\underset{\displaystyle CH_3}{\underset{|}{C}}HCH_2O)_mNa \quad (\mathrm{I})$$

$$\xrightarrow[\triangle]{ClCH_2CH\overset{O}{\frown}CH_2} CH_2{=}CHCH_2O(CH_2CH_2O)_n(\underset{\displaystyle CH_3}{\underset{|}{C}}HCH_2O)_mCH_2CH\overset{O}{\frown}CH_2 + NaCl \quad (\mathrm{II})$$

$$(\mathrm{II}) + Me_3SiO(Me_2SiO)_x(MeHSiO)_ySiMe_3 \xrightarrow[\triangle]{H_2PtCl_6/N_2}$$

$$\begin{array}{l} \quad CH_2CH_2CH_2O(CH_2CH_2O)_n(\underset{\displaystyle CH_3}{\underset{|}{C}}HCH_2O)_mCH_2CH\overset{O}{\frown}CH_2 \\ \quad | \\ Me_3SiO(Me_2SiO)_x(MeSiO)_ySiMe_3 \end{array} \quad (\mathrm{III})$$

$$\xrightarrow[N_2,\triangle]{RH} \begin{array}{l} \quad CH_2CH_2CH_2O(CH_2CH_2O)_n(\underset{\displaystyle CH_3}{\underset{|}{C}}HCH_2O)_mCH_2\underset{\displaystyle OH}{\underset{|}{C}}H{-}\underset{\displaystyle R}{\underset{|}{C}}H_2 \\ \quad | \\ Me_3SiO(Me_2SiO)_x(MeSiO)_ySiMe_3 \end{array}$$

SSⅠ $R{=}(CH_3)_2CHO{-}$　SSⅡ $R{=}(CH_3)_2N{-}$　SSⅢ $R{=}NH_2CH_2CH_2N{-}$

【产品安全性】 生物降解性好。贮存于阴凉、通风的库房内，室温保质期 12 个月。

【参考生产企业】 辽宁旅顺化工厂，江苏常州向阳化工厂，江苏靖江油脂化学厂。

Cc003 多元醇葡萄苷

【英文名】 polyol glhucosides

【物化性质】 多元醇葡糖苷 HLB 值的覆盖面宽，有优良的起泡性和润湿性、溶解性能、复配性能及安全性能，生物降解性好，对皮肤无刺激。

【质量标准】 GB/T 19464—2004

指标名称	乙二醇葡萄糖苷	丙二醇葡糖苷	二甘醇葡糖苷	甘油葡萄糖甘
外观	琥珀色液体	浅琥珀色液体	琥珀色液体	浅琥珀色液体
含量/%	45～48	45～48	45～48	45～48
黏度/Pa·s	5.0	5.0	6.0	7.0
还原糖含量/%	1.0	1.28	1.42	1.8

【用途】 用作农药增效剂。

包装规格：用塑料桶包装，50kg/桶、200kg/桶。

【制法】 以可再生性资源淀粉或葡萄糖为原料，合成多元醇葡糖苷。

其合成方法有 5 种。

直接苷化法（多元醇与葡萄糖在酸催化下发生转糖苷反应，得到多元醇葡萄糖苷）；溶剂法（由于多元醇沸点很高，自身充当溶剂会给后来的蒸馏过程造成困难，为此加入溶剂）；转糖苷法；间接合成法；水溶液法。与前四种方法相比水溶液法的优点是水作溶剂，无污染。

（1）直接苷化法

a. 乙二醇葡萄糖苷的合成。将 30 份乙二醇加入装有搅拌机、温度计、滴液漏斗和回流冷凝器及分水器的装置中，加入 0.44 份催化剂 TiO_2/SO_4^{2-} 和 TiO_2-ZrO_2/SO_4^{2-}，缓慢升温至 110℃，然后滴加 30 份正丁醇和 36 份玉米淀粉组成的悬浊液，在回流温度下反应 3h，再加入预热的 36 份乙二醇。加料完毕后减压脱正丁醇，维持体系压力在 6265Pa，反应温度控制在 140～150℃，反应 1h，所得产品乙二醇葡萄糖苷为褐色液体，收率 70%。

b. 丙二醇葡萄糖苷。将 1mol 葡萄糖和 1.1mol 丙二醇加入反应器中，搅拌下加热至 120℃，30min 混合物变为澄清溶液，然后加入 0.05%催化剂碘，将反应器接上真空系统，在 0.01MPa 下于100～130℃反应，得产品。

c. 二甘醇葡萄糖苷。将 1mol 葡萄糖和 1.1mol 二甘醇加入反应器中，搅拌下加热至 120℃，30min 混合物变为澄清溶液，然后加入 0.04%催化剂碘，将反应器接上真空系统，在 0.01MPa 下于100～120℃反应，得产品。

（2）溶剂法合成甘油葡萄糖苷　将 5.0mol 甘油和 0.5%浓 H_2SO_4 加入反应器，加热至 110～115℃，于强烈搅拌下 1.5h 内加入 5.0mol（干基）玉米淀粉（事先打浆于 300L 甲苯中），回流条件下继续搅拌 3.25h，淀粉中的水通过共沸被移出。用 $CaCO_3$ 中和催化剂，然后换上蒸馏装置，继续搅拌，温度保持在 115℃，体系压力逐渐降低，蒸出甲苯，最后产品收率为 74.0%（基于 2,3-二羟丙基-α,β-D-呋喃糖苷），含 0.2%还原糖。

（3）转糖苷法合成甘油葡萄糖苷　将 5.0mol 甘油和 1mol 乙二醇混合，加入反应器，再加 0.5%浓 H_2SO_4，加热至 110～115℃，于强烈搅拌下 1.5h 内加入 5.0mol（干基）玉米淀粉（事先用乙二醇打浆），回流条件下继续搅拌 3.25h，移出淀粉中的水。用 $CaCO_3$ 中和催化剂，然后换上蒸馏装置，继续搅拌，温度保持在 115℃，体系压力逐渐降低，蒸出乙二醇，得到甘油葡萄糖苷。最后产品收率为 75.0%（基于 2,3-二羟丙基-α,β-D-呋喃糖苷），含 0.2%还原糖。

（4）间接合成法　将葡萄糖先溴乙酰化，制得溴乙酰化葡萄糖晶体，取 12 份晶体加入到 40 份乙二醇中，并加入 14.4 份干燥 Ag_2CO_3，振荡混合物直至无 CO_2 逸出。加入 75 份无水苯，振荡后放置过夜，移去银盐，分离两层。乙二醇层用无水苯重复萃取，萃取液经浓缩、结晶、用水重结晶得乙二醇 β-D-单葡萄糖苷四醋酸盐，然后脱醋酸，0℃下放置 1 个月，加入极少量的二甘醇 β-D-单糖苷晶体，迅速结晶，无水乙醇重结晶后得到纯净的乙二醇 β-D-单糖苷晶体，熔点 117.5～118℃。

（5）水溶液法　将单糖配成一定浓度的水溶液，在酸催化下与醇直接反应得到糖苷，反应过程中不断蒸出水。

【产品安全性】 天然产物，安全性好。贮存于阴凉、通风的库房内，保质期 12 个月。

【参考生产企业】 济宁市嘉宁生物科技有限公司，浙江省嘉兴市卫星化工集团，天津轻化所实验厂。

Cc004 胰加漂 T

【别名】 N-甲基油酰氨基乙基磺酸钠

【英文名】 lgephon T; sodium N-meethyl, N-oleoylamino ethyl salfonate

【登记号】 CAS [27236-38-0]

【相对分子质量】 425.60

【结构式】

$$C_{17}H_{33}CON(CH_3)—CH_2CH_2SO_3Na$$

【物化性质】 淡黄色胶状液体。10℃以下黏度增大。易溶于热水，水溶液呈微碱性。具有优良的净洗、匀染、渗透及乳化性能，钙皂扩散力优于太古油。在酸、硬水和电解质中不受影响，泡沫稳定性良好。

【质量标准】

项目	指标
不皂化物/%	≤0.2
脂肪酸皂/%	≤2.0
pH 值(1%水溶液)	7.2～8.0
有效物/%	≥18
氯化物/%	≤6.0
乙醇不溶物/%	<1.0

【用途】 优异的农药润湿剂、渗透剂。

包装规格：用塑料桶包装，25kg/桶、200kg/桶。

【制法】 将油酸吸入反应器中，在搅拌下缓缓加入三氯化磷，二者摩尔比为 0.8∶1。滴加三氯化磷过程中温度维持在 30℃左右。滴毕后在 50～60℃下保温反应 4h。静置，分出下层废酸，取上层清液（粗油酰氯）备用。将计量的油酰氯和甲氨基乙基磺酸钠投入反应釜，加热回流 2～3h。冷至 40℃左右加碱调 pH 值至 7.2～8.0。出料，包装即为成品。反应式如下：

$$C_{17}H_{33}COOH + PCl_3 \longrightarrow$$

$$C_{17}H_{33}COCl + CH_3NHCH_2CH_2SO_3Na \xrightarrow{NaOH} \text{本品}$$

【产品安全性】 对皮肤有刺激，长期接触戴护目镜和橡皮手套。密封贮存在阴凉、通风的库房中，保质期 12 个月。

【参考生产企业】 湖北新四海化工股份有限公司，上虞市海利化工有限公司，上海合成洗涤剂三厂，浙江萧山长河化工厂等。

Cc005 N-十四烷基甘氨酸钠盐

【英文名】 sodium glycine N-tetraclecyl

【结构式】 $C_{14}H_{29}NHCH_2COONa$

【相对分子质量】 293.42

【物化性质】 白色粉末，溶于水、热乙醇，具有润湿、发泡、杀菌性能，对热稳定性好，毒性低，对皮肤刺激性小。

【质量标准】

含量/%	≥95
Cl^- 含量/%	≤0.5

【用途】 用作农药润湿剂。

包装规格：用内衬塑料袋的编织袋包装，净重 25kg、50kg，200kg 塑料桶包装。

【制法】 将十四胺加入反应釜，加入 1,4-二氧六环作溶剂，搅拌，加热溶解。再加入理论量的氯乙酸钠水溶液，在 80～100℃下搅拌 8h，然后减压蒸出水和溶剂。往剩余的粗产品中加入乙醇，加热溶解，趁热过滤，滤液冷却，结晶。在 60℃下真空干燥得产品。反应式如下：

$$C_{14}H_{29}NH_2 + ClCH_2COONa \longrightarrow \text{本品}$$

【产品安全性】 对皮肤有刺激，长期接触戴护目镜和橡皮手套。不能与阳离子物共混。密封贮存在阴凉、通风的库房中，保质期 12 个月。

【参考生产企业】 天津市助剂厂，大连华能化工厂，太原化工公司精细化工厂。

Cc006 N-辛基-二氨乙基甘氨酸盐酸盐

【别名】 Tego 51

【英文名】 glycine *N*-C_2-aminoethyl-*N*-octyl-diaminoethyl mono hydrochloride

【相对分子质量】 309.90

【登记号】 CAS [50808-48-5]

【结构式】

$$\begin{array}{l} CH_2NHCH_2CH_2NHC_8H_{17} \\ | \\ CH_2NHCH_2COOH \cdot HCl \end{array}$$

【物化性质】 红外光谱在 1680～1570cm^{-1}有强吸收，泡沫丰富、毒性低，对皮肤、眼睛无刺激，还具有很好的杀菌性。

【质量标准】

外观	无色片状结晶
含量/%	≥95

【用途】 用作农药润湿剂。

包装规格：用塑料桶包装，50kg/桶、200kg/桶。

【制法】 将 4mol 二乙烯三胺加入反应釜，加热到 180℃，在不断搅拌下滴加氯代辛烷，滴毕后，保温反应 4h。静置一夜，让二乙烯三胺盐酸盐沉淀完全，过滤除去。滤液进入蒸馏釜减压蒸馏，收集 150～200℃/2kPa 的馏分，得淡黄色黏稠液为十八烷基二乙烯三胺。将化学计量的十八烷基二乙烯三胺和氯乙酸水溶液加入缩合釜，在 100℃下反应 2h。趁热放入结晶槽中，得无色片状结晶，即为产品。反应式如下：

$$NH_2CH_2CH_2NHCH_2CH_2NH_2 \xrightarrow{C_8H_{17}Cl}$$

$$C_8H_{17}NHCH_2CH_2NHCH_2CH_2NH_2 \xrightarrow{ClCH_2COOH} \text{本品}$$

【产品安全性】 非危险品，不能与阳离子共混。贮存于阴凉、通风的库房内，室温保质期 6 个月。

【参考生产企业】 浙江省嘉兴市卫星化工集团，辽宁旅顺化工厂，南京金陵石化公司化工厂，湖北沙市石油化工厂等。

Cc007 N,N-二辛基（氨乙基）甘氨酸盐酸盐

【别名】 Tego 103

【英文名】 glycine *N*,*N*-bis [octylaminoethyl] hydrochloride

【登记号】 CAS [52658-82-9]

【结构式】

$$\begin{array}{l} CH_2NHCH_2CH_2N[C_8H_{17}]_2 \\ | \\ CH_2NHCH_2COOH \cdot HCl \end{array}$$

【物化性质】 溶于水，具有发泡、湿润、杀菌性能，稳定性好，对皮肤无刺激。

【质量标准】

外观	白色固体
含量/%	≥95

【用途】 用作农药缓凝剂。

包装规格：用塑料桶包装，净重

50kg、100kg。

【制法】 由二乙烯三胺、氯代辛烷、氯乙酸缩合而成。其投料比为二乙烯三胺∶氯代辛烷∶氯乙酸=3∶2∶1（摩尔比）。

【产品安全性】 对皮肤无刺激。在阴凉、通风的库房保存，保质期6个月。

【参考生产企业】 浙江省化工研究院，吉林开山屯化学纤维浆厂，吉林石砚造纸厂。

Cc008 复硝酚钠

【英文名称】 compound sodium nitrophenolate

【组成】 5-硝基愈创木酚、邻硝基苯酚钠、对硝基苯酚钠。

【物化性质】 外观为橘红色片状结晶、深红色针状结晶和黄色片状晶体混合晶体，易溶于水，可溶于乙醇、甲醇、丙酮等有机溶剂。有酚类芳香味。

【质量标准】

项目	指标
酸度/%	≤7
有效成分含量/%	98

【用途】 广谱型植物生长调节剂，优秀的肥料及杀菌剂增效剂，具有促进细胞原生质流动、提高细胞活力、促进花粉粒萌发和花粉管伸长、加速植株生长发育、促进壮苗、保花保果、提高产量、增强抗逆能力、解除顶端优势等作用。

产品优点：

①促使植物同时吸收多种营养成分，解除肥料间的拮抗作用；②增强植株活力，促进植物需肥欲求，抵御植株衰败；③化解pH壁垒效应，改变酸碱度，使植物在适宜的酸碱条件下完成对肥料的吸收；④变无机肥料为有机肥料，克服厌无机肥症，使植物良性吸收；⑤增加肥料的渗透、黏着、展着力，打破植物自身限制，增强肥料进入植物体内的能力；⑥增加植物对肥料的利用速度，刺激植物不再搁肥。

应用特点：

① 速效性。温度在30℃以上，24h见效；在25℃以上，48h见效。

② 含量高，用量少。每种有效成分含量可达98%，无任何有害杂质，使用安全且用量少，按亩（1亩=666.7m^2）计算，叶面喷施0.2～0.3g；冲施8.0～10g；复合肥8～10g。

③ 广谱，方便。复硝酚钠适用于一切农作物，适用于一切肥料（叶面肥、复合肥、冲施肥、基肥、底肥）等，适用于任何时间。无需复杂的生产工艺，无论叶面肥、冲施肥、固体肥、液体肥、杀菌剂等，只要添加均匀，效果一样神奇。

④ 显著提高药效、改善作物品质、增强作物抗病抗逆能力。

⑤ 成本低廉、无毒无残留。

⑥ 广谱、抗病、解毒。可以调理植物的C/N比平衡，切断病毒赖以生存的生物链，使植物自身产生抗病毒能力。

⑦ 具有调节植物体内五大内源激素的功效。

应用方法：

① 单独使用。可制成水剂（如0.9%、1.8%水剂，1.4%复硝酚钠水剂），单独使用。叶面喷施浓度为（6～9）×10^{-6}，0.2～0.3g/亩；冲施8～10g/亩；基肥、追施肥10～15g/亩。

② 与肥料复配使用。复硝酚钠与肥料（叶面肥、冲施肥、复合肥等）复配使用，能解除拮抗作用、调节土壤pH值、供给能量，提高植物对营养元素的吸收率，使肥效倍增（参考量2‰～6‰）。

③ 与杀菌剂、杀虫剂复配使用。复硝酚钠与杀菌剂、杀虫剂复配，喷施浓度为6×10^{-6}，可在杀虫杀菌的同时增加植物长势，增强植物抗病抗虫能力，保护作

物旺盛的生长状态。同时增加杀菌功能，提高药效，减少用量，延长药效持续时间（参考量2‰～6‰）。

④ 与种衣剂、病毒剂复配使用。复硝酚钠与种衣剂、病毒剂复配使用，可缩短种子休眠期，促进细胞分裂，诱导生根发芽、抵制病原菌的侵扰，使幼苗健壮（参考量1‰）。

包装规格：袋装，5g/袋、400袋/箱。

【制法】 由苯酚硝化、中和得产品。

【产品安全性】 无毒无残留。贮存于阴凉、干燥处，确保儿童不能触及。产品开封后须尽快使用，不得食用。如有本品溅入眼睛，应立即用大量清水冲洗，并到医院就诊。常温下贮存稳定。

【参考生产企业】 广州市诺康化工有限公司，广州市斯洛柯化学有限公司，沭阳县植保有限公司，梁山鼎升生物有限公司，广州市霍普化学科技有限公司。

Cc009 农药增效剂 HP-408

【英文名】 pesticide synergist HP-408

【组成】 聚醚改性有机硅氧烷。

【物化性质】 聚醚改性有机硅氧烷，无毒无害，具有极低的表面张力，其0.1%的水溶液的表面张力可降至21dyn/cm，表现出优异的铺展性及渗透性，使药液在叶面迅速铺展。可明显增强药液在植物或害虫体表的黏附力和展着力，提高农药利用率。促进内吸型药剂通过气孔渗透，提高耐雨水冲刷力，下雨无需再补喷。可减少单位面积农药使用量和用水量，减少农药污染，降低农药残留，省时、省工、省药，增加经济效益。提高农药的药效，减少农药使用过程中的浪费，从而达到减少用量的目的，减轻因农药的施用对环境及人体产生的毒害。

【质量标准】 Q/TSW 003—2008

外观	无色至淡黄色液体
相对密度(25℃)	1.022～1.032
黏度(25℃)/cs	20～80
有效含量/%	100
折射率	1.440～1.455
表面张力(25℃)/(mN/m)	21～23

【用途】 由于有机硅表面活性剂的特殊结构能够极大地降低水及其溶液的表面张力，其溶液能够轻易润湿几乎所有种类的叶面。广泛应用于除草剂、杀菌剂、杀虫剂、植物生长调节剂、叶面肥等农药的配方中，增加喷雾药液覆盖面，促进喷雾药液快速吸收，增强药液耐雨水冲刷及渗透能力。

使用方法：本品可在农药生产过程中任何阶段添加，也可以在农药喷洒前添加于稀释液中；建议添加量为稀释液的0.01%，原液建议添加量为0.5%～5%。

包装规格：用聚乙烯桶或内涂塑料桶包装，净重50kg、200kg，也可根据用户要求更换包装。

【制法】 由聚氧化乙烯醚改性三甲氧基硅烷而得。

【产品安全性】 对人、畜、禽无害。由于其渗透性能强，使用时操作者要做好安全防护措施，如戴防护镜、穿防渗透的保护服等。密封贮存于通风、干燥处（5～30℃），防止雨淋、日光曝晒，不得与强酸、强碱及盐混装、混运和堆放。按非危险品运输。存贮期为12个月。

【参考生产企业】 湖北新四海化工股份有限公司，安徽徽商农家福有限公司，上虞市海利化工有限公司。

Cc010 高效悬浮剂 WA-8

【英文名】 efficient suspensions

【组成】 多种表面活性剂。

【物化性质】 外观为白色固体。具有优异的扩散性、渗透性、乳化性和黏着吸附力。

【质量标准】

项目	指标
pH值	6.5～7.5
乳化力(0.1%溶液水油分离时间)/min	>45
细度/目	325
悬浮率润湿性	优良
渗透力(0.1%溶液帆布沉降法)/s	<40

【用途】 作为一种新型增效剂添加后可提高可湿性粉农药的悬浮率。经对比测试，其渗透（润湿）力、乳化力均优于目前市场上的常规助剂（拉开粉，净洗剂 LS），且改变了这些助剂一般只有单一功能的状况，提高综合药效。

使用方法：可直接添加在可湿性粉剂、悬浮剂农药中，也可和其他表面活性剂搭配使用，一般添加量为 2%～5%，单独使用适当增量。

包装规格：用内衬塑料袋的编织袋包装，25kg/袋。

【制法】 非离子表面活性剂、阴离子表面活性剂的混合物。

【产品安全性】 非危险品。密封贮存于通风、干燥处（5～30℃），防止雨淋、日光曝晒，不得与强酸、强碱及盐混装、混运和堆放。存贮期为 24 个月。

【参考生产企业】 淄博维多经贸有限公司，寿光市众鑫益合农资有限公司，湖北新四海化工股份有限公司，上虞市海利化工有限公司。

Cc011 三十烷醇

【别名】 蜂花醇，TRIA，增产宝，大丰力

【英文名】 triacontanol

【分子式】 $C_{30}H_{62}O$

【相对分子质量】 438.82

【物化性质】 熔点 86～87℃，白色片状，易溶于水，对光、空气、热及碱均稳定。

【质量标准】

项目	指标
酸度/%	≤7
有效成分含量/%	90

【用途】 作植物生长促进剂。适用于水稻、玉米、高粱、棉花、大豆、烟草、甜菜、甘蔗、花生、蔬菜、果树、花卉等多种作物和海带养殖。

作用及功效：极低的浓度可经由植物茎、叶吸，收刺激作物生长。具有增加干物质积累、改善细胞膜透性，增加叶绿素含量、提高光合强度，增强淀粉酶、多氧化酶、过氧化物酶活性，增强光合作用等多种生理功能，增强抗寒、抗旱能力。在作物生长前期使用，可提高发芽率、生根、改善秧苗素质，增加有效分蘖。在生长中、后期使用，促进茎叶生长及开花，可增加花蕾数，使农作物早熟，提高结实率、座果率及千粒重。增加产量，改善产品品质。

使用方法：

① 水稻。用 0.5～1mg/kg 药液浸种 2d 后催芽播种（或在肥料 1t 中加 2kg 三十烷醇乳粉）。可提高发芽率，增加发芽势，增产 5%～10%（常规用量 0.5×10^{-6}）。

② 大豆、玉米、小麦、谷子。用 1mg/kg 药液浸种 0.5～1d 后播种，亦可提高发芽率，增强发芽势，增产 5%～10%。

③ 叶菜类、薯类、苗木、牧草、甘蔗等。用 0.5～1mg/kg 药液喷洒茎叶，一般增产 10%以上。

④ 果树、茄果类蔬菜、禾谷类作物、大豆、棉花。用 0.5mg/kg 药液在花期和盛花期各喷 1 次亦有增产作用。

⑤ 插条苗木。用 4～5mg/kg 药液浸泡，可促进生根。

⑥ 海带。用 0.5～1mg/kg 药液浸泡长约 14cm 海带苗 6h，可增产 20%以上，并使海带叶片长、宽、厚生长加快，内含干物质提高 7%，褐藻胶和甘露醇亦有明显提高。

包装规格：内包装塑料袋，1kg/袋；

外包装木板箱，40袋/箱。

【制法】 由植物和昆虫的蜡质与低级醇进行酯交换反应而得。

【产品安全性】 对人畜和有益生物未发现有毒害作用。小鼠急性经口 LD_{50} 为 10000mg/kg，无刺激性。密封贮存于通风、干燥处（5～30℃），防止雨淋、日光曝晒，不得与强酸、强碱及盐混装、混运和堆放。按非危险品运输。存贮期为12个月。

【参考生产企业】 济宁市嘉宁生物科技有限公司，安徽徽商农家福有限公司，寿光市众鑫益合农资有限公司。

Cc012 萘乙酸

【别名】 α-萘乙酸

【英文名】 1-naphthyl acetic acid

【登记号】 CAS［86-87-3］

【分子式】 $C_{12}H_{10}O_2$

【相对分子质量】 186.21

【物化性质】 无臭无味，熔点为134～135℃。80%萘乙酸原粉为浅黄色粉末，熔点为106～120℃，溶解性（20℃）为水中420mg/kg，四氯化碳中10.6g/L（26℃），二甲苯中55g/L，易溶于丙酮、乙醇、丙二醇，与碱能形成水溶性盐，原药熔点125～128℃。可加工成钾盐或者钠盐后再配制成水溶液使用。其钠、钾盐可溶于热水，如浓度过高水冷却后会有结晶析出。

【质量标准】

外观	白色结晶	含量/%	≥80
水分/%	≤5	pH值	3～8

【用途】 作植物生长调节剂，除具有一般生长素的基本功能外，还可以促进植物不定根和根的形成，用于促进种子发根、插扦生根和茄科类生须根。能促进果实和块根块茎的迅速膨大，因此在蔬菜、果树上可作为膨大素使用。能提高开花座果率，防止落花落果，具有防落功能。不仅能提高产量、改善品质、促进枝叶茂盛、植株健壮，还能有效提高作物抗寒、抗旱、抗涝、抗病、抗盐碱、抗逆能力。

包装规格：1kg/袋、25袋/桶。

【制法】 由萘与氯乙酸进行亲电取代反应而得。

【产品安全性】 萘乙酸属低毒植物生长调节剂，大鼠急性经口 LD_{50} ＞5000mg/kg，兔经皮 LD_{50} 为2000mg/kg（雌），鲤鱼 LC_{50}(48h)＞40mg/L，对皮肤、黏膜有刺激作用，注意防护。

【参考生产企业】 淄博维多经贸有限公司，济南鸥鹤商贸有限公司，湖北新四海化工股份有限公司，上虞市海利化工有限公司。

Cc013 喷雾改良剂

【英文名】 spray conditioner

【组成】 乙氧基改性聚三硅氧烷

【物化性质】 外观为无色至淡琥珀色液体，具有低的表面张力、良好的展着性、渗透性及乳化分散性。易溶于甲醇、异丙醇、丙酮、二甲苯和二氯甲烷等。按一定比例与农药溶液混合后就可以显著增加农药在植物表面的滞留量、延长滞留时间和提高对植物表皮的穿透能力。

【质量标准】

项目	指标
黏度(25℃)/mPa·s	30～35
表面张力/(mN/m)	21.0～24.0
含量/%	≥93
密度(0.1%)/(g/cm³)	1.00～1.05
浊点(0.1%,质量分数)/℃	＜10

【用途】 可作为喷雾改良剂，可降低喷雾药液与植物表面的接触角，提高喷雾药液的附着力，提高农药利用率。亦可作叶面吸收助剂，具有优良的渗透性、润湿性与扩展性，增强药液附着，增加覆盖面，促进内吸型药剂通过气孔渗透，提高农药功效。高效的内吸和传导性，耐雨水冲刷

性，易混性，高度的安全性和稳定性。

包装规格：用塑料桶包装，净重26kg、200kg。

【制法】以甲基二氯硅烷（CH_3SiHCl_2）、六甲基二硅氧烷（MM）、烯丙醇聚氧烷基醚（聚醚F6）为原料，氯铂酸-异丙醇为催化剂，经低温水解、催化平衡反应（60℃，反应时间6h）、硅氢加成反应（90℃，反应时间5h）合成聚醚改性聚硅氧烷。

【产品安全性】无毒、无刺激。由于其渗透性能强，使用时操作者要做好安全防护措施，如戴防护镜，穿防渗透的保护服等。密封贮存于通风、干燥、阴凉处，防阳光直晒，防止雨淋、日光曝晒、不得与强酸、强碱及盐混装、混运和堆放。按非危险品运输。存贮（5～30℃）期为12个月。

【参考生产企业】江苏凯元科技有限公司，湖北新四海化工股份有限公司，上虞市海利化工有限公司，济南鸥鹤商贸有限公司。

Cc014 有机硅粉剂

【英文名】organic silicon powder agent

【组成】固载化烷氧基改性聚三硅氧烷。

【物化性质】具有超级展扩能力，能降低喷雾溶液表面张力。在0.2%浓度（质量分数）可使水的表面张力降至约21mN/m［OP-10在浓度1%（质量分数）时，只能使水的表面张力降至30mN/m］，显示超级展扩性，可有效降低喷雾溶液与叶面的接触角，从而增加喷雾的覆盖面。可以促进农药通过叶片气孔的吸收，喷雾溶液通过此途径被植物吸收而耐雨水冲刷，从而提高使用的可靠性。

【质量标准】

外观	白色干燥粉末
有机硅含量/%	60
浊点(0.2%水溶液)/℃	<10
表面张力(0.2%水溶液)/(mN/m)	20.5

【用途】喷雾改良剂。加入可湿性粉剂WP、颗粒剂GR、水分散性颗粒剂WDG、可溶性粉剂SP以及泡腾剂等，可有效降低喷雾液表面张力，提高药效。

用量：建议按农药原液1%～10%的量加入。

包装规格：用内衬塑料袋全纸桶包装或塑料桶包装，净重20kg。

【产品安全性】由于其渗透性能强，使用时操作者要做好安全防护措施，如戴防护镜，穿防渗透的保护服等。密封贮存于通风、干燥处，防止雨淋、日光曝晒，不得与强酸、强碱及盐混装、混运和堆放。按非危险品运输。存贮（5～30℃）期为12个月。

【参考生产企业】张家港市天瑞化工有限公司，湖北新四海化工股份有限公司，上虞市海利化工有限公司。

Cc015 海藻酸盐

【英文名】alginate

【组成】海藻酸是由甘露糖醛酸（M）和古洛糖醛酸（G）组成的混聚多糖。

【物化性质】是藻体中的海藻酸与海水中的矿物质生成的天然多糖类物，为亲水性胶体，遇到钙离子可迅速发生离子交换，生成凝胶，其凝胶具有热不可逆性。

【质量标准】GB 1976—2008

外观	颗粒状物
黏度/mPa·s	100～800
有效物质含量/%	99
颗粒细度/目	30～40

【用途】作农药增稠稳定剂，亦可作印花色浆、油田助剂、废水处理剂等。

包装规格：用清洁干燥的镀锌铁桶包装，净重125kg。

【制法】海带、巨藻等褐藻的提取液经后处理得海藻酸盐。

【产品安全性】天然产品，无毒、无刺激。吸湿性强，必须保证容器密封，并存放于干燥、通风的仓库内，避免曝晒、雨淋，严禁明火，运输过程应避免剧烈碰撞，以防破损。贮存保持期为 24 个月，复检合格仍可使用。

【参考生产企业】 郑州景德化工产品有限公司，山东天道生物工程有限公司，济南普莱华化工有限公司。

Cc016 农药润湿剂

【英文名】 pesticide wetting agent

【组成】 复配物。

【物化性质】 易溶于水，能快速润湿农药粒子表面，并有利于悬浮制剂的砂磨，增强水乳、悬浮剂的稳定性，具有润湿、渗透、速效性，提高药液的滞留量。

【质量标准】

外观	无色至淡黄色黏稠体
水溶性	易溶于水
pH 值(1%水溶液)	6.0±1.0

【用途】 是一类以润湿为主、分散为辅的新型功能型助剂。如 500g/L 的甲托 SC，采用一般的分散剂会出现制剂表面结皮，热贮易膏化现象，本品基本不析水，常温贮存稳定，悬浮率也能得到提高。

包装规格：用塑料桶或铁桶密封包装，净重 25kg、50kg、200kg。

【制法】 由特殊阴离子表面活性剂和特殊聚醚改性后的表面活性剂混配而成。

【产品安全性】 非危险品。不能接触黏膜和眼睛，不慎沾污用水冲洗干净。置于阴凉、通风、干燥处，保质期 24 个月。

【参考生产企业】 江西天晟新材料有限公司，江苏凯元科技有限公司。

Cc017 烷基胺聚氧乙烯醚季铵盐

【英文名】 alkyl quaternary amine ethoxylates

【组成】 十二烷基胺聚氧乙烯醚季铵盐和十八烷基胺聚氧乙烯醚季铵盐的混合物。

【物化性质】 由非离子表面活性剂经改性而成，兼有非离子和阳离子双重性能。有更好的水溶性，与传统表面活性剂相比更易吸附在两相界面，其吸附能力是传统活性剂的 10～10000 倍，因而在降低表面张力、发泡、稳泡、乳化方面具有特佳的效率和能力；具有较低的临界胶束浓度(CMC)，其 CMC 仅为传统表面活性剂的 1/10～1/100，这就意味着其刺激性小，并具有超强的增溶效果和成本优势；耐强电解质，能与几乎所有阴离子表面活性剂复配而不沉淀，少量（1%～10%）加入即具有明显增效作用。

【质量标准】

外观	浅黄色液体
pH 值(1%的水溶液)	6.0～8.0
有效物含量/%	50～80

【用途】 作水剂农药的增效剂，用于草甘膦水剂、可湿性粉剂，比其他季铵盐如十六烷基三甲基氯化铵、十二烷基三甲基氯化铵、双癸基二甲基季铵盐等有更强的增效作用。

使用方法①：先将烷基胺聚氧乙烯醚季铵盐溶于水形成 0.2%的水溶液，然后将草甘膦水剂、可湿性粉剂用该 0.2%的季铵盐水溶液兑稀 300 倍，再喷施到要处理的农田里。草甘膦的用量一般为 200g/hm^2 以上。

使用方法②：将该季铵盐与其他非离子表面活性剂按 80∶20 的质量比混合后按 10%～20%加入到 10% 的草甘膦水溶液中搅匀，再兑水喷施。

包装规格：采用塑料桶包装，每桶净重 200kg，或按用户要求定制。

【制法】 由烷基胺聚氧乙烯醚与季铵化剂在一定的条件下经季铵化反应后精制而成。

【产品安全性】 有刺激性。不能接触眼睛和黏膜，不慎沾污用水冲洗干净。贮存于阴凉、通风的库房中，室温保质期 12 个月。

【参考生产企业】 广州市诺康化工有限公司，山东天道生物工程有限公司，济南普莱华化工有限公司。

Cc018 芸苔素内酯

【别名】 油菜素内酯，(22*R*,23*R*,24*R*)-2a,3a,22s,23s-四羟基-24*R*-乙基-*β*-高-7-氧杂-5a-胆甾-6-酮

【英文名】 brassinolide

【相对分子质量】 480.68

【登记号】 CAS [72962-43-7，78821-43-9]

【结构式】

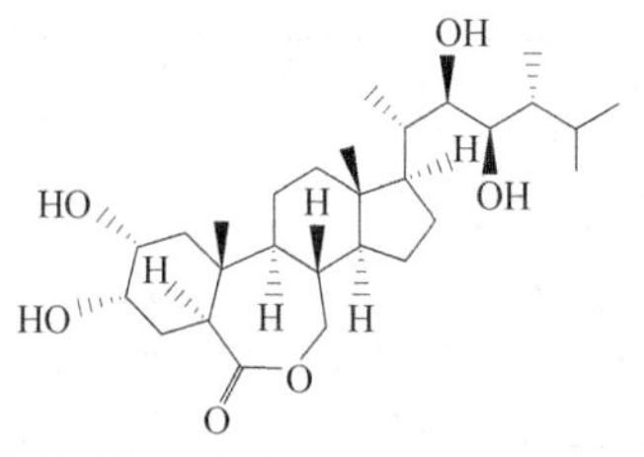

【物化性质】 水中溶解度为5mg/kg，易溶于甲醇、乙醇、丙酮等有机溶剂。熔点为256～258℃。渗透强、内吸快；可有效增加叶绿素含量，提高光合作用效率，促根壮苗、保花保果；可提高作物的抗寒、抗旱、抗盐碱等抗逆性，显著减少病害的发生；并能显著缓解药害的发生，药害发生后使用可解毒，使作物快速恢复生长，并能消除病斑；显著增加产量和提高作物的品质。

【质量标准】

有效物含量/%	≥95
外观	白色晶体

【用途】 芸苔素是一种最新的植物内源激素，是国际上公认为活性最好的高效、广谱、无毒的植物生长调节剂。低浓度下显示各种活性，具有增强植物营养生长、促进细胞分裂和生殖生长的作用。能提高叶绿素含量，促进光合作用，有利于花粉受精，提高座果率和结实率，改善植物生理代谢作用，提高抗逆性。在不同地区、不同作物上进行的大田应用试验表明，可使小麦增产10%以上，玉米增产20%以上，水稻增产10%以上，草莓、西瓜、烟草增产20%以上，柑橘、橙增产15%。用于小麦浸种可促进根系生长；用于玉米可增强光合作用，提高产量；用于黄瓜、番茄、青椒、菜豆、马铃薯，具有保花保果、增大果实和改善品质的作用。广泛应用于粮食作物、经济作物、蔬菜作物、果树、桑茶。此外，芸苔素内酯应用于花卉、药材以及林木苗子上都有明显的促进生长、提高成活率、增强抗逆环境的作用。

芸苔素作用特点：

① 用于植物生长发育的各个阶段，芸苔素可促进营养体生长和受精作用，其化学结构近似于动物性激素；

② 生理作用表现有生长素、赤霉素、细胞分裂素的某些特点；

③ 芸苔素作用的浓度很低，一般在$(0.0001\sim0.00001)\times10^{-6}$；

④ 植物的根、茎、叶均能很好地吸收芸苔素；

⑤ 解毒能力（除草剂引起的药害）；

⑥ 抗病（如水稻稻瘟病，纹枯病，黄瓜灰霉病，番茄疫病，白菜、萝卜软腐病等）；

⑦ 芸苔素与肥料、杀菌剂、杀虫剂混用可起到增效作用。

芸苔素可浸种、喷雾、混配，其使用方法及效果如下。

① 将芸苔素与杀菌剂、杀虫剂、除草剂等在生产加工过程中掺和作为添加剂使用，可极大地提高农药产品的效果及使用价值。用量，芸苔素1.5kg可掺和1t杀菌剂（按每吨杀菌剂可用10000亩计算）即可起到显著作用。

② 芸苔素直接喷洒在农作物叶面上，本剂每克可兑水100～150kg，可以和酸性杀菌剂、杀虫剂混用。

a. 小麦。芸苔素处理后有显著的增产作用。0.05～0.5mg/L 的芸苔素内酯对小麦浸种 24h，对根系和株高均有明显的促进作用。分蘖期以此浓度进行叶面处理，可使分蘖数增加。小麦孕穗期用 0.01～0.05mg/L 进行叶面喷雾处理的效果最为明显，一般可增产 7%～15%。

b. 玉米。用 0.01mg/L 的芸苔素内酯全株喷雾处理，能明显减少玉米穗顶端籽粒的败育率，可增产 20%左右。在抽雄前处理的效果优于吐丝后施药。

c. 水稻。在分蘖期、抽穗期、灌浆期，每亩用 0.04% 芸苔素内酯水剂 0.67mL，加水 675～750L 各喷 1 次。

d. 棉花：每亩 0.04% 芸苔素内酯 10mL，加水 675～750L，在苗期、蕾期、花期各喷施 1 次，能使单株接铃数提高，单铃重增加。

e. 果蔬类。每亩 0.67mL 加水 45～50L，白菜苗期、营养生长期各喷 1 次，瓜果在苗期、初花、幼果期各喷 1 次，可使叶绿、杆白、鲜嫩，防止花果脱落，抗病腐烂，具有显著的增产效果。

包装规格：内包装塑料袋 1kg/袋，外包装木桶，30 袋/桶。

【制法】 油菜提取物。

【产品安全性】 对人、畜安全。大鼠急性口服 LD_{50} > 2000mg/kg，急性经皮 LD_{50} >2000mg/kg，对鱼类低毒。常温稳定，贮存于通风、干燥的库房中。

【参考生产企业】 河南神雨生物科技有限公司，山东金利达农业科技有限公司，广州市霍普化学科技有限公司。

Cc019 脂肪胺聚氧乙烯醚系列

【英文名】 fatty amine ethoxylates series

【结构式】 $RN[(CH_2CH_2O)_nH]_2$

【物化性质】 非离子表面活性剂。1202 易溶于水、乙醇和二甲苯，1802 溶于乙醇和二甲苯，能分散在水中。具有良好的乳化性、润湿性、分散性。根据脂肪胺的不同分为椰油胺醚和牛脂胺醚，根据 EO 加成数的不同分为不同的系列产品。

【质量标准】

指标名称		椰油胺聚氧乙烯醚			牛脂胺聚氧乙烯醚				
		1202	1205	1210	1802	1805	1810	1815	1820
外观(25℃)			淡黄色透明液体		膏状		琥珀色透明液体		
pH(1%溶液)			8.0～10		8.0～10		8.0～10		
叔胺/%	≥		96		96		96		
HLB 值		6.4	12.4	13.8	5.0	9.0	12.5	14.2	15.4

【用途】 用作农药润湿剂。广泛用于弱阳离子农药乳油和悬浮剂配方中，其良好的润湿性促进水溶组分的吸收、渗透和附着。单独或与其他单体复配用于农药乳化剂生产。1815 和 1820 作为主要组分可用于草甘膦水剂的助剂。1815 和 1820 还可用作黏胶纤维变性剂和纺丝油剂组分。金属加工业用作防腐蚀剂、缓蚀剂和润滑切削油组分。

包装规格：用塑料桶包装，净重 50kg；铁桶包装，净重 200kg。

【制法】 将椰油胺和催化剂 KOH 加入反应釜中，用氮气置换釜作空气，升温至 150～160℃，通环氧乙烷，在 0.2～0.3MPa、155～170℃条件下反应至终点，冷却、出料。

【产品安全性】 无毒，不易燃，按一般化学品贮存和运输。贮存于阴凉、干燥、通风处，保质期 24 个月。

【参考生产企业】 江苏省海安石油化工厂，宜兴市双利化工有限公司，江苏凌飞化工有限公司。

Cc020 仲烷基硫酸钠

【别名】 表面活性剂 SAS

【英文名】 secondary alkyl sodium sulfate

【结构式】

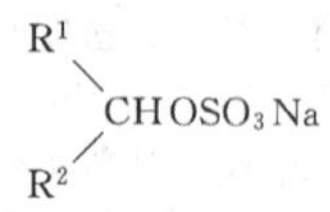

【物化性质】 相对密度是 1.05～1.07，对酸、碱、盐均稳定，反射光照射下有荧光。具有优良的润湿、渗透力。

【质量标准】 ISO 895—1997

外观	琥珀色黏稠液
pH 值(1%溶液)	8.5～9.0

【用途】 用作农药润湿剂，降低植物表面张力，增加农药的流平性、分散性和渗透性，提高药效。该产品可直接添加在杀虫剂产品配方中，或农药使用前再混合。亦可作丝毛类精品织物、棉化物、毛皮、毛纺制品的洗涤剂。

包装规格：用塑料桶包装，50kg/桶、100kg/桶、200kg/桶。

【制法】 用氨基磺酸作磺化剂，反应缓和、放热量较小，易控制；无“三废”污染，原料全部用尽，产品外观色泽好；对端羟基有很强的选择作用，不会对苯环或双键产生磺化，产品纯度高，工艺清洁。

在 N_2 保护下将醇、氨基磺酸、尿素［配比为 1∶1.2∶0.35（摩尔比）］依次加入反应釜，密封减压至 0.05MPa，于 110～120℃ 反应 2h，用 27%～28% 的 NaOH 水溶液中和，用乙醇液萃取，蒸出乙醇得产品。

【产品安全性】 刺激眼睛、呼吸系统和皮肤，穿戴适当的防护服，不慎与眼睛接触后，请立即用大量清水冲洗并征求医生意见。贮存于阴凉、通风的库房内，30℃以下保质期 12 个月。

【参考生产企业】 广东顺德世邦佳明化工有限公司，辽宁大连油脂化工厂，绍兴县海天助剂制造有限公司。

Cc021 异辛醇聚氧乙烯聚氧丙烯醚

【别名】 EH-9

【英文名】 ethoxylated propoxylated 2-ethyl-1-haxanol

【登记号】 CAS［64366-70-7］

【结构式】

$$CH_3(CH_2)_4\underset{\underset{C_2H_5}{|}}{C}HCH_2O(C_2H_4O)_n(C_3H_6O)_mH$$

【物化性质】 非离子表面活性剂，易溶于水，润湿性强，易漂洗，生物降解性好。

【质量标准】 GB/T 17829—1999

外观(25℃)	浅黄色液体
浊点/℃	64.0
pH 值(25℃，1%水溶液)	6～6.5
活性物含量/%	≥99
倾点/℃	16.0

【用途】 用作农药润湿剂，能降低叶片表面张力，增加药物渗透性和铺展性，延长药物对叶片的亲润时间，提高药效。

包装规格：用铁桶包装，净重 200kg；或用塑料桶包装，净重 50kg。

【制法】 将计量的异辛醇和催化剂量的固体 NaOH 加入反应釜中，加热熔融，用氮气置换釜中空气后通入配比量的环氧乙烷，在 120～140℃ 下进行取代反应，通完环氧乙烷后在一定温度和压力下通环氧丙烷。反应完成后加硫酸中和，压滤除去无机盐，滤液脱水，用有机溶剂萃取，脱有机溶剂得产品。

【产品安全性】 无毒，不易燃，按一般化学品贮存和运输。避免接触眼睛，沾染黏膜和皮肤立即用肥皂水冲洗干净。贮存于阴凉、通风的库房内，室温保质期 24 个月。

【参考生产企业】 江西天晟新材料有限公司，科苗化工（上海）有限公司，郑州龙源化工有限公司，海安县国力化工有限公司。

Cc022 脂肪醇聚氧乙烯醚

【别名】 匀染剂 O，乳化剂 O

【英文名】 fatty alcohol ethoxylates

【分子式】 $C_{42}H_{86}O_{16}$～$C_{50}H_{102}O_{17}$

【平均分子量】 911.23

【物化性质】 乳白色或米黄色膏状物。易溶于水、乙醇、乙二醇中，在冷水中溶解度比热水中大，对酸、碱、硬水均很稳定。对各种染料有良好的匀染性、缓染性、渗透性、扩散性及煮练性，是优良的油/水乳化剂。可与多种表面活性剂及染料同浴使用，但不能与阴离子表面活性剂同用。

【质量标准】

项目	指标
盐水雾点(10%)/℃	73
pH 值(1%水溶液)	6.5～7.5

【用途】 用作农药扩散剂，促进药液均匀铺展，提高药效。

包装规格：用塑料桶包装，净重 25kg，或用镀锌铁桶包装，净重 200kg。

【制法】 将 1mol C_{12}～C_{18}脂肪醇投入反应釜中，加碱作催化剂，抽真空后在密封条件下通入 15～16mol 环氧乙烷，在 130～180℃下反应数小时，中和、脱色即得产品。反应式如下：

$$ROH \xrightarrow{n\ \text{环氧乙烷}} RO(C_2H_4O)_nH$$

$$R=C_{12}H_{25}\sim C_{18}H_{37} \quad n=15\sim16$$

【产品安全性】 无毒、无刺激。不能接触眼睛，如果溅在皮肤上用水冲洗即可。贮存于通风、阴凉库房中，室温贮存 6 个月。运输时应防止日晒、雨淋。

【参考生产企业】 广州市诚壹明化工有限公司，广州市创玥化工有限公司，浙江省嘉兴市卫星化工集团，南京天心化工有限公司。

Cc023 磺化平平加

【别名】 维油 1 号，十二烷基聚氧乙烯(3) 醚硫酸酯钠盐

【英文名】 sulfonated peregal

【分子式】 $C_{18}H_{37}O_7SNa$

【相对分子质量】 420.53

【登记号】 CAS [9004-82-4]

【物化性质】 棕红色油状液体，相对密度 1.05，最大黏度 100mPa·s。能溶于水和酒精，有优良的洗涤作用，易产生大量泡沫。对合成纤维有抗静电、平滑、柔软的作用，属阴离子活性剂。

【质量标准】 GB/T 13529—2003

项目	指标
结合硫/%	≥5
无机盐/%	≤0.5
含水量/%	≤0.5
酒精不溶物/%	≤2

【用途】 具有良好的扩散性，在农药中作着展剂，延长药液在植物体内的停留时间，使农药充分发挥作用。纺织工业中用作维纶油剂和其他合成纤维油剂的组分。

包装规格：用塑料桶包装，净重 25kg、100kg。

【制法】 制备过程包括月桂醇与环氧乙烷的缩合、缩合产物硫酸化、中和、压滤除残渣、滤液蒸馏脱醇五个工艺。

将 452kg 月桂醇（羟值 275～320mg KOH/g）投入反应釜中，再把 5kg 氢氧化钾投入配碱槽中配制成 50%的水溶液后投入反应釜中。抽真空，控制真空度在 13.3kPa，逐步升温至 120℃左右进行脱水。脱水完成后利用氮气置换空气，驱尽空气后升温至 140～150℃，开动搅拌，在 3kPa 下通入 324kg 环氧乙烷。然后将釜温逐渐降至 5℃左右，加入硫酸进行酸化反应，1h 后用烧碱、酒精溶液进行中和。中和后压滤除去滤渣后，滤液脱醇得成品。反应式如下：

$$ROH + 3CH_2{-}CH_2(\text{O}) \xrightarrow{KOH}$$

$$RO(CH_2CH_2O)_3H + H_2SO_4 \longrightarrow$$

$$RO(CH_2CH_2O)_3SO_3H + NaOH \longrightarrow$$

$$RO(CH_2CH_2O)_3SO_3Na + H_2O$$

【产品安全性】 低刺激性，不能接触眼睛，注意黏膜和皮肤的保护，触及皮肤立即用水冲洗干净。密封贮存于阴凉、通风的库房内，室温保质期6个月。运输时应防止日晒、雨淋。

【参考生产企业】 天津助剂厂，广州化工助剂厂，上海合成洗涤剂三厂。

Cc024 有机硅乳液

【英文名】 silicone emulsion

【组成】 含氨基聚醚基的改性硅油。

【物化性质】 外观为淡黄色乳液。易溶于甲醇、异丙醇、丙酮、二甲苯，对水的接触角大。耐热，抗氧化。具有良好的铺展性、渗透性、平滑性、成膜性、疏水性。

【质量标准】

固含量/%	30
pH值	6～7
浊点(0.1%水溶液)/℃	<10
表面张力(0.1%水溶液)/(mN/m)	<20.5

【用途】 用作农药助剂可提高药液的润湿速度，增加药液附着力，并耐雨水冲刷，提高药物利用率。

包装规格：用塑料桶包装，净重5kg、10kg、50kg。

【制法】

(1) 有机硅微乳液的合成 先加入一定量的去离子水于烧瓶中，然后加入相应量的乳化剂，搅拌10min后，加入一定量的D4（八甲基环四硅氧烷），搅拌20min；将剩余的去离子水加入到四口烧瓶中，升温到50～60℃，加入催化剂（十二烷基苯磺酸），在磁力搅拌器上搅拌升温到反应温度。当催化剂完全溶解均匀后滴加预乳液，控制滴加时间。滴完后恒温一定时间，降温。

(2) 氨基、醚基复合改性有机硅单体的合成 在上述有机硅微乳液的基础上，用选用的中和剂调节pH值至弱酸性，然后加入改性氨基有机硅单体，在60℃恒温反应一定时间，再在该温度下加入改性醚基有机硅单体，最后降温中和，出料。

【产品安全性】 非危险品。不慎触及皮肤用水冲洗干净。密封贮存于阴凉、通风的库房中，常温下保存有效贮存期12个月。严禁与强酸、强碱、强氧化剂共贮、混运，避免日晒、雨淋。使用工作温度≤60℃，使用前应搅拌均匀。包装要求密封，装桶后要盖严，以免与空气接触结膜。一旦打开，建议短时间内用完。稀释后的工作液在室温条件下贮存不宜多于24h。

【参考生产企业】 宁波润禾化学工业有限公司，杭州科峰化工有限公司，广州市斯洛柯高分子聚合物有限公司。

Cc025 硬脂酸聚氧乙烯（4）酯

【别名】 乳化剂LAE-4

【英文名】 stearate，polyoxyethylene（4）esters

【相对分子质量】 460.68

【结构式】 $C_{17}H_{35}COO(C_2H_4O)_4H$

【物化性质】 外观为无色透明油状物，溶于醇类、油酸等，水中呈分散状，在中等酸液、碱液、多电解质中稳定，具有良好的乳化、润湿、增溶、分散、增塑性能。与其他表面活性剂配伍性良好，具有良好的乳化性和润湿性。

【质量标准】

含量/%	≥90
HLB值	9～10
色泽(Pt-Co)	≤60
水分/%	≤1.0
pH值(1%水溶液)	6.5～7.0
皂化值/(mg KOH/g)	145～155

【用途】 用作农药乳化剂、润湿剂。亦可在制药业中作乳化剂、增溶剂、分散剂，香料业中作芳香油的增溶剂、乳化剂，化妆品中作乳化剂、净洗剂。

包装规格：用内衬塑料袋的塑料桶包装，净重50kg；或用铁桶包装，净重200kg。

【制法】 将适量的硬脂酸加入反应釜中，加热熔化，搅拌升温至100℃，加入催化剂量的KOH，加热搅拌溶解。用氮气置换釜中空气后，在100℃左右开始通环氧乙烷，在130～150℃、0.2MPa下反应，配比量的环氧乙烷通完后继续搅拌，至压力不再下降，反应结束。皂化值145～150mg KOH/g为终点。冷却，用氨水中和，得产品。反应式如下：

$$C_{17}H_{35}COOH \xrightarrow{\triangledown O} \text{本品}$$

【产品安全性】 无毒，不能接触眼睛和黏膜，如果溅在皮肤上用水冲洗即可。贮存于通风、阴凉库房中，室温保质期24个月。运输时应防止日晒、雨淋。不易燃，按一般化学品贮存和运输。

【参考生产企业】 桑达化工（南通）有限公司，江苏凯元科技有限公司。

Cc026 油酰胺

【别名】 十八碳-9-烯酰胺

【英文名】 oleic amide

【登记号】 CAS [112-90-3]

【相对分子质量】 281.47

【结构式】 $C_{17}H_{33}CONH_2$

【物化性质】 白色粉末或片状物。溶于乙醇、乙醚等多种有机溶剂，不溶于水。熔融物带有暗褐色，相对密度0.9，熔点68～79℃，闪点210℃，着火点235℃。

【质量标准】

氮含量/%	>4.8
酸值/(mg KOH/g)	<0.8
碘值/(g I_2/100 g)	8.0～9.0

【用途】 可用作农药分散剂、金属防锈剂。

包装规格：双层塑料袋包装，净重25kg。

【制法】 将100kg油酸投入反应釜中，加热熔化，在搅拌下升温，当物料达到180℃左右，开始通氨气。氨气从反应釜底部通过分布器进入料液，快速搅拌加强气相与液相接触。副产物水和未反应的氨气通过冷凝器进入回收装置。当氨通入量为200kg时，检测排出的气相中有无水，如果气体中无水，即确定反应到终点，停止通氨。趁热出料，冷却成型，用乙醇作溶剂进行重结晶得精品。反应式如下：

$$C_{17}H_{33}COOH \xrightarrow{NH_3} C_{17}H_{33}CONH_2$$

【产品安全性】 不能接触眼睛，毒性和刺激性低，如果溅在皮肤上用水冲洗即可。贮存于通风、阴凉库房中，室温贮存期6个月。运输时应防止日晒、雨淋。

【参考生产企业】 上海中华化工厂，黑龙江齐齐哈尔轻工学院化工厂，南京油脂化工厂。

Cc027 咪唑啉羧酸铵

【英文名】 iimidazoline carboxyl ammonium

【相对分子质量】 633.98

【结构式】

(2-$C_{17}H_{33}$-imidazoline ring; N-1 substituted by $C_2H_4NH_2\cdot C_{12}H_{23}$—CH($CH_2COOH$)COOH)

$C_{17}H_{33}$—(imidazoline)—N—$C_2H_4NH_2\cdot C_{12}H_{23}$—$CHCOOH$ (with CH_2COOH on CH)

【物化性质】 红棕色半固体。易溶于水和乙醇等极性溶剂，有良好的洗涤性、润湿性和发泡性。

【质量标准】

指标名称	一级品	二级品
碱氮/%	0.8～2.0	0.8～2.0
酸值/(mg KOH/g)	30～65	30～80
水溶性酸碱	中性或碱性	中性或碱性
机械杂质/%	0.1	0.2
油溶性	透明	透明
防锈性[45号铜片(2h)]/级	<2.0	2.0

【用途】 用作农药润湿剂。在水处理中作金属螯合剂、钙皂分散剂、缓蚀剂和乳化剂。

包装规格：用塑料桶包装，每桶

25kg 或根据用户需要确定。

【制法】 将等物质的量的油酸和二乙烯三胺投入反应釜中，加热熔融。在150℃左右脱水生成油酰胺，再加热到240～250℃进一步脱水闭环，形成2-十七烯基-*N*-胺乙基咪唑啉。然后冷却移入成盐釜，在100℃左右与十二烷基丁二酸中和成盐，以酸值达到30～80mg KOH/g为终点，趁热出料包装得成品。反应式如下：

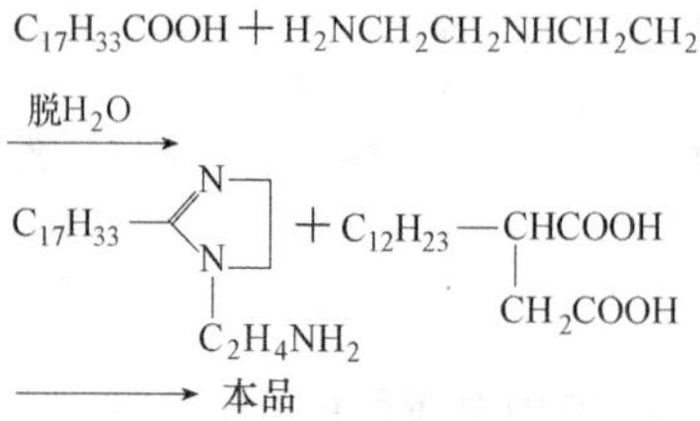

$$C_{17}H_{33}COOH + H_2NCH_2CH_2NHCH_2CH_2NH_2 \xrightarrow{脱H_2O}$$

$$C_{17}H_{33}-\text{(咪唑啉环, N-}C_2H_4NH_2) + C_{12}H_{23}-CHCOOH(CH_2COOH) \longrightarrow 本品$$

【产品安全性】 毒性和刺激性低，如果溅在皮肤上用水冲洗干净。要求在室内阴凉通风处贮藏，防潮、严防曝晒，贮存期10个月。

【参考生产企业】 内蒙古科安水处理技术设备有限公司，河南沃特化学清洗有限公司，北京海洁尔水环境科技公司。

Cc028 烷基咪唑啉磷酸盐

【英文名】 alkyl imidazoline phosphate

【结构式】

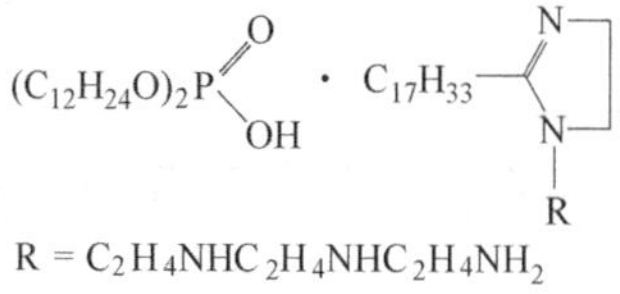

$$(C_{12}H_{24}O)_2P(=O)OH \cdot C_{17}H_{33}-\text{(咪唑啉环, N-R)}$$

$$R = C_2H_4NHC_2H_4NHC_2H_4NH_2$$

【相对分子质量】 868.34

【物化性质】 棕色黏稠液。具有良好的去污能力、乳化能力、抗静电能力，泡沫丰富，防腐、杀菌等性能和耐硬水性能优良，对酸、碱、金属离子不敏感。

【质量标准】

项目	指标
酸值/(mg KOH/g)	≤30
铜 H62	1级
磷含量/%	>3
紫铜(全浸)	1级
氮含量/%	>7
四球级试验 PK 值/N	≥686.7
湿式试验 45# 钢	0级

【用途】 用作农药渗透剂。对钢、铜、铸铁和镁均有防锈效果，耐湿热性能优良，兼有一定的极压性能。用作水处理防锈剂。

包装规格：用塑料桶包装，每桶25kg，或根据用户需要确定。

【制法】 将十二醇加入反应釜中，在搅拌下加入相当于醇量1%的次磷酸（抑制氧化反应，防止产品颜色太深）。加热到40℃，开始滴加 P_2O_5，滴毕后在60℃下反应3～4h，得脂肪醇磷酸酯。

将等物质的量的硬脂酸和四亚乙基五胺投入反应釜中，在 N_2 保护下加热熔融。120℃左右脱水生成硬脂酰胺，再加热到200～210℃进一步脱水闭环，形成2-十七烷基-*N*-(2-二亚乙基三胺)-乙基咪唑啉。将上述二产物在中和釜中于60～70℃中和得产物。

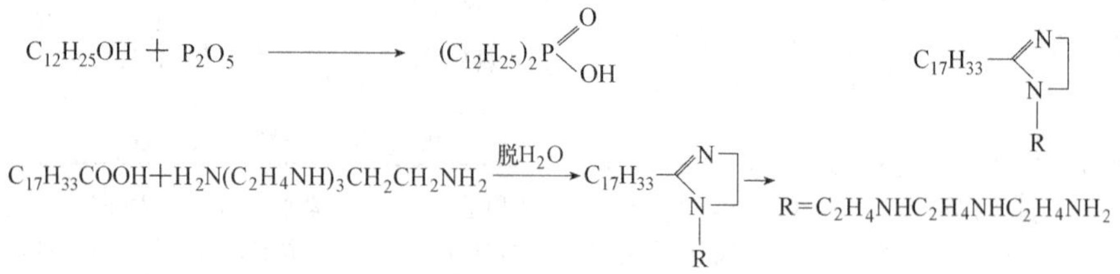

$$C_{12}H_{25}OH + P_2O_5 \longrightarrow (C_{12}H_{25})_2P(=O)OH$$

$$C_{17}H_{33}COOH + H_2N(C_2H_4NH)_3CH_2CH_2NH_2 \xrightarrow{脱H_2O} C_{17}H_{33}-\text{(咪唑啉环, N-R)} \longrightarrow$$

$$C_{17}H_{33}-\text{(咪唑啉环, N-R)} \quad R=C_2H_4NHC_2H_4NHC_2H_4NH_2$$

【产品安全性】 无毒，无刺激，生物降解性好。要求在室内阴凉、通风、干燥处贮藏，防潮、严防曝晒，常温贮存期10个月。

【参考生产企业】 内蒙古科安水处理技术设备有限公司，河南沃特化学清洗有限公司，北京海洁尔水环境科技公司，上海开纳杰化工研究所，河北沧州恒利化工厂，深圳莱索思环境技术有限公司。

Cc029 咪唑啉型磷酸酯钠盐

【英文名】 sodium imidazoline phosphate

【结构式】

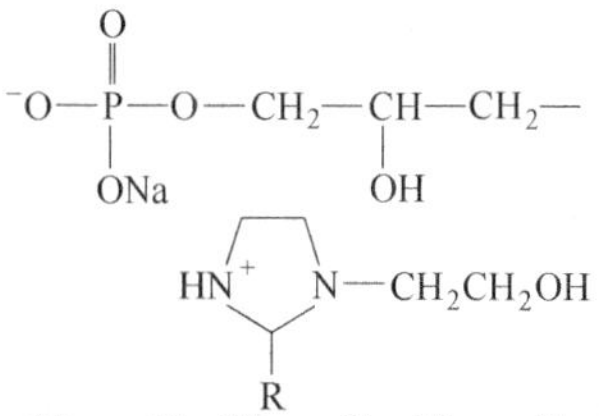

$$^{-}O-\overset{\overset{O}{\|}}{\underset{\underset{ONa}{|}}{P}}-O-CH_2-\underset{\underset{OH}{|}}{CH}-CH_2-$$

$$HN^{+}\text{(imidazoline ring, 2-R)}N-CH_2CH_2OH$$

$R=C_{11}H_{23}$，$C_{13}H_{27}$，$C_{15}H_{31}$，$C_{17}H_{35}$

【物化性质】 具有良好的去污力、乳化能力，泡沫丰富，防腐杀菌等性能和耐硬水性好，对酸碱金属离子不敏感。洗涤调理性能优异，毒性极低，对皮肤和眼睛无刺激性，具有良好的生物降解性能。

【质量标准】

型号	产品A	产品B	产品C	产品D
外观	黏稠状无色透明液	黏稠状无色透明液	黏稠状无色透明液	黏稠状无色透明液
熔点/℃	40～41	53～55	63～64	68～70
泡沫高度(50℃/5min)/mm	78	162	146	201
表面张力(26℃)/(mN/m)	25	31	42	47
临界胶束浓度/(g/L)	5.74	2.01	0.67	0.12

注：A—十一烷基咪唑啉型磷酸酯钠；B—十三烷基咪唑啉型磷酸酯钠；C—十五烷基咪唑啉型磷酸酯；D—十七烷基咪唑啉型磷酸酯钠。

【用途】 用作农药渗透剂，在纺织助剂中作洗涤剂。无毒，对皮肤无过敏反应。具有稳定的泡沫，对硬水的稳定性及对酸和碱的稳定性良好。再生性能、乳化性能、钙皂溶解性能、配伍性能优异，并能解除其他表面活性剂的毒性，具有脱臭功能。

包装规格：用塑料桶包装，净重50kg/桶、100kg/桶、250kg/桶。

【制法】

（1）烷基咪唑啉的合成 把月桂酸和羟乙基乙二胺［1∶1.2（摩尔比）］加到反应器，在 N_2 保护下，搅拌加热，30min后，温度上升到120℃时，抽真空并关氮气阀门，直到余压为21kPa，在195℃下反应5h，停止反应，冷却，粗产品为淡琥珀色液体，放置过夜为灰白色固体。粗品用石油醚（60～90℃）重结晶2次，得到白色固体十一烷基咪唑啉。用类似的方法制备十三烷基、十五烷基和十七烷基咪唑啉。收集溶剂及过量的羟乙基乙二胺处理后循环使用。

（2）羟基-3-氯丙基磷酸酯钠盐的合成 取490kg磷酸二氢钠，加热溶解于1000L去离子水中，冷却至室温，转移到反应器，搅拌下慢慢滴加230L环氧氯丙烷，反应温度控制在18～30℃，1h之内加完，再剧烈搅拌2h，若无油状液滴，则反应完毕。然后把反应物倾倒在结晶釜中，冰水浴冷却，便有白色结晶析出，抽滤，干燥得到2-羟基-3-氯丙基磷酸酯钠。

（3）咪唑啉型磷酸酯钠盐的合成 把上述制备的2-羟基-3-氯丙基磷酸酯钠加到反应器中，加去离子水溶解，溶解后再加入等物质的量的十一烷基咪唑啉，搅拌加热，在50～55℃下，反应2h，然后分批加入20%氢氧化钠水溶液，直到反应物的pH值不再变化，停止反应，整个操作约需8h，得到1∶1型和1∶2型黏稠状无色透明液体，为十一烷基咪唑啉型磷酸酯钠水溶液。用同样的方法制备十三烷基、十五烷基、十七烷基咪唑啉型磷酸酯钠。

$$HOC_2H_4NHCH_2CH_2NH_2 \xrightarrow{RCOOH}$$

（咪唑啉环：HN⁺ N—CH₂CH₂OH，2-位 R） (Ⅰ)

$$ClCH_2-\triangle \xrightarrow{NaH_2PO_4} ClCH_2CH(OH)CH_2PO_4HNa \quad (Ⅱ)$$

$$(Ⅰ)+(Ⅱ) \xrightarrow{NaOH} 本品$$

【产品安全性】 无毒，无刺激，生物降解性好，LD_{50}为15000～10000mg/kg。贮存于通风、阴凉处，防止日晒、雨淋。有效期12个月。

【参考生产企业】 广州市友润化工有限公司，广州立众洗涤原料有限公司，辽宁省化工研究院。

Cc030 新型磷酸酯两性表面活性剂

【英文名】 new amphoteric surfactants of phosphates

【结构式】

$$R-\overset{H}{\underset{H}{N^+}}-CH_2CH_2OP(=O)(O^-)-OH$$

$R=C_{10}\sim C_{16}$

【物化性质】 具有两性表面活性剂的优点，从皮肤溶出的氨基酸量少，脱脂力、毒性和刺激性较低，但表面活性以及乳化、润湿性能良好，易生物降解。

【质量标准】

活性物/%	88
pH值	6～10
泡沫高度(5min)/mm	165
润湿时间/s	52.4～39.7

【用途】 用作农药润湿剂、乳化剂，泡沫稳定性能良好。

包装规格：用塑料桶包装，净重50kg/桶、100kg/桶、250kg/桶。

【制法】

(1) *N*-烷基乙醇胺（RHE）的合成 将20mol溴代烷烃和20mol乙醇胺加入反应器，加500L无水乙醇溶解，加20mol无水碳酸钠，加热回流，搅拌反应8h。过滤除去无水碳酸钠，在常压下蒸馏除去低沸点组分，减压蒸馏可得RHE。

(2) 酸酯两性表面活性剂（RHEP）的合成 将5mol RHE、50L 85%的磷酸和1500L四氢呋喃、102kg五氧化二磷依次加入反应釜中，搅拌加热回流8h。加入水42L，室温下反应40min，再加入氢氧化钠81kg，反应30min。除去溶剂，过滤得白色固体（粗品），经反复酸析提纯得纯品。母液循环使用。

$$RBr+H_2NCH_2CH_2OH \xrightarrow[碳酸钠]{无水乙醇}$$

$$RNHCH_2CH_2OH\ (RHE) \xrightarrow{P_2O_5} \xrightarrow[中和]{水解} 本品$$

【产品安全性】 毒性和刺激性特低，如果溅在皮肤上用水冲洗即可。贮存于通风、阴凉处，防止日晒、雨淋。

【参考生产企业】 北京度辰新材料股份有限公司，天成化工，江苏振阳集团。

Cc031 硅酸镁铝

【英文名】 silicate magnesium aluminate

【登记号】 CAS [71205-22-6]

【结构式】 $MgAl_2SiO_6$

【物化性质】 白色粉末，无毒，无味，不燃，无刺激性，质地柔软光滑。能分散在水中，流变性和触变性好。

【质量标准】 YY 0240—1996

项目	指标
硅酸镁铝含量/%	≥99
pH 值(5%水分散体)	7～9.5
黏度/cps	800～2200
细度(5%水分散体,陈化 24h 后)/目	800～1200
水分/%	<5
白度/%	≥85

【用途】 用作农药悬浮增稠添加剂。硅酸镁铝为无机矿物质，不被细菌和加热机械剪切破坏分解，不会被微生物侵蚀，长期存放不变质、不会霉变，黏稠度不随温度变化，能在常温下与去离子水水合，膨胀为悬浮的胶体。当浓度为 0.5%～2.5%时，形成透明或半透明触变性凝胶，在适当浓度的硅酸镁铝凝胶水性体系中可黏合悬浮粉状物料，稳定悬浮液，防止悬浮物质沉淀、积合、硬化，使悬浮液质地均匀。稳定性更好、更经济，黏稠度成倍增高。硅酸镁铝与阴离子、非离子两性表面活性剂配合使用，在微酸性至中碱性的介质中使用稳定。在含少量盐类电解质系中保持稳定。

【制法】 将天然膨润土矿进行制浆，加入改性剂进行改性处理，再经分离、干燥、粉碎、混合改性而成。

【产品安全性】 无毒无刺激。贮存于阴凉、干燥的库房中，防止日晒、雨淋。

【参考生产企业】 广州博峰化工科技有限公司，安徽博硕科技有限公司。

Cc032 月桂醇聚氧乙烯（3）醚硫酸三乙醇胺

【英文名】 lauryl polyoxyethylene ether triethanol amine salt

【相对分子质量】 547.73

【结构式】

$$C_{12}H_{25}O(C_2H_4O)_3SO_3HN(C_2H_4OH)_3$$

【物化性质】 水白色液体。具有优良的乳化、润湿、分散、增溶性能。

【质量标准】

项目	指标
总固含量/%	40±1
pH 值(10%水溶液)	7.0～8.0
不皂化物/%	≤2

【用途】 用作农药油包水型乳化剂。

包装规格：用塑料桶包装，净重 50kg、100kg。

【制法】 在半酯合成中用顺丁烯二酸酐作催化剂，反应缓和，产品颜色浅。

将月桂醇聚氧乙烯（3）醚加入反应器，通氮气，升温脱水。脱水合格后，降温至 60℃，加入一定量顺酐作催化剂，搅拌均匀，再加入与月桂醇聚氧乙烯（3）醚等物质的量的浓硫酸，测初始酸值，升温反应若干时间，得半酯化物。在另一反应器中加入去离子水，升温至 80℃，在氮气保护下投入半酯化物。溶解完全，用三乙醇胺中和。过滤、包装、得成品。反应式如下：

$$RO(CH_2CH_2O)_3H + H_2SO_4 \longrightarrow$$

$$RO(CH_2CH_2O)_3SO_3H + N(C_2H_4OH)_3 \longrightarrow \text{本品}$$

【产品安全性】 低刺激性，注意黏膜和皮肤的保护。密封，贮存于阴凉通风的库房内，室温保质期 12 个月。

【参考生产企业】 上海合成洗涤剂三厂，浙江萧山长河化工厂等，上海助剂厂。

Cc033 烷氧基乙醇酰胺琥珀酸单酯钠盐

【英文名】 alkoxy ethanolamido sulfosuccinate sodium salt

【组成】 烷氧基十四酸乙醇酰胺磺酸基琥珀酸单酯钠盐。

【物化性质】 浅黄色膏状物，具有良好的泡沫性和润湿性，对皮肤无刺激。

【质量标准】

项目	指标
固含量/%	≥40
pH 值	6.0～7.5
不皂化物/%	≤3

【用途】 用作农药润湿剂。

包装规格：用塑料桶包装，净重

50kg、100kg。

【制法】

（1）烷氧基十四酸乙醇酰胺的制备　将十四酸投入反应釜中，加入乙醇胺（二者摩尔比为1∶0.68），在搅拌下加热至180℃，反应2h，生成酰胺酯，在反应中不断蒸出水。反应毕降温加NaOH适量，再加入0.68mol的乙醇胺，升温至80℃反应5h。将过量的乙醇胺蒸出，用N_2置换釜中空气，加少量NaOH后分批加入环氧乙烷，在135℃下反应至压力不再下降。然后降温备用。

（2）烷氧基十四酸乙醇酰胺磺基琥珀单酯钠盐的制备　将上述制备的烷氧基十四酸乙醇酰胺加入反应釜中，再加入顺丁烯二酸酐（二者摩尔比为1∶1.04），在140℃下搅拌4～5h。然后加入等物质的量的亚硫酸钠（配成40%水溶液），在100℃反应2h，得产品。

【产品安全性】 安全性好。不能直接接触眼睛、黏膜和皮肤，不慎触及用水冲洗干净。密封贮存于阴凉、通风的库房内，室温保质期12个月。

【参考生产企业】 武汉昌恒生物医药制品研究所，临沂市兰山区绿森化工有限公司，广州韩安化工有限公司。

Cc034 酰胺基氨基磺酸盐

【英文名】 amidoaminosurfactans

【组成】 *N*-月桂酰-*N'*-羟乙基乙二氨基羟丙基磺酸三乙醇胺。

【物化性质】 淡黄色液体，易溶于热水。具有优良的润湿、扩散、净洗作用。耐硬水、耐酸碱。

【质量标准】

项目	指标
有效物/%	30
不皂化物/%	≤2

【用途】 用作农药湿润剂，能改善药液的铺展性，用量1～2g/L。

包装规格：用塑料桶包装，净重50kg、100kg。

【制法】 将28份1-羟乙基-2-月桂基咪唑啉加入反应釜中，再加入90份水，在搅拌下加2份NaOH。搅拌均匀后，再搅拌升温至80℃，反应2h开环。再缓缓加入3-氯-2-羟基丙磺酸钠水溶液（330份水，393份3-氯-2-羟基丙磺酸钠）。在75～80℃下搅拌1h，然后用200kg 40%的NaOH中和，搅拌4h。再加入135kg三乙醇胺，在70～80℃下搅拌3h，得产品。

【产品安全性】 低刺激性，注意黏膜和皮肤的保护，不能直接接触眼睛、黏膜和皮肤，不慎触及用水冲洗干净。密封贮存于阴凉、通风的库房内，室温保质期12个月。

【参考生产企业】 广州穗欣化工有限公司，济南英出化工科技有限公司，临沂市兰山区绿森化工有限公司。

Cc035 月桂醇聚氧乙烯（3）醚磺基琥珀酸单酯二钠盐

【英文名】 Disodium laureth (3) sulfosuccinate

【结构式】

$$C_{12}H_{25}(OC_2H_4)_3OOCCH_2\underset{}{C}HCOONa \quad (\text{CH 上连 } SO_3Na)$$

【物化性质】 无色至淡黄色黏稠液体。阴离子型表面活性剂，具有优良的乳化性、分散性、润湿性。泡沫细腻丰富，无滑腻感，容易冲洗。对皮肤、眼睛刺激作用极微，安全性高。

【质量标准】 QB/T 4085—2010

项目	指标
pH值	6.0～6.5
泡沫高度(0～5min)/mm	180～120
Na_2SO_3/%	≤0.3
活性物含量/%	>30
渗透力/s	16
表面张力/(mN/m)	3.0

【用途】 是一种良好的洗涤剂、乳化剂、钙皂分散剂。用于各类洗手液、洗面奶、

沐浴露、香波和婴儿用品。

包装规格：用塑料桶包装，净重50kg/桶、100kg/桶、250kg/桶。

【制法】 反应器用氮气置换3次后，将月桂醇聚氧乙烯（3）醚（AEO-3）加入干燥的反应器中，在氮气保护下升温脱水。脱水合格后，降温至60℃，加入一定量顺酐及催化剂，搅拌均匀，测初始酸值，升温反应6h测酸值，合格后酯化反应终止，得半酯化合物。在另一同样装置，加入去离子水，升温至80℃，在氮气保护下，投入亚硫酸钠及催化剂。溶解完全，滴加已得到的半酯化合物。反应一段时间后，酌量滴加双氧水，测定Na_2SO_3合格后，得成品。

【产品安全性】 产品对黏膜和眼睛有刺激，注意保护，不慎触及皮肤立即用水冲洗干净。密封贮存于通风、阴凉处，防止日晒、雨淋。30℃以下保质期12个月。

【参考生产企业】 广东灵捷制造化工有限公司，深圳市迪威染料化工厂，常州市润力助剂有限公司。

Cc036 椰油酰胺磺基琥珀酸单酯二钠

【英文名】 disodium cocoamide snlfocuccinic acid momoester

【物化性质】 温和阴离子型表面活性剂，具有优良的乳化性、分散性、润湿性。泡沫细腻丰富，无滑腻感，非常容易冲洗，能与其他表面活性剂配伍。对皮肤、眼睛刺激作用极微，安全性高。

【质量标准】 QB/T 4085—2010

外观	淡黄色半透明黏液
表面张力/(mN/m)	35
润湿力(25℃)/s	165
固含量/%	≥45
pH值	7～8
泡沫高度/mm	87

【用途】 用作农药分散剂、润湿剂。

包装规格：用塑料桶包装，净重50kg、180kg。

【制法】

（1）椰油酰胺琥珀酸单酯的制备　椰油酰胺与马来酸酐以摩尔比1∶1.05投料，加入催化剂，在75～85℃、氮气保护下反应，测定体系酸价判断反应终点，反应结束得烷醇酰胺琥珀酸单酯。

（2）烷醇酰胺琥珀酸单酯二钠盐的制备　将亚硫酸钠溶于水中制成浓度为20%～40%的水溶液，加入单酯中（单酯与亚硫酸钠摩尔比为1∶1.05），剧烈搅拌，反应温度70～80℃，测定体系碘值判断反应终点，一般需要4～6h完成反应，制得产品烷醇酰胺琥珀酸单酯二钠盐。反应式如下：

$$RCONHCH_2CH_2OH + \text{(马来酸酐)}\ \xrightarrow[75\sim85^\circ C]{\text{催化剂ET-2}} RCONHCH_2CH_2O\overset{O}{\overset{\|}{C}}CH{=}CHCOOH$$

$$RCONHCH_2CH_2O\overset{O}{\overset{\|}{C}}CH{=}CHCOOH + Na_2SO_3 \xrightarrow[70\sim80^\circ C]{\text{水}} RCONHCH_2CH_2O\overset{O}{\overset{\|}{C}}{-}CH_2{-}\underset{SO_3Na}{\underset{|}{CH}}{-}COONa$$

$$R = C_{10}H_{21} \sim C_{15}H_{31}$$

【产品安全性】 刺激眼睛、呼吸系统和皮肤，穿戴适当的防护服，不慎与眼睛接触后，请立即用大量清水冲洗并征求医生意见。存放在阴凉、干燥的库房内，贮存期6个月。

【生产参考企业】 上海顺佳化学助剂有限公司，宁波高新区百水合科技有限公司。

Cc037 嵌段聚醚磷酸酯

【英文名】 polyoxyalkylene phosphate

【化学名】 油醇聚氧丙烯聚氧乙烯醚磷酸酯

【结构式】

$$RO\!\left(C_3H_6O\right)_3\!\left(C_2H_4O\right)_3P(=O)(OH)_2$$

$$R=C_{16}\sim C_{20}$$

【物化性质】 无色或淡黄色黏稠液体，具有较好的消泡性。

【质量标准】

含量/%	≥95
pH值(10%水溶液)	<2

【用途】 用作农药消泡剂。

包装规格：用塑料桶包装，净重25kg、125kg。

【制法】 将134kg油醇、1kg NaOH、87kg环氧丙烷依次加入反应釜中，用N_2吹扫后，封闭反应釜。在0.1～0.5MPa下加热到140～146℃，然后通入88kg环氧乙烷，在140℃反应1h。冷却，降压出料，取上述聚醚206kg加入反应釜中，再加入17.04kg H_3PO_4，在90～100℃下反应10h，得210kg聚醚磷酸酯。反应式如下：

$$ROH \xrightarrow{3CH_3CH\overset{O}{—}CH_2} \xrightarrow{3CH_2\overset{O}{—}CH_2}$$

$$RO\!\left(C_3H_6O\right)_3\!\left(C_2H_4O\right)_3H \xrightarrow{H_3PO_4} \text{本品}$$

【产品安全性】 低刺激性，注意黏膜和皮肤的保护，不能直接接触眼睛、黏膜和皮肤，不慎触及用水冲洗干净。密封贮存于阴凉、通风的库房内，避免日晒、雨淋；室温保质期12个月。按一般货物运输。

【参考生产企业】 上海盛星纺织助剂有限公司，浙江省嘉兴市卫星化工集团。

Cc038 *N*-十二烷基丙氨酸

【英文名】 *N*-dodecyl alanine

【别名】 *N*-月桂基丙氨酸

【登记号】 CAS [1462-54-0]

【相对分子质量】 257.41

【结构式】 $C_{12}H_{25}NHCH_2CH_2COOH$

【物化性质】 红外特征吸收峰在1400cm^{-1}附近。对pH值敏感，等当点在pH值4附近。在强酸强碱条件下极易溶于水、乙醇，对硬水、对热稳定性良好，起泡力、润湿力优良。

【质量标准】

外观	浅色或无色透明液体
氯化钠含量/%	≤5.5
含量/%	≥30
pH值	7.5～8.5

【用途】 用作农药润湿剂，还可用于洗涤剂、净洗调理剂中。

包装规格：用塑料桶包装，净重25kg、50kg、200kg。

【制法】 将计量的固体十二胺投入反应釜内加热熔化，抽真空。逐渐升温至100℃，保持此温度下减压蒸馏10～30min，以除去十二胺碳酸盐。熔融后的十二胺在搅拌下冷却至30℃后在激烈搅拌下滴加过量的丙烯酸甲酯。滴加过程中反应温度维持在25～30℃。滴加完毕后继续在20～25℃下搅拌，直至放热完毕。然后减压蒸出过量的丙烯酸甲酯。另外在中和釜中加入氢氧化钠，加水溶解，然后将上述反应物滴加到氢氧化钠水溶液中进行皂化，再用适量的盐酸中和皂化物，调节pH值至8.2即得产品。反应式如下：

$$C_{12}H_{25}NH_2+CH_2{=}CHCOOCH_3 \longrightarrow$$

$$C_{12}H_{25}NHCH_2CH_2COOCH_3+NaOH \longrightarrow$$

$C_{12}H_{25}NHCH_2CH_2COONa+HCl \longrightarrow$ 本品

【产品安全性】 为非危险品。避免接触眼睛和黏膜。密封贮存于阴凉、干燥处，避免日晒、雨淋；有效贮存期12个月。按一般货物运输。

【参考生产企业】 上海磐稞实业有限公司，宁波开发区开源科技实业公司，湖北襄樊市化肥厂。

Cc039 乙二醇（600）月桂酸酯

【英文名】 polyoxyethylene glycol (600) bislaurate

【相对分子质量】 26813.81

【结构式】

$C_{11}H_{23}COO(C_2H_2O)_{600}OCC_{11}H_{23}$

【物化性质】 溶于冷水，极易溶于热水，配伍性好，增稠梳理性好。具有良好的洗涤、乳化、润滑性能。

【质量标准】

外观	白色或淡黄色固体
pH值(1%水溶液)	5.5～7.5
铅含量/%	≤1.5×10^{-6}
活性物含量/%	98±1
酸值/(mg KOH/g)	≤5
熔点/℃	54～56

【用途】 在农药中作杀虫剂的乳化剂。化妆品中作O/W乳化剂，纺织业中作匀染剂、分散剂、柔软剂，金属加工中作润滑剂。亦可用于水溶性涂料、印刷电路板的酸洗。

包装规格：内衬塑料袋的编织袋包装，净重25kg。

【制法】 将计量的聚乙二醇（600）投入反应釜中，加热熔融，在搅拌下加入催化剂量的杂多酸和配比量的月桂酸。在真空下回流6h，取样测酸值到4～5mg KOH/g。用适量的双氧水脱色后离心过滤，干燥后包装即为成品。反应式如下：

$$C_{11}H_{23}COOH \xrightarrow[H^+]{HO(C_2H_4O)_{600}H} \text{本品}$$

【产品安全性】 低刺激性，注意黏膜和皮肤的保护。不能直接接触眼睛、黏膜和皮肤，不慎触及用水冲洗干净。密封贮存于阴凉、通风的库房内，室温保质期12个月。

【参考生产企业】 江苏省海安石油化工厂，山东烟台达斯特克化工有限公司。

Cc040 聚乙二醇油酸酯系列

【别名】 PEGMO或PEGDO

【英文名】 polyethylene glycol oleate series

【结构式】 见反应式。

【物化性质】 本系列产品中聚乙二醇（600）单油酸酯外观为琥珀色液体，双油酸酯聚乙二醇4000单油酸酯聚乙二醇6000单油酸酯外观为黄色固体。溶于水，具有良好的洗涤、乳化、润滑性能。在水分散粒剂配方中使用能得到性能优良的成品，崩解迅速、悬浮率高。

【质量标准】

型号	外观(25℃)	酸值/(mg KOH/g)	皂化值/(mg KOH/g)	含量/%	HLB值
PEG600MO	琥珀色液体	≤5	60～75	≥99	13～14
PEG600DO	琥珀色液体	≤10	85～105	≥99	10～11
PEG4000MO	黄色固体	≤5	10～15	≥99	18～18.5
PEG6000MO	黄色固体	≤5	5～10	≥99	19

【用途】 农药中作杀虫剂的乳化剂。亦可用于水溶性涂料、印刷电路板的酸洗。在化妆品中作O/W乳化剂，纺织业中作匀染剂、分散剂、柔软剂，金属加工中作润滑剂。

【制法】 将计量的聚乙二醇（600）投入反应釜中，加热熔融，在搅拌下加入催化剂量的杂多酸和配比量的油酸，在真空下回流6h，取样测酸值到4～5mg KOH/g。

用适量的双氧水脱色后离心过滤，干燥后包装即为成品。反应式如下：

$$CH_3(CH_2)_7CH{=}CH(CH_2)_7COOH \xrightarrow{HO(C_2H_4O)_nH}$$
$$CH_3(CH_2)_7CH{=}CH(CH_2)_7COO(C_2H_4O)_nH + CH_3(CH_2)_7CH{=}CH(CH_2)_7COO(C_2H_4O)_nOOC(CH_2)_7CH{=}CH(CH_2)_7CH_3$$

【产品安全性】 非危险品。避免接触眼睛和黏膜，不慎触及立即用水冲洗干净。密封贮存于阴凉、干燥处，避免日晒、雨淋；有效贮存期 12 个月。按一般货物运输。

【参考生产企业】 江苏省海安石油化工厂。

Cc041 阳离子型聚丙烯酸酯乳液

【英文名】 cationic emulsion PMA

【组成】 聚丙烯酸酯。

【物化性质】 密度≥1.056g/cm³，在酸性条件下稳定。它具有良好的黏结性、防渗性。

【质量标准】

外观	白色蓝光乳液
黏度/mPa·s	290
pH 值	3～5
固含量/%	39～41
浊点/℃	－24
贮存稳定性(5～40℃)	3 个月无明显沉析

【用途】 用作农药黏合剂。

包装规格：用塑料桶包装，净重 50kg、180kg。

【制法】 丙烯酸丁酯、丙烯酸乙酯、β-丙烯酸羟乙酯、甲基丙烯酸甲酯、烯丙基缩水甘油醚、甲基丙烯酸缩水甘油酯、阳（非）离子型乳化剂，采用氧化-还原乳液聚合技术制备阳离子型聚丙烯酸酯乳液。

【产品安全性】 非危险品。避免接触眼睛和黏膜。密封贮存于阴凉、干燥处，避免日晒、雨淋；有效贮存期 12 个月。按一般货物运输。

【参考生产企业】 济南市历城区齐欢圣化工产品经营部，广州梵浩贸易有限公司，上海盛星纺织助剂有限公司，温州市信达利物资贸易有限公司。

Cc042 1∶1 型月桂油二乙醇酰胺

【英文名】 lauroyl bi-ethyl alcohol acylamine 1∶1 type

【相对分子质量】 287.43

【结构式】

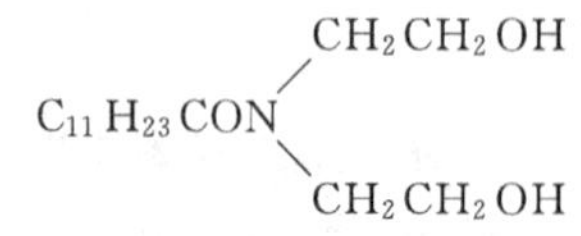

【物化性质】 白色至淡黄色固体。相对密度 1.01～1.03，熔点 30～40℃，溶于乙醇、丙酮、氯仿等有机溶剂。难溶于水，当与其他表面活性剂配伍时易溶于水，且透明度好。具有最优异的起泡性、稳定性、增黏性、增稠性、渗透性、净洗性。对铜、铁有防锈作用，生物降解性好。

【质量标准】

色泽(APHA)	<200
pH 值(1%乙醇溶液)	9～11
活性物含量/%	≥98
全胺值/(mg KOH/g)	31±4

【用途】 用作农药增稠剂、稳定剂。

包装规格：用内衬塑料袋的编织袋包装，净重 25kg。

【制法】 将等物质的量的月桂酸与二乙醇胺投入反应釜中，开动搅拌，混合均匀。然后在氮气保护下逐渐升温至 150～170℃。反应中不断把水蒸出，以使反应向正向移动。当游离脂肪酸含量低于 5%时，结束反应。趁热出料，成型包装。反应式如下：

$$C_{11}H_{23}COOH + NH(C_2H_4OH)_2 \longrightarrow \text{本品}$$

【产品安全性】 非危险品。避免接触眼睛和黏膜，不慎触及立即用水冲洗干净。密封贮存于阴凉、干燥处，避免日晒、雨淋；有效贮存期 12 个月。按一般货物运输。

【参考生产企业】 广州南嘉化工科技有限公司，杭州拓目科技有限公司，广州市协广商贸有限公司。

D 电镀化学助剂

电镀是具有悠久历史的表面处理技术。通过电解将所需的金属或合金镀在钢铁或非金属材料表面，使其外观亮丽，质量提高，耐腐蚀性增强，使用寿命延长。我国已具有完善的电镀工艺，在机械、电子、仪表、轻工、交通运输、国防等领域得到广泛应用。电镀中涉及众多的化学品，根据我国的技术特点，本部分从主盐、络合剂、助剂、酸雾抑制剂四方面予以介绍，并重点介绍镀铜、镀镍、镀锌方面的化学品。

D001 锡酸钠

【英文名】 sodium stannate

【登记号】 CAS [12209-98-2]

【结构式】 $NaSnO_3 \cdot 3H_2O$

【相对分子质量】 243.74

【物化性质】 无色六方结晶或白色粉末。溶于水，水溶液呈碱性，不溶于醇、丙酮。加热至140℃失去3个结晶水，遇酸则分解。故产品中必须保持一定量的游离碱，在空气中吸收二氧化碳变成碳酸钠和氢氧化锡。

【质量标准】 GB/T 26040—2010

锡酸盐/%	≥42	铅/%	≤0.002
砷/%	≤0.01	硝酸钠/%	≤0.1
不溶物/%	≤0.2	亚锡/%	试验合格

【用途】 是碱性镀锡的主盐，它与氢氧化钠组成的络盐溶解在镀锡溶液中，当溶液通电时，包含在阴络离子中，直接在阳极上还原碱性镀锡溶液。一般用量在75～90kg/L，还可用于铜锡合金的电镀辅助主盐。

包装规格：用内衬塑料袋的编织袋包装，净重18kg、30kg、40kg。

【制法】 将446kg锡（99.5%）、320kg苛性钠（90%）、105kg硝酸钠（95%）依次加入反应锅中，加热至300℃，当温度升至800℃时停止加热。继续搅拌待物料发火，经0.5h的发火后，再冷却出锅。将粗品加水溶解，加硫化钠除铅，加过氧化氢除铁。沉淀后进行真空过滤，浓缩，离心脱水，干燥，粉碎得成品。反应式如下：

$$2Sn+3NaOH+NaNO_3+6H_2O \longrightarrow 2Na_2SnO_3 \cdot 3H_2O+NH_3\uparrow$$

【产品安全性】 长期吸入含锡粉尘会出现肺尘埃沉着病。车间最大允许浓度为$2mg/m^3$，注意防护。贮存时注意防潮，不可与酸类物质同贮混运。

【参考生产企业】 佛山市南海区大沥奇瑞德助剂厂，北京中科创新科技发展中心，深圳博士龙新材料有限公司，恩森（台州）化学有限公司。

D002 氯化亚锡

【英文名】 stannous chloride dehydrate

【登记号】 CAS [10025-69-1]

【结构式】 $SnCl_2 \cdot 2H_2O$

【相对分子质量】 225.63

【物化性质】 无色或白色针状结晶体，单针晶系。易溶于水、醇、冰醋酸、碱和酒石酸，在浓盐酸中溶解度显著增大。中性水溶液加水分解产生沉淀，酸性溶液有强还原性，与碱作用生成水和氧化物沉淀，但碱过量则生成可溶性的亚锡盐。

【质量标准】 HG/T 2526—2007

项目	指标
氯化亚锡($SnCl_2 \cdot 2H_2O$)/%	≥97
硫酸盐(SO_4^{2-})/%	≤0.10
碱性溶液中硫化氢沉淀物(Pb计)/%	≤0.10
砷(As)/%	≤0.05

【用途】 主要用在酸性镀锡，做主盐使用。锡在镀液中呈二价态，阴极效率高，一般用量为40～60kg/L。亦可用于玻璃制镜工业，作镀硝酸银的敏化剂，使镀膜亮度好，在ABS电镀时加入本品镀层不易脱落。

包装规格：用内衬塑料袋的编织袋包装，净重20kg、50kg、200kg。

【制法】 将550kg锡花和1200kg浓盐酸依次加入反应锅内，加热升温，反应一段时间后溶液浓度达到40°Bé左右时，用真空抽入高位槽中，放入搪瓷蒸发器中进行浓缩。并预先在蒸发器中加入一定量的锡花，使其继续与酸反应，当浓度至73～75°Bé时，趁热过滤，冷却，结晶，离心分离，干燥，粉碎得成品。反应式如下：

$$Sn+HCl \longrightarrow SnCl_2+H_2\uparrow$$

【产品安全性】 长期吸入含锡粉尘会出现肺尘埃沉着病。车间最大允许浓度 2mg/m³，注意防护。贮存时注意防潮，不可与酸类物质同贮混运。

【参考生产企业】 北京中科创新科技发展中心，深圳博士龙新材料有限公司，恩森（台州）化学有限公司。

D003 三氧化铬

【别名】 铬酸酐

【英文名】 chromium oxide

【登记号】 CAS [1333-82-07]

【结构式】 CrO_3

【相对分子质量】 99.99

【物化性质】 暗红色斜方结晶，相对密度 2.7。熔融时稍有分解，在 200～550℃分解放出氧。有毒，腐蚀性强，与有机物接触摩擦能引起燃烧。应密闭贮存。与水反应形成铬酸；溶于乙醇和乙醚。

【质量标准】 HGT 3444—2003

项目	指标	项目	指标
CrO_3/%	≥99	氯化物/%	≤0.005
水不溶物/%	≤0.05	铁(Fe)/%	≤0.005
硫酸盐/%	≤0.1		

【用途】 是电镀铬的主要原料。电镀铬生产中，铬酐含量变动幅度较大，在 50～500g/L 之间，主要控制适当的温度和电流密度，都能在平滑的镀件上获得光亮的镀层，它的溶液还能用于锌镀层钝化膜，使其防护性能提高。

包装规格：用内衬塑料袋的密封铁桶包装。

【制法】

（1）方法 1 将重铬酸钠溶液（70°Bé）与硫酸（98%）在反应器中混合，加热熔融，至 190℃固体物全部熔融后停止加热。停止搅拌，物料分层，将沉于下层的铬酐从反应器底部放入滚筒结片机内，凝固结片。包装即为成品。

（2）方法 2 取 8.1 份重铬酸钠投入反应锅中（不锈钢或搪瓷），然后徐徐加入 66°Bé 硫酸 6.5 份，用玻璃棒搅拌均匀，再升温保持在 185℃左右反应 1h，此时酸酐逐渐形成结晶。冷却过滤，150℃左右蒸发浓缩。将浓缩液转入干燥室于 70～80℃、5～8kPa 下干燥得成品。反应式如下：

$$Na_2Cr_2O_7 + H_2SO_4 = Na_2SO_4 + H_2O + 2CrO_3$$

【产品安全性】 危险品编号 23001。一般毒性，作用表现在肝、肾、胃肠道、心血管系统损伤。工作时必备橡皮手套、口罩、眼镜等防护用具。贮于干燥、通风的库内，不能与易燃物同贮共运，贮存期 12 个月。

【参考生产企业】 北京中科创新科技发展中心，深圳博士龙新材料有限公司，恩森（台州）化学有限公司，山东青岛红星化工厂，河北栾城县铬酸厂等。

D004 硝酸银

【英文名】 silver nitrate

【登记号】 CAS [7761-88-8]

【结构式】 $AgNO_3$

【相对分子质量】 169.91

【物化性质】 无色透明斜方片状晶体。易溶于水和氨，微溶于酒精，几乎不溶于浓硝酸。水溶液呈弱酸性。

【质量标准】 GB 12595—2008

项目	指标
$AgNO_3$ 含量/%	≥99.5
硫酸盐/%	≤0.005
水溶性反应	合格
pH 值	5～6
氯化物/%	≤0.005

【用途】 用于无氰镀银，如硫代硫酸镀银、盐酸镀银、亚氨基二磺酸铵镀银、磺基水杨酸镀银等作主盐，是银离子来源。硝酸银含量对镀银液的导电性、分散性和沉淀速度都有一定的影响，一般用量为

25～50g/L。

包装规格：用棕色大口玻璃瓶包装，净重1kg，外套包装木箱。

【制法】 将干净的银块放入反应釜中，先加蒸馏水，再加浓硝酸，使硝酸浓度为60%～65%。控制加热速度，使反应不要过于激烈。加热至100℃以上，蒸气压维持在0.2MPa，反应2～3h，使氧化氮气体逸出。将料液抽至贮槽，用蒸馏水冲稀至相对密度为1.6～1.7。冷却静置10h，过滤除去AgCl等杂质。清液送入蒸发器，在pH=1左右减压蒸发，冷却结晶，真空干燥得产品。

【产品安全性】 危险品编号23023。对皮肤和黏膜有腐蚀和收敛作用，皮肤沾上硝酸银用碘酒轻轻擦除后，浸在食盐水中洗涤。包装上要有明显的氧化标志。运输时严防撞击。

【参考生产企业】 上海冶炼厂，天津红光化工厂，沈阳化工六厂，北京化工厂，汕头市化工二厂。

D005 五水硫酸铜

【英文名】 copper (Ⅱ) sulfate pentahydrate

【登记号】 CAS [7758-99-8]

【结构式】 $CuSO_4 \cdot 5H_2O$

【相对分子质量】 249.68

【物化性质】 蓝色透明结晶粉末。在干燥空气中渐渐风化，溶于水，微溶于甲醇，不溶于无水乙醇。45℃失去两分子结晶水，110℃失去四个结晶水，250℃失去全部结晶水。

【质量标准】 GB/T 665—2007

含量/%	≥96	水不溶物/%	0.45
游离硫酸/%	0.25	铁(Fe)/%	0.4

【用途】 为焦磷酸盐镀铜的主盐。成分简单，稳定性好，电流效率高，沉积速度快。但其极化力较小，分散能力差。镀层结晶粗且不光亮。

包装规格：用内衬塑料袋的编织袋包装，净重25kg、50kg。

【制法】 将废铜放在焙烧炉中，于60～70℃下焙烧成氧化铜。再将氧化铜加热，溶于硫酸，冷却结晶，离心脱水，洗涤、干燥得产品。反应式如下：

$$CuO + H_2SO_4 \longrightarrow CuSO_4 + H_2O$$

【产品安全性】 对皮肤、眼睛有刺激作用，最大允许浓度为$1mg/m^3$，不可与食品同贮共运。

【参考生产企业】 武汉市洪山区化工厂，吉林联合化工厂等。

D006 酸式磷酸锰

【英文名】 manganous dihydrogen phosphate

【登记号】 CAS [7783-16-6]

【结构式】 $Mn(H_2PO_4)_2 \cdot xH_2O$

【物化性质】 白色或肉白色结晶。易溶于水，易水解，吸湿性较强，不溶于醇。

【质量标准】

项目	指标
磷酸及磷酸盐(P_2O_5计)/%	46～52
总酸度(以H_3PO_4计)/%	≤2.1
水不溶物/%	≤6
氧化钙(CaO)/%	≤0.06
锰(Mn)/%	≥14.5
铁(Fe)/%	0.2～2.0
硫酸盐(SO_4^{2-})/%	≤0.07
氯化物(Cl^-)/%	≤0.05

【用途】 在电镀工业中用作黑色金属防腐蚀剂，还广泛用于钢铁制品的磷化防锈处理。

包装规格：用内衬塑料袋的木桶或铁桶包装，净重25kg、50kg。

【制法】 将110kg硫酸锰投入溶解槽中，加水溶解后打入一次转化器。再将170kg纯碱加入溶解槽，加水溶解后，在搅拌下加入一次转化釜，当pH值至7.5～8.0时反应结束。静置，吸除上层液，下层为碳酸锰沉淀，加蒸馏水洗涤后滴加磷酸至 pH 值至 4，得到磷酸三锰，以蒸馏水洗涤磷酸三锰。然后将物料转移至二次转化器，继续加入 170kg 85%的磷酸，当溶液浓度到 30～35°Bé 时，加入适量的碳酸钡，在 70～80℃下搅拌 0.5h，静置 24h，除去硫酸钡沉淀，将滤液移入真空蒸发器中，浓缩至结晶析出。离心脱水，结晶干燥即得成品。反应式为：

$$MnSO_4 \xrightarrow{Na_2CO_3} MnCO_3 \xrightarrow{H_3PO_4} \text{本品}$$

【产品安全性】 危险品编号 GB4-1 类 41506。有毒，可造成中枢神经病变。工作环境最高允许浓度（按 Mn 计）为 0.03mg/m³。贮于干燥、通风库内，不能与酸、碱类同贮共运。

【参考生产企业】 上海联合化工厂，江苏连云港红旗化工厂等。

D007 磷酸二氢锌

【别名】 酸式磷酸锌

【英文名】 zinc phosphate dibasic

【相对分子质量】 259.33

【结构式】 $Zn(H_2PO_4)_2$

【物化性质】 无色或白色三斜晶系结晶，也有可能是白色凝固状物。熔点 100℃（分解），易潮解，能溶于水而分解，也溶于盐酸。常温下露在空气中稳定，有腐蚀性。

【质量标准】

项目	指标
五氧化二磷(P_2O_5)/%	45～53
游离酸(H_3PO_4)/%	<5
锌(Zn)含量/%	19～25

【用途】 在电镀工业中用作黑色金属防腐蚀涂层，在钢铁制品的磷化中用作磷化剂。

包装规格：用内衬塑料袋的木桶或铁桶包装，净重 25kg、50kg。

【制法】 将 800kg 磷酸投入反应釜中，加热到 100℃，边搅拌边加入氧化锌粉末，加入总量为 280kg，在 100～120℃下反应数小时后，将料液转移到蒸发器中浓缩至 130℃，然后放入结晶槽，进行冷却，75℃出料包装，在包装桶中进一步冷却凝固。反应式为：

$$ZnO + 2H_3PO_4 \longrightarrow Zn(H_2PO_4)_2 + H_2O$$

【产品安全性】 危险品编号 GB4-1 类 41506。有毒，可造成中枢神经病变。工作环境最高允许浓度（按 Zn 计）为 0.03mg/m³。贮于干燥、通风库内，不能与酸、碱类同贮共运。

【参考生产企业】 哈尔滨化工十一厂，山东济宁光明化工厂。

D008 六水硝酸锌

【英文名】 zinc nitrate hexahydrate

【登记号】 CAS［13778-3-8］

【结构式】 $Zn(NO_3)_2 \cdot 6H_2O$

【相对分子质量】 297.47

【物化性质】 四方晶体。溶于水和乙醇溶液，水溶液呈酸性。pH 值为 4，易潮解，熔点低仅为 36℃。与有机物接触能燃烧爆炸，要密封贮存。

【质量标准】 GB/T 667—1995

项目	指标
六水硝酸锌[$Zn(NO_3)_2 \cdot 6H_2O$]/%	≥98
铅(Pb)/%	≤0.5
游离酸(HNO_3)/%	≤0.03
铁(Fe)/%	≤0.01

【用途】 用于机械零件镀锌，配成钢铁磷化剂，亦可用作织物染色时的媒染剂等。

包装规格：用内衬塑料袋的铁桶密封包装，净重 25kg、50kg。

【制法】

① 将适量的水加入反应釜中，在搅拌下加入 60kg（96%～99%）氧化锌粉末，调成浆状继续搅拌，在常温下

滴加浓硝酸，当反应液浓度为30～40°Bé、pH值为5～6时，反应结束。静置4h左右，取清液加硝酸调pH值至1～2。将料液打入蒸发器，浓缩至60°Bé，冷却结晶，离心脱水，在50℃以下直接装入内衬塑料袋的铁桶中，即得成品。

② 在反应器中加入一定量的水，在搅拌下一边加入工业浓硝酸，一边加氧化锌（含量≥70%），二者配料比为1.6∶1。当反应液pH值到3.5～4.0时停止反应，静置24h，将清液抽入精制水槽，加水稀释至30～36°Bé，用硝酸调pH值至3。投入锌粉适量，搅拌数分钟，置换出溶液中的Ca^{2+}、Pb^{2+}，使其成为Ca、Pb沉淀，反应物料澄清后抽滤得清液。加硝酸调整pH值至1～2，送入蒸发器减压蒸发至60～63°Bé。在结晶槽中冷却结晶，放料包装得成品。反应式如下：

$$ZnO+2HNO_3 \longrightarrow Zn(NO_3)_2+H_2O$$

【产品安全性】 危险品编号50162。其粉尘对上呼吸道、气管、支气管黏膜有损伤。包装上注明有毒标志。不得与易燃物、酸类共贮混运。

【参考生产企业】 北京天河化工厂，沈阳助剂厂，哈尔滨市化工十一厂。

D009 硝酸镍

【英文名】 nickelous nitrate

【登记号】 CAS [13478-00-7]

【结构式】 $Ni(NO_3)_2 \cdot 6H_2O$

【相对分子质量】 290.81

【物化性质】 青绿色单斜晶体。相对密度(20℃) 2.05，熔点56.7℃，沸点137℃。受热时失去四分子结晶水，温度高于110℃时开始分解形成碱式盐，继续加热生成棕黑色的三氧化二镍和绿色一氧化镍的混合物。

【质量标准】 HG/T 3448—2003

型号		一级品	二级品
硝酸镍/%	≥	98	98
水不溶物/%	≤	0.005	0.01
氯化物/%	≤	0.002	0.01
硫酸盐/%	≤	0.007	0.03
铁/%	≤	0.0005	0.001
钴/%	≤	0.10	0.3
碱金属及钙/%	≤	0.20	0.3
重金属(以铅计)/%	≤	0.001	0.001
锌/%	≤	0.01	0.05

【用途】 用于镀镍钴合金制件，镀层细致，排列整齐。陶瓷工业用于彩釉着色。

包装规格：用内衬塑料袋的铁桶包装，净重25kg、50kg。

【制法】 将64kg镍投入反应釜中，加入一定量的水，在搅拌下滴加浓硝酸188kg。滴毕后，缓慢升温，在加热下反应至无气体放出，停止反应。加入磷酸镍调pH值至5～6左右，静置过滤，滤液经浓缩后，冷却结晶，离心脱水、干燥得成品。反应式为：

$$Ni+HNO_3 \longrightarrow Ni(NO_3)_2$$

$$Ni_3(PO_4)_2+HNO_3 \longrightarrow Ni(NO_3)_2$$

【产品安全性】 危险品编号51522。与皮肤长期接触引起湿疹，车间最高允许浓度(按Ni计)为0.0005mg/m³。包装注明有毒标志。不能与其他氧化剂、易燃物共贮混运。

【参考生产企业】 辽宁营口盘山化工厂，辽宁抚顺化工四厂，河南新乡市化工厂。

D010 氨三乙酸

【别名】 氮川三乙酸，次氮基三乙酸，NTA

【英文名】 nitrilotriacetic acid

【登记号】 CAS [139-13-9]

【结构式】 $N(CH_2COOH)_3$

【相对分子质量】 191.14

【物化性质】 白色细粒结晶体。不溶于有机溶剂，微溶于热水，溶于碱溶液，能与金属络合。

【质量标准】

含量/%	≥98.5	氨水中溶解试验	合格
氯化物(Cl^-)/%	0.002	铁(Fe)/%	0.002
硫酸盐/%	0.002	铜(Cu)/%	0.0005
络合率	合格	灼烧残渣/%	0.1

【用途】 在电镀工业中作络合剂，代替氰化钠进行无氰电镀。也作金属离子螯合剂，广泛用于纺织、造纸等工业。

包装规格：用内衬塑料袋的编织袋包装，净重25kg、50kg。

【制法】 将885kg一氯乙酸投入耐酸釜中，搅拌下加热至64℃，全熔融后滴加1220kg 30%的液碱进行中和反应。在80～90℃反应5～6h，得到一氯乙酸钠水溶液。将中和液送入薄膜蒸器中，在真空下浓缩，接近饱和时打入缩合釜，加热到60℃，用碳酸钠饱和溶液调pH值至7～8。继续升温至80℃，在搅拌下加入400kg氯化铵饱和溶液。加毕后，再搅5min，混合均匀。再用液碱调pH值至9～10，停止反应，静置4h，过滤，收集滤液。将滤液打入酸化釜中，加盐酸酸化，当pH值达到0.5～1.2时，停止加酸。冷却静置、结晶。将上层液吸出，用水洗涤结晶数次，干燥得成品。反应式如下：

$$ClCH_2COOH+NaOH \longrightarrow$$

$$ClCH_2COONa+NH_4Cl \longrightarrow$$

$$N(CH_2COONa)_3+3HCl \longrightarrow \text{本品}$$

【产品安全性】 对皮肤、眼睛有刺激作用。最大允许浓度为$1mg/m^3$，不可与食品同贮、共运。

【参考生产企业】 北京化工厂，沈阳市化工八厂。

D011 氨基磺酸镍

【英文名】 nickelous sulfamic acid tetrahydrate

【结构式】 $Ni(H_2NSO_3)_2 \cdot 4H_2O$

【相对分子质量】 322.93

【物化性质】 绿色结晶体，易潮解，溶于水。干燥条件下稳定，配成电镀液也能长期稳定。

【质量标准】 HG/T 4197—2011

型号		一级品	二级品
氨基磺酸镍/%	≥	98	97
水不溶物/%	≤	0.02	0.05
氯化物(Cl^-)/%	≤	0.005	0.05
硫酸盐(SO_4^{2-})/%	≤	0.01	0.05
铁/%	≤	0.001	0.003
重金属(以铜计)/%	≤	0.001	0.003
锌/%	≤	0.05	0.05
碱金属及钙镁(以硫酸盐计)/%	≤	0.50	0.20

【用途】 氨基磺酸镍是一种优良的电镀主盐，较其他镍浴所得到的镀层更有韧性和更低的内应力，且硬度高，尤其是应用在连接器镀层时具有极为优越的延展性。由于其本身所具备的特点，该产品已广泛应用于PCB、电子、汽车、航天、兵器、造币、冶金、镍网、无线电、彩色铝合金等行业。其特点如下。

① 氨基磺酸镍内金属纯镍（Ni）的含量高达（180±3.75）g/L，对减少镀浴中金属杂质的累积起重要的作用。经验告诉我们，当镀液中Cu^{2+}达（10～50）×10^{-6}、Zn^{2+}达20×10^{-6}、Fe^{2+}达（30～50）×10^{-6}时，镀层的内应力就会很高且发脆。在PCB上广泛用镀镍来作为贵金属和贱金属的衬底镀层，对要经常受重负荷磨损的一些表面，如开关触点、触片或插头件，用镍来作为金的衬底镀层，可大大提高耐磨性。当用来作为阻挡层时，镍

能有效地防止铜和其他金属之间的扩散。令镍能够作为含氨类蚀刻剂的抗蚀镀层，所以哑镍/金组合镀层常常用来作为抗蚀刻的金属镀层，而且能适应热压焊与钎焊的要求。氨基磺酸镍镀浴具较高的沉积率的特点，因此被应用于电铸各种各样部件的电铸工艺，典型的电铸产品有：塑料或合成物部件的成型模具、标牌、电铸精度可达微米以下的唱片及激光唱碟等。

② 内应力低，有优异的柔软性和延展性，适用于各种低应力需求的电子元器件、线路板电镀、电铸模具、标牌等行业。

③ 镀液分散性好，走位性能极佳，电镀镀层更为均匀细腻。

④ 适用的电流密度范围宽，沉积速度快，电镀效率高。

包装规格：用内衬塑料袋的编织袋包装，净重 25kg、50kg。

【制法】 将 150kg 氨基磺酸投入反应釜中，加入热蒸馏水搅拌溶解。再加入 100kg 碳酸镍，搅拌，在回流状态下反应数小时，直至无 CO_2 放出，反应结束。将反应液打入薄膜蒸发器浓缩，冷却结晶，过滤，离心脱水，干燥得成品。反应式如下：

$$NiCO_3 \xrightarrow{NH_2SO_3H} (NH_2SO_3)_2Ni$$

【产品安全性】 对皮肤、眼睛有刺激作用，最大允许浓度为 $1mg/m^3$，不可与食品同贮、共运。

【参考生产企业】 台山市联兴化工有限公司，张家港市科强化工贸易有限公司，湖北七八九化工有限公司。

D012 乙二胺四乙酸

【别名】 四乙酸二氨基乙烯，托立龙，EDTA

【英文名】 ethylene diamine tetraacetic acid

【登记号】 CAS [60-00-4]

【结构式】

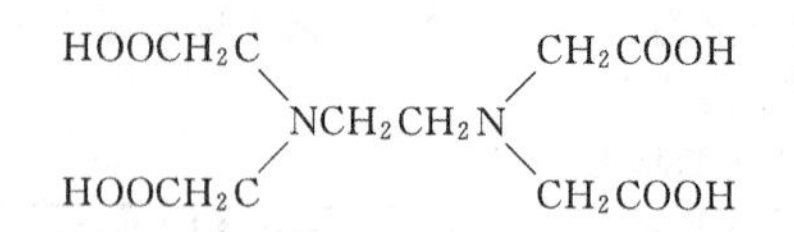

【物化性质】 无臭、无味、无色结晶性粉末，熔点 240℃（分解），沸点 540.597℃，闪点 280.743℃。不溶于醇及一般有机溶剂，能够溶于冷水［冷水速度较慢，0.5g/L（25℃）］、热水（160 份沸水中），溶于氢氧化钠、碳酸钠及氨的溶液中，其碱金属盐能溶于水。

【质量标准】 HG/T 3457—2003

型号	分析纯	化学纯
含量/%	>99.5	>98.5
杂质(碳酸钠溶解试验)	合格	合格
灼烧残渣(硫酸盐)/%	0.10	0.30
氯化物(Cl^-)/%	0.05	0.1
硫酸盐(SO_4^{2-})/%	0.05	0.1
铁(Fe)/%	0.001	0.001
重金属(Pb)/%	0.001	0.001

【用途】 在电镀液中作络合剂，也可在镀镍液中作 pH 值调节剂。在钠盐钝化液中作光亮剂使用，它可消除钛盐钝化膜的白斑，一般用量为 8g/L。

包装规格：用内衬塑料袋的编织袋包装，净重 25kg。

【制法】

(1) 乙二胺与氯乙酸反应　将 100kg 氯乙酸、100kg 冰及 135kg 氢氧化钠溶液（30%）加入反应釜中，在搅拌下再加入 18kg 83%～84%的乙二胺。在 15℃下保温 1h。以每次 10L 分批加入 30%的氢氧化钠溶液，每次加入后待酚酞试液不显红色后再加一批，在室温下保持 12h。加热至 90℃，用活性炭脱色，过滤，滤渣用水洗，最后用浓盐酸调 pH 值至 3。冷却结晶，过滤水洗至无氯离子反应。烘干得产品。反应式如下：

$$ClCH_2COONa \xrightarrow{H_2NCH_2CH_2NH_2 \quad HCl} 本品$$

（2）乙二胺与甲醛、氰化钠反应　将60%的乙二胺水溶液、30%氰化钠水溶液和氢氧化钠混合，保持在20℃混合0.5h，然后滴加甲醛水溶液。反应后减压蒸出水，然后重复上述操作，最后一次加入过量的甲醛，使氰化钠完全反应，用稀酸调pH值至1.2。析出白色沉淀，过滤，水洗，110℃干燥，得产品。反应式如下：

$$H_2NCH_2CH_2NH_2 \xrightarrow[NaCH \quad H_2O]{HCHO \quad NaOH} 本品$$

【产品安全性】 生产中使用氯乙酸、乙二胺等有毒或腐蚀性物品，生产设备应密闭，操作人员应穿戴劳保用品，车间保持良好通风状态。产品密封包装，贮于通风、干燥处，注意防潮、防晒，不宜与碱性化学物品混贮。2～8℃保质期12个月。

【参考生产企业】 上海淡宁化工有限公司，淄博三威化工厂，常州汇阳化工有限公司，吴江市俊发化工有限公司，临沂市兰山区绿森化工有限公司。

D013 二水草酸

【别名】 乙二酸

【英文名】 oxalic acid dihydrate

【登记号】 CAS [6153-56-6]

【结构式】 $HOOC—COOH \cdot 2H_2O$

【相对分子质量】 126.07

【物化性质】 无色透明单斜晶系结晶，通常以二水物存在。熔点101～102℃，相对密度（19℃）1.65，折射率1.440。可溶于水，稍溶于乙醚和乙醇，157℃升华。二水物易风化失水而成无水草酸，无水物熔点189.5℃（分解）。

【质量标准】 GB/T 1626—2008

型号		优级品	一级品	合格品
含量(以二水物计)/%	≥	99.6	99.4	99.0
硫酸根(SO_4^{2-})/%	≤	0.08	0.10	0.20
灰分/%	≤	0.08	0.10	0.20
重金属(以Pb计)/%	≤	0.001	0.002	0.02
铁/%	≤	0.0015	0.002	0.01
氯化物(以Cl^-计)/%	≤	0.003	0.004	0.01

【用途】 在酸性镀锡中作络合剂，它与四氯化锡组成络合盐溶解在镀锡溶液中，一般加入量为24～45g/L。还可用于铜件抛光、铝的草酸阳极氧化和硬质阳极氧化溶液中，以及硫酸盐镀铁和刷镀铬等电镀液中。

包装规格：用内衬塑料袋的编织袋包装，净重25kg。

【制法】

（1）乙二醇氧化法　将乙二醇加入反应釜中，在130℃下通空气氧化，经后处理得产品。或将乙二醇和水加入反应釜中，加热至80～85℃，在激烈搅拌下加入98%的硝酸，反应4h后冷却到25℃，过滤、结晶得产品。反应式如下：

$$HOCH_2CH_2OH \xrightarrow{(O)} HOOCCOOH$$

（2）丙烯氧化法　将60%～70%的硝酸加入反应釜中，于10～40℃通入丙烯（二者配料比1∶0.1），搅拌溶解后升温至50～65℃，排出氧化氮。冷却至20℃结晶过滤，干燥得产品。

【产品安全性】 强酸，有腐蚀性。操作人员应穿戴劳保用品，车间保持良好的通风状态。产品密封包装，贮于通风、干燥处，注意防潮、防晒，不宜与碱性化学物品混贮，密封保存。2～8℃保质期12个月。

【参考生产企业】 上海淡宁化工有限公司，北京化工厂，常州汇阳化工有限公司，吴江市俊发化工有限公司，临沂市兰山区绿森化工有限公司等。

D014 氰化亚铜

【英文名】 copper cyanide 4014

【登记号】 CAS [544-9-2-3]；危险品编号 61001

【结构式】 CuCN

【相对分子质量】 89.56

【物化性质】 白色单斜晶体粉末，不溶于水和冷稀酸，易溶于氨水、铵盐及浓盐酸。在热的稀盐酸中分解为氯化亚铜和氰氢酸，在 130℃ 以上能自燃，有剧毒。

【质量标准】 HG/T 2827—2011

项目	指标
氰化亚铜/%	≥90
铁/%	≤0.008
砷/%	≤0.0003
铅盐/%	≤0.0003
氯(Cl^-)/%	≤0.05
氰根(CN^-)/%	≥28.5
铅/%	≤0.0004
碳酸盐(CO_3^{2-})/%	≤0.4
氰化钠不溶物/%	≤0.005
水分/%	≤0.2

【用途】 在氰化物镀铜的电镀液中作络合剂，镀液的分散性和覆盖性较好，镀层结晶细致，而且镀液呈碱性，有一定的去污性。钢铁制品和锌制品等基体金属上直接电镀铜层可获得结合力良好的镀层。其缺点是该镀液有剧毒，用此液镀铜必须进行三废处理，以保护环境，减少公害。

包装规格：用内衬塑料袋的铁桶包装，净重 15kg、25kg。

【制法】 氰化亚铜的生产方法有亚硫酸钠法、亚硫酸钠循环法、氯化亚铜法。常采用亚硫酸钠循环法，该法具有操作稳定、控制方便、可节省亚硫酸钠原料等优点。其工艺过程如下。

本方法对原料中含铁量要求较高，除确保工业原料纯度外，硫酸铜含铁量<0.05%，碳酸钠含铁量≤0.005%，氰化钠含铁量≤0.005%，碳酸和硫酸中的含铁量≤0.1%。因此在合成氰化亚铜前应对原料进行含铁量处理。

(1) 氰化钠溶液的制备与处理　在溶解槽内用水将氰化钠和碳酸钠溶解配成含氰化钠 130g/L、碳酸钠 60g/L 的溶液，加入少量的氢氧化钠吸收氰化钠水解时产生的微量氰化氢。此时 Fe^{3+} 形成 $Fe(OH)_3$沉淀，转入沉降槽沉降 16h，上清液经检验合格后打入高位槽备用。

(2) 硫酸铜溶液的制备与处理　将硫酸铜用水溶解后，用 10%的碳酸钠溶液将 pH 值调至 5～5.3，然后用次氯酸钠(10%)溶液把 Fe^{2+} 氧化成 Fe^{3+}，用水稀释至硫酸铜 280g/L，转移到沉降槽静置 48h，澄清液化验合格备用。

(3) 亚硫酸钠溶液的配制及处理　在溶解槽内将亚硫酸钠、碳酸钠用水溶解，配成含亚硫酸钠 150g/L、碳酸钠 40g/L 的溶液，再加入少许烧碱，使铁离子沉淀，在沉降槽中沉降 16h，上清液化验合格后抽入高位槽备用。

(4) 氰化亚铜的合成　将上述制备的硫酸铜和亚硫酸钠溶液自高位槽中计量放入反应釜中，在不断搅拌下生成亚硫酸铜和亚硫酸亚铜复盐糊状沉淀。再自高位槽计量放出氰化钠溶液，用碳酸钠中和副产物硫酸，充分搅拌反应完成后，用稀硫酸调 pH 值至 1～2。用水浮洗除去 $FeSO_4$、Na_2SO_4 等杂质。结晶放入真空干燥器内，真空干燥即得成品。反应式如下：

$$CuSO_4 \xrightarrow{Na_2SO_3} CuSO_3 \xrightarrow{NaCN} CuCN$$

【产品安全性】 属无机剧毒品，危险品编号 GA-58-93A1019，包装注明剧毒标志。不能与酸类、氧化剂类同贮、混运。

【参考生产企业】 沈阳助剂厂，山东淄川东风化工厂等。

D015 氟硼酸铜

【英文名】 cupric borofluorate

【结构式】 $Cu(BF_4)_2$

【相对分子质量】 237.15

【性质】 具有光亮的蓝色针状晶体。极易溶于水，微溶于酒精和乙醚，易潮解，极易与水、氨结合。

【质量标准】

游离氟硼酸/%	<2
pH 值	1～2
硫酸盐(SO_4^{2-})/%	<2
氟硼酸铜(以 Cu 计)/%	>12.5
相对密度(20℃)	1.53
硅(以 SiO_2 计)/%	<1

【用途】 用于镀铜电解液的制备，此电镀液可在高电流密度下进行镀铜，镀层细密光洁。

包装规格：用内衬塑料袋的编织袋包装，净重 25kg。

【制法】 将 210kg 40%的氟硼酸投入反应器中，缓慢加入碱式碳酸铜 63～65kg。边加边搅拌，使 CO_2 完全逸出。将料液过滤除去未反应的碱式碳酸铜，清液移入蒸发器中，减压浓缩至原体积的 1/10。冷却结晶，离心脱水，即得成品。反应式如下：

$$4HBF_4+Cu_2(OH)_2CO_3 \longrightarrow 2Cu(BF_4)_2+3H_2O+CO_2\uparrow$$

【产品安全性】 强酸性，有腐蚀性。操作人员应穿戴劳保用品，车间保持良好的通风状态。产品密封包装，贮于通风、干燥处，注意防潮、防晒，不宜与碱性化学物品混贮，密封保存。10～30℃保质期 12 个月。

【参考生产企业】 上海淡宁化工有限公司，常州汇阳化工有限公司，吴江市俊发化工有限公司，临沂市兰山区绿森化工有限公司等。

D016 硫代硫酸铵

【英文名】 ammonium thiosulfate

【登记号】 CAS [728-18-8]

【结构式】 $(NH_4)_2S_2O_3$

【相对分子质量】 148.20

【物化性质】 无色单斜晶系结晶，易潮解。极易溶于水，稍溶于丙酮，不溶于醇、醚。在 50℃以上的水溶液中逐渐分解成硫黄及硫酸铵。

【质量标准】 GB/T 20433—2006

$(NH_4)_2S_2O_3$/%	≥97
碱度(以 NH_4OH 计)/%	≤0.4
灼烧残留物/%	≤0.2
硫化物(以 S^{2-} 计)/10^{-6}	≤10
水不溶物/%	≤0.4
铁(以 Fe 计)/10^{-6}	≤50
亚硫酸盐/%	1.4
重金属(Pb)/10^{-6}	≤20

【用途】 在无氰电镀时作络合剂，硫代硫酸根与银离子结合，成硫代硫酸合银络合离子。提高阴极极化作用，使镀银层结晶细致，覆盖能力好。一般用量为 200～250g/L。

包装规格：用塑料桶包装，净重 50kg。

【制法】 将氨水加入反应釜中，通 SO_2，得亚硫酸铵备用。另将多硫化铵加入反应釜，加水溶解后在搅拌下缓缓缓加入上述溶液，在 30～55℃下反应，反应过程中使反应液始终保持深橙色。加亚硫酸铵溶液量稍低于理论量，亚硫酸铵溶液加毕后，通蒸汽数小时，以驱除硫化铵。将反应液过滤，在氮气保护下进行蒸发，用活性炭脱色以除去硫黄，冷冻结晶，离心脱水，在氨气保护下干燥得成品。反应式如下：

$$(NH_4)_2SO_3+(NH_4)_2S_x \longrightarrow (NH_4)_2S_2O_3+(NH_4)_2S_{x-1}$$

【产品安全性】 刺激眼睛、呼吸系统和皮肤。戴适当的手套和护目镜或面具，不慎与眼睛接触后，请立即用大量清水冲洗并征求医生意见。按一般化学品管理，贮于通风、干燥、阴凉的库内，贮存期 6 个月。不能与氧化剂混贮、混运，运输时应防止日晒、雨淋。

【参考生产企业】 天津摄影材料化工厂，广东台山县化工厂等。

D017 五水硫代硫酸钠

【英文名】 sodium thiosulfate pentahydrate

【登记号】 CAS [10102-17-7]

【结构式】 $Na_2S_2O_3 \cdot 5H_2O$

【相对分子质量】 248.18

【物化性质】 无色透明的单斜晶体。遇到强酸即分解，在潮湿空气中有潮解性，在33℃以上的干燥空气中易风化。具有还原性，能溶解卤素及银盐，能被空气中的氧所氧化，吸收空气中的 CO_2 而分解。不溶于乙醇，易溶于水，水溶液接近中性，水溶液遇酸分解。不溶于乙醇。

【质量标准】 GB/T 637—2006

$Na_2S_2O_3 \cdot 5H_2O$/%	≥99
水分/%	35～36
铁(以Fe计)/%	≤0.001
硫化物/%	无
水不溶物/%	≤0.01
水溶性反应	符合标准

【用途】 用作硫代硫酸盐镀银的络合剂，使镀银层结晶细密，覆盖能力好。一般用量在200～250g/L。在氰化镀银中作光亮剂。用量为0.5～1.09g/L。能使银的结晶定向排列，从而获得光亮和半光亮的镀银层。

包装规格：用内衬塑料袋的编织袋包装，净重25kg。

【制法】 硫化钠中和法：如所用废液的主要成分是 Na_2S 和少量的 Na_2CO_3，先把其浓缩至21～22°Bé，澄清后打入吸收塔吸收二氧化硫气体。其吸收终点控制在pH值为6.4～7.0。吸收液经澄清预热后打入浓缩锅，加入适量的硫黄粉，加热搅拌，将该液浓缩至54～58°Bé，在脱硝器中进行脱硝，然后再慢慢搅拌，缓冷条件下冷却结晶。离心分离，在氮气保护下干燥得成品。反应式如下：

$$2Na_2S + Na_2CO_3 + 4SO_2 \longrightarrow 3Na_2S_2O_3 + CO_2\uparrow$$

$$Na_2CO_3 + SO_2 \longrightarrow Na_2SO_3 + CO_2\uparrow$$

$$2Na_2S + 3Na_2CO_3 + 6SO_2 + 2S \longrightarrow 5Na_2S_2O_3 + 3CO_2\uparrow$$

$$Na_2SO_3 + S \longrightarrow Na_2S_2O_3$$

【产品安全性】 刺激眼睛、呼吸系统和皮肤。戴适当的手套和护目镜或面具，不慎与眼睛接触后，请立即用大量清水冲洗并征求医生意见。产品密封包装，贮于通风、干燥处，注意防潮、防晒，不宜与碱性化学物品混贮，密封保存。10～30℃保质期12个月。

【参考生产企业】 湖北巨盛科技有限公司，上海远慕生物科技有限公司，上海淡宁化工有限公司，临沂市兰山区绿森化工有限公司等。

D018 焦磷酸钾

【英文名】 potassium pyrophosphate

【登记号】 CAS [7320-34-5]

【结构式】 $K_4P_2O_7$

【相对分子质量】 330.34

【物化性质】 无色结晶或白色粉末。溶于水，不溶于乙醇，水溶液呈碱性。浓度为1%的水溶液pH=10.2。25℃时100g水中的溶解度为187g。能和碱土金属和重金属离子发生螯合作用。焦磷酸钾具有其他缩合磷酸盐的所有性质，吸湿性、潮解性都很大。有α型（高温型）和β型（低温型）两种变体。β型在500℃时转化为α型。单纯水溶液煮沸时很难分解，但有其他酸或碱存在时，即可水解。

【质量标准】 HG/T 3591—2009

无水焦磷酸钾/%	≥95
水不溶物/%	<0.2
铁盐/%	<0.05
重金属/%	<0.01

【用途】 主要用于无氰电镀，代替氰化钠作为电镀的络合剂。也用作电镀的前处理

剂和焦磷酸电镀液，亦可作金属表面清洗剂的添加剂、陶瓷工业黏土分散剂、颜料和染料缓冲剂、双氧水稳定剂。

包装规格：用内衬塑料袋的编织袋包装，净重25kg。

【制法】 将203kg氢氧化钾打入溶解槽，加水配成48%的氢氧化钾水溶液，将其打入反应釜中，在搅拌下缓慢滴加85%的磷酸进行成盐反应。当磷酸滴加至100kg时，取1滴料液，加于白瓷板上，再加1滴水稀释，用精密试纸测pH值。pH值达到8.5～9.0时停止滴加磷酸。继续搅拌0.5h，静置，过滤除去杂质。将滤液移入蒸发锅中浓缩，呈胶干状态后，转移到焦化炉中，在550～650℃下进行焦化处理，焦化2～3h后，取样测终点（用1%的硝酸银溶液进行检查，直至无黄色的正磷酸银出现）。反应完毕后，冷却、结晶得成品。反应式如下：

$$H_3PO_4+2KOH \longrightarrow K_2HPO_4+2H_2O$$

$$2K_2HPO_4 \xrightarrow{\text{焦化}} K_4P_2O_7+H_2O$$

【产品安全性】 刺激眼睛、呼吸系统和皮肤，不慎与眼睛接触后，请立即用大量清水冲洗并征求医生意见。穿戴适当的防护服。应贮存在通风、干燥的库房中，不可与酸类物品共贮、混运，防雨淋和烈日曝晒、防潮。

【参考生产企业】 新乡市华幸化工有限责任公司，宿迁市现代化工有限公司，东莞市华宏化工有限公司。

D019 十水焦磷酸钠

【别名】 磷酸四氢钠

【英文名】 sodium pyrophosphate decahydrate

【登记号】 CAS [13472-36-1]

【结构式】 $Na_4P_2O_7 \cdot 10H_2O$

【相对分子质量】 446.04

【物化性质】 具有光泽的无色单斜晶系结晶。溶于水，易溶于酸，不溶于醇和氨，水溶液呈碱性反应。在水溶液中沸腾可生成磷酸二氢钠，与碱金属生成络合物，与银离子生成焦磷酸银。

【质量标准】 HG/T 3591—2009

项目	指标
P_2O_5总量/%	≥52
钙盐/(g/100g)	≥4
pH值(1%水溶液)	9.2～10.2
铁盐(Fe)/%	≤0.02
水不溶物/%	≤0.2

【用途】 用作碱性化学镀镍的络合剂以及用于配制洗涤剂。

包装规格：用内衬塑料袋的编织袋包装，净重25kg。

【制法】 将磷酸氢二钠（$Na_2HPO_4 \cdot 12H_2O$）放于干燥炉中，加热至115～130℃除去结晶水，使成无水物。然后转移到焦化炉在450～550℃的高温下脱水，焦化即成焦磷酸钠，焦化时间约2～3h，取样测终点（将焦化物溶于水，滴加1%硝酸银溶液，若出现黄色则表示焦化未完全，如出现白色则表示焦化已完全）。经冷却获无水焦磷酸钠，将无水物投入溶解槽，加入80℃的热水，溶解部分移入结晶槽，冷却结晶，离心分离得十水焦磷酸钠。反应式如下：

$$Na_2HPO_4 \cdot 12H_2O \xrightarrow{\triangle}$$

$$Na_2HPO_4 \xrightarrow{\text{焦化}} Na_4P_2O_7+H_2O$$

【产品安全性】 刺激眼睛、呼吸系统和皮肤，不慎与眼睛接触后，请立即用大量清水冲洗并征求医生意见。穿戴适当的防护服。对水体稍微有害，不要将未稀释或大量产品接触地下水、水道或污水系统，未经政府许可勿将材料排入周围环境。贮存于阴凉、干燥的库房中，不能与氧化物共贮同运。

【参考生产企业】 新乡市华幸化工有限责任公司，宿迁市现代化工有限公司，东莞市华宏化工有限公司。

D020 烯丙基硫脲

【别名】 硫代芥子胺

【英文名】 allyl thiourea 4020

【登记号】 CAS [109-57-9]

【结构式】

$$CH_2{=}CHCH_2NHC(=S)NH_2$$

【相对分子质量】 116.19

【物化性质】 白色结晶。熔点 76～78.5℃，相对密度是 1.110。溶于水及乙醇，微溶于乙醚，不溶于苯，有蒜臭味。

【质量标准】

含量/%	≥99	水不溶物/%	≤0.02
灰分/%	≤0.10	加热减量/%	≤0.40

【用途】 可用作无氰镀铜添加剂，增加镀品光亮和耐腐蚀性。亦可作防腐剂。

包装规格：用内衬塑料袋的编织袋包装，净重 25kg。内衬塑料袋，2.30kg/袋；外套纤维板桶，12 袋/桶。

【制法】 由氯丙烯与硫氰化钠加热溶解，冷却后加入少量碘化钾，再加入氯丙烯及乙醇，回流 16h，冷却分出油层，用水洗 3～4 次，得异硫氰酸烯丙酯，用无水氯化钙干燥，蒸馏，收集沸点在 140～155℃的馏分。然后将其加入氨水中，在搅拌下加热至 80℃左右，发生强烈反应，冷却析出结晶，过滤、干燥而得粗品，再经乙醇重结晶而得成品。

【产品安全性】 刺激眼睛、呼吸系统和皮肤，不慎与眼睛接触后，请立即用大量清水冲洗并征求医生意见。操作人员应穿戴劳保用品，车间保持良好通风状态。产品密封包装，贮于通风、干燥处，注意防潮、防晒，不宜与碱性化学物品混贮，密封保存。贮存在阴凉、干燥的库房中，避免阳光直射，室温保质期 12 个月。

【参考生产企业】 寿光市松川工业助剂有限公司，上海淡宁化工有限公司，常州汇阳化工有限公司，吴江市俊发化工有限公司，临沂市兰山区绿森化工有限公司等。

D021 巯基苯并咪唑

【别名】 酸性镀铜光亮剂 M，防老剂 MB，苯并氮唑二-2-硫酚

【英文名】 2-mercaptobenzoimidazole

【登记号】 CAS [583-39-1]

【结构式】

(benzimidazole ring with N, N–H and –SH)

【相对分子质量】 150.22

【物化性质】 光照下易变色。熔点 303～304℃，溶于碱性溶液中，微溶于乙醇，不溶于水。

【质量标准】

外观	白色片状结晶
含量/%	≥95
总杂质(液相色谱法)/%	≤0.5
单个杂质(液相色谱法)/%	≤0.5

【用途】 用作镀铜光亮剂，可使镀层光亮，并有平整作用，还可提高工作电流密度。常与镀铜光亮剂等配合使用。

包装规格：用内衬塑料袋的编织袋包装，净重 25kg。

【制法】 将 64kg 邻苯二胺、18kg 氢氧化钾、52kg 二硫化碳依次加入反应釜中，开动搅拌，再加入 480kg 酒精、190kg 蒸馏水，缓缓加热，使其溶解后，继续加热回流 3h。降温，停止沸腾后加入 24kg 活性炭回流 20min，脱色，然后过滤除去活性炭。滤液放入结晶槽，加热至 60～70℃，加热水 300 份。在搅拌下加入醋酸水溶液（30%～32%），使结晶完全。离心过滤，收集结晶于 40℃下干燥，得成品。反应式如下：

$$C_6H_4(NH_2)_2 + CS_2 \longrightarrow \text{本品}$$

【产品安全性】 中等毒性，急性毒性：口

服，小鼠 LC_{50} 750mg/kg；腹腔，小鼠 LC_{50} 200mg/kg。刺激数据：皮肤，兔子 500mg/24h，轻度；眼睛，兔子 500mg/24h，轻度。吞食有害，避免与皮肤和眼睛接触。通风，低温干燥保存，注意防火、防晒。操作人员应穿戴劳保用品，车间保持良好通风状态。产品密封包装，不宜与碱性化学物品混贮，密封保存。室温保质期 12 个月。

【参考生产企业】 湖北巨龙堂生物科技发展有限公司，上海蓝润化学有限公司，上海长江化工厂，上海电器电镀厂，浙江黄岩光化学厂，北京电镀总厂。

D022 亚乙基硫脲

【别名】 2-硫醇基咪唑啉

【英文名】 ethylene thiourea

【登记号】 CAS [96-45-7]

【结构式】

（环状结构：NH—C(=S)—NH，两个 NH 以 CH_2CH_2 相连）

【相对分子质量】 102.16

【物化性质】 味苦。溶于乙醇、甲醇、乙二醇和吡啶，微溶于水，不溶于丙酮、甲苯和汽油，溶于热的酒精水溶液。

【质量标准】

外观	白色针状结晶	相对密度	1.42～1.43
含量/%	≥95	熔点/℃	198～200

【用途】 在酸性镀铜时作光亮剂。亦可用作氯丁橡胶、氯磺化聚乙烯和丙烯酸酯胶黏剂的促进剂，参考用量 0.25～1.5 份，还用作聚硫橡胶的促进剂。也用作环氧胶黏剂双氰胺固化剂的促进剂，参考用量 8 份。

包装规格：用内衬塑料袋的编织袋包装，净重 25kg。内衬塑料袋，2.30kg/袋；外套纤维板桶，12 袋/桶。

【制法】 将 240kg 乙二胺、480kg 工业酒精、600kg 蒸馏水依次投入反应釜。搅拌下，缓缓加入 320kg CS_2，滴加过程中控制温度在 60℃左右。加完 CS_2 后升温至 100℃，回流 1h。然后加入 36kg 浓盐酸回流 9～10h，冷却结晶，吸滤，用丙酮洗涤干燥得产品。收率为 80%～85%。反应式如下：

$$NH_2CH_2CH_2NH_2 + CS_2 \longrightarrow \text{本品}$$

【产品安全性】 中等毒性。可燃，粉尘与空气能形成爆炸性混合物。戴适当的手套和护目镜或面具，不慎与眼睛接触后，请立即用大量清水冲洗并征求医生意见。车间保持良好的通风状态。产品密封包装，贮于通风、干燥处，注意防潮、防晒，防火。室温保质期 12 个月。

【参考生产企业】 江黄岩光化学厂，武汉长江化工厂，北京市电镀总厂添加剂分厂，上海淡宁化工有限公司，吴江市俊发化工有限公司，临沂市兰山区绿森化工有限公司等。

D023 3,3-二硫二丙烷磺酸钠

【别名】 聚二硫二丙烷磺酸钠，SPS

【英文名】 3,3′-dithiobis-1-propanesulfonic acid disodium salt

【结构式】

$$\begin{array}{l} S—CH_2CH_2CH_2SO_3Na \\ | \\ S—CH_2CH_2CH_2SO_3Na \end{array}$$

【相对分子质量】 354.399

【登记号】 CAS [27206-35-5]

【物化性质】 白色或浅黄色粉末，易吸潮，水溶性强；微溶于醇类。

【质量标准】

含量/%	≥95
水不溶物/%	≤0.001

【用途】 在镀锌液中作光亮剂。可以和典型镀铜配方中如非离子表面活性剂、聚胺和其他氢硫化合物结合使用，也可以和染料结合使用，将会得到更佳的效果，镀铜层光亮度高、延展性好。也可用于其他酸性电镀液中，如酸性镀银和镀钯，可得到装饰性和功能性镀层。

包装规格：用内衬塑料袋的编织袋包装，净重25kg。

【制法】

(1) 1,3-丙烷磺酸内酯的合成　将215kg的丙烯醇与275kg (63%) 硫酸投入混合釜中，搅拌混匀备用。另将1200kg亚硫酸钠和1800kg水投入反应釜中，加热溶解后用50%的硫酸调节pH值至6.5。控温50℃，一边搅拌一边滴加预先混好的备用液。滴加过程中50℃保温，滴完后再搅拌20min。加热浓缩，冷却使副产物结晶，过滤除去。溶液再次浓缩冷却，结晶除去副产物，得1,3-丙烷磺酸内酯。

(2) 3,3′-二硫二丙烷磺酸钠的合成　在反应釜中加入900kg沸水、890kg硫化钠和116kg硫黄，搅拌溶解。然后加入40%的氢氧化钠430kg，得多硫化钠溶液。将制得的多硫化钠溶液冷却至5℃以下，在搅拌下缓缓加入1,3-丙烷磺酸内酯。滴毕后，自然升温至室温，而后用盐酸酸化至刚果红试纸显红色。冷却结晶得3,3′-二硫二丙烷磺酸。过滤，滤饼加入中和釜，与碳酸钠溶液共沸，然后过滤，除去未反应的硫黄，浓缩滤液，冷却、结晶、过滤、干燥得成品。

【产品安全性】 操作人员应穿戴劳保用品，车间保持良好的通风状态。产品密封包装，贮于通风、干燥处，注意防潮、防晒，不宜与碱性化学物品混贮。2～8℃保质期12个月。

【参考生产企业】 武汉赛沃尔化工有限公司，湖北鑫拓康楚源生物科技有限公司，深圳市科宝鑫科技有限公司，常州汇阳化工有限公司，吴江市俊发化工有限公司等。

D024 C-1 酸性镀铜光亮剂

【英文名】 C-1 acidic copper plating brightener

【组成】 混合物。

【物化性质】 具有较好的水溶性，化学性质稳定，无毒，无腐蚀性。

【质量标准】

外观	浅红色透明液
含量/%	≥97

【用途】 适于镀铜液中作光亮剂，比单独使用聚乙二醇理想，能使镀铜层细化，并具有一定的整平作用，能获得全光亮镀铜层。一般用量0.01～0.02g/L。

包装规格：用内衬塑料袋的编织袋包装，净重25kg。

【制法】 将AE乳化剂加入反应釜中，在搅拌下与聚乙二醇水溶液混合均匀后，减压脱水，浓缩，趁热过滤而得。

【产品安全性】 非危险品。刺激眼睛、呼吸系统和皮肤，不慎与眼睛接触后，请立即用大量清水冲洗并征求医生意见。操作人员应穿戴劳保用品，车间保持良好的通风状态。产品密封包装，贮于通风、干燥处，注意防潮、防晒，不宜与碱性化学物品混贮，密封保存。室温保质期12个月。

【参考生产企业】 上海电器电镀厂，武汉市长江化工厂，常州汇阳化工有限公司，吴江市俊发化工有限公司，临沂市兰山区绿森化工有限公司等。

D025 2-巯基苯并噻唑

【别名】 苯并噻唑硫醇，促进剂M，M快熟粉，3-硫氮茚

【英文名】 2-mercaptobenzothiazole

【登记号】 CAS [149-30-4]

【结构式】 (苯并噻唑环，2位 —SH；环上标 N、S)

【相对分子质量】 168.25

【物化性质】 淡黄色单斜针状或片状结晶，有微臭和苦味。能溶于丙酮、碱和碳酸钠溶液，还易溶于冰醋酸，微溶于醇、醚、苯和四氯化碳，几乎不溶于水和汽油。熔点是179.0～181.0℃，相对密度(20℃) 1.40～1.48。

【质量标准】

型号		优级品	一级品	合格品
总磷酸盐(以 P_2O_5 计)/%	≥	68.0	66.0	65.0
非活性磷酸盐(P_2O_5)/%	≤	7.5	8.0	10.0
铁(Fe)/%	≤	0.05	0.10	0.20
水不溶物/%	<	0.06	0.10	0.15
pH 值(1%水溶液)		5.8～7.3	5.8～7.3	5.8～7.3
溶解性		合格	合格	合格
平均聚合度 n			10～16	

【用途】 主要用作光亮硫酸铜的光亮剂。具有良好的整平作用，一般用量为0.05～0.10g/L。还可用作氰化镀银光亮剂，加入 0.5g/L 后，使阴极极化度增大，使银离子结晶定向排列，得光亮镀银层。

包装规格：用内衬塑料袋的编织袋包装，净重 25kg。

【制法】 以苯胺、CS_2、S 为原料，于200～300℃，9.0～10.0MPa 下反应生成粗品，经精制得产品。

【产品安全性】 刺激眼睛、呼吸系统和皮肤，不慎与眼睛接触后，请立即用大量清水冲洗并征求医生意见。操作人员应穿戴劳保用品，车间保持良好的通风状态。产品密封包装，贮于通风、干燥处，注意防潮、防晒，不宜与碱性化学物品混贮，密封保存。室温保质期 12 个月。

【参考生产企业】 山东清新化工有限公司，上海至鑫化工有限公司，常州汇阳化工有限公司，吴江市俊发化工有限公司，临沂市兰山区绿森化工有限公司等。

D026 1-羟亚乙基-1,1-二膦酸

【别名】 HEDP，亚羟乙基二磷酸

【英文名】 1-hydroxy ethylene-1,1-diphosphonic acid

【登记号】 CAS [2809-21-4]

【结构式】

```
  HO        OH        OH
    \       |        /
  O=P ——— C ——— P=O
    /       |        \
  HO       CH3        OH
```

【相对分子质量】 204.05

【物化性质】 白色粉末。在水中稳定性好，不容易水解。能与 Ca^{2+}、Mg^{2+}、Fe^{2+}、Cu^{2+}、Zn^{2+}、Ni^{2+}、Co^{2+}、Mn^{2+}、Sn^{2+} 等金属离子络合，形成络合物。

【质量标准】 GB/T 26324—2010

含量/%	≥25
pH 值(10%溶液)	9.0～10.0

【用途】 无氰电镀的主料。配制成无氰电镀铜溶液，在铁上直接电镀铜层结合力良好，镀层光滑、色泽好。另外，在电镀前将镀件浸在本品的 1%～2%溶液中，使电镀件转为活化态，再进行电镀更能提高效果。

包装规格：用内衬塑料袋的编织袋包装，净重 25kg。

【制法】 二乙烯三胺与甲醛进行亲核加成，加成产物与三氯化磷水解产物酯化，中和得产品。

【产品安全性】 刺激眼睛、呼吸系统和皮肤，不慎与眼睛接触后，请立即用大量清水冲洗并征求医生意见。操作人员应穿戴劳保用品，车间保持良好的通风状态。产品密封包装，贮于通风、干燥处，注意防潮、防晒，不宜与碱性化学物品混贮，室温保质期 12 个月。

【参考生产企业】 上海槃稞实业有限公司，上海淡宁化工有限公司，武汉长江化工厂，常州汇阳化工有限公司，吴江市俊发化工有限公司，临沂市兰山区绿森化工

有限公司等。

D027 烯丙基磺酸钠

【英文名】 sodium allyl sulfonate

【登记号】 CAS [2495-39-8]

【结构式】 $CH_2=CHCH_2SO_3Na$

【相对分子质量】 144.13

【物化性质】 外观为白色结晶粉末。易溶于水和醇，微溶于苯。溶液长时间受热易聚合，干燥成品对热稳定。

【质量标准】

		优级品	一级品	合格品	油田专用
含量(以干基计)/%	≤	95	93	90	65～80
氯化钠/%	≤	1.3	1.5	1.8	20～30
亚硫酸钠/%	≤	0.1	0.3	0.3	0.5
铁离子/%	≤	0.0003	0.003	0.003	0.005
水分/%	≤	3.0	3.0	3.0	3.0

【用 途】 在电镀前处理药剂中，作镀镍光亮剂。一般用量为 0.1～0.2g/L。亦可用在水处理药剂中，做缓蚀阻垢剂的单体，与丙烯酸、马来酸酐、次磷酸钠、醋酸乙烯酯等共聚，对磷酸钙、锌盐及碳酸钙和硫酸钙等有良好的阻垢效果。与丙烯酰胺共聚作絮凝剂，与甲基丙烯酸、衣康酸共聚可作分散剂。用于石油化学品，和丙烯酰胺、丙烯酸、腐殖酸钠、丙烯酰胺基丙基三甲基氯化铵、丙烯酰胺基乙基二甲基氯化铵、二乙基二烯丙基氯化铵、烯丙基三甲基氯化铵等共聚，可作分散剂，降滤失剂，抗高温、抗盐效果显著。

包装规格：用内衬塑料袋的编织袋包装，净重 25kg。

【制法】 将烯丙醇加入反应釜内，在搅拌下加入甲基磺酸钠水溶液，在常温下反应 6h。过滤，除去不溶物。浓缩、冷却结晶、干燥得成品。反应式如下：

$$CH_2=CHCH_2OH+CH_3SO_3Na \longrightarrow \text{本品}$$

【产品安全性】 产品对人体有害，避免摄入。操作人员应穿戴劳保用品，不慎与眼睛接触后，请立即用大量清水冲洗并征求医生意见。车间保持良好的通风状态。产品密封包装，贮于干燥、阴凉库房中，室温保质期 12 个月。产品吸水性强，运输时应注意防雨防潮，避免日光曝晒。

【参考生产企业】 寿光市松川工业助剂有限公司，武汉吉和昌化工科技股份有限公司，临沂市兰山区绿森化工有限公司，吴江市俊发化工有限公司，上海淡宁化工有限公司，武汉长江化工厂，常州汇阳化工有限公司等。

D028 苯亚磺酸钠

【英文名】 benzenesulfinic acidsodium salt

【登记号】 CAS [873-55-2]

【结构式】

$$C_6H_5-SO_2Na$$

【相对分子质量】 164.16

【物化性质】 能溶于水，溶液呈弱碱性，见光易氧化。

【质量标准】

外观	白色结晶
含量/%	≥98

【用途】 光亮镀镍初级光亮剂。具有显著降低镀镍层晶粒尺寸的作用，使镀层产生光亮，使镀层延展性良好。一般用量为 0.1～0.3g/L。苯亚磺酸钠是 Martel 法制备菊酸的中间体，也可作为照相还原剂，用作聚合黏合增强剂、增塑剂。

包装规格：用 2.30kg 内衬塑料袋、外套纤维板桶包装；也可用内衬塑料袋的编织袋包装，净重 25kg。

【制法】 由等物质的量的苯亚磺酸与

NaOH（配成40%的氢氧化钠水溶液）在30～40℃下搅拌2h，浓缩，冷却结晶，过滤，真空干燥得成品。其制备方法是将苯磺酰氯、焦亚硫酸钠、水和氢氧化钠在pH=3.5～8.5、50℃下还原成苯亚磺酸钠，经脱色、过滤、冷却至15℃，分离硫酸氢钠，用30%盐酸在15～20℃酸析成苯亚磺酸，水洗，再加碱中和成盐，得苯亚磺酸钠为无色片状结晶。反应式如下：

$$C_6H_5-SO_2H + NaOH \longrightarrow 本品$$

【产品安全性】 几乎无毒。刺激眼睛、呼吸系统和皮肤，不慎与眼睛接触后，请立即用大量清水冲洗并征求医生意见。操作人员应穿戴劳保用品，车间保持良好的通风状态。产品密封包装，贮于阴凉、通风、干燥的库房中，注意防潮、防晒，不宜与碱性化学物品混贮，室温保质期12个月。

【参考生产企业】 湖北盛天恒创生物科技有限责任公司，郑州希派克化工有限公司，上海孚一生物科技有限公司，常州汇阳化工有限公司，吴江市俊发化工有限公司，临沂市兰山区绿森化工有限公司等。

D029 对甲苯磺酰胺

【英文名】 ptoluene sulphonamide

【别名】 PTSA，对甲苯磺胺

【登记号】 CAS［70-55-3］

【相对分子质量】 171.21

【结构式】

$$CH_3-C_6H_4-SO_2NH_2$$

【物化性质】 白色结晶或粉末。易溶于醇，难溶于水。

【质量标准】

含量/%	≥98
熔点/℃	136～138

【用途】 在光亮镀镍中作初级光亮剂。用于光亮多层镀镍，使镀层光亮均匀。一般用量为0.2～0.3g/L。亦可用作合成水溶性三聚氰胺甲醛树脂的增韧剂。

包装规格：用内衬塑料袋的编织袋包装，净重25kg。

【制法】 首先将部分氨水加入反应锅内，在搅拌下加入对甲苯磺酰氯，温度自然升至50℃以上，待温度下降后再加入剩余的氨水。于85～90℃反应0.5h，至pH值为8～9时结束反应。冷至20℃，过滤，滤饼用水洗，得粗品。再经活性炭脱色、碱溶、酸析、甩滤、干燥得产品。反应式如下：

$$CH_3-C_6H_4-SO_2Cl + NH_3 \longrightarrow 本品$$

【产品安全性】 急性毒性：小鼠腹腔LC_{50} 250mg/kg；皮下注射LD_{50} 2mg/kg；野生鸟类经口LD_{50} 75mg/kg。刺激眼睛，不慎与眼睛接触后，请立即用大量清水冲洗并征求医生意见。操作人员应穿戴劳保用品，车间保持良好的通风状态。产品密封包装，贮于通风、阴凉干燥的库房中。贮运中轻拿轻放、防潮、防热。按易燃有毒物品规定贮运。

【参考生产企业】 常州朗逸化学品有限公司，上海淡宁化工有限公司，嘉兴市英南化工有限公司，常州汇阳化工有限公司，临沂市兰山区绿森化工有限公司等。

D030 BE型强效镀镍光亮剂

【英文名】 BEstrong efficient nickel plating brightener

【组成】 丁炔二醇与环氧氯丙烷的缩合物。

【物化性质】 不易燃烧，不分解，化学性质稳定，水溶性良好。

【质量标准】

外观	黄色透明液
含量/%	≥95

【用途】 在光亮镀镍中作光亮剂。单独使

用可产生全光亮镀镍层，并有整平作用。一般用量为 0.28～0.6g/L。

包装规格：用内衬塑料袋的编织袋包装，净重 25kg。

【制法】 由1,4-丁炔二醇与环氧氯丙烷进行混合加成反应，再经过滤得成品。

【产品安全性】 刺激眼睛，不慎与眼睛接触后，请立即用大量清水冲洗并征求医生意见。操作人员应穿戴劳保用品，车间保持良好的通风状态。产品密封包装，贮于通风、阴凉、干燥的库房中。贮运中轻拿轻放、防潮、防热。

【参考生产企业】 江苏梦得化工有限公司，高力集团（广东高力实业有限公司），苏州华创金属表面技术有限公司，常州朗逸化学品有限公司，上海淡宁化工有限公司，嘉兴市英南化工有限公司，常州汇阳化工有限公司，临沂市兰山区绿森化工有限公司等。

D031 亚苄基丙酮

【别名】 苯亚甲基丙酮，甲基苯乙烯基酮，亚其基丙酮

【英文名】 benzalacetone

【登记号】 CAS [122-5-7-6]

【结构式】

$$C_6H_5-CH=CH-COCH_3$$

【相对分子质量】 146.19

【物化性质】 白色或浅黄色结晶。熔点41.5℃，沸点 260～262℃、161℃（5.3kPa）、126～128℃（1.2kPa），相对密度 1.0377（15℃/15℃），折射率 n_D^{50}1.5836。微溶于水，溶于硫酸、苯、乙醇、氯仿。有香豆素气味，见光色泽变深，长时间受热易分解。

【质量标准】

项目	指标
含量/%	≥99
熔点/℃	40～42

【用途】 用作镀锌添加剂，用以增加镀品光亮度。染色工业用作媒剂提高染色的均匀度和牢固度，亦可用于制备香料和增香剂。

包装规格：内包装塑料袋，外包装木板桶，25 袋/桶。

【制法】 将丙酮、苯甲醛和水投入反应釜，开动搅拌混合均匀，冷却后慢慢滴加10%的氢氧化钠溶液，温度控制在 25～31℃，加完后继续搅拌 1h。然后加入稀盐酸调 pH 值至 6～7，放置 1h，分离出黄色油状物。水层用苯提取，提取液和油状物合并，用水洗两次，分出水层后，回收苯，用活性炭脱色，过滤，滤液减压蒸馏得成品。反应式如下：

$$C_6H_5CHO \xrightarrow[NaOH]{CH_3COCH_3} \text{本品}$$

【产品安全性】 刺激眼睛，不慎与眼睛接触后，请立即用大量清水冲洗并征求医生意见。操作人员应穿戴劳保用品，车间保持良好的通风状态。产品密封包装，贮于通风、阴凉干燥的库房中。贮运中轻拿轻放、防潮、防热。

【参考生产企业】 上海研域生物科技有限公司，河北张家口市有机化工厂，上海永生助剂厂，武汉有机实业股份有限公司，江苏常州市红卫化工厂。

D032 葡萄糖酸钠

【别名】 五羟基己酸钠，镀镍光亮剂

【英文名】 sodium gluconate

【登记号】 CAS [527-07-1]

【结构式】

$$HOCH_2-CH(OH)-CH(OH)-CH(OH)-CH(OH)COONa$$

【相对分子质量】 218.14

【物化性质】 白色或淡黄色结晶性粉末。易溶于水，微溶于醇，不溶于醚。

【质量标准】 FAO/WHO 2001

含量/%	≥98
还原性物质(以D-葡萄糖计)/%	<0.5
砷(以As计)/(mg/kg)	≤3.0
重金属(以Pb计)/(mg/kg)	≤10

【用途】在镍铁合金电镀中作光亮剂，络合剂，单独使用可使镀液澄清、镀件表面光亮，结晶细致整平性好，用量为0.1～0.2g/L。亦可作食品添加剂、水质稳定剂、印染工业均色剂、钢铁表面处理剂等。

包装规格：内包装塑料袋，外包装木板桶，25袋/桶。

【制法】将计量的葡萄糖酸加入反应釜中，在搅拌下加入稍过量的Na_2CO_3水溶液中和，在50～60℃下搅拌2h。减压浓缩，冷却，结晶、过滤、干燥得成品。反应式如下：

$$\underset{\displaystyle OH}{CH_2}-\underset{\displaystyle OH}{CH}-\underset{\displaystyle OH}{CH}-\underset{\displaystyle OH}{CH}COOH \xrightarrow{NaCO_3} 本品$$

【产品安全性】无毒、无刺激。生物降解性好，贮存于阴凉、干燥的库房中。

【参考生产企业】吴江市久恒化工有限公司，上海葡萄糖厂等。

D033 DE镀锌光亮添加剂

【别名】DE添加剂，无氰镀锌添加剂DE，noncyanide zinc plating additive DE

【英文名】DE zinc plating brightener

【组成】环氧氯丙烷与二甲胺的缩合物。

【物化性质】微黄色至橘黄色黏稠液体。相对密度(25℃) 1.18～1.20，中性至弱碱性。易溶于水，不溶于汽油、乙醇、氯仿、苯和酸，在强酸溶液中性质稳定。

【质量标准】JB/T 10339—2002

pH值	7～8
水溶性(10%水溶液)	无悬浮,无浑浊现象
折射率(n_D^{20})	1.4750～1.49
黏度(20℃)/Pa·s	500～2000

【用途】用作锌酸盐无氰镀锌的添加剂。

包装规格：用塑料桶包装，25kg/桶。

【制法】将计量的二甲胺和$n$mol环氧氯丙烷分别打入计量槽，然后将二甲胺打入反应釜，在25℃下滴加环氧氯丙烷，滴加过程中温度不要超过35℃。开始滴加时速度要慢，滴至1/3量时可增加滴速。滴毕后逐渐升温至90～95℃，保温1h。当10%水溶液呈透明状，pH值到7～8时反应结束。冷却降温至40～50℃时出料，包装即为成品。

【产品安全性】刺激眼睛、黏膜和呼吸系统，不慎沾污后，请立即用大量清水冲洗并征求医生意见。操作人员应穿戴劳保用品，车间保持良好的通风状态。产品密封包装，贮于通风、阴凉、干燥的库房中。贮运中轻拿轻放、防潮、防热。

【参考生产企业】吴江市久恒化工有限公司，长春市化学试剂厂等。

D034 DPE-Ⅰ型镀锌光亮剂

【英文名】zinc plating bright additive DPE-1

【结构式】

$$(CH_3)_2NCH_2CH_2CH_2NHCH_2\overset{\displaystyle OH}{\overset{|}{C}}HCH_2Cl$$

【相对分子质量】194.70

【物化性质】相对密度(25℃) 1.120，溶于水。

【质量标准】

外观	无色或微黄色黏稠液体
pH值	4～5

【用途】用作无氰镀锌添加剂。可使镀层结晶细致，光亮，电流密度范围扩大，镀液的分散能力和覆盖能力得到改善，加入量4mL/L。

包装规格：用塑料桶包装，25kg/桶。

【制法】先将56kg二甲氨基丙胺和300kg蒸馏水投入反应釜中，搅拌溶解。

在20～25℃下滴加环氧氯丙烷，滴加量80kg，滴加温度不超过20℃，滴加完后在60～70℃反应，直至无油状物时反应结束。最后用20%的硫酸铜调整pH值，使pH值在4～5范围内。冷却、出料包装即得产品。反应式如下：

$$(CH_3)_2NCH_2CH_2CH_2NH_2 + ClCH_2CH\underset{O}{-}CH_2 \longrightarrow 本品$$

【产品安全性】 刺激眼睛，不慎与眼睛接触后，请立即用大量清水冲洗并征求医生意见。操作人员应穿戴劳保用品，车间保持良好的通风状态。产品密封包装，贮于通风、阴凉、干燥的库房中。贮运中轻拿轻放、防潮、防热。

【参考生产企业】 南京品宁偶联剂有限公司，河北省平乡县金环助剂厂，瑞安市奋进表面处理材料有限公司，长春市化学试剂厂。

D035 DPE-Ⅱ型镀锌光亮剂

【英文名】 zincplating bright additive DPE-Ⅱ

【结构式】

$$(CH_3)_2N(CH_2)_3\underset{CH_3}{N}CH\overset{OH}{|}CH_2Cl$$

【相对分子质量】 194.70

【物化性质】 相对密度（25℃）1.211，易溶于水，遇光或久置变成淡黄色。

【质量标准】

外观	含针状结晶的黏稠液
pH值	6.0

【用途】 在碱性镀锌液中加入本品可使镀层细密、光亮、电流密度分布广、镀液分散力增大，用量为1～2mL/L。

包装规格：用塑料桶包装，25kg/桶。

【制法】 将DPE-Ⅰ型镀锌光亮剂计量后加入反应釜中，加NaOH水溶液，调pH值至8.0。加热至80℃左右，滴加CH_3Cl（过量），回流4h。反应毕将过量的CH_3Cl蒸出，中和得产品。反应式如下：

$$(CH_3)_2N(CH_2)_3NHCH\overset{OH}{|}CH_2Cl \xrightarrow{CH_3Cl} 本品$$

【产品安全性】 刺激眼睛，不慎与眼睛接触后，请立即用大量清水冲洗并听取医生意见。操作人员应穿戴劳保用品，车间保持良好的通风状态。产品密封包装，贮于通风、阴凉、干燥的库房中。贮运中轻拿轻放、防潮、防热。

【参考生产企业】 上海坤缘信息科技有限公司，深圳市科宝鑫科技有限公司，上海宏衡实业有限公司，长春市化学试剂厂等。

D036 DPE-Ⅲ型无氰镀锌光亮添加剂

【英文名】 noncyanide zinc plating bright additive DPE-Ⅲ

【组成】 由*N*,*N*-二甲基丙二胺、乙二胺及多胺化合物与环氧氯丙烷缩合而成的混合物。

【物化性质】 相对密度（25℃）1.220，溶于水，pH值为10～11。

【质量标准】

外观	无色至淡黄色透明液体
含量/%	≥98

【用途】 作为碱性锌酸盐镀锌电镀液的添加剂，可使镀层结晶细致，光亮，分散力增大。

包装规格：塑料桶，净重25kg、50kg、125kg。

【制法】 将43kg *N*,*N*-二甲基丙二胺、4kg乙二胺及160kg蒸馏水依次投入反应釜中，搅拌，混合，溶解。加热升温至60℃，开始滴加25kg环氧氯丙烷，温度不超过70℃。加完后剧烈搅拌1h，冷却出料，包装得成品。

【产品安全性】 刺激眼睛，不慎与眼睛接

触后，请立即用大量清水冲洗并征求医生意见。操作人员应穿戴劳保用品，车间保持良好的通风状态。产品密封包装，贮于通风、阴凉、干燥的库房中。贮运中轻拿轻放、防潮、防热。

【参考生产企业】 武汉赛沃尔化工有限公司，长春市化学试剂厂。

D037 EQD-3 添加剂

【英文名】 additive EQD-3

【组成】 由四亚乙基五胺、乙二胺与环氧氯丙烷缩合而成的混合物。

【物化性质】 红褐色黏稠液，相对密度（25℃）1.05。

【质量标准】

含量/%	≥95
pH 值	6.0～8.0

【用途】 作为碱性锌盐无氰镀锌添加剂，用量为 2.0～3.0mL/L。

包装规格：用镀锌铁包装，净重 200kg。

【制法】 将 70kg 四亚乙基五胺、8kg 乙二胺依次加入反应釜中。在搅拌下升温至 65℃，开始滴加环氧氯丙烷，共加入 19kg，温度控制在 70～80℃。滴毕后，在剧烈搅拌下升温至 100～110℃，保温 0.5h 后加入 400kg 蒸馏水，搅匀。冷却出料得产品。

【产品安全性】 刺激眼睛，不慎与眼睛接触后，请立即用大量清水冲洗并征求医生意见。操作人员应穿戴劳保用品，车间保持良好的通风状态。产品密封包装，贮于通风、阴凉、干燥的库房中。贮运中轻拿轻放、防潮、防热。

【参考生产企业】 江苏无锡助剂厂等。

D038 PTES 无氰镀锌光亮剂

【英文名】 noncyanide zinc plating bright agent 4038

【组成】 是六亚甲基四胺与环氧氯丙烷反应所得的混合物。

【物化性质】 相对密度（25℃）1.210～1.22，溶于水。

【质量标准】

外观	红棕色黏稠液体
有效物含量/%	80～85

【用途】 在无氰镀锌中作光亮剂和添加剂，使镀层致密光洁。

包装规格：用镀锌铁桶包装，净重 1200kg。

【制法】 将六亚甲基四胺 135kg 用 200kg 蒸馏水溶解后加入反应釜中。另外 70kg 蒸馏水溶解 70kg 聚乙烯醇也投入反应釜中。在搅拌下升温至 60～70℃，搅匀后继续升温至 90～95℃。在 115℃下强烈搅拌并滴加环氧氯丙烷，滴加量为 90kg。滴毕在 90℃下反应 0.5h。最后加 250kg 蒸馏水，搅匀，冷至室温出料得成品。

【产品安全性】 刺激眼睛，不慎与眼睛接触后，请立即用大量清水冲洗并征求医生意见。操作人员应穿戴劳保用品，车间保持良好的通风状态。产品密封包装，贮于通风、阴凉、干燥的库房中。贮运中轻拿轻放、防潮、防热。

【参考生产企业】 上海电镀厂，江苏无锡县助剂厂，吉林梅河口市曙光电镀材料厂。

D039 TDAE 无氰镀锌添加剂

【英文名】 noncyanide zinc plating additive TDAE

【结构式】

$$\underset{\displaystyle CH_2OH}{\underset{|}{N}}H(CH_2CH_2NH)_3CH_2CH_2NHCH_2\underset{\displaystyle OH}{\underset{|}{C}}H-\underset{\displaystyle Cl}{\underset{|}{C}}H_2$$

【相对分子质量】 311.86

【物化性质】 黄色凝胶状悬浮物，溶于水。

【质量标准】

有效物含量/%	70～75

【用途】 用作无氰镀锌的专用添加剂。

包装规格：用内衬塑料袋的木板桶包装，净重30kg。

【制法】 将40kg四亚乙基五胺投入反应釜，并将铜试剂、钼酸铵各2kg一起投入反应釜，充分搅拌升温至40～45℃。并在搅拌下滴加环氧氯丙烷，滴加量为20kg。滴加完毕后，逐渐升温至微沸状态。静置14min，然后加入70～80℃的蒸馏水100kg，在充分搅拌下加入150kg 37%的甲醛，加完后回流0.5h。冷却至室温出料包装，即得成品。反应式如下：

$$NH_2(C_2H_4NH)_3CH_2CH_2NH_2 + ClCH_2\,\underset{\diagdown\ O\ \diagup}{CH—CH_2}$$

$$\longrightarrow NH_2(CH_2CH_2NH)_3CH_2CH_2NHCH_2\underset{OH}{CH}—\underset{Cl}{CH_2}$$

$$+ HCHO \longrightarrow 本品$$

【产品安全性】 刺激眼睛，不慎与眼睛接触后，请立即用大量清水冲洗并征求医生意见。操作人员应穿戴劳保用品，车间保持良好的通风状态。产品密封包装，贮于通风、阴凉、干燥的库房中。贮运中轻拿轻放、防潮、防热。

【参考生产企业】 本溪合成化工厂等。

D040 XD-1无氰镀锌添加剂

【英文名】 noncyanide zinc plating additive XD-1

【组成】 是乙二胺、二甲胺与环氧氯丙烷缩合而成的混合物。

【物化性质】 外观为杏黄色黏稠液，相对密度（25℃）1.18～1.20，溶于水。

【质量标准】

项目	指标
含量/%	≥95
pH值	7.0～8.0

【用途】 适于锌酸盐镀锌作光亮剂，镀层结晶细致，一般加入量为2mL/L。使镀锌液在阴极极化度增大，使锌离子结晶体定向排列，可获得较好的镀层。

包装规格：用塑料桶包装，25kg/桶。

【制法】 将7kg乙二胺和33%的二甲胺水溶液103kg投入反应釜中，再加入55kg蒸馏水。搅拌加热，升温至55℃，开始滴加环氧氯丙烷，共滴加66kg。搅匀后，冷却出料，包装即得成品。

【产品安全性】 刺激眼睛，不慎与眼睛接触后，请立即用大量清水冲洗并征求医生意见。操作人员应穿戴劳保用品，车间保持良好的通风状态。产品密封包装，贮于通风、阴凉、干燥的库房中。贮运中轻拿轻放、防潮、防热。

【参考生产企业】 深圳市迪斯恩科技有限公司，河南洛阳市化工六厂等。

D041 XD-2无氰镀锌添加剂

【英文名】 noncyanide zinc plating additive XD-2

【组成】 多胺与环氧氯丙烷缩合而成的混合物。

【物化性质】 橙红色黏稠液，溶于水，呈碱性。

【质量标准】

项目	指标
含量/%	≥95
pH值	7.0～8.0

【用途】 无氰镀锌的专用添加剂。

包装规格：用塑料桶包装，25kg/桶。

【制法】 将300kg三亚乙基四胺投入反应釜，在搅拌下升温至50℃，开始滴加环氧氯丙烷，共滴加95kg。滴毕后，在50～60℃下再搅拌10～20min，然后升温至90℃，反应40min。最后用水稀释，搅匀，出料得成品。

【产品安全性】 刺激眼睛，不慎与眼睛接触后，请立即用大量清水冲洗并征求医生意见。操作人员应穿戴劳保用品，车间保持良好的通风状态。产品密封包装，贮于通风、阴凉、干燥的库房中。贮运中轻拿轻放、防潮、防热。

【参考生产企业】 深圳市迪斯恩科技有限公司，河南洛阳市化工六厂等。

D042 施里普盐

【英文名】 schllppes saie 4042

【结构式】 $Na_3SbS_4 \cdot 9H_2O$

【相对分子质量】 448.97

【物化性质】 易溶于水，在碱性溶液中相当稳定。在酸性条件下分解放出硫化氢，析出五硫化二锑。

【质量标准】

外观	淡黄色晶体
锑含量/%	24～26

【用途】 用作纺织工业的媒染剂和着色剂，亦可用于镀锌电解液的净化剂。

包装规格：内包装塑料袋，1kg；外包装木板桶，25袋/桶。

【制法】

（1）利用废电解液从锑的硫化物生产硫代锑酸钠 将块状锑精矿粉碎后，加废电解液（Na_2S）110～120g/L预混，湿式球磨成浆。将矿浆打入浸出槽，加入硫粉，加入量按溶液含锑量计算，最佳用量为理论量的120%～125%（过量20%～25%）。加热升温至98～100℃，浸出的矿浆压滤，滤液放入结晶器中，自80～90℃自然降温至25℃左右，结晶析出。将母液吸出，用10%左右的NaOH洗涤结晶物后过滤，得淡黄色产品。反应式如下：

$$3Na_2S+2S+Sb_2S_3 \longrightarrow 2Na_3SbS_4$$

（2）用锑的氧化物料生产硫代锑酸钠 将废电解液打入浸出槽中，加入亚锑酸钠，固液比为1∶2，搅拌溶解。再加入理论消耗量110%的硫黄。加热至98～100℃，搅拌3h浸出。将浸出的矿浆趁热过滤。滤液打入结晶器，自然冷却，在20～25℃下结晶3h。离心分离，结晶用10%的NaOH洗涤，甩干后得淡黄色固体。反应式如下：

$$Na_2S+5S+Na_3SbO_3 \longrightarrow Na_3SbS_4+Na_2S_2O_3$$

【产品安全性】 刺激眼睛，不慎与眼睛接触后，请立即用大量清水冲洗并征求医生意见。操作人员应穿戴劳保用品，车间保持良好的通风状态。产品密封包装，贮于通风、阴凉、干燥的库房中。贮运中轻拿轻放、防潮、防热。

【参考生产企业】 湖南益阳锑白厂，上海试剂厂，湖南沅江县化工厂。

D043 次磷酸二氢钠

【英文名】 sodium hypophosphite hydrate

【相对分子质量】 87.98

【登记号】 CAS [7681-53-0]

【结构式】 $NaH_2PO_2 \cdot H_2O$

【物化性质】 无色有珍珠光泽的晶体或白色粒状粉末。易潮解，强热会爆炸。与氯酸钾或其他氯化剂相混也会爆炸。易溶于热乙醇和甘油，溶于水，微溶于无水乙醇，不溶于乙醚。水溶液呈中性，有强还原性。

【质量标准】

次磷酸二氢钠/%	≥98
亚磷酸钠/%	≤1.8
钙盐(Ca^{2+})/%	≤0.05
硫酸盐(SO_4^{2-})/%	≤0.10
铁(Fe)/%	≤0.002
pH值	5.5～8.5
澄清度	合格

【用途】 用于医药和化学镀镍等。

包装规格：用内衬塑料袋的编织袋包装，净重25kg。

【制法】 将质量比为1∶4的黄磷和消石灰依次投入反应釜，加水调成稀浆状，搅拌下加热升温，一直到90℃，保温反应一段时间后，无气体放出时停止反应，除去未反应的固体。滤液放入搅拌釜，一边搅拌，一边通入二氧化碳鼓泡，使溶解在滤液中的氢氧化钙生成碳酸钙沉淀。然后加入碳酸钠水溶液进行复分解反应，反应0.5～1h后取样测终点（取澄清液，加入碳酸钠液，若无浑浊现象则表示达到了终点）。将复分解反应后的料液过滤，除去碳酸钙沉淀，将滤液真空浓缩，待达到20°Bé时重新过滤除去碳酸钙沉淀，溶液再次真空浓缩，当表面呈现结晶膜时，停止蒸发。放入结晶槽冷却，结晶，离心脱去母液，干燥得成品。反应式如下：

$$P_4+Ca(OH)_2+H_2O\xrightarrow{CO_2}Ca(H_2PO_2)_2+Na_2CO_3\longrightarrow NaH_2PO_2+CaCO_3\downarrow$$

【产品安全性】 刺激眼睛，不慎与眼睛接触后，请立即用大量清水冲洗并征求医生意见。操作人员应穿戴劳保用品，车间保持良好的通风状态。产品密封包装，贮于通风、阴凉、干燥的库房中。贮运中轻拿轻放、防潮、防热。

【参考生产企业】 湖北巨胜科技有限公司，昆山市亚龙贸易有限公司，上海宝曼生物科技有限公司，浙江瑞尔丰化工有限公司，江苏徐州化工三厂，江苏连云港红旗化工厂等。

D044 镀铜抑雾剂 ZM-41

【英文名】 copper plating fog inhibitor ZM-41

【结构式】 $RO(CH_2CH_2O)_nH$

$R=C_{12}\sim C_{14}$，$n=25\sim30$

【相对分子质量】 1287～1536

【物化性质】 易溶于水，为非离子型表面活性剂。

【质量标准】

外观	黏胶状透明液体
含量/%	≥96

【用途】 适于氰化镀铜作抑雾剂，并有表面润湿作用，对镀锌溶液和镀件无副作用，一般加入量为0.5～1mL/L。

包装规格：用塑料桶包装，净重25kg。

【制法】 由聚氧乙烯醚型表面活性剂混合而成。

【产品安全性】 刺激眼睛，不慎与眼睛接触后，请立即用大量清水冲洗并征求医生意见。操作人员应穿戴劳保用品，车间保持良好的通风状态。产品密封包装，贮于通风、阴凉、干燥的库房中。贮运中轻拿轻放、防潮、防热。

【参考生产企业】 历城区金顺化工产品经营部，江苏武进东风化工厂等。

D045 镀铜锡合金抑雾剂 ZM-51

【英文名】 copper tin alloyplating for inhibitor ZM-51

【组成】 表面活性剂混合物。

【物化性质】 具有较好的水溶性，无毒，无腐蚀，化学性质稳定。

【质量标准】

外观	淡黄色透明液体
含量/%	≥96

【用途】 适用于氰化物镀铜锡合金作抑雾剂，能抑止氰化物气体外逸，不但改善劳动条件而且能节约原料。

包装规格：用塑料桶包装，净重25kg。

【制法】 由表面活性剂混合而成。

【产品安全性】 刺激眼睛，不慎与眼睛接触后，请立即用大量清水冲洗并征求医生意见。操作人员应穿戴劳保用品，车间保持良好的通风状态。产品密封包装，贮于通风、阴凉、干燥的库房中。贮运中轻拿轻放、防潮、防热。

【参考生产企业】 历城区金顺化工产品经营部，江苏武进东风化工厂等。

D046 镀锌及锌合金抑雾剂 ZM-21

【英文名】 zinc and zinc alloy plating fog inhibitor

【组成】 表面活性剂的混合物。

【物化性质】 在常温下呈浑浊黏稠状液

体，无毒，无腐蚀性。

【质量标准】

外观	淡棕色黏稠液
含量/%	≥96

【用途】 碱性或氯化锌镀锌及锌合金电镀作抑雾剂。

包装规格：用塑料桶包装，净重25kg。

【制法】 由非离子型表面活性剂混合而成。

【产品安全性】 刺激眼睛，不慎与眼睛接触后，请立即用大量清水冲洗并征求医生意见。操作人员应穿戴劳保用品，车间保持良好的通风状态。产品密封包装，贮于通风、阴凉、干燥的库房中。贮运中轻拿轻放、防潮、防热。

【参考生产企业】 开封市天圣助剂厂，武汉市岸区长江电镀添加剂厂。

D047 酸雾抑制剂 ZM-21

【英文名】 acid fog inhibitor ZM-21

【组成】 脂肪酸混合物。

【物化性质】 具有较好的水溶性，化学性质稳定。

【质量标准】

外观	黄色黏稠液
含量/%	≥96

【用途】 用于各种浓度的硫酸洗液，对1：1以下盐酸之洗液、铝阴极氧化液、铝件碱性去油液均有良好的效果。

包装规格：用塑料桶包装，净重25kg。

【制法】 由有机酸混合而成。

【产品安全性】 刺激眼睛，不慎与眼睛接触后，请立即用大量清水冲洗并征求医生意见。操作人员应穿戴劳保用品，车间保持良好的通风状态。产品密封包装，贮于通风、阴凉、干燥的库房中。贮运中轻拿轻放、防潮、防热。

【参考生产企业】 历城区金顺化工产品经营部，江苏武进东风化工厂等。

D048 乙酸钠

【英文名】 sodium acetate trihydrate

【登记号】 CAS［6131-90-4］

【结构式】 $CH_3COONa\cdot 3H_2O$

【相对分子质量】 136.08

【物化性质】 无色透明结晶体。相对密度1.45，熔点为58℃。溶于水，稍溶于乙醇。无色无味，在空气中可被风化，可燃，自燃点607.2℃，于123℃时脱去3分子结晶水。

【质量标准】

含量/%	99～100.5
氯化物(Cl^-)/%	0.001
磷酸盐(PO_4^{3-})/%	0.0002
镁/%	0.0002
钙/%	0.0002
水不溶物/%	0.002
硫酸盐(SO_4^{2-})/%	0.005
重金属/%	0.0005
铝/%	0.0005
铁/%	0.0002

【用途】 乙酸钠常用作缓冲剂，如用于酸性镀锌、碱性镀锡和化学镀镍。亦可用作测定铅、锌、铝、铁、钴、锑、镍和锡，络合稳定剂，乙酰化作用的辅助剂、缓冲剂、干燥剂、媒染剂。

包装规格：用内衬塑料袋，外套编织袋或麻袋包装，净重25kg。

【制法】 将含量为15%的醋酸溶液160kg投入反应釜中。在搅拌下加入25kg纯碱，中和至pH值为8，充分搅拌得醋酸钠水溶液。加热浓缩至27°Bé，冷却结晶，离心脱水得粗品。用水重结晶后得精品。离心脱水，干燥得成品。反应式如下：

$$CH_3COOH+Na_2CO_3 \longrightarrow 本品$$

【产品安全性】 无毒，对皮肤和眼睛有轻微的刺激作用。急性毒性：大鼠经口

LD_{50} 3530mg/kg；大鼠吸入 LC_{50} > 30mg/(m³·h)；小鼠经口 LD_{50} 6891 mg/kg；小鼠皮下 LD_{50} 3200mg/kg；小鼠静脉注射 LDLo 1195mg/kg；兔子皮肤 LD_5 >10mg/kg；兔子经静脉注射 LDLo 1300mg/kg。密封干燥保存。醋酸钠具有潮解性，贮运中要注意防潮，严禁与腐蚀性气接触，防止曝晒和雨淋，运输时要加防雨覆盖物。

【参考生产企业】 青岛雅各化学试剂销售有限公司，南昌市西湖区金润广场龙玉化工有限公司，广州黄埔化工厂。

D049 电镀级氯化钠

【英文名】 sodium chloride for plating

【登记号】 CAS [2647-14-5]

【结构式】 NaCl

【相对分子质量】 58.44

【物化性质】 白色结晶状粉末，味咸，中性，易溶于水。

【质量标准】 GB 10733—2008

含量/%	≥99
氯酸钾/%	≤0.60
溴酸钠/%	≤0.07
镁/%	≤0.03
水不溶物/%	≤0.01
水分/%	≥0.01
氯化物/%	≤0.06
铬酸钾/%	≤0.07

【用途】 在酸性镀锌、碱性镀锡和化学镀镍中作缓冲剂。

包装规格：用内衬塑料袋的编织袋包装，净重 25kg。

【制法】 将 100kg 食盐投入提纯釜中，加入 399kg 蒸馏水，搅拌溶解。在配碱槽中分别配制 3mol 的氢氧化钠溶液和 1.5mol 的碳酸钠溶液，将二者等体积混合。然后将混合物滴加到食盐水中，当 pH 值达到 11 左右时，停止滴加，加热煮沸，静置沉淀。过滤，滤液用 6mol 的盐酸酸化，调节 pH 值至 7。加热蒸发，浓缩到氯化钠析出结晶。过滤，烘干，研碎即获得电镀级氯化钠。

【产品安全性】 无毒，有电化腐蚀性。产品密封包装，贮于通风、阴凉、干燥的库房中。贮运中轻拿轻放、防潮、防热。

【参考生产企业】 天津盐厂，辽宁大连氯酸钾厂，杭州化工厂。

D050 T-703 防锈剂

【别名】 兰 703

【化学名】 烯基丁二酸十七烯基咪唑啉盐

【英文名】 antirust agent T-703

【结构式】

$$C_{17}H_{33}\text{-(2-imidazolinyl, N-}C_2H_4NH_2\text{)}\cdot C_{12}H_{23}-CH(COOH)CH_2COOH$$

【相对分子质量】 633.98

【物化性质】 红棕色半固体。

【质量标准】

规格	一级品	二级品
碱氮/%	0.8～2.0	0.8～2.0
酸值/(mg KOH/g)	30～65	30～80
水溶性酸碱	中性或碱性	中性或碱性
机械杂质/%	0.1	0.2
油溶性	透明	透明
防锈性[45 号铜片(2h)]/级	<2.0	2.0
湿热试验	测定	测定

【用途】 油溶性无灰防锈剂，酸中和性能好，抗盐水和盐雾性差，对黑色金属具有良好的抗湿性。对铝、铜及其合金也有一定的防护作用。

包装规格：用塑料桶包装，50kg/桶、200kg/桶。

【制法】 将等物质的量的油酸和二乙烯三胺投入反应釜中，加热熔融。在150℃左右脱水生成油酰胺，再加热到240～250℃进一步脱水闭环，形成2-十七烯基-*N*-胺乙基咪唑啉。然后冷却移入成盐釜，在100℃左右与烯基丁二酸中和成盐，以酸值达到30～80mg KOH/g为终点，趁热出料包装得成品。反应式如下：

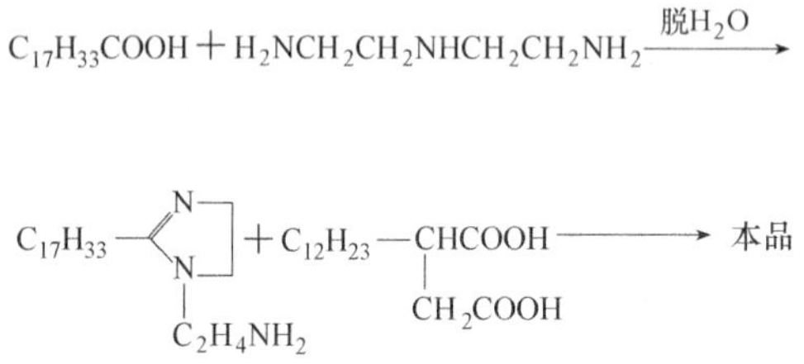

$$C_{17}H_{33}COOH + H_2NCH_2CH_2NHCH_2CH_2NH_2 \xrightarrow{脱H_2O}$$

$$C_{17}H_{33}-\text{(咪唑啉环, N-}C_2H_4NH_2) + C_{12}H_{23}-\underset{CH_2COOH}{CHCOOH} \longrightarrow 本品$$

【产品安全性】 非危险品。刺激眼睛，长期接触戴护目镜和橡皮手套，不慎与眼睛接触后，请立即用大量清水冲洗并征求医生意见。操作人员应穿戴劳保用品，车间保持良好的通风状态。产品密封包装，贮于通风、阴凉、干燥的库房中。贮运中轻拿轻放、防潮、防热。室温保质期6个月。

【参考生产企业】 济南大正三江工贸有限责任公司，兰州炼油化工总厂，辽宁大连化工助剂厂，南京金陵石化公司化工厂，江苏常州市武进精细化工厂，广东茂名石油公司研究所等。

D051 T-708防锈剂

【英文名】 cmtirust agent T-708

【化学名】 烷基磷酸咪唑啉盐

【结构式】

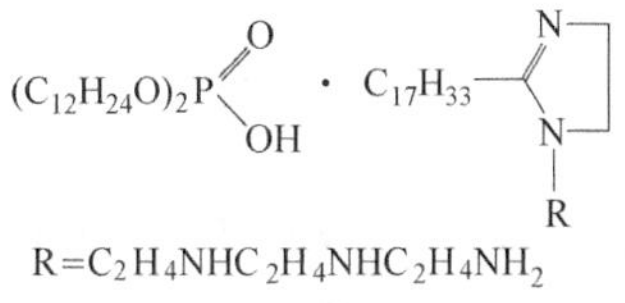

$$(C_{12}H_{24}O)_2P(=O)OH \cdot C_{17}H_{33}-\text{(咪唑啉环, N-R)}$$

$$R = C_2H_4NHC_2H_4NHC_2H_4NH_2$$

【相对分子质量】 868.34

【物化性质】 棕色黏稠液。

【质量标准】

项目	指标
酸值/(mg KOH/g)	≤30
氮含量/%	>7
铜H62/级	1
磷含量/%	>3
四球级试验PK值/N	≥686.7
湿式试验(45号钢)/级	0
紫铜(全浸)/级	1

【用途】 对钢、铜、铸铁和镁均有防锈效果，耐湿热性能优良，兼有一定的极压性能。可配制多种金属的防锈油，也用于发动机内外封存防锈油，亦可用作仪表防锈润滑两用油，用量为2%。

包装规格：用塑料桶包装，50kg/桶、200kg/桶。

【制法】 将十二醇加入反应釜中，在搅拌下加入相当于醇量1%的次磷酸（抑制氧化反应，防止产品颜色太深）。加热到40℃，开始滴加P_2O_5，滴毕后在60℃下反应3～4h，得脂肪醇磷酸酯。在另一个反应釜中用油酸和四乙烯五胺为原料制备2-十七烯基-*N*-三乙烯三胺咪唑啉（详见T-703咪唑啉制备部分）。将上述两产物在中和釜中于60～70℃中和得T-708防锈剂。反应式如下：

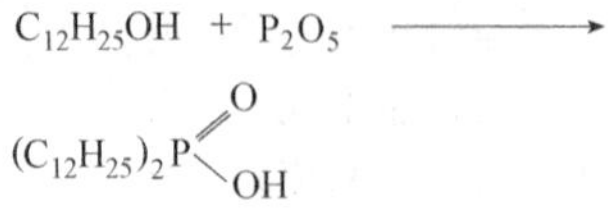

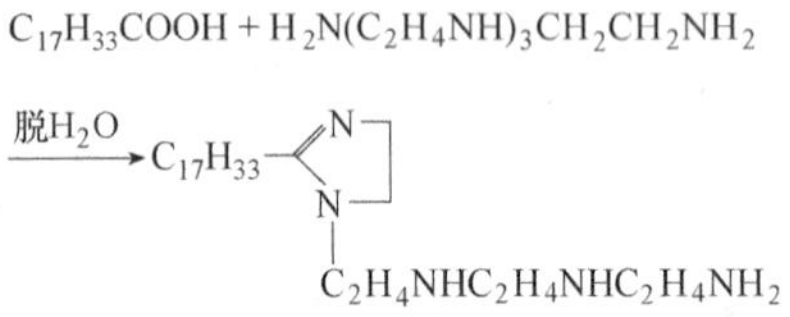

$$C_{12}H_{25}OH + P_2O_5 \longrightarrow (C_{12}H_{25})_2P(=O)OH$$

$$C_{17}H_{33}COOH + H_2N(C_2H_4NH)_3CH_2CH_2NH_2 \xrightarrow{脱H_2O} C_{17}H_{33}\text{-}C(=N\text{-}CH_2\text{-}CH_2\text{-}N\text{-})\text{—}C_2H_4NHC_2H_4NHC_2H_4NH_2$$

【产品安全性】 非危险品。刺激眼睛，长期接触戴护目镜和橡皮手套，不慎与眼睛接触后，请立即用大量清水冲洗并征求医生意见。产品密封包装，贮于通风、阴凉、干燥的库房中。贮运中轻拿轻放、防潮、防热。室温保质期 6 个月。

【参考生产企业】 南京金陵石化公司化工厂，湖北沙市石油化工厂，南京长江石油化工厂，江苏常州市武进精细化工厂，广东茂名石油公司研究所等。

D052 缓蚀剂 Sx-1

【英文名】 corrosion inhibitor Sx-1

【化学名】 咪唑啉阳离子化合物

【结构式】

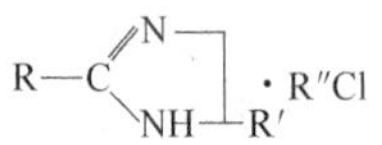

$$R\text{—}C(=N\text{—}CH_2\text{—}CH(R')\text{—}NH) \cdot R''Cl$$

【物化性质】 棕黄色透明液，常温下与水混溶。

【质量标准】

项目	指标
酸值/(mg KOH/g)	≤0.5
pH 值(1%溶液)	5.5～7.0

【用途】 作酸洗的缓蚀剂，用量 0.3%既可使金属避免腐蚀又可将水垢溶解在酸中。

包装规格：用塑料桶包装，50kg/桶、200kg/桶。

【制法】 将等物质的量的脂肪酸、烷基乙二胺和 0.03%的硼氢化钠依次投入反应釜中，加入苯作溶剂，加热回流并不断蒸出苯-水共沸物。当无水蒸出时，把苯蒸出，逐渐升温至 180～200℃，最后减压蒸馏，把残留在反应体系中的水和甲苯蒸净。取样测酸值，当酸值小于 0.5mg KOH/g 时，反应完成。也可以用红外光谱检测，即 $1560cm^{-1}$ 和 $1638cm^{-1}$ 酰胺峰消失，在 $1600cm^{-1}$ 有咪唑啉环强吸收。将上述制备的咪唑啉加入季铵化釜中，加适量的水，搅拌加热溶解。在70～80℃下加入氯代烷，保温搅拌 6h，得产品。反应式如下：

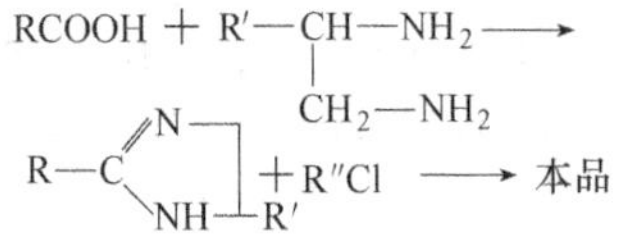

$$RCOOH + R'\text{—}CH(CH_2\text{—}NH_2)\text{—}NH_2 \longrightarrow R\text{—}C(=N\text{—}CH_2\text{—}CH(R')\text{—}NH) + R''Cl \longrightarrow 本品$$

【产品安全性】 对眼睛和皮肤的刺激性低，长期接触戴护目镜和橡皮手套。贮存于阴凉、通风的库房内，室温保质期 6 个月。

【参考生产企业】 天津化学试剂五厂，江苏靖江油脂化学厂，江苏常州市武进精细化工厂，广东茂名石油公司研究所等。

D053 氯化-1,3-二烷基吡啶

【别名】 JC-7571 缓蚀剂

【英文名】 1,3-dialkyl pyridinium chloride

【结构式】

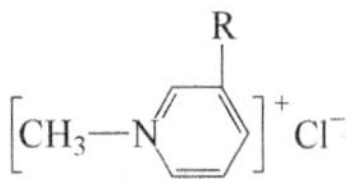

$$[CH_3\text{—}N^{+}C_5H_4(R)]^{+}Cl^{-}$$

【物化性质】 对酸雾有很好的抑制作用且能防止酸洗过程中对金属产生氢脆。由于本品能牢固地吸附在金属表面，所以能形成致密的抗腐蚀保护膜，具有良好的防腐

作用。

【质量标准】

外观	黑色液体
pH值	6～8

【用途】 作钢铁制品的除锈剂。

包装规格：用塑料桶包装，50kg/桶、200kg/桶。

【制法】 将3-烷基吡啶加入压力釜，预热至50℃左右，缓缓加入理论量的氯甲烷和一定量的水和异丙醇。封闭反应器，继续升温至100℃左右，在反应压力下保温4h，冷却降压得产品。反应式如下：

$$\text{3-R-吡啶} + CH_3Cl \longrightarrow \text{本品}$$

【产品安全性】 有刺激性，长期接触戴护目镜和橡皮手套。贮存于阴凉、通风的库房内，室温保质期6个月。

【参考生产企业】 江苏常州市武进精细化工厂，广东茂名石油公司研究所等。

D054 麻风宁

【别名】 苯并二氮唑-2-硫酚

【英文名】 leprosy ning

【结构式】 见反应式。

【物化性质】 外观为白色或淡黄色小片状结晶或结晶性粉末，味苦。熔点302～310℃，粗制品熔点298～299℃。溶于乙醇和碱溶液，微溶于热水，不溶于冷水和稀酸。

【质量标准】

含量/%	≥90
pH值	4～6

【用途】 焦磷酸盐镀铜的光亮剂，与亚硒盐配合使用效果更好。使用本品不仅能镀获光亮镀层，且具有平整的效果，能显著提高电流密度，最佳pH值范围在2.9～3.1之间。用麻风宁配制的电镀液处理的铜板通过3次回流焊后仍具有良好的润湿性，耐高温效果优异，表面光洁，溶液稳定。

包装规格：内包装塑料袋1kg，外包装木板桶，25袋/桶。

【制法】 将64kg邻苯二胺、18kg氢氧化钾、52kg二硫化碳依次加入反应釜中，开动搅拌，再加入480kg酒精、190kg蒸馏水，缓缓加热，使其溶解后，继续加热回流3h。降温，停止沸腾后加入24kg活性炭回流20min，脱色。然后过滤除去活性炭，滤液放入结晶槽，加热至60～70℃，加热水300份。在搅拌下加入醋酸水溶液（30%～32%），使结晶完全。离心过滤，收集结晶，于40℃下干燥，得成品。反应式如下：

$$C_6H_4(NH_2)_2 + CS_2 \longrightarrow \text{(苯并二氢咪唑)}\text{—}SH + H_2S$$

【产品安全性】 刺激眼睛，不慎与眼睛接触后，请立即用大量清水冲洗并征求医生意见。操作人员应穿戴劳保用品，车间保持良好的通风状态。产品密封包装，贮于通风、阴凉、干燥的库房中。常温密封保存期为12个月。贮运中轻拿轻放、防潮、防热。

【参考生产企业】 上海睿新化工材料有限公司，温州市恒兴化工电镀原料有限公司。

D055 四氢噻唑硫酮镀铜光亮剂

【别名】 四氢噻唑硫酮（H1），2-噻唑烷硫酮，2-巯基-2-噻唑啉

【英文名】 tetrahydrothiazolyl thione

【登记号】 CAS［96-53-7］

【相对分子质量】 119.2

【结构式】

$$\text{S=C}\langle\text{S-CH}_2\text{-CH}_2\text{-NH}\rangle$$

【物化性质】 外观为白色针状结晶，熔点105～106℃，微溶于水。

【质量标准】 ISO 9001

含量/%	>98
溶解性	溶于热水和有机溶剂
水分/%	≤0.40
灰分/%	≤0.30

【用途】 用作快速镀铜光亮剂，在塑料镀铜中使用镀液含量为0.0002～0.001g/L。

包装规格：用塑料袋包装，净重1kg；或用塑料桶包装，25kg/桶。

【制法】 将硫酸和乙酰胺按配比加入耐酸酯化反应釜中，搅拌、加热，达到回流温度，进行配化反应2h。然后减压蒸馏，脱去生成的水；再加液碱中和，达中性后，加入二硫化碳进行环化反应，逐渐生成四氢噻唑硫酮结晶。反应完毕，冷却、结晶、过滤、蒸馏水洗涤，获粗结晶体。重结晶、干燥得纯品。

【产品安全性】 非危险品。刺激眼睛，不慎与眼睛接触后，请立即用大量清水冲洗并征求医生意见。操作人员应穿戴劳保用品，车间保持良好的通风状态。产品密封包装，贮于通风、阴凉、干燥的库房中。常温密封保存期为12个月。贮运中轻拿轻放、防潮、防热。

【参考生产企业】 烟台恒诺化工科技有限公司，金湖县天缘化工有限公司，江苏梦得电镀化学品有限公司。

D056 二羟甲基硫脲

【英文名】 bis (hydroxymethyl) thione

【结构式】 见反应式。

【物化性质】 无色或微黄色液体，能与水混溶。

【质量标准】

外观	微黄色液体	含量/%	30～35

【用途】 用作硫酸盐镀铜光亮剂，具有较好的效果。

包装规格：用塑料桶包装，净重25kg。

【制法】 依次将硫脲、40%甲醛水溶液、蒸馏水加入反应釜中，加热至沸腾，自然冷却，用蒸馏水稀释搅匀即可使用。反应式如下：

$$H_2N-\underset{\underset{S}{\|}}{C}-NH_2 + 2HCHO \longrightarrow HOCH_2NH-\underset{\underset{S}{\|}}{C}-NHCH_2OH$$

【产品安全性】 非危险品。刺激眼睛，不慎与眼睛接触后，请立即用大量清水冲洗并征求医生意见。操作人员应穿戴劳保用品，车间保持良好的通风状态。产品密封包装，贮于通风、阴凉、干燥的库房中。常温密封保存期为12个月。贮运中轻拿轻放、防潮、防热。

【参考生产企业】 佛山高翼表面处理科技有限公司，烟台恒诺化工科技有限公司，金湖县天缘化工有限公司，江苏梦得电镀化学品有限公司。

D057 丁炔二醇

【别名】 1,4-丁炔二醇，二羟基二甲基乙炔，双羟甲基乙炔，2-丁炔-1,4-二醇

【英文名】 butynediol

【相对分子质量】 86.09

【登记号】 CAS [110-65-6]

【结构式】

$$HOCH_2C\equiv CCH_2OH$$

【物化性质】 无色片状晶体。溶于水、酸性溶液、乙醇和丙酮，微溶于氯仿，不溶于苯和乙醚，折射率1.450。

【质量标准】

熔点/℃	58
闪点/℃	152
沸点/℃	145(2kPa)

【用途】 用于有机原料、溶剂、无氰电镀液，作光亮剂，还用于人造革。

包装规格：用内衬塑料袋的木桶包装，25kg/桶。

【制法】 先将工业级2-丁炔二醇[1,4]用少量蒸馏水溶解，用苯萃取，一些有机物杂质可进入苯相。在充分搅拌后，过滤机械杂质，滤液静置分层，分离后，蒸馏回收苯。水层是丁炔二醇，先用活性炭脱色，过滤去炭，再真空蒸馏，收集沸程为138～142℃/20mmHg的馏出物。冷却、缩晶、离心脱水即得成品。

【产品安全性】 与皮肤接触可能致敏。穿戴适当的防护服、手套和护目镜，避免接触眼睛，不慎与眼睛接触后，请立即用大量清水冲洗并征求医生意见，若发生事故或感不适，立即就医。

【参考生产企业】 上海紫业化工有限公司，市迪斯恩科技有限公司，广州骅雄化工科技有限公司，北京佳美兴表面处理技术开发中心。

D058 *N,N,N',N'*-四（2-羟基丙基）乙二胺

【别名】 四羟丙基乙二胺，依地醇EDTP

【英文名】 *N*，*N*，*N'*，*N'*-tetrakis（2-hydroxypropyl）ethylenediamine

【登记号】 CAS［102-60-3］

【相对分子质量】 292.42

【结构式】

OH OH N N OH OH

【物化性质】 含有活泼的羟基和氨基，反应活性高。沸点112℃，熔点9～10℃。

【质量标准】

外观	黄色透明黏稠液体
含量/%	≥95.0
pH值	9.0～10.0

【用途】 用作金属络合剂，在线路板制造上用于化学镀铜、助焊剂和清洗剂。

包装规格：用塑桶包装，25kg/桶。

【制法】 在气液塔式反应器中，乙二胺与环氧乙烷通过气液相快速接触反应而制备。反应式如下：

$$H_2NCH_2CH_2NH_2 \xrightarrow{\text{环氧乙烷}} \text{本品}$$

【产品安全性】 非危险品。存放于阴凉、干燥处，有效期2年。

【参考生产企业】 武汉吉和昌化工科技有限公司，广州美迪斯新材料有限公司。

D059 镀镍光亮剂BE

【英文名】 nickel plating brightener

【物化性质】 镍光亮剂BE是丁炔二醇与环氧丙烷的缩合物。溶于水，镀镍沉积快，具有良好的填平能力。分散能力优异，白度好，镀面光亮如镜。镀层延展性好，耐变色性好，镀层耐中性盐雾性能提高1～2个级别。

【质量标准】

外观	琥珀色微稠液体
pH值	7.2～9.2
相对密度(d_4^{20})	1.14～1.20

【用途】 用于电镀镍，提高电镀层光亮度，适合于滚涂和挂涂。

包装规格：用塑料桶包装，200kg/桶。

【制法】 将丁炔二醇20份、蒸馏水5份投入反应釜，搅拌溶解。控温在35℃以下，一边搅拌一边滴加环氧丙烷（从液面下加入），加完后搅拌10min。接着逐渐

滴加 30% NaOH 水溶液，搅拌 60min 左右，开始升温，在 70～80℃反应 2h，冷却至 45～50℃出料。反应式如下：

$$2HOCH_2C\equiv CCH_2OH+3CH_2—CH—CH_3 \longrightarrow$$
（CH_2—CH 之间经 O 桥连，即环氧丙烷）

$$HOCH_2C\equiv CCH_2O—CH_2CH(OH)CH_3$$

$$+CH_3CH(OH)CH_2OCH_2C\equiv CCH_2OCH_2CH(OH)CH_3$$

【产品安全性】 非危险品。贮存于干燥、通风的库房内，室温保质期 12 个月。

【参考生产企业】 恩森（台州）化学有限公司，常州市寅光电化技术有限公司。

D060 香豆素

【别名】 苯并吡喃酮，氧杂萘邻酮

【英文名】 coumarin

【相对分子质量】 146.15

【登记号】 CAS [91-64-5]

【结构式】

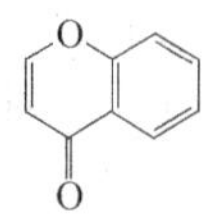

【物化性质】 香豆素可以看作是顺式邻羟基肉桂酸的内酯，它是一大类存在于植物界中的香豆素类化合物的母核，有似香茅的香气。溶于乙醇、氯仿、乙醚，不溶于水，较易溶于热水。

【质量标准】

外观	白色光亮鳞片状晶体
相对密度(20℃/4℃)	0.935
熔点/℃	69～71
沸点/℃	297～299

【用途】 在电镀上用作光亮剂，主要用于镀镍中。此外，它是一种重要的香料，配制香水、香精，作各种制品的增香剂。

包装规格：内包装塑料袋，外包装木板桶，25 袋/桶。

【制法】 将水杨醛、醋酐、无水醋酸钠、碘片等投入搪瓷反应釜内，搅拌混合，并加热升温至 120℃，保温搅拌、回流 2h。然后升高温度至 180～195℃，保持此温度，搅拌反应 4h，缩合生成香豆素。用水蒸气蒸馏反应物料，除去少量未反应的水杨醛，并回收利用。留余的物料改为真空蒸馏，收集沸程为 130～180℃/40mmHg 的馏出物，冷却，结晶，吸滤，得黄色香豆素晶体（粗品）。将此粗品投入适量 95% 的酒精中，溶解，并加入活性炭搅拌脱色。过滤脱去活性炭后，进行重结晶 2 次，过滤、干燥得香豆素。

【产品安全性】 几乎无毒。刺激眼睛、呼吸系统和皮肤，长期接触戴适当的手套和护目镜或面具，不慎与眼睛接触后，请立即用大量清水冲洗并征求医生意见。保持容器密封，贮存在阴凉、干燥的仓库中。对水是稍微有害的，不要让未稀释或大量的产品接触地下水、水道或者污水系统，若无政府许可，勿将材料排入周围环境。

【参考生产企业】 衢州市明锋化工有限公司，上海图赫实业有限公司，湖北盛天恒创生物科技有限公司。

D061 洋茉莉醛

【别名】 胡椒醛，芥菜精，3,4-二氧亚甲基苯甲醛

【英文名】 3,4-(methylenedioxy) benzaldehyde

【分子式】 $C_8H_6O_3$

【登记号】 CAS [120-57-0]

【相对分子质量】 150.13

【物化性质】 具有特殊的温和的葵花香气。微溶于冷水，易溶于醇、醚及热水。镀层白亮，出光速度快；溶液浊点高，耐温性能好；镀液具有优越的抗铁杂质性能。

【质量标准】

外观	无色有光泽的晶体
熔点/℃	35.5
沸点/℃	264
沸点(10mmHg)/℃	135

【用途】 适用于挂镀、滚镀镀锌。在电镀中用作光亮剂，如锌酸盐碱性镀锌中用量为0.1～0.2g/L镀液。此外，广泛用于配制花香型和幻想型香精及医药上。

包装规格：内包装塑料袋，外包装木板桶，25袋/桶。

【制法】

(1) 异黄樟油素的制取　10份酒精中加入6份氢氧化钾，投入反应釜中。搅拌并加热至回流以使氢氧化钾溶解。然后在此溶液中加入6份纯黄樟油素，缓缓加热混合物，使之回流、反应，使$—CH_2CH═CH_2$转化为$—CH═CHCH_3$，需15～20h。在反应进行中，应不断取样测定其转化程度［测定方法：先洗去样品中的酒精，干燥后测其折射率，黄樟油素的折射率为1.5360 (20℃)，异黄樟油素的则为1.5780 (20℃)，故可凭借折射率来测定反应终点］。当反应完全后，冷却混合物，再用水稀释，继续蒸去大部分的酒精（酒精回收）。余下的粗异樟黄油素用真空分馏的方法除去其中杂质。

(2) 洋茉莉醛的制取　在耐酸搪瓷或搪玻璃反应釜中先投入蒸馏水、重铬酸钠、少量对氨基苯磺酸，搅拌溶解。按配比量加入第一步制得的异黄樟油素，在室温下一边搅拌，一边缓缓加入36°Bé的工业用硫酸。约每15min升高5℃，3h左右加完硫酸，继续搅拌0.5h，再加入苯以萃取混合物的油。静置分层，分出苯层，余下的酸性混合物再在40℃下用苯萃取一次。合并两次萃取的苯液，洗涤并中和，再将苯蒸出（回收）。蒸馏釜中留下的粗制洋茉莉酸再行真空分馏即得半固态的洋茉莉醛。将它溶于等量的95%酒精中，微热，使洋茉莉醛完全溶解，加适量活性炭脱色，冷却、结晶并低温干燥，得成品。

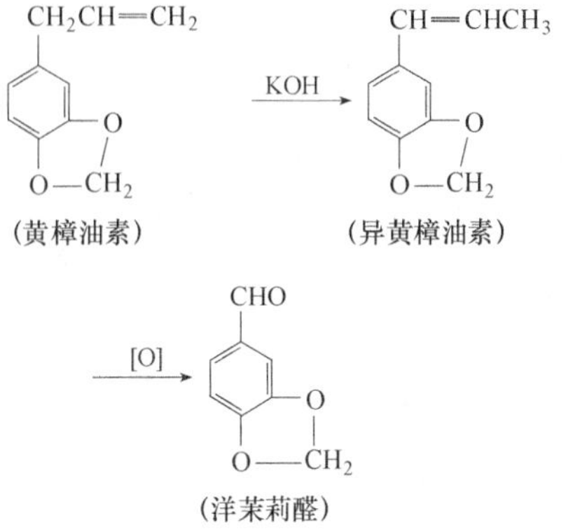

$CH_2CH═CH_2$ ... O—CH_2 (黄樟油素) $\xrightarrow{KOH}$ $CH═CHCH_3$ ... O—CH_2 (异黄樟油素) $\xrightarrow{[O]}$ CHO ... O—CH_2 (洋茉莉醛)

【产品安全性】 有刺激性。长期接触戴护目镜和橡皮手套。贮存于通风、干燥的库房中，室温保质期6个月。

【参考生产企业】 济南市历城区圣茂化工经营部，邢台恒鹏车业有限公司。

D062 糖精钠

【别名】 邻磺酰苯酰亚胺钠，可溶性糖精，邻苯甲硫酰亚胺钠

【英文名】 saccharin　sodium

【登记号】 CAS［128-44-9］

【相对分子质量】 205.18

【结构式】

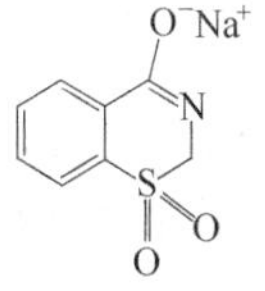

O^-Na^+, N, S, O, O

【物化性质】 无色结晶或稍带白色的结晶性粉末，一般含有两个结晶水，易失去结晶水而成无水糖精，呈白色粉末，无臭或微有香气，味浓甜带苦，甜度是蔗糖的500倍左右。耐热及耐碱性弱，酸性条件

下加热甜味渐渐消失，溶液浓度大于0.026%则味苦。

【质量标准】

纯度/%	≥99
颗粒细度/目	4～6、5～8、8～12、8～16、10～20、20～40、40～80、80～100

【用途】 用作镀镍初级光亮剂。亦可用作饲料添加剂（猪饲料、香甜剂）、食品（一般冷饮、饮料、果冻、凉果、蛋白糖等）甜味剂。

包装规格：内包装塑料袋；外包装木板桶，25袋/桶。

【制法】 由苯酐经胺化、降解、酯化、重氮化、置换、氯化、环合、酸析、中和等步骤而得。

(1) 邻氨基苯甲酸甲酯的制备 将苯酐和0℃的氨水依次加入反应釜，升温至50℃后缓慢滴加氢氧化钠溶液，保持在温度低于70℃和pH8.5～8.9条件下胺化。然后冷却至－10℃，加入－10℃的甲醇和次氯酸钠溶液（勿过量），在0℃下酯化45min，升温至50℃以上，再加入80℃的热水搅拌溶解，静置后过滤，分取油层得邻氨基苯甲酸甲酯。

(2) 邻磺酰氯苯甲酸甲酯的制备 先将混酸置于重氮锅内，在10℃左右开始滴加邻氨基苯甲酸甲酯和亚硝酸钠溶液的混合液，25℃以下进行重氮化反应。重氮化完毕后降温至10℃，加入硫酸铜，溶解后通入SO_2进行置换，此时析出邻亚磺酸苯甲酸甲酯，静置分层，有机层为邻磺酰氯苯甲酸甲酯甲苯溶液。

(3) 不溶性糖精的制备 依次将水和邻磺酰氯苯甲酸甲酯甲苯溶液加入反应锅，在10℃时加氨水，搅拌反应15min（温度可达70℃，pH值9以上），静置后取下层铵盐液，在酸性条件下加入甲苯萃取得糖精甲苯溶液。

(4) 可溶性糖精的制备 将不溶性糖精甲苯溶液加热至40℃，加入碳酸氢钠和水调pH值至3.8～4，静置后取水层，加活性炭脱色、过滤，调滤液pH值至7，再加活性炭脱色一次。滤液在70～75℃减压浓缩，保持pH值为7，趁热过滤。滤液经冷却、结晶、甩滤、干燥得糖精钠。

【产品安全性】 非危险品，避免与眼睛接触。贮存在阴凉、通风库的房中，室温保质期12个月。

【参考生产企业】 广州博峰化工科技有限公司，广州市天冠有限责任公司。

D063 二（苯磺酰基）亚胺钠盐

【别名】 BBI

【英文名】 sodium bis (phenylsulfonyl) azanide

【相对分子质量】 319.33

【登记号】 CAS [2532-07-2]

【结构式】

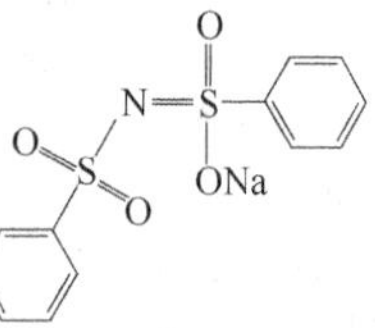

【物化性质】 白色结晶粉末或叶状晶体，溶于水。

【质量标准】

纯度/%	≥90

【用途】 二苯磺酰亚胺在电镀中作镍柔软剂、抗杂剂、初次光亮剂，具有良好的整平效果，并且消耗小于糖精。

包装规格：内包装塑料袋，外包装木板桶，25袋/桶。

【制法】 苯磺酰胺与NaOH在水中反应生成苯磺酰胺钠盐，继续与苯磺酰氯作用（物料摩尔比为苯磺酰胺：NaOH：苯磺酰氯＝2：2.1：1），在70℃下，反应时间3h，酸化得二苯磺酰亚胺。

【产品安全性】 非危险品，避免与眼睛接

触。贮存在阴凉、通风的库房中，室温保质期 12 个月。

【参考生产企业】 广州博峰化工科技有限公司，广州市天冠有限责任公司。

D064 S-羧乙基异硫脲甜菜碱

【别名】 ATPN

【英文名】 isothiourea S-carboxyethyl betaine

【登记号】 CAS [5398-29-8]

【相对分子质量】 183.63

【分子式】 $C_4H_8ClN_2O_2S$

【物化性质】 在电镀镍中能提高低电流区遮盖能力，同时有抗杂效果。

【质量标准】

外观	白色粉末	含量/%	98

【用途】 用作镀镍光亮剂、杂质容忍剂。能提高低区深镀能力，用量大时会导致失光。用量为 1～10mg/L。

包装规格：内包装塑料袋；外包装木板桶，25 袋/桶。

【产品安全性】 几乎无毒。刺激眼睛、呼吸系统和皮肤，长期接触戴适当的手套和护目镜或面具，不慎与眼睛接触后，请立即用大量清水冲洗并征求医生意见。保持容器密封，贮存在阴凉、干燥的仓库中。对水是稍微有害的，不要让未稀释或大量的产品接触地下水、水道或者污水系统，若无政府许可，勿将材料排入周围环境。

【参考生产企业】 武汉罗氏化工发展有限公司，武汉博莱特化工有限公司，衢州市明锋化工有限公司，上海图赫实业有限公司，湖北盛天恒创生物科技有限公司。

D065 丙炔磺酸钠

【英文名】 sodium proparagylsulfonate

【别名】 炔丙基磺酸钠

【分子式】 $C_3H_3NaO_3S$

【相对分子质量】 142.1

【登记号】 CAS [55947-46-1]

【物化性质】 20℃与水任意以比例混溶。能加快镀层的光亮整平作用，防止或减少针孔的形成，降低次级光亮剂的消耗量，提高制品的耐腐蚀性能。

【质量标准】

外观	淡黄色透明液体
含量/%	25
折射率	1.3800～1.3900
pH 值	2～4

【用途】 用作电镀镍之低区光亮剂、填平剂。能提高低区的光亮性和填平性。

包装规格：用塑料桶包装，25kg/桶。

【制法】 以炔丙醇为原料，在－10℃与 $SOCl_2$ 反应制备氯代丙炔，然后加亚硫酸氢钠，在 60～70℃搅拌 6～7h。磺化反应结束后得炔丙基磺酸钠。反应式如下：

$$CH\equiv C-CH_2OH \xrightarrow{SOCl_2} CH\equiv C-CH_2Cl \xrightarrow{NaHSO_3} CH\equiv C-CH_2OSO_2Na$$

D066 乙烯基磺酸钠

【英文名】 sodium ethylenesulphonate

【相对分子质量】 108.11

【登记号】 CAS [3039-83-6]

【结构式】

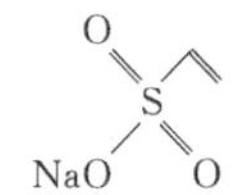

【物化性质】 无色至浅黄色透明溶液，溶于水。能改善镀层延展性，提高镀镍、镀铬的光亮度和均镀能力。

【质量标准】

含量/%	25～26
固含量/%	≤35
pH 值	8～12
色度(APHA)	≤200

【用途】 电镀可用作辅助光亮剂。能加快镀层的光亮整平作用，防止或减少针孔的形成，降低次级光亮剂的消耗量，提高制品的耐腐蚀性能。也可用于铁金属和合金

的电镀。

包装规格：用塑料桶包装，25kg/桶。

【制法】 由乙炔与亚硫酸进行亲电加成反应生成乙烯基磺酸，加氢氧化钠中和得产品。

【产品安全性】 几乎无毒。刺激眼睛、呼吸系统和皮肤，长期接触戴适当的手套和护目镜或面具，不慎与眼睛接触后，请立即用大量清水冲洗并征求医生意见。保持容器密封，贮存在阴凉、干燥的仓库中。对水是稍微有害的，不要让未稀释或大量的产品接触地下水、水道或者污水系统，若无政府许可，勿将材料排入周围环境。

【参考生产企业】 上海笛柏化学品技术有限公司，武汉科美沃化工有限公司，济南鹏浩化工有限公司，邢台恒鹏车业有限公司。

D067 十六烷基二苯基醚单磺酸钠(MAMS)

【英文名】 sodium hexadecyl diphenyl ether monosalfonate

【结构式】

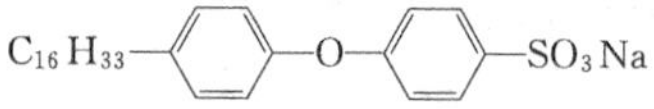

$C_{16}H_{33}$—⟨苯环⟩—O—⟨苯环⟩—SO_3Na

【相对分子质量】 496.66

【物化性质】 琥珀色透明液体。相对密度(25℃) 1.161，黏度（25℃，浓度为0.1%）145mPa·s。溶于水及盐酸、碱溶液，不溶于矿物油和二甲苯。该产品具有“反常”的特点，其表面活性随洗涤温度升高而降低，随钙镁离子浓度增高而提高。它具有的独特的性能，如低温去污力强，在强酸、强碱及高浓度无机盐和漂白剂溶液中均有很好的溶解性和稳定性，而且其钙盐产品的去污力优于钠盐。在环保和节能日益受到重视的今天，烷基苯醚磺酸盐再次引起人们的关注。

【质量标准】

含量/%	98
pH 值	7.5～8.0

【用途】 在铜的电解池和脱水过程中作去雾剂。

包装规格：用内衬塑料袋的纤维桶包装，净重 30kg。

【制法】

(1) 单烷基二苯醚的合成 将甲苯投入反应釜中，在搅拌下加入二苯醚，搅拌升温至 40℃，迅速加入催化剂无水三氯化铝，继续升温至 50℃，滴加 1-溴代十六烷，用吸收塔吸收反应中放出的刺激性气体（HBr），滴毕，继续反应至反应液的颜色为暗红色不变。反应结束后，冷却，加碎冰和稀酸水解络合物。静置，分出有机层，常压蒸溶剂（热温度不超过140℃），将干燥的有机层进行减压蒸馏，收集前馏分（180℃/0.1mmHg），主要为未反应的二苯醚及少量烷基化试剂。减压（0.1mmHg）收集 180～220℃的淡黄棕色油状液，此馏分主要为单烷基二苯醚。

(2) 十六烷基二苯醚单磺酸钠的合成 将正庚烷加入反应釜中，在 20℃以下滴加氯磺酸（反应温度一般控制在 8～18℃，温度过高易引起产物颜色加深），在 40min 内滴完，反应 1h 左右。静置，分出上层纯净的正庚烷，加水稀释，用50%NaOH 中和至 pH 值 8 左右，冷却，过滤得粗品。经无水乙醇多次重结晶提纯后，获得十二烷基苯醚磺酸钠的纯品，纯度在 98%以上。反应式如下：

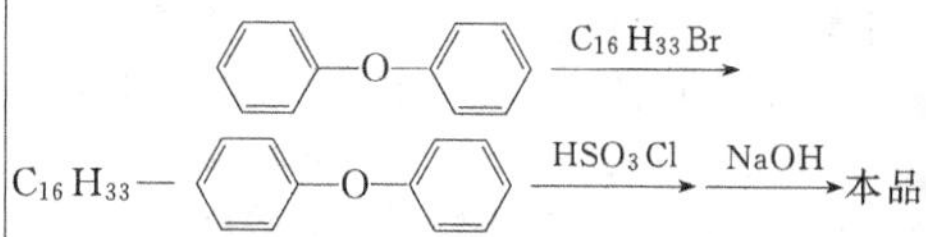

⟨苯环⟩—O—⟨苯环⟩ $\xrightarrow{C_{16}H_{33}Br}$

$C_{16}H_{33}$—⟨苯环⟩—O—⟨苯环⟩ $\xrightarrow{HSO_3Cl}$ $\xrightarrow{NaOH}$ 本品

【产品安全性】 几乎无毒。刺激眼睛、呼吸系统和皮肤，长期接触戴适当的手套和护目镜或面具，不慎与眼睛接触后，请立即用大量清水冲洗并征求医生意见。保持容器密封，贮存在阴凉、干燥的仓库中，运输中防止日晒、雨淋，贮存期 12 个月。对水是稍微有害的，不要让未稀释或大量的产品接触地下水、水道或者污水系统，若无政府许可，勿将材料排入周围环境。

【参考生产企业】 衢州市明锋化工有限公司，上海图赫实业有限公司，湖北盛天恒创生物科技有限公司。

D068 十二烷基二甲基氧化叔胺

【别名】 OB-2，*N*，*N*-二甲基-1-十二胺 *N*-氧化物

【英文名】 dodeca dimethyl oxidized tertiary amine

【登记号】 CAS [1643-20-5]

【结构式】

$$\sim\sim N^{+}(CH_3)_2 - O^-$$

【相对分子质量】 229.40

【物化性质】 是一类新型非离子表面活性剂。在酸性介质中呈阳离子性，在碱性介质中呈非离子性，具有良好的增稠、抗静电、柔软、增泡和去污性能；刺激性低，可有效地降低洗涤剂中的阴离子刺激性，还具有杀菌、钙皂分散、易生物降解等特点。

【质量标准】

外观	无色至浅黄色黏稠液体
pH值(1%水溶液)	7±1
固含量/%	50±2

【用途】 作为凝结剂、引发剂、保湿剂应用在金属电镀领域。

包装规格：用内衬塑料袋的塑料桶包装，净重50kg。

【制法】 将比理论量过量15%的双氧水加入反应釜，水浴加热到45℃，加入适量有机酸催化剂，逐滴加入定量叔胺，搅拌1.5h，加热至75℃，加入预定量的水。恒温反应12 h，向体系加入适量的Na_2SO_3除去过量双氧水，得到产品，收率>95%。

$$R_3N + H_2O_2 \xrightarrow{有机酸} [R_3NH][OOH] \xrightarrow{\triangle} R_3N-O + H_2O$$

【产品安全性】 生理毒性小，生物降解性好。不慎与眼睛接触后，请立即用大量清水冲洗并征求医生意见。长期接触穿戴适当的防护服、手套和护目镜或面具。若发生事故或感不适，立即就医（可能的话，出示其标签）。贮存于通风、干燥的库房中，防止日晒雨淋，贮存期12个月。

【参考生产企业】 整稞新材料科技（上海）有限公司，杭州拓目科技有限公司，天津助剂厂。

D069 C_{12}脂肪醇聚氧乙烯(3)醚硫酸钠

【英文名】 C_{12}～C_{18} fatty alcohol polyoxyethylene (3) ether sodium sulfate

【结构式】 $C_{12}H_{25}O(C_2H_4O)_3SO_3Na$

【物化性质】 淡黄色油状液体或糊状物。溶于水，泡沫丰富，有良好的乳化、净洗、润湿性能，对皮肤刺激性小。

【质量标准】

含量/%	>80
未硫酸化物(按100%活性物计)/%	<0.5
水分/%	15
环上磺化率(按100%活性物计)/%	<0.5
盐含量[折算为$(NH_4)_2SO_4$，按100%活性物计]/%	<2.0

【用途】 在电镀工业中用作金属清洗剂。

包装规格：用内衬塑料袋的塑料桶包装，净重50kg、150kg。

【制法】

(1) C_{12}脂肪醇聚氧乙烯(3)醚的合成　将10mol $C_{12}H_{25}OH$和相当于C_{12}脂肪醇质量0.2%的KOH投入反应釜中，在搅拌下升温，同时抽真空脱除空气和水分，升温至100℃左右，脱水完毕后通氮气数次驱尽空气。停止抽真空，升温到150℃，逐渐通入环氧乙烷，保持0.1～0.2MPa的压力，反应温度控制到160～

180℃，当环氧乙烷量通入 3mol 左右时，取样测浊点。若 1%水溶液浊点到 60～70℃，停止通环氧乙烷，缩合反应完毕。冷却到 70℃后用冰醋酸调 pH 值至 6.0～7.0，然后加入双氧水进行漂白，继续反应 1h。冷却出料，得成品。

（2）C_{12}脂肪醇聚氧乙烯（3）醚硫酸钠的合成　将 C_{12} 脂肪醇聚氧乙烯（3）醚、氨基磺酸、尿素（摩尔比 1∶1∶0.5）在搅拌下依次加反应釜，在 120℃反应 6h，用 CH_3COOH 稳定 pH 值并加入有机硅消泡，得 C_{12} 脂肪醇聚氧乙烯（3）醚硫酸铵。再经 NaOH 溶液中和至 pH 8～9，加乙醇析晶，过滤得产品。滤液循环使用数次后，蒸出乙醇，残液中和后抛弃，产生的 NH_3 用磺酸吸收得氨基磺酸循环使用。反应式如下：

$$C_{12}H_{25}OH + 3 \underset{O}{\triangledown} \xrightarrow{KOH}$$

$$C_{12}H_{25}O(C_2H_4O)_3H + NH_2SO_3H \longrightarrow$$

$$C_{12}H_{25}O(C_2H_4O)_3SO_3NH_4 + NaOH \longrightarrow \text{本品}$$

【产品安全性】 生理毒性小，生物降解性好。不慎与眼睛接触后，请立即用大量清水冲洗并征求医生意见，长期接触穿戴适当的防护服、手套和护目镜或面具。若发生事故或感不适，立即就医（可能的话，出示其标签）。贮存于通风、干燥的库房中，防止日晒、雨淋，贮存期 12 个月。

【参考生产企业】 淮安凯悦科技开发有限公司，敖稞新材料科技（上海）有限公司，杭州拓目科技有限公司，天津助剂厂。

D070 C_{12}脂肪醇聚氧乙烯(10)醚硫酸钠

【英文名】 C_{12}～C_{18} fatty alcohol polyoxyethylene (10) ether sodium sulfat

【结构式】 $C_{12}H_{25}O(C_2H_4O)_{10}SO_3Na$

【物化性质】 淡黄色油状液体或糊状物。溶于水，泡沫丰富，有良好的乳化、净洗、润湿性能，对皮肤刺激性小。

【质量标准】

项目	指标
含量/%	>80
盐含量[折算为$(NH_4)_2SO_4$，按 100%活性物计]/%	<0.5
未硫酸化物(按 100%活性物计)/ %	<2.0
水分/ %	15
环上磺化率(按 100%活性物计)/ %	<0.5

【用途】 在电镀工业中用作金属清洗剂。

包装规格：用内衬塑料袋的塑料桶包装，净重 50kg、200kg。

【制法】

（1）C_{12}脂肪醇聚氧乙烯（10）醚的合成　将 10mol $C_{12}H_{25}OH$ 和相当于 C_{12} 脂肪醇质量 0.2%的 KOH 投入反应釜中，在搅拌下升温，同时抽真空脱除空气和水分，升温至 120℃左右，脱水完毕后通氮气数次驱尽空气。停止抽真空，升温到 150℃，逐渐通入环氧乙烷，保持 0.1～0.2 MPa 的压力，反应温度控制到 160～180℃，当环氧乙烷量通入 10mol 左右时，取样测浊点。若 1%水溶液浊点到 70℃，停止通环氧乙烷，缩合反应完毕。冷却到 60℃后用冰醋酸调 pH 值至 6.0～7.0，然后加入双氧水进行漂白，继续反应 1h。冷却出料，得成品。

（2）C_{12}脂肪醇聚氧乙烯（10）醚硫酸钠的合成　将 C_{12} 脂肪醇聚氧乙烯（10）醚、氨基磺酸、尿素（摩尔比 1∶1∶0.5）在搅拌下依次加入反应釜，在 150℃反应 6h，用 CH_3COOH 稳定 pH 值并加入有机硅消泡，得 C_{12} 脂肪醇聚氧乙烯（10）醚硫酸铵。再经 NaOH 溶液中和至 pH 值 8～9，加乙醇析晶，过滤得产品。滤液循环使用数次后，蒸出乙醇，残液中和后抛弃，产生的 NH_3 用磺酸吸收得氨基磺酸循环使用。反应式如下：

$$C_{12}H_{25}OH + 10 \underset{O}{\triangledown} \xrightarrow{KOH}$$

$$C_{12}H_{25}O(C_2H_4O)_{10}H + NH_2SO_3H \longrightarrow$$

$$C_{12}H_{25}O(C_2H_4O)_{10}SO_3NH_4 + NaOH \longrightarrow \text{本品}$$

【产品安全性】 生理毒性小，生物降解性好。不慎与眼睛接触后，请立即用大量清水冲洗并征求医生意见，长期接触穿戴适当的防护服、手套和护目镜或面具。若发生事故或感不适，立即就医（可能的话，出示其标签）。贮存于通风、干燥的库房中，防止日晒、雨淋，贮存期 12 个月。

【参考生产企业】 上海扬东化工有限公司，嶅稞新材料科技（上海）有限公司，杭州拓目科技有限公司，天津助剂厂。

D071 *N*-硬脂酰基肌氨酸盐

【英文名】 sodium stearatyl sarcosinate

【结构式】

$$RC(=O)-N(CH_3)CH_2COONa \qquad R = C_{17}H_{35}$$

【物化性质】 属阴离子型，表面活性高，具有乳化、洗涤、分散、发泡、渗透、增溶、溶解等性能以及低刺激性、低毒性、生物降解性好、泡沫稳定、细腻等特性。

【质量标准】

含量/%	30
表面张力/(N/m)	$<33.5\times10^{-5}$
pH 值	6.0～7.0
泡沫高度/mm	185

【用途】 *N*-酰基肌氨酸盐在电镀工业中作腐蚀抑制剂。

包装规格：用塑料桶包装，净重 25kg、50kg。

【制法】 本工艺路线采用常温、常压，反应条件温和，是较理想的工业化生产酰基肌氨酸盐的方法。制备肌氨酸时，反应投料比对肌氨酸的转化率影响较大，甲胺用量越大，肌氨酸转化率越高。但甲胺损耗较大，考虑到甲胺成本高，又会对环境造成污染，故投料比取为 1∶2.5，并且采用减压蒸馏从肌氨酸反应液中回收甲胺。脂肪酰肌氨酸的制备中，控制好酰氯滴加速度（1～2 滴/s），避免水解，提高转化率。操作如下。

（1）肌氨酸的制备　将 α-氯乙酸稀释［α-氯乙酸∶水＝1∶（3～4）］，在搅拌条件下缓慢滴加到甲胺水溶液中，常温常压下反应 24h。反应进行到一半时，缓慢滴入 NaOH 溶液。反应液于 60～70℃下减压蒸除多余的甲胺，并用水吸收循环使用。产物加入 HCl 溶液后，用乙醚萃取，反应转化率达 65%。

（2）酰氯的制备　硬脂酰氯的制备：将硬脂酸投入反应器，加热至 60℃，一次性加入等物质的量的 PCl_3，反应温度控制为 60℃，常压下搅拌反应 4h 后，分 1 次酸，再反应 2h 后，分酸，分酸次数为 3 次，转化率可达 62%。

（3）*N*-硬脂酰基肌氨酸钠的制备　将肌氨酸投入反应器，在碱性条件下滴加等物质的量的硬脂酰氯，维持室温下反应 4h 左右，在 50℃下用 HCl 酸化，分出上层油层，用热水洗涤数次，至水溶液呈中性，取油层干燥后得白色固体，转化率为 32.6%。加入 NaOH 溶液中和，稍加热，冷却后，调 pH 值为 7，同时稀释至 30% 即可。

$$ClCH_2COOH + CH_3NH_2 \xrightarrow{NaOH}$$

$$CH_3NHCH_2COONa + H_2O + NaCl$$

$$3RC(=O)-OH + PCl_3 \longrightarrow 3RC(=O)-Cl + PO_3$$

$$RC(=O)-Cl + CH_3NHCH_2COONa \longrightarrow \text{本品}$$

【产品安全性】 生理毒性小，生物降解性好。不慎与眼睛接触后，请立即用大量清水冲洗并征求医生意见，长期接触穿戴适当的防护服、手套和护目镜或面具。若发生事故或感不适，立即就医（可能的话，出示其标签）。贮存于通风、干燥的库房中，防止日晒、雨淋，贮存期 12 个月。

【参考生产企业】 长沙晶康新材料科技有限公司，溧阳市恒阳化工产品经营部，深圳市宝安区松岗瑞德电镀原料有限公司，赘稞新材料科技（上海）有限公司，杭州拓目科技有限公司。

D072 新型壳聚糖两性高分子表面活性剂

【英文名】 novel type of chitosan amphoteric polymer surfactant

【结构式】

CH_2OSO_3H

$$\left[\text{chitosan unit}\right]_n\text{NH—CH}_2\text{—CH(OSO}_3\text{H)—CH}_2\text{—}^{+}\text{N(CH}_3)_2\text{—C}_{14}\text{H}_{29}\text{Cl}^{-}$$

(APCTSS)

【物化性质】 是分子链上同时含有正负电荷基团的一类高聚物，具有独特的溶液性质，不溶于甲苯、环己烷、乙醇等有机溶剂，极易溶于水，在空气中极易吸湿。润滑、成膜性良好，可生物降解。

【质量标准】

外观	白色粉末
熔点/℃	195
吸湿率(样品相对湿度为 43%,24h)/%	12.3
吸湿率(样品相对湿度为 43%,48h)/%	14.9
吸湿率(样品相对湿度为 81%,24h)/%	531.0
吸湿率(样品相对湿度为 81%,48h)/%	760.8

【用途】 用作电镀成膜助剂。

包装规格：用内衬塑料袋的纤维桶包装，净重 50kg、150kg。

【制法】

(1) 二甲基十四胺的制备　将 150kg 十四胺加入反应器中，再加入 250L 乙醇加热搅拌使其溶解，在 55℃ 左右滴入 180～200L 甲酸，恒温搅拌数分钟，升温至 63℃，缓慢滴加 150～200L 甲醛，升温至 80～83℃，恒温回流 2h，冷却，以 40% NaOH 中和至 pH 值 10 以上，静置分层，取上层，减压蒸馏除去乙醇得淡黄色液体二甲基十四胺，废液净化处理后排放。

(2) 二甲基环氧丙基十四烷基氯化铵的制备　将 120kg 二甲基十四胺加入反应器中，加入 600L 溶剂，剧烈搅拌，升温至 55℃，缓慢滴加环氧氯丙烷 550kg，保温回流数小时，减压蒸馏除去未反应的环氧氯丙烷及溶剂，得浅黄色膏状物二甲基环氧丙基十四烷基氯化铵（MTGA）。

(3) 壳聚糖季铵盐的制备　取 50kg 壳聚糖，加入 1200L 33%的 NaOH 溶液，120℃下回流 3h，水洗至中性，60℃ 烘干，制得脱乙酰度 DD=88.2%的高度脱乙酰壳聚糖（HCTS），黏均分子量为 50.1×10^4。

取 30kg HCTS，以 2%乙酸 1000L 溶解，再用 20% NaOH 溶液沉淀出 HCTS，挤压除去水分，转入反应器中，加入 500L 溶剂和 78kg MTGA，剧烈搅拌，在 80℃下反应数小时，过滤，滤饼以 90% 乙醇洗涤，真空干燥，得壳聚糖季铵盐（CTSQ）。

(4) 壳聚糖季铵盐的磺化　将 200L 甲酰胺加入反应器中，冰水浴冷却，搅拌下缓慢滴加数升氯磺酸，控制滴加速度，确保体系温度不超过 5℃。滴完后，提高搅拌速度，加入 250kg CTSQ 在 68℃ 恒温反应一定时间，加 200～300L 蒸馏水，使充分溶解，过滤。滤液中加入 20% NaOH 溶液，调整 pH=12～14，有 NH_3 逸出。脱氨至中性后，用丙酮沉淀，沉淀物用 95%乙醇洗涤，60℃真空干燥，即得壳聚糖两性高分子表面活性剂。

$$C_{14}H_{29}NH_2 \xrightarrow{HCHO,HCOOH} C_{14}H_{29}N(CH_3)_2$$

$$\xrightarrow{\text{环氧丙基}-CH_2Cl} \text{环氧丙基}-CH_2-{}^{+}N(CH_3)_2-C_{14}H_{29}Cl^{-}$$

(MTGA)

$$\xrightarrow{\text{壳聚糖}[\text{-O-葡萄糖胺单元}(CH_2OH, NH_2)\text{-}]_n}$$

$$[\text{-O-葡萄糖胺单元}(CH_2OH)\text{-}]_n-NH-CH_2CH(OH)CH_2-{}^{+}N(CH_3)_2-C_{14}H_{29}Cl^{-}$$

(CTSQ)

$$\xrightarrow{ClSO_3H/HCONH_2} \text{本品}$$

【产品安全性】 生理毒性小，生物降解性好。贮存于通风、干燥的库房中，防止日晒、雨淋，贮存期 12 个月。

【参考生产企业】 郑州万搏化工产品有限公司，河南德大化工有限公司，中山市佳汇食品添加剂有限公司，广州市升彤贸易有限公司。

D073 含氟辛基磺酸钾

【别名】 铬雾抑制剂 FC-80

【英文名】 potassium perfluorooctyl sulfonate

【相对分子质量】 538.24

【结构式】 $CF_3(CF_2)_6CF_2SO_3K$

【物化性质】 白色或微黄色粉末，易生物降解。

【质量标准】

含量/%	≥95
pH 值(1%水溶液)	7.0～7.5

【用途】 作为铬雾抑制剂，在电镀铬时定量加入本品，电解时则形成一定厚度的细密泡沫层，可有效地抑制酸雾放出，保护环境，节约铬酐。

包装规格：用内衬塑料袋的纤维桶包装，净重 50kg。

【制法】 将无水氟化氢加入电解槽中，在 15V 左右进行电解干燥，当电流降到一定值后，加入辛基磺酸，控制电压 4～15V，电流强度 0.1～2A，温度 10～15℃，进行电化学氟化反应。定期从底部放出反应生成物，并补入原料直至极板钝化为止。反应生成物为辛基磺酸氟，精制后备用。

在洗盐釜中预先加入 95%乙醇和与乙醇等体积的去离子水，再加入一定的氢氧化钾、氧化钙，升温至 70℃。然后在搅拌下滴加计量的辛基磺酸氟。当 pH 值至 7 时，终止反应。趁热过滤，除去滤渣，滤液冷却、结晶、过滤、干燥后即为成品。反应式如下：

$$C_8H_{17}SO_3H + HF \longrightarrow C_{18}H_{17}SO_3F$$
$$+ KOH \longrightarrow \text{本品}$$

【产品安全性】 有刺激性。不慎与眼睛接触后，请立即用大量清水冲洗并征求医生意见，长期接触穿戴适当的防护服、手套和护目镜或面具。若发生事故或感不适，立即就医（可能的话，出示其标签）。贮存于通风、干燥的库房中，防止日晒，雨淋，贮存期 12 个月。

【参考生产企业】 广州市氟缘硅科技有限公司，上海广宾贸易有限公司，淄博应强化工科技有限公司，广州市升彤贸易有限公司，石家庄市海森化工有限公司。

D074 苄基萘磺酸钠

【英文名】 sodium benzyl naphthalenesulfonate

【结构式】

$$C_6H_5-CH_2-C_{10}H_6-SO_3Na$$

【相对分子质量】 320.34

【物化性质】 易溶于水，对强酸、强碱都稳定，润湿、渗透力好，有增溶、乳化、分散等作用。

【质量标准】

外观	黄色粉末
含量/%	≥73

【用途】 用作电镀工业的渗透剂。

包装规格：用内衬塑料袋的纤维桶包装，净重25kg。

【制法】 将205kg氯化苄、498kg硫酸、234kg萘依次投入反应釜中，缓缓升温，加热熔化，开动搅拌，混合均匀。在50℃下滴加发烟硫酸，共加入658kg。滴加完毕后再搅拌1h，得到苄基磺酸。将物料打入中和釜，用30%的液碱中和。结晶、过滤、干燥得成品。反应式如下：

$$C_6H_5CH_2Cl + C_{10}H_8 + H_2SO_4 \longrightarrow C_6H_5-CH_2-C_{10}H_6-SO_3H$$

$$C_6H_5-CH_2-C_{10}H_6-SO_3H + NaOH \longrightarrow \text{本品}$$

【产品安全性】 有刺激性。不慎与眼睛接触后，请立即用大量清水冲洗并征求医生意见，长期接触穿戴适当的防护服、手套和护目镜或面具。若发生事故或感不适，立即就医（可能的话，出示其标签）。贮存于通风、干燥的库房中，防止日晒、雨淋，贮存期12个月。

【参考生产企业】 天津助剂厂，上海广宾贸易有限公司，淄博应强化工科技有限公司，广州市升彤贸易有限公司，石家庄市海森化工有限公司。

D075 全氟烷基醚磺酸钾

【别名】 铬雾抑制剂F-53

【英文名】 perfluoroalkylether potassium sulfonate

【相对分子质量】 902.3

【结构式】

$$CF_3CF_2CF_2-O{+}\underset{CF_3}{\underset{|}{C}}FCF_2O{+}_3\underset{CF_3}{\underset{|}{C}}F-SO_3K$$

【物化性质】 易吸潮、无毒、不燃、不爆，具有耐高温、耐强氧化剂等特点。

【质量标准】

外观	白色固体
表面张力/(N/m)	≤0.027
含量/%	≥95
抑铬雾时间/(h/mg)	≥20

【用途】 用于电镀工业抑制铬雾。

包装规格：用内衬塑料袋的纤维桶包装，净重50kg、125kg。

【制法】 由四氟乙烯磺内酯与氢氧化钾进行皂化经后处理而得。

【产品安全性】 有刺激性。不慎与眼睛接触后，请立即用大量清水冲洗并征求医生意见，长期接触穿戴适当的防护服、手套和护目镜或面具。若发生事故或感不适，立即就医（可能的话，出示其标签）。贮存于通风、干燥的库房中，防止日晒、雨淋，贮存期12个月。

【参考生产企业】 广州市氟缘硅科技有限公司，上海广宾贸易有限公司，淄博应强化工科技有限公司，广州市升彤贸易有限公司，石家庄市海森化工有限公司。

D076 N-羟乙基-N-羟烷基-β-氨基丙酸

【英文名】 N-hydroxyethyl-N-hydroxyalkyl-β-alanine

【结构式】

$$R—CHCH_2N(CH_2CH_2OH)(CH_2CH_2COOH)$$
（CH 上连 OH）

$$R=C_{12}H_{25}\sim C_{18}H_{37}$$

【物化性质】 白色固体，溶于水。

【质量标准】

含量/%	≥9
pH 值(10%水溶液)	6.0

【用途】 用作缓蚀剂等。

包装规格：内包装塑料袋；外包装木板桶，25 袋/桶。

【制法】

(1) N-(2-羟乙基)-N-(2-羟烷基) 胺的制备 将 1.9mol 乙醇胺加入反应釜(1) 中，用氮气置换釜中空气后，滴加 1mol烷基环氧乙烷，在 80～90℃下加热回流 2h。蒸出过量的乙醇胺得 N-(2-羟乙基)-N-(2-羟烷基) 胺。

(2) N-羟乙基-N-羟烷基-β-氨基丙酸的制备 取计量的 N-(2-羟乙基)-N-(2-羟烷基) 胺加入反应釜 (2) 中，再加入适量的丙烯酸甲酯，搅拌混匀，升温至 70℃，在 70～80℃下反应 6h。蒸出过量的丙烯酸甲酯，得 N-(2-羟乙基)-N-(2-羟烷基)-β-氨基丙酸酯。加入氢氧化钠溶液将其在 80～90℃下皂化，反应 4h。蒸出副产物甲醇和水，冷却结晶得 N-(2-羟乙基) -N-(2-羟烷基)-β-氨基丙酸钠。将其溶解在甲醇中，用浓盐酸酸化。当 pH 值到 6 左右时停止加酸，静置，过滤掉无机盐。蒸出乙醇，冷却结晶得产品。反应式如下：

$$R—CH—CH_2 (环氧，O) + NH_2CH_2CH_2OH \longrightarrow$$

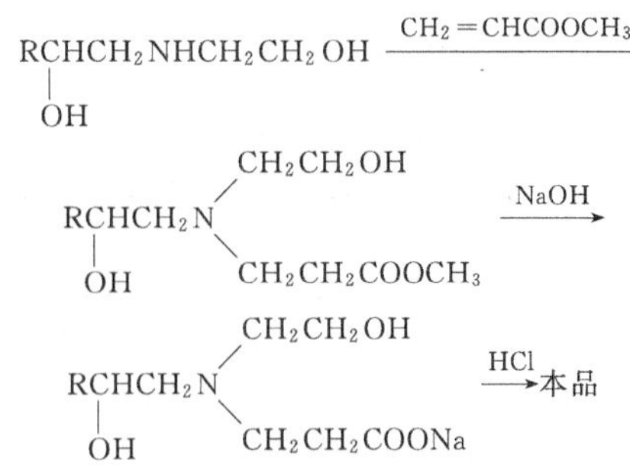

【产品安全性】 有刺激性。不慎与眼睛接触后，请立即用大量清水冲洗并征求医生意见，长期接触穿戴适当的防护服、手套和护目镜或面具。若发生事故或感不适，立即就医（可能的话，出示其标签）。贮存于通风、干燥的库房中，防止日晒、雨淋，贮存期 12 个月。

【参考生产企业】 广州大熙化工新材料有限公司，武汉长江化工厂，上海广宾贸易有限公司，淄博应强化工科技有限公司，广州市升彤贸易有限公司，石家庄市海森化工有限公司。

D077 十二烷基二甲基甜菜碱

【别名】 十二烷基二甲基胺乙内酯，BS-12，月桂基二甲基甜菜碱

【英文名】 dodecyl dimethyl betaine

【登记号】 CAS［683-10-3］

【结构式】

$$R—N^+(CH_3)_2CH_2COO^- \qquad R=C_{12}H_{25}$$

【物化性质】 浅黄色液体，相对密度(20℃) 1.03，浊点 1℃。溶于水，与烷基硫酸钠类阴离子表面活性剂混合使用泡沫丰富细腻，耐酸碱，稳定性良好。去污力强，增稠效果好，对皮肤和眼睛的刺激性小。生物降解性好，具有优良的去污杀菌性、柔软性、抗静电性、耐硬水性和防锈性。

【质量标准】

氯化钠/%	≤8
pH 值(5%水溶液)	6.5～7.5

活性物含量/%	≥30
游离胺/%	0.4

【用途】 用作金属表面抛光剂。

包装规格：用塑料桶包装，50kg/桶、200kg/桶。

【制法】 以二甲基叔胺和氯乙酸钠为原料，在70～80℃下搅拌8h左右，经处理得产品。反应式如下：

$$RN(CH_3)_2+ClCH_2COONa \longrightarrow 本品$$

【产品安全性】 低刺激性。避免接触眼睛，不慎溅到脸上用水清洗干净。贮存于阴凉、通风的库房内，室温下密闭保存，保质期24个月。

【参考生产企业】 广州市楚人化工有限公司，江苏靖江油脂化学厂，济南盈动科技开发有限公司，上海金敏精细化工有限公司，江苏苏州源泰润化工有限公司。

D078 α-十六烷基三甲基甜菜碱

【别名】 α-BS-16

【英文名】 trimethyl α-hexadecyl betaine

【相对分子质量】 313.51

【结构式】

$$C_{14}H_{29}—\underset{\displaystyle COO^-}{\underset{|}{CH}}—N^+(CH_3)_3$$

【物化性质】 无色或浅黄色液体。

【质量标准】

游离胺含量/%	≤0.4
含量/%	≥30

【用途】 用作金属表面抛光剂。

包装规格：用塑料桶包装，50kg/桶、200kg/桶。

【制法】 将100kg溴代十六酸加入反应釜中，再加入40%的氢氧化钠水溶液，加热溶解后，滴加25%的三甲胺300kg，然后在30℃下搅拌5h。静置一夜，加500kg水稀释，加热把剩余的三甲胺蒸出后得粗产品。反应式如下：

$$C_{14}H_{29}—\overset{\displaystyle Br}{\overset{|}{C}}HCOOH+N(CH_3)_3 \longrightarrow 本品$$

【产品安全性】 低刺激性。避免接触眼睛，不慎溅到脸上用水清洗干净。贮存于阴凉、通风的库房内，室温下密闭保存，保质期24个月。

【参考生产企业】 广州市楚人化工有限公司，江苏靖江油脂化学厂，济南盈动科技开发有限公司，上海金敏精细化工有限公司，江苏苏州源泰润化工有限公司。

D079 烷基咪唑啉磷酸盐

【英文名】 alkyl imidazoline phosphate

【结构式】

$$(C_{12}H_{25}O)_2P(=O)OH \cdot C_{17}H_{35}—C_3H_4N_2(R)$$

$$R=C_2H_4NHC_2H_4NHC_2H_4NH_2$$

【相对分子质量】 892.36

【物化性质】 棕色黏稠液。具有良好的去污力、乳化能力、抗静电能力，泡沫丰富，防腐杀菌等性能和耐硬水性好，对酸碱金属离子不敏感。

【质量标准】

酸值/(mg KOH/g)	≤30
铜 H62/级	1
磷含量/%	>3
紫铜(全浸)/级	1
氮含量/%	>7
四球级试验 PK 值/N	≥686.7
湿式试验 45 号钢/级	0

【用途】 对钢、铜、铸铁和镁均有防锈效果，耐湿热性能优良，兼有一定的极压性能，用作水处理防锈剂。

包装规格：用塑料桶包装，每桶25kg或根据用户需要确定。

【制法】 将十二醇加入反应釜中，在搅拌下加入相当于醇量1%的次磷酸（抑制氧化反应，防止产品颜色太深）。加热到

40℃，开始滴加 P_2O_5，滴毕后在 60℃下反应 3～4h，得脂肪醇磷酸酯。

将等物质的量的硬脂酸和四亚乙基五胺投入反应釜中，在 N_2 保护下加热熔融。120℃左右脱水生成硬脂酰胺，再加热到 200～210℃进一步脱水闭环，形成 2-十七烷基-*N*-(2-二亚乙基三胺)-乙基咪唑啉。将上述两产物在中和釜中于60～70℃中和得产物。

$$C_{12}H_{25}OH + P_2O_5 \longrightarrow (C_{12}H_{25}O)_2P(=O)OH$$

$$C_{17}H_{35}COOH + H_2N(C_2H_4NH)_3CH_2CH_2NH_2 \xrightarrow{\text{脱水}} C_{17}H_{35}\text{-imidazoline}(N\text{-}C_2H_4NHC_2H_4NHC_2H_4NH_2) \longrightarrow (C_{12}H_{25}O)_2P(=O)OH \cdot C_{17}H_{35}\text{-imidazoline}(N\text{-}R)$$

【产品安全性】 无毒，无刺激，生物降解性好。要求在室内阴凉、通风处贮藏，防潮，严防曝晒，贮存期 10 个月。

【参考生产企业】 内蒙古科安水处理技术设备有限公司，河南沃特化学清洗有限公司，北京海洁尔水环境科技公司，上海开纳杰化工研究所，河北沧州恒利化工厂，深圳莱索思环境技术有限公司。

D080 3-硝基苯磺酸钠

【别名】 防染盐 S

【英文名】 3-nitrobenzenesulfonic acid sodium salt

【登记号】 CAS [127-68-4]

【分子式】 $C_6H_4NO_5SNa$

【相对分子质量】 225.15

【物化性质】 外观为淡黄色粉末，熔点 70℃，溶于水和乙醇，阴离子型，耐酸、耐碱、耐硬水。

【质量标准】 HG/T 2591—1994

项目	指标
含量(可重氮值)/%	≥98
细度(40 目时筛残物含量)/%	≤5
水分/%	≤3
pH 值(1%溶液)	7～9

【用途】 用于电镀工艺作氧化剂，能脱除镀件中的不合格镀层，且不腐蚀坯件。

包装规格：用内衬塑料袋的编织袋包装，净重 25kg。

【制法】 将苯加入反应釜中，在搅拌下加入硫酸、硝酸配制的混合液，升温反应至终点后静置分层，取油层加液体三氧化硫进行磺化反应。反应完成后得间硝基苯磺酸钠，加入碳酸钠中和，分离、精制得产品。反应式如下：

$$C_6H_6 \xrightarrow{H_2SO_4 + HNO_3} C_6H_5NO_2 \xrightarrow{SO_3} 3\text{-}NO_2C_6H_4SO_3H \xrightarrow{Na_2CO_3} 3\text{-}NO_2C_6H_4SO_3Na$$

【产品安全性】 有毒。刺激眼睛，与皮肤接触可能致敏，避免皮肤接触，不慎与眼睛接触后，请立即用大量清水冲洗并征求医生意见。操作者要戴适当手套，工作环境要通风良好。贮存于阴凉、干燥、通风的仓库内，室温保质期 12 个月。

【参考生产企业】 广州市创盟化工科技有限公司，海宁市宏成化学助剂有限公司，湖北鑫润德化工有限公司，南京大唐化工有限责任公司。

E 油田化学助剂

油田化学助剂系指解决油田钻井、完井、采油、注水、提高采收率及集输等过程中使用的化学药剂。随着石油工业的发展，科学技术的进步，油田化学品用量越来越大。世界油田化学品的用量从 1983 年到 1993 年 10 年间增长约 52%。自 20 世纪 70 年代以来，我国对石油化学助剂的研究和开发已取得长足的进步，现有品种约 300 多个，年消费量超过 5 万吨。钻井泥浆约占油田化学品总量的 45%～50%。采油用化学品占总量的 1/3。目前我国老油田储油量占全国总量的 90%，现已进入高含水时期，三次采油是当前的迫切任务，而其技术关键是化学驱油。再有，随着油田勘探向新领域、深层次发展急需使用新产品、新技术，并采用各种综合性措施。根据上述任务，我国油田化学品应该发展的类别如下。

① 深井、水平井、复杂井钻井用化学品中的两性复合离子型的增稠剂、降滤失剂、降黏剂、缓凝剂、分散剂和防腐剂。

② 东部老油田高含水期开采用的控水稳油高分子聚合物型堵水调制剂。

③ 稠油采输用化学品中的高温发泡剂、排水剂、高温防窜剂、清防蜡剂、破乳剂、降凝剂。

④ 三次采油化学品、钻井用化学助剂。钻井用化学助剂包括钻井液、完井液、水泥浆用的各种处理剂。从应用方面可分为两个类型。

Ea 钻井用化学助剂

钻井用化学助剂包括钻井液、完井液、水泥浆用的各种处理剂。按应用分为两个类型。

① 钻井液处理剂。包括杀菌剂、缓蚀剂、除垢剂、消泡剂、乳化剂、絮凝剂、起泡剂、滤失剂、堵漏材料、润滑剂、解卡剂、pH值控制剂、表面活性剂、页岩抑制剂、降黏剂、稳定剂、加重剂。

② 水泥外加剂。即在固井作业中，为保证施工顺利和固井质量，在水泥中添加的促凝剂、缓蚀剂、消泡剂、分散剂、降滤失剂、防氧化剂、减轻外渗剂、防漏外渗剂、增强剂、加重外渗剂等。钻井液的性能对钻井效率、防止事故起关键作用，而水泥外加剂的质量直接关系到完井、修井、固井的成败。我国目前泥浆处理剂主要品种已达到国际水平。

Ea001 腐殖酸钠

【英文名】 sodium humate

【登记号】 CAS [1415-93-6]

【物化性质】 黑色粉末，无毒，无味，易溶于水，水溶液呈碱性。

【质量标准】 HG/T 3278—2011

型号	一级品	二级品	三级品
水溶性腐殖酸含量/%	55+2	45+2	40+2
水分/%	≤12	≤12	≤12
细度(过40目筛)/%	100	100	100
pH值	9～10	9～10	9～10

【用途】 用作淡水钻井液耐高温降滤失剂，并兼有降黏作用，但抗盐性较差。

包装规格：用内衬塑料袋的编织袋包装，净重25kg；用清洁干燥的镀锌铁桶包装，净重200kg。

【制法】 用优质褐煤与烧碱反应[褐煤：烧碱=100：(10～20)(质量比)]，将反应液过滤、浓缩、干燥得产品。

【产品安全性】 吸湿性强，必须保证容器密闭，并存放在干燥、通风处，避免曝晒、雨淋，严禁明火。运输过程应避免剧烈碰撞，以防破损。贮存保质期为12个月。

【参考生产企业】 江苏省海门市轻工设备厂，江苏省海安县正达化工厂，潍坊绿普生物化工科技有限公司，广源集团公司。

Ea002 腐殖酸钾

【英文名】 potassium humate

【物化性质】 黑褐色粉末，易溶于水。

【质量标准】

名称	一级品	二级品	三级品
水溶性腐殖酸(干基)/%	55±2	45±2	40±2
水分/%	12±2	12±2	12±2
细度(过40目筛)/%	100	100	100
钾含量(干基)/%	10±1	10±1	10±1
pH值	9～10	9～10	9～10

【用途】 用于淡水钻井，作降滤失剂兼有降黏作用，一般用量为1%～3%。亦可作页岩抑制剂。

包装规格：用内衬塑料袋的木桶包装，25kg/桶。

【制法】 用KOH水溶液从褐煤中提取腐殖酸而得。

【产品安全性】 吸湿性强，必须保证容器密闭，并存放在干燥、通风处，避免曝晒、雨淋，严禁明火。运输过程应避免剧烈碰撞，以防破损。贮存保质期为12个月。

【参考生产企业】 潍坊绿普生物化工科技有限公司，广源集团公司，江苏省海安石油化工厂。

Ea003 聚合腐殖酸

【英文名】 polyhumic acid

【组成】 腐殖酸钾与树脂的聚合物。

【物化性质】 黑色粉末，易溶于水。

【质量标准】

水分/%	≤13
比体积/(mL/g)	≤2.5
滤失量/mL	≤15
总铬含量/%	≤1.0
热稳定后滤失量/mL	≤15
水不溶物/%	≤15
HPHT滤失量/mL	≤30

【用途】 用作各类水基钻井液降滤失剂，具有一定的抗盐、抗钙、防塌能力，耐温200℃，一般用量为2%～5%。

包装规格：用清洁干燥的镀锌铁桶包装，净重200kg。

【制法】 将褐色煤加入KOH水溶液中［褐煤∶KOH＝100∶17（质量比）］，于75℃反应1h，再加入丙烯酸树脂继续加热搅拌而得。

【产品安全性】 吸湿性强，必须保证容器密闭，并存放在干燥、通风处，避免曝晒、雨淋，严禁明火。运输过程应避免剧烈碰撞，以防破损。贮存保质期为12个月。

【参考生产企业】 江苏省海门市轻工设备厂，江苏省海安县正达化工厂，潍坊绿普生物化工科技有限公司，广源集团公司。

Ea004 硝基腐殖酸钠

【英文名】 sodium nitrohumate

【组成】 硝酸氧化的腐殖酸钠盐。

【物化性质】 黑色粉末，易溶于水，水溶液呈碱性。

【质量标准】

细度(过40目筛)/%	100
水分/%	≤12
水溶性腐殖酸/%	≥50
pH值	9.0～10.0

【用途】 用作淡水钻井液滤失剂，并兼有降黏作用，有一定的耐温能力，一般用量为0.3%～3%。

包装规格：用清洁干燥的镀锌铁桶包装，净重200kg。

【制法】 用3mol的稀硝酸与褐煤在40～60℃下反应［褐煤（腐殖酸含量大于40%）∶硝酸（纯）＝1∶1（质量比）］，然后用NaOH中和至pH＝9～10，经烘干、粉碎得成品。

【产品安全性】 吸湿性强，必须保证容器密闭，并存放在干燥、通风处，避免曝晒、雨淋，严禁明火。运输过程应避免剧烈碰撞，以防破损。贮存保质期为12个月。

【参考生产企业】 山西孝义县腐殖酸厂，江西萍乡腐殖酸公司等。

Ea005 硝基腐殖酸钾

【英文名】 potassium knitrohumate

【物化性质】 黑褐色粉末，易溶于水，水溶液呈碱性。

【质量标准】 Q/YGH 003—2006

腐殖酸含量/%	≥50

水分/%	<50
水不溶物/%	<5.0
pH 值	8.0～10.0

【用途】 用于淡水钻井液作降滤失剂，耐温 180℃，并具有抑制黏土水化膨胀作用，一般用量为 1%～3%。亦可作页岩抑制剂。

包装规格：用清洁干燥的镀锌铁桶包装，净重 200kg。

【制法】 用硝酸处理褐煤或风化煤后，用氢氧化钾水溶液抽提、过滤。滤液经浓缩、干燥而得。

【产品安全性】 吸湿性强，必须保证容器密闭，并存放在干燥、通风处，避免曝晒、雨淋，严禁明火。运输过程应避免剧烈碰撞，以防破损。贮存保质期为 12 个月。

【参考生产企业】 江苏省海门市轻工设备厂，江苏省海安县正达化工厂，潍坊绿普生物化工科技有限公司，广源集团公司。

Ea006 磺化木质素磺甲基酚醛树脂共聚物

【英文名】 sulfonated lignosulfomethylol phenolic resin copolymer

【组成】 木质素磺酸盐与磺甲基酚醛树脂共聚物。

【物化性质】 棕褐色粉末，溶于水，水溶液呈碱性。

【质量标准】

特性黏度(100mg/g 水溶液,30℃)/(mL/g)	≥0.05
盐析浓度 (2.5g/100mL 水溶液,以 NaCl 计)/(g/L)	≥13
水不溶物/%	≤5.0
水分/%	≤10
pH 值	9.0～9.5

【用途】 用作水基钻井液抗高温、抗盐的降滤失剂，还有一定的防塌作用，一般加入量为 1%～3%。

包装规格：用清洁干燥的镀锌铁桶包装，净重 200kg。

【制法】 将亚硫酸纸浆废液加入沉淀池中，在搅拌下加入石灰乳，出现沉淀后（碱式木质素磺酸钙）过滤，洗涤，然后加入 Na_2CO_3 水溶液，在一定温度下搅拌至沉淀完全，过滤除去碳酸钙。滤液加入缩合釜，加酸调 pH 值至 6.0 左右，加入磺甲基酚醛树脂进行共聚，脱水、过滤、干燥得成品。

【产品安全性】 吸湿性强，必须保证容器密闭，并存放在干燥通风处，避免曝晒雨淋，严禁明火。运输过程应避免剧烈碰撞，以防破损。贮存保质期为 12 个月。

【参考生产企业】 江苏省海门市轻工设备厂，江苏省海安县正达化工厂，潍坊绿普生物化工科技有限公司，广源集团公司。

Ea007 铁铬木质素磺酸盐

【英文名】 ferrochrome lignosulfonate

【组成】 木质素与无机盐组成的螯合物。

【物化性质】 黑褐色自由流动粉末，不结块，易溶于水，低 pH 值时易起泡。

【质量标准】

有效物含量/%	≥85
铬络合度/%	≥68
硫酸钙/%	≤4.0
全铬含量/%	3.0～8.0
水分/%	≥8.5
全铁含量/%	2.5～8.5
水不溶物/%	≤2.5
细度(过 30 目筛)/%	100

【用途】 作为水基钻井液降黏剂，并能降低滤失量。

包装规格：用清洁干燥的镀锌铁桶包装，净重 200kg。

【制法】 亚硫酸纸浆废液发酵制取酒精后，浓缩至相对密度为 1.26 左右的黑褐色液体。在 60～80℃加入重铬酸钠和亚硫酸铁，充分搅拌 2h。过滤、除杂、浓缩、干燥得产品。

【产品安全性】 吸湿性强，必须保证容器密闭，并存放在干燥、通风处，避免曝晒、雨淋，严禁明火。运输过程应避免剧烈碰撞，以防破损。贮存保质期为 12 个月。

【参考生产企业】 江苏省海门市轻工设备厂，江苏省海安县正达化工厂，潍坊绿普生物化工科技有限公司，广源集团公司。

Ea008 共聚型聚合物降滤失剂 JT 系列

【英文名】 copolymer type filerate reducer JT series

【组成】 树脂与木质素的接枝共聚物。

【物化性质】 微黄色粉末。

【质量标准】

项目	指标
表观黏度(1%,25℃)/mPa·s	6.0～8.0
水分/%	≤7.0
细度(过 40 目筛)/%	＞80
pH 值	8.0～9.0

【用途】 在水基钻井液中作降滤失剂，兼有防塌、抗盐、抗钙作用。可与多种聚合物及钻井处理剂复配使用，适宜各种水质的钻井液。

包装规格：用清洁干燥的镀锌铁桶包装，净重 200kg。

【制法】 由多种丙烯衍生物与木质素接枝共聚得 JT146 型，由多种乙烯基单体与木质素钾盐接枝共聚得 JT147 型。

【产品安全性】 吸湿性强，必须保证容器密闭，并存放在干燥、通风处，避免曝晒、雨淋，严禁明火。运输过程应避免剧烈碰撞，以防破损。贮存保质期为 12 个月。

【参考生产企业】 江苏省海门市轻工设备厂，江苏省海安县正达化工厂，潍坊绿普生物化工科技有限公司，广源集团公司。

Ea009 羧甲基淀粉

【别名】 羧甲基淀粉钠，CMS

【英文名】 carboxymethyl starch

【登记号】 CAS [9005-84-9]

【结构式】

CH_2OCH_2COONa

—O—[(OH) —O]$_n$

OH

【物化性质】 淀粉状白色粉末，无臭无味。常温下不溶于水，与水形成胶体状液体，对碱稳定。

【质量标准】

项目	指标
取代度(DS)	＞0.4
pH 值(1%)	6.0～7.0

【用途】 在石油钻井中作水基泥浆的降滤失剂。

包装规格：用清洁干燥的镀锌铁桶包装，净重 200kg。

【制法】 将淀粉、氢氧化钠和氯乙酸按一定比例加入反应器中［淀粉：氢氧化钠：氯乙酸为 1：2：1（摩尔比）］，以水、乙醇作溶剂，控制反应温度 40～50℃ 进行碱化醚化，5h 后终止反应。用冰醋酸调 pH 值至中性，浓缩结晶，过滤，用乙醇洗滤饼至无氯，干燥得产品。

【产品安全性】 吸湿性强，必须保证容器密闭，并存放在干燥、通风处，避免曝晒、雨淋，严禁明火。运输过程应避免剧烈碰撞，以防破损。贮存保质期为 12 个月。

【参考生产企业】 江苏省海门市轻工设备厂，江苏省海安县正达化工厂，潍坊绿普生物化工科技有限公司，广源集团公司。

Ea010 甲基纤维素

【英文名】 CMC，carboxymethyl cellulose

【登记号】 CAS [9004-32-4]

【结构式】

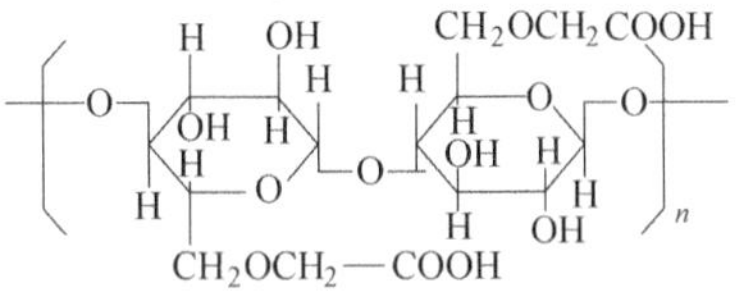

【物化性质】 白色或微黄色纤维状粉末，具有吸湿性，无臭，无味，无毒。不易发酵，不溶于酸，易分散于水中成胶体溶液。有一定的抗盐能力和热稳定性。

【质量标准】 GB 1904—2005

型号	低取代度 CMC	中取代度 CMC
含水量/%	≤10	10
纯度/%	≥80	≥80
取代度(DS)	<0.4	>0.6
氯化钠/%	≤20	≤70
黏度(20%)/mPa·s	300～600	
pH 值	7.0～9.0	6.0～8.5

【用途】 用作水基钻井液降滤失剂，具有一定的增黏作用。

包装规格：用清洁干燥的镀锌铁桶包装，净重 200kg。

【制法】

① 将脱脂漂白的棉线按比例浸入 35%的浓碱液中，浸泡约 30min 取出，液碱可循环使用。浸后的棉短线移至平板压榨机上，以 14MPa 的压力压出碱液，得碱化棉。

② 将碱化棉投入醚化釜内，加酒精 15 份在搅拌下缓缓加入氯醋酸酒精溶液，于 30℃下 2h 内完成，加完后在 40℃下搅拌 3h 得醚化棉。加酒精（70%）120 份于醚化棉中，搅拌 0.5h，加盐酸调 pH 值至 7。用酒精洗两次，滤出酒精，在 80℃下鼓风干燥，粉碎得成品。根据配料比不同，可生产出低取代度（<0.4）、中取代度（0.4～1.2）的产品。

【产品安全性】 吸湿性强，必须保证容器密闭，并存放在干燥、通风处，避免曝晒、雨淋，严禁明火。运输过程应避免剧烈碰撞，以防破损。贮存保质期为 12 个月。

【参考生产企业】 江苏省海门市轻工设备厂，江苏省海安县正达化工厂，潍坊绿普生物化工科技有限公司，广源集团公司。

Ea011 降滤失剂 PAC 型

【英文名】 filtrate reducer PAC type

【组成】 乙烯基单体共聚物。

【物化性质】 白色或黄色流动粉末。

【质量标准】 SY/T 5241—1991

型号		PAC 142	PAC 143	PAC144
特性黏度/Pa·S		0.7～1.4	3.0～4.5	10～14
水份/%	≤	20	7.0	7.0
细度(40 目筛通过率)/%	≥	80	80	80
水不溶物/%	≥	5.0	5.0	5.0
pH 值		70～80	70～80	80～90

【用途】 用作水基钻井液的滤失剂，具有一定的防塌作用，适用于淡水和咸水钻井液。

包装规格：用清洁干燥的镀锌铁桶包装，净重 200kg。

【制法】 将一定比例的丙烯酸、丙烯腈、丙烯磺酸盐依次加入聚合釜中，加入上述原料总量 4 倍的去离子水，搅拌溶解。升温，并滴加 1.5%的过硫酸钾溶液（相当于单体总量的 0.5%），升温至 70℃停止滴加，当温度有所下降时，继续滴加剩余的过硫酸钾溶液。滴毕在 80～90℃下反应 2h，经后处理得产品。不同工艺得不同产品（PAC 142、PAC 143），如果与木质素腐殖酸盐接枝则得 PAC 144。

【产品安全性】 吸湿性强，必须保证容器密闭，并存放在干燥、通风处，避免曝晒、雨淋，严禁明火。运输过程应避免剧烈碰撞，以防破损。贮存保质期为 12 个月。

【参考生产企业】 江苏省海门市轻工设备厂，江苏省海安县正达化工厂，潍坊绿普生物化工科技有限公司，广源集团公司。

Ea012 共聚型丙烯酸钙

【英文名】 calcium copolyacrylate

【组成】 丙烯酸盐共聚物。

【物化性质】 白色流动粉末，易溶于水。

【质量标准】

项目	指标
特性黏度/mPa·s	10～15
pH 值	7.0～8.0
水不溶物/%	≤5.0
水分/%	≤7.0
细度(过 60 目筛)/%	>80

【用途】 用作水基钻井液的降滤失剂，并有增黏防塌及调节钻井流变性能的作用。适用于各种水质的钻井液。

包装规格：用清洁干燥的镀锌铁桶包装，净重 200kg。

【制法】 将去离子水加入反应釜中，按比例依次加入丙烯酸钠、丙烯酰胺、丙烯酸钙，搅拌溶解后，升温至 50℃，开始滴加引发剂过硫酸铵水溶液（1%），升温至 70℃停止滴加，当温度开始下降时再继续滴加剩余部分。在 70℃反应 2h，过滤、浓缩、干燥得产品。

【产品安全性】 吸湿性强，必须保证容器密闭，并存放在干燥、通风处，避免曝晒、雨淋，严禁明火。运输过程应避免剧烈碰撞，以防破损。贮存保质期为 12 个月。

【参考生产企业】 江苏省海门市轻工设备厂，江苏省海安县正达化工厂，潍坊绿普生物化工科技有限公司，广源集团公司。

Ea013 水解聚丙烯腈盐

【英文名】 hydrolyzed polyacrylonitrile salt

【组成】 聚丙烯腈盐的水解产物。

【物化性质】 液体产品，水溶性好。

【质量标准】 HG/T 2838—2010

项目	指标
外观	无色或黄色透明液体
密度(20℃)/(g/cm³)	≥1.15
pH 值(10%水溶液)	6.0～8.0
固含量/%	≥30.0

【用途】 用于低固相不分散聚合物钻井液的降滤失剂。对黏土有降解作用，并能改善滤饼质量，抗温，能耐温 150～200℃，抗盐污染。

包装规格：用清洁干燥的镀锌铁桶包装，净重 200kg。

【制法】 用碱性水溶液在一定温度和压力下水解聚丙烯腈盐（聚丙烯腈钙、聚丙烯腈钠、聚丙烯腈铵、聚丙烯腈钾）而得。

【产品安全性】 吸湿性强，必须保证容器密闭，并存放在干燥、通风处，避免曝晒、雨淋，严禁明火。运输过程应避免剧烈碰撞，以防破损。贮存保质期为 12 个月。

【参考生产企业】 江苏省海门市轻工设备厂，江苏省海安县正达化工厂，潍坊绿普生物化工科技有限公司，广源集团公司。

Ea014 聚丙烯酸钠

【别名】 ASAP

【英文名】 sodium polyacrylate

【登记号】 CAS [9003-04-7]

【结构式】

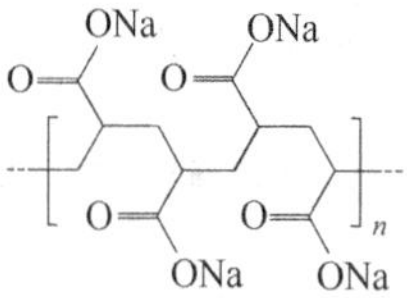

【物化性质】 固态产品为白色（或浅黄色）块状或粉末，液态产品为无色（或淡

黄色）黏稠液体。相对分子质量>3000×10^4，密度（25℃）1.32g/mL，折射率1.43。不溶于乙醇、丙酮等有机溶剂，加热至300℃不分解。久存黏度变化极小，不易腐败，易受酸及金属离子的影响，黏度降低。遇二价及二价以上金属离子（如铝、铅、铁、钙、镁、锌）形成其不溶性盐，引起分子交联而凝胶化沉淀。

【质量标准】 Q/YGH003—2006

项目	指标
残余单体/%	≤0.5
干燥失重/%	≤10
低聚合物/%	≤5
砷(以 As_2O_3 计)/%	≤0.0002
固含量/%	≥96
硫酸盐(以 SO_4^{2-} 计)/%	≤0.5
灼烧残渣/%	≤76
重金属(以 Pb 计)/%	≤0.002

【用途】 用作低固相钻井业降滤失剂，丙烯酸聚合物通常都带有阴性电荷，亦可作食品增稠剂、农作物保水剂。

包装规格：用内衬塑料袋的编织袋包装，净重25kg。

【制法】 将一定量的去离子水、十二烷基磺酸钠加入反应釜中搅拌溶解，通氮除氧20min，加热升温至65℃，开始滴加单体丙烯酸及引发剂过硫酸铵水溶液，在70～75℃下反应4h，停止反应。用质量分数为30%的氢氧化钠水溶液中和至pH值为7～7.5，得到无色的黏稠液，最后将反应液过滤烘干，得到粉末状产物（PAA-Na）。

【产品安全性】 急性毒性：大鼠经口 LD_{50}>40mg/kg。常温密闭贮存在避光、通风、干燥的库房中。常温常压下稳定，避免湿、热、高温。

【参考生产企业】 郑州百和食品化工有限公司，焦作市泰烽精细化工有限公司。

Ea015 降滤失剂 JST 501

【英文名】 filtrate reducer JST 501

【组成】 丙烯酸衍生物共聚物。

【物化性质】 白色粉末，易溶于水，水溶液呈碱性。

【质量标准】 HG/T 2838—2010

项目	指标
相对分子质量	(16～30)×10^4
水分/%	≤10
细度(过80目筛)/%	100

【用途】 用于水基钻井液降滤失剂，并有降黏改善钻井液流变性能的作用。适用于各种水质。

包装规格：用内衬塑料袋的编织袋包装，净重25kg；用清洁干燥的镀锌铁桶包装，净重200kg。

【制法】 将丙烯酰胺、丙烯酸钾、丙烯酸钙、丙烯磺酸钠以1∶3∶1∶0.5（摩尔比）的比例依次加入聚合釜中，加去离子水搅拌溶解配成40%的水溶液。升温至50℃后开始滴加1%的过硫酸铵水溶液，滴加过程中温度维持在50～70℃，滴毕后在80～90℃下反应2h。过滤除杂，滤液经浓缩后在100～125℃下干燥至含水量低于10%，粉碎、包装得成品。

【产品安全性】 吸湿性强，必须保证容器密闭，并存放在干燥、通风的库房中，避免曝晒、雨淋，严禁明火。运输过程应避免剧烈碰撞，以防破损。贮存保质期为12个月。

【参考生产企业】 无锡凤民环保科技发展有限公司，江苏省海门市轻工设备厂，江苏省海安县正达化工厂，潍坊绿普生物化工科技有限公司。

Ea016 低聚物降黏剂 X-B40

【英文名】 low polymer viscosity reducer

【结构式】 见反应式。

【物化性质】 淡蓝色无规则颗粒或粉末，易溶于水，易吸潮。

【质量标准】

项目	指标
水不溶物/%	≤20

挥发度/%	≤5.0
降黏率/%	≥70
固含量/%	≥99
黏度/mPa·s	10～50
残余单体/%	≤5.0

【用途】 用作不分散聚合物钻井液的降黏剂，并能降低滤失量，改善滤饼质量，具有高抗钙性。

包装规格：用内衬塑料袋的编织袋包装，净重 25kg。

【制法】 将丙烯酸和乙烯磺酸钠按比例加入反应釜中，加去离子水搅拌溶解，缓缓升温至 50℃，滴加过硫酸铵水溶液引发聚合。加毕后，升温至 70～80℃，反应 2h，过滤、浓缩、干燥得产品。反应式如下：

$$m\mathrm{CH_2{=}CHCOOH} \xrightarrow[\text{引发剂}]{n\mathrm{CH_2{=}CHSO_3Na}} \left[\mathrm{CH_2{-}\underset{\displaystyle COOH}{\underset{|}{CH}}}\right]_m \left[\mathrm{CH_2{-}\underset{\displaystyle SO_3Na}{\underset{|}{CH}}}\right]_n$$

【产品安全性】 非危险品。吸湿性强，必须保证容器密闭，并存放在干燥、通风的库房中。避免曝晒、雨淋，严禁明火。运输过程应避免剧烈碰撞，以防破损。贮存保质期为 12 个月。

【参考生产企业】 北京金路鸿生物技术有限公司，郑州百和食品化工有限公司，焦作市泰烽精细化工有限公司。

Ea017 AE 系列原油降黏剂

【英文名】 AE series crude oil viscosity reducer

【组成】 非离子表面活性剂的复配物。

【物化性质】 棕黄色透明黏稠液体，相对密度 0.98。

【质量标准】

黏度/mPa·s	50～84
倾点/℃	−25

【用途】 用于原油降黏，并有脱水作用。

包装规格：用塑料桶包装，净重 50kg。

【制法】 将起始剂多亚乙基多胺 1mol 加入压力釜，再加入 0.5%固体 NaOH（单位总量的 0.5%）密封。用氮气置换釜中空气，在搅拌下升温至 110℃，以一定速度通入环氧乙烷，在 130～140℃、1～5MPa 下反应。当压力降至常压后，通环氧乙烷，按同样条件操作，反应结束后中和，压滤，除无机盐，加有机溶剂，搅匀至成品。

【产品安全性】 非危险品。吸湿性强，必须保证容器密闭，并存放在干燥、通风的库房中。避免曝晒、雨淋，严禁明火。运输过程应避免剧烈碰撞，以防破损。贮存保质期为 12 个月。

【参考生产企业】 西安华奥化工有限公司，任丘市博旭化工厂，任丘市鸿泽石油化工有限公司。

Ea018 单宁酸

【别名】 鞣酸，单宁

【英文名】 tannic acid

【登记号】 CAS [1401-55-4]

【结构式】

$$\text{(RO)}_2\text{-furanose ring with } \mathrm{CH_2OR},\ \mathrm{O},\ \mathrm{OR}$$

$$\mathrm{R{=}HO{-}C_6H(OH)_2{-}C(=O){-}O{-}C_6H_2(OH)_2{-}C{=}O}$$

【相对分子质量】 1701.23

【物化性质】 淡黄色粉末或松散的、有光泽的鳞片状或海绵状固体。暴露于空气中变黑、无臭，有强烈的涩味。可溶于水、乙醇、丙酮，几乎不溶于苯、氯仿、乙醇和石油醚。210～215℃时熔融分解，闪点为 187℃，自燃点为 526.6℃。

【质量标准】

指标名称		一级品	二级品	三级品
含量/%	≥	80	75～80	65～70
水分/%	≤	70	10	
水不溶物/%	≤	5.0	7.0	
灰分/%	≤	3.0	4.0	
细度(过62目筛)/%		95	95	

【用途】 用作水基钻井降黏剂、水泥缓凝剂。

包装规格：用内衬塑料袋的木桶包装，每桶 25kg 或由用户确定。

【制法】 将五倍子打碎、筛选，然后用水浸渍，将浸渍的水澄清、预热，然后喷雾干燥，精干粉过筛得成品。

【产品安全性】 酸性，应避免与皮肤、眼睛等接触，接触后应用大量水冲洗。吸湿性强，必须保证容器密闭，并存放在干燥、通风的库房中。避免曝晒、雨淋，严禁明火。运输过程应避免剧烈碰撞，以防破损。贮存保质期为 12 个月。

【参考生产企业】 武汉宏信康精细化工有限公司，湖北盛天恒创生物科技有限公司，南京森贝伽生物科技有限公司，南京安培合格科技有限公司。

Ea019 单宁酸钠

【英文名】 sodium tannate

【物化性质】 棕色粉末或细颗粒，无 3cm 以上的结块。

【质量标准】

型号	单宁酸：NaOH＝1：1	单宁酸：NaOH＝2：1	单宁酸：NaOH＝3：1
单宁含量/%	≤31.0	44.0	48.0
水分/%	≤12.0	12.0	12.0
水不溶物(干基)/%	≤5.0	4.0	4.0
pH 值	10～11	9～10	8.0～9.0

【用途】 作水基钻井液降黏剂、降滤失剂。

包装规格：用内衬塑料袋的编织袋包装，净重 25kg；用清洁干燥的镀锌铁桶包装，净重 200kg。

【制法】 用单宁酸与 NaOH 水溶液中和，浓缩、干燥、粉碎得产品。

【产品安全性】 非危险品。吸湿性强，必须保证容器密闭，并存放在干燥、通风的库房中。避免曝晒、雨淋，严禁明火。运输过程应避免剧烈碰撞，以防破损。贮存保质期为 12 个月。

【参考生产企业】 湖北巨胜科技有限公司，上海谱振生物科技有限公司，武汉大华伟业医药化工有限公司。

Ea020 磺甲基五倍子单宁酸

【英文名】 sulfomethyl gall nut sodium tannic acid

【组成】 磺甲基单宁酸钠与铬络合物。

【物化性质】 棕褐色粉末或细颗粒状，吸水性强，易溶于水，水溶液呈碱性。

【质量标准】

水分/%	≤12
干基可溶物/%	≥98

【用途】 作水基钻井液的降黏剂，抗钙浸 10000mg/L，耐温 180～200℃。亦可作深井固井水泥浆的缓凝剂和减稠剂。

包装规格：用内衬塑料袋的编织袋包装，净重 25kg，用清洁干燥的镀锌铁桶包装，净重 200kg。

【制法】 将磺甲基单宁酸钠和重铬酸钠按比例依次加入反应釜中，加水，并在搅拌下缓缓升温，使之溶解后，静置一夜，过滤、浓缩、干燥、粉碎得产品。

【产品安全性】 非危险品。吸湿性强，必须保证容器密闭，并存放在干燥、通风的库房中。避免曝晒、雨淋，严禁明火。运输过程应避免剧烈碰撞，以防破损。贮存保质期为 12 个月。

【参考生产企业】 陕西帕尼尔生物科技有限公司，四川省乐山洪波林化制品有限公司，西安瑞林生物科技有限公司。

Ea021 RK-31 油井水泥减阻剂

【英文名】 oil well cement DRA

【组成】 合成低分子聚合物。

【物化性质】 均匀液体，有微弱的刺激性气味，在30～150℃的范围内能有效地吸附于水泥颗粒表面，分散水泥浆，降低水泥浆的初始稠度，改善水泥浆的流变性能；对水泥浆其他综合性能无不良影响。与其他外加剂具有良好的配伍性。推荐使用掺量：30～150℃下一般掺量0.7%～4.0%（占水泥质量）。

【质量标准】

外观	棕红色至黑褐色液体
有效物含量/%	≥43
密度/(g/cm³)	1.0～1.20
pH值	6.5～7.5

【用途】 适用于各级油井水泥减阻。与漂珠、粉煤灰、搬土、钛铁矿粉、重晶石粉等密度调节剂、降失水剂、缓凝剂具有良好的配伍性能。

包装规格：用塑料桶包装，净重25kg。

【制法】 以丙烯酸（AA）、对苯乙烯磺酸钠（SP）、梳形亲水长链单体为原料，过硫酸铵为引发剂合成的低分子量聚合物。

【产品安全性】 非危险品。不能接触皮肤黏膜和眼睛，触及皮肤立即用水冲洗干净。贮存于阴凉、干燥的库房中，室温保质期12个月。

【参考生产企业】 潍坊锐科助剂有限公司，青岛虹厦高分子材料有限公司。

Ea022 钻井泥浆乳化剂

【英文名】 drilling mud emulsifier

【组成】 高分子表面活性剂。

【物化性质】 透明液体，能有效地降低油水界面张率，提高油相渗透速率，有利于原油采收。

【质量标准】

项目	指标
密度(40℃)/(g/cm³)	0.95～1.10
有机硫含量/%	<20
表面张力(3%水溶液)/(mN/m)	<30
凝点/℃	<45
有机氯含量/(mg/L)	<10
pH值(3%水溶液)	7.5～8.5

【用途】 在注水作业和酸化作业中作钻井泥浆乳化剂，使用浓度一般为35%～5%，不能和其他化学药剂混存。

包装规格：采用塑料桶或铁桶包装，每桶净含量200kg。

【制法】 由多种单体在引发剂存在下进行乳液聚合得高分子表面活性剂。

【产品安全性】 非危险品。不能接触皮肤黏膜和眼睛，触及皮肤立即用水冲洗干净。贮存于阴凉、干燥的库房中，室温保质期24个月。

【参考生产企业】 西安华奥化工有限公司，潍坊锐科助剂有限公司，青岛虹厦高分子材料有限公司。

Ea023 油井水泥抗盐缓凝剂

【英文名】 salt oil well cement retarder

【组成】 高分子表面活性剂。

【物化性质】 能与水泥颗粒表面作用，阻止水泥水化、稠化，有一定的分散作用。与其他外加剂具有良好的配伍性。配合非渗透剂使用，水泥石早期强度发展快，具有不影响水泥石高温下后期的强度、对封固段顶部不超缓凝（50℃温差）的优点。

【质量标准】

外观	浅褐色液体
有效物含量/%	≥40
pH 值	3～5
密度/(g/cm³)	1.05～1.15

【用途】 用于各级油井水泥作中高温缓凝剂，具有抗盐性。可与漂珠、粉煤灰、黏土、钛铁矿粉、重晶石粉等密度调节剂一起使用配制出不同密度的水泥浆。与非渗透剂、分散剂等配合使用，可得到综合性能优良的水泥浆体系。适用温度范围为 90～150℃，一般掺量为 0.4%～3.0%(占水泥质量)。

包装规格：用塑料桶包装，净重 25kg 或按用户要求包装。

【制法】 由多种单体共聚得高分子表面活性剂。

【产品安全性】 非危险品。不能接触皮肤、黏膜和眼睛，不慎触及皮肤立即用水冲洗干净。贮存于阴凉、干燥的库房中，室温保质期 24 个月。

【参考生产企业】 北京清正然化工科技有限公司，西安华奥化工有限公司，潍坊锐科助剂有限公司。青岛虹厦高分子材料有限公司。

Ea024 油井水泥抗高温减阻剂

【别名】 BQ 减阻剂，分散剂

【英文名】 DRA high temperature oil well cemen

【组成】 高分子量的磺化酮醛缩聚物。

【物化性质】 易溶于水。分子中含酰胺基、羧基和磺酸基，能有效地吸附于水泥颗粒表面，分散水泥浆。通过调节水泥颗粒表面电荷以获得合适的水泥浆流变性、初始稠度，改善水泥浆的流变性能，达到降低泵压、提高顶替效率、便于施工的目的。对水泥浆其他综合性能无不良影响。抗温性好，耐细菌侵蚀，对胶体有较强的吸附作用。与其他外加剂具有良好的配伍性。

【质量标准】

外观	黄褐色至棕褐色粉末
水分/%	≤10
固含量/%	≥97.0
20 目筛余物/%	≤10

【用途】 用作油井水泥减阻剂。可在 150℃使用，本品可有效调节水泥浆流变性，降低水泥浆稠度，能使水泥沙石更加密实，抗压强度提高，并具有一定的降失水、缓凝作用。用量为 0.3%～0.8%(BWOC)，如有特殊用途，不受此范围限制。

包装规格：用内衬塑料袋的编织袋包装，净重 25kg。

【制法】 以丙烯酰胺、2-丙烯酰胺-2-甲基丙磺酸、顺丁烯二酸酐为单体，在引发剂作用下进行水溶液聚合得高分子聚合物，所得产物经干燥成固态产品。

【产品安全性】 非危险品。不能接触皮肤、黏膜和眼睛，不慎触及皮肤立即用水冲洗干净。贮存于阴凉、干燥的库房中。运输时应注意防潮和防止包装破损。室温保质期 24 个月。

【参考生产企业】 潍坊锐科助剂有限公司，青岛虹厦高分子材料有限公司，京清正然化工科技有限公司。

Ea025 钻井液用单向压力封闭剂 DF-1

【英文名】 drilling by unidirectional pressure sealer DF-1

【物化性质】 外观为灰黄色粉末状产品。密度为 1.40～1.60g/cm³。在单向压力差作用下，能对地层的各种渗漏起到良好的封堵效果，使用方便，配伍性好，不影响泥浆性能。

【质量标准】

项目	指标
水分/%	≤8.0
水溶物/%	≤5
pH 值	7～8
筛余量(孔径 0.28mm 标准筛)/%	≤10.0
灼烧残渣/%	≤7.0
封闭滤失量/mL	≤35.0

【用途】 钻井液用单向压力封闭剂 DF-1，适用于钻井中不同情况的孔隙性及微裂缝地层渗漏滤失。对微裂缝渗漏达到有效的封堵，并能改善泥饼质量，降低失水，该产品推荐加量为 4%。

包装规格：用内衬塑料袋的编织袋包装，净重 25kg。

【制法】 由多种天然纤维与填充粒子及添加剂按适当的级配比和一定的工艺复合而得。

【产品安全性】 非危险品。不能接触皮肤、黏膜和眼睛，不慎触及皮肤立即用水冲洗干净。贮存于阴凉、干燥的库房中。运输时应注意防潮和防止包装破损。室温保质期 24 个月。

【参考生产企业】 灵寿县益佳矿业有限公司，深圳市迪斯恩科技有限公司，山东得顺源石油科技有限公司，库尔勒万顺达石油科技有限公司。

Ea026 减阻剂 SAF

【英文名】 friction reducer SAF

【组成】 磺化丙酮甲醛缩合物。

【物化性质】 浅黄色粉末，具有良好的分散性。

项目	指标
有效物含量/%	≥80
pH 值	7.0～8.0

【用途】 用作油井水泥分散剂，能有效降低稠度系数，提高流型指数，有利于实现低排量紊流注水泥作业，提高固井质量。

包装规格：用内衬塑料袋的编织袋包装，净重 25kg。

【制法】

① 将 90 份甲醛水溶液（37%）加入反应釜中，在搅拌下加入 10.2 份焦亚硫酸钠，升温至 40℃搅拌 2h。降温至 25℃，加入 28 份丙酮，搅拌 0.5h，得丙酮甲醛和羟甲基磺酸钠混合物溶液。

② 另外将 19 份无水亚硫酸钠和适量水加入第二个反应釜中，升温至 60℃，在搅拌下滴加上述混合液，滴加过程中温度维持在 60～65℃。滴加完毕后在 70℃下反应 0.5h，再升温至 90℃，在 90℃下搅拌 2h。冷却降温，用盐酸调 pH 值至 7.0～8.0。加乙醇析晶，过滤、干燥、粉碎得成品。

【产品安全性】 非危险品。不能接触皮肤、黏膜和眼睛，不慎触及皮肤立即用水冲洗干净。贮存于阴凉、干燥的库房中。运输时应注意防潮和防止包装破损。室温保质期 24 个月。

【参考生产企业】 深圳市迪斯恩科技有限公司，山东得顺源石油科技有限公司，库尔勒万顺达石油科技有限公司 。

Ea027 聚二甲基二烯丙基氯化铵

【别名】 PDMDAAC

【英文名】 poly dimethyl diallyl ammoniumchloride

【结构式】

$$\left[\begin{array}{c} -CH_2 \quad\quad CH_2- \\ HC - CH \\ H_2C \quad CH_2 \\ N^+ \\ H_3C \quad CH_3 \end{array} Cl^- \right]_n$$

【登记号】 CAS [26062-79-3]

【物化性质】 强阳离子电解质，外观为无色至淡黄色黏稠液体。安全、无毒、易溶于水、不易燃、凝聚力强、水解稳定性好、不成凝胶，对 pH 值变化不敏感，有抗氯性。凝固点约 −2.8℃，密度约 1.04g/cm³，分解温度 280～300℃。

【质量标准】

黏度(25℃)/mPa·s	8000～12000
固含量/%	49～51
pH 值	4.0～7.0

【用途】 在油田行业用作钻井用黏土稳定剂及注水中的酸化压裂阳离子改性剂；在污水处理、采矿和矿物加工过程中作为阳离子混凝剂；在纺织行业用作无醛固色剂；在造纸过程中用作阴离子垃圾捕捉剂、AKD 熟化促进剂。此外，还用作调节剂、抗静电剂、增湿剂、洗发剂和护肤用的润肤剂等。

包装规格：采用 PE 塑料桶包装，净重 125kg。

【制法】 以过硫酸铵（APS）为引发剂，以二甲基二烯丙基氯化铵（DMDAAC）单体溶液为原料，通过控制单体的起始含量[w(DMDAAC)＝35.0%～65.0%]和引发剂 APS 的用量[m（APS）：m（DMDAAC)＝(0.25～10.00）：100]，采用水溶液聚合法制备出聚二甲基二烯丙基氯化铵，用去离子水稀释至使用浓度。

【产品安全性】 非危险品。不能接触皮肤、黏膜和眼睛，不慎触及皮肤立即用水冲洗干净。密封保存，贮存于阴凉、干燥的库房中。避免接触强氧化剂。运输时应注意防潮和防止包装破损。室温保质期 24 个月。

【参考生产企业】 山东鲁岳化工有限公司，深圳市迪斯恩科技有限公司，山东得顺源石油科技有限公司，库尔勒万顺达石油科技有限公司。

Ea028 *N*-油酰肌氨酸十八胺盐

【英文名】 *N*-octadecane amine oleoyl sarco-sinate

【结构式】

$$\underset{\displaystyle\overset{|}{CH_3}}{C_{17}H_{33}CON}CH_2COOH\cdot C_{18}H_{37}NH_2$$

【物化性质】 黄色蜡状固体，加热呈琥珀色油状液体。不溶于水，溶于油，具有缓蚀性。

【质量标准】

Cl^- 含量/%	0.015
腐蚀试验(100℃,3h,45 号钢)	合格

【用途】 可作钻井器具油溶性防锈缓蚀剂、军工封存油、机械工业防锈油、润滑油。在 $10^{\#}$ 机械油中用量为 2%。

包装规格：用塑料桶包装，净重 50kg、100kg。

【制法】

（1）油酰氯的合成　将计量的油酸吸入反应釜中，在搅拌下缓缓加入三氯化磷，加入三氯化磷过程中反应温度控制在 25～33℃。加毕后，升温至 55℃，搅拌 4h 后，静置 4h，分出油酰氯备用。

（2）肌氨酸的合成　将氯乙酸加入反应釜中，加水溶解后，在 25～30℃下滴加 30% 甲胺溶液。加毕后，在 0.18MPa 下于 70～80℃间搅拌 8h。冷却至 25℃左右用压缩空气吹走未反应的甲胺，得肌氨酸。

（3）油酰肌氨酸的合成　将肌氨酸加入反应釜中，加水搅拌均匀，加入催化剂量的氢氧化钠，在 60～80℃下滴加油酰氯，滴毕后反应 8h 得油酰肌氨酸。

（4）*N*-油酰肌氨酸十八胺盐的合成　将油酰肌氨酸加入反应釜中，加入一定量的水和十八伯胺，回流 2h 得产品。反应式如下：

$$C_{17}H_{33}COOH+PCl_3\longrightarrow \underset{(\text{I})}{C_{17}H_{33}COCl}+H_3PO_3$$

$$ClCH_2COOH+CH_3NH_2\longrightarrow \underset{(\text{II})}{CH_3NHCH_2COOH}+HCl$$

$$(\text{I})+(\text{II})\longrightarrow \underset{\displaystyle\overset{|}{CH_3}}{C_{17}H_{33}CON}CH_2COOH+C_{18}H_{37}NH_2\rightarrow \text{本品}$$

【产品安全性】 非危险品。不能接触皮肤、黏膜和眼睛，不慎触及皮肤立即用水冲洗干净。密封保存，贮存于阴凉、干燥的库房中，避免接触强氧化剂。运输时应注意防潮和防止包装破损。室温保质期24个月。

【参考生产企业】 山东鲁岳化工有限公司，深圳市迪斯恩科技有限公司，山东得顺源石油科技有限公司，浙江省化工研究院等。

Ea029 斯盘40

【化学名】 山梨醇酐单棕榈酸酯

【英文名】 span 40

【结构】

HO—(四氢呋喃环，O)—OH；—CH—$CH_2OOCC_{15}H_{31}$，CH上连OH

【相对分子质量】 402.56

【物化性质】 相对密度1.025，熔点44～46℃，闪点415℃，HLB值6.7，稍溶于异丙醇、二甲苯等有机溶剂，微溶于液体石蜡，不溶于水。分散后呈乳状液，在四氯化碳中呈浑浊状。

【质量标准】

外观	黄褐色蜡状物
羟值/(mg KOH/g)	255～290
皂化值/(mg KOH/g)	140～150
酸值/(mg KOH/g)	≤8

【用途】 用作油田用的乳化剂、近井地带处理剂。

包装规格：用塑料桶包装，净重50kg、100kg。

【制法】 典型化学合成以碱催化在高温下反应，产品颜色深，副产物多。本工艺以猪胰脂肪酶吡啶溶液为催化剂，低温反应单糖酯的纯度高，后处理工序简单。

将山梨糖醇投入反应釜中，开真空在75～80℃下脱水，至釜内翻起小泡为止。再将与山梨糖醇等物质的量的棕榈酸熔化后压入脱水山梨醇酐中，在搅拌下加入猪胰脂肪酶吡啶溶液，在45℃下保温4h，抽样分析酸值，当酸值在7～8mg KOH/g时酯化反应完毕，后处理得成品。

$$HOCH_2\text{—}[CHOH]_4\text{—}CH_2OH \xrightarrow{\triangle}$$

HO—(四氢呋喃环，O)—OH；—$CHCH_2OH$，CH上连OH ＋

$$C_{15}H_{31}COOH \xrightarrow{NaOH} \text{本品}$$

【产品安全性】 非危险品。不能接触皮肤、黏膜和眼睛，不慎触及皮肤立即用水冲洗干净。密封保存，贮存于阴凉、干燥的库房中，避免接触强氧化剂。运输时应注意防潮和防止包装破损。室温保质期24个月。

【参考生产企业】 山东鲁岳化工有限公司，深圳市迪斯恩科技有限公司，上海助剂厂，辽宁省化工研究院。

Ea030 斯盘60

详见Ca058。

Ea031 斯盘65

详见Ca059。

Ea032 斯盘80

详见Ca060。

Ea033 斯盘85

【化学名】 山梨醇酐三油酸酯

【英文名】 span 85

【登记号】 CAS [26266-58-0]

【相对分子质量】 956.86

【结构式】

$C_{17}H_{33}COO$—(四氢呋喃环，O)—$OOCC_{17}H_{33}$；—CH—$CH_2OOCC_{17}H_{33}$，CH上连OH　或　$C_{17}H_{33}COO$—(吡喃环，O)—$CH_2OOCC_{17}H_{33}$，—OH，—$OOCC_{17}H_{33}$

【物化性质】 琥珀色至棕色油状液体，相对密度（25℃）为 0.95 ± 0.05，熔点 10℃，微溶于异丙醇、四氯乙烯、二甲苯、棉籽油、矿物油。

【质量标准】

项目	指标
HLB 值	1.8
碘值/(mg KOH/g)	75～85
酸值/(mg KOH/g)	≤15
水分/%	≤1.0
皂化值/(mg KOH/g)	165～185
羟值/(mg KOH/g)	60～80

【用途】 在采油业作乳化剂、增溶剂、防锈剂。

包装规格：用塑料桶包装，净重 50kg、100kg。

【制法】 将 1mol 山梨醇投入反应釜中，抽真空脱水后，将预热的精制油酸打入釜内，油酸加入量为 3mol，再加入适量的氢氧化钠作催化剂。然后在真空下逐渐升温至 210℃左右，保温反应 8h。取样测酸值为 14～15mg KOH/g 时酯化反应结束。静置分层，将下层液抛掉，上层液打入脱色釜，用双氧水脱色后，减压脱水，脱水完毕后出料包装即为成品。反应式如下：

$$2HOCH_2\text{-}[CHOH]_4\text{-}CH_2OH \xrightarrow{\triangle} \text{(1,4-失水山梨醇: HO-, -OH, -CH(OH)CH}_2\text{OH)} + \text{(1,5-失水山梨醇: HO-, -CH}_2\text{OH, -OH, -OH)}$$

$$+C_{17}H_{33}COOH \xrightarrow{NaOH} \text{本品}$$

【产品安全性】 非危险品。不能接触皮肤、黏膜和眼睛，不慎触及皮肤立即用水冲洗干净。密封保存，贮存于阴凉、干燥的库房中，避免接触强氧化剂。运输应注意防潮和防止包装破损。室温保质期 24 个月。

【参考生产企业】 上海助剂厂，天津助剂厂，重庆化学试剂厂，湖南南岭化工厂，山东烟台水产学校实验厂，浙江省化工研究院等。

Ea034 表面活性剂 NOS

【英文名】 surfsctsn NOS

【化学成分】 脂肪酸烷醇酰胺。

【物化性质】 属非离子型。具有稳泡、增黏等特性，可提高洗涤剂的去污能力和携污性能力，并具有良好的脱油力，无毒，在避光、隔绝空气条件下可以长期保存；该产品还具有水溶性好、色泽浅等优点。

【质量标准】

项目	指标
含量/%	58.84
界面张力/(10^3mN/m)	2.56
胺值[w(KOH)]/(mg/g)	191.17

【用途】 NOS 具有较强的洗油能力，用作化学驱油剂（三元复合体系的化学驱采收率为 21.5%）。该产品具有抗盐、抗高价离子的优点，可以在较宽的 pH 值范围内应用。例如：本品与碱和聚合物构成三元复合体系后能与大庆原油在较宽的地层矿化度、较宽的碱质量分数范围内形成超低界面张力（10^{-3} mN/m 数量级）。

包装规格：用塑料桶包装，净重 50kg、100kg。

【制法】 将等物质的量的脂肪酸和二乙醇胺投入到反应器中，加入适量的 KOH 和少量甲醇，反应过程中通入氮气进行保护，开动搅拌器，加热到 160℃，开始反应，并不断把水分出，到一定时间后，停止加热，冷却，即得成品。工艺条件为：反应温度 160℃，脂肪酸与二乙醇胺的适宜质量比为 1.0：1.0，反应时间为 3h。

【产品安全性】 无毒，非危险品。不能接触皮肤、黏膜和眼睛，不慎触及皮肤立即用水冲洗干净。密封保存，贮存于阴凉、干燥的库房中，避免接触强氧化剂。运输应注意防潮和防止包装破损。室温保质期12个月。

【参考生产企业】 山东烟台达斯特克化工有限公司，浙江省嘉兴市卫星化工集团，浙江省化工研究院等。

Ea035 氯化二甲基双十二烷基铵

【英文名】 didodecyl dimethyl ammonium-mm chloride

【结构式】

$$[C_{12}H_{25}-\overset{\overset{CH_3}{|}}{\underset{\underset{CH_3}{|}}{N}}-C_{12}H_{25}]^+ Cl^-$$

【登记号】 CAS [3041-74-9]

【相对分子质量】 418.17

【物化性质】 白色或微黄色膏体。相对密度0.98～1.0，易溶于极性溶剂，微溶于水，稳定性好，但不宜在100℃以上长期保存。有优良的抗静电性和防腐蚀性，有较好的分散、乳化、起泡作用，疏水性好。

【质量标准】

型号	一级品	二级品	三级品
活性物含量/%	≥90	≥75	≥50
游离胺/%	≤1.5	—	—
灰分/%	≤0.2	—	—
pH值(1%水溶液)	5.0～7.5	5.0～7.5	5.0～7.5

【用途】 可作三次采油助剂。

包装规格：用塑料桶包装，净重50kg、100kg。

【制法】 将双十二烷基甲胺1000kg、碳酸钠240kg、水100kg加入高压釜，升温通入氯甲烷137kg，开动搅拌，于100℃、0.2～0.3MPa下反应6h。冷却降压，用乙醇稀释到所需浓度。反应式如下：

$$(C_{12}H_{25})_2NCH_3 + CH_3Cl \longrightarrow \text{本品}$$

【产品安全性】 非危险品。不能与阴离子物共混，不能接触皮肤、黏膜和眼睛，不慎触及皮肤立即用水冲洗干净。密封保存，贮存于阴凉、干燥的库房中，避免接触强氧化剂。运输时应注意防潮和防止包装破损。室温保质期12个月。

【参考生产企业】 广州诗茗化工有限公司，合肥市包河区荣升日用化工厂，山东豪耀新材料有限公司，浙江省化工研究院，辽宁大连油脂化学厂等。

Ea036 氯化二甲基双十六～十八烷基铵

【英文名】 dimethyl disixdecyl-octadecyl ammonium chlorid

【结构式】

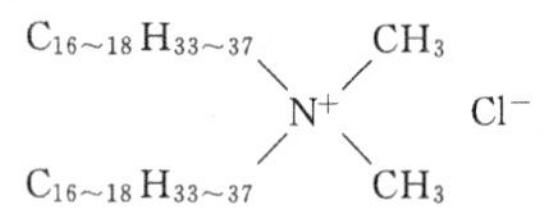

【相对分子质量】 530.38～586.48

【物化性质】 白色或微黄色膏状物，易溶于有机溶剂，微溶于水。其柔软性、抗静电性、防腐效果均优于双十八烷基二甲铵。

【质量标准】

型号	一级品	二级品	三级品
活性物含量/%	≥90	≥75	≥50
pH值(1%水溶液)	5.0～7.5	5.0～7.5	5.0～7.5

【用途】 可作三次采油助剂。

包装规格：用塑料桶包装，净重50kg、100kg。

【制法】 将甲基双十六～十八烷基胺加入压力釜中，加入催化剂量的碳酸钠和适量的水，保证反应在碱性条件下进行。用氮气置换釜中空气，升温至50℃，缓缓通入氯甲烷（理论量），然后加入少量乙醇。在密封条件下搅拌升温，反应压力控制在0.2～0.3MPa，反应温度80～100℃，4h后终止反应。冷却至常压后根据需要用乙醇水溶液稀释。反应式如下：

$$(C_{16\sim18}H_{33\sim37})_2NCH_3 + CH_3Cl \longrightarrow \text{本品}$$

【产品安全性】 非危险品。不能与阴离子物共混，不能接触皮肤、黏膜和眼睛，不慎触及皮肤立即用水冲洗干净。密封保存，贮存于阴凉、干燥的库房中，避免接触强氧化剂。运输时应注意防潮和防止包装破损。室温保质期12个月。

【参考生产企业】 山东豪耀新材料有限公司，山西轻工业部日用化学所，辽宁大连油脂化学厂，辽宁盘锦市表面活性剂厂，浙江省化工研究院等。

Ea037 氯化甲基三 C_9～C_{11} 烷基铵

【别名】 T402

【英文名 】 methyl tri C_9～C_{11} alkyl ammonium chloride

【结构式】

$$CH_3-N^+(C_{9\sim11}H_{19\sim23})_3\ Cl^-$$

【相对分子质量】 446.22～530.38

【物化性质】 棕黄色蜡状物，极易吸潮，属阳离子表面活性剂，熔点大于35℃。

【质量标准】

项目	指标
季铵盐含量/%	≥97
非季铵盐含量/%	≤3.0

【用途】 可用作油田注水杀菌剂。

包装规格：用塑料桶包装，净重50kg、100kg。

【制法】 将三（C_9～C_{11}烷基）叔胺投入反应釜中，再加入24kg碳酸氢钠、100kg水和氯甲烷（三烷胺与氯甲烷的摩尔比为1∶1），封闭釜体，开动搅拌，在反应压力下回流6h，收率95%。冷却到60℃左右出料灌装。反应式如下：

$$(C_{9\sim11}H_{19\sim23})_2N-C_{9\sim11}H_{19\sim23}+CH_3Cl\longrightarrow 本品$$

【产品安全性】 非危险品。不能与阴离子物共混，不能接触皮肤、黏膜和眼睛，不慎触及皮肤立即用水冲洗干净。密封保存，贮存于阴凉、干燥的库房中，避免接触强氧化剂。运输应注意防潮和防止包装破损。室温保质期12个月。

【参考生产企业】 广州文嘉化工有限公司，浙江省化工研究院，辽宁大连油脂化学厂，中科院上海有机化学研究所实验厂。

Ea038 氯化三甲基苄基铵

【英文名】 benzyltrimeehyl ammonium chloride

【结构式】

$$C_6H_5-CH_2N^+(CH_3)_3Cl^-$$

【相对分子质量】 185.70

【登记号】 CAS [56-93-97]

【物化性质】 无色结晶，135℃以上分解为氯化苄和三甲胺，相对密度1.07（20℃/20℃）。易溶于水、乙醇和丁醇，不溶于醚，易潮解。

【质量标准】

项目	指标
含量/%	≥98
pH值(1%溶液)	6.0～8.0

【用途】 用作油田注水杀菌剂。

包装规格：用塑料桶包装，净重50kg、100kg。

【制法】 以甲醇为溶剂，将等物质的量的氯化苄和三甲胺投入反应釜中，在搅拌下回流4h。将反应液移入蒸馏釜，蒸出甲醇。残留物移入结晶池，用乙醇为重结晶试剂作重结晶，得纯品——氯化三甲基苄铵，产率88%。反应式如下：

$$C_6H_5-CH_2Cl+N(CH_3)_3\longrightarrow 本品$$

【产品安全性】 不能接触皮肤、黏膜和眼睛，不慎触及皮肤立即用水冲洗干净。

密封保存，贮存于阴凉、干燥的库房中，避免接触强氧化剂。运输时应防止曝晒、雨淋，防止包装破损。室温保质期12个月。

【参考生产企业】 广州文嘉化工有限公司，广州市楚人化工有限公司，浙江省化工研究院，宁波开发区开源科技实业公司。

Ea039 氯化三甲基豆油铵

【英文名】 beanaminium trimethyl chloride

【结构式】 $RN^{+}(CH_3)_3Cl^{-}$

$R=C_{16\sim18}H_{33\sim37}$

【相对分子质量】 319.99～348.04

【物化性质】 浅黄色液体。相对密度0.887，HLB值15.6，闪点（开杯）小于27℃。具有良好的乳化、分散性能。

【质量标准】

含量/%	≥49
pH值(10%水溶液)	5～8

【用途】 用作油田注水杀菌剂、除藻剂、黏物抑制剂，使用时温度不要高于70℃。

包装规格：用塑料桶包装，净重50kg、100kg。

【制法】 用豆油叔胺与氯甲烷进行季铵化反应而得。二者投料比为1∶(1.01～1.02)（摩尔比），反应压力0.4～0.5MPa，温度60～80℃，时间4h。

【产品安全性】 不能接触皮肤、黏膜和眼睛，不慎触及皮肤立即用水冲洗干净。密封保存，贮存于阴凉、干燥的库房中，避免接触强氧化剂。运输时应防止曝晒、雨淋，防止包装破损。室温保质期12个月。

【参考生产企业】 广州南嘉化工科技有限公司，临沂商城林明化工原料经营部，天津市日用化学助剂厂，河北省邢台助剂厂。

Ea040 氯化二甲基十二烷基苄铵

【别名】 1227，苯扎氯铵，杀藻胺，DDBAC，洁尔灭

【英文名】 *N*-dodecyl-*N*,*N*-dimethyl benzylaminonium chloride

【登记号】 CAS [8001-54-5或63449-41-2或139-07-1]

【相对分子质量】 340.00

【结构式】

$$C_6H_5-CH_2N^{+}(CH_3)_2C_{12}H_{25}Cl^{-}$$

【物化性质】 微溶于乙醇，易溶于水，水溶液呈弱碱性。相对密度0.980，摇振时产生大量泡沫，长期暴露在空气中易吸潮。静止贮存时有鱼眼珠状结晶析出。其性质稳定，耐光、耐压、耐热、无挥发性，有芳香气味并带苦杏仁味。1227是一种阳离子表面活性剂，属非氧化性杀菌剂，具有广谱、高效的杀菌灭藻能力，能有效地控制水中菌藻繁殖和黏泥生长，并具有良好的黏泥剥离作用和一定的分散、渗透作用，同时具有一定的去油、除臭能力和缓蚀作用。

【质量标准】

外观	无色或浅黄色黏稠液体	有效物含量/%	40～50
胺盐含量/%	≤2.0	黏度/mPa·s	60
pH值(1%水溶液)	6～8		

【用途】 在石油、化工、电力、纺织等行业的循环冷却水系统中用于控制循环冷却水系统菌藻滋生，对杀灭硫酸盐还原菌有特效。1227作非氧化性杀菌灭藻剂，一般投加剂量为50～100mg/L；作黏泥剥

离剂使用量为 200～300mg/L，需要时可投加适量有机硅类消泡剂。1227 可与其他杀菌剂，例如异噻唑啉酮、戊二醛、二硫氰基甲烷等配合使用，可起到增效作用，但不能与氯酚类药剂共同使用。投加 1227 后循环水中因剥离而出现污物，应及时滤除或捞出，以免泡沫消失后沉积。1227 切勿与阴离子表面活性剂混用。

包装规格：用塑料桶包装，净重 25kg、200kg。

【制法】 用二甲胺和氯代十二烷为原料，采用高效催化剂，一步催化氨化制成十二烷基二甲基胺（十二叔胺），粗品含量可达 85%，经精馏可制 95%以上纯品。十二叔胺用氯化苄季胺化可制得氯化十二烷基二甲基苄基。

【产品安全性】 1227 毒性小，无积累性毒性。对皮肤无明显刺激，接触皮肤时用水冲洗即可。不能与氯酚类药剂共同使用，切勿与阴离子表面活性剂混用。贮于室内阴凉、通风处，贮存期为 24 个月。

【参考生产企业】 广州市楚人化工有限公司，合肥市包河区荣升日用化工厂。

Ea041 氯化二甲基十四烷基苄基铵

【别名】 1427，氯化肉豆蔻酸基二甲基苄基铵

【英文名】 dimethyl myristic benyl ammonium chloride

【相对分子质量】 368.03

【登记号】 CAS [139-08-2]

【结构式】

$$\left[C_6H_5-CH_2-\underset{CH_3}{\overset{CH_3}{N}}-C_{14}H_{29} \right]^+ Cl^-$$

【物化性质】 熔点 63～65℃，易溶于水，不溶于苯和醚等有机溶剂。

【质量标准】

外观	白色结晶
活性物含量/%	≥98

【用途】 是 JN-杀菌灭藻剂的主要成分。与非离子、两性离子和其他阳离子活性物配伍性好，热稳定性好。

包装规格：用塑料桶包装，净重 50kg、100kg。

【制法】 用二甲胺和氯代十四烷为原料，采用高效催化剂，一步催化氨化制成十四烷基二甲基胺（十四叔胺），用二甲基十四胺在碱催化下与苄氯进行季铵化反应得产品。反应式如下：

$$C_6H_5-CH_2Cl + C_{14}H_{29}-N(CH_3)_2 \longrightarrow \text{本品}$$

【产品安全性】 非危险品。不能接触皮肤、黏膜和眼睛，不慎触及皮肤立即用水冲洗干净。贮存于阴凉、干燥的库房中。运输时应注意防潮和防止包装破损，不能与阴离子物共混。在阴凉、通风的库房保存，贮存期 6 个月。运输时应防止曝晒、雨淋。

【参考生产企业】 山东龙口化工厂，南京化工学院武进水质稳定剂厂。

Ea042 氯化三乙基苄铵

【别名】 TEBA

【英文名】 benzyltriethyl ammonium chloride

【登记号】 CAS [56-37-1]

【相对分子质量】 227.78

【结构式】

$$C_6H_5-CH_2N^+(C_2H_5)_3Cl^-$$

【物化性质】 白色固体，熔点 155℃（分解），易溶于水。

【质量标准】

含量/%	≥98
pH 值(1%溶液)	5.0～8.0

【用途】 用作油田污水杀菌剂。

包装规格：用内衬塑料袋的编织袋包装，净重 25kg。

【制法】 以丙酮为溶剂，将等物质的量的氯化苄、三乙胺依次投入反应釜中，在搅拌下升温至 63～64℃，保温回流 8h。缓缓降温至 15℃，过滤，滤饼用丙酮洗涤，干燥得产品。反应式如下：

$$C_6H_5-CH_2Cl+N(C_2H_5)_3\longrightarrow \text{本品}$$

【产品安全性】 毒性小，无积累性毒性。对皮肤无明显刺激，接触皮肤时用水冲洗即可。贮于室内阴凉、通风处，贮存期为 24 个月。不能与阴离子物共混。

【参考生产企业】 广州市楚人化工有限公司，合肥市包河区荣升日用化工厂，浙江宁波开发区开原科技实业公司。

Ea043 溴化三甲基十六烷基铵

【别名】 鲸烷三甲基溴化铵，1631-Br

【英文名】 hexadecyl trimethyl ammonium bromide

【登记号】 CAS [57-09-0]

【结构式】

$$[C_{16}H_{33}-N(CH_3)_3]^+Br^-$$

【相对分子质量】 364.47

【物化性质】 熔点大于 230℃（分解），易溶于乙醇，能溶于约 10 份水中，微溶于丙酮，不溶于乙醚、苯。水溶液呈碱性，有臭味。

【质量标准】

外观	白色粉末
含量/%	≥99

【用途】 用作油田污水杀菌剂。

包装规格：用内衬塑料袋的木桶包装，净重 25kg。

【制法】 将三甲胺水溶液投入汽化釜中，加热至沸，产生的三甲胺气体经干燥后用丙酮吸收，在吸收塔中生成三甲胺丙酮溶液，使其进入季铵化釜。然后在搅拌下滴加溴代十六烷，二者摩尔比为 1.10∶1。滴加过程中保温 30～40℃，滴毕后再保温搅拌 1h。冷却结晶，得粗品，用丙酮洗涤，甩干，干燥得产品。反应式如下：

$$C_{16}H_{33}Br+N(CH_3)_3\longrightarrow \text{本品}$$

【产品安全性】 毒性小，无积累性毒性。对皮肤无明显刺激，接触皮肤时用水冲洗干净。贮于室内阴凉、通风处，贮存期为 24 个月。不能与阴离子物共混。

【参考生产企业】 广州禄源化玻仪器有限公司，鄂州市恒通伟业化工有限公司，北京奥博星生物技术有限责任公司，安徽省金奥化工有限公司，广州市楚人化工有限公司，合肥市包河区荣升日用化工厂。

Ea044 溴化三甲基十八烷基铵

【别名】 表面活性剂 1831-Br

【英文名】 octadecyl trimethyl ammonium bromide

【相对分子质量】 392.52

【登记号】 CAS [1120-02-1]

【结构式】

$$(CH_3)_3N^+C_{18}H_{37}Br^-$$

【物化性质】 白色或微黄色固体（膏体）。凝固点 32℃，HLB 值 15.8。溶于水，稳定性好，耐热，耐光，耐强酸、强碱，可生物降解。

【质量标准】

活性物/%	≥50
pH 值(10%溶液)	7.0～8.0

【用途】 用作油田污水杀菌剂。

包装规格：用内衬塑料袋的木桶包

装，净重 25kg。

【制法】 首先把二甲基十八胺加入压力釜中，再加入适量水和异丙醇作溶剂，以少量碱作催化剂。充氮置换釜中空气（避免副反应），加热至 120～150℃，缓缓通入溴甲烷（理论量）。在 0.4～0.5MPa 下反应 2h，冷却，降压，用水稀释至 50%，出料包装即为成品。反应式如下：

$$C_{18}H_{37}N(CH_3)_2 + CH_3Br \longrightarrow \text{本品}$$

【产品安全性】 毒性小，无积累性毒性。对皮肤无明显刺激，接触皮肤时用水冲洗即可。贮于室内阴凉、通风处，贮存期为 24 个月。不能与阴离子物共混。

【参考生产企业】 安徽省金奥化工有限公司，上海一基实业有限公司，历城区奥亿化工产品经营部。

Ea045 溴化二甲基十二烷基苄基铵

【别名】 溴化苄烷铵，新洁尔灭，苯扎溴铵

【英文名】 dimethyl dodecyl benzylamonium bromide

【相对分子质量】 384.45

【登记号】 CAS [7281-04-1]

【结构式】

$$\left[C_6H_5-CH_2-\underset{\underset{CH_3}{|}}{\overset{\overset{CH_3}{|}}{N}}-C_{12}H_{25} \right]^+ Br^-$$

【物化性质】 无色或淡黄色固体或胶体。熔点 46～48℃，闪点（Fp）大于 110℃。易溶于水或乙醇，有芳香味，味极苦。强力振摇时产生大量泡沫。

【质量标准】

指标名称	优等品	一级品	二级品
色泽(Hazen) ≤	100	200	500
活性物/%	44～45	44～46	44～46
非季铵盐/% ≤	1.5	2.5	4.2
pH 值（1% 水溶液）	6～8	6～8	6～8

【用途】 在油田中用作注水杀菌剂，具有优异的杀菌力和去污力，对金属无腐蚀作用，不污染衣服。

包装规格：用塑料桶包装，净重 50kg、100kg。

【制法】 将 186kg 十二醇加入反应釜中，开动搅拌，在冷却条件下缓缓加入硫酸 250kg。加毕后搅拌 1h，再加入 121kg 溴化钠，逐步升温至 90～95℃，反应 8h 后静置分出酸液，油层是溴代十二烷粗品，将其用泵转移到中和釜，加稀碱液调 pH 值至 8 左右，分出碱液，用 50% 的乙醇洗涤两次，减压蒸馏收集 140～200℃（9 kPa）馏分得精溴代十二烷。将其打入季铵化釜中，加入 120kg 二甲基苄基胺，缓慢升温至 100～110℃，保温反应 6h，得目的产物。反应式如下：

$$C_{12}H_{25}OH + NaBr \xrightarrow{H_2SO_4} C_{12}H_{25}Br +$$

$$C_6H_5-CH_2-N(CH_3)_2 \longrightarrow \text{本品}$$

【产品安全性】 毒性小，无积累性毒性。对皮肤无明显刺激，接触皮肤时用水冲洗即可。贮于室内阴凉、通风处，贮存期为 24 个月。不能与阴离子物共混。

【参考生产企业】 历城区奥亿化工产品经营部，厦门市先端科技有限公司，上海助剂厂，武汉助剂厂，天津助剂厂。

Ea046 多功能水处理剂

【英文名】 multifunction water treatment-agent

【组成】 环烷基咪唑啉衍生物、少量卤化物助剂。

【物化性质】 为环烷酸咪唑啉衍生物，溶于水，咪唑啉环上氮原子的孤对电子与金属原子空轨道形成配位键，而环烷基则在金属表面形成一层有效的覆盖膜，可抑制金属腐蚀。该衍生物中含有能杀菌抑菌的咪唑啉环和能中和菌藻表面负电荷的阳离

子基团，该品对异养菌、硫酸盐还原菌及铁细菌有明显的杀灭效果。与磷系阻垢剂及季铵盐类杀菌剂相容性好，属多功能水处理药剂。

【质量标准】

外观	透明液体
固含量/%	50

【用途】 主要作酸洗及油田污水的缓蚀剂。其优点是缓蚀效果明显，溶解性和热稳定性好，操作方便。60℃在质量分数约10%的盐酸介质中投加质量分数为0.2%的50%环烷基咪唑啉衍生物溶液时，5h内即可将碳钢挂片腐蚀率控制在1.5 g/(m^2·h)以下，缓蚀率可达94%以上。

包装规格：用塑料桶包装，净重50kg、100kg。

【制法】

① 环烷基咪唑啉衍生物的制备。在搅拌下将含酸质量分数95.2%，(粗酸值192.5 mg/g，以KOH计）的环烷酸、有机多胺、二甲苯依次加入不锈钢反应釜中，通氮气升温至150～250℃进行缩合脱水，反应15～20h。当测得产物酸值（以KOH计）为5.0mg/g、IR谱图与相应标准谱图接近且在1600cm^{-1}附近处出现很强的特征吸收峰时反应完成，脱除二甲苯。降温至120℃以下，加入烷基化试剂，控制温度在70～110℃内，反应3～5h，即合成得阳离子型咪唑啉衍生物。

② 在所得水溶性环烷基咪唑啉衍生物中加入少量卤化物助剂即为多功能水处理剂。

【产品安全性】 无积累性毒性。对皮肤无明显刺激，接触皮肤时用水冲洗即可。贮于室内阴凉、通风处，贮存期为24个月。不能与阴离子物共混。

【参考生产企业】 上海整稞实业有限公司，厦门市先端科技有限公司，浙江省化工研究院等。

Ea047 SIM-1缓蚀剂

【英文名】 corrosion inhibitor SIM-1

【组成】 酰胺咪唑啉、助剂。

【物化性质】 为暗黄色或灰色圆柱体，相对密度（20℃）1.3～1.5，溶解于盐水。固体缓蚀剂可沉至井底缓慢释放有效缓蚀成分，持续地对全井筒管柱进行保护，安全，无污染。

【质量标准】

有效成分%	>75
软化点/℃	>80
尺寸规格/mm	438×400
pH值(1%蒸馏水溶液)	5～7

【用途】 作气举井缓蚀剂。加药周期21～35d，缓蚀剂加入量100mg/L，油井采出水的平均含铁量由加SIM-1前的193mg/L下降到76.9mg/L，下降率60.1%。井筒内挂环监测，Q235钢测试环分别下至1025.13m和2873.20m深处，64d后取出，内外环平均腐蚀速率为0.073mm/a，而加缓蚀剂前的挂环腐蚀速率高达0.8944mm/a。

包装规格：用塑料桶包装，净重50kg、100kg。

【制法】 以酰胺咪唑啉为基础组分，加入加重剂、黏合剂搅拌混合均匀，在模具内成型，得到固体缓蚀剂SIM-1。

【产品安全性】 无积累性毒性。对皮肤无明显刺激，接触皮肤时用水冲洗即可。贮于室内阴凉、通风处，贮存期为24个月。不能与阴离子物共混。

【参考生产企业】 上海整稞实业有限公司，浙江省化工研究院，华中科技大学化学实验化工厂，中原油田采油一厂。

Ea048 缓蚀剂IM403

【英文名】 corrosion inhibitors JM403

【结构】

H
N —CH₂
R— —CH₂
N CH₂CH₂COONa
CH₂CH₂N
CH₂CH₂COONa

【物化性质】 水溶性咪唑啉 JM403 属于吸附膜型缓蚀剂。环上氮原子的未共用电子对与设备表面的金属原子形成强的金属原子-氮原子配位键，长链烷基形成一个疏水保护膜，阻止腐蚀性介质的侵蚀。

【质量标准】

外观	红褐色液体	有效成分含量%	40
pH 值(1%水溶液)	9～10	相对密度(25℃)	0.9～1

【用途】 用作油田注水缓蚀剂，与防垢剂 PBTC 和杀菌剂 1227 配伍性良好，且对缓蚀性能有协同效应。对 Q235 钢在 20～60℃范围内腐蚀速率<0.076mm/a。

包装规格：用塑料桶包装，净重 50kg、100kg。

【制法】 在氧化铝催化下，以二甲苯为带水剂，脂肪酸和多胺经酰胺化、环化制备得缓蚀剂 JM403 中间体，然后向中间体中引入亲水基得 JM403 缓蚀剂。

【产品安全性】 无积累性毒性。对皮肤无明显刺激，接触皮肤时用水冲洗即可。贮于室内阴凉通风处，贮存期为 24 个月。不能与阴离子物共混。

【参考生产企业】 湖南轻工研究院，山东省东营市胜利石油管理局孤岛采油厂，武汉石油化工厂。

Ea049 减水剂 MY

【别名】 木质素

【英文名】 water decreasing agent MY

【结构式】

O O CH₃ O S O⁻ O O O O S O⁻ HO H₃C O

【物化性质】 棕褐色粉末或液体。无特殊异味，无毒，易溶于水及碱液，遇酸沉淀，具有较强的分散能力。

【质量标准】

含量(液体)/%	25～30	水溶物/%	<2.0
固体	50～60	还原物/%	2～3
pH 值(1%水溶液)	8.0～9.0		

【用途】 主要用作水泥减水剂，使成团水泥扩散，所含水分析出，增加其流动性，从而减少拌和用水，并节约水泥。将其用于石油钻井泥浆配方中，可有效降低泥浆黏度和剪切力，从而控制钻井泥浆的流动性，使无机泥土和无机盐杂质在钻井中保持悬浮状态，防止泥浆絮凝化，并有突出的抗盐性、抗钙性和抗高温性。

包装规格：用塑料桶包装，净重 50kg、100kg。

【制法】 用造纸厂的纸浆废液为原料，一般有三种制备方法。

① 将亚硫酸氢钙制浆法得纸浆废液中所含有的亚硫酸盐或硫酸氢盐直接与木质素分子中的羟基结合生成木质素磺酸盐。往废液中加入 10% 的石灰乳，在 (95±2)℃下加热 30min 。将钙化液静置沉降，沉淀物滤出，水洗后加硫酸，过滤，除去硫酸钙。然后往滤液中加入 Na_2CO_3，使木质素磺酸钙转成磺酸钠。反应温度以 90℃ 为宜，反应 2h 后，静置，过滤除去硫酸钙等杂质。滤液浓缩，

冷却、结晶得产品。

② 以碱液制浆法所得造纸废液为原料，首先往废液中加入浓硫酸50%左右，搅拌4～6h。然后加石灰乳，经沉降、过滤、打浆、酸溶，加碳酸钠转化，浓缩、干燥得产品。详见①。

【产品安全性】 无积累性毒性。对皮肤无明显刺激，接触皮肤时用水冲洗即可。贮于室内阴凉、通风处，贮存期为24个月。不能与阴离子物共混。

【参考生产企业】 济南奇云剑化工有限公司，青岛鑫瑞斯特化工有限公司，复纳新材料科技（上海）有限公司，济南鸥鹤商贸有限公司，广州振威化工科技有限公司，广州市乐信化工有限公司。

Ea050 高效洗井液

【英文名】 highly effective washes fluid to well

【组成】 由多种复合表面活性剂和助剂复配而成。

【物化性质】 具有界面张力小、洗油效率高、对油层污染小、有利于洗井残液反排等特点；无毒、无味，易降解。

【质量标准】

外观	黄色黏稠透明液体	密度(25℃)/(g/cm³)	1.0～1.15
黏度(25℃)/mPa·s	100～300	表面张力(25℃,1%)/(dny/cm)	35

【用途】 可用于油水井洗井作业和油水井增产、增注措施时油水井清洗作业。

包装规格：用塑料桶包装，每桶净重为(25±0.5)kg、(200±1.0)kg。

【制法】 是由多种复合表面活性剂、黏土稳定剂、络合剂、助剂醇和其他助剂复配而成的。

【产品安全性】 无积累性毒性。对皮肤无明显刺激，接触皮肤时用水冲洗即可。贮于室内阴凉、通风处，防止倒置、雨淋和曝晒。贮存期为24个月。不能与阴离子物共混。

【参考生产企业】 济南奇云剑化工有限公司，青岛鑫瑞斯特化工有限公司，新疆火炬油田化学品制造有限公司。

Ea051 降黏剂

【英文名】 reagent for viscosity reduces

【组成】 由多种复合表面活性剂和助剂复配而成。

【物化性质】 具有降黏效率高、使用浓度低、使用成本低、不影响原油脱水处理、加药工艺简单和操作方便等特点。

【质量标准】

外观	浅黄色黏稠液体
黏度(25℃)/mPa·s	100～300
凝固点 /℃	≤－20
pH值	7～9
表面张力(0.1%)/(dyn/cm)	35

【用途】 用于高黏原油降黏开采、输送。降黏剂通过表面活性剂乳化原油和水，形成不稳定的水包油乳状液，从而大大降低原油的黏度，降黏率≥99%（0.3%，体积分数）。降黏剂的使用浓度为0.3%，使用时将降黏剂配制成1%～5%（视采出液的含水量而定）的水溶液，可通过油井套管按比例采用间歇加药或通过加药计量泵按比例添加。

包装规格：用塑料桶包装，净重25kg、200kg。

【制法】 由非离子表面活性剂、阴离子表面活性剂和助剂复配而成。

【产品安全性】 无积累性毒性。对皮肤无明显刺激，接触皮肤时用水冲洗即可。贮于室内阴凉、通风处，贮存期为12个月。不能与阴离子物共混。

【参考生产企业】 复纳新材料科技（上海）有限公司，济南鸥鹤商贸有限公司，广州振威化工科技有限公司，广州市乐信化工有限公司。

Ea052 黏土稳定剂

【英文名】 clay stbilizer

【组成】 由阳离子防膨剂和黏土无机防膨剂及助剂组成，或由多种复合表面活性剂和助剂复配而成。

【物化性质】 具有防膨效率高、防膨作用时间长、在地层条件下稳定、对油层无污染等特点。

【质量标准】

指标名称	液体产品	固体产品
外观	黄色透明液体	白色粉末
密度(25℃)/(g/cm³)	1.10～1.25	1.10～1.20
凝固点/℃	≤－15	≤－15
黏度(25℃)/mPa·s	100～300	
表面张力(25℃,1%)/(dny/cm)	35	
固含量/%	≥60	≥95
防膨率/%	≥80	

【用途】 可用于油井，防止黏土膨胀（注水井地层的防止黏土膨胀处理和油井转注水井预处理地层的防止黏土膨胀），提高采油产量。使用时按使用浓度用清水稀释即可。在油井增产、增注措施中，用量为1.5%～2.5%；在油井转注水井预处理中，用量为3%；在注水井的正常生产中，用量为0.5%。

包装规格：固体产品用塑编袋包装，净重25kg；液体产品用塑料桶包装，净重25kg、200kg。

【制法】 由多种复合表面活性剂、黏土稳定剂、络合剂、助剂醇和其他助剂复配而成。

【产品安全性】 无积累性毒性。对皮肤无明显刺激，接触皮肤时用水冲洗即可。贮于室内阴凉、通风处，贮存期为24个月。不能与阴离子物共混。

【参考生产企业】 济南奇云剑化工有限公司，青岛鑫瑞斯特化工有限公司，复纳新材料科技（上海）有限公司，济南鸥鹤商贸有限公司 。

Ea053 净水剂

【英文名】 purifying agent

【组成】 有机阳离子高分子絮凝剂。

【物化性质】 水溶性极好、配制方便快捷、絮凝速度快、絮凝体强度大、凝聚效果优良。用量低，能在宽的pH值（6～12）范围内应用。

【质量标准】

外观	乳白色黏稠乳液	相对分子质量	(300～600)×10⁴
固含量/%	≥40		

【用途】 在油井清洗作业中作净水剂。阳离子高分子通过氢键桥和电离结合使处理水中悬浮的粒子凝聚而降低悬浮粒子的电位，促进悬浮粒子凝聚、沉降，达到净水的目的。

使用方法：在有搅拌装置的溶解槽中加入所需量矿化度低（≤1000mg/L）的淡水，启动搅拌器，缓慢加入所需量的净水剂，加完净水剂后搅拌10～15min，净水剂溶解均匀后使用。

包装规格：用塑料桶包装，净重为50kg、100kg、200kg。

【制法】 通过乳液聚合方法合成阳离子絮凝剂。

【产品安全性】 有刺激性。不慎接触皮肤后，请立即用清洁的水充分清洗。药品应存放在阴凉的库房内。贮存时间6个月。

【参考生产企业】 广州振威化工科技有限公司，广州市乐信化工有限公司，沈阳永信精细化工有限公司，新疆火炬油田化学品制造有限公司。

Eb 油气开采用化学助剂

油气开采用化学品包括酸化用化学剂和压裂化学剂。酸化是油井增产水井增注的重要措施之一，挤入油层的酸液通过对岩层的化学溶蚀作用，可扩大油流孔道和提高岩层渗透率。酸液还可溶解井壁附近的堵塞物如泥浆、泥饼等，有助于提高油井、水井的生产能力。压裂剂能支撑地层压开后形成的裂缝，减少流体流动阻力，达到增产、增注的目的。

国内外的实践证明，压裂、酸化效果的好坏在很大程度上取决于添加剂的质量。国外约有 25 大类、180 余个品种。我国在这方面差距较大，许多调节和改善性能的专用添加剂国内尚属空白、是石油化学品重点研究开发领域之一。

另外在油气开采用化学品中还有清蜡剂、堵水剂、降凝剂、提高采油率（三次采油）用化学品。本节将介绍一些典型产品。

Eb001 脂肽

【英文名】 lipopetide

【组成】 由脂肪酸和肽组成的脂肪类生物表面活性剂。

【物化性质】 该产物的疏水基半分子为 β-甲基十四碳脂肪酸及 β-羟基十八碳脂肪酸；亲水基半分子含五种氨基酸的肽链，耐高温和高浓度盐（尤其是钙离子），pH 适应范围较广，热稳定性（120℃ 处理 1～2h）不失活；耐电解质（15%NaCl 处理 1～2h）不失活。对原油具有较强的乳化、增溶、脱水和降黏作用。

【质量标准】

项目	指标
CMC/(mg/L)	30
耐酸碱(pH 4～12 处理 1～2h)	不失活
乳化活性(发酵原液)	1.5
表面张力(原液)/(mN/m)	35.5
稀释一倍后	1.41
界面张力(稀释液)/(mN/m)	0.1～0.3

【用途】 作原油降黏剂，有利于原油的开采和输送。

包装规格：用塑料桶包装，净重 50kg、100kg。

【制法】

（1）菌株、培养基和培养条件　地衣芽孢杆菌（*Bacullus licheniformis*）NK-X3，本研究室分离并保藏。

种子培养基（%）：蔗糖 2，NH_4Cl 0.6，$MgSO_4$ 0.02，$CaCl_2$ 0.008，KH_2PO_4 0.41，Na_2HPO_4 1.4，EDTA0.015，酵母粉 0.05，pH 值 7.5。

发酵培养基：除用淀粉代替蔗糖外，其他成分同种子培养基，500mL 锥形瓶装 200mL 培养基，121℃灭活 30min。接种后置于 200r/min 旋转式摇床 37℃ 培养 48h。

（2）菌株的发酵　菌株在摇瓶发酵过程中定时取样，在菌体生长平衡期（32～48h）表面活性剂产量达到 1.8g/L 并维持稳定，表面张力达到最低。

(3) 表面活性剂的提取和纯化 取37℃培养42h的发酵液，8000r/min离心20min除菌体两次，上清液用浓HCl调pH值至2.0，出现絮状沉淀，静置过夜，10000r/min离心30min收集沉淀，用pH值2.0的酸水洗涤1次，随后将该沉淀溶于NaOH溶液，使终pH值为7.0，冷冻干燥，得浅褐色疏松状固体的表面活性剂粗品。纯化时用CH_2Cl_2抽提后减压蒸干，稀NaOH溶液溶解，形成多泡液体，表面张力为35mN/m，用Whatman No.4滤纸过滤。滤液再次加HCl调pH值至2.0，将得到的沉淀离心过滤，得米黄色沉淀物，真空干燥去除残留水分后即为纯品。

【产品安全性】 无积累性毒性。对皮肤无明显刺激，接触皮肤时用水冲洗即可。贮于室内阴凉、通风处，贮存期为24个月。不能与阴离子物共混。

【参考生产企业】 济南奇云剑化工有限公司，青岛鑫瑞斯特化工有限公司，复纳新材料科技（上海）有限公司，广州市乐信化工有限公司，济南鸥鹤商贸有限公司，广州振威化工科技有限公司。

Eb002 十二烷基苯磺酸铵盐

【英文名】 dodecyl phenyl ammonium sulfate

【相对分子质量】 1122.58

【结构式】

$$[C_{12}H_{25}-C_6H_4-SO_3-OCH_2CH_2]_3N$$

【物化性质】 相对黏度（20℃）10Pa·s，浊点10℃。乳化能力强，在加入1.5%左右10%的食盐水的条件下不发泡或很少发泡。

【质量标准】

外观	无色液体	pH值	7.5
含量/%	42～45	HLB值	8～10

【用途】 水包油型乳化剂，用于提高石油老井的采油率。亦可作解卡液的乳化剂及钻井液的发泡剂、悬浮剂。用作油田注水缓饰剂，与防垢剂有友好的协同效应。

包装规格：用塑料桶包装，净重50kg、100kg。

【制法】 将400kg十二烷基苯磺酸投入反应釜中，加水200kg，开动搅拌，加热升温，在70℃左右开始滴加300kg三乙醇胺，滴加完毕后保温70～80℃反应3h。然后再加100kg水，快速搅拌30min，调节pH值至7.5左右，过120目筛得成品。反应式如下：

$$C_{12}H_{25}-C_6H_4-SO_3H + N(CH_2CH_2OH)_3 \longrightarrow \text{本品}$$

【产品安全性】 对皮肤低刺激，无积累性毒性，接触皮肤时用水冲洗干净。贮于室内阴凉、通风处，贮存期为24个月。不能与阴离子物共混。

【参考生产企业】 济南奇云剑化工有限公司，复纳新材料科技（上海）有限公司，广州振威化工科技有限公司，广州市乐信化工有限公司。

Eb003 油酸肌氨酸钠

【别名】 HS-13缓蚀主剂，油酰替肌氨酸钠

【英文名】 sodium oleyl sarcosinate

【相对分子质量】 361.52

【结构式】

$$C_{17}H_{33}CON(CH_3)CH_2COONa$$

【物化性质】 相对密度（20℃）0.97±0.02，有良好的钙皂分散力。溶解性、洗涤性、泡沫性良好，泡沫高度（罗氏法）大于150mm。

【质量标准】

外观	浅黄色液体	有机胺含量/%	≥25
氯化钠含量/%	≤5	pH值(1%水溶液)	7.0～8.0

【用途】 主要用作油田污水处理和回注系统的缓蚀剂。用水稀释成1%～2%的水溶液直接加入注水系统。

包装规格：用塑料桶包装，净重50kg、100kg。

【制法】 由氯乙酸钠和甲胺生成肌氨酸钠，肌氨酸钠和油酰氯在碱催化下制备油酸肌氨酸钠。

(1) 肌氨酸钠的制备 将一氯乙酸钠加到反应釜中，加水配成12%的水溶液，在搅拌下加40%的氢氧化钠水溶液，在25～30℃下搅拌2h。再滴加30%的甲胺水溶液，在0.18MPa、75～85℃下反应8h。冷至25℃，用压缩空气赶尽过量的甲胺，制得肌氨酸钠水溶液。

(2) 缩合 将肌氨酸钠水溶液加入反应釜中，加入催化剂量的氢氧化钠搅匀。滴加油酰氯在60～80℃下反应6～8h，得产品。反应式如下：

$ClCH_2COONa + CH_3NH_2 \longrightarrow$

$CH_3NHCH_2COONa + C_{17}H_{33}COCl \longrightarrow$本品

【产品安全性】 对皮肤低刺激，注意防护，不慎接触皮肤后立即用水冲洗。在阴凉、通风的库房保存，贮存期6个月。运输时应防止曝晒、雨淋。

【参考生产企业】 辽宁大连油脂化学厂，辽宁盘锦市表面活性剂厂，山西轻工业部日用化学所。

Eb004 十八烷基甲苯磺酸钠

【商品名】 SMBS

【英文名】 octadecyl methyl phenyl sodium sulfate

【相对分子质量】 446.66

【结构式】

SO_3Na

$C_{18}H_{37}-C_6H_3-CH_3$

【物化性质】 油状液体，高温下可溶于水。

【质量标准】

含量/%	≥40
分解度(300～400℃,2400h)	≤10

【用途】 适应于油田热采工艺中作高温下(300～400℃)注蒸汽时的表面活性剂。

包装规格：用塑料桶包装，净重50kg、100kg。

【制法】 将十八烷基甲苯投入反应釜，用三氧化硫或氯磺酸磺化(工艺条件详见烷基苯磺酸钠的制备)，然后用氢氧化钠水溶液中和至pH8左右，出料包装即为成品。反应式如下：

$C_{18}H_{37}-C_6H_4-CH_3 + HSO_3Cl \longrightarrow$

$C_{18}H_{37}-C_6H_4-SO_3H + NaOH \longrightarrow$本品

【产品安全性】 对皮肤低刺激，不慎接触皮肤立即用水冲洗干净。在阴凉通风的库房保存，贮存期6个月。运输时应防止曝晒、雨淋。

【参考生产企业】 辽宁大连油脂化学厂，中科院上海有机化学研究所实验厂，湖南轻工研究院，山东省东营市胜利石油管理局孤岛采油厂，武汉石油化工厂设备研究院。

Eb005 吐温20

【化学名】 聚氧乙烯(20)失水山梨糖醇单月桂酸酯

【英文名】 tween 20, polyoxyethylene (20) sorbitan monolauric acid ester

【相对分子质量】 1227.54

【登记号】 CAS［9005-64-5］

【结构式】

$$\mathrm{HO(CH_2CH_2O)_m}-\text{(sorbitan ring)}\begin{cases}-\mathrm{CH_2(OCH_2CH_2)_xOOCC_{11}H_{23}}\\-\mathrm{O(CH_2CH_2O)_yH}\\-\mathrm{O(CH_2CH_2O)_zH}\end{cases}\quad x+y+z=20$$

【物化性质】 琥珀色油状液体，相对密度（25℃）为1.10±0.05，n_D^{20}=1.4680，闪点148.3℃，溶于水、甲醇、乙醇、异丙醇、丙二醇、乙二醇、棉籽油等。

【质量标准】 GB 29221—2012

项目	指标
水分/%	≤3.0
皂化值/(mg KOH/g)	40～50
酸值/(mg KOH/g)	≤2
活性物/%	100
HLB值	16.7
羟值/(mg KOH/g)	90～110

【用途】 属水包油型乳化剂，可用作增溶剂、扩散剂、稳定剂、润滑剂和抗静电剂。

① 在石油开采中作为油井生产的防蜡剂，可以清除油井的结蜡；作为降黏剂可以降低原油流动黏度，提高油井产量，提高输送能力；

② 在医药、日用化工中用作药品和化妆品的增溶剂、渗透剂和分散剂；

③ 由于本品具有防锈性和润滑性因而用以制备防锈润滑油和除锈去脂迹油。

包装规格：用塑料桶包装，净重50kg、100kg。

【制法】 将1mol斯盘20投入反应釜中，在搅拌下加50%液碱作催化剂，逐渐升温，减压脱水，把水脱尽后用氮气置换釜中的空气，驱净空气后升温至120℃开始通入20mol环氧乙烷，反应温度维持在150～170℃，压力0.2～0.3MPa。通完环氧乙烷后，冷却至80～90℃，将料液打入中和釜用冰醋酸中和，再用双氧水脱色，最后冷却放料，包装即为成品。反应式如下：

$$\mathrm{HO}-\text{(sorbitan ring)}(-\mathrm{CH_2OOCC_{11}H_{23}})(-\mathrm{OH})(-\mathrm{OH}) + 20\,\mathrm{CH_2{-}CH_2}\ (\text{环氧乙烷},\ \diagdown\mathrm{O}\diagup) \xrightarrow{\mathrm{NaOH}} \text{本品}$$

【产品安全性】 对皮肤低刺激，不慎触及皮肤立即用水冲洗干净。在阴凉、通风的库房保存，贮存期6个月。运输时应防止曝晒、雨淋。

【参考生产企业】 河南宣源化工有限公司，广州隆冠贸易有限公司，通宏申化工有限公司，北京金路鸿生物技术有限公司，山东省东营市胜利石油管理局孤岛采油厂，南京金陵石化公司化工二厂。

Eb006 吐温61

【化学名】 聚氧乙烯山梨醇酐单硬脂酸酯

【英文名】 tween 61，polyoxyethylene sorbitan monostearate

【结构式】

$$\mathrm{HO(CH_2CH_2O)_x}-\text{(sorbitan ring)}\begin{cases}-\mathrm{CH_2OOCC_{17}H_{35}}\\-\mathrm{O(CH_2CH_2O)_yH}\\-\mathrm{O(CH_2CH_2O)_zH}\end{cases}\quad x+y+z=4$$

【相对分子质量】 606.82

【物化性质】 黄色蜡状固体，溶于水、硫酸及稀碱，HLB值为9.6，在某些盐存在下具有分散能力。

【质量标准】 GB 25553—2010

羟值/(mg KOH/g)	165～195
水分/%	≤3
皂化值/(mg KOH/g)	90～110
酸值/(mg KOH/g)	≤2

【用途】 在石油开采和输送方面作为降黏剂。

包装规格：用塑料桶包装，净重50kg、100kg。

【制法】 将1mol斯盘60投入反应釜中，加热熔化后开搅拌，加入催化剂量的氢氧化钠溶液。抽真空减压脱水，脱水完毕后用氮气置换釜中的空气，升温至140℃开始通入环氧乙烷4mol进行缩合反应，缩合温度维持在160～180℃。通环氧乙烷到配比量后冷却，将料液打入中和釜用冰醋酸中和至酸值2mg KOH/g左右，然后用双氧水脱色、脱水，出料包装即为成品。反应式如下：

HO—(脱水山梨醇环)(—$CH_2OOCC_{17}H_{35}$, —OH, —OH) + $4CH_2—CH_2$ (环氧) $\xrightarrow{NaOH}$ 本品

【产品安全性】 对皮肤低刺激。不慎接触皮肤立即用水冲洗干净。在阴凉、通风的库房保存，贮存期12个月。运输时应防止曝晒、雨淋。

【参考生产企业】 海安县国力化工有限公司，辽宁辽阳市科隆化工厂，上海助剂厂，辽宁大连理工大学实验化工厂，湖北沙市石油化工厂，浙江温州市清明化工厂。

Eb007 吐温81

【化学名】 聚氧乙烯脱水山梨醇单油酸酯

【英文名】 tween 81，polyoxyethylene sorbitan monooleat

【相对分子质量】 648.87

【结构式】

$HO(CH_2CH_2O)_x$—(脱水山梨醇环)(—$CH_2OOCC_{17}H_{33}$, —$O(CH_2CH_2O)_yH$, —$O(CH_2CH_2O)_zH$)

$x+y+z=5$

【物化性质】 相对密度1.00±0.05，黏度0.40～0.60Pa·s（25℃），闪点288℃，HLB值10.0。溶于矿物油、玉米油、二氧六环、溶纤素、甲醇、乙醇、醋酸乙酯、苯胺及甲苯、石油醚、棉籽油、丙酮、四氯化碳。还溶于5%浓度的硫酸、氢氧化钠、硫酸钠和氯化铝中，在水、乙醚、乙二醇中呈分散状。

【质量标准】

外观	琥珀色油状液
羟值/(mg KOH/g)	135～165
碘值(mg I_2/g)	40～50
水分/%	≤3
酸值/(mg KOH/g)	≤2
皂化值/(mg KOH/g)	90.5～105

【用途】 广泛用于石油开采和运输作降黏剂、乳化剂、分散剂、稳定剂、扩散剂、润滑剂、抗静电剂、防锈剂等。

包装规格：用塑料桶包装，净重50kg、100kg。

【制法】 将1mol预热的斯盘80投入反应釜中，在搅拌下加入催化剂量的氢氧化钠，升温，并抽真空用氮气置换釜中空气后，温度控制在130～140℃开始通5mol环氧乙烷，反应温度维持在150～160℃。通完环氧乙烷后冷却，将料液打入中和釜用冰醋酸调酸值至2mg KOH/g左右，再

用双氧水脱色，最后脱水 5h，得成品。反应式如下：

$$\text{(山梨醇酐单油酸酯: 环上 HO-, -OH, -OH, -CH}_2\text{OOCC}_{17}\text{H}_{33}) + 5CH_2{-}CH_2(\text{-O-}) \xrightarrow{NaOH} 本品$$

【产品安全性】 对皮肤低刺激。不慎触及皮肤立即用水冲洗干净。在阴凉、通风的库房保存，贮存期 6 个月。运输时应防止曝晒、雨淋。

【参考生产企业】 上海中鼎化学有限公司，郑州百和食品化工有限公司，辽宁大连油脂化学厂，辽宁盘锦市表面活性剂厂，山西轻工业部日用化学所，山东省东营市胜利石油管理局孤岛采油厂。

Eb008 吐温 85

【化学名】 聚氧乙烯山梨醇酐三油酸酯

【别名】 乳化剂 T-85

【英文名】 tween 85

【相对分子质量】 1926.61

【结构式】

$$HO(C_2H_4O)_n-(\text{环: -CH}_2\text{OOCC}_{17}\text{H}_{33}, \text{-OOCC}_{17}\text{H}_{33}, \text{-OOCC}_{17}\text{H}_{33}) \quad n=22$$

【物化性质】 琥珀色油状黏稠液体，相对密度 1.00～1.05，黏度 0.20～0.40Pa·s (25℃)，闪点 321℃，HLB 值 11.0。溶于菜籽油、溶纤素、甲醇、乙醇等低碳醇及芳烃溶剂、醋酸乙酯、大部分矿物油、石油醚、丙酮、二氧六环、四氯化碳、乙二醇、丙二醇等，在水中分散。

【质量标准】

项目	指标
皂化值/(mg KOH/g)	83～98
水分/%	≤3
羟值/(mg KOH/g)	40～60
酸值/(mg KOH/g)	≤2

【用途】 广泛用于石油开采和输送作降黏剂等。

包装规格：用塑料桶包装，净重 50kg、100kg。

【制法】 将 1mol 斯盘 80 预热后投入反应釜，在搅拌下加入催化剂量的氢氧化钠水溶液，开搅拌，抽真空脱水。用氮气置换釜中空气后，升温至 140℃开始通环氧乙烷 22mol，反应温度维持在 180～190℃，通完环氧乙烷后，停止抽真空。冷却，将料液打入中和釜用醋酸中和至酸值 2 左右，再用适量双氧水脱色，最后脱水至含水量 3%，冷却出料包装得成品。

$$\text{(山梨醇酐三油酸酯: 环上 HO-, -CH}_2\text{OOCC}_{17}\text{H}_{33}, \text{-OOCC}_{17}\text{H}_{33}, \text{-OOCC}_{17}\text{H}_{33}) + 22CH_2{-}CH_2(\text{-O-}) \xrightarrow{NaOH} 本品$$

【产品安全性】 对皮肤低刺激。不慎触及皮肤立即用水冲洗干净。在阴凉、通风的库房保存，贮存期 6 个月。运输时应防止曝晒、雨淋。

【参考生产企业】 邢台蓝星助剂厂，辽宁奥克化学集团，江苏茂亨化工有限公司，中山市天域工业有限公司。

Eb009 羟乙基纤维素

【别名】 HEC

【英文名】 hydroxyethyl cellulose

【结构式】

$$\left[\text{葡萄糖单元: } CH_2OCH_2CH_2OH, H, OH, H, H, OH\right]_n$$

【物化性质】 白色至淡黄色纤维状或粉状固体，无毒、无味、易溶于水，不溶于一般有机溶剂。具有增稠、悬浮、黏合、乳化、分散、保持水分等性能。可制备不同黏度范围的溶液，对电解质具有异常好的盐溶性。

【质量标准】

摩尔取代度(MS)	1.2～1.8
干燥后湿含量/%	≤7.0
黏度(2%,20℃)/Pa·s	≥0.8
相对分子质量	$\geq 30\times10^4$
水不溶物/%	≤2.0

【用途】用于压裂法开采石油水基凝胶压裂液，聚苯乙烯和聚氯乙烯等聚合的分散剂。亦可作油漆乳胶化，还广泛用于印染、纺织、造纸工业增稠剂。

包装规格：用塑料桶包装，净重50kg、100kg。

【制法】将原料棉短绒或精制粕浆浸泡于30%的碱液中，半小时后取出，进行压榨，压至含碱水比例达1∶2.8，移至粉碎装置中进行粉碎。将粉碎好的碱纤维投入反应釜中，密封抽真空，充氮，用氮气将釜内空气置换干净后，压入经过预冷的环氧乙烷液体。在冷却下控制25℃反应2h，得粗羟乙基纤维素粗品。用酒精洗涤粗品并加醋酸调pH值至4～6，再加乙二醛交联老化，用水快速洗涤，最后离心脱水烘干，磨粉，得低盐羟乙基纤维素。反应式如下：

[纤维素结构单元 (CH_2OH)]$_n$ + $n\,CH_2—CH_2$(环氧乙烷) ——→ 本品

【产品安全性】无毒，在阴凉、通风的库房保存。

【参考生产企业】佳木斯石油化工厂，哈尔滨化工七厂，江苏无锡化工集团，辽宁盘锦市表面活性剂厂，无锡市化工研究所。

Eb010 异辛醇聚氧乙烯醚磷酸酯

【别名】BDC-101 酸化胶束剂

【英文名】polyoxyethylene isooctyl ether-phosphate

【结构】

$$CH_3(CH_2)_3C(CH_3)(C_2H_5)O(C_2H_4O)_n\,P(=O)(OH)_2 \;+\; [CH_3(CH_2)_3C(CH_3)(C_2H_5)O(C_2H_4O)_n]_2\,P(=O)OH$$

【物化性质】黄色透明液体。相对密度(d_4^{20}) 0.93～0.97，n_D^{30} 1.40±0.2。具有良好的润湿性、溶酸性，能降低表面张力，提高悬浮能力及选油的穿透能力。在10%～30%的盐酸中，本品浓度为1%时呈分散状态，浓度为5%时呈透明状态。

【质量标准】

pH值	2.8～3.3
含量/%	50

【用途】油田用作酸化胶束剂。适用于采油过程中稠油油井和低渗透油井的增产措施，用量为酸体积的5%～10%。也用于被油污堵塞的注水井的疏通和增注操作，用量5%。

包装规格：用塑料桶包装，净重50kg、100kg。

【制法】将催化剂量的50%的氢氧化钠加入反应釜中，预热至100℃，加入异辛醇，搅匀。抽真空脱水至无水馏出。用氮气置换釜中空气后加入环氧乙烷，在0.15MPa、130℃下反应至压力不再下降为止。冷却后将制得的聚氧乙烯异辛基醚转移到酯化釜中，在40℃左右加入0.2%～0.3%的亚磷酸溶液（防止P_2O_5局部氧化）。再滴加P_2O_5（聚氧乙烯异辛基醚与P_2O_5的摩尔比为3∶1），滴毕后在80～90℃下反应6h，反应完成后加入0.1%的双氧水将亚磷酸氧化掉。趁热用

100 目不锈钢筛过滤，除去杂质。将滤液移入中和釜中，加入 8%～10% 的热水在 60～70℃下搅拌 1～2h。最后加 NaOH 水溶液中和至 pH6.1～6.5，出料包装即得产品。反应式如下：

$$CH_3(CH_2)_3C(CH_3)(C_2H_5)-OH + n\,CH_2-CH_2(-O-) \longrightarrow$$

$$3CH_3(CH_2)_3C(CH_3)(C_2H_5)O(CH_2CH_2O)_nH + P_2O_5 \longrightarrow \text{本品}$$

【产品安全性】 有腐蚀性，不能接触皮肤，不慎触及皮肤立即用水冲洗干净。在阴凉通、风的库房保存，贮存期 6 个月。运输时应防止曝晒、雨淋。

【参考生产企业】 辽宁大连油脂化学厂，中科院上海有机化学研究所实验厂，吉林辽源市第三化工厂，江苏常州市胜利化工厂等。

Eb011 三元醇磷酸酯

【化学名】 三元醇聚氧乙烯醚磷酸酯

【英文名】 trihydric alcohol phosphate ester

【结构式】

$$\begin{array}{l} CH_2O(CH_2CH_2O)_mP(=O)(OH)_2 \\ | \\ CHO(CH_2CH_2O)_nP(=O)(OH)_2 \\ | \\ CH_2O(CH_2CH_2O)_lP(=O)(OH)_2 \end{array}$$

【物化性质】 棕色黏稠膏状物。对水中固体颗粒有吸附-解吸功能，可与季铵盐类活性剂复配。

【质量标准】

项目	指标
正磷酸含量/%	≤6.5
有机磷含量/%	≥35

【用途】 作阻垢剂，适用于油田注水、化工厂、炼油厂、空调系统和铜质换热器等循环冷却水中作阻垢剂和缓蚀剂，单独使用时投药浓度为 5～10mg/L，适当地提高浓度则有良好的缓蚀性能。

包装规格：用塑料桶包装，净重 50kg、100kg。

【制法】

方法 1：P_2O_5 与甘油反应　在压力釜中用碱作催化剂，环氧乙烷与甘油发生缩聚反应，生成聚氧乙烯甘油醚，然后与 P_2O_5 进行磷酯化反应。详见异辛醇聚氧乙烯醚磷酸酯。反应式如下：

$$\begin{array}{l} CH_2OH \\ | \\ CHOH + y\,CH_2-CH_2(-O-) \longrightarrow \text{本品} \\ | \\ CH_2OH \end{array}$$

方法 2：焦磷酸与甘油反应　将聚氧乙烯甘油醚加入反应釜中，加苯作溶剂，搅拌均匀。接着加入亚磷酸和焦磷酸，在 50～60℃下反应 5h，蒸出溶剂，冷却后加 1% 双氧水将亚磷酸氧化，加热水稀释至所需浓度即为成品。反应式如下：

$$\begin{array}{l} CH_2O(C_2H_4O)_mH \\ | \\ CHO(C_2H_4O)_nH + HO-P(=O)(OH)-O-P(=O)(OH)-OH \\ | \\ CH_2O(C_2H_4O)_lH \end{array} \longrightarrow \text{本品} + H_3PO_4$$

【产品安全性】 有腐蚀性，不能接触皮肤，触及立即用水冲洗干净。在阴凉、通风的库房保存，贮存期 6 个月。运输时应防止曝晒、雨淋。

【参考生产企业】 江苏常州武进精细化工厂，南京化工学院武进水质稳定剂厂，湖北北京天龙水处理技术公司，仙桃市水质稳定剂厂。

Eb012 十二烷基葡糖苷

【英文名】 dodecyl　polyglucosides

【结构】

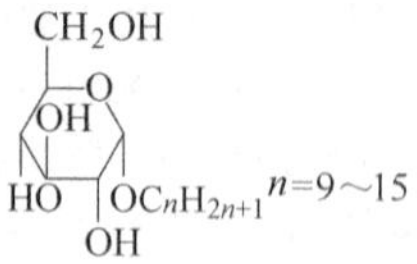

$$\text{烷基葡糖苷（}OC_nH_{2n+1}\text{），}n=9\sim15$$

【物化性质】 十二烷基葡糖苷具有表面张力低、性能温和、起泡和润湿性优良等特点，是一种新型的非离子表面活性剂。

【质量标准】

外观	淡黄色固体
游离醇含量/%	<0.2
泡沫高度/mm	>150
游离糖含量/%	<1
表面张力/Pa·s	0.025～0.035

【用途】 在油田开采中作石油/水乳油的破乳剂。

包装规格：用塑料桶包装，净重50kg、100kg。

【制法】

(1) 丁基葡糖苷的合成 将15份无水葡萄糖加入反应釜，在搅拌下依次加入0.2份对甲苯磺酸、少量磷酸三钠、活性氧化铝和60L丁醇，慢速搅拌均匀。然后加入0.05份固体酸，在快速搅拌下缓慢升温至100～110℃，维持60min后，再加入15份葡萄糖。反应出现浑浊现象后再加入15份葡萄糖，然后在120℃反应30min。

(2) 双醇交换法合成十二烷基葡糖苷 将事先预热至100℃的60份十二醇加入反应釜中，在搅拌下缓慢滴加第一步的苷化产物，维持85～90℃、60～70Pa压力，控制滴加过程约40min完成。

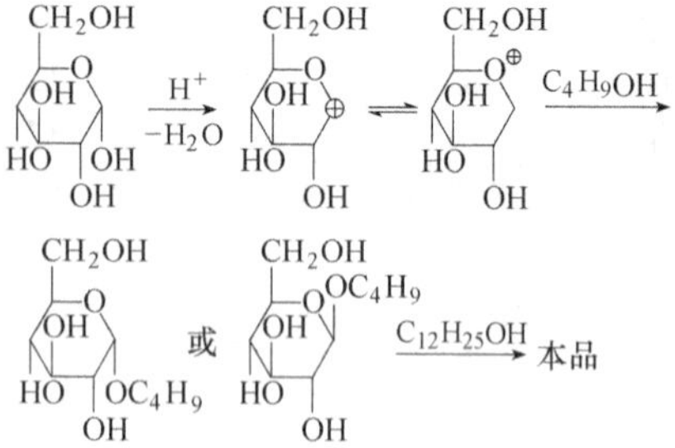

【产品安全性】 无毒，不能触及皮肤和黏膜，不慎接触立即用水冲洗干净。在阴凉、通风的库房保存，贮存期6个月。运输时应防止曝晒、雨淋。

【参考生产企业】 江苏新地服饰化工股份有限公司，天津试剂厂，辽宁大连油脂化

$$\text{葡萄糖} \xrightarrow[-H_2O]{H^+} \text{碳正离子} \rightleftharpoons \text{氧鎓离子} \xrightarrow{C_4H_9OH} \text{丁基葡糖苷（}OC_4H_9\text{）或} \xrightarrow{C_{12}H_{25}OH} \text{本品}$$

学厂，辽宁盘锦市表面活性剂厂，山西轻工业部日用化学所。

Eb013 OP-1012 防蜡剂

【英文名】 anti-wax agent OP-1012

【组成】 烷基酚聚氧乙烯醚

【物化性质】 具有良好的润湿降黏作用。

【质量标准】

外观	棕色黏稠液体
色泽	<500
羟值/(mg KOH/g)	70～80
浊点(1%水溶液)/℃	64～86

【用途】 做原油井和输油管的防蜡剂。

包装规格：用塑料桶包装，净重50kg、100kg。

【制法】 将100份苯酚和0.75份催化剂加入反应釜，在搅拌下依次加入理论量的烯烃，升温至140℃，回流8h，降温，压入蒸馏釜减压切割烷基苯酚馏分。然后把切割的烷基苯酚加入缩合釜，在无氧条件下150～160℃、0.2～0.3MPa与环氧乙烷缩合，羟值达到70～80mg KOH/g时结束反应，用醋酸调pH值至5.0～7.0。

【产品安全性】 无毒，渗透性好，不能接触眼睛和黏膜。在阴凉、通风的库房保存，贮存期6个月。运输时应防止曝晒、雨淋。

【参考生产企业】 江苏新地服饰化工股份有限公司，天津试剂厂，辽宁大连油脂化

学厂，辽宁盘锦市表面活性剂厂，山西轻工业部日用化学所。

Eb014 糖脂

【英文名】 glycolipid

【结构】

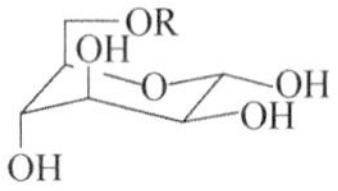

甘露糖酯

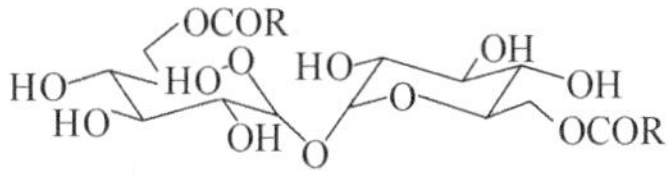

【物化性质】 在糖脂生物表面活性剂分子中，糖是作为亲水基，而脂肪酸或羟基脂肪酸的烷基部分是疏水结构。

【质量标准】

外观	白色粉末
表面张力/(mN/m)	32.01

【用途】 在三次采油中作驱油剂。

包装规格：用塑料桶包装，净重50kg、100kg。

【制法】

(1) 材料

① 菌种。采用的菌种从炼油厂附近油污土样中分离筛选纯化而来。

② 培养基。斜面培养基：营养琼脂培养基。

种子培养基：$NaNO_3$ 12g，KH_2PO_4 0.875g，K_2HPO_4 1.125g，$MgSO_4$ 1.5g，$MnSO_4$ 0.01g，$FeSO_4$ 0.015g，酵母膏0.75g，定容1L，豆油6%pH 7.0。

发酵培养基：$NaNO_3$ 2.5～4.5g，KH_2PO_4 0.225～1.575g，K_2HPO_4 0.275～2.205g，$MgSO_4$ 1.5g，$MnSO_4$ 0.018g，$FeSO_4$ 0.015g，酵母膏0.758g，定容1L，豆油6%，pH 7.0～8.5。

(2) 培养方法　斜面30℃恒温培养24h，制成菌悬液，接种至种子培养基中，在30℃下加入10L于通用式机械搅拌通风发酵罐中，分6次加入碳源，发酵罐装液系数75%，在罐压0.05MPa、搅拌转数150～240r/min下，发酵96h，最高糖脂产量为7.073g/L。发酵液用三氯甲烷-甲醇［2∶1（体积比）］溶剂提取，减压蒸干，得粗产品。

【产品安全性】 无毒，无刺激，生物降解良好。在阴凉、通风的库房保存，贮存期12个月。

【参考生产企业】 浙江省嘉兴市卫星化工集团，辽宁大连油脂化学厂，中科院上海有机化学研究所实验厂，吉林辽源市第三化工厂，南京金陵石化公司化工二厂。

Eb015 APG磺基琥珀酸单酯盐

【英文名】 APG mono sodoum sufosuccinate monoester

【结构式】

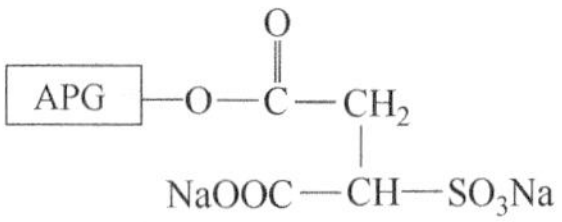

APG—O—C(=O)—CH₂—CH(SO₃Na)—COONa

【物化性质】 浅黄色透明液体，APG磺基琥珀酸单酯盐具有表面活性好，起泡、稳泡性高等特点，对皮肤的刺激性低、毒性小。

【质量标准】

润湿性/s	19.6
乳化性/s	751
活性物含量/%	≥70
分散性(LSDP)/%	43
起泡性(0min/5min)/mm	175/154

【用途】 该产品可用于石油开采配制钻井液，湿润冷却钻井工具。

包装规格：用塑料桶包装，净重50kg、100kg。

【制法】 以绿色表面活性剂 APG（烷基多苷）为原料，经酯化、磺化得 APG 磺基琥珀酸单酯盐，该工艺无三废污染。

将适量 APG 装入 100L 反应器中预热至体系黏度不很大时，开启搅拌，至反应温度 70～85℃加催化剂，按 APG∶顺酐（摩尔比）为 1∶（1.2～1.4）的比例缓慢加入顺酐，加酐速度以维持体系恒温为准。恒温反应 4～6h 后，取样测酸值，其后每隔 1h 测一次，当相邻两次酸值之差小于 1mg KOH/g 时，认为达到酯化终点。酯化反应结束后，调节体系至一定温度，加入预先配制的 10%～20% Na_2SO_3 水溶液（酐量的 1.05 倍），加入速度以不改变反应体系温度为准，用 Na_2SO_3 残量法确定磺化终点。

$$\boxed{\text{APG}}-\text{OH}\xrightarrow[\text{Cat},\,T]{\text{HC}=\text{CH (maleic anhydride)}}$$

$$\boxed{\text{APG}}-\text{O}-\overset{\text{O}}{\overset{\|}{\text{C}}}-\text{CH}{=}\text{CH}-\text{COOH}\xrightarrow[\text{H}_2\text{O}]{\text{Na}_2\text{SO}_3}\text{本品}$$

【产品安全性】 安全性好，对皮肤无刺激。在阴凉、通风的库房保存，贮存期 12 个月。运输时应防止曝晒、雨淋。

【参考生产企业】 辽宁大连油脂化学厂，中科院上海有机化学研究所实验厂，吉林辽源市第三化工厂，南京金陵石化公司化工二厂，浙江省嘉兴市卫星化工集团。

Eb016 醇醚羧酸盐

【英文名】 ethoxylated carboxylates

【结构】

$RO(CH_2CH_2O)_nCH_2CH_2OCH_2COONa$

【物化性质】 醇醚羧酸盐性能温和、无毒、生物降解性和表面活性好，具有优良的润湿性、渗透性、抗硬水性、抗静电性，泡沫丰富且稳定，并且能与阴离子、氧化剂、还原剂等共存。

【质量标准】

项目	指标
外观	黄色黏稠液
pH 值	7
活性物含量/%	90

【用途】 用于石油输送和三次采油作降黏剂。

包装规格：用塑料桶包装，净重 50kg、100kg。

【制法】 以醇醚、一氯乙酸为原料合成醇醚羧酸盐，加入碱作缚酸剂，消除了 HCl 对环境的污染。该方法原料易得，产率稳定，工艺清洁。将一氯乙酸、氢氧化钠在搅拌下依次加入反应器中，升温至 70℃，开始滴加脂肪醇聚氧乙烯醚，滴加过程中保温 70～75℃。滴毕后在 70～80℃下反应 3h，得脂肪醇聚氧乙烯醚乙酸钠。反应式如下：

$$RO(CH_2CH_2O)_nCH_2CH_2OH\xrightarrow[OH^-]{ClCH_2COOH}\text{本品}$$

【产品安全性】 非危险品，不能与阳离子物共混，不能接触皮肤和黏膜。在阴凉、通风的库房保存，贮存期 6 个月。运输时应防止曝晒、雨淋。

【参考生产企业】 广州造纸厂，南京金陵石化公司化工二厂，浙江省化工研究院等。

Eb017 乳化酸

【英文名】 emulsifier acid

【组成】 复配物。

【物化性质】 白色乳液。

【质量标准】

项目	指标
乳液稳定性(25℃静置 24h)	不分层

【用途】 用于油气井压裂酸化作业，可降低摩阻，降低酸液滤失速率。

包装规格：用洁净、干燥的、镀锌铁桶包装，每桶净含量 25kg、200kg

或 250kg。

【制法】 将 2 份原油、2 份柴油、6 份土酸（盐酸与氢氟酸的混合物）、5 份乳化剂、0.01 份聚丙烯酰胺依次加入均化器中，制成乳化剂。

【产品安全性】 非危险品，低刺激性。本系列产品贮运时应防雨、防潮、避免曝晒，由于本品为可燃物，故贮运时应严防火种，贮存于室内阴凉处，贮存期 12 个月。

【参考生产企业】 辽宁化工研究院，辽宁旅顺化工厂，江苏省海安石油化工厂等。

Eb018 CT1～6 酸液胶凝剂

【英文名】 acidizing fluid gelling agent CT1～6

【组成】 铁离子络合剂和铁还原剂等。

【物化性质】 蛋黄色乳液，略带酯类气味。相对密度 1.05～1.09。

【质量标准】

项目	指标
凝固点/℃	≤0
酸溶性	合格
运动黏度/mPa·s	250～300
闪点/℃	≥110

【用途】 用于油气井压裂酸化作业，可降低摩阻、降低酸液滤失率。有较好的抗热能力，剪切稳定性好。

包装规格：用塑料桶包装，净重 50kg。

【制法】 将聚丙烯酰胺 1.5 份、36 份水加入反应釜内，高速搅拌 1min，静置 5d，加入 150 份硫代硫酸钠，大约 1min 后加入 50 份冰醋酸，搅拌均匀得产品。

【产品安全性】 酸性，有腐蚀性。工作时戴橡皮手套，不能接触眼睛和黏膜，不慎触及立即用水冲洗干净。贮存于通风、干燥的库房中，室温保质期 12 个月。

【参考生产企业】 上海瀛正科技有限公司技术部，陕西延长石油精细化工科技有限公司。

Eb019 CT 1～7 铁离子稳定剂

【英文名】 iron ion stabilizer CT 1～7

【组成】 由铁离子络合剂和铁还原剂等组成。

【物化性质】 褐黑色糊香味液体。

【质量标准】

项目	指标
相对密度(20℃)	1.0～1.1
沸点/℃	≥105
凝固点/℃	<-8

【用途】 油井酸化用铁离子螯合剂，防止铁离子的二次沉淀。适用于井温 40～200℃、15%～28%盐酸酸化作业，可以提高酸化处理效率，降低地层伤害，配伍性好。

包装规格：用塑料桶包装，净重 200kg。

【制法】 将柠檬酸与氨基三醋酸酯（NTA）以 1∶1 的质量比进行复配而得。

【产品安全性】 酸性，有腐蚀性。工作时戴橡胶手套，不能接触眼睛和黏膜，不慎触及立即用水冲洗干净。贮存于通风、干燥的库房中，室温保质期 12 个月。

【参考生产企业】 上海瀛正科技有限公司技术部，陕西延长石油精细化工科技有限公司。

Eb020 铁离子稳定剂

【英文名】 iron ion stabilizer

【组成】 多烯基胺亚甲基膦酸盐聚合物。

【物化性质】 浅红色液体，对铁离子有良好的络合作用。可与 Fe^{3+}、Fe^{2+} 络合或螯合，使它在酸中不易发生水解，防止铁凝胶沉淀造成二次污染。

【质量标准】

项目	指标
总磷酸根/%	≥9.15
正磷酸根/%	<0.2
凝固点/℃	>0
pH 值	2.5±0.5

【用途】 作油田注水系统的缓蚀剂，亦可作低钙、低硬度、高含盐的冷却水处理，一般添加量控制在 3%～5%。

包装规格：用塑料桶包装，净重200kg。

【制法】 将57kg四乙烯五胺加到反应釜中，再加入57kg水在搅拌下加热至80℃，再加入28kg环氧氯丙烷，滴毕后在90～100℃下搅拌2h，然后加水稀释至树脂浓度为50%。将上述树脂50kg在冷却下缓缓加入已装有50kg水的反应釜中，再在搅拌下加入49kg亚磷酸、61kg盐酸水溶液（37%），搅拌均匀，加热回流1h。冷却至40℃开始滴加61kg甲醛（37%），加完后回流2h，得产品。

【产品安全性】 酸性，有腐蚀性。工作时戴橡胶手套，不能接触眼睛和黏膜，不慎触及立即用水冲洗干净。贮存于通风、干燥的库房中，室温保质期24个月。

【参考生产企业】 东营市双乔化工有限公司，上海瀛正科技有限公司技术部，陕西延长石油精细化工科技有限公司。

Eb021 7812型缓蚀剂

【英文名】 corrosion inhibitor 7812

【组成】 季铵盐复配物。

【物化性质】 棕色至棕黑色均匀油状液，相对密度0.97±0.05。

【质量标准】

项目	指标
黏度(30℃)/mPa·s	1500
含量/%	≥40
腐蚀速度/[g/(m²·h)]	≤6.0

【用途】 用作油气井酸化压裂工艺中盐酸、土酸及其他工业中酸洗缓蚀剂。

包装规格：用塑料桶包装，净重200kg。

【制法】 将等物质的量的烷基吡啶氯化苯依次加入反应釜中，加异丙醇和水为溶剂，在搅拌下升温至60℃后，封闭反应釜，加压至在0.2MPa，在120～130℃下反应2h，得季铵盐，然后与甲醛缩合，与表面活性剂复配得产品。

【产品安全性】 酸性，有腐蚀性。工作时戴橡胶手套，不能接触眼睛和黏膜，不慎触及立即用水冲洗干净。贮存于通风、干燥的库房中，室温保质期12个月。

【参考生产企业】 西安蓝翔化工有限公司，天津润格助剂科技有限公司，上海瀛正科技有限公司技术部，陕西延长石油精细化工科技有限公司。

Eb022 CT1～2型缓蚀剂

【英文名】 corrosion inhibitorCT1～2

【组成】 复配物。

【物化性质】 棕红色液体，相对密度（20℃）1.03～1.07，凝固点小于－10℃，高温缓蚀效果明显，使用方便。

【质量标准】

项目	指标
运动黏度/mPa·s	<20
腐蚀速度（20% HCl，150℃）/[g/(m²·h)]	<15
酸溶性	合格

【用途】 主要用于含硫化氢气体的油气井，高温（120～200℃）酸化处理。

包装规格：用塑料桶包装，净重200kg。

【制法】 以醛、酮、胺缩合物为基础组分，复配多种增效剂、表面活性剂和溶剂。

【产品安全性】 酸性，有腐蚀性。工作时戴橡胶手套，不能接触眼睛和黏膜，不慎触及立即用水冲洗干净。贮存于通风、干燥的库房中，室温保质期12个月。

【参考生产企业】 定边县长井化工物资有限责任公司，西安凯洁精细化工制造有限公司，上海瀛正科技有限公司技术部，陕西延长石油精细化工科技有限公司。

Eb023 聚丙烯酰胺

【英文名】 polyacrylamide

【登记号】 CAS [9003-05-8]

【结构式】

$$-\!\!\left[CH_2-\underset{\displaystyle CONH_2}{\underset{|}{CH}}\right]_n\!\!-$$

【物化性质】 溶于水，不溶于有机溶剂。

【质量标准】

型号	干粉			胶体	
	Ⅰ	Ⅱ	Ⅲ	Ⅰ	Ⅱ
外观	白色粉末或细砂状，无机械杂质			无色或微黄色透明液	
相对分子质量				(300～400)×10^4 ＞400×10^4	
固含量/%	≥90	≥90	≥90	5	5
游离单体/%	PAM ≤2	PHP ≤1		≤0.5	≤0.5
水溶性	50～60℃搅拌6h全部溶解			5%水溶液常温溶解	
特性黏度/(mL/g)	706.2～1115.86 1115.86～1458.25 ≥1458.25				

【用途】 用作水基钻井液的絮凝剂，能改善钻井液的流变性能，减少摩阻等功能。

包装规格：固体用内衬塑料袋的木桶包装，净重30kg；液体用塑料桶包装，净重200kg。

【制法】

1. 胶体聚丙烯酰胺

将1200kg去离子水加入水解釜中，在搅拌下加入丙烯腈、0.3kg氢氧化铝、氢氧化铜复合催化，在85～125℃下进行水解反应。反应结束后蒸出未反应单体丙烯腈。将丙烯酰胺配成7%～8%的水溶液，加入聚合釜，在过硫酸铵引发下进行聚合反应。

2. 高分子量聚丙烯酰胺

将丙烯腈在110～140℃、0.3MPa下水解合成丙烯酰胺。将丙烯酰胺加入已装有去离子水的聚合釜中，在过硫酸铵50mg/kg引发下反应8～24h，然后在碱性条件下于70～80℃下水解得产品。

【产品安全性】 美国的食品药物管理局说明：PAM及其水解体是低毒或无毒的。聚丙烯酰胺中的残留单体的含量一般为0.5%～0.05%，应用于自来水公司的水处理时，丙烯酰胺含量0.2%以下，用于直接饮用水处理时，需在0.05%以下。溶解的温度不能超过60℃，超过60℃的时候易分解。贮存于通风、干燥的库房中，保质期24个月。

【参考生产企业】 郑州永泉水处理材料有限公司，巩义市亿洋水处理材料有限公司，任丘市聚鑫化工有限公司。

Eb024 亚甲基聚丙烯酰胺

【英文名】 methylene polyacrylamide

【组成】 丙烯酰胺与亚甲基丙烯酰胺的共聚物。

【物化性质】 半网状丙烯酰胺聚合物，具有高效增稠性、减阻性及抗剪切能力。

【质量标准】

项目	指标
外观	无色透明的黏稠液或粉状
相对分子质量	(300～1200)×10^4
胶体/%	≥7
游离单体/%	≤0.5
固含量/%	≥90

【用途】 作水基压裂的增稠剂，可与各种金属离子交联成凝胶。

包装规格：用塑料桶包装，净重200kg。

【制法】 将丙烯酰胺加入聚合釜中，加入去离子水，加热溶解后再加入适量的亚甲基丙烯酰胺为交联剂，在50℃下搅拌2h，然后过滤，除杂，浓缩后得黏稠液。将黏稠液减压真空干燥得固体，粉碎成粉末状，即为成品。

【产品安全性】 酸性，有腐蚀性。工作时戴橡皮手套，不能接触眼睛和黏膜，不慎触及立即用水冲洗干净。贮存于通风、干燥的库房中，室温保质期12个月。

【参考生产企业】 定边县长井化工物资有限责任公司，西安凯洁精细化工制造有限公司，上海瀛正科技有限公司技术部，陕西延长石油精细化工科技有限公司。

Eb025 聚乙二醇双硬脂酸酯

【别名】 增稠剂 PEGS，Thickening Agent PEGS

【英文名】 polyoxyethylene glycol bistearate

【结构式】

$C_{17}H_{35}COOC_2H_4O(C_2H_4O)_{n+1}C_2H_4OOCC_{17}H_{35}$

【物化性质】 PEGS 熔点 (56±1)℃；浊点 (91±1)℃。低毒、低泡沫、渗透性强、色泽浅，具有良好的乳化、分散、去污、降低表面张力等优点。

【质量标准】 GB/T 5560—2003

外观	褐色半固体状
固含量/%	50
pH 值	7~7.5
黏度(5%的水溶液,35℃)/mPa·s	>3700
HLB	16
酸值/(mg KOH/g)	<10
皂化值/(mg KOH/g)	120

【用途】 在纺织印染行业中作增稠剂。高分子量的 PEGS 具有高乳化性、润湿性和增溶性，是替代脂肪醇聚氧乙烯醚(AEO) 的环保产品。

包装规格：用塑料桶包装，净重 50kg、180kg。

【制法】 将配方量的 PEG6000 和硬脂酸投入反应器，升温至 75℃使物料熔化，加入适量的复合催化剂，然后抽真空、通氮，加热到 (125±5)℃，于 0.07MPa 下反应 5h，降温，加入三乙醇胺中和得产品。最佳反应时间为 5h，最佳反应温度为 120~130℃。反应式如下：

$$HOC_2H_4O(C_2H_4O)_{n+1}C_2H_4OH \xrightarrow{C_{17}H_{35}COOH} 本品$$

【产品安全性】 低毒、低刺激。不能接触眼睛和黏膜，不慎触及立即用水冲洗干净。密封存放在阴凉、干燥的库房内，室温贮存期 6 个月。运输时应防止日晒、雨淋。

【参考生产企业】 杭州拓目科技有限公司，江苏省海安石油化工厂，上海安益化工有限公司。

Eb026 田菁胶

【别名】 豆胶、咸菁胶

【英文名】 sesbania gum

【组成】 主要成分是半乳甘露聚糖。

【物化性质】 奶油色松散状粉末，溶于水，不溶于醇、酮、醚等有机溶剂。常温下它能分散于冷水中，形成黏度很高的水溶胶溶液，其黏度一般比天然植物胶、海藻酸钠、淀粉高 5~10 倍。pH 6~11范围是稳定的，pH 7.0 时黏度最高，pH 3.5 时黏度最低。田菁胶溶液属于假塑非牛顿流体，其黏度随剪切率的增加而明显降低，显示出良好的剪切稀释性能。能与络合物中的过渡金属离子形成具有三维网状结构的高黏度弹性胶冻，其黏度比原胶液高 10~50 倍，具有良好的抗盐性能。

【质量标准】 GB 2760—2011

平均分子量	20.6×10^4
黏度/mPa·s	60
总糖含量/%	85.9
细度(过 20 目筛)/%	≥99.5
水分/%	≤8
水不溶物/%	≤45

【用途】 用作水基酸化压裂液的稠化剂，可与多价金属离子交联成凝胶。

包装规格：用内衬塑料袋的木桶包装，净重 25kg。

【制法】 由田菁种子内胚乳提取植物胶，经干燥得粉剂。

【产品安全性】 天然产品，无毒、无刺

激。贮存于通风、干燥的库房中，室温保质期5个月。

【参考生产企业】 郑州龙生化工产品有限公司，武汉佰兴生物科技有限公司，苏州大德汇鑫生物科技有限公司。

Eb027 速溶田菁粉

【英文名】 instant soluble tian jing gum

【组成】 羧甲基田菁。

【物化性质】 淡黄色粉末，无结块，易溶于水。

【质量标准】

细度(过120目筛)/%	≥99.5
水分/%	≤8
水不溶物/%	≤4.5
黏度(30℃)/mPa·s	50
残渣/%	≤10

【用途】 用作水基压裂液的稠化剂，可与多价离子交联成凝胶。

包装规格：用内衬塑料袋的木桶包装，净重25kg。

【制法】 将田菁粉、氢氧化钠、氯乙酸按一定比例加入反应釜中，以水、异丙醇作溶剂，在50～60℃下进行碱化醚化，反应5h后结束。用冰醋酸调pH值至中性，浓缩、结晶、干燥得产品。

【产品安全性】 天然产品，无毒、无刺激。贮存于通风、干燥的库房中，室温保质期5个月。

【参考生产企业】 郑州龙生化工产品有限公司，武汉佰兴生物科技有限公司，苏州大德汇鑫生物科技有限公司。

Eb028 豆胶

【英文名】 galactomannan gum

【组成】 主要成分是半乳甘露聚糖。

【物化性质】 淡黄色粉末。

【质量标准】

品名	槐树豆胶	羟乙基槐树豆胶	羟甲基槐树豆胶	葫芦巴豆胶	皂仁胶	羟乙基皂仁胶
粒度(过80目筛)/%		100				
黏度0.5%液/mPa·s	>25	>80	>90	>80	>10	>11
水分/%	≤10	≤14	≤14	≤10	≤10	≤14
水不溶物/%	45～50	≤13	5～10	≤35	25～35	12～14

【用途】 用作水基压裂液的稠化剂，可与硼砂或明矾等交联。

包装规格：用内衬塑料袋的木桶包装，净重25kg。

【制法】 从豆类肉胚中提取胶质，然后干燥成粉，并根据需要进行改性处理。

【产品安全性】 天然产品，无毒、无刺激。贮存于通风、干燥的库房中，室温保质期5个月。

【参考生产企业】 郑州龙生化工产品有限公司，武汉佰兴生物科技有限公司，苏州大德汇鑫生物科技有限公司。

Eb029 羟甲基纤维素胶

【英文名】 CMC gum

【组成】 CMC水基冻胶。

【物化性质】 浅黄色胶体，属阴离子型纤维素醚。密度0.5～0.7g/cm^3，几乎无臭、无味，具吸湿性，易于分散在水中成透明胶状溶液，在乙醇等有机溶剂中不溶。1%水溶液pH为6.5～8.5，当pH>10或<5时，胶浆黏度显著降低，在pH=7时性能最佳。对热稳定，在20℃以下黏度迅速上升，45℃时变化较慢，80℃以上长时间加热可使其胶体变性而黏度和性能明显下降。

【质量标准】

黏度(0.5%水溶液,300℃)/mPa·s	8～10
水不溶物/%	≤2

【用途】 具有黏合、增稠、增强、乳化、保水、悬浮等作用，广泛应用于油田、食品、医药、化工等各个方面。

包装规格：用洁净、干燥的镀锌铁桶包装，每桶净含量 25kg、200kg 或 250kg。

【制法】 首先将水加入反应釜中，再加入甲醛溶液，在搅拌下缓缓加入 CMC，加完后搅拌 1h，然后加入交联剂络盐和破乳剂，放置 1h 成冻胶。最后加入纤维素酶进行水化，10h 后逐渐解黏水化得成品。投料比为水：甲醛：CMC：络盐：破乳剂：纤维素酶=1：2.5：3.5：1.4：0.1：0.0045。

【产品安全性】 天然产品，无毒、无刺激。贮存于通风、干燥的库房中，室温保质期 5 个月。

【参考生产企业】 江苏盐城科利达科技有限公司，衢州市明锋合格有限公司，湖北盛天恒创生物科技有限公司，濮阳市诚意增塑剂有限公司。

Eb030 防蜡剂

【英文名】 paraffin inhibitor

【组成】 多亚乙基多胺聚氧丙烯聚氧乙烯酸的嵌段共聚物与其他非离子表面活性剂、溶剂组成的复配物。

【物化性质】 棕黄色黏稠液。

【质量标准】

型号	PW8105	ME8407	FG5545
相对密度(20℃)	0.95	0.95	0.96
黏度(40℃)/mPa·s	24.37	23.73	26.31
倾点/℃	－15	－51	－75
色度号	≤350	≤350	<200
羟值/(mg KOH/g)	≤65	≤65	40～60
pH 值	9～10		

【用途】 用作油井防蜡，延长清蜡周期。

包装规格：用洁净、干燥的镀锌铁桶包装，每桶净含量 25kg、200kg 或 250kg。

【产品安全性】 无毒、无刺激，贮存于通风、干燥的库房中。本系列产品贮运时应防雨、防潮，避免曝晒，由于本品为可燃物，故贮运时应严防火种。贮存于室内阴凉处，贮存期 12 个月。

【参考生产企业】 辽河油田大力化工助剂厂，华北石油开元助剂厂，克拉玛依奥克化学有限公司。

Eb031 清蜡剂 ME 9104

【英文名】 paraffin remover ME9104

【组成】 多种 PO/EO 聚醚复配物。

【物化性质】 淡黄色液体，相对密度(20℃) 0.962，溶于水。

【质量标准】

黏度(40℃)/mPa·s	25
倾点/℃	－53

【用途】 用于油井作清蜡剂，能降低原油黏度和输送温度，在脱水站可用于原油破乳脱水。

包装规格：用塑料桶包装，净重 50kg、200kg。

【制法】 将脂肪醇聚氧乙烯醚和脂肪醇聚氧丙烯醚按比例复配而成。

【产品安全性】 无毒、无刺激，贮存于通风、干燥的库房中。本系列产品贮运时应防雨、防潮、避免曝晒，由于本品为可燃物，故贮运时应严防火种。贮存于室内阴凉处，贮存期 12 个月。

【参考生产企业】 辽河油田大力化工助剂厂，华北石油开元助剂厂，克拉玛依奥克化学有限公司。

Eb032 QS-1 清蜡剂

【英文名】 paraffin remover QS-1

【组成】 复配物。

【物化性质】 棕黑色液体，相对密度(20℃) 0.88。

【质量标准】

项目	指标
溶蜡速度/[mg/(mL·min)]	>0.5
溶蜡量/(g/mL)	>0.5
氯含量/(mg/L)	5
倾点/℃	<-35

【用途】 采油过程中用作清蜡剂，可解决蜡引起的堵塞问题。

包装规格：用塑料桶包装，净重25kg、50kg、200kg。

【制法】 由烷烃、环烷烃、芳烃及助溶剂按一定比例复配而成。

【产品安全性】 无毒、无刺激，贮存于通风、干燥的库房中。本系列产品贮运时应防雨、防潮，避免曝晒，由于本品为可燃物，故贮运时应严防火种。贮存于室内阴凉处，贮存期12个月。

【参考生产企业】 盘锦辽河油田科技实业有限公司化学助剂厂。

Eb033 RJ 系列清蜡防蜡剂

【英文名】 paraffin remover and inhibitor BJ series

【组成】 复配物。

【质量标准】

型号	BJ-4	BJ-7	BJ-8	BJ-9
外观	黄至棕色液体	暗黄至棕色液体	深黄至棕色液体	深黄至棕色液体
闪点(开杯)/℃	<40	<40	<45	<40
相对密度	0.90～0.95	0.87～0.91	1.0～1.1	0.87～0.90
倾点/℃	<-30	<-2	-5～-10	
凝固点/℃		<-30		
pH值	6.5	6.0	8.0～10	6.0

【用途】 用于油井清蜡防蜡，可延长清蜡周期，亦有解堵和地层清洗能力，对原油有降黏、降凝聚能力。

包装规格：用塑料桶包装，净重50kg。

【制法】 由表面活性剂、分散剂、稳定剂、助溶剂和有机溶剂复配而成。

【产品安全性】 无毒、无刺激，贮存于通风、干燥的库房中。本系列产品贮运时应防雨、防潮，避免曝晒，由于本品为可燃物，故贮运时应严防火种。贮存于室内阴凉处，贮存期12个月。

【参考生产企业】 辽河油田大力化工助剂厂，华北石油开元助剂厂，克拉玛依奥克化学有限公司。

Eb034 降凝剂

【英文名】 reducer floe

【登记号】 CAS [25053-53-6]

【组成】 乙烯-醋酸乙烯聚合物。

【物化性质】 白色乳液。

【质量标准】

项目	指标
乳液粒径/μm	0.5～2.0
含量/%	37.5

【用途】 在油井开采时用作降凝剂。

包装规格：用塑料桶包装，净重50kg。

【制法】 将1000kg乙烯和80kg醋酸乙烯酯依次加入聚合釜中，然后通氮清洗反应釜，再冲乙烯清洗，随后升温至105℃，并压入乙烯，直至压力升到6.38MPa，在2.5h内连续用泵打入醋酸乙烯，共打入290kg。在2.5h内匀速连续加入催化剂过氧化二月桂酰苯溶液(100kg/h)，共加入250kg。在105℃下反应10min，降温至60℃出料，用氮气吹出溶剂，得白色乳液。

【产品安全性】 无毒、无刺激，贮存于通风、干燥的库房中。本系列产品贮运时应防雨、防潮、避免曝晒，由于本品为可燃物，故贮运时应严防火种。贮存于室内阴凉处，贮存期 12 个月。

【参考生产企业】 辽河油田大力化工助剂厂，华北石油开元助剂厂，克拉玛依奥克化学有限公司。

Eb035 粉状解卡剂 SR-301 DJKⅡ

【英文名】 powdered stuck freting agent SR-301，DJKⅡ

【组成】 复配物。

【物化性质】 灰黑色粉末，与柴油和水可配成不同密度的解卡剂。

【质量标准】

项目	指标
水分/%	≤2.0
固含量/%	≥98
pH 值	7.0～8.0

【用途】 用于解除各类钻井液造成的压差卡钻。

包装规格：用内衬双层塑料袋的纸板桶或塑料桶包装，净重 30kg。

【制法】 由氧化沥青、石灰粉、表面活性剂按比例复配而得。

【产品安全性】 可按一般工业化学品管理，使用时应戴手套和防护眼镜，避免直接与皮肤和眼睛接触，若沾上皮肤，用清水加肥皂冲洗即可。置于阴凉、干燥的库房内，防止日晒、雨淋，保质期 12 个月。

【参考生产企业】 辉县振光化工厂，中原油田泥浆厂。

Eb036 硬脂酸

【别名】 十八烷酸，octadecanoic acid

【英文名】 stearic acid

【登记号】 CAS [57-11-4]

【相对分子质量】 284.47

【结构式】 $C_{17}H_{35}COOH$

【物化性质】 白色带有光泽的固体，熔点 70～71℃，沸点 383℃，相对密度(20℃) 0.8408，折射率 1.4299。在 90～100℃下能慢慢挥发，不溶于水，能溶于乙醇、丙酮等有机溶剂。

【质量标准】

型号品名	一级品	二级品	三级品	四级品
碘值/(g I_2/100g)	≤2	≤4	≤8	≤16
皂化值/(mg KOH/g)	206～211	205～220	200～220	190～220
酸值/(mg KOH/g)	205～210	203～218	198～218	188～218
凝固点/℃	54～57	>54	>52	>52
水分/%	≤0.2	≤0.2	≤0.2	≤0.2
灰分/%	≤0.3	≤0.3	≤0.3	≤0.4
无机酸/%	≤0.001	≤0.001	≤0.001	≤0.001
色泽	洁白色	白色	微黄色	浅黄色

【用途】 用作油基钻井液乳化剂，亦可用于橡胶工业和纺织工业作润滑剂、润湿剂。

包装规格：用内衬塑料袋的木桶包装，净重 25kg。

【制法】

① 压榨法：以动物油为原料，在氧化锌存在下于 1.17～1.47MPa 压力下水解，再经酸洗、水洗、蒸馏、冷却、凝固、压榨除去油酸后得成品。

② 将棉籽油、米糠油或豆油在水解剂存在下常压加热至沸，水解 1.5h，硬化为饱和脂肪酸。其反应式如下：

$$\begin{array}{l}CH_2OOCC_{17}H_{35}\\|\\CHOOCC_{17}H_{35}\\|\\CH_2OOCC_{17}H_{35}\end{array}\xrightarrow{H_2O}\text{本品}+CH_2OHCHOHCH_2OH$$

【产品安全性】 可按一般工业化学品管理，使用时应戴手套和防护眼镜，避免直接与皮肤和眼睛接触，若沾上皮肤，用清水加肥皂冲洗即可。置于阴凉、干燥的库房内，防止日晒、雨淋，保质期 12 个月。

【参考生产企业】 沈阳油脂化学厂，辽宁大连油脂化学厂，辽宁朝阳油脂化学厂，南京油脂化学厂，上海延安油脂化学厂，西安市勤俭化学厂。

Eb037 聚丙烯酰胺乳液

【英文名】 polyacrylamide emulsion

【结构式】

$$-\!\!\left[CH_2-\underset{\displaystyle CONH_2}{\underset{|}{CH}}\right]_n\!\!-$$

【物化性质】 外观为淡黄褐色糊状物，易分散于水中。

【质量标准】

项目	指标
酸值/(mg KOH/g)	14.0
有效成分/%	≥20
pH 值	7.0～8.0

【用途】 作为石油防沉降剂、分散剂，可提高石油的回收率。作为絮凝剂可用于废水处理，亦可作纸张增强剂。推荐在55℃以下的条件下分散，添加量为0.5%～3.0%（质量分数）。

包装规格：用塑料桶包装，净重25kg、50kg、100kg。

【制法】 用环氧丙烯酸单酯（EAAME）与端羧基聚酰胺树脂（CTPA）进行反应，反应产物在引发剂作用下与2-丙烯酰胺基-2-甲基丙磺酸（AMPS）进行自由基接枝聚合，中和聚合物得水分散型聚酰胺树脂乳液（WPAE）。

【产品安全性】 非危险品，可按一般化学品运输；不可食用，避免接触眼部。存贮时请注意密封保存，存放于干燥、通风处，常温下有效期为12个月。

【参考生产企业】 胜利油田胜利化工有限责任公司，苏州昊诺工贸有限公司，河间市华顺化工有限公司，广州润群化工有限公司，洛阳英东环保科技有限公司。

Eb038 硬脂酰胺

【别名】 十八碳酰胺

【英文名】 stearylamide

【登记号】 CAS [124-26-5]

【结构式】 $C_{17}H_{35}CONH_2$

【相对分子质量】 283.50

【物化性质】 在乙醇中重结晶后为无色叶状结晶。溶于热乙醇、氯仿、乙醚，难溶于冷乙醇，不溶于水。相对密度0.96，熔点108.5～109℃，沸点250℃(159986Pa)。润滑性比硬脂酸低，持续性较短，热稳定性较差，有初期着色性，与少量高级醇（C_{16}～C_{18}）配合可以克服上述缺点。

【质量标准】

项目	指标
外观	白色或淡黄色粉末
含氮量/%	4～8
酸值/(mg KOH/g)	2.5
碘值/(g I_2/100g)	1.0～5.0

【用途】 可作油基钻井液乳化剂、金属拉丝的润滑剂。亦可作聚氯乙烯、聚苯烯、脲醛树脂等塑料加工用的润滑剂和脱模剂，具有优良的外部润滑作用和脱模性。用于硬质透明挤塑成型时一般用量为0.3～0.8份。

包装规格：用内衬塑料袋的编织袋包装，净重25kg。

【制法】 将计量的硬脂酸投入反应釜加热熔融，在搅拌下继续升温至200℃，开始通入氨气。氨气从釜底通入，加快搅拌速度，加强气态与液态的接触。副产物水和未反应的氨气通过冷凝系统进入回收装置。当通入氨气相当于硬脂酸质量份数的2倍时，取气样检验，如果气体中不再含有水，反应到终点。停止通氨，趁热出料加工成型。用乙醇溶解后加入活性炭脱色，趁热过滤，冷却结晶，水洗晶体，干燥即为纯品。反应式如下：

$$C_{17}H_{35}COOH \xrightarrow{NH_3} C_{17}H_{35}CONH_2$$

【产品安全性】 非危险品，可按一般化学品运输，避免接触眼部。存贮时请注意密封保存，存放于干燥、通风处，常温下有效期为 12 个月。

【参考生产企业】 胜利油田胜利化工有限责任公司，苏州昊诺工贸有限公司，河间市华顺化工有限公司。

Eb039 亚乙基双硬脂酰胺

【别名】 *N*,*N*′-乙撑双硬脂酸胺

【英文名】 ethylene distearylamide

【登记号】 CAS [110-30-5]

【结构式】 $C_{17}H_{35}CONHCH_2CH_2NHCOC_{17}H_{35}$

【相对分子质量】 593.04

【物化性质】 相对密度 0.98 (25℃)，熔点 130～145℃，闪点约 285℃。不溶于水，但粉状物在 80℃以上具有可湿性，耐酸、碱和水介质、常温下不溶于乙醇、丙酮、四氯化碳等有机溶剂，但可溶于热的氯代烃和芳烃，冷却时析出沉淀或凝胶。

【质量标准】

外观	白色或淡黄色粉末或粒状物
酸值/(mg KOH/g)	≤7.5
游离脂肪酸/%	<4.0
含氮量/%	4.8
色度(碘比色)	≤5.0
水分/%	<0.5

【用途】 润滑性能优良，抗钙盐能力强，减阻效果好，用于饱和盐水中钻井，降低动力消耗。

包装规格：用内衬塑料袋的编织袋包装，净重 25kg。

【制法】 将 1mol 硬脂酸投入反应釜中，加热熔化，在搅拌下继续升温，升温至 140℃左右开始加入乙二胺，加入量相当于硬脂酸质量份数的 1.5 倍。将生成的副产物水和低沸点物通过分水器分出，反应温度维持在 140～160℃，当分出的水中不再含有乙二胺时，反应终止，趁热出料，成型后冷却包装。反应式如下：

$$C_{17}H_{35}COOH \xrightarrow{H_2NCH_2CH_2NH_2} \text{本品}$$

【产品安全性】 非危险品，可按一般化学品运输；不可食用，避免接触眼部。存贮时请注意密封保存，存放于干燥、通风处，常温下有效期为 12 个月。

【参考生产企业】 黑龙江齐齐哈尔轻工业学院化工厂，广州润群化工有限公司，洛阳英东环保科技有限公司。

Eb040 丙烯醛

【英文名】 acrolein

【登记号】 CAS [107-02-08]

【结构式】 $CH_2{=}CHCHO$

【相对分子质量】 56.06

【物化性质】 无色液体，熔点 86.9℃，沸点 52～53℃，相对密度 0.8411 (20℃)，折射率 1.4017，能与有机溶剂互溶。20℃下丙烯醛在水中的溶解度为 20.6%，水在丙烯醛中的溶解度为 6.8%。丙烯醛易聚合成二聚丙烯醛，在光线照射下成为半透明固体，贮存时可加入 0.2%对苯二酚作稳定剂。

【质量标准】

相对密度(20℃/20℃)	0.842～0.846
含量(质量分数)/%	≥92
10%水溶液的 pH 值(25℃)	≤6.2
对苯二酚/%	0.10～0.25
水分/%	≤0.5
其他饱和羟基物总量(以乙醛计)/%	5.3

【用途】 国外用作油田注水杀菌剂，以抑制水中细菌的生长，防止细菌在地层造成腐蚀及堵塞。

包装规格：用塑料桶包装，净重 20kg、50kg。

【制法】

方法 1：将甘油与硫酸氢钾或硫酸镁、硼酸、三氧化铝在 215～235℃共热，将反应生成的丙烯醛气体蒸出并经冷凝收

集，得粗品。将粗品加10%磷酸氢钠溶液调pH值至6左右，进行分馏，收集50～75℃馏分，即得丙烯醛精品［投料比（摩尔比）为甘油：硫酸氢钾：硫酸钾＝1：0.5：0.026］。

方法2：将丙烯、空气和水蒸气按一定比例混合后与催化剂一起送入固定床反应器，在0.1～0.2MPa、350～450℃下进行反应，接触时间0.8s，反应释放的热量回收用于蒸汽的生产。反应生成的气体混合物用水急冷，从急冷塔出来的尾气放空前经过洗涤。从急冷塔塔底出来的有机液进气提塔，气提出丙烯醛和其他轻组分，然后用蒸馏法从粗丙烯醛中除去水和乙醛［投料比（摩尔比）为丙烯：空气：水蒸气＝1：10：2］。

【产品安全性】 有刺激性，注意防护、不能接触眼睛和黏膜。贮于阴凉、干燥的库房内，贮存温度最好在5～35℃。运输时应防止曝晒、雨淋。

【参考生产企业】 北京东方化工厂，华北制药厂，广州第二制药厂，武汉有机实业股份有限公司，兰州化工工业公司石油化工厂。

Ec 油气集输用化学品

油气集输用化学品包括缓蚀剂、破乳剂、减阻剂、乳化剂、流动性改性剂、防蜡剂、清蜡剂等。这些化学品的添加能保证油气质量，保证生产过程安全可靠和降低能量消耗。鉴于大多数药剂已在其他章节有所涉及，本部分只介绍破乳剂。原油中通常含有沥青质，特别是高黏原油中含沥青较多。沥青相对分子质量大且分子中含有较多的羧基、羟基、巯基等活性基团，很容易和水形成稳定的乳化液。原油采出后，必须通过加入破乳剂及其他物理方法将采出液中的油和水分开，破乳是油气集输中的重要工序。

Ec001 破乳剂 AE 系列

【英文名】 demulsifier AE series

【别名】 多亚乙基多胺聚氧乙烯聚氧丙烯醚

【结构式】

$$\begin{matrix} R & & & & R \\ & \diagdown & & \diagup & \\ & N(CH_2CH_2N)_pCH_2CH_2N & & & \\ & \diagup \quad\quad | & & \diagdown & \\ R & \quad\quad R & & & R \end{matrix}$$

$$R=(C_2H_4O)_{m_i}(C_3H_6O)_{n_i}H$$

【物化性质】 本系列产品均为黄色或棕黄色黏稠液体，相对分子质量在 2000～4000，产品含量 65%左右。

【质量标准】

AE 型号	0604	10017	121	1910	2010
色度（铂-钴）	<300	<300	300	300	300
羟值/(mg KOH/g)	50	60	56	56	50
凝固点/℃				20～40	
pH 值			7		
脱水率/%			95		
AE 型号	4010	8031	8051	9901	
色度（铂-钴）	300	300	300	300	
羟值/(mg KOH/g)	56	35～45	40	300	
凝固点/℃	<20	-5～-10		50	
浊点/℃		19～25			

【用途】 用于原油低温脱水、脱盐，其亲水性比 AP 型破乳剂强。

包装规格：用洁净、干燥的、镀锌铁桶包装，每桶净含量 25kg、200kg 或 250kg。

【制法】 将计量的多亚乙基多胺作为起始剂加入压力釜，再加入 0.5% 的固体 NaOH 作催化剂，用干燥氮气驱尽釜中空气。升温至 100℃后开始通入配比量的环氧乙烷，在 120～140℃、0.2MPa 下反应 4h。然后在降压条件下降温至 100℃后，继续通环氧丙烷进行缩聚反应。反应完毕后加硫酸中和，压滤除去无机盐，将滤液加入蒸馏釜脱水后加溶剂稀释成65%的溶液。反应式如下：

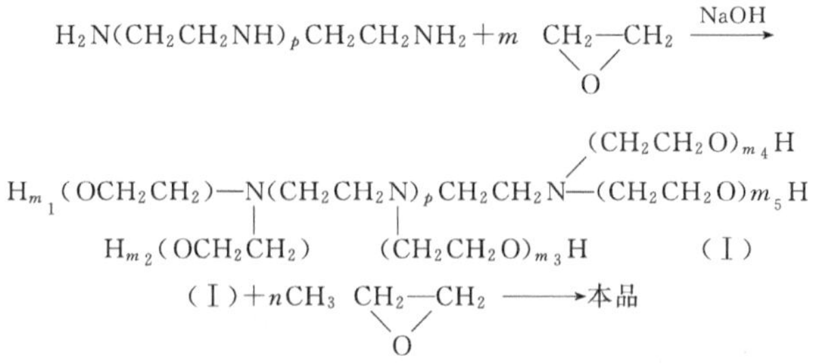

$$H_2N(CH_2CH_2NH)_pCH_2CH_2NH_2+m\ \underset{\diagdown\ O\ \diagup}{CH_2—CH_2}\xrightarrow{NaOH}$$

$$H_{m_1}(OCH_2CH_2)—N(CH_2CH_2N)_pCH_2CH_2N(CH_2CH_2O)_{m_4}H\ (CH_2CH_2O)_{m_5}H;\ H_{m_2}(OCH_2CH_2)\ (CH_2CH_2O)_{m_3}H\quad (\text{I})$$

$$(\text{I})+nCH_3\ \underset{\diagdown\ O\ \diagup}{CH_2—CH_2}\longrightarrow 本品$$

$$m=m_1+m_2+m_3+m_4+m_5\quad n=n_1+n_2+n_3+n_4+n_5\quad i=1,2,3,4,5$$

【产品安全性】 非危险品，不能接触眼睛和黏膜。本系列产品贮运时应防雨、防潮，避免曝晒，由于本品为可燃物，故贮运时应严防火种。贮存于室内阴凉处，贮存期12个月。

【参考生产企业】 吉林辽源石油化工厂，山东滨州化工厂等。

Ec002 破乳剂AF系列

【别名】 烷基酚甲醛树脂聚氧乙烯聚氧丙烯醚

【英文名】 demulsifier AF series

【相对分子质量】 400～2000

【结构式】

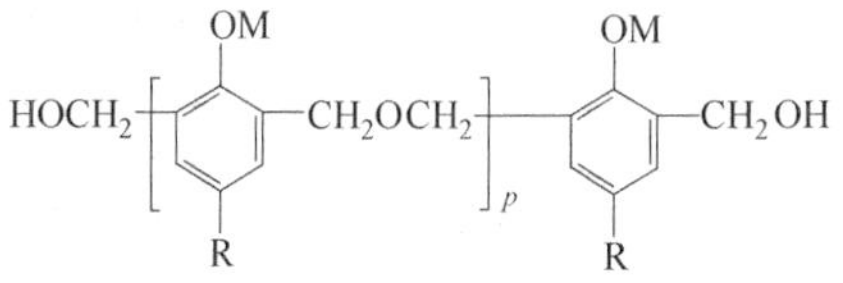

$$HOCH_2-[C_6H_2(OM)(R)-CH_2OCH_2]_p-C_6H_2(OM)(R)-CH_2OH$$

$$M=(C_2H_4O)_m(C_3H_6O)_nH$$

【物化性质】 棕黄色透明黏稠液体，溶于水，亦溶于油。

【质量标准】

项目	指标
色度	<500
凝固点/℃	20～30
羟值/(mg KOH/g)	<50

【用途】 用作原油低温脱水、脱盐、降黏、防蜡等方面。

包装规格：用塑料桶包装，净重25kg、50kg、200kg。

【制法】 将计量的烷基酚甲醛树脂、适量的环氧乙烷、环氧丙烷和相当于单体总量0.5%的氢氧化钠加入高压釜中，密封后通干燥氮气置换釜中空气，开动搅拌，升温至125℃左右，反应至釜压停止上升，逐渐降至常压结束反应，得AF系列破乳剂。本系列产品包括AF2036#、AF8921#、AF3125#、AF6231#、AF8422#、AF8425#。例如，烷基酚醛树脂：环氧乙烷：环氧丙烷=1：3.29：8.70（摩尔比）得AF8422#。反应式如下：

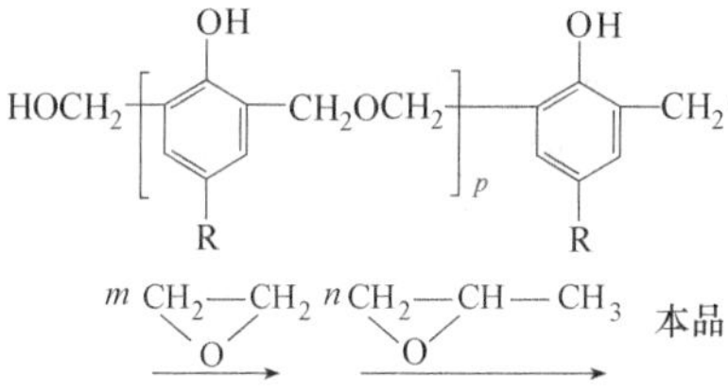

$$HOCH_2-[C_6H_2(OH)(R)-CH_2OCH_2]_p-C_6H_2(OH)(R)-CH_2OH\xrightarrow{m\ \underset{\diagdown O \diagup}{CH_2—CH_2}}\xrightarrow{n\ \underset{\diagdown O \diagup}{CH_2—CH—CH_3}}本品$$

【产品安全性】 有刺激性，不能接触眼睛和黏膜，不慎触及立即用水冲洗干净。贮存于通风、干燥的库房中，室温保质期12个月。

【参考生产企业】 宜兴市丰达化学厂，克拉玛依市三重实业公司，湖北沙市石油化工厂等。

Ec003 破乳剂AP系列

【别名】 多乙烯多胺聚氧乙烯聚氧丙烯醚

【英文名】 demulsifier AP series

【结构式】

$H_2N(C_2H_4NH)_pC_2H_4NH(C_3H_6O)_m(C_2H_4O)_nH$

【物化性质】 浅黄色或棕黄色黏稠液体，易溶于水。

【质量标准】

AP型号	AP134	AP136	AP8051	SAP116
羟值/(mg KOH/g)	40～60	40～60	56	<50
pH值	8～10	8～10	—	
凝固点/℃	-10～-15	-10	-15	
浊点(1%水溶液)/℃	20		25	
色度/号				500

【用途】 用作破乳剂，适于油包水型原油乳状液的脱水。其特点是脱水速度快，低温脱水性能好，冬季流动性好。

包装规格：用塑料桶包装，净重25kg、50kg、200kg。

【制法】 以碱为催化剂、多亚乙基多胺为起始剂，由环氧丙烷、环氧乙烷缩聚而得多乙烯多胺聚氧乙烯聚氧丙烯醚。然后用稀硫酸中和，压滤除去无机盐，脱水后加入适量的溶剂而制得产品。反应式如下：

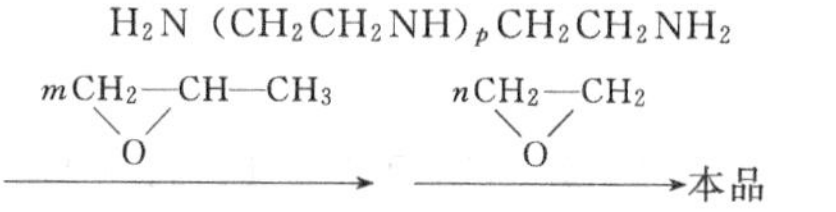

$$H_2N(CH_2CH_2NH)_pCH_2CH_2NH_2 \xrightarrow{m\,CH_2-CH-CH_3\ (\text{O})} \xrightarrow{n\,CH_2-CH_2\ (\text{O})} \text{本品}$$

【产品安全性】 有刺激性，不能接触眼睛和黏膜，不慎触及立即用水冲洗干净。贮存于通风、干燥的库房中，室温保质期12个月。

【参考生产企业】 武汉三友石化有限公司，江苏百昌工贸实业有限公司，宜兴市基耐进出口有限公司，吉林辽源石油化工厂，山东滨州化工厂。

Ec004 破乳剂AR系列

【别名】 烷基酚甲醛树脂聚氧丙烯聚氧乙烯醚

【英文名】 demulsifier AR series

【相对分子质量】 1000～3000

【结构式】

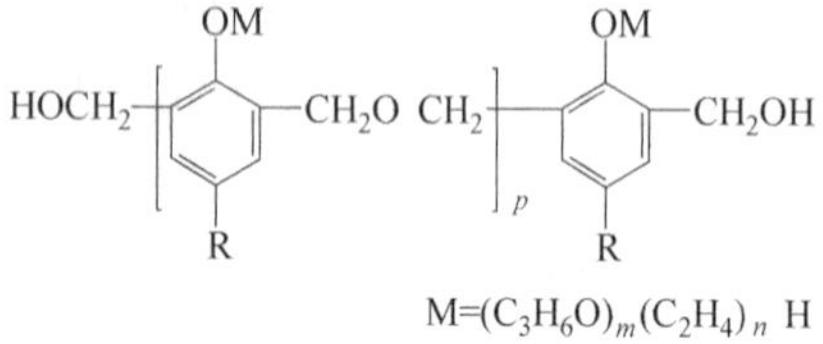

OM OM
HOCH2 —[苯环(R)—CH2O CH2]p— 苯环(R) —CH2OH

$M=(C_3H_6O)_m(C_2H_4)_nH$

【物化性质】 本系列品为浅黄色黏稠液体，相对密度（20℃）0.93～0.95，黏度7～12mPa·s。本系列包括AR16、AR26、AR36、AR46、AR48。

【质量标准】

	70±10
倾点/℃	-57
pH值	9.0～11.0
闪点/℃	40～50
色度/号	<500

【用途】 用作油溶性破乳剂，亦可作水溶性破乳剂，出水快，破乳温度低。可用于油包水型原油的低温脱水，也可用作炼油厂水洗脱盐后破乳，并有防蜡、防黏的作用，特别适于作井口加药用破乳剂。

包装规格：用塑料桶包装，净重25kg、50kg、200kg。

【制法】 以酚醛树脂为起始剂、氢氧化钠为催化剂，先与环氧丙烷聚合，再与环氧乙烷聚合，冷却，加入溶剂，搅拌均匀而得。详见破乳剂AF系列。反应式如下：

【产品安全性】 有刺激性，不能接触眼睛和黏膜，不慎触及立即用水冲洗干净。贮

$$HOCH_2-[C_6H_2(OH)(R)-CH_2OCH_2]_p-C_6H_2(OH)(R)-CH_2OH$$

$$\xrightarrow{m\,CH_2-CH-CH_3\,(O)}\xrightarrow{n\,CH_2-CH_2\,(O)}\text{本品}$$

存于通风、干燥的库房中，室温保质期12个月。

【参考生产企业】 宜兴市丰达化学厂，克拉玛依市三重实业公司，湖北沙市石油化工厂，南京金陵石化公司化工二厂等。

Ec005 破乳剂 AR-2

【英文名】 demulsigier AR-2

【组成】 由 AR-36 和 SP129 复配而成。

【物化性质】 相对密度（20℃）0.92～0.93，黏度 7～12mPa·s。

【质量标准】

外观	浅黄色黏稠液
闪点/℃	40～50
色度/号	<400
羟值/(mg KOH/g)	60±10
倾点/℃	−57
pH 值	9.0～11.0

【用途】 用于油田原油脱水。

包装规格：用塑料桶包装，净重25kg、50kg、200kg。

【制法】 由 AR36 和 SP129、溶剂按一定比例复配而成。

【产品安全性】 有刺激性，不能接触眼睛和黏膜，不慎触及立即用水冲洗干净。贮存于通风、干燥的库房中，室温保质期12个月。

【参考生产企业】 南京钟山化工厂，江苏省宜兴市化学厂，海城市恒益化学有限公司，上海兰德助剂厂。

Ec006 破乳剂 BP 系列

【别名】 聚氧丙烯聚氧乙烯丙二醇醚

【英文名】 demusifier BP series

【登记号】 CAS [9010-79-1]

【结构式】

$$\begin{array}{l} CH_3 \\ | \\ CHO(C_2H_4O)_{m_1}(C_3H_6O)_{n_1}H \\ | \\ CH_2O(C_2H_4O)_{m_2}(C_3H_6O)_{n_2}H \end{array}$$

【物化性质】 在常温下呈黄色或棕黄色黏稠液体，浊点 45～55℃，溶于水。

【质量标准】

羟值/(mg KOH/g)	<44
色泽(铂-钴)	≤300
浊点/℃	45～55
pH 值	7±1

【用途】 用于原油脱水、炼油厂破乳脱盐，亦可用作分散剂、消泡剂、匀染剂、金属萃取剂。

包装规格：用塑料桶包装，净重25kg、50kg、200kg。

【制法】 将计量的丙二醇和 0.5% 的固体 NaOH 加入压力釜中。用氮气置换釜中空气后，在搅拌下升温至 120℃，直至 NaOH 溶解。通入环氧乙烷，通入速度以控制反应温度 120℃为宜。反应完毕后，通入适量的环氧丙烷，通入速度以温度维持 120℃为宜。反应完毕后冷却，用磷酸调 pH 值 7±1。压滤除去无机盐，滤液用溶剂调至所需规格，如 BP169、BP121、BP2040，反应式如下：

$$CH_3CH(OH)CH_2OH \xrightarrow[NaOH]{m\,CH_2-CH_2\,(O)} \xrightarrow[NaOH]{n\,CH_2-CH-CH_3\,(O)} \text{本品}$$

【产品安全性】 本品有刺激性，不能接触眼睛和黏膜，不慎触及立即用水冲洗干净。贮存于通风、干燥的库房中，室温保质期12个月。

【参考生产企业】 成都博吉达实业有限公司，广东茂名纺织联合总厂等。

Ec007 破乳剂 DE

【英文名】 demulsifier DE

【组成】 该产品系多组分型非离子表面活性剂

【物化性质】 黄色黏稠物，凝固点 35℃。主链为聚醚结构，端基含有羟基、氨基、醚基及羧基等多种亲水性官能团，它是一种水溶性极好的药剂。稀释时，稍加搅动，3min 内可完全溶解。酸值大、含蜡量极高、含水率达 50%左右的吸水性很强的油包水（W/O）型污油破乳脱水至 10%以下，可回收大量油品。除盐脱水效率高，脱水效果≥ 90%，产品无污染，使用安全可靠。

【质量标准】

指标名称	DE-1	DL-1	AC420-1
有效物含量/%	67	64	64
羟值/(mg KOH/g)	44	45～50	50
色度/号	250	300	100

【用途】 作为油田原油脱水剂。在不改变原有电脱盐装置及工艺的前提下，选择适宜类型的本药剂，加入合适的量，就可以将原油及其他所需处理的油类油-水界面张力降低，电位破坏，由油溶性盐类转化成水溶性盐类，并使其易于富集，形成大的液滴，最终脱离油相进入水相，完成油品的油水分离，达到脱盐、脱水破乳的目的。

包装规格：用塑料桶包装，净重 25kg、200kg。

【制法】 由聚氧丙烯聚氧乙烯嵌段聚合物与脂肪胺醚等多种基础材料反应生成。根据环氧乙烷、环氧丙烷加入量不同及稀释度不同而划分为不同型号产品。其型号包括 AC420-1 型、DE-1 型、DL-1 型。

【产品安全性】 有刺激性，不能接触眼睛和黏膜，不慎触及立即用水冲洗干净。贮存于通风、干燥的库房中，室温保质期 12 个月。

【参考生产企业】 宜兴市丰达化学厂，克拉玛依市三重实业公司，黑龙江佳木斯石油化工厂，湖北沙市石油化工厂等。

Ec008 破乳剂 DQ125 系列

【别名】 多亚乙基多胺聚氧丙烯聚氧乙烯醚

【英文名】 demulsifier DQ125series

【结构式】

$$R_2N(CH_2CH_2N(R))_pCH_2CH_2NR_2$$

$$R=(C_3H_6O)_{m_i}(C_2H_4)_{n_i}H$$

$$i=1,2,3,4,5$$

【物化性质】 相对密度（23℃）1.02，黏度（50℃）98.43mPa·s，浊点（1%水溶液）22℃。

【质量标准】

外观	黄色或棕黄色黏稠液体
黏度(50℃)/mPa·s	98.43
pH 值	10.0
浊点/℃	22

【用途】 适用于油田石蜡级原油的脱水。

包装规格：用塑料桶包装，净重 25kg、50kg、200kg。

【制法】 在碱催化下用多乙烯多胺为起始剂，在压力釜中依次与环氧丙烷、环氧乙烷进行嵌段聚合而得。反应式如下：

$$H_2N(CH_2CH_2NH)_pCH_2CH_2NH_2 \xrightarrow[NaOH]{m\,CH_2-CH-CH_3\ (\text{环氧})} \xrightarrow[NaOH]{n\,CH_2-CH_2\ (\text{环氧})} \text{本品}$$

【产品安全性】 有刺激性，不能接触眼睛和黏膜，不慎触及立即用水冲洗干净。贮存于通风、干燥的库房中，室温保质期12个月。

【参考生产企业】 宜兴市丰达化学厂，克拉玛依市三重实业公司，湖北沙市石油化工厂，吉林辽源石油化工厂，黑龙江佳木斯石油化工厂等。

Ec009 破乳剂 KN-1

【英文名】 demulsifier KN-1

【组成】 复配物。

【物化性质】 黄色黏稠液。

【质量标准】

项目	指标
羟值/(mg KOH/g)	39
有效物含量/%	73
色度(铂-钴)	300

【用途】 作原油破乳剂，适用于油田原油脱水，破乳剂脱水效果与破乳剂9901相同。

包装规格：用塑料桶包装，净重25kg。

【制法】 将聚氧丙烯、聚氧乙烯嵌段共聚物加入混配釜中，再加入27%的二甲苯，快速搅拌即可。

【产品安全性】 有毒。工作中戴护目镜和橡皮手套，环境注意通风，密封保存，防火。

【参考生产企业】 黑龙江佳木斯石油化工厂等。

Ec010 破乳剂 M501

【别名】 聚氧乙烯聚氧丙烯甘油醚

【英文名】 demulsifier M501

【结构式】

$$
\begin{array}{l}
CH_2O(C_3H_6O)_{m_1}(C_2H_4O)_{n_1}H \\
| \\
CHO(C_3H_6O)_{m_2}(C_2H_4O)_{n_2}H \\
| \\
CH_2O(C_3H_6O)_{m_3}(C_2H_4O)_{n_3}H
\end{array}
$$

【物化性质】 黄棕色黏稠液体，溶于水，属含多个亲水和亲油基团的非离子型表面活性剂，密度（20℃）950～1030kg/m³

【质量标准】 GB/T 1884

项目	指标
外观	棕色固体
含量/%	≥33
倾点/℃	≤-18
羟值/(mg KOH/g)	≤45
pH值	7.0～8.0
黏度/mPa·s	100～200

【用途】 适用于炼厂原油电脱盐装置的破乳脱水，具有快速破乳脱水和减黏的功效。还可用于油田原油的油水分离，对原油脱水率＞99%，脱水速度快，适应性广。

包装规格：用塑料桶包装，净重50kg；闭口铁桶包装，净重180kg/桶。

【制法】 将相当于单体总质量0.5%的固体氢氧化钠、起始剂甘油1mol加入聚合釜中，升温，用氮气驱尽釜中空气。在100℃下通入适量的环氧丙烷，在0.2MPa、140～160℃下搅拌4 h。冷却降压至常压后，继续通适量的环氧乙烷，在0.2MPa、140℃下反应4h。冷却、降温、降压，用有机溶剂把浓度调到33%，即得成品。反应式如下：

$$
\begin{array}{l}
CH_2OH \\
| \\
CHOH \\
| \\
CH_2OH
\end{array}
\xrightarrow{m\ CH_2-CH-CH_3\ (\text{环氧，}O)}
\xrightarrow{n\ CH_2-CH_2\ (\text{环氧，}O)} \text{本品}
$$

【产品安全性】 有刺激性，不能接触眼睛和黏膜，不慎触及立即用水冲洗干净。贮存于通风、干燥的库房中，室温保质期12个月。不可靠近明火，文明装卸，不可撞击。

【参考生产企业】 盘锦鑫安源化学工业有限公司，宜兴市丰达化学厂，克拉玛依市三重实业公司，湖北沙市石油化工厂，山东滨州化工厂等。

Ec011 丙三醇辛酸酯聚氧乙烯聚氧丙烯醚

【英文名】 glycerol caprylate ethoxylates

【结构式】 见反应式。

【物化性质】 外观为淡黄色油状液体。具有良好的乳化性能、吸水性能、抗静电性能，对皮肤无致敏作用。

【质量标准】

含量/%	≥97
pH 值	6～7

【用途】 可用原油脱水剂。

包装规格：用塑料桶包装，25kg/桶、125kg/桶。

【制法】

(1) 催化剂的制备　取一定量的硫酸钛，在 450℃下焙烧 3h，冷却后研细，过 100 目筛，密封保存备用。

(2) 丙三醇辛酸酯的制备　将丙三醇和辛酸［1∶2（摩尔比）］加入反应器中，然后加入催化剂硫酸铁（相当于物料总量的 0.5%）。加热升温，开动搅拌，反应温度控制在 160～180℃，反应过程中不断有水生成，经分水器脱出水，脱水量达到设计要求时，停止反应。中和，得到产物丙三醇辛酸一酯和二酯的混合物。催化剂回收，重复使用 6 次。

(3) SZE（丙三醇辛酸酯聚氧乙烯醚）的合成　将丙三醇辛酸酯加入反应器中，再加入 0.03mol 的催化剂氢氧化钾，封闭反应系统。用氮气置换反应器内的空气，在无氧的条件下加热升温至引发温度。用氮气将计量罐内的环氧乙烷（EO）缓慢压入反应器内，反应压力控制在 0.2～0.3MPa，反应温度控制在 150～170℃，当 EO 加入量达到产物设计的聚合度后结束反应。中和、漂白，最终得到 SZE。反应式如下：

$$CH_2OHCHOHCH_2OH \xrightarrow{RCOOH} CH_2OHCHOHCH_2OCOR + CH_2OHCH(OCOR)CH_2OCOR$$

$$\xrightarrow{n\,\text{环氧乙烷}} ROCOCH_2CH(O-(CH_2O)_x-H)CH_2O(CH_2O)_y-H + ROCOCH_2CH(OCOR)CH_2O(CH_2O)_z-H$$

R 为 C_7H_{15}

n=4

【产品安全性】 无毒，低刺激性，如果溅在皮肤上用水冲洗即可。密封贮存于通风、阴凉库房中，室温贮存期 6 个月。运输中应防止日晒、雨淋。

【参考生产企业】 广州南嘉化工科技有限公司，济阳县垛石镇余齐农资经营门市部，佛山市南海区泰卓化工科技有限公司。

Ec012 破乳剂 N-220 系列

【别名】 聚氧乙烯聚氧丙烯丙二醇醚

【英文名】 demulsifier N-220 series

【结构式】

$$\begin{array}{l} CH_3 \\ | \\ CHO(C_3H_6O)_{m_1}(C_2H_4O)_{n_1}H \quad m=m_1+m_2 \\ | \\ CH_2O(C_3H_6O)_{m_2}(C_2H_4O)_{n_2}H \quad n=n_1+n_2 \end{array}$$

【性质】 黏稠蜡状物，其型号包括 N22040、N022064、N22070。

【质量标准】

型号	N22040	N22064	N22070
相对分子质量	2240～3030	2240～3030	3030～4000
羟值/(mg KOH/g)	50	55	40

【用途】 本系列产品用作原油脱水破乳剂。N22040、N22064 适用于原油破乳剂及炼油厂脱盐之用。而 N22070 为稀有金属萃取剂，也可用作原油脱水。

包装规格：用闭口铁桶包装，净重 180kg。

【制法】 将 1mol 丙二醇和相当于单体总量 0.5%的固体 NaOH 加入反应釜中，在搅拌下加热溶解，并通入干燥氮气驱尽釜中空气。在100℃下通入适量的环氧丙烷，通毕后于140℃、0.15MPa下反应4h。冷却降压，接着在同样条件下通入适量的环氧乙烷，进行缩聚反应。反应完毕后加20%的 H_2SO_4 水溶液中和，压滤除去 Na_2SO_4。滤液放入蒸馏釜中，减压脱水，得产品。反应式如下：

$$\begin{array}{l} CH_3 \\ | \\ CHOH \\ | \\ CH_2OH \end{array} \xrightarrow{m\ CH_2-CH-CH_3\ (\text{环氧丙烷})} \xrightarrow{n\ CH_2-CH_2\ (\text{环氧乙烷})} \text{本品}$$

【产品安全性】 有刺激性，不能接触眼睛和黏膜，不慎触及立即用水冲洗干净。贮存于通风、干燥的库房中，室温保质期12个月。

【参考生产企业】 宜兴市丰达化学厂，克拉玛依市三重实业公司，湖北沙市石油化工厂等。

Ec013 破乳剂 PEA 8311

【别名】 酚胺聚醚

【英文名】 demulsifier PEA 8311

【结构式】

OM 取代苯环—$[A-B-M]_n$

A：有机醛

B：有机胺

$M=(C_3H_6O)_a(C_2H_4O)_bH$

【物化性质】 黄色透明液体，属油溶性破乳剂，亦可根据需要加工为水溶性。

【质量标准】

项目	指标
羟值/(mg KOH/g)	≤45
色度/号	≤200
凝固点/℃	≤10

【用途】 作原油破乳剂，具有出水快、破乳温度低等优点，并且对原油有降凝、降黏、防蜡作用。

包装规格：用闭口铁桶包装，净重180kg。

【制法】 将1mol酚胺树脂加入压力釜中，再加入0.3%～0.5%的固体KOH作催化剂，用干燥氮气置换釜中空气。在搅拌下升温至120℃左右，直至KOH溶解。然后开始通适量的环氧丙烷，在110～150℃、0.37MPa聚合，直至反应压力降为常压后，再继续通适量的环氧乙烷，在110～150℃、0.37MPa下反应，反应压力降为常压后冷却，用稀磷酸中和，压滤除去无机盐，加入有机溶剂搅成均匀的透明液即可。反应式如下：

$$\text{OM 取代苯环}-[A-B]_n \xrightarrow{a\ CH_2-CH-CH_3\ (\text{环氧丙烷})} \xrightarrow{b\ CH_2-CH_2\ (\text{环氧乙烷})} \text{本品}$$

【产品安全性】 有刺激性，不能接触眼睛和黏膜，不慎触及立即用水冲洗干净。贮存于通风、干燥的库房中，室温保质期12个月。

【参考生产企业】 华北石油开元助剂厂，天津大港油田方圆钻采技术服务有限公司，南京雅丹化工有限公司，南京金陵石化公司化工二厂。

Ec014 破乳剂 ST 系列

【英文名】 demulsifier ST series

【组成】 酚醛胺聚氧丙烯聚氧乙烯醚。

【物化性质】 黄色黏稠液。

【质量标准】

型号	ST-12	ST-13	ST-14
羟值/(mg KOH/g)≤	45～56	56	45
结晶点/℃	−15～−25	−18～−22	−20～−30
色度/号≤	800	1000	500

【用途】 作破乳剂用于原油低温脱水、脱盐、降黏、防蜡等工序。

包装规格：用塑料桶包装，净重25kg、200kg。

【制法】 见破乳剂PFA8311。根据所用原料配比和稀释度不同得到不同规格的产品。

【产品安全性】 使用本品者应戴乳胶手套及防护眼镜，如遇本物触及皮肤时用大量水冲洗后再用肥皂洗净即可；如遇本物品溅入眼睛，请在现场立即用水充分清洗之后再请医生检查处理；如遇火灾可用1211、干粉、泡沫、CO_2 等灭火器以及黄沙灭火。

【参考生产企业】 新沂市经纬化工有限公司供应，沈阳永信精细化工有限公司，湖北沙市石油化工厂等。

Ec015 破乳剂PE系列

【英文名】 demulsifier PE series

【组成】 二羟基聚氧丙烯聚氧乙烯醚。

【物化性质】 黄色或浅黄色黏稠蜡状膏体或固体，与N220属同类产品。

【质量标准】

型号	PE22040	PE22064	PE22070	PE2040	PE2070
羟值/(mg KOH/g)	41～44	44	<50	≤44	25～40
色度/号	300	300	300	300	500
凝固点/℃	41				
浊点/℃	19～35	18～33	80～90	45～55	

【用途】 用于原油脱水破乳及炼油厂脱盐，亦可作降黏剂及其他用途的表面活性剂。

包装规格：用闭口铁桶包装，净重180kg。

【制法】 将起始剂丙二醇投入压力釜中，在碱催化下依次与环氧丙烷、环氧乙烷在120～140℃、15～20MPa下共聚。由不同的配料组成制出不同型号的产品。如：

丙二醇∶环氧丙烷∶环氧乙烷＝1∶(3～86)∶(8～33)(摩尔比)时制得PE22040；

丙二醇∶环氧丙烷∶环氧乙烷＝1∶(1～72)∶(13～56)(摩尔比)时制得PE22064；

丙二醇∶环氧丙烷∶环氧乙烷＝1∶(1～72)∶(15～79)(摩尔比)时制得PE22070；

丙二醇∶环氧丙烷∶环氧乙烷＝1∶(13～10)∶(17～09)(摩尔比)时制得PE2040。

【产品安全性】 基本无毒、无刺激性，不能接触眼睛和黏膜，不慎触及立即用水冲洗干净。贮存于通风、干燥的库房中，室温保质期12个月。

【参考生产企业】 山东润宝工贸有限公司，萍乡市石化填料有限责任公司，宜兴市丰达化学厂，克拉玛依市三重实业公司，湖北沙市石油化工厂等。

Ec016 破乳剂SAP系列

【别名】 聚氧丙烯聚氧乙烯多亚乙基多胺醚硅氧烷共聚物

【英文名】 demulsifier SAP series

【结构式】

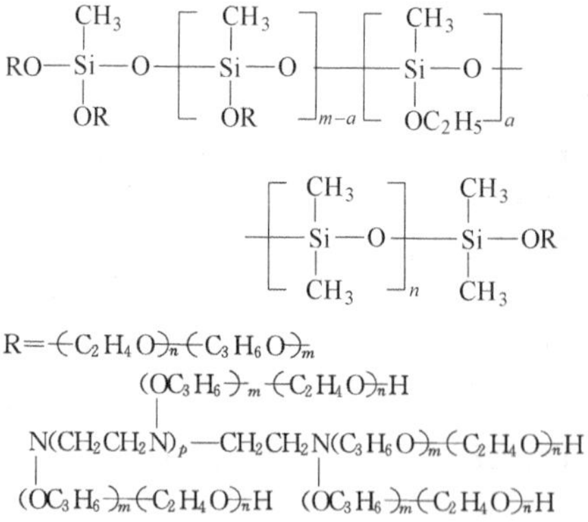

$$RO-\underset{OR}{\overset{CH_3}{Si}}-O-\left[\underset{OR}{\overset{CH_3}{Si}}-O\right]_{m-a}\left[\underset{OC_2H_5}{\overset{CH_3}{Si}}-O\right]_a\left[\underset{CH_3}{\overset{CH_3}{Si}}-O\right]_n\underset{CH_3}{\overset{CH_3}{Si}}-OR$$

$$R=\left(C_2H_4O\right)_n\left(C_3H_6O\right)_m$$

$$\underset{(OC_3H_6)_m(C_2H_4O)_nH}{N}(CH_2CH_2N)_p-CH_2CH_2\underset{(OC_3H_6)_m(C_2H_4O)_nH}{\overset{(OC_3H_6)_m(C_2H_4O)_nH}{N}}(C_3H_6O)_m(C_2H_4O)_nH$$

【物化性质】 本系列产品为浅黄色液体，能溶于水，包括 SAP116、SAP1187、SAP2187、SAP91、SAE。

【质量标准】

项目	指标
含量/%	≥66
浊点/℃	6～18
pH 值	7.0
脱水率/%	>95

【用途】 油田原油破乳脱水剂，主要用于山东胜利油田和辽河油田。

包装规格：用闭口铁桶包装，净重 180kg。

【制法】 将聚氧丙烯聚氧乙烯多亚乙基多胺醚加入聚合釜中，加溶剂溶解，再加入配比量的硅氧烷，搅拌均匀后，加入物料总量 0.4%的辛酸亚锡作催化剂。在搅拌下升温至 100～120℃，反应 6h。冷却，加甲醇稀释，快速搅拌成透明状黏稠液。

【产品安全性】 有刺激性，不能接触眼睛和黏膜，不慎触及立即用水冲洗干净。贮存于通风、干燥的库房中，室温保质期 12 个月。

【参考生产企业】 江苏常州石油化工厂，江苏靖江石油化工厂宜兴市丰达化学厂，克拉玛依市三重实业公司，湖北沙市石油化工厂等。

Ec017 破乳剂 SP169

【别名】 聚氧丙烯聚氧乙烯十八醇醚嵌段共聚物

【英文名】 demulsifier SP169

【结构式】

$RO(C_2H_4O)_a(C_3H_6O)_b(C_2H_4O)_cH$

$R=C_{18}H_{37}$

【物化性质】 浅黄色至褐色均匀清亮黏稠液，相对密度（25℃）0.90～0.95。

【质量标准】

项目	指标
相对密度(25℃)	0.90～0.95
凝固点/℃	<-45

【用途】 适用于油田石油脱水、破乳、降黏、防蜡，具有一剂多效作用。可实现一次化学脱水，且油净水清。低温操作，降黏，分散蜡质，可改变两段脱水的旧工艺。

包装规格：用闭口铁桶包装，净重 180kg。

【制法】 将催化剂 NaOH、C_{18}醇、环氧乙烷依次加入高压釜中，通入干燥氮气以赶走氧气，在搅拌下升温至 100～140℃，反应 1h 得高碳醇丙基醚。然后降温至 100℃，通入环氧丙烷，在 140℃、0.15MPa 下反应 4h，再继续通环氧乙烷，在 140℃下反应 4h，冷却降压。用硫酸中和，分离亚硫酸钠即可。反应中的投料摩尔比为高碳醇：环氧乙烷：环氧丙烷：氢氧化钠 = 1：6：9：0.6。反应式如下：

$$ROH + a\ \underset{\text{O}}{CH_2\!-\!CH_2} \longrightarrow$$

$$RO(C_2H_4O)_aH + b\ \underset{\text{O}}{CH_3CH\!-\!CH_2} \longrightarrow$$

$$RO(C_2H_4O)_a(C_3H_6O)_bH + c\ \underset{\text{O}}{CH_2\!-\!CH_2} \longrightarrow \text{本品}$$

【产品安全性】 有刺激性，不能接触眼睛和黏膜，不慎触及立即用水冲洗干净。贮存于通风、干燥的库房中，室温保质期 12 个月。

【参考生产企业】 西安石油化工厂，宜兴市丰达化学厂，克拉玛依市三重实业公司，湖北沙市石油化工厂等。

Ec018 破乳剂 RA101

【英文名】 demulsifier RA101

【组成】 聚氧乙烯聚氧丙烯松香胺醚。

【物化性质】 相对密度（20℃）0.908，具有在低温下快速破乳能力，脱水率>95%。

【质量标准】

外观	棕色固体
色泽(铂-钴比色)	<500
凝固点/℃	<-25
黏度(50℃)/mPa·s	≥100

【用途】 适用于石油蜡基原油与中间原油的脱水。

包装规格：用编织袋包装，净重25kg。

【制法】 在碱催化下，在一定温度和压力下，以松香胺为起始剂依次与环氧乙烷、环氧丙烷聚合而得。详见破乳降黏剂J-50。

【产品安全性】 基本无毒、无刺激性，不能接触眼睛和黏膜，不慎触及立即用水冲洗干净。贮存于通风、干燥的库房中，室温保质期12个月。

【参考生产企业】 南京雅丹化工有限公司，西安石油化工厂，山东滨州化工厂等。

Ec019 破乳剂 TA1031

【别名】 酚胺树脂聚氧乙烯聚丙烯醚

【英文名】 demulsifier TA1031

【结构式】

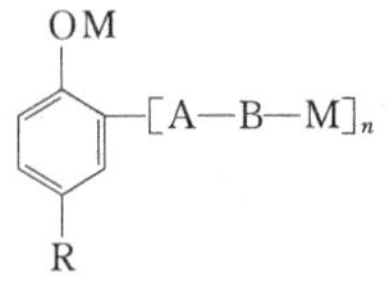

OM

(苯环)—[A—B—M]$_n$

R

R：$C_{10}H_{21}$～$C_{13}H_{27}$烷基　n：1～3

M= $(C_3H_6O)_a(C_2H_4)_bH$

A：有机醛　　B：有机胺

【物化性质】 浅黄色透明液体，有油溶性和水溶性两种，冬季流动性能好，在50～60℃破乳剂效果最好。本破乳剂脱水速度快，净化油含残水量低。

【质量标准】

含量/%	≥65
羟值/(mg KOH/g)	45
凝固点/℃	16～23

【用途】 用在油田原油脱水、炼油厂脱盐方面。

包装规格：用闭口铁桶包装，净重180kg。

【制法】 将起始剂酚胺树脂、环氧丙烷、环氧乙烷、催化剂固体NaOH（用量为总量的0.5%）依次加入压力釜中，密封。用干燥氮气置换釜中空气，在搅拌下升温，在110～150℃、1.20～1.37MPa压力下反应，逐渐降低为常压，冷却加入35%的甲醇搅拌均匀即可。反应式如下：

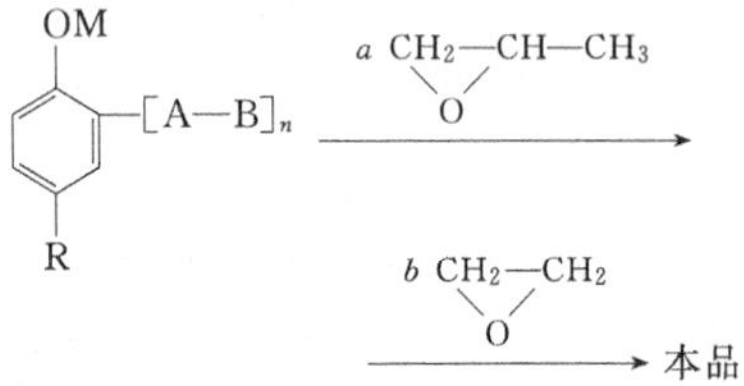

OM

(苯环)—[A—B]$_n$ (R) $\xrightarrow{a\ CH_2—CH—CH_3\ (环氧,\ O)}$ $\xrightarrow{b\ CH_2—CH_2\ (环氧,\ O)}$ 本品

【产品安全性】 有刺激性，不能接触眼睛和黏膜，不慎触及立即用水冲洗干净。贮存于通风、干燥的库房中，室温保质期12个月。

【参考生产企业】 宜兴市丰达化学厂，克拉玛依市三重实业公司，山东滨州化工厂，湖北沙市石油化工厂等。

Ec020 破乳剂 WT-40

【英文名】 demulsifier WT-40

【组成】 由AR型破乳剂与破乳剂J-50复配而成。

【物化性质】 浅黄色黏稠液体，相对密度(25℃) 0.93～0.95，倾点－35℃。

【质量标准】

羟值/(mg KOH/g)	≤80
闪点/℃	40～50
黏度/mPa·s	7～12
pH值	9～11

【用途】 用于油田破乳。

包装规格：用闭口铁桶包装，净重180kg。

【制法】 将AR型破乳剂加入混配釜中，按一定比例加入甲醇，在搅拌下加热溶解，然后加入一定量的J-50破乳剂，快速搅拌均匀即可。

【产品安全性】 有刺激性，不能接触眼睛和黏膜，不慎触及立即用水冲洗干净。贮存于通风、干燥的库房中，室温保质期12个月。

【参考生产企业】 晋州市宏光合成材料有限公司，辽宁辽河油田化工厂，山东滨州化工厂等。

Ec021 破乳剂酚醛3111

【别名】 酚醛树脂聚氧乙烯聚氧丙烯醚

【英文名】 demulsifier phenolaldehyde 3111

【物化性质】 淡黄色黏稠液，相对密度(25℃) 0.9～1.05，溶于水或油。

【质量标准】

含量/%	65±2
色度/号	≤300
羟值(干基)/(mg KOH/g)	≤50
凝固点/℃	20～40

【用途】 用于原油的破乳、脱水，对地温高的原油有特效，亦可作炼油厂的原油脱水。

包装规格：用闭口铁桶包装，净重180kg。

【制法】 在高压釜中制备酚醛树脂聚氧乙烯聚氧丙烯醚后，加入35%的溶剂稀释得产品。

【产品安全性】 有刺激性，不能接触眼睛和黏膜，不慎触及立即用水冲洗干净。贮存于通风、干燥的库房中，室温保质期12个月。

【参考生产企业】 菏泽市风顺石油环保工程有限公司，南京金陵石化公司化工二厂，山东滨州化工厂。

Ec022 季铵化聚酯

【英文名】 polyesters containing quarternary ammonium groups

【组成】 季铵化聚氧烷乙二酸酯。

【物化性质】 具有优异的破乳脱水性能。

【质量标准】

外观	黄色膏状物
含量/%	68.5

【用途】 用作石油破乳剂。在原油中［原油含水12.5%（体积分数）］加入18×10^{-6}的季铵化聚酯，48℃下10min分水率为20%、20min为61%，30min为83%、60min为100%，不加季铵化聚酯3h无水分出。

包装规格：用塑料桶包装，净重50kg、100kg。

【制法】 将十八烷基胺乙氧基(10)化物203kg加入反应釜，在搅拌下加入44kg己二酸、454kg甘油聚氧乙烯聚氧丙烯嵌段共聚物、12kg环氧乙烷、23kg 80%乳酸、13kg水、29kg异丁醇，在80℃下反应15h得产品。

【产品安全性】 按一般化学品管理，在阴凉、通风的库房保存，贮存期6个月。运输时应防止曝晒、雨淋。

【参考生产企业】 江苏新地服饰化工股份有限公司，天津试剂厂，辽宁大连油脂化学厂，辽宁盘锦市表面活性剂厂，山西轻工业部日用化学所。

Ec023 聚氧乙烯油酸酯

【英文名】 polyoxyethylene oleiate

【登记号】 CAS［9004-98-2］

【结构式】 $C_{17}H_{33}COO(CH_2CH_2O)_nH$

【物化性质】 易溶于水，具有乳化、润湿、分散能力。

【质量标准】

外观	棕色黏稠液
pH值(1%水溶液)	6.0～7.0

【用途】 在石油工业和环境保护行业中用作溢油分散剂的组分之一。包装规格：用塑料桶包装，净重50kg、100kg。

【制法】 将计量的油酸和催化剂量的氢氧化钾投入反应釜，逐渐升温，抽真空脱水。将水脱尽后用氮气置换釜中的空气，驱净空气后，开始通入环氧乙烷，反应温度维持在 180～200℃，压力 0.2～0.3MPa。通完环氧乙烷后，冷却降温，将料液打入中和釜，用冰醋酸调 pH 值至 6.0～7.0，加双氧水脱色，降温出料包装即为成品。反应式如下：

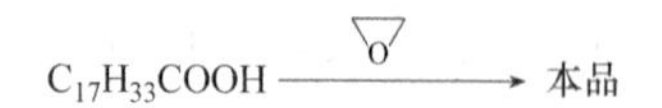

【产品安全性】 基本无毒无刺激，不能接触眼睛和黏膜，触及立即用水冲洗干净。贮存于通风、干燥的库房中，室温保质期 12 个月。

【参考生产企业】 上海四达石油化工科技公司，北京市洗涤剂厂，辽宁大连市第二有机化工厂，辽宁盘锦市表面活性剂厂，南京金陵石化公司化工二厂。

水处理化学助剂

净水助剂包括冷却水、锅炉水和油田用水等工业水处理用的阻垢剂、缓蚀剂、分散剂、杀菌灭藻剂、消泡剂、絮凝剂、除氧剂、污泥调节剂和螯合剂。此外活性炭和离子交换树脂也是重要的水处理化学品。

国外工业水处理技术大体分为四个阶段。

① 1930～1959 年，这一阶段水处理技术主要是解决 $CaCO_3$ 结垢问题。美国 20 世纪 30 年代开始应用聚磷酸锌盐水处理剂，采用低 pH 值处理法。人们对冷却水的了解并不全面，属于初级阶段。

② 1960～1970 年，经过 10 年探索，到了水处理技术的鼎盛阶段，此间新技术层出不穷，品种数量明显上升。各类高效共聚物阻垢分散剂异军突起，各种新型有机磷酸盐（脂）相继问世。

③ 1971～1979 年，这一阶段是水处理技术的成熟期，注意到产品对环境的污染，开发了 30 个有机磷为主体的新型水质稳定剂，并对其进行了增效复配。

④ 1980 年到现在，美国、西欧、日本等发达国家开发了工业循环水的自动控制，普遍采用以有机磷为主的配方系列水质稳定剂和聚丙烯酰胺等阳离子产品，并由低 pH 值处理发展到高 pH 值处理。

我国是水短缺和水质污染比较严重的国家之一，中央领导同志曾多次指示，要从战略高度认识水问题的严重性，要有关部门把计划用水、节约用水、治理污水和开发新水源放在不次于粮食和能源的位置上来。工业水处理研究虽然起步较晚，在多方面的努力协同下经历了 20 世纪 70 年代打基础、80 年代大发展、90 年代创水平的三个阶段，目前已形成具有我们中国特色的冷却水水质处理技术体系。

水处理化学助剂对提高水质、防止结垢、腐蚀、菌藻滋生和环境污染，保证工业生产的高效安全和长期运行，对节水、节能、节材等方面显示了重大作用。目前水处理行业已形成了不可忽视的产业规模，水处理化学助剂的发展经历了四个阶段。

(1) 单一型无机净水剂　如聚合氯化铝又称碱式氯化铝，是无机高分子净水剂，具有用量少、效率高、絮凝体大、沉降快和净水性能好等优点。缺点是聚合氯化铝的生产受原料限制，生产过程长，价格较贵；铝盐中含有的铝元素能直接破坏神经系统功能，大量摄入铝盐对人体不利。

聚合硫酸铁具有水解速度快、残留铁离子少、价格低廉、适宜水体pH值范围宽（pH＝4.0～11.0）等优点；具有较强的除浊、除磷、除COD及除重金属的能力和脱色、脱臭、脱油的功效，适用于生活用水处理和造纸、印染、皮革、冶金、食品、石化及化工等行业废水、污水的处理以及生化污泥脱水的处理。缺点是铁盐中Fe^{2+}与水中腐殖质等有机物可形成水溶性物质，使自来水带色；Fe^{3+}易被还原成Fe^{2+}，产生二次污染等。

(2) 复合型无机净水剂　如阳离子复合型净水剂，是指将两种或多种单组分净水剂通过某些化学反应，形成高分子量的共聚复合物，聚合度大大增强，产生了显著的增效互补作用。如聚合氯化铝铁（PAFC）、聚合硫酸铁铝（PAFS）、聚合磷酸铁铝（PAFP）、聚合硅酸铝铁（PSAF）、聚合硫酸氯化铝铁（PAFCS）等。PAFC具有沉降快、过滤性强等特点，用于生活饮用水、工业给水和工业废水的处理时，混凝效果优于PAC，是聚铝和聚铁的替代品。聚合硅酸铝铁（PSAF）混凝性能较优，用量少，适用pH值范围宽，矾花形成快，絮体粗大坚实，达到相同余浊时，其用量最少，所需沉降时间较聚合硅酸硫酸铝（PASS）短，贮存期长（超过1个月），是一种有发展前途的净水剂。阴离子复合型净水剂常用的阴离子有氯离子、硫酸根离子、磷酸根离子和硅酸根离子等。聚合硅酸硫酸铝（PASS）具有很强的絮凝能力和电中和作用，对高、中、低浊度水都有良好的处理性能，处理低温低浊度水更具有明显的优势，并且处理后水中铝含量残留低，更符合现代水处理行业对净水剂的卫生要求。

(3) 合成高分子有机净水剂　如聚丙烯酰胺（PAM），因其良好的水溶性、很高的相对分子质量、良好的黏性容量等，一直受到业内人士的重视。其相对分子质量为（5×10^6）～（15×10^6），分子中有 10^5～（2×10^5）个—$CONH_2$ 官能团，它既是亲水基团，又是吸附基团，能与悬浮物发生吸附架桥作用，增大絮体矾的尺寸，利于其快速沉降。在污泥脱水，去除金属离子，去除中、小分子有机物质等方面表现出良好的性能。聚丙烯酰胺的毒性主要来自残留的丙烯酰胺单体及生产过程中带来的重金属，其中丙烯酰胺单体是神经性致毒剂，也是积累性致毒危害物。因此丙烯酰胺单体在 PAM 中的含量成为决定聚丙烯酰胺产品质量的重要因素。氯化二甲基二烯丙基铵（DMDAAC）聚合物具有正电荷密度高、水溶性好、高效无毒、造价低廉等优点，被广泛应用于石油开采、造纸、采矿、纺织印染、水处理等领域，成为当代化学界的一大研究热门。聚合有机改性硫酸铝（POA）是一种新型絮凝剂，是以廉价的硫酸铝为主要原料，在常温常压下用羧甲基淀粉改性而成的，产品性能稳定，水处理效率高，能去除水源水浊度，去除废水中 COD、色度后水中铝残留量少，提高了饮用水水质。

（4）天然改性高分子有机净水剂　如多糖类淀粉经物理或化学方法引发与丙烯腈、丙烯酸、乙酸乙烯酯、甲基丙烯酸甲酯、苯乙烯等单体进行接枝共聚反应，形成各种具有独特性能的接枝共聚淀粉。在高效净水材料等多方面的实际应用中具有优异的性能，是一种高效可降解、无二次污染的产品。用作增稠剂、絮凝剂、沉降剂或上浮剂，用于浮选矿石或处理工业废水。壳聚糖是从甲壳纲动物中提取的一种天然碱性高分子多糖，是甲壳素经浓碱处理脱去乙酰基的产物，又称可溶性甲壳质。与传统的化学絮凝剂相比，具有可生物降解、无毒、杀菌、抑菌、良好的生物相容性等特点；并且投加量少，沉降速度快，对污水中的 COD 及重金属离子去除效率高，污泥易处理，无二次污染。又如天然高分子改性絮凝剂 MBF 是通过微生物的发酵、抽提、精制而得到的一类能自然降解的新型水处理絮凝剂，具有无毒、安全、高效、可生物降解、无二次污染等特点。对高浓度有机废水、染料废水、高浓度无机悬浮废水、化工废水净化和城市生活污水处理等方面都有很好的处理效果。

我国自行研制的一些絮凝剂、缓蚀剂、阻垢剂、杀菌剂及配套的预膜剂、清洗剂、消泡剂已达到世界先进水平。今后的开发重点是高效价廉、特色性好、专用性强的水处理剂。例如含磺酸基和羟基的水溶性共聚阻垢分散剂，尤其是三元共聚物及天然高分子聚合物。在缓蚀剂方面应注意非膦有机缓蚀剂，尤其是对无毒无公害的钼系药剂应抓紧研究开发。絮凝剂应重视天然高分子絮凝剂的化学改性。杀菌剂要扩大品种，除季铵盐外，国外已广泛应用醛类、有机硫化合物、异噻唑啉酮，并取得较理想的效果。我们应把握国外水处理剂的发展趋势，直超国际先进水平。

Fa 絮凝剂

絮凝剂是指使水中浊物形成大颗粒凝聚体的药剂。絮凝技术在原水处理中可以除浊、脱色、除臭及除去其他杂质，在废水处理中用以脱除油类、毒物、重金属盐等。

絮凝剂分为无机物和有机物两类，其絮凝机理是复杂的。基本原理是增加水中悬浮粒子的直径，加快其沉降速度，具体絮凝作用是通过物理作用和化学作用两种因素实现的。化学因素是使粒子的电荷中和，降低其电位，使之成为不稳定的粒子，然后聚集沉降，这类絮凝剂多为低分子无机盐。而物理因素则是絮凝剂通过架桥、吸附使小粒子聚集体变为絮团。这类絮凝剂多为高分子物。我国无机高分子絮凝剂发展较快，同时复合型的开发速度也在加快，除国内应用外，已有部分出口，产品介绍如下。

Fa001 无机有机高分子絮凝剂

【英文名】 organic inorganic high molecular flocculanter

【组成】 聚合铁、聚丙烯酰胺。

【物化性质】 红棕色黏稠状液体，是复合高分子絮凝剂，具有聚合铁的强吸附能力和聚丙烯酰胺的高度架桥能力。混凝时间短，矾花大，沉降速度、净水速度快。

【质量标准】

项目	指标
聚丙烯酰胺含量/(g/L)	0.06
pH 值	2～3
铁含量/(g/L)	98
相对密度	1.45

【用途】 作絮凝剂主要用于印染、造纸、化工等工业污水的净化处理。对低浓度或高浓度水质、有色废水、多种工业废水都有良好的净化作用，而且污泥脱水性能好。在原水质 pH8～12 范围内有良好的絮凝作用，具有去除原水中悬浮物耗氧的作用，特别对高浓度含铁废水有较好的去除效果。在相同条件下用药量比单独使用聚合铁和聚丙烯酰胺降低 20%以上，净化水可以直接排入河流，对水中的鱼和其他的生物无影响。亦可用于污泥浓缩；使用（0.3×10^{-6}）～（2×10^{-6}）可以减小生化池和污泥浓缩池内污泥和水的比例，提高生化池和污泥浓缩池的利用率。可将污泥浓度由 3～10g/L 提高到 30～100g/L，大大减小了下一步污泥脱水过程的污泥体积，提高污泥脱水设备和人员的效率。用于钻井泥浆等油井作业中可大大提高水的黏度，因此它大量用于石油工业的三次采油。

包装规格：用塑料桶包装，每桶 25kg 或根据用户需要确定。

【制法】 在聚合铁、聚丙烯酰胺不能发生化学反应和净水性能互不制约的前提下二者以有效的配比和最佳的浓度混合在一起，制得无机和有机高分子复合絮凝剂。

【产品安全性】 非危险品。工作场地要经常用水冲洗，保持清洁。因其黏度大，散落地下的PAM遇水地面光滑，应防止操作人员滑跌引发安全事故。应贮存在阴凉、通风、干燥的地方，防止受潮，严防曝晒，常温下贮存期10个月。

【参考生产企业】 济南英出化工科技有限公司，东莞市百诺环保科技有限公司，大连力佳化学制品公司，上海仙河水处理有限公司，北京新大禹精细化学品公司，山东滨州嘉源环保有限公司。

Fa002 絮凝剂FIQ-C

【别名】 天然高分子改性阳离子絮凝剂

【英文名】 Flocculants FIQ-C

【组成】 季铵盐醚化天然高分子植物胶粉。

【物化性质】 天然高分子胶粉，是由水溶性多聚糖、纤维素、木质素、单宁为原料合成的阳离子絮凝剂，具有良好的絮凝性能。与PAC复配使用时对工业废水处理效果很好，废水处理后可达标排放。

【质量标准】

平均分子量	106
阳离子取代度/%	52
相对黏度	3.5

【用途】 作造纸、油田、印染废水的絮凝剂，对水中悬浮颗粒具有较好的去除效果，絮凝性能好于阳离子聚丙烯酰胺PAM-C，且药剂FIQ-C受水样pH影响较小。在使用铝盐、铁盐等各种无机混凝剂、絮凝剂的污水处理系统内，如需要处理的水量超过了澄清池的处理能力或由于其他因素造成水中絮体来不及沉降而外漂，只需添加(0.1～0.2)$\times10^{-6}$本品，即可明显提高沉降效果。而且，处理后水的COD和色度指标也会有明显的改善。与PAC复配使用效果更佳，处理后的废水可达标排放。

包装规格：内层用内衬塑料袋，外层用塑料复膜编织袋包装，每袋净重25kg。

【制法】 在一定量F691粉中加入95%乙醇润湿分散，在搅拌下加入30%的NaOH碱化30min，然后加入季铵盐醚化剂，在50℃下反应3h，即可制得FIQ-C。

【产品安全性】 无毒，低刺激性，注意眼睛和皮肤的保护，溅到脸上立即用水冲洗。要求在室内阴凉、通风处贮藏，防潮、严防曝晒，贮存期10个月。

【参考生产企业】 广州广宁环保化工厂，河北沧州恒利化工厂，江苏常州市全球化工有限公司，广东广州市金康源经贸有限公司。

Fa003 絮凝剂MU

【英文名】 flocculants MU

【组成】 尿素与乙二醛、双氰胺、胺盐共缩聚物。

【物化性质】 絮凝剂MU为易溶于水的凝胶状无色物，分子中含有与水溶性染料反应的基团，生成絮体的粒径增大，絮体的沉降速度提高，稳定性较好。pH使用范围较广，是处理高浓度水溶性染料废水的理想絮凝剂。

【质量标准】

相对分子质量	6500
固含量/%	50
pH值(10%水溶液)	4.5

【用途】 用作絮凝剂，适应范围较大，效果良好。活性艳红X-3B（COD为280mg/L，色度为4096倍）脱色率95.0%～99.7%，COD_{Cr}去除率67.3%～75.6%，酸性大红GR（COD为420mg/L，色度为2048倍）脱色率99.0%～99.9%，COD去除率71.5%～83.2%，

染化废水（COD 为 3700mg/L，色度为 8192 倍）脱色率 99.2%，COD 去除率 81.0%。

包装规格：用塑料桶包装，每桶 25kg 或根据用户需要确定。

【制法】乙二醛、双氰胺、尿素、胺盐、丙烯酰胺在 90℃反应 5h 得共缩聚物。

【产品安全性】无毒，低刺激性，注意眼睛和皮肤的保护，溅到脸上立即用水冲洗。要求在室内阴凉、通风处贮藏，防潮、严防曝晒，贮存期 10 个月。

【参考生产企业】广州广宁环保化工厂，河北沧州恒利化工厂，江苏常州市全球化工有限公司，广东广州市金康源经贸有限公司。

Fa004 絮凝剂 TYX-800

【英文名】flocculants TYX-800

【组成】复方改性聚合硫酸铁。

【物化性质】外观为红棕色液体，与水无限混溶，相对密度≥1.4，絮凝性良好。

【质量标准】

项目	指标
总铁含量/%	≥11.0
pH 值(1%水溶液)	2.0～3.0

【用途】TYX-800 是一种前景广阔的复方改性含铁盐絮凝剂，水矾花大、沉降速度快、絮凝效果好。对原水 pH 值有较强的适应性，在 pH 值 4～12 范围内除浊率均大于 90%，对铁离子、氨氮含量及 COD 有一定的去除作用。

包装规格：用塑料桶包装，每桶 25kg 或根据用户需要确定。

【制法】首先卤代烷与丙烯酰胺、有机胺反应合成阳离子中间体，然后加入聚合硫酸铁在 80℃下反应 4h 合成 TYX-800。

【产品安全性】无毒，低刺激性，注意眼睛和皮肤的保护，溅到脸上立即用水冲洗。要求在室内阴凉、通风处贮藏，防潮、严防曝晒，贮存期 10 个月。

【参考生产企业】新疆博乐农五师电力发电公司，山西天禹轻化有限公司，天津泰伦特化学有限公司，浙江衢州门捷化工有限公司。

Fa005 絮凝剂 PDMDAAC

【别名】聚二甲基二烯丙基氯化铵

【英文名】flocculants PDNDAAC

【结构式】

$$\left[H_2C - \underset{\underset{H_3C\ \ CH_3}{N^+}}{\text{(ring)}} - CH_2 \right]_n \quad Cl^-$$

【物化性质】无色胶体，为阳离子型有机高分子絮凝剂。正电荷密度高，水溶性好，在水处理中可同时发挥电中和及吸附架桥的功能，具有用量少、高效无毒的优点。

【质量标准】

项目	指标
特性黏度/(dl/g)	1.96
固含量/%	50
阳离子度/%	10

【用途】广泛应用于石油开采、增稠剂、吸水聚合物、采油、蛋白酶的固定，酸性压裂流体造纸、采矿、纺织印染及日用化工等领。用量少，高效无毒，环保效果相当显著。

包装规格：用塑料桶包装，每桶 25kg 或根据用户需要确定。

【制法】一步法：首先合成二甲基二烯丙基氯化铵，然后在 40℃下用复合引发，剂引发，采用水溶液自由基聚合方式，得到阳离子型高分子絮凝剂 PDNDAAC。

【产品安全性】无毒，低刺激性，注意眼睛和皮肤的保护，溅到脸上立即用水冲洗。要求在室内阴凉、通风处贮藏，防潮、严防曝晒，贮存期 10 个月。

【参考生产企业】中国科学院生态环境研

究中心环境水化学国家重点实验室，山东枣庄市泰和化工厂。

Fa006 絮凝剂 P

【别名】 两性高分子絮凝剂 P

【英文名】 flocculants P

【结构式】

$$\left[\ H_2C-\underset{CONH_2}{\underset{|}{C}H}-CH_2-\underset{\underset{H_3C\ \ CH_3\ Cl^-}{N^+}}{(\text{ring})}-CH_2-\underset{COOH}{\underset{|}{CH}}-\underset{COOH}{\underset{|}{CH}}-\ \right]_n$$

【物化性质】 两性高分子絮凝剂，兼有阴、阳离子性基团的特点，在不同介质条件下所带离子类型不同，适于处理带不同电荷的污染物，用于污泥脱水，通过电性中和、吸附架桥、分子间的“缠绕”包裹作用使污泥颗粒粗大。黏度高，溶解性、脱水性好。适用范围广，使用时不受酸、碱影响。

【质量标准】

项目	指标
黏度(20℃)/Pa·s	30
pH 值	6.7～9.3
固含量/%	63

【用途】 两性共聚物 P 在工业污水处理中有良好的絮凝效果，加入量为 8mg/L 时透光率为 97.5%，COD 去除率 70%，脱色率 99.9%。无毒，无污染。

包装规格：用塑料桶包装，每桶 25kg 或根据用户需要确定。

【制法】 在引发剂存在下丙烯酰胺（AM）、二甲基二烯丙基氯化铵（DM）、马来酸（MA）在乳液中三元共聚，得丙烯酰胺、二甲基二烯丙基氯化铵、马来酸共聚物两性共聚物 P。

【产品安全性】 无毒，低刺激性，注意眼睛和皮肤的保护，溅到脸上立即用水冲洗。要求在室内阴凉、通风处贮藏，防潮、严防曝晒，贮存期 10 个月。

【参考生产企业】 辽宁大连三达奥克化学品有限公司，江苏无锡美华化工有限公司，江苏武进市三河口益民化工厂。

Fa007 PPAFS 絮凝剂

【英文名】 flocculent PPAFS

【结构式】

$$[FeAl(OH)_n(SO_4)_{3-(n+x)/2}(PO_4)_{x/3}]_m$$

【物化性质】 是一种新型无机高分子聚合物 PPAFS（聚合磷硫酸铝铁），它以 OH 架桥形成多核络离子，保留了铝铁各自均聚物的优点，沉降速度快、残余量少、稳定性好、价廉、低毒。

【质量标准】

项目	指标
外观	红棕色固体
固含量/%	>95

【用途】 作石油废水的处理絮凝剂，透光度可从 32.4% 提高到 98.6%，处理水样 COD 去除率为 81.7%。

包装规格：用塑料桶包装，每桶 25kg 或根据用户需要确定。

【制法】 在室温下把 $FeSO_4$ 配制成溶液加入反应釜，搅拌下加入定量 $Al_2(SO_4)_3$、浓 H_2SO_4、$NaClO_3$ 溶液，氧化反应进行 10～30min，再加入适量的 $Al_2(SO_4)_3$，聚合时间为 10～30min，最后加入 Na_3PO_4 搅拌 40min。$FeSO_4$: $Al_2(SO_4)_3$: H_2SO_4 : $NaClO_3$: Na_3PO_4 的摩尔比为 1∶1∶0.2∶0.8∶0.2，得液态聚合磷硫酸铝铁，冷却结晶，过滤，50～60℃烘干则得红棕色固体产品。

（1）氧化反应

$$6FeSO_4+NaClO_3+3H_2SO_4 = 3Fe_2(SO_4)_3+3H_2O+NaCl$$

（2）水解反应

$$Fe_2(SO_4)_3+Al_2(SO_4)_3+nH_2O = 2FeAl(OH)_n(SO_4)_{3-n/2}+nH_2SO_4$$

（3）聚合反应

$$m[\mathrm{FeAl(OH)}_n(\mathrm{SO_4})_{3-n/2}] + mx/3\mathrm{Na_3PO_4} ===$$
$$\text{本品} + mx/2\mathrm{Na_2SO_4}$$

【产品安全性】 无毒，低刺激性，注意眼睛和皮肤的保护，溅到脸上立即用水冲洗。要求在室内阴凉通风处贮藏，防潮、严防曝晒，贮存期 10 个月。

【参考生产企业】 内蒙古科安水处理技术设备有限公司，河南沃特化学清洗有限公司，北京海洁尔水环境科技公司，江苏武进溢达化工厂，江苏常州新朝化工有限公司，广东佛山市电化总厂。

Fa008 两性天然高分子絮凝剂

【英文名】 amphoteric inartificial high moecule flocculent

【组成】 淀粉二甲基二烯丙基氯化铵、丙烯酰胺、甲基丙烯酸共聚物。

【物化性质】 是以淀粉为基材的环保型两性天然高分子絮凝剂。既带有阴离子基团又带有阳离子基团，在处理污水时可以利用淀粉的半刚性链和柔性支链将污水中悬浮的颗粒通过架桥作用絮凝沉降下来，絮体较大，沉降速度较快，絮体密实。又因其带有的极性基团，可通过化学和物理作用降低污水中的 COD、BOD 负荷。其阳离子捕捉水中的有机悬浮杂质，阴离子促进无机悬浮物的沉降。

【质量标准】

项目	指标
固含量/%	28.23
接枝效率/%	93.84
阴离子化度/%	8.6
接枝率/%	122.46
阳离子化度/%	18.97

【用途】 淀粉是一种六元环状的天然高分子，它含有许多羟基，表现出较活泼的化学性质，通过羟基的酯化、醚化、氧化、交联、接枝共聚等化学改性，其活性基团大大增加，聚合物呈枝化结构，分散了絮凝基团，对悬浮体系中颗粒物有更强的捕捉与促沉作用。用于处理其他絮凝剂难以处理的水质较复杂的污水，尤其是在污泥脱水、消化污泥处理上有很好的效果。

包装规格：用塑料桶包装，每桶 25kg 或根据用户需要确定。

【制法】 以淀粉为基材，淀粉、二甲基二烯丙基氯化铵、丙烯酰胺、甲基丙烯酸利用反相乳液聚合技术，采用四元聚合的方法接枝共聚。

【产品安全性】 无毒，低刺激性，注意眼睛和皮肤的保护，溅到脸上立即用水冲洗。要求在室内阴凉、通风处贮藏，防潮、严防曝晒，贮存期 10 个月。

【参考生产企业】 内蒙古科安水处理技术设备有限公司，河南沃特化学清洗有限公司，北京海洁尔水环境科技公司，江苏武进溢达化工厂，江苏常州新朝化工有限公司，广东佛山市电化总厂。

Fa009 阳离子型天然高分子絮凝剂

【英文名】 cationic inartificial high moecule flocculent

【组成】 淀粉二甲基二烯、丙基氯化铵、丙烯酰胺接枝共聚物。

【物化性质】 改性淀粉化合物，具有无毒、易溶于水、可生物降解、价廉等优点。阳离子型絮凝剂对带负阴电荷物质有亲和性，对带电负性的无机或有机悬浮物有极好的絮凝效果。

【质量标准】

项目	指标
接枝率/%	126.67
固含量/%	37.56
接枝效率/%	94.52

【用途】 淀粉接枝物可用作絮凝剂、增稠剂、黏合剂、造纸助留剂等。对油污处理能力强，对含色污水处理效果好，絮凝速度快，COD 去除率高，杀菌剂性能好。

包装规格：用塑料桶包装，每桶25kg或根据用户需要确定。

【制法】 以淀粉为基材、石蜡油为油相、尿素混合物为引发剂，淀粉二甲基二烯、丙基氯化铵、丙烯酰胺在45℃接枝共聚。

【产品安全性】 无毒，低刺激性，注意眼睛和皮肤的保护，溅到脸上立即用水冲洗。要求在室内阴凉、通风处贮藏，防潮、严防曝晒，贮存期10个月。

【参考生产企业】 内蒙古科安水处理技术设备有限公司，河南沃特化学清洗有限公司，北京海洁尔水环境科技公司，山东胜利油田井下胜苑化工公司，江苏常州市江海化工厂，河南中原大化集团有限公司，天津警青化工厂，福建厦门精化科技有限公司。

Fa010 粉状絮凝剂

【英文名】 flocculant powder

【组成】 共聚阳离子聚丙烯酰胺。

【物化性质】 水溶性固体粉末，能快速分散于溶液中的悬浮粒子吸附和架桥，有着极强的絮凝作用，能够加速悬浮液中的粒子的沉降，加快溶液的澄清，促进过滤。

【质量标准】

外观	白色或黄白色结晶粉末
溶解性	<4h
固含量/%	90.0
黏度(1%溶液)/mPa·s	15000～20000

【用途】 作絮凝剂，主要应用于工业上的固液分离过程，包括沉降、澄清、浓缩及污泥脱水等工艺，应用的主要行业有城市污水处理、造纸工业、食品加工业、石化工业、冶金工业、选矿工业、染色工业和制糖工业及各种工业的废水处理。用在城市污水及肉类、禽类、食品加工废水处理过程中的污泥沉淀及污泥脱水上，通过其所含的正电荷基团对污泥中的负电荷有机胶体的电性中和作用及高分子优异的架桥凝聚功能，促使胶体颗粒聚集成大块絮状物，从其悬浮液中分离出来。效果明显，投加量少，能使工业废水排放达到环保要求。

包装规格：用塑料桶包装，每桶25kg或根据用户需要确定。

【制法】 将单体DMC 32份、SMC 8份、AM 25份和无离子水溶解均匀后投入反应器中，通入氮气保持15min，而后加入引发剂水溶液，升温至47℃保温，在一定反应温度下维持正常反应4.5h，然后降温。将凝胶状的物料造粒、干燥、粉碎即得产品。

【产品安全性】 无毒，低刺激性，注意眼睛和皮肤的保护，溅到脸上立即用水冲洗。要求在室内阴凉、通风处贮藏，防潮、严防曝晒，贮存期10个月。

【参考生产企业】 江苏武进溢达化工厂，江苏常州新朝化工有限公司，广东佛山市电化总厂，内蒙古科安水处理技术设备有限公司，河南沃特化学清洗有限公司，北京海洁尔水环境科技公司。

Fa011 CTS-PFS复合型絮凝剂

【英文名】 CTS-PFS compound flocculant

【组成】 CTS-PFS复合共聚物。

【物化性质】 在溶液状态，当H^+浓度与OH^-浓度的相对比例降低时，铁的各种聚合体中配位水的数目易发生变化，同时其水解产物发生缩聚反应，两个相邻的羟基之间发生架桥聚合作用，具有良好的除浊、除色、降COD及除金属离子的能力，且凝聚沉淀速度快，无残毒。其沉淀淤泥易自行降解，可用作肥料，没有二次污染，是绿色环保型水处理剂。

【质量标准】

外观	浅黄色结晶粉末
相对分子质量/10^4	300～1500
溶解时间/min	60～120
固含量/%	≥90
水解度	0～8

【用途】 作水处理絮凝剂。从絮凝剂的结构特点分析，聚合铁具有最强的电价中和能力，其吸附架桥作用相对差得多，只对天然水样有较强的絮凝能力，对污水处理效果不佳。壳聚糖相对分子质量很大，分子中带有孤电子对的氮、氧原子具有强配位能力，可以发挥良好的吸附架桥作用，但由于其本身为电中性，不具备电荷中和能力，只表现出优良的除浊效果，因而对天然水处理效果则弱得多。CTS-PFS 综合了壳聚糖和聚铁在两个方面的优势，即以壳聚糖长链大分子作为母体，通过聚合作用"嫁接"上聚铁基团之后，使其本身在溶液中具有良好的架桥、吸附、电价中和和卷扫作用，絮凝、除浊能力得到进一步增强，其所产生沉淀的沉降速度也比壳聚糖更快，成为具有特定功能的新型天然-无机复合絮凝剂，特别适用于那些既有带电胶体又有不带电微粒的多来源混合型污水的净化处理。

包装规格：用塑料桶包装，每桶 25kg 或根据用户需要确定。

【制法】 CTS-PFS 复合共聚物是在较低的反应温度下将金属盐聚合物和天然有机高分子物质（壳聚糖）经过溶液、溶胶阶段而制备的。

① 称量壳聚糖 3.53kg 溶于 200L 1%的醋酸溶液（质量分数 1.73%）中备用。准确量取 5L（$\rho=1.19$）聚合硫酸铁，加去离子水稀释 50 倍（质量分数 2.32%），为防止产生沉淀，用稀盐酸控制溶液的 pH 值≤2。以 EDTA 标液标定其铁浓度，备用。

② 取 20L 壳聚糖溶液加入反应器中，在搅拌下加入 20L 聚铁溶液，滴加稀盐酸调节 pH 值在 1.5～1.9 之间，剧烈搅拌使之混合均匀。静置反应 2h 后，缓缓加热至 60～80℃之间，此时，反应体系颜色由淡黄色逐渐变深为橙黄色。将该体系在室温下静置反应 24h，则有稳定均一的复合共聚胶体生成。

【产品安全性】 无毒，低刺激性，注意眼睛和皮肤的保护，溅到脸上立即用水冲洗。要求在室内阴凉、通风处贮藏，防潮、严防曝晒，贮存期 10 个月。

【参考生产企业】 江苏武进溢达化工厂，江苏常州新朝化工有限公司，广东佛山市电化总厂，内蒙古科安水处理技术设备有限公司，河南沃特化学清洗有限公司，北京海洁尔水环境科技公司。

Fa012 阳离子聚丙烯酰胺絮凝剂

【英文名】 cationic flocculent PAM

【组成】 阳离子聚丙烯酰胺。

【物化性质】 是由丙烯酰胺单体及共聚阳离子单体在水溶液中用中浓度和高浓度自由基溶液聚合法制备的共聚阳离子聚丙烯酰胺干粉。阳离子聚丙烯酰胺絮凝剂对絮体的形成不仅有桥连作用，而且有包络作用。发生桥连和包络的高分子还能靠相互作用形成三维网状结构的大絮团，有助于沉降分离，无甲醛残留，能用于给水处理。

【质量标准】

外观	白色或黄白色结晶粉末
溶解性	<4h
固含量/%	90.0
黏度(1%溶液)/mPa·s	15000～20000

【用途】 作絮凝剂，阳离子聚丙烯酰胺溶解时间短，有良好的脱色絮凝作用，其净化效果可达 99%。

包装规格：用塑料桶包装，每桶 25kg 或根据用户需要确定。

【制法】 将 20 份甲基丙烯酰乙基三甲基氯化铵（DMC-80）、20 份丙烯酰乙基三甲基氯化铵（SMC-80H）、20～30 份丙烯酰胺（AM）和38～50份无离子水加入反应釜，搅拌溶解均匀后通入氮气保持15min，而后加入引发剂水溶液（过硫酸钾0.001份用去离子水溶解），升温至47℃保温，在一定反应温度下维持正常反应4.5h，然后降温。将凝胶状的物料造粒、干燥、粉碎即得产品。

【产品安全性】 无毒，低刺激性，注意眼睛和皮肤的保护，溅到脸上立即用水冲洗。要求在室内阴凉、通风处贮藏，防潮、严防曝晒，贮存期10个月。

【参考生产企业】 江苏武进溢达化工厂，江苏常州新朝化工有限公司，广东佛山市电化总厂、内蒙古科安水处理技术设备有限公司，河南沃特化学清洗有限公司，北京海洁尔水环境科技公司。

Fa013 水处理结晶氯化铝

【英文名】 aluminium chloride crystalline for water treatment

【登记号】 CAS [7784-13-6]

【结构式】 $AlCl_3 \cdot 6H_2O$

【相对分子质量】 241.43

【物化性质】 无色斜方晶系结晶，工业品为淡黄色或深黄色，相对密度2.398，加热到100℃分解释放出氯化氢。溶于水、乙醚，水溶液呈酸性，微溶于盐酸。吸湿性强，易潮解，在湿空气中水解生成氯化氢白色烟雾。

【质量标准】 HG/T 3251—2010

型号		一等品	合格品
结晶氯化铝($AlCl_3 \cdot 6H_2O$)/%	≥	95.0	88.5
铁(Fe)/%	≤	0.25	1.0
不溶物/%	≤	0.10	0.10
砷(As)/%	≤	0.0005	0.0005
重金属(以Pb计)/%	≤	0.002	0.002
pH值(1%水溶液)	≥	2.5	2.5

【用途】 主要用于饮用水、含高氟水、工业水的处理，以及含油污水的净化。亦可用作精密铸造模壳的硬化剂、木材防腐剂、造纸施胶沉淀剂。固体产品使用时依实际需要（取决于具体使用中的工艺设计、工作现场条件）加水稀释成氧化铝含量5%～15%的溶液，通过加药系统（如计量泵）或直接加入待处理的水中。具体稀释方法是，按计算量在溶解罐（池）中注入干净的水，开启搅拌，按计算量将氯化铝粉末倒入水中保持搅拌至产品完全溶解，此时所得的溶液即可加入待处理的水中或贮存备用。

包装规格：用内衬塑料袋的编织袋包装，净重25kg或250kg。

【制法】 将粒度<8mm的煤矸石粉加入沸腾焙烧炉，在700℃焙烧约半小时，再经粉碎加入反应器中，与20%盐酸在110℃反应1h，生成的反应物送到澄清槽，加入聚丙烯酰胺絮凝剂，用压缩空气搅拌后静置，沉淀析出后将清液进行蒸发浓缩，析出晶体，合并两次结晶制得结晶氯化铝成品。其反应式如下：

$$Al_2O_3 + HCl + H_2O \longrightarrow AlCl_3 \cdot 6H_2O$$

【产品安全性】 铝盐中含有的铝元素能直接破坏神经系统功能，大量摄入铝盐对人体不利，严禁与食品接触。贮存于室内阴凉处，贮存期12个月。

【参考生产企业】 辽宁南票矿务局化工厂，浙江温州电化厂，南宁市永新化工厂，江苏泰兴县左溪化工厂，黑龙江依兰县化工厂。

Fa014 聚合氯化铝

【别名】 碱式氯化铝，聚合铝

【英文名】 aluminium polychloride

【登记号】 CAS [1327-41-9]

【结构式】

$$[Al_2(OH)_nCl_{6-n} \cdot xH_2O]_m$$

$$m \leqslant 10 \quad n=1\sim5$$

【物化性质】 聚合氯化铝（PAC）是一种

新型的无机高分子混凝剂，具有良好的凝聚和絮凝作用，外观为无色或黄色树脂状固体，其溶液为无色或黄褐色透明液体，易溶于水。水解过程中伴随有电化学、凝聚、吸附和沉淀等物理化学过程。适应的源水 pH 值宽，在 pH5.0～9.0 范围均可凝聚，无腐蚀性，投药操作方便，成本低。处理水中盐分增加少，有利于离子交换处理和高纯水制备，净化后的水质完全达到出厂水质要求。

【质量标准】 GB/T 22627—2008

pH 值(1%溶液)	3.5～5.0
硫酸根(以 SO_4^{2-} 计)/%	≤3.5
砷(As)/%	≤0.0005
锰(Mn)/%	≤0.0025
铅(Pb)/%	≤0.001
铬(Cr)/%	≤0.001
氧化铝(Al_2O_3)/%	10.0～11.0
盐基度/%	45.0～65.0
氨态氮(N)/%	≤0.01
铁(Fe)/%	≤0.01
镉(Cd)/%	≤0.0002
汞(Hg)/%	≤0.00002
相对密度(20℃)	≥1.19

【用途】 作为絮凝剂主要用于净化饮用水和给水的特殊水质处理，如除铁、氟、镉、放射性污染，除漂浮油等。亦可用于工业废水处理，如印染废水。此外还用于精密铸造、医药、造纸、制革。

用法：液体产品用槽车或包装桶运输至仓库，使用时可直接按需要投加。

包装规格：用塑料桶包装，每桶 25kg 或 250kg。

【制法】

① 将结晶氯化铝在 170℃ 下进行沸腾热解，放出的氯化氢用水吸收制成 20%盐酸回收。然后加水在 60℃ 以上进行熟化聚合，再经固化、干燥、破碎制得固体聚合氯化铝成品。

② 将铝灰（主要成分为氧化铝和金属铝）按一定配比加入预先加入洗涤水的反应器中，在搅拌下缓缓加入盐酸进行缩聚反应，经熟化聚合至 pH 值 4.2～4.5、溶液相对密度为 1.2 左右进行沉降，得到液体聚合氯化铝。液体产品稀释过滤，蒸发浓缩干燥得固体聚合氯化铝成品。其反应式如下：

$$AlCl_3 \cdot H_2O \longrightarrow mAl_2(OH)_nCl_{6-n} + mxH_2O \longrightarrow \text{本品}$$

【产品安全性】 铝盐中含有的铝元素能直接破坏神经系统功能，大量摄入铝盐对人体不利，严禁与食品接触。有刺激性，操作过程中应注意避免皮肤直接接触产品，应配备护目镜、橡胶手套、工作服等，溅到皮肤上用水冲洗。应贮存在阴凉、通风、干燥、清洁的库房中。运输过程中要防雨淋和烈日曝晒，应防止潮解。装卸时要小心轻放，防止包装破损。液体产品贮存期 6 个月，固体产品贮存期 12 个月。

【参考生产企业】 重庆南岸明矾厂，南京化学公司磷肥厂，江苏常州水处理厂，杭州硫酸厂，广东佛山电化厂，沈阳市化工七厂，河南省科学院密县聚合铝厂。

Fa015 硫酸铝

【英文名】 aluminium sulfate

【登记号】 CAS [7784-31-8]

【结构式】 $Al_2(SO_4)_3 \cdot 18H_2O$

【相对分子质量】 666.4

【物化性质】 相对密度 1.69（17℃），熔点 86.5℃（分解）。溶于水、酸和碱，不溶于醇，水溶液呈酸性。加热至 770℃ 时开始分解为氧化铝、三氧化硫、二氧化硫和水蒸气。水解后生成氢氧化铝，外观为白色片状或粒状，含低铁盐（$FeSO_4$）而带有淡绿色，又因低价铁盐被氧化而使产品表面发黄。有涩味，水溶液长时间沸腾可生成碱式硫酸铝。

【质量标准】 HG/T 2225—2010

型号		一等品	合格品	溶液
外观		白色粒状或微灰色粒状或片状		微绿或微灰黄
氧化铝含量/%	≥	15.60	15.60	7.80
铁含量/%	≤	0.52	0.70	0.25
水不溶物/%	≤	0.15	0.15	0.15
pH 值(1%水溶液)	≤	3.0	3.0	3.0
砷含量/%	≤	0.0005	0.0005	0.0003
重金属(以 Pb 计)含量/%	≤	0.002	0.002	0.00

【用途】 用于净水和造纸、印染、石油等其他工业。在净水方面用作絮凝剂；在造纸方面作助剂，可增加纸张硬度，亦可作着色剂、消泡剂；印染工业用作媒染剂和印花的防渗色剂；油脂工业用作澄清剂；石油工业用作除臭脱色剂；木材工业用作防腐剂；医药上用作收敛剂；颜料工业用于生产铬黄并作沉淀剂。固体产品使用时依实际需要（取决于具体使用中的工艺设计、工作现场条件）加水稀释成氧化铝含量 5%～15%的溶液，通过加药系统（如计量泵）或直接加入待处理的水中。具体稀释方法如下：按计算量在溶解罐（池）中注入干净的水，开启搅拌，按计算量将聚氯化铝粉末倒入水中，保持搅拌至产品完全溶解。此时所得的溶液即可加入待处理的水中或贮存备用。包装规格：用塑料桶或塑料大口桶包装，净重 20kg、25kg、50kg、200kg。

【制法】

① 用硫酸分解铝土矿：将铝土矿粉碎至 60 目，在加压条件下与 60%左右的硫酸水溶液反应 7h 左右。对反应液进行沉降分离，蒸发浓缩，将浓缩液用稀酸中和至中性，冷却制成片状或粒状。反应式如下：

$$Al_2O_3+3H_2SO_4 \longrightarrow Al_2(SO_4)_3+3H_2O$$

② 稀硫酸与氢氧化铝反应，反应液经沉降、浓缩、冷却加工成片状或粒状。反应式如下：

$$3H_2SO_4+2Al(OH)_3 \longrightarrow Al_2(SO_4)_3+6H_2O$$

③ 明矾石法：将明矾石煅烧，粉碎后用稀硫酸溶解，过滤去掉不溶物得到硫酸铝和钾明矾混合溶液，迅速冷却结晶除去钾明矾，浓缩母液，冷却加工成片状。

【产品安全性】 铝盐中含有的铝元素能直接破坏神经系统功能，大量摄入铝盐对人体不利，严禁与食品接触。应贮存在阴凉、通风、干燥、清洁的库房中。运输过程中要防雨淋和烈日曝晒，应防止潮解。装卸时要小心轻放，防止包装破损。液体产品贮存期 6 个月，固体产品贮存期 12 个月。

【参考生产企业】 合肥益美化工科技有限公司，河南华明水处理材料有限公司，上海芮鑫实业有限公司，天津市塘沽化工厂，河北唐山市前进化工厂，长春市自来水公司化工厂。

Fa016 聚合硫酸铝

【别名】 碱式硫酸铝，PAS

【英文名】 aluminium polysulfate

【结构式】

$$[Al_2(OH)_n(SO_4)_{3-n/2}]_m$$

【物化性质】 有固体产品和液体产品两种，固体产品为白色粉末，液体产品为无色或淡黄色透明液体。pH 值在 3.5～5.0，相对密度大于 1.20。对水中细微悬浮物及胶体粒子具有较强的絮凝性，聚沉速度快，用量少，无毒。

【质量标准】 GB 15892—2009

产品规格	固体	液体
外观	白色粉末	无色或淡黄色液体
Al_2O_3 含量/%	25～35	8～12
盐基度/%	46～65	45～65
pH 值		3.5～5

【用途】 在水处理中作絮凝剂。固体产品使用时依实际需要（取决于具体使用中的工艺设计、工作现场条件）加水稀释成氧化铝含量5%～15%的溶液，通过加药系统（如计量泵）或直接加入待处理的水中。

具体稀释方法如下：按计算量在溶解罐（池）中注入干净的水，开启搅拌，按计算量将聚氯化铝粉末倒入水中保持搅拌至产品完全溶解。此时所得的溶液即可加入待处理的水中或贮存备用。

包装规格：用编织袋或塑料大口桶包装，净重25kg、200kg。

【制法】 工艺流程包括粉碎、成盐、沉降、聚合、熟化、干燥。铝土矿（Al_2O_3含量50%）为原料，将其粉碎成60目，在0.88MPa、145～158℃下与硫酸反应6h。反应后加入助沉剂使渣沉淀，分出清液，调节OH^-/Al的摩尔比，控制pH值在3～5。聚合反应完成后，熟化，得聚硫酸铝液体产品，将其喷雾干燥得固体产品。反应式：

$$Al_2O_3 + H_2SO_4 \longrightarrow$$

$$mAl_2(SO_4)_3 + mnOH^- \longrightarrow \text{本品}$$

【产品安全性】 铝盐中含有的铝元素能直接破坏神经系统功能，大量摄入铝盐对人体不利，严禁与食品接触。应贮存在阴凉、通风、干燥、清洁的库房中。运输过程中要防雨淋和烈日曝晒，应防止潮解。装卸时要小心轻放，防止包装破损。液体产品贮存期6个月，固体产品贮存期12个月。

【参考生产企业】 南京油脂化工厂，武汉供水厂，首都钢铁公司，河南新乡市东风化工厂，辽宁鞍钢给排水公司，河南密县丽晶化工厂，重庆南岸明矾厂，湖北新州磷肥厂，成都化工三厂。

Fa017 复合聚合氯化铝铁

【别名】 复合碱式氯化铝铁

【英文名】 ferric aluminium polychloride

【结构式】 $[Al_2(OH)_nCl_{6-n}]_m \cdot [Fe_2(OH)_nCl_{6-n}]_m$ （$n \leqslant 5$，$m \leqslant 10$）

【物化性质】 有液体产品和固体产品两种。比氯化铝净水能力强，用量少，吸附力强，形成的絮体大，沉降速度快。

【质量标准】HG/T 3541—2011

规格	液体	固体
外观	橙黄色透明液体	橙黄色结晶粉末
相对密度 ≥	1.19	
$Al_2O_3+Fe_2O_3$/% ≥	10	30
盐基度	50～70	50～70
pH 值(1%溶液)	3.3～5.0	3.3～5.0
氨气(以N计)/% <	0.05	0.05
Hg(汞)/(mg/kg) ≤	0.2	0.6
Cd/(mg/kg) ≤	1.5	5
As/(mg/kg) ≤	4	12
Pb/(mg/kg) ≤	10	30
Cr/(mg/kg) ≤	10	30
Mn/(mg/kg) ≤	25	75

【用途】 主要用于饮用水、工业用水和污水的的净化处理。其优点是絮凝性强，通过强大的电荷中和作用和聚合氯化铁的吸附性加快沉淀速度，是理想的水处理絮凝剂。如处理浊度为100～120的原水，投药量为2～4mg/L，处理后水的浊度为1度。因含铁元素对人体有益，所以更适宜饮用水的净化，但不适宜处理生产白度较

高的产品的工业用水。

包装规格：液体用塑料桶包装，每桶25kg或250kg；固体采用复合塑编袋或符合出口环保要求的包装，每袋净重25kg。

【制法】 将铝土矿粉碎后加入反应釜中，再加入浓盐酸和水（摩尔比为1∶6∶9），立即搅拌，升温，升压，在反应点恒温2h。然后降压、压滤，除去不溶物，得到相对密度为1.22～1.24的滤液。用活性氧化铝和石灰进行熟化，当溶液相对密度增加到1.24～1.28、pH值为3时即得液体产品，将其干燥得固体。反应式如下：

$$Al_2O_3+6HCl+9H_2O \longrightarrow 2[Al(H_2O)_6]Cl_3$$

$$Fe_2O_3+6HCl+9H_2O \longrightarrow 2[Fe(H_2O)_6]Cl_3$$

$$[Al(H_2O)_6]Cl_3+H_2O \longrightarrow [Al_2(OH)_nCl_{6-n}]_m$$

$$[Fe(H_2O)_6]Cl_3+H_2O \longrightarrow [Fe(OH)_nCl_{6-n}]_m$$

【产品安全性】 铝盐中含有的铝元素能直接破坏神经系统功能，大量摄入铝盐对人体不利，严禁与食品接触。应贮存在阴凉、通风、干燥、清洁的库房中。运输过程中要防雨淋和烈日曝晒，应防止潮解。装卸时要小心轻放，防止包装破损。液体产品贮存期6个月，固体产品贮存期12个月。

【参考生产企业】 江苏常州水处理厂，沈阳市化工厂，长春市自来水公司化工厂，天津市化工研究院，广东佛山电化厂。

Fa018 聚硫氯化铝

【英文名】 polyalumnium sulfate chloride

【结构式】 $[Al_4(OH)_{2n}Cl_{10-2n}(SO_4)]_m$ ($m \leqslant 5$，$n=2 \sim 6$)

【物化性质】 黄棕色透明液体，味涩，具有一定的黏滞性，呈微酸性，无毒。加水稀释后生成具有络离子结构的碱性多核络合物，最终以氢氧化铝析出。

【质量标准】

项目	指标
Al_2O_3 含量/%	15
pH值	3.5～4.5
碱化度/%	60～80
水不溶物/%	1.0

【用途】 作为絮凝剂，主要用于净化饮用水和给水的特殊水质处理，如除铁、氟、镉、放射性污染，除漂浮油等。亦可用于工业废水处理，如印染废水。此外还用于精密铸造、医药、造纸、制革。

包装规格：用塑料桶包装，每桶25kg或250kg。

【制法】 将计量的硫酸铝和氨水依次投入水解锅中，在搅拌下加热至60～70℃，加盐酸水解4h后，过滤，滤饼压干，计量后加入聚合釜再加入盐酸进行聚合反应。

【产品安全性】 铝盐中含有的铝元素能直接破坏神经系统功能，大量摄入铝盐对人体不利，严禁与食品接触。应贮存在阴凉、通风、干燥、清洁的库房中。运输过程中要防雨淋和烈日曝晒，应防止潮解。装卸时要小心轻放，防止包装破损。液体产品贮存期6个月，固体产品贮存期12个月。

【参考生产企业】 杭州硫酸厂，河南省科学院密县聚合铝厂，江苏常熟水处理厂，沈阳市化工七厂。

Fa019 聚合磷硫酸铁

【英文名】 polyferric phophate sulfate

【组成】 硫酸铁与磷酸钠的混聚物。

【物化性质】 红棕色液体，相对密度(20℃)1.46，黏度(20℃)11～13 mPa·s。

【质量标准】

项目	指标
pH值	1.4～1.6
碱化度/%	≥25
Fe^{3+} 含量/(g/L)	≥160
Fe^{2+} 含量/(g/L)	≤1

【用途】 无机高分子净水剂，其絮凝性优于聚硫酸铁，用于工业用水和污水处理。

包装：用塑料桶包装，每桶 25kg 或 250kg。

【制法】 将计量的钛白粉副产品 $FeSO_4 \cdot 7H_2O$加入反应釜中，加入适量的浓硫酸（98%），在搅拌下加入 30%双氧水，在 80℃下反应 2h。然后加入磷酸钠，升温至 80℃，搅拌 1h，即得液体聚合磷硫酸铁。

【产品安全性】 Fe^{3+}易被还原成Fe^{2+}，产生二次污染，严禁与还原剂接触。应贮存在阴凉、通风、干燥、清洁的库房中。运输过程中要防雨淋和烈日曝晒，应防止潮解。装卸时要小心轻放，防止包装破损。液体产品贮存期 6 个月。

【参考生产企业】 内蒙古赤峰科安水处理技术设备有限公司，河南沃特化学清洗有限公司，北京海洁尔水环境科技公司。

Fa020 聚合硫酸铁

【别名】 PFS

【英文名】 polyferric sulfate

【结构式】 $[Fe_2(OH)_m(SO_4)_{3-n/2}]_m$

$n=0.5\sim1 \quad m=f(n)$

【物化性质】 聚合硫酸铁（固体）外观为淡黄色粉末，粒径在 100～200 目之间。液体聚合硫酸铁为深红色透明液体，10%（质量分数）的水溶液为红棕色透明溶液，具有吸湿性。其水解后可产生多种高价和多核络合离子，如 $Fe(H_2O)_6^{3+}$、$Fe(OH)_4^{2+}$、$Fe(OH)_2^{4+}$、$[Fe_8(OH)_{20}]^{4+}$等。聚合离子及羟基桥联形成的多核络合离子具有极高的絮凝能力，沉降速度快，适用范围广，适应水体 pH 值范围为 4～11，最佳 pH 值范围为 6～9，净化后原水的 pH 值与总碱度变化幅度小。净水效果优良，水质好，不含铝、氯及重金属离子等有害物质，亦无铁离子的水相转移，无毒。除浊，脱色，脱油，脱水，除菌，除臭，除藻，去除水中 COD、BOD 及重金属离子等功效显著。对微污染、含藻类、低温低浊原水净化处理效果显著，对高浊度原水净化效果尤佳。

【质量标准】 GB 14591—2006

Fe^{3+}/(g/L)	≥160
砷(As)	≤2×10^{-6}
碱化度/%	10～13
Fe^{2+}/(g/L)	≤1
铅(Pb)	≤10×10^{-6}

【用途】 用于原水净化，污水处理，油水分离，废银回收，医药、制革、制糖工业。

适用范围及参考用量

名称	参考用量
生活饮用水	1：40000～1：400000
工业用水	1：40000～1：400000
城镇污水	1：30000～1：60000
电镀废水	1：30000～1：50000
冶金选矿废水	1：20000～1：50000
有色选矿废水	1：20000～1：40000
钢铁工业废水	1：30000～1：50000
洗煤厂废水	1：10000～1：30000
电厂废水	1：10000～1：30000
食品工业废水	1：8000～1：16000
机加工乳化油废水	1：5000～1：12000
化工废水	1：6000～1：10000
油田钻井废水	1：6000～1：8000
印染废水	1：5000～1：7000
造漆废水	1：5000～1：7000
洗毛废水	1：6000～1：8000
造纸废水	1：3000～1：6000
制革废水	1：3000～1：6000
污泥脱水	1：100～1：160

用法：因原水性质各异，应根据不同情况，现场调试或做烧杯实验，取得最佳使用条件和最佳投药量，以达到最好的处理效果。

① 使用前，将本产品按一定浓度（20%～50%）投入溶矾池，注入自来水搅拌使之充分水解，静置至呈红棕色液体。

② 投加量的确定：根据原水性质可通过生产调试或烧杯实验视矾花形成适量而定，制水厂可以选用其他药剂量作为参考，在同等条件下本产品与固体聚合氯化铝用量大体相当，是固体硫酸铝用量的1/3～1/4。如果原用的是液体产品，可根据相应的药剂浓度计算酌定。

③ 使用时，将上述配制好的药液泵入计量槽，通过计量投加药液与原水混凝。

④ 注意混凝过程三个阶段的水力条件和形成矾花状况。

凝聚阶段：是药液注入混凝池与原水快速混凝在极短时间内形成微细矾花的过程，此时水体变得更加浑浊。它要求水流能产生激烈的湍流。烧杯实验中宜快速(250～300r/min) 搅拌 10～30s，一般不超过 2min。

絮凝阶段：是矾花成长变粗的过程，要求适当的湍流程度和足够的停留时间(10～15min)，至后期可观察到大量矾花聚集缓缓下沉，形成表面清晰层。烧杯实验先以 150r/min 搅拌约 6min，再以 60r/min 搅拌约 4min 至呈悬浮态。

沉降阶段：它是在沉降池中进行的絮凝物沉降，要求水流缓慢，为提高效率一般采用斜管（板）式沉降池（最好采用气浮法分离絮凝物)，大量的粗大矾花被斜管（板）壁阻挡而沉积于池底，上层水为澄清水，剩下的粒径小、密度小的矾花一边缓缓下降，一边继续相互碰撞结大，至后期余浊基本不变。烧杯实验宜以 20～30r/min 慢搅 5min，再静沉 10min，测余浊。

⑤ 强化过滤，主要是合理选用滤层结构和助滤剂，以提高滤池的去除率，它是提高水质的重要措施。

⑥ 本产品应用于环保，处理工业废水时使用方法与制水厂大体相同，对高色度，高 COD、BOD 的原水处理辅以助剂作用效果甚佳。

⑦ 采用化学混凝法的厂矿，原用的设备无需做大的改造，只需增设溶矾池即可使用本产品。

⑧ 本产品须保存在干燥、防潮、避热（$<80^\circ C$）处，切勿损坏包装，产品可长期贮存。

⑨ 本产品必须溶解才能使用，溶解设备和加药设备应采用耐腐蚀材料。

包装规格：液体用塑料桶包装，每桶 25kg 或 250kg，固体产品采用无毒性聚乙烯塑料袋外加编织袋包装，每袋净重 25kg。

【制法】 将硫酸亚铁（$FeSO_4 \cdot 7H_2O$）和硫酸依次加入反应釜中，加水，在搅拌下配成 18%～20% 的水溶液。升温至 50℃通入氧气，使反应压力达到 3.03×10^5 Pa。然后分批加入亚硝酸钠（相当于投料量的 0.4%～1.0%），碘化钠作助催化剂，反应 2～3h，冷却出料即为液体产品。液体产品经减压蒸发、过滤、干燥、粉碎得固体。

【产品安全性】 无毒无害，安全可靠，彻底解决了使用铝盐净水剂造成饮用水铝离子超标的难题，被称为绿色净水剂。液体产品须用耐腐蚀容器存放，原液保质期为半年。应贮存在阴凉、通风、干燥、清洁的库房中。运输过程中要防雨淋和烈日曝晒，应防止潮解。装卸时要小心轻放，防止包装破损。液体产品贮存期为 6 个月，固体产品贮存期为 12 个月。

【参考生产企业】 上海开纳杰化工研究所，河北沧州恒利化工厂，深圳莱索思环境技术有限公司，山西天脊集团精细化工有限公司。

Fa021 聚硅酸絮凝剂

【别名】 活性硅絮凝剂

【英文名】 polymetasilicic coagulant

【登记号】 CAS [7699-41-4]

【结构式】

$$\begin{array}{ccccc} & OH & & OH & \\ & | & & | & \\ HO- & Si & -O- & Si & -OH \\ & | & & | & \\ & OH & & OH & \end{array}$$

【相对分子质量】 174.20

【物化性质】 球形颗粒，等电点 pH 值在4～5 范围内。

【质量标准】

pH 值	6.0～11.0
玻璃化度/%	70～90

【用途】 作混凝剂，在天然水和污水处理中能强化混凝效果。可单独使用，也可与其他水解混凝剂配合使用。配合使用时能增加悬浮物的密度，加速絮凝和絮状物的沉淀。用法和投加量，根据原水性质可通过生产调试或烧杯实验确定。

包装规格：固体产品采用无毒性聚乙烯塑料袋外加编织袋包装，每袋净重 25kg。

【制法】 将一定量的水玻璃［SiO_2 (22.9%～39%) · Na_2O (8.6%～14.6%)］加入反应釜中，再在搅拌下加少量硫酸充分溶解，然后再加入一定量的硫酸铝 (Si/Al 摩尔比为 2∶5)。加水稀释至 SiO_2 含量为制备含量的 0.5%～1.0%。充分搅拌，静置陈化 1.5h 即可得到活性硅絮凝剂。

【产品安全性】 属复合型无机净水剂，符合现代水处理行业对净水剂的卫生要求。应贮存在阴凉、通风、干燥、清洁的库房中。运输过程中要防雨淋和烈日曝晒，应防止潮解。装卸时要小心轻放，防止包装破损。固体产品贮存期为 12 个月。

【参考生产企业】 河北衡水恒生环保制剂有限公司，西安吉利电子化工有限公司，山东烟台福山绿洲化学品有限公司。

Fa022 硫酸铝铵

【英文名】 ammonium aluminium sulfate

【结构式】 $(NH_4)_2SO_4 \cdot Al_2(SO_4)_3 \cdot 24H_2O$

【物化性质】 相对密度 1.64，溶于水、甘油，不溶于乙醇。水溶液呈弱酸性，随温度升高，脱去结晶水，产生晶变。

【质量标准】

外观	白色透明结晶
水不溶物/%	≤0.10
附着水/%	≤4.0
含量/%	≥99.0
砷(以 As 计)/%	≤0.0002
重金属(以 Pb 计)/%	≤0.002

【用途】 用于原水和地下水的净化以及工业用水处理。

包装规格：采用复合塑编袋包装或符合出口环保要求的包装，每袋净重 25kg。

【制法】

方法 1（间接法） 用硫酸分解铝土矿。

方法 2（氢氧化铝法） 将氢氧化铝与硫酸反应加入硫酸铵，经浓缩、冷却结晶、离心脱水、干燥而得。

方法 3（直接合成法） 由工业硫酸铝和硫酸铵加水溶解后直接合成而得。

将铝土矿加入分解槽中加硫酸分解，经静置、沉降、吸取清液精制后得纯度较高的硫酸铝溶液。将其相对密度调至 (19℃) 1.230～1.306、$Al_2(SO_4)_3$ 含量 20%～26%后送入反应槽内，在加热下搅拌，以 $Al_2(SO_4)_3$ ∶ $(NH_4)_2SO_4$ = 1 ∶ 0.42 的摩尔比加入硫酸铵，在 100℃下搅拌至硫酸铵全部溶解。然后冷却、结晶、过滤、洗涤结晶、干燥得成品。反应式如下：

$$Al_2(SO_4)_3 + (NH_4)_2SO_4 + 24H_2O \longrightarrow \text{本品}$$

【产品安全性】 无毒，应贮存在阴凉、通风、干燥、清洁的库房中。运输过程中要防雨淋和烈日曝晒，应防止潮解。装卸时要小心轻放，防止包装破损。固体产品贮存期为 12 个月。

【参考生产企业】 岳阳市岳阳楼区环球环保化工服务部，河北廊坊开发区大明化工有限公司，江苏常州清流水处理厂，黑龙江大庆华顺化工有限公司，重庆市南岸明矾厂等。

Fa023 絮凝剂 TX-203

【别名】 聚合硅硫酸铝钾

【英文名】 coagulant TX-203

【组成】 硫酸钾铝与二氧化硅的混聚物。

【物化性质】 相对密度 1.25～1.40。其絮凝效果优于聚氯化铝和聚硫酸铁，并且对阴离子染料有较强的脱色作用。

【质量标准】

外观	轻微混浊液体
固含量/%	≥30
碱化度/%	45～60
铝含量(Al_2O_3)/%	8.0～12
钾含量(K_2O)/%	≤0.5
pH 值	3.2～3.7

【用途】 作为絮凝剂用于水处理。其优点是残余铝量低，沉淀速度快，适应 pH 值范围宽，有较好的缓蚀作用。

包装规格：采用复合塑编袋包装或符合出口环保要求的包装，每袋净重 25kg。

【制法】 将计量的硫酸铝、硫酸铝钾、硅酸钠依次加入预混器中，混合后加入聚合釜，再加入去离子水、助催化剂、催化剂，在搅拌下加热回流，然后再加入一定量的去离子水进行水解，冷却出料即为成品。

【产品安全性】 复合型无机净水剂，符合现代水处理行业对净水剂的卫生要求。应贮存在阴凉、通风、干燥、清洁的库房中。运输过程中要防雨淋和烈日曝晒，应防止潮解。装卸时要小心轻放，防止包装破损。液体产品贮存期为 6 个月，固体产品贮存期为 12 个月。

【参考生产企业】 内蒙古科安水处理技术设备有限公司，河南沃特化学清洗有限公司，北京海洁尔水环境科技公司。

Fa024 絮凝剂 ST

【别名】 聚氯化二甲基二烯丙基铵

【英文名】 coagulant ST

【结构式】

$$\left[CH_2-CH-CH-CH_2 \right]_n \quad \text{(两个 } CH \text{ 各连 } CH_2 \text{，共同连接 } N^+(CH_3)_2 \text{ 成环)} \quad Cl^-$$

【相对分子质量范围】 4×10^4～300×10^4

【物化性质】 易溶于水，常温 30min 完全溶解。常用溶解浓度 5mg/L，最高溶解度 15g/L。无毒，不燃烧，不爆炸，水解稳定性好，是无毒有机高分子絮凝剂，带有正电荷（活性基团），对悬浮的有机胶体和有机化合物可有效地凝聚。

【质量标准】

相对分子质量(M)	4×10^4～300×10^4
外观	白色固体或浅黄色黏稠液
固含量/%	≥95 或 35
残单含量/%	≤0.1
离子度/%	50
特性黏度/(mL/g)	40

【用途】 属有机高分子絮凝剂，用于工业水处理，其特点是用量小、处理效率高、适应范围广，加药浓度视原水浊度而定。特别注意带电性质相反的阻垢剂、絮凝剂相遇会引起凝结反应，导致膜的严重污染。进水 pH 范围在 5～8 可直接投加或稀释后投加；与无机絮凝剂配合使用效果更佳。

配药说明：使用反渗透产品水或者除盐水配制，配药浓度 1%。

使用说明：取本品 1kg，加入药箱中，往药箱中注入除盐水 100L 并搅拌，使药剂完全溶解，配制的药剂浓度为 1%，即约每 100L 药液含药剂 1kg（每 1L 中含 10g）。

① 加药点：投加点设在混合器或多

介质过滤器前。

② 加药量：一般投加浓度在（0.2～10）$\times 10^{-6}$之间，最适合的投加量应由水样的测试决定，过多或过少的加药量会降低过滤效果。

③ 加药量计算：根据投加浓度计算絮凝剂用量。

絮凝剂用量＝进水流量×投加浓度。例如，$10m^3/h \times 3g/m^3 = 30g/h$。

④ 计量泵的投加量：$30g/h \div 1\% = 3000g/h = 3kg/h$（约 3L/h）。

⑤ 计量泵调节：如计量泵的最大投加量为 6L/h，当计量泵效率为 50%时投加量为 3L/h。

注意事项：①与无机絮凝剂配合使用时，加入点位于无机絮凝剂加入点之后；

② 如果系统中无管道混合器时，加入点距离过滤装置距离不小于 3m。

包装规格：固体产品用内衬塑料袋的编织袋包装，净重 25kg、50kg、200kg；液体产品用塑料桶包装，每桶 25kg 或 50kg。

【制法】 将氯丙烯水洗除杂后，加入反应釜中，再加入二甲胺水溶液和氢氧化钠水溶液，在 45℃反应 45h 后，用四氯化碳萃取。分出水层，四氯化碳层放入蒸馏釜中，先常压蒸出四氯化碳，再减压蒸出 *N*,*N*-二甲基烯丙胺。将 *N*,*N*-二甲基烯丙胺加入聚合釜中，加入水溶解，用过硫酸铵作引发剂、Na_2EDTA 作助催化剂，往釜中充氮气置换空气，抽真空聚合，在 70～80℃下反应 4h。冷却至 10℃左右用甲醇稀释后，用丙酮析晶，静置 1h，减压过滤，真空干燥得固体产品。反应式如下：

$$(CH_3)_2NH + CH_2{=}CHCH_2Cl \longrightarrow$$

$$n\ [(CH_3)_2N^+(CH_2CH{=}CH_2)_2]\,Cl^- \xrightarrow{\text{过硫酸铵}} \text{本品}$$

【产品安全性】 属合成高分子有机净水剂，高效，无毒，不燃烧，不爆炸，水解稳定性好。应贮存在阴凉、通风、干燥、清洁的库房中。运输过程中要防雨淋和烈日曝晒，应防止潮解。装卸时要小心轻放，防止包装破损。液体产品贮存期为 6 个月，固体产品贮存期为 12 个月。

【参考生产企业】 北京普兰达水处理制品有限公司，上海同纳环保科技有限公司，上海维思化学有限公司，大连广汇化学有限公司，辽宁沈阳荣泰化工制剂有限公司，江苏南京化学工业研究设计院。

Fa025 高分子量聚丙烯酸钠

【别名】 KS-01 絮凝剂，flocculant KS-01

【英文名】 high molecular polyacrylate sodium

【相对分子质量范围】 $>8\times 10^6$

【结构式】

$$\left[CH_2-\underset{\displaystyle COONa}{\underset{|}{CH}}\right]_n$$

【物化性质】 白色固体或微黄色透明胶体，水中溶解速度小于 4h，属阳离子型高分子絮凝剂。

【质量标准】

项目	指标
固含量/%	36±1
单体含量/%	≤3
pH 值	10～12

【用途】 作工业给水、城市废水的絮凝剂，制氯化铝中分解赤泥。使用说明如下。

① 加药点：投加点设在混合器或多介质过滤器前。

② 加药量：一般投加浓度在 10×10^{-6}左右，最适合的投加量应由水样的测试决定，过多或过少的加药量会降低过滤效果。

③ 加药量计算：根据投加浓度计算絮凝剂用量。

絮凝剂用量＝进水流量×投加浓度。例如，$10m^3/h \times 3g/m^3 = 30g/h$。

④ 计量泵的投加量：$30g/h \div 1\% =$

3000g/h=3kg/h（约 3L/h）。

包装规格：用编织袋包装，净重 25kg/袋，或 20kg 塑料桶装。

【制法】 将聚丙烯酸投入反应釜中加热溶解。在搅拌下滴加 30%的 NaOH 水溶液，pH 值至 10～12 时停止滴加。在 40℃左右搅拌 1h，得成品。反应式如下：

$$\text{-}[CH_2-CH(COOH)]_n\text{-} \xrightarrow{NaOH} \text{本品}$$

【产品安全性】 属合成高分子有机净水剂，高效，无毒。应贮存在阴凉、通风、干燥、清洁的库房中。运输过程中要防雨淋和烈日曝晒，应防止潮解。装卸时要小心轻放，防止包装破损。液体产品贮存期为 6 个月，固体产品贮存期为 12 个月。

【参考生产企业】 江苏武进市华东化工厂，黑龙江大庆油田开普化工有限公司，湖北武汉南油化工有限公司，北京普兰达水处理制品有限公司，内蒙古科安水处理技术设备有限公司，河南沃特化学清洗有限公司。

Fa026 阳离子型絮凝剂 PDA

【英文名】 flocculant PDA of cationic type

【相对分子质量】 7300

【结构式】

$$\text{-}[CH_2-CH(CONH_2)-CH_2-CH(CONH_2)-(\text{吡咯烷环 } N^+(CH_3)_2\,Cl^-)-CH(CONH_2)-CH_2-CH(CONH_2)-CH_2]_n\text{-}$$

【物化性质】 当含量为 5mg/L 时，25℃在 1mol NaOH 水溶液中乌氏黏度为 854.2 g/cm³。具有良好的水溶性，絮凝能力强，在污水处理中用量小，不污染环境。

【质量标准】

外观	白色乳状液
固含量/%	≥43.5
溶解时间/s	≤180
丙烯酰胺含量/%	≤0.3

【用途】 属阳离子型絮凝剂，用于石油化工、纺织印染、造纸行业的污水处理。用药量 5mg/L 则可达到回用水要求，并且对污泥脱水效果良好。

加药点设在混合器或多介质过滤器前。最适合的投加量应由水样的测试决定，过多或过少的加药量会降低过滤效果。根据投加浓度计算絮凝剂用量，絮凝剂用量＝进水流量×投加浓度。例如，$10m^3/h \times 3g/m^3 = 30g/h$。计量泵的投加量为 30g/h÷1%＝3000g/h＝3kg/h（约 3L/h）。

包装规格：用塑料桶包装，每桶 25kg 或 250kg。

【制法】 将己烷、复合乳化剂依次加入反应釜中，再加入二甲基二烯丙基氯化钠水溶液和丙烯酰胺水溶液（二者摩尔比为 1∶4），用超高速剪切乳化机乳化。然后用 N_2 驱尽空气后加入过硫酸铵作引发剂（单体总量的 10%左右），在 30～60℃下反应 4～6h。脱出溶剂己烷，降温出料，即得成品。反应式如下：

$$n(CH_3)_2N(C_3H_5)_2Cl + 4nC_2H_3CONH_2 \xrightarrow{\text{引发剂}} \text{本品}$$

【产品安全性】 属合成高分子有机净水剂，高效，无毒。应贮存在阴凉、通风、干燥、清洁的库房中。运输过程中要防雨淋和烈日曝晒，应防止潮解。装卸时要小心轻放，防止包装破损。液体产品贮存期为 6 个月，固体产品贮存期为 12 个月。

【参考生产企业】 北京海洁尔水环境科技公司，内蒙古科安水处理技术设备有限公司，河南沃特化学清洗有限公司，北京海洁尔水环境科技公司。

Fa027 高分子絮凝剂

【英文名】 macromolecular flocculant

【组成】 淀粉接枝共聚物。

【物化性质】 白色粉末，有极强的吸水能力和絮凝能力。

【质量标准】

水分/%	≤14
黏液稳定性	≥24

【用途】 作絮凝剂，用于工业废水处理，亦可作土壤保水剂。

包装规格：采用复合塑编袋包装或符合出口环保要求的包装，每袋净重25kg。

【制法】 将170kg丙烯酸钠、26kg丙烯酸、4kg *N*-羟甲基丙烯酰胺依次加入混合釜中，搅拌混匀。再加入相当于物料总量4倍的去离子水，搅拌溶解，并加入0.06%的过硫酸钾，升温至70℃，恒温搅拌反应3h左右，得黏稠状溶液，放出备用。另将400kg小麦淀粉加入溶液槽中，加入3600kg去离子水，在搅拌下加热至90℃，使成为糊备用。将上述两产品按质量比1∶2的比例混合均匀，在60℃下减压干燥3～4h，粉碎过150目筛，得成品。

【产品安全性】 属合成高分子有机净水剂，高效，无毒。应贮存在阴凉、通风、干燥、清洁的库房中。运输过程中要防雨淋和烈日曝晒，应防止潮解。装卸时要小心轻放，防止包装破损。液体产品贮存期为6个月，固体产品贮存期为12个月。

【参考生产企业】 内蒙古科安水处理技术设备有限公司，河南沃特化学清洗有限公司，上海开纳杰化工研究所，河北沧州恒利化工厂，北京海洁尔水环境科技公司。

Fa028 非离子聚丙烯酰胺

【别名】 PAM

【英文名】 polyacrylamide

【结构式】

$$-\!\!\left[CH_2-\underset{\displaystyle CONH_2}{\underset{|}{CH}}\right]\!\!-_n$$

【相对分子质量】 $100\times10^4\sim500\times10^4$

【物化性质】 无色或微黄色稠厚胶体，无臭，中性，溶于水，不溶于乙醇、丙酮及大多数有机溶剂，温度高于120℃分解。具有絮凝、沉降、补强作用，PAM能使悬浮物质通过电中和、架桥作用吸附，具有良好的絮凝性，可以降低液体之间的摩擦阻力。具有降阻性，水中加入微量PAM就能降阻50%～80%。PAM在中性和酸条件下均有增稠作用，当pH值在10以上PAM易水解。呈半网状结构时，增稠将更明显。

【质量标准】 GB/T 13940—92

固含量/%	8～10
游离单体/%	<0.5
水解度	0～5
残余单体/%	≤0.2

【用途】 在净化生活污水，工业用水，工业废水，矿山、油田回注水，冶金、洗煤、皮革及各种化工废水处理中用作絮凝剂。亦用于石油地质钻探配制不分散低固相泥浆。

用法：在pH值中性或碱性条件下使用。聚丙烯酰胺的投加采用重力投加和压力投加，无论哪种投加方式，由溶解池到溶液池再到药液投加点，均应设置药液提升设备，常用的药液提升设备是计量泵和水射器。

(1) 重力投加　利用重力将药剂投加在水泵吸水管内或者吸水井的吸水喇叭口处，利用水泵叶轮混合。

(2) 压力投加　利用水泵或者水射器将药剂投加到原水管中，适用于将药剂投加到压力水管中，或者需要投加到标高较高、距离较远的净水构筑物内。

(3) 水泵投加　水泵投加是在溶液池中提升药液到压力管中，可直接采用计量泵和采用耐酸泵从而起增强作用。

聚丙烯酰胺在使用之前一般都需配制

成0.1%～0.5%的稀释溶液备用，配制好的溶液最好不要存放太长时间才用，这个浓度范围的溶液在使用之前还需要近一步稀释成0.01%～0.05%的溶液，原因就是可以更有助于絮凝剂在悬浮体系中的分散，可以降低用量，而且可以取得更好的絮凝效果！

包装规格：用塑料桶包装，每桶25kg或250kg。

【制法】 将计量的丙烯腈投入反应釜中，加入催化剂量的铜系催化剂，在搅拌下升温至85～120℃，反应压力控制在0.29～0.39MPa。在连续化操作中，进料含量控制在6.5%，空速约为$5h^{-1}$。反应得到丙烯酰胺，加入聚合釜，再加入一定量的去离子水，在过硫酸钾引发下进行聚合反应，反应开始10min后加入适量的10%的亚硫酸氢钠。缓慢升温至64℃后，冷却反应混合物，在55℃反应6h左右。减压在真空下于80℃左右脱除未反应单体，即得成品。反应式如下：

$$n\ CH_2{=}CHCONH_2 \xrightarrow{\text{引发剂}} \text{本品}$$

【产品安全性】 无毒，应贮存在阴凉、通风、干燥、清洁的库房中。运输过程中要防雨淋和烈日曝晒，应防止潮解。装卸时要小心轻放，防止包装破损。液体产品贮存期为6个月，固体产品贮存期为12个月。

【参考生产企业】 绍兴市清馨水处理材料有限公司。

Fa029 两性离子聚丙烯酰胺

【英文名】 zwitterionic polyacrylamide

【相对分子质量】 $500\times10^4\sim1700\times10^4$

【结构式】

$$\left[CH_2-\underset{\underset{CONH_2}{|}}{CH}-CH_2-\underset{\underset{COOH}{|}}{CH}-CH_2-\underset{\underset{COOCH_2CH_2N(CH_3)_2}{|}}{\overset{\overset{CH_3}{|}}{C}}\right]_n$$

【物化性质】 配伍性好，与交联剂、稳定剂、促凝剂联合作用形成油田调剖堵水剂，它通过吸附、物理堵塞等作用堵塞地层孔隙和裂缝，调整比例，可控制凝胶时间，以适应不同地质情况。

【质量标准】

外观	白色粉末
阳离子度/%	5～50
pH值	1～14
固含量/%	≥90
阴离子度/%	8～25

【用途】 用于各种油污、有机、无机、污水、复杂污水的处理，在pH变化不定的污水系统中用于污泥脱水。

用法：适用带式机离心式压滤机过滤，使用方法同非离子聚丙烯酰胺。

包装规格：用编织袋包装，25kg/袋。

【制法】 将*N*,*N*-二甲氨基丙烯酸乙酯加入反应釜中，加去离子水溶解后用磷酸调pH值3.5左右，加入丙烯酰胺、丙烯酸水溶液（三种单体的摩尔比为1∶1∶1），再加入相当于单体总量0.4%左右的过硫酸铵作引发剂，4-羧基丁醇作链转移剂。在60℃下搅拌3h得产品。反应式如下：

$$\underset{\underset{CONH_2}{|}}{CH_2{=}CH}+\underset{\underset{COOH}{|}}{CH_2{=}CH}+\underset{\underset{COOC_2H_4N(CH_3)_2}{|}}{CH_2{=}\overset{\overset{CH_3}{|}}{C}} \xrightarrow{\text{引发剂}} \text{本品}$$

【产品安全性】 无毒、低刺激。丙烯酰胺的毒性主要来自残留的丙烯酰胺单体及生产过程中带来的重金属，其中丙烯酰胺单体是神经性致毒剂，也是积累性致毒危害物，因此聚丙烯酰胺的安全性决定于丙烯酰胺单体在PAM中的含量。在防雨、防晒、防火、防湿，密闭通风保存，按非危险品办理运输。

【参考生产企业】 绍兴市清馨水处理材料

有限公司，江苏武进市华东化工厂，湖北武汉南油化工有限公司，黑龙江大庆油田开普化工有限公司，哈尔滨化工四厂，浙江临海化学厂。

Fa030 阳离子聚丙烯酰胺

【英文名】 cationic polyacrylamide

【相对分子质量】 $50\times10^4\sim600\times10^4$

【结构式】

$$-\!\!\!\left[CH_2-\underset{\displaystyle CONH_2}{\underset{|}{C}H}\right]_{n_1}\!\!\left[CH_2-\underset{\displaystyle CONHCH_2N(CH_3)_2}{\underset{|}{C}H}\right]_{n_2}$$

【物化性质】 无色或淡黄色胶体，水溶液是高分子电解质，常有正电荷。对悬浮的有机胶体和颗粒能有效絮凝，并能强化固-液分离过程。

【质量标准】

项目	指标
含量/%	20
游离单体(AM)/%	<0.5

【用途】 广泛用于石油开采和输送作降黏剂等。

包装规格：用塑料桶包装，净重50kg、100kg。

【制法】 将150.0kg聚丙烯酰胺加水稀释，在搅拌下升温至40～45℃，开始滴加37%的甲醛水溶液15.0kg。加毕后在90～100℃下反应4h。反应毕后，降温至60℃开始滴加二甲胺19 kg，滴毕后加10%NaOH溶液60kg，在70℃下，反应2h。最后加800kg水稀释，搅匀即为成品。反应式如下：

$$-\!\!\!\left[CH_2-\underset{\displaystyle CONH_2}{\underset{|}{C}H}\right]_n \xrightarrow{HCHO} \xrightarrow{NH(CH_3)_2} \text{本品}$$

【产品安全性】 对皮肤低刺激，溅到脸上用大量水冲洗。应贮存在阴凉、通风、干燥、清洁的库房中。运输过程中要防雨淋和烈日曝晒，应防止潮解。装卸时要小心轻放，防止包装破损。液体产品贮存期为6个月，固体产品贮存期为12个月。

【参考生产企业】 上海助剂厂，辽宁大连油脂化学厂，内蒙古科安水处理技术设备有限公司，河南沃特化学清洗有限公司，北京海洁尔水环境科技公司。

Fa031 阴离子聚丙烯酰胺

【英文名】 anionic polyacrylamide

【结构式】

$$-\!\!\left[CH_2-\underset{\displaystyle CONH_2}{\underset{|}{C}H}\right]_m\!\left[CH_2-\underset{\displaystyle COONa}{\underset{|}{C}H}\right]_n$$

【相对分子质量】 $300\times10^4\sim2200\times10^4$

【物化性质】 由于阴离子聚丙烯酰胺分子链中含有一定量极性基能吸附水中悬浮的固体粒子，使粒子间架桥形成大的絮凝物，因此它加速悬浮液中的粒子的沉降，有非常明显的加快溶液的澄清、促进过滤等效果。

【质量标准】

项目	指标
外观	白色粉末
水解度/%	10～35
残单/%	0.05～0.1
固含量/%	≥90
pH值	7～14

【用途】 主要用作絮凝剂，对于悬浮颗粒，较粗、浓度高、粒子带阳电荷，水pH值为中性或碱性的污水，该产品广泛用于化学工业废水、废液的处理，市政污水处理，自来水工业，高浊度水的净化，沉清，洗煤，选矿，冶金，钢铁工业，锌、铝加工业、电子工业等水处理。用于造纸工业，一是提高填料、颜料等的存留率，以降低原材料的流失和对环境的污染；二是提高纸张的强度（包括干强度和湿强度）。另外，使用PAM还可以提高纸抗撕性和多孔性，以改进视觉和印刷性能，还用于食品及茶叶。适宜的pH值为中性或碱性。

包装规格：采用纸塑复合袋（内衬聚

乙烯薄膜袋)，使用方法同非离子聚丙烯酰胺，每袋净含量 25kg。

【制法】 将丙烯酸和丙烯酰胺按 2∶1 的摩尔比投入反应釜中，加去离子水搅拌溶解。加入 10%的过硫酸铵水溶液（加入量相当单体量的 7%），升温至 60℃，反应 3h，即得产品。反应式如下：

$$m\,\mathrm{CH_2{=}CH(CONH_2)} + n\,\mathrm{CH_2{=}CH(COOH)} \xrightarrow{\text{引发剂}} \mathrm{{-}\!\!\left[CH_2{-}CH(CONH_2)\right]_m\!\!{-}\!\left[CH_2{-}CH(COOH)\right]_n\!{-}} \xrightarrow{\mathrm{Na_2CO_3}} \text{本品}$$

【产品安全性】 无毒，应贮存在阴凉、通风、干燥、清洁的库房中。运输过程中要防雨淋和烈日曝晒，应防止潮解。装卸时要小心轻放，防止包装破损。液体产品贮存期为 6 个月，固体产品贮存期为 12 个月。不得与有毒、易腐蚀品混合贮运。

【参考生产企业】 任丘市泽腾化工厂，绍兴市清馨水处理材料有限公司。

Fa032 聚丙烯酰胺乳液

【英文名】 polyacrylamide emulsifier

【组成】 聚丙烯酰胺的复配物。

【物化性质】 无色或微黄色稠厚胶体，无臭，中性。溶于水，不溶于乙醇、丙酮，高于 120℃易分解，具有絮凝、沉降、补强作用。

【质量标准】

含量/%	≥30
pH 值(3%乳液)	7.0～7.5

【用途】 用于废水处理作絮凝剂，用法同非离子聚丙烯酰胺。

包装规格：用塑料桶包装，净重 20kg。

【制法】 将相对分子质量为 2000 的聚乙烯乙二醇 46kg 和 651kg 液体石蜡依次投入混合器中搅拌均匀后，在快速搅拌下将 310kg 聚丙烯酰胺粉末分批加入混合物中，搅拌成均一的乳状液即为产品。

【产品安全性】 有刺激性，操作过程中应注意避免皮肤直接接触产品，应配备护目镜、橡胶手套、工作服等，溅到皮肤上用水冲洗。贮存于干燥、无阳光直射、通风良好的仓库中，勿与强碱性化学品混贮。

【参考生产企业】 上海市创新酰胺厂，任丘市泽腾化工厂，绍兴市清馨水处理材料有限公司等。

Fa033 聚丙烯酰胺絮凝剂

【英文名】 polyacrylamide flocculant

【组成】 复配物。

【物化性质】 无色液体，絮凝性好，应用范围广，处理水介质中的无机悬浮固体时脱水速度快。能够絮凝磷酸盐矿石、碱式二氧化钠、高岭土、蒙脱土、石棉、硫酸铁、硫酸铝、碳酸钙、碳酸氢钠以及化工、造纸等行业中的一些副产物的残渣。

【质量标准】

含量/%	30～40
pH 值	7.0～7.5

【用途】 作絮凝剂，能使水介质中悬浮固体迅速絮凝，亦可作造纸工业中的干强剂和填料保留助剂，用法同非离子聚丙烯酰胺。

包装规格：用塑料桶包装，净重 25kg。

【制法】 将 610kg 的聚丙烯酰胺水溶液和 40kg 正丁醇混合均匀后，在搅拌下缓缓加入 350kg 氨基塑料水溶液，全部加完后继续搅拌 20min 左右，即得成品。

【产品安全性】 有刺激性，操作过程中应注意避免皮肤直接接触产品，应配备护目镜、橡胶手套、工作服等，溅到皮肤上用水冲洗。贮存于干燥、无阳光直射、通风良好的仓库中，勿与强碱性化学品混贮。

【参考生产企业】 天津有机化工实验厂，

绍兴市清馨水处理材料有限公司。

Fa034 絮凝剂 FN-A

【别名】 阳离子型改性天然高分子化合物

【英文名】 flocculant FN-A

【组成】 复配物。

【物化性质】 棕黄色胶状物，水溶性良好。

【质量标准】

有效成分/%	≥12
相对黏度(0.5%水溶液)/mPa·s	3.0～4.0
取代度	0.5～0.65

【用途】 用于氯碱厂的精盐水精制方面，效果比 CMC、苛化麸皮、聚丙烯酰胺好，成本低。在油田废水处理方面，本产品与聚合铝并用可降低成本。亦可用于饮水处理、洗煤废水处理、造纸白水处理、印染废水处理、电镀废水处理，用法同非离子聚丙烯酰胺。

包装规格：用塑料桶包装，20kg/桶。

【制法】 由改性天然高分子化合物与聚丙烯酰胺复配。

【产品安全性】 有刺激性，操作过程中应注意避免皮肤直接接触产品，应配备护目镜、橡胶手套、工作服等，溅到皮肤上用水冲洗。贮存于干燥、无阳光直射、通风良好的仓库中，勿与强碱性化学品混贮。

【参考生产企业】 深圳莱索思环境技术有限公司，山西天脊集团精细化工有限公司，河北衡水恒生环保制剂有限公司，西安吉利电子化工有限公司，山东烟台福山绿洲化学品有限公司。

Fa035 聚硅硫酸铝

【别名】 聚硅，PASS

【英文名】 polysilicate aluminum sulfate

【组成】 无机高分子复合物。

【物化性质】 产品外观为灰白色颗粒或片状固体。由于硅的引入，产品具有更强的吸附力和凝聚力，通过压缩双电层、吸附电中和、吸附架桥、沉淀网捕等机理作用，水中细微悬浮粒子和胶体离子脱稳、聚集、絮凝、混凝、沉淀，达到净化处理效果。同时又用硫酸代替盐酸，有助于产品净水性能的提高。产品不含氯，铝含量低，铁含量高，适应性广，可大幅度减少聚丙烯酰胺的用量，产品稳定好，存放期长。

【质量标准】 HG/T 4537—2013

氧化铝含量(以 Al_2O_3 计)/%	≥	6.5
硅含量(以 SiO_2 计)/%	≥	2.5

【用途】 作高效净水剂，主要应用于处理印染、造纸、洗煤等废水，效果良好，COD、BOD、色度去除率高。亦用于电力、采矿、选煤、石棉制品、石油化工、造纸、纺织、制糖、医药、环保水处理。适应的 pH 值范围大，形成的颗粒沉降性、重凝性好，过滤快。集合了硫酸铝和聚硅硫酸的特点，具有矾花大，沉降速度较硫酸铝快的特点。

包装规格：用编织袋包装，净重 25kg。

【制法】 在 pH5.5～5.8、SiO_2 质量分数为 2.2%～2.5%、Al/SiO_2 摩尔比为 1.0 或 0.25 条件下，以 $Al_2(SO_4)_3$ 和 Na_2SiO_3 为原料，采用复合共聚法可制备不同 Al/SiO_2 摩尔比的聚合硅酸硫酸铝(PASS)。

【产品安全性】 有刺激性，操作过程中应注意避免皮肤直接接触产品，应配备护目镜、橡胶手套、工作服等，溅到皮肤上用水冲洗。贮存于干燥、无阳光直射、通风良好的仓库中，密封保存，避免接触强氧化剂。有效期两年，可按非危险品运输。

【参考生产企业】 山东鲁岳化工有限公司，山西天脊集团精细化工有限公司，河北衡水恒生环保制剂有限公司，西安吉利电子化工有限公司，山东烟台福山绿洲化学品有限公司。

Fa036 硫酸亚铁

【别名】 绿矾

【英文名】 Ironvitriol

【相对分子质量】 278.03

【登记号】 CAS [7720-78-7]

【结构式】 $FeSO_4 \cdot 7H_2O$

【物化性质】 硫酸亚铁一种无机化合物，无水硫酸亚铁是白色粉末，溶于水、甘油，不溶于乙醇。水溶液为浅绿色，常见其七水合物（绿矾）。在干燥空气中会风化，在潮湿空气中易氧化成难溶于水的棕黄色碱式硫酸铁。加热至70～73℃失去3分子水，至80～123℃失去6分子水，至156℃以上转变成碱式硫酸铁。具有还原性，受高热分解放出有毒的气体。

【质量标准】 GB 10531—2006

项目	指标
相对密度(水=1)	1.897(15℃)
pH值(10%水溶液)	3.0～4.0
铁含量/%	37.4
熔点/℃	64(失去3个结晶水)

【用途】 主要用于净水。作絮凝剂从城市和工业污水中去除磷酸盐，以防止水体的富营养化，作还原剂还原水泥中的铬酸盐。

包装规格：塑料袋包装，25kg/袋。

【制法】 用400份70～80℃的蒸馏水溶解200份工业硫酸亚铁，在热溶液中加入少量硫酸银，通蒸汽沸腾，以除去Cl^-。将Cl^-含量合格的溶液冷却，调pH=5～6，通硫化氢，使Zn^{2+}、Cu^{2+}等离子含量合格。然后过滤，滤液必须清亮。往滤液中通蒸汽煮沸1h，待沉淀完全后，过滤，滤液用化学纯硫酸调pH=1～2后，蒸发浓缩至38～40℃，趁热抽滤，滤液再用化学纯硫酸调pH=1，冷却结晶，甩干，并在60℃以下烘至不粘勺为止。成品要密封，避光，严禁有机物混入，母液可循环利用。

【产品安全性】 硫酸亚铁对呼吸道有刺激性，吸入引起咳嗽和气短，对眼睛、皮肤和黏膜有刺激性。误服会引起虚弱、腹痛、恶心、便血、肺及肝受损、休克、昏迷等，严重者可致死，长期接触要穿防护服，戴口罩、手套。密封贮存于干燥、通风的库房中，室温保质期12个月。

【参考生产企业】 河南省华泉自来水材料总厂，无锡伟锦环保科技有限公司。

Fa037 三氯化铁

【别名】 氯化铁

【英文名】 ferricchloride

【相对分子质量】 270.30

【化学式】 $FeCl_3$

【物化性质】 三氯化铁是黑棕色结晶，也有薄片状，易溶于水并且有强烈的吸水性，能吸收空气里的水分而潮解（溶于水时会释放大量热，并产生一个啡色的酸性溶液）。$FeCl_3$从水溶液析出时带六个结晶水（$FeCl_3 \cdot 6H_2O$），六水合三氯化铁是橘黄色的晶体。易溶于水，不溶于甘油，易溶于甲醇、乙醇、丙酮、乙醚。絮凝性能优良，沉降速度高于铝盐系列絮凝剂（如硫酸铝、聚合氯化铝等），且形成的矾花密实。

【质量标准】 GB 4482—2006

项目	指标
氯化亚铁/%	≤0.70
熔点/℃	306
pH值	4～12
氯化铁/%	≥98.7
水不溶物含量/%	≤0.50
沸点/℃	315
相对密度(水=1)	2.90

【用途】 可用作饮水的净水剂和废水的处理净化沉淀剂、染料工业的氧化剂和媒染剂、有机合成的催化剂和氧化剂。也可用于无线电印刷电路及不锈钢蚀刻行业作蚀刻剂。适应水体pH值范围广，最佳pH

值范围 6～10。

包装规格：用内衬塑料袋封口的铁桶包装，每桶净重 50kg；或用编织袋包装，净重 25kg。

【制法】

（1）氯化法　以废铁屑和氯气为原料，在一立式反应炉里反应，生成的三氯化铁蒸气和尾气由炉的顶部排出，进入捕集器冷凝为固体结晶，即是成品。尾气中含有少量未反应的游离三氯化铁，用氯化亚铁溶液吸收氯气，得到三氯化铁溶液作为副产品。生产操作中氯化铁蒸气与空气中水分接触后强烈发热，并放出盐酸气，因此管道和设备要密封良好，整个系统在负压下操作。

（2）低共熔混合物反应法（熔融法）　在一个带有耐酸衬里的反应器中，令铁屑和干燥氯气在氯化亚铁与氯化钾或氯化钠的低共熔混合物（例如 70%$FeCl_3$ 和 30%KCl）内进行反应生成氯化铁，升华被收集在冷凝室中，该法制得的氯化铁纯度高。

（3）三氯化铁溶液的合成方法　将铁屑溶于盐酸中，先生成氯化亚铁，再通氯气氧化成氯化铁。冷却三氯化铁浓溶液便产生三氯化铁的六水物结晶。

（4）复分解法　用三氧化铁与盐酸反应结晶得三氯化铁成品。

【产品安全性】 急性毒性：LD_{50}　1872mg/kg（大鼠经口）。危险特性：受高热分解产生有毒的腐蚀性气体，吸入本品粉尘对整个呼吸道有强烈的刺激腐蚀作用，损害黏膜组织，引起化学性肺炎等；对眼有强烈的腐蚀性，重者可导致失明；皮肤接触可致化学性灼伤；口服灼伤口腔和消化道，出现剧烈腹痛、呕吐和虚脱。慢性影响：长期摄入有可能引起肝肾损害。

防护措施如下。

① 呼吸系统防护：可能接触其粉尘时，应该佩戴防尘口罩，必要时佩戴防毒面具。

② 眼睛防护：戴化学安全防护眼镜。

③ 防护服：穿工作服（防腐材料制作）。

④ 手防护：戴橡皮手套。

⑤ 其他：工作后，淋浴更衣，单独存放被毒物污染的衣服，洗后再用，保持良好的卫生习惯。

急救措施如下。

① 皮肤接触：立即用水冲洗至少 15min，若有灼伤，就医治疗。

② 眼睛接触：立即提起眼睑，用流动清水或生理盐水冲洗至少 15min，就医。

③ 吸入：迅速脱离现场至空气新鲜处，保持呼吸道通畅，必要时进行人工呼吸或就医。

④ 食入：患者清醒时立即漱口，给饮牛奶或蛋清，就医。

应贮存在阴凉、通风、干燥的库房内，不宜露天堆放，不得与有毒物品共贮混运在运输过程中应有遮盖物，防止雨淋和烈日曝晒，避免撞击，装卸时要轻拿轻放，防止包装破损而受潮，保质期 24 个月。

【参考生产企业】 济南华尔沃进出口贸易有限公司，蓬莱環生科技股份有限公司，上海贝森达国际贸易有限公司。

Fa038 铝酸钙

【别名】 皮萨草

【英文名】 calcium aluminate

【登记号】 CAS [12042-68-1]

【分子式】 $CaO \cdot Al_2O_3$

【相对分子质量】 158.0387

【物化性质】 灰白色粉末，含铝量高，净水效果好，而且反应安全、沉淀快、过滤性好，能吸附水中的杂质、泥沙和有害元素，并迅速沉淀与水分离，从而获得洁净的清水，此水可以作为工业用水。

【质量标准】 HG 3746—2004

项目	指标
Al_2O_3/%	52～55
Fe_2O_3/%	≤3.0
水分/%	≤1.2
CaO/%	29～33
MgO/%	≥1.5
酸溶物/%	≥9.0

【用途】 用作高效净水剂。

包装规格：采用编织袋包装，净重 25kg。

【制法】 以铝土矿、石灰石、含硼矿物为原料[质量份为 (60～80) ∶ (30～45) ∶ (0.5～2)]，以含硼矿物为矿化剂，采用煅烧尾气余热预热预分解-煅烧技术，生产高活性铝酸钙粉。

【产品安全性】 在使用操作过程中需正确佩戴安全防护用品，包括橡胶手套、护目镜、口罩，避免粉尘吸入。贮存于室内阴凉、干燥处，贮存期不超过 18 个月。

【参考生产企业】 北京清正然化工科技有限公司，天津清正然化工科技有限公司，碧至化工科技有限公司。

Fa039 钼酸盐缓蚀剂

【英文名】 molybdate inhibitor

【组成】 钼酸盐。

【质量标准】 GB/T 23836—2009

项目	指标
外观	浅黄色透明液体
pH 值	≤2.0
密度(20℃)/(g/cm³)	≥1.15
固含量/%	≥25
黏度(25℃)/mPa·s	18.5

【用途】 用于化工、冶金、石化、中央空调等工业密闭循环冷却水系统中作缓蚀剂，投加量少、缓蚀率高、缓蚀时间长。加药量参考值为 1000～2000mg/L。

包装规格：采用聚乙烯塑料桶包装，25kg/桶。

【制法】

（1）钼酸钠的制备 将原料辉钼矿（主要成分为 MoS_2）氧化焙烧制成粗氧化钼，用硝酸洗涤以除去杂质，然后溶于氢氧化钠水溶液中，加热浓缩可得二水合钼酸钠 $Na_2MoO_4 \cdot 2H_2O$，加热至 100℃即成无水物。

（2）缓蚀剂的复配 钼酸钠、磷酸二氢钠、三乙醇胺、去离子水按一定比例复配。

【产品安全性】 阻垢剂为弱酸性产品，在使用操作过程中需正确佩戴安全防护用品，包括橡胶手套、护目镜等，应避免与皮肤或眼睛等接触，若不慎接触时，需立即用大量流动清水冲洗。贮存于室内阴凉、干燥处，一般建议室温（25℃）贮存（冰点－14℃，最低贮藏温度－11℃），贮存期不超过 18 个月。

【参考生产企业】 北京清正然化工科技有限公司，天津清正然化工科技有限公司，碧至化工科技有限公司。

Fa040 生物絮凝剂

【英文名称】 bioflocculant

【组成】 糖蛋白、黏多糖、纤维素和核酸。

【物化性质】 白色透明液体或淡黄色粉末，有吸湿性，溶于水生成黏性胶乳。不溶于醇和醇含量质量分数大于 30% 的醇水溶液，也不溶于乙醚、氯仿等有机溶剂和 pH<3 的酸水溶液。1% 水溶液的 pH 值为 6～8，黏性在 pH 值为 6～9 时稳定，加热至 80℃以上则黏性降低。可与除镁之外的碱土金属离子结合，生成水不溶性盐。其水溶液与钙离子反应可生产成凝胶，是具有生物分解性和安全性的高效、无毒、无二次污染的水处理剂。微生物絮凝剂可以克服无机高分子和合成有机高分子絮凝剂本身固有的缺陷，最终实现无污染排放。

【质量标准】

有效物质含量/%	8～9
水不溶物(以干基计)	≤0.4
黏度/Pa·s	≥0.75
硫酸灰分/%	22～25
透明度/cm	≥3
干燥失重/%	≤16
含钙量(以 Ca^{2+} 计)/%	≤0.4

【用途】 用于净水处理，适用于饮用水的净化处理。pH 值使用范围 6～10。

包装规格：包装于清洁、牢固的纸箱或内衬聚乙烯塑料袋外套两层牛皮纸袋中，封口必须严密，每箱（袋）重 25kg。

【制法】 微生物絮凝剂是一类由微生物或其分泌物产生的代谢产物，它是利用微生物技术，通过细菌、真菌等微生物发酵、提取、精制而得。

【产品安全性】 在美国联邦法规中被公认为安全物质，无毒。对两群雄性大白鼠各用含微生物絮凝剂的饲料喂养 128 周，未发现异常。对健康成年人，以每人每次服用 1 周实验，也未发现钙平衡破坏现象。

【参考生产企业】 廊坊洛尼尔生物科技有限公司。

Fb 阻垢分散剂

阻垢分散剂是指能抑制或分散水垢和泥垢的一类化学品。早期采用的阻垢剂多为改性天然化合物，如碳化木质素、丹宁等，近年来主要是无机聚合物、合成有机聚合物等。其阻垢分散机理表现为螯合作用、吸附作用和分散作用。例如，有机多元膦酸和有机膦酸通过螯合作用于水中的Ca^{2+}、Mg^{2+}、Zn^{2+}等离子形成水溶性的络合物，阻止污垢形成。磷酸钠、聚丙烯酸钠及水溶性共聚物，经过它们的吸附，解离的羧基和羟基提高了结垢物质微粒表面的电荷密度，使这些物质微粒的排斥力增大，降低了微粒的结晶速度，使晶体结构畸变而失去会形成垢键的作用，使结垢物质保持分散状态，阻止水垢和污垢的形成。

阻垢剂的选择原则如下。

① 阻垢、消垢效果好，在硬水中仍有较好的阻垢分散效果；② 化学性质稳定，在高浓度倍数和高温条件下以及其他水处理剂并用时阻垢分散效果不降低；③ 与缓蚀剂、杀菌剂并用时不影响缓蚀效果和杀菌灭藻效果；④ 无毒或低毒，制备简单，投加方便。

Fb001 聚丙烯酸

【英文名】 polyacrylic acid

【登记号】 CAS [9003-01-4]

【相对分子质量】 2104

【结构式】

$$\left[CH_2-\underset{\substack{| \\ COOH}}{CH} \right]_n$$

【物化性质】 低分子量的阻垢分散剂，可与水无限混溶。具有抑制碳酸盐垢之功效，能阻止微晶体生长，使晶格畸变，属目前应用最广泛的聚羧酸型水处理剂之一，与有机膦酸、聚磷酸和锌盐有极优的协同效应，且无毒害、不污染环境。

【质量标准】 GB/T 10533—2014

外观	淡黄色液体
相对密度(25℃)	1.13±0.1
固含量/%	25～30
pH值	1～2

【用途】 在工业水处理中用作阻垢分散剂，配伍性良好，亦可作饮水前处理剂。在制备氧化铝中用以分离赤泥，在氯碱厂用以精制盐水。本品常与其他水处理剂组成配方使用，适用于电厂、化工厂、化肥厂、炼油厂和空调系统等循环冷却水系统中的阻垢分散剂。具体配方及用量根据现场水质及设备材质情况由试验而定。

包装规格：用塑料桶包装，每桶25kg。

【制法】 以丙烯酸为单体在引发剂存在下进行聚合而得。

(1) 丙烯酸的制法

a. 氰乙醇法。以氯乙醇为原料与氰化钠反应得氰乙醇。氰乙醇在硫酸存在的情况下于175℃水解得丙烯酸。反应式如下：

$$ClCH_2CH_2OH \xrightarrow{NaCN} \xrightarrow{H_2SO_4} CH_2{=}CHCOOH$$

b. 丙烯腈水解法。以丙烯腈为原料在硫酸存在下水解生成丙烯酰胺的硫酸盐，再水解得到丙烯酸。反应式如下：

$$CH_2{=}CHCN \xrightarrow[H_2O]{H_2SO_4} CH_2{=}CHCOOH$$

c. 雷佩法。利用改良雷佩法，将乙炔溶于四氢呋喃中，计量后加入反应釜。在溴化镍和溴化铜组成的催化剂存在下通一氧化碳和水，在 200～225℃、7.8～9.8MPa 下反应。反应式如下：

$$CH{\equiv}CH + CO + H_2O \xrightarrow{催化剂} CH_2{=}CHCOOH$$

d. 丙烯醛氧化法。将丙烯、空气、水按 1∶10∶6（体积比）的比例进行混合，然后通入第一沸腾床，在钼、钒、磷、铁、铝、镍、钾的催化下于 370～390℃停留 5.5s，线速度 0.6m/s。然后进入第二沸腾床，在钼-钒-钨催化下停留 2.25s，反应温度控制在 270～300℃。丙烯酸的空时收率为 55～60kg/（m・h），这种方法安全、污染轻、成本低，是国内外生产的主要方法。反应式如下：

$$CH_2{=}CHCH_3 \xrightarrow{(O)} CH_2{=}CHCOOH$$

（2）聚丙烯酸的制备　将去离子水加入聚合釜中，加热到 60～100℃，开始滴加过硫酸铵和丙烯酸的混合溶液（用去离子水配制）。滴毕后，继续保温搅拌 3～4h，即得产品。反应式如下：

$$nCH_2{=}CHCOOH \xrightarrow{引发剂} 本品$$

【产品安全性】 不易燃，不易爆，具有一定的腐蚀性，不能口服，操作时应有防护措施，避免与身体直接接触，一旦接触眼睛、皮肤等身体器官，应用大量清水冲洗，严重时紧急处理后送医院治疗。应贮存在阴凉、通风、干燥、清洁的库房中。运输过程中要防雨淋和烈日曝晒，应防止潮解。装卸时要小心轻放，防止包装破损。液体产品贮存期为 6 个月，固体产品贮存期为 12 个月。

【参考生产企业】 广州市江贡环保科技有限公司，常州市润洋化工有限公司，山东泓美环境工程有限公司，徐州水处理研究所。

Fb002 聚丙烯酸钠

详见 Ea014。

Fb003 低分子量聚丙烯酸

【别名】 PAA

【商品名】 TS-604A 阻垢分散剂

【英文名】 low molecular polyacrylic acid

【相对分子质量范围】 800～1300

【结构式】

$$\left[CH_2-\underset{\displaystyle COOH}{\underset{|}{CH}} \right]_n$$

【物化性质】 无色透明液体或固体，可与水无限稀释。

【质量标准】

项目	指标
pH 值	1～2
含量/%	30～50

【用途】 阴离子型聚合物，是螯合剂又是晶格歪曲剂。可作阻垢剂与 Ca^{2+}、Mg^{2+} 等离子形成稳定的络合物，且具有良好的分散性，不仅分散结晶物还分散泥土、粉尘、腐蚀产物和生物黏泥。常用于循环冷水系统、油田水及锅炉水处理。

包装规格：用塑料桶或塑料大口桶包装，净重 20kg、25kg、50kg、200kg。

【制法】 将去离子水和链转移剂异丙醇依次加入反应釜中，加热至 80～82℃，滴加过硫酸铵水溶液（用去离子水）和单体丙烯酸的混合液，滴毕后继续反应 3h，用水稀释至所需含量。反应式如下：

$$nCH_2{=}CHCOOH \xrightarrow{\text{引发剂}} \text{本品}$$

【产品安全性】 不易燃，不易爆，具有一定的腐蚀性，不能口服，操作时应有防护措施，避免与身体直接接触，一旦接触眼睛、皮肤等身体器官，应用大量清水冲洗，严重时紧急处理后送医院治疗。应贮存在阴凉、通风、干燥、清洁的库房中。运输过程中要防雨淋和烈日曝晒，应防止潮解。装卸时要小心轻放，防止包装破损。液体产品贮存期为6个月，固体产品贮存期为12个月。

【参考生产企业】 北京天鹅特种化学品公司，天津化工研究院津宏化工厂，山东烟台第四化工厂，浙江临海化工厂，南京化工学院武进水质稳定剂厂。

Fb004 CW-881阻垢分散剂

【英文名】 scale inhibitor and dispersant CW-881

【登记号】 CAS [9033-79-8]

【组成】 丙烯酸与丙烯酸钠的共聚物。

【相对分子质量范围】 2000～5000。

【物化性质】 相对密度1.10，无臭无味，可用水无限稀释。

【质量标准】

外观	淡黄色液体
固含量/%	25～30

【用途】 是一种优良的水垢阻止剂和分散剂。与聚磷酸盐、有机磷盐、钼酸盐、钨酸盐、硅酸盐等水处理剂有很好的配伍性，广泛应用于循环冷却水系统、油田注水等作阻垢剂。

包装规格：用塑料桶包装，200kg/桶。

【制法】 在引发剂存在下以丙烯酸为原料在水中聚合后再中和，即得产品，详见聚丙酸钠。

【产品安全性】 不易燃，不易爆，具有一定的腐蚀性，不能口服，操作时应有防护措施，避免与身体直接接触，一旦接触眼睛、皮肤等身体器官，应用大量清水冲洗，严重时紧急处理后送医院治疗。应贮存在阴凉、通风、干燥、清洁的库房中。运输过程中要防雨淋和烈日曝晒，应防止潮解。装卸时要小心轻放，防止包装破损。产品贮存期6个月。

【参考生产企业】 浙江临海化学厂，南京水处理工业公司水处理剂厂，江苏常州武进县第三化工厂，江苏泰州新丰化工厂，湖北仙桃水质稳定剂厂，河南沃特化学清洗有限公司。

Fb005 CW-885阻垢分散剂

【英文名】 scale inhibitor and dispersant CW-885

【登记号】 CAS [28062-47-7]

【结构式】

$$\left[CH_2-\underset{\displaystyle COOH}{\underset{|}{CH}}\right]_m\left[CH_2-\underset{\displaystyle COOCH(CH_3)_2}{\underset{|}{CH}}\right]_n$$

【物化性质】 相对密度1.30，具有优异的分散性，高效，无毒，无腐蚀。

【质量标准】

外观	淡黄色黏稠液
固含量/%	40±2
黏度/mPa·s	0.10～0.12
pH值	5.0～8.0

【用途】 在水处理中作阻垢分散剂，与其他助剂相溶性好。

包装规格：用塑料桶包装，净重20kg。

【制法】 将丙烯酸和丙烯酸异丙酯按1.1∶1（摩尔比）的比例在引发剂存在下进行溶液聚合。乳化剂和蒸馏水依次加入乳化釜中，开始搅拌，在室温乳化40min左右，然后将乳化液放入聚合釜中，加热升温至55℃后，开始滴加引发剂溶液，在20min内加入总量的3/5，恒温75℃进行聚合。当温度开始下降后，加入余下的2/5引发剂，在5～10min内加完，在85℃左右反应1.5～2h。聚合反应结束后，抽真空脱未反应的单体，过滤得成品。

【产品安全性】 不易燃，不易爆，具有一定的腐蚀性，不能口服，操作时应有防护措施，避免与身体直接接触，一旦接触眼睛、皮肤等身体器官，应用大量清水冲洗，严重时紧急处理后送医院治疗。应贮存在阴凉、通风、干燥、清洁的库房中。运输过程中要防雨淋和烈日曝晒，应防止潮解。装卸时要小心轻放，防止包装破损。液体产品贮存期为6个月。

【参考生产企业】 内蒙古科安水处理技术设备有限公司，河南沃特化学清洗有限公司，北京海洁尔水环境科技公司，北京普兰达水处理制品有限公司。

Fb006 絮凝剂 TS-609

【别名】 TS-609

【英文名】 flocculant TS-609

【登记号】 CAS [55719-33-0]

【结构式】

$$\left[CH_2-\underset{\displaystyle COOH}{\underset{|}{CH}} \right]_m \left[CH_2-\underset{\displaystyle COOC_3H_7OH}{\underset{|}{CH}} \right]_n$$

【物化性质】 无色或淡黄色透明液，相对密度（25℃）1.15±0.05。

【质量标准】

项目	指标
固含量/%	≥25
pH值(1%水溶液)	6.0～8.0

【用途】 对抑制磷酸钙垢、氧化铁垢十分有效。添加量10×10^{-6}可抑制96%的磷酸钙沉积，可分散83.2%的氧化铁垢，并能分散84.7%的黏土及油垢。与其他药剂混用还有缓蚀作用。

包装规格：用塑料桶包装，每桶20kg。

【制法】 将丙烯酸和丙烯酸羟丙酯按（4∶1）～（1∶4）的比例混合，在过硫酸铵引发下以异丙醇作分子量调节剂，共聚而得。详见阻垢分散剂CW-885。

【产品安全性】 不易燃，不易爆，具有一定的腐蚀性，不能口服，操作时应有防护措施，避免与身体直接接触，一旦接触眼睛、皮肤等身体器官，应用大量清水冲洗，严重时紧急处理后送医院治疗。应贮存在阴凉、通风、干燥、清洁的库房中。运输过程中要防雨淋和烈日曝晒，应防止潮解。装卸时要小心轻放，防止包装破损。贮存期为6个月。

【参考生产企业】 江苏常州武进精细化工厂，湖北仙桃市水质稳定剂厂，内蒙古科安水处理技术设备有限公司，河南沃特化学清洗有限公司，上海同纳环保科技有限公司，北京海洁尔水环境科技公司。

Fb007 絮凝剂 TS-614

【别名】 JT-225，TL-103，TL-102，CW-882，PAE阻垢分散剂，SZ-1阻垢剂

【英文名】 flocculant TS-614

【相对分子质量范围】 2000～5000

【组成】 丙烯酸和丙烯酸酯共聚物。

【物化性质】 相对密度（25℃）1.0～1.2，黏度（25℃）小于70mPa·s，凝固点低于−9℃。

【质量标准】

项目	指标
外观	淡黄色液体
固含量/%	25～30
游离酸/%	≤0.5
pH值(1%水溶液)	7.0～8.0

【用途】 是新型阻垢剂，对磷酸垢、硫酸垢、碳酸垢有良好的分散作用，用于冷却水循环、油田注水等行业。

包装规格：用塑料桶包装，每桶20kg。

【制法】 将精制过的丙烯酸和洗涤过的丙

烯酸酯按一定比例混合均匀后加入聚合釜的高位槽中，常温下在20～30min内将混合单体的1/5量加入聚合釜中，15min后加入引发剂过硫酸钾水溶液，在15min内加完。搅拌30min后缓缓升温，当升温至70℃左右时，开始滴加余下的混合单体，加完后在80℃左右反应1h，减压蒸发未反应单体，过滤得成品。

【产品安全性】 不易燃，不易爆，具有一定的腐蚀性，不能口服，操作时应有防护措施，避免与身体直接接触，一旦接触眼睛、皮肤等身体器官，应用大量清水冲洗，严重时紧急处理后送医院治疗。应贮存在阴凉、通风、干燥、清洁的库房中。运输过程中要防雨淋和烈日曝晒，应防止潮解。装卸时要小心轻放，防止包装破损。贮存期6个月。

【参考生产企业】 北京东方技术开发服务公司，内蒙古科安水处理技术设备有限公司，河南沃特化学清洗有限公司，北京海洁尔水环境科技公司，上海维思化学有限公司，大连广汇化学有限公司。

Fb008 聚羧酸

【别名】 NJ-219新型阻垢分散剂，T-325新型高效水处理剂

【英文名】 polycarboxylic acid，NJ-219 new antiscalant and dispersion additive，T-325 new High efficiency water treatment agent

【登记号】 CAS［24936-68-3］

【组成】 羧酸聚合物。

【物化性质】 淡黄色透明液，相对密度（25℃）1.10～1.20。

【质量标准】

项目	指标
固含量/%	30±3
pH值(1%水溶液)	7.0～7.5

【用途】 用于冷却水循环、油田注水等作阻垢分散剂。

包装规格：用塑料桶包装，每桶20kg。

【制法】 由不饱和酸作单体，在引发剂存在下进行自由基聚合而成。

【产品安全性】 不易燃，不易爆，具有一定的腐蚀性，不能口服，操作时应有防护措施，避免与身体直接接触，一旦接触眼睛、皮肤等身体器官，应用大量清水冲洗，严重时紧急处理后送医院治疗。贮于室内阴凉处，贮存期12个月。

【参考生产企业】 内蒙古科安水处理技术设备有限公司，河南沃特化学清洗有限公司，北京海洁尔水环境科技公司，江苏南京化学工业研究设计院。

Fb009 水解聚马来酸酐

【别名】 HPMA

【英文名】 hydrolytic polymaleic anhydride

【相对分子质量范围】 ＞300×10^4

【结构式】

$$\left[\underset{\text{COOH}}{\text{CH}}-\underset{\text{COOH}}{\text{CH}}\right]_m\left[\underset{\text{C(=O)}-\text{O}-\text{C(=O)}}{\text{CH}-\text{CH}}\right]_n$$

【物化性质】 棕黄色透明液，相对密度（25℃）1.18～1.22，相对分子质量＞300×10^4。静态阻垢34.3%，化学稳定性及热稳定性高，分解温度在330℃以上。

【质量标准】 GB/T 10535—2014

项目	指标
固含量/%	≥50
溴值/(mg Br_2/g)	＜160

【用途】 用于蒸汽机车、工业锅炉用水及冷水、油田注水处理中的阻垢剂、缓蚀剂，用法同上。

包装规格：用塑料桶包装，每桶20kg。

【制法】 将200份顺丁烯二酸酐、80份水、一份催化剂加入釜内，加热回流后在100～120℃下滴加完100份双氧水。反应完成后加热回流30min，得澄清透明棕黄色水解产品。反应式如下：

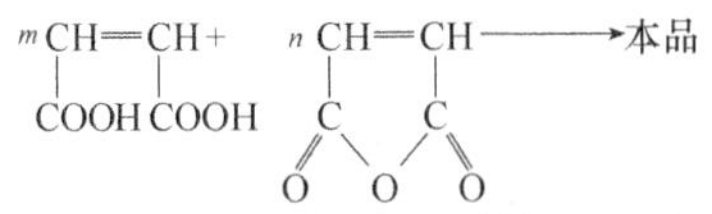

【产品安全性】 不易燃，不易爆，具有一定的腐蚀性，不能口服，操作时应有防护措施，避免与身体直接接触，一旦接触眼睛、皮肤等身体器官，应用大量清水冲洗，严重时紧急处理后送医院治疗。应贮存在阴凉、通风、干燥、清洁的库房中。运输过程中要防雨淋和烈日曝晒，应防止潮解。装卸时要小心轻放，防止包装破损。贮存期6个月。

【参考生产企业】 内蒙古科安水处理技术设备有限公司，河南沃特化学清洗有限公司，南京水处理工业公司水处理剂厂，辽宁沈阳荣泰化工制剂有限公司，北京海洁尔水环境科技公司。

Fb010 聚马来酸

【英文名】 polymaleic acid

【结构式】

$$\left[\begin{array}{cc} \mathrm{CH} & \!\!\!-\!\!\!-\mathrm{CH} \\ | & | \\ \mathrm{COOH} & \mathrm{COOH} \end{array}\right]_n$$

【物化性质】 相对密度1.19～1.22。热稳定性好，在300℃高温下仍有良好的阻垢性能，不随水蒸气挥发，不污染蒸气。

【质量标准】

项目	指标
外观	橘红色透明液
pH值(1%水溶液)	2.30～2.40
相对黏度(1%水溶液，30℃)/Pa·s	1.0155～1.0230
溴值/%	≤200
固含量/%	≥50

【用途】 可用于油田输水管线、蒸汽机车锅炉、中低压锅炉、海水淡化、循环冷却水作阻垢分散剂，亦可作纺织清洗剂。一般用量为 $2\times10^{-6}\sim10^{-5}$。

包装规格：用塑料桶包装，每桶20kg。

【制法】 以水为溶剂，在引发剂存在下用顺丁烯二酸酐为单体进行聚合。

【产品安全性】 不易燃，不易爆，具有一定的腐蚀性，不能口服，操作时应有防护措施，避免与身体直接接触，一旦接触眼睛、皮肤等身体器官，应用大量清水冲洗，严重时紧急处理后送医院治疗。贮于室内阴凉处，贮存期12个月。

【参考生产企业】 内蒙古科安水处理技术设备有限公司，河南沃特化学清洗有限公司，北京海洁尔水环境科技公司，北京普兰达水处理制品有限公司，天津化工研究院工业水处理中心。

Fb011 马来酸-丙烯酸共聚物

【英文名】 maleic acid-acrylic acid copolymer

【组成】 马来酸-丙烯酸共聚物

【平均分子量】 4000

【物化性质】 棕红色液体，相对密度(20℃)1.18～1.23，凝固点−6～−80℃。

【质量标准】

项目	指标
pH值(1%水溶液)	2～3
未反应单体/%	≤2.5
黏度(20℃)/Pa·s	24～25
固含量/%	≤50

【用途】 用于冷却水循环，可有效抑制各种垢的形成。可在300℃高温下使用，可与有机磷盐复配使用，一般用量为 $10^{-6}\sim10^{-5}$。

包装规格：用塑料桶包装，每桶20kg。

【制法】 将顺酐、丙烯酸与去离子水按一定的比例投入反应釜中，搅拌溶解，配成一种均匀的溶液，然后加入引发剂过氧化二甲苯甲酰，并逐渐升温至80℃，保温反应1h，减压蒸发未反应的单体，过滤得成品。

【产品安全性】 不易燃，不易爆，具有一定的腐蚀性，不能口服，操作时应有防护措施，避免与身体直接接触，一旦接触眼睛、皮肤等身体器官，应用大量清水冲洗，严重时紧急处理后送医院治疗。应贮存在阴凉、通风、干燥、清洁的库房中。运输过程中要防雨淋和烈日曝晒，应防止潮解。装卸时要小心轻放，防止包装破损。贮存期6个月。

【参考生产企业】 江苏泰州新丰化工厂，辽宁锦州化工二厂，辽宁锦州石油化工厂服务公司，北京通州水处理剂厂，内蒙古科安水处理技术设备有限公司，河南沃特化学清洗有限公司。

Fb012 马来酸酐-丙烯酸共聚物

【英文名】 maleic anhydride-arcylic acid copolymer

【相对分子质量范围】 280～700

【物化性质】 浅棕黄色透明液体，相对密度（20℃）1.18～1.20，属低相对分子质量聚电解质，耐高温达300℃。

【质量标准】

指标名称	优等品	一等品	二等品
固含量/%	48.0		
相对分子质量	450～700	300～450	280～300
游离单体(以马来酸计)/%	9.0	13.0	15.0
pH值(1%水溶液)	2.0～3.0	2.0～3.0	2.0～3.0

【用途】 用于蒸汽机车、民用和工业锅炉水处理行业作阻垢分散剂及工业循环冷却水的阻垢剂。

包装规格：用塑料桶包装，每桶20kg。

【制法】 将9份马来酸酐和1份丙烯酸、1份催化剂加入反应釜中，加热回流后，在100～120℃下滴加5份过氧化氢水溶液（30%），滴加完毕后继续回流2h，得产品。

【产品安全性】 不易燃，不易爆，具有一定的腐蚀性，不能口服，操作时应有防护措施，避免与身体直接接触，一旦接触眼睛、皮肤等身体器官，应用大量清水冲洗，严重时紧急处理后送医院治疗。应贮存在阴凉、通风、干燥、清洁的库房中。运输过程中要防雨淋和烈日曝晒，应防止潮解。装卸时要小心轻放，防止包装破损。贮存期6个月。

【参考生产企业】 南京化工学院武进水质稳定剂厂，北京通州水处理剂厂，内蒙古科安水处理技术设备有限公司，河南沃特化学清洗有限公司，北京海洁尔水环境科技公司。

Fb013 马来酸-醋酸乙烯酯共聚物

【英文名】 maleic acid-vinyl acetate copolymer

【物化性质】 棕黄色透明液体，相对密度（20℃）≥1.20，具有很好的阻垢分散性。

【质量标准】

指标名称	指标
固含量/%	48～50
相对分子质量	700～1000

【用途】 用于锅炉水、油田注水、炼油厂冷却循环水作阻垢分散剂，耐高温达300℃。

包装规格：用塑料桶包装，每桶20kg。

【制法】 将计量的马来酸酐、醋酸乙烯酯、pH调节剂、去离子水依次加入反应器中，搅拌溶解后，加热至50℃开始滴加过硫酸铵水溶液（相当于单体总量10%）。滴毕后升温至80℃左右反应2h，反应中pH值控制在2左右，冷却，出料即为成品。

【产品安全性】 不易燃，不易爆，具有一定的腐蚀性，不能口服，操作时应有防护措施，避免与身体直接接触，一旦接触眼睛、皮肤等身体器官，应用大量清水冲洗，严重时紧急处理后送医院治疗。应贮存在阴凉、通风、干燥、清洁的库房中。运输过程中要防雨淋和烈日曝晒，应防止潮解。装卸时要小心轻放，防止包装破损。贮存期 6 个月。

【参考生产企业】 北京通州水处理剂厂，江苏武进精细化工厂，河南沃特化学清洗有限公司，北京海洁尔水环境科技公司。

Fb014 SWT-102（105）阻垢缓蚀剂

【英文名】 scale and corrosion inhibitor SW-102（105）

【组成】 含磷聚羧酸。

【物化性质】 相对密度（20℃）1.25，具有良好的阻垢缓蚀性能。

【质量标准】

外观	棕黄色黏稠液
固含量/%	≥50
无机磷(以 PO_4^{3-} 计)/%	<5
有机磷(以 PO_4^{3-} 计)/%	18～20

【用途】 适用于工业循环水，例如大化肥、电厂、造纸厂等蒸汽机车用水的处理，作阻垢缓蚀剂，也可用于复配清洗剂。

包装规格：用塑料桶包装，30kg/桶、50kg/桶或 125kg/桶，或按客户要求包装。

【制法】 将聚马来酸水溶液、脱水剂甲苯依次加入反应釜中，加热脱水。除去聚马来酸酐中的水分后，倾出脱水剂。冷至室温，加入一定量的 PCl_3，滴完毕后，在 60～80℃下反应 1h。待反应缓和后再加入一定量的水，在 70～80℃水解 1h，即得产品。反应式如下：

$$\left[\underset{\text{COOH}}{\underset{|}{\text{CH}}}-\underset{\text{COOH}}{\underset{|}{\text{CH}}}\right]_n + nH_3PO_3(PCl_3+3H_2O) \longrightarrow \left[\underset{\text{COOH}}{\underset{|}{\text{CH}}}-\underset{\text{OP(OH)}_2}{\underset{|}{\text{CH}}}\right]_n$$

【产品安全性】 无毒、无腐蚀，不易燃，按非危险品运输，如在道路洒泼，应立即用水冲洗干净或用沙土、木屑覆盖，防滑。应防冻、防曝晒。有效期 12 个月。

【参考生产企业】 江苏常州武进县第二化工厂，北京海洁尔水环境科技公司。

Fb015 TS-1612 阻垢分散剂

【英文名】 scale inhibitor and dispersant TS-1612

【组成】 含磺酸盐的多元共聚物。

【物化性质】 淡黄色液体，相对密度（1%水溶液，30℃）1.24～1.30。对磺酸钙、磷酸钙、硫酸钙等常见垢有良好的分散作用，亦能有效地抑制磷酸锌等垢的沉积，对氧化铁沉积有特殊的分散能力。

【质量标准】

固含量/%	≥28
相对黏度(1%水溶液,30℃)	1.24～1.30

【用途】 用于钢铁企业的清循环和浊循环系统中，亦可用于石油、化工、电力系统的循环冷水作阻垢分散剂，与有机磷盐和锌盐一起使用，含量 10^{-5} 以下。

包装规格：用塑料桶包装，30kg/桶、50kg/桶或 125kg/桶，或按客户要求包装。

【制法】 以丙烯酸、磺酸盐为单体，在过氧化氢水溶液引发下进行共聚，再用 NaOH 水溶液调整 pH 值至 6 而得产品。

【产品安全性】 不易燃，按非危险品运输，如在道路洒泼，应立即用水冲洗干净或用沙土、木屑覆盖，防滑。应贮存在阴凉、通风、干燥、清洁的库房中。运输过程中要防雨淋和烈日曝晒，应防止潮解。装卸时要小心轻放，防止包装破损。贮存期 6 个月。

【参考生产企业】 内蒙古科安水处理技术设备有限公司，河南沃特化学清洗有限公司，北京海洁尔水环境科技公司。

Fb016 TS-1615阻垢分散剂

【英文名】 scale inhibitor and dispersant TS-1615

【组成】 丙烯酸系磺酸共聚物。

【物化性质】 黄色液体。在高温、高pH值下能有效抑制各种垢的形成。

【质量标准】

固含量/%	≥28
相对黏度(20℃)	1.05～1.15
pH值	1～2

【用途】 广泛用于自来水、工业用水、锅炉用水、高炉集尘水及海水淡化等系统作阻垢分散剂。

包装规格：用塑料桶包装，30kg/桶、50kg/桶或125kg/桶，或按客户要求包装。

【制法】 将丙烯酸、磺酸钠计量后加入反应釜中，加入去离子水，升温至50℃左右开始滴加过氧化氢水溶液，滴毕后在80～100℃下继续反应2h，经调整后得产品。

【产品安全性】 不易燃，按非危险品运输，如在道路洒泼，应立即用水冲洗干净或用沙土、木屑覆盖，防滑。应贮存在阴凉、通风、干燥、清洁的库房中。运输过程中要防冻、防雨淋和烈日曝晒，应防止潮解。装卸时要小心轻放，防止包装破损。贮存期6个月。

【参考生产企业】 内蒙古科安水处理技术设备有限公司，河南沃特化学清洗有限公司，北京海洁尔水环境科技公司。

Fb017 1,1′-二膦酸丙酸基膦酸钠

【英文名】 sodium 1,1′-diphosphono propionyloxy phosphonate

【相对分子质量】 392.06

【结构式】

$$NaO-\overset{\overset{O}{\|}}{P}-\!\!\left[\underset{\underset{OP(OH)_2}{|}}{CH}CH_2COOH\right]_2$$

【物化性质】 无色透明液体，相对密度(20℃)为1.0～1.05，溶于水。结构中的$-PO_3H$和$-COOH$基团能与Ca^{2+}、Mg^{2+}、Fe^{2+}形成稳定的络合物，阻垢、缓蚀性均佳。

【质量标准】

固含量/%	≥35
pH值	2～2.5

【用途】 在工业水处理中用作缓蚀阻垢剂，与其他水处理剂有良好的配伍性。

包装规格：用塑料桶包装，净重30kg、50kg或125kg，或按客户要求包装。

【制法】 将1mol次磷酸钠与2mol顺丁烯二酸在过氧化物存在下发生加成反应，生成中间体2,2′-二丁二酸膦酸钠。然后将中间体加入缩合釜中，加入有机溶剂搅拌溶解，再滴加亚磷酸，并不断将CO_2排出，在回流温度下反应4～6h，得1,1′-二膦酸丙酸基膦酸钠。反应式如下：

$$NaOPOH+2\begin{matrix}CHCOOH\\ \|\\ CHCOOH\end{matrix}\xrightarrow{H_2O_2}\xrightarrow{H_3PO_3}\text{本品}$$

【产品安全性】 无毒、无腐蚀，不易燃，按非危险品运输，如在道路洒泼，应立即用水冲洗干净或用沙土、木屑覆盖，防滑。应贮存在阴凉、通风、干燥、清洁的库房中。运输过程中要防冻、防雨淋和烈日曝晒，应防止潮解。装卸时要小心轻放，防止包装破损。贮存期6个月。

【参考生产企业】 内蒙古科安水处理技术设备有限公司，河南沃特化学清洗有限公司，北京海洁尔水环境科技公司。

Fb018 阻垢剂 PBTCA

【别名】 2-膦酸丁烷-1,2,4-三羧酸

【英文名】 scale inhibitor PBTCA

【结构式】

$$(HO)_2-\overset{\overset{\large O}{\|}}{P}-\underset{\underset{\large CH_2COOH}{|}}{\overset{\overset{\large CH_2CH_2COOH}{|}}{C}}-COOH$$

【相对分子质量】 270.13

【物化性质】 相对密度（20℃）1.275，凝固点－15℃，具有优良的阻垢缓蚀性能，耐酸、耐碱、耐氧化剂，pH＞14 时仍不水解，热稳定性好。

【质量标准】

外观	无色或淡黄色透明液
固含量/%	45～50
黏度(50℃)/Pa·s	20
pH 值	1.8～2.0

【用途】 用作缓蚀阻垢剂，对工业水进行处理。与 Ca^{2+}、Zn^{2+}、Cu^{2+}、Mg^{2+} 等离子具有优良的络合能力，适于在 pH 7.0～9.5 范围内使用。可在高温、高硬度、高碱度条件下运行，可使循环冷却水的浓缩倍数提高到 7 以上。

包装规格：用塑料桶包装，30kg/桶、50kg/桶或 125kg/桶，或按客户要求包装。

【制法】 将等物质的量的亚磷酸二甲酯和顺丁烯二酸二甲酯加入反应釜中，在过氧化钠催化下 100～105℃反应 4h，生成中间体（Ⅰ）。将（Ⅰ）转移到缩合釜中，在催化剂存在下与丙烯酸发生 Michael 加成反应生成中间体（Ⅱ）。将（Ⅱ）移入水解釜中在酸催化下水解得产品。反应式如下：

$$(CH_3O)_2POH \xrightarrow{\begin{matrix}CHCOOCH_3\\ \|\\ CHCOOCH_3\end{matrix}} (CH_3O)_2\overset{\overset{\large O}{\|}}{P}-\underset{\underset{\large CH_2COOCH_3}{|}}{CHCOOCH_3}\ (\text{Ⅰ})$$

$$\xrightarrow{CH_2=CHCOOH} (CH_3O)_2\overset{\overset{\large O}{\|}}{P}-\underset{\underset{\large CH_2COOCH_3}{|}}{\overset{\overset{\large CH_2CH_2COOH}{|}}{C}}COOCH_3\ (\text{Ⅱ}) \xrightarrow{H_3O^+} \text{本品}$$

【产品安全性】 有腐蚀性，如在道路洒泼，应立即用水冲洗干净或用沙土、木屑覆盖，防滑。应贮存在阴凉、通风、干燥、清洁的库房中。运输过程中应防冻、防雨淋和烈日曝晒，应防止潮解。装卸时要小心轻放，防止包装破损。贮存期 6 个月。

【参考生产企业】 河南鹤壁市化工厂，哈尔滨化工十三厂，长沙湘江化工厂，陕西铜川化工厂，内蒙古科安水处理技术设备有限公司，河南沃特化学清洗有限公司，北京海洁尔水环境科技公司。

Fb019 氨基三亚甲基膦酸

【英文名】 amino trimethylene phosphoric acid

【别名】 阻垢剂 ATMP

【相对分子质量】 299.20

【结构式】

$$N\begin{cases}CH_2PO(OH)_2\\ CH_2PO(OH)_2\\ CH_2PO(OH)_2\end{cases}$$

【物化性质】 熔点 212℃（分解），相对密度（20℃）1.30～1.40。易溶于水、乙醇、丙酮等。耐氯性比其他有机磷差。在碳酸钙含量为 9×10^{-6} 的水中加入本品含量 10^{-6} 时，碳酸钙溶解在水中，85℃下 24h 不混浊，但对磷酸钙的抑制作用不如乙二胺四亚甲基膦酸（EDTMP）。

【质量标准】 HG/T 2841—2005 HG/T

2840—2010

外观	无色或淡黄色透明液体	白色结晶性粉末	
活性组分(以ATMP计)/% ≥	50.0	50.0	95.0
氨基三亚甲基膦酸含量/% ≥	40.0	80.0	
亚磷酸(以 PO_3^{3-} 计)/% ≤	5.0	3.5	
磷酸(以 PO_4^{3-} 计)/% ≤	1.0	0.8	0.8
pH 值(1%水溶液)	1.5～2.5	1.5～2.5	≤2.0
氯化物(以 Cl^- 计)/% ≤	3.5	2.0	2.0
Fe(以 Fe^{3+})含量/$\times10^{-6}$ ≤	20.0	20.0	
密度(20℃)/(g/cm³) ≥	1.28	1.30	

【用途】 具有良好的螯合、低限抑制、晶格抑变等作用，可阻止水中成垢盐形成水垢，并有缓蚀作用。用于火力发电厂、炼油厂的循环冷却水、油田回注水系统，可以起到减少金属设备或管路腐蚀和结垢的作用，具有良好的螯合、低限抑制及晶格畸变作用。可阻止水中成垢盐类形成水垢，特别是碳酸钙垢的形成。ATMP 在水中化学性质稳定，不易水解。在水中浓度较高时有良好的缓蚀效果。用量以 1～20mg/L 为佳；作缓蚀剂使用时用量为 20～60mg/L。

包装规格：用塑料桶，包装 25kg/桶；固体为结晶性粉末，用内衬聚乙烯袋的塑料编织袋包装，每袋净重 25kg，也可根据用户需要确定包装。

【制法】 将配比量的水、氯化铵、甲醛依次加入反应釜中，搅拌混合均匀。在冷却下滴加三氯化磷，滴加速度以反应温度在 60～80℃为宜。滴加完毕后，缓慢升温至 100～120℃，回流 2～3h。取样分析，氯离子含量低于 3%时反应结束，冷却，出料包装为成品。反应式如下：

$$PCl_3 \xrightarrow{H_2O} H_3PO_3 \xrightarrow[HCHO]{NH_4Cl} \text{本品}$$

【产品安全性】 ATMP 为酸性，应避免与眼睛、皮肤或衣服接触，一旦溅到身上，应立即用大量水冲洗。应贮存在阴凉、通风、干燥、清洁的库房中。运输过程中要防雨淋和烈日曝晒，应防止潮解。装卸时要小心轻放，防止包装破损。液体产品贮存期 6 个月，固体产品贮存期 12 个月。

【参考生产企业】 山东省泰和水处理有限公司，内蒙古科安水处理技术设备有限公司，北京海洁尔水环境科技公司。

Fb020 羟基亚乙基二膦酸

【别名】 HEDP

【英文名】 1-hydroxy ethylidene-1,1-diphosphonic acid

【相对分子质量】 206.03

【分子式】 $C_2H_8O_7P_2$

【登记号】 CAS [2809-21-4]

【物化性质】 液体为无色或淡黄色黏稠液，固体纯品为白色晶体，熔点 198～199℃，沸点，578.8℃，压力 760mmHg，闪光点，303.8℃，相对密度 1.45（60%溶液）。易溶于水、甲醇，乙醇，在水中有较大的解离常数。能与金属离子形成稳定的螯合物和络合物，能与含活泼氧的化合物形成稳定的加成物，使活泼氧保持稳定，耐氯性能好。

【质量标准】 HG/T 3537—1999 HG/T 3537—2010

外观	无色	或淡黄色透明液体	白色粉末状固体
活性组分（以 HEDP 计）/% ≥	50.0	60.0	89.0
亚磷酸(以 PO_3^{3-} 计)/% ≤	2.0	2.0	0.80
磷酸(以 PO_4^{3-} 计)/% ≤	0.8	0.8	0.50
氯化物（以 Cl^- 计)/% ≤	1.0	1.0	0.10
pH 值(1%水溶液) ≤	2.0	2.0	2.0
密度(20℃)/(g/cm³) ≥	1.34	1.40	
铁离子/10^{-6} ≤	10	10	5.0
活性组分(以 HEDP · H_2O 计)/% ≥			98.0

【用途】 HEDP 广泛应用于电力、化工、冶金、化肥等工业循环冷却水系统及中、低压锅炉，油田注水及输油管线的阻垢和缓蚀；HEDP 是一种有机磷酸类阻垢缓蚀剂，能与铁、铜、锌等多种金属离子形成稳定的络合物，能溶解金属表面的氧化物。HEDP 在 250℃下仍能起到良好的缓蚀阻垢作用，在高 pH 值下仍很稳定，不易水解，一般光热条件下不易分解。耐酸碱性、耐氯氧化性能较其他有机磷酸（盐）好。HEDP 可与水中金属离子，尤其是钙离子形成六元环螯合物，因而 HEDP 具较好的阻垢效果并具明显的溶限效应，当和其他水处理剂复合使用时，表现出理想的协同效应。HEDP 作阻垢剂一般使用浓度为 1～10mg/L，作缓蚀剂一般使用浓度为 10～50mg/L；作清洗剂一般使用浓度为 1000～2000mg/L；通常与聚羧酸型阻垢分散剂配合使用。

包装规格：HEDP 液体用塑料桶包装，每桶 30kg 或 250kg；固体用内衬聚乙烯袋的塑料编织袋包装，每袋净重 25kg，也可根据用户需要确定。

【制法】 工业上通常采用冰醋酸与三氯化磷酰基化，再由酰基化产物与三氯化磷水解产物缩合法。将计量的水、冰醋酸（醋酸）加入反应釜中，搅拌均匀，在冷却下滴加三氯化磷控制反应温度在 40～80℃。反应副产物氯化氢气体经冷凝后送入吸收塔，回收盐酸，溢出的乙酰氯和醋酸经冷凝仍回反应器。滴完三氯化磷后，升温至 100～130℃，回流 4～5h，反应结束后，通水蒸气水解，蒸出残留的醋酸及低沸点物，得产品。反应式如下：

$$PCl_3 + CH_2COOH \longrightarrow$$

$$CH_3COCl + H_3PO_3 \longrightarrow CH_3-C(PO(OH)_2)_2-OOCCH_3$$

$$\xrightarrow{H_2O} CH_3-C(PO(OH)_2)_2-OH$$

【产品安全性】 HEDP 为酸性，应避免与眼睛、皮肤接触，一旦溅到身上，应立即用大量水冲洗。应贮存在阴凉、通风、干燥、清洁的库房中。运输过程中要防雨淋和烈日曝晒，应防止潮解。装卸时要小心轻放，防止包装破损。液体产品贮存期 6 个月，固体产品贮存期 12 个月。

【生产参考企业】 山东省泰和水处理有限公司，江苏武进市精细化工厂，河南沃特化学清洗有限公司。

Fb021 乙二胺四亚甲基膦酸

【别名】 EDTMPA

【英文名】 ethylene diamine tetra (methylene phosphonic acid) sodium

【登记号】 CAS [1429-50-1]

【相对分子质量】 436.12

【结构式】

$$\text{EDTMPA structure: } (HO)_2P(=O)CH_2\text{—}N(CH_2PO(OH)_2)\text{—}CH_2CH_2\text{—}N(CH_2PO(OH)_2)_2$$

【物化性质】 常温下 EDTMPA 为白色结晶性粉末，熔点 215～217℃，微溶于水，在室温下溶解度小于 5%，易溶于氨水。

【质量标准】 HG/T 4329—2012

指　标	一等品	优等品
活性组分(以 EDTMPA 计)% ≥	91.0	95.0
有机磷(以 PO_4^{3-} 计)/% ≥	78.0	82.0
pH 值(1%水溶液) ≤	2.0	2.0
氯化物 (以 Cl^- 计)/% ≤	0.1	0.1
干燥失重/% ≤	8.0	2.0
铁含量(以 Fe 计)/$\times10^{-6}$ ≤	5	5

【用途】 EDTMPA 具有很强的螯合金属离子的能力，与铜离子的络合常数是包括 EDTA 在内的所有螯合剂中最大的。几乎在所有使用 EDTA 作螯合剂的地方都可用 EDTMPA 替代。可有效稳定冷却水中的结垢离子，防止钙、镁盐类沉积析出形成坚硬水垢。可有效屏蔽硫酸根和二氧化硅，对碳酸盐、硫酸盐及硅酸盐水垢有良好的防垢性能。广泛用于化工、电厂、冶金、石油、机械、纺织、各种低压蒸汽锅炉、中央空调、水处理、热水锅炉、蒸汽发生器、蒸馏水器、内燃机水冷却系统、食品等行业循环冷却水系统、油田注水系统、火电厂输灰管灰水系统防结垢。尤其适合高温、高碱度循环水系统的阻垢防腐。对水质条件适应性宽，在高温、高碱度和高浓缩倍率条件下仍能发挥良好的防垢作用，大幅度减少冷却水用量，节约水处理费用。降低水对金属的腐蚀性，有效保护冷却水系统的金属材质，对换热设备无损伤。

用量：缓蚀阻垢剂，每吨水下 80～100g；除垢剂，清洗各种水垢；杀菌灭藻剂，清洗青苔、水藻，每吨水下 200～300g。

包装规格：用塑料桶或复合塑编袋包装或符合出口环保要求的包装，25kg/桶。

【制法】 首先把化学计量的乙二胺加入反应釜中，加适量的水溶解，搅拌均匀。然后在冷却下滴加三氯化磷，反应温度以 40～60℃为宜。滴毕后升温至 60℃，滴加甲醛水溶液。滴毕后升温至 100～120℃，反应 5h 左右。冷却，用空气吹出残留的氯化氢。加磷酸钠水溶液调 pH 值至 9.5～10.5，出料即为成品。

【产品安全性】 高纯试剂，无毒，不含重金属和有害物质，对生态环境无不良影响。应贮存在阴凉、通风、干燥、清洁的库房中。运输过程中要防雨淋和烈日曝晒，应防止潮解。装卸时要小心轻放，防止包装破损。液体产品贮存期半年，固体产品贮存期 12 个月。

【参考生产企业】 湖南湘潭精细化工厂，湖北仙桃市水质稳定剂厂，湖南湘潭市农药厂，南京曙光化工厂等。

Fb022 乙二胺四亚甲基膦酸钠

【英文名】 ethylene diamine tetra (methylene phosphonic acid) sodium

【别名】 EDTMPS

【相对分子质量】 612.13

【登记号】 CAS [1429-50-1]

【结构式】

$$\begin{array}{l} CH_2\text{—}N(CH_2PO_3Na_2)_2 \\ | \\ CH_2\text{—}N(CH_2PO_3Na_2)_2 \end{array}$$

【物化性质】 EDTMPS 是含氮有机多元膦酸，属阴极型缓蚀剂，与无机聚磷酸盐相比，缓蚀率高 3～5 倍。能与水混溶，无毒无污染，化学稳定性及耐温性好，在 200℃下仍有良好的阻垢效果。EDTMPS 在水溶液中能解离成 8 个正负离子，因而可以与多个金属离子螯合，形成多个单体结构大分子网状络合物，松散地分散于水中，使钙垢正常结晶被破坏。对硫酸钙、硫酸钡阻垢效果好。

【质量标准】 HG/T 3538—2011

外观	黄棕色透明液体
有机磷(以 PO_4^{3-} 计)/%	≥10.0
磷酸(以 PO_4^{3-} 计)/%	≤1.0
密度(20℃)/(g/cm^3)	≥1.25
活性组分(以 EDTMPS 计)/%	≥30.0
亚磷酸(以 PO_3^{3-} 计)/%	≤5.0
pH 值(1%水溶液)	9.5～10.5
氯化物 (以 Cl^- 计)/%	≤3.0

【用途】 用于循环水和锅炉水的缓蚀阻垢剂、无氰电镀的络合剂、纺织印染行业螯合剂和氧漂稳定剂。在循环冷却水中单独投加时，一般剂量为 2～10mg/L。EDTMPS 与 HPMA 按 1∶3 比例复配后，可用于低压锅炉炉内水处理。EDTMPS 也可与 BTA、PAAS、锌盐等复配使用。

包装规格：用塑料桶包装，每桶 25kg 或根据用户需要确定。

【制法】 首先把化学计量的乙二胺加入反应釜中，加适量的水溶解，搅拌均匀。然后在冷却下滴加三氯化磷，反应温度以 40～60℃为宜。滴毕后升温至 60℃，滴加甲醛水溶液。滴毕后升温至 100～120℃反应 5h 左右，冷却，用空气吹出残留的氯化氢。加氢氧化钠水溶液调 pH 值至 10～10.5，出料即为成品。反应式如下：

$$\begin{matrix} CH_2NH_2 \\ | \\ CH_2NH_2 \end{matrix} \xrightarrow{HCHO} \begin{matrix} CH_2N(CH_2OH)_2 \\ | \\ CH_2N(CH_2OH)_2 \end{matrix}$$

$$\xrightarrow{H_3PO_3} \begin{matrix} CH_2N[CH_2OP(OH)_2]_2 \\ | \\ CH_2N[CH_2OP(OH)_2]_2 \end{matrix} \xrightarrow{NaOH} \text{本品}$$

【产品安全性】 不含重金属和有害物质，对生态环境无不良影响。EDTMPS 为酸性，应避免与眼睛、皮肤接触，一旦溅到身上，应立即用大量水冲洗。避光、防雨，贮于室内阴凉处，贮存期为 10 个月。

【参考生产企业】 内蒙古科安水处理技术设备有限公司，河南沃特化学清洗有限公司，北京海洁尔水环境科技公司。

Fb023 乙二胺四亚甲基膦酸五钠

【别名】 EDTMP·Na_5

【英文名】 ethylene diamine tetra（methylene phosphonic acid）pentasodium salt

【登记号】 CAS［7651-99-2］

【相对分子质量】 546.13

【结构式】

$$\begin{matrix} & O & & & & & O & \\ & \| & & & & & \| & \\ HO- & P & -CH_2 & & & H_2C- & P & -ONa \\ & | & \searrow & & \nearrow & & | & \\ & ONa & & N-CH_2-CH_2-N & & & ONa & \\ & ONa & \nearrow & & \searrow & & ONa & \\ & | & & & & & | & \\ HO- & P & -CH_2 & & & H_2C- & P & -OH \\ & \| & & & & & \| & \\ & O & & & & & O & \end{matrix}$$

【物化性质】 乙二胺四亚甲基膦酸五钠是中性产品，是含氮有机多元膦酸盐，属阴极型缓蚀剂，能与水混溶，无毒无污染，化学稳定性及耐温性好，在 200℃下仍有良好的阻垢效果。在水溶液中能解离成 8 个正负离子，因而可以与多个金属离子螯合，形成多个单体结构大分子网状络合物，松散地分散于水中，使钙垢正常结晶破坏。EDTMP 钠盐对硫酸钙、硫酸钡垢的阻垢效果好。

【质量标准】 HG/T 4328—2012

外观	琥珀色透明液体	白色粉末固体
活性组分(以 EDTMP·Na_5计)/%	30.0～32.6	≥81.4
活性组分(以 EDTMPA 计)/%	24.0～26.(	≥65.0
氯化物(以 Cl^- 计)/%	≤2.0	≤2.0
密度(20℃)/(g/cm^3)	≥1.25	—
Fe(以 Fe^{2+} 计)含量/(mg/L)	≤20	≤20
pH 值(原液)	6.0～8.0(原液)	6.0～8.0(1%水溶液)

【用途】 乙二胺四亚甲基膦酸五钠用于循环水和锅炉水的缓蚀阻垢剂、无氰电镀的络合剂、印染工业软水剂、电厂冷却水处理等。

包装规格：液体用塑料桶包装，每桶25kg 或 250kg；固体用内衬聚乙烯袋的塑料袋包装，每袋净重 20kg 或根据用户需要确定。

【制法】 首先把化学计量的乙二胺加入反应釜中，加适量的水溶解，搅拌均匀。然后在冷却下滴加三氯化磷。反应温度以40～60℃为宜。滴毕后升温至 60℃，滴加甲醛水溶液。滴毕后升温至 100～120℃反应 5h 左右，冷却，用空气吹出残留的氯化氢。加氢氧化钠水溶液调 pH 值至 6.0～8.0，出料即为成品。

【产品安全性】 中性，无毒、无污染。操作时注意劳动保护，应避免与皮肤、眼睛等接触，接触后用大量清水冲洗。固体产品具有轻微吸潮性，贮于室内阴凉、干燥处，防潮。固体贮存期为 10 个月，液体贮存期为 12 个月。

【参考生产企业】 山东省泰和水处理有限公司，天津益元生化科技有限公司，徐州欧美环保科技有限公司。

Fb024 二亚乙基三胺五亚甲基膦酸

【别名】 DTPMPA

【英文名】 diethylene triamine pentakis (methyl phosphonic acid)

【相对分子质量】 573.20

【登记号】 CAS [15827-60-8]

【结构式】

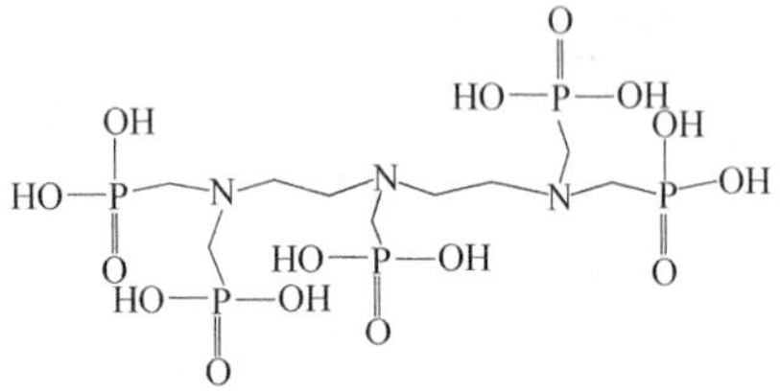

【物化性质】 外观为橘红色带氨臭的黏稠液体，能与水互溶。能与多种金属离子形成多种稳定配合物，具有稳定的化学性质，在强酸、强碱介质中也不易分解。干品分解温度为 220～228℃，无毒，易溶于酸性溶液中。

【质量标准】 HG/T 3777—2005

项目	指标
氯化物(以 Cl^- 计)/%	≤12～17
密度(20℃)/(g/cm^3)	≥1.35～1.45
Fe^{3+}/(mg/kg)	≤35
活性组分/%	≥50.0
亚磷酸(以 PO_3^{3-} 计)/%	≤3.0
pH 值(1%水溶液)	2.0

【用途】 DTPMPA 在水处理中用作循环冷却水和锅炉水的阻垢缓蚀剂，特别适用于电厂冲灰水系统闭路循环和碱性循环冷却水中作为不调 pH 的阻垢缓蚀剂，并可用于含碳酸钡高的油田注水和冷却水、锅炉水的阻垢缓蚀剂；在复配药剂中单独使用本品无需投加分散剂，污垢沉积量仍很小。DTPMPA 易溶于酸性溶液中，阻垢缓蚀效果俱佳且耐温性好，可抑制碳酸盐垢、硫酸盐垢的生成，在碱性环境和高温下（210℃以上）阻垢缓蚀性能较其他有机膦好，仍能有效稳定冷却水中的结垢离

子，防止钙、镁盐类沉积析出形成坚硬水垢。可有效屏蔽硫酸根和二氧化硅，对碳酸盐、硫酸盐及硅酸盐水垢有良好的防垢性能。该产品还可用于双氧水稳定剂（加入量为1%～10%），也可以用作金属清洗剂去除金属表面的油脂，还用于洗涤剂的添加剂、金属离子的螯合剂、无氰电镀添加剂、贵金属的萃取剂等。

包装规格：用塑料桶包装，30kg/桶或根据用户需要确定。

【制法】 由无水二亚乙基三胺、甲醛、三氯化磷反应，可得橘红色液体。反应式如下：

$$H_2NCH_2CH_2NHCH_2CH_2NH_2 \xrightarrow{HCHO} (HOH_2C)_2NCH_2CH_2N(CH_2OH)CH_2CH_2N(CH_2OH)_2 \xrightarrow{PCl_3} \text{本品}$$

【产品安全性】 不含重金属和有害物质，对生态环境无不良影响。DTPMPA为酸性，有腐蚀性，应避免与眼睛、皮肤接触，一旦溅到身上，应立即用大量水冲洗。避光、防雨，贮于室内阴凉处，贮存期为10个月。

【参考生产单位】 湖南湘潭精细化工厂，湖北仙桃市水质稳定剂厂，湖南湘潭市农药厂，南京曙光化工厂等。

Fb025 双1,6-亚己基三胺五亚甲基膦酸

【别名】 二己烯三胺五亚甲基膦酸，BHMTPMPA

【英文名】 bis hexamethylene triamine penta (methylene phosphonic acid)

【登记号】 CAS [34690-00-1]

【相对分子质量】 685

【结构式】

$$[(HO)_2P(O)CH_2]_2N-(CH_2)_6-N[CH_2P(O)(OH)_2]-(CH_2)_6-N[CH_2P(O)(OH)_2]_2$$

【物化性质】 BHMTPMPA是高效的螯合型阻垢剂，对碳酸盐垢和硫酸盐垢具有良好的阻垢效果，在较宽的pH值范围和120℃高温下有极佳的水溶性和热稳定性，对钙离子容忍度高。

【质量标准】

外观	深琥珀色液体
氯化物(以Cl^-计)/%	≤8.0
密度(20℃)/(g/cm³)	≥1.23
活性组分/%	43.0～48.0
Fe含量(以Fe^{3+}计)	≤65×10^{-6}
pH值(1%水溶液)	2.0

【用途】 BHMTPMPA用作油田水处理的缓蚀阻垢剂、工业循环冷却水和锅炉水的阻垢缓蚀剂。

包装规格：用塑料桶包装，每桶25kg或根据用户需要确定。

【产品安全性】 酸性，应避免与眼睛、皮肤接触，一旦溅到身上，应立即用大量水冲洗，贮于室内阴凉处，贮存期为10个月。

【参考生产企业】 湖北巨胜科技有限公司，武汉嘉凯隆科技发展有限公司，广州伯恩利化工有限公司，山东省泰和水处理有限公司。

Fb026 三亚乙基四胺六亚甲基磷酸

【别名】 阻垢剂TETHMP

【英文名】 triethylene tetramine hexamethylene phosphoric acid

【相对分子量】 710.27

【结构式】

$$
\begin{array}{l}
\quad\ CH_2OP(OH)_2 \\
\quad\ | \\
CH_2NCH_2CH_2N[CH_2OP(OH)_2]_2 \\
| \\
CH_2NCH_2CH_2N[CH_2OP(OH)_2]_2 \\
\quad\ | \\
\quad\ CH_2OP(OH)_2
\end{array}
$$

【物化性质】 棕黄色略带氨臭的液体，相对密度（20℃）大于1.33，易溶于水，在水中解离度大，能与Ca^{2+}、Mg^{2+}等金属离子形成稳定的络合物。阻垢缓蚀性强，热稳定性高，干品分解温度为223～245℃，易降解，使用安全。

【质量标准】

有效物含量/%	≥25
pH值(10%溶液)	5

【用途】 用于化工、电厂、冶金、石油、机械、纺织、各种低压蒸汽锅炉、中央空调、水处理、热水锅炉、蒸汽发生器、蒸馏水器、内燃机水冷却系统、食品等行业循环冷却水系统、油田注水系统、火电厂输灰管灰水系统防结垢。对水质条件适应性宽，在高温、高碱度和高浓缩倍率条件下仍能发挥良好的防垢作用，大幅度减少冷却水用量，节约水处理费用。降低水对金属的腐蚀性，有效保护冷却水系统的金属材质，对换热设备无损伤。

包装规格：用塑料桶包装，25kg/桶。

【制法】 以六亚甲基四胺、甲醛水溶液、三氯化磷为原料制备。其操作是，把计量的三亚乙基四胺加入反应釜中，加适量的水溶解，搅拌均匀，升温至60℃左右，开始滴加甲醛水溶液，滴毕后回流1h。然后降温至30℃滴加PCl_3，滴毕后在80～90℃下反应5h，冷却，用N_2吹出残留的氯化氢，加磷酸钠水溶液调pH值至9.5～10.5，出料即为成品。反应方程式为：

$$
\begin{array}{l}
CH_2NHCH_2CH_2NH_2 \\
| \\
CH_2NHCH_2CH_2NH_2
\end{array}
\xrightarrow{HCHO}
\xrightarrow{PCl_3} \text{本品}
$$

【产品安全性】 不含重金属和有害物质，对生态环境无不良影响。应避免与眼睛、皮肤接触，一旦溅到身上，应立即用大量水冲洗。贮存于室内阴凉处，避光、防雨贮存期12个月。

【参考生产企业】 湖北仙桃市水质稳定剂厂，湖南湘潭市农药厂，南京曙光化工厂，湖南湘潭精细化工厂等。

Fb027 羟基亚乙基二膦酸二钠

【别名】 HEDPS

【英文名】 hydroxy ethylidene diphosphonatedi sodium salt

【相对分子质量】 322.0

【结构式】

$$
HO-\overset{\overset{\displaystyle O}{\|}}{\underset{\underset{\displaystyle ONa}{|}}{P}}-\overset{\overset{\displaystyle CH_3}{|}}{\underset{\underset{\displaystyle OH}{|}}{C}}-\overset{\overset{\displaystyle O}{\|}}{\underset{\underset{\displaystyle ONa}{|}}{P}}-OH\cdot 4H_2O
$$

【物化性质】 白色粉末，熔点198～199℃，易溶于水和乙醇，吸湿性强。

【质量标准】 HG/T 2839—2010

指标名称	优等品	一等品	合格品
活性物含量/%	＞94	88～94	≥82
磷酸盐含量/% ≤	0.3	0.7	1.0
亚磷酸盐含量/% ≤	1.0	3.0	5.0
氯(以Cl^-计)/% ≤	1.0	2.0	3.0
水不溶物/% ≤	0.1	0.1	0.1

【用途】 能与多种金属离子络合，在冷却水、锅炉水处理中作阻垢剂，耐热性好，200℃仍有良好作用。亦可作为缓蚀剂、无氰电镀添加剂。

包装规格：用内衬塑料袋的编织袋包装，净重25kg。

【制法】 用羟基亚乙基二膦酸与氢氧化钠水溶液中和、干燥而得。详见羟基二亚乙基二膦酸。反应式如下：

$$
HO-\overset{\overset{\displaystyle O}{\|}}{\underset{\underset{\displaystyle OH}{|}}{P}}-\overset{\overset{\displaystyle CH_3}{|}}{\underset{\underset{\displaystyle OH}{|}}{C}}-\overset{\overset{\displaystyle O}{\|}}{\underset{\underset{\displaystyle OH}{|}}{P}}-OH \xrightarrow[H_2O]{NaOH} \text{本品}
$$

【产品安全性】 不含重金属和有害物质，对生态环境无不良影响。贮存于阴凉、通风的库房中，避光、防雨，贮储存期 12 个月。

【参考生产企业】 天津化工研究院津宏化工厂，天津市东方红化工厂，中国锦州石化总公司。

Fb028 羟基亚乙基二膦酸四钠

【别名】 HEDPS

【英文名】 tetra sodium hydroxyethylidene diphosphonate

【相对分子质量】 294.0

【结构式】

$$\mathrm{NaO{-}\overset{\overset{\large O}{\|}}{\underset{\underset{\large ONa}{|}}{P}}{-}\overset{\overset{\large CH_3}{|}}{\underset{\underset{\large OH}{|}}{C}}{-}\overset{\overset{\large O}{\|}}{\underset{\underset{\large ONa}{|}}{P}}{-}ONa}$$

【物化性质】 棕黄色黏稠液体，相对密度(20℃) 1.40，纯品熔点 198～199℃，溶于水和乙醇，固体产品吸湿性强。

【质量标准】

含量/%	≥55
pH 值	2～3

【用途】 能与多种金属离子络合，在冷却水、锅炉水处理中作阻垢剂。耐热性好，200℃仍有良好作用，亦可作为缓蚀剂、无氰电镀添加剂。

包装规格：用塑料桶包装，25kg/桶。

【制法】 用氢氧化钠水溶液中和羟基亚乙基二膦酸至 pH 值 2～3，即得成品。反应式如下：

$$\mathrm{HO{-}\overset{\overset{\large O}{\|}}{\underset{\underset{\large OH}{|}}{P}}{-}\overset{\overset{\large CH_3}{|}}{\underset{\underset{\large OH}{|}}{C}}{-}\overset{\overset{\large O}{\|}}{\underset{\underset{\large OH}{|}}{P}}{-}OH} \xrightarrow{\mathrm{NaOH}} \text{本品}$$

【产品安全性】 不含重金属和有害物质，对生态环境无不良影响。应避免与眼睛、皮肤接触，一旦溅到身上，应立即用大量水冲洗。贮存于室内阴凉处，避光、防雨，贮存期 12 个月。

【参考生产企业】 湖北仙桃市水质稳定剂厂，湖南湘潭市农药厂，南京曙光化工厂，湖南湘潭精细化工厂等。

Fb029 马来酸酐/苯乙烯磺酸共聚物

【别名】 JNH-406 阻垢剂

【英文名】 maleic anhydride-benzylethylene sulfonated acid copolymer

【结构式】

$$\left[\underset{\underset{\large COOH}{|}}{CH}{-}\underset{\underset{\large COOH}{|}}{CH}\right]_m\left[CH_2{-}\underset{\underset{\large C_6H_4SO_3H}{|}}{CH}\right]_n$$

$m:n=1:3$

【相对分子质量范围】 4000～6000

【物化性质】 浅棕色透明液体，密度(20℃) 1.18～1.22 g/cm^3，耐高温达300℃。能被微生物降解，降解物对人畜及水生物无害。

【质量标准】 HG/T 2229—2009

固含量/%	48～50
游离单体/%	≤9.0
pH 值(1%水溶液)	2.0～3.0

【用途】 马来酸酐-苯乙烯磺酸共聚物可用于蒸汽机车、工业锅炉水处理的阻垢分散剂及循环冷却水的阻垢分散剂，在冷却水系统中可与其他水处理剂复配使用。例如由相对分子质量为 4000 的苯乙烯磺酸-马来酸酐（摩尔比 3：1）共聚物（≥15mg/L）与羟基亚乙基二膦酸（≥6mg/L）和锌离子（≥2mg/L）组成的磷系配方。可与其他有机磷酸盐复配使用，用量一般在 2～10mg/L。

包装规格：用塑料桶包装，25kg/桶；镀锌铁桶包装，净重 200kg。

【制法】

方法 1（先聚合后磺化） 将计量的马来酸酐和适量的苯乙烯投入反应釜中，加二甲苯作溶剂，过氧化苯甲酰作引发剂，在 80～120℃下进行共聚，反应 4～

6h，得共聚体。然后加入 NaOH 溶液，得共聚物盐，静置，分出二甲苯层，取水层加浓硫酸磺化即可。

方法 2（先磺化后聚合） 将苯乙烯加入反应釜中，加浓硫酸磺化得到磺化产物（详见十二烷基苯磺酸钠），精制后，在过氧化苯甲酰引发下，以二甲苯为溶剂在 100～120℃下与马来酸酐共聚。反应完成后蒸出低沸点物，得产品。反应式如下：

$$\text{马来酸酐 (CH=CH, C(=O)-O-C(=O))} \longrightarrow \underset{COOH}{CH_2}—\underset{COOH}{CH_2}$$

$$CH_2{=}CH—C_6H_4—SO_3H \xrightarrow{\text{引发剂}} \text{本品}$$

【产品安全性】 低毒，有腐蚀性。操作员作业时应戴防护手套，避免和皮肤接触，如溅到手上或眼睛中，应用大量水冲洗，必要时到医院外理。贮存于室内通风、阴凉处，贮存期 10 个月。

【参考生产企业】 江苏武进精细化工厂。

Fb030 WT-303-1 阻垢剂

【英文名】 WT-303-1 antiscalant

【组成】 有机磷酸盐聚合物。

【物化性质】 相对密度 1.15，热稳定性好，200℃以下不分解。

【质量标准】

外观	淡黄色黏稠液
pH 值	2.0～2.5

【用途】 用于冶金系统的高炉、转炉炉体及烟罩循环冷却水系统阻垢。在高 pH 值下、高温水循环中有明显效果。可与其他有机磷酸盐复配使用，用量一般在 2～10mg/L。

包装规格：用塑料桶包装，净重 25kg；用铁塑桶包装，净重 200kg。

【制法】 将有机磷酸盐加入蒸馏釜中，减压脱水，再加入聚合物加热混匀即得。

【产品安全性】 低毒，有腐蚀性。操作员作业时应戴防护手套，避免和皮肤接触，如溅到手上或眼睛中，应用大量水冲洗，必要时到医院外理。贮存于室内通风、阴凉处，贮存期 10 个月。

【参考生产企业】 廊坊金诺生物科技开发有限公司，湖北仙桃市水质稳定剂厂等。

Fb031 水处理剂 PPMA

【英文名】 water treatment agent PPMA

【组成】 含磷聚马来酸水解物。

【物化性质】 棕红色透明液体，溶于水。

【质量标准】

相对分子质量	800
pH 值(1%溶液,体积分数)	2.3
相对密度	1.16～1.21

【用途】 产品兼有阻垢、缓蚀两种功能。投加 15mg/L 阻垢剂稳定钙质量浓度 25.4mg/L；投加 10mg/L 缓蚀率 20.5%。

包装规格：用塑料桶包装，每桶 30kg 或根据用户需要确定。

【制法】 将 50 份水加入反应釜中，在搅拌下加入 50 份马来酸酐、200mg/L 催化剂（铁、铜等金属离子）及少量 V50，待固体物料完全溶解后，升至 104℃，开始计时，滴加引发剂（H_2O_2）85g/mol 和磷化剂溶液，滴加完毕后反应 3h，停止加热，冷却至常温即得 PPMA 产品。

【产品安全性】 无毒，PPMA 为酸性，应避免与眼睛、皮肤接触，一旦溅到身上，应立即用大量水冲洗。贮存于室内阴凉处，贮存期为 10 个月。

【参考生产企业】 湖南湘潭精细化工厂，湖北仙桃市水质稳定剂厂，湖南湘潭市农药厂，南京曙光化工厂等。

Fb032 循环冷却水阻垢剂

【英文名】 scale inhibitor of circulating cooling water

【组成】 含磺酸基共聚物水溶液。

【物化性质】 集膦酸基、羧酸基和磺酸基于一体的共聚物，具有优良的阻垢分散性能。

【质量标准】

固含量/%	30
CMC/(g/L)	2.07
表面张力/(10^{-5}N/cm)	34.41
pH值	5～8

【用途】 作循环冷却水阻垢剂。

包装规格：用塑料桶包装，每桶30kg或根据用户需要确定。

【制法】 将溶有NaH_2PO_2（15mmol/L）的蒸馏水加入反应釜中，搅拌下升温至50℃，同时滴加过硫酸钠水溶液（5mmol/L）和1-烯丙氧基-2-羟丙基磺酸钠和丙烯酸（0.4mol/L）混合水溶液，进行共聚反应，滴加时间为2h。滴加完毕后，继续保温反应0.5h，加水稀释得产品。

【产品安全性】 有腐蚀性，一旦溅到身上，应立即用大量水冲洗。贮于室内阴凉处，贮存期为10个月。

【参考生产企业】 河北衡水恒生环保制剂有限公司，西安吉利电子化工有限公司，山东烟台福山绿洲化学品有限公司，河北廊坊开发区大明化工有限公司，江苏常州清流水处理厂，黑龙江大庆华顺化工有限公司。

Fb033 阻垢分散剂AMPS

【英文名】 AMPS scale-inhibiting disperser

【组成】 含膦磺酸基共聚物。

【物化性质】 外观为棕黄色透明液体或琥珀色透明液体。不仅含有—COOH等弱酸基团，还含有—SO_3H强酸基团，其中弱酸基团则对活性部位有更强的约束能力（抑制结晶生长），强酸官能团保持着轻微的离子特性（有助于溶解）。

【质量标准】 HG/T 2229—2009

游离单体(以AA计)/%	≤2.0
密度(20℃)/(g/cm³)	≥1.18
固含量/%	48～50
pH值(1%水溶液)	2.0～3.0

【用途】 在水处理中作阻垢剂，PAMPS阻垢性能较羟基亚乙基二膦酸（HEDP）、次膦酸基聚丙烯酸（PCA）好。当PAMPS浓度10时，阻碳酸钙垢率达83.73%；当PAMPS浓度3mg/L时，阻硫酸钙垢率达98.32%。

包装规格：用塑料桶包装，每桶30kg或根据用户需要确定。

【制法】 将80 L去离子水加入反应釜中，搅拌下加入一定质量分数的次亚磷酸钠（AA+AMPS总量的15%），缓慢升温至102℃后，开始滴加单体丙烯酸（AA）与2-丙烯酰胺基-2-甲基丙磺酸（AMPS）[AA∶AMPS的质量比为75∶250]的混合溶液和一定质量分数的引发剂（AA+AMPS总量的11%）。滴加时间控制在1.5～2h，加料完毕后继续反应合5h，冷却至40℃左右出料包装。

【产品安全性】 有腐蚀性，工作中应穿防护服、戴护目镜，一旦溅到身上，应立即用大量水冲洗。贮存于室内阴凉处，贮存期为10个月。

【参考生产企业】 河北衡水恒生环保制剂有限公司，西安吉利电子化工有限公司，山东烟台福山绿洲化学品有限公司。

Fb034 低磷水处理剂

【英文名】 low phosphate content water treatment agent

【组成】 含膦酰基、羧基和磺酸基于一体的共聚物。

【物化性质】 是集膦酰基、羧基和磺酸基于一体的共聚物，既能有效地抑制各种结垢，又能稳定锌盐、分散氧化铁及各种悬浮物，同时具有一定的缓蚀性能。该共聚物与其他药剂协同性好，含磷量低，符合环保要求。

【质量标准】

外 观	浅黄色黏稠透明液体
次磷酸钠(以 PO_2^{3-} 计)/%	<3

【用途】 主要用作阻垢剂，当药剂浓度为 8 mg/L 时，阻 $CaCO_3$ 垢率可达 53.6%，阻 $Ca_3(PO_4)_2$ 垢率为 89.5%，对锌盐的稳定性能为 62.3%，分散氧化铁透光率为 43.5%。

包装规格：用塑料桶包装，每桶 30kg 或根据用户需要确定。

【制法】 在搅拌下依次加入丙烯酸（AA）、4.5%（质量分数）次磷酸钠、水和少量调节剂，升温至 95℃，同时滴 2-丙烯酰胺基-2-甲基丙磺酸（AMPS）、马来酸酐（MAn）[m（AMPS）∶m（AA）∶m（MAn）=1∶4∶5] 及 3%引发剂过硫酸铵混合物水溶液进行共聚反应，3h 滴加完毕，然后继续保温反应 1h，冷却出料。

【产品安全性】 有腐蚀性，工作中应穿防护服、戴护目镜，一旦溅到身上，应立即用大量水冲洗。贮于室内阴凉处，贮存期为 10 个月。

【参考生产企业】 山东烟台福山绿洲化学品有限公司，河北廊坊开发区大明化工有限公司，江苏常州清流水处理厂。

Fb035 丙烯酸-丙烯酰胺-甲基丙磺酸共聚物(AA/AMPS)

【英文名】 acrylic acid-2-acrylamido-2-methylpropane sulfonic acid copolymer

【登记号】 CAS [40623-75-4]

【结构式】

$$*\!\left[\begin{array}{cc} H & H \\ | & | \\ C & -\ C \\ | & | \\ H & COOH \end{array}\right]_n\!\!-\!\left[\begin{array}{c} \quad\quad H \\ \quad\quad | \\ CH_2-C \\ \quad\quad | \\ \quad O=C \quad CH_3 \\ \quad\quad | \quad\quad | \\ \quad\quad NH-C-CH_2SO_3H \\ \quad\quad\quad\quad | \\ \quad\quad\quad\quad CH_3 \end{array}\right]_m\!*$$

【物化性质】 AA/AMPS 为无色或淡黄色黏稠液体，密度（20℃）1.05～1.15 g/cm^3。由于分子结构中含有阻垢分散性能好的羧酸基和强极性的磺酸基，能提高钙容忍度，对水中的磷酸钙、碳酸钙、锌垢等有显著的阻垢作用，并且分散性能优良。与有机磷复配增效作用明显。

【质量标准】 HG/T 3642—1999

项目	指标
游离单体(以丙烯酸计)/%	≤0.5～0.8
pH 值(1%水溶液)	2.5～3.5
固含量/%	≥30～40
极限黏数(30℃)/(dL/g)	0.055～0.100

【用途】 在敞开式工业循环冷却水系统、油田污水回注系统、冶金系统循环水处理中作阻垢分散剂，防止钢铁厂淋洗的冷却水 Fe_2O_3 黏泥沉积，特别适合高 pH、高碱度、高硬度的水质，是实现高浓缩倍数运行的最理想的阻垢分散剂之一。AA/AMPS 可与有机磷酸盐、锌盐复合使用，适于 pH 条件为 7.0～9.5。

包装规格：用塑料桶包装，每桶 30kg 或根据用户需要确定。

【制法】 将溶有缓冲剂、乳化剂的蒸馏水加入反应釜中，搅拌下升温至 50℃，同时滴加过硫酸钠水溶液（5mmol/L）和混合单体（丙烯酸、丙烯酰胺、甲基丙磺酸）水溶液，进行共聚反应，滴加时间为 2h。滴加完毕后，继续保温反应 0.5h，冷却出料。

【产品安全性】 有腐蚀性，一旦溅到身上，应立即用大量水冲洗。贮存于室内阴凉处，贮存期为 10 个月。

【参考生产企业】 河北廊坊开发区大明化工有限公司，江苏常州清流水处理厂，黑龙江大庆华顺化工有限公司。

Fb036 丙烯酸-丙烯酸羟丙酯共聚物 T-225

【英文名】 acrylic acid-2-hydroxypropyl acrylate copolymer

【登记号】 CAS [55719-33-0]

【结构式】

$$*\!-\!\left[CH(H)-CH(COOH)\right]_n-\left[CH_2-CH(C(=O)OCH_2CHCH_3(OH))\right]_m-\!*$$

【物化性质】 无色或淡黄色黏稠液体，密度（20℃）1.10g/cm³。对碳酸钙、硫酸钙特别是磷酸钙垢的形成和沉积有良好的抑制作用，对三氧化二铁、污泥、黏土和油垢也有良好的分散性能；能在高 pH 值的条件下使用；T-225 与有机膦酸盐等混溶性好，对抑制锌盐沉积和磷酸钙垢的析出有特效，在较高温度和碱性条件下有良好的阻垢分散作用。

【质量标准】 HG/T 2429—2006

固含量/% ≥	30.0	30.0
游离单体(以 AA 计)/% ≤	0.5	0.5
pH 值(1%水溶液)	7.4～7.6	2～3
极限黏数(30℃)/(dL/g)	0.09	0.06

【用途】 T-225 适用于碱性条件下和有较多磷酸盐存在的循环冷却水中。主要用作供暖加热器和非蒸发性锅炉炉内水处理、各种循环冷却水、含钙量很高的油田回注水的阻垢分散剂，正常使用量为 10～30mg/L，可与有机磷等复配成全有机（碱性）配方。

包装规格：用塑料桶包装，每桶 25kg、200kg 或根据用户要求确定。

【制法】 将适量的蒸馏水加入反应釜中，搅拌下升温至 70℃，同时滴加过硫酸钠水溶液和单体（丙烯酸和丙烯酸羟丙酯），进行共聚反应，滴加时间为 3h。滴加完毕后，继续保温反应 0.5h，冷却出料。

【产品安全性】 有腐蚀性，一旦溅到身上，应立即用大量水冲洗。贮于室内阴凉、通风处，贮存期为 12 个月。

【参考生产企业】 北京普兰达水处理制品有限公司，上海同纳环保科技有限公司，上海维思化学有限公司。

Fb037 葡萄糖酸钠

【别名】 五羟基己酸钠

【英文名】 sodium gluconate

【结构式】

$$HOCH_2-CH(OH)-CH(OH)-CH(OH)-CH(OH)-COONa$$

【相对分子质量】 218.14

【物化性质】 白色至褐色结晶颗粒或结晶粉末，密度 1g/cm³，极易溶于水，略溶于酒精，不溶于乙醇。具有明显的协调效应，适用于钼、硅、磷、钨、亚硝酸盐等配方，由于协调效应影响，缓蚀效果大大提高。缓蚀率随温度升高而增加，一般缓蚀剂随着温度升高而缓蚀率下降，甚至完全失去作用。但葡萄糖酸钠恰恰相反，缓蚀率在一定范围内随温度升高而提高，例如对碳钢等材质的试验中，温度从 77℃ 上升到 120℃，其缓冲率平均提高 5%以上。所以葡萄糖酸钠这种奇异的特性对较高温度的体系或从低温到高温的变温体系，作缓蚀剂使用 是十分理想的。

【质量标准】 FAO/WHD 1979

含量/%	≥98
含氯(Cl^-)/%	≤0.2
pH 值(1%溶液)	8～9
水分/%	≤4.0
还原性物质(以 D-葡萄糖计)/%	<0.5

【用途】 在工业水处理中作阻垢缓蚀剂，与钼复配效果良好。对钙、镁、铁盐具有很强的络合能力，所以阻垢能力很强，特别对 Fe^{3+} 有极好的螯合作用，甚至在全 pH 范围内都有作用。使用葡萄糖酸钠作为循环冷却水缓蚀阻垢剂。

包装规格：用内衬塑料袋的编织袋包

装，25kg/袋。

【制法】 将计量的葡萄糖酸钙加入反应釜中，在搅拌下加入硫酸水溶液。搅拌 1h 后静置过滤，滤渣为 $CaSO_4$，去除。滤液加入中和釜加适量的 Na_2CO_3 水溶液中和。浓缩，过滤，干燥，检验合格包装得成品。反应式如下：

$$[HOCH_2(CHOH)_4COO]_2Ca \xrightarrow{H_2SO_4} HOCH_2(CHOH)_4COOH \xrightarrow{Na_2CO_3} \text{本品}$$

【产品安全性】 不含重金属和有害物质，对生态环境无不良影响。应避免与眼睛、皮肤接触，一旦溅到身上，应立即用大量水冲洗。贮存于室内阴凉处，避光、防雨，贮存期 12 个月。

【参考生产企业】 湖北仙桃市水质稳定剂厂，湖南湘潭市农药厂，南京曙光化工厂，湖南湘潭精细化工厂，浙江温岭化工厂，历城区鸿鑫圆化工经营部等。

Fb038 阻垢分散剂 TH-241

【英文名】 scale inhibitor and dispersant TH-241

【组成】 丙烯酸-丙烯酸酯-膦酸-磺酸盐四元共聚物。

【物化性质】 TH-241 是含羧基、羟基、膦酸基、磺酸基等基团的四元共聚物，外观为无色至微黄色透明液体，密度（20℃）1.10～1.20g/cm³。性能优异，阻碳酸钙、磷酸钙垢效果优良，与常用的水处理剂的配伍性好，增效作用明显，适用范围广。

【质量标准】

项目	指标
游离单体(以丙烯酸计)/%	≤0.5～0.8
pH 值(1%水溶液)	3.5～5.0
固体含量/%	≥35
极限黏数（30℃）/(dL/g)	0.055～0.100

【用途】 四元共聚物 TH-241 可作循环冷却水系统的阻垢分散剂，通常与有机磷酸盐复合使用，正常用量为 5～25mg/L，与有机膦酸盐配合使用时用量为 1～10mg/L，适用 pH 条件为 7.0～9.5。

包装规格：用塑料桶包装，每桶 25kg 或根据用户需要确定。

【制法】 将溶有缓冲剂的蒸馏水加入反应釜中，搅拌下升温至 75℃，同时滴加过硫酸钠水溶液和丙烯酸、丙烯酸酯、膦酸、甲基磺酸盐混合溶液，进行共聚反应，滴加时间为 3h。滴加完毕后，继续保温反应 0.5h，冷却出料。

【产品安全性】 无毒，有腐蚀性。工作中应穿防护服、戴护目镜，一旦溅到皮肤，应立即用大量水冲洗。贮于室内阴凉处，贮存期为 10 个月。

【参考生产企业】 内蒙古科安水处理技术设备有限公司，河南沃特化学清洗有限公司，北京海洁尔水环境科技公司。

Fb039 阻垢分散剂 TH-613

【英文名】 scale inhibitor and dispersant TH-613

【组成】 丙烯酸-丙烯酸酯-磺酸盐三元共聚物。

【物化性质】 密度（20℃）≥1.10g/cm³。TH-613 三元共聚物是一种新型的含有磺酸盐的多元聚电解质阻垢分散剂。由于在共聚物的分子链上同时含有强酸、弱酸与非离子基团，它适于在高温、高 pH 值、高硬与高碱条件下使用，对水中的氧化铁、磷酸钙、磷酸锌以及碳酸钙的沉积具有优良的抑制作用和较高的钙容忍度，与聚磷酸盐、锌盐、有机磷酸盐等常用水处理剂配伍性能良好。

【质量标准】

项目	指标
外观	无色或微黄色透明液体
游离单体(以丙烯酸计)/%	≤0.8～1.0
固含量/%	≥28.5
pH 值(1%水溶液)	4.0～5.0

【用途】 适用于石化、化工、冶金、电力

等行业的工业循环冷却水处理、油田注水处理、锅炉水处理、浊环集尘水处理作阻垢分散剂。用量因水质与工艺条件不同而异，一般为2～40mg/L。

包装规格：用塑料桶包装，每桶25kg或200kg，或根据用户要求确定。

【制法】 将适量的蒸馏水加入反应釜中，搅拌下升温至65℃，同时滴加过硫酸钠水溶液（5mmol/L）和丙烯酸、丙烯酸酯及苯乙烯磺酸混合水溶液，进行共聚反应，滴加时间为3h。滴加完毕后，继续保温反应0.5h，冷却出料。

【产品安全性】 TH-613三元共聚物为弱酸性，应避免与皮肤、眼睛等接触，不慎接触后用大量清水冲洗。贮于室内阴凉处，贮存期10个月。

【参考生产企业】 大连广汇化学有限公司，辽宁沈阳荣泰化工制剂有限公司，江苏南京化学工业研究设计院。

Fb040 阻垢分散剂 POCA

【英文名】 scale inhibitor and dispersant POCA

【组成】 膦酰基羧酸共聚物。

【物化性质】 密度（20℃）1.10～1.20g/cm³。POCA是在原羧酸基团上引入膦酸基团，对循环冷却水中的碳酸钙、磷酸钙垢有很好的分散性能，并且对硫酸钡和硫酸锶及硅垢的沉积有良好的抑制作用。POCA和其他有机磷酸盐、共聚物复配具有增效作用，且适用水质范围广、化学稳定性好、耐氯氧化性强。

【质量标准】

外观	无色或微黄色透明液体
总磷含量(以 PO_4^{3-} 计)/%	≥0.5～0.8
固含量/%	≥30
pH值(1%水溶液)	2.0～3.0

【用途】 POCA主要用于工业循环冷却水系统、油田回注水系统的阻垢和缓蚀。单独使用时，投加浓度为5～20mg/L，也可与有机磷酸、共聚物、锌盐或BTA等复配使用。

包装规格：用塑料桶包装，每桶25kg或200kg，也可根据用户要求确定。

【制法】 将适量的水加入反应釜中，搅拌下加入计量的磷酸、丙烯酸酯、200mg/L催化剂（铁、铜等金属离子）及少量V50，待固体物料完全溶解后，升至104℃，开始计时，滴加引发剂（H_2O_2）85g/mol和磷化剂溶液，滴加完毕后反应3h，停止加热，冷却至常温，即得产品。

【产品安全性】 无毒，有腐蚀性。一旦溅到身上，应立即用大量水冲洗。POCA贮于室内阴凉处，贮存期10个月。

【参考生产企业】 江苏武进市华东化工厂，湖北武汉南油化工有限公司，黑龙江大庆油田开普化工有限公司。

Fb041 阻垢分散剂 TH-2000

【英文名】 scale inhibitor and dispersant TH-2000

【组成】 改性聚羧酸盐。

【物化性质】 密度（20℃）1.21g/cm³。是一种高效能阻垢分散剂，对水中的磷酸钙垢、碳酸钙垢等成垢盐类和无机矿物质具有良好的分散作用。改性聚羧酸盐TH-2000在以磷酸盐为主的水处理配方中可提供显著的磷酸钙安定作用，在含锌配方中，也可作为高效率锌盐安定剂，并且可高效分散所遇到的无机微粒，可抗拒pH的影响。

【质量标准】

外观	无色或淡黄色黏稠液体
pH值(1%水溶液)	3.8～4.6
固含量/%	≥42.5～43.5

【用途】 TH-2000在全有机水处理配方中是有效分散剂，提供有机磷酸盐的腐蚀

抑制性能。亦可作为矿物质水垢分散剂、膦酸钙安定剂，且与有机磷酸盐一起作为矿物质起始抑制剂使用，一般使用浓度为10～30mg/L。在其他行业作分散剂使用时，根据试验确定用量。

包装规格：用塑料桶包装，用每桶25kg或250kg，或根据用户要求确定。

【制法】 由丙烯酸、丙烯酸酯、磺酸盐三种单体共聚而成。详见TH-613。

【产品安全性】 TH-2000为弱酸性，应避免与皮肤、眼睛等接触，接触后用大量清水冲洗。贮于室内阴凉处，贮存期10个月。

【参考生产企业】 内蒙古科安水处理技术设备有限公司，河南沃特化学清洗有限公司，北京海洁尔水环境科技公司。

Fb042 阻垢分散剂TH-3100

【英文名】 scale inhibitor and dispersant TH-3100

【组成】 羧酸盐-磺酸盐二元共聚物、非离子表面活性剂。

【物化性质】 TH-3100为浅琥珀色液体，密度（20℃）≥1.20g/cm^3。在冷却水处理中有优异的阻垢分散性，对干式氧化铁及水合氧化铁均有良好的抑制作用。在全有机冷却水程序中作分散剂、防垢剂，也可作为磷酸盐或膦酸盐腐蚀抑制剂的安定剂。

【质量标准】

项目	指标
pH值(1%水溶液)	2.0～3.0
固含量/%	≥43.0～44.0

【用途】 TH-3100应用于冷却水和锅炉水阻垢剂，特别适用于加压条件且含有铁、锌和磷酸盐系统。单独使用时，一般使用浓度为10～30mg/L。在其他行业作分散剂使用时，根据试验确定用量。

包装规格：用塑料桶包装，每桶25kg或250kg，或根据用户要求确定。

【制法】 将适量的二甲苯加入反应釜中，搅拌下加入马来酸酐、苯乙烯磺酸，待固体物料完全溶解后，升至110℃左右，开始计时，滴加引发剂过氧化苯甲酰，滴加完毕后反应3h，聚合反应结束。减压蒸出低沸点物，停止加热。冷却至常温加入配比量的非离子表面活性剂，搅匀处理得产品。

【产品安全性】 弱酸性，应避免与皮肤、眼睛等接触，接触后用大量清水冲洗。贮于室内阴凉处，贮存期10个月。

【参考生产企业】 山东泰和水处理剂有限公司，北京普兰达水处理制品有限公司，河南沃特化学清洗有限公司。

Fb043 2-膦酸丁烷-1,2,4-三羧酸

【别名】 PBTCA

【英记名】 phosphonobutane-1,2,4-tricarboxylic acid

【相对分子质量】 270.13

【登记号】 CAS [37971-36-1]

【结构式】

```
     O   CH2—COOH
     ‖   |
HO—P——C—COOH
     |   |
    OH  CH2
         |
        CH2—COOH
```

【物化性质】 PBTCA含磷量低，由于它具有膦酸和羧酸的结构特性，因此具有良好的阻垢和缓蚀性能，优于常用的有机磷酸，特别是在高温下阻垢性能远优于常用的有机磷酸，能提高锌的溶解度，耐氯的氧化性能好，复配协同性好。

【质量标准】 HG/T 3662—2010

项目	指标
外观	无色或淡黄色透明液体
亚磷酸(以PO_3^{3-}计)/%	≤0.8
密度(20℃)/(g/cm^3)	≥1.270
活性组分(以PBTC计)/%	≥50.0
正磷酸(以PO_4^{3-}计)/%	≤0.5
pH值(1%水溶液)	1.5～2.0

【用途】 PBTCA 在高效阻垢缓蚀剂复配中应用最广，是性能最好的产品之一，也是锌盐的优良稳定剂。广泛应用于循环冷却水系统和油田注水系统的缓蚀阻垢，特别适合与锌盐、共聚物复配使用，可用于高温、高硬、高碱及需要高浓缩倍数下运行的场合，PBTCA 在洗涤行业中可作螯合剂及金属清洗剂。

用法：作阻垢分散剂，一般与锌盐、共聚物、有机磷、唑类等其他水处理剂复配使用。如单独使用，投加剂量为 5～15mg/L。

包装规格：用塑料桶包装，每桶 25kg 或 250kg。

【制法】 亚磷酸二甲酯、顺丁烯二酸二甲酯和丙烯酸甲酯在催化剂作用下经三步反应得到 2-膦酸丁烷-1，2，4-三羧酸（PBTCA）。

【产品安全性】 酸性物质，长期接触要穿戴适当的防护服、手套和护目镜或面具，一旦溅到身上，应立即用大量水冲洗，若发生事故或感不适，立即就医（可能的话，出示其标签）。贮存于阴凉通风处，避免阳光直接照射。保质期 12 个月。

【参考生产企业】 内蒙古科安水处理技术设备有限公司，河南沃特化学清洗有限公司，北京海洁尔水环境科技公司。

Fb044 2-羟基膦酰基乙酸

【英文名】 2-hydroxyphosphonocarboxylic Acid

【登记号】 CAS [23783-26-8]

【别名】 膦酰基羟基乙酸，HPAA，正己基膦酸

【相对分子质量】 156.03

【结构式】

```
        OH
        |
  HO—P—CH—COOH
      ‖   |
      O   OH
```

【物化性质】 HPAA 化学稳定性好，不易水解，不易被酸、碱所破坏，使用安全可靠。HPAA 能提高锌的溶解度，具有极强的缓蚀作用，缓蚀性能比 HEDP、EDTMP 高 5～8 倍。

【质量标准】 HG/T 3926—2007

外观	深红棕色液体
亚磷酸(以 PO_3^{3-} 计)/%	≤4.0
密度(20℃)/(g/cm³)	≥1.30
固含量/%	47～50
pH 值(1%水溶液)	1～3

【用途】

① 用作缓蚀剂。HPAA 具有优异的缓蚀性能，尤其适用于低硬度、低碱度、强腐蚀性水质中，显示出极强的缓蚀作用。HPAA 与二价离子有很好的螯合作用，可作为金属离子稳定剂，有效地稳定水中的 Fe^{2+}、Fe^{3+}、Mn^{2+}、Al^{3+} 等离子，减少腐蚀与结垢；HPAA 能显著降低碳酸钙、二氧化硅的沉积，具有较好的阻垢性能，但 HPAA 对硫酸钙垢的阻垢性能稍差。为了避免氧化型杀菌剂对 HPAA 的分解，可采用保护剂，但在间歇式加氯的冷却水系统中受余氯（0.5～1.0mg/L）的影响较小。HPAA 与锌盐复合使用有明显的协同缓蚀作用，推荐浓度一般为 5～30mg/L。加药设备应耐酸性腐蚀。

② HPAA 主要用作金属的阴极缓蚀剂，广泛用于钢铁、石化、电力、医药等行业的循环冷却水系统的缓蚀阻垢，适合用作我国南方低硬度、易腐蚀水质的缓蚀剂，HPAA 与锌盐复配效果更佳。与低相对分子质量的聚合物一起组成的有机缓蚀阻垢剂性能优良。

包装规格：用塑料桶包装，每桶 30kg 或根据用户需要确定。

【制法】 乙醛酸酯与亚磷酸酯加成，以碱金属、碱土金属的氢氧化物为催化剂，加成产物直接水解得 2-羟基膦酰基乙酸。

【产品安全性】 大鼠经口 LD_{50} 2700mg/

kg。有刺激性，长期接触要穿戴适当的防护服、手套和护目镜或面具。一旦溅到身上，应立即用大量水冲洗，若发生事故或感不适，立即就医（可能的话，出示其标签）。贮存于阴凉、通风处，避免阳光直接照射。不可与强碱、亚硝酸盐或亚硫酸盐等物质共贮共运，长期贮存时，由于其中所含杂质可释放出二氧化碳，应定期释放压力。

【参考生产企业】 河北衡水恒生环保制剂有限公司，西安吉利电子化工有限公司，山东烟台福山绿洲化学品有限公司。

Fb045 己二胺四亚甲基膦酸

【别名】 dequet 2051，HDTMPA

【英文名】 hexamethg henediaminetetra (methy lenephosphonic acid)

【登记号】 CAS [23605-74-5]

【相对分子质量】 492.3

【结构式】

$$\begin{matrix} H_2O_3P{-}CH_2 & & CH_2{-}PO_3H_2 \\ & \diagdown N{-}(CH_2)_6{-}N \diagup & \\ & \diagup \qquad\qquad\quad \diagdown & \\ H_2O_3P{-}CH_2 & & CH_2{-}PO_3H_2 \end{matrix}$$

【物化性质】 HDTMPA 常温下为白色结晶性粉末，微溶于水，其溶解度在室温下小于 5%。

【质量标准】

项目	指标
氯化物（以 Cl^- 计）/%	≤0.5
Fe^{3+} /(mg/L)	≤35
活性组分（以 $HDTPMA^-$ 计）/%	≥98.0
pH 值（1%水溶液）	<2.0

【用途】 用于锅炉水处理中，主要用来阻抑硫酸钙和硫酸钡垢。在各种有机膦酸中，其阻硫酸钙垢的性能最好，有效时间长，因此特别适用于油田的挤压处理中。

包装规格：用复合塑编袋包装或符合出口环保要求的包装，HDTMPA 每袋净重 25kg，也可根据用户要求确定。

【制法】 首先把化学计量的己二胺加入反应釜中，加适量的水溶解，搅拌均匀。然后在冷却下滴加甲醛水溶液，反应温度以 40～60℃ 为宜，滴毕后升温至 80℃，滴加三氯化磷。滴毕后升温至 100～120℃ 反应 5h 左右，冷却，用空气吹出残留的氯化氢。减压蒸出低沸点物，浓缩结晶得产品。

【产品安全性】 低毒，水溶液为酸性，具有一定的腐蚀性，使用时应注意防护。贮存于阴凉、干燥处，贮存期 12 个月。

【生产参考企业】 河北廊坊开发区大明化工有限公司，江苏常州清流水处理厂，黑龙江大庆华顺化工有限公司。

Fb046 多氨基多醚基亚甲基膦酸

【英文名】 polyamino polyether methylene phosphonate，PAPEMP

【相对分子质量】 约 600

【结构式】

$$(HO)_2\overset{\overset{O}{\|}}{P}{-}CH_2 \diagdown N{-}\overset{\overset{CH_3}{|}}{HC}{-}CH_2{-}(OCH_2\overset{\overset{CH_3}{|}}{CH})_n \quad (HO)_2\underset{\underset{O}{\|}}{P}{-}CH_2 \diagup$$

$${-}N\begin{matrix}\diagup CH_2{-}\overset{\overset{O}{\|}}{P}(OH)_2 \\ \diagdown CH_2{-}\underset{\underset{O}{\|}}{P}(OH)_2\end{matrix}$$

【物化性质】 PAPEMP 具有很高的螯合分散性能和很高的钙容忍度及优异的阻垢性能，对碳酸钙、磷酸钙、硫酸钙的阻垢性能优异，同时可有效地抑制硅垢的形成，且具有良好的稳定金属离子如锌、锰、铁的作用。

【质量标准】 GB/T 27812—2011

外观	红棕色透明液体
活性组分(以 PAPEMP 计)/%	≥40.0
密度(20℃)/(g/cm³)	≥1.20±0.05
固含量/%	≥45.0
磷酸(以 PO_4^{3-} 计)/%	≤1.0
pH 值(1%水溶液)	2.0±0.5

【用途】 该药剂可作为循环冷却水系统的阻垢缓蚀剂，特别适用于高硬度、高碱度、高 pH 值的循环冷却水系统和油田水处理。亦可用于反渗透系统的膜阻垢剂，多级闪蒸系统等高含盐量、高浊度、高温系统的阻垢和缓蚀（如煤气化系统，高、温高浊水系统的阻垢），纺织印染助剂和造纸助剂（返黄抑制剂），可替代 EDTA、DTPA、NTA 等。正常使用投加量为 5～100mg/L，PAPEMP 与其他药剂不同的是加量越多效果越好，PAPEMP 可与聚羧酸等复配使用。

包装规格：用塑料桶包装，净重 25kg、50kg、200kg，也可根据用户要求确定。

【制法】 首先将化学计量的端氨基聚醚和亚磷酸加入反应釜中，加入适量的催化剂盐水和水，在搅拌下加热至回流，然后滴加甲醛［n(甲醛)∶n（端氨基聚醚)＝5∶1］。甲醛滴加完后再于 105℃反应 3.5h，减压蒸出低沸点物，经后处理得产品。

【产品安全性】 低毒，水溶液为酸性，具有一定的腐蚀性，使用时应注意防护。应避免与皮肤、眼睛等接触，接触后用大量清水冲洗。贮存于阴凉、干燥处，贮存期 10 个月。

【参考生产企业】 北京普兰达水处理制品有限公司，上海同纳环保科技有限公司，上海维思化学有限公司，河南沃特化学清洗有限公司，北京海洁尔水环境科技公司。

Fb047 六聚偏磷酸钠

【别名】 磷酸钠玻璃、六偏磷酸钠

【英文名】 sodium henamephosphate

【分子式】 $(NaPO_3)_n$ $n=6$

【登记号】 CAS［10124-56-8］

【物化性质】 透明玻璃片状或白色粉状晶体，吸湿性较强，吸湿后变黏，在空气中易潮解，易溶于水，在水中溶解度较大，但溶解速度较慢；水溶液呈酸性反应，易水解成亚磷酸盐。对某些金属离子（钙、镁离子）有生成可溶性络合物的能力，故可用来软化水，与铅盐、银盐、钡盐等也可生成络合物。

【质量标准】 HG/T 2519—2007

型号	一等品	合格品
总磷酸盐(以 P_2O_5 计)含量/% ≥	68.0	68.0
非活性磷酸盐(以 P_2O_5 计)含量/% ≤	7.5	10.0
水不溶物含量/% ≤	0.04	0.10
铁(Fe)含量/% ≤	0.03	0.10
pH 值(10g/L)	5.8～7.0	

【用途】 用作发电站、机车车辆、锅炉及化肥厂冷却水处理的高效软水剂、洗涤剂的助剂，控制或防腐蚀的药剂，水泥硬化促进剂、链霉素提纯剂，纤维工业、漂染工业的清洗剂。选矿工业上用作浮选剂，医药上用作镇静剂。在石油工业中，用于钻探管的防锈和控制石油钻进时调节泥浆的黏度。在织物印染、革、造纸、彩色影片、土壤分析、放射化学、分析化学等部门也有一定用途。

包装规格：用内衬聚乙烯薄膜的双层袋作内包装，外包装为编织袋，每袋净重 25kg，内袋扎口，外袋应牢固缝合。

【制法】 由二水磷酸二氢钠加热至 110～230℃分别脱去两个结晶水和结构水，再进一步加热至 620℃脱水，生成偏磷酸钠熔融物，并聚合成六偏磷酸钠。

【产品安全性】 无毒、无刺激。贮存在

干燥、通风的库房内，并需下垫垫层，防止受潮。不得受潮且包装不受污损，禁止与有害、有毒物质及其他污染物混贮、混运。运输过程中应防止雨淋。

【参考生产企业】 贵州开磷磷业有限责任公司，佛山市瑞达化工有限公司，上海沪峰化工有限公司。

Fb048 二亚乙基三胺五亚甲基膦酸七钠

【别名】 二乙烯三胺五甲叉膦酸七钠；DTPMPONa7

【英文名】 diethylene triamine penta（methylene phosphonic acid）pentasodium salt

【分子式】 $C_9H_{28}N_3Na_7O_{15}P_5$

【相对分子质量】 734.1231

【登记号】 CAS［68155-78-2］

【物化性质】 棕红色液体，密度（20℃）1.34～1.44 g/cm^3，在冷却水处理中有优异的阻垢分散性。

【质量标准】 HG/T 4330—2012

项目	指标
总磷酸(以 PO_4^{3-} 计)含量/%	25.9～27.9
铁(Fe)含量/%	≤0.03
活性物含量/%	≥40.0
氯化物含量/%	≤5.0
pH 值(原液)	6.0～8.0

【用途】 在水处理中用作循环冷却水和锅炉水的阻垢缓蚀剂。亦可用作过氧化物稳定剂、纺织印染用螯合剂、颜料的分散剂、化肥中微量元素携带剂、混凝土添加剂。

包装规格：用塑料桶包装，每桶 30kg。

【制法】 由无水二亚乙基三胺、甲醛、三氯化磷反应得二亚乙基三胺五亚甲基膦酸，中和得产品。反应式如下：

$$H_2NCH_2CH_2NHCH_2CH_2NH_2 \xrightarrow{HCHO} (HOCH_2)_2NCH_2CH_2N(CH_2OH)CH_2CH_2N(CH_2OH)_2$$

$$\xrightarrow[(2)\ NaOH]{(1)\ H_3PO_4} [(NaO)_3POCH_2]_2NCH_2CH_2N(CH_2OP(OH)_2ONa)CH_2CH_2N[CH_2OP(ONa)_3]_2$$

【产品安全性】 是一种中性产品无毒。操作时注意劳动保护，应避免与皮肤、眼睛等接触，接触后用大量清水冲洗。贮存在干燥、通风、阴凉的库房内，贮存期 10 个月。禁止与有害、有毒物质及其他污染物混贮、混运。运输过程中应防止雨淋。

【参考生产企业】 湖北巨胜科技有限公司，上海乾劲化工科技有限公司，山东枣庄市和泰水处理有限公司。

Fc 缓蚀剂

缓蚀剂是添加到腐蚀介质中能抑制或降低金属腐蚀过程的一类化学物质。缓蚀剂通常用于冷却水处理、化学研磨、电解、电镀、酸洗等行业。缓蚀剂的种类很多，按成膜机理可分为钝化膜型、沉淀膜型、吸附膜型。钝化膜型缓蚀剂包括铬盐型（因有毒已被禁用或限制使用）、钼酸盐、钨酸盐。沉淀膜型缓蚀剂包括磷酸盐、锌盐、苯并噻唑、三氮唑等。吸附膜型缓蚀剂包括有机胺、硫醇类、木质素类、葡萄糖酸盐等。在世界水处理技术中缓蚀剂品种发展最快的是聚合物化学，主要产品是马来酸和膦羧酸型及羟膦乙酸缓蚀剂。

近年来缓蚀剂的需求呈上升趋势。国内常用的缓蚀剂有铬盐、锌盐、磷酸盐，随着环保要求的提高，现在大量使用有机磷酸盐、有机磷酸酯等，并开始使用钼酸盐、钨酸盐。

Fc001 六偏磷酸钠

【别名】 多磷酸钠

【英文名】 sodium hexametaphosphate

【登记号】 CAS [50813-16-6]

【相对分子质量】 611.77

【结构式】 $(NaPO_3)_6$

【物化性质】 透明玻璃片粉末或白色粒状晶体，熔点 640℃，相对密度（20℃）2.484。在空气中易潮解，易溶于水。

【质量标准】

指标名称		优级品	一级品	合格品
总磷酸盐(以 P_2O_5 计)/%	≥	68.0	66.0	65.0
非活性磷酸盐(以 P_2O_5 计)/%	≤	7.5	8.0	10.0
铁(Fe)/%	≤	0.05	0.10	0.20
水不溶物/%	<	0.06	0.10	0.15
pH 值(1%水溶液)		5.8～7.3	5.8～7.3	5.8～7.3
溶解性		合格	合格	合格

【用途】 用作发电站、机车车辆、锅炉及化肥厂冷却水处理的高效软水剂，对 Ca^{2+} 络合能力强，每 100g 能络合 19.5g 钙，而且 SHMP 的螯合作用和吸附分散作用破坏了磷酸钙等晶体的正常生长过程，阻止了磷酸钙垢的形成。用量 0.5mg/L，防止结垢率达 95%～100%。

包装规格：用内衬塑料袋的编织袋包装，净重 25kg 或根据用户需要确定。

【制法】

（1）磷酸二氢钠法　将磷酸二氢钠加入聚合釜中，加热到 700℃ 脱水 15～30min。然后用冷水骤冷，加工成型即得。反应式如下：

$$NaH_2PO_4 \xrightarrow{\triangle} NaPO_3 + H_2O$$

$$6NaPO_3 \xrightarrow{\text{聚合}} (NaPO_3)_6$$

（2）磷酸酐法　黄磷经熔融槽加热熔

化后，流入燃烧炉，磷氧化后经沉淀室冷却，取出磷酐（P_2O_5）。将磷酐与纯碱按1∶0.8（摩尔比）配比，在搅拌器中混合后进入石墨坩埚，于750～800℃下间接加热，脱水聚合后，得六偏磷酸钠的熔融体。将其放入冷却盘中骤冷，即得透明玻璃状六偏磷酸钠。反应式如下：

$$P_2 \xrightarrow{O_2} P_2O_5 \xrightarrow{Na_2CO_3} NaPO_3 + CO_2\uparrow$$

$$6NaPO_3 \xrightarrow{\text{聚合}} (NaPO_3)_6$$

【产品安全性】 有微刺激性，应避免与眼睛、皮肤接触，一旦溅到身上，应立即用大量水冲。贮于室内阴凉处，贮存期为10个月。

【参考生产单位】 辽宁鞍钢给排水公司，山东腾州净水剂厂，北京海洁尔水环境科技公司，内蒙古科安水处理技术设备有限公司，河南沃特化学清洗有限公司。

Fc002 WP缓蚀剂

【英文名】 corrosion inhibitor WP

【主要成分】 钨磷酸盐、聚合物。

【物化性质】 微黄色澄清液，相对密度（20℃）1.35～1.37。有黏稠感，偏碱性，无臭，无毒，易溶于水。

【质量标准】

固含量/%	≥70
pH值	9～10

【用途】 在化工、医药、冶金、轻工、食品纺织等行业的循环冷却水系统中作缓蚀阻垢剂，特别适用于偏碱性的循环水系统。缓蚀率达90%以上。污垢热阻0.6×10^{-6} W/($m^2\cdot K$)。参考用量：2000×10^{-6}。

包装规格：用塑料桶包装，25kg/桶或根据客户要求包装。

【制法】 由钨酸盐、聚羧酸盐、一元羧酸按一定比例复合而成。

【产品安全性】 非危险品，操作时注意劳动保护，应避免与皮肤、眼睛等接触，接触后用大量清水冲洗。贮存在干燥、通风、阴凉的库房内，避免直接曝露在阳光下，避免冷冻，贮存期10个月。禁止与有害、有毒物质及其他污染物混贮、混运。运输过程中应防止雨淋。

【参考生产企业】 江苏吴江玻璃钢厂。

Fc003 NJ-304缓蚀剂

【英文名】 corrosion inhibitor NJ-304

【组成】 六偏磷酸钠和硫酸锌。

【物化性质】 白色粉末，相对密度（10%水溶液）1.3，在水中的溶解度比聚磷酸盐大。与水中的两价金属离子螯合，能在金属表面形成致密的保护膜，为阳极型异型高效缓蚀剂。

【质量标准】

总磷含量/%	≥40
溶解度/%	24
易溶物含量/%	7
pH值(10%水溶液)	2.6～3.2

【用途】 在各种循环冷水中作预膜剂或缓蚀剂。

包装规格：用内衬塑料袋的木桶包装，30kg/桶或根据客户要求包装。

【制法】 将六偏磷酸钠和硫酸锌以9∶1（质量比）的比例依次加入混合器内，搅拌均匀即可。

【产品安全性】 非危险品，操作时注意劳动保护，应避免与皮肤、眼睛等接触，接触后用大量清水冲洗。贮存在干燥、通风、阴凉的库房内，避免直接曝露在阳光下，避免冷冻，贮存期10个月。禁止与有害、有毒物质及其他污染物混贮、混运。运输过程中应防止雨淋。

【参考生产企业】 南京树脂厂等。

Fc004 PTX-4缓蚀剂

【英文名】 corrosion inhibitor PTX-4

【组成】 烷基苯聚氧乙烯醚磷酸酯。

【物化性质】 橙黄色油状黏稠液体，对铜、铝等有缓蚀性。正常条件下对碳钢腐蚀率 $<50.8\times10^{-6}$ m/a，对铜腐蚀率 $<50.8\times10^{-6}$ m/a。

【质量标准】

pH 值	6.0～8.0
固含量/%	≥20

【用途】 在化工、石油、冶金、车船内燃机等密封式循环冷却水系统中作缓蚀剂，一般使用浓度为 3.5×10^{-6}，参考用量 2000×10^{-6}。

包装规格：用塑料桶包装，25kg/桶，或根据客户要求包装。

【制法】 将聚氧乙烯烷基苯基醚加入反应釜中，于 40℃左右加入 0.2%～0.3%的亚磷酸（配成 50%的溶液），然后滴加 P_2O_5（每分钟加 1kg，滴加 1.5h 左右）。滴毕后，升温至 80～90℃，搅拌 4h。酯化结束后，用 NaOH 水溶液调 pH 值至 6.0～8.0。如果产品颜色深，可加双氧水脱色。反应式如下：

$$R-C_6H_4-O\!\left(CH_2CH_2O\right)_m H \xrightarrow{P_2O_5} R-C_6H_4-O\!\left(CH_2CH_2O\right)_m P(=O)-(OH)_2$$

【产品安全性】 非危险品，贮存在阴凉、通风处，避免直接曝露在阳光下，避免冷冻。

【参考生产企业】 大连力佳化学制品公司，上海仙河水处理有限公司，北京新大禹精细化学品公司，山东滨州嘉源环保有限公司。

Fc005 PTX-CS 缓蚀剂

【英文名】 corrosion inhibitor PTX-CS

【主要成分】 烷基苯聚氧乙烯醚磷酸酯、锌盐。

【物化性质】 橙黄或淡黄色液体，相对密度（20℃）0.980～1.101。易溶于水，对不锈钢、铜、铝等金属具有良好的缓蚀性能。对磷钢的腐蚀速率≤2mm/a。

【质量标准】

固含量/%	≥20
无机磷酸盐(以 PO_4^{3-} 计)/%	≤0.30
有机磷酸盐(以 PO_4^{3-} 计)/%	≥1.40
pH 值	7.0～8.0

【用途】 在化工、石油、冶金、车船内燃机等密封式循环冷却水系统中作缓蚀剂。一般使用含量 3.5×10^{-4}，参考用量 2000×10^{-6}。

包装规格：用塑料桶包装，25kg/桶，或根据客户要求包装。

【制法】 由烷基苯聚氧乙烯醚磷酸盐、锌盐、铜缓蚀剂按一定比例混配而成。

【产品安全性】 非危险品，操作时注意劳动保护，应避免与皮肤、眼睛等接触，接触后用大量清水冲洗。贮存在干燥、通风、阴凉的库房内，避免直接曝露在阳光下，避免冷冻，贮存期 10 个月。禁止与有害、有毒物质及其他污染物混贮、混运。运输过程中应防止雨淋。

【参考生产企业】 广州广宁环保化工厂，河北沧州恒利化工厂，江苏常州市全球化工有限公司，广东广州市金康源经贸有限公司，南京市化工研究设计院等。

Fc006 WT-305-2 缓蚀剂

【英文名】 corrosion inhibitor WT-305-2

【组成】 唑类化合物（例如苯并三氮唑）。

【物化性质】 熔点 90～95℃，水溶液呈酸性。

【质量标准】

外观	微黄色针状结晶
pH 值(1%水溶液)	4.0～5.0

【用途】 用于循环水系统可获得较好的缓蚀阻垢效果。腐蚀抑制率达 96%左右，亦适用于全铜、铝及其合金设备的单台设备清洗。

包装规格：用塑料桶包装，25kg/桶。

【制法】 由聚丙烯酸（相对分子质量 2000）、磺化聚苯乙烯、苯并三氮唑按一定比例依次加入聚合釜，在特定条件下聚合而成。

【产品安全性】 有刺激性，长期接触要穿戴适当的防护服、手套和护目镜或面具。一旦溅到身上，应立即用大量水冲洗，若发生事故或感不适，立即就医（可能的话，出示其标签）。贮存于阴凉、干燥、通风处，有效期12个月。

【参考生产企业】 湖北仙桃市水质稳定剂厂，蓝星化学清洗总公司等。

Fc007 4502缓蚀剂

【英文名】 corrosion inhibitor 4502

【组成】 氯化烷基吡啶铵盐。

【物化性质】 黑色液体至黑色黏稠膏状物，溶于水和低碳醇，水溶液呈微酸性。能在金属表面形成定向排列的分子膜，有氨臭味。

【质量标准】

含量/%	30～50

【用途】 用于冷却水循环系统作缓蚀剂。与ATMP复配后，用于设备酸洗的缓蚀剂，用量为酸液的0.3%～0.4%。亦可作油田油井的酸化液，参考用量2000×10^{-6}。

包装规格：用塑料桶包装，25kg/桶，或根据客户要求包装。

【制法】 由氯化烷基吡啶铵盐与乙醇按2∶8（质量比）混配而成。

【产品安全性】 有刺激性，长期接触要穿戴适当的防护服、手套和护目镜或面具。一旦溅到身上，应立即用大量水冲洗，若发生事故或感不适，立即就医（可能的话，出示其标签）。贮存在阴凉、通风处，避免直接曝露在阳光下，避免冷冻。

【参考生产企业】 江苏武进精细化工厂等。

Fc008 缓蚀剂581

【别名】 咪唑啉系化合物

【英文名】 corrosion inhibitor 581

【结构式】

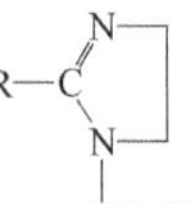

【物化性质】 深褐色煤油溶液，相对密度（20℃）0.8810。具有抗乳化、去垢、防氢脆功能，具有良好的耐热稳定性，遇热不分解。吸附在金属表面上，呈严密、均匀保护膜，具有优异的缓蚀效果。

【质量标准】

黏度(20℃)/Pa·s	180～240
pH值	8～9
缓蚀率	合格

【用途】 适用于油田注水和输送、炼油厂炼制、设备酸洗、电镀工艺、机加工防腐和防锈保护。在乙烯裂解中作循环水的缓蚀剂，参考用量2000×10^{-6}。

包装规格：用塑料桶包装，25kg/桶，或根据客户要求包装。

【制法】 将环烷酸、二乙烯三胺以1∶1.7的摩尔比投入反应釜，经酰化后在真空下脱水，温度控制在100～180℃，反应时间6h左右。脱水合环后得咪唑啉化合物，冷却至40～50℃，用煤油稀释得产品。

【产品安全性】 可燃，注意防火，工作车间和库房应备有灭火器和防火沙。在阴凉、通风处贮存，谨防曝晒。允许堆放高度不超过三层，贮存期10个月。

【参考生产企业】 石家庄博纳科技有限公司，秦皇岛胜利化工有限公司，广州洁派化工科技有限公司。

Fc009 硝酸酸洗缓蚀剂LAN-5

【英文名】 nitric acid Pickling inhibitor LAN-5

【组成】 苯胺、乌洛托品、硫氰化钾。

【物化性质】 由A、B两组分组成，A为

白色结晶粉末，B为棕色透明液体。

【质量标准】

总固物/%	≥20
pH值	8.0～9.0

【用途】 在金属管道、设备的水垢清洗中作添加剂，用量2000×10^{-6}。

包装规格：用塑料桶包装，25kg/桶，或根据客户要求包装。

【制法】 由苯胺、乌洛托品、硫氰化钾、分散剂按一定比例混配而成。

【产品安全性】 有刺激性，长期接触要穿戴适当的防护服、手套和护目镜或面具。一旦溅到身上，应立即用大量水冲洗，若发生事故或感不适，立即就医（可能的话，出示其标签）。贮存在阴凉、通风处，避免直接曝露在阳光下，避免冷冻。

【参考生产企业】 广州广宁环保化工厂，河北沧州恒利化工厂，江苏常州市全球化工有限公司，广东广州市金康源经贸有限公司。

Fc010 PBTCA类缓蚀剂

【英文名】 corrosion inhibitor PBTCA-type

有四种配方，介绍如下。

配方1

【组成】 2-膦酰基-1,2,4-三羧酸丁烷（PBTCA）。

【物化性质】 黄色黏稠液，含磷量低。能以高浓缩倍数使用，耐高温，适应的pH值范围宽。

【质量标准】

总有效物/%	≥20
pH值	7.5～8.5

【用途】 用于循环水处理作缓蚀阻垢剂，使用含量100mg/L，参考用量2000×10^{-6}。

包装规格：用塑料桶包装，25kg/桶，或根据客户要求包装。

【制法】 将4份2-膦酰基-1,2,4-三羧酸丁烷加入反应釜中，加水搅拌溶解，再加入10份季铵盐（含量50%）和10份3-异噻唑，搅拌均匀即可。

配方2

【组成】 PBTCA。

【物化性质】 黄色黏稠液，具有良好的缓蚀阻垢作用。在磷酸钙含量135mg/L、氯离子含量48mg/L的水中碳钢挂片实验（水温80℃，实验7d），缓蚀率97.5%，阻垢率98.5%。

【制法】 将PBTCA 20份加入反应釜中，加水搅拌溶解后，再加入30份异丁烯-马来酸共聚物、15份巯基苯并噻唑、35份硫酸锌（配成水溶液），搅拌即可。

【用途】 用冷却水循环系统缓蚀阻垢剂，参考用量2000×10^{-6}。

包装规格：用塑料桶包装，净重25kg。

配方3

【组成】 PBTCA。

【物化性质】 黄色黏稠液，高效阻垢缓蚀剂，适用性强。

【制法】 将7份PBTCA加入反应釜中，加水溶解，再加入36份聚磷酸、2份水解聚马来酸酐、0.5份苯并三氮唑、37.5份氢氧化钠（20%水溶液），搅匀即可。

【用途】 用作循环水冷却系统的阻垢缓蚀剂，用量10～40mg/L。

配方4

【制法】 将50份磷酸胍、30份PBTCA、15份七水硫酸锌、5份聚丙烯酰胺加入混配器中混匀即可。

【用途】 用作冷却水循环系统的阻垢缓蚀剂，适用于低浓缩和高浓缩的淡水和海水。在pH值为8、全硬度为415mg/L、浓缩倍数为10的水中，用量40mg/L，具有明显的阻垢效果。

【产品安全性】 有刺激性，长期接触要穿戴适当的防护服、手套和护目镜或面具。一旦溅到身上，应立即用大量水冲洗，若发生事故或感不适，立即就医（可能的话，出示其标签）。贮存在阴凉、通风处，避免直接曝露在阳光下，避免冷冻。

【参考生产企业】 辽宁大连三达奥克化学品有限公司，武进市三河口益民化工厂，江苏无锡美华化工有限公司。

Fc011 2-巯基苯并噻唑

【别名】 促进剂 M，2-硫醇基苯并噻唑

【英文名】 2-mercaptobenzo thiazole

【登录号】 CAS [149-30-4]

【相对分子质量】 167.24

【结构式】

【物化性质】 淡黄色粉末，有微臭和苦味，熔点 178～180℃，堆积密度 1.42g/cm^3。溶于丙醇、乙醇、氯仿、氨水、氢氧化钠和碳酸钠等碱性溶液，微溶于苯，不溶于水和汽油，对铜有缓蚀作用。

【质量标准】

水分/%	≤0.5
含量/%	≥95
灰分/%	≤0.3

【用途】 是铜或铜合金的有效缓蚀剂之一，凡冷却系统中含有铜设备和原水中含一定量的铜离子时，可加入本品，以防铜的腐蚀。

包装规格：用内衬塑料袋的编织袋包装，25kg/袋，或根据用户要求包装。

【制法】 将苯胺、二硫化碳、硫黄依次加入缩合釜中，其投料比为（摩尔比）1∶0.96∶0.36，在 8.1MPa 下加热至 260℃左右，2h 后缩合反应结束，得 2-巯基苯并噻唑粗品。冷却降温，将其转移到中和釜中，加 7～8°Be′的碱液中和，过滤，弃除杂质，滤液转入酸化釜内，加 10°Be′的硫酸酸化至 pH 6～7。过滤，滤饼用水洗两次，干燥，粉碎，过筛包装得成品。反应式如下：

$$-NH_2 + CS_2 + S \longrightarrow \text{本品}$$

【产品安全性】 皮肤接触可能引起过敏，注意保护眼睛和皮肤，溅到脸上用水冲洗。要求在室内阴凉、通风处贮藏，防潮、严防曝晒，贮存期 10 个月。

【参考生产企业】 辽宁大连三达奥克化学品有限公司，江苏无锡美华化工有限公司，江苏武进市三河口益民化工厂。

Fc012 苯并三唑

【英文名】 benzotriazole

【登记号】 CAS [95-14-7]

【结构式】

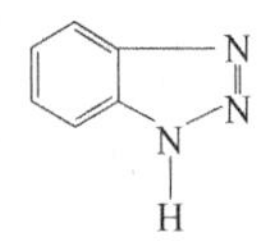

【相对分子质量】 119.13

【物化性质】 无色针状结晶，熔点 100℃，98～100℃升华，沸点 210～204℃（2.0kPa）。微溶于冷水、乙醇、乙醚，在空气中氧化逐渐变红。

【质量标准】

含量/%	≥96
灰分/%	≤1
水分/%	>0.5
堆积密度/(g/cm^3)	350～500

【用途】 广泛用于铜、银质设备的缓蚀、防锈。亦可用于照相防灰，防雾剂、气相防锈剂的制备。

包装规格：用塑料桶包装，每桶净重 200kg。

【制法】 在反应釜中预先加入一定量的水，加热至 50℃。然后加入计量的邻苯二胺、冰醋酸，搅拌溶解后冷却至 0℃，滴加配比量的亚硝酸钠。滴毕后逐渐升温至 73℃，反应 2h。静置过夜，过滤，滤饼水洗两次，干燥、粉碎、过筛得成品。反应式如下：

$$\text{邻苯二胺}\ (C_6H_4(NH_2)_2) \xrightarrow[CH_3COOH]{NaNO_2} C_6H_4(N{=}NOCOCH_3)(NH_2) \xrightarrow{\triangle} \text{本品}$$

【产品安全性】 避免与眼睛、皮肤和衣服接触，否则用大量的清水冲洗。贮存于阴凉、干燥、通风处，有效期12个月。

【参考生产企业】 陕西日新石油化工有限公司，秦皇岛胜利化工有限公司，东营市科凌化工有限公司。

Fc013 CT2-7缓蚀剂

【英文名】 corrision Inhibitor CT2-7

【组成】 有机胺盐。

【物化性质】 棕红色透明液体，相对密度(20℃) 0.98～1.00。在水中呈均匀透明状，具有良好的缓蚀效果，在水中腐蚀速率<0.076mm/a，基本无局部腐蚀。

【质量标准】

项目	指标
pH值	10～11
有效物质含量/%	20～30

【用途】 用于油田注水及其他工业水中，防止金属设备及管道的腐蚀。

包装规格：用塑料桶包装，净重25kg，或根据用户需要确定包装。

【制法】 将脂肪酸与多乙烯系胺按一定比例投入反应釜中，在70～80℃下中和2h。再加入适量的异丙醇和非离子表面活性剂水溶液，搅匀即可。

【产品安全性】 对皮肤有刺激作用，避免与眼睛、皮肤和衣服接触，否则用大量的清水冲洗干净。密封贮存于通风、干燥的库房中，室温保质期6个月。运输中应防止日晒、雨淋。

【参考生产企业】 江苏常州胜利化工厂，湖南湘潭精细化工厂。

Fc014 HS-13缓蚀剂

【英文名】 corrosion inhibitor HS-13

【组成】 油酰肌氨酸盐复配物。

【物化性质】 浅黄色液体，相对密度0.97±0.02，下层有少量絮状物。

【质量标准】

项目	指标
有机胺含量/%	≥25
pH值	7.0～8.0

【用途】 主要用于工业水处理，作缓蚀剂。使用时先摇匀，然后稀释成1%～2%的水溶液。

包装规格：用塑料桶包装，每桶净重200kg。

【制法】

(1) 油酰肌酸盐的制备　将550kg油酰氯、196kg肌氨酸依次加入反应釜中，在搅拌下加入NaOH水溶液作催化剂，在50～55℃下反应4h。然后加一定量的盐酸，得油酰肌氨酸盐酸盐。

(2) 复配　将上述制得的油酰肌氨酸盐加乙醇，搅拌溶解即得产品。

【产品安全性】 避免与眼睛、皮肤和衣服接触，否则用大量的清水冲洗。贮存于阴凉、干燥、通风处，有效期12个月。

【参考生产企业】 整楪新材料科技（上海）有限公司，江苏常州胜利化工厂等。

Fc015 SH-1缓蚀剂

【英文名】 corrsion inhibitor SH-1

【组成】 聚磷酸盐、锌盐及其他。

【物化性质】 白色粉末，相对密度(40%水溶液) 1.2～1.4，为阴极型缓蚀剂。

【质量标准】

项目	指标
总锌含量/%	9.0～10.0
pH值(1%水溶液)	2.2～2.8

【用途】 锌盐与聚磷酸盐复配，可在金属表面上快速成膜，从而抑制初期的高速度腐蚀，快速成膜加上聚磷酸盐缓蚀膜的耐久性，可收到复合增效的作用，适用于各种循环冷水系统作缓蚀剂，还可作清洗剂。

包装规格：用编织袋包装，每袋净重25kg。

【制法】 往聚磷酸盐中加入10%～20%的锌盐混匀即可。

【产品安全性】 避免与眼睛、皮肤和衣服接触，否则用大量的清水冲洗。贮存于阴凉、干燥、通风的库房中，运输中应防止日晒、雨淋。有效期12个月。

【参考生产企业】 广州市佳信行化工科技有限公司，常熟市水处理助剂厂等。

Fc016 DCI-01复合阻垢缓蚀剂

【英文名】 complex formulation of corrsion and scale control DCI-01

【组成】 三元醇磷酸酯、锌盐。

【物化性质】 褐色液体，相对密度（20℃）1.30～1.40，黏度（20℃）（15.0±2.5）Pa·s。

【质量标准】

项目	指标
有机磷酸盐/%	9.0
氯化锌/%	20.5±1
无机磷酸盐/%	3.5
pH值(1%水溶液)	2.0±0.5

【用途】 具有良好的阻垢、缓蚀、分散作用，作为阻垢缓蚀剂适于水质离子浓度范围宽、浓度高（Ca^{2+}≤400mg/L，Cl^{-}≤710mg/L）的炼油、冶金、石油、纺织、发电、空调等工业部门的敞开循环冷却水系统，一般使用量为35×10^{-6}～45×10^{-6}。

包装规格：用塑料桶包装，20kg/桶。

【制法】 将三元醇磷酸酯、氯化锌、磺化木质素按一定比例混配而成。

【产品安全性】 化学生物降解达98%以上，无毒、无刺激，是利于环保的表面活性剂新品种。贮存于通风、干燥的库房中，室温保质期6个月。运输中应防止日晒、雨淋。

【参考生产企业】 南京市化工设计研究院。

Fc017 NS系列缓蚀阻垢剂

【别名】 NS-105，NS-106，NS-107，NS-108，NS-109，NS-110，NS-111，NS-112，NS-113，NS-114，NS-115

【英文名】 NS series corrision and scale inhibitors

【组成】 羟基亚乙基二膦酸、聚马来酸酐、聚丙烯酸钠。

【物化性质】 黄色或棕色液体，相对密度（20℃）1.10～1.20。

【质量标准】

项目	指标
黏度(25℃)/Pa·s	≥3
pH值(1%水溶液)	≤3

【用途】 用于开路或闭路冷却循环水处理，可有效防止换热设备的腐蚀或结垢，一般用量为20～60mg/L。

包装规格：用塑料桶包装，每桶净重200kg。

【制法】 将聚马来酸酐投入反应釜中，加水溶解，再加入计量的羟基亚乙基二膦酸，搅拌均匀后加入聚丙烯酸钠和NS-A，最后用异丙醇调制成溶液。

【产品安全性】 非危险品，避免与眼睛、皮肤和衣服接触，否则用大量的清水冲洗。含有机溶剂，注意防火。贮存于阴凉、干燥、通风处，有效期12个月。

【参考生产企业】 南京市化工研究设计院水处理工业公司水处理剂厂。

Fc018 缓蚀剂XDH-911

【组成】 咪唑啉类。

【物化性质】 相对密度（20℃）1.10～1.20，具有优异的缓蚀性能，该品吸附在金属表面上，呈严密、均匀的胶束保护膜，为咪唑啉类金属缓蚀剂代表品种。有良好的耐热稳定性，遇热不分解。具有良好的水溶性，在水中不分层、不沉淀。

【质量标准】

项目	指标
外观	棕红色黏稠液
pH值	6.0～8.0
含量/%	35
黏度(25℃)/Pa·s	≥3

【用途】 在工业循环水中作缓蚀剂。

包装规格：用塑料桶包装，净重 25kg。

【制法】 由咪唑啉和助剂按比例复配。

【产品安全性】 非危险品，避免与眼睛、皮肤和衣服接触，否则用大量的清水冲洗。贮存于阴凉、干燥、通风处，有效期 12 个月。

【参考生产企业】 南京市化工研究设计院水处理工业公司水处理剂厂。

Fc019 分散性缓蚀剂 JN-1

【英文名】 dispersive antiscale corrosion inhibitors JN-1

【组成】 多元醇磷酸酯、木质素磺酸钠、锌盐。

【物化性质】 深棕色液体，具有氨的刺激性气味，相对密度（20℃）1.30～1.40，黏度（25℃）$14\times10^{-3}\sim23\times10^{-3}$Pa·s。

【质量标准】

项目	指标
静态阻垢率/%	≥500
锌盐含量/%	10.0～10.2
有机磷含量/%	10.0±0.2
活性组分含量/%	≥80
pH 值(1%水溶液)	2.0～3.0

【用途】 在炼油厂、石油化工厂、钢铁厂等循环冷水中作缓蚀阻垢剂。能在金属表面形成一层均匀的保护膜，从而防止换热器腐蚀，能分散氧化铁和污泥。正常使用量为 30～150mg/L，高到 100mg/L 时可代替预膜剂。

包装规格：用塑桶包装，每桶净重 25kg。

【制法】 将多元醇磷酸盐、木质素碳酸盐按一定比例加到复配器中，加溶剂溶解后再加入锌盐水溶液，搅拌均匀即可。

【产品安全性】 避免与眼睛、皮肤和衣服接触，否则用大量的清水冲洗。贮存于阴凉、干燥、通风处，有效期 12 个月。

【参考生产企业】 南京化工学院武进水质稳定剂厂等。

Fc020 W-331 新型阻垢缓蚀剂

【英文名】 new scale corrosion inhibitor W-331。

【组成】 多元聚羧酸。

【物化性质】 淡黄色透明液体，相对密度（20℃）为 1.10～1.20，凝固点－3.5℃。

【质量标准】

项目	指标
固含量/%	≥22
苯并三氮唑含量/%	≥0.45
总磷酸盐含量/%	6.4～7.8
极限黏度(30℃)/Pa·s	0.06～0.09
亚磷酸含量/%	≤0.7
阻碳钙垢含量/%	>90
磷酸含量/%	≤0.142
年腐蚀率/mil[1]	< 2.0

【用途】 在碱性条件下有良好的缓蚀性能和阻垢性能，是多功能复合水稳定剂，不含重金属离子，含磷量低，无环境污染物，与其他水处理药剂相容性好，适用于各种工业水处理。适宜的 pH 值 7.5～9.3，Ca^{2+} 浓度 60～240mg/L，Cl^- 和 SO_4^{2-} 含量总和 1000mg/L 以下，SiO_2 含量 130mg/L 以下，浊度 20 度以下，停留时间 300h 以内，正常使用含量 40～60mg/L。

包装规格：用塑料桶包装，每桶净重 200kg。

【制法】 将聚磷酸盐、膦酸盐、苯并三氮唑按一定比例加入混合器，加入 NaOH 水溶液将 pH 值调至 3.5～4.5。

【产品安全性】 非危险品，避免与眼睛、皮肤和衣服接触，否则用大量的清水冲洗。贮存于阴凉、干燥、通风处，有效期 12 个月。

[1] 1mil＝25.4×10^{-6}m。

【参考生产企业】 天津市化工研究院等。

Fc021 NJ-213缓蚀阻垢剂

【英文名】 corrosion and scale inhibitor NJ-213

【组成】 聚羧酸、有机磷化合物。

【物化性质】 淡黄色液体，相对密度(20℃)≥1.10，凝固点−3.5℃。

【质量标准】

固含量/%	≥25
总磷量(以 PO_4^{3-} 计)/%	7.1±0.7
pH值	2～4

【用途】 在工业水处理中作缓蚀阻垢剂，能有效阻止循环水中磷酸钙等难溶盐在换热设备及管道中析出。无重金属，可减少对环境的污染。一般用量40～100mg/L即有明显的缓蚀阻垢效果。

包装规格：用塑料桶包装，净重25kg。

【制法】 将聚磷酸盐和聚羧酸盐按比例加入反应釜中，加水溶解即可。

【产品安全性】 非危险品，避免与眼睛、皮肤和衣服接触，否则用大量的清水冲洗。贮存于阴凉、干燥、通风处，有效期12个月。

【参考生产企业】 南京树脂厂等。

Fc022 HW-钨系阻垢缓蚀剂

【英文名】 scale and corrosion inhibitor HW

【组成】 钨酸盐、有机羧酸。

【物化性质】 淡黄色黏稠液，相对密度(20℃) 1.35～1.37，易溶于水，无臭。

【质量标准】

固含量/%	≥70
pH值	9.0～10.0

【用途】 用于化工、医药、冶金、轻工、食品、纺织等行业循环冷却水系统的阻垢缓蚀剂，特别适用于偏碱性的循环水系统。缓蚀率达90%以上，污垢热阻达$0.6\times10^{-4}m^2\cdot K/W$。

包装规格：用塑料桶包装，每桶净重200kg。

【制法】 将钨酸盐、聚羧酸盐及一元羧酸按一定比例加入反应釜中，加溶剂搅拌均匀。

【产品安全性】 非危险品，避免与眼睛、皮肤和衣服接触，否则用大量的清水冲洗。贮存于阴凉、干燥、通风处，有效期12个月。

【参考生产企业】 江苏吴江玻璃钢厂。

Fc023 高效复合阻垢缓蚀剂

【英文名】 efficient complex formulation of corrosion and scale control

【组成】 聚羧酸、有机磷酸盐、聚磷酸盐等。

【物化性质】 具有良好的化学稳定性，不易水解和降解。对成垢离子有良好的络合效应、增容效应、晶格畸变、分散协同效应。

【质量标准】

固含量/%	≥30
总磷量(以 PO_4^{3-} 计)/%	≥7.0
pH值	2～4

【用途】 用于工业水处理，具有阻垢、缓蚀和剥离老垢的作用。根据用户的水质条件及工艺运行状况，选择合理的复配方案，可与多种药剂相容。一般用量为20～50mg/L。

包装规格：用塑料桶包装，每桶净重200kg。

【制法】 将聚丙烯酸、羟基亚乙基二膦酸、聚磷酸钠、无机锌盐、苯并三氮唑按一定比例加入混合器中，搅匀即可。

【产品安全性】 非危险品，避免与眼睛、皮肤和衣服接触，否则用大量的清水冲洗。贮存于阴凉、干燥、通风处，有效期12个月。

【参考生产企业】 江苏常州市武进玻璃钢厂。

Fc024 中环 102-CW 复合型高效水质稳定剂

【英文名】 water quality stabilizer zhonghuan 102-CW

【组成】 聚羧酸和有机磷酸盐。

【物化性质】 具有良好的热稳定性。

【质量标准】

外观	淡黄色透明液
pH 值	2

【用途】 在工业水处理中作阻垢、缓蚀、分散剂。适用的水质硬度为（以 $CaCO_3$ 计）220～470mg/L，温度 20～100℃，一般用量为 250mL/t。

包装规格：用塑料桶包装，每桶净重 200kg。

【制法】 将聚羧酸与有机磷酸按一定比例混合后加助剂复配而成。

【产品安全性】 避免与眼睛、皮肤和衣服接触，否则用大量的清水冲洗。贮存于阴凉、干燥、通风处，有效期 12 个。

【参考生产企业】 中国环境科学研究院等。

Fc025 水质稳定剂 DDF-1

【英文名】 water quality stabilizer DDF-1

【组成】 有机磷酸盐。

【物化性质】 棕褐色黏稠液体，化学性质稳定，不易水解，有耐氯稳定性及耐高温性。

【质量标准】

活性物含量/%	≥40
正磷酸含量(以 P_2O_5 计)/%	≤2

【用途】 能与 Ca^{2+}、Mg^{2+} 进行螯合，对碳酸钙、硫酸钙等结晶具有低限效应的晶格畸变作用。适用于火力发电厂、化肥、石油、化工、冶金等行业的循环水处理，作阻垢分散剂。一般用量为 1.2～2.0mg/L，与铜缓蚀剂配伍性良好。

包装规格：用塑料桶包装，每桶净重 200kg。

【制法】 由有机磷酸与氢氧化钠水溶液中和而得。详见羟基亚乙基二膦酸二钠。

【产品安全性】 避免与眼睛、皮肤和衣服接触，否则用大量的清水冲洗。贮存于阴凉、干燥、通风处，有效期 12 个月。

【参考生产企业】 山东高密农药厂。

Fc026 WT-304 阻垢缓蚀剂

【英文名】 corrosion and scale inhibitor WT-304

【组成】 有机磷酸酯、聚羧酸盐、WT-1。

【物化性质】 淡黄色液体，相对密度 1.25±0.04，属全有机配方，具有高温下不水解、不产生第二次垢害的优点。

【质量标准】

活性物含量/%	34±2
碳钢腐蚀率/(m/a)	$<50.8\times10^{-6}$
阻垢率/%	>90
pH 值	≤2

【用途】 作工业水处理中的阻垢缓蚀剂，适用于高硬度和高温度的冷却水系统，当使用量为 25～35mg/L 时，可维持循环水的极限碳酸盐硬度在 6×10^{-3} mol/L。可与其他水处理剂配合使用。

包装规格：用塑料桶包装，每桶净重 200kg。

【制法】 将 WT-1 加到有机磷酸盐中，搅拌均匀后加入聚羧酸盐水溶液，在 50～70℃下搅拌 2h。滤出不溶物，得淡黄色液体，即为产品。

【产品安全性】 非危险品，避免与眼睛、皮肤和衣服接触，否则用大量的清水冲洗。贮存于阴凉、干燥、通风处，有效期 12 个月。

【参考生产企业】 湖北仙桃市水质稳定剂厂等。

Fc027 HAS 型水质稳定剂

【英文名】 water quality stabilizer HAS

【组成】 腐殖酸钠、聚羧酸和有机酸。

【物化性质】 易溶于水，在30℃以下不易分解。具有良好的阻垢性，易吸潮，但吸潮后药性不变。

【质量标准】

外观	褐色粉末
pH值(1%水溶液)	≥10

【用途】 适用于中性或偏碱性的水质，在硬度<8mg/L（碳酸钙）的水中表现出优良的阻垢缓蚀性。一般用药量为20～40mg/L，并且对水藻、菌类、青苔有明显的抑制作用。

包装规格：用内衬塑料桶包装，净重25kg。

【制法】 将腐殖酸钠、聚羧酸、有机磷酸按一定比例混合均匀后，真空干燥即得。

【产品安全性】 低刺激性，避免与眼睛、皮肤和衣服接触，否则用大量的清水冲洗。贮存于阴凉、干燥、通风处，有效期12个月。

【参考生产企业】 江西萍乡腐植酸工业公司等。

Fc028 缓蚀阻垢剂 CW-2120

【英文名】 corrosion and scale inhibitor CW-2120

【组成】 聚羧酸盐、有机磷酸盐。

【物化性质】 淡黄色液体。

【质量标准】

固含量/%	≥35
pH值	1.0～2.0
阻垢率/%	≥98.6
缓蚀率/(m/a)	56.04×10^{-6}

【用途】 用作工业水处理阻垢、缓蚀可直接加到循环水中，防止设备结垢和腐蚀。对碳酸钙垢有很好的分散能力。在汽车制造厂和日化厂循环水系统中应用收到良好效果。

包装规格：用塑料桶包装，25kg/桶，或根据用户需要确定。

【制法】 将聚羧酸盐、有机磷酸盐按一定比例加入混配釜中，加入适量的水，搅拌混溶即得。

【产品安全性】 非危险品，低刺激性，避免与眼睛、皮肤和衣服接触，否则用大量的清水冲洗。贮存于阴凉、干燥、通风处，有效期12个月。

【参考生产企业】 北京通州水处理剂厂等。

Fc029 CW-1901 缓蚀阻垢剂

【英文名】 corrosion and scale inhibitor CW-1901

【组成】 聚羧酸共聚物。

【物化性质】 相对密度（20℃）1.18～1.22，易溶于水，化学稳定性及热稳定性高，对 Ca^{2+} 和 Mg^{2+} 螯合，分散能力强。

【质量标准】

外观	橘红色液体
pH值	2

【用途】 用于高硬度水处理，兼有缓蚀、阻垢双重作用。一般用量≤20mg/L。

包装规格：采用塑桶包装，每桶净重200kg。

【制法】 由聚羧酸共聚物（例如丙烯酸与丙烯酰胺共聚物）为主与其他助剂复配而成。

【产品安全性】 低刺激性，避免与眼睛、皮肤和衣服接触，否则用大量的清水冲洗。贮存于阴凉、干燥、通风处，有效期12个月。

【参考生产企业】 北京天龙水处理技术公司等。

Fc030 改性聚丙烯酸

【英文名】 modified polyacrylic acid

【组成】 以丙烯酸为主的二元共聚物与其他聚合物。

【物化性质】 淡黄色液体，相对密度（25℃）1.130，化学性质稳定，呈酸性，有腐蚀性。

【质量标准】

黏度(25℃)/Pa·s	≥8.5
有效成分含量/%	30±2
pH值	1～3

【用途】 能阻止碳酸钙垢和磷酸钙垢的产生，在高 pH 值（8.5～9）范围内效果明显。

包装规格：用塑料桶包装，每桶净重 200kg。

【制法】 将丙烯酸二元聚合物与其他聚合物、分散剂按一定比例复配而得。

【产品安全性】 非危险品，低刺激性，避免与眼睛、皮肤和衣服接触，否则用大量的清水冲洗。贮存于阴凉、干燥、通风处，有效期 12 个月。

【参考生产企业】 新疆博乐农五师电力公司发电公司，山西天禹轻化有限公司，天津泰伦特化学有限公司，浙江衢州门捷化工有限公司。

Fc031 CW-1002 水质稳定剂

【英文名】 water quality stabilizer CW-102

【组成】 有机磷酸盐、聚羧酸共聚物和无机磷酸盐。

【物化性质】 相对密度（25℃）1.25，对碳酸钙、磷酸钙有良好的阻垢性。

【质量标准】

外观	棕黑色液体
含量/%	≥25

【用途】 可用于集中供热系统作水质稳定剂，一般用量为 20～125mg/L。

包装规格：用塑料桶包装，每桶净重 200kg。

【制法】 由有机磷酸盐、聚羧酸共聚物、无机磷酸盐按一定比例混配而成。

【产品安全性】 低刺激性，避免与眼睛、皮肤和衣服接触，否则用大量的清水冲洗。贮存于阴凉、干燥、通风处，有效期 12 个月。

【参考生产企业】 中国科学院生态环境研究中心环境水化学国家重点实验室，山东枣庄市泰和化工厂，北京天龙水处理技术公司等。

Fc032 CW-1103 缓蚀阻垢剂

【英文名】 corrosion and scale inhibitor CW-1103

【组成】 有机磷酸盐、多元聚羧酸、聚羧酸盐。

【物化性质】 棕色黏稠体，相对密度 1.20～1.25，有很强的螯合及分散钙镁离子的能力。

【质量标准】

有效物含量/%	22～25
pH值(20℃)	9～10

【用途】 作为缓蚀阻垢剂，适合蒸发量小于 20t 的低压锅炉使用。有阻垢、缓蚀、避免气水共沸的作用，用于锅炉内水直接处理时，每吨水需加 2～3kg。

包装规格：用塑料桶包装，25kg/桶。

【制法】 将有机磷酸、多元聚羧酸、聚羧酸盐按一定比例混合，再加一定量助剂而成。

【产品安全性】 低刺激性，避免与眼睛、皮肤和衣服接触，否则用大量的清水冲洗。贮存于阴凉、干燥、通风处，有效期 12 个月。

【参考生产企业】 中国科学院生态环境研究中心环境水化学国家重点实验室，山东枣庄市泰和化工厂。

Fc033 水质稳定剂 YSS-93

【英文名】 water stabilizing agent YSS-93

【结构式】

$$\left[\begin{array}{c}CH_2-CH\\ \quad\ |\\ \quad\ COOH\end{array}\right]_m\left[\begin{array}{c}CH_2-CH\\ \qquad\qquad |\\ \qquad\qquad COO(C_3H_6OH)\end{array}\right]_n$$

【物化性质】 相对密度（20℃）1.05～

1.15，特性黏度 0.060～0.095 Pa・s。既具有强的螯合功能又有高分散性能，是新型高效水质稳定剂。

【质量标准】

外观	淡黄色黏稠液
固含量/%	≥40
游离单体/%	≤0.6
pH 值(1%水溶液)	2.5～3.5

【用途】 用作水质稳定剂。对碳酸钙垢、磷酸钙垢有优良的阻止能力，并且有一定的缓蚀性能。与锌盐、磷酸盐和有机磷酸盐复配后显示出较好的增效作用，其性能优于常用的 HEDP 和 T-255。可用于钢铁、电力、化肥、石油化工等行业的循环冷却水及锅炉用水，油田注水等。

包装规格：用塑料桶包装，每桶净重 200kg。

【制法】 将次亚磷酸钠加入反应釜中，加水溶解，升温至 80～90℃，开始滴加引发剂过硫酸铵水溶液和单体丙烯酸及丙烯酸羟丙酯的混合液。滴毕后，继续搅拌 3～4h，冷却至 40℃左右得共聚物 YSS-93。反应式如下：

$$m\,CH_2{=}\underset{\large COOH}{\underset{|}{CH}} + n\,CH_2{=}\underset{\large COO(C_3H_6OH)}{\underset{|}{CH}} \xrightarrow{\text{引发剂}} \text{本品}$$

【产品安全性】 低刺激性，避免与眼睛、皮肤和衣服接触，否则用大量的清水冲洗。贮存于阴凉、干燥、通风处，有效期 12 个月。

【参考生产企业】 北京燕山石化公司研究院。

Fc034 QI-105 阻垢剂

【英文名】 scale agent QI-105

【组成】 羟基亚乙基二膦酸（HEDPA）。

【物化性质】 深黄色黏稠液。

【质量标准】

固含量/%	≥50
pH 值(1%水溶液)	8.0～10

【用途】 用于冷却水处理，具有较好的消垢、防腐、防黏泥效果。

包装规格：用塑料桶包装，每桶净重 200kg。

【制法】 将 15 份羟基亚乙基二膦酸加入反应釜中，加水溶解后在搅拌下加入 8 份聚丙烯酸钠、2 份巯基苯并噻唑。搅匀后用 NaOH 水溶液调 pH 值至 7.5～8.0 即得成品。

【产品安全性】 低刺激性，避免与眼睛、皮肤和衣服接触，否则用大量的清水冲洗。贮存于阴凉、干燥、通风处，有效期 12 个月。

【参考生产企业】 广州广宁环保化工厂，河北沧州恒利化工厂，江苏常州市全球化工有限公司，广东广州市金康源经贸有限公司。

Fc035 多元醇磷酸酯

【别名】 pAPE

【英文名】 polyhydric alcohol phosphate ester

【结构式】

$$RO-\overset{\large O}{\overset{\|}{P}}\underset{\large OH}{\underset{|}{}}-OH + RO-\overset{\large O}{\overset{\|}{P}}\underset{\large OR}{\underset{|}{}}-OH$$

【物化性质】 棕膏状物或酱黑色黏稠液体，与季铵盐类杀菌剂相容，具有良好的缓蚀阻垢性能。

【质量标准】 HG/T 2228—2006

指标名称	膏状产品	液体产品
有机磷酸酯含量/%	≥33.5	≥32.0
无机磷酸/%	≤8.0	≤10.0
pH 值(1%水溶液)	1.5～2.50	

【用途】 用作工业水处理作阻垢缓蚀剂，亦用于油田注水。

包装规格：用塑料桶包装，每桶净重 200kg。

【制法】 将 2mol 甘油聚乙醚、三乙醇胺加入反应釜中，加热熔融后分批加入1mol P_2O_5。酯化反应结束后，将生成物转入调整槽中加助剂调整得成品。

$$ROH + P_2O_5 \longrightarrow 本品$$

【产品安全性】 有刺激性，注意防护，避免与眼睛、皮肤和衣服接触，否则用大量的清水冲洗。贮存于阴凉、干燥、通风处，有效期12个月。

【参考生产企业】 辽宁大连三达奥克化学品有限公司，江苏无锡美华化工有限公司，江苏武进市三河口益民化工厂。

Fc036 聚氧乙烯脂肪酰胺

【结构式】 $RCONH(CH_2CH_2O)_nH$

【物化性质】 琥珀色黏稠液，水溶性好，可稳定泡沫，具有增稠作用，对皮肤有柔软和保护作用。

【质量标准】

项目	指标
pH值(1%水溶液)	8.0～8.5
游离碱/%	≥20

【用途】 用于水处理有良好的洗涤效果。具有提高泡沫的稳定性能、增强去污的协同作用及对钙皂的稳定性等特点，对金属表面有防锈功能。

包装规格：用塑料桶包装，每桶25kg或根据用户需要确定。

【制法】 将1mol脂肪醇酰胺和催化剂量的KOH投入反应釜，用氮气驱尽釜中空气，然后逐渐升温加入环氧乙烷，通环氧乙烷阶段温度为160～180℃。通完环氧乙烷后继续反应1h，取样测游离碱量在20%左右反应完毕。加冰醋酸调pH值至8.0～8.5，加适量双氧水脱色，冷却出料包装得成品。反应式如下：

$$RCON(CH_2CH_2OH)_2 + nCH_2\text{—}CH_2\ (\text{环氧},\ O) \xrightarrow{KOH} 本品$$

【产品安全性】 低刺激性，注意防护。在室内阴凉、通风处贮藏，防潮、严防曝晒，贮存期10个月。

【参考生产企业】 天津助剂厂，北京市洗涤剂厂，内蒙古科安水处理技术设备有限公司，河南沃特化学清洗有限公司，北京海洁尔水环境科技公司。

Fc037 TS-104阻垢剂

【英文名】 scale inhibitor and dispersant TS-104

【组成】 羟基亚乙基二磷酸盐、聚丙烯酸钠。

【物化性质】 淡黄色液体，相对密度1.30，具有很好的螯合、分散、阻垢性能。

【质量标准】

项目	指标
pH值	11～12
有效物/%	36～38

【用途】 在工业水处理中作缓蚀阻垢剂，能低限抑制晶格畸变，阻止成垢，与聚磷酸盐等复合使用，具有良好的缓蚀性。对碳钢设备效果明显。

包装规格：用塑料桶包装，每桶25kg或根据用户需要确定。

【制法】 将羟基亚乙基二磷酸盐、聚丙烯酸钠和巯基苯并噻唑按一定比例加入反应釜中，高速搅拌成均相体系，即为成品。

【产品安全性】 低毒，在室内阴凉、通风处贮藏，防潮、严防曝晒，贮存期10个月。

【参考生产企业】 内蒙古科安水处理技术设备有限公司，河南沃特化学清洗有限公司，北京海洁尔水环境科技公司，天津化工研究院等。

Fc038 KRH缓蚀剂

【英文名】 corrosion inhibitors KRH

【组成】 含磷化合物及有机物的复配物。

【物化性质】 KRH缓蚀剂为无色透明液体，凝固点−18℃，化学稳定性好，易降解、成膜牢、吸附力强。缓蚀剂分子中的阻垢基团在水中解离后，阴离子可与成垢阳离子络合产生稳定的水溶性的环状结构，降低污水中成垢离子浓度，起到阻垢作用。缓蚀剂分子中的阻垢基团在垢面吸附后，能形成扩散双电层，使垢面带电，抑制垢晶体间的聚结，阻垢成分也在结垢表面吸附，形成同样的扩散双电层，兼有阻垢缓蚀双重功效。

【质量标准】

项目	指标
相对密度(25℃)	1.37
凝固点/℃	−18
有效成分/%	55
pH值	6～7

【用途】 缓蚀阻垢剂，性能稳定，长时间放置无固体析出，易溶于水，与KRS-1杀菌剂的配伍性良好，符合生态环境要求。

包装规格：用塑料桶包装，每桶25kg或根据用户需要确定。

【制法】 将含磷化合物和有机物按一定比例复配。

【产品安全性】 低毒，在室内阴凉、通风处贮藏，防潮、严防曝晒，贮存期10个月。

【参考生产企业】 内蒙古科安水处理技术设备有限公司，河南沃特化学清洗有限公司，北京海洁尔水环境科技公司，新疆新克澳化工有限责任公司，河南洛阳强龙精细化工总厂，上海芬德国际贸易有限公司，浙江杭州银湖化工有限公司。

Fc039 缓蚀剂 NYZ-2

【英文名】 corrosion inhibitors NYZ-2

【组成】 羧酸酰胺、钼酸钠。

【物化性质】 奶黄色乳状液，不含亚硝酸盐，用量低，在盐水中缓蚀性好，适应pH值和温度范围宽、控制弹性大。

【质量标准】

项目	指标
$Na_2MoO_4 \cdot 2H_2O$/%	9.5～10
pH值	9.5～10
有效成分/%	>20
相对密度	1.05～1.1

【用途】 盐水缓蚀剂NYZ-2，用量低、缓蚀性能好。含锡酸钠10mg/L、羧酸酰胺10mg/L时缓蚀率>98%，不能在含Cl^-水质中使用。

包装规格：用塑料桶包装，每桶25kg或根据用户需要确定。

【制法】 由有机酸、无机酸、有机胺在适当的催化剂和温度下合成的羧酸酰胺与钼酸钠复配。

【产品安全性】 低毒，在室内阴凉、通风处贮藏，防潮、严防曝晒，贮存期10个月。

【参考生产企业】 内蒙古科安水处理技术设备有限公司，河南沃特化学清洗有限公司，北京海洁尔水环境科技公司。

Fc040 缓蚀剂 FM

【英文名】 corrosion inhibitors FM

【组成】 乙氧基化咪唑啉。

【物化性质】 深褐色液体，通过控制阳极反应，切断腐蚀反应的途径，对H_2S腐蚀有理想的抑制作用。

【质量标准】

项目	指标
相对密度(20℃)	>1.12
有效含量/%	100

【用途】 在高含硫量的污水处理中作缓蚀剂，按酸洗时清洗液的0.30%～0.50%添加，具体添加量视酸洗介质及其浓度而定。它可以在常温下使用，也可以在升温状态下使用，但温度不应超过60℃。

包装规格：用塑料桶包装，每桶25kg、200kg或根据用户需要确定。

【制法】 咪唑啉与环氧乙烷（摩尔比1∶7）反应得缓蚀剂FM。

【产品安全性】 低毒，在室内阴凉、通风处贮藏，防潮、严防曝晒，贮存期10个月。

【参考生产企业】 内蒙古科安水处理技术设备有限公司，河南沃特化学清洗有限公司，北京海洁尔水环境科技公司，浙江佳磁集团净水剂公司，北京普兰达水处理制品有限公司，山东青岛金港湾工贸有限公司。

Fc041 缓蚀剂 FMO

【英文名】 corrosion inhibitors FMO

【组成】 季铵化咪唑啉。

【物化性质】 深褐色液体，通过控制阳极反应切断腐蚀反应的途径，对 H_2S 腐蚀有理想的抑制作用。

【质量标准】

相对密度(20℃)	>1.08
有效含量/%	100

【用途】 在高含硫量的污水处理中作缓蚀剂，对 H_2S-3% NaCl 水体系中碳钢的腐蚀有良好的抑制效果。按酸洗时清洗液的0.30%～0.50% 添加，具体添加量视酸洗介质及其浓度而定。它可以在常温下使用，也可以在升温状态下使用，但温度不应超过60℃。

包装规格：用塑料桶包装，每桶25kg、200kg，或根据用户需要确定。

【制法】 咪唑啉与氯化苄（摩尔比1：1）反应得缓蚀剂FMO。

【产品安全性】 低毒，贮存于阴凉、干燥、通风处，可长期存放，保质期24个月。

【参考生产企业】 内蒙古科安水处理技术设备有限公司，河南沃特化学清洗有限公司，北京海洁尔水环境科技公司，大连广汇化学有限公司，辽宁沈阳荣泰化工制剂有限公司，江苏南京化学工业研究设计院。

Fc042 聚天冬氨酸-膦系水处理剂阻垢缓蚀剂

【英文名】 scale and corrosion inhibition from mixture of polyaspartic and phosphorous water treatment agent

【组成】 聚天冬氨酸和膦系水处理剂的混合物。

【物化性质】 聚天冬氨酸（PASP）相对分子质量为 6×10^4～7×10^4，分子中不含磷，可生物降解，具有较好的阻垢分散性能，与少量膦系水处理剂复合使用阻垢缓蚀效果明显提高，具有高效、低磷、可部分生物降解、对环境友好的优势。

【质量标准】

聚天冬氨酸的黏均分子量	3500
固含量/%	55

【用途】 用作阻垢缓蚀剂，阻垢率达到83%，缓蚀率可以达到95%以上。可避免全有机磷系水处理剂引起周围水域的富营养化，促进菌藻的滋生，形成“赤潮”，污染环境。取膦系阻垢缓蚀剂、膦酸基丁烷-1,2,4-三羧酸（PBTCA）按1：2的比例加入到PASP溶液中，配制成二元复合溶液，即得到相应的复合水处理剂。

包装规格：用塑料桶包装，每桶25kg或根据用户需要确定。

【制法】

① 方法1 取一定量1,3,5-三甲基苯和环丁砜加入反应釜，在搅拌下加入L-天冬氨酸，于磷酸催化下在一定温度下进行热缩聚反应，反应完成后，用氢氧化钠溶液水解缩聚产物，得到红棕色液体，即为PASP溶液。

② 方法2 将马来酸酐水解得到的浆状混合物冷却到一定温度，在水浴加热下，滴加25%的氨水（MA：NH_3＝1：3），滴加完毕后升温。80℃搅拌6h，将胺化产物在真空下油浴加热，在230℃下反应3h，即得产物聚琥珀酰亚胺。向聚合产物聚琥珀酰亚胺中加入浓碱液，搅拌下加热至50℃，待聚合物全部溶解后，调pH值为8～10，继续搅拌30min。测固含量，配成符合要求的聚天冬氨酸钠水溶液。

【产品安全性】 无毒，在室内阴凉、通风处贮藏，防潮、严防曝晒，贮存期10个月。

【参考生产企业】 内蒙古科安水处理技术

设备有限公司，河南沃特化学清洗有限公司，北京海洁尔水环境科技公司。

Fc043 PPSA 水处理剂

【英文名】 water treatment agent PPSA

【组成】 PPSA 是含磷酰基和磺酸基的部分水解的聚丙烯酰胺。

【物化性质】 溶于水，具有阻垢和缓蚀的双重功能。

【质量标准】

固含量/%	25～30
pH 值	1～5

【用途】 作水处理剂，具有良好的缓蚀性能，腐蚀率仅为 0.021～0.028mm/a，缓蚀率＞88.3%，稳定钙离子浓度达到 25mg/L。

包装规格：用塑料桶包装，每桶 25kg 或根据用户需要确定。

【制法】 在搅拌下将 100 份聚丙烯酰胺(PHP)、50 份磺化剂、50 份磷化剂加入反应釜中，待固体物料完全溶解后，加入蒸馏水，用盐酸调节 pH 值至 1～5，然后开始升温，温度升到 100℃时开始滴加甲醛，反应 1～4h 停止加热，冷却至常温即得产品。

【产品安全性】 低毒，要求在室内阴凉、通风处贮藏，防潮、严防曝晒，贮存期 10 个月。

【参考生产企业】 内蒙古科安水处理技术设备有限公司，河南沃特化学清洗有限公司，北京海洁尔水环境科技公司。

Fc044 聚乙二醇磷酸酯

【英文名】 polydric alcohol phosphate ester

【结构式】

$$
\begin{array}{l}
| \\
-C\!\leftarrow\! OCH_2-CH_2 \!\rightarrow_n OPO_3H_2 \\
| \\
-C\!\leftarrow\! OCH_2-CH_2 \!\rightarrow_m OPO_3H_2 \\
|
\end{array}
$$

【物化性质】 多元醇磷酸酯是一种新型的水处理药剂，具有良好的阻垢和缓蚀性能。由于分子中引入了多个聚氧乙烯基，不仅提高了缓蚀性能，也提高了对钙垢的阻垢和泥沙的分散能力。对国内现有阻垢剂所无法控制的水中钡垢、锶垢沉积有着优良的抑制作用，对水中的碳酸钙、硫酸钙等难溶盐沉积亦有着优良的阻垢作用，对钢材具有阴极保护作用，缓蚀效果优于国内现有的同类产品。多元醇磷酸酯与聚羧酸盐、有机磷酸盐、无机磷酸盐、锌盐等水稳定剂混溶良好。

【质量标准】 GB/T 29341—2012

外观	无色或黄色透明液体
总磷含量(以 PO_4^{3-} 计)/%	≥30.0
pH 值 (1%水溶液)	2.0～3.0
固含量/%	≥50.0
有机磷含量(以 PO_4^{3-} 计)/%	≥15.0

【用途】 多元醇磷酸酯工业冷却水处理的缓蚀阻垢剂和油田注水采集的阻垢剂，因水质和工艺条件不同而异。多元醇磷酸酯用作阻垢剂一般用量小于 15mg/L，用作密闭循环缓蚀剂时可高至 150mg/L 以上。

包装规格：采用塑料桶包装，每桶净重 25kg 或 200kg。

【制法】 多元醇与磷酸在酸性离子交换树脂催化下进行酯化反应而得。

【产品安全性】 低毒，多元醇磷酸酯为酸性液体，具有一定的腐蚀性，使用时应注意防护。贮存于阴凉、干燥处，贮存期 10 个月。

【参考生产企业】 北京普兰达水处理制品有限公司，上海同纳环保科技有限公司，上海维思化学有限公司，黑龙江大庆华顺化工有限公司。

Fd 杀菌除藻剂

能杀灭和抑制微生物的生长和繁殖的药剂称为杀菌除藻剂。当冷却水中含有大量微生物时，会因微生物的繁殖而堵塞管道，严重降低热交换器的热效率，甚至造成孔蚀使管道穿孔。为了避免这种危害，必须投加杀菌灭藻剂。目前使用的杀菌灭藻剂有氧化型和非氧化型两种。氧化型杀菌剂包括氯气、次卤酸钠、卤化海因、二氧化氯、过氧化氢、高铁酸钾，使微生物体内一些与代谢有密切关系的酶发生氧化反应而使微生物死亡。非氧化型杀生剂包括醛类、咪唑啉、季铵盐等，其杀菌机理是微生物发生蛋白中毒而死亡。

目前国内使用较普遍的是氯气、季铵盐，这是因为它们杀菌率高、价廉、便于操作。但在碱性条件下氯气会残留在水中，造成二次污染。目前大有用二氧化氯替代之势。目前美国有400多家水厂应用二氧化氯，欧洲有数千家水厂应用。同时臭氧的开发利用也颇受重视，臭氧在水中溶解度大，半衰期短，不存在有害残留物。西欧用臭氧处理水的装置已有千余套。总之今后杀菌剂的发展方向是杀菌灭藻效率高，使用范围广，毒性低，易于降解，适用的pH值宽，对光、热、酸碱性物质有良好的稳定性，与其他水处理剂有较好的相容性。

Fd001 *N*,*N*-二甲基-*N*-十六烷基季铵基丁基磺酸盐

【英文名】 dimethyl hexadecyl ammoium butayl sulfate

【相对分子质量】 421.67

【登记号】 CAS [58930-15-7]

【结构式】

$$C_{16}H_{33}-\overset{\displaystyle CH_3}{\underset{\displaystyle CH_3}{\overset{|}{\underset{|}{N^+}}}}-C_4H_8OSO_3^-$$

【物化性质】 白色固体，红外特征吸收1270～1220cm^{-1}，对pH值不敏感，溶于水。在所有pH值范围内均具有润湿、发泡、杀菌、洗涤、缓凝性能。

【质量标准】

项目	指标
含量/%	≥95
Cl^-含量/%	≤0.5

【用途】 水处理中用作钙皂分散剂。

包装规格：用塑料桶包装，每桶25kg或根据用户需要确定。

【制法】 把氯化二甲基十六烷基羟丁基铵加入反应釜中，加二氯甲烷溶解，在搅拌下冷却降温至－30℃后，开始滴加氯磺酸（理论量）。滴毕后，缓缓升温至10℃左右搅拌1h，再在20℃左右搅拌1h，然后冷却降温至－30℃。加入冷的甲醇-氢氧化钠水溶液回流1h，静置，待无机盐沉淀后滤出，滤液冷却至－30℃，结晶得粗产品，将粗产品用乙醇重结晶得纯品。反应式如下：

$$C_{16}H_{33}N^+(CH_3)_2C_4H_8OHCl^- \xrightarrow[NaOH]{HSO_3Cl} \text{本品}$$

【产品安全性】 正常使用对皮肤和黏膜无明显刺激性。其粉尘对眼和上呼吸道有中

度的刺激，可引起眼和皮肤灼伤；浓溶液可引起腐蚀刺激，误服后有明显的胃肠道腐蚀作用，可有肝功能异常。误用后处理方法如下。①吸入：转移至新鲜空气处，如呼吸困难给氧。②眼：立即用清水冲洗15min，若症状持续存在，去医院就诊；③皮肤：立即用大量清水冲洗，如发现皮肤刺激症状不缓解或加重，去医院就诊；污染的衣服要洗干净后再穿。④误服：不主张洗胃、催吐、导泻和使用酸碱中和剂，可立即口服100～200mL的牛奶、蛋清或氢氧化铝凝胶。密封贮存于室内阴凉、干燥处，防潮、严防曝晒，10～30℃保质期12个月。

【参考生产企业】 内蒙古科安水处理技术设备有限公司，河南沃特化学清洗有限公司，北京海洁尔水环境科技公司。

Fd002 十二烷基二甲基苄基氯化铵

【英文名】 dodecyl dimethyl benzyl ammonium chloride

【别名】 洁尔灭，苯扎氯铵，1227

【登记号】 CAS［8001-54-5或63449-41-2、139-07-1］

【分子式】 $C_{21}H_{38}NCl$

【相对分子质量】 340.0

【物化性质】 1227是一种阳离子表面活性剂，属非氧化性杀菌剂，具有广谱、高效的杀菌灭藻能力，能有效地控制水中菌藻繁殖和黏泥生长，并具有良好的黏泥剥离作用和一定的分散、渗透作用，同时具有一定的去油、除臭能力和缓蚀作用。1227毒性小，无积累性毒性，易溶于水，不受水硬度影响。

【质量标准】 HG/T 2230—2006

指标名称	优级品	一级品	合格品
外观	无色或微黄色透明液体	淡黄色透明液体	淡黄色蜡状固体
色泽(Hazen)	100	200	500
活性物/%	≥44～46	≥80	≥88
铵盐含量/%	1.5	2.5	6.0～8.0
pH值(1%水溶液)	6.0～8.0	6.0～8.0	

【用途】 在石油、化工、电力、纺织等行业的循环冷却水系统中用以控制循环冷却水系统菌藻滋生，对杀灭硫酸盐还原菌有特效。1227作非氧化性杀菌灭藻剂一般投加剂量为50～100mg/L；作黏泥剥离剂，使用量为200～300mg/L，需要时可投加适量有机硅类消泡剂。1227可与其他杀菌剂，例如异噻唑啉酮、戊二醛、二硫氰基甲烷等配合使用，可起到增效作用，但不能与氯酚类药剂共同使用。投加1227后循环水中因剥离而出现污物，应及时滤除或捞出，以免泡沫消失后沉积。1227切勿与阴离子表面活性剂混用。

包装规格：用塑料桶包装，每桶25kg或200 kg。

【制法】 将213kg二甲基十二烷胺投入反应釜中，开动搅拌，升温，在40℃以下分批投入107kg苄基氯，在50℃加热3～4h反应毕，冷却至80℃左右出料灌装，得成品。反应式如下：

$$C_6H_5-CH_2Cl + C_{12}H_{25}-N(CH_3)_2 \longrightarrow \left[C_6H_5-CH_2-N(CH_3)_2-C_{12}H_{25}\right]^+ Cl^-$$

【产品安全性】 1227略有杏仁味，正常使用对皮肤、黏膜无明显刺激性。误用浓溶液可引起腐蚀刺激，误服后有明显的胃肠道腐蚀作用，可有肝功能异常。误用后处理方法如下。①吸入：转移至新鲜空气处，如呼吸困难给氧。②眼：立即用清水冲洗15min，若症状持续存在，去医院就诊。③皮肤：立即用大量清水冲洗，如发现皮肤刺激症状不缓解或加重，去医院就诊；污染的衣服要洗干净后再穿。④误服：不主张洗胃、催吐、导泻和使用酸碱中和剂，可立即口服100～200mL的牛奶、蛋清或氢氧化铝凝胶。贮存于室内阴凉、干燥处，10～30℃贮存，防潮、严防曝晒，贮存期12个月。

【参考生产企业】 内蒙古科安水处理技术设备有限公司，河南沃特化学清洗有限公司。

Fd003 氯化三甲基对十二烷基苄基铵

【别名】 消毒优

【英文名】 trimethyl p-dodecyl benzyl ammonium chloride

【结构式】

$$C_{12}H_{25}-C_6H_4-CH_2N^+(CH_3)_3Cl^-$$

【相对分子质量】 354

【物化性质】 浅黄色液体，易溶于水、乙醇，水溶液呈弱碱性，振摇时产生大量泡沫。

【质量标准】 HG/T 2230—2006

项目	指标
固含量/%	≥20
pH值(1%水溶液)	8.0～8.5

【用途】 用作工业水处理和油田注水杀菌剂，用量一般是25～100g/m³，杀菌率达到99.99%。

包装规格：用塑料桶包装，每桶50kg或200kg。

【制法】 将等物质的量的十二烷基苄氯与三甲胺加入反应釜中，在0.2～0.3MPa下加热到70～80℃反应4h，用异丙醇和水稀释到规定的含量。反应式如下：

$$C_{12}H_{25}-C_6H_4-CH_2Cl+N(CH_3)_3 \longrightarrow \text{本品}$$

【产品安全性】 毒性小，无积累性毒性，正常使用对皮肤、黏膜无明显刺激性。误用浓溶液可引起腐蚀刺激，误服后有明显的胃肠道腐蚀作用，可有肝功能异常。误用后的处理方法如下。①吸入：转移至新鲜空气处，如呼吸困难给氧。②眼：立即用清水冲洗15min，若症状持续存在，去医院就诊。③皮肤：立即用大量清水冲洗，如发现皮肤刺激症状不缓解或加重，去医院就诊，污染的衣服要洗干净后再穿。④误服：不主张洗胃、催吐、导泻和使用酸碱中和剂，可立即口服100～200mL的牛奶、蛋清或氢氧化铝凝胶。密封贮存在室内，勿与强碱混放，运输过程中应小心轻放、防撞、防冻，以免损漏。10～30℃贮存期12个月。

【参考生产企业】 河北省永清县消毒剂厂，广州南嘉化工科技有限公司。

Fd004 S-15杀菌灭藻剂

【英文名】 biocide-algaecide S-15

【组成】 亚甲基二硫氰酸酯、助剂。

【物化性质】 红棕色液体，相对密度(20℃)1.0154。微溶于水，水中溶解度约0.4%，在酸性条件下稳定，有刺激性气味。其原液稳定，用时能迅速降/分解，对环境不会造成二次污染，残留物低。

【质量标准】

项目	指标
pH值	3～3.5
有效物/%	45～57
凝固点/℃	≤-16

【用途】 用于循环冷水，对真菌、藻类有杀灭和抑制作用。药效维持时间长，一般用量为25～30g/m³，与氯气交替使用成本较低。对循环水中存在的主要细菌、真菌和藻类（各类真菌）都具有高效的杀灭效果，而且药效维持时间长，适应的pH值和温度范围较宽。使用$(3～4)\times10^{-6}$的用量对异氧菌、亚硝化细菌、硫盐还原菌、大肠杆菌、铁丝菌、厌氧菌、反硝化菌和硫细菌的杀菌率高达99%以上。

包装规格：用塑料桶包装，每桶净重50kg或200kg。

【制法】 由90份亚甲基二硫氰酸酯与10份三氯苯酚复配成均一产品。

【产品安全性】 正常使用对人体/畜类无害，能够做到安全排放，是目前最佳的广谱杀藻灭菌药物。误用可引起眼和皮肤刺激，误服后有明显的胃肠道腐蚀作用，可有肝功能异常。误用后处理方法如下。①吸入：转移至新鲜空气处，如呼吸困难给氧。②眼：立即用清水冲洗15min，若症状持续存在，去医院就诊。③皮肤：立即用大量清水冲洗，如发现皮肤刺激症状不缓解或加重，去医院就诊；污染的衣服要洗干净后再穿。④误服：不主张洗胃、催吐、导泻和使用酸碱中和剂，可立即口服100～200mL的牛奶、蛋清或氢氧化铝凝胶。密封贮存于室内阴凉、干燥处，10～30℃贮存，防潮、严防曝晒，勿与强碱混放，保质期12个月。运输过程中应小心轻放、防撞、防冻，以免损漏。

【参考生产企业】 广州止境化工科技有限公司，江苏泰州新丰化工厂等。

Fd005 高效低毒杀生剂YTS-20

【英文名】 efficient low-poisonous biocide YTS-20

【组成】 二硫氰基甲烷及助杀生剂。

【物化性质】 红棕色液体，相对密度(20℃) 1.10～1.20，易溶于水。

【质量标准】

项目	指标
亚甲基二硫氰酸酯含量/%	≥10
杀菌率/%	≥95

【用途】 用于工业冷却水杀生灭藻，杀生率不受水中有机物及氨的影响。亦适用于各种水产养殖业的水质消毒，对各类真菌有特效。

包装规格：用塑料桶包装，每桶50kg或200kg。

【制法】 由100份亚甲基二硫氰酸酯、助杀生剂二甲基甲酰胺600份、四氢呋喃醇200份、表面活性剂100份复配而成。

【产品安全性】 毒性小，无积累性毒性，对皮肤、黏膜有刺激性，不慎接触后，用流动水冲洗干净。贮存于室内阴凉、干燥处，10～30℃贮存，防潮、严防曝晒，远离火源，保质期12个月。运输过程中应小心轻放、防撞、防冻，以免损漏。

【参考生产企业】 江苏泰州新丰化工厂，廊坊瑞犀助剂有限公司等。

Fd006 杀菌灭藻剂284

【英文名】 biocide-algaecide 284

【组成】 亚甲基二硫氰酸酯、助剂、溶剂。

【物化性质】 橙红色液体，相对密度1.06～1.10，易溶于水。

【质量标准】

项目	指标
有效物含量/%	45～50
pH值	5～6

【用途】 工业水处理杀菌灭藻剂，高效广谱，适宜宽pH使用，一般用量为20～30g/m^3。

包装规格：用塑料桶包装，每桶净重50kg或200kg。

【制法】 由100份亚甲基二硫氰酸酯、450份*N*,*N*-二甲基酰胺、100份异丙醇、300份乙二醇在混配釜中加热溶解，过滤除去不溶物而得。

【产品安全性】 毒性小，无积累性毒性，对皮肤、黏膜有刺激性，不慎接触后，用流动水冲洗干净。贮存于室内阴凉、干燥处，10～30℃贮存，防潮、严防曝晒，远离火源，保质期12个月。运输过程中应小心轻放、防撞、防冻，以免损漏。

【参考生产企业】 江苏泰州新丰化工厂等。

Fd007 NL-4杀菌灭藻剂

【英文名】 biocide-algaecide NL-4

【别名】 双氯酚

【登记号】 CAS [97-23-4]

【结构式】

OH OH / CH_2 / Cl Cl

【相对分子质量】 269.0

【物化性质】 红棕色液体，相对密度(20℃) 1.11～1.16，其固体产品为白色结晶，熔点178℃。

【质量标准】

双氯酚含量/%	≥29
pH值	13.0～14.0

【用途】 在工业水处理中作杀生剂，对细菌、真菌、藻类、酵母菌均有较高活性。广泛用于化肥、石油化工、炼油、冶金等行业冷却循环水处理。当用量为50～$100g/m^3$时，24h杀菌率达99%以上，亦可作织物、纸浆、木材的防雾剂。

包装规格：用塑料桶包装，每桶50kg或200kg。

【制法】 首先将溶剂乙醇和催化剂量的浓硫酸加入反应釜，再加入277kg对氯酚，冷却至－10～0℃开始滴加30kg甲醛，反应6h。反应结束后静置，过滤、干燥得固体成品。反应式如下：

$$2\,\text{(对氯酚)} + HCHO \xrightarrow[-5\sim0℃]{H_2SO_4} \text{本品}$$

【产品安全性】 对皮肤、黏膜有明显刺激性，工作中应戴护目镜、橡皮手套，若不慎接触，用流动水冲洗干净。贮存于室内阴凉、干燥处，10～30℃贮存，防潮、严防曝晒，远离火源，保质期12个月。运输过程中应小心轻放、防撞、防冻，以免损漏。

【参考生产企业】 上海顺强生物科技有限公司，湖北巨龙堂生物科技发展有限公司。

Fd008 杀菌灭藻剂 SJ120

【英文名】 biocide-algaecide

【组成】 双阳离子季铵盐。

【物化性质】 溶于水，密度(20℃)≥1.12，属非氧化双阳离子季铵盐高效杀菌剂。含有高效杀菌多种成分，因而具有多重杀菌灭藻性能。它能迅速穿透细菌因产生抗药性而增厚的细胞壁，因而在已产生抗药性的循环水体系中使用也具有较强的持久杀菌效果。

【质量标准】

外观	透明液体
铵盐含量/%	≤2.0
活性物含量/%	≥7
pH值	4～6

【用途】 广泛用于石油化工、化肥制造、发电、钢厂等行业在工业循环水中作杀菌灭藻剂、剥离剂，也可作油田注水杀菌剂。具有广谱、高效、快速、低泡、持续药效长的杀菌热点。在不同的pH范围内均具有强烈的杀菌和良好的渗透、剥离效果，而且投药浓度低，药效持续时间长，不产生抗药性。不会产生菌类抗药性，避免了其他杀菌剂为避免菌类抗药性需两种药剂交替使用的烦琐。

用法：根据设备环境状态、季节、温度核算添加量，建议添加量10～150mg/L，100mg/L的杀菌能力大于150mg/L 1227的杀菌、灭藻效果。

包装规格：用塑料桶包装，25kg/桶或根据用户需要。

【制法】 由双阳离子季铵盐、助溶剂、分散剂、水复配而成。

【产品安全性】 低刺激性，佩戴乳胶手套、防护眼镜、防护服。误用浓溶液可引起腐蚀刺激；误服后有明显的胃肠道腐蚀作用，可有肝功能异常。误用后处理方法如下。①吸入：转移至新鲜空气处，如呼吸困难给氧。②眼：立即用清水冲洗15min，若症状持续存在，去医院就诊。③皮肤：立即用大量清水冲洗，如发现皮肤刺激症状不缓解或加重，去医院就诊；污染的衣服要洗干净后再穿。④误服：不主张洗胃、催吐、导泻和使用酸碱中和剂，可立即口服100～200mL的牛奶、蛋清或氢氧化铝凝胶。贮存于室内阴凉、干燥处，防潮、严防曝晒，10～30℃贮存，保质期12个月。

【参考生产企业】 济南琳盛化工有限公司，深圳市科瑞德消毒用品科技开发有限公司，盐城市百诺生物科技有限公司，郑州子诺商贸有限公司，广州市天河区大观智业化工产品公司。

Fd009 二氯异氰脲酸钠

【别名】 优氯净，SDIC

【英文名】 dichloroiso cyanuric acid sodium salt

【登记号】 CAS [2893-78-97]

【结构式】

O
Cl—N N—Cl
O= N =O
Na

【相对分子质量】 219.95

【物化性质】 25℃时每100mL水中可溶解25g。1%的水溶液pH值为6，从水中析出时含2分子结晶水。具有高效、快速、广谱、安全等特点，有着极强的消毒杀菌作用。

【质量标准】

外观	白色粉末或者颗粒
pH值	5.0～6.0
有效氯含量/%	≥61.0
粒状/目	70

【用途】 作为新型高效消毒、杀菌灭藻剂广泛用于工业水处理，去垢、杀菌、灭藻，在城市污水、冷却水、油田污水中都有良好的杀生作用。亦可用作游泳池水杀菌消毒、牛奶制品消毒、布匹纸浆漂白。在20×10^{-6}时，杀菌率达到99%，性能稳定，干燥条件下保存半年内有效氯下降不超过1%。在120℃以下存放不会变质、不会燃烧，具有高效、快速、广谱、安全等特点。循环冷却水系统中用优氯净作杀生剂时，夏季每隔2～3d投加$(15\sim20)\times10^{-6}$，春秋两季每隔3～5d投加1次，冬季每隔5～7d投加1次。为确保杀生效果，还可以定期投加非氧化性杀菌剂。使用浓度：水体杀生$(15\sim20)\times10^{-6}$；瓷砖表面消毒30×10^{-6}；饮用水消毒4×10^{-6}。

包装规格：用内衬聚乙烯塑料的编织袋包装，每袋净重25kg。

【制法】 将氢氧化钠和氰尿酸依次加入氯化釜中，其投料摩尔比为2∶1，在pH 6.5～8.5、5～10℃下通入氯气连续氯化，得到二氯异氰尿酸，用氢氧化钠中和得钠盐。反应式如下：

OH
N N
HO— N —OH $\xrightarrow[NaOH]{Cl_2}$

O
Cl—N N—Cl
O= N =O
H
$\xrightarrow{NaOH}$ 本品

【产品安全性】 人经口LD_{50}：3570mg/kg，大鼠经口LD_{50} 420mg/kg，兔经皮LD_{50} 3160mg/kg。眼刺激实验：100mg/24h，反应是轻微的。正常使用对皮肤、黏膜无明显刺激性，不能接触眼睛和黏膜，不能口服。贮存于阴凉、干燥的室内，防潮、严防曝晒，10～30℃贮存，保质期12个月。

【参考生产企业】 广州市佳信行化工科技有限公司，济南鑫盈化工有限公司，常州君敏化工有限公司，内蒙古科安水处理技术设备有限公司，河南沃特化学清洗有限公司，郑州市中原区盈顺化工商行。

Fd010 杀菌剂 PC-3

【英文名】 biocide agent PC-3

【组成】 氯化二甲基十二烷基苄基铵、亚甲基二硫氰酸酯。

【物化性质】 浅黄色液体，有苦杏仁味。

【质量标准】

有效物/%	≥16
pH 值	6.0～9.0

【用途】 特别适用于造纸工业用水的杀菌灭藻，一般用量为 30～40g/m^3。

包装规格：用塑料桶包装，每桶 50kg 或 200kg。

【制法】 将 80 份氯化二甲基十二烷基苄基铵、80 份亚甲基二硫氰酸酯、840 份溶剂加热溶解而得。

【产品安全性】 毒性小，无积累性毒性，正常使用对皮肤和黏膜无明显刺激性。误用浓溶液可引起腐蚀刺激，不能接触眼睛和黏膜，不慎沾污立即用大量清水冲洗，如发现皮肤刺激症状不缓解或加重，去医院就诊；污染的衣服要洗干净后再穿。密封贮存于室内阴凉、干燥处，防潮、严防曝晒，10～30℃保质期 12 个月。运输过程中应小心轻放、防撞，以免破损。

【参考生产企业】 南京市第一精细化工公司合成化工厂等。

Fd011 JN-2 高效杀菌灭藻剂

【英文名】 efficint biocide-algaecide JN-2

【组成】 氯化二甲基十二烷基苄基铵、助剂。

【物化性质】 黄白色黏稠液体，易溶于水，无嗅，耐热，耐光，耐压。

【质量标准】

有效物/%	≥35
pH 值	7.0～7.7

【用途】 见氯化二甲基十二烷基苄基铵。

包装规格：用塑料桶包装，每桶 50kg 或 200kg。

【制法】 将 350 份氯化二甲基十二烷基苄基铵、60 份烷基-2-羟基-乙基砜、200 份亚砜复配而成。

【产品安全性】 毒性小，无积累性毒性，正常使用对皮肤、黏膜无明显刺激性。误用浓溶液可引起腐蚀刺激，误服后有明显的胃肠道腐蚀作用，可有肝功能异常。误用后处理方法如下。①吸入：转移至新鲜空气处，如呼吸困难给氧。②眼：立即用清水冲洗 15min，若症状持续存在，去医院就诊。③皮肤：立即用大量清水冲洗，如发现皮肤刺激症状不缓解或加重，去医院就诊；污染的衣服要洗干净后再穿。④误服：不主张洗胃、催吐、导泻和使用酸碱中和剂，可立即口服 100～200mL 的牛奶、蛋清或氢氧化铝凝胶。密封贮存于室内阴凉、干燥处，防潮、严防曝晒，10～30℃保质期 12 个月。

【参考生产企业】 北京通州水处理剂厂等。

Fd012 SQ8 杀菌灭藻剂

【英文名】 biocide-algaecide SQ8

【组成】 季铵盐、亚甲基二硫氰酸酯。

【物化性质】 橙黄色液体，沸点 102.2℃，相对密度 1.15±0.05。

【质量标准】

pH 值	7.0～8.0
有效物/%	≥30

【用途】 用于工业水处理作杀菌灭藻剂。杀菌谱广、高效且成本低，一般用量为 30g/m^3。

包装规格：用塑料桶包装，每桶 50kg 或 200kg。

【制法】 将 20 份氯化二甲基十二烷基苄基铵与 10 份亚甲基二硫氰酸酯加入混配

釜中，加入水和异丙醇搅拌溶解即得。

【产品安全性】 毒性小，无积累性毒性，正常使用对皮肤、黏膜无明显刺激性。误用浓溶液可引起腐蚀刺激，误服后有明显的胃肠道腐蚀作用，可有肝功能异常。误用后处理方法如下。①吸入：转移至新鲜空气处，如呼吸困难给氧。②眼：立即用清水冲洗 15min，若症状持续存在，去医院就诊。③皮肤：立即用大量清水冲洗，如发现皮肤刺激症状不缓解或加重，去医院就诊；污染的衣服要洗干净后再穿。④误服：不主张洗胃、催吐、导泻和使用酸碱中和剂，可立即口服 100～200mL 的牛奶、蛋清或氢氧化铝凝胶。应密封贮存于室内阴凉、干燥处，防潮、严防曝晒，10～30℃保质期 12 个月。运输过程中应小心轻放、防撞、防冻，以免损漏。

【参考生产企业】 湖北仙桃市水质稳定剂厂等。

Fd013 杀菌剂 C-38

【英文名】 biocide agent C-38

【组成】 双（三氯甲烷）砜、亚甲基二硫氰酸酯。

【物化性质】 红棕色液体，非氧化性杀菌灭藻剂，不是以氧化作用杀死微生物，而是以致毒作用于微生物的特殊部位，因而，它不受水中还原物质的影响，非氧化性杀菌灭藻剂的杀生作用有一定的持久性，对沉积物或黏泥有渗透、剥离作用，受硫化氢、氨等还原物质的影响较小，受水中 pH 值影响较小。缺点是处理费用相对氧化性杀菌灭藻剂较高，容易引起环境污染，水中的微生物易产生抗药剂型。

【质量标准】

pH 值	6.0～9.0
有效物/%	≥22

【用途】 对藻类、真菌、细菌均能有效控制和杀灭；适用于较宽的 pH 值范围，在碱性系统中保持很高的稳定性；使用浓度低且药效持续时间长；可与大多数阻垢剂配伍。建议用量 0.1%～0.5%（按溶液总量计算）。

包装规格：用塑料桶包装，50kg/桶、120kg/桶、200kg/桶。

【制法】 将 17 份双（三氯甲烷）砜、5 份亚甲基二硫氰酸酯及 78 份溶剂和表面活性剂进行复配。

【产品安全性】 毒性小，无积累性毒性，正常使用对皮肤、黏膜无明显刺激性。误用浓溶液可引起腐蚀刺激，误服后有明显的胃肠道腐蚀作用，可有肝功能异常。误用后处理方法如下。①吸入：转移至新鲜空气处，如呼吸困难给氧。②眼：立即用清水冲洗 15min，若症状持续存在，去医院就诊。③皮肤：立即用大量清水冲洗，如发现皮肤刺激症状不缓解或加重，去医院就诊；污染的衣服要洗干净后再穿。④误服：不主张洗胃、催吐、导泻和使用酸碱中和剂，可立即口服 100～200mL 的牛奶、蛋清或氢氧化铝凝胶。贮存于室内阴凉、干燥处，防潮、防霜冻、防曝晒，10～30℃原包装保质期 12 个月。

【参考生产企业】 湖北仙桃市水质稳定剂厂，河北冠隆化工建材有限公司，巩义市腾龙水处理材料有限公司。

Fd014 非氧化性杀菌灭藻剂

【英文名】 non-oxidizable biocide-algecide

【组成】 季铵盐。

【物化性质】 相对密度（20℃）0.9～1.0，具有高效、广谱、水溶性好、使用方便、安全可靠的特点。

【质量标准】

外观	橙黄色液体
pH 值	5～6
有效物/%	≥20

【用途】 用于化工、化肥、化纤、炼油、

冶金、电厂等系统的冷却水灭菌灭藻，对金属设备有缓蚀效果。一般用量为20～50g/m³，可与氯气交替使用，以降低成本。包装规格：用塑料桶包装，25kg/桶。

【制法】 将季铵盐投入混配釜中，加水溶解后加入配比量的亚甲基二硫氰酸酯和助溶剂，搅匀即可。

【产品安全性】 毒性小，无积累性毒性，正常使用对皮肤、黏膜无明显刺激性。误用浓溶液可引起腐蚀刺激，误服后有明显的胃肠道腐蚀作用，可有肝功能异常。误用后处理方法如下。①吸入：转移至新鲜空气处，如呼吸困难给氧。②眼：立即用清水冲洗15min，若症状持续存在，去医院就诊。③皮肤：立即用大量清水冲洗，如发现皮肤刺激症状不缓解或加重，去医院就诊；污染的衣服要洗干净后再穿。④误服：不主张洗胃、催吐、导泻和使用酸碱中和剂，可立即口服100～200mL的牛奶、蛋清或氢氧化铝凝胶。密封贮存于室内阴凉、干燥处，防潮、防曝晒、防霜冻，10～30℃保质期12个月。

【参考生产企业】 湖北仙桃市水质稳定剂厂，河北冠隆化工建材有限公司，巩义市腾龙水处理材料有限公司。

Fd015 CW-0301杀菌灭藻剂

【英文名】 biocide-algaecide CW-0301

【组成】 亚甲基二硫氰酸酯。

【物化性质】 橙黄色液体，相对密度（20℃）1.02，闪点39℃，绝对黏度（20℃）3.95Pa·s。

【质量标准】

项目	指标
pH值	6.0～9.0
有效物/%	≥20

【用途】 用作工业水处理的灭菌剂，具有高效、广谱、水溶性好的特点。适用的pH值宽，通常以冲击方式投加，用量20～40g/m³。包装规格：用塑料桶包装，25kg/桶。

【制法】 将亚甲基二硫氰酸酯溶于异丙醇中，再加入季铵盐和水搅拌均匀即可。

【产品安全性】 毒性小，无积累性毒性，正常使用对皮肤、黏膜无明显刺激性。误用浓溶液可引起腐蚀刺激，误服后有明显的胃肠道腐蚀作用，可有肝功能异常。误用后处理方法如下。①吸入：转移至新鲜空气处，如呼吸困难给氧。②眼：立即用清水冲洗15min，若症状持续存在，去医院就诊。③皮肤：立即用大量清水冲洗，如发现皮肤刺激症状不缓解或加重，去医院就诊；污染的衣服要洗干净后再穿。④误服：不主张洗胃、催吐、导泻和使用酸碱中和剂，可立即口服100～200mL的牛奶、蛋清或氢氧化铝凝胶。密封贮存于室内阴凉、干燥处，防潮、防霜冻、防曝晒，10～30℃保质期12个月。

【参考生产企业】 湖北仙桃市水质稳定剂厂，河北冠隆化工建材有限公司，巩义市腾龙水处理材料有限公司，北京通州水处理剂厂。

Fd016 T-801杀菌灭藻剂

【英文名】 biocide-algaecide T-801

【组成】 聚季铵盐。

【物化性质】 淡黄色或黄色黏稠液，黏度（20℃）20Pa·s，略有氨臭。

【质量标准】

项目	指标
铵盐含量/%	≤2.0
有效物/%	≥50
pH值（1%水溶液）	6.0～8.0

【用途】 用于工业水处理的灭菌灭藻，特别适用于弱碱性水质。对金属设备、管道有缓蚀效果，具有高效、低毒、使用方便之优点。

包装规格：用塑料桶包装，净重25kg、125kg。

【制法】 将聚季铵盐加乙醇和水稀释至

50%即得。

【产品安全性】 毒性小，无积累性毒性，正常使用对皮肤、黏膜无明显刺激性。浓溶液可引起腐蚀刺激，误服后有明显的胃肠道腐蚀作用，可有肝功能异常。误用后处理方法如下。①吸入：转移至新鲜空气处，如呼吸困难给氧。②眼：立即用清水冲洗 15min，若症状持续存在，去医院就诊。③皮肤：立即用大量清水冲洗，如发现皮肤刺激症状不缓解或加重，去医院就诊；污染的衣服要洗干净后再穿。④误服：不主张洗胃、催吐、导泻和使用酸碱中和剂，可立即口服 100～200mL 的牛奶、蛋清或氢氧化铝凝胶。密封贮存于室内阴凉、干燥处，防潮、防霜冻、防曝晒，10～30℃原包装保质期 12 个月。

【参考生产企业】 湖北仙桃市水质稳定剂厂，河北冠隆化工建材有限公司，巩义市腾龙水处理材料有限公司，北京通州水处理剂厂。

Fd017 TS 系列杀菌灭藻剂

【英文名】 biocide-algaecide TS series

【组成】 聚季铵盐。

【物化性质】 透明淡蓝色液体至淡黄色黏稠液，相对密度 1.05，溶于水。

【质量标准】

项目	指标
固含量/%	24～40
pH 值	7.0～9.0

【用途】 用于工业水处理作杀菌灭藻剂，具有广谱、低毒、水溶性好、药效持久的特点，尤其在低温下仍有较高的杀生力。采用冲击式投药，每周一次或两周一次，用量 80g/m³。

包装规格：用塑料桶包装，25kg/桶。

【制法】 由聚季铵盐与助剂按比例复配而得。

【产品安全性】 毒性小，无积累性毒性。正常使用对皮肤、黏膜无明显刺激性。误用浓溶液可引起腐蚀刺激，误服后有明显的胃肠道腐蚀作用，可有肝功能异常。误用后处理方法如下。①吸入：转移至新鲜空气处，如呼吸困难给氧。②眼：立即用清水冲洗 15min，若症状持续存在，去医院就诊。③皮肤：立即用大量清水冲洗，如发现皮肤刺激症状不缓解或加重，去医院就诊；污染的衣服要洗干净后再穿。④误服：不主张洗胃、催吐、导泻和使用酸碱中和剂，可立即口服 100～200mL 的牛奶、蛋清或氢氧化铝凝胶。密封贮存于室内阴凉、干燥处，防潮、防霜冻、防曝晒，10～30℃原包装保质 12 个月。

【参考生产企业】 南通桑爱水处理试剂有限公司，湖北仙桃市水质稳定剂厂，河北冠隆化工建材有限公司，巩义市腾龙水处理材料有限公司，北京通州水处理剂厂。

Fd018 YT-101 杀菌灭藻剂

【英文名】 biocide-algaecide YT-101

【组成】 聚季铵盐。

【物化性质】 淡黄色至黄色黏稠液，微溶于乙醇，易溶于水，水溶液呈弱碱性，有芳香气味并带苦杏仁味，摇振时产生大量泡沫。长期暴露在空气中易吸潮，静止贮存时有鱼眼珠状结晶析出。其性质稳定，耐光、耐压、耐热、无挥发性。通常工业品是含 40%或 50%有效成分的水溶液，含有效成分 50%的产品相对密度 0.980，黏度为 60mPa·s，pH 值为 6～8。

【质量标准】

项目	指标
运动黏度(25℃)/Pa·s	≥20
有效物/%	≥39
pH 值	6.0～8.0

【用途】 作为工业水处理杀菌剂，能有效地杀灭厌氧菌、真菌、藻类。对金属设备和管道有缓蚀效果，一般投加剂量为50～100mg/L；作黏泥剥离剂，使用量为 200～300mg/L。

包装规格：用塑料桶包装，25kg/桶。

【制法】 将含有不饱和烃基的叔胺加入聚合釜，在过氧化物引发下聚合后，再加入卤代烷进行季铵化得聚季铵盐，加助剂和水稀释至规格要求。

【产品安全性】 毒性小，无积累性毒性，正常使用对皮肤、黏膜无明显刺激性。误用浓溶液可引起腐蚀刺激，误服后有明显的胃肠道腐蚀作用，可有肝功能异常。误用后处理方法如下。①吸入：转移至新鲜空气处，如呼吸困难给氧。②眼：立即用清水冲洗 15min，若症状持续存在，去医院就诊。③皮肤：立即用大量清水冲洗，如发现皮肤刺激症状不缓解或加重，去医院就诊；污染的衣服要洗干净后再穿。④误服：不主张洗胃、催吐、导泻和使用酸碱中和剂，可立即口服 100～200mL 的牛奶、蛋清或氢氧化铝凝胶。密封贮存于室内阴凉、干燥处，防潮、防霜冻、防曝晒，原包装 10～30℃保质 12 个月。

【参考生产企业】 广州美是化工有限公司，南通桑爱水处理试剂有限公司，山东烟台第四化工厂，湖北仙桃市水质稳定剂厂，河北冠隆化工建材有限公司，巩义市腾龙水处理材料有限公司，北京通州水处理剂厂。

Fd019 8-羟基喹啉二硫代磷酸酯络合物

【别名】 HDPS

【英文名】 8-hydroxyquinoline dithiophosphate complex

【结构式】

$$\text{(8-hydroxyquinoline, OH)}\cdot R\overset{O}{\overset{\|}{O}}P\cdot(SH)_2$$

【物化性质】 淡黄色粉末，熔点≥115℃。

【质量标准】

项目	指标
熔点/℃	≥115
有效物含量/%	≥90

【用途】 用于工业冷却水系统和油田注水系统杀菌灭藻，是一种新型杀真菌、细菌的药剂。

包装规格：用内衬塑料袋的木桶包装，净重 30kg。

【制法】 将 8-羟基喹啉溶于溶剂中，在反应釜中与二硫代磷酸酯共热，进行络合反应。然后蒸出溶剂，抽滤、干燥得产品。

【产品安全性】 非危险物，正常使用对皮肤、黏膜无明显刺激性。误用：其粉尘对眼和上呼吸道有中度的刺激，可引起眼和皮肤灼伤；不慎沾污立即用清水冲洗 15min，污染的衣服要洗干净后再穿；如发现皮肤刺激症状不缓解去医院就诊。密封贮存于室内阴凉、干燥处，防潮、严防曝晒，10～30℃贮存，保质 12 个月。

【参考生产企业】 广州美是化工有限公司，廊坊洛尼尔生物科技有限公司，江阳县桐岐联合化工厂等。

Fd020 高铁酸钾

【英文名】 potassium ferrate

【登记号】 CAS［39649-86-8］

【结构式】 K_2FeO_4

【相对分子质量】 198.0

【物化性质】 暗紫色粉末结晶，分解温度>80℃。易溶于水，形成深紫色溶液。不溶于乙醚、醇和氯仿等有机溶剂。其氧化性比 $KMnO_4$ 强。具有杀菌灭藻速度快、杀生效果的广谱性高、处理费用低、对环境污染相对影响较小、微生物不易产生抗药性的优点。

【质量标准】

项目	指标
有效物/%	≥98
高铁酸钾/%	98
Fe^{3+}/(mg/mL)	≤0.5
pH 值(10%水溶液)	5～12

【用途】 高铁酸盐是一种新型杀菌灭藻剂，具有优良的氧化杀菌消毒性能及生成的 $Fe(OH)_3$ 对各种阴阳离子有吸附作

用，无毒，无污染。适用于饮水消毒、循环冷却水系统的杀菌灭毒，而且还适用于含 CN^- 的废水的治理。

包装规格：用内衬塑料袋的木桶包装，净重 30kg。

【制法】

(1) 次氯酸盐氧化法　将 NaOH 加入反应釜中，加水溶解后冷却到 20℃，通氯气充分饱和，然后过滤，除去固体 NaCl，滤液备用（滤液为有效氯含量为 70%～80%的次氯酸钠溶液）。

将滤液转移到氧化反应釜中，在20～30℃下一边搅拌一边滴加 $Fe(NO_3)_3$ 溶液，反应一段时间后取样测终点。当反应液中 $[Fe]^{3+}<0.5mg/mL$ 时即为氧化终点。到达终点后再继续搅拌 1h，然后加入 40%的水溶液，静置后将析出的 NaCl 过滤除去，滤液备用。

将滤液转移至转化釜中，加入 50%的 KOH 水溶液，在 20～30℃下反应 2h，析出的褐紫色沉淀便是 K_2FeO_4。过滤，用冰水和丙三醇洗涤滤饼，真空干燥，包装即可。反应式如下：

$NaOH+Cl_2 \longrightarrow$

$3NaOCl+Fe(NO_3)_3+NaOH \longrightarrow$

$Na_2FeO_4+KOH \longrightarrow$本品

(2) 高温过氧化钠法　将过氧化钠和硫酸亚铁依次投入反应釜中，其投料比为 3∶1（摩尔比）。密闭反应器，在氮气流中，加热反应，在 700℃下反应 1h。得到 Na_2FeO_4 粉末，将其溶于 NaOH 溶液，快速过滤。滤液转移至转化釜中，加入等摩尔 KOH 固体，析出 K_2FeO_4 结晶。过滤，用 95%乙醇洗涤，真空干燥得成品。反应式如下：

$FeSO_4+Na_2O_2 \longrightarrow$

$Na_2FeO_4+KOH \longrightarrow$本品

【产品安全性】 毒性小，无积累性毒性，正常使用对皮肤、黏膜无明显刺激性。误用：其粉尘对眼和上呼吸道有中度的刺激，可引起眼和皮肤灼伤；不慎沾污立即用清水冲洗 15min，如发现皮肤刺激症状不缓解或加重去医院就诊。贮存于阴凉、干燥处，不能与还原剂同贮混运。10～30℃保质 12 个月，运输时应防潮，轻拿轻放，严防曝晒。

【参考生产企业】 广州美是化工有限公司，南通粲爱水处理试剂有限公司，山东烟台第四化工厂，湖北仙桃市水质稳定剂厂，河北冠隆化工建材有限公司，巩义市腾龙水处理材料有限公司，北京通州水处理剂厂。

Fd021 二氧化氯

【英文名】 chlorine dioxide

【分子式】 ClO_2

【相对分子质量】 67.45

【物化性质】 常温下为黄绿色或橘黄色气体，有类似氯气的臭味，低于 10℃以下为红褐色液体。易溶于水，但水溶液不稳定，逐渐会分解为 Cl_2 逸出溶液之外；溶于冰醋酸、四氯化碳中。其水溶液含量在 6～10g/L 下较为安全，具有极高的氧化性，氧化水中亚价态物质，降低生物耗氧量，达到改善水质的目的，同时除黑、去腥臭、除异味。

【质量标准】 GB/T 20783—2006

项目	指标
二氧化氯/%	5～8
pH 值(1%水溶液)	8.2～9.2
有效物质含量/%	99
相对密度(11℃)	3.09

【用途】 用于工业水处理作杀菌消毒剂，对养殖动物安全性高，无毒、无害、无残留，适用于鱼、虾、蟹、海参、贝类、牛蛙、龟、鳖等各种养殖水体，晴雨两用，不耗氧。活化速度快，活化率高，在 3～5min 内即可活化，活化率高达 98%以上。抑制不良藻类的过量繁殖，调节水中藻相，营造适合水产动物和平生长的水体环境；改良各种蓝绿水、红黑水、分层水、

浑浊水、腥臭水等不良水质；降解水体中的有机氮、氨氮、亚硝酸氮、硫化氢及甲烷等有毒有害物质，促进养殖水体氮循环。

【用法用量】 在循环冷却水中作杀菌灭藻剂时可替代氯气，每 10～15d 投加 50mg/L。使用前用酸活化处理 10～15min，然后投入循环水泵的吸入口。作黏泥剥离处理用可投加 100～200mg/L。本品经活化后，应立即使用。

用于水产养殖：先将 10 倍于本品质量的水盛于塑料水桶中，再将本品缓缓倒入水中，搅拌均匀，溶解，静置 10～15min，待溶液变黄后，再加水稀释，贴近水面全池均匀泼洒。

① 养殖期间每 10～15d 定期使用，用量为每亩 1m 水深使用本品 100～150g。

② 水质恶化、水体有异味或藻类浓、透明度低时每亩 1m 水深使用本品 150～200g，连用 2 次。

③ 氨氮、亚硝酸盐、硫化氢等超标时，每亩 1m 水深使用本品 150～200g。

【注意事项】

① 不得使用金属器具配制或盛放溶液，不可做缺氧急救之用。

② 先盛水于容器后，再将本品缓慢倒入水中，搅拌溶解后在上风口泼洒。禁止将药品先放入容器中，再将水倒入容器内。

③ 本产品为一元包装，万一受潮则直接释放出二氧化氯气体，所以一定要在干燥、通风、阴凉、远离易燃物的地方妥善保存。

④ 本品应即开即用，拆包后一次用完，不可继续存放。若包装破损，严禁贮运；勿与酸性物共贮混运。

⑤ 本品应置于儿童触及不到的地方，不得造成人畜误服，尽量避免接触皮肤、眼睛等。

⑥ 使用后的包装应及时销毁，不可随意积存、丢弃。

⑦ 不可与其他消毒剂混合使用。

包装规格：用塑料桶包装，净重 25kg。

【制法】

① 新马蒂逊法。将氯酸钠液（600g/L）与硫酸（95%～98%）连续定量地从液面下送入反应器，经空气稀释后的 5%～8%二氯化硫气体通过气体分布板进入反应器。为了提高收率，一般用两个反应器，第一个反应器温度 30～40℃，氯酸钠含量 20～22g/L，硫酸 9.0mol/L，氯化钠 5～6g/L；第二个反应器温度 40～45℃，氯酸钠含量 2g/L，硫酸 9.3mol/L，氯化钠 7g/L。反应器产生的气体进入洗气器，用氯酸钠液洗去气体中的夹带的硫酸、盐酸及未反应的二氧化硫后，进入吸收塔用冷水吸收，制成 6～8g/L 的二氧化氯水溶液。反应式如下：

$$2NaClO_3+SO_2 \longrightarrow 2ClO_2+Na_2SO_4$$

② 将氯酸钠和氯化钠的混合水溶液按 1∶1.05 的摩尔比送入反应器，加硫酸（98%）在 35～55℃下进行还原反应。反应式如下：

$$NaClO_3+NaCl+H_2SO_4 \longrightarrow ClO_2+\frac{1}{2}Cl_2+H_2O+Na_2SO_4$$

【产品安全性】 是一种强氧化剂，不致癌，无致畸、无突变作用。操作时佩戴劳保用品，接触皮肤应及时清洗。贮于室内通风阴凉处，避免阳光直射。不能与还原剂同贮混运，室温贮存期 10 个月。

【参考生产企业】 石家庄博纳科技有限公司，北京华龙星宇科技发展有限公司，上海石化水处理剂厂。

Fd022 亚氯酸钠

【英文名】 sodium chlorite

【登记号】 CAS [7758-19-2]

【结构式】 $NaClO_2$

【相对分子质量】 90.44

【物化性质】 白色结晶体，溶于水和醇。无水物加热至312℃尚不分解，含水亚氯酸钠加热至130～140℃分解放出氧。酸性条件下分解放出二氧化氯。二氧化氯杀菌快速，pH范围广（6～10），不受水硬度和盐分影响。

【质量标准】

规格		一等品	合格品
亚氯酸钠/%	≥	82	80
氯酸钠/%	≤	3.5	4.0
氯化钠/%	≤	13.5	15.0
水分/%	≤	1.0	1.0

【用途】 用于饮水净化，不残留氯气味，处理污水具有杀菌、除酚、除臭作用。亦为高效漂白剂，用以漂白织物、纤维、纸浆，具有对纤维损伤小的特点。在其浓度为0.5～1mg/L时，1min内能将水中99%的细菌杀灭，灭菌效果为氯气的10倍、次氯酸钠的2倍，抑制病毒的能力也比氯高3倍，比臭氧高1.9倍。

包装规格：内包装纸袋，每袋1kg；外包装木桶，每桶30袋。

【制法】

(1) 电解法 在阳离子交换膜隔成的三室型电解槽中，将二氧化氯气体（含量15%左右，ClO_2∶Cl_2的摩尔比不低于15∶1）通入阴极室，溶于溶液中，在30℃左右从阴极获得亚氯酸根，阳极室中不断通入氯化钠溶液，氯离子放出电子，变成氯气逸出。钠离子则在直流电场作用下穿过阳极膜进入阴极室与亚氯酸根结合为亚氯酸钠。溶液含量17%～23%，除去微量二氧化氯后，喷雾干燥即得成品。

(2) 过氧化氢法 用空气把原料二氧化氯稀释至10%左右，进入鼓泡式吸收器，再通过蛇管冷凝器向吸收器送入含量为30%的过氧化氢，并通入NaOH溶液（160g/L），在0～2℃反应。反应结束后，过滤，然后将滤液真空蒸发至350～400g/L时，移至结晶器，在－5～－10℃下结晶，在70℃以下用空气干燥得成品。

【产品安全性】 对人体及动物没有危害，对环境不造成二次污染，正常使用对皮肤、黏膜无明显刺激性。误用浓溶液可引起腐蚀刺激，不慎触及应立即用清水冲洗15min，如发现皮肤刺激症状不缓解或加重，去医院就诊，污染的衣服要洗干净后再穿。贮存于室内阴凉、干燥处，防潮、严防曝晒，10～30℃保质12个月。

【参考生产企业】 北京华龙星宇科技发展有限公司，上海石化水处理剂厂。

Fd023 过氧化氢

【别名】 双氧水

【登记号】 CAS [7722-94-1]

【英文名】 hydrogen peroxide

【结构式】 H_2O_2

【相对分子质量】 34.01

【物化性质】 相对密度（20℃）1.101，沸点104.6℃ 。

【质量标准】 GB/T 1616—2014

型号	一级品	二级品
外观	无色透明液体	略带黄色透明液体
H_2O_2含量/%	≥27.5	≥27.5
酸度/%	≤0.05	≤0.1
稳定度/%	≥45	≥90
不挥发物/%	<0.1	<0.2

【用途】 用于工业水处理作杀菌灭藻剂，亦可作漂白剂用于织物、纸浆的漂白。

包装规格：用塑料桶包装，净重25kg。

【制法】 以2-乙基蒽醌和四氢-2-乙基蒽醌为载体（二者质量比为15∶85），以重芳烃氢化萜松醇，以磷酸三辛酯为溶剂配成工作液（蒽醌含量为100～120g/L）。

在 60～75℃、0.2～0.3MPa 下以兰尼镍为催化剂与氢气进行加成反应，使蒽醌氢化，氢化后得到氢化蒽醌，称为氢化液。将氢化液用泵打入氧化塔内，在 0.3MPa 下于 40～44℃与空气中的氧发生氧化反应，得到过氧化氢。用水吸收过氧化氢得双氧水，经净化塔处理净化及空气吹扫得到含量不低于 27.5% 的产品。反应式如下：

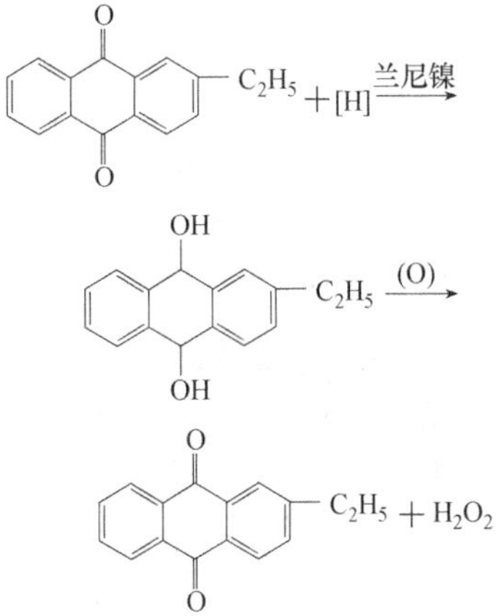

2-乙基蒽醌（C_2H_5）$+[H] \xrightarrow{\text{兰尼镍}}$ 2-乙基-9,10-二羟基蒽（OH，OH，C_2H_5）$\xrightarrow{(O)}$ 2-乙基蒽醌（C_2H_5）$+ H_2O_2$

【产品安全性】 一种强氧化剂，不致癌，无致畸、无突变作用，操作时佩戴劳保用品。正常使用对皮肤、黏膜无明显刺激性，误用浓溶液可引起腐蚀刺激。不慎沾污皮肤立即用清水冲洗 15min，如发现皮肤刺激症状不缓解或加重，去医院就诊。贮存于室内阴凉、干燥处，防潮、严防曝晒，不能与还原剂同贮混运。10～30℃保质 12 个月。

【参考生产企业】 天津市东方化工厂等。

Fd024 2-羟基-3-*O*-葡萄糖基丙基-二甲基-十二烷基（或癸基）氯化铵

【英文名】 2-hydroxy-3-*O*-glucosylpropyl-dimethyl-dodecylammonium chloride

【结构】

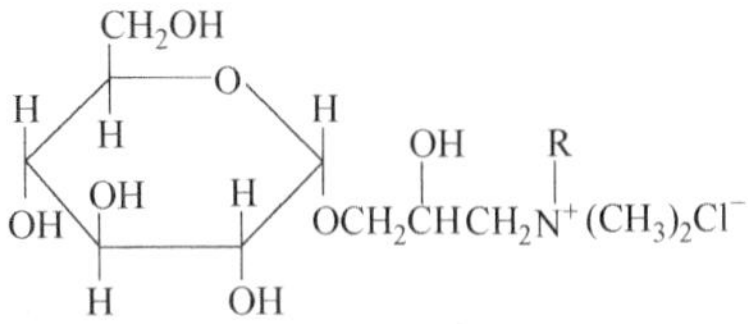

葡萄糖环（CH_2OH，O，H，OH）$-OCH_2CH(OH)CH_2N^+(CH_3)_2Cl^-$（N 上连 R）

$R=C_8H_{17}$或$C_{12}H_{25}$

【物化性质】 含糖苷阳离子表面活性剂，具有良好的生物降解性，杀菌、抗静电性能。表面张力小、泡沫稳定，与阴离子表面活性剂复配性好。

【质量标准】

名称	氯代醇糖苷癸铵	氯代醇糖苷十二铵
外观	棕色透明液	浅黄透明液
表面张力/(mN/m)	0.03615	0.05150
泡沫高度/mm	530	300
CMC/%	1.26	0.43

【用途】 可用于水处理作杀菌剂。

包装规格：用塑料桶包装，每桶 25kg 或根据用户需要确定。

【制法】

(1) 环氧氯丙烷的水解 将一定量的环氧氯丙烷和水（摩尔比为 1∶16）以及催化剂（阳离子交树脂）加入反应器，搅拌升温至 85～105℃，保持回流 3～4h。先常压蒸出水，再减压蒸出水解产物 3-氯-1,2-丙二醇。

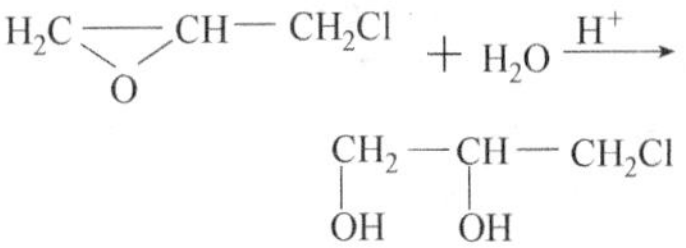

$$H_2C(-O-)CH-CH_2Cl + H_2O \xrightarrow{H^+} CH_2(OH)-CH(OH)-CH_2Cl$$

(2) 叔胺的合成 将脂肪伯胺（癸胺或十二胺）溶于乙醇，加入反应器，冷却，加入甲酸，搅拌升温，控制温度于 50～60℃之间加入甲醛溶液，在 80℃下反应数小时，反应后加入氢氧化钠溶液，使反应液 pH>10，静置，待分层后分出有机层并用水洗至水层呈中性，将有机层减压蒸馏，收集适当馏分，同时用薄层色谱检测样品的纯度。

$$RNH_2 + 2H-\overset{O}{\overset{\|}{C}}-H + 2H-\overset{O}{\overset{\|}{C}}-OH \longrightarrow RN(CH_3)_2 + 2CO_2 + 2H_2O$$

（3）氯代醇糖苷的合成　将一定量的3-氯1,2-丙二醇以及催化剂对甲苯磺酸加入反应器，加热搅拌，待温度升至90～95℃时，滴加50%葡萄糖水溶液，滴完后反应1h，减压分出水，得浅棕色黏稠液体，用氢氧化钠溶液中和。

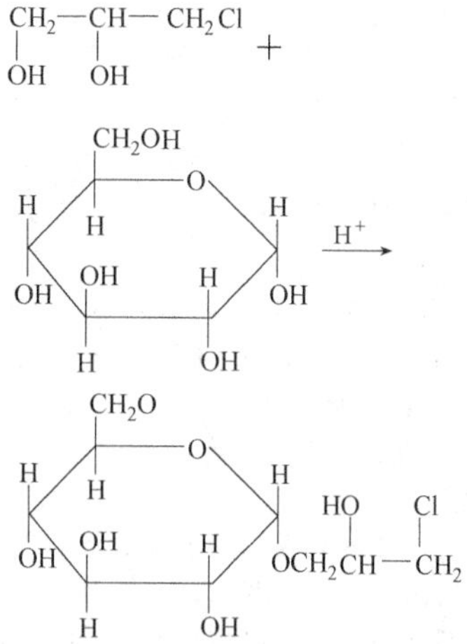

$$\underset{OH}{CH_2}-\underset{OH}{CH}-CH_2Cl + \text{葡萄糖（}CH_2OH\text{）} \xrightarrow{H^+} \text{葡萄糖基}-OCH_2\underset{HO}{CH}-\underset{Cl}{CH_2}$$

（4）2-羟基-3-*O*-葡萄糖基丙基-二甲基-十二烷基（或癸基）氯化铵　将氯代醇糖苷与二甲基烷基（癸基或十二烷基）胺按一定的摩尔比分批加入反应装置中，用水作溶剂，在搅拌下加热回流，待反应液变为透明溶液后即可停止反应，产品为棕色透明黏稠液体。

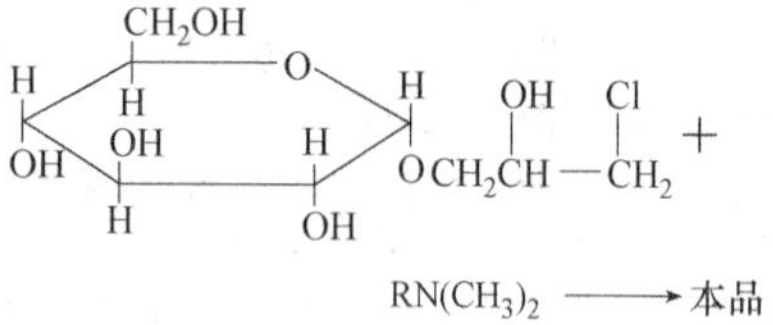

$$\text{葡萄糖基}-OCH_2\underset{OH}{CH}-\underset{Cl}{CH_2} + RN(CH_3)_2 \longrightarrow \text{本品}$$

【产品安全性】　低毒，正常使用对皮肤、黏膜无明显刺激性。误用浓溶液可引起腐蚀刺激，误服后有明显的胃肠道腐蚀作用，可有肝功能异常。误用后处理方法如下。①吸入：转移至新鲜空气处，如呼吸困难给氧。②眼：立即用清水冲洗15min，若症状持续存在，去医院就诊。③皮肤：立即用大量清水冲洗，如发现皮肤刺激症状不缓解或加重，去医院就诊；污染的衣服要洗干净后再穿。④误服：不主张洗胃、催吐、导泻和使用酸碱中和剂，可立即口服100～200mL的牛奶、蛋清或氢氧化铝凝胶。贮存于室内阴凉、干燥处，防潮、严防曝晒，10～30℃保质12个月。

【参考生产企业】　内蒙古科安水处理技术设备有限公司，河南沃特化学清洗有限公司，北京海洁尔水环境科技公司，北京普兰达水处理制品有限公司。

Fd025 咪唑啉季铵盐

【英文名】　imidazoline quaternary

【结构】

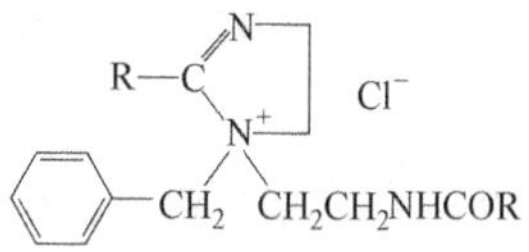

$$R-C(=N-CH_2CH_2-)N^+(CH_2C_6H_5)(CH_2CH_2NHCOR)\ Cl^-$$

$R = C_{17}H_{35}$、$C_{17}H_{33}$、$C_{11}H_{23}$、C_6H_5

【物化性质】　咪唑啉季铵盐型表面活性剂分子中含有阴、阳两种离子基，具有优异的去污、起泡、乳化等性能，对钢铁、铜、铝等多种金属有优良的缓蚀性能。易溶于乙醇、丙酮等极性有机溶剂，能溶于40℃热水中，溶于水后，除有机羧酸为苯甲酸合成的咪唑啉季铵盐为深褐色液体外，其余均为土黄色乳状液。

【质量标准】

外观	黄褐色固体
咪唑啉的质量分数/%	88～92

【用途】　用于水处理作杀菌剂、缓饰剂。

包装规格：用内衬塑料袋的木桶包装，每桶30kg或根据用户需要确定。

【制法】

（1）咪唑啉的合成　将有机羧酸与二乙烯三胺（摩尔比2∶1.05）加入反应器中，不断搅拌使之充分混合。将反应物冷却至100℃以下，开动真空泵抽真空至101kPa，在120℃反应3h得酰基化产物。然后减压至63kPa，升温至240℃，保持温度反应约2h。停止加热，让中间产物自然冷却至120℃左右，趁热将产物倒入结晶釜，冷却凝结成淡黄色固体。

（2）咪唑啉的季铵化　将咪唑啉加入反应器中，加热至100～110℃，慢慢加入氯化苄（咪唑啉与氯化苄的摩尔比1∶1）并不停搅拌，保温3h后，降温至室温，得到季铵化的咪唑啉季铵盐。

$$RCOOH+NH_2(CH_2)_2NH(CH_2)_2NH_3 \xrightarrow{\triangle}$$

R—C(=N—CH₂—CH₂—N(CH₂CH₂NHCOR)—)（咪唑啉）＋ $C_6H_5CH_2Cl$ $\xrightarrow{\triangle}$ 本品

【产品安全性】 低毒，正常使用对皮肤、黏膜无明显刺激性，误用可引起腐蚀刺激。不慎接触皮肤、眼睛立即用清水冲洗15min，如发现皮肤刺激症状不缓解或加重，去医院就诊。贮存于室内阴凉、干燥处，防潮、严防曝晒，10～30℃保质12个月。

【参考生产企业】 内蒙古科安水处理技术设备有限公司，河南沃特化学清洗有限公司，北京海洁尔水环境科技公司，北京普兰达水处理制品有限公司，上海同纳环保科技有限公司，上海维思化学有限公司。

Fd026 氯化三甲基豆油铵

详见Ea039。

Fd027 α-十四烷基甜菜碱

【英文名】 α-tetradecyl betaine

【相对分子质量】 337.53

【结构】

$$C_{14}H_{29}—CH(COO^-)—N^+(CH_3)_3$$

【物化性质】 浅黄色液体，浊点1℃。溶于水，耐酸碱，稳定性良好，增稠效果好，对皮肤和眼睛刺激性小。与烷基硫酸钠类阴离子表面活性剂混合使用泡沫丰富细腻，去污力增强。

【质量标准】

项目	指标
含量/%	≥30
游离胺含量/%	≤0.4

【用途】 在水处理中用作作杀菌剂。

包装规格：用塑料桶包装，每桶25kg或根据用户需要确定。

【制法】 将α-溴代十六酸投入反应釜中，在搅拌下用等物质的量氢氧化钠溶液中和至pH＝7。然后升温并加入等物质的量的三甲胺水溶液，在30℃下搅拌5h。静置一夜，加500kg水稀释，得粗产品。反应式如下：

$$C_{14}H_{29}—CH(Br)COOH+N(CH_3)_3 \longrightarrow 本品$$

【产品安全性】 刺激性低，正常使用安全性好。贮存于室内阴凉、干燥处，防潮、严防曝晒，10～30℃保质12个月。

【参考生产企业】 内蒙古科安水处理技术设备有限公司，河南沃特化学清洗有限公司，北京海洁尔水环境科技公司，黑龙江大庆华顺化工有限公司。

Fd028 *N*,*N*-二甲基-*N*-十八烷氧基亚甲基甜菜碱

【英文名】 dimethyl octadecyloxy methylene betaine

【相对分子质量】 385.62

【结构】

$$C_{18}H_{37}OCH_2N^+(CH_3)_2CH_2COO^-$$

【物化性质】 无色晶体，溶于水和酒精，具有较强的发泡能力。

【质量标准】

氯化钠含量/%	≤5
固含量/%	95

【用途】 在水处理中用作杀菌剂。

包装规格：用内衬塑料袋的木桶包装，每桶30kg或根据用户需要确定。

【制法】 将110kg N,N-二甲基氨基乙酸加入反应釜中，加入200kg乙醇，搅拌溶解。加热到35℃左右，加入330kg十八烷基氯甲醚，搅拌均匀后滴加40%的氢氧化钠水溶液120kg。滴毕后，在40～50℃下反应4h，静置，滤出无机盐，滤液加入蒸馏釜中蒸乙醇，残留的黏稠物为粗产品，加丙酮调成适当浓度的液体产品，把丙酮不溶物滤除，蒸出丙酮，浓缩、冷却、结晶，结晶物为固体产品。用环己烷重结晶得无色晶体为纯品。母液循环使用数次进蒸馏釜蒸出丙酮。釜底液吸附处理后排放。反应式如下：

$$C_{18}H_{37}OCH_2Cl + (CH_3)_2NCH_2COOH \xrightarrow[C_2H_5OH]{NaOH} \text{本品}$$

【产品安全性】 低毒，正常使用对皮肤、黏膜无明显刺激性。误用可引起腐蚀刺激，误服后有明显的胃肠道腐蚀作用，可有肝功能异常。误用后处理方法如下。①吸入：转移至新鲜空气处，如呼吸困难给氧。②眼：立即用清水冲洗15min，若症状持续存在，去医院就诊。③皮肤：立即用大量清水冲洗，如发现皮肤刺激症状不缓解或加重，去医院就诊；污染的衣服要洗干净后再穿。④误服：不主张洗胃、催吐、导泻和使用酸碱中和剂，可立即口服100～200mL的牛奶、蛋清或氢氧化铝凝胶。贮存于室内阴凉、干燥，处防潮、严防曝晒，10～30℃保质12个月。

【参考生产企业】 河北廊坊开发区大明化工有限公司，江苏常州清流水处理厂，内蒙古科安水处理技术设备有限公司，河南沃特化学清洗有限公司，北京海洁尔水环境科技公司。

Fd029 N,N-二甲基-N-十二烷基硫代亚丙基甜菜碱

【英文名】 dimethyl dodecyl thioic propylene betaine

【相对分子质量】 345.57

【结构】

$$C_{12}H_{25}SCH_2CH_2CH_2-\overset{\displaystyle CH_3}{\underset{\displaystyle CH_3}{\overset{|}{\underset{|}{N^+}}}}-CH_2COO^-$$

【物化性质】 无色或浅黄色晶体，熔点113～114℃，溶于水，具有良好的抗菌性。

【质量标准】

氯化钠含量/%	≤5.0
含量/%	≥95
pH值(5%水溶液)	3.0～4.0

【用途】 在水处理中作杀菌剂，可抑制革兰氏阳性和阴性细菌以及部分真菌的生长。

包装规格：用塑料桶包装，每桶25kg或根据用户需要确定。

【制法】 把3-十二烷基硫代丙胺投入反应釜中，加热到40℃，在不断搅拌下慢慢加85%的甲酸和36%的甲醛溶液。通入二氧化碳，在80℃下搅拌6h，反应完成。冷却降温至50℃左右加入10%的氢氧化钠水溶液，静置，待分层清晰后，吸出上层物，水洗，脱水，减压蒸馏收集147～149℃/1.05kPa馏分，得N,N-二甲基-N-十二烷基硫代亚丙基胺。将其计量后加入成盐釜中，加热至40℃，再加入理论量的45%的氯乙酸钠水溶液，在80～85℃下搅拌6h，冷却后，用稀盐酸调pH值至3左右，继续搅拌30min，去除无机盐，浓缩、结晶，纯品用乙醇-丙酮溶液（3∶1）做重结晶，得无色晶体。含油废水经吸附处理后排放。反应式如下：

$$C_{12}H_{25}SCH_2CH_2CH_2NH_2 \xrightarrow[HCOOH]{HCHO} C_{12}H_{25}SCH_2CH_2CH_2N(CH_3)_2 \xrightarrow{ClCH_2COONa} \text{本品}$$

【产品安全性】 低毒，正常使用安全性好，对皮肤、黏膜无明显刺激性。不慎接触皮肤后立即用清水冲洗 15min，如发现皮肤刺激症状不缓解或加重，去医院就诊；污染的衣服要洗干净后再穿。贮存于室内阴凉、干燥处，防潮、严防曝晒，10～30℃贮存，保质 12 个月。

【参考生产企业】 内蒙古科安水处理技术设备有限公司，河南沃特化学清洗有限公司，北京海洁尔水环境科技公司，西安吉利电子化工有限公司，山东烟台福山绿洲化学品有限公司。

Fd030 十一烷基羟乙基羟丙基咪唑啉磺酸盐

【英文名】 undecyl hydroxyethyl hydroxypropyl imidazoline sulfonate

【结构式】

$$C_{11}H_{23}-C(=N-CH_2-CH_2-)N^{+}(CH_2CH_2OH)CH_2CH(OH)CH_2SO_3^{-}$$

【相对分子质量】 406.57

【物化性质】 琥珀色液体，易溶于水和乙醇等极性溶剂，在较宽 pH 范围内具有良好的表面活性，对硬水稳定性良好，能耐酸碱和各种金属离子，有良好的洗涤性、润湿性和发泡性。具有杀菌能力，既能杀死大肠杆菌、葡萄球菌，又能杀死传染血吸虫病的媒介物尾虫幼虫，还具备出色的柔软性，对眼和皮肤刺激性小。

【质量标准】

项目	指标
氯化钠/%	6.0±1
活性物/%	40±2
pH 值(1%水溶液)	8.0～9.0

【用途】 用于水处理作杀菌剂、金属螯合剂、钙皂分散剂、缓蚀剂及金属硬表面清洗剂等。

包装规格：用塑料桶包装，每桶 25kg 或根据用户需要确定。

【制法】 将等物质的量月桂酸与羟乙基乙二胺在 100℃左右进行缩合反应生成酰胺，然后抽真空在 0.13 ～ 32.5kPa、150～160℃下脱水闭环生成 2-月桂基-*N*-羟乙基咪唑啉，最后与环氧氯丙烷和亚硫酸氢钠反应而得成品。反应式如下：

$$C_{11}H_{23}COOH + NH_2CH_2CH_2NHCH_2CH_2OH \longrightarrow C_{11}H_{23}-C(=N-CH_2-CH_2-)N-CH_2CH_2OH$$

$$+ ClCH_2CH\underset{O}{-}CH_2 + NaHSO_3 \longrightarrow \text{本品}$$

【产品安全性】 低毒，正常使用安全性好，对皮肤、黏膜无明显刺激性。不慎接触皮肤立即用清水冲洗 15min，如发现皮肤刺激症状不缓解或加重，去医院就诊；污染的衣服要洗干净后再穿。贮存于室内阴凉、干燥处，防潮、严防曝晒，10～30℃保质 12 个月。

【参考生产企业】 内蒙古科安水处理技术设备有限公司，河南沃特化学清洗有限公司，北京海洁尔水环境科技公司，山西天脊集团精细化工有限公司，河北衡水恒生环保制剂有限公司。

Fd031 异噻唑啉酮

【英文名】 isothiazolinones

【相对分子质量】 115.16 或 149.59

【登记号】 CAS [26172-55-4，2682-20-4]

【结构式】

$$HC_4=HC_5-S_1-N_2(CH_3)-C_3(=O)-$$

2-甲基-4-异噻唑啉-3-酮（MI）

$$HC_4=C_5(Cl)-S_1-N_2(CH_3)-C_3(=O)-$$

5-氯-2-甲基-4-异噻唑啉-3-酮（CMI）

【物化性质】 异噻唑啉酮是通过断开细菌和藻类蛋白质的键而起杀生作用的。异噻唑啉酮与微生物接触后，能迅速地不可逆地抑制其生长，从而导致微生物细胞的死亡，故对常见细菌、真菌、藻类等具有很强的抑制和杀灭作用。杀生效率高，降解性好，具有不产生残留、操作安全、配伍性好、稳定性强、使用成本低等特点。能与氯及大多数阴、阳离子及非离子表面活性剂相混溶。高剂量时，异噻唑啉酮对生物黏泥剥离有显著效果。

【质量标准】 HG/T 3657—2008

型号	MI	CMI
外观	琥珀色透明液体	淡黄或淡绿色透明液体
活性物含量/%	≥14.0	≥1.50
pH 值	1.0～4.0	2.0～5.0
CMI/MI(质量分数)	2.5～4.0	2.5～4.0
密度(20℃)/(g/cm³)	≥1.25	≥1.02

【用途】 异噻唑啉酮是一种广谱、高效、低毒、非氧化性杀菌剂，运用于油田、造纸、农药、切削油、皮革、油墨、染料、制革等行业。异噻唑啉酮类产品作黏泥剥离剂时，投加浓度 150～300mg/L；作杀菌剂时，每隔 3～7d 投加 1 次，投加剂量 80～100mg/L。能与氯气等氧化型杀菌剂同时使用，不能用于含硫化物的冷却水系统。异噻唑啉酮与季铵盐复合使用效果较佳。异噻唑啉酮做工业杀菌防霉剂使用时，一般浓度为 0.05%～0.4%。

包装规格：用塑料桶包装，净重 25kg、200kg 或根据用户要求确定。

【制法】 主要由 5-氯-2-甲基-4-异噻唑啉-3-酮（CMI）和 2-甲基-4-异噻唑啉-3-酮（MI）组成。

【产品安全性】 异噻唑啉酮有腐蚀性，对皮肤和眼睛有刺激性，操作时应配备防护眼镜和橡胶手套，一旦接触皮肤、眼睛时，应立即用大量清水冲洗和就医。密封贮于室内阴凉处，贮存期 10 个月。

【参考生产企业】 内蒙古科安水处理技术设备有限公司，河南沃特化学清洗有限公司，北京海洁尔水环境科技公司。

Fd032 杀菌剂 TH-401

【英文名】 biocide TH-401

【组成】 季铵盐复合物。

【物化性质】 无色透明液体，具有高效、广谱、低毒、药效快而持久、渗透力强、使用方便、价格便宜、适用的温度和 pH 值范围较宽等优点。

【质量标准】

项目		指标
密度(20℃)/(g/cm³)	≥	1.0±0.05
pH 值（1%水溶液）		2.0～4.0

【用途】 杀菌剂 TH-401 适用于电厂、化工、化肥、炼油、冶金等工业循环冷却水系统，作为杀菌灭藻和黏泥剥离剂使用。采用冲击式加药，投加量一般为 100～200mg/L 即对菌藻类有彻底杀灭效果。藻类较多时如欲获得快速剥离效果可适当加大用药量，并及时清除漂浮物，泡沫太大影响运行时，可加消泡剂。

包装规格：用塑料桶包装，每桶 25kg 或根据用户要求确定。

【制法】 由季铵盐与过氧化物复合而成。

【产品安全性】 低毒，正常使用对皮肤、黏膜无明显刺激性。误用浓溶液可引起腐蚀刺激，误服后有明显的胃肠道腐蚀作用，可有肝功能异常。误用后处理方法如下。①吸入：转移至新鲜空气处，如呼吸困难给氧。②眼：立即用清水冲洗 15min，若症状持续存在，去医院就诊；③皮肤：立即用大量清水冲洗，如发现皮肤刺激症状不缓解或加重，去医院就诊。污染的衣服要洗干净后再穿。④误服：不主张洗胃、催吐、导泻和使用酸碱中和剂，可立即口服 100～200mL 的牛奶、蛋清或氢氧化铝凝胶。贮存于室内阴凉、干燥处，防潮、严防曝晒，10～30℃保质12个月。

【参考生产企业】 内蒙古科安水处理技术设备有限公司，河南沃特化学清洗有限公司，北京海洁尔水环境科技公司。

Fd033 杀菌剂TH-402

【英文名】 biocide TH-402

【组成】 异噻唑啉酮复合物。

【物化性质】 黄绿色透明液体，具有高效、广谱、低毒、药效快而持久、渗透力强、使用方便、价格便宜、适用的温度和pH值范围较宽等优点，长期使用不会使菌藻产生抗药性。

【质量标准】

项目		指标
密度(20℃)/(g/cm³)	≥	1.0±0.05
pH值(1%水溶液)		2.5～4.5

【用途】 杀菌剂TH-402适用于电厂、化工、化肥、炼油、冶金等工业循环冷却水系统，作为杀菌灭藻和黏泥剥离剂使用，效果优于1227；同时还具有一定的缓蚀作用。采用冲击式加药，投加量一般为80～200mg/L，藻类较多时如欲获得快速剥离效果可适当加大用药量，并及时清除漂浮物，泡沫太大影响生产时，可加消泡剂。

包装规格：用塑料桶包装，每桶25kg或根据用户要求确定。

【制法】 由异噻唑啉酮与季铵盐复合而成。

【产品安全性】 正常使用对皮肤、黏膜无明显刺激性。误用浓溶液可引起腐蚀刺激，误服后有明显的胃肠道腐蚀作用，可有肝功能异常。误用后处理方法如下。①吸入：转移至新鲜空气处，如呼吸困难给氧。②眼：立即用清水冲洗15min，若症状持续存在，去医院就诊。③皮肤：立即用大量清水冲洗，如发现皮肤刺激症状不缓解或加重，去医院就诊；污染的衣服要洗干净后再穿。④误服：不主张洗胃、催吐、导泻和使用酸碱中和剂，可立即口服100～200mL的牛奶、蛋清或氢氧化铝凝胶。贮存于室内阴凉、干燥处，防潮、严防曝晒，10～30℃保质12个月。

【参考生产企业】 内蒙古科安水处理技术设备有限公司，河南沃特化学清洗有限公司，北京海洁尔水环境科技公司。

Fd034 杀菌剂TH-406

【英文名】 biocide TH-406

【组成】 季铵盐复合物。

【物化性质】 无色透明液体，略有杏仁味。具有高效、广谱、低毒、药效快而持久、渗透力强、使用方便、价格便宜、适用的温度和pH值范围较宽等优点。

【质量标准】

项目	指标
pH值(1%水溶液)	2.0
活性组分含量/%	≥30.0

【用途】 杀菌剂TH-401适用于电厂、化工、化肥、炼油、冶金等工业循环冷却水系统，作为杀菌灭藻和黏泥剥离剂使用。采用冲击式加药，投加量一般为80～100mg/L，即对菌藻类有彻底杀灭效果。藻类较多时如欲获得快速剥离效果，可适当加大用药量，并及时清除漂浮物，泡沫太大影响生产时，可加消泡剂。

包装规格：用塑料桶包装，每桶25kg或根据用户要求确定。

【制法】 由季铵盐与助剂复合而成。

【产品安全性】 正常使用对皮肤、黏膜无明显刺激性。误用浓溶液可引起腐蚀刺激，误服后有明显的胃肠道腐蚀作用，可有肝功能异常。误用后处理方法如下。①吸入：转移至新鲜空气处，如呼吸困难给氧。②眼：立即用清水冲洗15min，若症状持续存在，去医院就诊。③皮肤：立即用大量清水冲洗，如发现皮肤刺激症状不缓解或加重，去医院就诊；污染的衣服要洗干净后再穿。④误服：不主张洗胃、催吐、导泻和使用酸碱中和剂，可立即口服100～200mL的牛奶、蛋清或氢氧化铝凝胶。贮存于室内阴凉、干燥处，防潮、严防曝晒，10～30℃保质12个月。

【参考生产企业】 内蒙古科安水处理技术设备有限公司，河南沃特化学清洗有限公司，北京海洁尔水环境科技公司。

Fd035 杀菌剂 TH-409

【英文名】 biocide TH-409

【组成】 阳离子复合物。

【物化性质】 无色微浑浊液体，易溶于水，且不受水体的硬度影响。具有广谱、高效的杀菌灭藻能力和较强的黏泥剥离功能及清洗功能。分散性和渗透性好，穿透力强、毒性低，作用快。同时还具有软化和清洗金属表面的陈垢、缓蚀和提高设备换热率的作用。

【质量标准】

pH值(1%水溶液)	62.0～8.0
活性组分含量/%	≥30.0

【用途】 用于各行业的循环水系统中对由黏泥、油泥、菌藻分泌物及菌藻等组成的黏泥有良好的分解剥离作用。还可作循环水系统的杀菌灭藻剂、清洗剂和造纸防腐剂等。用作黏泥剥离剂使用时按保水量计算，一般投加量为（100～200）$\times 10^{-6}$，藻类较多时，如欲获得快速杀灭及剥离效果，可适当加大用药量。投加TH-409高效黏泥剥离剂后循环水中因剥离而出现污物时，应及时清除漂浮物，以免出现二次沉积。用作杀菌灭藻剂适用时，一般投加量为50～100mg/kg。

包装规格：用塑料桶包装，每桶25kg或200kg。

【制法】 由高效阳离子表面活性剂、强力渗透剂和分散剂等复合而成。

【产品安全性】 正常使用对皮肤、黏膜无明显刺激性。误用浓溶液可引起腐蚀刺激，误服后有明显的胃肠道腐蚀作用，可有肝功能异常。误用后处理方法如下。①吸入：转移至新鲜空气处，如呼吸困难给氧。②眼：立即用清水冲洗15min，若症状持续存在，去医院就诊。③皮肤：立即用大量清水冲洗，如发现皮肤刺激症状不缓解或加重，去医院就诊；污染的衣服要洗干净后再穿。④误服：不主张洗胃、催吐、导泻和使用酸碱中和剂，可立即口服100～200mL的牛奶、蛋清或氢氧化铝凝胶。贮存于室内阴凉、干燥，处防潮、严防曝晒，10～30℃保质12个月。勿与阴离子表面活性剂混用，也不能与氯酚类药剂共同使用。

【参考生产企业】 内蒙古科安水处理技术设备有限公司，河南沃特化学清洗有限公司，北京海洁尔水环境科技公司。

Fd036 NJ-306A 杀菌灭藻剂

【英文名】 biocide-algaecide NJ-306A

【组成】 氯化二甲基十二烷基苄基铵、亚甲基二硫氰酸酯。

【物化性质】 黄白色黏稠液体，易溶于水，无臭、耐热、耐光、耐压。

【质量标准】

有效物/%	≥50
pH值	6.0～9.0

【用途】 用于工业冷却水、油田注水杀菌灭藻，剥离黏土防堵。

包装规格：用塑料桶包装，每桶50kg或200kg。

【制法】 将主要成分按一定比例混合后加热搅匀即可。

【产品安全性】 对皮肤和眼睛有刺激性，操作时应配备防护眼镜和橡胶手套，溅到皮肤上应立即用大量水冲洗和就医。应密封贮存在室内，勿与强碱混放，运输过程中应小心轻放，防撞、防冻，以免损漏。室温保质12个月。

【参考生产企业】 南京市第一精细化工公司合成化工厂等。

Fe 其他药剂

在水处理剂中，除以上介绍的四类产品外，还有一些专门用剂，例如锅炉用阻垢缓蚀剂、金属管道及设备的清洗剂。这类产品一般为复配物，本书选常用品介绍如下。

Fe001 G-1 锅炉阻垢剂

【英文名】 boiler scale inhibitor G-1

【组成】 有机磷酸盐、聚羧酸盐、消泡剂。

【物化性质】 具有清洗和缓蚀的双重作用，清洗速度快、清洗效果好、腐蚀率低。对锅炉炉体及附件的损害小，不会因为加药量多或清洗时间长而造成过洗，不同于通常的盐酸清洗，不受水中的铁、铜等有害离子的干扰，适用于中低压锅炉的清洗。

【质量标准】

外观	琥珀色液体
密度(20℃)/(g/cm³)	1.25±0.1
固含量/%	≥40.0
pH值(1%水溶液)	2.0±1.0

【用途】 适用于各种类型的低压锅炉，特别适用于出口蒸汽压力小于1.27MPa、蒸汽量小于4t/h的水管锅炉。亦适用于蒸汽发生器、生产蒸馏水的蒸发器和各种水冷设备。一般用量为4g/t汽，加药浓度一般为锅炉容积的1‰～3‰。

包装规格：用塑料桶包装，净重25kg。

【制法】 将有机磷酸盐、聚羧酸盐、消泡剂和分散剂按比例混合后搅匀即可。

【产品安全性】 弱酸性，操作时注意劳动保护，应避免与皮肤、眼睛等接触，接触后用大量清水冲洗。贮存于阴凉处，贮存期12个月。

【参考生产企业】 广东省化工研究所，山东烟台第四化工厂等。

Fe002 SG型高效锅炉阻垢剂

【英文名】 efficient boiler scale inhibitor type SG

【组成】 有机磷酸盐、聚羧酸盐。

【物化性质】 红棕色液体，相对密度(20℃)1.25，水溶性极好，无腐蚀性。

【质量标准】

pH值(1%水溶液)	9～10
固含量/%	≥30

【用途】 作阻垢剂和缓蚀剂。适用于给水硬度为6～15mg/L的各类锅炉给水及各种低压锅炉、蒸汽锅炉（10mL/t汽）、热水锅炉（50mL/t水）。工业锅炉运转1年时间后，炉水各项指标基本达到GB/T 6903—2005，炉内老垢以疏松状态脱落，锅炉水垢得到抑制，全部处于良好状态。按水质情况确定添加量，1t水用量为30mL，可直接投入水箱，或以滴加方式给药。注意使用时控制炉水指标。

包装规格：用聚乙烯塑料桶包装，每桶净重25kg，或采用内衬聚乙塑料薄膜的铁桶包装，每桶净重200kg。

【制法】 将有机磷酸盐、聚羧酸盐按一定比例混合后加水溶解搅匀即可。

【产品安全性】 非危险品，正常使用对皮肤、黏膜无明显刺激性，误用浓溶液可引起腐蚀刺激。误用后处理方法如下。①吸入：转移至新鲜空气处，如呼吸困难给氧。②眼：立即用清水冲洗 15min，若症状持续存在，去医院就诊。③皮肤：立即用大量清水冲洗，如发现皮肤刺激症状不缓解或加重，去医院就诊；污染的衣服要洗干净后再穿。贮存于室内阴凉、干燥处，防潮、严防曝晒，10～30℃保质 12 个月。

【参考生产企业】 广州止境化工科技有限公司，陕西省化学工业研究所等。

Fe003 SR-1025 低压锅炉软化给水溶解氧腐蚀抑制剂

【英文名】 corrosion inhibitor for low-pressure boiler SR-1025

【组成】 有机磷酸盐、无机磷酸盐。

【物化性质】 浅黄色液体，相对密度（20℃）1.25，水溶性极好。

【质量标准】

固含量/%	≥35
pH 值(1%溶液)	≥5

【用途】 适用于软水锅炉作溶氧腐蚀抑制剂。一般用量，热水锅炉 15～20mL/t 水，蒸汽锅炉 15mL/t 汽，1t 水用量为 30mL。可直接投入水箱，或以滴加方式给药，注意使用时控制炉水指标。

包装规格：用聚乙烯塑料桶包装，每桶净重 25kg，或采用内衬聚乙塑料薄膜的铁桶包装，每桶净重 200kg。

【制法】 将有机磷酸盐、无机磷酸盐按一定比例混合加水溶解，搅匀即可。

【产品安全性】 非危险品，正常使用对皮肤、黏膜无明显刺激性。误用浓溶液可引起腐蚀刺激。误用后处理方法如下。①吸入：转移至新鲜空气处，如呼吸困难给氧。②眼：立即用清水冲洗 15min，若症状持续存在，去医院就诊。③皮肤：立即用大量清水冲洗，如发现皮肤刺激症状不缓解或加重，去医院就诊；污染的衣服要洗干净后再穿。贮存于室内阴凉、干燥处，防潮、严防曝晒，10～30℃保质 12 个月。

【参考生产企业】 巩义市友邦供水材料有限公司。

Fe004 CW1101 (B) 锅炉阻垢缓蚀剂

【英文名】 boiler scale and corrosion inhibitor CW1101 (B)

【组成】 有机磷酸、聚羧酸。

【物化性质】 淡黄色液体，相对密度（20℃）1.020。

【质量标准】

固含量/%	>20
pH 值	1～2

【用途】 用于小型锅炉的内水处理，作阻垢缓蚀剂。使用方便，可以不用软水设备，直接投入锅炉内防止结垢和腐蚀。

包装规格：用塑料桶包装，净重 25kg。

【制法】 将有机磷酸、聚羧酸按一定比例混合。加入水和助溶剂，搅拌溶解即可。

【产品安全性】 正常使用对皮肤、黏膜无明显刺激性，误用浓溶液可引起腐蚀刺激，误服后有明显的胃肠道腐蚀作用，可有肝功能异常。误用后处理方法如下。①吸入：转移至新鲜空气处，如呼吸困难给氧。②眼：立即用清水冲洗 15min，若症状持续存在，去医院就诊。③皮肤：立即用大量清水冲洗，如发现皮肤刺激症状不缓解或加重，去医院就诊；污染的衣服要洗干净后再穿。④误服：不主张洗胃、催吐、导泻和使用酸碱中和剂，可立即口服 100～200mL 的牛奶、蛋清或氢氧化铝凝胶。贮存于室内阴凉、干燥处，防潮、严防曝晒，10～30℃保质12个月。

【参考生产企业】 广州安赛化工有限公司，北京通州水处理剂厂等。

Fe005 NS-401锅炉水处理剂

【英文名】 boiler watet treatment agent NS-401

【组成】 乙二胺四亚甲基膦酸、聚马来酸。

【物化性质】 浅黄色液体，相对密度(20℃) 1.01～1.02。

【质量标准】

项目	指标
绝对黏度(30℃)/Pa·s	1.4603
凝固点/℃	−1.5
挥发分/%	3.84
pH值	5.9～8.0

【用途】 作为锅炉水处理剂，特别适宜高硬度水质处理。一般用量为40mL/t水，投药方式可采用直接加入水箱或滴加。用本品，工业锅炉运转1年后，炉内老垢以疏松状态脱落，水的各项指标基本达到GB/T 6903—2005。

包装规格：用聚乙烯塑料桶包装，每桶净重25kg，或采用内衬聚乙塑料薄膜的铁桶包装，每桶净重200kg。

【制法】 将乙二胺四亚甲基膦酸、聚马来酸按一定比例混合后，再加入NS-B和NaOH水溶液，搅拌溶解即得产品。

【产品安全性】 非危险品，正常使用对皮肤、黏膜无明显刺激性。误用浓溶液可引起腐蚀刺激，误服后有明显的胃肠道腐蚀作用，可有肝功能异常。误用后处理方法如下。①吸入：转移至新鲜空气处，如呼吸困难给氧。②眼：立即用清水冲洗15min，若症状持续存在，去医院就诊。③皮肤：立即用大量清水冲洗，如发现皮肤刺激症状不缓解或加重，去医院就诊；污染的衣服要洗干净后再穿。④误服：不主张洗胃、催吐、导泻和使用酸碱中和剂，可立即口服100～200mL的牛奶、蛋清或氢氧化铝凝胶。贮存于室内阴凉、干燥处，防潮、严防曝晒，10～30℃保质12个月。

【参考生产企业】 广州安赛化工有限公司，南京市化工研究院水处理工业公司水处理剂厂等。

Fe006 NS-402锅炉水处理

【英文名】 boiler water treatment agent NS-402

【组成】 乙二胺四亚甲基膦酸、聚马来酸。

【物化性质】 浅黄色液体，相对密度(20℃) 1.09～1.14。

【质量标准】

项目	指标
绝对黏度(30℃)/Pa·s	1.45
pH值	7.0～7.5

【用途】 适合硬度≤3×10^{-3} mol/m^3的各类锅炉给水的内部处理。也可以作小氮肥厂的造气变换、炭化等工段的工艺用水的软化剂及换热设备用水的阻垢缓蚀剂，一般用量为50g/t水。

包装规格：用塑料桶包装，净重25kg、200kg。

【制法】 将乙二胺四亚甲基膦酸、聚马来酸按一定比例混合后，加入NaOH水溶液搅拌溶解，再用NS-B调pH值至7.0左右。

【产品安全性】 无毒，操作时应佩戴橡胶手套，正常使用对皮肤、黏膜无明显刺激性。误用浓溶液可引起腐蚀刺激，误服后有明显的胃肠道腐蚀作用，可有肝功能异常。①吸入：转移至新鲜空气处，如呼吸困难给氧。②眼：立即用清水冲洗15min，若症状持续存在，去医院就诊。③皮肤：立即用大量清水冲洗，如发现皮肤刺激症状不缓解或加重，去医院就诊；污染的衣服要洗干净后再穿。④误服：不主张洗胃、催吐、导泻和使用酸碱中和剂，可立即口服100～200mL的牛奶、蛋清或氢氧化铝凝胶。本产品除指定用途外，严禁他用。贮存于室内阴凉、干燥处，防潮、严防曝晒，10～30℃保质12个月。

【参考生产企业】 徐州欧美环保科技有限公司，南京市化工研究设计院水处理公司水处理剂厂等。

Fe007 NS-404 锅炉水处理剂

【英文名】 boiler water treatment agent NS-404

【组成】 乙二胺四亚甲基膦酸、聚马来酸。

【物化性质】 浅黄色透明液体，相对密度（20℃）1.1301。

【质量标准】

项目	指标
相对黏度(25℃)/Pa·s	4.10
pH 值	1.0～2.0

【用途】 作为锅炉内水处理剂。对硬度大的水质有良好的缓蚀性和阻垢性，一般用量为50g/t水。

包装规格：用塑料桶包装，净重25kg。

【制法】 将乙二胺四亚甲基膦酸、聚马来酸、分散剂混合均匀即可。

【产品安全性】 酸性，操作时应佩戴橡胶手套，与皮肤或眼睛接触时，应立即用大量清水冲洗，本产品除指定用途外，严禁他用。贮于室内阴凉处，贮存期10个月。

【参考生产企业】 徐州欧美环保科技有限公司，南京市化工研究设计院水处理工业公司水处理剂厂等。

Fe008 HAC型锅炉防垢剂

【英文名】 boiler scale inhibitor type HAC

【组成】 腐殖酸钠、聚羧酸。

【物化性质】 黑褐色粉末，易溶于水，相对密度（25℃）1.50。

【质量标准】

项目	指标
细度/目	40
pH 值(1%水溶液)	≥10

【用途】 作为锅炉内水处理剂，特别适于蒸汽量小于6t/h、工作压力小于1.5MPa的各种立式、卧式、快装水管，火管蒸汽锅炉。基本无毒，产品安全可靠。炉水控制指标总碱度≥10mL/m^3，总硬度≤0.5mol/m^3，溶解固形物<500g/m^3。

包装规格：用双层塑料袋包装，每袋净重25kg。

【制法】 将相对分子质量2000～50000的聚羧酸与腐殖酸钠按比例混合即得成品。

【产品安全性】 微酸性，应避免与眼睛、皮肤或衣服接触，一旦溅到身上，应立即用大量水冲洗。于通风干燥库房贮存，有效期12个月。

【参考生产企业】 江西省萍乡腐植酸工业公司等。

Fe009 TS-101 清洗剂

【英文名】 cleaning agent TS-101

【组成】 磺化琥珀酸异辛酯钠盐、异丙醇。

【物化性质】 淡黄色透明液体，能与水以任何比例互溶，不含腐蚀性酸碱。

【质量标准】

项目	指标
含量/%	≥50
pH 值(1%水溶液)	≥5.0～6.5

【用途】 具有高渗透性及去污力，可以渗透到湿润污垢的内部，使油脂易于脱落，从而容易提高金属表面的洁净度和预膜效果。使用量一般为40g/t水。

用法：加放冷却水池或补水箱混匀注入系统正常运行；也可直接注入系统运行。补水时同比例投加，除垢周期30～40d，10～15d排污1次。除垢期间须连续使用本品，不宜间断，以免溶解的水垢微粒沉积堵塞管路，排污不足会降低清洗效率，延长除垢周期和增加用药量。

包装规格：内包装塑料瓶，1000g/瓶、250g/瓶；外包装纸箱；12 瓶/箱、48 瓶/箱。

【制法】 将 180 份磺化琥珀酸异辛酯钠盐、320 份异丙醇、20 份乙酸、500 份水加到混配釜中，在搅拌下加热溶解即可。

【产品安全性】 无明显刺激性，避免与眼睛、皮肤接触。贮存于阴凉、干燥处，密封保持，有效期 24 个月。

【参考生产企业】 天津市化工研究院等。

Fe010 CW-0401 清洗剂

【英文名】 cleaning agent CW-0401

【组成】 磺化顺丁烯二酸二异辛酯钠盐。

【物化性质】 淡黄色透明液体，与水可以任意比例互溶，不含腐蚀性酸和碱。

【质量标准】

有效物含量/%	≥25
pH 值(1%水溶液)	7.5～8.58

【用途】 用作机械清洗及装置开车前的系统清洗，具有较强地渗透剥离作用。能较好地去除油脂和生物黏性，一般用量为 500～800g/m³。

包装规格：内包装塑料瓶，1000g/瓶、250g/瓶；外包装纸箱，12 瓶/箱、48 瓶/箱。

【制法】 将磺化顺丁烯二酸二异辛酯钠盐加入混配釜中，加异丙醇和水，溶解即可。

【产品安全性】 正常使用对皮肤、黏膜无明显刺激性。误用浓溶液可引起腐蚀刺激，误服后有明显的胃肠道腐蚀作用，可有肝功能异常。误用后处理方法如下。①吸入：转移至新鲜空气处，如呼吸困难给氧。②眼：立即用清水冲洗 15min，若症状持续存在，去医院就诊。③皮肤：立即用大量清水冲洗，如发现皮肤刺激症状不缓解或加重，去医院就诊；污染的衣服要洗干净后再穿。④误服：不主张洗胃、催吐、导泻和使用酸碱中和剂，可立即口服 100～200mL 的牛奶、蛋清或氢氧化铝凝胶。贮存于室内阴凉、干燥处，防潮、严防曝晒，10～30℃保质 12 个月。

【参考生产企业】 南京第一精细化工公司合成化工厂等。

Fe011 WT-301-1 型清洗剂

【英文名】 cleaning agent type WT-301-1

【组成】 有机磷酸盐、聚合物及表面活性剂。

【物化性质】 淡黄色液体，对污物、铁锈、油脂、水垢去除率达 90%。

【质量标准】

有效物含量/%	≥35
pH 值(1%水溶液)	4.0～5.0

【用途】 用于各种循环水系统开车前清洗和停车后酸洗。pH 值 4.0～5.0，去污效果极佳，用量 1kg/m³，清洗时间 24h。

包装规格：内包装塑料瓶，1000g/瓶、250g/瓶；外包装纸箱、250g/瓶、48 瓶/箱。

【制法】 将有机磷酸盐、表面活性剂按比例加入混配釜中，加水溶解，再加入聚羧酸盐，搅匀即可。

【产品安全性】 无明显刺激性，避免与眼睛、皮肤接触。正常使用对皮肤、黏膜无明显刺激性。误用浓溶液可引起腐蚀刺激，误服后有明显的胃肠道腐蚀作用，可有肝功能异常。误用后处理方法如下。①吸入：转移至新鲜空气处，如呼吸困难给氧。②眼：立即用清水冲洗 15min，若症状持续存在，去医院就诊。③皮肤：立即用大量清水冲洗，如发现皮肤刺激症状不缓解或加重，去医院就诊；污染的衣服要洗干净后再穿。④误服：不主张洗胃、催吐、导泻和使用酸碱中和剂，可立即口服100～200mL的牛奶、蛋清或氢氧化铝凝胶。贮存于室内阴凉、干燥处，防潮、严防曝晒，10～30℃保质12个月。

【参考生产企业】 湖北仙桃市水质稳定剂厂等。

Fe012 WT-301-2铜管清洗剂

【英文名】 copper tube cleaning agent WT-301-2

【组成】 铜缓蚀剂、有机酸及表面活性剂。

【物化性质】 黄色液体。

【质量标准】

有效物含量/%	≥20
pH值	7.0～7.50

【用途】 适用于各行各业的铜管换热器的除垢清洗。最佳清洗条件50℃，处理4～8h。

包装规格：用塑料桶包装，净重5kg、25kg。

【制法】 将表面活性剂加入混配釜中，加水搅拌，加热溶解，再加入有机磷酸、铜缓蚀剂，搅拌均匀即可。

【产品安全性】 正常使用对皮肤、黏膜无明显刺激性，误用浓溶液可引起腐蚀刺激。不慎接触皮肤立即用清水冲洗15min，如发现皮肤刺激症状不缓解或加重，去医院就诊；污染的衣服要洗干净后再穿。贮存于室内阴凉、干燥处，防潮、严防曝晒，10～30℃保质12个月。

【参考生产企业】 湖北仙桃市水质稳定剂厂等。

Fe013 WT-301-3油垢清洗剂

【英文名】 oil foulant cleaning agent WT-301-3

【组成】 有机磷酸、表面活性剂、有机溶剂。

【物化性质】 无色透明液体。

【质量标准】

pH值	6.0～8.0

【用途】 在污水处理中作清洗剂。用量一般为200g/m^3，在pH值6～8效果最好。

包装规格：用塑料桶包装，净重5kg、25kg。

【制法】 将有机磷酸和非离子表面活性剂按一定比例加入混配釜中，搅匀，再加入煤油，搅拌溶解即可。

【产品安全性】 使用时戴上橡胶手套，勿触及皮肤。正常使用对皮肤、黏膜无明显刺激性，误用浓溶液可引起腐蚀刺激。不慎沾污立即用肥皂清水冲洗，如发现皮肤刺激症状不缓解或加重，去医院就诊；污染的衣服要洗干净后再穿。贮存于室内阴凉、干燥处，严防曝晒，远离火源。10～30℃保质12个月。

【参考生产企业】 湖北仙桃市水质稳定剂厂等。

Fe014 JC-832铜清洗剂

【英文名】 copper cleaning agent JC-832

【组成】 聚羧酸、螯合剂及缓蚀剂。

【物化性质】 无色透明液体，水溶性好，适宜pH值宽。

【质量标准】

有效物含量/%	≥40
pH值	6.0～10

【用途】 在室温下有高效清洗作用，在50～55℃下清洗效果更佳，清洗中对设备腐蚀很小。由于含有钼酸盐，在除垢后能自行钝化。广泛用于吸热制冷机换热器、海水蒸发器、发电厂铜管换热器、火车车厢闭路水暖系统、蒸汽锅炉炉体上的磷酸钙垢、氧化铁垢的清洗。

将本清洗剂按10～20的比例稀释(根据结垢状况)，由冷却塔补水槽注入系统，0.5h左右测定一次pH值。当pH值趋于不变，查看系统可观察处结垢，若有垢继续清洗，若垢已净则清洗完成。

包装规格：用塑料桶包装，净重2.5kg、10kg、25kg。

【制法】 将聚羧酸、钼酸盐及螯合剂按一定比例复配而成。

【产品安全性】 使用时戴上橡胶手套，勿触及皮肤。正常使用对皮肤、黏膜无明显刺激性，不慎接触皮肤立即用清水冲洗15min，如发现皮肤刺激症状不缓解或加重，去医院就诊；污染的衣服要洗干净后再穿。贮存于室内阴凉、干燥处，防潮、严防曝晒。10～30℃保质12个月。

【参考生产企业】 江苏常州武进精细化工厂等。

Fe015 JC-861 清洗预膜剂

【英文名】 cleaning and prefilming agent JC-861

【组成】 聚磷酸盐和非离子型表面活性剂。

【物化性质】 淡黄色糊状物，稍有刺激味，相对密度（25℃）1.24，易溶于水。

【质量标准】

项目	指标
磷酸盐含量(以 PO_4^{3-} 计)/%	25
pH 值	9～10

【用途】 适用于有色金属材质，尤其适用于炼油厂清洗和不停车清洗。一般用量为800g/m³，能迅速除去交换器中的油垢和铁锈，并在金属表面形成均匀防蚀膜，膜厚500～700nm。适用于冷却水系统设备管道的清洗预膜，冷态运行预膜时间48h。当水温低于27℃时，总无机磷控制在280g/m³。当铁锈和钙垢严重时，pH值调至5.5～6.0，一般情况下pH值为6.0～6.5。将本清洗剂按10～20的比例稀释（根据结垢状况），由冷却塔补水槽注入系统，0.5h左右测定一次pH值。当pH值趋于不变，查看系统可观察处结垢，若有垢继续清洗，若垢已净则清洗完成。

包装规格：用大口塑料桶包装，容量4L/桶、25L/桶。

【制法】 由聚磷酸盐、非离子表面活性剂按一定比例复配而成。

【产品安全性】 使用时戴上橡胶手套，勿触及皮肤。系统经过杀菌灭藻过程之后避光贮存，防漏，正常使用对皮肤黏膜无明显刺激性。误用浓溶液可引起腐蚀刺激，误服后有明显的胃肠道腐蚀作用，可有肝功能异常。误用后处理方法如下。①吸入：转移至新鲜空气处，如呼吸困难给氧。②眼：立即用清水冲洗15min，若症状持续存在，去医院就诊。③皮肤：立即用大量清水冲洗，如发现皮肤刺激症状不缓解或加重，去医院就诊；污染的衣服要洗干净后再穿。④误服：不主张洗胃、催吐、导泻和使用酸碱中和剂，可立即口服100～200mL的牛奶、蛋清或氢氧化铝凝胶。贮存于室内阴凉、干燥处，防潮、严防曝晒，10～30℃保质12个月。

【参考生产企业】 江苏常州市武进精细化工厂等。

Fe016 JS-204 预膜缓蚀剂

【英文名】 prefilming agent-corrosion inhibitor JS-204

【组成】 聚磷酸盐和锌盐。

【物化性质】 相对密度1.30～1.70，易吸潮结块。

【质量标准】

项目	指标
外观	白色粉末
pH 值(1%水溶液)	2.6～3.2

【用途】 作为预膜缓蚀剂，适用于循环冷却水系统，对碳钢、不锈钢等换热器，输油管线中管道表面预膜。

包装规格：用内衬塑料袋的木桶包装，净重30kg。

【制法】 由聚磷酸盐和锌盐按一定比例复配，混合均匀即可。

【产品安全性】 正常使用对皮肤、黏膜无明显刺激性。误用浓溶液可引起腐蚀刺激，使用时戴上橡胶手套，勿触及皮肤。不慎触及立即用清水冲洗 15min，如发现皮肤刺激症状不缓解或加重，去医院就诊；污染的衣服要洗干净后再穿。贮存于室内阴凉、干燥处，防潮、防漏，避光贮存，严防曝晒，远离火源。10～30℃保质12 个月。

【参考生产企业】 南京化工学院武进水质稳定剂厂等。

Fe017 NJ-302 预膜剂

【英文名】 prefilming agent NJ-302

【组成】 磷酸盐、锌盐等。

【物化性质】 浅黄色液体，相对密度(20℃) 1.50±0.05。

【质量标准】

含量/%	50
pH 值(1%水溶液)	<2
总磷含量/%	13±1

【用途】 用作预膜剂与二价离子能很好螯合，在金属表面快速形成保护膜。预膜在常温无热负荷的条件下进行，pH 值控制在 6.0～7.0，预膜剂加量 80g/m^3，预膜时间 48h。

包装规格：用塑料桶包装，容量 4L/桶、25L/桶。

【制法】 将磷酸盐和锌盐按一定比例混配后加水溶解即可。

【产品安全性】 呈酸性，使用时戴上橡胶手套，勿触及皮肤。正常使用对皮肤、黏膜无明显刺激性。贮存于室内阴凉、干燥处，防潮、防漏，避光贮存，严防曝晒，10～30℃保质 12 个月。

【参考生产企业】 南京第一精细化工公司合成化工厂等。

Fe018 WT-302-1 预膜剂

【英文名】 prefiliming agent WT-302-1

【组成】 磷酸盐和聚磷酸盐。

【物化性质】 白色粉末状固体，易溶于水。

【质量标准】

含量/%	≥90
pH 值(1%水溶液)	6.0～7.0

【用途】 可用于各行各业循环水系统的开车清洗后的预膜处理。钙离子含量 20～150g/m^3，预膜时间 30h。

包装规格：用塑料桶包装，净重 25kg。

【制法】 将磷酸盐和聚磷酸盐按一定比例混合均匀，干燥包装即可。

【产品安全性】 安全性好，正常使用对皮肤、黏膜无明显刺激性。贮存于室内阴凉、干燥处，防潮、防漏，严防曝晒，避光贮存，10～30℃保质 12 个月。

【参考生产企业】 湖北仙桃市水质稳定剂厂等。

Fe019 CW-0601 消泡剂

【英文名】 defoaming agent CW-0601

【组成】 液体石蜡、硬脂酸、表面活性剂。

【物化性质】 能以任意比例分散在水中。

【质量标准】

外观	乳白色液体
乳液稳定性	合格

【用途】 在对循环冷却水设备和管道进行清洗时加入此品防止泡沫产生。

包装规格：用塑料桶包装，净重 25kg。

【制法】 将硬脂酸酯、表面活性剂按一定比例混合，加入液体石蜡，快速搅拌乳化即可。

【产品安全性】 呈弱酸性，使用时戴上橡胶手套，勿触及皮肤，正常使用对皮肤、黏膜无明显刺激性。贮存于室内阴凉、干燥处，防潮、防漏，严防曝晒，避光贮存。10～30℃保质 12 个月。

【参考生产企业】 深圳市德沃尔特科技有

限公司，北京通州水处理剂厂，江苏常州武进精细化工厂等。

Fe020 JC-863 消泡剂

【英文名】 defoaming agent JC-863

【组成】 多种表面活性剂。

【物化性质】 10℃为软固体，闪点127℃，相对密度（20℃）0.80～0.85，能以任意比例分散在水中。

【质量标准】

外观	淡黄色乳液
乳液稳定性	合格

【用途】 在对循环冷却水设备和管道进行清洗时加入此品防止泡沫产生。

包装规格：用塑料桶包装，净重25kg。

【制法】 将多种表面活性剂按一定比例混合，加入液体石蜡块，快速搅拌乳化即可。

【产品安全性】 非危险品，渗透性好。使用时戴上橡胶手套，勿触及皮肤。贮存于室内阴凉、干燥处，防潮、防漏，严防曝晒，避光贮存。10～30℃贮存期24个月。

【参考生产企业】 深圳市德沃尔特科技有限公司，北京通州水处理剂厂，江苏常州武进精细化工厂等。

Fe021 JC-5 高效消泡剂

【英文名】 efficient defoaming agent JC-5

【组成】 复配物。

【物化性质】 能以任意比例分散在水中，相对密度（20℃）0.81～0.82。

【质量标准】

外观	淡黄色液体
黏度(25℃)/mPa·s	4000～5000

【用途】 用于轻工业废水处理，用量100g/m³。

包装规格：用塑料桶包装，净重25kg。

【制法】 将聚乙二醇、脂肪酸表面活性剂按一定比例混合，搅拌均匀即可。

【产品安全性】 非危险品，弱酸性。使用时戴上橡胶手套，勿触及皮肤。贮存于室内阴凉、干燥处，防潮、防漏，避光贮存，严防曝晒。贮存期24个月。

【参考生产企业】 深圳市德沃尔特科技有限公司，北京通州水处理剂厂，江苏常州武进精细化工厂等。

Fe022 TS-103 消泡剂

【英文名】 defoaming agent TS-103

【组成】 液体石蜡、硬脂酸等。

【物化性质】 极易分散到任何比例的水中，具有高效消泡能力。

【质量标准】

外观	乳白色液体
黏度(25℃)/mPa·s	2000～5000

【用途】 主要用于工业循环冷却水系统的清洗及在预膜过程中作止泡剂，使用量一般为4～10g/m³。

包装规格：用塑料桶包装，净重50kg、200kg。

【制法】 将82～84份液体石蜡、3份硬脂酸、1份异丙醇、6份聚乙二醇硬脂酸酯在混合釜中复配而成。

【产品安全性】 正常使用对皮肤、黏膜无明显刺激性。不慎接触皮肤立即用清水冲洗15min，如发现皮肤刺激症状不缓解或加重，去医院就诊；污染的衣服要洗干净后再穿。贮存于室内阴凉、干燥处，防潮、严防曝晒，远离火源。10～30℃保质12个月。

【参考生产企业】 天津市化工研究院等。

Fe023 WT-309 消泡剂

【英文名】 defoaming agent WT-309

【组成】 有机硅系化合物。

【物化性质】 无腐蚀性，热稳定性好，具有消泡速度快、抑泡时间长、无毒无味、耐酸碱性好等特点。

【质量标准】

外观	乳白色液体
稳定性	不分层(3000r/min)
pH值	7±1
不挥发物/%	10～30

【用途】 广泛用于循环水系统的消泡及石油、印染、纺织、造纸等行业的污水体系消泡。

使用方法：将本品用水或起泡液稀释为均匀的溶液后再加入起泡液中，也可直接加入，其用量一般为0.1%～0.3%，随用而异。

包装规格：用聚乙烯桶包装，净重5kg，也根据用户要求更换包装。

【制法】 由高聚合物与有机硅聚氧乙烯醚经特种工艺配以多种乳化剂、增稠剂而成。

【产品安全性】 非危险品。应密封贮存于通风干燥处，防止雨淋、日光曝晒，不得与强酸、强碱及盐混装、混运和堆放。存贮期5个月，超过存贮期后若有少量分层现象，混合均匀，可继续使用，不影响其效果。

【参考生产企业】 湖北仙桃市水质稳定剂厂等。

Fe024 水性消泡剂

【英文名】 defoaming agent

【组成】 复配物。

【物化性质】 乳白色液体。在水性体系中极易分散，有效降低液体表面张力、达到快速消泡和抑泡的效果，与各种助剂配伍良好，在较低浓度下能保持很好的、消抑泡效果。贮存期内效果稳定。

【质量标准】

相对密度(20℃)	0.95～1.05
黏度(25℃)/mPa·s	600～3000
有效物质含量/%	100
pH值	5.0～9.0

【用途】 作为消泡剂可在泡沫液中迅速扩散，能很快除去泡沫，并能在广泛pH值范围内使用。可以在泡沫产生后添加或作为抑泡组分加入产品中，根据不同使用体系，消泡剂的添加量可为0.1%～5%，最佳添加量由客户根据具体情况试验决定。

包装规格：用塑料桶包装，净重25kg或50kg，如有特殊要求可协商定制。

【制法】 由聚醚与分散剂、增稠剂复配而成。

【产品安全性】 无毒、无害，正常使用对皮肤、黏膜无明显刺激性。贮存于室内阴凉、干燥处，防潮、严防曝晒，10～30℃保质12个月。

【参考生产企业】 深圳市德沃尔特科技有限公司。

Fe025 DT消泡剂

【别名】 耐酸消泡剂

【英文名】 defoaming agent DT

【组成】 复配物。

【物化性质】 牛奶乳白色液体，浓度高，溶水后透明性高，消泡能力反应极快，其具有无毒、无异味、不腐蚀设备、不易燃易爆、化学性能稳定、易分散、消泡快、抑泡持久等特点。离心稳定性(2800r/min，18min)：无分层、无沉淀。

【质量标准】

型号	固含量/%	黏度/mPa·s	pH值	有效物质含量/%
DT-131	30	3000～5600	7～8	100
DT-135	60	3000～5000	7～8	100

【用途】 用于生产水泥砂浆、减水剂、清洗剂、化工聚合过程的消泡。

用法和用量：用水稀释1～10倍使用，或在水性体系中直接加入，用量

0.1%～3%。

包装规格：用塑料桶包装，25kg/桶或50kg/桶，如有特殊要求可协商定制。

【制法】 聚醚与分散剂、增稠剂复配而得。

【产品安全性】 无毒、无害，正常使用对皮肤、黏膜无明显刺激性。不慎接触皮肤立即用清水冲洗15min，如发现皮肤刺激症状不缓解或加重，去医院就诊；污染的衣服要洗干净后再穿。贮存于室内阴凉、干燥处，防潮、严防曝晒，保质期为6个月。

【参考生产企业】 深圳市德沃尔特科技有限公司。

Fe026 HAF-101 印染废水处理剂

【英文名】 dying waster water treatment agent HAF-101

【组成】 腐殖酸钠、铁盐、铝盐。

【物化性质】 黑色粉末，相对密度(20℃) 1.50，易溶于水，絮凝性强、易潮解。

【质量标准】

主要成分相对分子质量	2000～5000
粒度/目	≤40
水分/%	≤10

【用途】 适用于印染、纺织企业的废水处理。对棉织印染染料、含淀粉废水有脱色、降COD的作用。

用法：将本品溶于被处理的废水中，搅拌3～5min，静置，让其絮凝沉淀分离，上层为清水，下层为污泥，污泥用压力机挤干另行处理。适用水质pH值6～9，普通印染废水加药量200～1000g/m³时，COD由100～2500g/m³降至20～150g/m³。色度由深色变为透明，产品有絮凝、络合、吸附、破乳等性能。可使含油量为5000～30000g/m³的乳化液处理为50～150g/m³的清水。

包装规格：用内衬塑料薄膜的编织袋包装，25kg/袋。

【制法】 将腐殖酸钠、铁盐、铝盐按一定比例复配，干燥、包装即可。

【产品安全性】 强碱性，注意防护。工作中要戴护目镜、橡皮手套。不慎接触皮肤立即用水冲洗，如发现皮肤刺激症状不缓解或加重，去医院就诊。严防潮湿、雨淋，远离火源，贮存期6个月。

【参考生产企业】 江西萍乡市腐植酸工业公司等。

Fe027 HAF-301 含油废水处理剂

【英文名】 oil-contained waste water treatment agent HAF-301

【组成】 腐殖酸钠。

【物化性质】 黑色粉末，溶于水，水溶液呈碱性。

【质量标准】

指标名称	一级品	二级品
水溶性腐殖酸含量(干基)/%	≥50	≥45
主要成分相对分子质量	2000～5000	
水不溶物/%	≤15	≤25
水分/%	≤10	
pH值	9～10	
细度(通过40目筛余量)/%	≤5	

【用途】 适用于印染、纺织企业的废水处理。对棉织印染染料、含淀粉废水有脱色、降COD的作用。用法：将本品溶于被处理的废水中，搅拌3～5min，静置，让其絮凝沉淀分离，上层为清水，下层为污泥，污泥用压力机挤干另行处理。适用水质pH值6～9，普通印染废水加药量200～1000g/m³时，COD由100～2500g/m³降至20～150g/m³。色度由深色变为透明，产品有絮凝、络合、吸附、破乳等性能，可使含油量为5000～30000g/m³的乳化液处理

为 50～150g/m³ 的清水。

包装规格：外用编织袋包装，内用塑料薄膜包装，25kg/袋。

【制法】 由腐殖酸钠和盐类复配而得。

【产品安全性】 强碱性，注意防护。工作中要戴护目镜、橡皮手套。不慎接触皮肤立即用水冲洗，如发现皮肤刺激症状不缓解或加重，去医院就诊。严防潮湿、雨淋，远离火源，贮存期 6 个月。

【参考生产企业】 上海植信化工有限公司，江西萍乡市腐植酸工业公司等。

Fe028 水合肼

【别名】 水合联氨

【英文名】 hydrazine

【相对分子质量】 50.06

【结构式】 $NH_2—NH_2 \cdot H_2O$

【物化性质】 液体，有臭味。熔点<－40℃，沸点 118.5℃/98.668Pa，相对密度（20℃）1.03。能与水和乙醇混溶，不溶于乙醚和氯仿。有强还原作用和腐蚀性，对玻璃、皮革、软木有侵蚀性。

【质量标准】

项目	指标
含量/%	≥35
铁/%	≤0.0005
硫酸盐/%	≤0.0005
氯化物/%	≤0.001
灼烧残渣/%	≤0.01
重金属/%	≤0.001

【用途】 是重要的锅炉水处理系统脱氧剂，在高压锅炉中普遍使用。

包装规格：用塑料桶包装，50kg、200kg。

【制法】

（1）次氯酸钠的制备 将 30%的液碱加水稀释至 20%左右，在 30℃以下按一定流量通入氯气，使有效率达 8%～10%即可，冷却备用。

（2）稀水合肼的制备 将次氯酸钠溶液加入氧化锅中，再加入适量的 30%氢氧化钠液及 0.2%的高锰酸钾，然后一次迅速倾入尿素溶液（含量 50%），加热搅拌，在 104℃下反应几小时即得稀水合肼。

（3）水合肼的浓缩 将稀水合肼减压蒸馏，分去无机盐，浓缩至 32%～40%即得产品。

【产品安全性】 对眼睛有刺激作用，能引起延迟性发炎，对皮肤和黏膜也有强烈的腐蚀作用。若皮肤接触，立即脱去污染的衣着，立即用流动清水彻底冲洗。密封贮存在低温、通风、干燥的库房内，贮存期 6 个月。

【参考生产企业】 济南汇丰达化工有限公司，上海向阳化工厂，四川宜宾化工厂等。

Fe029 咪唑啉羧酸铵

【英文名】 imidazoline carboxylammonium

【相对分子质量】 633.98

【结构式】

$C_{17}H_{33}$—(咪唑啉环 N—, N—) ; N—$C_2H_4NH_2 \cdot C_{12}H_{23}$—$CHCOOH$; CH_2COOH

【物化性质】 红棕色半固体，易溶于水和乙醇等极性溶剂，有良好的洗涤性、润湿性和发泡性。

【质量标准】

型号	一级品	二级品
碱/%	0.8～2.0	0.8～2.0
酸值/(mg KOH/g)	30～65	30～80
水溶性酸碱	中性或碱性	中性或碱性
机械杂质/%	0.1	0.2
油溶性	透明	透明
防锈性[45 号铜片(2h)]/级	<2.0	2.0

【用途】 在水处理中作金属螯合剂、钙皂分散剂、缓蚀剂和乳化剂。

包装规格：用塑料桶包装，每桶 25kg 或根据用户需要确定。

【制法】 将等物质的量的油酸和二乙烯三胺投入反应釜中，加热熔融。在 150℃左右脱水生成油酰胺，再加热到 240～250℃进一步脱水闭环，形成 2-十七烯基-*N*-氨乙基咪唑啉。然后冷却移入成盐釜，在 100℃左右与十二烷基丁二酸中和成盐，以酸值达到 30～80mg KOH/g 为终点，趁热出料包装得成品。反应式如下：

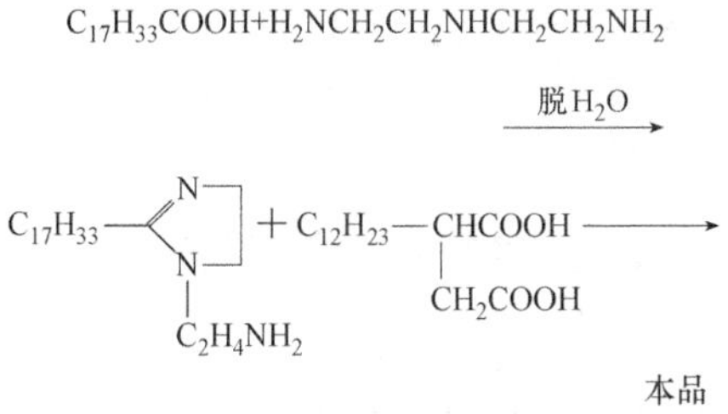

$$C_{17}H_{33}COOH+H_2NCH_2CH_2NHCH_2CH_2NH_2 \xrightarrow{脱H_2O}$$

$$C_{17}H_{33}-\text{(2-咪唑啉基, N-}C_2H_4NH_2\text{)} + C_{12}H_{23}-CH(COOH)CH_2COOH \longrightarrow 本品$$

【产品安全性】 毒性和刺激性低，如果溅在皮肤上用水冲洗干净。要求在室内阴凉、通风处贮藏，防潮、严防曝晒，贮存期 10 个月。

【参考生产企业】 内蒙古科安水处理技术设备有限公司，河南沃特化学清洗有限公司，北京海洁尔水环境科技公司。

Fe030 咪唑啉季铵盐表面活性剂

【别名】 TA80

【英文名】 imidazoline quaternary surfactants

【结构式】

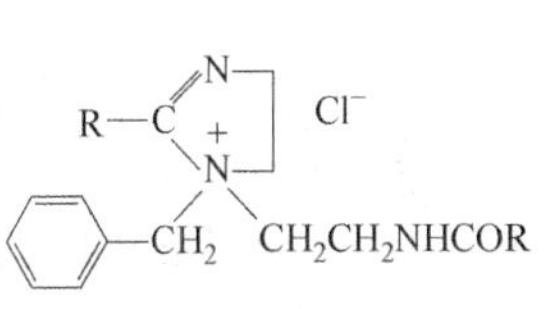

$$R-C^{+}(=N-CH_2CH_2-N(CH_2C_6H_5)(CH_2CH_2NHCOR))\ Cl^-$$

式中R为$C_{17}H_{35}$、$C_{17}H_{33}$、$C_{11}H_{23}$、C_6H_5

【物化性质】 季铵盐型咪唑啉表面活性剂分子中含有阴、阳两种离子，具有优异的去污、起泡、乳化等性能，对钢铁、铜、铝等多种金属有优良的缓蚀性能。易溶于乙醇、丙酮等极性有机溶剂，分散性好，用水浸泡 30min 后充分搅拌可完全溶解；或用 40～50℃温水浸泡 10min 后充分搅拌可完全溶解。除苯甲酸合成的咪唑啉季铵盐溶于水后为深褐色固体或液体外，其余均为土黄色固体或乳状液。

【质量标准】

外观	白色至淡黄色粉末
pH 值(1%水溶液)	5.5～6.5
纯度(含量)/%	97±2

【用途】 适用于棉、麻及其混纺织物柔软整理。整理后的织物具有柔软、糯滑、丰满的手感，对白度、色光影响极小。与阳离子固色剂同浴使用配成工作液后稳定性好，亦可用于防锈包装等行业。

包装规格：用纸板桶包装，20kg/桶。

【制法】

(1) 咪唑啉的合成　将有机羧酸和二亚乙基三胺（摩尔比为 2∶1.05）加入反应器中，不断搅拌使之充分混合。将反应物冷却至 100℃以下。开动真空泵减压至 1.01kPa，在 120℃反应 3h 得酰基化产物。然后减压至 63kPa，升温至 240℃，保温反应约 2h 停止加热，让中间产物自然冷却至 120℃左右，趁热倒入结晶釜，冷却凝结成淡黄色固体。

(2) 咪唑啉的季铵化　将咪唑啉加入反应器中，加热至 100～110℃，在搅拌下慢慢加入氯化苄［咪唑啉∶氯化苄＝1∶1（摩尔比）］。保温 3h 后降温至室温，得到咪唑啉季铵盐。反应式如下：

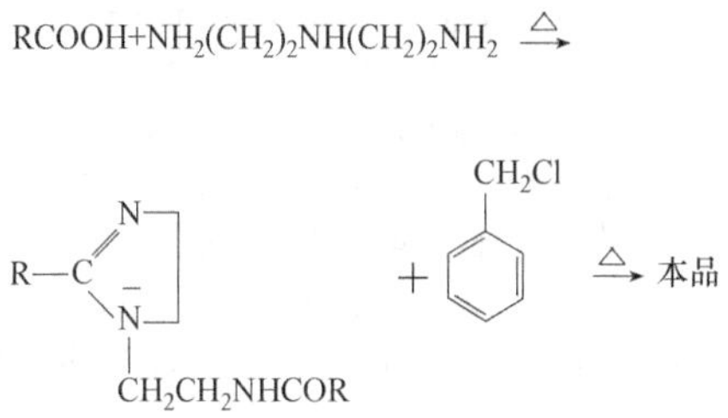

$$RCOOH+NH_2(CH_2)_2NH(CH_2)_2NH_2 \xrightarrow{\triangle}$$

$$R-\text{(2-咪唑啉基, N-}CH_2CH_2NHCOR\text{)} + C_6H_5CH_2Cl \xrightarrow{\triangle} 本品$$

【产品安全性】 毒性和刺激性特低，如果溅在皮肤上用水冲洗即可。易潮解，贮存于通风阴凉处，防止日晒雨淋。贮存期12个月。

【参考生产企业】 深圳德润恩科技发展有限公司，尚利佳贸易有限公司，浙江省绍兴奇美纺织有限公司。

Fe031 1-羟乙基-2-十一烷基-1-羧甲基咪唑啉

【英文名】 1- hydroxyethyl-2-undecyl-carboxymethyl-imidazoline

【相对分子质量】 326.47

【结构式】

$$C_{11}H_{23}-\text{(imidazoline ring, } {}^{+}N\text{)}-CH_2CH_2OH,\ N\text{-}CH_2COO^-$$

【物化性质】 琥珀色黏稠液体。能溶于水、乙醇等溶剂，在酸性溶液中呈阳离子性，在碱性溶液中呈阴离子性。具有良好的表面活性、去污性、增溶性、起泡性和泡沫稳定性；耐酸碱、耐硬水，配伍性好；无毒、无刺激，易生物降解。

【质量标准】

项目	指标
氯化钠/%	≤0.3
活性物/%	40±2
pH值(10%水溶液)	5.5～7.5

【用途】 广泛用于婴儿香波、婴儿洁身液、无刺激香波、沐浴液、洗面奶、洗手液、丝毛净、工业清洗、金属缓蚀、泡沫灭火等领域。

包装规格：用塑料桶包装，净重50kg、200kg或根据用户需求确定。

【制法】 将等物质的量的月桂酸和羟乙基乙二胺投入反应釜中，加热熔融。在150℃左右脱水生成月桂酰胺，再加热到240～250℃进一步脱水闭环，形成1-羟乙基-2-十一烷基咪唑啉。然后冷却移入成盐釜，在100℃左右与氯乙酸中和成盐，以酸值达到30～80mg KOH/g为终点，趁热出料包装得成品。反应式如下：

$$CH_3(CH_2)_{10}COOH \xrightarrow[-H_2O]{H_2NCH_2CH_2NHCH_2CH_2OH}$$

$$\xrightarrow{ClCH_2COOH} \text{本品}$$

【产品安全性】 LD_{50} 5871mg/kg，无毒、无刺激。避免接触眼睛，如果溅在皮肤上用水冲洗干净。密封贮存于通风、阴凉处，防止日晒、雨淋。室温保质6个月。

【参考生产企业】 广州花之王化工有限公司，济南盈动科技开发有限公司，广州和氏璧化工材料有限公司，上海同毅化工有限公司。

Fe032 TH-503B型锅炉清洗剂

【英文名】 boiler cleaning agent TH-503B

【组成】 聚羧酸复合物。

【物化性质】 TH-503B型高效锅炉除垢剂具有清洗和缓蚀的双重作用，在应用过程中具有清洗速度快、清洗效果好、腐蚀率低等优点。本除垢剂主要靠螯合与分散作用将炉内形成的水垢剥离分散到水中，对锅炉炉体及附件的损害小，不会因为加药量多或清洗时间长而造成过洗，不同于通常的盐酸清洗，不受水中的铁、铜等有害离子的干扰。

【质量标准】 HG/T 2430—2009

项目	指标
外观	琥珀色液体
密度(20℃)/(g/cm³)	1.1～1.3
固含量/%	≥40.0
pH值(1%水溶液)	1.9～2.1

【用途】 在中低压锅炉的清洗中作水处理剂、阻垢缓蚀剂。用量根据锅炉的容积及垢的数量决定，加药浓度一般为锅炉容积的1‰～3‰。

包装规格：用塑料桶包装，每桶25kg或根据用户需要确定。

【制法】 由有机磷酸和丙烯酸共聚物复合而成。

【产品安全性】 强酸性，对眼睛有刺激作用，能引起延迟性发炎，对皮肤和黏膜也有强烈的腐蚀作用。若皮肤接触，立即脱去污染的衣着，用流动清水彻底冲洗，如发现皮肤刺激症状不缓解或加重，去医院就诊。密封贮存在低温、通风、干燥的库房内，贮存期6个月。

【参考生产企业】 内蒙古科安水处理技术设备有限公司，河南沃特化学清洗有限公司，北京海洁尔水环境科技公司。

Fe033 TH-601型缓蚀阻垢剂

【英文名】 scale and corrosion inhibitor TH-601

【组成】 聚羧酸复合物。

【物化性质】 密度（20℃）≥1.10g/cm³，对水中的碳酸钙、磷酸钙等均有很好的螯合分散作用，并且对碳钢具有良好的缓蚀效果。

【质量标准】

外观	琥珀色液体
总磷含量(以 PO_4^{3-} 计)/%	≥15.0
固含量/%	≥30.0
pH值(1%水溶液)	1.9～2.1

【用途】 主要用于敞开式循环冷却水系统作阻垢缓蚀剂，其缓蚀效果好、阻垢力强。加药浓度一般为5～20mg/kg，亦可根据用户提供的水质等工艺参数做有效的配方调整。

包装规格：用塑料桶包装，25kg/桶、200kg/桶，或根据用户需要确定。

【制法】 由有机磷酸、聚羧酸、碳钢缓蚀剂等复配而成。

【产品安全性】 强酸性，对眼睛有刺激作用，能引起延迟性发炎，对皮肤和黏膜也有强烈的腐蚀作用。若皮肤接触，立即脱去污染的衣着，用流动清水彻底冲洗，如发现皮肤刺激症状不缓解或加重，去医院就诊。密封贮存在低温、通风、阴凉、干燥的库房内，贮存期6个月。

【参考生产企业】 内蒙古科安水处理技术设备有限公司，河南沃特化学清洗有限公司，北京海洁尔水环境科技公司。

Fe034 TH-604缓蚀阻垢剂

【英文名】 scale and corrosion inhibitor TH-604

【组成】 聚羧酸复合物。

【物化性质】 琥珀色液体，密度（20℃）≥1.15g/cm³。TH-604有缓蚀阻垢作用，对水中的碳酸钙、硫酸钙、磷酸钙等均有很好的螯合分散作用，并且对碳钢、铜具有良好的缓蚀效果。

【质量标准】 HG/T 2431—2009

项目	指标
唑类(以 $C_6H_5N_3$ 计)/%	≥1.0～3.0
亚磷酸(以 PO_3^{3-} 计)/%	≤2.25
pH值(1%水溶液)	3.0±1.5
固含量/%	≥30.0
膦酸盐(以 PO_4^{3-} 计)/%	≥6.8
正磷酸(以 PO_4^{3-} 计)/%	≤0.85

【用途】 主要用于电厂、化工厂、石化、钢铁等循环冷却水系统作水处理剂、阻垢缓蚀剂，缓蚀效果好、阻垢力强。加药浓度一般为5～20mg/kg（以补充水量计）。

包装规格：用塑料桶包装，25kg/桶、200kg/桶，或根据用户需要确定。

【制法】 由共聚物、有机磷酸、苯并三氮唑、碳钢缓蚀剂及铜缓蚀剂复配而成。

【产品安全性】 强酸性，对眼睛有刺激作用，能引起延迟性发炎，对皮肤和黏膜也有强烈的腐蚀作用。若皮肤接触，脱去污染的衣着，用流动清水彻底冲洗，如发现皮肤刺激症状不缓解或加重，去医院就诊。密封贮存在低温、通风、干燥的库房内，贮存期6个月。

【参考生产企业】 内蒙古科安水处理技术设备有限公司，河南沃特化学清洗有限公司，北京海洁尔水环境科技公司。

产品名称中文索引

A

B

C

D

E

F

G

H

J

K

L

M

N

P

Q

R

S

T

W

X

Z

产品名称英文索引

A

B

C

D

E

F

G

H

I

L

M

N

O

P

R

S

T